国家科学技术学术著作出版基金资助出版

现代油水资源数值模拟方法的理论和应用

袁益让　芮洪兴　程爱杰　著

科 学 出 版 社

北 京

内 容 简 介

油水资源数学模拟方法主要包括油田勘探和开发中的渗流力学数值模拟方法和环境科学，特别是与地下水资源开发和利用及污染问题的防治有关的数值模拟，以及半导体器件数值模拟中的渗流力学方法等内容. 它是现代计算数学和工业应用数学的重要研究方法. 本书内容包括渗流驱动半定问题数值方法的理论与应用、二相渗流驱动问题的有限体积元方法和混合体积元-特征混合体积元方法、可压缩二相渗流的区域分裂方法、二相渗流驱动问题的混合体积元-分数步差分方法、多孔介质非 Darcy 流问题的数值方法、核废料污染问题数值模拟的新方法、化学采油数值模拟方法的新进展、冻土问题数值模拟和地下水污染问题的数值模拟的计算方法及其理论分析.

本书可作为信息和计算科学、数学与应用数学、计算机软件、计算流体力学、石油勘探与开发、半导体器件、水利和土建、环保等专业高年级本科生的参考书或研究生教材，也可供相关领域的教师、科研人员和工程技术人员参考.

图书在版编目(CIP)数据

现代油水资源数值模拟方法的理论和应用/袁益让，芮洪兴，程爱杰著. —北京：科学出版社，2020.5
　ISBN 978-7-03-061847-4

　Ⅰ.①现⋯　Ⅱ.①袁⋯ ②芮⋯ ③程⋯　Ⅲ.①油水分析-数值模拟-模拟方法　Ⅳ.①X74

中国版本图书馆 CIP 数据核字(2019) 第 142542 号

责任编辑：王丽平　孙翠勤 / 责任校对：彭珍珍
责任印制：张　伟 / 封面设计：陈　敬

科学出版社 出版
北京东黄城根北街 16 号
邮政编码：100717
http://www.sciencep.com

北京虎彩文化传播有限公司印刷
科学出版社发行　各地新华书店经销
*
2020 年 5 月第 一 版　开本：720×1000 1/16
2020 年 5 月第一次印刷　印张：42
字数：837 000
定价：268.00 元
(如有印装质量问题，我社负责调换)

前　言

　　油水资源数值模拟方法主要包括油田勘探和开发中的渗流力学数值模拟方法和环境科学,特别是与地下水资源开发和利用及污染问题的防治有关的数值模拟,以及半导体器件数值模拟中的渗流力学方法等内容. 它是现代计算数学和工业应用数学的重要研究方法,著名数学家、油藏数值模拟创始人 J. Douglus Jr. 等开创了能源数值模拟这一重要领域. 20 世纪 80 年代以来, J. Douglus Jr., R. E. Ewing 和 M. F. Wheeler 等对二相渗流驱动问题,发表了著名的特征差分方法、特征有限元法和交替方向求解法,并作了理论分析,奠定了能源数值模拟方法的基础. 本书是在作者的《能源数值模拟方法的理论和应用》一书的基础上,总结山东大学计算数学学术团队近十年来的科研成果.

　　所谓油藏数值模拟,就是用电子计算机模拟地下油藏十分复杂的化学、物理及流体流动的真实过程,以便选出最佳的开采方案和监控措施. 对于三次采油新技术,特别需要注意驱油剂与油、气、水油藏的宏观构造和微观结构的配伍性,考虑化学剂的用量和能量的消耗. 近年来,随着电子计算机计算速度和能力惊人的发展,油藏数值模拟的适用性越来越广泛和普及,模拟结果越来越真实,即便对极其复杂的油藏情况,也获得了巨大的成功,油藏数值模拟已成为石油开采中不可缺少的重要环节. 当多相流体在地下深层多孔介质中流动时,流体要受到重力、毛细管力和黏滞力的作用,且在相与相之间可能发生质量交换. 因此用数学模型来描述油藏中流体的流动规律,就必须考虑上述诸力及相与相之间发生质量交换的影响. 此外还应考虑油藏的非均质性及复杂的几何形状等. 油藏数值模型首先将非线性系数项线性化,从而得到线性代数方程组,再通过线性代数方程组数值解法,求得所需的未知量:压力、Darcy 速度、饱和度、温度、组分等的分布和变化. 在此基础上再进行数值解的收敛性和稳定性分析,使油藏数值模拟的软件系统建立在坚实的数学和力学基础上. 经数十年的迅速发展,目前油藏数值模拟的理论、方法和应用,已从油田开发发展到油气资源评价、油田勘探、半导体器件、地下水资源开发和利用以及环境科学等重要领域,故通常亦称为能源数值模拟,或统称为油水资源数值模拟. 本书重点介绍渗流驱动半定问题的数值方法、二相渗流驱动问题的有限体积元方法和混合体积元–特征混合体积元方法、可压缩二相渗流的区域分裂方法、二相渗流驱动问题的混合体积元–分数步差分方法、多孔介质非 Darcy 流问题的数值方法、核废料污染问题数值模拟的新方法、化学采油数值模拟方法的新进展、冻土问题数值模拟和地下水污染问题的数值模拟的计算方法及其理论分析.

作者在 1970 年应胜利石油管理局地质科学研究院的邀请, 与地质科学研究院水动力学研究室协作, 开始从事油田开发油水二相渗流驱动问题数值方法和工程应用软件开发的研究. 作者在 1985~1988 年访美期间, 师从 J. Douglus Jr. 教授, 系统学习和研究油藏数值模拟、分数步方法等领域的理论、应用和软件开发等方面的研究工作, 并和 R. E. Ewing 教授合作, 从事强化 (三次) 采油和核废料污染数值模拟等领域的数值方法和应用软件的研究. 1988 年回国后带领课题组在此领域承担了国家 "八五攻关" 计划, 国家 975 计划, 攀登计划 (A, B), 自然科学基金 (数学、力学), 中国石油天然气集团有限公司 (中国石油) 和中国石油化工集团有限公司 (中国石化) 等多项攻关课题, 从事这一领域的基础理论和应用技术研究. 本书是在《能源数值模拟方法的理论和应用》一书的基础上, 总结山东大学计算数学学术梯队近十年来最新最重要的科研成果, 全书共十章.

第 1 章研究渗流驱动半定问题数值模拟方法的理论和应用. 通常渗流驱动问题的数值方法均建立在饱和度方程的扩散矩阵是正定的假设条件下, 但在很多实际情况中, 模型问题的扩散矩阵仅满足半正定性, 在此条件下很多理论不再适用, 传统的椭圆投影理论不再成立. 因此对半定问题的研究出现实质性困难, Dawson 和作者及其学生在这一领域做了系统的工作, 本章是这方面工作的总结. 主要研究二相渗流驱动半定问题的特征有限元方法和差分方法、三维油水驱动半定问题的一类迎风混合元方法、三维油水驱动半正定问题的迎风混合元多步方法和基于网格变动的油水驱动半正定问题的迎风混合元方法.

第 2 章研究二相渗流驱动问题的有限体积元方法. 有限体积元 (FVE), 有些文献称为广义差分方法 (箱方法), 是由李荣华最先提出的, 主要涉及两个空间, 其中试探函数空间是初始剖分上的多项式函数空间, 检验函数空间是对偶剖分上的分片常数空间, 有限体积元方法既能保持差分方法的计算简单性, 又兼有有限元方法的精确性, 具有网格剖分灵活、工作量小、精确度高、保持质量守恒等优点, 这对地下渗流计算是十分重要的. 本章研究二相渗流驱动问题的有限体积元方法和半正定二相驱动问题的多步有限体积元方法及其数值分析.

第 3 章研究油水二相渗流驱动问题的混合体积元–特征混合体积元方法. 对不可压缩、可压缩油水二相驱动问题的两种情况, 其数学模型是关于压力的流动方程, 它们分别是椭圆型和抛物型方程. 关于饱和度方程是对流扩散型的. 流场压力通过 Darcy 速度在饱和度方程中出现, 并控制着饱和度方程的全过程. 我们对流动方程采用具有守恒律性质的混合体积元离散, 它对 Darcy 速度的计算提高了一阶精确度. 对饱和度方程采用具有同样守恒律性质的特征混合体积元求解, 即对方程的扩散部分采用混合体积元离散, 对流部分采用特征线法, 特征线法可以保证流体在锋线前沿逼近的稳定性, 消除数值弥散和非物理性振荡, 并可以得到较小的时间截断误差, 增大时间步长, 提高计算精度. 扩散部分采用混合体积元离散, 可以同时逼近饱和度函数及其伴随函数. 本章主要研究三维不可压缩混溶驱动问题的混合元–特征混合元方法、油水二相渗流驱动问题的混合体积元–特征混合体积元方法和可压缩渗流驱动问题的混合体积元–特征混合体积元方法及分析.

第 4 章研究可压缩二相渗流的区域分裂方法、区域分裂并行计算方法对现代油藏开发数值模拟计算具有重要价值; 对可压缩二相渗流驱动问题, 提出一类特征修正区域分裂并行算法, 将求解区域分为若干个子区域, 在每个子区域内用隐格式求解, 提出一个逼近导函数的特征函数, 用此函数前一时刻的函数值给出区域的内边界条件, 从而在算法上实现了并行. 本章主要研究三维微压缩驱动问题的区域分裂并行混合元方法、可压缩油水渗流驱动问题的特征修正混合元区域分裂方法和分析.

第 5 章研究二相渗流驱动问题的混合体积元–分数步差分方法, 我们对流动方程采用具有物理守恒律性质的混合体积元离散求解, 它为 Darcy 速度的计算提高了一阶精确度, 对饱和度方程采用二阶修正迎风 (特征) 分数步差分方法求解, 它克服了数值解振荡、弥散和计算复杂性, 将三维问题化为连续解三个一维问题, 且可用追赶法求解, 大大减少计算工作量. 本章主要研究三维油水渗流驱动问题的混合有限体积元–修正迎风分数步差分方法和多组分可压缩渗流驱动问题的混合体积元–修正特征分数步差分方法及分析.

第 6 章研究多孔介质非 Darcy 流问题的数值方法, 多孔介质中 Darcy 流的研究在石油开采和地下水污染问题中有着重要的价值, Darcy 定律描述蠕动流的速度和压力梯度之间的线性关系, 适用于蠕动速度较低, 孔隙率和渗透率较小的地下渗流数值模拟情况, 当速度较高, 且多孔介质非均匀时, 速度和压力梯度之间的线性关系转化为非线性, 通过加一个二阶项来转化为修正的方程. Forchheimer 定律主要描述这种情况. Forchheimer 定律最重要的特征是结合了非线性项的单调性和 Darcy 流的非退化性, 本章主要研究单相流的混合元逼近、不可压缩非混相驱问题的混合元方法和一般非 Darcy 流问题的块中心有限差分算法及分析.

第 7 章研究核废料污染问题数值模拟的新方法, 本章主要内容起始于作者 1987 年 1 月 ~1988 年 3 月在美国 Wyoming 大学石油工程数值研究所参加 R. E. Ewing 教授主持的 "核废料污染问题数值模拟研究" 的部分成果. 在那里, 我们首先发现流动方程、Brine 方程、Radionuclude 方程和热传导方程可以分裂求解, 并提出混合元方法、特征混合元方法和特征混合–差分方法, 并得到实际应用, 在上述工作基础上, 本章主要研究具有守恒律性质的核废料污染数值模拟的混合体积元–特征混合体积元方法、多孔介质可压缩核废料污染问题的混合体积元–特征混合体积元方法和核废料污染问题的混合体积元–特征分数步差分方法、多孔介质中可压缩核废料污染问题的混合体积元–特征分数步差分方法及分析.

第 8 章研究化学采油数值模拟方法的进展, 本章主要内容起始于作者 1985~

1988 年访美期间和 R. E. Ewing 教授合作从事强化 (化学) 采油数值模拟方法和应用软件研究, 回国后带领课题组 1991~1995 年承担了 "八五" 国家重点攻关项目——聚合物驱软件研究和应用, 随后又继续承担大庆石油管理局多项攻关项目, 并全都在生产中得到应用, 产生巨大的经济和社会效益. 本章主要研究三相 (油、气、水) 化学采油数值模拟方法、理论和应用, 包含黑油 (油、气、水)–聚合物驱, 黑油 (油、气、水)–三元 (聚合物、表面活性剂、碱) 复合驱数值模拟方法和工业生产软件的矿场实际应用, 在此基础上进一步研究了具有物理守恒律性质的三维化学采油耦合系统的混合体积元–特征混合体积元方法和收敛性分析.

第 9 章研究冻土问题数值模拟的理论、方法和应用, 冻土覆盖了全球陆地面积的 35%, 在我国特别是西部和东北部地区, 表面土壤每年都要历经冻结融化这一转换过程. 土壤冻结和融化深度受气候条件影响, 全球气候变暖将引起冻土面积和土壤冻结/融化深度锋面的变化. 此外, 土壤冻结/融化深度的改变对陆地与大气之间能量交换、地表径流、作物生长和碳循环等过程均有重要的影响, 冻土问题数值模拟计算和分析, 对我国开展的与冻土有关的各类大型工程建设、农业生产、气候变化等领域, 均有重要的理论的实用价值.

第 10 章研究地下水污染某些问题的数值方法, 地下水污染问题是一个重要的环境科学问题, 其数学模型关于压力的流动方程是椭圆型的和关于污染物浓度方程是对流扩散型的, 以及关于介质表面吸附浓度的一阶常微分方程, 流体的压力通过 Darcy 速度在浓度方程中出现, 并控制着浓度方程的全过程. 我们对流动方程采用具有守恒律性质的混合体积元离散求解, 对 Darcy 速度的计算提高了一阶精确度, 对浓度方程采用特征混合体积元求解, 即对方程的扩散部分采用混合体积元离散, 对流部分采用特征线法, 特征线法可以保证格式在流体锋线前沿逼近的高稳定性, 消除数值弥散和非物理性振荡, 并可以得到较小的截断误差, 增大时间步长, 提高计算精确度, 扩散项采用混合体积元离散, 可以同时逼近饱和度及其伴随向量函数, 保持单元质量守恒. 本章主要研究污染迁移问题的混合体积元–特征混合体积元方法和双重介质中地下水污染问题的混合体积元–特征混合体积元方法和分析.

在能源数值模拟的基础理论方面, 作者曾先后获得 1995 年国家光华科技基金三等奖, 2003 年教育部提名国家科学技术奖 (自然科学) 一等奖——能源数值模拟的理论和应用, 1997 年国家教育委员会科技进步奖 (甲类自然科学) 二等奖——油水资源数值模拟方法及应用. 1993 年国家教育委员会科技进步奖 (甲类自然科学) 二等奖——能源数值模拟的理论、方法和应用. 1988 年国家教育委员会科技进步奖 (甲类自然科学) 二等奖——有限元方法及其在工程技术中的应用, 并于 1993 年由于培养研究生的突出成果——"面向经济建设主战场探索培养高层次数学人才的新途径" 获国家级优秀教学成果奖一等奖. 在应用技术方面, 先后获得 2010 年国家科技进步奖特等奖 (2010-J-210-0-1-007)——"大庆油田高含水后期 4000 万吨以上持续稳产高效勘探开发技术". 1995 年获山东省科技进步奖一等奖——"三维盆地模拟系统研究". 2003 年获山东省科技进步奖三等奖——"油资源二次运移聚集并行处理区域化精细数值模拟技术研究". 1997 年获国家水利部科技进步奖三等奖——"防治海水入侵主要工程后效和调控模式研究". 同时多次获山东大学、胜利石油管理局科技进步奖一等奖.

1953 年美国 G. H. Bruce 等发表了《多孔介质中不稳定气体渗流的计算》一文, 为用电子计算机计算油藏渗流问题开辟了一条新道路. 60 多年来, 由于大型快速计算机的迅速发展, 现代大规模科学计算方法不断取得进展和逐步完善, 大大促进油藏数值模拟方法的发展和广泛应用. 目前, 黑油、混相和热力采油模型及其软件已投入工业性生产, 化学驱油模型和软件也正日臻完善. 而且这一方法在近二十年已成功应用到油、气藏勘探 (油气资源评估)、核废料污染、海水入侵预测和防治、地下水资源开发利用和污染防治、半导体器件的数值模拟等众多领域, 并取得重要成果. 可以预期油水资源数值模拟计算方法在 21 世纪将会出现重大的进展和突破. 在国民经济各部门产生重要的经济效益, 并将进一步推动计算数学和工业与应用数学学科的发展, 在国家现代化建设事业中发挥巨大的作用.

在油水资源数值模拟计算方法的理论和应用课题的研究中, 在数学、渗流力学方面我们始终得到 J. Douglas Jr., R. E. Ewing, 姜礼尚教授, 石钟慈院士, 林群院士, 符鸿源研究员的指导、帮助和支持! 在计算渗流力学和石油地质方面得到郭尚平院士, 汪集旸院士, 秦同洛教授和胜利油田总地质师潘元林, 胜利石油管理局地质科学研究院总地质师王捷的指导、帮助和支持! 并一直得到山东大学, 胜利、大庆、长庆等石油管理局和山东省农业委员会有关领导的大力支持! 特在此表示深深的谢意! 本书在出版过程中得到国家科技重大专题课题 (批准号: ZR2011ZX0511-004, 201ZX05052) 和国家自然科学基金项目 (批准号: 11271231) 的部分资助. 本书还获得国家科学技术学术著作出版基金资助, 也一并感谢!

在本课题长达 40 多年的研究过程中, 山东大学先后参加此项攻关课题的还有我的学生: 王文洽教授、羊丹平、梁栋、鲁统超、赵卫东、崔明荣、杜宁和李长峰等博士. 大庆和胜利油田先后参加此项工作有孙长明、戚连庆、桓冠仁、韩玉笈等高级工程师, 他们都为此付出辛勤的劳动.

限于作者水平, 书中不当之处在所难免, 恳请读者批评指正.

作　者

2016 年 12 月于山东大学 (济南)

目 录

第1章　渗流驱动半定问题数值模拟方法的理论和应用

地下渗流力学模型的数值方法研究是现代油水资源数值模拟的理论基础, 对于国家经济和社会的发展具有重要的价值和深远的影响.

地下渗流力学的数学模型是一类对流占优的非线性对流扩散方程组的初边值问题. 例如, 石油开发和勘探工程、环境工程中所出现的在多孔介质中多相、多组分的数值模拟, 半导体器件瞬态问题及各种大气流体的数学模型都属于这类对流占优的扩散方程组.

一般情况下, 渗流驱动问题的数值方法均建立在饱和度方程的扩散矩阵是正定的假设条件下, 但在很多实际情况中, 模型问题的扩散矩阵仅满足半正定, 在此条件下很多理论不再适用, 传统的椭圆投影理论不再成立, 因此对这种半正定问题的分析出现实质性困难. Dawson 和作者及其学生们在这一领域做了系统的工作, 本章是这方面工作的总结 [1-9].

本章共四节. 1.1 节为二相渗流驱动半定问题的特征有限元方法和差分方法. 1.2 节为三维油水驱动半正定问题的一类迎风混合元方法. 1.3 节为三维油水驱动半正定问题的迎风混合元多步方法. 1.4 节为基于网格变动的油水驱动半正定问题的迎风混合元方法.

1.1 二相渗流驱动半定问题的特征有限元方法和差分方法

油水二相驱动问题的数值模拟是能源数学的基础, Douglas 和 Russell 等对二维正定问题提出了著名的特征差分方法和特征有限元方法. 但在数值分析时出现实质性困难, 他们假定问题是周期的, 还对饱和度方程的扩散矩阵做了正定性假定, 但在很多实际问题中扩散矩阵仅满足半定性条件 [1-3]. 本节研究这一困难问题, 对三维问题提出特征有限元格式, 对一维问题提出特征差分格式, 并得到严谨的收敛性定理, 使油藏工程软件建立在坚实的数学和力学基础上.

1.1.1 三维油水驱动半定问题特征有限元格式

问题的数学模型是下述非线性偏微分方程组的初边值问题 [1-5]:

$$-\nabla \cdot \left[\frac{k(x)}{\mu(c)} (\nabla p - r(x,c)\nabla d(x)) \right] \equiv -\nabla \cdot [a(\nabla p - r\nabla d)] \equiv \nabla \cdot u = q(x,t),$$

$$x \in \Omega, \quad t \in J = (0, T], \tag{1.1.1}$$

$$\phi \frac{\partial c}{\partial t} - \nabla \cdot [D(x, u)\nabla c] + u \cdot \nabla c = \bar{q}(\bar{c} - c), \quad x \in \Omega, t \in J, \tag{1.1.2}$$

方程 (1.1.1) 是流动方程, $x = (x, y, z)^{\mathrm{T}}$, $\nabla = \left(\dfrac{\partial}{\partial x}, \dfrac{\partial}{\partial y}, \dfrac{\partial}{\partial z} \right)^{\mathrm{T}}$, $u = (u_1, u_2, u_3)^{\mathrm{T}}$ 是 Darcy 速度, $a = \dfrac{k}{\mu}$, p 为地层压力, $k(x)$ 是渗透率, $\mu(c)$ 是流体黏度, $r(x, c), d(x) \equiv (0, 0, z)^{\mathrm{T}}$ 分别是重力系数和垂直坐标, $q(x, t)$ 是产量项. 方程 (1.1.2) 是饱和度方程, $\phi(x)$ 是孔隙度, c 是饱和度, $D(x, u)$ 是扩散矩阵, 其一般形式为 [1,2]

$$
\begin{aligned}
D(x, u) =& D_m(x)I + \alpha_l |u|^\beta
\begin{bmatrix}
\hat{u}_x^2 & \hat{u}_x \hat{u}_y & \hat{u}_x \hat{u}_z \\
\hat{u}_x \hat{u}_y & \hat{u}_y^2 & \hat{u}_y \hat{u}_z \\
\hat{u}_x \hat{u}_z & \hat{u}_y \hat{u}_z & \hat{u}_z^2
\end{bmatrix} \\
&+ \alpha_t |u|^\beta
\begin{bmatrix}
\hat{u}_y^2 + \hat{u}_z^2 & -\hat{u}_x \hat{u}_y & -\hat{u}_x \hat{u}_z \\
-\hat{u}_x \hat{u}_y & \hat{u}_x^2 + \hat{u}_z^2 & -\hat{u}_y \hat{u}_z \\
-\hat{u}_x \hat{u}_z & -\hat{u}_y \hat{u}_z & \hat{u}_x^2 + \hat{u}_y^2
\end{bmatrix}.
\end{aligned}
\tag{1.1.3}
$$

此处 $D_m(x)$ 是分子扩散系数, I 是 3×3 单位矩阵, α_l, α_t 分别是纵向、横向扩散系数. $\hat{u}_x, \hat{u}_y, \hat{u}_z$ 表示速度 u 在坐标轴的方向余弦. $\bar{q} = \max\{q, 0\}$, $\bar{c}$ 为给定的函数. 此数学模型出现在油藏模拟和污染迁移问题中.

　　边界条件:

$$u \cdot \gamma = 0, \quad \nabla c \cdot \gamma = 0, \quad x \in \partial\Omega, \quad t \in J, \tag{1.1.4}$$

此处 $\gamma = (\gamma_1, \gamma_2, \gamma_3)^{\mathrm{T}}$ 是 $\partial\Omega$ 的外法向向量. 相容性条件

$$\int_\Omega q(x, t)\mathrm{d}x = 0, \quad t \in J. \tag{1.1.5}$$

　　初始条件:

$$c(x, 0) = c_0(x), \quad x \in \Omega. \tag{1.1.6}$$

通常问题是半定的, 即满足

$$0 < a_* \leqslant \frac{k(x)}{\mu(c)} \leqslant a^*, \quad 0 < \phi_* \leqslant \phi(x) \leqslant \phi^*, \quad 0 \leqslant D(x, u), \tag{1.1.7}$$

此处 a_*, a^*, ϕ_*, ϕ^* 是正常数.

　　对问题 (1.1.1)~(1.1.7) 提出特征有限元格式. 记区域 $\Omega = \{[0, 1]\}^3$, $\Delta t_p, \Delta t_c$ 分别为压力与饱和度方程的时间步长; $j = \dfrac{\Delta t_p}{\Delta t_c} \in Z^+$, $t^n = n\Delta t_c, t_m = m\Delta t_p, \psi^n =$

$\psi(t^n), \psi_m = \psi(t_m)$, 此处上标表示饱和度时间层, 下标表示压力时间层.

$$E\psi^n = \begin{cases} \psi_0, & t^n \leqslant t_1, \\ \left(1 + \dfrac{\gamma}{j}\right)\psi_m - \dfrac{\gamma}{j}\psi_{m-1}, & t_m < t^n \leqslant t_{m+1}, t^n = t_m + \gamma\Delta t_c, m \geqslant 1. \end{cases}$$

$N_h = N_{h_p}$ 为指数是 k 的有限元空间, 其逼迫性满足

$$\inf_{\varphi \in N_h} \{\|\psi - \varphi\|_0 + h_p\|\psi - \varphi\|_1\} \leqslant Mh_p^{k+1}\|\psi\|_{k+1}. \tag{1.1.8}$$

$M_h = M_{h_c}$ 为指数是 l 的有限元空间, 其逼迫性满足

$$\inf_{x \in M_h} \{\|\psi - \chi\|_0 + h_c\|\psi - \chi\|_1\} \leqslant Mh_c^{l+1}\|\psi\|_{l+1}. \tag{1.1.9}$$

在收敛性分析中应用某些投影技巧是方便的, 设 $t \in J, \overline{P}_h \in N_h$ 是椭圆投影, 满足

$$(a(c(t))\nabla\overline{P}_h, \nabla\varphi) = (a(c(t))\nabla p, \nabla\varphi)$$

$$= (a(c(t))\gamma(c(t))\nabla d, \nabla\varphi) + (q(t), \varphi), \quad \varphi \in N_h, \tag{1.1.10a}$$

$$(p - \overline{P}_h, 1) = 0. \tag{1.1.10b}$$

对饱和度采用 L^2 投影, 设 $t \in J, \overline{C}_h \in M_h$ 满足

$$(\phi\overline{C}_h, \chi) = (\phi c, \chi), \quad \chi \in M_h. \tag{1.1.11}$$

这流动实际上是沿着特征方向的, 对饱和度方程 (1.1.2)采用特征线法处理一阶双曲部分具有很高的精确度 [1-3], 为此记 $\psi(x, u) = [\phi^2 + |u|^2]^{1/2}$, $\dfrac{\partial}{\partial\tau} = \psi^{-1}\left\{\phi\dfrac{\partial}{\partial t} + u \cdot \nabla\right\}$, 采用向后差分逼近特征方向导数,

$$\left(\psi, \dfrac{\partial c}{\partial t}\right)_{(x, t^{n+1})} \approx \dfrac{\psi(x, t^{n+1})[c(x, t^{n+1}) - c(\check{x}, t^n)]}{[(x - \check{x})^2 + (\Delta t_c)]^{1/2}}$$

$$= \dfrac{\phi(x)[c(x, t^{n+1}) - c(\check{x}, t^n)]}{\Delta t_c}, \tag{1.1.12}$$

此处 $\check{x} = x - \dfrac{u^{n+1}\Delta t_c}{\phi(x)}$. 由于 u^{n+1} 还未算出, 需 EU^{n+1} 来逼近, 记

$$\hat{x} = X - \phi^{-1}(x)EU^{n+1}(x)\Delta t_c. \tag{1.1.13}$$

问题是寻求一对映射 $C_h : \{t^n\} \to M_h, P_h : \{t_m\} \to N_h$ 在压力层 t_m 确定

$$U_m = \dfrac{K}{\mu(C_{h,m}^*)}(\nabla P_{h,m} - r(C_{h,m}^*)\nabla d),$$

此处 $C_h^* = \min(\max(C_h, 0), 1)$ 被限定在 $[0, 1]$ 之中, 特征有限元格式为

$$C_h^0 = \overline{C}_h^0, \tag{1.1.14a}$$

$$\left(\phi\frac{C_h^{n+1} - \hat{C}_h^n}{\Delta t_c}, \chi\right) + (D(EU^{n+1})\nabla C_h^{n+1}, \nabla\chi) + (\bar{q}(t^{n+1})C_h^{n+1}, \chi)$$
$$= (\bar{q}(t^{n+1})\bar{c}(t^{n+1}), \chi), \quad \chi \in M_h, \tag{1.1.14b}$$

$$(a(C_{h,m}^*)\nabla P_{h,m}, \nabla\varphi) = (a(C_{h,m}^*)\gamma(C_{h,m}^*)\nabla d, \nabla\varphi) + (q(t_m), \varphi), \quad \varphi \in N_h, \tag{1.1.14c}$$

$$(P_{h,m}, 1) = 0, \tag{1.1.14d}$$

此处 $\hat{C}_h^n(x) = C_h^n(\hat{x}^{n+1}), \hat{X}^{n+1} = x - \phi^{-1}(x)EU^{n+1}(x)\Delta t_c$. 当 $\hat{x}^{n+1}$ 越过边界 $\partial\Omega$ 时, 按镜面反射法进行延拓处理. 格式 (1.1.14) 的计算程序是: $C_h^0, P_{h,0}, C_h^1, C_h^2, \cdots, C_h^j$, $P_{h,1}, C_h^{j+1}, \cdots, C_h^{2j}, P_{h,2}, \cdots$.

1.1.2　特征有限元格式的收敛性分析

记 $\zeta = C_h - \overline{C}_h, \xi = c - \overline{C}_h, \eta = P_h - \overline{P}_h, \theta = p - \overline{P}_h$, 首先考虑压力方程, 由 (1.1.14c) 和 (1.1.10a) 式可得

$$(a(C_{h,m}^*)\nabla\eta, \nabla\varphi) = ([a(c_m) - a(C_{h,m}^*)]\nabla\overline{P}_{h,m}, \nabla\varphi)$$
$$+ ([a(C_{h,m}^*)r(C_{h,m}^*) - a(C_w)r(C_m)]\nabla d, \varphi), \quad \varphi \in N_h, \quad m \geqslant 0, \tag{1.1.15}$$

选取检验函数 $\varphi = \eta_m$, 则有

$$\|\nabla\eta_m\|_0^2 \leqslant K\{\|c\|_{L^\infty(H^{l+1})}\}h_c^{2(l+1)} + K\|\zeta_m\|_0^2. \tag{1.1.16}$$

再考虑饱和度方程, 由 (1.1.14b)、(1.1.11) 和 (1.1.2) 式可得

$$\left(\phi\frac{\zeta^{n+1} - \check{\zeta}^n}{\Delta t_c}, \zeta^{n+1}\right) + (D(EU^{n+1})\nabla\zeta^{n+1}, \nabla\zeta^{n+1}) + (\bar{q}\zeta^{n+1}, \zeta^{n+1})$$
$$= (\sigma^{n+1}, \zeta^{n+1}) - \left(\phi\frac{\xi^{n+1} - \check{\xi}^n}{\Delta t_c}, \zeta^{n+1}\right)$$
$$+ (\bar{q}\xi^{n+1}, \zeta^{n+1}) + (D(EU^{n+1})\nabla\xi^{n+1}, \nabla\zeta^{n+1})$$
$$- \left(\phi\frac{\check{F}_h^n - \hat{F}_h^n}{\Delta t_c}, \zeta^{n+1}\right) - \left(\phi\frac{\check{\zeta}^n - \hat{\zeta}^n}{\Delta t_c}, \zeta^{n+1}\right)$$
$$+ ([D(u^{n+1}) - D(EU^{n+1})]\nabla c^{n+1}, \nabla\zeta^{n+1}), \tag{1.1.17}$$

此处 $F_h = \overline{C}_h$. 估计上式左端第一项, 注意到 $\left(\phi\dfrac{\zeta^{n+1} - \check{\zeta}^n}{\Delta t_c}, \zeta^{n+1}\right) \geqslant \dfrac{1}{2\Delta t_c}\{(\zeta^{n+1},$ $\zeta^{n+1}) - (\phi\check{\zeta}^n, \check{\zeta}^n)\}$, 再估计 $\dfrac{1}{2\Delta t_c}\{(\phi\check{\zeta}^n, \zeta^n) - (\phi\zeta^n, \zeta^n)\}$, 记 $y = \check{x} = x - \dfrac{u(x, t^{n+1})}{\phi}\Delta t_c = R(x), \check{\Omega} = R(\Omega)$ 是经映射 R 后 Ω 的影域, $\det DR(x) = 1 - \nabla \cdot \left(\dfrac{u}{\phi}\right)\Delta t_c + O(\Delta t_c^2)$, 于是

$$\frac{1}{2\Delta t_c}\{(\phi\check{\zeta}^n, \check{\zeta}^n) - (\phi\zeta^n, \zeta^n)\}$$

$$= \frac{1}{2\Delta t_c}\left\{\iint_{\check{\Omega}} \phi(x)\zeta(y)\zeta(y)(\det DR(x))^{-1}\mathrm{d}y - \int_{\Omega}\phi(x)\zeta(x)\mathrm{d}x\right\}$$

$$= \frac{1}{2\Delta t_c}\left\{\int_{\check{\Omega}\cap\Omega}[\phi(x) - \phi(y)]\zeta(y)\zeta(y)\left[1 + \left(\nabla\cdot\frac{u}{\phi}\right)_{(x)}\Delta t_c + O(\Delta t_c^2)\right]\mathrm{d}y\right.$$

$$+ \int_{\check{\Omega}\cap\Omega}\phi(y)\zeta(y)\zeta(y)\cdot\left[\left(\nabla\cdot\frac{u}{\phi}\right)_{(x)}\Delta t_c + O(\Delta t_c^2)\right]\mathrm{d}y\right\}$$

$$+ \frac{1}{2\Delta t_c}\left\{\int_{\check{\Omega}\backslash\Omega}\phi(x)\zeta(y)\zeta(y)\left[1 + \left(\nabla\cdot\frac{u}{\phi}\right)_{(x)}\Delta t_c + O(\Delta t_c^2)\right]\mathrm{d}y\right.$$

$$- \int_{\Omega\backslash\check{\Omega}}\phi(x)\zeta(x)\zeta(x)\mathrm{d}x\right\} = T_1 + T_2,$$

注意到 $|T_1| \leqslant K(\phi\zeta, \zeta)$, 对于 T_2, 由边界条件 $u \cdot \gamma = 0$ 可以推出 $\mathrm{meas}\{\Omega\backslash\check{\Omega}\} = O(\Delta t_c^2)$, 若剖分参数满足: $\Delta t_c = O(h_c^3)$, 则 $|T_2| \leqslant K\|\phi^{1/2}\zeta\|_{L^\infty}^2\Delta t_c \leqslant Kh_c^{-3}\Delta t_c(\phi\zeta, \zeta) \leqslant K(\phi\zeta, \zeta)$, 于是有估计式

$$\frac{1}{2\Delta t_c}\{(\phi\check{\zeta}^n, \check{\zeta}^n) - (\phi\zeta^n, \zeta^n)\} \leqslant K(\phi\zeta, \zeta). \tag{1.1.18}$$

对 (1.1.17) 式左端其余诸项有

$$(D(EU^{n+1})\nabla\zeta^{n+1}, \nabla\zeta^{n+1}) = \|D^{1/2}(EU^{n+1})\nabla\zeta^{n+1}\|_0^2, \tag{1.1.19}$$

$$(\bar{q}\zeta^{n+1}, \zeta^{n+1}) = \|\bar{q}^{1/2}\zeta^{n+1}\|_0^2. \tag{1.1.20}$$

对 (1.1.17) 式右端诸项依次估计有

$$|(\sigma^{n+1}, \zeta^{n+1})| \leqslant K\left\{\Delta t_c\left\|\frac{\partial^2 c}{\partial\tau^2}\right\|_{L^2(t^n, t^{n+1}; L^2)}^2 + \|\zeta^{n+1}\|_0^2\right\}, \tag{1.1.21}$$

$$\left|\left(\phi\frac{\check{\xi}^n - \xi^n}{\Delta t_c}, \zeta^{n+1}\right)\right| \leqslant K\{\|\nabla\xi^n\|_0^2 + \|\zeta^{n+1}\|_0^2\} \leqslant K\{h_c^{2l} + \|\zeta^{n+1}\|_0^2\}. \tag{1.1.22}$$

记 i 为最大指数使得 $t_{i-1} < t^L$, 若 t^L 是压力时间层, 则 $t^L = t_i$. 作归纳法假定

$$\sup_{0 \leqslant m \leqslant i-1} ||\nabla(P_{h,m} - \bar{P}_{h,m})||_{L^\infty} \leqslant K, \tag{1.1.23}$$

于是得出 $EU^{n+1}(x)$ 有界.

$$|(D(EU^{n+1})\nabla\xi^{n+1}, \nabla\zeta^{n+1})| \leqslant \frac{1}{3}||D^{1/2}(EU^{n+1})\nabla\zeta^{n+1}||_0^2 + Kh_c^{2l}, \tag{1.1.24}$$

$$|(\bar{q}\xi^{n+1}, \zeta^{n+1})| \leqslant K\left\{h_c^{2(l+1)} + ||\zeta^{n+1}||_0^2\right\}, \tag{1.1.25}$$

$$\left|\left(\phi\frac{\check{F}_h^n - \hat{F}_h^n}{\Delta t_c}, \zeta^{n+1}\right)\right| \leqslant K||\nabla\bar{C}_h^n||_\infty ||E(u^{n+1} - U^{n+1})||_0||\zeta^{n+1}||_\infty$$
$$\leqslant K\left\{h_c^{2l} + h_p^{2(k+1)} + (\Delta t_c)^2 + ||\zeta_m||_0^2\right.$$
$$\left. + ||\zeta_{m-1}||_0^2 + ||\zeta^{n+1}||_0^2\right\}, \tag{1.1.26}$$

$$\left|\left(\phi\frac{\check{\zeta}^n - \zeta^n}{\Delta t_c}, \zeta^{n+1}\right)\right| \leqslant K||\nabla\zeta^n||_0||E(u^{n+1} - U^{n+1})||_0||\zeta^{n+1}||_\infty$$
$$\leqslant Kh_c^{-3}||E(u^{n+1} - U^{n+1})||_0||\zeta^n||_0||\zeta^{n+1}||_0$$
$$\leqslant K\left\{h_c^{2l} + h_p^{2(k+1)} + ||\zeta_m||_0^2 + ||\zeta_{m-1}||_0^2 + ||\zeta^{n+1}||_0^2\right\}, \tag{1.1.27}$$

此处需要归纳法假定:

$$\sup_{0 \leqslant n \leqslant L-1} h_c^{-3}||\zeta^n||_0 \leqslant K, \tag{1.1.28}$$

$$([D(u^{n+1}) - D(EU^{n+1})]\nabla c^{n+1}, \nabla\zeta^{n+1})$$
$$= \int_\Omega\int_0^1\left[\frac{\partial D}{\partial u}(\theta u^{n+1} + (1-\theta)EU^{n+1}) - \frac{\partial D}{\partial u}(EU^{n+1})\right]d\theta(u^{n+1} - EU^{n+1})\nabla c^{n+1}$$
$$\cdot\nabla\zeta^{n+1}dx$$
$$+ \int_\Omega\frac{\partial D}{\partial u}(EU^{n+1})(u^{n+1} - EU^{n+1})\nabla c^{n+1}\cdot\nabla\zeta^{n+1}dx = W_1 + W_2, \tag{1.1.29}$$

若 $\frac{\partial^2 D}{\partial u^2}$ 有界, 则有

$$|W_1| \leqslant K\left|\frac{\partial^2 D}{\partial u^2}\right|||u^{n+1} - EU^{n+1}||_0^2||\nabla\zeta^{n+1}||_0$$
$$\leqslant Kh_c^{-3}\left\{(\Delta t_c)^2 + h_c^{2l} + h_p^{2(k+1)} + ||\zeta_m||_0^2 + ||\zeta_{m-1}||_0^2\right\}||\zeta^{n+1}||_0$$

$$\leqslant K\left\{(\Delta t_c)^2 + h_c^{2l} + h_p^{2(k+1)} + \|\zeta_m\|_0^2 + \|\zeta_{m-1}\|_0^2 + \|\zeta^{n+1}\|_0^2\right\}, \quad (1.1.30)$$

此处要求 $l \geqslant 3, h_p^{k+1} = O(h_c^3)$. 对于 W_2 有

$$|W_2| \leqslant \frac{1}{3}\|D^{1/2}(EU^{n+1})\nabla\zeta^{n+1}\|^2$$

$$+ K\int_\Omega D(EU^{n+1})^{-1}\left|\frac{\partial D}{\partial u}(EU^{n+1})\right|^2 |u^{n+1} - EU^{n+1}|^2|\nabla c^{n+1}|^2 \mathrm{d}x, \quad (1.1.31)$$

下面指明 $D^{-1}|D_u|^2$ 有界. 为了简单, 假定 u 是定向为 x 轴方向, 因为坐标旋转不影响 $\left|\dfrac{\partial D}{\partial u}\right|^2$ 的大小, 此时

$$D = D_m + |u|^\beta\begin{bmatrix} \alpha_l & 0 & 0 \\ 0 & \alpha_t & 0 \\ 0 & 0 & \alpha_t \end{bmatrix}, \quad D^{-1} \leqslant |u|^{-\beta}\begin{bmatrix} \alpha_l^{-1} & 0 & 0 \\ 0 & \alpha_t^{-1} & 0 \\ 0 & 0 & \alpha_t^{-1} \end{bmatrix},$$

$$\frac{\partial D}{\partial u_x} = \beta|u|^{\beta-1}\begin{bmatrix} \alpha_l & 0 & 0 \\ 0 & \alpha_t & 0 \\ 0 & 0 & \alpha_t \end{bmatrix}, \quad \frac{\partial D}{\partial u_y} = |u|^{\beta-1}\begin{bmatrix} 0 & \alpha_l - \alpha_t & 0 \\ \alpha_l - \alpha_t & 0 & 0 \\ 0 & 0 & 0 \end{bmatrix},$$

$$\frac{\partial D}{\partial u_z} = |u|^{\beta-1}\begin{bmatrix} 0 & 0 & \alpha_l - \alpha_t \\ 0 & 0 & 0 \\ \alpha_l - \alpha_t & 0 & 0 \end{bmatrix},$$

$$\left|D^{-1}\left(\frac{\partial D}{\partial u}\right)^2\right| \leqslant |u|^{\beta-2}\left\{\beta^2\begin{bmatrix} \alpha_l & 0 & 0 \\ 0 & \alpha_t & 0 \\ 0 & 0 & \alpha_t \end{bmatrix} + \begin{bmatrix} \alpha_l^{-1}(\alpha_l-\alpha_t)^2 & 0 & 0 \\ 0 & \alpha_t^{-1}(\alpha_l-\alpha_t)^2 & 0 \\ 0 & 0 & 0 \end{bmatrix}\right.$$

$$\left. + \begin{bmatrix} \alpha_l^{-1}(\alpha_l-\alpha_t)^2 & 0 & 0 \\ 0 & 0 & 0 \\ 0 & 0 & \alpha_t^{-1}(\alpha_l-\alpha_t)^2 \end{bmatrix}\right\},$$

当系数满足

$$\frac{\alpha_l^2}{\alpha_t} \leqslant \alpha^* < \infty, \quad \frac{\alpha_t^2}{\alpha_l} \leqslant \alpha^* < \infty, \quad \beta \geqslant 2 \quad (1.1.32)$$

时 $D^{-1}|Du|^2$ 有界. 现考虑 $\dfrac{\partial^2 D}{\partial u^2}$,

$$\frac{\partial^2 D}{\partial u_x^2} = \beta(\beta-1)|u|^{\beta-2}\begin{bmatrix} \alpha_l & 0 & 0 \\ 0 & \alpha_t & 0 \\ 0 & 0 & \alpha_t \end{bmatrix},$$

$$\frac{\partial^2 D}{\partial u_y^2} = 2|u|^{\beta-2} \begin{bmatrix} \alpha_t & 0 & 0 \\ 0 & \alpha_l & 0 \\ 0 & 0 & \alpha_t \end{bmatrix},$$

$$\frac{\partial^2 D}{\partial u_z^2} = 2|u|^{\beta-2} \begin{bmatrix} \alpha_t & 0 & 0 \\ 0 & \alpha_t & 0 \\ 0 & 0 & \alpha_l \end{bmatrix},$$

$$\frac{\partial^2 D}{\partial u_x \partial u_y} = \beta|u|^{\beta-2} \begin{bmatrix} 0 & \alpha_l - \alpha_t & 0 \\ \alpha_l - \alpha_t & 0 & 0 \\ 0 & 0 & 0 \end{bmatrix}, \cdots.$$

亦可推出当 $\beta \geqslant 2$ 时 $\frac{\partial^2 D}{\partial u^2}$ 是有界的. 于是 (1.1.31) 式的第二部分估计同 (1.1.30) 式. 对饱和度误差方程 (1.1.17), 应用 (1.1.18)~(1.1.31) 式可得

$$\frac{1}{2\Delta t_c} \left\{ ||\phi^{1/2}\zeta^{n+1}||_0^2 - ||\phi^{1/2}\zeta^{n+1}||_0^2 \right\}$$

$$+ \frac{1}{3}||D^{1/2}(EU^{n+1})\nabla\zeta^{n+1}||_0^2 + ||\bar{q}^{1/2}\zeta^{n+1}||_0^2$$

$$\leqslant K \left\{ \Delta t_c \left\| \frac{\partial^2 c}{\partial \tau^2} \right\|_{L^2(t^n,t^{n+1};L^2)}^2 + (\Delta t_c)^2 + h_c^{2l} \right.$$

$$\left. + h_p^{2(k+1)} + ||\zeta_{m-1}||_0^2 + ||\zeta_m||_0^2 + ||\zeta^n||_0^2 + ||\zeta^{n+1}||_0^2 \right\}, \tag{1.1.33}$$

对 (1.1.33) 式乘以 $2\Delta t_c$, 令 $n = 0, 1, \cdots, L-1$, 相加并应用 Gronwall 引理得

$$||\zeta^L||_0 \leqslant K\{h_c^l + h_p^{k+1} + \Delta t_c\}, \tag{1.1.34}$$

最后经检验归纳假定 (1.1.23) 和 (1.1.28) 式是正确的.

定理 1.1.1　若问题 (1.1.1)~(1.1.6) 的解具有适当的光滑性, $l \geqslant 3$, 且剖分参数满足下述限定: $\Delta t_c = O(h_c^3), h_p^{k+1} = O(h_c^3)$, 采用格式 (1.1.14) 计算, 则下述误差估计式成立

$$||c - C_h||_{\bar{L}^\infty(L^2(\Omega))} \leqslant K\{h_c^l + h_p^{k+1} + \Delta t_c\}. \tag{1.1.35}$$

1.1.3　一维油水驱动半定问题特征差分格式

问题的数学模型是下述非线性初边值问题 [1,2,5]:

$$\nabla \cdot u = q(x,t), \quad x \in \Omega, \quad t \in J = (0, T], \tag{1.1.36a}$$

$$u = -\frac{k(x)}{\mu(c)}\nabla p, \quad x \in \Omega, \quad t \in J, \tag{1.1.36b}$$

$$\phi\frac{\partial c}{\partial t} - \nabla \cdot [D(x,u)\nabla c] + u \cdot \nabla c = \bar{q}(\bar{c} - c), \quad x \in \Omega, \quad t \in J. \tag{1.1.37}$$

为了收敛性分析, 假定问题 (1.1.36) 和 (1.1.37) 是 Ω 周期的. 设 $\Omega = [0,1]$. $D(x,u)$ 是下述形式的扩散系数:

$$D(x,u) = D_m(x) = \alpha(x)|u|^\beta, \tag{1.1.38}$$

此处 $D_m(x)$ 是分子扩散系数, $\alpha(x)$ 是动力弥散系数.

初始条件:

$$c(x,0) = c_0(x), \quad x \in \Omega, \tag{1.1.39}$$

相容性条件:

$$\int_\Omega q(x,t)\mathrm{d}x = 0, \quad t \in J. \tag{1.1.40}$$

注意到压力函数确定到可以相差一个附加常数, 条件

$$\int_\Omega p(x,t)\mathrm{d}x = 0, \quad t \in J \tag{1.1.41}$$

用来确定这不定性.

对问题 (1.1.36)~(1.1.40), 下面提出特征差分格式. 设 $h = N^{-1}, x_i = ih, \Delta t > 0, t^n = n\Delta t$ 和 $w(x_i, t^n) = w_i^n$. 差分方程由两部分组成: 如果在 $t = t^n$ 时刻的逼近饱和度为 $\{C_{h,i}^n\}$. 已知, 由 (1.1.36a) 和 (1.1.36b) 离散可以得到 t^n 时刻的逼近压力 $\{P_{h,i}^n\}$ 和逼近速度 $\{U_{h,i}^n\}$, 则 $\phi c_t + u \cdot \nabla c$ 由特征方向的差商替代, 一个新的逼近饱和度 $\{C_{h,i}^{n+1}\}$ 被计算出来.

让

$$A_{i+1/2}^n = \frac{1}{2}[a(x_i, C_{h,i}^n) + a(x_{i+1}, C_{h,i+1}^n)], \quad a_{i+1/2}^n = \frac{1}{2}[a(x_i, c_i^n) + a(x_{i+1}, c_{i+1}^n)],$$

$$\partial_{\bar{x}}(A\partial_x P_h)_i^n = h^{-2}[A_{i+1/2}^n(P_{h,i+1}^n - P_{h,j}^n) - A_{i-1/2}^n(P_{h,i}^n - P_{h,i-1}^n)],$$

此处 ∂_x 和 $\partial_{\bar{x}}$ 分别是一维空间向前和向后差商. 类似 1.1.1 小节, 设 c, p, u 是精确解, C_h, P_h, U_h 是有限差分解.

对压力方程, 有限差分格式是

$$-\partial_{\bar{x}}(A\partial_x P_h)_i^n = Q_i^n = h^{-1}\int_{[x_i - h/2, x_i + h/2]} q(x, t^n)\mathrm{d}x, \quad 1 \leqslant i \leqslant N-1, \tag{1.1.42a}$$

$$\langle P_h^n, 1\rangle = \sum_{i=1}^N P_{h,i}^n h = 0. \tag{1.1.42b}$$

近似 Darcy 速度计算公式:

$$U_{h,i}^n = -\frac{1}{2h}[A_{i+1/2}^n(P_{h,i+1}^n - P_{h,i}^n) + A_{i-1/2}^n(P_{h,i}^n - P_{h,i-1}^n)]. \tag{1.1.43}$$

这流动实际上是沿着特征方向的. 用特征线法处理 (1.1.37) 的一阶双曲剖分具有很高的精确度. 设 $\psi(x,u) = [\phi^2(x) + |u|^2]^{1/2}$, $\dfrac{\partial}{\partial \tau} = \dfrac{1}{\psi}\left\{\phi\dfrac{\partial}{\partial \tau} + u \cdot \nabla\right\}$, 因此饱和度方程 (1.1.37) 能写为下述形式:

$$\psi\frac{\partial c}{\partial \tau} - \nabla \cdot [D(x,u)\nabla c] = f(x,t,c), \quad x \in \Omega, \quad t \in J, \tag{1.1.44}$$

此处 $f(x,t,c) = \bar{q}(\tilde{c} - c)$.

对饱和度方程 (1.1.44), 考虑 $\psi\dfrac{\partial c}{\partial \tau}$ 的近似, 在点 (x,t^{n+1}) 沿 τ 特征方程作向后差商, 则有

$$\left(\psi\frac{\partial c}{\partial t}\right)_{(x,t^{n+1})} = \phi_i\frac{c_i^{n+1} - \check{c}_i^n}{\Delta t} + O\left(\left|\frac{\partial^{2c}}{\partial c^2}\right|\Delta t\right),$$

此处 $\phi_i = \phi(x_i), \check{c}_i^n = c(\check{x}_i^n, t^n), \check{x} = x_i - u_i^{n+1} = x_i - u_i^{n+1}\dfrac{\Delta t}{\phi_i}$. 因为函数 c^{n+1} 和 u^{n+1} 将被逼近, 还不能计算 $\check{x}_i^n$. 因此取

$$\hat{x}_i^n = x_i - U_{h,i}^n\Delta t, \tag{1.1.45}$$

此处 u_i^{n+1} 用 $U_{h,i}^n$ 取代.

设 $\{C_{h,i}^n\}$ 是差分解的网值. 在 Ω 上用分段二次插值延拓网值 $\{C_{h,i}^n, i = 0, 1, \cdots, N\}$ 为函数 $C_h^n(x)$. 也就是值 $C_{h,i}^n, C_{h,i-1}^n$ 和 $C_{h,i+1}^n$ 用来确定 $\hat{C}_{h,i}^n = C_h^n(\hat{x}_i^n)$. 对于扩散项选定

$$\nabla \cdot (D(x,u)\nabla c)_i^{n+1} \approx \partial_{\bar{x}}(D(x,U_h^n)\partial_x C_h^{n+1})_i$$
$$= h^{-2}[D_{i+1/2}^n(C_{h,i+1}^{n+1} - C_{h,i}^{n+1}) - D_{i-1/2}^n(C_{h,i}^{n+1} - C_{h,i-1}^{n+1})],$$

此处 $D_{i+1/2}^n = \dfrac{1}{2}[D(x_i, U_{h,i}^n) + D(x_{i+1}, U_{h,i+1}^n)]$, 则对于饱和度方程 (1.1.37) 差分格式是

$$\phi_i\frac{C_{h,i}^{n+1} - \hat{C}_{h,i}^n}{\Delta t} - \partial_{\bar{x}}(D(x,U_h^n)\partial_x C_h^{n+1})_i = f(x_i, t^n, \hat{C}_{h,i}^n), \quad 1 \leqslant i \leqslant N. \tag{1.1.46a}$$

初始逼近:

$$C_{h,i}^0 = c_0(x_i), \quad 0 \leqslant i \leqslant N. \tag{1.1.46b}$$

每一步的计算程序: 假定在 t^n 时刻的逼近解 $\{C_{h,i}^n\}$ 已知. 首先从方程 (1.1.42) 得到差分解 $\{P_{h,i}^n\}$, 其次用 (1.1.43) 得到近似 Darcy 速度 $\{U_{h,i}^n\}$. 最后从方程 (1.1.46) 得到在时刻 t^{n+1} 的差分解 $\{C_{h,i}^{n+1}\}$.

1.1.4 特征差分格式的收敛性分析

设 $\pi = p - P_h, \xi = c - C_h$. 对于压力方程 (1.1.36) 有

$$-\partial_{\bar{x}}(a\partial_x p)_i^n = Q_i^n + \delta_i^n, \quad 1 \leqslant i \leqslant N. \tag{1.1.47}$$

此处 $|\delta_i^n| \leqslant M\{\|p^n\|_{4,\infty}, \|c^n\|_{3,\infty}\}h^2$. 记号 $M\{\cdot, \cdot\}$ 表示依赖自变量的一般常数. $|\alpha|_0 = \langle\alpha, \alpha\rangle^{1/2}$ 表示周期离散空间 $l^2(\Omega)$ 的范数, $\langle\alpha, \beta\rangle$ 表示内积.

还有 $\langle A\partial_{\bar{x}}\pi, \partial_{\bar{x}}\pi\rangle = \sum\limits_{i=1}^{N} A_{i-1/2}\left(\dfrac{\pi_i - \pi_{i-1}}{h}\right)^2 h$ 表示离散空间 $H^1(\Omega)$ 加权半模的平方. 从 (1.1.47) 减去 (1.1.42a) 可得

$$-\partial_{\bar{x}}(A\partial_x\pi)_i^n = \delta_i^n + \partial_{\bar{x}}\{(a-A)\partial_x p\}_i^n, \quad 1 \leqslant i \leqslant N, \tag{1.1.48}$$

对上式乘以检验函数 $\pi_i h$, 作内积并分部求和可得

$$\langle A^n\delta_{\bar{x}}\pi^n, \delta_{\bar{x}}\pi^n\rangle = \langle\delta^n, \pi^n\rangle - \langle(a-A)^n\delta_{\bar{x}}p^n, \delta_{\bar{x}}\pi^n\rangle, \tag{1.1.49a}$$

同样上述方程能写为下述形式:

$$\langle A^n\delta_x\pi^n, \delta_x\pi^n\rangle = \langle\delta^n, \pi^n\rangle - \langle(a-A)^n\partial_x p^n, \delta_x\pi^n\rangle. \tag{1.1.49b}$$

注意到 $A(x, C_h) \geqslant a_* > 0, (\pi^n, 1) = O(h^2)$, 应用 Poincaré 不等式有

$$\|\partial_x\pi^n\|_0^2 + \|\partial_{\bar{x}}\pi^n\|_0^2 \leqslant M\{\|p^n\|_{4,\infty}, \|c^n\|_{3,\infty}\}\left(\|\xi^n\|_0^2 + h^4\right), \tag{1.1.50}$$

此处 $\|\partial_{\bar{x}}\pi^n\|_0^2 = \|\partial_x\pi^n\|_0^2 = \sum\limits_{i=1}^{N}\left(\dfrac{\pi_i - \pi_{i-1}}{h}\right)^2 h = \sum\limits_{i=0}^{N-1}\left(\dfrac{\pi_{i+1} - \pi_i}{h}\right)^2 h$.

考虑饱和度误差方程, 能够得到

$$\phi_i\frac{\xi_i^{n+1} - (c^n(\check{x}_i^n) - \hat{C}_{h,j}^n)}{\Delta t} - \partial_{\bar{x}}(D(x, U_h^n)\partial_x\xi^{n+1})_i$$
$$= f(c_i^{n+1}) - f(\hat{C}_{h,i}^n) + \partial_{\bar{x}}\left([D(x, u^{n+1}) - D(x, U_h^n)]\partial_x c^{n+1}\right)_i + \varepsilon_i^{n+1}, \quad 1 \leqslant i \leqslant N, \tag{1.1.51}$$

此处 $|\varepsilon_i^{n+1}| \leqslant M\left\{\|c^{n+1}\|_{4,\infty}, \left\|\dfrac{\partial^2 c}{\partial\tau^2}\right\|_{L^\infty(J^n, L^\infty)}\right\}(h^2 + \Delta t), J^n = [t^n, t^{n+1}], \tau = \tau_i^{n+1}$ 是在 (x_i, t^{n+1}) 的特征方向, $\xi^n(x)$ 是值 $\{\xi_i^n\}$ 的分段二次插值. 则有

$$\xi_i^{n+1} - (c^n(\check{x}_i^n) - \hat{C}_{h,l}^n) = (\xi_i^{n+1} - \hat{\xi}_i^n) - (c^n(\check{x}_i^n) - c^n(\hat{x}_i^n)) - (I - I_2)c^n(\hat{x}_i^n), \tag{1.1.52}$$

此处 I 是恒等算子, I_2 是二次插值算子.

$$|u_i^n - U_{h,j}^n| \leqslant M\{\|p^n\|_{1,\infty}, \|c^n\|_{1,\infty}\}(h^2 + |\xi_i^n| + |\xi_{i+1}^n| + |\partial_x\pi_i^n| + |\partial_{\bar{x}}\pi_i^n|)$$

$$\leqslant M\{||p||_{W^{1,\infty}(J^n;W^{1,\infty})}, ||c||_{W^{1,\infty}(J^n;W^{1,\infty})}\}$$

$$\cdot (\Delta t + |\xi_i^n| + |\partial_x \pi_i^n| + |\partial_{\bar{x}} \pi_i^n|)\Delta t. \tag{1.1.53}$$

此处用了不等式 $|u_i^n - U_{h,j}^n| \leqslant M\{||p^n||_{1,\infty}, ||c^n||_{1,\infty}\}(h^2 + |\xi_i^n| + |\xi_{i+1}^n| + |\partial_x \pi_i^n| + |\partial_{\bar{x}} \pi_i^n|)$. 从 (1.1.51)~(1.1.53) 可得

$$\phi_i \frac{\xi_i^{n+1} - \hat{\xi}_i^n}{\Delta t} - \partial_{\bar{x}}(D(x, U_h^n)\partial_x \xi^{n+1})_i$$

$$\leqslant M\{|\xi_i^n| + |\partial_{\bar{x}} \pi_i^n| + |\partial_x \pi_i^n| + h^2 + \Delta t\} + \partial_{\bar{x}}([D(x, u^{n+1}) - D(x, U_h^n)]\partial_x c^{n+1})_i$$

$$+ \frac{\phi_i(I - I_2)C^n(\hat{x}_i^n)}{\Delta t}, \quad 1 \leqslant i \leqslant N. \tag{1.1.54}$$

对 (1.1.54) 乘以检验函数 $\xi_i^{n+1}h$, 作内积并分部求和可得

$$\frac{1}{2\Delta t}\{\langle \phi \xi^{n+1}, \xi^{n+1} \rangle - \langle \phi \check{\xi}^n, \check{\xi}^n \rangle\} + \frac{1}{2}\{\langle D(U_h^n)\partial_{\bar{x}} \xi^{n+1}, \partial_{\bar{x}} \xi^{n+1} \rangle$$

$$+ \langle D(U_h^n)\partial_x \xi^{n+1}, \partial_x \xi^{n+1} \rangle\},$$

$$\leqslant M\{||\xi^n||_0^2 + ||\xi^{n+1}||_0^2 + h^4 + (\Delta t)^2 + ||\partial_{\bar{x}} \pi^n||_0^2\} + \left\langle \phi \frac{\hat{\xi}^n - \check{\xi}^n}{\Delta t}, \xi^{n+1} \right\rangle$$

$$+ \frac{1}{2}\{\langle [D(u^{n+1}) - D(U_h^u)]\partial_{\bar{x}} c^{n+1}, \partial_{\bar{x}} \xi^{n+1} \rangle + \langle [D(u^{n+1}) - D(U_h^n)]\partial_x c^{n+1}, \partial_x \xi^{n+1} \rangle\}$$

$$+ \left\langle \phi \frac{(I - I_2)c^n(\hat{x}^n)}{\Delta t}, \xi^{n+1} \right\rangle. \tag{1.1.55}$$

为了估计 (1.1.55) 左端第一项, 取

$$G(x) = x - u(x, t^n)\frac{\Delta t}{\phi(x)}, \tag{1.1.56}$$

由于 $\det DG(x) = 1 - \nabla \cdot \left(\frac{u}{\phi}\right)\Delta t + O(\Delta t)^2$, G 是一个可微映射将周期区域 Ω 映射至自身. 我们期望误差尺寸是 $O(h^2 + \Delta t)$; 自然可假定

$$\Delta t = O(h^2), \quad 当 \quad h \to 0, \tag{1.1.57}$$

因为当 h 趋于零时 $\check{x}_i$ 趋于 x_i, 故点 $\check{x}_i$ 落在 x_{i-1} 和 x_{i+1} 之间. 应用值 w_{i-1}^n, w_i^n 和 w_{i+1}^n 能够确定 $w^n(\check{x}_i^n)$:

$$w^n(\check{x}_i^n) = (I_2\{w_i^n\})(\check{x}_i^n) = \frac{1}{2}\alpha_i^2(w_{i+1}^n + w_{i-1}^n) + (1 - \alpha_i^2)w_i^n - \frac{1}{2}\alpha(w_{i+1}^n - w_{i-1}^n), \tag{1.1.58}$$

此处 $\alpha_i = u_i^{n+1}\Delta t/\phi_i h$. 注意到

$$|(I - I_2)c^n(\check{x}_i^n)| \leqslant M\{||c^n||_{3,\infty}\}\min\{h^3, h^2\Delta t\}, \tag{1.1.59a}$$

$$\bar{\xi} = (I_2\{\xi_i^n\})(\check{x}) + ((I - I_2)c^n)(\check{x}_i^n). \tag{1.1.59b}$$

则有

$$\begin{aligned}
\langle \phi \check{\xi}^n, \xi^n \rangle &= \sum_{i=0}^{N} \phi_i \check{\xi}^n \check{\xi}^n h \\
&= \sum_{i=0}^{N} \phi_i \{ I_2(\xi_i^n)(\check{x}) + (I - I_2)c^n(\check{x}^n) \}^2 \\
&\quad + O(\|\xi^n\|_0 \|c^n\|_3 h^2 \Delta t + \|c^n\|_3^2 h^4 (\Delta t)^2) \\
&= \sum_{i=0}^{N} \phi_i \{ (\xi_i^n)^2 + O(\Delta t)[(\xi_{i+1}^n)^2 \\
&\quad + (\xi_i)^2 + (\xi_{i-1})^2] + \frac{u_i^{n+1}\Delta t}{2h\phi_i}(\xi_i^n \xi_{i+1}^n - \xi_i^n \xi_{i-1}^n) \} h \\
&= (\phi\xi^n, \xi^n) + O(\|\xi^n\|_0^2 \Delta t + h^4 \Delta t). \tag{1.1.60}
\end{aligned}$$

对于 (1.1.55) 右端第二项有

$$\eta_i^n = \xi^n \left(x_i - \frac{U_{h,i}^n \Delta t}{\phi_i} \right) - \xi^n \left(x_i - \frac{u_i^{n+1}\Delta t}{\phi_i} \right) = \int_{x_i - u_i^{n+1}\Delta t/\phi_i}^{x_i - U_{h,i}^n \Delta t/\phi_i} \frac{\partial \xi^n}{\partial x} \frac{u_i^{n+1} - U_{h,i}^n}{|u_i^{n+1} - U_{h,i}^n|} d\sigma$$

$$\leqslant M|u^{n+1} - U_h^n|_\infty \Delta t \max \left\{ |\partial_{\bar{x}} \xi_i^n| + |\partial_x \xi_i^n| : |x_p - x_i| \leqslant h \right.$$

$$\left. + \max\{|U_{h,i}^n|, |u_i^{n+1}|\}\Delta t \right\},$$

$$\left\langle \phi \frac{\hat{\xi}^n - \check{\xi}^n}{\Delta t}, \xi^{n+1} \right\rangle \leqslant M\{1 + |U_h^n|_\infty\}\{(\Delta t)^2 + |u^n - U_h^n|_\infty^2\}\|\partial_{\bar{x}}\xi^n\|_0^2 + M\|\xi^{n+1}\|_0^2. \tag{1.1.61}$$

注意到 $|U_h^n|_\infty \leqslant M\{1 + |\partial_x \pi^n|_\infty + |\partial_{\bar{x}} \pi^n|_\infty\}$. 引入归纳法假定:

$$\sup_{0 \leqslant n \leqslant L} \{|\partial_x \pi^n|_\infty + |\partial_{\bar{x}} \pi^n|_\infty\} \to 0, \quad (h, \Delta t) \to 0, \tag{1.1.62}$$

则有 $|U_h^n|_\infty \leqslant M, (h, \Delta t) \to 0$.

$$|U_h^n - u^n|_\infty \leqslant M\{|\xi^n|_\infty + h^2 + |\partial_x \pi^n|_\infty + |\partial_{\bar{x}} \pi^n|_\infty\} \leqslant Mh^{1/2}\{\|\xi\|_0 + h^2\}, \tag{1.1.63}$$

$$\left\langle \phi \frac{\hat{\xi}^n - \check{\xi}^n}{\Delta t}, \xi^{n+1} \right\rangle \leqslant M\{(\Delta t)^2 + h^{-1}(\|\xi^n\|_0^2 + h^4)\}h^{-1}\|\xi^n\|_0^2 + M\|\xi^{n+1}\|_0^2. \tag{1.1.64}$$

再一次引入归纳法假定

$$\sup_{0 \leqslant n \leqslant L} h^{-1}\|\xi^n\|_0 \to 0, \tag{1.1.65}$$

则有

$$\left\langle \phi \frac{\hat{\xi}^n - \check{\xi}^n}{\Delta t}, \xi^{n+1} \right\rangle \leqslant M\{(\Delta t)^2 + h^{-1}(\|\xi^n\|_0^2 + h^4)\}h^{-1}\|\xi^n\|_0^2 + M\|\xi^{n+1}\|_0^2. \quad (1.1.66)$$

对 (1.1.55) 右端第三项:

$$\begin{aligned}
&\langle [D(u^{n+1}) - D(U_h^n)]\partial_{\bar{x}}c^{n+1}, \partial_{\bar{x}}\xi^{n+1}\rangle \\
&= \left\langle \int_0^1 \left[\frac{\partial D}{\partial u}(Qu^{n+1} + (1-Q)U_h^n) - \frac{\partial D}{\partial u}(U_h^n) \right] dQ(u^{n+1} - U_h^n)\partial_{\bar{x}}c^{n+1}, \partial_{\bar{x}}\xi^{n+1} \right\rangle \\
&\quad + \left\langle \frac{\partial D}{\partial u}(U_h^n)(u^{n+1} - U_h^n)\partial_{\bar{x}}c^{n+1}, \partial_{\bar{x}}\xi^{n+1} \right\rangle. \quad (1.1.67)
\end{aligned}$$

假定 $\dfrac{\partial^2 D}{\partial u^2}$ 是有界的, 对上式第一项有

$$\begin{aligned}
&\left| \left\langle \int_0^1 \left[\frac{\partial D}{\partial u}(Qu^{n+1} + (1-Q)U_h^n) - \frac{\partial D}{\partial u}(U_h^n) \right] dQ(u^{n+1} - U_h^n)\partial_{\bar{x}}c^{n+1}, \partial_{\bar{x}}\xi^{n+1} \right\rangle \right| \\
&\leqslant M \left| \frac{\partial^2 D}{\partial u^2} \right|_\infty \|u^{n+1} - U_h^n\|_0^2 |\partial_{\bar{x}}\xi^{n+1}|_\infty \leqslant M\{(\Delta t)^2 + \|\xi^n\|_0^2 + h^4\}h^{-1}\|\xi^{n+1}\|_0 \\
&\leqslant M\left\{ (\Delta t)^2 + h^4 + \|\xi^n\|_0^2 + \|\xi^{n+1}\|_0^2 \right\}. \quad (1.1.68)
\end{aligned}$$

对第二项, 注意到

$$\begin{aligned}
&\left\langle \frac{\partial D}{\partial u}(U_h^n)(u^{n+1} - U_h^n)\partial_{\bar{x}}c^{n+1}, \partial_{\bar{x}}\xi^{n+1} \right\rangle \\
&\leqslant \frac{1}{8}\|D^{1/2}(U_h^n)\partial_{\bar{x}}\xi^{n+1}\|_0^2 + M \left\| \left\{ D(U_h^n)^{-1} \left| \frac{\partial D}{\partial u}(U_h^n) \right|^2 |u^{n+1} - U_h^n|^2 \right\}^{1/2} \right\|_0^2.
\end{aligned}$$

假定 $D^{-1}\left| \dfrac{\partial D}{\partial u} \right|^2$ 是有界的, 则有

$$\begin{aligned}
&\left| \left\langle \frac{\partial D}{\partial u}(U_h^n)(u^{n+1} - U_h^n)\partial_{\bar{x}}c^{n+1}, \partial_{\bar{x}}\xi^{n+1} \right\rangle \right| \\
&\leqslant \frac{1}{8}\|D^{1/2}(U_h^n)\partial_{\bar{x}}\xi^{n+1}\|_0^2 + M\left\{ (\Delta t)^2 + h^4 + \|\xi^n\|_0^2 \right\}. \quad (1.1.69)
\end{aligned}$$

我们指出 $D^{-1}\left| \dfrac{\partial D}{\partial u} \right|^2$ 和 $\dfrac{\partial^2 D}{\partial u^2}$ 是有界的, 在一维情况 $D(x, u) = D_m(x) + \alpha(x)|u|^\beta$ 下, 此处 $D_m(x) \geqslant 0$ 和 $\alpha(x) > 0$, 意味着

$$\left| D^{-1}\left(\frac{\partial D}{\partial u} \right)^2 \right| \leqslant \alpha^{-1}|u|^{-\beta}(\beta\alpha|u|^{\beta-1})^2 = \beta^2\alpha|u|^{\beta-2}, \quad (1.1.70\text{a})$$

$$\left|\frac{\partial^2 D}{\partial u^2}\right| = \beta(\beta - 1)\alpha|u|^{\beta-2}, \tag{1.1.70b}$$

对 $\beta \geqslant 2$, 它是有界的.

对 (1.1.55) 最后一项, 由 (1.1.59a) 和 (1.1.63) 能够得到

$$\left\langle \phi\frac{(I - I_2)c^n(\hat{x}^n)}{\Delta t}, \xi^{n+1} \right\rangle \leqslant M\{h^4 + \|\xi^{n+1}\|_0^2\}. \tag{1.1.71}$$

对于饱和度误差方程 (1.1.55), 由 (1.1.57)、(1.1.60)、(1.1.63)、(1.1.66)~(1.1.71) 有

$$\frac{1}{2\Delta t}\left\{\|\phi^{1/2}\xi^{n+1}\|_0^2 - \|\phi^{1/2}\xi^n\|_0^2\right\} + \frac{1}{4}\left\{\|D^{1/2}(U_h^n)\partial_{\bar{x}}\xi^{n+1}\|_0^2 \right.$$
$$\left. + \|D^{1/2}(U_h^n)\partial_x\xi^{n+1}\|_0^2\right\}$$
$$\leqslant M\left\{\|\xi^n\|_0^2 + \|\xi^{n+1}\|_0^2 + h^4 + (\Delta t)^2\right\}. \tag{1.1.72}$$

对 (1.1.72) 乘以 $2\Delta t$, 对 n 从 0 到 L 求和并注意到 $\xi^0 = 0$, 则有

$$\|\xi^{L+1}\|_0^2 + \sum_{n=0}^{L}\left[\|D^{1/2}(U_h^n)\partial_{\bar{x}}\xi^{n+1}\|_0^2 + \|D^{1/2}(U_h^n)\partial_x\xi^{n+1}\|_0^2\right]\Delta t$$
$$\leqslant M\left\{\sum_{n=0}^{L}\|\xi^{n+1}\|_0^2\Delta t + h^4 + (\Delta t)^2\right\}. \tag{1.1.73}$$

应用 Gronwall 引理, 可得

$$\|\xi^{L+1}\|_0^2 + \sum_{n=0}^{L}\left[\|D^{1/2}(U_h^n)\partial_{\bar{x}}\xi^{n+1}\|_0^2 + \|D^{1/2}(U_h^n)\partial_x\xi^{n+1}\|_0^2\right]\Delta t$$
$$\leqslant M\{(\Delta t)^2 + h^4\}. \tag{1.1.74}$$

组合 (1.1.50) 和 (1.1.74), 能够得到

$$\|\partial_{\bar{x}}\pi^{L+1}\|_0^2 + \|\partial_x\pi^{L+1}\|_0^2 + \|\xi^{L+1}\|_0^2 + \sum_{n=0}^{L}\left[\|D^{1/2}(U_h^n)\partial_{\bar{x}}\xi^{n+1}\|_0^2 \right.$$
$$\left. + \|D^{1/2}(U_h^n)\partial_x\xi^{n+1}\|_0^2\right]\Delta t$$
$$\leqslant M\{(\Delta t)^2 + h^4\}. \tag{1.1.75}$$

余下需要检验归纳法假定 (1.1.63) 和 (1.1.66). 对 $n = 0$, 注意到 $\xi^0 = 0$, 由 (1.1.50) 有

$$\|\partial_{\bar{x}}\pi^0\|_0 + \|\partial_x\pi^0\|_0 \leqslant Mh^2. \tag{1.1.76}$$

归纳法假定成立. 对 $1 \leqslant n \leqslant L$, 假定 (1.1.63) 成立, 从 (1.1.75) 和 Sobolev 嵌入定理可得

$$|\partial_{\bar{x}}\pi^{L+1}|_{\infty} + |\partial_x \pi^{L+1}|_{\infty} \leqslant Mh^{-1/2}\left\{\left\|\partial_{\bar{x}}\pi^{L+1}\right\|_0 + \left\|\partial_x \pi^{L+1}\right\|_0\right\} \leqslant Mh^{3/2}. \quad (1.1.77)$$

对 $n = L + 1$ 归纳法假定 (1.1.63) 成立. 类似地, 归纳法假定 (1.1.66) 同样是成立的.

定理 1.1.2 假定问题的精确解是光滑的, $p \in W^{1,\infty}(W^{1,\infty}) \bigcap L^{\infty}(W^{4,\infty}), c \in L^{\infty}(W^{4,\infty}) \bigcap W^{1,\infty}(L^{\infty})$. $\dfrac{\partial^2 c}{\partial \tau^2} \in L^{\infty}(L^{\infty})$; 问题是半定的, 且 $\beta \leqslant 2$. 采用特征差分格式 (1.1.42)、(1.1.43) 和 (1.1.46) 逐层计算. 若离散参数满足关系式 (1.1.57). 则下述误差估计式成立:

$$\|p - P_h\|_{l^{\infty}[0,T];h^1} + \|c - C_h\|_{L^{\infty}[0,T];l^2} \leqslant M^*\{h^2 + \triangle t\}, \quad (1.1.78)$$

此处 $\|f\|_{l^{\infty}(J;X)} = \sup\limits_{n\triangle t \leqslant T} \|f\|_X$, M^* 依赖于 c, p 和它的导函数.

这一领域的重要工作可参阅文献 [1–9].

1.2 三维油水驱动半正定问题的一类迎风混合元方法

关于三维不可压缩油水渗流驱动问题, 在扩散矩阵仅是半正定的假设条件下, 本节对其提出了一类迎风混合元方法, 也就是对压力方程应用混合元方法近似, 饱和度方程应用迎风混合元方法, 即其对流项用迎风格式来处理, 扩散项则用推广的混合元来逼近, 并推导出格式的误差估计. 此种格式的优越性表现在以下两个方面: 一是饱和度方程的扩散矩阵仅是半正定的; 二是摒弃了特征格式所限制的周期性条件, 更适用于实际问题. 本节最后给出了一个三维的数值算例.

1.2.1 引言

三维油水二相渗流驱动问题由两个耦合的方程组成: 压力方程与饱和度方程, 前者是椭圆型的, 易于处理; 后者是对流占优的扩散方程, 具有很强的双曲性质. 对于对流扩散问题, 经典的有限元方法出现解的振荡和失真, 许多数值分析专家广泛研究了此类问题, 并有很多知名的文献. 在众多的方法中, 出现了一系列适用于对流占优情形的有限元方法, 例如, Petorov-Galerkin 有限元方法、加权迎风格式、流线扩散法、特征-Petorov-Galerkin 有限元法、高阶 Godunov 方法等, 还有 Douglas、Ewing、Wheeler 和 Russell 的著名特征差分方法和特征-Galerkin 有限元方法, 以及改进的特征-Galerkin 有限元法 (MMOC-Galerkin)[10–16]、局部伴随 Eulerian-Lagrangian 方法 (ELLAM) 等等. 以上方法各有特点, 从不同的角度反映

了对流占优的特性; Godunov 格式为了保证稳定性, 对时间步长有一个 CFL 条件是减少数值扩散量, 沿流线方向增加一个自定义的附加项; 而对于 ELLAM, 可以保持局部的质量守恒, 增加了积分的估计, 计算量大; 改进的特征-Galerkin 有限元方法是一个隐格式, 可以选取较大的时间步长, 计算量小, 这是它的优点, 但其不能保持质量守恒, 并且由于使用特征线, 要求模型问题是周期的.

除了上述提到的方法, 还有一类迎风有限元法值得注意, 这类方法易于实现, 适用于多维问题, 克服了对流占优所产生的数值振荡, 尤其是它保留了原问题的两个重要性质: 极值原理和质量守恒原理. 显然, 无论从物理学或力学方面, 还是从数值分析方面, 这两个性质都是十分重要的.

通常描述不可压缩二相驱动问题的数学模型为

$$\nabla \cdot u = -\nabla \cdot (k(x,c)(\nabla p - r(x,c)\nabla d(x))) = q, \quad x \in \Omega, \quad 0 < t \leqslant T, \quad (1.2.1)$$

$$\phi(x)\frac{\partial c}{\partial t} + u \cdot \nabla c - \nabla \cdot (D\nabla c) = (\tilde{c} - c)q, \quad x \in \Omega, \quad 0 < t \leqslant T, \quad (1.2.2)$$

其中 Ω 是三维空间 R^3 中的有界区域, p 是压力, $u = (u_1, u_2, u_3)^{\mathrm{T}}$ 是 Darcy 速度, c 是饱和度, q 是产量, 正为注入井, 负为生产井, ϕ 是多孔介质的孔隙度, 而 $k(x,c) = \dfrac{k(x)}{\mu(c)}$, $k(x)$ 是岩石的渗透率, $\mu(c)$ 是依赖于水的饱和度 c 的黏度. $r(x,c)$, $d(x) \equiv (0,0,z)^{\mathrm{T}}$ 分别是重力系数和垂直坐标. 在 (1.2.2) 中 $\tilde{c}$ 必须特殊取定, 在注入井它是注入流体的饱和度, 对于生产井 $\tilde{c} = c$, $D = D(u)$ 是扩散矩阵, 其一般形式为

$$
\begin{aligned}
D = {} & D_m I + d_l |u|^\beta
\begin{bmatrix}
\hat{u}_x^2 & \hat{u}_x \hat{u}_y & \hat{u}_x \hat{u}_z \\
\hat{u}_x \hat{u}_y & \hat{u}_y^2 & \hat{u}_y \hat{u}_z \\
\hat{u}_x \hat{u}_z & \hat{u}_y \hat{u}_z & \hat{u}_z^2
\end{bmatrix} \\
& + d_t |u|^\beta
\begin{bmatrix}
\hat{u}_y^2 + \hat{u}_z^2 & -\hat{u}_x \hat{u}_y & -\hat{u}_x \hat{u}_z \\
-\hat{u}_x \hat{u}_y & \hat{u}_x^2 + \hat{u}_z^2 & -\hat{u}_y \hat{u}_z \\
-\hat{u}_x \hat{u}_z & -\hat{u}_y \hat{u}_z & \hat{u}_x^2 + \hat{u}_y^2
\end{bmatrix},
\end{aligned}
$$

此处 D_m 是分子扩散, I 是 3×3 的单位矩阵, d_l, d_t 分别是纵向和横向扩散系数. $\hat{u}_x, \hat{u}_y, \hat{u}_z$ 是速度 u 在坐标轴的方向余弦.

初始和边界条件:

$$c(0,x) = c_0, \quad x \in \Omega = 0, \quad u|_{\partial e} = 0, \quad \left.\frac{\partial c}{\partial r}\right|_{\partial \Omega}. \quad (1.2.3)$$

对于上述模型问题的压力方程可以采用各种有限元方法, 文献中有详细的讨论, 众所周知, 其中的混合元方法精度较高, 且有对梯度值的近似, 因此是逼近压力方程

较好的方法. 而对于对流占优的饱和度方程可以采用上面所提到的方法. 一般情况下, 以上方法均建立在饱和度方程的扩散矩阵是正定的假设条件下, 但在很多实际问题中扩散矩阵仅满足半正定, 在此条件下很多理论不再适用, 因此对这种半正定问题的分析出现实质性困难. Dawson 等在 [1] 中讨论了二维半正定二相渗流驱动问题的特征有限元方法. 作者在 [3] 中则对此半正定问题提出了特征差分格式, [2] 中是针对三维半正定驱动问题的特征有限元方法.

本节试图从其他角度研究这一困难问题, 对三维半正定不可压缩的渗流驱动问题提出了一种迎风混合元格式: 压力方程使用混合元方法; 而对于饱和度方程, 利用推广的混合元处理饱和度方程的扩散项, 对流项应用迎风格式 [17]. 这种方法适用于对流占优的问题, 可以保持质量守恒, 提高时间精度, 且不要求周期性.

本节框架如下: 1.2.2 小节是一些预备知识和记号, 给出了问题的解和系数的正则性要求; 1.2.3 小节对于 $D(u) \geqslant 0$ 时提出了油水渗流驱动问题的迎风混合元方法; 1.2.4 小节给出误差分析所需要的重要引理; 1.2.5 小节分析了格式并得到它的误差估计; 1.2.6 小节简单介绍了扩散矩阵正定时的迎风混合元方法, 得到了最优的误差估计; 1.2.7 小节给出了一个三维的数值算例, 很好地说明了此方法的优越性.

1.2.2　预备知识和记号

在 Ω 上, 定义下面的 Sobolev 空间和范数.

$$L^2(\Omega) = \left\{ f : \int_\Omega |f|^2 \mathrm{d}x < \infty \right\}, \quad ||f||^2 = \int_\Omega |f|^2 \mathrm{d}x,$$

$$L^\infty(\Omega) = \left\{ f : \sup_\Omega |f| < \infty \right\}, \quad ||f||_\infty = \sup_\Omega |f|,$$

$$H^m(\Omega) = \left\{ f : \frac{\partial^{|\alpha|} f}{\partial x^\alpha} \in L^2(\Omega), |\alpha| \leqslant m \right\}, \quad ||f||_m^2 = \sum_{|\alpha| \leqslant m} \left\| \frac{\partial^{|\alpha|} f}{\partial x^\alpha} \right\|^2, \quad m \geqslant 0.$$

定义

$$H(\mathrm{div}; \Omega) = \{ f = (f_x, f_y, f_z), f_x, f_y, f_z, \nabla \cdot f \in L^2(\Omega) \},$$

并且有范数

$$||f||_{H(\mathrm{div})}^2 = ||f_x||^2 + ||f_y||^2 + ||f_z||^2 + ||\nabla \cdot f||^2.$$

令

$$V = H(\mathrm{div}; \Omega) \cap \{ v \cdot \gamma = 0, 在\partial\Omega上 \},$$
$$W = L^2(\Omega) / \{ \varphi \equiv 常数, 在\Omega上 \}.$$

构造区域 Ω 的剖分 $K_h = \{e\}$, 是互不重叠的简单形, 适用于混合有限元法 (四面体或平行六面体), K_h 是拟一致的正则剖分, 满足以下条件:

(i) 任意两个单元相交于面、边、顶点或是空集;

(ii) 若 $e \subset \Omega$, 则 e 有平面;

(iii) 若 $e \in K_h$ 是一个边界单元, 边界的面可以是曲的;

(iv) 若 $\text{diam}(e) = h_e, h_e \leqslant h$.

设 W_h, V_h 是 W, V 的有限元空间, 且有 $\text{div} V_h = W_h$, 代表低阶的 Raviart-Thomas 空间, 也即: 对于 $\forall w \in W_h$ 在剖分 K_h 的每个小单元 e 上是常数; $\forall v \in V_h$ 在每个单元上是连续的分段线性函数, $v \cdot \gamma$ 是在 e 边界面重心点的值, γ 是 ∂e 的单位外法向量.

在下面所给出的数值方法的收敛性分析中, 将假设流动是光滑分布的, 并且假设系数和区域是正则的, 微分方程初边值问题的解是光滑的. 对方程的系数和正则性作如下的几点假定, 记为 (I):

(A1) $\phi_* \leqslant \phi(x) \leqslant \phi^* < \infty$;

(A2) $0 < k_* \leqslant k(x, c) \leqslant k^* < \infty$;

(A3) $c \in L^\infty(H^1) \cap L^2(W_1^\infty), p \in L^2(H^1), u \in L^2(H(\text{div})) \cap L^\infty(W_1^\infty) \cap H^2(L^2)$;

(A4) q 是光滑分布的, $|q(x, t)| \leqslant K$;

(A5) $\dfrac{\partial u}{\partial t}, \nabla \cdot \dfrac{\partial u}{\partial t}, \dfrac{\partial^2 u}{\partial t^2}, \dfrac{\partial c}{\partial t}, \dfrac{\partial k}{\partial c}$ 均有界, 并且 Lipschitz 连续;

(A6) D 对称, 且有 $D(u) \geqslant 0$.

1.2.3 迎风混合元方法

用 1.2.2 小节中的低阶混合元空间讨论模型问题 (1.2.1) 和 (1.2.2). 为了构造格式, 首先变换饱和度方程使之为散度的形式. 令 $g = uc = (u_1c, u_2c, u_3c) = (g_1, g_2, g_3), \tilde{z} = -\nabla c, z = D\tilde{z}$, 则

$$\phi c_t + \nabla \cdot g + \nabla \cdot z - c\nabla \cdot u = (\tilde{c} - c)q.$$

应用压力方程 $\nabla \cdot u = q$, 则方程 (1.2.2) 可以改写为

$$\phi c_t + \nabla \cdot g + \nabla \cdot z = \tilde{c}q, \tag{1.2.4}$$

此处应用推广的混合方法, Arbogast, Wheeler 和 Yotov 在文献 [18] 对于椭圆方程应用此方法, 这种方法不仅有对扩散流量 z 的近似, 同时有对梯度 $\tilde{z}$ 的近似.

压力方程与饱和度方程的弱形式可写为

$$\left(\frac{1}{k(x, c)} u, v \right) - (p, \nabla \cdot v) - (r(x, c)\nabla d(x), v) = 0, \quad \forall v \in V_h,$$

$$(\nabla \cdot u, w) = (q, w), \quad \forall w \in W_h,$$

$$(\phi c_t, w) + (\nabla \cdot g, w) + (\nabla \cdot z, w) = (q\tilde{c}, w), \quad \forall w \in W_h,$$

$$(\tilde{z}, v) = (c, \nabla \cdot v), \quad \forall v \in V_h,$$

$$(z, v) = (D\tilde{z}, v), \quad \forall v \in V_h. \quad (z, v) = (D\tilde{z}, v), \quad \forall v \in V_h.$$

本节中压力和饱和度方程采取相同的时间步长 $\Delta t > 0$, 设 $t^n = n\Delta t, t^N = T$. 对于压力方程, 其混合元方法: 求 $U^n \in V_h, P^n \in W_h$ 满足

$$\left(\frac{1}{k(C^n)}U^n, v\right) - (P^n, \nabla \cdot v) - (r(x, C^n)\nabla d(x), v) = 0, \quad \forall v \in V_h, \quad (1.2.5)$$

$$(\nabla \cdot U^n, w) = (q^n, w), \quad \forall w \in W_h, \quad (1.2.6)$$

考虑饱和度方程, 研究迎风混合元方法. 首先定义下面的向后差分算子, 令

$$f^n \equiv f^n(x) \equiv f(x, t^n), \quad \delta f^n = f^n - f^{n-1}, \quad d_t f^n = \frac{\delta f^n}{\Delta t}.$$

定义 $C^n \in W_h, \tilde{Z}^n \in V_h, Z^n \in V_h, G^n \in W_h$ 满足:

$$\left(\phi(x)\frac{C^n - C^{n-1}}{\Delta t}, w\right) + (\nabla \cdot G^n, w) + (\nabla \cdot Z^n, w) = (q\tilde{c}, w), \quad \forall w \in W_h, \quad (1.2.7)$$

$$(\tilde{Z}^n, v) = (C^n, \nabla \cdot), \quad \forall v \in V_h, \quad (1.2.8)$$

$$(Z^n, v) = (D(EU^n)\tilde{Z}^n, v), \quad \forall v \in V_h. \quad (1.2.9)$$

式 (1.2.5) $\sim$ (1.2.9) 就构成了方程 (1.2.1) 和 (1.2.2) 的迎风混合元方法. 计算步骤如下: 当 $n=0$ 时, 由 (1.2.5) 和 (1.2.6) 计算 U^0, P^0, 当 $n=1$ 时, 由 (1.2.7)、(1.2.8) 和 (1.2.9) 得 C^1, 代回 (1.2.5) 和 (1.2.6) 得 U^1, P^1, 依次循环计算, 可以得到每一时间层的压力、速度与饱和度的数值解. 其中 EU^n 以及迎风项 G 的定义为

$$EU^n = \begin{cases} 2U^{n-1} - U^{n-2}, & n > 1, \\ U^0, & n = 1, \end{cases}$$

对流流量 G 由近似解 C 来构造, 有许多种方法可以确定此项, 本节使用简单的迎风方法. 由于在 $\partial\Omega$ 上 $g = uc = 0$, 设在边界上 $G^n \cdot \gamma$ 的平均积分为 0. 假设单元 e_1, e_2 有公共面 a, x_l 是此面的重心, γ_l 是从 e_1 到 e_2 的法向量, 那么可以定义:

$$G^n \cdot \gamma_1 = \begin{cases} C_{e_1}^n(U^{n-1} \cdot \gamma_l)(x_l), & (U^{n-1} \cdot \gamma_l)(x_l) \geqslant 0, \\ C_{e_2}^n(U^{n-1} \cdot \gamma_l)(x_l), & (U^{n-1} \cdot \gamma_l)(x_l) < 0. \end{cases}$$

此处 $C_{e_1}^n, C_{e_2}^n$ 是 C^n 在单元上的常数值. 至此我们借助 C^n 定义了 G^n, 完成了数值格式 (1.2.5)$\sim$(1.2.9) 的构造, 形成一个关于 C 的非对称的线性方程组. 也可以用另外的方法计算 G^n, 得到对称的线性方程组:

$$G^n \cdot \gamma_l = \begin{cases} C_{e_1}^{n-1}(U^{n-1} \cdot \gamma_l)(x_l), & (U^{n-1} \cdot \gamma_l)(x_l) \geqslant 0, \\ C_{e_2}^{n-1}(U^{n-1} \cdot \gamma_l)(x_l), & (U^{n-1} \cdot \gamma_l)(x_l) < 0. \end{cases}$$

对于 g 的更高阶的近似, 可以通过单元上构造分段连续的线性函数得到. 但是由于我们的方法总体上不超过一阶精确度, 故不采用这种方法.

1.2.4 质量守恒原理和辅助引理

问题 (1.2.1) 和 (1.2.2) 若无源无汇 $q \equiv 0$, 且满足不流动边界条件, 那么饱和度方程满足质量守恒原理, $\int_\Omega \phi(x)\dfrac{\partial c}{\partial t}\mathrm{d}x = 0$. 对应迎风混合元方法 (1.2.4)~(1.2.8) 有下述原理.

质量守恒原理. 若 $q = 0$, $x \in \Omega$; $u \cdot \gamma = 0$, $D\nabla c \cdot \gamma = 0$, $x \in \partial\Omega$, 那么格式 (1.2.4)~(1.2.8) 满足离散质量守恒原理, 即

$$\int_\Omega \phi(x)\frac{C^n - C^{n-1}}{\Delta t}\mathrm{d}x = 0, \quad n > 0.$$

证明 由式 (1.2.6), 取 $w \equiv 1$, 可推出

$$\int_\Omega \phi(x)\frac{C^n - C^{n-1}}{\Delta t}\mathrm{d}x = -\sum_e \int_{\Omega e}(\nabla \cdot G^n + \nabla \cdot z^n)\mathrm{d}x,$$

注意到 $z^n \in V_h$, 由 V_h 中函数的定义 z^n 越过边界是连续的, 有

$$\sum_e \int_{\Omega e} \nabla \cdot z^n \mathrm{d}x = -\sum_l \int_a z^n \cdot \gamma_l \mathrm{d}s = 0.$$

记单元 e_1, e_2 的公共面为 a, x_l 是此面的重心, γ_l 是从 e_1 到 e_2 的法向量, 那么由对流项的定义, 在单元 e_1 上, 若 $U^{n-1} \cdot \gamma_l(x_i) \geqslant 0$, 则

$$\int_a G^n \cdot \gamma_l \mathrm{d}s = C_{e_i}^n U^{n-1} \cdot \gamma_l(x_i)m(a),$$

而在单元 e_2 上, a 的法向量是 $-\gamma_l$, 于是 $U^{n-1} \cdot \gamma_l(x_i) < 0$, 则

$$\int_a G^n \cdot \gamma_l \mathrm{d}s = -C_{e_i}^n U^{n-1} \cdot \gamma_l(x_i)m(a),$$

上面两式相互抵消, 故

$$\sum_e \int_{\Omega e} \nabla \cdot G^n \mathrm{d}x = 0.$$

也就是说

$$\int_\Omega \phi\frac{C^n - C^{n-1}}{\Delta t}\mathrm{d}x = 0, \quad n > 0.$$

证毕.

为了后面进行误差分析, 需要引入几个辅助引理.

对于应用混合元的压力方程 [12,13], 借助传统的椭圆投影.

引理 1.2.1 令 $\{\tilde{u}, \tilde{p}\}: J = (0, T] \to V_h \times W_h$ 是 $\{u, p\}$ 在混合有限元空间中的投影.

$$\left(\frac{1}{k(c)}\tilde{u}, v\right) - (\tilde{p}, \nabla \cdot v) = 0, \quad (\nabla \cdot \tilde{u}, w) = (q, w). \tag{1.2.10}$$

那么有结论 [13]

$$\|u - \tilde{u}\|_v + \|p - \tilde{p}\|_w \leqslant Mh\|p\|_{L^\infty(J; H^3(\Omega))}, \quad t \in J. \tag{1.2.11}$$

并且进一步可知有 $\|\tilde{u}\|_{L^\infty(L^\infty)} \leqslant K$.

由于饱和度方程的扩散矩阵仅是半正定的, 进行误差分析时不能再使用传统的椭圆投影, 而是使用 L^2 投影.

引理 1.2.2 令 $\Pi c^n, \Pi \tilde{z}^n, \Pi z^n$ 分别是 $c^n, \tilde{z}^n, z^n$ 的 L^2 投影, 满足:

$$\Pi c^n \in W_h, (\phi c^n - \phi \Pi c^n, w) = 0, \quad w \in W_h, \quad \|c^n - \Pi c^n\| \leqslant Kh,$$

$$\Pi \tilde{z}^n \in V_h, (\tilde{z}^n - \Pi \tilde{z}^n, v) = 0, \quad v \in V_h, \quad \|\tilde{z}^n - \Pi \tilde{z}^n\| \leqslant Kh,$$

$$\Pi z^n \in V_h, (z^n - \Pi z^n, v) = 0, \quad v \in V_h, \quad \|z^n - \Pi z^n\| \leqslant Kh.$$

对于迎风项的处理, 我们有下面的引理. 首先引入下面的记号: 网格单元 e 的任一面 a, 令 γ_l 代表 a 的单位法向量, 给定 (a, γ_l) 可以唯一确定有公共面 a 的两个相邻单元 e^+, e^-, 其中 γ_l 指向 e^+. 对于 $f \in W_h, x \in a$,

$$f^-(x) = \lim_{s \to 0_-} f(x + s\gamma_l), \quad f^+(x) = \lim_{s \to 0_+} f(x + s\gamma_l),$$

定义 $[f] = f^+ - f^-$.

引理 1.2.3 令 $f_1, f_2 \in W_h$, 那么

$$\int_\Omega \nabla \cdot (uf_1) f_2 dx$$

$$= \frac{1}{2} \sum_a \int_a [f_1][f_2] |u \cdot \gamma| ds + \frac{1}{2} \sum_a \int_a u \cdot \gamma_l (f_1^+ + f_1^-)(f_2^- - f_2^+) ds. \tag{1.2.12}$$

证明

$$\int_\Omega \nabla \cdot (uf_1) f_2 dx = \sum_e \int_{\Omega e} \nabla \cdot (uf_1) f_2 dx$$

$$= \sum_a \int_a [(u \cdot \gamma_l) + f_1^{e-} f_2^{e-} + (u \cdot \gamma_l) - f_1^{e+} f_2^{e-}$$

$$+ (u \cdot -\gamma_l) + f_1^{e+} f_2^{e+} + (u \cdot -\gamma_l) - f_1^{e-} f_2^{e+}] dx,$$

其中

$$(u \cdot \gamma)_+ := \max\{u \cdot \gamma, 0\}, \quad (u \cdot \gamma)_- := \min\{u \cdot \gamma, 0\}.$$

应用关系式 $(u \cdot -\gamma_l)_+ = -(u \cdot \gamma_l)_-$ 和 $(u \cdot -\gamma_l)_- = -(u \cdot \gamma_l)_+$ 以及 $f^{e+} = f^r, f^{e-} = f^l$, 上式可化简为

$$
\int_\Omega \nabla \cdot (u f_1) f_2 \mathrm{d}x
$$

$$
= \sum_a \int_a [(u \cdot \gamma_l)_+ f_1^l (f_2^l - f_2^r) + (u \cdot \gamma_l)_- f_1^r (f_2^l - f_2^r)] \mathrm{d}s
$$

$$
= \sum_a \int_a [((u \cdot \gamma_l)_+ - (u \cdot \gamma_l)_-) f_1^l (f_2^l - f_2^r)
$$

$$
+ (u \cdot \gamma_l)_- (f_1^r + f_1^l)(f_2^l - f_2^r)] \mathrm{d}s
$$

$$
= \sum_a \int_a [|u \cdot \gamma_l| (f_1^l - f_1^r)(f_2^l - f_2^r) + |u \cdot \gamma_l| f_1^r (f_2^l - f_2^r)
$$

$$
+ (u \cdot \gamma_l)_- (f_1^r + f_1^l)(f_2^l - f_2^r)] \mathrm{d}s
$$

$$
= \sum_a \int_a \left[\frac{1}{2} |u \cdot \gamma_l| (f_1^l - f_1^r)(f_2^l - f_2^r) \right.
$$

$$
\left. + (f_2^l - f_2^r) \left(\frac{1}{2} |u \cdot \gamma_l| (f_1^l - f_1^r) + |u \cdot \gamma_l| f_1^r + (u \cdot \gamma_l)_- (f_1^r + f_1^l) \right) \right] \mathrm{d}s
$$

$$
= \sum_a \int_a \left[\frac{1}{2} |u \cdot \gamma_l| (f_1^l - f_1^r)(f_2^l - f_2^r) \right.
$$

$$
\left. + (f_2^l - f_2^r) \left(\frac{1}{2} |u \cdot \gamma_l| (f_1^l + f_1^r) + (u \cdot \gamma_l)_- (f_1^r + f_1^l) \right) \right] \mathrm{d}s
$$

$$
= \sum_a \int_a \left[\frac{1}{2} |u \cdot \gamma_l| (f_1^l - f_1^r)(f_2^l - f_2^r) + (u \cdot \gamma_l) \frac{1}{2} (f_1^r + f_1^l)(f_2^l - f_2^r) \right] \mathrm{d}s,
$$

其中 $f^r = f^+, f^l = f^-$, 得到引理的证明.

1.2.5　误差分析

应用混合元的压力方程, 文献 [12, 13] 都有详细的说明, 本节不再赘述, 只引用其结论:

$$||U - \tilde{u}||_v + ||P - \tilde{p}||_w \leqslant K(1 + ||\tilde{u}||_\infty)||c - C||. \tag{1.2.13}$$

下面详细研究饱和度方程, 把 $C^n, \tilde{Z}^n, Z^n$ 与已知的 L^2 投影 $\Pi c^n, \Pi \tilde{z}^n, \Pi z^n$ 进行比较. 令

$$\xi_c = C - \Pi c, \quad \tilde{\xi}_z = \tilde{Z} - \Pi \tilde{z}, \quad \xi_z = Z - \Pi z,$$

$$\eta_c = c - \Pi c, \quad \tilde{\eta}_z = \tilde{z} - \Pi \tilde{z}, \quad \eta_z = z - \Pi z.$$

在时间 t^n 处, 真解满足

$$\left(\phi(x)\frac{c^n - c^{n-1}}{\Delta t}, w\right) + (\nabla \cdot g^n, w) + (\nabla \cdot z^n, w) = (q\tilde{c}, w) - (\rho^n, w), \quad \forall w \in W_h,$$

$$(\tilde{z}^n, v) = (c^n, \nabla \cdot v), \quad \forall v \in V_h,$$

$$(z^n, v) = (D(u^n)\tilde{z}^n, v), \quad \forall v \in V_h.$$

其中 $\rho^n = \phi(x)c_t^n - \phi(x)\dfrac{c^n - c^{n-1}}{\Delta t}$.

与 (1.2.7) $\sim$ (1.2.9) 相减并利用 L^2 投影得误差方程为

$$\left(\phi(x)\frac{\xi_c^n - \xi_c^{n-1}}{\Delta t}, w\right) + (\nabla \cdot \xi_z^n, w) + (\nabla \cdot G^n - \nabla \cdot g^n, w) = (p^n, w) + (\nabla \cdot \eta_z^n, w),$$
$$\tag{1.2.14}$$

$$\left(\tilde{\xi}_z^n, v\right) = (\xi_c^n, \nabla \cdot v), \tag{1.2.15}$$

$$(\xi_z^n, v) = \left(D(EU^n)\tilde{\xi}_z^n, v\right) + (D(EU^n)\tilde{\eta}_z^n, v) + ([D(EU^n) - D(u^n)]\tilde{z}^n, v). \tag{1.2.16}$$

在 (1.2.14) 中取 $w = \xi_c^n$, 在 (1.2.15) 中取 $v = \xi_z^n$, 在 (1.2.16) 中取 $v = \tilde{\xi}_z^n$, 三式相加减得

$$\left(\phi(x)\frac{\xi_c^n - \xi_c^{n-1}}{\Delta t}, \xi_c^n\right) + \left(D(EU^n)\tilde{\xi}_z^n, \tilde{\xi}_z^n\right) + (\nabla \cdot G^n - \nabla \cdot g^n, \xi_c^n)$$

$$= (\rho^n, \xi_c^n) + (\nabla \cdot \eta_z^n, \xi_c^n) - \left(D(EU^n)\tilde{\eta}_z^n, \tilde{\xi}_z^n\right) - \left([D(EU^n) - D(u^n)]\tilde{z}^n, \tilde{\xi}_z^n\right)$$

$$= T_1 + T_2 + T_3 + T_4. \tag{1.2.17}$$

先来估计方程 (1.2.17) 的左端项, 第三项可以分解为

$$(\nabla \cdot (G^n - g^n), \xi_c^n) = (\nabla \cdot (G^n - \Pi g^n), \xi_c^n) + (\nabla \cdot (\Pi g^n - g^n), \xi_c^n), \tag{1.2.18}$$

Πg^n 的定义类似于 G.

$$\Pi g^n \cdot \gamma_l = \begin{cases} \Pi c_{e_1}^n (U^{n-1} \cdot \gamma_l)(x_l), & (U^{n-1} \cdot \gamma_l)(x_l) \geqslant 0, \\ \Pi c_{e_2}^n (U^{n-1} \cdot \gamma_l)(x_l), & (U^{n-1} \cdot \gamma_l)(x_l) < 0. \end{cases}$$

应用引理 1.2.3 和 (1.2.12) 式,

$$(\nabla \cdot (G^n - \Pi g^n), \xi_c^n)$$

$$= \sum_e \int_{\Omega_e} \nabla \cdot (G^n - \Pi g^n)\xi_c^n \mathrm{d}x$$

$$= \sum_e \int_{\Omega_e} \nabla \cdot (U^{n-1}\xi_c^n)\xi_c^n \mathrm{d}x$$

$$
\begin{aligned}
&= \frac{1}{2} \sum_a \int_a |U^{n-1} \cdot \gamma_l| \, [\xi_c^n]^2 \, \mathrm{d}s - \frac{1}{2} \sum_a \int_a \left(U^{n-1} \cdot \gamma_l \right) \left(\xi_c^{n,+} + \xi_c^{n,-} \right) [\xi_c^n] \mathrm{d}s \\
&\equiv Q_1 + Q_2,
\end{aligned}
$$

$$
\begin{aligned}
Q_1 &= \frac{1}{2} \sum_a \int_a |U^{n-1} \cdot \gamma_l| \, [\xi_c^n]^2 \, \mathrm{d}s \geqslant 0, \\
Q_2 &= -\frac{1}{2} \sum_a \int_a \left(U^{n-1} \cdot \gamma_l \right) \left[\left(\xi_c^{n,+} \right)^2 - \left(\xi_c^{n,-} \right)^2 \right] \mathrm{d}s, \\
&= \frac{1}{2} \sum_e \int_{\Omega e} \nabla \cdot U^{n-1} \left(\xi_c^n \right)^2 \mathrm{d}x \\
&= \frac{1}{2} \sum_e \int_{\Omega e} q^{n-1} \left(\xi_c^n \right)^2 \, \mathrm{d}x.
\end{aligned}
$$

把 Q_2 移到方程 (1.2.17) 的右端, 并且根据 q 的有界性, 得到 $|Q_2| \leqslant K \|\xi_c^n\|^2$.

对于 (1.2.18) 式第二项

$$
(\nabla \cdot (g^n - \Pi g^n), \xi_c^n) = \sum_a \int_a \left\{ c^n u^n \cdot \gamma_l - \Pi c^n U^{n-1} \cdot \gamma_l \right\} [\xi_c^n] \, \mathrm{d}s
$$

$$
= \sum_a \int_a \left\{ c^n u^n - c^n u^{n-1} + c^n u^{n-1} - c^n U^{n-1} + c^n U^{n-1} - \Pi c^n U^{n-1} \right\} \cdot \gamma_l \, [\xi_c^n] \, \mathrm{d}s
$$

$$
= \left(\nabla \cdot \left(c^n u^n - c^n u^{n-1} \right), \xi_c^n \right) + \left(\nabla \cdot c^n \left(u^{n-1} - U^{n-1} \right), \xi_c^n \right)
$$

$$
+ \sum_a \int_a U^{n-1} \cdot \gamma_l \left(c^n - \Pi c^n \right) [\xi_c^n] \mathrm{d}s
$$

$$
\leqslant K \left(\frac{\partial u}{\partial t}, \nabla \cdot \frac{\partial u}{\partial t} \right) \Delta t^2 + K \left\| u^{n-1} - U^{n-1} \right\|_{H(\mathrm{div})}^2 + K \|\xi_c^n\|^2
$$

$$
+ K \sum_a \int_a |U^{n-1} \cdot \gamma_l| \left| c^n - \Pi c^n \right|^2 \mathrm{d}s + \frac{1}{4} \sum_a \int_a |U^{n-1} \cdot \gamma_l| \, [\xi_c^n]^2 \, \mathrm{d}s.
$$

由 (1.2.11)、(1.2.13) 以及 $|c^n - \Pi c^n| = O(h)$ 得到

$$
(\nabla \cdot (g^n - \Pi g^n), \xi_c^n) \leqslant K \Delta t^2 + K h^2 + K h + K \|\xi_c^n\|^2 + \frac{1}{4} \sum_a \int_a |U^{n-1} \cdot \gamma_l| \, [\xi_c^n]^2 \, \mathrm{d}s.
$$

$$
\tag{1.2.19}
$$

接下来考虑 (1.2.17) 右端各项的情况: 很容易得到 T_1, T_3 的估计,

$$
|T_1| \leqslant K \Delta t \left\| \frac{\partial^2 c}{\partial t^2} \right\|_{L^2(t^{n-1}, t^n, L^2)}^2 + K \|\xi_c^n\|^2, \tag{1.2.20}
$$

$$
|T_3| \leqslant K \|\tilde{\eta}_z^n\|^2 + \frac{1}{4} (D(EU^n) \tilde{\xi}_z^n, \tilde{\xi}_z^n) \tag{1.2.21}
$$

对于 T_2,

$$T_2 = \sum_e \int_{\Omega e} \nabla \cdot \eta_z^n \xi_c^n \mathrm{d}x = \sum_e \int_{\Omega e} \nabla \cdot (\eta_2^n - \eta_2^n(P_e)) \xi_c^n \mathrm{d}x$$

$$\leqslant \sum_e Kh \left(\int_{\Omega e} (\xi_c^n)^2 \mathrm{d}x \right)^{1/2}$$

$$\leqslant Kh \|\xi_c^n\| \leqslant Kh^2 + K \|\xi_c^n\|^2 .$$

此处 P_e 是单元 e 的节点.

对于 T_4, 注意到若 D 不依赖于 u, 那么 $T_4 = 0$, 否则有

$$T_4 = \int_\Omega \frac{\partial D}{\partial u} (EU^n - u^n) \tilde{z}^n \tilde{\xi}_z^n \mathrm{d}x$$

$$\leqslant \frac{1}{4} \left(D(EU^n) \tilde{\xi}_z^n, \tilde{\xi}_z^n \right) + \int_\Omega D^{-1} \left(\frac{\partial D}{\partial u} \right)^2 |EU^n - u^n|^2 \mathrm{d}x, \qquad (1.2.22)$$

若 $D^{-1}|D_u|^2$ 是有界的, 那么可以得到 T_4 的估计, 下面就来看一下它的有界性. 为了简单起见, 假设 u 是定向在 x 方向的 (旋转坐标轴不影响 $(D_u)^2$ 的大小), 那么可设

$$D = D_m + |u|^\beta \begin{bmatrix} d_l & 0 & 0 \\ 0 & d_t & 0 \\ 0 & 0 & d_t \end{bmatrix}, \quad D^{-1} \leqslant |u|^{-\beta} \begin{bmatrix} d_l^{-1} & 0 & 0 \\ 0 & d_t^{-1} & 0 \\ 0 & 0 & d_t^{-1} \end{bmatrix},$$

$$\frac{\partial D}{\partial u_x} = \beta |u|^{\beta-1} \begin{bmatrix} d_l & 0 & 0 \\ 0 & d_l & 0 \\ 0 & 0 & d_t \end{bmatrix}, \quad \frac{\partial D}{\partial u_y} = |u|^{\beta-1} \begin{bmatrix} 0 & d_t - d_t & 0 \\ d_t - d_t & 0 & 0 \\ 0 & 0 & 0 \end{bmatrix},$$

$$\frac{\partial D}{\partial u_z} = |u|^{\beta-1} \begin{bmatrix} 0 & 0 & d_l - d_t \\ 0 & 0 & 0 \\ d_l - d_t & 0 & 0 \end{bmatrix},$$

$$\left| D^{-1} \left(\frac{\partial D}{\partial u} \right)^2 \right| \leqslant |u|^{\beta-2} \left(\beta^2 \begin{bmatrix} d_l & 0 & 0 \\ 0 & d_t & 0 \\ 0 & 0 & d_t \end{bmatrix} + \begin{bmatrix} d_l^{-1}(d_l - d_t)^2 & 0 & 0 \\ 0 & d_t^{-1}(d_l - d_t)^2 & 0 \\ 0 & 0 & 0 \end{bmatrix} \right.$$

$$\left. + \begin{bmatrix} d_l^{-1}(d_l - d_t)^2 & 0 & 0 \\ 0 & 0 & 0 \\ 0 & 0 & d_t^{-1}(d_l - d_t)^2 \end{bmatrix} \right).$$

只要满足

$$\frac{d_l^2}{d_t} \leqslant d^* < \infty, \quad \frac{d_t^2}{d_l} \leqslant d^* < \infty, \quad \beta \geqslant 2. \qquad (1.2.23)$$

那么 $\left| D^{-1} \left(\dfrac{\partial D}{\partial u} \right)^2 \right|$ 是有界的, 条件 (1.2.23) 自然满足 [1,2]. 而 $u^n - EU^n = u^n - Eu^n + Eu^n - E\tilde{u}^n + E\tilde{u}^n - EU^n$, 由 Eu 的定义以及 (1.2.11) 和 (1.2.13) 有

$$||u^n - EU^n||^2 \leqslant K\Delta t^3 \left\| \frac{\partial^2 u}{\partial t^2} \right\|^2_{L^2(t^{n-1},t^n;L^2)} + h^2 + ||\xi_c^{n-1}||^2 + ||\xi_c^{n-2}||^2 \quad (n > 1),$$

$$||u^n - EU^n||^2 \leqslant K\Delta t \left\| \frac{\partial u}{\partial t} \right\|^2_{L^2(t^{n-1},t^n;L^2)} + h^2 + ||\xi_c^{n-1}||^2 \quad (n = 1).$$

故有

$$|T_4| \leqslant \frac{1}{4} \left(D\left(EU^n\right) \tilde{\xi}_z^n, \tilde{\xi}_z^n \right) + K \left(\Delta t^3 \left\| \frac{\partial^2 u}{\partial t^2} \right\|^2_{L^2(t^{n-1},t^n;L^2)} + \Delta t \left\| \frac{\partial u}{\partial t} \right\|^2_{L^2(t^{n-1},t^n;L^2)} \right.$$

$$\left. + h^2 + ||\xi_c^{n-1}||^2 + ||\xi_c^{n-2}||^2 \right). \tag{1.2.24}$$

把 (1.2.18)~(1.2.24) 的估计代回误差方程 (1.2.17), 得到

$$\frac{1}{2\Delta t} \left[\left\| \phi^{\frac{1}{2}} \xi_c^n \right\|^2 - \left\| \phi^{\frac{1}{2}} \xi_c^{n-1} \right\|^2 \right] + \left(D\left(EU^n\right) \tilde{\xi}_z^n, \tilde{\xi}_z^n \right) + \frac{1}{2} \sum_a \int_a |U^{n-1} \cdot \gamma_l| \left[\xi_c^n \right]^2 \mathrm{d}s$$

$$\leqslant K \left(\Delta t \left\| \frac{\partial^2 c}{\partial t^2} \right\|^2_{L^2(t^{n-1},t^n;L^2)} + \Delta t^3 \left\| \frac{\partial^2 u}{\partial t^2} \right\|^2_{L^2(t^{n-1},t^n;L^2)} + \Delta t ||u_t||^2_{L^2(t^{n-1},t^n;L^2)} \right)$$

$$+ K \left(||\xi_c^{n-1}||^2 + ||\xi_c^{n-2}||^2 + h + h^2 \right) + \frac{1}{2} \left(D\left(EU^n\right) \tilde{\xi}_z^n, \tilde{\xi}_z^n \right)$$

$$+ \frac{1}{4} \sum_a \int_a |U^{n-1} \cdot \gamma_l| \left[\xi_c^n \right]^2 \mathrm{d}s + \varepsilon \sum_a \int_a \left[\xi_c^n \right]^2 \mathrm{d}s, \tag{1.2.25}$$

右边最后一项被左边最后一项吸收, 两边同乘以 Δt 并关于时间 n 从 1 到 N 相加得到

$$\max_n \left\| \phi^{\frac{1}{2}} \xi_c^n \right\|^2 + \frac{1}{2} \sum_{n=1}^N \left(D\left(EU^n\right) \tilde{\xi}_z^n, \tilde{\xi}_z^n \right) \Delta t$$

$$\leqslant K \left(h + \Delta t^2 \right) + K \sum_{n=1}^N ||\xi_c^n||^2 \Delta t,$$

利用离散的 Gronwall 引理得到

$$\max_n ||\xi_c^n||^2 \leqslant K \left(h + \Delta t^2 \right),$$

由此得到本节的主要定理.

定理 1.2.1　　假设方程的系数满足条件 (I), $D(u) \geqslant 0$ 半正定, 并且有正则性条件

$$c \in L^\infty\left(H^1\right) \cap L^2\left(W_1^\infty\right), \quad u \in L^2\left(H\left(\mathrm{div}\right)\right) \cap H^2(L^2),$$

$$p \in L^2\left(H^1\right), \quad u_{tt} \in L^2\left(L^2\right),$$

若 D 不依赖于 u(也就是说 D 是 0, 或者仅由分子扩散组成), 那么有估计

$$\max_{0 \leqslant n \leqslant N} \|c^n - C^n\| \leqslant K\left(h^{\frac{1}{2}} + \Delta t\right). \tag{1.2.26}$$

若 D 依赖于 u, 包含非零的弥散项, 具有下面的形式

$$D = D_m I + d_l |u|^\beta \begin{bmatrix} \hat{u}_x^2 & \hat{u}_x \hat{u}_y & \hat{u}_x \hat{u}_z \\ \hat{u}_x \hat{u}_y & \hat{u}_y^2 & \hat{u}_y \hat{u}_z \\ \hat{u}_x \hat{u}_z & \hat{u}_y \hat{u}_z & \hat{u}_z^2 \end{bmatrix} + d_t |u|^\beta \begin{bmatrix} \hat{u}_y^2 + \hat{u}_z^2 & -\hat{u}_x \hat{u}_y & -\hat{u}_x \hat{u}_z \\ -\hat{u}_x \hat{u}_y & \hat{u}_x^2 + \hat{u}_z^2 & -\hat{u}_y \hat{u}_z \\ -\hat{u}_x \hat{u}_z & -\hat{u}_y \hat{u}_z & \hat{u}_x^2 + \hat{u}_y^2 \end{bmatrix}.$$

此处假设 D_m 没有下界, 那么估计式 (1.2.26) 成立需要条件:

$$\frac{d_l^2}{d_t} \leqslant d^* < \infty, \quad \frac{d_t^2}{d_l} \leqslant d^* < \infty, \quad \beta \geqslant 2,$$

其中 K 是不依赖于 $h, \Delta t$ 的常数.

1.2.6　扩散矩阵正定的情形

以上是针对二相驱动问题扩散矩阵半正定时的误差估计, 若扩散矩阵满足传统的正定性条件:

$$0 < D_* \leqslant D(x, u) \leqslant D^*,$$

则可以得到最优的误差估计.

此时, 采取传统的 π 投影 [19],

$$(\nabla \cdot (z^n - \pi z^n), w) = 0, \quad w \in W_h, \tag{1.2.27}$$

$$(\nabla \cdot (g^n - \pi g^n), w) = 0, \quad w \in W_h, \tag{1.2.28}$$

则有

$$\|z^n - \pi z^n\| \leqslant Kh, \quad \|g^n - \pi g^n\| \leqslant Kh.$$

(1.2.14)~(1.2.16) 的误差方程将会有所改变;

$$\left(\phi(x) \frac{\xi_c^n - \xi_c^{n-1}}{\Delta t}, w\right) + (\nabla \cdot \xi_z^n, w) + (\nabla \cdot G^n - \nabla \cdot \pi g^n, w) = (\rho^n, w), \tag{1.2.29}$$

$$\left(\tilde{\xi}_z^n, v\right) = (\xi_c^n, \nabla \cdot v), \tag{1.2.30}$$

$$(\xi_z^n, v) = \left(D\left(EU^n\right) \tilde{\xi}_z^n, v \right) + (D(EU^n)\bar{\eta}_z^n, v) + ([D(EU^n) - D(u^n)]\tilde{z}, v) + (\eta_z^n, v).$$
$$(1.2.31)$$

在 (1.2.29) 中取 $w = \xi_c^n$, 在 (1.2.30) 中取 $v = \xi_z^n$, 在 (1.2.31) 中取 $v = \tilde{\xi}_z^n$, 三式相加减得到

$$\left(\phi(x) \frac{\xi_c^n - \xi_c^{n-1}}{\Delta t}, \xi_c^n \right) + \left(D\left(EU^n\right) \tilde{\xi}_z^n, \tilde{\xi}_z^n \right) + (\nabla \cdot G^n - \nabla \cdot \pi g^n, \xi_c^n)$$

$$= (\rho^n, \xi_c^n) - \left(\eta_z^n, \tilde{\xi}_z^n \right) - \left(D\left(EU^n\right) \bar{\eta}_z^n, \tilde{\xi}_z^n \right) - ([D(EU^n) - D(u^n)]\tilde{z}^n, \tilde{\xi}_z^n)$$

$$\equiv T_1 + T_2 + T_3 + T_4,$$
$$(1.2.32)$$

比较 (1.2.32) 和 (1.2.17) 可以看到, 由于 Πg 与 πg 的定义不同, 所以估计也有所不同.

先来看 (1.2.32) 左端第三项: 在 (1.2.30) 中取 $v = G^n - \pi g^n$, 那么有

$$(\nabla \cdot (G^n - \pi g^n), \xi_c^n) = (\xi_z^n, G^n - \pi g^n)$$

$$\leqslant \frac{1}{8} \left(D\tilde{\xi}_z^n, \tilde{\xi}_z^n \right) + K\left(D_*^{-1} \right) \|G^n - \pi g^n\|. \quad (1.2.33)$$

令 a 是一个公共的面, γ_l 代表 a 的单位法向量, x_1 是此面的重心, 由 π-投影 [19] 的性质,

$$\int_a \pi g^n \cdot \gamma_l \mathrm{d}s = \int_a c^n\left(u^n \cdot \gamma_l\right) \mathrm{d}s, \quad (1.2.34)$$

对于 g^n 充分光滑, 由积分的中点法则

$$\frac{1}{m(a)} \int_a \pi g^n \cdot \gamma_l \mathrm{d}s - \left((u^n \cdot \gamma_l)\, c^n\right)(x_l) = O(h). \quad (1.2.35)$$

那么

$$\frac{1}{m(a)} \int_a (G^n - \pi g^n) \cdot \gamma_l \mathrm{d}s = C_e^m(U^{n-1} \cdot \gamma_l)(x_1) - ((u^n \cdot \gamma_l)c^n)(x_l) + O(h)$$

$$= (C_e^m - c^n(x_l))(U^{n-1} \cdot \gamma_l) + c^n(x_l)(U^{n-1} - u^{n-1}) \cdot \gamma_l$$

$$+ c^n(x_l)(u^{n-1} - u^n) \cdot \gamma_l + O(h), \quad (1.2.36)$$

由 c^n 充分光滑以及 (1.2.31) 式,

$$|c^n(x_l) - C_e^n| \leqslant |\xi_c^n| + O(h), \quad (1.2.37)$$

$$|U^{n-1} - u^{n-1}| \leqslant K\left(|\xi_c^{n-1}| + O(h)\right), \quad (1.2.38)$$

由 (1.2.34)~(1.2.38), 有

$$\|G^n - \pi g^n\|^2 \leqslant k(\|\xi_c^n\|^2 + \|\xi_c^{n-1}\|^2) + kh^2. \quad (1.2.39)$$

由于 D 正定有下界, 故 (1.2.32) 右端各项的估计与 1.2.5 小节不同:

$$|T_1| \leqslant K\Delta t \left\| \frac{\partial^2 c}{\partial t^2} \right\|^2_{L^2(t^{n-1}, t^n; L^2)} + K\|\xi_c^n\|^2, \tag{1.2.40}$$

$$|T_2| \leqslant K(D_*^{-1})\|\eta_z^n\|^2 + \frac{1}{8} \left(D\left(EU^n\right) \tilde{\xi}_z^n, \tilde{\xi}_z^n \right), \tag{1.2.41}$$

$$|T_3| \leqslant K\|\tilde{\eta}_z^n\|^2 + \frac{1}{8} \left(D\left(EU^n\right) \tilde{\xi}_z^n, \tilde{\xi}_z^n \right), \tag{1.2.42}$$

$$|T_4| \leqslant K(D_*^{-1})\left\|EU^n - u^n\right\|^2 + \frac{1}{8} \left(D\left(EU^n\right) \tilde{\xi}_z^n, \tilde{\xi}_z^n \right), \tag{1.2.43}$$

类似 (1.2.24), 有

$$\begin{aligned}
|T_4| \leqslant &\frac{1}{8} \left(D\left(EU^n\right) \tilde{\xi}_z^n, \tilde{\xi}_z^n \right) \\
&+ K \left(\Delta t^3 \left\| \frac{\partial^2 u}{\partial t^2} \right\|^2_{L^2(t^{n-1}, t^n; L^2)} + \Delta t \left\| \frac{\partial u}{\partial t} \right\|^2_{L^2(t^{n-1}, t^n; L^2)} \right. \\
&\left. + h^2 + \|\xi_c^{n-1}\|^2 + \|\xi_c^{n-2}\|^2 \right).
\end{aligned} \tag{1.2.44}$$

把 (1.2.33)、(1.2.39)~(1.2.44) 代回 (1.2.32), 得到

$$\begin{aligned}
&\frac{1}{2\Delta t} \left[\left\| \phi^{\frac{1}{2}} \xi_c^n \right\|^2 - \left\| \phi^{\frac{1}{2}} \xi_c^{n-1} \right\|^2 \right] + \frac{1}{2}(D(EU^n)\tilde{\xi}_z^n, \tilde{\xi}_z^n) \\
&\leqslant K\left(\Delta t^2 + h^2 \right) + K(\|\xi_c^n\|^2 + \|\xi_c^{n-1}\|^2 + \|\xi_c^{n-2}\|^2).
\end{aligned} \tag{1.2.45}$$

两边同乘以 $2\Delta t$ 并关于时间 n 从 1 到 N 相加, 利用 Gronwall 引理得到

$$\max_n \|\xi_c^n\| \leqslant K\left(h + \Delta t \right). \tag{1.2.46}$$

根据所选的有限元空间, 上面的估计是最优的.

　　由 1.2.5 小节和 1.2.6 小节的证明可以看到, 扩散矩阵正定和半正定存在本质的区别, 其误差估计的理论明显不同, 这是实际应用中应该注意的问题.

1.2.7　数值算例

　　为了说明方法的特点和优越性, 下面考虑一组非驻定的对流扩散方程:

$$\begin{cases}
\dfrac{\partial u}{\partial t} + \nabla \left(-a\left(x\right) \nabla u + \underline{b}u \right) = f, & (x, y, z) \in \Omega, t \in (0, T], \\
u\left|_{t=0} = x\left(1 - x\right) y\left(1 - y\right) z\left(1 - z\right), \right. & (x, y, z) \in \Omega, \\
u\left|_{\partial\Omega} = 0, \right. & t \in (0, T].
\end{cases}$$

问题 1(对流占优)

$$a(x) = 10^{-2}, \quad b_1 = (1 + x\cos\alpha)\cos\alpha, \quad b_2 = (1 + y\sin\alpha)\sin\alpha, \quad b_3 = 1, \quad \alpha = 15°.$$

问题 2(强对流占优)

$$a(x) = 10^{-5}, \quad b_1 = 1, \quad b_2 = 2, \quad b_3 = -2.$$

其中 $\Omega = (0,1) \times (0,1) \times (0,1)$, 问题的精确解为 $u = e^{t/4}x(1-x)y(1-y)z(1-z)$, 右端 f 使每一个问题均成立. 时间步长为 $\Delta t = \dfrac{T}{6}$. 具体情况如表 1.2.1 $\left(T = \dfrac{1}{2}\text{时}\right)$.

表 1.2.1 问题 1 的结果

N		8	16	24
UPMIX	L^2	5.7604e−007	7.4580e−008	3.9599e−008
FDM	L^2	1.2686e−006	3.4144e−007	1.5720e−007

表 1.2.2 问题 2 的结果

N		8	16	24
UPMIX	L^2	5.1822e−007	1.0127e−008	6.8874e−008
FDM	L^2	3.3386e−0065	3.2242e+009	溢出

表 1.2.1 和表 1.2.2 中的 L^2 表示误差的 L^2 模, UPMIX 代表本书的迎风混合元方法, FDM 代表五点格式的有限差分方法, 表 1.2.1 和表 1.2.2 分别是对问题 1 和问题 2 的数值结果. 由表可以看出, 差分方法对于对流占优的方程有结果, 但对于强对流的方程, 剖分步长比较大时有结果, 但当步长慢慢减小时其结果明显发生振荡不可用. 迎风混合元方法无论对于对流占优的方程还是强对流占优的方程, 都有很好的逼近结果, 没有数值振荡, 可以得到合理的结果, 这是其他有限元或有限差分方法所不能比的.

此外, 考虑两类半正定的情形:

问题 3

$$a(x) = x(1-x), \quad b_1 = 1, \quad b_2 = 1, \quad b_3 = 0.$$

问题 4

$$a(x) = (x - 1/2)^2, \quad b_1 = -3, \quad b_2 = 1, \quad b_3 = 0.$$

结果如表 1.2.3 所示.

表 1.2.3 半正定问题的结果

N		8	16	24
P3	L^2	8.0682e−007	5.5915e−008	1.2302e−008
P4	L^2	1.6367e−005	2.4944e−006	4.2888e−007

表 1.2.3 中 P3, P4 代表问题 3 和问题 4, 表中数据是应用迎风混合元方法所得到的. 可以看到, 当扩散矩阵半正定时, 利用此方法可以得到比较理想的结果.

下面给出问题 4 真实解与数值解之间的比较 (表 1.2.4), 由于步长比较小时差分方法发生振荡没有结果, 所以选择稍大点的步长 $h = \dfrac{1}{8}$.

表 1.2.4 结果比较

节点	TS	UPMIX	FDM
(0.125, 0.25, 0.125)	0.0032	0.0035	0.0262
(0.25, 0.25, 0.25)	0.0146	0.0170	0.0665
(0.125, 0.25, 0.375)	0.0068	0.0076	0.0182
(0.125, 0.125, 0.875)	0.0015	0.0013	−0.0117

表 1.2.4 中的 TS 代表问题的精确率. 由表 1.2.3 和表 1.2.4 可以清楚地看到: 对于半正定的问题, 本节的迎风混合元方法优势明显, 而差分方法在步长 $h = \dfrac{1}{4}$ 较大时振荡轻微, 步长减小时却发生严重的振荡, 结果不可用.

1.3 三维油水驱动半正定问题的迎风混合元多步方法

本节研究了三维不可压缩油水渗流驱动问题, 分别对扩散矩阵正定和半正定的两种情形进行讨论, 提出了迎风混合元多步方法: 压力方程应用混合元方法近似, 饱和度方程应用迎风混合元多步方法, 即其时间微分采用多步方法逼近, 对流项采用迎风格式来处理, 扩散项则采用推广的混合元来逼近, 并推导出格式的误差估计. 此种格式的优越性表现在以下三个方面: 一是饱和度方程的扩散矩阵仅是半正定的; 二是多步方法使得时间精度提高; 三是摒弃了特征格式所限制的周期性条件, 更适用于实际问题. 本节最后给出了一个三维的数值算例, 说明了方法的优越性.

1.3.1 引言

不可压缩渗流驱动问题是能源数值模拟的基础领域之一, 本节考虑三维油水二相渗流驱动问题, 此问题通常由两个非线性的偏微分方程耦合而成, 一个是压力方程, 形式为椭圆型; 另一个是饱和度方程, 形式为抛物型, 其数学模型为

$$\nabla \cdot u = -\nabla \cdot (k(x,c)(\nabla p - r(x,c)\nabla d(x))) = q, \quad x \in \Omega, \ 0 < t \leqslant T, \tag{1.3.1}$$

$$\phi(x)\frac{\partial c}{\partial t} + u \cdot \nabla c - \nabla \cdot (D\nabla c) = (\tilde{c} - c)q, \quad x \in \Omega, \ 0 < t \leqslant T, \tag{1.3.2}$$

$$u \cdot \gamma = f_1(x,t), \quad x \in \partial\Omega, \ 0 < t \leqslant T, \tag{1.3.3}$$

$$D\frac{\partial c}{\partial \gamma} - (u \cdot \gamma)c = f_2(x,t), \quad x \in \partial\Omega, \ 0 < t \leqslant T, \tag{1.3.4}$$

$$c\left(0,x\right)=c_0, \quad x \in \Omega, \tag{1.3.5}$$

其中 Ω 是三维空间 R^3 中的有界区域, p 是压力, $u = (u_1, u_2, u_3)^{\mathrm{T}}$ 是 Darcy 速度, c 是饱和度, q 是产量, 正为注入井, 负为生产井, ϕ 是多孔介质的孔隙度, 而 $k(x,c) = \dfrac{k(x)}{\mu(c)}$, $k(x)$ 是岩石的渗透率, $\mu(c)$ 是依赖于水的饱和度 c 的黏度. $r(x,c), d(x) \equiv (0,0,z)^{\mathrm{T}}$ 分别是重力系数和垂直坐标. 在 (1.3.2) 中 $\tilde{c}$ 必须特殊取定, 在注入井它是注入流体的饱和度, 对于生产井 $\tilde{c} = c$, $D = D(u)$ 是扩散矩阵, 其一般形式为

$$D = D_m I + d_l |u|^\beta \begin{bmatrix} \hat{u}_x^2 & \hat{u}_x \hat{u}_y & \hat{u}_x \hat{u}_z \\ \hat{u}_x \hat{u}_y & \hat{u}_y^2 & \hat{u}_y \hat{u}_z \\ \hat{u}_x \hat{u}_z & \hat{u}_y \hat{u}_z & \hat{u}_z^2 \end{bmatrix} + d_t |u|^\beta \begin{bmatrix} \hat{u}_y^2 + \hat{u}_z^2 & -\hat{u}_x \hat{u}_y & -\hat{u}_x \hat{u}_z \\ -\hat{u}_x \hat{u}_y & \hat{u}_x^2 + \hat{u}_z^2 & -\hat{u}_y \hat{u}_z \\ -\hat{u}_x \hat{u}_z & -\hat{u}_y \hat{u}_z & \hat{u}_x^2 + \hat{u}_y^2 \end{bmatrix},$$

此处 D_m 是分子扩散, I 是 3×3 的单位矩阵, d_l, d_t 分别是纵向和横向扩散系数, $\hat{u}_x, \hat{u}_y, \hat{u}_z$ 表示速度 u 在坐标轴的方向余弦.

在实际的石油工程中, (1.3.2) 饱和度方程中扩散系数 D 往往相对较小, 对流项起主导作用, 是对流占优的扩散方程. 对于模型问题 (1.3.1)~(1.3.5), Ewing 和 Wheeler 在文献 [20] 中假设齐次边界条件下, 分析了一般的向后差分 Galerkin 有限元程序. 在弥散项为零的情况下 $(D = D(x))$ 得到了最优的收敛阶, 而当包含弥散项时 $(D = D(x,u))$ 得到了几乎最优的收敛阶, Ewing 和 Russell 在文献 [21] 对非线性 Neumann 边界条件的问题提出了预条件共轭梯度迭代的方法, 也得到了同样的误差估计. 在文献 [12, 13] 中, Douglas, Ewing 和 Wheeler 把混合元方法与一般的 Galerkin 有限元程序结合来处理模型问题, 分别应用连续的时间和离散的时间, 对光滑的数据均得到了最优的估计 [20~22].

分析模型问题, 对于椭圆型的压力方程, 易于处理. 但饱和度方程是对流占优的抛物方程, 具有很强的双曲性质. 众所周知, 当对流占优时, 已知的抛物离散格式不能很好地逼近方程, 尤其是在激烈的前沿, 并且不能保持物理的质量守恒, 容易出现解的振荡和失真. Douglas 和 Russell 在文献 [22] 中提出和分析了改进的特征方法 (MMOC), MMOC 格式有较小的数值扩散. 没有物理振荡, 时间截断误差优于一般的方法, 可以选取较大的时间步长, 因此提高了计算效率但却不损失计算精度, 在周期性边界的假设条件下, Douglas[11] 针对不可压缩的二相渗流驱动问题提出了特征差分方法, 得到了离散空间上最优的 l^2 模误差估计. 文献 [10, 14] 中给出了特征有限元法和特征混合元方法, 证明了最优的 L^2 和 H^1 模误差估计. MMOC 可以有效地处理对流占优的问题, 减少和避免数值弥散和非物理振荡, 但在实际的应用中, MMOC 格式在计算边界时需要时间和空间上的积分, 所以增加了一定的计算量, 并且不能保持质量守恒, 要求模型是 Ω 周期的. 为解决这些缺点, 后来出现了一系列改进的有限元方法, 如流线扩散法、高阶 Godunov 方法 [17,23]、加权迎风格

式以及局部伴随 Eulerian-Lagrangian 方法 (ELLAM)[24-26] 等. 但 Godunov 格式对时间步长有一个 CFL 条件限制; 而加权迎风格式和流线扩散方法都人为增加了一些扰动项; ELLAM 方法虽可以保持局部的质量守恒, 但需要进行大量的积分运算.

除了上述提到的方法, 还有一类迎风有限元法值得注意, 这类方法易于实现, 适用于多维问题, 克服了对流占优所产生的数值振荡, 尤其是它们保留了原问题的两个重要性质: 极值原理和质量守恒原理. 显然, 无论从物理学或力学方面, 还是从数值分析方面, 这两个性质都是十分重要的.

一般情况下, 二相渗流驱动问题的数值方法均建立在饱和度方程的扩散矩阵 $D(u)$ 是对称正定的假设条件下, 但在很多实际问题中, 此类问题的扩散矩阵仅满足半正定, 在此条件下很多理论不再适用, 传统的椭圆投影不再成立, 这给问题的理论分析和工程计算都带来了一定的困难, 因此对这种半正定问题的分析具有很好的实用价值. Dawson 和作者曾提出几类特征有限元方法和特征差分方法 [1-3], 但仍不能克服特征方法的局限性.

本节从迎风的角度研究三维正定和半正定不可压缩的二相渗流驱动问题, 提出了迎风混合元多步方法: 压力方程使用混合元方法; 而对于饱和度方程, 利用推广的混合元处理饱和度方程的扩散项, 对流项应用迎风格式 [17]. 这种方法适用于对流占优的问题, 可以保持质量守恒, 提高时间精度, 而且不要求周期性.

本节框架如下: 1.3.2 小节是一些预备知识和记号, 给出了问题的解及系数的正则性要求; 1.3.3 小节对于正定的油水二相渗流驱动问题提出了迎风混合元多步方法; 1.3.4 小节分析了格式并得到它的误差估计; 1.3.5 小节提出了扩散矩阵半正定时的迎风混合元多步方法, 得到了误差估计; 1.3.6 小节给出了一个三维的数值算例, 从应用的角度很好地说明了此方法的优越性.

1.3.2   预备知识和记号

在 Ω 上, 定义通常的 Sobolev 空间和范数,

$$L^2(\Omega) = \{f : f_\Omega |f|^2 \mathrm{d}x < \infty\}, \quad \|f\| = [f_\Omega |f|^2 \mathrm{d}x]^{1/2},$$

$$L^\infty(\Omega) = \{f : \operatorname{ess\,sup} |f| < \infty\}, \quad \|f\|_{L^\infty} = \operatorname*{ess\,sup}_{\Omega} |f|,$$

$$H^m(\Omega) = \left\{f : \frac{\partial^{|\alpha|} f}{\partial x^\alpha} \in L^2(\Omega), |\alpha| \leqslant m\right\}, \quad \|f\|_m = \left[\sum_{|\alpha| \leqslant m} \left\|\frac{\partial^{|\alpha|} f}{\partial x^\alpha}\right\|^2\right]^{1/2}, \quad m \geqslant 0,$$

$$W_\infty^m(\Omega) = \left\{f : \frac{\partial^{|\alpha|} f}{\partial x^\alpha} \in L^\infty(\Omega), |\alpha| \leqslant m\right\}, \quad \|f\|_{w_\infty^m} = \max_{|\alpha| \leqslant m} \left\|\frac{\partial^{|\alpha|} f}{\partial x^\alpha}\right\|_{L^\infty}, \quad m \geqslant 0.$$

特别地, $H^0(\Omega) = L^2(\Omega), W_\infty^0(\Omega) = L^\infty(\Omega)$. 而 $L^2(\Omega)$ 上的内积则表示为 $(f, g) = \int_\Omega fg\mathrm{d}x$.

此外, 还需要依赖于时间的空间: 令 $[a,b] \subset (0,T]$ 并且 X 是上述定义的 Sobolev 空间. 若 $f(x,t)$ 是 $\Omega \times [a,b]$ 上的函数, 那么可设

$$H^m(a,b;X) = \left\{ f : \int_a^b \left\| \frac{\partial^\alpha f}{\partial t^\alpha}(\cdot,t) \right\|_X^2 \, \mathrm{d}t < \infty, \alpha \leqslant m \right\},$$

$$\|f\|_{H^m(a,b;X)} = \left[\sum_{\alpha=0}^m \int_a^b \left\| \frac{\partial^\alpha}{\partial t^\alpha}(\cdot,t) \right\|_X^2 \, \mathrm{d}t \right]^{1/2}, \quad m \geqslant 0,$$

$$W_\infty^m(a,b;X) = \left\{ f : \operatorname{ess\,sup}_{[a,b]} \left\| \frac{\partial^\alpha f}{\partial t^\alpha}(\cdot,t) \right\|_X < \infty, \quad \alpha \leqslant m \right\},$$

$$\|f\|_{W_\infty^m(a,b;X)} = \max_{0 \leqslant \alpha \leqslant m} \operatorname{ess\,sup}_{[a,b]} \left\| \frac{\partial^\alpha f}{\partial t^\alpha}(\cdot,t) \right\|_X, \quad m \geqslant 0,$$

$$L^2(a,b;X) = H^0(a,b;X), \quad L^\infty(a,b;X) = W_\infty^0(a,b;X).$$

如果 $[a,b] = [0,T]$, 我们可以简化记号, $L^\infty(0,T;W_\infty^1(\Omega))$ 简记为 $L^\infty(W_\infty^1)$.

定义向量函数空间和范数

$$H^m(\operatorname{div};\Omega) := \{ f = (f_x, f_y, f_z); f_x, f_y, f_z, \nabla \cdot f \in H^m(\Omega) \},$$
$$\|f\|_{H^m\operatorname{div}}^2 = \|f_x\|_m^2 + \|f_y\|_m^2 + \|f_z\|_m^2 + \|\nabla \cdot f\|_m^2, \quad m \geqslant 0,$$
$$L^2(\operatorname{div};\Omega) = H^0(\operatorname{div};\Omega).$$

令

$$V = H(\operatorname{div};\Omega) \cap \{ v \cdot \gamma = 0, \ \text{在} \partial\Omega \text{上} \},$$
$$W = L^2(\Omega) / \{ \varphi \equiv \text{常数}, \text{在} \Omega \text{上} \}.$$

构造区域 Ω 的剖分 $K_h = \{e\}$, 是互不重叠的简单形, 适用于混合有限元方法 (四面体或平行六面体), K_h 是拟一致的正则剖分, 满足以下条件:

(i) 任意两个单元交集为空或者相交于面、边、顶点;

(ii) 若 $e \subset \Omega$, 则 e 的面为平面;

(iii) 若 $e \in K_h$ 是一个边界单元, 边界的面可以是曲的;

(iv) 若 $\operatorname{diam}(e) = h_e, h_e \leqslant h$.

设 W_h, V_h 是 W, V 的有限元空间, 且有 $\operatorname{div}V_h = W_h$, 代表低阶的 Raviart-Thomas 空间 [27,28], 也即: 对于 $\forall w \in W_h$ 在剖分 K_h 的每个小单元 e 上是常数; $\forall v \in V_h$ 在每个单元上是连续的分段线性函数, $v \cdot \gamma$ 是取其在 e 边界面重心点的值, γ 是 ∂e 的单位外法向量.

在下面所给出的数值方法的收敛性分析中, 将假设流动是光滑分布的, 并且假设系数和区域是正则的, 微分方程初边值问题的解是光滑的. 对方程的系数和正则性作如下的几点假定记为 I.

(A1) $0 < \phi_* \leqslant \phi(x) \leqslant \phi^* < \infty$;

(A2) $0 < k_* \leqslant k(x,c) \leqslant k^* < \infty$;

(A3) $c \in L^\infty(H^1) \cap L^2(W_\infty^1), p \in L^2(H^1), u \in L^2(H(\text{div})) \cap L^\infty(W_\infty^1) \cap H^2(L^2)$;

(A4) 假设是无流边界条件, 即 $f_1 = f_2 = 0$;

(A5) q 光滑分布, $|q(x,t)| \leqslant K$;

(A6) $\dfrac{\partial u}{\partial t}, \nabla \cdot \dfrac{\partial u}{\partial t}, \dfrac{\partial^2 u}{\partial t^2}, \dfrac{\partial c}{\partial t}, \dfrac{\partial k}{\partial c}$ 均有界, 并且 Lipschitz 连续;

(A7) D 对称, 且 $D(u) \geqslant 0$.

1.3.3　正定问题的迎风混合元多步方法

在低阶混合元空间上讨论模型 (1.3.1)~(1.3.5). 为了构造格式首先变换饱和度方程, 使之为散度的形式. 令 $g = uc = (u_1c, u_2c, u_3c) = (g_1, g_2, g_3), \tilde{z} = -\nabla c, z = D\tilde{z}$, 则

$$\phi c_t + \nabla \cdot g + \nabla \cdot z - c\nabla \cdot u = (\tilde{c} - c)q.$$

应用压力方程 $\nabla \cdot u = q$, 则方程 (1.3.2) 可以改写为

$$\phi c_t + \nabla \cdot g + \nabla \cdot z = \tilde{c}q, \tag{1.3.6}$$

此处应用推广的混合元方法, Arbogast, Wheeler 和 Yotov 在文献 [18] 中对于椭圆方程应用了此方法, 这种方法不仅有对扩散流量 z 的近似, 同时也有对梯度 $\tilde{z}$ 的近似.

压力方程与饱和度方程的弱形式为

$$\left(\frac{1}{k(x,c)}u, v\right) - (p, \nabla \cdot v) - (r(x,c)\nabla d(x), v) = 0, \quad \forall v \in V_h,$$
$$(\nabla \cdot u, w) = (q, w), \quad \forall w \in W_h,$$
$$(\phi c_t, w) + (\nabla \cdot g, w) + (\nabla \cdot z, w) = (q\tilde{c}, w), \quad \forall w \in W_h,$$
$$(\tilde{z}, v) = (c, \nabla \cdot v), \quad \forall v \in V_h,$$
$$(z, v) = (D\tilde{z}, v), \quad \forall v \in V_h.$$

本节中压力与饱与度方程采取相同的时间步长 $\Delta t > 0$, 设 $t^n = n\Delta t, t^N = T$. 对于压力方程, 其混合元方法: 求 $U^n \in V_h, P^n \in W_h$ 满足

$$\left(\frac{1}{k(C^n)}U^n, v\right) - (P^n, \nabla \cdot v) - (r(x, C^n)\nabla d(x), v) = 0, \quad \forall v \in V_h, \tag{1.3.7}$$

$$(\nabla \cdot U^n, w) = (q^n, w), \quad \forall w \in W_h, \tag{1.3.8}$$

考虑饱和度方程, 研究迎风混合元多步方法. 首先定义下面的向后差分算子, 令

$$f^n \equiv f^n(x) \equiv f(x, t^n),$$
$$\delta f^n = f^n - f^{n-1},$$
$$\delta^2 f^n = f^n - 2f^{n-1} + f^{n-2},$$
$$\delta^3 f^n = f^n - 3f^{n-1} + 3f^{n-2} - f^{n-3}.$$

然后定义 $d_t f^n = \dfrac{\delta f^n}{\Delta t}$, $d_t^j f^n = \dfrac{\delta^j f^n}{\Delta t^j}$.

对于给定的初始值 $\{C^j \in W_h, j = 0, 1, \cdots, \mu - 1\}$, 定义

$$C^n \in W_h, \quad \tilde{Z}^n \in V_h, \quad Z^n \in V_h, \quad G^n \in V_h$$

满足

$$\phi \sum_{j=1}^{\mu} \frac{\Delta t^{j-1}}{j} d_t^j C^n + \nabla \cdot G^n + \nabla \cdot Z^n = \tilde{c}^n q^n \quad (n = \mu, \mu+1, \cdots, N). \tag{1.3.9}$$

为了精确计算 $C^n, C^j (j = 0, 1, \cdots, \mu - 1)$ 的近似值, 必须由一个独立的程序确定, C^j 近似 $c^j, j = 0, 1, \cdots, \mu - 1$ 的阶为 μ.

为了简单起见, 取较小的 $\mu = 1, 2, 3$, 则 (1.3.9) 写成有限元的形式

$$\left(\phi(x) \frac{C^n - C^{n-1}}{\Delta t}, w\right) + \beta(\mu)(\nabla \cdot G^n, w) + \beta(\mu)(\nabla \cdot Z^n, w)$$
$$= \frac{1}{\Delta t}(\phi[\alpha_1(\mu)\delta C^{n-1} + \alpha_2(\mu)\delta C^{n-2}], w) + \beta(\mu)(q\tilde{c}, w), \quad \forall w \in W_h. \tag{1.3.10}$$

$\alpha_i(\mu) (i = 1, 2), \beta(\mu)$ 的值可以由 (1.3.9) 计算得到, 下面由表 1.3.1 直接给出它们的值.

表 1.3.1　$\beta(\mu), \alpha_i(\mu)$ 的值

μ	$\beta(\mu)$	$\alpha_1(\mu)$	$\alpha_2(\mu)$
1	1	0	0
2	2/3	1/3	0
3	6/11	7/11	−2/11

$\mu = 1$ 时为单步的迎风混合元方法, 本节详细研究 $\mu = 2$ 时的多步情形, 具体格式为

$$\left(\phi(x) \frac{C^n - C^{n-1}}{\Delta t}, w\right) + \frac{2}{3}(\nabla \cdot G^n, w) + \frac{2}{3}(\nabla \cdot Z^n, w)$$
$$= \frac{1}{\Delta t}\left(\phi \frac{1}{3} \delta C^{n-1}, w\right) + \frac{2}{3}(q\tilde{c}, w), \quad \forall w \in W_h, \tag{1.3.11}$$

$$(\tilde{Z}^n, v) = (C^n, \nabla \cdot v), \quad \forall v \in V_h, \tag{1.3.12}$$

$$(Z^n, v) = \left(D\left(E\left(\mu\right)U^n\right)\tilde{Z}^n, v\right), \quad \forall v \in V_h. \tag{1.3.13}$$

(1.3.7)、(1.3.8) 和 (1.3.11)~(1.3.13) 就构成了方程 (1.3.1)~(1.3.5) 的迎风混合多步方法. 计算步骤如下: C^0, C^1 借助初始程序已经计算出来, 通过压力方程的混合元程序 (1.3.7) 和 (1.3.8) 计算 U^0, P^0, U^1, P^1, 时间由 $n = 2$ 开始, 由 (1.3.11)~(1.3.13) 得 C^2, 代回 (1.3.7) 和 (1.3.8) 得 U^2, P^2, 依次循环计算, 可以得到每一时间层的压力、速度和饱和度的数值解. 其中的迎风项 G 以及 $E(\mu)U^n$ 的定义为

$$E(1)U^n = U^n - \delta U^n, \quad E(2)U^n = U^n - \delta^2 U^n, \quad E(3)U^n = U^n - \delta^3 U^n.$$

此处取 $\mu = 2$.

对流流量 G 由近似解 C 来构造, 有许多种方法可以确定此项, 本节使用简单的迎风方法. 由于在 $\partial\Omega$ 上 $g = uc = 0$, 设在边界上 $G^n \cdot \gamma$ 的平均积分为 0. 假设单元 e_1, e_2 有公共面 a, x_1 是此面的重心, γ_l 是从 e_1 到 e_2 的法向量, 那么可以定义:

$$G^n \cdot \gamma_l = \begin{cases} C^n_{e_1}(E(2)U^n \cdot \gamma_l)(x_l), & (E(2)U^n \cdot \gamma_l)(x_l) \geqslant 0, \\ C^n_{e_2}(E(2)U^n \cdot \gamma_l)(x_l), & (E(2)U^n \cdot \gamma_l)(x_l) < 0. \end{cases}$$

此处 $C^n_{e_1}, C^n_{e_2}$ 是 C^n 在单元上的常数值. 至此借助 C^n 定义了 G^n, 完成了数值格式 (1.3.7)、(1.3.8) 和 (1.3.11)~(1.3.13) 的构造, 形成一个关于 C 的非对称的线性方程组.

注 1　多步方法需要初始值 $C^0, C^1, \cdots, C^{\mu-1}$ 的确定, 并且希望达到方法的局部截断误差的精度 μ, 在 μ 比较小的时候可以由以下几种方式得到:

(1) 应用 Crank-Nicolson 方法;

(2) 相对于方法的时间步长 Δt, 选取足够小的时间步长.

1.3.4　误差分析

为了后面进行误差分析, 需要引入几个辅助引理.

对于应用混合元的压力方程[12,13], 借助传统的椭圆投影, 即

引理 1.3.1　令 $\{\tilde{u}, \tilde{p}\}$: $J = (0, T] \to V_h \times W_h$ 是 $\{u, p\}$ 在混合有限元空间中的投影,

$$\left(\frac{1}{k(c)}\tilde{u}, v\right) - (\tilde{p}, \nabla \cdot v) = 0, \quad (\nabla \cdot \tilde{u}, w) = (q, w). \tag{1.3.14}$$

那么有结论[13]

$$\|u - \tilde{u}\|_v + \|p - \tilde{p}\|_w \leqslant Mh\|p\|_{L^\infty(J; H^3(\Omega))}, \quad t \in J. \tag{1.3.15}$$

并且进一步可知有 $\|\tilde{u}\|_{L^\infty(L^\infty)} \leqslant K$.

对于饱和度方程, 则采取传统的 π-投影 [27,28].

引理 1.3.2

$$(\nabla \cdot (z^n - \pi z^n), w) = 0, \quad w \in W_h, \tag{1.3.16}$$

$$(\nabla \cdot (g^n - \pi g^n), w) = 0, \quad w \in W_h, \tag{1.3.17}$$

则有

$$||z^n - \pi z^n|| \leqslant Kh, \quad ||g^n - \pi g^n|| \leqslant Kh.$$

应用混合元的压力方程, 文献 [12,13] 进行了详细的论述, 本节不再赘述, 只引用其结论:

$$||U - \tilde{u}||_v + ||P - \tilde{p}||_w \leqslant K\,(1 + ||\tilde{u}||_\infty)||c - C||. \tag{1.3.18}$$

令

$$\xi_c = C - \Pi c, \quad \tilde{\xi}_z = \tilde{Z} - \pi\tilde{z}, \quad \xi_z = Z - \pi z, \quad \eta_c = c - \Pi c, \quad \tilde{\eta}_z = \tilde{z} - \pi\tilde{z}, \quad \eta_z = z - \pi z.$$

在时间 t^n 处, 真解满足:

$$\left(\phi(x)\frac{c^n - c^{n-1}}{\Delta t}, w\right) + \frac{2}{3}(\nabla \cdot g^n, w) + \frac{2}{3}(\nabla \cdot z^n, w)$$

$$= \frac{1}{\Delta t}\left(\phi(x)\frac{1}{3}\delta c^{n-1}, w\right) + \frac{2}{3}(q\tilde{c}, w) - (\rho^n; w), \quad \forall w \in W_h,$$

$$(\tilde{z}^n, v) = (c^n, \nabla \cdot v), \quad \forall v \in V_h$$

$$(z^n, v) = (D(u^n)\tilde{z}^n, v), \quad \forall v \in V_h.$$

其中 $\rho^n = \frac{2}{3}\phi c_t^n - \phi(x)\frac{1}{\Delta t}\left(c^n - \frac{4}{3}c^{n-1} + \frac{1}{3}c^{n-2}\right)$.

与 (1.3.11)~(1.3.13) 相减并利用 π-投影得误差方程,

$$\left(\phi(x)\frac{\xi_c^n - \xi_c^{n-1}}{\Delta t}, w\right) + \frac{2}{3}\left(\nabla \cdot \xi_z^n, w\right) + \frac{2}{3}\left(\nabla \cdot G^n - \nabla \cdot g^n, w\right)$$

$$= \frac{1}{\Delta t}\left(\phi(x)\frac{1}{3}\delta\xi_c^{n-1}, w\right) + (\rho^n, w), \tag{1.3.19}$$

$$(\xi_z^n, v) = (\xi_c^n, \nabla \cdot v), \tag{1.3.20}$$

$$(\xi_z^n, v) = (D\,(E\,(2)\,U^n)\,\tilde{\xi}_z^n, v) + (D\,(E\,(2)\,U^n)\,\tilde{\eta}_z^n, v)$$

$$+ ([D\,(E\,(2)\,U^n) - D(u^n)]\tilde{z}^n, v) + (\eta_z^n, v), \tag{1.3.21}$$

在 (1.3.19) 中取 $w = \xi_c^n$, (1.3.20) 和 (1.3.21) 都乘以 $\dfrac{2}{3}$ 并且在 (1.3.20) 中取 $v = \xi_z^n$, 在 (1.3.21) 中取 $v = \tilde{\xi}_z^n$, 三式相加减得到

$$
\left(\phi(x)\frac{\xi_c^n - \xi_c^{n-1}}{\Delta t}, \xi_c^n\right) + \frac{2}{3}(D(E(2)U^n)\tilde{\xi}_z^n, \tilde{\xi}_z^n)
$$
$$
+ \frac{2}{3}(\nabla \cdot G^n - \nabla \cdot g^n, \xi_c^n)
$$
$$
= \frac{1}{\Delta t}\left(\phi\frac{1}{3}\delta\xi_c^{n-1}, \xi_c^n\right) + (\rho^n, \xi_c^n) + \frac{2}{3}(\eta_z^n, \tilde{\xi}_z^n)
$$
$$
- \frac{2}{3}\left(D(E(2)U^n)\tilde{\eta}_z^n, \tilde{\xi}_z^n\right) - \frac{2}{3}([D(E(2)U^n) - D(u^n)]\tilde{z}^n, \tilde{\xi}_z^n)
$$
$$
\equiv T_1 + T_2 + T_3 + T_4 + T_5, \tag{1.3.22}
$$

先来估计方程 (1.3.22) 的左端项, 第一项的估计

$$
\left(\phi(x)\frac{\xi_c^n - \xi_c^{n-1}}{\Delta t}, \xi_c^n\right)
$$
$$
= \left(\phi(x)\frac{\xi_c^n - \xi_c^{n-1}}{\Delta t}, \frac{\xi_c^n + \xi_c^{n-1}}{2}\right) + \left(\phi(x)\frac{\xi_c^n - \xi_c^{n-1}}{\Delta t}, \frac{\xi_c^n - \xi_c^{n-1}}{2}\right)
$$
$$
= \frac{1}{2\Delta t}\left(\|\phi^{\frac{1}{2}}\xi_c^n\|^2 - \|\phi^{\frac{1}{2}}\xi_c^{n-1}\|^2\right) + \frac{1}{2\Delta t}\|\phi^{\frac{1}{2}}(\xi_c^n - \xi_c^{n-1})\|^2, \tag{1.3.23}
$$

对于左端第三项, 在 (1.3.20) 中取 $v = G^n - \pi g^n$, 那么有

$$
(\nabla \cdot (G^n - \pi g^n), \xi_c^n) = (\tilde{\xi}_z^n, G^n - \pi g^n)
$$
$$
\leqslant \frac{1}{8}(D\tilde{\xi}_z^n, \tilde{\xi}_z^n) + K(D_*^{-1})\|G^n - \pi g^n\|. \tag{1.3.24}
$$

令 a 是一个公共的面, γ_l 代表 a 的单位法向量, x_l 是此面的重心, 由 π-投影 [27,28] 的性质,

$$
\int_a \pi g^n \cdot \gamma_l = \int_a c^n(u^n \cdot \gamma_l)\mathrm{d}s, \tag{1.3.25}
$$

对于 g^n 充分光滑, 由积分的中点法则

$$
\frac{1}{m(a)}\int_a \pi g^n \cdot \gamma_l \mathrm{d}s - ((u^n \cdot \gamma_l)c^n)(x_l) = O(h), \tag{1.3.26}
$$

那么

$$
\frac{1}{m(a)}\int_a (G^n - \pi g^n) \cdot \gamma_l \mathrm{d}s = C_e^n(E(2)U^n \cdot \gamma_l)(x_l) - ((u^n \cdot \gamma_l)c^n)(x_l) + O(h)
$$
$$
= (C_e^n - c^n(x_l))(E(2)U^n \cdot \gamma_l) + c^n(x_l)(E(2)U^n) \cdot \gamma_l
$$
$$
+ c^n(x_l)(E(2)u^n - u^n) \cdot \gamma_l + O(h). \tag{1.3.27}
$$

由 c^n 充分光滑以及 (1.3.18) 式,

$$|c^n(x_l) - C_e^n| \leqslant |\xi_c^n| + O(h), \tag{1.3.28}$$

$$|E(2)U^n - E(2)u^n| \leqslant K\left(|\xi_c^{n-1}| + |\xi_c^{n-2}|\right) + O(h), \tag{1.3.29}$$

由 (1.3.25) ~ (1.3.29), 有

$$\|G^n - \pi g^n\|^2 \leqslant K(\|\xi_c^n\|^2 + \|\xi_c^{n-1}\|^2 + \|\xi_c^{n-2}\|^2) + K(h^2 + \Delta t^4). \tag{1.3.30}$$

接下来考虑 (1.3.22) 右端各项的情况: 对于 T_1, 有

$$\begin{aligned}
T_1 =& \frac{1}{3\Delta t}(\phi(x)(\xi_c^{n-1} - \xi_c^{n-2}), \xi_c^n) \\
=& \frac{1}{3\Delta t}(\phi(x)(\xi_c^{n-1} - \xi_c^{n-2}), \xi_c^n - \xi_c^{n-1} + \xi_c^{n-1}) \\
=& \frac{1}{3\Delta t}\left[(\phi(x)(\xi_c^{n-1} - \xi_c^{n-2}), \xi_c^{n-1} - \xi_c^{n-1}) + \left(\phi(x)(\xi_c^{n-1} - \xi_c^{n-2}), \frac{\xi_c^{n-1} + \xi_c^{n-2}}{2}\right) \right. \\
& \left. + \left(\phi(x)(\xi_c^{n-1} - \xi_c^{n-2}), \frac{\xi_c^{n-1} - \xi_c^{n-2}}{2}\right) \right] \\
\leqslant& \frac{1}{3\Delta t}\left[\frac{1}{2}\left\|\phi^{\frac{1}{2}}(\xi_c^{n-1} - \xi_c^{n-2})\right\|^2 + \frac{1}{2}\left\|\phi^{\frac{1}{2}}(\xi_c^n - \xi_c^{n-1})\right\|^2 \right. \\
& \left. + \frac{1}{2}\left\|\phi^{\frac{1}{2}}(\xi_c^{n-1} - \xi_c^{n-2})\right\|^2 + \frac{1}{2}\left(\left\|\phi^{\frac{1}{2}}\xi_c^{n-1}\right\|^2 - \left\|\varphi^{\frac{1}{2}}\xi_c^{n-2}\right\|^2\right) \right]. \tag{1.3.31}
\end{aligned}$$

利用 Taylor 展开很容易得到 T_2 的估计

$$T_2 \leqslant K\Delta t^4\left\|\frac{\partial^3 c}{\partial t^3}\right\|^2 + K\|\xi_c^n\|^2, \tag{1.3.32}$$

对于 T_3, T_4 的估计,

$$T_3 \leqslant K(D_*^{-1})\|\eta_z^n\|^2 + \frac{1}{8}(D(E(2)U^n)\tilde{\xi}_z^n, \tilde{\xi}_z^n), \tag{1.3.33}$$

$$T_4 \leqslant K\|\tilde{\eta}_z^n\|^2 + \frac{1}{8}(D(E(2)U^n)\tilde{\xi}_z^n, \tilde{\xi}_z^n), \tag{1.3.34}$$

对于最后一项 T_5,

$$T_5 \leqslant K(D_*^{-1})\|E(2)U^n - u^n\|^2 + \frac{1}{8}(D(E(2)U^n)\tilde{\xi}_z^n, \tilde{\xi}_z^n), \tag{1.3.35}$$

而 $u^n - E(2)U^n = u^n - E(2)u^n + E(2)u^n - E(2)\tilde{u}^n + E(2)\tilde{u}^n - E(2)U^n$, 由 $E(2)u$ 的定义以及 (1.3.15) 和 (1.3.18) 有

$$\|u^n - E(2)U^n\|^2 \leqslant K\Delta t^3\left\|\frac{\partial^2 u}{\partial t^2}\right\|^2_{L^2(t^{n-1}, t^n; L^2)} + h^2 + \|\xi_c^{n-1}\|^2 + \|\xi_c^{n-2}\|^2,$$

故有

$$
\begin{aligned}
T_5 \leqslant & \frac{1}{8}\left(D\left(E(2)U^n\right)\tilde{\xi}_z^n, \tilde{\xi}_z^n\right) \\
& + K\left(\Delta t^3 \left\| \frac{\partial^2 u}{\partial t^2}\right\|_{L^2(t^{n-1}, t^n; L^2)}^2 + h^2 + \|\xi_c^{n-1}\|^2 + \|\xi_c^{n-2}\|^2 \right).
\end{aligned} \tag{1.3.36}
$$

把 (1.3.23)、(1.3.24)、(1.3.31) ∼ (1.3.34) 和 (1.3.36) 的估计代回误差方程 (1.3.22), 得

$$
\begin{aligned}
& \frac{1}{2\Delta t}\left[\left\| \phi^{\frac{1}{2}}\xi_c^n\right\|^2 - \left\| \phi^{\frac{1}{2}}\xi_c^{n-1}\right\|^2 \right] \\
& + \frac{1}{2\Delta t}\left\| \phi^{\frac{1}{2}}(\xi_c^n - \xi_c^{n-1})\right\|^2 + \frac{2}{3}(D(E(2)U^n)\tilde{\xi}_z^n, \tilde{\xi}_z^n) \\
\leqslant & \frac{1}{3\Delta t}\left[\left\| \phi^{\frac{1}{2}}(\xi_c^{n-1} - \xi_c^{n-2})\right\|^2 + \frac{1}{2}\left\| \phi^{\frac{1}{2}}(\xi_c^n - \xi_c^{n-1})\right\|^2 \right. \\
& + \frac{1}{2}\left(\left\| \phi^{\frac{1}{2}}\xi_c^{n-1}\right\|^2 - \left\| \phi^{\frac{1}{2}}\xi_c^{n-2}\right\|^2 \right)\bigg] \\
& + K\left(\Delta t^4 \left\| \frac{\partial^3 c}{\partial t^3}\right\|^2 + \Delta t^3 \left\| \frac{\partial^2 u}{\partial t^2}\right\|_{L^2(t^{n-1}, t^n; L^2)}^2 \right) \\
& + K(\|\xi_c^{n-1}\|^2 + \|\xi_c^{n-2}\|^2 + h^2) + \frac{1}{3}(D(E(2)U^n)\tilde{\xi}_z^n, \tilde{\xi}_z^n),
\end{aligned}
$$

整理上式, 得到

$$
\begin{aligned}
& \frac{1}{2\Delta t}\left[\left\| \phi^{\frac{1}{2}}\xi_c^n\right\|^2 - \left\| \phi^{\frac{1}{2}}\xi_c^{n-1}\right\|^2 \right] \\
& + \frac{1}{3\Delta t}\left[\left\| \phi^{\frac{1}{2}}(\xi_c^n - \xi_c^{n-1})\right\|^2 - \left\| \phi^{\frac{1}{2}}(\xi_c^{n-1} - \xi_c^{n-2})\right\|^2 \right] \\
\leqslant & \frac{1}{3\Delta t}\left[\frac{1}{2}\left(\left\| \phi^{\frac{1}{2}}\xi_c^{n-1}\right\|^2 - \left\| \phi^{\frac{1}{2}}\xi_c^{n-2}\right\|^2 \right)\right] \\
& + K\left(\Delta t^4 \left\| \frac{\partial^3 c}{\partial t^3}\right\|^2 + \Delta t^3 \left\| \frac{\partial^2 u}{\partial t^2}\right\|_{L^2(t^{n-1}, t^n; L^2)}^2 \right) \\
& + K(\|\xi_c^{n-1}\|^2 + \|\xi_c^{n-1}\|^2 + h^2),
\end{aligned}
$$

两边同乘以 Δt 并关于时间 n 相加得到

$$
\begin{aligned}
& \frac{1}{2}\left[\left\| \phi^{\frac{1}{2}}\xi_c^N\right\|^2 - \left\| \phi^{\frac{1}{2}}\xi_c^1\right\|^2 \right] + \frac{1}{3}\left[\left\| \phi^{\frac{1}{2}}\left(\xi_c^N - \xi_c^{N-1}\right)\right\|^2 - \left\| \phi^{\frac{1}{2}}(\xi_c^1 - \xi_c^0)\right\|^2 \right] \\
\leqslant & \frac{1}{6}\left[\left\| \phi^{\frac{1}{2}}\xi_c^{N-1}\right\|^2 - \left\| \phi^{\frac{1}{2}}\xi_c^0\right\|^2 \right] + K(h^2 + \Delta t^4) + K\sum_{n=1}^{N-1} \|\xi_c^n\|^2 \Delta t \\
\leqslant & \frac{1}{6}\left[\left\| \phi^{\frac{1}{2}}(\xi_c^N - \xi_c^{N-1})\right\|^2 + \left\| \phi^{\frac{1}{2}}\xi_c^N\right\|^2 - \left\| \phi^{\frac{1}{2}}\xi_c^0\right\|^2 \right]
\end{aligned}
$$

$$+ K(h^2 + \Delta t^4) + K \sum_{n=1}^{N-1} ||\xi_c^n||^2 \Delta t,$$

那么有

$$\frac{1}{3} \left\| \phi^{\frac{1}{2}} \xi_c^N \right\|^2 + \frac{1}{6} \left\| \phi^{\frac{1}{2}} (\xi_c^N - \xi_c^{N-1}) \right\|^2$$

$$\leqslant \frac{1}{6} \left[3 \left\| \phi^{\frac{1}{2}} \xi_c^1 \right\|^2 - \left\| \phi^{\frac{1}{2}} \xi_c^0 \right\|^2 \right] + \frac{1}{3} \left\| \phi^{\frac{1}{2}} (\xi_c^1 - \xi_c^0) \right\|^2$$

$$+ K(h^2 + \Delta t^4) + K \sum_{n-1}^{N-1} ||\xi_c^n||^2 \Delta t,$$

利用离散的 Gronwall 引理得到

$$\max_n ||\xi_c^n||^2 \leqslant K(h^2 + \Delta t^4),$$

由此得到本节的主要定理之一.

定理 1.3.1 假设方程的系数满足条件 I, 扩散矩阵 $D(u)$ 对称正定, 那么迎风混合元多步方法有下面的估计

$$\max_{0 \leqslant n \leqslant N} ||c^n - C^n|| \leqslant K(h + \Delta t^2). \tag{1.3.37}$$

1.3.5 扩散矩阵半正定的情形

以上是针对二相驱动问题扩散矩阵正定时的误差估计, 但在很多实际问题中在某点为零或在边界为零, 此时扩散矩阵仅满足半正定的条件, 即

$$0 \leqslant D_* \leqslant D(x, u) \leqslant D^*,$$

在此条件下很多理论不再适用, 椭圆投影不再成立, 因此对这种半正定问题的分析出现实质性困难. 本节充分考虑这一困难, 对半正定问题的迎风混合元多步方法进行了收敛性分析, 得到了误差估计.

由于饱和度方程的扩散矩阵仅是半正定的, 进行误差分析时不能再使用传统的椭圆投影, 而使用 L^2 投影, 即有以下引理.

引理 1.3.3 令 $\Pi c^n, \Pi \tilde{z}^n, \Pi z^n$ 分别是 $c^n, \tilde{z}^n, z^n$ 的 L^2 投影, 满足

$$\Pi c^n \in W_h, \quad (\phi c^n - \phi \Pi c^n, w) = 0, \quad w \in W_h, \quad ||c^n - \Pi c^n|| \leqslant Kh,$$

$$\Pi \tilde{z}^n \in V_h, \quad (\tilde{z}^n - \Pi \tilde{z}^n, v) = 0, \quad v \in V_h, \quad ||\tilde{z}^n - \Pi \tilde{z}^n|| \leqslant Kh,$$

$$\Pi z^n \in V_h, \quad (z^n - \Pi z^n, v) = 0, \quad v \in V_h, \quad \|z^n - \Pi z^n\| \leqslant Kh,$$

对于迎风项, 与正定问题的处理不同, 有下面的引理. 首先引入记号: 设网格单元 e 的任一面 a, 令 γ_l 代表 a 的单位法向量, 给定 (a, γ_l) 可以唯一确定有公共面 a 的二相邻单元 e^+, e^-, 其中 γ_l 指向 e^+. 对于 $f \in W_h, x \in a$,

$$f^-(x) = \lim_{s \to 0-} f(x + s\gamma_l), \quad f^+(x) = \lim_{s \to 0+} f(x + s\gamma_l),$$

定义 $[f] = f^+ - f^-$.

引理 1.3.4　令 $f_1, f_2 \in W_h$, 那么有

$$\int_\Omega \nabla \cdot (uf_1) f_2 dx$$

$$= \frac{1}{2} \sum_a \int_a [f_1][f_2]|u \cdot \gamma| ds + \frac{1}{2} \sum_a \int_a u \cdot \gamma_l (f_1^+ + f_1^-)(f_2^- - f_2^+) ds. \quad (1.3.38)$$

证明

$$\int_\Omega \nabla \cdot (uf_1) f_2 dx = \sum_e \int_{\Omega e} \nabla \cdot (uf_1) f_2 dx$$

$$= \sum_a \int_a \left[(u \cdot \gamma_l)_+ f_1^{e^-} f_2^{e^-} + (u \cdot \gamma_l)_- f_1^{e^+} f_2^{e^-} \right.$$

$$\left. + (u \cdot -\gamma_l)_+ f_1^{e^+} f_2^{e^+} + (u \cdot \gamma_l)_- f_1^{e^-} f_2^{e^+} \right] ds.$$

上式 $(u \cdot \gamma)_+ := \max(u \cdot \gamma, 0), (u \cdot \gamma)_- := \min(u \cdot \gamma, 0)$. 应用关系式 $(u \cdot -\gamma_l)_+ = -(u \cdot \gamma_l)_-$ 和 $(u \cdot -\gamma_l)_- = -(u \cdot \gamma_l)_+$ 以及 $f^{e^+} = f^r, f^{e^-} = f^l$, 上式可化简为

$$\int_\Omega \nabla \cdot (uf_1) f_2 dx$$

$$= \sum_a \int_a [(u \cdot \gamma_l)_+ f_1^l (f_2^l - f_2^r) + (u \cdot \gamma_l)_- f_l^r (f_2^l - f_2^r)] ds$$

$$= \sum_a \int_a [((u \cdot \gamma_l)_+ - (u \cdot \gamma_l)_-) f_1^l (f_2^l - f_2^r)$$

$$+ (u \cdot \gamma_l)_- (f_1^r + f_1^l)(f_2^l - f_2^r)] ds$$

$$= \sum_a \int_a [|u \cdot \gamma_l| (f_1^l - f_1^r)(f_2^l - f_2^r) + |u \cdot \gamma_l| f_1^r (f_2^l - f_2^r)$$

$$+ (u \cdot \gamma_l)_- (f_1^r + f_1^l)(f_2^l - f_2^r)] ds$$

$$= \sum_a \int_a \left[\frac{1}{2} |u \cdot \gamma_l| (f_1^l - f_1^r)(f_2^l - f_2^r) \right.$$

$$+ (f_2^l - f_2^r) \left(\frac{1}{2} |u \cdot \gamma_l| (f_1^l - f_1^r) + |u \cdot \gamma_l| f_1^r + (u \cdot \gamma_l)_-(f_1^r + f_1^l) \right) \Bigg] \mathrm{d}s$$

$$= \sum_a \int_a \left[\frac{1}{2} |u \cdot \gamma_l| (f_1^l - f_1^r)(f_2^l - f_2^r) \right.$$

$$+ (f_2^l - f_2^r) \left(\frac{1}{2} |u \cdot \gamma_l| (f_1^l - f_1^r) + (u \cdot \gamma_l)_-(f_1^r + f_1^l) \right) \Bigg] \mathrm{d}s$$

$$= \sum_a \int_a \left[\frac{1}{2} |u \cdot \gamma_l| (f_2^l - f_1^r)(f_2^l - f_1^r) + (u \cdot \gamma_l) \frac{1}{2}(f_1^r + f_1^l)(f_2^l - f_2^l) \right] \mathrm{d}s.$$

其中 $f^r = f^+, f^l = f^-$, 得到引理的证明.

对压力方程的分析不变, 下面详细研究饱和度方程, 把 $C^n, \tilde{Z}^n, Z^n$ 与已知的 L^2 投影 $\Pi c^n, \Pi \tilde{z}^n, \Pi z^n$ 进行比较, 仍采用 1.3.4 小节的记号, 应用 L^2 投影则 (1.3.19) 和 (1.3.21) 的误差方程将会有所改变.

$$\left(\phi(x) \cdot \frac{\xi_c^n - \xi_c^{n-1}}{\Delta t}, w \right) + (\nabla \cdot \xi_z^n, w) + (\nabla \cdot G^n - \nabla \cdot g^n, w) = (\rho^n, w) + (\nabla \cdot \eta_z^n, w), \quad (1.3.39)$$

$$(\tilde{\xi}_z^n, v) = (\xi_c^n, \nabla \cdot v), \quad (1.3.40)$$

$$(\xi_z^n, v) = (D(EU^n)\tilde{\xi}_z^n, v) + (D(EU^n)\tilde{\eta}_z^n, v) + ([D(EU^n) - D(u^n)]\tilde{z}^n, v). \quad (1.3.41)$$

下面进行同样的讨论, 在 (1.3.39) 中取 $w = \xi_c^n$, (1.3.40) 和 (1.3.41) 乘以 $\frac{2}{3}$ 并且在 (1.3.40) 中取 $v = \xi_z^n$, 在 (1.3.41) 中取 $v = \tilde{\xi}_z^n$, 三式相加减得到

$$\left(\phi(x) \cdot \frac{\xi_c^n - \xi_c^{n-1}}{\Delta t}, \xi_c^n \right) + \frac{2}{3}(D(E(2)U^n)\tilde{\xi}_z^n, \tilde{\xi}_z^n) + \frac{2}{3}(\nabla \cdot G^n - \nabla \cdot g^n, \xi_c^n)$$

$$= \frac{1}{\Delta t}(\phi(x) \cdot \frac{1}{3}\delta\xi_c^{n-1}, \xi_c^n) + (\rho^n, \xi_c^n) + \frac{2}{3}(\nabla \cdot \eta_z^n, \xi_c^n)$$

$$- \frac{2}{3}(D(E(2)U^n)\tilde{\eta}_z^n, \tilde{\xi}_z^n) - \frac{2}{3}([D(E(2)U^n) - D(u^n)]\tilde{z}^n, \tilde{\xi}_z^n)$$

$$\equiv T_1 + T_2 + T_3 + T_4 + T_5, \quad (1.3.42)$$

比较 (1.3.42) 和 (1.3.22) 可以看到, 由于 Πg 与 πg 的定义不同, 所以估计也有所不同. 先来看左端项, 第一项的估计不变, 而第三项可以分解为

$$(\nabla \cdot (G^n - g^n), \xi_c^n) = (\nabla \cdot (G^n - \Pi g^n), \xi_c^n) + (\nabla \cdot (\Pi g^n - g^n), \xi_c^n), \quad (1.3.43)$$

Πg 的定义类似于 G,

$$\Pi g^n \cdot \gamma_l = \begin{cases} \Pi c_{e_1}^n (E(2)U^n \cdot \gamma_l)(x_l), & (E(2)U^n \cdot \gamma_l)(x_l) \geqslant 0, \\ \Pi c_{e_2}^n (E(2)U^n \cdot \gamma_l)(x_l), & (E(2)U^n \cdot \gamma_l)(x_l) < 0. \end{cases}$$

应用引理 1.3.4 以及 (1.3.38) 式,

$$(\nabla \cdot (G^n - \Pi g^n), \xi_c^n)$$

$$= \sum_e \int_{\Omega e} \nabla \cdot (G^n - \Pi g^n) \xi_c^n dx$$

$$= \sum_e \int_{\Omega e} \nabla \cdot (E(2)U^n \xi_c^n) \xi_c^n dx$$

$$= \frac{1}{2} \sum_a \int_a |E(2)U^n \cdot \gamma_l| [\xi_c^n]^2 ds - \frac{1}{2} \sum_a \int_a (E(2)U^n \cdot \gamma_l)(\xi_c^{n,+} + \xi_c^{n,-})[\xi_c^n] ds$$

$$\equiv Q_1 + Q_2,$$

$$Q_1 = \frac{1}{2} \sum_a \int_a |E(2)U^n \cdot \gamma_l| [\xi_c^n]^2 ds \geqslant 0,$$

$$Q_2 = -\frac{1}{2} \sum_a \int_a (E(2)U^n \cdot \gamma_l)[(\xi_c^{n,+})^2 - (\xi_c^{n,-})^2] ds$$

$$= \frac{1}{2} \sum_e \int_{\Omega e} \nabla \cdot E(2)U^n (\xi_c^n)^2 dx$$

$$= \frac{1}{2} \sum_e \int_{\Omega e} E(2)q^n (\xi_c^n)^2 dx.$$

把 Q_2 移到方程 (1.3.42) 的右端, 并且根据 q 的有界性, 得到 $|Q_2| \leqslant K\|\xi_c^n\|^2$. 对于 (1.3.43) 式第二项

$$(\nabla \cdot (g^n - \Pi g^n), \xi_c^n)$$

$$= \sum_a \int_a \{c^n u^n \cdot \gamma_l - \Pi c^n E(2)U^n \cdot \gamma_l\}[\xi_c^n] ds$$

$$= \sum_a \int_a \{c^n u^n - c^n E(2)u^n$$

$$+ c^n E(2)u^n - c^n E(2)U^n + c^n E(2)U^n - \Pi c^n E(2)U^n\} \cdot \gamma_l [\xi_c^n] ds$$

$$= (\nabla \cdot c^n u^n - c^n E(2)u^n, \xi_c^n) + (\nabla \cdot c^n (E(2)u^n - E(2)U^n), \xi_c^n)$$

$$+ \sum_a \int_a E(2)U^n \cdot \gamma_l (c^n - \Pi c^n)[\xi_c^n] ds$$

$$\leqslant K \left(\frac{\partial^2 u}{\partial t^2}, \nabla \cdot \frac{\partial^2 u}{\partial t^2} \right) \Delta t^4 + K \sum_{i=l}^{2} \|u^{n-i} - U^{n-i}\|_{H(\mathrm{div})}^2 + K\|\xi_c^n\|^2$$

$$+ K \sum_a \int_a |E(2)U^n \cdot \gamma_l| \cdot |c^n - \Pi c^n|^2 ds + \frac{1}{4} \sum_a \int_a |E(2)U^n \cdot \gamma_l| [\xi_c^n]^2 ds.$$

由 (1.3.15) 和 (1.3.18) 以及 $|c^n - \Pi c^n| = O(h)$ 得到

$$(\nabla \cdot (g^n - \Pi g^n), \xi_c^n)$$

$$\leqslant K\Delta t^2 + Kh^2 + Kh + K\|\xi_c^n\|^2 + \frac{1}{4}\sum_a \int_a |E(2)U^n \cdot \gamma_l|[\xi_c^n]^2 \mathrm{d}s. \quad (1.3.44)$$

由于 D 半正定, 故 (1.3.42) 右端各项的估计与 1.3.4 小节有所不同, 保持 T_1, T_2 不变, 其余各项依次估计为

$$T_3 = \frac{2}{3}\sum_e \int_{\Omega e} \nabla \cdot \eta_z^n \xi_c^n \mathrm{d}x$$

$$= \frac{2}{3}\sum_e \int_{\Omega e} \nabla \cdot (\eta_z^n - \eta_e^n(Pe))\xi_c^n \mathrm{d}x$$

$$\leqslant \sum_e Kh \left(\int_e (\xi_c^n)^2 \mathrm{d}x\right)^{1/2}$$

$$\leqslant Kh^2 + K\|\xi_c^n\|^2. \quad (1.3.45)$$

最后一步因为 $|\eta_z^n \cdot \gamma_l| = O(h)$, 并且 $\sum_a \int_a \mathrm{d}s = O(h^{-1})$.

$$T_4 \leqslant K\|\tilde{\eta}_z^n\|^2 + \frac{1}{6}(D(E(2)U^n)\tilde{\xi}_z^n, \tilde{\xi}_z^n), \quad (1.3.46)$$

对于 T_5, 注意到若 D 不依赖于 u, 那么 $T_5 = 0$, 否则有

$$T_5 = \frac{2}{3}\int_\Omega \frac{\partial D}{\partial u}(E(2)U^n - u^n)\tilde{z}^n\tilde{\xi}_z^n \mathrm{d}x$$

$$\leqslant \frac{1}{6}(D(E(2)U^n)\tilde{\xi}_z^n, \tilde{\xi}_z^n) + \frac{2}{3}\int_\Omega D^{-1}\left(\frac{\partial D}{\partial u}\right)^2 |E(2)U^n - u^n|^2 \mathrm{d}x, \quad (1.3.47)$$

若 $D^{-1}|D_u|^2$ 是有界的, 那么可得到 T_5 的估计, 下面就来看一下它的有界性. 为了简单起见, 假设 u 是定向在 x 方向的 (旋转坐标轴不影响 $(D_u)^2$ 的大小), 那么可设

$$D = D_m + |u|^\beta \begin{bmatrix} d_l & 0 & 0 \\ 0 & d_t & 0 \\ 0 & 0 & d_t \end{bmatrix}, \quad D^{-1} \leqslant |u|^{-\beta} \begin{bmatrix} d_l^{-1} & 0 & 0 \\ 0 & d_t^{-1} & 0 \\ 0 & 0 & d_t^{-1} \end{bmatrix},$$

$$\frac{\partial D}{\partial u_x} = \beta|u|^{\beta-1} \begin{bmatrix} d_l & 0 & 0 \\ 0 & d_t & 0 \\ 0 & 0 & d_t \end{bmatrix},$$

$$\frac{\partial D}{\partial u_y} = |u|^{\beta-1} \begin{bmatrix} 0 & d_l - d_t & 0 \\ d_l - d_t & 0 & 0 \\ 0 & 0 & 0 \end{bmatrix}, \quad \frac{\partial D}{\partial u_z} = |u|^{\beta-1} \begin{bmatrix} 0 & 0 & d_l - d_t \\ 0 & 0 & 0 \\ d_l - d_t & 0 & 0 \end{bmatrix}$$

$$\left| D^{-1} \left(\frac{\partial D}{\partial u} \right)^2 \right|$$

$$\leqslant |u|^{\beta-2} \left(\beta^2 \begin{bmatrix} d_l & 0 & 0 \\ 0 & d_t & 0 \\ 0 & 0 & d_t \end{bmatrix} + \begin{bmatrix} d_l^{-1}(d_l - d_t)^2 & 0 & 0 \\ 0 & d_t^{-1}(d_l - d_t)^2 & 0 \\ 0 & 0 & 0 \end{bmatrix} \right.$$

$$\left. + \begin{bmatrix} d_l^{-1}(d_l - d_t)^2 & 0 & 0 \\ 0 & 0 & 0 \\ 0 & 0 & d_t^{-1}(d_l - d_t)^2 \end{bmatrix} \right).$$

只要满足

$$\frac{d_l^2}{d_t} \leqslant d^* < \infty, \quad \frac{d_t^2}{d_l} \leqslant d^* < \infty, \quad \beta \geqslant 2. \tag{1.3.48}$$

那么 $\left| D^{-1} \left(\dfrac{\partial D}{\partial u} \right)^2 \right|$ 是有界的, 条件 (1.3.48) 自然满足 [1]. 故有

$$T_5 \leqslant \frac{1}{6} (D(E(2)U^n)\tilde{\xi}_z^n, \tilde{\xi}_z^n)$$

$$+ K \left(\Delta t^3 \left\| \frac{\partial^2 u}{\partial t^2} \right\|_{L^2(t^{n-1}, t^n; L^2)}^2 + h^2 + \|\xi_c^{n-1}\|^2 + \|\xi_c^{n-2}\|^2 \right). \tag{1.3.49}$$

把 (1.3.45)~(1.3.47), (1.3.49) 的估计代回误差方程 (1.3.42), 得到

$$\frac{1}{2\Delta t} \left[\left\| \phi^{\frac{1}{2}} \xi_c^n \right\|^2 - \left\| \phi^{\frac{1}{2}} \xi_c^{n-1} \right\|^2 \right] + \frac{1}{2\Delta t} \left\| \phi^{\frac{1}{2}} (\xi_c^n - \xi_c^{n-1}) \right\|^2$$

$$+ \frac{2}{3} (D(E(2)U^n)\tilde{\xi}_z^n, \tilde{\xi}_z^n) + \frac{1}{3} \sum_a \int_a |E(2)U^n \cdot \gamma_l| [\xi_c^n]^2 \mathrm{d}s$$

$$\leqslant \frac{1}{3\Delta t} \left[\left\| \phi^{\frac{1}{2}} (\xi_c^{n-1} - \xi_c^{n-2}) \right\|^2 + \frac{1}{2} \left\| \phi^{\frac{1}{2}} (\xi_c^n - \xi_c^{n-1}) \right\|^2$$

$$+ \frac{1}{2} \left(\left\| \phi^{\frac{1}{2}} \xi_c^{n-1} \right\|^2 - \left\| \phi^{\frac{1}{2}} \xi_c^{n-2} \right\|^2 \right) \right] + K \left(\Delta t^4 \left\| \frac{\partial^3 c}{\partial t^3} \right\|^2 + \Delta t^3 \left\| \frac{\partial^2 u}{\partial t^2} \right\|_{L^2(t^{n-1}, t^n; L^2)}^2 \right)$$

$$+ K(\|\xi_c^{n-1}\|^2 + \|\xi_c^{n-2}\|^2 + h + h^2) + \frac{1}{3} (D(E(2)U^n)\tilde{\xi}_z^n, \tilde{\xi}_z^n)$$

$$+\frac{1}{6}\sum_a\int_a|E(2)U^n\cdot\gamma_l|[\xi_c^n]^2\mathrm{d}s+\varepsilon\sum_a\int_a[\xi_c^n]^2\mathrm{d}s,\qquad(1.3.50)$$

整理上式, 得到

$$\frac{1}{2\Delta t}\left[\left\|\phi^{\frac{1}{2}}\xi_c^n\right\|^2-\left\|\phi^{\frac{1}{2}}\xi_c^{n-1}\right\|^2\right]$$
$$+\frac{1}{3\Delta t}\left[\left\|\phi^{\frac{1}{2}}(\xi_c^n-\xi_c^{n-1})\right\|^2-\left\|\phi^{\frac{1}{2}}(\xi_c^{n-1}-\xi_c^{n-2})\right\|^2\right]$$
$$\leqslant\frac{1}{3\Delta t}\left[\frac{1}{2}\left(\left\|\phi^{\frac{1}{2}}\xi_c^{n-1}\right\|^2-\left\|\phi^{\frac{1}{2}}\xi_c^{n-2}\right\|^2\right)\right]$$
$$+K\left(\Delta t^4\left\|\frac{\partial^3 c}{\partial t^2}\right\|^2+\Delta t^3\left\|\frac{\partial^2 u}{\partial t^2}\right\|^2_{L^2(t^{n-1},t^n;L^2)}\right)$$
$$+K(||\xi_c^{n-1}||^2+||\xi_c^{n-2}||^2+h+h^2),$$

两边同乘以 Δt 并关于时间 n 相加得到

$$\frac{1}{2}\left[\left\|\phi^{\frac{1}{2}}\xi_c^N\right\|^2-\left\|\phi^{\frac{1}{2}}\xi_c^1\right\|^2\right]+\frac{1}{3}\left[\left\|\phi^{\frac{1}{2}}(\xi_c^N-\xi_c^{N-1})\right\|^2-\left\|\phi^{\frac{1}{2}}(\xi_c^1-\xi_c^0)\right\|^2\right]$$
$$\leqslant\frac{1}{6}\left[\left\|\phi^{\frac{1}{2}}\xi_c^{N-1}\right\|^2-\left\|\phi^{\frac{1}{2}}\xi_c^0\right\|^2\right]+K(h+\Delta t^4)+K\sum_{n=1}^{N-1}||\xi_c^n||^2\Delta t$$
$$\leqslant\frac{1}{6}\left[\left\|\phi^{\frac{1}{2}}(\xi_c^N-\xi_c^{N-1})\right\|^2+\left\|\phi^{\frac{1}{2}}\xi_c^N\right\|^2-\left\|\phi^{\frac{1}{2}}\xi_c^0\right\|^2\right]+K(h+\Delta t^4)$$
$$+K\sum_{n=1}^{N-1}||\xi_c^n||^2\Delta t,$$

那么有

$$\frac{1}{3}\left\|\phi^{\frac{1}{2}}\xi_c^N\right\|^2+\frac{1}{6}\left\|\phi^{\frac{1}{2}}(\xi_c^N-\xi_c^{N-1})\right\|^2$$
$$\leqslant\frac{1}{6}\left[3\left\|\phi^{\frac{1}{2}}\xi_c^1\right\|^2-\left\|\phi^{\frac{1}{2}}\xi_c^0\right\|^2\right]+\frac{1}{3}||\phi^{\frac{1}{2}}(\xi_c^1-\xi_c^0)||^2$$
$$+K(h+\Delta t^4)+K\sum_{n=1}^{N-1}||\xi_c^n||^2\Delta t,$$

用离散的 Gronwall 引理得到

$$\max_n||\xi_c^n||^2\leqslant K(h+\Delta t^4),$$

由此得到下面的定理.

定理 1.3.2   假设方程的系数满足条件 I, 扩散矩阵 $D(u) \geqslant 0$ 半正定, 若 D 不依赖于 u(也就是说 D 是 0, 或者仅由分子扩散组成), 那么有估计

$$\max_{0 \leqslant n \leqslant N} ||c^n - C^n|| \leqslant K(h^{\frac{1}{2}} + \Delta t^2). \tag{1.3.51}$$

若 D 依赖于 u, 包含非零的弥散项, 具有下面的形式:

$$D = D_m I + d_l |u|^3 \begin{bmatrix} \hat{u}_x^2 & \hat{u}_x \hat{u}_y & \hat{u}_x \hat{u}_z \\ \hat{u}_x \hat{u}_y & \hat{u}_y^2 & \hat{u}_y \hat{u}_z \\ \hat{u}_x \hat{u}_z & \hat{u}_y \hat{u}_z & \hat{u}_z^2 \end{bmatrix} + d_t |u|^3 \begin{bmatrix} \hat{u}_y^2 + \hat{u}_z^2 & -\hat{u}_x \hat{u}_y & -\hat{u}_x \hat{u}_z \\ -\hat{u}_x \hat{u}_y & \hat{u}_x^2 + \hat{u}_z^2 & -\hat{u}_y \hat{u}_z \\ -\hat{u}_x \hat{u}_z & -\hat{u}_y \hat{u}_z & \hat{u}_x^2 + \hat{u}_y^2 \end{bmatrix},$$

此处假设 D_m 没有下界, 那么估计式 (1.3.51) 成立需要条件:

$$\frac{d_l^2}{d_t} \leqslant d^* < \infty, \quad \frac{d_t^2}{d_l} \leqslant d^* < \infty, \quad \beta \geqslant 2,$$

其中 K 是不依赖于 h 和 Δt 的常数.

注 2   由 1.3.4 小节和 1.3.5 小节的证明可以看到, 饱和度方程的扩散矩阵正定和半正定存在本质的区别, 其误差估计的理论明显不同, 这是实际应用中应该注意的问题.

1.3.6   数值算例

为了说明方法的特点和优越性, 下面考虑一组三维非驻定的对流扩散方程:

$$\begin{cases} \dfrac{\partial u}{\partial t} + \nabla(-a(x)\nabla u + \underline{b}u) = f, & (x, y, z) \in \Omega, t \in (0, T], \\ u|_{t=0} = x(1-x)y(1-y)z(1-z), & (x, y, z) \in \Omega, \\ u|_{\partial \Omega} = 0, & t \in (0, T]. \end{cases}$$

问题 1(对流占优)

$$a(x) = 10^{-2}, \quad b_1 = (1 + x\cos\alpha)\cos\alpha, \quad b_2 = (1 + y\sin\alpha)\sin\alpha, \quad b_3 = 1, \quad \alpha = 15°.$$

问题 2(强对流占优)

$$a(x) = 10^{-5}, \quad b_1 = 1, \quad b_2 = 1, \quad b_3 = -2,$$

其中 $\Omega = (0, 1) \times (0, 1) \times (0, 1)$, 问题的精确解为 $u = \mathrm{e}^{t/4}x(1-x)y(1-y)z(1-z)$, 右端 f 使每一个问题均成立. 时间步长取为 $\Delta t = \dfrac{T}{6}$, 具体情况如表 1.3.1 和表 1.3.2$\left(T = \dfrac{1}{2} \text{时} \right)$.

表 1.3.1　问题 1 的结果

N		8	16	24
UPMIX	L^2	5.7604e−007	7.4580e−008	3.9599e−008
FDM	L^2	1.2686e−006	3.4144e−007	1.5720e−007

表 1.3.2　问题 2 的结果

N		8	16	24
UPMIX	L^2	5.1822e−007	1.0127e−007	6.8874e−008
FDM	L^2	3.3386e−005	3.2242e+009	溢出

表 1.3.1 和表 1.3.2 中的 L^2 表示误差的 L^2 模. N 代表空间剖分, UPMIX 代表本节的迎风混合元方法, FDM 代表五点格式的有限差分方法, 表 1.3.1 和表 1.3.2 分别是对问题 1 和问题 2 的数值近似解. 由表可以看出, 差分方法对于对流占优的方程有解, 但对于强对流占优的方程, 剖分步长比较大时有结果, 但当步长慢慢减小时其结果明显发生振荡, 不可用. 迎风混合元方法无论对于对流占优的方程还是强对流占优的方程, 都有很好的逼近结果, 没有数值振荡, 可以得到合理的结果, 这是其他有限元或有限差分方法所不能比的.

下面给出单步方法与多步方法的比较. 对流占优的扩散方程 (问题 1)分别应用迎风混合元多步 (M) 和单步迎风混合元方法 (S), 前者的时间步长取为 $\Delta t = \dfrac{T}{3}$, 后者的时间步长不变仍为 $\Delta t = \dfrac{T}{6}$, 由所得结果可以看出: 多步方法保持了单步的优点, 同时在精度上有所提高, 并且计算量小, 如表 1.3.3 所示.

表 1.3.3　结果比较

N		8	16	24
M	L^2	2.8160e−007	6.5832e−008	7.9215e−008
S	L^2	5.7604e−007	7.4580e−008	3.9599e−008

此外, 为了更好地说明方法的应用性, 考虑两类半正定的情形:

问题 3
$$a(x) = x(1-x), \quad b_1 = 1, \quad b_2 = 1, \quad b_3 = 0.$$

问题 4
$$a(x) = \left(x - \frac{1}{2}\right)^2, \quad b_1 = -3, \quad b_2 = 1, \quad b_3 = 0.$$

问题 3 和问题 4 的结果如表 1.3.4 所示.

表 1.3.4　半正定问题的结果

N		8	16	24
P3	L^2	8.0682e−007	5.5915e−008	1.2303e−008
P4	L^2	1.6367e−005	2.4944e−006	4.2888e−007

表 1.3.4 中 P3, P4 代表问题 3 和问题 4, 表中数据是应用迎风混合元方法所得到的. 可以看到, 当扩散矩阵半正定时, 利用此方法可以得到比较理想的结果.

1.4　基于网格变动的油水驱动半正定问题的迎风混合元方法

本节在网格随时间变动的有限元空间上研究了不可压缩的二相渗流驱动问题, 分别对饱和度方程扩散矩阵正定和半正定的情形提出了基于网格变动的迎风混合元方法: 混合元逼近压力方程, 饱和度方程的对流项采用迎风格式来处理, 扩散项则采用推广的混合元来逼近. 在网格任意变动的情形下得到几乎最优的误差估计; 对正定问题的格式进行改进, 即在两个网格之间投影变化时采取近似解的线性构造, 可以得到与固定网格时相同的最优收敛阶.

1.4.1　引言

网格变动的自适应有限元方法, 已经成为精确有效地逼近偏微分方程的重要工具. 很多学者都曾研究自适应的有限元方法, 特别是 Eriksson 和 Johnson 的一系列文献 [29,30], 以及 Miller 的变网格方法 [31,32], Bank 和 Santos 时空变化的有限元方法 [33]. 对于网格发生变化的方法, 最大的理论困难在于要证明网格发生变动的方法具有与网格固定时相同的收敛精度, Eriksson 和 Johnson 在处理此困难时, 通过乘以一个时间步长的对数算子得到几乎最优的先验误差估计, 在一般的网格变化的假设条件下, 可以证明这是接近最优的估计. Dawson 等在文献 [34] 对于热方程以及对流扩散方程提出了基于网格变动的混合有限元方法, 在特殊的网格变化下可以得到最优的误差估计.

二相渗流驱动问题一般由两个耦合的方程组成: 压力方程和饱和度方程, 前者是椭圆型的, 后者是对流占优的扩散方程. 解决此问题的传统方法都是建立在固定的网格上, 在假定方程的解光滑的情况下可以得到很好的结果 [1-3,12,13]. 但对于激烈的前沿或者某些局部性质, 这些方法不能得到有效的理想结果. 本节主要研究网格随时间变化的有限元方法, 从正定和半正定两方面着手, 在网格变动的基础上应用低阶的 Raviart-Thomas 混合有限元空间, 对压力方程使用混合元方法; 利用推广的混合元处理饱和度方程的扩散项, 迎风方法逼近对流项. 两种方法结合具有很好的性质: 满足对流占优的特性, 没有振荡和数值弥散, 并且可以保持质量守恒. 本节所研究的方法在网格任意变动的情况下得到几乎最优的收敛阶, 在正定的情形对网格变动的有限元方法进行改进, 即把当前时间的解的线性构造投影变换到新的网格, 此时可以得到网格任意变动下最优的收敛阶.

本节框架如下: 1.4.2 小节介绍所要讨论的问题模型以及一些预备知识和记号, 给出了问题的解和系数的正则性要求; 1.4.3 小节对于扩散矩阵半正定的二相渗流驱动问题提出了基于网格变动的迎风混合元方法, 并分析了格式, 得到任意网格变动下几乎最优的误差估计; 1.4.4 小节给出了正定情形下基于网格变动的迎风混合元方法, 并得到误差估计; 1.4.5 小节给出了改进后的格式, 得到任意网格变动下最优的误差估计; 1.4.6 小节给出了数值算例, 从应用的角度说明了此方法的可行性.

1.4.2　预备知识和记号

二维空间中二相渗流驱动问题, 广义的模型具有下面的形式

$$\nabla \cdot u = -\nabla \cdot (k(x,c)\nabla p) = q, \quad x \in \Omega, \ 0 < t \leqslant T, \tag{1.4.1}$$

$$\phi(x)\frac{\partial c}{\partial t} + u \cdot \nabla c - \nabla \cdot (D\nabla c) = (\tilde{c} - c)q, \quad x \in \Omega, \ 0 < t \leqslant T. \tag{1.4.2}$$

其中 Ω 是二维空间中的有界区域. p 是压力, u 是 Darcy 速度, c 是饱和度, q 是产量, 正为注入井, 负为生产井, ϕ 是多孔介质的孔隙度, 而 $k(x,c) = \dfrac{k(x)}{\mu(c)}$, $k(x)$ 是岩石的渗透率, $\mu(c)$ 是依赖于水的饱和度 c 的黏度. 在 (1.4.2) 中 $\tilde{c}$ 必须特殊取定, 在注入井它是注入流体的饱和度, 对于生产井 $\tilde{c} = c$, $D = D(\phi, u)$ 是一个 2×2 的扩散矩阵, 具有下面的形式:

$$D = D_m I + d_l |u|^\beta \begin{bmatrix} \dfrac{u_1^2}{|u|^2} & \dfrac{u_1 u_2}{|u|^2} \\ \dfrac{u_1 u_2}{|u|^2} & \dfrac{u_2^2}{|u|^2} \end{bmatrix} + d_t |u|^\beta \begin{bmatrix} \dfrac{u_2^2}{|u|^2} & -\dfrac{u_1 u_2}{|u|^2} \\ -\dfrac{u_1 u_2}{|u|^2} & \dfrac{u_1^2}{|u|^2} \end{bmatrix}. \tag{1.4.3}$$

此处 $u = (u_1, u_2)$, D_m 是分子扩散, d_l, d_t 分别是纵向和横向的弥散, 在实际的石油工程中, 饱和度方程 (1.4.2) 的扩散系数 D 往往相当小, 对流项起主导作用, 是对流占优的扩散方程. 一般情况下, 假设 $D(u)$ 是对称正定的, 但在很多实际问题中, 扩散矩阵仅满足半正定的条件, 这给问题的理论分析和工程计算都带来了一定的困难, 给出初始和边界条件

$$c(0,x) = c_0, \quad x \in \Omega; \quad u \cdot \gamma = 0, \quad D\nabla c \cdot \gamma = 0, \quad x \in \partial\Omega. \tag{1.4.4}$$

此处 γ 是 $\partial\Omega$ 的单位外法向量.

先给出基本的假设条件: 令 $\Delta t^n > 0$, $n = 1, 2, \cdots$, N^* 代表不同时间层的时间步长,

$$t^n = \sum_{k=1}^{n} \Delta t^k, \quad T = \sum_{n=1}^{N^*} \Delta t^n,$$

对于 $g = g(t)$, 令 $g^n = g(t^n)$. 假设时间步长 Δt^n 变化不剧烈, 也即存在不依赖于 n 和 Δt 的正常数 t_* 和 t^*, $\Delta t = \max_n \Delta t^n$ 满足

$$t_* \leqslant \frac{\Delta t^n}{\Delta t^{n-1}} \leqslant t^*, \tag{1.4.5}$$

在每一时间层 t^n 构造区域 Ω 的剖分 K_h^n, 使其适用于混合有限元方法 (四边形或三角形剖分), 并且设 K_h^n 是拟一致的正则剖分, $K_h^n = \{e_i^n\}$, e_i^n 的直径不大于 h^n. 令 $h = \max_n h^n$, 并且有

$$\Delta t^n = O(h^n), \tag{1.4.6}$$

在区域 Ω 上, 采用通常的 Sobolev 空间和范数. 特别地, $H^0(\Omega) = L^2(\Omega)$, $W_\infty^0(\Omega) = L^\infty(\Omega)$. 而 $L^2(\Omega)$ 上的内积则表示为 $(f, g) = \int_\Omega fg\mathrm{d}x$. 定义向量函数空间和范数

$$H^m(\mathrm{div}; \Omega) := \{f = (f_x, f_y); f_x, f_y, \nabla \cdot f \in H^m(\Omega)\},$$

$$\|f\|_{H^m(\mathrm{div})}^2 = \|f_x\|_m^2 + \|f_y\|_m^2 + \|\nabla \cdot f\|_m^2, \quad m \geqslant 0,$$

$$L^2(\mathrm{div}; \Omega) = H^0(\mathrm{div}; \Omega).$$

令 $W = L^2(\Omega)/\{\varphi \equiv$ 常数, 在 Ω 上$\}$, $V = H(\mathrm{div}; \Omega) \cap \{v \cdot \gamma = 0$ 在 $\partial\Omega$ 上 $\}$. W_h^n, V_h^n 是 W, V 的有限元空间, 且有 $\mathrm{div}V_h^n = W_h^n$, 代表低阶的 Raviart-Thomas 空间, 也即: 对于 $\forall w \in W_h^n$ 在剖分 K_h^n 的每个小单元 e_i^n 上是常数; $\forall v^n \in V_h^n$ 在每个单元上是连续的分片线性函数, $v^n \cdot \gamma$ 是在 e_i^n 边界上中点的值, γ 是 ∂e_i^n 是单位外法向量, Douglas 和 Roberts 在文献 [19] 中详细讨论过对于有曲边的边界单元, 有限元空间不发生任何变化.

在下面所给出的数值方法的收敛性分析中, 将假设流动是光滑分布的. 并且假设系数和区域是正则的, 微分方程初边值问题的解是光滑的. 对方程的系数做如下的几点假定, 记为 I.

(A1) $0 < \phi_* \leqslant \phi(x) \leqslant \phi^* < \infty$;

(A2) $0 < k_* \leqslant k(x, c) \leqslant k^* < \infty$;

(A3) q 光滑分布, $|q(x, t)| \leqslant K$;

(A4) D 对称, 且有 $D(u) \geqslant 0$;

(A5) $\dfrac{\partial u}{\partial t}, \nabla \cdot \dfrac{\partial u}{\partial t}, \dfrac{\partial D}{\partial u}$ 有界.

1.4.3　半正定情形的格式

本节考虑饱和度方程的扩散矩阵半正定的情形. 首先变换饱和度方程, 令

$$g = uc = (u_1c, u_2c) = (g_1, g_2), \quad \tilde{z} = -\nabla c, \quad z = D\tilde{z},$$

则 $\phi c_t + \nabla \cdot g + \nabla \cdot z - c\nabla \cdot u = (\tilde{c} - c)q$. 应用压力方程 $\nabla \cdot u = q$, 方程 (1.4.2) 变换为

$$\phi c_t + \nabla \cdot g + \nabla \cdot z = \tilde{c}q, \tag{1.4.7}$$

此处应用推广的混合元方法, 不仅有对扩散流量 z 的近似, 同时有对梯度 $\tilde{z}$ 的近似. (Arbogast, Wheeler 和 Yotov 在文献 [18] 曾应用于椭圆方程.)

在上节的低阶混合元空间上讨论有限元格式. 对于压力方程, 应用混合元方法: 在每一时间层 n, 求 $U^n \in V_h^n, P^n \in W_h^n$ 满足

$$\left(\frac{1}{k(C^n)}U^n, v^n\right) - (P^n, \nabla \cdot v^n) = 0, \quad \forall v^n \in V_h^n, \tag{1.4.8}$$

$$(\nabla \cdot U^n, w^n) = (q^n, w^n), \quad \forall w^n \in W_h^n. \tag{1.4.9}$$

饱和度方程 (1.4.7) 在每一时间层 n, 求 $C^n \in W_h^n, \tilde{Z}^n \in V_h^n, Z^n \in V_h^n, G^n \in V_h^n$ 满足

$$\left(\phi(x)\frac{C^n - C^{n-1}}{\Delta t^n}, w^h\right) + (\nabla \cdot G^n, w^n) + (\nabla \cdot Z^n, w^n) = (q\tilde{c}, w^n), \quad \forall w^n \in W_h^n, \tag{1.4.10}$$

$$(\tilde{Z}^n, v^n) = (C^n, \nabla \cdot v^n), \quad \forall v^n \in V_h^n, \tag{1.4.11}$$

$$(Z^n, v^n) = (D(EU^n)\tilde{Z}^n, v^n), \quad \forall v^n \in V_h^n, \tag{1.4.12}$$

其中的 EU^n 以及迎风项 G^n 的定义如下

$$EU^n = \begin{cases} 2U^{n-1} - U^{n-2}, & n > 1, \\ U^0, & n = 1. \end{cases}$$

对流流量 G 由近似解 C 来构造, 本节应用简单的迎风方法. 由于在 $\partial\Omega$ 上 $g = uc = 0$, 故设在边界上 $G^n \cdot \gamma$ 的平均积分为 0. 假设单元 e_1, e_2 有共同的内边, l, x_l 是此边的中点, γ_l 是从 e_1 到 e_2 的法向量, 那么可以定义

$$G^n \cdot \gamma_l = \begin{cases} C_{e_1}^n (U^{n-1} \cdot \gamma_l)(x_l), & (U^{n-1} \cdot \gamma_l)(x_l) \geqslant 0, \\ C_{e_2}^n (U^{n-1} \cdot \gamma_l)(x_l), & (U^{n-1} \cdot \gamma_l)(x_l) < 0. \end{cases}$$

$C_{e_1}^n, C_{e_2}^n$ 是 C^n 在单元上的常数值. 至此定义了 G^n, EU^n, 完成了格式 (1.4.8)~ (1.4.12) 的构造.

注 1 由于网格发生变动, 在 (1.4.10) 中必须计算 (C^{n-1}, w^n), 也就是 C^{n-1} 的 L^2 投影; 由 K^{n-1} 上的分片常数投影到 K^n 上的分片常数.

对于应用混合元的压力方程, 文献 [12, 13] 进行了详细的论述, 本节不再赘述, 只引用其结论

$$||U - \tilde{u}||_v + ||P - \tilde{P}||_w \leqslant K(1 + ||\tilde{u}||_\infty)||c - C||, \tag{1.4.13}$$

其中 $\{\tilde{u}, \tilde{p}\}$ 是 $\{u, p\}$ 在混合有限元空间中的投影, 且有

$$||u - \tilde{u}||_v + ||p - \tilde{p}||_w \leqslant Mh||p||_{L^\infty(J; H^3(\Omega))}, \quad t \in J. \tag{1.4.14}$$

并且进一步可知有

$$||\tilde{u}||_{L^\infty(W^1_\infty)} \leqslant K.$$

下面详细介绍饱和度方程的误差估计, 由于饱和度方程的扩散矩阵是半正定的, 进行误差分析时传统的椭圆投影不再成立, 需要采用 L^2 投影, 有

$$\Pi c^n \in W^n_h, \quad (\varphi c^n - \varphi \Pi c^n, w^n) = 0, \quad w^n \in W^n_h, \quad ||c^n - \Pi c^n|| \leqslant Kh,$$

$$\Pi \tilde{z}^n \in V^n_h, \quad (\tilde{z}^n - \Pi \tilde{z}^n, v^n) = 0, \quad v^n \in V^n_h, \quad ||\tilde{z}^n - \Pi \tilde{z}^n|| \leqslant Kh,$$

$$\Pi z^n \in V^n_h, \quad (z^n - \Pi z^n, v^n) = 0, \quad v^n \in V^n_h, \quad ||z^n - \Pi z^n|| \leqslant Kh,$$

令 $\xi_c = C - \Pi c, \tilde{\xi}_z = \tilde{Z} - \Pi \tilde{z}, \xi_z = Z - \Pi z, \eta_c = c - \Pi c, \tilde{\eta}_z = \tilde{z} - \Pi \tilde{z}, \eta_z = z - \Pi z$. 在时间 t^n 处, (1.4.10)~(1.4.12) 与真解相减并利用 L^2 投影得误差方程

$$\left(\phi(x)\frac{\xi_c^n - \xi_c^{n-1}}{\Delta t^n}, w^n\right) + (\nabla \cdot \xi_z^n, w^n) + (\nabla \cdot G^n - \nabla \cdot g^n, w^n)$$

$$= \left(\phi(x)\frac{\eta_c^n - \eta_c^{n-1}}{\Delta t^n}, w^n\right) + (\rho^n, w^n) + (\nabla \cdot \eta_z^n, w^n), \tag{1.4.15}$$

$$\left(\tilde{\xi}_z^n, v^n\right) = (\xi_c^n, \nabla \cdot v^n), \tag{1.4.16}$$

$$(\xi_z^n, v^n) = (D(EU^n)\tilde{\xi}_z^n, v^n) + (D(EU^n)\tilde{\eta}_z^n, v^n) + ([D(EU^n) - D(u^n)]\tilde{z}^n, v^n), \tag{1.4.17}$$

其中 $\rho^n = \phi c_t^n - \phi(x)\frac{c^n - c^{n-1}}{\Delta t^n}$. (1.4.15) 右端第一项是与网格变动有关的项, 如果网格不发生变化则此项为零.

(1.4.15) 中取 $w^n = \xi_c^n$, (1.4.16) 中取 $v^n = \xi_z^n$, (1.4.17) 中取 $v^n = \tilde{\xi}_z^n$, 三式相加减得到

$$\left(\phi(x)\frac{\xi_n^c - \xi_c^{n-1}}{\Delta t^n}, \xi_c^n\right) + (D(EU^n)\tilde{\xi}_z^n, \xi_z^n) + (\nabla \cdot (G^n - g^n), \xi_c^n)$$

$$= (\rho^n, \xi_c^n) + (\nabla \cdot \eta_z^n, \xi_c^n) - (D(EU^n)\tilde{\eta}_z^n, \tilde{\eta}_z^n) - ([D(EU^n) - D(u^n)]\tilde{z}^n, \tilde{\xi}_z^n)$$

$$+ \left(\phi(x)\frac{\eta_c^n - \eta_c^{n-1}}{\Delta t^n}, \xi_c^n\right)$$

$$\equiv T_1 + T_2 + T_3 + T_4 + T_5, \tag{1.4.18}$$

估计误差方程 (1.4.18), 首先定义几个附加项: 在网格的边 Γ_l 上, 令 γ_l 代表单位法向量, 对于 $x \in \Gamma_l, \xi_c^-(x) = \lim\limits_{s\to 0-} \xi_c(x + s\gamma_l), \xi_c^+(x) = \lim\limits_{s\to 0+} \xi_c(x + s\gamma_l)$, 定义 $[\xi_c] =$

$\xi_c^+ - \xi_c^-$. 区域边界上有 $\xi_c^+ = 0$. 令 ξ_c^u 代表 ξ_c 的迎风值, 当 $U \cdot \gamma_l > 0$ 时 $\xi_c^u = \xi_c^-$, 当 $U \cdot \gamma_l \leqslant 0$ 时 $\xi_c^u = \xi_c^+$, 而 ξ_c^d 代表 ξ_c 顺风值, 且设 $\xi_c^a = \dfrac{\xi_c^- + \xi_c^+}{2} = \dfrac{\xi_c^u + \xi_c^d}{2}$. 方程 (1.4.18) 左端等三项可以分解为

$$(\nabla \cdot (G^n - g^n), \xi_c^n) = (\nabla \cdot (G^n - \pi g^n), \xi_c^n) + (\nabla \cdot (\pi g^n - g^n), \xi_c^n), \qquad (1.4.19)$$

πg 的定义类似于 G,

$$\pi g^n \cdot \gamma_l = \begin{cases} \Pi c_{e_1}^n (U^{n-1} \cdot \gamma_l)(x_l), & (U^{n-1} \cdot \gamma_l)(x_l) \geqslant 0, \\ \Pi c_{e_2}^n (U^{n-1} \cdot \gamma_l)(x_l), & (U^{n-1} \cdot \gamma_l)(x_l) < 0. \end{cases}$$

(1.4.19) 式右端第二项移到 (1.4.18) 右端, 而第一项可以估计为

$$\begin{aligned} (\nabla \cdot (G^n - \pi g^n), \xi_c^n) &= \sum_i \int_{e_i} \nabla \cdot (G^n - \pi g^n) \xi_c^n \mathrm{d}x \\ &= -\sum_l \int_{\Gamma_l} (G^n - \pi g^n) \cdot \gamma_l [\xi_c^n] \mathrm{d}s \\ &= -\sum_l \int_{\Gamma_l} (U^{n-1} \cdot \gamma_l) \xi_c^{u,n} [\xi_c^n] \mathrm{d}s \\ &= -\frac{1}{2} \sum_l \int_{\Gamma_l} (U^{n-1} \cdot \gamma_l)(\xi_c^{u,n} - \xi_c^{d,n})[\xi_c^n] \mathrm{d}s \\ &\quad - \frac{1}{2} \sum_l \int_{\Gamma_l} (U^{n-1} \cdot \gamma_l) \xi_c^{a,n} [\xi_c^n] \mathrm{d}s \\ &\equiv Q_1 + Q_2, \end{aligned}$$

若 $U^{n-1} \cdot \gamma_l > 0$, 那么 $(\xi_c^{u,n} - \xi_c^{d,n})[\xi_c^n] = -[\xi_c^n]^2$, 若 $U^{n-1} \cdot \gamma_l \leqslant 0$, 此项有相反的符号, 因此

$$Q_1 = \frac{1}{2} \sum_l \int_{\Gamma_l} |U^{n-1} \cdot \gamma_l| [\xi_c^n]^2 \mathrm{d}s \geqslant 0,$$

$$\begin{aligned} Q_2 &= -\frac{1}{2} \sum_l \int_{\Gamma_l} (U^{n-1} \cdot \gamma_l)[(\xi_c^{+,n})^2 - (\xi_c^{-,n})^2] \mathrm{d}s \\ &= \frac{1}{2} \sum_i \int_{e_i} \nabla \cdot U^{n-1} (\xi_c^n)^2 \mathrm{d}x. \end{aligned}$$

把 Q_2 移到方程 (1.4.18) 的右端, 并且根据 q 的有界性, 得到

$$|Q_2| \leqslant K \|\xi_c^n\|^2.$$

估计 (1.4.19) 式右端第二项

$$(\nabla \cdot (g^n - \pi g^n), \xi_c^n)$$

$$= \sum_l \int_{\Gamma_l} \{c^n u^n \cdot \gamma_l - \Pi c^{u,n} U^{n-1} \cdot \gamma_l\}[\xi_c^n]\mathrm{d}s$$

$$=(\nabla \cdot (c^n u^n - c^n u^{n-1}), \xi_c^n) + (\nabla \cdot c^n (u^{n-1} - U^{n-1}), \xi_c^n)$$

$$+ (\nabla \cdot (c^n - \Pi c^n) U^{n-1}, \xi_c^n)$$

$$\leqslant K\left(\frac{\partial u}{\partial t}, \nabla \cdot \frac{\partial u}{\partial t}\right)\Delta t^2 + K||u^{n-1} - U^{n-1}||^2_{H(\mathrm{div})}$$

$$+ K||\xi_c^n||^2 + (\nabla \cdot (c^n - \Pi c^n) U^{n-1}, \xi_c^n).$$

分析上式最后一项

$$\left(\nabla \cdot (c^n - \Pi c^n) U^{n-1}, \xi_c^n\right)$$

$$= \left((c^n - \Pi c^n) \nabla \cdot U^{n-1}, \xi_c^n\right) + \left(U^{n-1} \cdot \nabla (c^n - \Pi c^n), \xi_c^n\right)$$

$$= \sum_i \int_{e_i} (c^n - \Pi c^n)\nabla \cdot U^{n-1}\xi_c^n \mathrm{d}x + \sum_i \int_{e_i} U^{n-1} \cdot \nabla c^n \xi_c^n \mathrm{d}x$$

$$\leqslant |\nabla \cdot U^{n-1}|_\infty \sum_i h \int_{e_i} \xi_c^n \mathrm{d}x + |U^{n-1}|_\infty \sum_i \int_{e_i} \nabla(c^n - c^n(P_i))\xi_c^n \mathrm{d}x$$

$$\leqslant K(|\nabla \cdot U^{n-1}|_\infty + |U^{n-1}|_\infty) \sum_i h \int_{e_i} \xi_c^n \mathrm{d}x, \tag{1.4.20}$$

此处 P_i 代表单元 e_i 的节点. 由 Cauchy-Schwarz 不等式, 得到

$$\sum_i h \int_{e_i} \xi_c^n \mathrm{d}x \leqslant \left(\sum_i h^2\right)^{\frac{1}{2}} \left(\sum_i \left(\int_{e_i} \xi_c^n \mathrm{d}x\right)^2\right)^{\frac{1}{2}}$$

$$\leqslant K\left(\sum_i \int_{e_i} 1^2 \mathrm{d}x \cdot \int_{e_i} (\xi_c^n)^2 \mathrm{d}x\right)^{\frac{1}{2}}$$

$$\leqslant K\left(\sum_i h^2 \int_{e_i} (\xi_c^n)^2 \mathrm{d}x\right)^{\frac{1}{2}}$$

$$\leqslant Kh\left(\sum_i \int_{e_i} (\xi_c^n)^2 \mathrm{d}x\right)^{\frac{1}{2}} \leqslant Kh||\xi_c^n||, \tag{1.4.21}$$

(1.4.21) 代回 (1.4.20), 得

$$\left(\nabla \cdot (c^n - \Pi c^n) U^{n-1}, \xi_c^n\right) \leqslant K(|\nabla \cdot U^{n-1}|_\infty + |U^{n-1}|_\infty)h||\xi_c^n||.$$

若由归纳假设

$$(|\nabla \cdot U^{n-1}|_\infty + |U^{n-1}|_\infty)h^{\frac{1}{2}} \leqslant K, \tag{1.4.22}$$

则

$$(\nabla \cdot (c^n - \Pi c^n) U^{n-1}, \xi_c^n) \leqslant Kh^{\frac{1}{2}} \|\xi_c^n\| \leqslant Kh + K\|\xi_c^n\|^2, \tag{1.4.23}$$

由 (1.4.20)~(1.4.23) 的估计

$$(\nabla \cdot (g^n - \pi g^n), \xi_c^n) \leqslant K(h + \Delta t^2) + K(\|\xi_c^n\|^2 + \|\xi_c^{n-1}\|^2), \tag{1.4.24}$$

接下来考虑 (1.4.18) 右端各项, 很容易得到 T_1, T_3 的估计

$$T_1 \leqslant K\Delta t \left\| \frac{\partial^2 c}{\partial t^2} \right\|_{L^2(t^{n-1}, t^n; L^2)}^2 + K\|\xi_c^n\|^2, \tag{1.4.25}$$

$$T_3 \leqslant K\|\tilde{\eta}_z^n\|^2 + \frac{1}{4}(D(EU^n)\tilde{\xi}_z^n, \tilde{\xi}_z^{n2}), \tag{1.4.26}$$

对于 T_2, 应用 (1.4.21) 式, 有

$$\begin{aligned}
T_2 &= \sum_i \int_{e_i} \nabla \cdot \eta_z^n \xi_c^n \mathrm{d}x \\
&= \sum_i \int_{e_i} \nabla \cdot (\eta_z^n - \eta_z^n(P_i)) \xi_c^n \mathrm{d}x \\
&\leqslant K \sum_i h \int_{e_i} \xi_c^n \mathrm{d}x \\
&\leqslant Kh\|\xi_c^n\| \\
&\leqslant Kh^2 + K\|\xi_c^n\|^2,
\end{aligned}$$

对于 T_4, 注意到若 D 不依赖于 u, 那么 $T_4 = 0$, 否则有

$$\begin{aligned}
T_4 &= \int_\Omega [D(u^n) - D(EU^n)] \tilde{z}^n \tilde{\xi}_z^n \mathrm{d}x \\
&\leqslant \frac{1}{4}(D(EU^n)\tilde{\xi}_z^n, \tilde{\xi}_z^n) + K \int_\Omega D^{-1}(EU^n)|D(u^n) - D(EU^n)|^2 \mathrm{d}x, \quad (1.4.27)
\end{aligned}$$

把 $D(u^n)$ 在 EU^n 处展开, $D(u)^n = D(EU^n) + \dfrac{\partial D}{\partial u}(EU^n)(u^n - EU^n) + o(u^n - EU^n)$, 代回 (1.4.27), 得到

$$T_4 \leqslant \frac{1}{4}(D(EU^n)\tilde{\xi}_z^n, \tilde{\xi}_z^n) + K \int_\Omega D^{-1}(EU^n) \left| \frac{\partial D}{\partial u}(EU^n) \right|^2 \cdot |u^n - EU^n|^2 \mathrm{d}x, \tag{1.4.28}$$

为了得到 T_4 的估计, 需要 $D^{-1}|D_u|^2$ 是有界的. 简单起见, 假设 u 在 x 方向是定向的 (旋转坐标轴不影响 $(D_u)^2$ 的大小), 那么可设

$$D = D_m + |u|^\beta \begin{bmatrix} d_l & 0 \\ 0 & d_t \end{bmatrix}, \quad D^{-1} \leqslant |u|^{-\beta} \begin{bmatrix} d_l^{-1} & 0 \\ 0 & d_l^{-1} \end{bmatrix},$$

$$\frac{\partial D}{\partial u_1} = \beta |u|^{\beta-1} \begin{bmatrix} d_l & 0 \\ 0 & d_t \end{bmatrix}, \quad \frac{\partial D}{\partial u_2} = |u|^{\beta-1} \begin{bmatrix} 0 & d_l - d_t \\ d_l - d_t & 0 \end{bmatrix},$$

$$\left| D^{-1} \left(\frac{\partial D}{\partial u} \right)^2 \right| \leqslant |u|^{\beta-2} \left(\beta^2 \begin{bmatrix} d_l & 0 \\ 0 & d_t \end{bmatrix} + \begin{bmatrix} d_l^{-1}(d_l - d_t)^2 & 0 \\ 0 & d_t^{-1}(d_l - d_t)^2 \end{bmatrix} \right).$$

只要满足

$$\frac{d_l^2}{d_t} \leqslant d^* < \infty, \quad \frac{d_t^2}{d_l} \leqslant d^* < \infty, \quad \beta \geqslant 2, \tag{1.4.29}$$

此处 d^* 是常数, 那么 $\left| D^{-1} \left(\dfrac{\partial D}{\partial u} \right)^2 \right|$ 是有界的, 条件 (1.4.29) 自然满足 [1]. 而 $u^n - EU^n = u^n - Eu^n + Eu^n - E\tilde{u}^n + E\tilde{u}^n - EU^n$, 由 Eu 的定义以及 (1.4.13) 和 (1.4.14) 有

$$||u^n - EU^n||^2 \leqslant K\Delta t^3 \left\| \frac{\partial^2 u}{\partial t^2} \right\|^2_{L^2(t^{n-1},t^n;L^2)} + h^2 + ||\xi_c^{n-1}||^2 + ||\xi_c^{n-2}||^2 \quad (n > 1),$$

$$||u^n - EU^n||^2 \leqslant K\Delta t \left\| \frac{\partial u}{\partial t} \right\|^2_{L^2(t^{n-1},t^n;L^2)} + h^2 + ||\xi_c^{n-1}||^2 \quad (n = 1).$$

故有

$$T_4 \leqslant \frac{1}{4}(D(EU^n)\tilde{\xi}_z^n, \tilde{\xi}_z^n) + K \left(\Delta t^3 \left\| \frac{\partial^2 u}{\partial t^2} \right\|^2_{L^2(t^{n-1},t^n;L^2)} + \Delta t \left\| \frac{\partial u}{\partial t} \right\|^2_{L^2(t^{n-1},t^n;L^2)} \right.$$

$$\left. + h^2 + ||\xi_c^{n-1}||^2 + ||\xi_c^{n-2}||^2 \right). \tag{1.4.30}$$

将 (1.4.19), (1.4.24) 以及 $T_1 \sim T_4$ 的估计代回误差方程 (1.4.18), 得到

$$\frac{1}{2\Delta t^n} \left[\left\| \phi^{\frac{1}{2}} \xi_c^n \right\|^2 - \left\| \phi^{\frac{1}{2}} \xi_c^{n-1} \right\|^2 \right] + (D(EU^n)\tilde{\xi}_z^n, \tilde{\xi}_z^n) + \frac{1}{2} \sum_l \int_{\Gamma_l} |U^{n-1} \cdot \gamma_l| [\xi_c^n]^2 \, \mathrm{d}s$$

$$\leqslant K \left(\Delta t \left\| \frac{\partial^2 c}{\partial t^2} \right\|^2_{L^2(t^{n-1},t^n;L^2)} + \Delta t^3 \left\| \frac{\partial^2 u}{\partial t^2} \right\|^2_{L^2(t^{n-1},t^n;L^2)} + \Delta t ||u_t||^2_{L^2(t^{n-1},t^n;L^2)} \right)$$

$$+ K(||\xi_c^n||^2 + ||\xi_c^{n-1}||^2 + ||\xi_c^{n-2}||^2 + h + h^2)$$

$$+ \frac{1}{2}(D(EU^n)\tilde{\xi}_z^n, \tilde{\xi}_z^n) + \left(\phi(x) \frac{\eta_c^n - \eta_c^{n-1}}{\Delta t^n}, \xi_c^n \right), \tag{1.4.31}$$

令 N 是 $||\phi^{\frac{1}{2}}\xi_c^n||$ 取最大时的时间层, 也就是 $\left\|\phi^{\frac{1}{2}}\xi_c^N\right\|^2 = \max\limits_{1 \leqslant n \leqslant N2} \left\|\phi^{\frac{1}{2}}\xi_c^n\right\|^2.$ (1.4.31)
两边同乘以 $2\Delta t^n$ 并关于时间 n 从 1 到 N 相加得到

$$\left\|\phi^{\frac{1}{2}}\xi_c^N\right\|^2 + \sum_{n=1}^{N}(D(EU^n)\tilde{\xi}_z^n, \tilde{\xi}_z^n)\Delta t^n$$

$$\leqslant K(h + \Delta t^2) + K\sum_{n=1}^{N}||\xi_c^n||^2\Delta t^n + 2\sum_{n=1}^{N}\left(\phi(x)\frac{\eta_c^n - \eta_c^{n-1}}{\Delta t^n}, \xi_c^n\right)\Delta t^n, \quad (1.4.32)$$

(1.4.32) 右端最后一项, 有 $(\phi(x)\eta_c^n, \xi_c^n) = 0$. 假设网格至多变动 M 次, 且有 $M \leqslant M^*$, 此处 M^* 是不依赖于 h 和 Δt 的常数, 那么有

$$\sum_{n=1}^{N}\left(\phi(x)\frac{\eta_c^n - \eta_c^{n-1}}{\Delta t^n}, \xi_c^n\right)\Delta t^n$$

$$= \sum_{n=1}^{N}(\phi(x)(c^{n-1} - \Pi c^{n-1}), \xi_c^n)$$

$$\leqslant KM^*h\left\|\phi^{\frac{1}{2}}\xi_c^N\right\|.$$

$$\leqslant K(M^*h)^2 + \frac{1}{4}\left\|\phi^{\frac{1}{2}}\xi_c^N\right\|^2, \quad (1.4.33)$$

把 (1.4.33) 代回 (1.4.32), 并利用离散的 Gronwall 引理得到

$$||\xi_c^N||^2 \leqslant K(h + (M^*h)^2 + \Delta t^2),$$

验证归纳假设 (1.4.22), 由 (1.4.13)、(1.4.14) 和逆估计

$$(|\nabla \cdot U^{n-1}|_\infty + |U^{n-1}|_\infty)h^{\frac{1}{2}} \leqslant K||U^{n-1}||_{W_\infty^1}h^{\frac{1}{2}}$$

$$\leqslant K(||U^{n-1} - \tilde{u}^{n-1}||_{W_\infty^1} + ||\tilde{u}^{n-1}||_{W_\infty^1})h^{\frac{1}{2}}$$

$$\leqslant Kh^{-1}||U^{n-1} - \tilde{u}^{n-1}||_V h^{\frac{1}{2}} + K$$

$$\leqslant Kh^{-\frac{1}{2}}\left(h^{\frac{1}{2}} + \Delta t\right) \leqslant K.$$

由此得到下面的误差估计.

定理 1.4.1 假设方程的系数满足条件 I, $D(u) \geqslant 0$ 半正定, 网格任意变动, 至多变动 M 次, $M \leqslant M^*$, 并且有正则性条件 $c \in L^\infty(H^1) \cap L^2(W_1^\infty)$, $u \in L^2(H(\text{div})) \cap H^2(L^2)$, $p \in L^2(H^1)$, $u_{tt} \in L^2(L^2)$. 若 D 不依赖于 u(也就是说 D 是 0, 或者仅由分子扩散组成), 那么有

$$\max_n ||c^n - C^n|| \leqslant K\left(h^{\frac{1}{2}} + \Delta t\right) + K(M^*)h. \quad (1.4.34)$$

若 D 依赖于 u, 包含非零的弥散项, 即具有 (1.4.3) 的形式, 且设 D_m 没有正下界, 那么估计式 (1.4.34) 成立需要条件 (1.4.29). 其中 K 和 M^* 是不依赖于 h 和 Δt 的常数.

1.4.4　正定情形的格式

本小节考虑扩散矩阵正定的一般情形, 即 $0 < D_* \leqslant D(x, u) \leqslant D^*$, 并在网格任意变动的条件下得到误差估计. 此时基于网格变动的有限元格式仍为 (1.4.8)~(1.4.12), 由于扩散矩阵正定, 进行误差估计时可以采用椭圆投影, 故分析与 1.4.3 小节不同, 下面详细说明. 首先定义 $\pi z^n \in V_h^n$, 满足

$$(\nabla \cdot (z^n - \pi z^n), w^n) = 0, \quad w^n \in W_h^n, \tag{1.4.35}$$

并且对于 $z^n \in H^1(\Omega)$ 有

$$\|z^n - \pi z^n\| \leqslant Kh^n. \tag{1.4.36}$$

仍令 $\xi_z = Z - \pi z^n, \eta_z = z - \pi z^n$, 其他记号不变, 则 (1.4.15)~(1.4.17) 的误差方程变为

$$\left(\phi(x)\frac{\xi_c^n - \xi_c^{n-1}}{\Delta t^n}, w^n\right) + (\nabla \cdot \xi_z^n, w^n) + (\nabla \cdot G^n - \nabla \cdot g^n, w^n)$$
$$= \left(\phi(x)\frac{\eta_c^n - \eta_c^{n-1}}{\Delta t^n}, w^n\right) + (\rho^n, w^n), \tag{1.4.37}$$

$$(\tilde{\xi}_z^n, v^n) = (\xi_c^n, \nabla \cdot v^n), \tag{1.4.38}$$

$$(\xi_z^n, v^n) = (D(EU^n)\tilde{\xi}_z^n, v^n) + (D(EU^n)\tilde{\eta}_z^n, v^n)$$
$$+ ([D(EU^n) - D(u^n)]\tilde{z}^n, v^n) + (\eta_z^n, v^n). \tag{1.4.39}$$

在 (1.4.37) 中取 $w^n = \xi_c^n$, 在 (1.4.38) 中取 $v^n = \xi_c^n$, 在 (1.4.39) 中取 $v^n = \tilde{\xi}_z^n$, 得到

$$\left(\phi(x)\frac{\xi_c^n - \xi_c^{n-1}}{\Delta t}, \xi_c^n\right) + (D(EU^n)\tilde{\xi}_z^n, \tilde{\xi}_z^n)$$
$$= (\rho^n, \xi_c^n) - (\eta_z^n, \tilde{\xi}_z^n) - (D(EU^n)\tilde{\eta}_z^n, \tilde{\xi}_z^n) - ([D(EU^n) - D(u^n)]\tilde{z}^n, \tilde{\xi}_z^n)$$
$$+ \left(\phi(x)\frac{\eta_c^n - \eta_c^{n-1}}{\Delta t^n}, \xi_c^n\right) + (\nabla \cdot (g^n - G^n), \xi_c^n)$$
$$\equiv T_1 + T_2 + T_3 + T_4 + T_5 + T_6, \tag{1.4.40}$$

由于 D 正定有下界, 故 (1.4.40) 右端前四项的估计依次为

$$T_1 \leqslant K\Delta t \left\|\frac{\partial^2 c}{\partial t^2}\right\|_{L^2(t^{n-1}, t^n; L^2)}^2 + K\|\xi_c^n\|^2,$$

$$T_2 \leqslant K(D_*^{-1})\|\eta_z^n\|^2 + \frac{1}{8}(D(EU^n)\tilde{\xi}_z^n, \tilde{\xi}_z^n),$$

$$T_3 \leqslant K\|\tilde{\eta}_z^n\|^2 + \frac{1}{8}(D(EU^n)\tilde{\xi}_z^n, \tilde{\xi}_z^n),$$

$$T_4 \leqslant K(D_*^{-1})\|EU^n - u^n\|^2 + \frac{1}{8}(D(EU^n)\tilde{\xi}_z^n, \tilde{\xi}_z^n).$$

(1.4.40) 右端最后一项 T_6 的估计, 与 1.4.3 小节不同, πg^n 的定义有变化. 令 $\pi g^n \in V_h^n$ 是 g^n 的 π-投影, 满足

$$(\nabla \cdot (g^n - \pi g^n), w^n) = 0, \quad w^n \in W_h^n. \tag{1.4.41}$$

(1.4.38) 中取 $v^n = \pi g^n - G^n$, 那么

$$(\nabla \cdot (g^n - G^n), \xi_z^n) = (\tilde{\xi}_z^n, \pi g^n - G^n) \leqslant \frac{1}{8}(D\tilde{\xi}_z^n, \tilde{\xi}_z^n) + K(D_*^{-1})\|\pi g^n - G^n\|^2. \tag{1.4.42}$$

令 Γ_l 是一个公共的边, 假设其长度为 h_l. γ_l 代表 Γ_l 的单位法向量, x_l 是此边的中点, 由 π-投影 [17] 的性质

$$\int_{\Gamma_l} \pi g^n \cdot \gamma_l \mathrm{d}s = \int_{\Gamma_l} c^n(u^n \cdot \gamma_l)\mathrm{d}s, \tag{1.4.43}$$

对于 g^n 充分光滑, 由积分的中点法则 $\frac{1}{h_l}\int_{\Gamma_l} \pi g^n \cdot \gamma_l \mathrm{d}s - ((u^n \cdot \gamma_l)c^n)(x_l) = O(h_l^2)$. 那么

$$\frac{1}{h_l}\int_{\Gamma_l} (\pi g^n - G^n) \cdot \gamma_l \mathrm{d}s = ((u^n \cdot \gamma_l)c^n)(x_l) - C_e^n(U^{n-1} \cdot \gamma_l)(x_l) + O(h_l^2)$$

$$= c^n(x_l)(u^n - u^{n-1}) \cdot \gamma_l + c^n(x_l)(u^{n-1} - U^{n-1}) \cdot \gamma_l$$

$$+ (c^n(x_l) - C_e^n)(U^{n-1} \cdot \gamma_l) + O(h_l^2). \tag{1.4.44}$$

由 c^n 充分光滑以及 (1.4.14) 式

$$|c^n(x_l) - C_e^n| \leqslant |\xi_c^n| + O(h^n), \quad |u^{n-1} - U^{n-1}| \leqslant K(|\xi_c^{n-1}| + O(h^{n-1})),$$

从而得到

$$\|\pi g^n - G^n\|^2 \leqslant K(\|\xi_c^n\|^2 + \|\xi_c^{n-1}\|^2) + K(h^2 + \Delta t^2). \tag{1.4.45}$$

将 $T_1 \sim T_4$, (1.4.42) 和 (1.4.45) 的估计代回误差方程 (1.4.40), 进行与 (1.4.31)~(1.4.33) 同样的讨论

$$\|\xi_c^N\|^2 \leqslant K(h^2 + (M^*h)^2 + \Delta t^2). \tag{1.4.46}$$

定理 1.4.2 假设方程的扩散矩阵对称正定, 其他条件同定理 1.4.1, 那么有

$$\max_n \|c^n - C^n\| \leqslant K(h + \Delta t) + K(M^*)h. \tag{1.4.47}$$

1.4.5　格式的改进

在此小节中, 采取文献 [34] 所提到的方法, 对基于网格变动的迎风混合元方法 (1.4.8)~(1.4.12) 进行改进, 即解在两个时间层变换时采用一个线性近似来代替前两小节的 L^2 投影, 可以得到任意网格变动下最优的误差估计.

对于已知的 $C^{n-1} \in W_h^{n-1}$, 在单元 e^{n-1} 上定义线性函数 $\overline{C^{n-1}}$,

$$\overline{C^{n-1}}|_{e^{n-1}} = C^{n-1}(x_e^{n-1}) + (x - x_e^{n-1}) \cdot \delta C_e^{n-1}, \tag{1.4.48}$$

此处 x_e^{n-1} 是单元 e^{n-1} 的重心, δC_e^{n-1} 是梯度或近似解的斜率, 其计算方法有很多, 本节借助混合元方法对梯度 ∇C 的近似, 也即 $-\tilde{Z}$, 故有

$$\delta C_e^{n-1} = -\frac{1}{m(e^{n-1})} \int_{e^{n-1}} \tilde{Z}^{n-1}(x) \mathrm{d}x. \tag{1.4.49}$$

保持压力方程的格式不变, 饱和度方程的 (1.4.11) 和 (1.4.12) 不变, (1.4.10) 则改进为

$$\left(\phi(x)\frac{C^n - \overline{C^{n-1}}}{\Delta t^n}, w^n \right) + (\nabla \cdot G^n, w^n) + (\nabla \cdot Z^n, w^n) = (q\tilde{c}, w^n), \quad \forall w^n \in W_h^n. \tag{1.4.50}$$

只有当网格发生变化时, 才会增加 $\overline{C^{n-1}}$ 的计算, 而当网格不发生变化, 即 $W_h^{n-1} = W_h^n$ 时,

$$(\overline{C^{n-1}}, w^n) = (C^{n-1}, w^n), \tag{1.4.51}$$

类似 1.4.4 小节进行估计, 采用相同的记号和定义, 误差方程 (1.4.38) 和 (1.4.39) 不变, (1.4.37) 则变为

$$\left(\phi(x)\frac{\xi_c^n - \xi_c^{n-1}}{\Delta t^n}, w^n \right) + (\nabla \cdot \xi_z^n, w^n) + (\nabla \cdot G^n - \nabla \cdot g^n, w^n)$$

$$= \left(\phi(x)\frac{\overline{\xi_c^{n-1}} - \xi_c^{n-1}}{\Delta t^n}, w^n \right) - \left(\phi(x)\frac{c^{n-1} - \overline{\Pi c^{n-1}}}{\Delta t^n}, w^n \right) + (\rho^n, w^n). \tag{1.4.52}$$

此处 $\overline{\xi_c^{n-1}} = \overline{C^{n-1}} - \overline{\Pi c^{n-1}}$, 定义 $\overline{\Pi c^{n-1}}$ 如下:

$$\overline{\Pi c^{n-1}}|_{e^{n-1}} = \Pi c^{n-1}(x_e^{n-1}) - (x - x_e^{n-1}) \cdot \left(\frac{1}{m(e^{n-1})} \int_{e^{n-1}} \Pi \tilde{z}^{n-1}(x) \mathrm{d}x \right). \tag{1.4.53}$$

作与 (1.4.40) 同样的运算, 有

$$\left(\phi(x)\frac{\xi_c^n - \xi_c^{n-1}}{\Delta t}, \xi_c^n \right) + (D(EU^n)\tilde{\xi}_z^n, \tilde{\xi}_z^n)$$

$$= (\rho^n, \xi_c^n) - (\eta_z^n, \tilde{\xi}_z^n) - (D(EU^n)\tilde{\eta}_z^n, \tilde{\xi}_z^n) - ([D(EU^n) - D(u^n)]\tilde{z}^n, \tilde{\xi}_z^n)$$

$$+ (\nabla \cdot (g^n - G^n), \xi_c^n) + \left(\phi(x) \frac{\overline{\xi_c^{n-1}} - \xi_c^{n-1}}{\Delta t^n}, \xi_c^n \right)$$

$$- \left(\phi(x) \frac{c^{n-1} - \overline{\Pi c^{n-1}}}{\Delta t^n}, \xi_c^n \right). \tag{1.4.54}$$

(1.4.54) 式右端前五项的估计与 1.4.4 小节相同, 详细讨论最后两项. 有

$$\left(\phi(x) \frac{\overline{\xi_c^{n-1}} - \xi_c^{n-1}}{\Delta t^n}, \xi_c^n \right) \leqslant \frac{1}{\Delta t^n} \| \overline{\xi_c^{n-1}} - \xi_c^{n-1} \| \cdot \| \xi_c^n \|$$

$$\leqslant \frac{\varepsilon}{(\Delta t^n)^2} \| \overline{\xi_c^{n-1}} - \xi_c^{n-1} \|^2 + K \| \xi_c^n \|^2. \tag{1.4.55}$$

考虑任一时间层 t^n, 由 (1.4.48)、(1.4.49) 和 (1.4.53) 的定义

$$\| \overline{\xi_c^n} - \xi_c^n \|^2 = \sum_i \int_{e_i} | \overline{\xi_c^n} - \xi_c^n |^2 \mathrm{d}x$$

$$= \sum_i \int_{e_i} \left| (x - x_e^n) \cdot \frac{1}{m(e^n)} \int_{e^n} \tilde{\xi}^n z \, dy \right|^2 \mathrm{d}x$$

$$\leqslant (h^n)^2 \| \tilde{\xi}_z^n \|^2. \tag{1.4.56}$$

将 (1.4.56) 的估计代回 (1.4.55) 并应用关系式 (1.4.5) 和 (1.4.6) 得

$$\left(\phi(x) \frac{\overline{\xi_c^{n-1}} - \xi_c^{n-1}}{\Delta t^n}, \xi_c^n \right) \leqslant \frac{\varepsilon (h^{n-1})^2}{(\Delta t^n)^2} \| \tilde{\xi}_z^{n-1} \|^2 + K \| \xi_c^n \|^2$$

$$\leqslant K \varepsilon \| \tilde{\xi}_z^{n-1} \|^2 + K \| \xi_c^n \|^2. \tag{1.4.57}$$

接下来考虑 (1.4.54) 中最后一项

$$\left(\phi(x) \frac{c^{n-1} - \overline{\Pi c^{n-1}}}{\Delta t^n}, \xi_c^n \right) \leqslant \frac{K}{(\Delta t^n)^2} \left\| c^{n-1} - \overline{\Pi c^{n-1}} \right\|^2 + K \| \xi_c^n \|^2. \tag{1.4.58}$$

由 Taylor 展式, $\forall x \in e^{n-1}$, 有

$$c^{n-1}(x) = c^{n-1}(x_e^{n-1}) - (x - x_e^{n-1}) \cdot \tilde{z}^{n-1}(x_e^{n-1}) + O((h^{n-1})^2)$$

$$= \Pi c^{n-1}(x_e^{n-1}) - (x - x_e^{n-1}) \cdot \frac{1}{m(e^{n-1})} \int_{e^{n-1}} \tilde{z}^{n-1} \mathrm{d}y + O((h^{n-1})^2).$$

上式应用

$$c^{n-1}(x_e^{n-1}) - \Pi c^{n-1}(x_e^{n-1}) = O((h^{n-1})^2)$$

以及

$$\tilde{z}^{n-1}(x_e^{n-1}) - \frac{1}{m(e^{n-1})} \int_{e^{n-1}} \tilde{z}^{n-1} \mathrm{d}y = O((h^{n-1})^2).$$

因此

$$\left\| c^{n-1} - \overline{\Pi c^{n-1}} \right\|^2 = \sum_i \int_{e_i} \left| c^{n-1} - \overline{\Pi c^{n-1}} \right|^2 \mathrm{d}x$$

$$= \sum_i \int_{e_i} \left| (x - x_e^{n-1}) \cdot \frac{1}{m(e^{n-1})} \int_{e^{n-1}} \tilde{\eta}_z^n \mathrm{d}y + O((h^{n-1})^2) \right|^2 \mathrm{d}x$$

$$\leqslant K(h^{n-1})^2 \|\tilde{\eta}_z^n\|^2 + K(h^{n-1})^4$$

$$\leqslant K(h^{n-1})^4. \tag{1.4.59}$$

(1.4.59) 代回 (1.4.58), 并应用关系式 (1.4.5)、(1.4.6) 得到

$$\left(\phi(x) \frac{c^{n-1} - \overline{\Pi c^{n-1}}}{\Delta t^n}, \xi_c^n \right) \leqslant K(h^{n-1})^2 + K\|\xi_c^n\|^2. \tag{1.4.60}$$

(1.4.57) 和 (1.4.60) 的估计代回 (1.4.54) 整理, 两边同乘以 $2\Delta t^n$, 关于时间 n 从 1 到 N 相加, 得到

$$\left\| \phi^{\frac{1}{2}} \xi_c^N \right\|^2 + \sum_{n=1}^N (D(EU^n)\tilde{\xi}_z^n, \tilde{\xi}_z^n)\Delta t^n \leqslant K \sum_{n=1}^N \|\xi_c^n\|^2 \Delta t^n + K(h^2 + \Delta t^2), \tag{1.4.61}$$

最后应用离散的 Gronwall 引理, 得到下面最优的误差估计.

定理 1.4.3   假设时间步长 Δt^n 满足 (1.4.5) 和 (1.4.6), 并且 c 充分光滑, 那么存在不依赖于 h 和 Δt 的常数 K 满足

$$\max_n \|c^n - C^n\| \leqslant K(h + \Delta t). \tag{1.4.62}$$

注 2   (1.4.47) 与 (1.4.62) 比较：后者跟网格变动无关, 其估计优于前者, 是最优的估计.

1.4.6   数值算例

在这一节中使用上面的方法考虑简化的油水驱动问题, 假设压力、速度已知, 只考虑对流占优的饱和度方程,

$$\frac{\partial c}{\partial t} + c_x - ac_{xx} = f, \tag{1.4.63}$$

其中 $a = 1.0 \times 10^{-4}$, 对流占优; $t \in \left(0, \frac{1}{2}\right], x \in [0, \pi]$.   问题的精确解为 $c = \exp(-0.05t)(\sin(x-t))^{20}$, 选择右端 f 使方程 (1.4.63) 成立.

此函数在区间 $[1.5, 2.5]$ 内有尖峰 (图 1.4.1), 并且随着时间的变化而发生变化, 若采取一般的有限元方法会产生数值振荡, 采取迎风混合元方法, 同时应用 1.4.5 小节的网格变动来近似此方程, 进行一次网格变化, 可以得到较理想的结果, 没有数

值振荡和弥散 (图 1.4.2), 图 1.4.3 是采取一般有限元方法近似此对流占优方程所产生的振荡图.

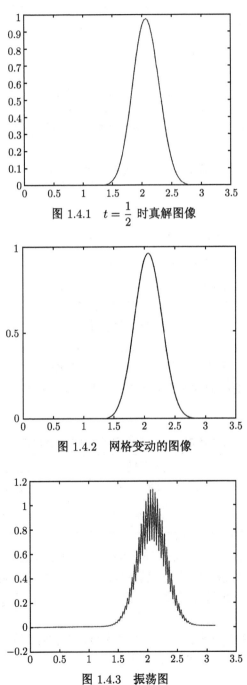

图 1.4.1 $t = \dfrac{1}{2}$ 时真解图像

图 1.4.2 网格变动的图像

图 1.4.3 振荡图

表 1.4.1 中的 L^2 表示在时间 $t=1$ 时误差的 L^2 模估计, STATIC 代表网格固定不动时的迎风混合元方法, MOVE 代表网格发生变动时的迎风混合元方法. 表 1.4.2 是本节方法在不同时刻的误差结果. 具体数值参见表 1.4.1 和表 1.4.2.

表 1.4.1　$t=1$ 时的误差

(h,t)		$\left(\dfrac{\pi}{30},\dfrac{1}{20}\right)$	$\left(\dfrac{\pi}{60},\dfrac{1}{40}\right)$	$\left(\dfrac{\pi}{100},\dfrac{1}{80}\right)$	$\left(\dfrac{\pi}{200},\dfrac{1}{160}\right)$
STATIC	L^2	3.1254e−002	1.1985e−002	6.6938e−003	2.0442e−003
MOVE	L^2	3.8610e−003	3.9650e−004	4.1865e−004	5.4789e−005

表 1.4.2　不同时刻的误差比较

(h,t)	$t=0.5$	$t=1$	$t=2$
$\left(\dfrac{\pi}{30},\dfrac{1}{20}\right)$	4.5332e−003	3.8610e−003	2.5249e−003
$\left(\dfrac{\pi}{60},\dfrac{1}{40}\right)$	3.6357e−004	3.9650e−004	6.4911e−004
$\left(\dfrac{\pi}{100},\dfrac{1}{100}\right)$	1.6198e−004	4.1865e−004	5.0429e−004
$\left(\dfrac{\pi}{200},\dfrac{1}{160}\right)$	2.9258e−005	5.4789e−005	4.9248e−004

接下来考虑一个二维二相渗流驱动问题, 假设 Darcy 速度是个常数, 令 $\Omega = [0,\pi]\times[0,\pi]$, 精确解为 $c = \exp^{-0.05t}(\sin(x-u_1t)\sin(y-u_2t))^{20}$, 且令 $\phi=1, u=(1,0.05), d_m=2.0\times10^{-4}$, 扩散矩阵 $D(u)=d_mI$, 从而得到一个对流占优的饱和度方程. 对其应用网格变动的迎风混合元方法, 表 1.4.3 是在不同的时刻得到的误差结果.

表 1.4.3　渗流问题不同时刻的误差比较

(hx,hy,t)	$t=0.5$	$t=1$
$\left(\dfrac{\pi}{60},\dfrac{\pi}{60},\dfrac{1}{20}\right)$	3.1354e−004	1.5828e−003
$\left(\dfrac{\pi}{120},\dfrac{\pi}{120},\dfrac{1}{40}\right)$	6.9629e−005	1.9392e−004

由以上结果可以得到结论, 采用本节的方法可以很好地逼近精确解, 而一般的方法对于对流占优的扩散方程有一定的局限性. 数值结果表明基于网格变动的迎风混合元方法可以很好地逼近对流占优的扩散方程, 具有一阶的收敛精度, 与我们的理论证明一致.

注 3　本节对网格变动的方法得出了先验误差估计, 接下来的工作是考虑它们的后验误差估计, 为网格的变动提供依据.

参 考 文 献

[1] Dawson C N, Russell T F, Wheeler M F. Some improved error estimates for the modified method of characteristics. SIAM. J. Numer. Anal., 1989, 26(6): 1487-1512.

[2] 袁益让. 三维油水驱动半定问题特征有限元格式及分析. 科学通报, 1996, 22(41): 2027-2032.
Yuan Y R. Characteristic finite element scheme and analysis the three-dimensional two-phase displacement semi-definite problem. Chinese Scinece Belletin, 1997, 42(1): 17-22.

[3] Yuan Y R. Characteristic finite difference methods for positive semi-definite problem of two-phase miscible flow in porous media. Systems Science & Mathematical Sciences, 1999, 4: 299-306.

[4] 袁益让, 李长峰. 三维不可压缩混溶驱动半定问题的混合元特征有限元逼近的敛性分析. 山东大学数学研究所科研报告, 2016.
Yuan Y R, Li C F. Convergence analysis for mixed finite element method of positive semi-definite problems. Journal of Mathematics Research, 2017, 9(3): 14-22.

[5] 宋怀玲. 几类地下渗流力学模型的数值模拟和分析. 山东大学博士学位论文, 2005.

[6] 宋怀玲, 袁益让. 基于网格变动的油水驱动半正定问题迎风混合元方法. 系统科学与数学 (J.Sys. Sci.& Math. Scie.), 2007, 27(4): 529-543.

[7] Song H L, Yuan Y R. The expanded upwind-mixed multi-step metlod for the miscible displacement problem in three dimensions. Applied Mathematics and Computation, 2008, 195(1): 100-109.

[8] Song H L, Yuan Y R. An upwind-mixed method on changing meshes for two-phase miscible flow in porous media. Applied Namericul Mathematics, 2008, 58(6): 815-826.

[9] Song H L, Yuan Y R, Liu G J. The expanded upwind-mixed method on changing meshes for positive semi-definite problem of two-phase miscible flow. International Journal of Computer Mathematics, 2008, 85(7): 1113-1125.

[10] Russell T F. Time-stepping along characteristics with incomplete iteration for a Galerkin approximation of miscible displacement in porous rnedia. SIAM. J. Numer. Anal., 1985, 22(5): 970-1013.

[11] Douglas Jr J. Finite difference method for two-phase in compressible flow in porous media. SIAM. J. Numer. Anal., 1983, 4: 681-696.

[12] Douglas Jr J, Ewing R E, Wheeler M F. Approximation of the pressure by a mixed method in the simulatiom of miscible displacement. RAIRO. Anal. Numer., 1983, 1: 3-17.

[13] Douglas Jr J, Ewing R E, Wheeler M F. A time-discretization procedure for a mixed finile element approximation of miscible displacement in porous media. RAIRO. Anal. Numer., 1983, 17: 249-263.

[14] Ewing R E, Russell T F, Wheeler T F. Convergence analysis of an approximation of

miscible displacement in porous media by mixed finite finite elements and a modified of characteristics. Comp. Math. in App. Mech. & Eng., 1984, 47: 73-92.

[15]　Ewing R E. Mathematics of Reservior Simalation. Philadelphia: SIAM, 1983.

[16]　袁益让. 能源数值模拟方法的理论和应用. 北京：科学出版社, 2013.

[17]　Dawson C N. Godunov-mixed methods for advevtion-diffusion equations in multidimensions. SIAM. J. Numer. Anal., 1993, 30(5): 1315-1332.

[18]　Arbogast T, Wheeler M, Yotov I. Mixed finite elements for elliptic problems with tensor coefficients as cell-centered finite differences. SIAM. J. Numer. Anal., 1997, (34): 828-852.

[19]　Douglas J, Roberts J E. Global estimates for mixed methods for second order elliptic equations. Math. Comp., 1985, (44): 39-52.

[20]　Ewing R E, Wheeler M F. Galerkin methods for miscible displacement problems in porous media. SIAM. J. Numer. Anal., 1980, 17(2): 351-365.

[21]　Ewing R E, Russell T F. Efficent time-stepping methods for miscible displacement problems in porous media. SIAM. J. Numer. Anal., 1982, 19(1): 1-67.

[22]　Douglas J, Russell T F. Numerical methods for convection-dominated diffusion problems based on combining the method of characteristics with finite element or finite difference procedures. SIAM. J. Numer Anal., 1982, 19(5): 871-885.

[23]　Dawson C N. Godunov-mixed methods for advective flow problems in one space dimension. SIAM. J. Numer. Anal., 1991, 28(5): 1282-1309.

[24]　Celia M A, Russell T F, Herrera I, et al. An Eulerian-Lagrangian localized adjoint method for the advection-diffusion equation. Adv. Water. Resour., 1990, 13(4): 187-206.

[25]　Healy R W, Russell T F. A finite-volume Eulerian-Lagrangian localized adjoint method for solution of the advection-dispersion equation. Adv. Water. Resour., 1993, 29(7): 2399-2413.

[26]　Douglas Jr J, Pereira F, Yeh L M. A locally conservative Eulerian-Lagrangian numerical method and its application to nonlinear transport in porous media. Computational Geosciences, 2000, 4(1): 1-40.

[27]　Raviart P A, Thomas J M. A mixed finite element method for 2-nd order elliptic problem//Mathematical Aspects of the Finite Element Methods. Lecture Notes in Mathematics 606. Berlin: Springer-Verleg, 1977.

[28]　Thomas J M. Sur L'analyse num erique des method d'elements finis hybrides et mixtes. These. Universte Pierre et Maric Carie, 1977.

[29]　Eriksson K, Johnson C. Adaptive finite element methods for parabolic problems I: A linear model problem. SIAM. J. Numer. Anal., 1991, 28(1): 43-77.

[30]　Eriksson K, Johnson C. Adaptive finite element methods for parabolic problems IV: Nonlinear problems. SIAM. J. Numer. Anal., 1991, 32(6): 1729-1749.

[31] Miller K, Miller R N. Moving finite elements I. SIAM. J. Numer. Anal., 1981, 18(6): 1019-1032.

[32] Miller K. Moving finite elements II. SIAM. J. Numer. Anal., 1981, 18(6): 1033-1057.

[33] Bank R, Santos R. Analysis of some moving space-time finite element methods. SIAM. J. Numer. Anal., 1993(1), 30: 1-18.

[34] Dawson C N, Kirby R. Solution of parabolic equations by backward Euler-mixed finite element methods on a dynamically changing mesh. SIAM. J. Numer. Anal., 1999, 37(2): 423-442.

第 2 章　二相渗流驱动问题的有限体积元方法

有限体积元 (FVE), 有些文献称为广义差分方法 (或 box method), 是由李荣华最先提出的 [1,2], 主要涉及两个空间, 其中试探函数空间是初始剖分上的多项式函数空间, 检验函数空间是对偶剖分上的分片常数空间, 体积有限元方法既能保持差分方法的计算简单性, 又兼有有限元方法的精确性, 具有网格剖分灵活、工作量小、精度较高、可以保持质量守恒 (这对地下渗流计算是很重要的) 等优点. 不可压缩二相渗流驱动问题是现代能源数值模拟的基础性问题. 本章重点研究现代有限体积元方法在这一领域最重要同时也是最基础的工作 [2-9]. 本章共两节: 2.1 节研究二相渗流驱动问题的有限体积元方法及分析; 2.2 节研究半正定二相驱动问题的多步有限体元方法.

在本章中, K 和 ε 分别代表一般的正常数和小正数, 在不同处有不同的含义.

2.1　二相渗流驱动问题的有限体积元方法及分析

2.1.1　引言

能源数值模拟的数值方法是现代计算数学和工业应用数学的重要领域, 不可压缩油水二相渗流驱动问题是其重要的基础领域之一, 著名数学家、油藏数值模拟创始人 Douglas 等开创了这一重要领域. 20 世纪 80 年代以来, Douglas, Ewing, Russell 和 Wheeler 等基本完成了二相渗流驱动问题的基础性工作 [10-22], 提出了著名的特征有限差分方法和特征有限元、特征混合元等方法. 近年来, 这些数值方法和理论得到了进一步的发展, 产生了诸如调整对流特征线修正方法 (MMOCAA)、局部伴随 Eulerian-Lagrangian 方法 (ELLAM) 以及与之相类似的 FVELLAM 和局部守恒 Eulerian-Lagrangian 方法 (LCELM) 等新方法 [23-27], 并且这些新的方法和理论已被应用到地下水污染、核废料污染和半导体器件的数值模拟等众多领域.

本节考虑多维空间中多孔介质的不可压缩二相渗流驱动问题, 通常由两个非线性的偏微分方程耦合而成, 一个是压力方程, 形式为椭圆型; 另一个是饱和度方程, 形式为抛物型.

$$\nabla \cdot u = -\nabla \cdot (k(x,c)\nabla p) = q, \quad x \in \Omega, \quad 0 < t \leqslant T; \tag{2.1.1a}$$

$$\phi(x)\frac{\partial c}{\partial t} + u \cdot \nabla c - \nabla \cdot (D\nabla c) = (\tilde{c} - c)q, \quad x \in \Omega, \quad 0 < t \leqslant T. \tag{2.1.1b}$$

其中区域 Ω 是 R^2 中的有界子集. 未知量 $p(x,t)$ 是混合流体的压力, $c(x,t)$ 是注入流体的相对饱和度. 方程中系数的意义如下: $k(x,c) = \dfrac{k(x)}{\mu(c)}$, $k(x)$ 是介质的渗透率; $\mu(c)$ 是依赖于水的饱和度 c 的黏度; $\phi(x)$ 是岩石的孔隙度; $\tilde{c}$ 必须特殊取定, 对于注入井 $(q > 0)$, 它是注入流体的饱和度, 对于生产井 $(q < 0)$, $\tilde{c} = c$, $D = D(\phi, u)$ 是一个 2×2 的扩散矩阵, 有下面的形式

$$
D = D_m I + d_l |u|^\beta \begin{bmatrix} \dfrac{u_1^2}{|u|^2} & \dfrac{u_1 u_2}{|u|^2} \\[3mm] \dfrac{u_1 u_2}{|u|^2} & \dfrac{u_2^2}{|u|^2} \end{bmatrix} + d_t |u|^\beta \begin{bmatrix} \dfrac{u_2^2}{|u|^2} & -\dfrac{u_1 u_2}{|u|^2} \\[3mm] -\dfrac{u_1 u_2}{|u|^2} & \dfrac{u_1^2}{|u|^2} \end{bmatrix},
$$

此处 $u = (u_1, u_2)$, D_m 是分子扩散; d_l, d_t 分别是纵向和横向扩散系数.

在实际的石油工程中, (2.1.1b) 饱和度方程中扩散系数 D 往往相当小, 对流项起主导作用, 是对流占优的扩散方程. 一般情况下, 假设扩散矩阵 $D(u)$ 是对称正定的, 但在很多实际问题中, 扩散矩阵仅满足半正定的条件, 这给问题的理论分析和工程计算都带来了一定的困难.

给出初始和边界条件:

$$
c(0, x) = c_0, \quad x \in \Omega, \quad u|_{\partial\Omega} = 0, \quad \left.\frac{\partial c}{\partial \gamma}\right|_{\partial\Omega} = 0. \tag{2.1.2}
$$

对于上面的模型问题, Ewing 和 Wheeler 在文献 [10] 中假设齐次边界条件下, 分析了一般的向后差分 Galerkin 有限元程序. 在弥散项为零的情况下 $(D = D(x))$ 得到了最优的收敛阶, 而当包含弥散项时 $(D = D(x,u))$ 得到了几乎最优的收敛. Ewing 和 Russell 的文献 [11] 对非线性 Neumann 边界条件的问题提出了预条件共轭梯度迭代的方法, 也得到了同样的误差估计. 在文献 [13,14] 中, Douglas, Ewing 和 Wheeler 把混合元方法与一般的 Galerkin 有限元程序结合来处理模型问题, 分别应用连续的时间和离散的时间, 对于光滑的数据均得到了最优的估计.

模型问题的压力方程是椭圆型的, 易于处理, 但饱和度方程是对流占优的抛物型方程, 具有很强的双曲性质. 众所周知, 当对流占优时, 已知的抛物离散格式不能很好地逼近方程, 尤其是在激烈的前沿, 并且不能保持物理的质量守恒, 容易出现解的振荡和失真. Ewing 和 Russell 在文献 [15] 中提出并分析了改进的特征方法 (MMOC). MMOC 格式有较小的数值扩散, 没有物理振荡, 时间截断误差优于一般的方法, 可以选取较大的时间步长, 因此提高了计算效率但却不损失计算精度. 在周期性边界的假设条件下, Douglas[13] 针对不可压缩的二相渗流问题提出了特征差分方法, 得到了离散空间上最优的 L^2 模误差估计. 文献 [17, 18] 中给出了特征有限元法和特征混合元方法, 证明了最优的 L^2 和 H^1 模误差估计. 特征方法可以有效地处理对流占优的问题, 减少和避免数值弥散和非物理振荡, 但在实际的应用

中, MMOC 格式在计算边界时需要时间和空间上的积分, 所以增加了一定的计算量, 并且不能保持质量守恒, 要求模型是 Ω 周期的. 为解决这些缺点, 后来出现了一系列改进的有限元方法, 如流线扩散法、高阶 Godunov 方法 [23,24]、加权迎风格式以及局部伴随 Eulerian-Lagrangian 方法 [25-27] 等. 但 Godunov 格式对时间步长有一个 CFL 条件限制; 而加权迎风格式和流线扩散方法都人为增加了一些扰动项; ELLAM 方法虽可以保持局部的质量守恒, 但需要进行大量的积分运算.

本节中, 我们对于模型问题 (2.1.1) 提出了一类数值方法, 大体框架如下: 2.1.1 小节基于三角剖分对包含弥散项的混溶驱动问题提出了有限体积元方法; 2.1.2 小节是体积有限元格式的建立; 2.1.3 小节是进行误差分析时的预备知识和引理; 2.1.4 小节在一般的三角形剖分上给出了含弥散项时的 H^1 模误差估计; 2.1.5 小节在特殊的对称对偶剖分给出了不含弥散项时的 L^2 模误差估计; 最后给出了体积有限元的数值算例.

一般情况下, 渗流驱动问题的数值方法均建立在饱和度方程的扩散矩阵是正定的假设条件下, 但在很多实际情况中, 这类问题的扩散矩阵仅满足半正定, 在此条件下很多理论不再适用, 传统的椭圆投影不再成立.

2.1.2　体积有限元方法的建立

本节采用通常的 Sobolev 空间中的记号、范数和其他的定义.

为了后面进行分析的方便, 假设区域是周期性的, 对方程的系数做如下的几点假定, 记为 (I):

(A1) $\phi(x), k(x, c)$ 充分光滑, 且满足 Lipschitz 条件;

(A2) $k(x, c) \geqslant k_* > 0$;

(A3) q 光滑分布, 并且 $|q(x, t)| \leqslant K$;

(A4) $\dfrac{\partial D}{\partial u}, \dfrac{\partial D}{\partial c}, \dfrac{\partial k}{\partial u}$ 均有界, 并且 Lipschitz 连续;

(A5) D 对称正定, 且有 $0 < D_* \leqslant D \leqslant D^* \leqslant K$.

且假设问题 (2.1.1) 的精确解满足以下条件.

(R) 正则性条件:

$$c \in W^{2,\infty}(L^\infty) \cap H^1(L^2) \cap L^\infty(H^2);$$

$$p \in H^1(H^{r+1}) \cap L^\infty(H^{r+1}) \cap W^{1,\infty}(H^2) \cap L^\infty(W^{1,\infty}) \cap H^2(H^1), \quad r \geqslant 1.$$

假定 Ω 是多边形区域, $\partial\Omega$ 是简单闭折线, 将 $\bar{\Omega}$ 分割成有限个三角形之和, 不同的三角形无重叠的内部区域, 任一三角形的顶点不属于其他三角形的内部, 且边界的角点均是三角形的顶点. 所有的单元 K 构成 $\bar{\Omega}$ 的一个三角剖分, 记为 $T_h, h :=$ $\max h_K$ 表示所有三角形的最大边长.

$\bar{\Omega}_h = \{R_i : 1 \leqslant i \leqslant L_1\}$ 为剖分 T_h 的节点集合, $\dot{\Omega}_h = \bar{\Omega}_h \setminus \partial\Omega = \{R_i : 1 \leqslant i \leqslant L_2\}$ 为 T_h 的所有内点的集合, $L_1 > L_2$, $N(i)$ 代表与 $\dot{\Omega}_h$ 中的点 R_i 相邻的节点集合, 令

$$w_i = \{j : R_j \in N(i), 1 \leqslant j \leqslant L_1\},$$

$$w = \{(I, j) : 1 \leqslant i \leqslant L_1, j \in w_i\},$$

然后构造与 T_h 相关的对偶剖分 T_h^*. 令 R_i 是剖分的任一内点, $R_j (j=1, 2, \cdots, 6)$ 是和 R_i 相邻的节点, M_{ij} 是 $\overline{R_i R_j}$ 的中点. Q_j 是 $\triangle R_i R_j R_{j+1}$ 内部的点. 依次连接 $M_{i1}, Q_1, \cdots, M_{i6}, Q_6, M_{i1}$ 得到一个围绕 R_i 的多边形域 K_{Ri}^*, 称为对偶单元. Ω_h^* 为对偶剖分 T_h^* 的节点集合. 最重要的对偶剖分有以下两种:

(a) 重心对偶剖分, 所取 Q_j 为三角形的重心 (图 2.1.1);

(b) 外心对偶剖分, 所取 Q_j 为三角形的外心 (图 2.1.2).

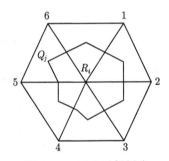
图 2.1.1 重心对偶剖分

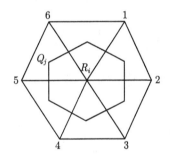
图 2.1.2 外心对偶剖分

T_h 和 T_h^* 称为正则的, 如果存在与 h 无关的常数 $k_1, k_2, k_3 > 0$, 使

$$k_1 h^2 \leqslant S_Q \leqslant h^2, \quad Q \in \Omega_h^*; \quad k_2 h^2 \leqslant S_{Ri}^* \leqslant k_3 h^2, \quad R_i \in \bar{\Omega}_h.$$

$S_Q :=$ 三角单元 K_Q 的面积, $S_{Ri}^* :=$ 对偶单元 K_{Ri}^* 的面积.

对于满足 $\{i, j\} \in w$ 的任意 $1 \leqslant i, j \leqslant L_1$, 令 $\mu_{ij} = K_{R_i}^* \cap K_{R_j}^*$, 此处 $K_{R_i}^*$ 和 $K_{R_j}^*$ 分别是对应于 R_i 和 R_j 的对偶单元. 令 $\vec{R}_{ij}$ 代表连接 R_i 到 R_j 的向量并且定义 $\vec{n}_{ij} = \dfrac{\vec{R}_{ij}}{|\vec{R}_{ij}|}$ (μ_{ij} 沿 R_j 的单位法向量). 根据定义 R_{ij} 的中点在 μ_{ij} 上.

令 U_h 为试探函数空间, 取为相应于 T_h 的一次元空间, 满足:

(i) $u_h \in C(\bar{\Omega}), u_h|_{\partial\Omega} = 0$;

(ii) $u_h|_K \in P^1$, 即限制在 K 上是关于 x, y 的一次多项式.

显然, $U_h \subset H_0^1(\Omega)$.

V_h 为检验函数空间, 取为相应于 T_h^* 的分片常数函数空间. $\forall v_h \in V_h$, $v_h = \sum_{R_i \in \mathring{\Omega}_h} v_h(R_i)\Psi_{R_i}$,

$$\Psi_{R_i}(R) = \begin{cases} 1, & R \in K_{R_i}^*, \\ 0, & R \bar{\in} K_{R_i}^*, \end{cases}$$

对于 $u \in H_0^1(\Omega)$, $\Pi_h u$ 是 u 到 U_h 的插值投影, 由 Sobolev 空间插值定理: 若 $u \in H^2(\Omega)$, 则

$$|u - \Pi_h u|_m \leqslant Ch^{2-m}|u|_2, \quad m = 0, 1, 2. \tag{2.1.3}$$

定义变换算子 $\Pi_h^*\omega: U_h \to V_h$ 连接试探函数空间和检验函数空间,

$$\Pi_h^*\omega = \sum_{R_i \in \mathring{\Omega}_h} \omega(R_i)\Psi_{R_i}, \quad |\omega - \Pi_h^*\omega|_0 \leqslant ch|\omega|_1. \tag{2.1.4}$$

接下来引进几个记号,

$$W_p^k = W_p^k(\Omega) = \left\{ \Psi : \frac{\partial^\alpha \Psi}{\partial x^a} \in L^P(\Omega), |\alpha| \leqslant k \right\}, \quad H^k = W_2^k(\Omega), \quad \|\Psi\|_k = \|\Psi\|_{H^k},$$

$$W_q^l((a,b); W_p^k(\Omega)) = \left\{ \Psi : (a,b) \to W_p^k(\Omega) \Big| \left\| \frac{\partial^\alpha \Psi}{\partial t^\alpha} \right\|_{W_p^k(\Omega)} \in L^q(a,b), 0 \leqslant \alpha \leqslant l \right\},$$

$$\|\Psi\|_{W_q^l(a,b;W_p^k)} = \left[\sum_{\beta=0}^l \int_a^b \left\| \frac{\partial^\beta \Psi}{\partial t^\beta}(\cdot, t) \right\|_{W_p^k(\Omega)}^q dt \right]^{\frac{1}{q}} = \left[\sum_{\beta=0}^l \left\| \frac{\partial^\beta \Psi}{\partial t^\beta} \right\|_{L^q(a,b;W_p^k)}^q \right]^{\frac{1}{q}}.$$

下面建立问题 (2.1.1) 的全离散体积有限元格式: 采用前面所取的检验函数空间 U_h 和试探函数空间 V_h. 对于压力和饱和度方程可以采取不同的时间步长, 前者的时间步长较大.

Δt_c 为饱合度的时间步长, Δt_p^0 为压力方程的第一个时间步长, Δt_p 为压力方程的时间步长.

$$t^n = n\Delta t_c, \quad t_m = \Delta t_p^0 + (m-1)\Delta t_p, \quad j = \frac{\Delta t_p}{\Delta t_c}, \quad j^0 = \frac{\Delta t_p^0}{\Delta t_c}.$$

压力方程形式上是椭圆型的, 变分形式为: 求 p 满足 $B(c; p, v) = (g, v)$. 此处

$$B(c; p, v) = (k(x, c)\nabla p, \nabla v) = \int_\Omega k(x, c)\nabla p \cdot \nabla v dx dy.$$

$P : \{t_m\} \to U_h$, 求 $P_m \in U_h (m = 1, 2, \cdots, M)$ 满足:

$$B(C_{h,m}; P_m, v_h) = (g_m, v_h), \quad \forall v_h \in V_h, \tag{2.1.5}$$

或者为

$$B(C_{h,m}; P_m, \Psi_{R_i}) = (g_m, \Psi_{R_i}), \quad \forall R_i \in \dot{\Omega}_h, \tag{2.1.6}$$

其中

$$
\begin{aligned}
B(C_{h,m}; p_m, \Psi_{R_i}) &= (k(x, C_{h,m}) \nabla P_m, \nabla \Psi_{R_i}) \nabla P_m, \nabla \Psi_{R_i}) \\
&= -\int_{\partial K_{R_i}^*} \left[k(x, C_{h,m}) \frac{\partial P_m}{\partial x} \cos\langle n, x \rangle + k(x, C_{h,m}) \frac{\partial P_m}{\partial y} \cos\langle n, y \rangle \right] \mathrm{d}s \\
&= -\int_{\partial K_{R_i}^*} k(x, C_{h,m}) \frac{\partial P_m}{\partial x} \mathrm{d}y + k(x, C_{h,m}) \frac{\partial P_m}{\partial y} \mathrm{d}x.
\end{aligned}
$$

这样就可以得到相应于 R_i 的差分方程. 由方程可以看出, 要想得到压力 P_m 的值, 需要知道饱和度 c 在时间 t_m 处的值, 故应先求出饱和度. 首先令 $\partial_t C_h^n = \frac{(c_h^{n+1} - C_h^n)}{\Delta t_c}$, 求 $C_h^{n+1} \in U_h(n = 0, 1, 2, \cdots, N-1)$ 满足

$$(\phi \partial_t C_h^n, v_h) + a(C_h^{n+1}, EU^n; C_h^{n+1}, v_h) + (EU^{n+1} \nabla C_h^{n+1}, v_h) = (f, v_h), \quad \forall v_h \in V_h. \tag{2.1.7}$$

此处

$$
\begin{aligned}
a(C_h, EU; C_h, v_h) &= \int_\Omega (D(EU) \nabla C_h \cdot \nabla v_h + q C_h v_h) \mathrm{d}x \mathrm{d}y \\
&= B(C_h; C_h, v_h) + \int_\Omega q C_h v_h \mathrm{d}x \mathrm{d}y.
\end{aligned} \tag{2.1.8}
$$

$$
Ev^n = \begin{cases}
v^0, & t^n \leqslant t_1, \\
\left(1 + \dfrac{\gamma}{j^0}\right) v_1 - \dfrac{\gamma}{j^0} v_0, & t_1 < t^n \leqslant t_2, \\
\left(1 + \dfrac{\gamma}{j}\right) v_m - \dfrac{\gamma}{j} v_{m-1}, & t_m < t^n \leqslant t_{m+1}, \quad t^n = t_m + \gamma \Delta t_c.
\end{cases}
$$

初值 $C_h(0) = C_{0h}$, 并且满足 $\|C_{0h} - c_0\| \leqslant Ch$. 格式 (2.1.7) 是向后 Euler 体积有限元格式, 方程是线性的. 稍微变化一下, 可以得到下面的 Crank-Nicolson 体积有限元格式.

$$
\begin{aligned}
(\phi \partial_t C_h^n, v_h) &+ a\left(\frac{C_h^{n+1} + C_h^n}{2}, EU^{n+1}; \frac{C_h^{n+1} + C_h^n}{2}, v_h\right) \\
&+ (EU^{n+1} \nabla C_h^{n+1}, v_h) = \left(\frac{f^{n+1} + f^n}{2}, v_h\right), \quad \forall v_h \in V_h.
\end{aligned} \tag{2.1.9}
$$

此格式在每一时间层上产生一个非线性的方程组, 为了克服这个困难, 也可以考虑它的一个线性化修正. 用 $\hat{C}_h^n = \frac{2}{3} C_h^n - \frac{1}{2} C_h^{n-1}$ 代替 $\frac{C_h^{n+1} + C_h^n}{2}$, 上式变为

$$(\phi \partial_t C_h^n, v_h) + a\left(\hat{C}_h^n, EU^{n+1}; \frac{C_h^{n+1} + C_h^n}{2}, v_h\right)$$

$$+(EU^{n+1}\nabla C_h^{n+1}, v_h) = \left(\frac{f^{n+1}+f^n}{2}, v_h\right), \quad \forall v_h \in V_h. \tag{2.1.10}$$

这样就得到一个三层格式, C_h^1 的值可借助其他的格式得到. 此格式比向后 Euler 体积有限元格式在时间精度上提高了一阶. 格式 (2.1.6) 和 (2.1.7)(或者 (2.1.9) 和 (2.1.10)) 构成了 (2.1.1) 的全离散体积有限元格式. 下面几节中对向后 Euler 体积有限元格式 (2.1.6) 和 (2.1.7) 进行收敛性分析, 得到解的存在性以及唯一性.

2.1.3　一些预备知识以及引理

在空间 U_h 引进离散的零模、半模和全模.

$$\|u_h\|_{0,h} = \|\Pi_h^* u_h\|_0 = \left\{\sum_{K_{R_i}^* \in T_h^*} u_h^2(R_i) S_{R_i}^*\right\}^{\frac{1}{2}}$$

$$= \left\{\frac{1}{3}\sum_{K_Q \in T_h}[u_h^2(R_i)u_h^2(R_j) + u_h^2(R_k)]S_Q\right\}^{\frac{1}{2}}$$

$$|u_h|_{1,h} = \left\{\sum_{K_Q \in T_h}\left[\left(\frac{\partial u_h(Q)}{\partial x}\right)^2 + \left(\frac{\partial u_h(Q)}{\partial y}\right)^2\right]S_Q\right\}^{\frac{1}{2}},$$

$$\|u_h\|_{1,h} = \{\|u_h\|_{0,h}^2 + |u_h|_{1,h}^2\}^{\frac{1}{2}},$$

在 U_h 中 $|\cdot|_{1,h}$ 与 $|\cdot|_1$ 一致, $\|\cdot\|_{0,h}$ 和 $\|\cdot\|_{1,h}$ 分别与 $\|\cdot\|_0$ 和 $\|\cdot\|_1$ 等价. 详细的证明可参见 [1].

引理 2.1.1　存在正常数 K_0, K 满足

$$(\phi u_h, \Pi_h^* u_h) \geqslant K_0\|u_h\|_0^2, \quad \forall u_h \in U_h, \tag{2.1.11}$$

$$|(\phi u_h, \Pi_h^* \bar{u}_h)| \leqslant K\|u_h\|_0\|\bar{u}_h\|_0, \quad \forall u_h \in U_h, \tag{2.1.12}$$

$$|(\phi u_h, \Pi_h^* \bar{u}_h) - (\phi \bar{u}_h, \Pi_h^* \bar{u}_h)| \leqslant Kh\|u_h\|_0\|\bar{u}_h\|_0, \tag{2.1.13}$$

此外,

$$B(w; u_h, \Pi_h^* \bar{u}_h) = \sum_{(i,j)\in w} R_{ij}\int_{\overline{M_{ij}Q}} k(w)\frac{\partial u_h}{\partial n_i}\cdot\frac{\partial \bar{u}_h}{\partial \vec{n}_y}\mathrm{d}s,$$

式中 n_i 是单位法向量. 本节选取重心对偶剖分, 此时 $n_i = \vec{n}_{ij}$.

引理 2.1.2 当 h 充分小时, $B(w; u_h, \Pi_h^* u_h)$ 正定, 也就是存在 $h_0 > 0$, 当 $0 < h \leqslant h_0$ 时,

$$B(w; u_h, \Pi_h^* u_h) \geqslant \alpha \|u_h\|_1^2, \quad \forall u_h \in U_h, \tag{2.1.14}$$

且 $B(w; u_h, \Pi_h^* \bar{u}_h) = B(\omega; \bar{u}_h \Pi_h^* u_h) \leqslant K \|u_h\|_1 \|\bar{u}_h\|_1, \quad \forall u_h, \bar{u}_h \in U_h.$

引理 2.1.3 存在足够大的 $\lambda > 0$, 使得

$$
\begin{aligned}
a_\lambda(c, w; u_h, \Pi_h^* u_h) &= \int \left(D(c, w) \nabla u_h \nabla \Pi_h^* u_h + (q + \lambda) u_h \Pi_h^* u_h \right) \mathrm{d}x \mathrm{d}y \\
&= B(c, w; u_h, \Pi_h^* u_h) + (q + \lambda)(u_h, \Pi_h^* u_h) \\
&\geqslant \alpha \|u_h\|_1^2.
\end{aligned}
\tag{2.1.15}
$$

并且有 $a_\lambda(c, w; u_h, \Pi_h^* u_h) \leqslant K \|u_h\|_1 \|\bar{u}_h\|_1$.

以上引理的证明参见 [1].

接下来引进后面证明中所需要的两个重要的投影.

引理 2.1.4 令 $\tilde{p}$ 是 (2.1.1a) 的解 p 在 U_h 中的伴随椭圆投影, 即 $\tilde{p} \in U_h$, 满足

$$B(c; p - \tilde{p}, v_h) = 0, \quad \forall v_h \in V_h. \tag{2.1.16}$$

则存在与子空间 U_h 无关的常数 $K > 0$, 使得

$$\|p - \tilde{p}\|_1 \leqslant Kh|p|_2, \quad \|(p - \tilde{p})_t\|_1 \leqslant Kh|p_t|_2. \tag{2.1.17}$$

引理 2.1.5 设 $L_h c$ 是 (2.1.1b) 的解 c 在 U_h 中的伴随椭圆算子, 即 $L_h c \in U_h$, 满足

$$a_\lambda(c, u; L_h c - c, u_h) = 0, \quad v_h \in V_h. \tag{2.1.18}$$

则存在与子空间 U_h 无关的常数 $K > 0$, 使得

$$\|c - L_h c\|_1 \leqslant Kh|c|_2, \quad \left\| \frac{\partial}{\partial t}(c - L_h c) \right\|_1 \leqslant Kh|c_t|_2. \tag{2.1.19}$$

推论 1 $\|\nabla \tilde{p}\|_{L^\infty} \leqslant K(p), \|\nabla L_h c\|_{L^\infty} \leqslant K.$

2.1.4 H^1 模的误差估计

这一节研究体积有限元格式的 H^1 模的误差估计, 此时 $D = D(u)$ 含有弥散项. 定义

$$\theta_m = p_m - \tilde{p}_m, \quad \eta_m = P_m - \tilde{p}_m, \quad \xi^n = c^n - L_h c^n, \quad \varsigma^n = C_h^n - L_h c^n.$$

首先考虑压力方程,

$$B(c_m; p_m, v_h) = (g_m, v_h), \quad B(C_{h,m}; P_m, v_h) = (g_m, v_h),$$

借助椭圆投影, 得到误差方程,

$$B(C_{h,m}; \eta_m, v_h) = B(c_m - C_{h,m}; \tilde{p}_m, v_h). \tag{2.1.20}$$

取 $v_h = \Pi_h^* \eta_m$, 由引理 2.1.2 得到

$$a\|\eta_m\|_1^2 \leqslant \left| \sum_{(i,j)\in w} \vec{R}_{ij} \int_{\overline{M_{ij}Q}} [k(x,c_m) - k(x,c_{n,m})] \frac{\partial \tilde{p}_m}{\partial n_i} \frac{\partial \eta_m}{\partial \vec{n}_{ij}} ds \right|$$

$$\leqslant K\|\nabla \tilde{p}_m\|_\infty \sum_{(i,j)\in w} \vec{R}_{ij} \int_{\overline{M_{ij}Q}} (|c_m - \Pi_h c_m| + |\Pi_h c_m - C_h|) \cdot \left| \frac{\partial \eta_m}{\partial \vec{n}_{ij}} \right| ds$$

$$\leqslant K(h + \|c_m - C_{h,m}\|_0)\|\eta_m\|_1,$$

于是有

$$\|\eta_m\|_1 \leqslant K(h + \|\xi_m\|_0 + \|\zeta_m\|_0). \tag{2.1.21}$$

接下来考虑饱和度方程. 在时间 t^{n+1} 处, (2.1.1b) 可写为

$$\left(\phi \frac{\partial c^{n+1}}{\partial t}, v_h \right) + \int_\Omega D(u^{n+1}) \nabla c^{n+1} \cdot \nabla v_h dx dy$$

$$+ \int_\Omega u^{n+1} \cdot \nabla c^{n+1} v_h dx dy + \int_\Omega q c^{n+1} v_h dx dy = 0, \tag{2.1.22}$$

(2.1.7) 等价于

$$(\phi \partial_t C_h^n, v_h) + \int_\Omega D(EU^{n+1}) \nabla C_h^{n+1} \cdot \nabla v_h dx dy$$

$$+ \int_\Omega (EU^{n+1} \cdot \nabla C_h^{n+1} v_h + q C_h^{n+1} v_h) dx dy = 0, \tag{2.1.23}$$

(2.1.22)～(2.1.23), 并且利用 (2.1.18) 得到

$$(\phi \partial_t \zeta^n, v_n) + \int_\Omega D(EU^{n+1}) \nabla \zeta^{n+1} \cdot \nabla v_h dx dy$$

$$= - \int_\Omega EU^{n+1} l \cdot \nabla \zeta^{n+1} dx dy - \int_\Omega q \zeta^{n+1} v_h dx dy + \left(\phi \frac{\partial c^{n+1}}{\partial t} - \phi \partial_t c^n, v_h \right)$$

$$+ (\phi \partial_t \xi^n, v_h) + \int_\Omega [D(u^{n+1}) - D(EU^{n+1})] \nabla L_h c^n \cdot \nabla v_h dx dy$$

$$+ \int_\Omega (u^{n+1} - EU^{n+1}) \cdot \nabla L_h c^{n+1} v_h dx dy - (\lambda \xi^{n+1}, v_h)$$

$$+ \int_\Omega u^{n+1} \cdot \nabla \xi^{n+1} v_h dx dy. \tag{2.1.24}$$

为了得到 H^1 模的误差估计, 取 $v_h = \Pi_h^*(\partial_t \zeta^n)\Delta t_c$,

$$(\phi \partial_t \zeta^n, \Pi_h^* \partial_t \zeta^n)\Delta t_c + \sum_{(i,j) \in w} \vec{R}_{ij} \int_{\overline{M_{ij}Q}} D(EU^{n+1}) \frac{\partial \zeta^n}{\partial n_i} \cdot \frac{\partial \partial_i \zeta^n}{\partial \vec{n}_{ij}} ds \Delta t_c$$

$$= \sum_{k_R^* \in T_w^*} \left[\int_{k_R^*} \left(\phi \frac{\partial c^{n+1}}{\partial t} - \phi \partial_t c^n \right) \partial_t c^n (R) dxdy + \int_{K_R^*} \phi \partial_t \xi^n \cdot \partial_t \zeta^n (R) dxdy \right] \Delta t_c$$

$$+ \sum_{(i,j) \in w} \vec{R}_{ij} \int_{\overline{M_{ij}Q}} [D(u^{n+1}) - D(EU^{n+1})] \frac{\partial L_h c^{n+1}}{\partial n_i} \frac{\partial (\partial_t \zeta^n)}{\partial \vec{n}_{ij}} ds \Delta t_c$$

$$+ \sum_{k_R^* \in T_w^*} \int_{k_R^*} (u^{n+1} - EU^{n+1}) \cdot \nabla L_h c^{n+1} \cdot \partial_t \zeta^n (R) dxdy \Delta t_c$$

$$- \int_{\Omega} EU^{n+1} \cdot \nabla \zeta^{n+1} \Pi_h^* \partial_t \zeta^n dxdy \Delta t_c$$

$$+ \int_{\Omega} (q\zeta^{n+1} - \lambda \xi^{n+1} + u^{n+1} \cdot \nabla \xi^{n+1}) \Pi_h^* \partial_t \zeta^n dxdy \Delta t_c. \tag{2.1.25}$$

(2.1.25) 关于时间从 $n = 0$ 到 $n = N - 1$ 求和, 并把右端分别记为 A_1, A_2, A_3, A_4, A_5, A_6.

首先有

$$A_1 \leqslant K(\Delta t_c)^2 ||c_{tt}||_{L^2((0,T);L^2)}^2 + \varepsilon \sum_{n=0}^{N-1} ||\partial_t \zeta^n||_0^2 \Delta t_c, \tag{2.1.26}$$

$$A_2 \leqslant Kh^2 ||c_t||_{L^2(0,T;H^2)}^2 + \varepsilon \sum_{n=0}^{N-1} ||\partial_t \zeta^n||_0^2 \Delta t_c, \tag{2.1.27}$$

$$A_4 \leqslant \sum_{n=0}^{N-1} ||u^{n+1} - EU^{n+1}||_0 ||\nabla L_h c^{n+1}||_\infty ||\partial_t \zeta^n||_0 \Delta t_c, \tag{2.1.28}$$

估计 $||u^{n+1} - EU^{n+1}||_0$,

$$u^{n+1} - EU^{n+1} = u^{n+1} - Eu^{n+1} + Eu^{n+1} - EU^{n+1}$$

$$= u(c^{n+1}, \nabla p^{n+1}) - \left[\left(1 + \frac{\gamma+1}{j} \right) u(c_m, \nabla p_m) - \frac{\gamma+1}{j} u(c_{m-1}, \nabla p_{m-1}) \right]$$

$$+ \left\{ \left[\left(1 + \frac{\gamma+1}{j} \right) u(c_m, \nabla p_m) - \frac{\gamma+1}{j} u(c_{m-1}, \nabla p_{m-1}) \right] \right.$$

$$\left. - \left[\left(1 + \frac{\gamma+1}{j} \right) u(C_{h,m}, \nabla p_m) - \frac{\gamma+1}{j} u(C_{h,m-1}, \nabla p_{m-1}) \right] \right\}$$

$$
+ \left\{ \left[\left(1 + \frac{\gamma+1}{j} \right) u(C_{h,m}, \nabla P_m) - \frac{\gamma+1}{j} u(C_{h,m-1}, \nabla P_{m-1}) \right] \right.
$$

$$
\left. - \left[\left(1 + \frac{\gamma+1}{j} \right) u(C_{h,m}, \nabla P_m) - \frac{\gamma+1}{j} u(C_{h,m-1}, \nabla P_{m-1}) \right] \right\}
$$

$$
= T_1 + T_2 + T_3,
$$

利用两个变量的 Taylor 展开, 得到

$$
u(c^{n+1}, \nabla p^{n+1}) = u(c_m, \nabla p_m) + \frac{\partial u}{\partial c} \bigg|_m (c^{n+1} - c_m) + \frac{\partial u}{\partial \nabla p} \bigg|_m (\nabla p^{n+1} - \nabla p_m) + O(\cdots),
$$

$$
u(c_{m-1}, \nabla p_{m-1}) = u(c_m, \nabla p_m) + \frac{\partial u}{\partial c} \bigg|_m (c_{m-1} - c_m) + \frac{\partial u}{\partial \nabla p} \bigg|_m (\nabla p_{m-1} - \nabla p_m) + O(\cdots),
$$

则

$$
T_1 = \frac{\partial u}{\partial c} \bigg|_m \left[(c^{n+1} - c_m) + \frac{\gamma+1}{j} (c_{m-1} - c_m) \right]
$$

$$
+ \frac{\partial u}{\partial \nabla p} \bigg|_m \left[(\nabla p^{n+1} - \nabla p_m) + \frac{\gamma+1}{j} (\nabla p_{m-1} - \nabla p_m) \right] + O(\cdots),
$$

对于 c 和 ∇p^{n+1} 就用 Taylor 展开, 并利用 j 和 γ 的关系, 有

$$
\|T_2\|_0^2 \leqslant K \left(\left| \frac{\partial u}{\partial c} \right|, \left| \frac{\partial u}{\partial(\nabla p)} \right| \right) (\Delta t_p)^3
$$

$$
\cdot \left(\left\| \frac{\partial^2 c}{\partial t^2} \right\|_{L^2(t_{m-1}, t_m; L^2)}^2 + \left\| \frac{\partial^2 \nabla p}{\partial t^2} \right\|_{L^2(t_{m-1}, t_m; L^2)}^2 \right), \tag{2.1.29}
$$

$$
\|T_2\|_0^2 \leqslant K \left(\left| \frac{\partial u}{\partial c} \right| \right) (\|\xi_m\|_0^2 + \|\zeta_m\|_0^2 + \|\xi_{m-1}\|_0^2 + \|\zeta_{m-1}\|_0^2), \tag{2.1.30}
$$

$$
\|T_3\|_0^2 \leqslant K \left(\left| \frac{\partial u}{\partial(\nabla p)} \right| \right) (\|\nabla \eta_m\|_0^2 + \|\nabla \theta_m\|_0^2 + \|\nabla \eta_{m-1}\|_0^2 + \|\nabla \theta_{m-1}\|_0^2), \tag{2.1.31}
$$

应用 (2.1.17) 和 (2.1.19) 并且注意 $t^{n+1} \geqslant t_1$,

$$
A_4 \leqslant K \left[(\Delta t_p)^4 + (\Delta t_p^0)^3 + h^2 + \sum_{m=1}^{M} \|\zeta_m\|_0^2 \Delta t_p \right] + \varepsilon \sum_{n=0}^{N-1} \|\partial_t \zeta^n\|_0^2 \Delta t_c. \tag{2.1.32}
$$

估计 A_5 之前, 需要有下面的归纳假设

$$
\|\nabla P_m\|_\infty \leqslant K, \tag{2.1.33}
$$

于是 $U_m = -k(G_{h,m})\nabla P_m$, $|U_m| < K$, 则有

$$A_5 \leqslant K \sum_{n=0}^{N-1} ||\zeta^{n+1}||_1^2 \Delta t_c + \varepsilon \sum_{n=0}^{N-1} ||\partial_t \zeta^n||_0^2 \Delta t c,$$

$$A_6 \leqslant K \sum_{n=0}^{N-1} (||\zeta^{n+1} + \xi^{n+1}||_0 + ||\zeta^{n+1}||_1) ||\partial_t \zeta^n||_0^2 \Delta t_c$$

$$\leqslant K \left(h^2 + \sum_{n=0}^{N-1} ||\zeta^{n+1}||_0^2 \Delta t_c \right) + \varepsilon \sum_{n=0}^{N-1} ||\partial_t \zeta^n||_0^2 \Delta t_c.$$

最后, 来看 A_3 的估计. 若直接对它进行估计会产生 $||\partial_t \zeta^n||_1$, 无法处理, 为了避免此困难需要分部求和.

$$A_3 = \sum_{n=0}^{N-1} \left(\sum_{(i,j) \in w} \vec{R}_{ij} \int_{\overline{M_{ij}Q}} [D(u^{n+1}) - D(EU^{n+1})] \frac{\partial L_h c^{n+1}}{\partial n_i} \frac{\partial(\partial_t \zeta^n)}{\partial \vec{n}_{ij}} \mathrm{d}s \Delta t_c \right)$$

$$= - \sum_{n=0}^{N-1} \left\{ \sum_{(i,j) \in w} \vec{R}_{ij} \int_{\overline{M_{ij}Q}} \{[D(u^{n+1}) - D(EU^{n+1})] \right.$$

$$- [D(u^n) - D(EU^n)]\} \frac{\partial L_h c^{n+1}}{\partial n_i} \frac{\partial \zeta^n}{\partial \vec{n}_{ij}} \mathrm{d}s$$

$$+ \sum_{(i,j) \in w} R_{ij} \int_{\overline{M_{ij}Q}} [D(u^n) - D(EU^n)] \left(\frac{\partial L_h c^{n+1}}{\partial n_t} - \frac{\partial L_h c^n}{\partial n_t} \right) \frac{\partial \zeta^n}{\partial \vec{n}_{ij}} \mathrm{d}s \right\}$$

$$+ \sum_{(i,j) \in w} \vec{R}_{ij} \int_{\overline{M_{ij}Q}} [D(u^N) - D(EU^N)] \frac{\partial L_h c^N}{\partial n_t} \frac{\partial \zeta^N}{\partial \vec{n}_{ij}} \mathrm{d}s$$

$$+ \sum_{(i,j) \in w} \vec{R}_{ij} \int_{\overline{M_{ij}Q}} [D(u^1) - D(EU^1)] \frac{\partial L_h c^1}{\partial n_i} \frac{\partial \zeta^0}{\partial \vec{n}_{ij}} \mathrm{d}s$$

$$= A_{31} + A_{32} + A_{33}, \tag{2.1.34}$$

$$A_{31} = w_1 + w_2, \quad EU^n = \left(1 + \frac{\gamma}{j} \right) U_m - \frac{\gamma}{j} U_{m-1},$$

$$w_2 \leqslant \sum_{(i,j) \in w} \vec{R}_{ij} \int_{\overline{M_{ij}Q}} |u^n - EU^n| \cdot ||\partial_t L_h c^n||_{L^\infty} \cdot \left| \frac{\partial \zeta^n}{\partial \vec{n}_{ij}} \right| \mathrm{d}s \Delta t_c$$

$$\leqslant \sum_{(i,j) \in w} \vec{R}_{ij} \int_{\overline{M_{ij}Q}} \left| \left(1 + \frac{\gamma}{j} \right) [k(c^n) \nabla p^n - k(C_{h,m}) \nabla P_m] \right.$$

$$\left. - \frac{\gamma}{j} [k(c^n) \nabla p^n - k(C_{h,m-1}) \nabla p_{m-1}] \right| \cdot \left| \frac{\partial \zeta^n}{\partial \vec{n}_{ij}} \right| \mathrm{d}s \cdot \Delta t_c$$

$$\leqslant \sum_{n=1}^{N-1} \sum_{(i,j)\in\omega} \vec{R}_{ij} \int_{\overline{M_{ij}Q}} \left| \left(1+\frac{\gamma}{j}\right) \{[k(c^n) - k(C_{h,m})]\nabla p^n \right.$$

$$+ k(C_{h,m})(\nabla P^n - \nabla P_m)\} - \frac{\gamma}{j}\{[k(c^n) - k(C_{h,m-1})]\nabla p^n$$

$$\left. + k(C_{h,m-1})(\nabla p^n - \nabla P_{m-1})\} \right| \cdot \left|\frac{\partial \zeta^n}{\partial \vec{n}_{ij}}\right| \mathrm{d}s \cdot \Delta t_c$$

$$\leqslant K(h + \Delta t_c + ||\xi_m||_0 + ||\zeta_m||_0 + ||\xi_{m-1}||_0 + ||\zeta_{m-1}||_0$$

$$+ ||\nabla \eta_m||_0 + ||\nabla \theta_m||_0 + ||\nabla \eta_{m-1}||_0 + ||\nabla \theta_{m-1}||_0)||\zeta^n||_1 \Delta t_c$$

$$\leqslant K(h^2 + (\Delta t_c)^2) + K \sum_{m=1}^{M-1} ||\zeta_m||_0^2 \Delta t_p + K \sum_{n=0}^{N-1} ||\zeta^n||_1^2 \Delta t_c.$$

令

$$D_{1,n} = \int_0^1 \frac{\partial D}{\partial u}(\alpha u^{n+1} + (1-\alpha)u^n)\mathrm{d}\alpha,$$

$$D_{2,n} = \int_0^1 \frac{\partial D}{\partial u}(\alpha EU^{n+1} + (1-\alpha)EU^n)\mathrm{d}\alpha,$$

$$D(u^{n+1}) - D(u^n) = (u^{n+1} - u^n)D_{1,n},$$

$$D(EU^{n+1}) - D(EU^n) = (EU^{n+1} - EU^n)D_{2,n},$$

$$D_{1,n} - D_{2,n} = \int_0^1 [\alpha(u^{n+1} - EU^{n+1}) + (1+\alpha)(u^n - EU^n)]$$

$$\cdot \int_0^1 \frac{\partial^2 D}{\partial u^2}\beta[\alpha u^{n+1} + (1-\alpha)u^n]$$

$$+ (1-\beta)[\alpha EU^{n+1} + (1-\alpha)EU^n])\mathrm{d}\beta\mathrm{d}\alpha, \quad (2.1.35)$$

$$w_1 = \left| \sum_{n=1}^{N-1} \sum_{(i,j)\in w} \vec{R}_{ij} \int_{\overline{M_{ij}Q}} [(u^{n+1} - u^n)D_{1,n} - (EU^{n+1} - EU^n)D_{2,n}]\frac{\partial L_h c^{n+1}}{\partial n_t} \cdot \frac{\partial \zeta^n}{\partial \vec{n}_{ij}}\mathrm{d}s \right|$$

$$= \left| \sum_{n=1}^{N-1} \sum_{(i,j)\in w} \vec{R}_{ij} \int_{\overline{M_{ij}Q}} [(u^{n+1} - EU^{n+1}) - (u^n - EU^n)]D_{2,n}\frac{\partial L_h c^{n+1}}{\partial ni} \cdot \frac{\partial \zeta^n}{\partial \vec{n}_{ij}}\mathrm{d}s \right.$$

$$+ \left. \sum_{n=1}^{N-1} \sum_{(i,j)\in w} \vec{R}_{ij} \int_{\overline{M_{ij}Q}} \partial_t u^n(D_{1,n} - D_{2,n})\frac{\partial L_h c^{n+1}}{\partial n_i} \cdot \frac{\partial \zeta^n}{\partial \vec{n}_{ij}}\mathrm{d}s \right| \Delta t_c = w_3 + w_4,$$

类似于 w_2 的处理, 得到

$$w_3 \leqslant \sum_{n=1}^{N-1} \sum_{(i,j)\in w} \vec{R}_{ij} \int_{\overline{M_{ij}Q}} \left|\partial_t(u^{n+1} - EU^{n+1})D_{2,n}\frac{\partial L_h c^{n+1}}{\partial n_t} \cdot \frac{a\zeta^n}{\partial \vec{n}_{ij}}\right|\mathrm{d}s\Delta t$$

$$\leqslant \sum_{n=1}^{N-1} \Big[h(|c_t^{n+1}|_2 + |\nabla p_t^{n+1}|_2) + \Delta t_c(\|c_{tt}\|_0) + \|\partial_t \zeta_{m-1}\|_0 + \|\partial_t \nabla \eta_{m-1}\|_0$$

$$+ \|\partial_t \zeta_{m-1}\|_0 + \|\partial_t \nabla \theta_{m-1}\|_0 \Big] \|D_{2,n}\|_\infty \|\nabla L_h c^{n+1}\|_\infty \|\zeta^n\|_1 \Delta t_c$$

$$\leqslant K(h^2 + (\Delta t_c)^2) + \varepsilon \sum_{m=1}^{M} \|\partial_t \zeta_m\|_0^2 \Delta t_p + K \sum_{n=1}^{N-1} \|\zeta^n\|_1^2 \Delta t_c + \varepsilon \sum_{m=1}^{M} \|\partial_t \nabla \eta_m\|_0^2 \Delta t_p,$$

应用 (2.1.35),

$$w_4 \leqslant \sum_{n=1}^{N-1} \sum_{(i,j)\in w} \vec{R}_{ij} \int_{\overline{M_{ij}Q}} |\partial_t u^n| \cdot |D_{1,n} - D_{2,n}| \cdot \left\| \frac{\partial L_h c^{n+1}}{\partial n_i} \right\| \cdot \left\| \frac{\partial \zeta^n}{\partial \vec{n}_{ij}} \right\| \mathrm{d}s \Delta t_c$$

$$\leqslant K(h^2 + (\Delta t_c)^2) + K \sum_{m=1}^{M} \|\zeta_m\|_0^2 \Delta t_p + K \sum_{n=1}^{N-1} \|\zeta^n\|_1^2 \Delta t_c.$$

w_3 中包含 $\displaystyle\sum_{m=1}^{M} \|\partial_t \nabla \eta_m\|_0^2 \Delta t_p$, 估计此项. 首先由压力方程得

$$B(C_{h,m+1}; \eta_{m+1}, v_h) = B(c_{m+1} - C_{h,m+1}; \tilde{p}_{m+1}, v_h),$$

$$B(C_{h,m}; \eta_m, v_h) = B(c_m - C_{h,m}; \tilde{p}_m, v_h).$$

两式相减, 并除以 Δt_p 得到

$$B(C_{h,m+1}; \partial_t \eta_m, v_h) = B(C_{h,m} - C_{h,m+1}; \eta_m, v_h) \frac{1}{\Delta t_p} + B(c_{m+1} - C_{h,m+1}; \partial_t \tilde{p}_m, v_h)$$

$$+ B(c_{m+1} - C_{h,m+1} - (c_m - C_{h,m}); \tilde{p}_m, v_h) \frac{1}{\Delta t_p},$$

取 $v_h = \Pi_h^* \partial_t \eta_m$, 两边同乘以 Δt_p 并关于 m 从 0 到 $M-1$ 相加,

$$\sum_{m=0}^{M-1} \|\partial_t \nabla \eta_m\|_0^2 \Delta t_p \leqslant B_1 + B_2 + B_3,$$

对于 B_1,

$$B_1 = \left| \sum_{m=0}^{M-1} \sum_{(i,j)\in w} \vec{R}_{ij} \int_{\overline{M_{ij}Q}} [k(C_{h,m}) - k(C_{h,m+1})] \frac{\partial \eta_m}{\partial n_i} \cdot \frac{\partial(\partial_t \eta_m)}{\partial \vec{n}_{ij}} \mathrm{d}s \right|$$

$$\leqslant \sum_{m=0}^{M-1} \|C_{h,m} - C_{h,m+1}\|_\infty \|\nabla \eta_m\|_0 \|\nabla \partial_t \eta_m\|_0$$

$$\leqslant K \sum_{m=0}^{M-1} (\|\partial_t L_h c_m\|_\infty^2 + \|\partial_t \zeta_m\|_\infty^2) \|\nabla \eta_m\|_0^2 \Delta t_p + \varepsilon \sum_{m=0}^{M-1} \|\partial_t \nabla \eta_m\|_0^2 \Delta t_p$$

$$\leqslant K \sum_{m=0}^{M-1} ||\nabla\eta_m||_0^2 \Delta t_p + Kh^2 \sum_{m=0}^{M-1} ||\partial_t\zeta_m||_\infty^2 \Delta t_p$$

$$+ K \sum_{m=0}^{M-1} ||\partial_t\zeta_m||_\infty^2 ||\zeta_m||^2 \nabla t_p + \varepsilon \sum_{m=0}^{M-1} ||\partial_t\nabla\eta_m||_0^2 \Delta t_p,$$

需要有下述的归纳假设.

$$\sum_{n=0}^{N-1} ||\partial_t\zeta^n||^2 \Delta t_c \leqslant K(h^2 + (\Delta t_c)^2), \tag{2.1.36}$$

那么有

$$\sum_{m=0}^{M-1} ||\partial_t\zeta_m||_\infty^2 \Delta t_p \leqslant K_0 h^{-2} \sum_{m=0}^{M-1} ||\partial_t\zeta_m||_0^2 \Delta t_p$$

$$\leqslant K_0 h^{-2} \sum_{n=0}^{N-1} ||\partial_t\zeta^n||_0^2 \Delta t_c \leqslant Kh^{-2}(h^2 + (\Delta t_c)^2) \leqslant K,$$

由此得到

$$B_1 \leqslant K \left(h^2 + \sum_{m=0}^{M-1} ||\nabla\eta_m||_0^2 \nabla t_p + \sum_{m=0}^{M-1} ||\zeta_m||_0^2 \Delta t_p + \varepsilon \sum_{m=0}^{M-1} ||\partial_t\nabla\eta_m||_0^2 \Delta t_p \right),$$

$$B_2 \leqslant \sum_{m=0}^{M-1} \sum_{(i,j)\in w} |\vec{R}_{ij}| \int_{\overline{M_{ij}Q}} (|c_{m+1} - \Pi_h c_{m+1}| + |\Pi_h c_{m+1} - C_{h,m+1}|)$$

$$\cdot \left| \frac{\partial(\partial_t\eta_m)}{\partial\vec{n}_{ij}} \right| ds \Delta t_p$$

$$\leqslant K \left(h^2 + \sum_{m=0}^{M-1} ||\zeta_{m+1}||_0^2 \Delta t_p \right) + \varepsilon \sum_{m=0}^{M-1} ||\partial_t\nabla\eta_m||_0^2 \Delta t_p,$$

$$B_3 \leqslant \sum_{m=0}^{M-1} \sum_{(i,j)\in w} \vec{R}_{ij} \int_{\overline{M_{ij}Q}} \partial_t(c_m - C_{h,m})| \cdot ||\nabla\tilde{p}_{m-1}||_\infty \cdot \left| \frac{\partial(\partial_t\eta_m)}{\partial\vec{n}_{ij}} \right| ds \Delta t_p$$

$$\leqslant K \left(h^2 + (\Delta t_c)^2 + \sum_{m=0}^{M-1} ||\partial_t\zeta_m||_0^2 \Delta t_p \right) + \varepsilon \sum_{m=0}^{M-1} ||\partial_t\nabla\eta_m||_0^2 \Delta t_p,$$

利用上面 B_1, B_2, B_3 的估计得到

$$\sum_{m=0}^{M-1} ||\partial_t\nabla\eta_m||_0^2 \Delta t_p$$

$$\leqslant K\left(h^2 + \sum_{m=0}^{M-1}||\zeta_m||_0^2\Delta t_p + \sum_{m=0}^{M-1}||\nabla\eta_m||_0^2\Delta t_p + \sum_{m=0}^{M-1}||\partial_t\zeta_m||_0^2\Delta t_p\right), \quad (2.1.37)$$

代回 w_3 则有

$$w_3 \leqslant K(h_2 + (\Delta t_c)^2) + K\sum_{n=1}^{N-1}||\zeta^n||_1^2\Delta t_c + \varepsilon\sum_{m=0}^{M-1}||\partial_t\zeta_m||_0^2\Delta t_p.$$

至此, 误差方程的右端估计完毕, 下面看左端项: 令

$$||\zeta^{n+1}||_{D_{n+1}}^2 = \sum_{(i,j)\in w}\vec{R}_{ij}\int_{\overline{M_{ij}Q}}D(EU^{n+1})\left(\frac{\partial\zeta^n}{\partial n_i}\right)^2\mathrm{d}s,$$

$$左端 \geqslant \sum_{n=0}^{N-1}||\partial_t\zeta^n||_0^2\Delta t_c + \frac{1}{2}\sum_{n=0}^{N-1}(||\zeta^{n+1}||_{D_{n+1}}^2 - ||\zeta^n||_{D_{n+1}}^2),$$

$$= \sum_{n=0}^{N-1}||\partial_t\zeta^n||_0^2\Delta t_c + \frac{1}{2}\Bigg[||\zeta^N||_{D_N}^2 - \sum_{n=0}^{N-1}(||\zeta^n||_{D_{n+1}}^2 - ||\zeta^n||_{D_n}^2)$$

$$- ||\zeta^0||_{D_1}^2\Bigg], \quad (2.1.38)$$

那么

$$\sum_{n=0}^{N-1}|||\zeta^n||_{D_{n+1}}^2 - ||\zeta^n||_{D_n}^2|$$

$$= \sum_{n=0}^{N-1}\left|\int_{\overline{M_{ij}Q}}[D(EU^{n+1}) - D(EU^n)]\left(\frac{\partial\zeta^n}{\partial n_t}\right)^2\mathrm{d}s\cdot\vec{R}_{ij}\right|$$

$$\leqslant \sum_{n=0}^{N-1}\int_{\overline{M_{ij}Q}}|EU^{n+1} - EU^n|\cdot\left|\frac{\partial\zeta^n}{\partial n_i}\right|^2\mathrm{d}s\cdot|\vec{R}_{ij}|$$

$$\leqslant \sum_{n=1}^{N-1}||EU^{n+1} - EU^n||_\infty||\zeta^n||_1^2$$

$$\leqslant K\sum_{m=1}^M(1 + ||\partial_t\nabla\eta_{m-1}||_\infty + ||\partial_t\zeta_{m-1}||_\infty)||\zeta^n||_1^2\Delta t_p,$$

$$\sum_{m=1}^M||\partial_t\nabla\eta_{m-1}||_\infty\Delta t_p$$

$$\leqslant Kh^{-1}\Delta t_p\sum_{m=1}^M||\partial_t\nabla\eta_{m-1}||_0$$

$$= Kh^{-1}\Delta t_p\left[\left(\sum_{m=1}^M||\partial_t\nabla\eta_{m-1}||_0\right)^2\right]^{\frac{1}{2}}$$

$$\leqslant Kh^{-1}\Delta t_p \left[M \sum_{m=1}^{M} \|\partial_t \nabla \eta_{m-1}\|_0^2 \right]^{\frac{1}{2}}$$

$$\leqslant Kh^{-1} \left[\sum_{m=1}^{M} \|\partial_t \nabla \eta_{m-1}\|_0^2 \Delta t_p \right]^{\frac{1}{2}} T^{\frac{1}{2}}.$$

在 (2.1.37) 中有

$$\|\zeta_m\|_0 \leqslant K(h + \Delta t_c), \quad 0 \leqslant m \leqslant M. \tag{2.1.39}$$

应用 (2.1.39) 和归纳假设 (2.1.36), 得到

$$\sum_{m=1}^{M} \|\partial_t \nabla \eta_{m-1}\|_0^2 \Delta t_p \leqslant K(h^2 + (\Delta t_c)^2), \quad \sum_{m=1}^{M} \|\partial_t \nabla \eta_{m-1}\|_\infty \Delta t_p \leqslant K.$$

同理

$$\sum_{m-1}^{M} \|\partial_t \zeta_{m-1}\|_\infty \Delta t_p \leqslant K,$$

$$\sum_{n=1}^{N-1} \left| \|\zeta^n\|_{D_{n+1}}^2 - \|\zeta^n\|_{D_n}^2 \right| \leqslant K \sum_{m=1}^{M} \|\zeta^n\|_1^2 \Delta t_p \leqslant K \sum_{n=1}^{N-1} \|\zeta^n\|_1^2 \Delta t_c.$$

组合左端项和右端项,

$$\sum_{n=0}^{N-1} \|\partial_t \zeta^n\|_0^2 \Delta t_c + \|\zeta^N\|_{D_N}^2 - \|\zeta^0\|_{D_1}^2$$

$$\leqslant K(h^2 + (\Delta t_c)^2 + (\Delta t_p)^4 + (\Delta t_p^1)^3) + K \sum_{n=1}^{N-1} \|\zeta^n\|_1^2 \Delta t_c + \varepsilon \sum_{n=1}^{N-1} \|\partial_t \zeta^n\|_0^2 \Delta t_c$$

$$+ K \sum_{m=1}^{M-1} \|\zeta_m\|_1^2 \Delta t_p + \varepsilon \sum_{m=1}^{M-1} \|\partial_t \zeta_m\|_0^2 \Delta t_p,$$

应用离散的 Gronwall 引理,

$$\sum_{n=1}^{N-1} \|\partial_t \zeta^n\|_0^2 \Delta t_c + \|\zeta^N\|_1^2 \leqslant K(h^2 + (\Delta t_c)^2 + (\Delta t_p)^4 + (\Delta t_p^0)^3).$$

容易验证归纳假设 (2.1.32)、(2.1.36) 和 (2.1.39) 成立, 于是得到下面的定理.

定理 2.1.1　设 $D = D(u), c \in H^1(H^2(\Omega)) \cap L^\infty(H^2(\Omega)) \cap L^2(H^2(\Omega))$ 空间和时间步长满足关系:

$$\Delta t_c = o(h), \quad \Delta t_p^0 = O\left((\Delta t_c)^{\frac{2}{3}}\right), \quad \Delta t_p = O\left((\Delta t_c)^{\frac{1}{2}}\right).$$

那么存在常数 K 使得对于充分小的 h, 有

$$\max_{0 < n \leqslant N} ||c - C_h^n||_1 \leqslant (h + \Delta t_c + (\Delta t_p)^2 + (\Delta t_p^0)^3).$$

若 $D = D_m I$, 处理方法完全相同, 会有类似于定理的结论.

2.1.5 L^2 模的误差估计

2.1.4 节中在一般的三角形网格剖分条件下得了 H^1 模的误差估计, 本小节利用一种特殊的对称对偶剖分, 可以得到 L^2 模的最优误差估计.

沿用 2.1.3 小节中的记号, 对偶剖分满足: 对所有的 $\{i, j\} \in w, R_{ij}$ 和 μ_{ij} 的中点重合, 此时剖分为对称对偶剖分 (图 2.1.3). 对于每一对 $\{i, j\} \in w$, 令 $|\mu_{ij}|$ 和 $|R_{ij}|$ 分别代表 μ_{ij} 和 R_{ij} 的 Euclid 长度. 并且假设弥散为零, 即 $D(x) = d(x)I$.

除了 2.1.3 小节中定义的 U_h 空间中 H^1 半模和 L^2 模, 定义另外一种离散 H^1 半模,

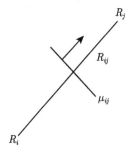

图 2.1.3　对称对偶剖分

$$||u_h||_{0,h} = ||\Pi_h^* u_h||_0 = \left\{ \sum_{K_{R_i}^* \in T_h^*} u_h^2(R_i) S_{R_i}^* \right\}^{\frac{1}{2}},$$

$$|u_h|_{1,h}^* = \left\{ \sum_{\{i,j\} \in w} [u_h(R_i) - u_h(R_j)]^2 \frac{|\mu_{ij}|}{|R_{ij}|} \right\}^{\frac{1}{2}},$$

$$|u_h|_{1,h} = \left\{ \sum_{K_Q \in T_h} \left[\left(\frac{\partial u_h(Q)}{\partial x} \right)^2 + \left(\frac{\partial u_h(Q)}{\partial y} \right)^2 \right] S_Q \right\}^{\frac{1}{2}},$$

$$||u_h||_{1,h} = \{||u_h||_{0,h}^2 + |u_h|_{1,h}^2\}^{\frac{1}{2}}.$$

引理 2.1.6 $|\cdot|_{1,h}^*$ 和 $|\cdot|_{1,h}$ 等价, 即有与 U_h 无关的正常数 k_1, k_2, 使得

$$k_1 |\cdot|_{1,h} \leqslant |\cdot|_{1,h}^* \leqslant k_2 |\cdot|_{1,h}.$$

证明

$$\sum_{\{i,j\}\in w} [u_h(R_i) - u_h(R_j)]^2 \cdot \frac{|\mu_{ij}|}{|R_{ij}|}$$

$$= \sum_{\{i,j\}\in w} \left[\frac{u_h(R_i) - u_h(R_j)}{|R_{ij}|}\right]^2 \cdot |\mu_{ij}| \cdot |R_{ij}|$$

$$= \sum_{\{i,j\}\in w} \left[\frac{\partial u_h}{\partial \vec{n}_{ij}}\right]^2 \cdot |\mu_{ij}| \cdot |R_{ij}|$$

$$\leqslant \sum_{\{i,j\}\in w} \left[\frac{\partial u_h}{\partial x}\cos\alpha + \frac{\partial u_h}{\partial y}\sin\alpha\right]^2 \cdot |\mu_{ij}| \cdot |R_{ij}|.$$

则显然有 $k_1|u_h|_{1,h} \leqslant |u_h|^*_{1,h} \leqslant k_2|u_h|_{1,h}$.

引理 2.1.7　设 $L_h c$ 是 (2.1.1b) 的解 c 在 U_h 中的伴随椭圆投影, 即 $L_h c \in U_h$, 使得

$$a(L_h c - c, v_h) = 0, \quad \forall v_h \in V_h. \tag{2.1.40}$$

此处 $a(c, v_h) = \int_\Omega D\nabla c \cdot \nabla v_h dxdy$. 在本节对称对偶剖分的情况下, 离散 H^1 半模有下面超收敛估计 [28].

$$|c - L_h c|^*_{1,h} \leqslant Kh^2||c||_{3,\Omega}, \quad \left|\frac{\partial}{\partial t}(c - L_h c)\right|^*_{1,h} \leqslant Kh^2||c_t||_{3,\Omega}. \tag{2.1.41}$$

引理 2.1.8　当 h 充分小时, $\alpha(u_h, \Pi_h^* u_h) \geqslant \alpha(|u_h|^*_{1,h})^2$.
证明　根据 u_h 的线性性质:

$$a(u_h, \Pi_h^* u_h)$$
$$= -\sum_{i=1}^N u_h(R_i)\int_{\partial K^*_{R_i}} D\nabla u_h \cdot \vec{n}_i ds$$
$$= \sum_{(i,j)\in w_0} (u_h(R_j) - u_h(R_i))\int_{\mu_{ij}} D\nabla u_h \cdot \vec{n}_{ij} ds$$
$$\geqslant D_* \sum_{(i,j)\in w_0} (u_h(R_j) - u_h(R_i)) \cdot \frac{u_h(R_j) - u_h(R_i)}{|R_{ij}|} \cdot |\mu_{ij}|$$
$$= \alpha(|u_h|^*_{1,h})^2.$$

根据 Poincaré 不等式以及范数等价性, 很容易得到下面的推论.
推论 2　$||c - L_h c||_0 \leqslant Kh^2||c||_{3,\Omega}.$

证明 由于 $(c - L_h c) \in H_0^1(\Omega)$，故有 $\|c - L_h c\|_0 \leqslant K|c - L_h c|_1$，又由范数的等价性以及引理 2.1.7 可以得到推论.

令

$$b_{ij}(v) = -\int_{\mu_{ij}} (k(C_{h,m})\nabla v) \cdot \vec{n}_{ij} \mathrm{d}s,$$

$$Bv = \left(\sum_{j \in w_i} b_{ij}(v) \right)_{i=1}^{L_2} = \left(-\int_{\partial K_{R_i}^*} (k(C_{h,m})\nabla v) \cdot \vec{n}_i \mathrm{d}s \right)_{i=1}^{L_2}.$$

于是 (2.1.5) 或者 (2.1.6) 等价于

$$BP_m = q^h, \quad q^h = \left(\int_{K_{R_i}^*} q_m \mathrm{d}x \right)_{i=1}^{L_1},$$

$$\left(-\int_{\partial K_{R_i}^*} (k(c_m)\nabla p_m) \cdot \vec{n}_i \mathrm{d}s \right)_{i=1}^{L_1} = q^h = BP_m.$$

若存在与网格大小 h 无关的常数 $\beta > 0$ 使得

$$\sum_{i=t}^{N} v(R_i)(Bv)_i \geqslant \beta(|v|_{1,h}^*)^2, \quad v \in U_h.$$

那么称 B 在空间 U_h 上是一致椭圆的. B 的一致椭圆性的条件由文献 [28] 的引理 2 给出，此处可以选择 $\beta = k_*$ 使其满足条件 (I)，故 B 是一致椭圆的.

本节假设

$$w_0 = \{\{i, j\} \in w : |\mu_{ij}| \neq 0\},$$

$$\theta = p - \Pi_h p, \quad \eta = P - \Pi_h p.$$

由于 B 是一致椭圆的，故有

$$\beta(|\eta_m|_{1,h}^*)^2 \leqslant \sum_{i=1}^{L_2} \eta_m(R_i)(B\eta_m)_i$$

$$= \sum_{i=1}^{L_2} \eta_m(R_i) \left[\iint_{K_{R_i}^*} q_m \mathrm{d}x - (B\Pi_h p_m)_i \right]$$

$$= \sum_{i=1}^{L_2} \eta_m(R_i) \left[-\int_{\partial K_{R_i}^*} (k(c_m)\nabla p_m) \cdot \vec{n}_i \mathrm{d}s - (B\Pi_h p_m)_i \right]$$

$$= \sum_{i=0}^{L_2} \eta_m(R_i) \left[(B\theta_m)_i - \int_{\partial K_{R_i}^*} [K(c_m) - k(C_{h,m})]\nabla p_m \cdot \vec{n}_i \mathrm{d}s \right]$$

$$= \sum_{i=1}^{L_2} \eta_m(R_i)(B\theta_m)_i - \sum_{i=1}^{L_2} \eta_m(R_i) \int_{\partial K_{R_i}^*} [k(c_m) - k(C_{h,m})] \nabla p_m \cdot \vec{n}_i \mathrm{d}s$$

$$= \sum_{i=1}^{L_2} \eta_m(R_i) \sum_{j \in w_i} b_{ij}(\theta_m) - \sum_{i=1}^{L_2} \eta_m(R_i) \int_{\partial K_{R_i}^*} [k(c_m) - k(C_{h,m})] \nabla p_m \cdot \vec{n}_i \mathrm{d}s$$

$$= \sum_{(i,j) \in w_0} (\eta_m(R_i) - \eta_m(R_i)) b_{ij}(\theta_m)$$

$$- \sum_{i=1}^{L_2} \eta_m(R_i) \int_{\partial K_{R_i}^*} [k(c_m) - k(C_{h,m})] \nabla p_m \cdot \vec{n}_i \mathrm{d}s$$

$$\equiv T_1 + T_2. \tag{2.1.42}$$

利用 Cauchy-Schwarz 不等式以及 [28] 中引理 3 和定理 1, $p \in H_0^1(\Omega) \cap H^3(\Omega)$, 得到

$$T_1 = \sum_{(i,j) \in w_0} (\eta_m(R_i) - \eta_m(R_j)) \cdot \frac{|\mu_{ij}|}{|R_{ij}|} \cdot \frac{|R_{ij}|}{|\mu_{ij}|} \cdot b_{ij}(\theta_m)$$

$$\leqslant |\eta_m|_{1,h}^* \cdot \left(\sum_{(i,j) \in w_0} b_{ij}^2(\theta_m) \frac{|R_{ij}|}{|\mu_{ij}|} \right)^{\frac{1}{2}} \leqslant Ch^2 |\eta_m|_{1,h}^* \|p\|_{3,\Omega}, \tag{2.1.43}$$

$$T_2 = \sum_{i=1}^{L_2} \eta_m(R_i) \sum_{j \in w_i} \int_{\mu_{ij}} [k(c_m) - k(C_{h,m})] \nabla p_m \cdot \vec{n}_i \mathrm{d}s$$

$$= \sum_{(i,j) \in w_0} (\eta_m(R_j) - \eta_m(R_i)) \cdot \int_{\mu_{ij}} [k(c_m) - k(C_{h,m})] \nabla p_m \cdot \vec{n}_i \mathrm{d}s$$

$$\leqslant |\eta_m|_{1,h}^* \cdot \left(\sum_{(i,j) \in w_0} \left(\int_{\mu_{ij}} [k(c_m) - k(C_{h,m})] \nabla p_m \cdot \vec{n}_i \mathrm{d}s \right)^2 \frac{|R_{ij}|}{|\mu_{ij}|} \right)^{\frac{1}{2}}. \tag{2.1.44}$$

利用 Cauchy-Schwarz 不等式和迹定理,

$$\left(\int_{\mu_{ij}} [k(c_m) - k(C_{h,m})] \nabla p_m \cdot \vec{n}_i \mathrm{d}s \right)^2$$

$$\leqslant \int_{\mu_{ij}} |c_m - C_{h,m}|^2 \mathrm{d}s \cdot |\mu_{ij}|$$

$$\leqslant |\mu_{ij}| \cdot (|c_m - C_{h,m}|_0^2 h^{-1} + |c_m - C_{h,m}|_0 \cdot |c_m - C_{h,m}|_1)$$

$$\leqslant |c_m - C_{h,m}|_0^2 + h|c_m - C_{h,m}|_0 \cdot |c_m - C_{h,m}|_1. \tag{2.1.45}$$

由 (2.1.42)~(2.1.45) 得到压力方程的估计,

$$|\eta_m|_{1,h}^* \leqslant K \left(h^2 + |c_m - C_{h,m}|_0 + h^{\frac{1}{2}} |c_m - C_{h,m}|_0^{\frac{1}{2}} \cdot |c_m - C_{h,m}|_1^{\frac{1}{2}} \right). \tag{2.1.46}$$

由于饱和度方程不含弥散项, 2.1.4 小节的误差方程可变为

$$
\begin{aligned}
&(\phi \partial_t \zeta^n, v_h) + a(\zeta^{n+1}, v_h) \\
&= -\int_\Omega E U^{n+1} \cdot \nabla \xi^{n+1} v_h \mathrm{d}x - \int_\Omega q(\zeta^{n+1} + \xi^{n+1}) v_h \mathrm{d}x \\
&\quad + \left(\phi \frac{\partial c^{n+1}}{\partial t} - \phi \partial_t c^n, v_h \right) \\
&\quad + (\phi \partial_t \xi^n, v_h) + \int_\Omega (u^{n+1} - E U^{n+1}) \cdot \nabla L_h c^{n+1} v_h \mathrm{d}x \\
&\quad + \int_\Omega u^{n+1} \cdot \nabla \xi^{n+1} v_h \mathrm{d}x.
\end{aligned}
\tag{2.1.47}
$$

为了得到 L^2 模的误差估计, 取 $v_h = \Pi_h^* \zeta^{n+1}$, 两边同乘以 Δt_c, 得

$$
\begin{aligned}
&\left(\phi \partial_t \zeta^n, \Pi_h^* \zeta^{n+1} \right) \Delta t_c + a \left(\zeta^{n|1}, \Pi_h^* \zeta^{n+1} \right) \Delta t_c \\
&= \sum_{i=1}^{L_2} \left[\int_{K_{R_i}^*} \left(\phi \frac{\partial c^{n+1}}{\partial t} - \phi \partial_t c^n \right) \zeta^{n+1}(R_i) \mathrm{d}x + \int_{K_{R_i}^*} \phi \partial_t \xi^n \cdot \xi^{n+1}(R_i) \mathrm{d}x \right] \Delta t_c \\
&\quad + \sum_{t=1}^{L_2} \int_{K_{R_i}^*} (u^{n+1} - E U^{n+1}) \cdot \nabla L_h c^{n+1} \cdot \zeta^{n+1}(R_t) \mathrm{d}x \Delta t_c \\
&\quad - \sum_{i=1}^{L_2} \int_{K_{R_i}^*} E U^{n+1} \cdot \nabla \zeta^{n+1} \cdot \zeta^{n+1}(R_i) \mathrm{d}x \Delta t_c \\
&\quad - \sum_{i=1}^{L_2} \int_{K_{R_i}^*} (\zeta^{n+1} + \xi^{n+1} - u^{n+1} \cdot \nabla \xi^{n+1}) \cdot \zeta^{n+1}(R_i) \mathrm{d}x \Delta t_c.
\end{aligned}
$$

类似于 2.1.4 小节的讨论, 关于时间 n 求和, 并把右端分别记为 A_1, A_2, A_3, A_4, A_5,

$$
A_1 \leqslant K(\Delta t_c)^2 \|c_{tt}\|_{L^2((0,T);L^2)}^2 + K \sum_{n=1}^{N-1} \|\zeta^n\|_0^2 \Delta t_c.
\tag{2.1.48}
$$

而 $\phi \partial_t \xi^n = \dfrac{\phi}{\Delta t_c} \displaystyle\int_{t^{n-1}}^{t^n} (c_t - L_h c_t) \mathrm{d}t$ 利用 Poincaré 不等式和 (2.1.41)

$$
\|\phi \partial_t \xi^n\|_0^2 \leqslant K(\Delta t_c)^{-2} \Delta t_c \int_{t^n}^{t^{n+1}} h^4 \|c_t\|_3^2 \mathrm{d}t,
$$

$$
A_2 \leqslant K h^4 \|c_t\|_{L^2(0,T;H^3)}^2 + K \sum_{n=1}^{N-1} \|\zeta^n\|_0^2 \Delta t_c.
\tag{2.1.49}
$$

估计 A_4 之前, 需要归纳假设 (2.1.33)

$$A_4 \leqslant K \sum_{n=1}^{N-1} ||\zeta^n||_0^2 \Delta t_c + \varepsilon \sum_{n=1}^{N-1} ||\zeta^n||_1^2 \Delta t_c, \qquad (2.1.50)$$

$$A_5 \leqslant K \left(h^4 + \sum_{n=1}^{N-1} ||\zeta^n||_0^2 \Delta t_c \right), \qquad (2.1.51)$$

其中估计 A_5 用到 (2.1.41) 和推论 2.

下面对 A_3 进行估计, 由 $u^n = -k(x, c^n)\nabla p^n$,

$$
\begin{aligned}
A_3 = & \sum_{n=1}^{N-1} \sum_{i=1}^{L_1} \left[\int_{K_{R_i}} (k(x, c^n)\nabla \Pi_h p^n - k(x, c^n)\nabla p^n) \cdot \nabla L_h c^n \cdot \zeta^n(R_i) \mathrm{d}x \right. \\
& \left. + \int_{K_{R_i}^*} (u(c^n, \Pi_h p^n) - EU^n) \cdot \nabla L_h c^n \cdot \zeta^n(R_i) \mathrm{d}x \right] \Delta t_c \\
\equiv & A_{31} + A_{32},
\end{aligned}
$$

对 A_{31} 分部积分, 把 $|p^n \Pi_h p^n|_1$ 转化为 $||p^n - \Pi_h p^n||_0$.

$$
\begin{aligned}
A_{31} = & \sum_{n=1}^{N-1} \sum_{i=1}^{L_1} \int_{K_{R_i}^*} k(x, c^n)\nabla(\Pi_h p^n - p^n) \cdot \nabla L_h c^n \cdot \zeta^n(R_i) \mathrm{d}x \Delta t_c \\
= & \sum_{n=1}^{N-1} \sum_{i=1}^{L_1} \int_{K_{R_i}^*} (\Pi_h p^n - p^n) \nabla \cdot (k(x, c^n)\nabla L_h c^n) \cdot \zeta^n(R_i) \mathrm{d}x \Delta t_c \\
\leqslant & K \sum_{n=1}^{N-1} \left(||p^n - \Pi_h p^n||_0^2 + ||\zeta^n||_0^2 \right) \Delta t_c \\
\leqslant & K \left(h^4 + \sum_{n=1}^{N-1} ||\zeta^n||_0^2 \Delta t_c \right), \qquad (2.1.52)
\end{aligned}
$$

对 A_{32} 类似于 2.1.4 小节中 (2.1.28)$\sim$(2.1.31) 的讨论得到估计, 并应用推论 2 和压力方程的估计 (2.1.46).

$$A_3 \leqslant K \left[(\Delta t_p)^4 + (\Delta t_p^0)^3 + h^4 + \sum_{m=0}^{M-1} ||\zeta_m||_0^2 \Delta t_p + \sum_{n=1}^{N-1} ||\zeta^n||_0^2 \Delta t_c \right] + \varepsilon \sum_{m=0}^{M-1} \zeta_m||_1^2 \Delta t_p, \qquad (2.1.53)$$

至此, 右端项全部估计完毕, 下面看左端项

$$\text{左端} \geqslant \sum_{n=1}^{N} \left(\frac{1}{2} \left[(\phi\zeta^n, \Pi_h^*\zeta^n) - (\phi\zeta^{n-1}, \Pi_h^*\zeta^{n-1}) \right] + \alpha(|\zeta_n|_{1,h}^*)^2 \Delta t_c \right)$$

$$=\frac{1}{2}\left[(\phi\zeta^N, \Pi_R^*\zeta^N) - (\phi\zeta^0, \Pi_h^*\zeta^0)\right] + \alpha\sum_{n=1}^{N}(|\zeta_n|_{1,h}^*)^2\Delta t_c.$$

再由前面的估计式 (2.1.11)、(2.4.48)、(2.1.51) 和 (2.1.53) 得

$$\|\zeta^n\|_0^2 \leqslant K[(\Delta t_p)^4 + (\Delta t_p^0)^3 + h^4 + (\Delta t_c)^2] + K\left[\sum_{m=0}^{M-1}\|\zeta_m\|_0^2\Delta t_p + \sum_{n=1}^{N-1}\|\zeta^n\|_0^2\Delta t_c\right]$$

$$+ \varepsilon\sum_{m=0}^{M-1}\|\zeta_m\|_1^2\Delta t_p + \varepsilon\sum_{n=1}^{N-1}\|\zeta^n\|_1^2\Delta t_c. \tag{2.1.54}$$

最后, 应用离散的 Gronwall 引理, 得到

$$\|\zeta^n\|_0^2 \leqslant K[(\Delta t_p)^4 + (\Delta t_p^0)^3 + h^4 + (\Delta t_c)^2]. \tag{2.1.55}$$

验证归纳假设 (2.1.33)

$$\|\nabla P_m\|_{L^\infty} \leqslant \|\nabla\eta_m\|_{L^\infty} + \|\nabla\Pi_h p_m\|_{L^\infty} \leqslant h^{-1}\|\nabla\eta_m\|_0 + K$$

$$\leqslant h^{-1}(Ch^2 + \|\varsigma_m\|_0 + \|\varsigma_m\|_0) + K \leqslant K.$$

定理 2.1.2 设系数满足条件 (I), 并且有 $c \in H^1(H^3(\Omega)) \cap L^\infty(H^3(\Omega)) \cap L^2(H^3(\Omega))$, 空间和时间步长满足: $\Delta t_c = o(h), \Delta t_p^0 = O\left((\Delta t_c)^{\frac{2}{3}}\right), \Delta t_p = O\left((\Delta t_c)^{\frac{1}{2}}\right)$ 那么有

$$\max_{0<n<N}\|c - C_h^n\| \leqslant K\left(h^2 + \Delta t_c + (\Delta t_p)^2 + (\Delta t_p^0)^{\frac{3}{2}}\right).$$

2.1.6 数值算例

本小节应用体积有限元计算简单的模型问题, 下面的图表列出了部分数值结果. 我们采用拟一致的直角三角形剖分、选取外心对偶剖分. 首先, 来看一个较简单的二维线性方程,

$$\begin{cases} \dfrac{\partial c}{\partial t} - \Delta c - c = -2e^t[x(x-1) + y(y-1)], & (x,y) \in \Omega, t \in (0,1], \\ c|_{t=0} = x(x-1)y(y-1), & (x,y) \in \Omega, \\ c|_{\partial\Omega} = 0, & t \in (0,1], \end{cases}$$

其中 $\Omega = (0,1] \times (0,1]$, 这个问题的精确解为 $c = e^t x(x-1)y(y-1)$. 对区域 Ω 作直解三角形剖分. 直角边长和时间步长如表 2.1.1 中所选. FVE 代表体积有限元方法, FDM 代表差分方法; MAX-E 表示最大绝对误差, AVER-E 表示平均误差. 具体情况如表 2.1.1 $\left(\text{取 } t = \dfrac{1}{2}\right)$.

表 2.1.1   误差对照

	$(\Delta t, h)$	$\left(\dfrac{1}{100}, \dfrac{1}{4}\right)$	$\left(\dfrac{1}{200}, \dfrac{1}{4}\right)$	$\left(\dfrac{1}{200}, \dfrac{1}{8}\right)$	$\left(\dfrac{1}{200}, \dfrac{1}{10}\right)$
FVE	MAX-E	0.0011	5.2896e−004	5.2941e−004	5.2840e−004
FDM	MAX-E	0.0011	5.3082e−004	5.2939e−004	5.2822e−004
FVE	AVER-E	4.1375e−004	2.0636e−004	2.2755e−004	2.2968e−004
FDM	AVER-E	4.1517e−004	2.0708e−004	2.2753e−004	2.9662e−004

接下来看一个非线性的方程,

$$
\begin{cases}
\dfrac{\partial c}{\partial t} - \nabla(c\nabla c) - c = f, & (x,y) \in \Omega, t \in (0,1], \\
c|_{t=0} = x(x-1)y(y-1), & (x,y) \in \Omega, \\
c|_{\partial\Omega} = 0, & t \in (0,1].
\end{cases}
$$

采取与线性方程同样的网格剖分, 在时间 $t = \dfrac{1}{2}$ 时的误差结果如表 2.1.2.

表 2.1.2   误差对照

	$(\Delta t, h)$	$\left(\dfrac{1}{16}, \dfrac{1}{4}\right)$	$\left(\dfrac{1}{100}, \dfrac{1}{4}\right)$	$\left(\dfrac{1}{200}, \dfrac{1}{4}\right)$
PVE	MAX-E	0.0341	0.0241	0.0232
FDM	MAX-E	0.0524	0.0400	0.0389
FVE	AVER-E	0.0059	0.0040	0.0039
FDM	AVER-E	0.0182	0.0138	0.0134

最后考虑本节的二相渗流驱动问题的模型, 假设压力和 Darcy 速度已知, 只考虑饱和度方程, 其简单模型如下,

$$
\begin{cases}
\dfrac{\partial c}{\partial t} + \nabla \cdot (uc) - \nabla(D(u)\nabla c) = f, & (x,y) \in \Omega, t \in (0,1], \\
c|_{t=0} = (\sin(x)\sin(y))^2, & (x,y) \in \Omega, \\
c|_{\partial\Omega} = 0, & t \in (0,1].
\end{cases}
$$

区域 $\Omega = (0,\pi] \times (0,\pi]$, 问题的精确解为 $c = \mathrm{e}^t \cdot (\sin(x - u_1 t) \cdot \sin(y - u_2 t))^2$, 令 $u = (0, 0.01), D(u) = 1$, 右端 f 使上面的方程成立. 我们应用体积有限元进行逼近, 仍然采用直角三角形剖分、外心对偶剖分. 在时间 $t = \dfrac{1}{2}, \Delta t = \dfrac{1}{100}, h = \dfrac{\pi}{20}$ 时的真解与近似解的图像如图 2.1.4 和图 2.1.5. 表 2.1.3 列出了不同的网格剖分所得的最大绝对误差与平均误差.

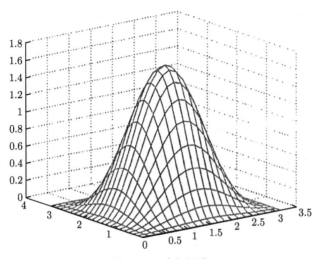

图 2.1.4 真解图像

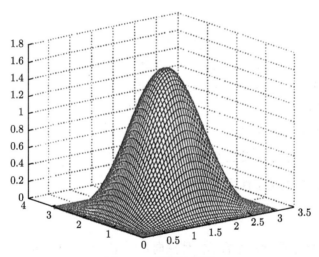

图 2.1.5 近似解图像

表 2.1.3 误差对照

	$(\Delta t, h)$	$\left(\dfrac{1}{100}, \dfrac{\pi}{4}\right)$	$\left(\dfrac{1}{100}, \dfrac{\pi}{8}\right)$	$\left(\dfrac{1}{100}, \dfrac{\pi}{10}\right)$	$\left(\dfrac{1}{100}, \dfrac{\pi}{20}\right)$
PVE	MAX	0.3288	7.5695e−002	4.9666e−002	1.9073e−002
PVE	AVER-E	0.0428	1.2449e−002	8.7764e−003	4.5786e−003

由以上图表得到以下结论.

(1) 体积有限元与有限差分方法类似, 计算简单, 对于线性问题, 它们的精度相当.

对于非线性的方程, 体积有限元方法的精度明显优于一般的差分方法, 是较理想的一种方法.

(2) 体积有限元对于本节的二相渗流驱动问题也具有较好的数值结果, 构造简单, 计算量小, 与我们的理论分析一致.

2.2　半正定二相驱动问题的多步有限体积元方法

2.2.1　引言

对于多孔介质中不可压缩二相渗流驱动问题, 其数学模型是如下偏微分方程组的初边值问题:

$$\nabla \cdot u = q = \bar{q} - \underline{q}, \quad (x,t) \in \Omega \times (0,T], \tag{2.2.1a}$$

$$u = -a(x,c)\nabla p, \quad (x,t) \in \Omega \times (0,T], \tag{2.2.1b}$$

$$\phi \frac{\partial c}{\partial t} + \nabla \cdot [cu - D\nabla c] = \bar{q}c_I - qc, \quad (x,t) \in \Omega \times (0,T], \tag{2.2.2}$$

其中 $\Omega \in R^d(d=2,3)$ 有界, 并且当 $d=2$ 时, Ω 为凸多边形区域, 当 $d=3$ 时, Ω 为凸多面体区域. $u(x,t)$ 表示流体的 Darcy 速度, $p(x,t)$ 表示压力, $c(x,t) \in [0,1]$ 表示某一可混溶物的饱合度, $a(x,c)$ 与渗透率和黏性系数有关, $\phi(x)$ 是介质的孔隙度, $D(x)$ 表示扩散系数, 函数 $\bar{q}(x,t) \geqslant 0, q(x,t) \geqslant 0$ 分别表示源项和井项, 满足相容条件 $\int_\Omega q(x,t)\mathrm{d}x=0, c_I(x,t)$ 是注入液体的饱和度.

关于饱和度的初值条件为

$$c(x,0) = c_0(x), \quad x \in \Omega, \tag{2.2.3}$$

以 η 表示 Ω 的边界 $\partial\Omega$ 处的单位外法向量. 记 $\partial\Omega = \Gamma_I \cup \Gamma_O$, 其中流入边界 $\Gamma_I = \{x \in \partial\Omega : g < 0\}$, 流出边界 $\Gamma_O = \{x \in \partial\Omega : g \geqslant 0\}$. 于是关于 u 和 c 边界条件为

$$u \cdot \eta = g(x,t), \quad (x,t) \in \partial\Omega \times (0,T], \tag{2.2.4}$$

以及

$$(cu - D\nabla c) \cdot \eta = c_I g, \quad x \in \Gamma_I, \tag{2.2.5a}$$

$$D\nabla c \cdot \eta = 0, \quad x \in \Gamma_O. \tag{2.2.5b}$$

对于上述模型问题, 一般均假定饱和度方程是正定的, 即 $0 < D_* \leqslant D$, 此时可以采用不同的有限元或差分方法对上述问题进行求解 [14,29-32]. 然而, 在实际应用

中饱和度方程通常仅为半正定, 这给问题的理论分析及实际计算带来了一定困难. 在周期性的假定下, Dawson 和作者分别提出用特征线有限元方法 [19,33] 以及特征线有限差分方法 [34] 处理其中的半正定饱和度方程, 但是有限元方法不能保持局部质量守恒, 没有很好地反映出原问题的物理特性, 并且采用特征线方法需要关于空间进行插值计算, 在实际计算中是相当复杂的.

对于具有齐次 Neumann 边值条件的正定不可压缩二相渗流问题, Michel 基于无结构网格提出了一类迎风单步有限体积格式 [35], 利用泛函分析工具, 证明该格式是收敛的, 但未能给出具体的收敛阶. 本节对于半正定二相驱动问题研究其有限体积方法. 我们在这里考虑较为复杂的边值条件, 包括流入和流出边界两部分. 对于这样的问题, 在无结构网格上构造了多步迎风有限体积格式, 利用数值分析技巧, 给出了离散模形式的具体误差估计, 即 $O(\Delta t^2 + h)$.

首先对问题的系数和精确解作必要的假定. 设压力 p 满足

$$\int_\Omega p(x,t)\mathrm{d}x = 0, \quad t \in (0,T], \tag{2.2.6}$$

存在正常数 $a_*, a^*, \phi_*, \phi^*, D^*, q^*, \underline{q}^*, g^*$ 使得

$$0 < a_* \leqslant a(x,c) \leqslant a^*, \quad 0 < \phi_* \leqslant \phi(x) \leqslant \phi^*, \quad 0 \leqslant D(x) \leqslant D^*,$$
$$|q| \leqslant q^*, \quad \underline{q} \leqslant \underline{q}^*, \quad |g| \leqslant g^*, \tag{2.2.7}$$

并且 $a(x,c)$ 关于 x, c 为 Lipschitz 连续, Lipschitz 常数为 b^*.

2.2.2 多步有限体积格式

首先, 给出非结构网格需要满足的基本条件.

定义 2.2.1 T_h 是由 Ω 上的一组开凸子集 (控制体积) 所构成的网格剖分, E 是 R^d 上的具有严格正测度的超平面, 并构成了 $\overline{\Omega}$ 的一组子集, 即当 $d = 2$ 时 E 是边的集合, 当 $d = 3$ 时 E 是面的集合, 并且控制体积内部的点所构成集合 P 满足如下性质:

(i) 所有控制体积的闭包是 $\overline{\Omega}$.

(ii) 任给剖分单元 $(K, L) \in T_h^2, K \neq L, \overline{K} \cap \overline{L} = 0$ 或 $\overline{K} \cap \overline{L} = \overline{\sigma}, \sigma \in E$, 则令 $\sigma = K|L$, 即 $K|L$ 是单元 K 和 L 的公共边界.

(iii) 任给 $K \in T_h$, 存在 $E_K \subseteq E$, 使 K 的边界 $\partial K = \cup_{\sigma \in E_K} \bar{\sigma}$, 并且 $E = \cup_{K \in T_h} E_K$. 记单元 K 的所有相邻单元所组成的集合为 $N(K)$, 即 $N(K) = \{L \in T_h : K|L \in E_K\}$.

(iv) 所有离散点的集合 $\{x_k\}_{K \in T_h}$ 满足 $x_K \in K$, 并且当 $\sigma = K|L$ 时, 直线 $\overline{x_K x_L}$ 垂直于 σ. 记网格步长 $h = \sup\{\mathrm{diam}(K), K \in T_h\}$. 以 $m(K)$ 表示单元 K 的

测度, 当 $L \in N(K)$ 时, 令 $m(K|L)$ 表示边界 $K|L$ 的测度, $d_{K/L}$ 表示离散点 x_K 与 x_L 之间的距离, $d_{K,K|L}$ 表示 x_K 与边界 $K|L$ 之间的距离.

　　注 1　满足上述定义的非结构网格称为容许网格, 其网格剖分可以由有多种不同形状的单元组成, 常用的矩形网格[1]、三角形网格[36]、Voronoi 网格[37] 等都属于其中.

　　注 2　为了误差估计的需要, 还要求非结构网格满足如下正则性条件, 存在正常数 ζ_1, ζ_2 使
$$\zeta_1 h \leqslant d_{K,K|L} \leqslant \zeta_2 h, \quad \forall K \in T_h, \quad L \in N(K).$$
取时间步长为 $\Delta t, t_n = n\Delta t, 0 \leqslant n \leqslant N$ 且 $t_N = T$. 记 $\varphi^n = \varphi(t_n)$.

　　对于 $K \in T_h$, 以 η_K 表示单元边界 ∂K 的单元外法向量, 由 (2.2.1a), (2.2.1b) 以及 Green 公式得
$$\int_{\partial K/\partial \Omega} u \cdot \eta_K \mathrm{d}\gamma = -\int_{\partial K/\partial \Omega} a(c)\nabla p \cdot \eta_K \mathrm{d}\gamma = \int_K q\mathrm{d}x - \int_{\partial K \cap \partial \Omega} g\mathrm{d}\gamma. \quad (2.2.8)$$

P_K^n, C_K^n 分别表示 t_n 时刻在单元 K 上压力和饱和度的估计值, $U_{K,L}^n$ 表示 t_n 时刻在相邻单元 K 和 L 交界的近似 Darcy 速度, 则关于方程 (2.2.1a) 和 (2.2.1b) 的有限体积格式为
$$\sum_{L \in N(K)} m(K|L)U_{K,L}^n = \int_K q^n\mathrm{d}x - \int_{\partial K \cap \partial \Omega} g^n\mathrm{d}\gamma, \quad K \in T_h, \quad (2.2.9a)$$

$$U_{K,L}^n = -a(C)_{K|L}^n \frac{p_L^n - P_K^n}{d_{K|L}}, \quad K \in T_h, \quad (2.2.9b)$$

其中 $a(C)_{K|L}^n$ 是 $a(c^n)$ 在单元 K, L 界面处的近似, 即
$$a(C)_{K|L}^n = \frac{a(x_K, C_K^n)d_{L,K|L} + a(x_L, C_L^n)d_{K,K|L}}{d_{K|L}},$$

根据 (2.2.6), 要求 $\sum_{K \in Th} m(K)P_K^n = 0$.

　　由 (2.2.2) 以及 Green 公式得
$$\int_K \phi \frac{\partial c}{\partial t}\mathrm{d}x + \int_{\partial L/\partial \Omega}(cu - D\nabla c)\cdot \eta_K \mathrm{d}\gamma + \int_{\partial K \cap \Gamma_o} cg\mathrm{d}\gamma$$
$$= -\int_{\partial K \cap \Gamma_I} c_I g\mathrm{d}\gamma + \int_K (\bar{q}c_I - \underline{q}c)\mathrm{d}x. \quad (2.2.10)$$

令 $\phi_K = \frac{1}{m(K)}\int_K \phi \mathrm{d}x$, 当 $L \in N(K)$ 时, 记 $D_{K|L} = \frac{1}{m(K|L)}\int_{K|L} D(x)\mathrm{d}\gamma$, 以 $C_{K|L}^{n+1}$ 表示离散未知量 $C^{n+1} = \{C_K^{n+1}\}$ 在界面 $K|L$ 处的迎风值,
$$C_{K|L}^{n+1} = \begin{cases} C_K^{n+1}, & IU_{K,L}^{n+1} \geqslant 0, \\ C_L^{n+1}, & IU_{K,L}^{n+1} < 0, \end{cases} \quad (2.2.11)$$

其中 I 为关于时间的插值算子, 满足 $IU_{K,L}^{n+1} = 2U_{K,L}^n - U_{K,L}^{n-1}, n \geqslant 1; IU_{K,L}^{n+1} = U_{K,L}^0, n = 0$. 记

$$F_{K,L}^{n+1} = -\frac{m(K|L)}{d_{K|L}}(C_L^{n+1} - C_K^{n+1}). \tag{2.2.12}$$

显然由上述定义可知, 当 $L \in N(K)$ 时,

$$U_{K,L}^n = -U_{L,K}^n, \quad F_{K,L}^n = -F_{L,K}^n, \quad C_{K|L}^n = C_{L|K}^n, \quad D_{K|L} = D_{L|K}. \tag{2.2.13}$$

记 $\delta\varphi^n = \varphi^n - \varphi^{n-1}, \partial_t\varphi^n = \dfrac{\delta\varphi^n}{\Delta t}$. 则关于饱和度方程 (2.2.2) 的多步迎风有限体积格式为

$$
\begin{aligned}
&m(K)\phi_K\partial_t C_K^{n+1} + \frac{2}{3}\sum_{L \in N(K)}\left(m(K|L)C_{K|L}^{n+1}IU_{K,L}^{n+1} + D_{K|L}F_{K,L}^{n+1}\right)\\
&+\frac{2}{3}C_K^{n+1}\int_{\partial K \cap \Gamma_o}g^{n+1}\mathrm{d}\gamma\\
=&\frac{1}{3}m(K)\phi_K\partial_t C_K^n - \frac{2}{3}\int_{\partial K \cap \Gamma_I}c_I^{n+1}g^{n+1}\mathrm{d}\gamma\\
&+\frac{2}{3}\int_K(\overline{q}^{n+1}c_I^{n+1} - \underline{q}^{n+1}IC_K^{n+1})\mathrm{d}x, \quad K \in T_h.
\end{aligned}
\tag{2.2.14}
$$

为了获得完整的计算程序, 必须给定初始值 $\{C_k^0, C_K^1\}$, 令

$$C_K^0 = c_0(x_k), \quad K \in T_h, \tag{2.2.15a}$$

$$
\begin{aligned}
&m(K)\phi_K\partial_t C_K^1 + \sum_{L \in N(K)}\left(m(K|L)C_{KL}^1 U_{K,L}^0 + D_{K|L}F_{K,L}^1\right) + C_K^1\int_{\partial k \cap \Gamma_O}g^1\mathrm{d}\gamma\\
=&-\int_{\partial K \cap \Gamma_I}c_I^1 g^1\mathrm{d}\gamma + \int_K\left(\overline{q}^1 c_I^1 - \underline{q}^1 C_K^0\right)\mathrm{d}x, \quad K \in T_h.
\end{aligned}
\tag{2.2.15b}
$$

整个离散方程组 (2.2.9)、(2.2.14) 和 (2.2.15) 的计算步骤是: 先由 (2.2.15a)、(2.2.9a) 和 (2.2.9b) 计算 $\{C_K^0, P_K^0, U_{K,L}^0\}$, 接下来代入 (2.2.15b) 求得 $\{C_K^1\}$; 若 $\{C_K^{n-1}, C_K^n\}$ 已知, 则由 (2.2.9a) 和 (2.2.9b) 依次求出 $\{P_K^{n-1}, P_K^n\}$, $\left\{U_{K,L}^{n-1}U_{K,L}^n\right\}$, 代入 (2.2.14) 求出 $\{C_K^{n+1}\}$. 按上述步骤即可求得所有离散解.

2.2.3 误差估计

首先给出误差分析中所需要用到的引理.

引理 2.2.1[38] 存在常数 M 与 c 的范数有关使

$$\left\|\frac{2}{3}\frac{\partial c^{n+1}}{\partial t} - \partial_t c^{n+1} + \frac{1}{3}\partial_t c^n\right\|_0 \leqslant M\Delta t^2. \tag{2.2.16}$$

引理 2.2.2   设 R 是不大于 N 的任一正整数, 则

$$\Delta t \sum_{n=1}^{R-1} (\partial_t \vartheta_K^n) \vartheta_K^{n+1} \leqslant \frac{3}{2} \sum_{n=1}^{R-1} (\delta \vartheta_K^{n+1})^2 + (\vartheta_K^R)^2 + M \left[(\vartheta_K^1)^2 + (\vartheta_K^0)^2 \right]. \qquad (2.2.17)$$

证明

$$\Delta t \sum_{n=1}^{R-1} (\partial_t \vartheta_K^n) \vartheta_K^{n+1} = \sum_{n=1}^{R-1} (\delta \vartheta_K^n) \vartheta_K^n + \sum_{n=1}^{R-1} (\delta \vartheta_K^n)(\delta \vartheta_K^{n+1})$$

$$= \frac{1}{2} \left[\sum_{n=1}^{R-1} (\delta \vartheta_K^n)^2 + (\vartheta_K^{R-1})^2 - (\vartheta_K^0)^2 \right] + \sum_{n=1}^{R-1} (\delta \vartheta_K^n)(\delta \vartheta_K^{n+1})$$

$$\leqslant \sum_{n=1}^{R-1} (\delta \vartheta_K^n)^2 + \frac{1}{2} [(\vartheta_K^{R-1})^2 - (\vartheta_K^0)^2] + \frac{1}{2} \sum_{n=1}^{R-1} (\delta \vartheta_K^{n+1})^2$$

$$\leqslant \sum_{n=1}^{R-1} (\delta \vartheta_K^n)^2 + (\delta \vartheta_K^R)^2 + (\vartheta_K^R)^2 - \frac{1}{2} (\vartheta_K^0)^2 + \frac{1}{2} \sum_{n=1}^{R-1} (\delta \vartheta_K^{n+1})^2$$

$$= \frac{3}{2} \sum_{n=1}^{R-1} (\delta \vartheta_K^{n+1})^2 + (\delta \vartheta_K^1)^2 + (\vartheta_K^R)^2 - \frac{1}{2} (\vartheta_K^0)^2$$

$$\leqslant \frac{3}{2} \sum_{n=1}^{R-1} (\delta \vartheta_K^{n+1})^2 + (\vartheta_K^R)^2 + M[(\vartheta_K^1)^2 + (\vartheta_K^0)^2].$$

设

$$\pi^n(x) = \pi_K^n = P_K^n - P^n(x_K), \quad \vartheta^n(x) = \vartheta_K^n = C_K^n - c^n(x_K), \quad x \in K, \quad K \in T_h.$$

首先研究压力和速度方程, 由 (2.2.9a)、(2.2.9b) 和 (2.2.8)$(t = t_n)$ 可得压力函数的
误差方程:

$$- \sum_{L \in N(K)} m(K|L) a(c)_{K|L}^n \frac{\pi_L^n - \pi_K^n}{d_{K|L}}$$

$$= - \sum_{L \in N(K)} \int_{K|L} \left(a(c^n) - \frac{a(x_K, c^n(x_K)) d_{L,K|L} + a(x_L, c^n(x_L)) d_{K,K|L}}{d_{K|L}} \right)$$
$$\nabla p^n \cdot \eta_{K|L} \mathrm{d}\gamma$$

$$+ \sum_{L \in N(K)} \int_{K|L} \left(a(C^n)_{K|L}^n - \frac{a(x_K, c^n(x_K)) d_{L,K|L} + a(x_L, c^n(x_L)) d_{K,K|L}}{d_{K|L}} \right)$$
$$\nabla p^n \cdot \eta_{K|L} \mathrm{d}\gamma$$

$$+ \sum_{L \in N(K)} a(C)_{K|L}^n \int_{K|L} \left(-\nabla p^n \cdot \eta_{K|L} + \frac{P^n(x_L) - p^n(x_K)}{d_{K|L}} \right) \mathrm{d}\gamma$$

$$= \sum_{i=1}^{3} \alpha_i, \quad K \in T_h, \tag{2.2.18}$$

其中 $\eta_{K|L}$ 表示单元 K 在边界 $K|L$ 的单位外法向量, 显然 $\eta_{K|L} = -\eta_{L|K}$.

对误差方程 (2.2.18) 乘以 π_K^n 后关于 $K \in T_h$ 求和, 并应用分部求和公式可得

$$\sum_{K \in T_h} \frac{1}{2} \sum_{L \in N(K)} a(C)_{K|L}^n \frac{m(K|L)}{d_{K|L}} (\pi_K^n - \pi_L^n)^2 = \sum_{i=1}^{3} \sum_{K \in T_h} \alpha_i \, \pi_K^n. \tag{2.2.19}$$

依次估计 (2.2.19) 右端诸项, 首先由分部求和公式, Taylor 公式以及 ε-Cauchy 不等式得

$$
\begin{aligned}
\sum_{K \in T_h} \alpha_1 \pi_K^n &= -\sum_{K \in T_h} \frac{1}{2} \sum_{L \in N(k)} \int_{K|L} \Bigg(a(c^n) \\
&\quad - \frac{a(x_K, c^n(x_K)) d_{L,K|L} + a(x_L, c^n(x_L)) d_{K,K|L}}{d_{K|L}} \Bigg) \nabla p^n \cdot \eta_{K|L} d\gamma (\pi_K^n - \pi_L^n) \\
&\leqslant M \sum_{K \in T_h} \sum_{L \in N(K)} m(K|L) d_{K|L} h^2 + \varepsilon \sum_{K \in T_h} \sum_{L \in N(K)} \frac{m(K|L)}{d_{K|L}} (\pi_K^n - \pi_L^n)^2 \\
&\leqslant M h^2 + \varepsilon \sum_{K \in T_h} \sum_{L \in N(K)} \frac{m(K|L)}{d_{K|L}} (\pi_K^n - \pi_L^n)^2. \tag{2.2.20}
\end{aligned}
$$

最后一个不等式利用了 $\displaystyle\sum_{K \in T_h} \sum_{L \in N(K)} m(K|L) d_{K|L} \leqslant M m(\Omega)$ 这一性质, 其中 M 与空间维数 d 有关. 由网格的正则性可知

$$\sum_{K \in T_h} \sum_{L \in N(K)} m(K|L) d_{K|L} \leqslant M \sum_{K \in T_h} \sum_{L \in N(K)} m(K|L) d_{K,K|L} \leqslant M \sum_{K \in T_h} m(K),$$

再由分部求和公式, $a(x, c)$ 和 Lipschitz 连续性以及 Cauchy-Schwarz 不等式可知

$$
\begin{aligned}
\sum_{K \in T_h} &\alpha_2 \pi_K^n \\
= -&\sum_{K \in T_h} \frac{1}{2} \sum_{L \in N(K)} \int_{K|L} \left(a(C)_{K|L}^n - \frac{a(x_K, c^n(x_K)) d_{L,K|L} + a(x_L, c^n(x_L)) d_{K,K|L}}{d_{K|L}} \right) \\
&\cdot \nabla p^n \cdot \eta_{K|L} d\gamma (\pi_K^n - \pi_L^n) \\
\leqslant &M \sum_{K \in T_h} m(K) |\vartheta_K^n|^2 + M \sum_{L \in T_h} m(L) |\vartheta_L^n|^2 + \varepsilon \sum_{K \in T_h} \sum_{L \in N(K)} \frac{m(K|L)}{d_{K|L}} (\pi_K^n - \pi_L^n)^2 \\
= &2M \|\vartheta_K^n\|_0^2 + \varepsilon \sum_{K \in T_h} \sum_{L \in N(K)} \frac{m(K|L)}{d_{K|L}} (\pi_K^n - \pi_L^n)^2. \tag{2.2.21}
\end{aligned}
$$

注意到 $a(C)^n_{K|L} \leqslant a^*$, 类似 (2.2.20) 可得

$$\sum_{K \in T_h} \alpha_3 \pi_K^n \leqslant M\left\{a^*, \|p\|_{L^\infty(w^2,\infty)}\right\} \sum_{K \in T_h} \sum_{L \in N(K)} m(K|L)h|\pi_K^n - \pi_L^n|$$

$$\leqslant Mh^2 + \varepsilon \sum_{K \in T_h} \sum_{L \in N(K)} \frac{m(K|L)}{d_{K|L}}(\pi_K^n - \pi_L^n)^2. \tag{2.2.22}$$

由 (2.2.19)~(2.2.22) 注意到 $a(C)^n_{K|L} \geqslant a^* > 0$, 取适当小的 ε 得

$$\sum_{K \in T_h} \sum_{L \in N(K)} \frac{m(K|L)}{d_{K|L}}(\pi_K^n - \pi_L^n)^2 \leqslant M(h^2 + \|\vartheta_K^n\|_0^2). \tag{2.2.23}$$

下面讨论饱和度方程的误差估计, 当 $K \in T_h, L \in N(K)$ 时, 记

$$\overline{F}_{K,L}^n = -\frac{m(K|L)}{d_{K|L}}(c^n(x_L) - c^n(x_K)). \tag{2.2.24}$$

将 (2.2.16) 两边乘以 $\frac{2}{3}$ 并在 $t = t_{n+1}$ 取值后与 (2.2.14) 结合可知

$$m(K)\phi_K \partial_t \vartheta_K^{n+1} + \frac{2}{3} \sum_{L \in N(K)} \left(m(K|L)\vartheta_{K,L}^{n+1} IU_{K,L}^{n+1} + D_{K|L}\left(F_{K,L}^{n+1} - \overline{F}_{K,L}^{n+1}\right)\right)$$

$$+ \frac{2}{3}\vartheta_K^{n+1} \int_{\partial K \cap \Gamma_o} g^{n+1} \mathrm{d}\gamma$$

$$= \frac{1}{2}m(K)\phi_K \partial_t \vartheta_K^n + \int_K \phi \partial_t [c^{n+1} - c^{n+1}(x_K)]\mathrm{d}x$$

$$- \frac{1}{3}\int_K \phi \partial_t [c^n - c^n(x_K)]\mathrm{d}x + \int_K \phi \left(\frac{2}{3}\frac{\partial c^{n+1}}{\partial t} - \partial_t c^{n+1} + \frac{1}{3}\partial_t c^n\right)\mathrm{d}x$$

$$- \frac{2}{3} \sum_{L \in N(K)} \int_{K|L} D(x)\left[\nabla c^{n+1} \cdot \eta_{K|L} + \frac{\overline{F}_{K,L}^{n+1}}{m(K|L)}\right]\mathrm{d}\gamma$$

$$+ \frac{2}{3} \sum_{L \in N(K)} IU_{K,L}^{n+1} \int_{K|L} \left(c^{n+1} - c_{K|L}^{n+1}\right)\mathrm{d}\gamma$$

$$+ \frac{2}{3} \sum_{L \in N(K)} \int_{K|L} \left(u^{n+1} \cdot \eta_{K|L} - IU_{K,L}^{n+1}\right)c^{n+1}\mathrm{d}\gamma$$

$$+ \frac{2}{3} \int_{\partial K \cap \Gamma_o} [c^{n+1} - c^{n+1}(x_K)]g^{n+1}\mathrm{d}\gamma$$

$$+ \frac{2}{3} \int_K \underline{q}^{n+1}(c^{n+1} - IC_K^{n+1})\mathrm{d}x = \sum_{i=1}^9 \beta_i. \tag{2.2.25}$$

其中 $\vartheta_{K|L}^{n+1} = C_{K|L}^{n+1} - c_{K|L}^{n+1}$ 表示 $\vartheta^{n+1}(x)$ 在边界面 $K|L$ 处的迎风值, 当 $L \in N(K)$

时,

$$c_{K|L}^{n+1} = \begin{cases} c^{n+1}(x_K), & IU_{K,L}^{n+1} \geqslant 0, \\ c^{n+1}(x_L), & IU_{K,L}^{n+1} < 0. \end{cases}$$

将 (2.2.25) 两端乘以 $\Delta t \vartheta_K^{n+1}$ 后关于 $K \in T_h, n \in [1, R-1], R \leqslant N$ 求和, 则由引理 2.2.2 可知

$$\sum_{n=1}^{R-1} \sum_{K \in T_h} \beta_1 \Delta t \vartheta_K^{n+1} = \frac{1}{3} \sum_{K \in T_h} \left[m(K) \phi_K \sum_{n=1}^{R-1} (\delta \vartheta_K^n) \vartheta_K^{n+1} \right]$$

$$\leqslant \frac{1}{2} \sum_{n=1}^{R-1} \sum_{K \in T_h} m(K) \phi_K (\delta \vartheta_K^{n+1})^2 + \frac{1}{2} \sum_{K \in T_h} m(K) \phi_K (\vartheta_K^R)^2$$

$$+ M \sum_{K \in T_h} m(K) \phi_K [(\vartheta_K^1)^2 + (\vartheta_K^0)^2]$$

$$\leqslant \frac{1}{2} \sum_{n=1}^{R-1} \sum_{K \in T_h} m(K) \phi_K (\delta \vartheta_K^{n+1`})^2$$

$$+ \frac{1}{3} \sum_{K \in T_h} m(K) \phi_K (\vartheta_K^R)^2 + M \phi^* (\|\vartheta^1\|_0^2 + \|\vartheta^0\|_0^2). \tag{2.2.26}$$

利用 Hölder 不等式以及 Taylor 展式可知

$$\sum_{n=1}^{R-1} \sum_{K \in T_h} \beta_2 \Delta t \vartheta_K^{n+1} = \Delta t \sum_{n=1}^{R-1} \sum_{K \in T_h} \int_K \phi \partial t \int_K \phi \partial_t [c^{n+1} - c^{n+1}(x_K)] \vartheta_K^{n+1} dx$$

$$\leqslant \phi^* \Delta t \sum_{n=1}^{R-1} \sum_{K \in T_h} \|\partial_t [c^{n+1} - c^{n+1}(x_K)]\|_{L^2(K)} \|\vartheta_K^{n+1}\|_{L^2(K)}$$

$$\leqslant M \|c\|_{H^1(W^{1,\infty})}^2 h^2 + M \Delta t \sum_{n=1}^{R-1} \|\vartheta^{n+1}\|_0^2. \tag{2.2.27}$$

类似可得

$$\sum_{n=1}^{R-1} \sum_{K \in T_h} \beta_3 \Delta t \vartheta_K^{n+1} \leqslant M h^2 + M \Delta t \sum_{n=1}^{R-1} \|\vartheta^{n+1}\|_0^2. \tag{2.2.28}$$

由 Hölder 不等式以及引理 2.2.1 得

$$\sum_{n=1}^{R-1} \sum_{K \in T_h} \beta_4 \Delta t \vartheta_K^{n+1} = \Delta t \sum_{n=1}^{R-1} \sum_{K \in T_h} \int_K \phi \left(\frac{2}{3} \frac{\partial c^{n+1}}{\partial t} - \partial_t c^{n+1} + \frac{1}{3} \partial_t c^n \right) \vartheta_K^{n+1} dx$$

$$\leqslant M \Delta t \sum_{n=1}^{R-1} \left(\left\| \frac{2}{3} \frac{\partial c^{n+1}}{\partial t} - \partial_t c^{n+1} + \frac{1}{3} \partial_t c^n \right\|_0^2 + \|\vartheta^{n+1}\|_0^2 \right)$$

$$\leqslant M \left(\Delta t^4 + \Delta t \sum_{n=1}^{R-1} ||\vartheta^{n+1}||_0^2 \right).\tag{2.2.29}$$

由 Taylor 展式可知 $\left\| \nabla c^{n+1} \cdot \eta_{K|L} + \dfrac{\overline{F}_{K,L}^{n+1}}{m(K|L)} \right\| \leqslant M ||c||_{L^\infty(W^{2,\infty})} h.$ 注意到

$$\nabla c^{n+1} \cdot \eta_{K|L} + \frac{\overline{F}_{K,L}^{n+1}}{m(K|L)} = - \left(\nabla c^{n+1} \cdot \eta_{L|K} + \frac{\overline{F}_{K,L}^{n+1}}{m(K|L)} \right).$$

故由分部求和公式得

$$\left| \sum_{n=1}^{R-1} \sum_{K \in T_h} \beta_5 \Delta t \vartheta_K^{n+1} \right|$$

$$= \left| \frac{2\Delta t}{3} \sum_{n=1}^{R-1} \sum_{K \in T_h} \sum_{L \in N(K)} \int_{K|L} D(x) \left[\nabla c^{n+1} \cdot \eta_{K|L} + \frac{\overline{F}_{K,L}^{n+1}}{m(K|L)} \right] \mathrm{d}\gamma \vartheta_K^{n+1} \right|$$

$$= \left| \frac{\Delta t}{3} \sum_{n=1}^{R-1} \sum_{K \in T_h} \sum_{L \in N(K)} \int_{K|L} D(x) \left[\nabla c^{n+1} \cdot \eta_{K|L} + \frac{\overline{F}_{K,L}^{n+1}}{m(K|L)} \right] \mathrm{d}\gamma (\vartheta_K^{n+1} - \vartheta_L^{n+1}) \right|$$

$$\leqslant M \Delta t \sum_{n=1}^{R-1} \sum_{K \in T_h} \sum_{L \in N(K)} D_{K|L} m(K|L) h \left| \vartheta_K^{n+1} - \vartheta_L^{n+1} \right|$$

$$\leqslant M D^* h^2 + \varepsilon \Delta t \sum_{n=1}^{R-1} \sum_{K \in T_h} \sum_{L \in N(K)} D_{K|L} \frac{m(K|L)}{d_{K|L}} (\vartheta_K^{n+1} - \vartheta_L^{n+1})^2.\tag{2.2.30}$$

令 $\Omega_{K,K|L} = \{ t x_K + (1-t)x, x \in K|L, t \in [0,1] \}$, 记 $\Omega_{K|L} = \Omega_{K,K|L} \cup \Omega_{L,K|L}$. 利用迹定理可知

$$\sum_{K \in T_h} \sum_{L \in N(K)} \int_{K|L} \left(c^{n+1} - c_{K|L}^{n+1} \right)^2 \mathrm{d}\gamma$$

$$\leqslant M \sum_{K \in T_h} \sum_{L \in N(K)} \left\| c^{n+1} - c_{K|L}^{n+1} \right\|_{L^2(\Omega_{K|L})} \left\| c^{n+1} - c_{K|L}^{n+1} \right\|_{H^1(\Omega_{K|L})}$$

$$\leqslant M \sum_{K \in T_h} \sum_{L \in N(K)} \left\| c^{n+1} - c_{K|L}^{n+1} \right\|_{H^1(\Omega_{K|L})}^2$$

$$\leqslant M ||c||_{L^\infty(W^{2,\infty})}^2 h^2 \sum_{K \in T_h} \sum_{L \in N(K)} m(\Omega_{K|L}) \leqslant M h^2.$$

由分部求和公式, 并利用 Cauchy-Schwarz 不等式以及上一个不等式得

$$\sum_{n=1}^{R-1} \sum_{K \in T_h} \beta_6 \Delta t \vartheta_K^{n+1}$$

$$= \frac{2\Delta t}{3} \sum_{n=1}^{R-1} \sum_{K\in T_h} \sum_{L\in N(K)} \int_{K|L} IU_{K,L}^{n+1}(c^{n+1} - c_{K|L}^{n+1}) \mathrm{d}\gamma \vartheta_K^{n+1}$$

$$= \frac{\Delta t}{3} \sum_{n=1}^{R-1} \sum_{K\in T_h} \sum_{L\in N(K)} \int_{K|L} IU_{K,L}^{n+1}(c^{n+1} - c_{K|L}^{n+1})(\vartheta_K^{n+1} - \vartheta_L^{n+1}) \mathrm{d}\gamma$$

$$\leqslant \Delta t \sum_{n=1}^{R-1} \sum_{K\in T_h} \sum_{L\in N(K)} \left[M \int_{K|L} |IU_{K,L}^{n+1}|(c^{n+1} - c_{K|L}^{n+1})^2 \mathrm{d}\gamma \right.$$

$$\left. + \varepsilon \int_{K|L} IU_{K,L}^{n+1}(\vartheta_K^{n+1} - \vartheta_L^{n+1}) \mathrm{d}\gamma \right]$$

$$\leqslant M\Delta t \sum_{n=1}^{R-1} \sum_{K\in T_h} \sum_{L\in N(K)} \int_{K|L} \left(\left| I \left[a(C)_{K|L}^{n+1} \frac{\pi_L^{n+1} - \pi_K^{n+1}}{d_{K|L}} \right] \right| \right.$$

$$\left. + a^* ||p||_{L^\infty(W^{1,\infty})} \right) \left(c^{n+1} - c_{K|L}^{n+1} \right)^2 \mathrm{d}\gamma$$

$$+ \varepsilon \Delta t \sum_{n=1}^{R-1} \sum_{K\in T_h} \sum_{L\in N(K)} \int_{K|L} |IU_{K,L}^{n+1}| \left(c^{n+1} - c_{K|L}^{n+1} \right)^2 \mathrm{d}\gamma$$

$$\leqslant M a^* ||c||_{L^\infty(W^{1,\infty})}^2 \Delta t \sum_{n=0}^{R} \sum_{K\in T_h} \sum_{L\in N(K)} m(K|L) \left| \frac{\pi_L^n - \pi_K^n}{d_{K|L}} \right| h^2$$

$$+ M a^* ||p||_{L^\infty(W^{1,\infty})} h^2$$

$$+ \varepsilon \Delta t \sum_{n=1}^{R-1} \sum_{K\in T_h} \sum_{L\in N(K)} m(K|L) |IU_{K,L}^{n+1}| (\vartheta_K^{n+1} - \vartheta_L^{n+1})^2.$$

而由 (2.2.23) 以及网格的正则性可知

$$\sum_{K\in T_h} \sum_{L\in N(K)} m(K|L) \left| \frac{\pi_L^n - \pi_K^n}{d_{K|L}} \right| h^2$$

$$\leqslant \frac{1}{2} \sum_{K\in T_h} \sum_{L\in N(K)} \frac{m(K|L)}{d_{K|L}} (\pi_L^n - \pi_K^n)^2 + \frac{1}{2} \sum_{K\in T_h} \sum_{L\in N(K)} \frac{m(K|L)}{d_{K|L}} h^4$$

$$\leqslant M(h^2 + ||\vartheta^n||_0^2) + \frac{M}{\zeta_1^2} \sum_{K\in T_h} \sum_{L\in N(K)} m(K|L) d_{K,K|L} h^2$$

$$\leqslant M(h^2 + ||\vartheta^n||_0^2) + M\{\zeta_1, d, m(\Omega)\} h^2.$$

由上述两个不等式可得

$$\sum_{n=1}^{R-1}\sum_{K\in T_h}\beta_6\Delta t\vartheta_K^{n+1}$$

$$\leqslant M\left(h^2+\Delta t\sum_{n=0}^{R}||\vartheta^n||_0^2\right)$$

$$+\varepsilon\,\Delta t\sum_{n=1}^{R-1}\sum_{K\in T_h}\sum_{L\in N(K)}m(K|L)IU_{K,L}^{n+1}|(\vartheta_K^{n+1}-\vartheta_L^{n+1})^2.\qquad(2.2.31)$$

对于右端含 β_7 那项的估计比较复杂, 首先由分部求和公式以及三角不等式可得

$$\sum_{n=1}^{R-1}\sum_{K\in T_h}\beta_7\Delta t\vartheta_K^{n+1}$$

$$=\frac{2\Delta t}{3}\sum_{K\in T_h}\sum_{L\in N(K)}\int_{K|L}(u^{n+1}\cdot\eta_{K|L}-IU_{K,L}^{n+1})c^{n+1}\mathrm{d}\gamma\vartheta_K^{n+1}$$

$$=\frac{\Delta t}{3}\sum_{n=1}^{R-1}\sum_{K\in T_h}\sum_{L\in N(K)}\int_{K|L}(u^{n+1}\cdot\eta_{K|L}-IU_{K,L}^{n+1})c^{n+1}(\vartheta_K^{n+1}-\vartheta_L^{n+1})\mathrm{d}\gamma$$

$$\leqslant\frac{\Delta t}{3}\sum_{n=1}^{R-1}\sum_{K\in T_h}\sum_{L\in N(K)}\int_{K|L}(u^{n+1}-Iu^{n+1})\cdot\eta_{K|L}(\vartheta_K^{n+1}-\vartheta_L^{n+1})c^{n+1}\mathrm{d}\gamma$$

$$+\frac{\Delta t}{3}\sum_{n=1}^{R-1}\sum_{K\in T_h}\sum_{L\in N(K)}\int_{K|L}I$$

$$\cdot\left[u^{n+1}\cdot\eta_{K|L}+a(C)_{K|L}^{n+1}\frac{p^{n+1}(x_L)-P^{n+1}(x_K)}{d_{K|L}}\right](\vartheta_K^{n+1}-\vartheta_L^{n+1})c^{n+1}\mathrm{d}\gamma$$

$$+\frac{\Delta t}{3}||c||_{L^\infty(L^\infty)}\sum_{n=1}^{R-1}\sum_{K\in T_h}\sum_{L\in N(K)}m(K|L)$$

$$\left|I\left[a(C)_{K|L}^{n+1}\frac{\pi_L^{n+1}-\pi_K^{n+1}}{d_{K|L}}\right]\right||\vartheta_K^{n+1}-\vartheta_L^{n+1}|$$

$$=\beta_{71}+\beta_{72}+\beta_{73}.$$

接下来估计 $\beta_{71},\beta_{72},\beta_{73}$. 由 Taylor 展式及 ε-Cauchy 不等式有

$$\beta_{71}\leqslant M\{||u||_{w^{2,\infty}(L^\infty)}||c||_{L^\infty(L^\infty)}\}\Delta t\sum_{n=1}^{R-1}\sum_{K\in T_h}\sum_{L\in N(K)}\Delta t^2m(K|L)(\vartheta_K^{n+1}-\vartheta_L^{n+1})$$

$$\leqslant M\Delta t\sum_{n=1}^{R-1}\sum_{K\in T_h}\sum_{L\in N(K)}\Delta t^4m(M|L)d_{K|L}$$

$$+ \varepsilon \Delta t \sum_{n=1}^{R-1} \sum_{K \in T_h} \sum_{L \in N(K)} \frac{m(K|L)}{d_{K|L}} (\vartheta_K^{n+1} - \vartheta_L^{n+1})^2$$

$$\leqslant M\{m(\Omega), d\} t^4 + \in \Delta t \sum_{n=1}^{R-1} \sum_{K \in T_h} \sum_{L \in N(K)} \frac{m(K|L)}{d_{K|L}} (\vartheta_K^{n+1} - \vartheta_L^{n+1})^2.$$

利用 ε-Cauchy 不等式以及 (2.2.23) 可知

$$\beta_{73} \leqslant M(a^*)^2 \Delta t \sum_{n=0}^{R} \sum_{K \in T_h} \sum_{L \in N(K)} \frac{m(K|L)}{d_{K|L}} (\pi_K^n - \pi_L^n)^2$$

$$+ \varepsilon \Delta t \sum_{n=1}^{R-1} \sum_{K \in T_h} \sum_{L \in N(K)} \frac{m(K|L)}{d_{K|L}} (\vartheta_K^{n+1} - \vartheta_L^{n+1})^2$$

$$\leqslant M \left(h^2 + \Delta t \sum_{n=0}^{R} ||\vartheta^n||_0^2 \right)$$

$$+ \varepsilon \Delta t \sum_{n=1}^{R-1} \sum_{K \in T_h} \sum_{L \in N(K)} \frac{m(K|L)}{d_{K|L}} (\vartheta_K^{n+1} - \vartheta_L^{n+1})^2.$$

利用 $a(x,c)$ 的 Lipschitz 连续性, 网格的正则性类似以及 Taylor 展式类似 (2.2.21) 有

$$\beta_{72} = \frac{\Delta t}{3} \sum_{n=1}^{R-1} \sum_{K \in T_h} \sum_{L \in N(K)} \int_{K|L} I[u^{n+1} + a(C)_{K|L}^{n+1} \nabla p^{n+1}] \cdot \eta_{K|L} (\vartheta_K^{n+1} - \vartheta_L^{n+1}) c^{n+1} \mathrm{d}\gamma$$

$$- \frac{\Delta t}{3} \sum_{n=1}^{R-1} \sum_{K \in T_h} \sum_{L \in N(K)} \int_{K|L} I \left[a(C)_{K|L}^{n+1} \left(\nabla p^{n+1} \cdot \eta_{K|L} \right. \right.$$

$$\left. \left. - \frac{p^{n+1}(x_L) - P^{n+1}(x_K)}{d_{K|L}} \right) \right] (\vartheta_K^{n+1} - \vartheta_L^{n+1}) c^{n+1} \mathrm{d}\gamma$$

$$\leqslant M \left\{ a^*, b^*, m(\Omega), \zeta_1, \zeta_2, ||c||_{L^\infty(W^{1,\infty})}, ||p||_{L^\infty(W^{2,\infty})} \right\} \left(h^2 + \Delta t \sum_{n=0}^{R} ||\vartheta^n||_0^2 \right)$$

$$+ \varepsilon \Delta t \sum_{n=1}^{R-1} \sum_{K \in T_h} \sum_{L \in N(K)} \frac{m(K|L)}{d_{K|L}} (\vartheta_K^{n+1} - \vartheta_L^{n+1})^2.$$

于是, 有

$$\sum_{n=1}^{R-1} \sum_{K \in T_h} \beta_7 \Delta t \vartheta_K^{n+1}$$

$$\leqslant M \left(h^2 + \Delta t^4 + \Delta t^4 \sum_{n=0}^{R} ||\vartheta^n||_0^2 \right)$$

$$+ \varepsilon \Delta t \sum_{n=1}^{R-1} \sum_{K \in T_h} \sum_{L \in N(K)} \frac{m(K|L)}{d_{K|L}} (\vartheta_K^{n+1} - \vartheta_L^{n+1})^2, \tag{2.2.32}$$

注意到 $x \in \Gamma_o$ 时, $g \geqslant 0$, 应用迹定理可得

$$\sum_{n=1}^{R-1} \sum_{K \in T_h} \beta_8 \Delta t \vartheta_K^{n+1}$$

$$\leqslant M \Delta t \sum_{n=1}^{R-1} \sum_{K \in T_h} \int_{\partial K \cap \Gamma_O} [c^{n+1} - c^{n+1}(x_K)]^2 g^{n+1} \mathrm{d}\gamma$$

$$+ \varepsilon \Delta t \sum_{n=1}^{R-1} \sum_{K \in T_h} \int_{\partial K \cap \Gamma_O} g^{n+1} \mathrm{d}\gamma (\vartheta_K^{n+1})^2 \leqslant M g^* \|c\|_{L^\infty(W^{2,\infty})} h^2$$

$$+ \varepsilon \Delta t \sum_{n=1}^{R-1} \sum_{K \in T_h} \int_{\partial K \cap \Gamma_O} g^{n+1} \mathrm{d}\gamma (\vartheta_K^{n+1})^2. \tag{2.2.33}$$

对于右端的最后一项, 由 Taylor 展式以及 Cauchy-Schwarz 不等式得

$$\sum_{n=1}^{R-1} \sum_{K \in T_h} \beta_8 \Delta t \vartheta_K^{n+1}$$

$$= \frac{2\Delta t}{3} \sum_{n=1}^{R-1} \sum_{K \in T_h} \int_K \underline{q}(c^{n+1} - I C_K^{n+1}) |\vartheta_K^{n+1}| \mathrm{d}x$$

$$\leqslant M \underline{q}^* \Delta t \sum_{n=1}^{R-1} \sum_{K \in T_h} \int_K (|c^{n+1} - Ic^{n+1}| + |I[c^{n+1} - c^{n+1}(x_K)]| + |I\vartheta_K^{n+1}|) |\vartheta_K^{n+1}| \mathrm{d}x$$

$$\leqslant M \underline{q}^* \left(\|c\|_{H^2(L^2)}^2 \Delta t^2 + \|c\|_{L^\infty(W^{1,\infty})}^2 h^2 + \Delta t \sum_{n=0}^{R} \|\vartheta^n\|_0^2 \right). \tag{2.2.34}$$

接下来对 (2.2.25) 的左端项进行估计. 首先

$$\sum_{n=1}^{R-1} \sum_{K \in T_h} m(K) \phi_K (\partial_t \vartheta_K^{n+1}) \vartheta_K^{n+1}$$

$$= \frac{1}{2} \sum_{K \in T_h} m(K) \phi_K (\vartheta_K^R)^2 - \frac{1}{2} \sum_{K \in T_h} m(K) \phi_K (\vartheta_K^1)^2$$

$$+ \frac{1}{2} \sum_{n=1}^{R-1} \sum_{K \in T_h} m(K) \phi_K (\delta \vartheta_K^{n+1})^2$$

$$\geqslant \frac{1}{2} \sum_{K \in T_h} m(K) \phi_K (\vartheta_K^R)^2 - \frac{\phi^*}{2} \|\vartheta^1\|_0^2$$

$$+ \frac{1}{2} \sum_{n=1}^{R-1} \sum_{K \in T_h} m(K)\phi_K(\delta\vartheta_K^{n+1})^2. \tag{2.2.35}$$

利用分部求和公式得

$$\frac{2\Delta t}{3} \sum_{n=1}^{R-1} \sum_{K \in T_h} \sum_{L \in N(K)} D_{K|L}(F_{K,L}^{n+1} - \overline{F}_{K,L}^{n+1})\vartheta_K^{n+1}$$

$$= \frac{\Delta t}{3} \sum_{n=1}^{R-1} \sum_{K \in T_h} \sum_{L \in N(K)} D_{K|L} \frac{m(K|L)}{d_{K|L}}(\vartheta_K^{n+1} - \vartheta_L^{n+1})^2. \tag{2.2.36}$$

记 $\underline{\vartheta}_{K|L}^{n+1} = \vartheta_L^{n+1}, IU_{K,L}^{n+1} \geqslant 0; \underline{\vartheta}_{K|L}^{n+1} = \vartheta_K^{n+1}, IU_{K,L}^{n+1} < 0$, 则

$$\frac{2\Delta t}{3} \sum_{n=1}^{R-1} \sum_{K \in T_h} \sum_{L \in N(K)} m(K|L)IU_{K,L}^{n+1}\vartheta_{K|L}^{n+1}\vartheta_K^{n+1}$$

$$= \frac{\Delta t}{3} \sum_{n=1}^{R-1} \sum_{K \in T_h} \sum_{L \in N(K)} m(K|L)|IU_{K,L}^{n+1}|\vartheta_{K|L}^{n+1}(\vartheta_{K|L}^{n+1} - \underline{\vartheta}_{K|L}^{n+1})$$

$$= \frac{\Delta t}{6} \sum_{n=1}^{R-1} \sum_{K \in T_h} \sum_{L \in N(K)} m(K|L)|IU_{K,L}^{n+1}| \left((\vartheta_{K|L}^{n+1} - \underline{\vartheta}_{K|L}^{n+1})^2 + \left[(\vartheta_{K|L}^{n+1})^2 - (\underline{\vartheta}_{K|L}^{n+1})^2 \right] \right)$$

$$= \frac{\Delta t}{6} \sum_{n=1}^{R-1} \sum_{K \in T_h} \sum_{L \in N(K)} m(K|L)|IU_{K,L}^{n+1}|(\vartheta_{K|L}^{n+1} - \underline{\vartheta}_{K|L}^{n+1})^2$$

$$+ \frac{\Delta t}{3} \sum_{n=1}^{R-1} \sum_{K \in T_h} (\vartheta_K^{n+1})^2 \left(\sum_{L \in N(K)} m(K|L)IU_{K,L}^{n+1} \right).$$

注意到

$$\sum_{L \in N(K)} m(K|L)IU_{K,L}^{n+1} = \int_K Iq^{n+1}\mathrm{d}x - \int_{\partial K \cap \nabla\Omega} Ig^{n+1}\mathrm{d}\gamma$$

$$\geqslant -Mq^*m(K) - \int_{\partial K \cap \Gamma_o} Ig^{n+1}\mathrm{d}\gamma,$$

故当 $h = O(\Delta t^2)$ 时, 利用迹定理有

$$\frac{2\Delta t}{3} \sum_{n=1}^{R-1} \sum_{K \in T_h} \sum_{L \in N(K)} m(K|L)IU_{K,L}^{n+1}\vartheta_{K|L}^{n+1}\vartheta_K^{n+1}$$

$$+ \frac{2\Delta t}{3} \sum_{n=1}^{R-1} \sum_{K \in T_h} \int_{\partial K \cap \Gamma_o} g^{n+1}\mathrm{d}\gamma(\vartheta_K^{n+1})^2$$

$$\geqslant \frac{\Delta t}{6} \sum_{n=1}^{R-1} \sum_{K \in T_h} \sum_{L \in N(K)} m(K|L) |IU_{K,L}^{n+1}| (\vartheta_K^{n+1} - \vartheta_L^{n+1})^2$$

$$- M(q^* + \|u\|_{H^2(W^{1,\infty})}) \Delta t \sum_{n=1}^{R-1} \|\vartheta^{n+1}\|_0^2$$

$$+ \frac{\Delta t}{3} \sum_{n=1}^{R-1} \sum_{K \in T_h} \int_{\partial K \cap \Gamma_o} g^{n+1} \mathrm{d}\gamma (\vartheta_K^{n+1})^2, \tag{2.2.37}$$

由 (2.2.26) 和 (2.2.37) 并取适当小的 ε 得

$$\sum_{K \in T_h} m(K) \phi_K (\vartheta_K^R)^2 + \Delta t \sum_{n=1}^{R-1} \sum_{K \in T_h} \sum_{L \in N(K)} D_{K|L} \frac{m(K|L)}{d_{K|L}} (\vartheta_K^{n+1} - \vartheta_L^{n+1})^2$$

$$+ \Delta t \sum_{n=1}^{R-1} \sum_{K \in T_h} \sum_{L \in N(K)} |U_{K,L}^{n+1}| (\vartheta_K^{n+1} - \vartheta_L^{n+1})^2$$

$$+ \Delta t \sum_{n=1}^{R-1} \sum_{K \in T_h} \int_{\partial K \cap \Gamma_o} g^{n+1} \mathrm{d}\gamma (\vartheta_K^{n+1})^2$$

$$\leqslant M \left(\Delta t^4 + h^2 + \Delta t \sum_{n=1}^{R-1} \|\vartheta^{n+1}\|_0^2 + \|\vartheta^1\|_0^2 + \|\vartheta^0\|_0^2 \right). \tag{2.2.38}$$

注意到 $\phi_K \geqslant \phi_*, D_{K|L} \geqslant 0$, 并且 $g \geqslant 0, x \in \Gamma_o$, 故

$$\|\vartheta^R\|_0^2 \leqslant M \left(\Delta t^4 + h^2 + \Delta t \sum_{n=1}^{R-1} \|\vartheta^{n+1}\|_0^2 + \|\vartheta^1\|_0^2 + \|\vartheta^0\|_0^2 \right). \tag{2.2.39}$$

应用 Gronwall 引理可知

$$\|\vartheta^R\|_0^2 = \sum_{K \in T_h} m(M) \left(C_K^R - c^R(x_K) \right)^2$$

$$\leqslant M \left(\Delta t^4 + h^2 \sum_{K \in T_h} m(K)(C_K^1 - c^1(x_K))^2 \right.$$

$$\left. + \sum_{K \in T_h} m(K)(C_K^0 - c_0(x_K))^2 \right). \tag{2.2.40}$$

类似于分析 (2.2.15) 可得 $\displaystyle\sum_{K \in T_h} m(K)(C_K^1 - c^1(x_K))^2 \leqslant M(\Delta t^4 + h^2)$. 显然 $C_K^0 - c_0(x_K) = 0$. 于是有 (2.2.23) 以及 (2.2.40) 可知下述定理成立.

定理 2.2.1 对于有限体积格式 (2.2.9) 和 (2.2.14), 当 $h = O(\Delta t)^2$ 并且初值 $\{C_K^0, C_K^1\}$ 由 (2.2.15a) 和 (2.2.15b) 给定时, 存在常数 M 与 u, p, c 的范数有关, 使

$$\left[\sum_{K \in T_h} m(K)(C_K^n - c^n(x_K))^2 \right]^{\frac{1}{2}}$$

$$+ \left[\sum_{K \in T_h} \sum_{l \in N(K)} \frac{m(K|L)}{d_{K|L}} ([P_K^n - P_L^n] - [p^n(x_K) - p^n(x_L)])^2 \right]^{\frac{1}{2}}$$

$$\leqslant M(\Delta t^2 + h), \quad 0 \leqslant n \leqslant N. \tag{2.2.41}$$

注 3 定理 2.2.1 是以离散的 L^2 模和离散的 H^1 模表示相应的误差估计 [36.37].

2.2.4 数值试验

在本节中将考虑两个数值算例, 第一个是正定的对流扩散问题, 第二个是半正定问题, 并且其二阶项完全退化, 成为一个双曲型问题. 对于上述两个问题在假定 Darcy 速度 u 已知的前提下, 采用本节提出的单步 ($q=1$) 和多步 ($q=2$) 有限体积格式进行数值模拟, 计算结果表明方法具有良好的稳定性和精度, 而且在相同的时空步长下, 多步有限体积格式的精度明显高于单步有限体积格式.

考虑如下正定对流扩散问题:

$$\begin{cases} \dfrac{\partial c}{\partial t} + \nabla \cdot [cu - \nabla c] = \mathrm{e}^{-2t} \sin(x_1 + x_2), & x \in \Omega, t \in (0, 1], \\ c(x, 0) = \sin x_1 \sin x_2, & x \in \Omega, \\ (cu - \nabla c) \cdot \eta = 0, & x \in \Gamma_I, \\ \nabla c \cdot \eta = 0, & x \in \Gamma_o, \end{cases} \tag{2.2.42}$$

其中 $u(x, t) = (1, 1)^T, \Omega = \left(\dfrac{\pi}{4}, \dfrac{\pi}{2} \right) \times \left(\dfrac{\pi}{4}, \dfrac{\pi}{2} \right)$. 该问题的精确解为 $c = \mathrm{e}^{-2t} \sin x_1 \sin x_2$. 作矩形剖分, 取定空间步长 $h = \dfrac{\pi}{16}$, 表 2.2.1 给出在不同的时间步长下, 采用单步法和多步法时的误差估计, 其中第 2、3 列表示相应格式在所有时间层上的最大的离散 L^2 模误差, 而第 4、5 列表示的是最大模误差估计.

表 2.2.1 问题 (2.2.42) 的单步和多步有限体积格数值解的离散 L^2 模以及最大模误差估计

Δt	$q=1$	$q=2$	$q=1$	$q=2$
1/5	0.035579	0.005818	0.050014	0.012955
1/10	0.021034	0.003619	0327319	0.008512
1/15	0.015682	0.004178	0.022520	0.010646
1/20	0.012898	0.004495	0.020227	0.011592

接下来考虑下面的一阶双曲型问题:

$$\begin{cases} \dfrac{\partial c}{\partial t} + \nabla \cdot (cu) = \mathrm{e}^{-t} \sin(x_1 + x_2) - c, & x \in \Omega, t \in (0, 1], \\ c(x, 0) = \sin x_1 \sin x_2, & x \in \Omega, \\ cu \cdot \eta = c_I u \cdot \eta, & x \in \Gamma_I, \end{cases} \tag{2.2.43}$$

其中 $u(x,t) = (1,1)^{\mathrm{T}}$, $\Omega = \left(\dfrac{\pi}{4}, \dfrac{\pi}{2}\right) \times \left(\dfrac{\pi}{4}, \dfrac{\pi}{2}\right)$, 并且当 $x_1 = \dfrac{\pi}{4}$ 时, 注入浓度 $c_I = \dfrac{\sqrt{2}}{2}\mathrm{e}^{-t}\sin x_2$; 当 $x_2 = \dfrac{\pi}{4}$ 时, $c_I = \dfrac{\sqrt{2}}{2}\mathrm{e}^{-t}\sin x_1$. 该问题的精确解为 $c = \mathrm{e}^{-t}\sin x_1 \sin x_2$. 仍然作矩形剖分, 表 2.2.2 给出在不同的时间和空间步长下, 采用单步法和多步法时的误差估计, 同样第 2、3 列表示相应格式的所有时间层上的最大的离散 L_2 模误差, 而第 4、5 列表示相应的最大模误差估计.

表 2.2.2　问题 (2.2.43) 的单步和多步有限体积格式数值解的离散 L^2 模以及最大模误差估计

q	1	2	1	2
$h = \dfrac{\pi}{16}, \Delta t = \dfrac{1}{10}$	0.015541	0.013803	0.037333	0.027022
$h = \dfrac{\pi}{32}, \Delta t = \dfrac{1}{10}$	0.010646	0.008174	0.029427	0.017111
$h = \dfrac{\pi}{16}, \Delta t = \dfrac{1}{20}$	0.015806	0.015279	0.034011	0.029535
$h = \dfrac{\pi}{32}, \Delta t = \dfrac{1}{20}$	0.010046	0.009224	0.024971	0.018751

参 考 文 献

[1]　李荣华, 陈仲英. 微分方程广义差分法. 长春: 吉林大学出版社, 1994.

[2]　Li R H. Generalized difference methods for a nonlinear Dirichlet problem. SIAM. J. Numer. Aanl., 1987, 24(1): 77-88.

[3]　袁益让. 能源数值模拟方法的理论和应用. 北京: 科学出版社, 2013.

[4]　宋怀玲. 几类地下渗流力学模型的数值模拟和分析. 山东大学博士学位论文, 2005.

[5]　杨旻. 几类有限体积元及有限体积格式的数值分析. 山东大学博士学位论文, 2005.

[6]　杨旻, 袁益让. 非线性对流扩散方程沿特征线的多步有限体积元格式. 计算数学, 2004, 26(4): 484-496.

[7]　杨旻, 袁益让. 半正定两相驱动问题的多步有限体积方法及其理论分析. 系统科学与数学, 2006, 26(5): 541-552.

[8]　Yang M, Yuan Y R. Symmetric finite volume element methods along characteristics for 3-D convection diffusion problems. Far East J. Appl. Math., 2006, 25(3): 225-251.

[9]　Yang M, Yuan Y R. A symmetric finite volume element scheme along characteristics for nonlinear convection-diffusion problems. J. Compat. Appl. Math., 2007, 200(2): 677-700.

[10]　Douglas Jr J, Ewing R E, Wheeler M F. The approximation of the pressure by a mixed method in the simulation of miscible displacement. RAIRO. Anal. Numer., 1983, 17(1): 17-33.

[11] Douglas Jr J, Ewing R E, Wheeler M F. A time-discretization procedure for a mixed finite element approximation of miscible displacement in porous media. RAIRO. Anal. Numer., 1983, 17(1): 249-265.

[12] Douglas Jr J, Russell T F. Numerical methods for convection-dominater diffusion problems based on combining the method of characteristics with finite element or finite difference procedures. SIAM. J. Numer. Anal., 1982, 19(5): 871-885.

[13] Douglas Jr J. Finite difference methods for two-phase incompressible flow in Porous Media.SIAM. J. Numer. Anal., 1983, 20(4): 681-696.

[14] Ewing R F, Wheeler M F. Galerkin methods for miscible displacement problems in porous media. SIAM. J. Numer. Anal., 1980, 17(2): 351-365.

[15] Ewing R E, Russell T F. Efficent time-stepping methods for miscible diplacement problems in porous media. SIAM. J. Numer. Anal., 1982, 19(1): 1-67.

[16] Ewing R E. The Mathematics of Reservoir Simulation. Philadelphia: SIAM, 1983.

[17] Ewing R E, Russell T F, Wheeler M F. Convergence analysis of an approximation of miscible displacement in porous media by mixed finite elements and a modified method of characteristics. Comp. Meth. Appl. Mech. Engrg., 1984, 47(1-2): 73-92.

[18] Russell T F. Time stepping along characteristics with incomplete iteration for a Galerkin approximation of miscible displacement in Porous Media. SIAM. J. Numer. Anal., 1985, 22(5): 970-1013.

[19] Dawson C N, Russell T F, Wheeler M F. Some improved error estimates for the modified method of characteristics. SIAM. J. Numer. Anal., 1989, 26(6): 1487-1512.

[20] 袁益让. 油、水二相渗流驱动问题的变网格有限元方法及其理论分析. 中国科学 (A 辑), 1986, 16(2): 135-148.

[21] 袁益让. 油藏数值模拟中动边值问题的特征差分方法. 中国科学 (A 辑), 1994, 24(10): 1029-1036.

[22] 袁益让. 三维动边值问题的特征混合元方法和分析. 中国科学 (A 辑), 1996, 26(1): 11-22.

[23] Dawson C N. Godunov-mixed methods for advective flow problems in one space dimension. SIAM. J. Numer. Anal., 1991, 28(5): 1282-1309.

[24] Dawson C N. Godunov-mixed methods for advection-diffusion equations in multidimensions. SIAM. J. Numer. Anal., 1993, 30(5): 1315-1332.

[25] Celia M A, Russell T F, Herrera I, et al. An Eulerian-Lagrangian local adjoint method for the advection-diffusion equation. Adv. Water. Resour., 1990, 13(4): 187-206.

[26] Healy R W, Russell T F. A finite-volume Eulerian-Lagrangian localized adjoint method for solution of the advection-dispersion equation. Adv. Water. Resour., 1993, 29(7): 2399-2413.

[27] Douglas Jr J, Perera F, Yeh L M. A locally conservative Eulerian-Lagrangian numerical method and its application to nonlinear transport in porous media. Computational Geosciences, 2000, 4(1): 1-40.

[28] Cai Z Q, Mandel J, Mccormick S. The finite volume element method for diffusion equations on general triangulations. SIAM. J. Numer. Anal., 1991, 28(2): 392-402.

[29] Ewing R E, Lazarov R, Lin Y P. Finite volume element approximations of nonlocal reactive flows in porous media. Num. Meth. P. D. E., 2000, 16(3): 285-311.

[30] Resesell T F. An incompletely iterated characteristic finite element method for a miscible displacement problement displacement problem. Ph. D. thesis, Univ. Chicago, 1980.

[31] Yuan Y R. The characteristic finite difference fractional steps methods for compressible two-phase displacement problem. Science in China(Series A), 1999, 42(3): 48-57.

[32] 袁益让. 三维动边值问题的特征混合元方法和分析. 中国科学 (A 辑), 1996, 26(1)：11-22.

[33] 袁益让. 三维油水驱动半定问题特征有限元格式及分析. 科学通报, 1996, 41(22)：2027-2032.

[34] Yuan Y R. Characteristic finite difference methods for positive semidefinite problem of two-phase(oil and water)miscible flow in porous media. Systems Science and Mathematical Science, 1999, 12(4): 299-306.

[35] Michel A. A finite volume scheme for two-phase immiscible flow in porous media. SIAM. J. Numer. Anal., 2003, 41(4): 1301-1317.

[36] Herbin R. An error estimate for a finite volume scheme for a diffusion-convecton problem on a triangular meshes. Num. Meth. P. D. E., 1995, 11(2): 165-173.

[37] Mishev I D. Finte volume methods on Voronoi meshes. Num. Meth. P. D. E., 1998, 14(2): 193-212.

[38] Bramble J H, Ewing R E, Li G. Alternating direction multistep methods for parabolic problems-iterative stabilization. SIAM. J. Numer. Anal., 1989, 26(4): 904-919.

第3章 油水二相渗流驱动问题的混合体积元–特征混合体积元方法

油水二相渗流驱动问题是能源数值模拟的基础, 对不可压缩、可压缩两种情况, 其数学模型是关于压力的流动方程, 它们分别是椭圆型和抛物型方程. 关于饱和度方程是对流扩散型的, 流场压力通过 Darcy 速度在饱和度方程中出现, 并控制着饱和度方程的全过程. 我们对流动方程采用具有守恒律性质的混合体积元离散, 它对 Darcy 速度的计算提高了一阶精确度. 对饱和度方程采用同样具有守恒律性质的特征混合体积元求解, 即对方程的扩散部分采用混合体积元离散, 对流部分采用特征线法, 特征线法可以保证流体在锋线前沿逼近的高稳定性, 消除数值弥散和非物理性振荡, 并可以得到较小的时间截断误差, 增大时间步长, 提高计算精确度. 扩散部分采用混合体积元离散, 可以同时逼近饱和度函数及其伴随向量函数. 应用微分方程先验估计的理论和技巧, 得到最佳二阶 L_2 模误差估计结果. 数值算例指明该方法的有效性和实用性.

本章共四节, 3.1 节为三维不可压缩混溶驱动问题的混合元–特征混合元方法, 3.2 节为油水二相渗流驱动问题的混合体积元–特征混合体积元方法, 3.3 节为三维微小压缩二相渗流驱动问题的混合体积元–特征混合体积元方法, 3.4 节为多孔介质中可压缩渗流驱动问题的混合体积元–特征混合体积元方法.

在本章中 K 表示一般的正常数, ε 表示一般小的正数, 在不同地方具有不同含义.

3.1   三维不可压缩混溶驱动问题的混合元–特征混合元方法

本节研究三维多孔介质中不可压缩混溶驱动问题的局部守恒型数值方法, 提出一类混合元–特征混合元方法. 压力方程应用混合元同时逼近压力和 Darcy 速度. 浓度方程应用特征混合元方法, 即其对流项沿特征方向进行离散, 对方程的扩散部分采用零阶混合元离散, 特征方法可以保证格式在流体锋线前沿逼近的高稳定性, 消除数值弥散和非物理性振荡, 并可以得到较小的时间截断误差, 增大时间步长, 提高计算精确度. 扩散项采用零阶混合元离散, 可以同时逼近未知函数及其伴随向量函数, 保持单元的质量守恒. 在对浓度方程逼近时, 使用了后处理技巧, 保证了浓度方程逼近格式具有 $\frac{3}{2}$ 阶的最佳 L^2 模误差估计. 数值算例指明该方法的有效性和实用性.

3.1.1　引言

多孔介质中不可压缩混溶驱动问题由两个耦合的方程组成: 压力方程和饱和度方程. 压力方程是椭圆型的, 饱和度方程是对流–扩散型的, 具有很强的双曲特性 [1-4]:

$$-\nabla \cdot \left(\frac{k(X)}{\mu(X)} (\nabla p - \gamma(c)\nabla d(X)) \right) \equiv \nabla \cdot \boldsymbol{u} = q, \quad X \in \Omega,\ t \in J = (0, T], \quad (3.1.1\text{a})$$

$$\boldsymbol{u} = -\frac{k(X)}{\mu(X)} (\nabla p - \gamma(c)\nabla d(X)), \quad X \in \Omega,\ t \in J. \quad (3.1.1\text{b})$$

$$\varphi \frac{\partial c}{\partial t} + \boldsymbol{u} \cdot \nabla c - \nabla \cdot (D(X, \boldsymbol{u})\nabla c) = (\tilde{c} - c)\tilde{q}, \quad X \in \Omega,\ t \in J, \quad (3.1.2)$$

$$\boldsymbol{u} \cdot \nu = (D(X, \boldsymbol{u})\nabla c) \cdot \nu = 0, \quad X \in \partial\Omega,\ t \in J, \quad (3.1.3)$$

$$c(X, 0) = c_0(X), \quad X \in \Omega, \quad (3.1.4)$$

此处 Ω 是三维空间 R^3 中的有界区域, $p(X, t)$ 是压力函数, $\boldsymbol{u} = (u_1, u_2, u_3)^{\mathrm{T}}$ 是 Darcy 速度, $c(X, t)$ 是水的饱和度函数. $\tilde{q} = \max(q, 0)$, q 是产量项, $q > 0$ 代表注入井, $q < 0$ 代表生产井. $\phi(X)$ 为多孔介质的孔隙度, $k(X)$ 是岩石的渗透率, $\mu(c)$ 为依赖于水的饱和度 c 的黏度. c 在注入井是注入流体的饱和度, 在生产井 $\tilde{c} = c$, $\gamma(c)$ 和 $d(X) = (0, 0, z)^{\mathrm{T}}$ 分别是重力系数和垂直坐标, ν 为边界面 $\partial\Omega$ 的单位外法向量. $D(X, \boldsymbol{u})$ 是扩散矩阵, 其一般形式为 [5,6]

$$\begin{aligned} D(X, \boldsymbol{u}) = & D_m(X)I + \alpha_l\,|\boldsymbol{u}|^\beta \begin{pmatrix} \hat{u}_x^2 & \hat{u}_x\hat{u}_y & \hat{u}_x\hat{u}_z \\ \hat{u}_x\hat{u}_y & \hat{u}_y^2 & \hat{u}_y\hat{u}_z \\ \hat{u}_x\hat{u}_z & \hat{u}_y\hat{u}_z & \hat{u}_z^2 \end{pmatrix} \\ & + \alpha_t\,|\boldsymbol{u}|^\beta \begin{pmatrix} \hat{u}_y^2 + \hat{u}_z^2 & -\hat{u}_x\hat{u}_y & -\hat{u}_x\hat{u}_z \\ -\hat{u}_x\hat{u}_y & \hat{u}_x^2 + \hat{u}_z^2 & -\hat{u}_y\hat{u}_z \\ -\hat{u}_x\hat{u}_z & -\hat{u}_y\hat{u}_z & \hat{u}_x^2 + \hat{u}_y^2 \end{pmatrix}, \end{aligned} \quad (3.1.5)$$

此处 D_m 是分子扩散系数, I 为 3×3 的单位矩阵, α_l, α_t 为纵向和横向扩散系数. $\hat{u}_x, \hat{u}_y, \hat{u}_z$ 为 Darcy 速度在坐标轴的方向余弦. 此数学模型通常出现在油藏数值模拟和污染迁移问题. 通常假定扩散矩阵是正定的, 且在实际数值模拟计算时, 为了计算简便仅考虑分子扩散系数项, 且假定 $D_* \leqslant D_m(X) \leqslant D^*$, 此处 D_*, D^* 均为正常数 [6-8].

为确保解的存在唯一性, 还需要下述条件:

$$\int_\Omega q(X, t)\mathrm{d}X = 0, \quad t \in J. \quad (3.1.6)$$

数值试验和理论分析指明, 经典的有限元方法在处理对流–扩散问题上, 会出现强烈的数值振荡现象. 为了克服上述缺陷, 许多学者提出了一系列新的数值方法, 如特征差分方法 [4]、特征有限元法 [9]、迎风加权差分格式 [10]、高阶 Godunov 格式 [11]、流线扩散法 [12]、最小二乘混合有限元法 [13]、修正的特征有限元方法 (MMOC-Galerkin)[5] 以及 Eulerian-Lagrangian 局部对偶方法 (ELLAM)[14]. 上述方法对传统有限元方法和差分方法有所改进, 但它们各自也有许多无法克服的缺陷. 迎风加权差分格式在锋线前沿产生数值弥散现象, 高阶 Godunov 格式关于时间步长要求一个 CTL 限制, 流线扩散法与最小二乘混合有限元方法减少了数值弥散, 却人为地强加了流线的方向. Eulerian-Lagrangian 局部对偶方法可以保持局部的质量守恒, 但增加了积分的估算, 计算量很大. 修正的特征有限元方法是一个隐格式, 可采用较大的时间步长而不降低逼近的精度, 在流体的锋线前沿具有高度稳定性, 较好地消除了数值弥散现象, 但其检验函数空间中不含有分片常数, 因此不能保持质量守恒. 混合有限元方法是流动方程数值求解的有效方法, 它能同时高精度逼近待求函数及其伴随函数, 其理论分析和应用已被深入讨论 [15-18].

为了得到对流–扩散问题的高精度数值计算格式, Arbogast 与 Wheeler 在文献 [19] 中对对流占优的输运方程讨论了一种特征混合有限元方法, 对方程的时空变分形式上, 用类似的 MMOC-Galerkin 方法逼近扩散项. 分片常数组成检验函数空间, 因此在每个单元上是守恒的. 空间的 L^2 模误差估计得到了最优的一阶精度. 并借助引入的有限元解后处理格式, 对空间的 L^2 模误差估计提到 $\frac{3}{2}$ 阶精度, 但必须指出的是此格式中包含大量关于检验函数映像的积分, 使得实际计算十分复杂和困难.

我们对三维不可压缩混溶驱动问题 (3.1.1)~(3.1.6) 提出一种新型的混合元–特征混合元格式. 对二维简化模型问题, 已有初步成果 [20], 但在那里仅得到了一阶精度, 且不能拓广到三维问题上. 在上述工作的基础上, 我们对现代油藏数值模拟亟需计算的三维实际问题上 [8,21,22], 提出对压力方程应用混合元方法同时逼近压力和 Darcy 速度, 饱和度方程应用特征混合元方法, 即对流项沿特征方向离散, 对方程的扩散项采用零次混合元离散. 特征方向可以保证格式在流体锋线前沿逼近的高度稳定性, 消除数值弥散现象, 并可以得到较小的截断时间误差, 在实际计算中可以采用较大的时间步长, 提高效率而不降低精度. 扩散项采用零次混合元离散, 可以同时逼近未知饱和度函数及其伴随向量函数, 并且由于分片常数在检验函数空间中, 因此格式保持单元上的质量守恒. 为了得到高阶的 L^2 模误差估计, 引入了近似解的后处理方法. 最后得到关于未知浓度函数, 压力函数和 Darcy 速度函数的最优的 $\frac{3}{2}$ 阶 L^2 模误差估计. 本节对于一般三维对流–扩散问题做了数值试验, 进一步指明本节的方法是一类切实可行的高效计算方法, 支撑了理论分析结果, 成功解决

了这一重要问题 [19,21,22].

我们使用通常的 Sobolev 空间及其范数记号. 假设问题 (3.1.1)~(3.1.6) 的解满足如下的正则性:

$$
\text{(R)} \quad
\begin{cases}
c \in L^\infty(H^2) \cap H^1(H^1) \cap L^\infty(W_\infty^1) \cap H^2(L^2), \\
p \in L^\infty(H^1), \\
\boldsymbol{u} \in L^\infty(H^1(\mathrm{div})) \cap L^\infty(W_\infty^1) \cap W_\infty^1(L^\infty) \cap H^2(L^2).
\end{cases}
\tag{3.1.7}
$$

3.1.2　混合元–特征混合元格式的建立

为了分析方便, 假定问题 (3.1.1)~(3.1.6) 是 Ω 周期的 [3,4], 也就是在本节中全部函数假定是 Ω 周期的. 这在物理上是合理的, 因为无流动边界条件 (3.1.3) 一般能作镜面反射处理, 而且在通常油藏数值模拟中边界条件对油藏内部流动影响较小 [3,4,21]. 因此, 边界条件 (3.1.3) 是省略的.

3.1.2.1　饱和方程的特征混合元方法

为了阐明对浓度方程离散的思想, 先假定 Darcy 速度 $\boldsymbol{u} = (u_1, u_2, u_3)^{\mathrm{T}}$ 是已知的, 将把对时间沿特征线方向离散与空间的混合有限元离散相结合, 给出饱和度方程的特征混合元方法离散的构想. 令

$$
V = \{\chi : \chi \in H(\mathrm{div}; \Omega), \chi \cdot \nu|_{\partial\Omega} = 0\}, \quad M = \{\phi : \phi \in L^2(\Omega), \phi \text{为分片常数}\},
$$

且 M 在 L^2 中稠密. 记 $\tau(X, t)$ 是沿特征方向的单位向量, 并记 $\psi = [|\boldsymbol{u}|^2 + \varphi^2]^{\frac{1}{2}} = \left(\sum\limits_{i=1}^3 u_i^2 + \phi^2\right)^{1/2}$, 则沿 τ 的特征方向导数由下述公式给出:

$$
\psi \frac{\partial c}{\partial \tau} = \phi \frac{\partial c}{\partial t} + \boldsymbol{u} \cdot \nabla c.
$$

记 $z = -D(\boldsymbol{u})\nabla c$, 假设 $\boldsymbol{u}(X, t)$ 已知, 方程 (3.1.2) 等价于求 $(c, z) : J \to L^2(\Omega) \times V$, 满足

$$
\left(\psi \frac{\partial c}{\partial \tau}, \phi\right) - (\nabla z, \phi) = ((\tilde{c} - c)\tilde{q}, \phi), \quad \forall \phi \in L^2(\Omega), \tag{3.1.8a}
$$

$$
(D^{-1}(\boldsymbol{u})z, \chi) + (c, \nabla \cdot \chi) = 0, \quad \forall \chi \in V, \tag{3.1.8b}
$$

$$
c(X, 0) = c_0(X), \quad z(X, 0) = -D(\boldsymbol{u}(X, 0))\nabla c_0, \quad \forall X \in \Omega. \tag{3.1.8c}
$$

记 $\Delta t_c = \dfrac{T}{N}$ 为饱和度方程时间步长, 其中 N 为正整数, 并记 $t^n = n\Delta t$. 对函数 $\phi(X, t)$, 记 $\phi^n(X) = \phi(X, t^n)$, 对 $X \in \Omega$,

$$
\check{X}^{n-1} = X - \phi^{-1}\boldsymbol{u}^n \Delta t, \quad \check{c}^{n-1}(X) = c^{n-1}(\check{X}^{n-1}).
$$

对 $\dfrac{\partial c^n}{\partial \tau}(X) = \dfrac{\partial c}{\partial \tau}(X, t^n)$, 作如下的向后差分逼近

$$\frac{\partial c^n}{\partial \tau}(X) \approx \frac{c^n(X) - \check{c}^{n-1}}{\Delta t_c \psi^n}, \tag{3.1.9}$$

此处 $\psi^n = [\phi^2 + |\boldsymbol{u}^n|^2]^{\frac{1}{2}}$.

把上述对时间变量的离散 (3.1.9) 与空间方面的标准混合元离散相结合. 对 $h_c > 0$, 记 $J_{h_c} = \{J_c\}$ 为 Ω 的拟一致正则四面体或六面体剖分, 其每个单元 J_c 的直径不超过 h_c. 令 $M_h \times H_h \subset M \times V$ 为最低次的 Raviart-Thomas-Nedelec[16,17,23,24] 混合有限元空间, 满足如下逼近性质和逆性质,

$$(A_c) \quad \begin{cases} \inf\limits_{\phi \in M_h} \|f - \phi\| \leqslant K_1 h_c \|f\|_1, \\ \inf\limits_{\chi \in H_h} \|g - \chi\| \leqslant K_1 h_c \|g\|_1, \quad \inf\limits_{\chi \in H_h} \|g - \chi\|_{H(\mathrm{div})} \leqslant K_1 h_c \|g\|_{H^1(\mathrm{div})}, \end{cases}$$

$$(I_c) \quad \|\phi\|_{L^\infty} \leqslant K_1 h_c^{-3/2} \|\phi\|, \quad \forall \phi \in M_h,$$

其中 K_1 为与 h_c 无关的正常数.

对 (c, z), 定义椭圆投影: $[0, T] \to M_h \times H_h$, 满足

$$(\tilde{c}_h - c, \phi) + (\nabla \cdot (\tilde{z}_h - z), \phi) = 0, \quad \forall \phi \in M_h, \tag{3.1.10a}$$

$$\left(D^{-1}(\boldsymbol{u})(\tilde{z}_h - z), \chi\right) + (\tilde{z}_h - z, \nabla \cdot \chi), \quad \forall \chi \in H_h. \tag{3.1.10b}$$

由 [25,26] 可知 $(\tilde{c}_h, \tilde{z}_h)$ 存在唯一, 且有先验估计

$$\|\tilde{z}_h - z\|_{L^\infty(H(\mathrm{div}))} + \|\tilde{c}_h - c\|_{L^\infty(L^2)} \leqslant K_2 h_c. \tag{3.1.11}$$

问题 (3.1.8) 的特征混合有限元离散形式为: 求 $\{c_h^n, z_h^n\} \in M_h \times H_h$, 满足

$$\left(\psi \frac{c_h^n - \hat{c}_h^{n-1}}{\Delta t_c}, \phi\right) - (\nabla \cdot z_h^n, \phi) + (\tilde{q}^n c_h^n, \phi) = (\tilde{c}^n \tilde{q}^n, \phi), \quad \forall \phi \in M_h, \tag{3.1.12a}$$

$$(D^{-1}(\boldsymbol{u}^n) z_h^n, \chi) + (c_h^n, \nabla \cdot \chi) = 0, \quad \forall \chi \in H_h, \tag{3.1.12b}$$

$$c_h^0 = \tilde{c}_h^0, \quad z_h^0 = \tilde{z}_h^0, \quad \forall X \in \Omega. \tag{3.1.12c}$$

此处 $\hat{c}_h^{n-1} = c_h^{n-1}(x - \phi^{-1} u_h^n \Delta t)$.

3.1.2.2 压力方程的混合元方法

记 $W = L^2(\Omega)/\{w|_\Omega \equiv 常数\}$, 定义双线性形式:

$$A(\theta, \alpha, \beta) = \left(\frac{\mu(\theta)}{k} \alpha, \beta\right), \tag{3.1.13a}$$

$$B(\alpha, \pi) = -(\nabla \cdot \alpha, \pi), \tag{3.1.13b}$$

其中 $\theta \in L^{\infty}(\Omega)$, $\alpha, \beta \in H(\mathrm{div}; \Omega)$, $\pi \in L^2(\Omega)$.

由 [3,4] 知, 压力方程 (3.1.1) 等价于下述鞍点问题: 求 $(\boldsymbol{u}, p): J \to V \times W$ 满足

$$A(c, \boldsymbol{u}, v) + B(v, p) = (r(c)\nabla d, v), \quad \forall v \in V, \tag{3.1.14a}$$

$$B(\boldsymbol{u}, w) = -(q, w), \quad \forall w \in W. \tag{3.1.14b}$$

下面对问题 (3.1.14) 进行离散, 对 $h_p > 0$, 设 J_{h_p} 为区域 Ω 的拟一致正则四面体或六面体剖分, 其每个单元 J_p 的直径不超过 h_p. 取空间 $V_h \times W_h \subset V \times W$ 为该剖分上最低次的 Raviart-Thomas-Nedelec 空间, 满足下述逼近性质和逆性质.

$$(A_p) \quad \begin{cases} \displaystyle\inf_{w \in W_h} \|g - w\| \leqslant K_3 h_p \|g\|_1, \\ \displaystyle\inf_{v \in V_h} \|f - v\| \leqslant K_3 h_p \|f\|_1, \quad \inf_{v \in V_h} \|f - v\|_{H(\mathrm{div})} \leqslant K_3 h_p \|f\|_{H^1(\mathrm{div})}, \end{cases}$$

$$(I_p) \quad \|v\|_{L^{\infty}} \leqslant K_3 h_p^{-3/2} \|v\|, \quad \|v\|_{W_1^{\infty}(J_p)} \leqslant K_3 h_p^{-1} \|v\|_{L^{\infty}(J_p)}, \quad \forall v \in W_h,$$

其中 K_3 为与 h_p 无关的正常数, J_p 为网格 J_{h_p} 中的一个单元.

引入精确解 $(\boldsymbol{u}, p)$ 的椭圆投影 $(\tilde{\boldsymbol{u}}_h, \tilde{p}_h): [0, T] \to V_h \times W_h$, 满足

$$A(c, \tilde{\boldsymbol{u}}_h, v) + B(v, \tilde{p}_h) = (r(c)\nabla d, v), \quad \forall v \in V, \tag{3.1.15a}$$

$$B(\tilde{\boldsymbol{u}}_h, w) = -(q, w), \quad \forall w \in W. \tag{3.1.15b}$$

此处 c 是问题的精确解.

由 [24, 25] 可知 $(\tilde{\boldsymbol{u}}_h, \tilde{p}_h)$ 存在唯一且有如下估计

$$\|\tilde{\boldsymbol{u}}_h - \boldsymbol{u}\|_{L^{\infty}(H(\mathrm{div}))} + \|\tilde{p}_h - p\|_{L^{\infty}(L^2)} \leqslant K_4 h_p. \tag{3.1.16}$$

由 (3.1.9) 和逆估计 (I_p) 可得

$$\|\tilde{\boldsymbol{u}}\|_{L^{\infty}(L^{\infty})} \leqslant K_4. \tag{3.1.17}$$

压力和速度方程的混合元格式为: 在 $t \in J$ 时刻的饱和度近似值 c_h 已知的情况下, 求 $(\boldsymbol{u}_h, p_h) \in V_h \times W_h$ 满足

$$A(c_h, \boldsymbol{u}_h, v) + B(v, p_h) = (r(c_h)\nabla d, v), \quad \forall v \in V_h, \tag{3.1.18a}$$

$$B(\boldsymbol{u}_h, w) = -(q, w), \quad \forall w \in W_h. \tag{3.1.18b}$$

文献 [24] 证明了 (3.1.18) 格式近似解的存在唯一性. 由 [24, 25] 得知, 利用 (3.1.15) 和 (3.1.17) 式可以得到

$$\|\boldsymbol{u}_h - \tilde{\boldsymbol{u}}_h\|_{H(\text{div})} + \|p_h - \tilde{p}_h\| \leqslant K_5(1 + \|\tilde{\boldsymbol{u}}_h\|_{L^\infty})\|c - c_h\|. \tag{3.1.19}$$

利用估计式 (3.1.16) 和 (3.1.19), 结合饱和度的误差估计就可以获得对速度和压力的误差估计. 因此, 问题 (3.1.1)~(3.1.6) 的饱和度的误差估计是主要的, 本节以此为重点.

3.1.2.3 格式的建立

下面将 (3.1.12) 和 (3.1.18) 结合, 提出问题 (3.1.1)~(3.1.6) 的耦合逼近格式. 在实际问题中, Darcy 速度关于时间的变化比饱和度的变化慢得多, 因此我们对 (3.1.18) 采用大步长计算. 对时间区间 J 进行剖分: $0 = t_0 < t_1 < \cdots < t_L = T$, 记 $\Delta t_p^m = t_m - t_{m-1}$. 除 Δt_p^1 外, 假设其余的步长为均匀的, 即 $\Delta t_p^m = \Delta t_p, m \geqslant 2$. 设对每一个正整数 m, 都存在正整数 n, 使得 $t_m = t^n$, 即对每一个压力时间节点也是一个饱和度时间节点, 并记 $j = \dfrac{\Delta t_p}{\Delta t_c}$, $j_1 = \dfrac{\Delta t_p^1}{\Delta t_c}$. 对饱和度时间步 t^n, 若 $t_{m-1} < t^n \leqslant t_m$, 在 (3.1.12) 中, 用 Darcy 速度 $\boldsymbol{u}_h$ 的下述逼近形式, 如果 $m \geqslant 2$, 定义 $\boldsymbol{u}_{h,m-1}$ 和 $\boldsymbol{u}_{h,m-2}$ 的线性外插

$$E\boldsymbol{u}_h^n = \left(1 + \frac{t^n - t_{m-1}}{t_{m-1} - t_{m-2}}\right)\boldsymbol{u}_{h,m-1} - \frac{t^n - t_{m-1}}{t_{m-1} - t_{m-2}}\boldsymbol{u}_{h,m-2}.$$

如果 $m = 1$, 令 $E\boldsymbol{u}_h^n = \boldsymbol{u}_{h,0}$.

将 (3.1.12) 和 (3.1.18) 相结合, 并且用近似解代替精确解, 得到问题 (3.1.1)~(3.1.6) 的耦合形式的全离散格式: 求 $(C_h^n, Z_h^n) : (t^0, t^1, \cdots, t^N) \rightarrow M_h \times H_h$ 和 $(\boldsymbol{u}_h, p_h) : (t_0, t_1, \cdots, t_L) \rightarrow V_h \times W_h$ 满足

$$\left(\phi\frac{c_h^n - \hat{c}_h^{n-1}}{\Delta t_c}, \phi\right) + (\nabla \cdot z_h^n, \phi) + (\tilde{q}^n c_h^n, \phi) = (\tilde{c}^n q^n, \phi), \quad \forall \phi \in M_h, \tag{3.1.20a}$$

$$(D^{-1}(E\boldsymbol{u}_h^n)z_h^n, \chi) - (c_h^n, \nabla\chi) = 0, \quad \forall \chi \in H_h, \tag{3.1.20b}$$

$$c_h^0 = \tilde{c}_h^0, \quad z_h^0 = \tilde{z}_h^0, \quad \forall X \in \Omega, \tag{3.1.20c}$$

$$A(c_{h,m}, \boldsymbol{u}_{h,m}, v) + B(v, p_{h,m}) = (r(c_{h,m})\nabla d, v), \quad \forall v \in V_h, \tag{3.1.20d}$$

$$B(\boldsymbol{u}_{h,m}, w) = -(q_m, w), \quad \forall w \in W_h, \tag{3.1.20e}$$

其中 $\hat{c}_h^{n-1}(X) = c_h^{n-1}(X - \phi^{-1}E\boldsymbol{u}_h^n\Delta t_c)$.

格式 (3.1.20) 的计算程序如下.

(1) 首先求出初始逼近 (c_h^0, z_h^0), 然后可由 (3.1.20d), (3.1.20e) 求出 $(\boldsymbol{u}_{h,0}, p_{h,0})$;

(2) 由 (3.1.20a), (3.1.20b) 计算 (c_h^1, z_h^1), (c_h^2, z_h^2), $\cdots$, $(c_h^{j_1}, z_h^{j_1})$;

(3) 由于 $(c_h^{j_1}, z_h^{j_1}) = (\boldsymbol{u}_{h,1}, p_{h,1})$, 然后可由 (3.1.20d), (3.1.20e) 求出 $(\boldsymbol{u}_{h,1}, p_{h,1})$;

(4) 类似地, 计算 $(c_h^{j_1+1}, z_h^{j_1+1})$, $(c_h^{j_1+2}, z_h^{j_1+2})$, $\cdots$, $(c_h^{j_1+j}, z_h^{j_1+j})$, $(\boldsymbol{u}_{h,2}, p_{h,2})$;

(5) 由此类推, 可求得所有数值解.

我们定义后处理空间 $\tilde{M}_{h_c}$, 其中函数 ϕ 为 J_{h_c} 上的间断分片线性函数. 为了定义问题 (3.1.1)$\sim$(3.1.6) 的后处理的逼近格式, 首先选取 c_h^0 在 $\tilde{M}_{h_c}$ 中的逼近函数 C_h^0, 然后对 $n \geqslant 1$ 和 $m \geqslant 0$, 求 $(C_h^n, Z_h^n) \in M_h \times H_h$ 和 $(\boldsymbol{u}_h, p_h) \in V_h \times W_h$ 满足

$$\left(\phi \frac{c_h^n - \hat{C}_h^{n-1}}{\Delta t_c}, \phi\right) + (\nabla \cdot z_h^n, \phi) + (\bar{q}^n c_h^n, \phi) = (\tilde{q}^n \tilde{c}^n, \phi), \quad \forall \phi \in M_h, n \geqslant 1 \quad (3.1.21a)$$

$$(D^{-1}(E\boldsymbol{u}_h^n) z_h^n, \chi) - (c_h^n, \nabla \chi) = 0, \quad \forall \chi \in H_h, \ n \geqslant 1 \quad (3.1.21b)$$

$$A(C_{h,m}, \boldsymbol{u}_{h,m}, v) + B(v, p_{h,m}) = (r(C_{h,m}) \nabla d, v), \quad \forall v \in V_h, \ m \geqslant 0, \quad (3.1.21c)$$

$$B(\boldsymbol{u}_{h,m}, w) = -(q_m, w), \quad \forall w \in W_h, \ m \geqslant 0. \quad (3.1.21d)$$

最后再将 (C_h^n) 在单元 $J_c \in J_{h_c}$ 上做局部后处理, 即要求 $C_h^n \in \tilde{M}_{h_c}$ 满足

$$(\phi(C_h^n - c_h^n), 1)_{J_c} = 0, \quad (3.1.22a)$$

$$(D(E\boldsymbol{u}_h^n)\nabla C_h^n + z_h^n, \nabla \phi)_{J_c} = 0, \quad \forall \phi \in \tilde{M}_{h_c}. \quad (3.1.22b)$$

格式 (3.1.21) 和 (3.1.22) 的计算程序如下.

(1) 首先求出初始逼近 C_h^0, 然后可由 (3.1.21a), (3.1.21b) 求出 $(\boldsymbol{u}_{h,0}, \psi_{h,0})$;

(2) 由 (3.1.21a), (3.1.21b) 计算 (c_h^1, z_h^1), 利用后处理格式 (3.1.22) 计算 C_h^1;

(3) 类似地, 对 $1 \leqslant n \leqslant j_1$, 假设 (c_h^{n-1}, z_h^{n-1}) 已求出, 由 (3.1.22) 计算 C_h^{n-1}, 再由 (3.1.21a), (3.1.21b) 计算 (c_h^n, z_h^n), 利用 (3.1.22) 计算 C_h^n;

(4) 由于 $C_h^{j_1} = C_{h,1}$, 可由 (3.1.21c), (3.1.21d) 求出 $(\boldsymbol{u}_{h,1}, p_{h,1})$;

(5) 按上述顺序计算 $(c_h^{j_1+1}, z_h^{j_1+1})$, $C_h^{j_1+1}$, $(c_h^{j_1+2}, z_h^{j_1+2})$, $\cdots$, $(c_h^{j_1+j}, z_h^{j_1+j})$, $C_h^{j_1+j}$, $(\boldsymbol{u}_{h,2}, p_{h,2})$;

(6) 由此类推, 可求得所有数值解.

3.1.2.4　局部质量守恒律

如果问题 (3.1.1)$\sim$(3.1.6) 没有源汇项, 也就是 $q \equiv 0$, 同时假定边界条件没有流动, 则在每个单元 $J_c \in J_{h_c}$ 上, 浓度方程的局部质量守恒表现为

$$\int_{J_c} \phi \frac{\partial c}{\partial t} \mathrm{d}X - \int_{\partial J_c} D(\boldsymbol{u}) \nabla c \cdot v_{J_c} \mathrm{d}S = 0.$$

下面证明 (3.1.20) 满足下面离散意义下的局部质量守恒律.

定理 3.1.1　如果 $q = 0$, 则在任意单元 $J_c \in J_{h_c}$ 上, 格式 (3.1.20a) 满足离散意义下的局部质量守恒律

$$\int_{J_c} \phi \frac{C_h^n - \hat{C}_h^{n-1}}{\Delta t_c} \mathrm{d}X - \int_{\partial J_c} Z_h^n \cdot v_J \mathrm{d}S = 0. \qquad (3.1.23)$$

证明　因为 $\phi \in M_h$ 为 J_{h_c} 上的分片常数, 对给定单元 $J_c \in J_{h_c}$, 取 ϕ 在单元 J_c 上等于 1, 在其他单元上为零, 则此时 (3.1.20a) 为

$$\int_{J_c} \phi \frac{C_h^n - \hat{C}_h^{n-1}}{\Delta t_c} \mathrm{d}X + \int_{J_c} \nabla \cdot Z_h^n \mathrm{d}X = 0.$$

对上式第二项在单元 J_c 上使用 Green 公式, 即得 (3.1.23), 定理 3.1.1 得证.

3.1.3　收敛性分析

3.1.3.1　某些假设

为了理论分析简便, 在本节理论分析部分, 扩散矩阵 $D(X, \boldsymbol{u})$ 仅考虑分子扩散的情况, 即 $D(X, \boldsymbol{u}) \approx D_m(X)I$, 简记为 $D(X)$[6-8,21,22]. 问题 (3.1.1)~(3.1.6) 的系数及右端满足下述假定:

$$(C) \quad \begin{cases} 0 < a_* \leqslant \dfrac{k(X)}{\mu(X)} \leqslant a^*, \quad 0 < \phi_* \leqslant \phi(X) \leqslant \phi^*, \\[2mm] \left| \dfrac{\partial(k/\mu)}{\partial c}(X, c) \right| + \left| \dfrac{\partial(r)}{\partial c}(X, c) \right| + |\nabla \phi(X)| + |\tilde{q}(X, t)| + \left| \dfrac{\partial \tilde{q}}{\partial t}(X, t) \right| \leqslant K^*, \\[2mm] 0 < D_* \leqslant D(X) \leqslant D^*, \quad |\nabla D(X)| \leqslant D^*, \end{cases}$$
$$(3.1.24)$$

此处 $a_*, a^*, \phi_*, \phi^*, K^*, D_*$ 和 D^* 均为正常数.

3.1.3.2　某些引理

在单元 $J_c \in J_{h_c}$ 上对 $\tilde{C}_h$ 进行局部后处理. 定义 $\tilde{C}_h \in \tilde{M}_{h_c}$ 满足

$$\left(\phi(\tilde{C}_h - \tilde{c}_h), 1 \right) = 0, \qquad (3.1.25a)$$

$$\left(D\nabla \tilde{C}_h + \tilde{z}_h, \nabla \phi \right)_{J_c} = 0, \quad \phi \in \tilde{M}_{h_c}, \qquad (3.1.25b)$$

记 $\eta = \tilde{c}_h - c, \tilde{\eta} = \tilde{C}_h - c, \xi = c_h - \tilde{c}_h, \tilde{\xi} = C_h - \tilde{C}_h, \rho = \tilde{z}_h - z, \zeta = z_h - \tilde{z}_h$. 由 [19, 20] 可得下述引理.

引理 3.1.1[19]　对 $\forall t \in J$ 和充分小的 h_c, 有

$$\|\eta\| \leqslant K_6 h_c \|z\|_1, \qquad (3.1.26a)$$

$$\|\rho\| \leqslant K_6 h_c \|z\|_1,\tag{3.1.26b}$$

$$\|\tilde{\eta}\| \leqslant K_6(\|z\|_1 + \|\nabla \cdot z\|_1)h_c^2,\tag{3.1.26c}$$

$$\left\|\frac{\partial \tilde{\eta}}{\partial t}\right\| \leqslant K_6 \left(\|z\|_1 + \|\nabla \cdot z\|_1 + \left\|\frac{\partial z}{\partial t}\right\|_1 + \left\|\nabla \cdot \frac{\partial z}{\partial t}\right\|_1\right) h_c^2,\tag{3.1.26d}$$

$$\left\{\sum_{J_c \in J_{h_c}} \|\nabla \tilde{\eta}\|_{J_c}^2\right\}^{\frac{1}{2}} \leqslant K_6 \|z\|_1 h_c.\tag{3.1.26e}$$

由逆估计 (I_c) 和先验估计 (3.1.11) 知, 存在与 h_c 无关的正常数 K_7, 使得

$$\left\|\tilde{C}_h\right\|_{L^\infty(L^\infty)} \leqslant K_7.\tag{3.1.27}$$

引理 3.1.2[19]　　对 $\forall t \in J$, 有

$$\left(\phi(\tilde{\xi}^n - \xi^n), \tilde{\xi}^n\right) = \left\|\phi^{1/2}(\tilde{\xi}^n - \xi^n)\right\|^2,\tag{3.1.28a}$$

$$\left\|\phi^{1/2}\xi^n\right\| \leqslant \left\|\phi^{1/2}\tilde{\xi}^n\right\|,\tag{3.1.28b}$$

$$\left\|D^{1/2}\nabla\xi^n\right\| \leqslant \left\|D^{-1/2}\zeta^n\right\|,\tag{3.1.28c}$$

$$\left\|\phi^{1/2}(\tilde{\xi}^n - \xi^n)\right\|_{J_c} \leqslant K_8 \left\|\nabla\tilde{\xi}^n\right\|_{J_c} h_c,\tag{3.1.28d}$$

此处 K_8 是一个不依赖于 h_c 的正常数.

　　引理 3.1.3[19]　　存在函数 $\Phi^n \in H^1(\Omega)$ 和不依赖于 h_c 与 n 的正常数 K_9, 使得

$$\|\Phi^n\|_1 \leqslant K_9\left(\|\xi^n\|_{-1} + \|\zeta^n\|\right),\tag{3.1.29a}$$

并且, 当 h_c 充分小时有

$$\|\Phi^n - \xi^n\| \leqslant K_9\left(\|\xi^n\|_{-1} + \|\zeta^n\|\right)h_c,\tag{3.1.29b}$$

此处 K_9 依赖于 $D(X)$ 的上下界和 $\|D\|_{W_\infty^1(\Omega)}$ 与 $\|\cdot\|_{-1}$ 表示 $H^1(\Omega)$ 的对偶模数.

3.1.3.3　收敛性定理

　　下面对饱和度方程推导最优阶 L^2 模误差估计. 然后由 (3.1.16) 和 (3.1.19) 可以立刻得到 Darcy 速度的 $H(\mathrm{div}; \Omega)$ 模和压力的 L^2 模估计.

　　定理 3.1.2　　设 (R), (C), (A_c), (I_c), (A_p), (I_p) 成立, 并设剖分参数满足

$$h_p = O(h_c^{3/2}), \quad (\Delta t_p^1)^{3/2} = O(h_c^{3/2}), \quad (\Delta t_p)^2 = O(h_c^{3/2}), \quad \Delta t_c = O(h_c^{3/2}).\tag{3.1.30}$$

若取 $C_h^0 = \tilde{C}_h^0$, 且存在正常数 K, 使得 $\Delta t_c \geqslant K h_c^{3/2}$, 则 (3.1.21) 和 (3.1.22) 的解满足下述误差估计

$$\max_{0 \leqslant n \leqslant T/\Delta t_c} \{\|C_h^n - c^n\|\} \leqslant K\{h_c^{\frac{3}{2}} + h_p + \Delta t_c + (\Delta t_p)^2 + (\Delta t_p^1)^{\frac{3}{2}}\}, \tag{3.1.31a}$$

$$\max_{0 \leqslant n \leqslant T/\Delta t_c} \{\|c_h^n - c^n\|\} \leqslant K\{h_c + h_p + \Delta t_c + (\Delta t_p)^2 + (\Delta t_p^1)^{3/2}\}, \tag{3.1.31b}$$

$$\max_{0 \leqslant m \leqslant T/\Delta t_p} \{\|\boldsymbol{u}_{h,m} - \boldsymbol{u}_m\|_{H(\mathrm{div})} + \|P_{h,m} - p_m\|\}$$

$$\leqslant K\{h_c^{3/2} + h_p + \Delta t_c + (\Delta t_p)^2 + (\Delta t_p^1)^{3/2}\}, \tag{3.1.31c}$$

此处常数 K 依赖于函数 p, c 及其导函数.

证明 首先由 (3.1.8a)、(3.1.8b) 和 (3.1.10) 可得

$$\left(\phi \frac{c^n - \hat{c}^{n-1}}{\Delta t_c}, \phi\right) + (\nabla \cdot \tilde{z}_h^n, \phi)$$

$$= ((\tilde{c}^n - c^n)\tilde{q}^n, \phi) - \left(\psi(c^n)\frac{\partial c^n}{\partial \tau} - \phi \frac{c^n - \hat{c}^{n-1}}{\Delta t_c}, \phi\right), \quad \forall \phi \in M_h, n \geqslant 1, \tag{3.1.32a}$$

$$(D^{-1}\tilde{z}_h^n, \chi) + (\tilde{c}_h^n, \nabla \cdot \chi) = 0, \quad \forall \chi \in H_h. \tag{3.1.32b}$$

从 (3.1.21a)、(3.1.21b) 减去 (3.1.32), 经整理可得

$$\left(\phi \frac{\xi^n - \hat{\tilde{\xi}}^{n-1}}{\Delta t_c}, \phi\right) + (\nabla \cdot \zeta^n, \phi)$$

$$= -((\eta^n + \xi^n)\tilde{q}^n, \phi) - \left(\phi \frac{\eta^n - \hat{\tilde{\xi}}^{n-1}}{\Delta t_c}, \phi\right)$$

$$+ \left(\psi(c^n)\frac{\partial c^n}{\partial \tau} - \phi \frac{c^n - \hat{c}^{n-1}}{\Delta t_c}, \phi\right) + (\eta^n, \phi), \quad \forall \phi \in M_h, \tag{3.1.33a}$$

$$(D^{-1}\zeta^n, \chi) - (\xi^n, \nabla \cdot \chi) = 0, \quad \forall \chi \in H_h. \tag{3.1.33b}$$

在 (3.1.33) 中取检验函数 $\phi = \xi^n$, $\chi = \zeta^n$, 并将 (3.1.33a) 和 (3.1.33b) 相加可得

$$\left(\phi \frac{\xi^n - \hat{\tilde{\xi}}^{n-1}}{\Delta t_c}, \xi^n\right) + (D^{-1}\zeta^n, \zeta^n)$$

$$= -((\eta^n + \xi^n)\tilde{q}^n, \xi^n) - \left(\phi \frac{\eta^n - \hat{\tilde{\eta}}^{n-1}}{\Delta t_c}, \xi^n\right)$$

$$+ \left(\psi(c^n)\frac{\partial c^n}{\partial \tau} - \phi \frac{c^n - \hat{c}^{n-1}}{\Delta t_c}, \xi^n\right) + (\eta^n, \xi^n). \tag{3.1.34}$$

由 (3.1.25) 和 (3.1.22) 可得

$$(\phi\xi^n, \phi) = (\phi\tilde{\xi}^n, \phi), \quad (\phi\eta^n, \phi) = (\phi\tilde{\eta}^n, \phi), \quad \phi \in M_h. \tag{3.1.35}$$

记

$$\check{X}^{n-1} = X - \phi^{-1} E \boldsymbol{u}^n \Delta t_C, \quad \check{f}^{n-1}(X) = f^{n-1}(\check{X}^{n-1}). \tag{3.1.36}$$

对于定义在 $\Omega \times [0, T]$ 上的任一函数. 对误差方程 (3.1.34) 应用 (3.1.35), 可将其改写为

$$\left(\phi \frac{\tilde{\xi}^n - \tilde{\xi}^{n-1}}{\Delta t_c}, \xi^n\right) + (D^{-1}\zeta^n, \zeta^n)$$

$$= \left(\psi(c^n)\frac{\partial c^n}{\partial \tau} - \phi\frac{c^n - \hat{c}^{n-1}}{\Delta t_c}, \xi^n\right) - ((\eta^n + \xi^n)\tilde{q}^n, \xi^n) + (\eta^n, \xi^n) - \left(\phi\frac{\tilde{\eta}^n - \tilde{\eta}^{n-1}}{\Delta t_c}, \xi^n\right)$$

$$+ \left(\phi\frac{\hat{c}^{n-1} - \check{c}^{n-1}}{\Delta t_c}, \xi^n\right) - \left(\phi\frac{\tilde{\eta}^{n-1} - \hat{\tilde{\eta}}^{n-1}}{\Delta t_c}, \xi^n\right) - \left(\phi\frac{\check{\tilde{\xi}}^{n-1} - \tilde{\xi}^{n-1}}{\Delta t_c}, \xi^n\right)$$

$$- \left(\phi\frac{\tilde{\eta}^{n-1} - \check{\tilde{\eta}}^{n-1}}{\Delta t_c}, \xi^n\right) - \left(\phi\frac{\tilde{\xi}^{n-1} - \check{\tilde{\xi}}^{n-1}}{\Delta t_c}, \xi^n\right). \tag{3.1.37}$$

对于 (3.1.37) 左端第一项应用 Hölder 不等式和 (3.1.35) 可得

$$(\phi(\tilde{\xi}^n - \tilde{\xi}^{n-1}), \xi^n)$$

$$\geqslant (\phi\tilde{\xi}^n, \xi^n) - \frac{1}{2}[(\phi\tilde{\xi}^{n-1}, \tilde{\xi}^{n-1}) + (\phi\xi^n, \xi^n)]$$

$$= \frac{1}{2}(\phi\tilde{\xi}^n, \xi^n) - \frac{1}{2}(\phi\tilde{\xi}^{n-1}, \tilde{\xi}^{n-1})$$

$$= \frac{1}{2}[(\phi\tilde{\xi}^n, \tilde{\xi}^n) - (\phi\tilde{\xi}^{n-1}, \tilde{\xi}^{n-1})] - \frac{1}{2}(\phi(\tilde{\xi}^n - \xi^n), \tilde{\xi}^n).$$

应用引理 3.1.2 可得

$$(\phi(\tilde{\xi}^n - \xi^n), \tilde{\xi}^n) = \left\|\phi^{1/2}(\tilde{\xi}^n - \xi^n)\right\|^2 \leqslant K_8 \sum_{J_c \in J_{h_c}} \left\|\nabla\tilde{\xi}^n\right\|_{J_c}^2 h_c^2 \leqslant K_8' h_c^2 \left\|D^{1/2}\zeta^n\right\|^2,$$

此处 K_8' 为某一确定的正常数. 由此, 对误差估计式 (3.1.37) 左端有如下估计:

$$\frac{1}{\Delta t_c}(\phi(\tilde{\xi}^n - \tilde{\xi}^{n-1}), \xi^n) + (D^{-1}\zeta^n, \zeta^n)$$

$$\geqslant \frac{1}{2\Delta t_c}[(\phi\tilde{\xi}^n, \tilde{\xi}^n) - (\phi\tilde{\xi}^{n-1}, \tilde{\xi}^{n-1})]$$

$$+ \frac{1}{2\Delta t_c}(2\Delta t_c - K_8 h_c^2)(D^{-1/2}\zeta^n, \zeta^n). \tag{3.1.38}$$

于是将误差估计式 (3.1.37) 右端诸项依次记为 $G_1, G_2, \cdots, G_9$, 并逐项进行估计

$$|G_1| \leqslant K_9 \left\| \frac{\partial^2 c}{\partial \tau^2} \right\|_{L^2(t^{n-1}, t^n; L^2)} \Delta t_c + K_{10} \|\xi^n\|^2, \tag{3.1.39}$$

$$|G_2| + |G_3| \leqslant K_{10} \left\{ h_c^4 + \|\xi^n\|^2 \right\}. \tag{3.1.40}$$

应用引理 3.1.2 估计 G_4 可得

$$|G_4| \leqslant K_{11}(\Delta t_c)^{-1} \left\| \frac{\partial \tilde{\eta}}{\partial t} \right\|_{L^2(t^{n-1}, t^n; L^2)}^2 + K_{11} \|\xi^n\|^2$$

$$\leqslant K_{11}(\Delta t_c)^{-1} h_c^4 \left\{ \|z\|_{L^2(t^{n-1}, t^n; H^1)}^2 + \|\nabla \cdot z\|_{L^2(t^{n-1}, t^n; H^1)}^2 + \left\| \frac{\partial z}{\partial t} \right\|_{L^2(t^{n-1}, t^n; H^1)}^2 \right.$$

$$\left. + \left\| \nabla \cdot \frac{\partial z}{\partial t} \right\|_{L^2(t^{n-1}, t^n; H^1)}^2 \right\} + K_{11} \|\xi^n\|^2. \tag{3.1.41}$$

下面讨论 G_5 的估计. 首先引入

$$\hat{c}^{n-1} - \check{c}^{n-1} = \int_{\check{X}^{n-1}}^{\hat{X}^{n-1}} \frac{\partial c^{n-1}}{\partial z} \mathrm{d}z$$

$$= \int_0^1 \frac{\partial c^{n-1}}{\partial z} \left((1-\bar{z})\check{X}^{n-1} + \bar{z}\hat{X}^{n-1} \right) |E\boldsymbol{u}^n - E\boldsymbol{u}_h^n| \Delta t_c \mathrm{d}\bar{z}, \tag{3.1.42}$$

此处 $\bar{z}$ 表示 $E\boldsymbol{u}^n - E\boldsymbol{u}_h^n$ 的单位方向向量. 记

$$g_c(X) = \int_0^1 \frac{\partial c^{n-1}}{\partial z} \left((1-\bar{z})\check{X}^{n-1} + \bar{z}\hat{X}^{n-1} \right) \mathrm{d}\bar{z}.$$

注意到 $g_c(X)$ 是 $c^{n-1}(X)$ 一阶导数的某一确定的平均, 则有

$$\|g_c\|_{L^\infty} \leqslant K_{12} \|c^{n-1}\|_{W_\infty^1}.$$

由 (3.1.42)、(3.1.16)、(3.1.19) 和 (3.1.26) 可以推导

$$|G_5| = \left| \iint_\Omega \phi(X) g_c(X) |E\boldsymbol{u}^n - E\boldsymbol{u}_h^n| \xi^n \mathrm{d}X \right| \leqslant \phi^* \|g_c\|_{L^\infty} \|E\boldsymbol{u}^n - E\boldsymbol{u}_h^n\| \|\xi^n\|$$

$$\leqslant K_{12} \left\{ \|E\boldsymbol{u}^n - E\boldsymbol{u}_h^n\|^2 + \|\xi^n\|^2 \right\}$$

$$\leqslant K_{12} \left\{ h_p^2 + h_c^4 + \left\| \tilde{\xi}_{m-1} \right\|^2 + \left\| \tilde{\xi}_{m-2} \right\|^2 + \|\xi^n\|^2 \right\}. \tag{3.1.43}$$

对 G_6, 取 h_c 充分小, 再由引理 3.1.1, (3.1.16)、(3.1.19), 逆估计 (I_c) 和引理 3.1.3, 可得

$$|G_6| = \left| \sum_{J_c \in J_{h_c}} \int_{J_c} \phi \frac{\hat{\tilde{\eta}}^{n-1} - \check{\tilde{\eta}}^{n-1}}{\Delta t_c} \xi^n \mathrm{d}X \right|$$

$$= \left| \sum_{J_c \in J_{h_c}} \int_{J_c} \phi(X) g_{\tilde{\eta}}(X) |Eu^n - Eu_h^n| \xi^n \mathrm{d}X \right|$$

$$\leqslant K_{13} \left\{ \sum_{J_c \in J_{h_c}} \|g_{\tilde{\eta}}\|_{J_c}^2 \right\}^{1/2} \|Eu^n - Eu_h^n\| \left(\|\Phi^n\|_{L^\infty} + \|\Phi^n - \xi^n\|_{L^\infty} \right)$$

$$\leqslant K_{13} \left\{ \sum_{J_c \in J_{h_c}} \|g_{\tilde{\eta}}\|_{J_c}^2 \right\}^{1/2} \|Eu^n - Eu_h^n\| h_c^{-1/2} \left(\|\xi^n\|_{-1} + \|\zeta^n\| \right)$$

$$\leqslant K_{13} \left\{ h_p^2 + h_c^4 + \left\|\tilde{\xi}_{m-1}\right\|^2 + \left\|\tilde{\xi}_{m-2}\right\|^2 + \|\xi^n\|^2 \right\} + \varepsilon \left\|D^{1/2}\zeta^n\right\|^2. \tag{3.1.44}$$

对于 G_7 类似于 G_6 的估计, 可得

$$|G_7| \leqslant K_{14} \left\{ \sum_{J_c \in J_{h_c}} \left\|\nabla \tilde{\xi}^{n-1}\right\|_{J_c}^2 \right\}^{1/2} \|Eu^n - Eu_h^n\| h_c^{-1/2} \left(\|\xi^n\|_{-1} + \|\zeta^n\| \right)$$

$$\leqslant K_{14} \left\|D^{-1/2}\zeta^{n-1}\right\| h_c^{-1/2} \left(h_p + h_c^2 + \left\|\tilde{\xi}_{m-1}\right\| + \left\|\tilde{\xi}_{m-2}\right\| \right) \left(\|\xi^n\|_{-1} + \|\zeta^n\| \right)$$

$$\leqslant K_{14} \left\{ h_c^{-1} \left[h_p^2 + h_c^4 + \left\|\tilde{\xi}_{m-1}\right\|^2 + \left\|\tilde{\xi}_{m-2}\right\|^2 \right] \left\|D^{-1/2}\zeta^{n-1}\right\| \right.$$

$$\left. + h_c^{-1/2} \left(h_p + h_c^2 + \left\|\tilde{\xi}_{m-1}\right\| + \left\|\tilde{\xi}_{m-2}\right\| \right) \left(\left\|D^{-1/2}\zeta^{n-1}\right\| + \left\|D^{-1/2}\zeta^n\right\| \right) + \|\xi^n\|^2 \right\}.$$
$$\tag{3.1.45}$$

现在我们需要归纳法假定. 对任一固定的常数 $l \geqslant 1$, 若 $t^l \leqslant T$, 假定

$$h_c^{-1} \left\|\tilde{\xi}^{n-1}\right\|^2 \to 0, \quad h_c \to 0, \ n = 1, 2, \cdots, L. \tag{3.1.46}$$

由归纳假设 (3.1.46) 和限制性条件 $h_p = O(h_c^{3/2})$, 则有

$$|G_7| \leqslant K_{14} \|\xi^n\|^2 + \varepsilon \left\{ \left\|D^{-1/2}\zeta^{n-1}\right\| + \left\|D^{-1/2}\zeta^n\right\| \right\}. \tag{3.1.47}$$

对 G_8, 应用引理 3.1.3 可得

$$|G_8| \leqslant K_{15}(\Delta t_c)^{-1} \left\{ \left| \left(\tilde{\eta}^{n-1} - \check{\tilde{\eta}}^{n-1}, \Phi^n\right) \right| + \left| \left(\tilde{\eta}^{n-1} - \check{\tilde{\eta}}^{n-1}, \xi^n - \Phi^n\right) \right| \right\}$$

$$\leqslant K_{15}(\Delta t_c)^{-1}\left\{\left\|\tilde{\eta}^{n-1}-\breve{\tilde{\eta}}^{n-1}\right\|_{-1}\|\Phi^n\|+\left\|\tilde{\eta}^{n-1}-\breve{\tilde{\eta}}^{n-1}\right\|\|\xi^n-\Phi^n\|\right\}$$

$$\leqslant K_{15}(\Delta t_c)^{-1}\left\{\left\|\tilde{\eta}^{n-1}-\breve{\tilde{\eta}}^{n-1}\right\|_{-1}+h_c\left\|\tilde{\eta}^{n-1}-\breve{\tilde{\eta}}^{n-1}\right\|\right\}\left\{\|\xi^n\|_{-1}+\|\zeta^n\|\right\}.$$

由文献 [3, 26] 可得

$$\left\|\tilde{\eta}^{n-1}-\breve{\tilde{\eta}}^{n-1}\right\|_{-1}\leqslant K_{15}\left\|\tilde{\eta}^{n-1}\right\|\Delta t_c,$$

并注意到

$$\left\|\tilde{\eta}^{n-1}-\breve{\tilde{\eta}}^{n-1}\right\|\leqslant K_{15}\left\|\tilde{\eta}^{n-1}\right\|.$$

应用上述两个估计式和引理 3.1.3 可得

$$|G_8|\leqslant K_{15}\left\{\left\|\tilde{\eta}^{n-1}\right\|+\left\|\tilde{\eta}^{n-1}\right\|(\Delta t_c)^{-1}h_c\right\}\left(\|\xi^n\|_{-1}+\|\zeta^n\|\right)$$

$$\leqslant\varepsilon\left\|D^{-1/2}\zeta^n\right\|^2+K_{15}\left\{h_c^4+h_c^6(\Delta t_c)^{-1}+\|\xi^n\|^2\right\}. \tag{3.1.48}$$

对于最后一项, 经类似的分析有

$$|G_9|\leqslant K_{16}\left\{\left\|\tilde{\xi}^{n-1}\right\|+\left[\sum_{J_c\in J_{h_c}}\left\|\nabla\tilde{\xi}^{n-1}\right\|_{J_c}^2\right]^{1/2}(\Delta t_c)^{-1}h_c^2\right\}(\|\xi^n\|_{-1}+\|\zeta^n\|)$$

$$\leqslant K_{16}\left\{(\Delta t_c)^{-2}h_c^4\left(\left\|D^{-1/2}\zeta^{n-1}\right\|^2+\left\|D^{-1/2}\zeta^n\right\|^2\right)+\left\|\tilde{\xi}^{n-1}\right\|^2+\left\|\tilde{\xi}^n\right\|^2\right\}. \tag{3.1.49}$$

将估计式 (3.1.38)~(3.1.49) 应用到误差估计式 (3.1.37) 经整理可得

$$\frac{1}{2\Delta t_c}\left[(\varphi\tilde{\xi}^n,\tilde{\xi}^n)-(\varphi\tilde{\xi}^{n-1},\tilde{\xi}^{n-1})\right]+\frac{1}{2\Delta t_c}(2\Delta t_c-K_8 h_c^2)(D^{-1/2}\zeta^n,\zeta^n)$$

$$\leqslant K_{17}\left\{\left(\left\|\frac{\partial^2 c}{\partial\tau^2}\right\|_{L^2(t^{n-1},t^n;L^2)}+\left\|\frac{\partial c}{\partial t}\right\|_{L^2(t^{n-1},t^n;L^2)}\right)\Delta t_c+\left(\left\|\frac{\partial^2\boldsymbol{u}}{\partial\tau^2}\right\|_{L^2(t_{m-2},t_m;L^2)}\right.\right.$$

$$+\left\|\frac{\partial^2\boldsymbol{u}}{\partial t^2}\right\|_{L^2(t_{m-2},t_m;H(\mathrm{div}))}\right)(\Delta t_p)^3+\left(\|z\|_{L^2(t^{n-1},t^n;H^1)}^2+\|\nabla\cdot z\|_{L^2(t^{n-1},t^n;H^1)}^2\right.$$

$$\left.+\left\|\frac{\partial z}{\partial t}\right\|_{L^2(t^{n-1},t^n;H^1)}^2+\left\|\nabla\cdot\frac{\partial z}{\partial t}\right\|_{L^2(t^{n-1},t^n;H^1)}^2\right)(\Delta t_c)^{-1}h_c^4+h_p^2+h_c^4+h_c^6(\Delta t_c)^{-2}$$

$$+\left\|\tilde{\xi}_{m-1}\right\|^2+\left\|\tilde{\xi}_{m-2}\right\|^2+\left\|\tilde{\xi}^{n-1}\right\|^2$$

$$+ \left\| \xi^n \right\|^2 + (\Delta t_c)^{-2} h_c^4 \left(\left\| D^{-1/2} \zeta^{n-1} \right\|^2 + \left\| D^{-1/2} \zeta^n \right\|^2 \right) \Big\}$$

$$+ \varepsilon \left\{ \left\| D^{-1/2} \zeta^{n-1} \right\|^2 + \left\| D^{-1/2} \zeta^n \right\|^2 \right\}. \tag{3.1.50}$$

另有限制性条件 (3.1.30) 和 $\Delta t_c \geqslant K' h_c^{3/2}$, 则有

$$K_8' h_c^2 \leqslant K_8' (K')^{-1} \Delta t_c h_c^{1/2}, \quad h_c^6 (\Delta t_c)^{-2} \leqslant (K')^{-4} (\Delta t_c)^2, \quad (\Delta t_c)^{-2} h_c^4 \leqslant (K')^{-2} h_c.$$

对于 (3.1.50) 乘以 $2\Delta t_c$, 对 n 从 1 到 L 求和, 选定 ε 和 h_c 适当小, 并应用引理 3.1.2 可得

$$\left\| \xi^L \right\|^2 + \sum_{n=1}^L \| \zeta^n \|^2 \Delta t_c$$

$$\leqslant K_{18} \left\{ (\Delta t_c)^2 + (\Delta t_p)^4 + (\Delta t_p)^3 + h_c^3 + h_p^2 + \sum_{n=1}^L \left\| \xi^n \right\|^2 \Delta t_c \right\}. \tag{3.1.51}$$

应用 Gronwall 引理可得

$$\left\| \xi^L \right\|^2 + \sum_{n=1}^L \| \zeta^n \|^2 \Delta t_c \leqslant K_{18} \left\{ (\Delta t_c)^2 + (\Delta t_p)^4 + (\Delta t_p)^3 + h_c^3 + h_p^2 \right\}. \tag{3.1.52}$$

下面要验证归纳法假定 (3.1.46). 因为 $\tilde{\xi}^0 = 0$, (3.1.46) 显然成立. 对一般情况, 应用 (3.1.30) 和 (3.1.52) 有

$$h_c^{-1} \left\| \xi^L \right\|^2 \leqslant K_{18} h_c^{-1} \left\{ (\Delta t_c)^2 + (\Delta t_p)^4 + (\Delta t_p)^3 + h_c^3 + h_p^2 \right\} \to 0, \quad h_c \to 0. \tag{3.1.53}$$

因此归纳法假定 (3.1.46) 得证.

最后由 (3.1.52) 和 (3.1.26) 可得 (3.1.31), 定理 3.1.2 得证.

3.1.4   数值算例

为了验证三维问题特征混合元方法的有效性, 不妨假设 Darcy 速度 $\boldsymbol{u}$ 为已知的. 因此, 考虑如下的问题

$$\frac{\partial c}{\partial t} + \boldsymbol{u} \cdot \nabla c - \frac{\varepsilon}{3\pi^2} \Delta c = f, \quad X = (x_1, x_2, x_3) \in \Omega, \quad 0 < t \leqslant T, \tag{3.1.54a}$$

$$c(X, 0) = c_0(X), \quad X \in \Omega, \tag{3.1.54b}$$

$$\left. \frac{\partial c}{\partial \nu} \right|_{\partial \Omega} = 0, \quad 0 < t \leqslant T, \tag{3.1.54c}$$

其中 $\Omega = [0,1]^3$, $\boldsymbol{u} = (u_1, u_2, u_3)$,

$$u_1 = \exp(-\varepsilon t)\sin(\pi x_1)\cos(\pi x_2)\cos(\pi x_3)/(3\pi),$$
$$u_2 = \exp(-\varepsilon t)\cos(\pi x_1)\sin(\pi x_2)\cos(\pi x_3)/(3\pi), \qquad (3.1.55)$$
$$u_3 = \exp(-\varepsilon t)\cos(\pi x_1)\cos(\pi x_2)\sin(\pi x_3)/(3\pi).$$

取合适的 f 和 c_0, 使得精确解 c 为

$$c = \exp(-\varepsilon t)\cos(\pi x_1)\cos(\pi x_2)\cos(\pi x_3). \qquad (3.1.56)$$

对 (3.1.54a) 使用特征混合有限元法, 建立数值计算格式, 并用 Matlab 进行求解. 对 Ω 作均匀正方体剖分, 正方体边长为 $h = \dfrac{1}{N}$, 时间步长 $\Delta t = 0.001$. 表 3.1.1 和表 3.1.2 分别给出了 $t = 1.0$ 时刻 $c - c_h$ 和 $z - z_h$ 当取 $\varepsilon = 1, 10^{-3}, 10^{-8}$ 时的离散 L^2 模误差和收敛阶. 从表中可以看出, 误差阶都大于 1, 而且随着 ε 的缩小, 计算效果仍然是理想的, 说明了我们的方法求解对流占优扩散问题是有效的. 图 3.1.1 和图 3.1.2 给出了 $h = \dfrac{1}{16}$ 时精确解 c 和近似解 c_h 在 $t = 1$ 时刻 $x_3 = 0.5$ 时的剖面图. 图 3.1.3 和图 3.1.4 给出了向量函数 z 和近似解 z_h 在 $t = 1$ 时刻 $x_3 = 0.25$ 时的向量图. 详细的讨论和分析可参阅文献 [27].

表 3.1.1　$\|c - c_h\|$ 的计算结果

	$h = \dfrac{1}{4}$	$h = \dfrac{1}{8}$	$h = \dfrac{1}{16}$
$\varepsilon = 1$	0.008379	0.002048 2.03	4.467378 2.20
$\varepsilon = 10^{-3}$	0.014672	0.003774 1.96	9.628088 1.97
$\varepsilon = 10^{-8}$	0.014667	0.003756 1.97	9.412367 2.00

表 3.1.2　$\|z - z_h\|$ 的计算结果

	$h = \dfrac{1}{4}$	$h = \dfrac{1}{8}$	$h = \dfrac{1}{16}$
$\varepsilon = 1$	0.001282	3.078708 2.06	6.831900 2.17
$\varepsilon = 10^{-3}$	0.002881	9.027969 1.67	2.324853 1.96
$\varepsilon = 10^{-8}$	0.002897	9.136365 1.66	2.421173 1.92

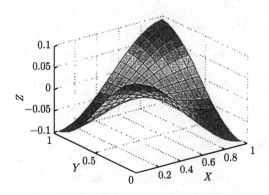

图 3.1.1 $\varepsilon = 10^{-3}, h = \frac{1}{16}$ 时精确解 c 在 $t = 1$ 时刻 $x_3 = 0.5$ 时的剖面图

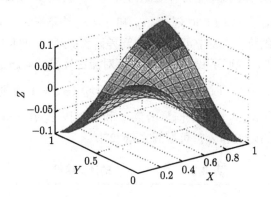

图 3.1.2 $\varepsilon = 10^{-3}, h = \frac{1}{16}$ 时近似解 c_h 在 $t = 1$ 时刻 $x_3 = 0.5$ 时的剖面图

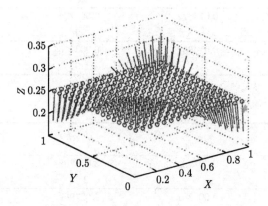

图 3.1.3 $\varepsilon = 10^{-3}, h = \frac{1}{16}$ 时精确解 z 在 $t = 1$ 时刻 $x_3 = 0.25$ 时的向量图

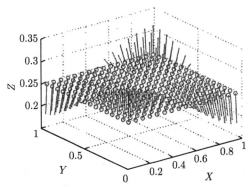

图 3.1.4 $\varepsilon = 10^{-3}, h = \dfrac{1}{16}$ 时精确解 z_h 在 $t = 1$ 时刻 $x_3 = 0.25$ 时的向量图

3.2 二相渗流驱动问题的混合体积元–特征混合体积元方法

本节研究三维多孔介质中油水二相渗流驱动问题,对不可压缩、可混溶问题,其数学模型关于压力的流动方程是椭圆型的,关于饱和度方程是对流–扩散型的. 流体压力通过 Darcy 流速在饱和度方程中出现,并控制着饱和度方程的全过程. 我们对流动方程采用具有守恒律性质的混合体积元离散求解,它对 Darcy 速度的计算提高了一阶精确度. 对饱和度方程采用特征混合体积元求解,即对方程的扩散部分采用混合体积元离散,对流部分采用特征线法,特征线法可以保证格式在流体锋线前沿逼近的高稳定性,消除数值弥散和非物理性振荡,并可以得到较小的时间截断误差,增大时间步长,提高计算精度. 扩散项采用混合体积元离散,可以同时逼近饱和度函数及其伴随向量函数,保持单元的质量守恒. 这对渗流力学数值模拟的计算是特别重要的. 应用微分方程先验估计的理论和特殊技巧,得到最佳二阶 L^2 模误差估计结果. 数值算例指明该方法的有效性和实用性,成功解决这一重要问题. 这项研究成果对油藏数值模拟的计算方法、应用软件研制和实际矿场应用均有重要的价值.

3.2.1 引言

本节研究三维多孔介质中油水渗流驱动问题,它是能源数值模拟的基础. 对不可压缩、可混溶问题,其数学模型关于压力的流动方程是椭圆型的,关于饱和度方程是对流–扩散型的,具有很强的双曲特性. 流体压力通过 Darcy 流速在饱和度方程中出现,并控制着饱和度方程的全过程. 问题的数学模型是下述非线性偏微分方程组的耦合问题 [2,3,7,8,21,28]:

$$-\nabla \cdot \left(\frac{k(X)}{\mu(c)} \nabla p \right) \equiv \nabla \cdot \boldsymbol{u} = q(X, t), \quad X = (x, y, z)^{\mathrm{T}} \in \Omega, \quad t \in J = (0, T], \quad (3.2.1a)$$

$$\boldsymbol{u} = -\frac{k(X)}{\mu(c)}\nabla p, \quad X \in \Omega, t \in J, \tag{3.2.1b}$$

$$\phi\frac{\partial c}{\partial t} + \boldsymbol{u}\cdot\nabla c - \nabla\cdot(D\nabla c) = (\tilde{c}-c)\tilde{q}, \quad X \in \Omega, t \in J, \tag{3.2.2}$$

此处 Ω 是三维空间 R^3 中的有界区域, $p(X,t)$ 是压力函数, $\boldsymbol{u} = (u_1, u_2, u_3)^{\mathrm{T}}$ 是 Darcy 速度, $c(X,t)$ 是水的饱和度函数. $\tilde{q} = \max\{q,0\}$, q 是产量项, 正为注入井, 负为生产井. $\phi(X)$ 是多孔介质的空隙度, $k(X)$ 是岩石的渗透率, $\mu(c)$ 为依赖于饱和度 c 的黏度, $\tilde{c}$ 在注入井是注入流体的饱和度, 在生产井 $\tilde{c} = c$, $D = D(X)$ 是扩散系数. 压力函数 $p(X,t)$ 与饱和度函数 $c(X,t)$ 是待求函数.

不渗透边界条件:

$$\boldsymbol{u}\cdot\nu = 0, \quad (D\nabla c - c\boldsymbol{u})\cdot\nu = 0, \quad X \in \partial\Omega, \quad t \in J, \tag{3.2.3}$$

此处 ν 是区域 Ω 的边界曲面 $\partial\Omega$ 的外法线方向向量.

初始条件:

$$c(X,0) = c_0(X), \quad X \in \Omega. \tag{3.2.4}$$

为保证解的存在唯一性, 还需要下述相容性和唯一性条件:

$$\int_\Omega q(X,t)\mathrm{d}X = 0, \quad \int_\Omega p(X,t)\mathrm{d}X = 0, \quad t \in J. \tag{3.2.5}$$

　　数值实验和理论分析指明, 经典的有限元方法在处理对流–扩散问题上, 会出现强烈的数值振荡现象. 为了克服上述缺陷, 许多学者提出了一系列新的数值方法. 如特征差分方法 [4]、特征有限元法 [9]、迎风加权差分格式 [10]、高阶 Godunov 格式 [11]、流线扩散法 [12]、最小二乘混合有限元法 [13]、修正特征有限元方法 (MMOC-Galerkin)[15] 以及 Eulerian-Lagrangian 局部对偶方法 (ELLAM)[14]. 上述方法对传统有限元方法和差分方法有所改进, 但它们各自也有许多无法克服的缺陷. 迎风加权差分格式在锋线前沿产生数值弥散现象, 高阶 Godunov 格式关于时间步长要求一个 CTL 限制, 流线扩散法与最小二乘混合有限元方法减少了数值弥散, 却人为地强加了流线的方向. Eulerian-Lagrangian 局部对偶方法可以保持局部的质量守恒, 但增加了积分的估算, 计算量很大. 为了得到对流–扩散问题的高精度数值计算格式, Arbogast 与 Wheeler 在 [19] 中对流占优的输运方程讨论了一种特征混合元方法, 此格式在单元上是守恒的, 通过后处理得到 $\frac{3}{2}$ 阶的高精度误差估计, 但此格式要计算大量的检验函数的映像积分, 使得实际计算十分复杂和困难. 我们实质性拓广和改进了 Arbogast 与 Wheeler 的工作 [19], 提出了一类混合元 —— 特征混合元方法, 大大减少了计算工作量, 并进行了实际问题的数值算例, 指明此方法在实际计算时是可行的和有效的 [20]. 但在那里仅能得到一阶精确度误差估计, 且不能拓广到三维问题. 我们注意到有限体积元法 [29,30] 兼具有差分方法的简单性和有限元方法的高精度性, 并且保持局部质量守恒, 是求解偏微分方程的一种十分有效的数值方法. 混合元方法 [1,2,16] 可以同时求解压力函数及其 Darcy 流速, 从而提高其一阶精度. 文献 [21, 31, 32] 将有限体积元和混合元结合, 提出了混合有限体积元的思想, 文献 [33, 34] 通过数值算例验证这种方法的有效性. 文献 [35-37] 主要对椭圆问题给出混合有限体积元的收敛性估计等理论结果, 形成了混合有限体积元方法的一般框架. 芮洪兴等用此方法研究了低渗油气渗流问题的数值模拟计算 [38,39]. 在上述工作的基础上, 我们对三维油水二相渗流驱动问题提出一类混合体积元 —— 特征混合体积元方法. 用混合体积元同时逼近压力函数和 Darcy 速度, 并对 Darcy 速度提高了一阶计算精确度. 对饱和度方程用特征混合有限体积元方法, 即对对流项沿特征线方向离散, 方程的扩散项采用混合体积元离散. 特征线方法可以保证格式在流体锋线前沿逼近的高度稳定性, 消除数值弥散现象, 并可以得到较小的截断时间误差. 在实际计算中可以采用较大的时间步长, 提高计算效率而不降低精确度. 扩散项采用混合有限体积元离散, 可以同时逼近未知的饱和度函数及其伴随向量函数, 并且由于分片常数在检验函数空间中, 因此格式保持单元上质量守恒. 这一特性对渗流力学数值模拟计算是特别重要的. 应用微分方程先验估计理论和特殊技巧, 得到了最优二阶 L^2 模误差估计, 在不需要做后处理的情况下, 得到高于 Arbogast 与 Wheeler $\frac{3}{2}$ 阶估计的著名成果 [19]. 本节对一般三维椭圆–对流扩散方程组做了数值试验, 进一步指明本节的方法是一类切实可行的高效计算方法, 支撑了理论分析结果, 成功解决了这一重要问题 [8,21,22]. 这项研究成果对油藏数值模拟的计算方法、应用软件研制和矿场实际应用均有重要的价值.

我们使用通常的 Sobolev 空间及其范数记号. 假定问题 (3.2.1)~(3.2.5) 的精确解满足下述正则性条件:

$$(\mathrm{R}) \quad \begin{cases} p \in L^\infty(H^1), \\ \boldsymbol{u} \in L^\infty(H^1(\mathrm{div})) \cap L^\infty(W^1_\infty) \cap W^1_\infty(L^\infty) \cap H^2(L^2), \\ c \in L^\infty(H^2) \cap H^1(H^1) \cap L^\infty(W^1_\infty) \cap H^2(L^2). \end{cases}$$

同时假定问题 (3.2.1)~(3.2.5) 的系数满足正定性条件:

$$(\mathrm{C}) \quad 0 < a_* \leqslant \frac{k(X)}{\mu(c)} \leqslant a^*, \quad 0 < \phi_* \leqslant \phi(X) \leqslant \phi^*, \quad 0 < D_* \leqslant D(X) \leqslant D^*,$$

此处 $a_*, a^*, \phi_*, \phi^*, D_*$ 和 D^* 均为确定的正常数.

在本节中, 为了分析方便, 假定问题 (3.2.1)~(3.2.5) 是 Ω 周期的 [1-5], 也就是在本节中全部函数假定是 Ω 周期的. 这在物理上是合理的, 因为无流动边界条件

(3.2.3) 一般能作镜面反射处理, 而且通常油藏数值模拟中, 边界条件对油藏内部流动影响较小 [2-4]. 因此边界条件是可以省略的.

3.2.2　记号和引理

为了应用混合体积元–修正特征混合体积元方法, 需要构造两套网格系统. 粗网格是针对流场压力和 Darcy 流速的非均匀粗网格, 细网格是针对饱和度方程的非均匀细网格. 首先讨论粗网格系统.

研究三维问题, 为简单起见, 设区域 $\Omega = \{[0,1]\}^3$, 用 $\partial\Omega$ 表示其边界. 定义剖分

$$\delta_x : 0 < x_{1/2} < x_{3/2} < \cdots < x_{N_x-1/2} < x_{N_x+1/2} = 1,$$

$$\delta_y : 0 < y_{1/2} < y_{3/2} < \cdots < y_{N_y-1/2} < y_{N_y+1/2} = 1,$$

$$\delta_z : 0 < z_{1/2} < z_{3/2} < \cdots < z_{N_z-1/2} < z_{N_z+1/2} = 1.$$

对 Ω 作剖分 $\delta_x \times \delta_y \times \delta_z$, 对于 $i = 1, 2, \cdots, N_x; j = 1, 2, \cdots, N_y; k = 1, 2, \cdots, N_z$. 记 $\Omega_{ijk} = \{(x, y, z) | x_{i-1/2} < x < x_{i+1/2}, y_{j-1/2} < y < y_{j+1/2}, z_{k-1/2} < z < z_{k+1/2}\}$, $x_i = \dfrac{x_{i-1/2} + x_{i+1/2}}{2}$, $y_j = \dfrac{y_{j-1/2} + y_{j+1/2}}{2}$, $z_k = \dfrac{z_{k-1/2} + z_{k+1/2}}{2}$. $h_{x_i} = x_{i+1/2} - x_{i-1/2}$, $h_{y_j} = y_{j+1/2} - y_{j-1/2}$, $h_{z_k} = z_{k+1/2} - z_{k-1/2}$. $h_{x,i+1/2} = x_{i+1} - x_i$, $h_{y,j+1/2} = y_{j+1} - y_j$, $h_{z,k+1/2} = z_{k+1} - z_k$. $h_x = \max\limits_{1 \leqslant i \leqslant N_x}\{h_{x_i}\}$, $h_y = \max\limits_{1 \leqslant j \leqslant N_y}\{h_{y_j}\}$, $h_z = \max\limits_{1 \leqslant k \leqslant N_z}\{h_{z_k}\}$, $h_p = (h_x^2 + h_y^2 + h_z^2)^{1/2}$. 称剖分是正则的, 是指存在常数 $\alpha_1, \alpha_2 > 0$, 使得

$$\min_{1 \leqslant i \leqslant N_x}\{h_{x_i}\} \geqslant \alpha_1 h_x, \quad \min_{1 \leqslant j \leqslant N_y}\{h_{y_j}\} \geqslant \alpha_1 h_y, \quad \min_{1 \leqslant k \leqslant N_z}\{h_{z_k}\} \geqslant \alpha_1 h_z,$$

$$\min\{h_x, h_y, h_z\} \geqslant \alpha_2 \max\{h_x, h_y, h_z\}.$$

特别指出的是, 此处 $\alpha_i (i = 1, 2)$ 是两个确定的正常数, 它与 Ω 的剖分 $\delta_x \times \delta_y \times \delta_z$ 有关. 图 3.2.1 表示对应于 $N_x = 4, N_y = 3, N_z = 3$ 情况下简单网格的示意图. 定义 $M_l^d(\delta_x) = \{f \in C^l[0,1] : f|_{\Omega_i} \in p_d(\Omega_i), i = 1, 2, \cdots, N_x\}$, 其中 $\Omega_i = [x_{i-1/2}, x_{i+1/2}], p_d(\Omega_i)$ 是 Ω_i 上次数不超过 d 的多项式空间, 当 $l = -1$ 时, 表示函数 f 在 $[0,1]$ 上可以不连续. 对 $M_l^d(\delta_y), M_l^d(\delta_z)$ 的定义是类似的. 记 $S_h = M_{-1}^0(\delta_x) \otimes M_{-1}^0(\delta_y) \otimes M_{-1}^0(\delta_z)$, $V_h = \{\boldsymbol{w} | \boldsymbol{w} = (w^x, w^y, w^z), w^x \in M_0^1(\delta_x) \otimes M_{-1}^0(\delta_y) \otimes M_{-1}^0(\delta_z), w^y \in M_{-1}^0(\delta_x) \otimes M_0^1(\delta_y) \otimes M_{-1}^0(\delta_z), w^z \in M_{-1}^0(\delta_x) \otimes M_{-1}^0(\delta_y) \otimes M_0^1(\delta_z), \boldsymbol{w} \cdot \gamma|_{\partial\Omega} = 0\}$. 对函数 $v(x, y, z)$, 以 v_{ijk}, $v_{i+1/2,jk}$, $v_{i,j+1/2,k}$ 和 $v_{ij,k+1/2}$ 分别表示 $v(x_i, y_j, z_k)$, $v(x_{i+1/2}, y_j, z_k)$, $v(x_i, y_{j+1/2}, z_k)$ 和 $v(x_i, y_j, z_{k+1/2})$.

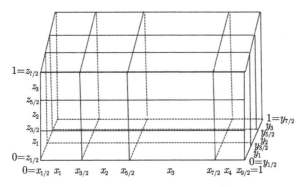

图 3.2.1　非均匀网格剖分示意图

定义下列内积及范数:

$$(v,w)_{\bar{m}} = \sum_{i=1}^{N_x} \sum_{j=1}^{N_y} \sum_{k=1}^{N_z} h_{x_i} h_{y_j} h_{z_k} v_{ijk} w_{ijk},$$

$$(v,w)_x = \sum_{i=1}^{N_x} \sum_{j=1}^{N_y} \sum_{k=1}^{N_z} h_{x_{i-1/2}} h_{y_j} h_{z_k} v_{i-1/2,jk} w_{i-1/2,jk},$$

$$(v,w)_y = \sum_{i=1}^{N_x} \sum_{j=1}^{N_y} \sum_{k=1}^{N_z} h_{x_i} h_{y_{j-1/2}} h_{z_k} v_{i,j-1/2,k} w_{i,j-1/2,k},$$

$$(v,w)_z = \sum_{i=1}^{N_x} \sum_{j=1}^{N_y} \sum_{k=1}^{N_z} h_{x_i} h_{y_j} h_{z_{k-1/2}} v_{ij,k-1/2} w_{ij,k-1/2},$$

$$\|v\|_s^2 = (v,v)_s, \quad s = m, x, y, z, \quad \|v\|_\infty = \max_{1 \leqslant i \leqslant N_x, 1 \leqslant j \leqslant N_y, 1 \leqslant k \leqslant N_z} |v_{ijk}|,$$

$$\|v\|_{\infty(x)} = \max_{1 \leqslant i \leqslant N_x, 1 \leqslant j \leqslant N_y, 1 \leqslant k \leqslant N_z} |v_{i-1/2,jk}|,$$

$$\|v\|_{\infty(y)} = \max_{1 \leqslant i \leqslant N_x, 1 \leqslant j \leqslant N_y, 1 \leqslant k \leqslant N_z} |v_{i,j-1/2,k}|,$$

$$\|v\|_{\infty(z)} = \max_{1 \leqslant i \leqslant N_x, 1 \leqslant j \leqslant N_y, 1 \leqslant k \leqslant N_z} |v_{ij,k-1/2}|.$$

当 $\boldsymbol{w} = (w^x, w^y, w^z)^{\mathrm{T}}$ 时, 记

$$|||\boldsymbol{w}||| = \left(\|w^x\|_x^2 + \|w^y\|_y^2 + \|w^z\|_z^2 \right)^{1/2},$$

$$|||\boldsymbol{w}|||_\infty = \|w^x\|_{\infty(x)} + \|w^y\|_{\infty(y)} + \|w^z\|_{\infty(z)},$$

$$\|\boldsymbol{w}\|_{\bar{m}} = \left(\|w^x\|_{\bar{m}}^2 + \|w^y\|_{\bar{m}}^2 + \|w^z\|_{\bar{m}}^2 \right)^{1/2},$$

$$\|\boldsymbol{w}\|_\infty = \|w^x\|_\infty + \|w^y\|_\infty + \|w^z\|_\infty.$$

设 $W_p^m(\Omega) = \left\{ v \in L^p(\Omega) \middle| \dfrac{\partial^n v}{\partial x^{n-l-r} \partial y^l \partial z^r} \in L^p(\Omega), n-l-r \geqslant 0, l = 0, 1, \cdots, \right.$

$\left. n; r = 0, 1, \cdots, n, n = 0, 1, \cdots, m; 0 < p < \infty \right\}$. $H^m(\Omega) = W_2^m(\Omega)$, $L^2(\Omega)$ 的内积与范数分别为 $(\cdot, \cdot)$, $\|\cdot\|$, 对于 $v \in S_h$, 显然有

$$\|v\|_{\bar{m}} = \|v\|. \tag{3.2.6}$$

定义下列记号:

$$[d_x v]_{i+1/2,jk} = \frac{v_{i+1,jk} - v_{ijk}}{h_{x,i+1/2}}, \quad [d_y v]_{i,j+1/2,k} = \frac{v_{i,j+1,k} - v_{ijk}}{h_{y,j+1/2}},$$

$$[d_z v]_{ij,k+1/2} = \frac{v_{ij,k+1} - v_{ijk}}{h_{z,k+1/2}};$$

$$[D_x w]_{ijk} = \frac{w_{i+1/2,jk} - w_{i-1/2,jk}}{h_{x_i}}, \quad [D_y w]_{ijk} = \frac{w_{i,j+1/2,k} - w_{i,j-1/2,k}}{h_{y_j}},$$

$$[D_z w]_{ijk} = \frac{w_{ij,k+1/2} - w_{ij,k-1/2}}{h_{z_k}};$$

$$\hat{w}_{ijk}^x = \frac{w_{i+1/2,jk}^x + w_{i-1/2,jk}^x}{2}, \quad \hat{w}_{ijk}^y = \frac{w_{i,j+1/2,k}^y + w_{i,j-1/2,k}^y}{2},$$

$$\hat{w}_{ijk}^z = \frac{w_{ij,k+1/2}^z + w_{ij,k-1/2}^z}{2}, \quad \bar{w}_{ijk}^x = \frac{h_{x,i+1}}{2h_{x,i+1/2}} w_{ijk} + \frac{h_{x,i}}{2h_{x,i+1/2}} w_{i+1,jk},$$

$$\bar{w}_{ijk}^y = \frac{h_{y,j+1}}{2h_{y,j+1/2}} w_{ijk} + \frac{h_{y,j}}{2h_{y,j+1/2}} w_{i,j+1,k},$$

$$\bar{w}_{ijk}^z = \frac{h_{z,k+1}}{2h_{z,k+1/2}} w_{ijk} + \frac{h_{z,k}}{2h_{z,k+1/2}} w_{ij,k+1},$$

以及 $\hat{w}_{ijk} = (\hat{w}_{ijk}^x, \hat{w}_{ijk}^y, \hat{w}_{ijk}^z)^{\mathrm{T}}$, $\bar{w}_{ijk} = (\bar{w}_{ijk}^x, \bar{w}_{ijk}^y, \bar{w}_{ijk}^z)^{\mathrm{T}}$. 此处 $d_s(s = x, y, z)$, $D_s(s = x, y, z)$ 是差商算子, 它与方程 (3.2.2) 中的系数 D 无关. 记 L 是一个正整数, $\Delta t = \dfrac{T}{L}$, $t^n = n\Delta t$, v^n 表示函数在 t^n 时刻的值, $d_t v^n = \dfrac{v^n - v^{n-1}}{\Delta t}$.

对于上面定义的内积和范数, 下述三个引理成立.

引理 3.2.1　对于 $v \in S_h$, $w \in V_h$, 显然有

$$(v, D_x w^x)_{\bar{m}} = -(d_x v, w^x)_x, \quad (v, D_y w^y)_{\bar{m}} = -(d_y v, w^y)_y,$$
$$(v, D_z w^z)_{\bar{m}} = -(d_z v, w^z)_z. \tag{3.2.7}$$

引理 3.2.2　对于 $w \in V_h$, 则有

$$\|\hat{w}\|_{\bar{m}} \leqslant \||w\||. \tag{3.2.8}$$

证明 事实上, 只要证明 $\|\hat{w}^x\|_{\bar{m}} \leqslant \|w^x\|_x$, $\|\hat{w}^y\|_{\bar{m}} \leqslant \|w^y\|_y$, $\|\hat{w}^z\|_{\bar{m}} \leqslant \|w^z\|_z$ 即可. 注意到

$$\sum_{i=1}^{N_x}\sum_{j=1}^{N_y}\sum_{k=1}^{N_z} h_{x_i}h_{y_j}h_{z_k}(\hat{w}_{ijk}^x)^2$$

$$\leqslant \sum_{j=1}^{N_y}\sum_{k=1}^{N_z} h_{y_j}h_{z_k}\sum_{i=1}^{N_x}\frac{(w_{i+1/2,jk}^x)^2 + (w_{i-1/2,jk}^x)^2}{2}h_{x_i}$$

$$= \sum_{j=1}^{N_y}\sum_{k=1}^{N_z} h_{y_j}h_{z_k}\left(\sum_{i=2}^{N_x}\frac{h_{x,i-1/2}}{2}(w_{i-1/2,jk}^x)^2 + \sum_{i=1}^{N_x}\frac{h_{x_i}}{2}(w_{i-1/2,jk}^x)^2\right)$$

$$= \sum_{j=1}^{N_y}\sum_{k=1}^{N_z} h_{y_j}h_{z_k}\sum_{i=2}^{N_x}\frac{h_{x,i-1/2}+h_{x_i}}{2}(w_{i-1/2,jk}^x)^2$$

$$= \sum_{i=1}^{N_x}\sum_{j=1}^{N_y}\sum_{k=1}^{N_z} h_{x,i-1/2}h_{y_j}h_{z_k}(w_{i-1/2,jk}^x)^2.$$

从而有 $\|\hat{w}^x\|_{\bar{m}} \leqslant \|w^x\|_x$, 对其余二项估计是类似的.

引理 3.2.3 对于 $q \in S_h$, 则有

$$\|\bar{q}^x\|_x \leqslant M\|q\|_m, \quad \|\bar{q}^y\|_y \leqslant M\|q\|_m, \quad \|\bar{q}^z\|_z \leqslant M\|q\|_m, \tag{3.2.9}$$

此处 M 是与 q, h 无关的常数.

引理 3.2.4 对于 $w \in V_h$, 则有

$$\|w^x\|_x \leqslant \|D_x w^x\|_{\bar{m}}, \quad \|w^y\|_y \leqslant \|D_y w^y\|_{\bar{m}}, \quad \|w^z\|_z \leqslant \|D_z w^z\|_{\bar{m}}. \tag{3.2.10}$$

证明 只要证明 $\|w^x\|_x \leqslant \|D_x w^x\|_{\bar{m}}$, 其余是类似的. 注意到

$$w_{l+1/2,jk}^x = \sum_{i=1}^{l}\left(w_{i+1/2,jk}^x - w_{i-1/2,jk}^x\right) = \sum_{i=1}^{l}\frac{w_{i+1/2,jk}^x - w_{i-1/2,jk}^x}{h_{x_i}}h_{x_i}^{1/2}h_{x_i}^{1/2}.$$

由 Cauchy 不等式, 可得

$$\left(w_{l+1/2,jk}^x\right)^2 \leqslant x_l\sum_{i=1}^{N_x} h_{x_i}\left([D_x w^x]_{ijk}\right)^2.$$

对上式左、右两边同乘以 $h_{x,i+1/2}h_{y_j}h_{z_k}$, 并求和可得

$$\sum_{i=1}^{N_x}\sum_{j=1}^{N_y}\sum_{k=1}^{N_z}(w_{i-1/2,jk}^x)^2 h_{x,i-1/2}h_{y_j}h_{z_k} \leqslant \sum_{i=1}^{N_x}\sum_{j=1}^{N_y}\sum_{k=1}^{N_z}\left([D_x w^x]_{ijk}\right)^2 h_{x_i}h_{y_j}h_{z_k}.$$

引理 3.2.4 得证.

对于区域 $\Omega = \{[0,1]\}^3$ 的细网格系统, 通常基于上述粗网格的基础上再进行均匀细分, 一般取原网格步长的 $\dfrac{1}{l}$, 通常 l 取 2 或 4, 其余全部记号不变, 此时 $h_c = \dfrac{h_p}{l}$.

3.2.3 混合体积元–修正特征混合元程序

3.2.3.1 格式的提出

为了引入混合有限体积元方法的处理思想, 将流动方程 (3.2.1) 写为下述标准形式:

$$\nabla \cdot \boldsymbol{u} = q, \tag{3.2.11a}$$

$$\boldsymbol{u} = -a(c)\nabla p, \tag{3.2.11b}$$

此处 $a(c) = k(X)\mu^{-1}(c)$.

对于饱和度方程 (3.2.2), 注意到这流动实际上沿着迁移的特征方向, 采用特征线法处理一阶双曲部分, 它具有很高的精确度和强稳定性. 对时间 t 可采用大步长计算. 记 $\psi(X,\boldsymbol{u}) = [\phi^2(X) + |\boldsymbol{u}|^2]^{1/2}$, $\dfrac{\partial}{\partial \tau} = \psi^{-1}\left\{\phi\dfrac{\partial}{\partial t} + \boldsymbol{u} \cdot \nabla\right\}$. 为了应用混合体积元离散扩散部分, 我们将方程 (3.2.2) 写为下述标准形式

$$\psi\frac{\partial c}{\partial \tau} + \nabla \cdot \boldsymbol{g} = f(X,c), \tag{3.2.12a}$$

$$\boldsymbol{g} = -D\nabla c, \tag{3.2.12b}$$

此处 $f(X,c) = (kc - c)\tilde{q}$.

设 $P, \boldsymbol{U}, C, \boldsymbol{G}$ 分别为 $p, \boldsymbol{u}, c$ 和 $\boldsymbol{g}$ 的混合体积元–特征混合体积元的近似解. 由 3.2.2 小节的记号和引理 3.2.1~引理 3.2.4 的结果导出流体压力和 Darcy 流速的混合体积元格式为

$$\left(D_x U^{x,n+1} + D_y U^{y,n+1} + D_z U^{z,n+1}, v\right)_m = \left(q^{n+1}, v\right), \quad \forall v \in S_h, \tag{3.2.13a}$$

$$\left(a^{-1}(\bar{C}^{x,n})U^{x,n+1}, w^x\right)_x + \left(a^{-1}(\bar{C}^{y,n})U^{y,n+1}, w^y\right)_y + \left(a^{-1}(\bar{C}^{z,n})U^{z,n+1}, w^z\right)_z$$
$$- \left(P^{n+1}, D_x w^x + D_x w^y + D_x w^z\right)_m = 0, \quad \forall w \in V_h. \tag{3.2.13b}$$

对方程 (3.2.12) 利用向后差商逼近特征方向导数

$$\frac{\partial c^{n+1}}{\partial \tau}(X) \approx \frac{c^{n+1} - c^n(X - \phi^{-1}\boldsymbol{u}^{n+1}(X)\Delta t)}{\Delta t(1 + \phi^{-2}|\boldsymbol{u}^{n+1}|^2)^{1/2}}.$$

则饱和度方程 (3.2.12) 的特征混合体积元格式为

$$
\left(\phi\frac{C^{n+1}-\hat{C}^n}{\Delta t},v\right)_m + \left(D_x G^{x,n+1}+D_y G^{y,n+1}+D_z G^{z,n+1},v\right)_m
$$
$$
=\left(f(\hat{C}^n),v\right),\quad \forall v\in S_h, \tag{3.2.14a}
$$

$$
\left(D^{-1}G^{x,n+1},w^x\right)_x + \left(D^{-1}G^{y,n+1},w^y\right)_y + \left(D^{-1}G^{z,n+1},w^z\right)_z
$$
$$
-\left(C^{n+1},D_x w^x+D_y w^y+D_z w^z\right)_m=0,\quad \forall w\in V_h, \tag{3.2.14b}
$$

此处 $\hat{C}^n=C^n(\hat{X}^n)$, $\hat{X}^n=X-\phi^{-1}\boldsymbol{U}^{n+1}\Delta t$.

初始逼近:

$$
C^0=\tilde{C}^0,\quad \boldsymbol{G}^0=\tilde{\boldsymbol{G}}^0,\quad X\in\Omega, \tag{3.2.15}
$$

此处 $(\tilde{C}^0,\tilde{\boldsymbol{G}}^0)$ 为 $(c_0,\boldsymbol{g}_0)$ 的椭圆投影 (将在下节定义).

混合体积元–特征混合体积元格式的计算程序: 首先由初始条件 c_0, $\boldsymbol{g}_0=-D\nabla c_0$, 应用混合体积元的椭圆投影确定 $\{\tilde{C}^0,\tilde{\boldsymbol{G}}^0\}$. 取 $C^0=\tilde{C}^0, \boldsymbol{G}^0=\tilde{\boldsymbol{G}}^0$. 再由混合体积元格式 (3.2.13) 应用共轭梯度法求得 $\{\boldsymbol{U}^1,P^1\}$. 然后, 再由特征混合体积元格式 (3.2.14) 应用共轭梯度法求得 $\{C^1,\boldsymbol{G}^1\}$. 如此, 再由 (3.2.13) 求得 $\{\boldsymbol{U}^2,P^2\}$. 这样依次进行, 可求得全部数值逼近解, 由正定性条件 (C) 知, 解存在且唯一.

3.2.3.2　局部质量守恒律

如果问题 (3.2.1)~(3.2.5) 没有源汇项, 也就是 $q\equiv 0$ 和边界条件是不渗透的, 则在每个单元 $J_c\in\Omega$ 上, 此处为简单起见, 设 $l=1$, 即粗细网格重合, $J_c=\Omega_{ijk}=[x_{i-1/2},x_{i+1/2}]\times[y_{j-1/2},y_{j+1/2}]\times[z_{k-1/2},z_{k+1/2}]$, 饱和度方程的局部质量守恒表现为

$$
\int_{J_c}\psi\frac{\partial c}{\partial\tau}\mathrm{d}X-\int_{\partial J_c}\boldsymbol{g}\cdot\gamma_{J_c}\mathrm{d}S=0, \tag{3.2.16}
$$

此处 J_c 为区域 Ω 关于饱和度的细网格剖分单元, ∂J_c 为单元 J_c 的边界面, γ_{J_c} 为单元边界面的外法线方向向量. 下面证明 (3.2.14) 满足下面的离散意义下的局部质量守恒律.

定理 3.2.1　如果 $q\equiv 0$, 则在任意单元 $J_c\in\Omega$ 上, 格式 (3.2.14) 满足离散的局部质量守恒律

$$
\int_{J_c}\phi\frac{C^{n+1}-\hat{C}^n}{\Delta t}\mathrm{d}X-\int_{\partial J_c}\boldsymbol{G}^{n+1}\cdot\gamma_{J_c}\mathrm{d}S=0. \tag{3.2.17}
$$

证明　因为 $v \in S_h$, 在给定的单元 $J_c \in \Omega$ 上, 取 $v \equiv 1$, 在其他单元上为零, 则此时 (3.2.14) 为

$$\left(\phi\frac{C^{n+1}-\hat{C}^n}{\Delta t},1\right)_{\Omega_{ijk}} + \left(D_x G^{x,n+1}+D_y G^{y,n+1}+D_z G^{z,n+1},1\right)_{\Omega_{ijk}} = 0. \quad (3.2.18)$$

按 3.2.2 小节中的记号可得

$$\left(\phi\frac{C^{n+1}-\hat{C}^n}{\Delta t},1\right)_{\Omega_{ijk}} = \phi_{ijk}\left(\frac{C_{ijk}^{n+1}-\hat{C}_{ijk}^n}{\Delta t}\right)h_{x_i}h_{y_j}h_{z_k} = \int_{\Omega_{ijk}}\phi\frac{C^{n+1}-\hat{C}^n}{\Delta t}\mathrm{d}X,$$
$$(3.2.19\mathrm{a})$$

$$\left(D_x G^{x,n+1}+D_y G^{y,n+1}+D_z G^{z,n+1},1\right)_{\Omega_{ijk}}$$
$$= \left(G_{i+1/2,jk}^{x,n+1}-G_{i-1/2,jk}^{x,n+1}\right)h_{y_j}h_{z_k} + \left(G_{i,j+1/2,k}^{y,n+1}-G_{i,j-1/2,k}^{y,n+1}\right)h_{x_i}h_{z_k}$$
$$+ \left(G_{ij,k+1/2}^{z,n+1}-G_{ij,k-1/2}^{z,n+1}\right)h_{x_i}h_{y_j} = -\int_{\partial\Omega_{ijk}}\boldsymbol{G}^{n+1}\cdot\gamma_{J_c}\mathrm{d}S. \quad (3.2.19\mathrm{b})$$

将式 (3.2.19) 代入式 (3.2.18), 定理 3.2.1 得证.

由局部质量守恒律 (定理 3.2.1), 即可推出整体质量守恒律.

定理 3.2.2　如果 $q \equiv 0$, 边界条件是不渗透的, 则格式 (3.2.14) 满足整体离散质量守恒律

$$\int_{\Omega}\phi\frac{C^{n+1}-\hat{C}^n}{\Delta t}\mathrm{d}X = 0, \quad n \geqslant 0. \quad (3.2.20)$$

证明　由局部质量守恒律 (3.2.17), 对全部的网格剖分单元求和, 则有

$$\sum_{i,j,k}\int_{\Omega_{ijk}}\phi\frac{C^{n+1}-\hat{C}^n}{\Delta t}\mathrm{d}X - \sum_{i,j,k}\int_{\partial\Omega_{ijk}}\boldsymbol{G}^{n+1}\cdot\gamma_{J_c}\mathrm{d}S = 0. \quad (3.2.21)$$

注意到 $-\sum_{i,j,k}\int_{\partial\Omega_{ijk}}\boldsymbol{G}^{n+1}\cdot\gamma_{J_c}\mathrm{d}S = -\int_{\partial\Omega}\boldsymbol{G}^{n+1}\cdot\gamma\mathrm{d}S = 0$, 定理得证.

3.2.4　收敛性分析

为了进行收敛性分析, 引入下述辅助性椭圆投影. 定义 $\tilde{U} \in V_h, \tilde{P} \in S_h$ 满足

$$\left(D_x\tilde{U}^x+D_y\tilde{U}^y+D_z\tilde{U}^z,v\right)_m = (q,v)_m, \quad \forall v \in S_h, \quad (3.2.22\mathrm{a})$$

$$\left(a^{-1}(c)\tilde{U}^x,w^x\right)_x + \left(a^{-1}(c)\tilde{U}^y,w^y\right)_y + \left(a^{-1}(c)\tilde{U}^z,w^z\right)_z$$
$$- \left(\tilde{P},D_xw^x+D_yw^y+D_zw^z\right)_m = 0, \quad \forall w \in V_h, \quad (3.2.22\mathrm{b})$$

其中 c 是问题 (3.2.1) 和 (3.2.2) 的精确解.

记 $F = f - \psi \dfrac{\partial c}{\partial \tau}$. 定义 $\tilde{\boldsymbol{G}} \in V_h$, $\tilde{C} \in S_h$, 满足

$$\left(D_x \tilde{G}^x + D_y \tilde{G}^y + D_z \tilde{G}^z, v \right)_m = (F, v)_m, \quad \forall v \in S_h, \tag{3.2.23a}$$

$$\left(D^{-1} \tilde{G}^x, w^x \right)_x + \left(D^{-1} \tilde{G}^y, w^y \right)_y + \left(D^{-1} \tilde{G}^z, w^z \right)_z$$
$$- \left(\tilde{C}, D_x w^x + D_y w^y + D_z w^z \right)_m = 0, \quad \forall w \in V_h. \tag{3.2.23b}$$

记 $\pi = P - \tilde{P}$, $\eta = \tilde{P} - p$, $\sigma = \boldsymbol{U} - \tilde{\boldsymbol{U}}$, $\rho = \tilde{\boldsymbol{U}} - \boldsymbol{u}$, $\xi = C - \tilde{C}$, $\zeta = \tilde{C} - c$, $\alpha = \boldsymbol{G} - \tilde{\boldsymbol{G}}$, $\beta = \tilde{\boldsymbol{G}} - \boldsymbol{g}$. 设问题 (3.2.1)$\sim$(3.2.2) 满足正定性条件 (C), 其精确解满足正则性条件 (R). 由 Weiser, Wheeler 理论 [32] 得知格式 (3.2.22)、(3.2.23) 确定的辅助函数 $\{\tilde{U}, \tilde{P}, \tilde{G}, \tilde{C}\}$ 存在唯一, 并有下述误差估计.

引理 3.2.5   若问题 (3.2.1) 和 (3.2.2) 的系数和精确解满足条件 (C) 和 (R), 则存在不依赖于 h 的常数 $\bar{C}_1, \bar{C}_2 > 0$, 使得下述估计式成立:

$$\|\eta\|_m + \|\zeta\|_m + \||\rho\|| + \||\beta\|| + \left\| \frac{\partial \eta}{\partial t} \right\|_m + \left\| \frac{\partial \zeta}{\partial t} \right\|_m \leqslant \bar{C}_1 \{ h_p^2 + h_c^2 \}, \tag{3.2.24a}$$

$$\||\tilde{U}\||_\infty + \||\tilde{G}\||_\infty \leqslant C_2. \tag{3.2.24b}$$

首先估计 π 和 σ. 将式 (3.2.13a) 和 (3.2.13b) 分别减式 (3.2.22a)$(t = t^{n+1})$ 和式 (3.2.22b)$(t = t^{n+1})$ 可得下述关系式:

$$\left(D_x \sigma^{x,n+1} + D_y \sigma^{y,n+1} + D_z \sigma^{z,n+1}, v \right)_m = 0, \quad \forall v \in S_h, \tag{3.2.25a}$$

$$\left(a^{-1}(\bar{C}^{x,n}) \sigma^{x,n+1}, w^x \right)_x + \left(a^{-1}(\bar{C}^{y,n}) \sigma^{y,n+1}, w^y \right)_y$$
$$+ \left(a^{-1}(\bar{C}^{z,n}) \sigma^{z,n+1}, w^z \right)_z$$
$$- \left(\pi^{n+1}, D_x w^x + D_y w^y + D_z w^z \right)_m$$
$$= - \left\{ \left((a^{-1}(\bar{C}^{x,n}) - a^{-1}(c^{n+1})) \tilde{U}^{x,n+1}, w^x \right)_x \right.$$
$$+ \left((a^{-1}(\bar{C}^{y,n}) - a^{-1}(c^{n+1})) \tilde{U}^{y,n+1}, w^y \right)_y$$
$$\left. + \left((a^{-1}(\bar{C}^{z,n}) - a^{-1}(c^{n+1})) \tilde{U}^{z,n+1}, w^z \right)_z \right\}, \quad \forall w \in V_h. \tag{3.2.25b}$$

在式 (3.2.25a) 中取 $v = \pi^{n+1}$, 在式 (3.2.25b) 中取 $w = \sigma^{n+1}$, 组合上述二式可得

$$\left(a^{-1}(\bar{C}^{x,n}) \sigma^{x,n+1}, \sigma^{x,n+1} \right)_x$$

$$+ \left(a^{-1}(\bar{C}^{y,n})\sigma^{y,n+1}, \sigma^{y,n+1}\right)_y + \left(a^{-1}(\bar{C}^{z,n})\sigma^{z,n+1}, \sigma^{z,n+1}\right)_z$$

$$= - \sum_{s=x,y,z} \left((a^{-1}(\bar{C}^{s,n}) - a^{-1}(c^{n+1})) \tilde{U}^{s,n+1}, \sigma^{s,n+1} \right)_s. \tag{3.2.26}$$

对于估计式 (3.2.26) 应用引理 3.2.1~引理 3.2.5, Taylor 公式和正定性条件 (C) 可得

$$\||\sigma^{n+1}\||^2 \leqslant K \sum_{s=x,y,z} \left\| \bar{C}^{s,n} - c^{n+1} \right\|_s^2$$

$$\leqslant K \left\{ \sum_{s=x,y,z} \|\bar{c}^{s,n} - c^n\|_s^2 + \|\xi^n\|_m^2 + \|\zeta^n\|_m^2 + (\Delta t)^2 \right\}$$

$$\leqslant K \left\{ \||\xi^n\||^2 + h_c^4 + (\Delta t)^2 \right\}. \tag{3.2.27}$$

对 $\pi^{n+1} \in S_h$, 利用对偶方法进行估计 [40,41], 为此考虑下述椭圆问题:

$$\nabla \cdot w = \pi^{n+1}, \quad X = (x,y,z)^{\mathrm{T}} \in \Omega, \tag{3.2.28a}$$

$$w = \nabla p, \quad X \in \Omega, \tag{3.2.28b}$$

$$w \cdot \gamma = 0, \quad X \in \partial\Omega. \tag{3.2.28c}$$

由问题 (3.2.28) 的正则性, 有

$$\sum_{s=x,y,z} \left\| \frac{\partial w^s}{\partial s} \right\|_m^2 \leqslant K \left\| \pi^{n+1} \right\|_m^2. \tag{3.2.29}$$

设 $\tilde{w} \in V_h$ 满足

$$\left(\frac{\partial \tilde{w}^s}{\partial s}, v \right)_m = \left(\frac{\partial w^s}{\partial s}, v \right)_m, \quad \forall v \in S_h, \quad s = x,y,z. \tag{3.2.30a}$$

这样定义的 $\tilde{w}$ 是存在的, 且有

$$\sum_{s=x,y,z} \left\| \frac{\partial \tilde{w}^s}{\partial s} \right\|_m^2 \leqslant \sum_{s=x,y,z} \left\| \frac{\partial w^s}{\partial s} \right\|_m^2. \tag{3.2.30b}$$

应用引理 3.2.4, 式 (3.2.28)、(3.2.29) 和 (3.2.27) 可得

$$\left\| \pi^{n+1} \right\|_m^2 = (\pi^{n+1}, \nabla \cdot w) = (\pi^{n+1}, D_x \tilde{w}^x + D_y \tilde{w}^y + D_z \tilde{w}^z)$$

$$= \sum_{s=x,y,z} \left(a^{-1}(\bar{C}^{s,n})\sigma^{s,n+1}, \tilde{w}^s \right)_s + \sum_{s=x,y,z} \left((a^{-1}(\bar{C}^{s,n}) - a^{-1}(c^{n+1})) \tilde{U}^{s,n+1}, \tilde{w}^s \right)_s$$

$$\leqslant K \||\tilde{w}\|| \left\{ \||\sigma^{n+1}\||^2 + \|\xi^n\|_m^2 + h_c^4 + (\Delta t)^2 \right\}^{1/2}. \tag{3.2.31}$$

由引理 3.2.4, (3.2.29) 和 (3.2.30) 可得

$$
|||\tilde{\omega}|||^2 \leqslant \sum_{s=x,y,z} \|D_s \tilde{\omega}^s\|_m^2 = \sum_{s=x,y,z} \left\|\frac{\partial \tilde{\omega}^s}{\partial s}\right\|_m^2 \leqslant \sum_{s=x,y,z} \left\|\frac{\partial \omega^s}{\partial s}\right\|_m^2 \leqslant K \left\|\pi^{n+1}\right\|_m^2.
$$
(3.2.32)

将式 (3.2.32) 代入式 (3.2.31) 可得

$$
\left\|\pi^{n+1}\right\|_m^2 \leqslant K \left\{ |||\sigma^{n+1}|||^2 + \|\xi^n\|_m^2 + h_c^4 + (\Delta t)^2 \right\} \leqslant K \left\{ \|\xi^n\|_m^2 + h_c^4 + (\Delta t)^2 \right\}.
$$
(3.2.33)

下面讨论饱和度方程 (3.2.2) 的误差估计. 为此将式 (3.2.14a) 和式 (3.2.14b) 分别减去 $t = t^{n+1}$ 时刻的式 (3.2.23a) 和式 (3.2.23b), 分别取 $v = \xi^{n+1}$, $w = \alpha^{n+1}$, 可得

$$
\left(\phi \frac{C^{n+1} - \hat{C}^n}{\Delta t}, \xi^{n+1} \right)_m + \left(D_x \alpha^{x,n+1} + D_y \alpha^{y,n+1} + D_z \alpha^{z,n+1}, \xi^{n+1} \right)_m
$$
$$
= \left(f(\hat{C}^n) - f(c^{n+1}) + \psi^{n+1} \frac{\partial c^{n+1}}{\partial \tau}, \xi^{n+1} \right)_m,
$$
(3.2.34a)

$$
\left(D^{-1} \alpha^{x,n+1}, \alpha^{x,n+1} \right)_x + \left(D^{-1} \alpha^{y,n+1}, \alpha^{y,n+1} \right)_y + \left(D^{-1} \alpha^{z,n+1}), \alpha^{z,n+1} \right)_z
$$
$$
- \left(\xi^{n+1}, D_x \alpha^{x,n+1} + D_y \alpha^{y,n+1} + D_z \alpha^{z,n+1} \right)_m = 0.
$$
(3.2.34b)

将式 (3.2.34a) 和式 (3.2.34b) 相加可得

$$
\left(\phi \frac{C^{n+1} - \hat{C}^n}{\Delta t}, \xi^{n+1} \right)_m + \left(D^{-1} \alpha^{x,n+1}, \alpha^{x,n+1} \right)_x + \left(D^{-1} \alpha^{y,n+1}, \alpha^{y,n+1} \right)_y
$$
$$
+ \left(D^{-1} \alpha^{z,n+1}, \alpha^{z,n+1} \right)_z
$$
$$
= \left(f(\hat{C}^n) - f(c^{n+1}) + \psi^{n+1} \frac{\partial c^{n+1}}{\partial \tau}, \xi^{n+1} \right)_m.
$$
(3.2.35)

应用方程 (3.2.2)$t = t^{n+1}$, 将上式改写为

$$
\left(\phi \frac{\xi^{n+1} - \xi^n}{\Delta t}, \xi^{n+1} \right)_m + \sum_{s=x,y,z} \left(D^{-1} \alpha^{s,n+1}, \alpha^{s,n+1} \right)_s
$$
$$
= \left(\left[\phi \frac{\partial c^{n+1}}{\partial t} + \boldsymbol{u}^{n+1} \cdot \nabla c^{n+1} \right] - \phi \frac{c^{n+1} - \check{c}^n}{\Delta t}, \xi^{n+1} \right)_m + \left(\phi \frac{\zeta^{n+1} - \zeta^n}{\Delta t}, \xi^{n+1} \right)_m
$$
$$
+ \left(f(\hat{C}^n) - f(c^{n+1}), \xi^{n+1} \right) + \left(\phi \frac{\hat{c}^n - \check{c}^n}{\Delta t}, \xi^{n+1} \right)_m - \left(\phi \frac{\check{\zeta}^n - \zeta^n}{\Delta t}, \xi^{n+1} \right)_m
$$
$$
+ \left(\phi \frac{\hat{\xi}^n - \xi^n}{\Delta t}, \xi^{n+1} \right)_m - \left(\phi \frac{\check{\zeta}^n - \zeta^n}{\Delta t}, \xi^{n+1} \right)_m + \left(\phi \frac{\check{\xi}^n - \xi^n}{\Delta t}, \xi^{n+1} \right)_m, \quad (3.2.36)
$$

此处 $\check{c}^n = c^n(X - \phi^{-1}\boldsymbol{u}^{n+1}\Delta t)$, $\hat{c}^n = c^n(X - \phi^{-1}\boldsymbol{U}^{n+1}\Delta t)$, $\cdots$.

对式 (3.2.36) 的左端应用不等式 $a(a-b) \geqslant \dfrac{1}{2}(a^2 - b^2)$, 其右端分别用 $T_1, T_2, \cdots$, T_8 表示, 可得

$$
\frac{1}{2\Delta t}\left\{(\phi\xi^{n+1}, \xi^{n+1})_m - (\phi\xi^n, \xi^n)_m\right\} + \sum_{s=x,y,z}\left(D^{-1}\alpha^{s,n+1}, \alpha^{s,n+1}\right)_s
$$
$$
\leqslant T_1 + T_2 + \cdots + T_8. \tag{3.2.37}
$$

为了估计 T_1, 注意到 $\phi\dfrac{\partial c^{n+1}}{\partial t} + \boldsymbol{u}^{n+1}\cdot\nabla c^{n+1} = \psi^{n+1}\dfrac{\partial c^{n+1}}{\partial\tau}$, 于是可得

$$
\frac{\partial c^{n+1}}{\partial\tau} - \frac{\phi}{\psi^{n+1}}\frac{c^{n+1} - \check{c}^n}{\Delta t} = \frac{\varphi}{\psi^{n+1}\Delta t}\int_{(\check{X},t^n)}^{(X,t^{n+1})}\left[\left|X - \check{X}\right|^2 + (t - t^n)^2\right]^{1/2}\frac{\partial^2 c}{\partial\tau^2}\mathrm{d}\tau. \tag{3.2.38}
$$

对上式乘以 ψ^{n+1} 并作 m 模估计, 可得

$$
\left\|\psi^{n+1}\frac{\partial c^{n+1}}{\partial\tau} - \phi\frac{c^{n+1} - \check{c}^n}{\Delta t}\right\|_m^2 \leqslant \int_\Omega\left[\frac{\psi^{n+1}}{\Delta t}\right]^2\left|\int_{(\check{X},t^n)}^{(X,t^{n+1})}\frac{\partial^2 c}{\partial\tau^2}\mathrm{d}\tau\right|^2\mathrm{d}X
$$
$$
\leqslant \Delta t\left\|\frac{(\psi^{n+1})^3}{\phi}\right\|_\infty\int_\Omega\int_{(\check{X},t^n)}^{(X,t^{n+1})}\left|\frac{\partial^2 c}{\partial\tau^2}\right|^2\mathrm{d}\tau\mathrm{d}X
$$
$$
\leqslant \Delta t\left\|\frac{(\psi^{n+1})^4}{\phi^2}\right\|_\infty\int_\Omega\int_{t^n}^{t^{n+1}}\int_0^1\left|\frac{\partial^2 c}{\partial\tau^2}(\bar{\tau}\check{X} + (1-\bar{\tau})X, t)\right|^2\mathrm{d}\bar{\tau}\mathrm{d}X\mathrm{d}t. \tag{3.2.39}
$$

因此有

$$
|T_1| \leqslant K\left\|\frac{\partial^2 c}{\partial\tau^2}\right\|_{L^2(t^n, t^{n+1}; m)}^2\Delta t + K\left\|\xi^{n+1}\right\|_m^2. \tag{3.2.40a}
$$

对于 T_2, T_3 的估计, 应用引理 3.2.5 可得

$$
|T_2| \leqslant K\left\{(\Delta t)^{-1}\left\|\frac{\partial\zeta}{\partial t}\right\|_{L^2(t^n, t^{n+1}; m)}^2 + \left\|\xi^{n+1}\right\|_m^2\right\}. \tag{3.2.40b}
$$

$$
|T_3| \leqslant K\left\{\left\|\xi^{n+1}\right\|_m^2 + \left\|\xi^n\right\|_m^2 + (\Delta t)^2 + h^4\right\}. \tag{3.2.40c}
$$

估计 T_4, T_5 和 T_6 导出下述一般的关系式. 若 f 定义在 Ω 上, f 对应的是 c, ζ 和 ξ, Z 表示方向 $\boldsymbol{U}^{n+1} - \boldsymbol{u}^{n+1}$ 的单位向量, 则

$$
\int_\Omega\phi\frac{\hat{f}^n - \check{f}^n}{\Delta t}\xi^{n+1}\mathrm{d}X = (\Delta t)^{-1}\int_\Omega\phi\left[\int_{\check{X}}^{\hat{X}}\frac{\partial f^n}{\partial Z}\mathrm{d}Z\right]\xi^{n+1}\mathrm{d}X
$$
$$
= (\Delta t)^{-1}\int_\Omega\phi\left[\int_0^1\frac{\partial f^n}{\partial Z}((1-\bar{Z})\check{X} + \bar{Z}\check{X})\mathrm{d}\bar{Z}\right]\left|\hat{X} - \hat{X}\right|\xi^{n+1}\mathrm{d}X
$$

$$= \int_\Omega \left[\int_0^1 \frac{\partial f^n}{\partial Z}((1-\bar{Z})\check{X} + \bar{Z}\hat{X})\mathrm{d}\bar{Z} \right] |\boldsymbol{u} - \boldsymbol{U}| \xi^{n+1}\mathrm{d}X, \tag{3.2.41}$$

此处 $\bar{Z} \in [0,1]$ 的参数, 应用关系式 $\hat{X} - \check{X} = \dfrac{\Delta t[\boldsymbol{u}^{n+1}(X) - \boldsymbol{U}^{n+1}(X)]}{\phi(X)}$. 设

$$g_f = \int_0^1 \frac{\partial f^n}{\partial Z}((1-\bar{Z})\check{X} + \bar{Z}\hat{X})\mathrm{d}\bar{Z}.$$

则可写出关于式 (3.2.41) 三个特殊情况:

$$|T_4| \leqslant ||g_c||_\infty \left\| (\boldsymbol{u}-\boldsymbol{U})^{n+1} \right\|_m ||\xi^{n+1}||_m, \tag{3.2.42a}$$

$$|T_5| \leqslant ||g_\varsigma||_m \left\| (\boldsymbol{u}-\boldsymbol{U})^{n+1} \right\|_m ||\xi^{n+1}||_\infty, \tag{3.2.42b}$$

$$|T_6| \leqslant ||g_\xi||_m \left\| (\boldsymbol{u}-\boldsymbol{U})^{n+1} \right\|_m ||\xi^{n+1}||_\infty. \tag{3.2.42c}$$

由引理 3.2.1~引理 3.2.5 和 (3.2.27) 可得

$$\left\| (\boldsymbol{u}-\boldsymbol{U})^{n+1} \right\|_m^2 \leqslant K \left\{ ||\xi^n||_m^2 + h_p^4 + h_c^4 + (\Delta t)^2 \right\}. \tag{3.2.43}$$

因为 $g_c(X)$ 是 c^n 的一阶偏导数的平均值, 它能用 $||c^n||_{W_\infty^1}$ 来估计. 由式 (3.2.42a) 可得

$$|T_4| \leqslant K \left\{ ||\xi^{n+1}||_m^2 + ||\xi^n||_m^2 + h_p^4 + h_c^4 + (\Delta t)^2 \right\}. \tag{3.2.44}$$

为了估计 $||g_\varsigma||_m$ 和 $||g_\xi||_m$, 需要作归纳法假定:

$$\sup_{0 \leqslant n \leqslant L} |||\sigma|||_\infty \to 0, \quad \sup_{0 \leqslant n \leqslant L} ||\xi^n||_\infty \to 0, \quad (h_c, h_p, \Delta t) \to 0. \tag{3.2.45}$$

同时作下述剖分参数限制性条件:

$$\Delta t = O(h^2), \quad h^2 = o(h_p^{3/2}). \tag{3.2.46}$$

为了估计 T_5, T_6, 现在考虑

$$||g_f||^2 \leqslant \int_0^1 \int_\Omega \left[\frac{\partial f^n}{\partial Z}((1-\bar{Z})\check{X} + \bar{Z}\hat{X}) \right]^2 \mathrm{d}X\mathrm{d}\bar{Z}. \tag{3.2.47}$$

定义变换

$$G_{\bar{Z}}(X) = (1-\bar{Z})\check{X} + \bar{Z}\hat{X} = X - [\phi^{-1}(X)\boldsymbol{u}^{n+1}(X) + \bar{Z}\phi^{-1}(X)(\boldsymbol{U}-\boldsymbol{u})^{n+1}(X)]\Delta t, \tag{3.2.48}$$

设 $J_p = \Omega_{ijk} = [x_{i-1/2}, x_{i+1/2}] \times [y_{j-1/2}, y_{j+1/2}] \times [z_{k-1/2}, z_{k+1/2}]$ 是流动方程的网格单元, 则式 (3.2.47) 可写为

$$\|g_f\|^2 \leqslant \int_0^1 \sum_{J_p} \left| \frac{\partial f^n}{\partial Z}(G_{\bar{Z}}(X)) \right|^2 \mathrm{d}X \mathrm{d}\bar{Z}. \tag{3.2.49}$$

由归纳法假定 (3.2.45) 和剖分参数限制性条件 (3.2.46) 有

$$\det DG_{\bar{Z}} = 1 + o(1).$$

则式 (3.2.49) 进行变量替换后可得

$$\|g_f\|^2 \leqslant K \|\nabla f^n\|^2. \tag{3.2.50}$$

对 T_5 应用式 (3.2.50), 引理 3.2.5 和 Sobolev 嵌入定理 [42] 可得下述估计:

$$
\begin{aligned}
|T_5| &\leqslant K \|\nabla \zeta^n\| \cdot \left\| (\boldsymbol{u} - \boldsymbol{U})^{n+1} \right\| \cdot h^{-(\varepsilon+1/2)} \left\| \nabla \xi^{n+1} \right\| \\
&\leqslant K \left\{ h_c^{2-(\varepsilon+1/2)} \left\| (\boldsymbol{u} - \boldsymbol{U})^{n+1} \right\| \left\| \nabla \xi^{n+1} \right\| \right\} \\
&\leqslant K \left\{ \left\| \xi^{n+1} \right\|_m^2 + \|\xi^n\|_m^2 + h_p^4 + h_c^4 + (\Delta t)^2 \right\} + \varepsilon \left\| \left\| \alpha^{n+1} \right\| \right\|^2.
\end{aligned} \tag{3.2.51a}
$$

从式 (3.2.43) 清楚地看到 $\left\| (\boldsymbol{u} - \boldsymbol{U})^{n+1} \right\|_m = o(h_c^{\varepsilon+1/2})$, 因此我们的定理将证明 $\|\xi^n\|_m = O(h_p^2 + h_c^2 + \Delta t)$. 类似于文献 [3] 中的分析, 有

$$
\begin{aligned}
|T_6| &\leqslant K \|\nabla \xi^n\| \cdot \left\| (\boldsymbol{u} - \boldsymbol{U})^{n+1} \right\| \cdot h^{-(\varepsilon+1/2)} \left\| \nabla \xi^{n+1} \right\| \\
&\leqslant \varepsilon \left\{ \left\| \left\| \alpha^{n+1} \right\| \right\|^2 + \left\| \left\| \alpha^n \right\| \right\|^2 \right\}.
\end{aligned} \tag{3.2.51b}
$$

对 T_7, T_8 应用负模估计可得

$$|T_7| \leqslant K h_c^4 + \varepsilon \left\| \left\| \alpha^{n+1} \right\| \right\|^2, \tag{3.2.52a}$$

$$|T_8| \leqslant K \|\xi^n\|_m^2 + \varepsilon \left\| \left\| \alpha^{n+1} \right\| \right\|^2. \tag{3.2.52b}$$

对误差估计式 (3.2.36) 左、右两端分别应用式 (3.2.37)、(3.2.40)、(3.2.51) 和 (3.2.52) 可得

$$
\begin{aligned}
&\frac{1}{2\Delta t} \left\{ (\phi \xi^{n+1}, \xi^{n+1})_m - (\phi \xi^n, \xi^n)_m \right\} + \sum_{s=x,y,z} \left(D_s \alpha^{s,n+1}, \alpha^{s,n+1} \right)_s \\
&\leqslant K \left\{ \left\| \frac{\partial^2 c}{\partial \tau^2} \right\|_{L^2(t^n, t^{n+1}; m)}^2 \Delta t + (\Delta t)^{-1} \left\| \frac{\partial \zeta}{\partial t} \right\|_{L^2(t^n, t^{n+1}; m)}^2 \right.
\end{aligned}
$$

$$+ ||\xi^{n+1}||_m^2 + ||\xi^n||_m^2 + h_p^4 + h_c^4 + (\Delta t)^2 \bigg\}$$

$$+ \varepsilon \left\{ |||\alpha^{n+1}|||^2 + |||\alpha^n|||^2 \right\}. \tag{3.2.53}$$

对式 (3.2.53) 乘以 $2\Delta t$, 并对时间 t 求和 $(0 \leqslant n \leqslant L)$, 注意到 $\xi^0 = 0$, 可得

$$||\xi^{L+1}||_m^2 + \sum_{n=0}^{L} |||\alpha^{n+1}|||^2 \Delta t \leqslant K \left\{ \sum_{n=0}^{L} ||\xi^{n+1}||_m^2 \Delta t + h_p^4 + h_c^4 + (\Delta t)^2 \right\}. \tag{3.2.54}$$

应用 Gronwall 引理可得

$$||\xi^{L+1}||_m^2 + \sum_{n=0}^{L} |||\alpha^{n+1}|||^2 \Delta t \leqslant K \left\{ h_p^4 + h_c^4 + (\Delta t)^2 \right\}. \tag{3.2.55a}$$

对流动方程的误差估计式 (3.2.27) 和 (3.2.33), 应用估计式 (3.2.55) 可得

$$\sup_{0 \leqslant n \leqslant L} \left\{ ||\pi^{n+1}||_m^2 + |||\alpha^{n+1}|||^2 \right\} \leqslant K \left\{ h_p^4 + h_c^4 + (\Delta t)^2 \right\}. \tag{3.2.55b}$$

下面需要检验归纳法假定 (3.2.45). 对于 $n = 0$ 时, 由于初始值的选取, $\xi^0 = 0$, 由归纳法假定显然是正确的. 若对 $1 \leqslant n \leqslant L$ 归纳法假定 (3.2.45) 成立. 由估计式 (3.2.55) 和限制性条件 (3.2.46) 有

$$|||\sigma^{L+1}||| \leqslant K h_p^{-3/2} \left\{ h_p^2 + h_c^2 + \Delta t \right\} \leqslant K h_p^{1/2} \to 0, \tag{3.2.56a}$$

$$||\xi^{L+1}||_\infty \leqslant K h_c^{-3/2} \left\{ h_p^2 + h_c^2 + \Delta t \right\} \leqslant K h_c^{1/2} \to 0. \tag{3.2.56b}$$

归纳法假定成立.

由估计式 (3.2.55) 和引理 3.2.5, 可以建立下述定理.

定理 3.2.3 对问题 (3.2.1) 和 (3.2.2) 假定其精确解满足正则性条件 (R), 且其系数满足正定性条件 (C), 采用混合体积元–修正特征混合体积元方法 (3.2.13)、(3.2.14) 和 (3.2.15) 逐层求解. 若剖分参数满足限制性条件 (3.2.46), 则下述误差估计式成立:

$$||p - P||_{\bar{L}^\infty(J;m)} + ||\boldsymbol{u} - \boldsymbol{U}||_{\bar{L}^\infty(J;V)} + ||c - C||_{\bar{L}^\infty(J;m)} + ||\boldsymbol{g} - \boldsymbol{G}||_{\bar{L}^2(J;V)}$$

$$\leqslant M^* \left\{ h_p^2 + h_c^2 + \Delta t \right\}, \tag{3.2.57}$$

此处 $||g||_{\bar{L}^\infty(J;X)} = \sup_{n\Delta t \leqslant T} ||g^n||_X$, $||g||_{\bar{L}^2(J;X)} = \sup_{L\Delta t \leqslant T} \left\{ \sum_{n=0}^{L} ||g^n||_X^2 \Delta t \right\}^{1/2}$, 依赖于 M^* 函数 p, c 及其导函数.

3.2.5　修正混合体积元–特征体积元方法和分析

在 3.2.3 小节和 3.2.4 小节研究了混合体积元–特征体积元方法, 但在很多实际问题中, Darcy 速度关于时间的变化比饱和度的变化慢得多. 因此, 我们对流动方程 (3.2.1) 采用大步长计算, 对饱和度方程 (3.2.2) 采用小步长计算, 这样大大减少实际计算量. 为此对时间区间 J 进行剖分: $0 = t_0 < t_1 < \cdots < t_L = T$, 记 $\Delta t_p^m = t_m - t_{m-1}$, 除 Δt_p^1 外, 假定其余的步长为均匀的, 即 $\Delta t_p^m = \Delta t_p, m \geqslant 2$. 设 $\Delta t_c = t^n - t^{n-1}$ 为对应于饱和度方程的均匀小步长. 设对每一个正常数 m, 都存在一个正整数 n 使得 $t_m = t^n$, 即每一个压力时间节点也是一个饱和度时间节点, 并记 $j = \dfrac{\Delta t_p}{\Delta t_c}$, $j_1 = \dfrac{\Delta t_p^1}{\Delta t_c}$. 对函数 $\psi_m(X) = \psi(X, t_m)$, 对饱和度时间步 t^{n+1}, 若 $t_{m-1} < t^{n+1} \leqslant t_m$, 则在 (3.2.14) 中, 用 Darcy 速度 $\boldsymbol{u}^{n+1}$ 的下述逼近形式, 如果 $m \geqslant 2$, 定义 $\boldsymbol{U}_{m-1}$ 和 $\boldsymbol{U}_{m-2}$ 的线性外推

$$E\boldsymbol{U}^{n+1} = \left(1 + \frac{t^{n+1} - t_{m-1}}{t_{m-1} - t_{m-2}}\right)\boldsymbol{U}_{m-1} - \frac{t^{n+1} - t_{m-1}}{t_{m-1} - t_{m-2}}\boldsymbol{U}_{m-2}, \tag{3.2.58}$$

如果 $m = 1$, 令 $E\boldsymbol{U}^{n+1} = \boldsymbol{U}_0$.

问题 (3.2.1) 和 (3.2.2) 的修正混合体积元–特征混合体积元格式: 求 $(\boldsymbol{U}_m, P_m)$: $(t_0, t_1, \cdots, t_L) \to S_h \times V_h$, $(C^n, \boldsymbol{G}^n): (t^0, t^1, \cdots, t^R) \to S_h \times V_h$, 满足

$$(D_x U_m^x + D_y U_m^y + D_z U_m^z, v)_{\hat{m}} = (q_m, v)_{\hat{m}}, \quad \forall v \in S_h, \tag{3.2.59a}$$

$$\left(a^{-1}(\bar{C}_m^x)U_m^x, w^x\right)_x + \left(a^{-1}(\bar{C}_m^y)U_m^y, w^y\right)_y + \left(a^{-1}(\bar{C}_m^z)U_m^z, w^z\right)_z$$
$$- (P_m, D_x w^x + D_y w^y + D_z w^z)_{\hat{m}} = 0, \quad \forall w \in V_h, \tag{3.2.59b}$$

此处为了避免符号相重, 这里 $\hat{m}$ 即为 3.2.2 小节中的 m.

$$\left(\phi\frac{C^{n+1} - \hat{C}^n}{\Delta t}, v\right)_{\hat{m}} + \left(D_x G^{x,n+1} + D_y G^{y,n+1} + D_z G^{z,n+1}, v\right)_{\hat{m}}$$
$$= \left(f(\hat{C}^n), v\right)_{\hat{m}}, \quad \forall v \in S_h, \tag{3.2.60a}$$

$$\left(D^{-1}G^{x,n+1}, w^x\right)_x + \left(D^{-1}G^{y,n+1}, w^y\right)_y + \left(D^{-1}G^{z,n+1}, w^z\right)_z$$
$$- \left(C^{n+1}, D_x w^x + D_y w^y + D_z w^z\right)_{\hat{m}} = 0, \quad \forall w \in V_h. \tag{3.2.60b}$$

$$C^0 = \tilde{C}^0, \quad G^0 = \tilde{G}^0, \quad X \in \Omega, \tag{3.2.61}$$

此处 $\hat{C}^n = C^n(X - \phi^{-1}E\boldsymbol{U}^{n+1}\Delta t)$.

格式 (3.2.59)~(3.2.61) 的计算程序如下.

(1) 首先由 (3.2.23) 求出 $\{\tilde{C}^0, \tilde{\boldsymbol{G}}^0\}$ 作为初始逼近 $\{C^0, \boldsymbol{G}^0\}$. 并由 (3.2.59) 求出 $\{\boldsymbol{U}_0, P_0\}$.

(2) 由 (3.2.60) 依次计算出 $\{C^1, \boldsymbol{G}^1\}, \{C^2, \boldsymbol{G}^2\}, \cdots, \{C^{j_1}, \boldsymbol{G}^{j_1}\}$.

(3) 由于 $\{C^{j_1}, \boldsymbol{G}^{j_1}\} = \{C_1, \boldsymbol{G}_1\}$, 然后可由 (3.2.59) 求出 $\{\boldsymbol{U}_1, P_1\}$.

(4) 类似地, 计算出 $\{C^{j_1+1}, \boldsymbol{G}^{j_1+1}\}, \cdots, \{C^{j_1+j}, \boldsymbol{G}^{j_1+j}\}, \{\boldsymbol{U}_2, P_2\}$.

(5) 由此类推, 可求得全部数值解.

经过定理 3.2.3 类似的分析及繁杂的估算, 可以建立下述定理.

定理 3.2.4　对问题 (3.2.1) 和 (3.2.2) 假定其精确解满足正则性条件 (R), 且其系数满足正定性条件 (C), 采用修正混合体积元–特征混合体积元方法 (3.2.59) 和 (3.2.60) 逐层计算求解. 若剖分参数满足限制性条件 (3.2.46), 则下述误差估计式成立:

$$\|p - P\|_{\bar{L}^\infty(J;m)} + \|\boldsymbol{u} - \boldsymbol{U}\|_{\bar{L}^\infty(J;V)} + \|c - C\|_{\bar{L}^\infty(J;m)} + \|\boldsymbol{g} - \boldsymbol{G}\|_{\bar{L}^2(J;V)}$$

$$\leqslant M^{**}\left\{h_p^2 + h_c^2 + \Delta t_c + (\Delta t_p)^2 + (\Delta t_p^1)^{3/2}\right\}, \tag{3.2.62}$$

此处常数 M^{**} 依赖于函数 p, c 及其导函数.

定理 3.2.3 和定理 3.2.4 指明, 本节突破了 Arbogast 和 Wheeler 对同类问题仅有 $\frac{3}{2}$ 阶的著名结果 [19].

3.2.6　数值算例

现在, 应用本节提出的混合体积元–特征混合体积元方法解一个椭圆–对流扩散方程组:

$$\begin{cases} -\Delta p = \nabla \cdot \boldsymbol{u} = c + F, & X \in \partial\Omega, 0 \leqslant t \leqslant T, \\ \dfrac{\partial c}{\partial t} + \boldsymbol{u} \cdot \nabla c - \varepsilon \Delta c = f, & X \in \Omega, 0 < t \leqslant T, \\ c(X, 0) = c_0, & X \in \Omega, \\ \dfrac{\partial c}{\partial \nu} = 0, & X \in \partial\Omega, 0 < t \leqslant T, \\ -\dfrac{\partial p}{\partial \nu} = \boldsymbol{u} \cdot \nu = 0, & X \in \partial\Omega, 0 < t \leqslant T, \end{cases} \tag{3.2.63}$$

此处 p 是流体压力, $\boldsymbol{u}$ 是 Darcy 速度, c 是饱和度函数. $\Omega = (0,1) \times (0,1) \times (0,1)$ 和 ν 是边界面 $\partial\Omega$ 的单位外法向向量. 选定 F, f 和 c_0 对应的精确解为

$$p = \mathrm{e}^{12t}\left(\frac{x_1^4(1-x_1)^4 x_2^4(1-x_2)^4 x_3^4(1-x_3)^4 - x_1^2(1-x_1)^2 x_2^2(1-x_2)^2 x_3^2(1-x_3)^2}{21^3}\right),$$

$$c = -\mathrm{e}^{12t}\sum_{i=1}^3\left(12x_i^2(1-x_i)^4 - 32x_i^3(1-x_i)^3 + 12x_i^4(1-x_i)^2\right)x_{i+1}^4(1-x_{i+1})^4$$

$\cdot x_{i+2}^4 (1 - x_{i+2})^4$.

对 $\varepsilon = 10^{-3}$, 这数值解误差结果在表 3.2.1 指明. 当 h 很小时, 由图 3.2.2~图 3.2.5 可知, 逼近解 $\{U, P\}$ 对精确解 $\{u, p\}$ 定性的图像有相当好的近似. 从图 3.2.6~ 图 3.2.9, 逼近解 $\{G, C\}$ 对精确解 $\{g, c\}$ 定性的图像也有很好的近似. 当步长 h 较小时, 对 $\{p, u\}$ 的逼近接近 2 阶精确度.

表 3.2.1   数值结果

	$h = \frac{1}{4}$	$h = \frac{1}{8}$	$h = \frac{1}{16}$
$\|p - P\|_m$	1.82852e$-$4	1.17235e$-$4	3.30572e$-$5
		0.64	1.82
$\|\|\boldsymbol{u} - \boldsymbol{U}\|\|$	6.95898e$-$3	1.86974e$-$3	4.74263e$-$4
		1.90	1.98
$\|c - C\|_m$	1.39414e$-$1	8.76624e$-$2	4.46468e$-$2
		0.67	0.97
$\|\|\boldsymbol{g} - \boldsymbol{G}\|\|$	1.78590e$-$3	8.88468e$-$4	4.85070e$-$4
		1.01	0.87

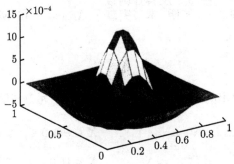

图 3.2.2 p 在 $t = 1, h = \frac{1}{16}$ 的剖面图

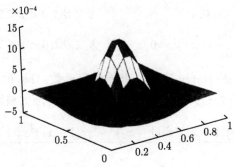

图 3.2.3 P 在 $t = 1, h = \frac{1}{16}$ 的剖面图

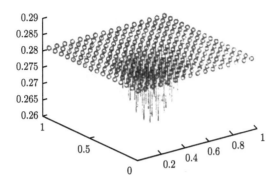

图 3.2.4 $\boldsymbol{u}$ 在 $t = 1, h = \dfrac{1}{16}$ 的箭状图

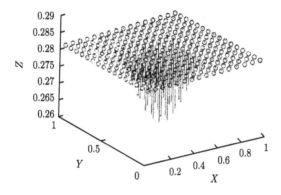

图 3.2.5 $\boldsymbol{U}$ 在 $t = 1, h = \dfrac{1}{16}$ 的箭状图

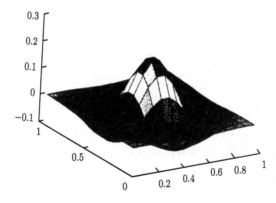

图 3.2.6 c 在 $t = 1, h = \dfrac{1}{16}$ 的剖面图

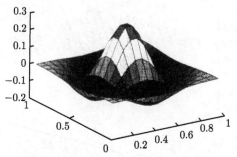

图 3.2.7　C 在 $t = 1, h = \dfrac{1}{16}$ 的剖面图

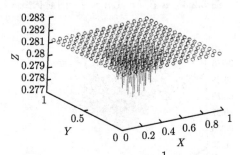

图 3.2.8　g 在 $t = 1, h = \dfrac{1}{16}$ 的箭状图

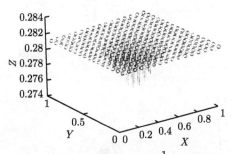

图 3.2.9　G 在 $t = 1, h = \dfrac{1}{16}$ 的箭状图

由表 3.2.1, 图 3.2.2~图 3.2.9 以及前面证明的守恒律 (定理 3.2.1、定理 3.2.2) 和收敛性 (定理 3.2.3、定理 3.2.4) 可知, 此数值方法对处理三维油水二相驱动问题 (3.2.1)~(3.2.5) 是十分有效的、高精度的.

3.2.7　总结和讨论

本节研究三维多孔介质中油水二相渗流驱动问题, 提出一类混合有限体积元–特征有限体积元方法及其收敛性分析. 3.2.1 小节是引言部分, 叙述和分析问题的数学模型, 物理背景以及国内外研究概况. 3.2.2 小节给出网格剖分记号和引理, 以及

两种 (粗、细) 网格剖分. 3.2.3 小节提出混合体积元-特征混合体积元程序, 对流动方程采用具有守恒性质的混合体积元离散, 对 Darcy 速度提高了一阶精确度. 对饱和度方程采用了特征混合体积元求解, 对流部分采用特征线法, 扩散项采用混合体积元离散, 大大提高了数值计算的稳定性和精确度, 且保持单元质量守恒, 这在油藏数值模拟计算中是十分重要的. 3.2.4 小节是收敛性分析, 应用微分方程先验估计理论和特殊技巧, 得到了二阶 L^2 模误差估计结果. 这点是特别重要的, 它突破了 Arbogast 和 Wheeler 对同类问题仅能得到 $\frac{3}{2}$ 阶的著名成果. 3.2.5 小节讨论了修正混合体积元-特征混合体积元方法, 指明对很多实际问题, 对流动方程可采用大步长计算, 能进一步缩小计算规模和时间. 3.2.6 小节是数值算例, 支撑了理论分析, 并指明本节所提出的方法在实际问题是切实可行和高效的. 特别对于油气资源的开发、勘探和环境污染等实际问题的数值计算有着重要的价值. 本节有如下特征: ①本格式具有物理守恒律特性, 这点在油藏数值模拟是极其重要的, 特别强化采油数值模拟计算; ②由于组合的应用混合体积元和特征线法, 它具有高精度和高稳定性的特征, 特别适用于三维复杂区域大型数值模拟的工程实际计算; ③它突破了 Arbogast 和 Wheeler 对同类问题仅能得到 $\frac{3}{2}$ 阶的收敛性结果, 推进并解决了这一重要问题 [8,21,22]. 详细的讨论和分析可参阅文献 [43].

3.3 三维微可压缩二相渗流驱动问题的混合体积元-特征混合体积元方法及分析

油水二相渗流驱动问题是能源数值模拟的基础. 对微可压缩情况, 其数学模型是关于压力的流动方程, 它是抛物型与关于饱与度的对流-扩散型方程. 流场压力通过 Darcy 速度在饱和度方程中出现, 并控制着饱和度方程的全过程. 我们对流动方程采用具有守恒律性质的混合体积元离散, 它对 Darcy 速度的计算提高了一阶精确度. 对饱和度方程采用同样具有守恒律性质的特征混合体积元求解, 即对方程的扩散部分采用混合体积元离散, 对流部分采用特征线法, 特征线法可以保证格式在流体锋线前沿逼近的高稳定性, 消除数值弥散和非物理性振荡, 并可以得到较小的时间截断误差, 增大时间步长, 提高计算精确度. 扩散项采用混合体积元离散, 可以同时逼近饱和度函数及其伴随向量函数. 应用微分方程先验估计的理论和特殊技巧, 得到最佳二阶 L^2 模误差估计结果. 数值算例指明该方法的有效性和实用性.

3.3.1 引言

用高压泵将水强行注入油层, 使原油从生产井排出, 这是近代采油的一种重要手段. 将水注入油层后, 水驱动油层中的原油从生产井排出, 这就是二相渗流驱动问题. 在近代油气田开发过程中, 为了将经油田二次采油后, 残存在油层中的原油尽可能采出, 必须采用强化采油 (化学) 新技术. 在强化采油数值模拟时, 必须考虑流体的压缩性, 否则数值模拟将会失真. Douglas 等学者率先提出 "微可压缩" 相混溶的数学模型, 并提出特征有限元方法和特征混合元方法, 开创了现代油藏数值模拟这一重要的新领域 [1-5]. 问题的数学模型是下述一类非线性抛物型方程组的初边值问题 [7,8,21,44,45]:

$$d(c)\frac{\partial p}{\partial t} + \nabla \cdot \boldsymbol{u} = d(c)\frac{\partial p}{\partial t} - \nabla \cdot (a(c)\nabla p) = q(X,t),$$
$$X = (x,y,z)^{\mathrm{T}} \in \Omega, \quad t \in J = (0,T], \qquad (3.3.1a)$$

$$\boldsymbol{u} = -a(c)\nabla p, \quad X \in \Omega, t \in J, \qquad (3.3.1b)$$

$$\varphi\frac{\partial c}{\partial t} + b(c)\frac{\partial p}{\partial t} + \boldsymbol{u} \cdot \nabla c - \nabla \cdot (D\nabla c) = (\tilde{c} - c)\tilde{q}, \quad X \in \Omega, t \in J, \qquad (3.3.2)$$

此处 Ω 为 R^3 中的有界区域, $p(X,t)$ 是压力函数, $\boldsymbol{u} = (u_x, u_y, u_z)^{\mathrm{T}}$ 是流体的 Darcy 速度, $c(X,t)$ 是水的饱和度函数. $\tilde{q} = \max\{q,0\}$, q 是产量项, 正为注入井, 负为生产井. $a(c) = k(X)\mu^{-1}(c)$, $k(X)$ 是地层的渗透率, $\mu(c)$ 是混合流体的黏度, $\varphi = \varphi(X)$ 是多孔介质的孔隙度, $D = \varphi(X)d_m I$, 此处 d_m 是扩散系数, I 是单位矩阵, $\tilde{c}(X,t)$ 在注入井是注入流体的饱和度, 在生产井 $\tilde{c} = c$, 这里压力函数 $p(X,t)$ 和饱和度函数 $c(X,t)$ 是待求的基本函数.

不渗透边界条件:

$$\boldsymbol{u} \cdot \nu = 0, \quad X \in \partial\Omega, \quad t \in J, \quad (D\nabla c - c\boldsymbol{u}) \cdot \nu = 0, \quad X \in \partial\Omega, \quad t \in J, \qquad (3.3.3)$$

此处 ν 是 $\partial\Omega$ 的外法线方向向量.

初始条件:

$$p(X,0) = p_0(X), \quad X \in \Omega, \quad c(X,0) = c_0(X), \quad X \in \Omega. \qquad (3.3.4)$$

对于经典的不可压缩的二相渗流驱动问题, Douglas, Ewing, Russell, Wheeler 和作者已有系列的研究成果 [3,4,26,28,46,47]. 对于不可压缩的经典情况, 数值分析和数值计算指明, 经典的有限元方法在处理对流–扩散问题上, 会出现强烈的数值振荡现象. 为了克服上述缺陷, 学者们提出了一系列新的数值方法, 如特征差分方法 [4]、特征有限元法 [9]、迎风加权差分格式 [10]、高阶 Godunov 格式 [11]、流线扩散法 [12]、最小二乘混合有限元方法 [13]、修正的特征有限元方法 [15] 以及 Eulerian-Lagrangian 局部对偶方法 (ELLAM)[14]. 上述方法对传统的有限元方法有所改进, 但它们各自也均有许多无法克服的缺陷. 迎风加权差分格式在锋线前沿产生数值弥散现象, 高阶 Godunov 格式要求一个 CFL 限制, 流线扩散法与最小二乘混合有限元方法减少了数值弥散, 却人为地强加了流线的方向. Eulerian-Lagrangian 局部对

偶方法 (ELLAM) 可以保持局部的质量守恒, 但增加了积分的估算, 计算量很大. 修正的特征有限元方法 (MMOC-Galerkin) 是一个隐格式, 可采用较大的时间步长, 在流动的锋线前沿具有较高稳定性, 较好地消除了数值弥散现象, 但其检验函数空间不含有分片常数, 因此不能保证质量守恒. 混合有限元方法是流体力学数值求解的有效方法, 它能同时高精度逼近待求函数及其伴随函数. 理论分析及应用已被深入研究 [1,2,16]. 为了得到对流–扩散问题的高精度数值计算格式, Arbogast 与 Wheeler 在 [19] 中对对流占优的输运方程提出一种特征混合元方法, 在方程的时空变分形式上, 用类似的 MMOC-Galerkin 方法逼近对流项, 用零次 Raviart-Thomas-Nedekc 混合元法离散扩散项, 分片函数在检验函数空间中, 因此在每个单元上格式是守恒的, 并借助于有限元解的后处理方法, 对空间 L^2 模误差估计提高到 $\frac{3}{2}$ 阶精确度, 必须指出此格式包含大量关于检验函数映像的积分, 使得实际计算十分复杂和困难.

　　对于现代能源和环境科学数值模拟新技术, 特别是在强化 (化学) 采油新技术中, 必须考虑流体的可压缩性. 否则数值模拟将失真 [48,49]. 关于可压缩二相渗流驱动问题, Douglas 和作者已有系列的研究成果 [7,8,44,45], 如特征有限元法 [44,50,51]、特征差分方法 [45,52], 分数步差分方法等 [52,53]. 我们在上述工作基础上, 实质性拓广和改进了 Arbogast 与孙同军的工作 [19,54], 提出了一类混合元–特征混合元方法, 大大减少了计算工作量, 并进行了实际问题的数值模拟计算, 指明此方法在实际计算时是可行的和有效的 [28]. 但在那里我们仅能得到一阶精确度误差估计, 且不能拓广到三维问题.

　　我们注意到有限体积元法 [29,30] 兼具有差分方法的简单性和有限元方法的高精度性, 并且保持局部质量守恒, 是求解偏微分方程的一种十分有效的数值方法. 混合元方法 [1,2,16] 可以同时求解压力函数及其 Darcy 流速, 从而提高其一阶精确度. 文献 [31,32] 将有限体积元和混合元相结合, 提出了混合有限体积元的思想, 文献 [33,34] 通过数值算例验证这种方法的有效性. 文献 [35-37] 主要对椭圆问题给出混合有限体积元的收敛性估计等理论结果, 形成了混合有限体积元方法的一般框架. 芮洪兴等用此方法研究了低渗油气渗流驱动问题的数值模拟计算 [38,39]. 在上述工作的基础上, 对三维油水二相渗流驱动问题提出一类混合体积元–特征混合体积元方法. 用具有物理守恒律性质的混合体积元同时逼近压力函数和 Darcy 速度, 并对 Darcy 速度提高了一阶计算精确度. 对饱和度方程同样用具有物理守恒律性质的特征混合体积元方法, 即对对流项沿特征线方向离散, 方程的扩散项采用混合体积元离散. 特征线方法可以保证格式在流体锋线前沿逼近的高度稳定性, 消除数值弥散现象, 并可以得到较小的截断时间误差. 在实际计算中可以采用较大的时间步长, 提高计算效率而不降低精度. 扩散项采用混合有限体积元离散, 可以同时逼近未知的饱和度函数及其伴随向量函数. 应用微分方程先验估计理论和特殊技巧, 得到了最优二阶 L^2 模误差估计, 高于 Arbogast 和 Wheeler 得到 $\frac{3}{2}$ 阶估计的著名成果 [19]. 本节对一般三维椭圆–对流扩散方程组做了数值试验, 指明本节的方法是一类切实可行的高效计算方法, 支撑了理论分析结果, 成功解决了这一重要问题 [1,2,8,19,21,22].

我们使用通常的 Sobolev 空间及其范数记号. 假定问题 (3.3.1)~(3.3.4) 的精确解满足下述正则性条件:

$$(\mathrm{R}) \quad \begin{cases} c \in L^\infty(H^2) \cap H^1(H^1) \cap L^\infty(W^1_\infty) \cap H^2(L^2), \\ p \in L^\infty(H^1), \\ \boldsymbol{u} \in L^\infty(H^1(\mathrm{div})) \cap L^\infty(W^1_\infty) \cap W^1_\infty(L^\infty) \cap H^2(L^2). \end{cases}$$

同时假定问题 (3.3.1)~(3.3.4) 的系数满足正定性条件:

$$(\mathrm{C}) \quad 0 < d_* \leqslant d(c) \leqslant d^*, \quad 0 < a_* \leqslant a(c) \leqslant a^*,$$
$$0 < \varphi_* \leqslant \varphi(X) \leqslant \varphi^*, \quad 0 < D_* \leqslant D(X) \leqslant D^*,$$

此处 $d_*, d^*, a_*, a^*, \varphi_*, \varphi^*, D_*$ 和 D^* 均为确定的正常数.

在本节中, 为了分析方便, 假定问题 (3.3.1)~(3.3.4) 是 Ω 周期的 [8,21,26,46], 也就是在本节中全部函数假定是 Ω 周期的. 这在物理上是合理的, 因为无流动边界条件 (3.3.3) 一般能作镜面反射处理, 而且通常油藏数值模拟中, 边界条件对油藏内部流动影响较小 [21,26,46]. 因此边界条件是可以省略的.

3.3.2   记号和引理

为了应用混合体积元–特征混合体积元方法, 我们需要构造两套网格系统. 粗网格是针对流场压力和 Darcy 流速的非均匀粗网格, 细网格是针对饱和度方程的非均匀细网格. 首先讨论粗网格系统.

研究三维问题, 为简单起见, 设区域 $\Omega = \{[0,1]\}^3$, 用 $\partial\Omega$ 表示其边界. 定义剖分

$$\delta_x : 0 < x_{1/2} < x_{3/2} < \cdots < x_{N_x-1/2} < x_{N_x+1/2} = 1,$$
$$\delta_y : 0 < y_{1/2} < y_{3/2} < \cdots < y_{N_y-1/2} < y_{N_y+1/2} = 1,$$
$$\delta_z : 0 < z_{1/2} < z_{3/2} < \cdots < z_{N_z-1/2} < z_{N_z+1/2} = 1.$$

对 Ω 做剖分 $\delta_x \times \delta_y \times \delta_z$, 对于 $i = 1,2,\cdots,N_x; j = 1,2,\cdots,N_y; k = 1,2,\cdots,N_z$. 记 $\Omega_{ijk} = \{(x,y,z)|x_{i-1/2} < x < x_{i+1/2}, y_{j-1/2} < y < y_{j+1/2}, z_{k-1/2} < z < z_{k+1/2}\}$, $x_i = \dfrac{(x_{i-1/2}+x_{i+1/2})}{2}, y_j = \dfrac{(y_{j-1/2}+y_{j+1/2})}{2}, z_k = \dfrac{(z_{k-1/2}+z_{k+1/2})}{2}.$ $h_{x_i} = x_{i+1/2} - x_{i-1/2}, h_{y_j} = y_{j+1/2} - y_{j-1/2}, h_{z_k} = z_{k+1/2} - z_{k-1/2}.$ $h_{x,i+1/2} = $

$x_{i+1} - x_i$, $h_{y,j+1/2} = y_{j+1} - y_j$, $h_{z,k+1/2} = z_{k+1} - z_k$. $h_x = \max\limits_{1 \leqslant i \leqslant N_x} \{h_{x_i}\}$, $h_y = \max\limits_{1 \leqslant j \leqslant N_y} \{h_{y_j}\}$, $h_z = \max\limits_{1 \leqslant k \leqslant N_z} \{h_{z_k}\}$, $h_p = (h_x^2 + h_y^2 + h_z^2)^{1/2}$. 称剖分是正则的, 是指存在常数 $\alpha_1, \alpha_2 > 0$, 使得

$$\min_{1 \leqslant i \leqslant N_x} \{h_{x_i}\} \geqslant \alpha_1 h_x, \quad \min_{1 \leqslant j \leqslant N_y} \{h_{y_j}\} \geqslant \alpha_1 h_y, \quad \min_{1 \leqslant k \leqslant N_z} \{h_{z_k}\} \geqslant \alpha_1 h_z,$$
$$\min\{h_x, h_y, h_z\} \geqslant \alpha_2 \max\{h_x, h_y, h_z\}.$$

图 3.2.1 表示对应于 $N_x = 4, N_y = 3, N_z = 3$ 的情况简单网格的示意图. 定义 $M_l^d(\delta_x) = \{f \in C^l[0,1] : f|_{\Omega_i} \in p_d(\Omega_i), i = 1, 2, \cdots, N_x\}$, 其中 $\Omega_i = [x_{i-1/2}, x_{i+1/2}]$, $p_d(\Omega_i)$ 是 Ω_i 上次数不超过 d 的多项式空间, 当 $l = -1$ 时, 表示函数 f 在 $[0,1]$ 上可以不连续. 对 $M_l^d(\delta_y), M_l^d(\delta_z)$ 的定义是类似的. 记

$$S_h = M_{-1}^0(\delta_x) \otimes M_{-1}^0(\delta_y) \otimes M_{-1}^0(\delta_z),$$
$$V_h = \{\boldsymbol{w} | \boldsymbol{w} = (w^x, w^y, w^z)^{\mathrm{T}}, w^x \in M_0^1(\delta_x) \otimes M_{-1}^0(\delta_y) \otimes M_{-1}^0(\delta_z),$$
$$w^y \in M_{-1}^0(\delta_x) \otimes M_0^1(\delta_y) \otimes M_{-1}^0(\delta_z),$$
$$w^z \in M_{-1}^0(\delta_x) \otimes M_{-1}^0(\delta_y) \otimes M_0^1(\delta_z), \boldsymbol{w} \cdot \gamma|_{\partial\Omega} = 0\}.$$

对函数 $v(x,y,z)$, 以 $v_{ijk}, v_{i+1/2,jk}, v_{i,j+1/2,k}$ 和 $v_{ij,k+1/2}$ 分别表示 $v(x_i, y_j, z_k)$, $v(x_{i+1/2}, y_j, z_k), v(x_i, y_{j+1/2}, z_k)$ 和 $v(x_i, y_j, z_{k+1/2})$.

定义下列内积及范数:

$$(v,w)_{\bar{m}} = \sum_{i=1}^{N_x} \sum_{j=1}^{N_y} \sum_{k=1}^{N_z} h_{x_i} h_{y_j} h_{z_k} v_{ijk} w_{ijk},$$
$$(v,w)_x = \sum_{i=1}^{N_x} \sum_{j=1}^{N_y} \sum_{k=1}^{N_z} h_{x_{i-1/2}} h_{y_j} h_{z_k} v_{i-1/2,jk} w_{i-1/2,jk},$$
$$(v,w)_y = \sum_{i=1}^{N_x} \sum_{j=1}^{N_y} \sum_{k=1}^{N_z} h_{x_i} h_{y_{j-1/2}} h_{z_k} v_{i,j-1/2,k} w_{i,j-1/2,k},$$
$$(v,w)_z = \sum_{i=1}^{N_x} \sum_{j=1}^{N_y} \sum_{k=1}^{N_z} h_{x_i} h_{y_j} h_{z_{k-1/2}} v_{ij,k-1/2} w_{ij,k-1/2},$$
$$\|v\|_s^2 = (v,v)_s, \quad s = m, x, y, z,$$
$$\|v\|_\infty = \max_{1 \leqslant i \leqslant N_x, 1 \leqslant j \leqslant N_y, 1 \leqslant k \leqslant N_z} |v_{ijk}|,$$
$$\|v\|_{\infty(x)} = \max_{1 \leqslant i \leqslant N_x, 1 \leqslant j \leqslant N_y, 1 \leqslant k \leqslant N_z} |v_{i-1/2,jk}|,$$
$$\|v\|_{\infty(y)} = \max_{1 \leqslant i \leqslant N_x, 1 \leqslant j \leqslant N_y, 1 \leqslant k \leqslant N_z} |v_{i,j-1/2,k}|,$$

$$\|v\|_{\infty(z)} = \max_{1\leqslant i\leqslant N_x,1\leqslant j\leqslant N_y,1\leqslant k\leqslant N_z} \left|v_{ij,k-1/2}\right|.$$

当 $\boldsymbol{w} = (w^x, w^y, w^z)^{\mathrm{T}}$ 时, 记

$$|||\boldsymbol{w}||| = \left(\|w^x\|_x^2 + \|w^y\|_y^2 + \|w^z\|_z^2\right)^{1/2}, \quad |||\boldsymbol{w}|||_\infty = \|w^x\|_{\infty(x)} + \|w^y\|_{\infty(y)} + \|w^z\|_{\infty(z)},$$

$$\|\boldsymbol{w}\|_m = \left(\|w^x\|_m^2 + \|w^y\|_m^2 + \|w^z\|_m^2\right)^{1/2}, \quad \|\boldsymbol{w}\|_\infty = \|w^x\|_\infty + \|w^y\|_\infty + \|w^z\|_\infty.$$

设 $W_p^m(\Omega) = \left\{v \in L^p(\Omega) \left| \dfrac{\partial^n v}{\partial x^{n-l-r}\partial y^l \partial z^r} \in L^p(\Omega), n-l-r \geqslant 0, l = 0, 1, \cdots,\right.\right.$

$\left.n; r = 0, 1, \cdots, n, n = 0, 1, \cdots, m; 0 < p < \infty\right\}.$

$H^m(\Omega) = W_2^m(\Omega)$, $L^2(\Omega)$ 的内积与范数分别为 $(\cdot, \cdot)$, $\|\cdot\|$, 对于 $v \in S_h$, 显然有

$$\|v\|_m = \|v\|. \tag{3.3.5}$$

定义下列记号:

$$[d_x v]_{i+1/2,jk} = \frac{v_{i+1,jk} - v_{ijk}}{h_{x,i+1/2}}, \quad [d_y v]_{i,j+1/2,k} = \frac{v_{i,j+1,k} - v_{ijk}}{h_{y,j+1/2}},$$

$$[d_z v]_{ij,k+1/2} = \frac{v_{ij,k+1} - v_{ijk}}{h_{z,k+1/2}};$$

$$[D_x w]_{ijk} = \frac{w_{i+1/2,jk} - w_{i-1/2,jk}}{h_{x_i}}, \quad [D_y w]_{ijk} = \frac{w_{i,j+1/2,k} - w_{i,j-1/2,k}}{h_{y_j}},$$

$$[D_z w]_{ijk} = \frac{w_{ij,k+1/2} - w_{ij,k-1/2}}{h_{z_k}};$$

$$\hat{w}_{ijk}^x = \frac{w_{i+1/2,jk}^x + w_{i-1/2,jk}^x}{2}, \quad \hat{w}_{ijk}^y = \frac{w_{i,j+1/2,k}^y + w_{i,j-1/2,k}^y}{2},$$

$$\hat{w}_{ijk}^z = \frac{w_{ij,k+1/2}^z + w_{ij,k-1/2}^z}{2},$$

$$\bar{w}_{ijk}^x = \frac{h_{x,i+1}}{2h_{x,i+1/2}}w_{ijk} + \frac{h_{x,i}}{2h_{x,i+1/2}}w_{i+1,jk},$$

$$\bar{w}_{ijk}^y = \frac{h_{y,j+1}}{2h_{y,j+1/2}}w_{ijk} + \frac{h_{y,j}}{2h_{y,j+1/2}}w_{i,j+1,k},$$

$$\bar{w}_{ijk}^z = \frac{h_{z,k+1}}{2h_{z,k+1/2}}w_{ijk} + \frac{h_{z,k}}{2h_{z,k+1/2}}w_{ij,k+1},$$

以及 $\hat{\boldsymbol{w}}_{ijk} = (\hat{w}_{ijk}^x, \hat{w}_{ijk}^y, \hat{w}_{ijk}^z)^{\mathrm{T}}$, $\bar{\boldsymbol{w}}_{ijk} = (\bar{w}_{ijk}^x, \bar{w}_{ijk}^y, \bar{w}_{ijk}^z)^{\mathrm{T}}$. 此处 $d_s(s = x, y, z)$, $D_s(s = x, y, z)$ 是差商算子, 它与方程 (3) 中的系数 D 无关. 记 L 是一个正整数, $\Delta t = \dfrac{T}{L}$, $t^n = n\Delta t$, v^n 表示函数在 t^n 时刻的值, $d_t v^n = \dfrac{(v^n - v^{n-1})}{\Delta t}$.

对于上面定义的内积和范数, 下述三个引理成立.

引理 3.3.1 对于 $v \in S_h$, $\boldsymbol{w} \in V_h$, 显然有

$$(v, D_x w^x)_m = -(d_x v, w^x)_x, \quad (v, D_y w^y)_m = -(d_y v, w^y)_y,$$
$$(v, D_z w^z)_m = -(d_z v, w^z)_z. \tag{3.3.6}$$

引理 3.3.2 对于 $\boldsymbol{w} \in V_h$, 则有

$$\|\hat{\boldsymbol{w}}\|_m \leqslant |||\boldsymbol{w}|||. \tag{3.3.7}$$

引理 3.3.3 对于 $q \in S_h$, 则有

$$\|\bar{q}^x\|_x \leqslant M \|q\|_m, \quad \|\bar{q}^y\|_y \leqslant M \|q\|_m, \quad \|\bar{q}^z\|_z \leqslant M \|q\|_m, \tag{3.3.8}$$

此处 M 是与 q, h 无关的常数.

引理 3.3.4 对于 $\boldsymbol{w} \in V_h$, 则有

$$\|w^x\|_x \leqslant \|D_x w^x\|_m, \quad \|w^y\|_y \leqslant \|D_y w^y\|_m, \quad \|w^z\|_z \leqslant \|D_z w^z\|_m. \tag{3.3.9}$$

对于区域 $\Omega = \{[0,1]\}^3$ 的细网格系统, 通常在上述粗网格的基础上再进行均匀细分, 一般取原网格步长的 $\dfrac{1}{l}$, 通常 l 取 2 或 4, 其余全部记号不变, 此时 $h_c = \dfrac{h_p}{l}$.

3.3.3 混合有限体积元–特征混合体积元程序

为了引入混合有限体积元方法的处理思想, 将流动方程 (3.3.1) 写为下述标准形式:

$$d(c)\frac{\partial p}{\partial t} + \nabla \cdot \boldsymbol{u} = q(X,t), \quad (X,t) \in \Omega \times J, \tag{3.3.10a}$$

$$\boldsymbol{u} = -a(c)\nabla p, \quad (X,t) \in \Omega \times J. \tag{3.3.10b}$$

对饱和度方程 (3.3.2), 注意到流动实际上沿着迁移的特征方向, 采用特征线法处理一阶双曲部分, 它具有很高的精确度和强稳定性. 对时间 t 可采用大步长计算. 记 $\psi(X, \boldsymbol{u}) = \left[\varphi^2(X) + |\boldsymbol{u}|^2\right]^{1/2}$, $\dfrac{\partial}{\partial \tau} = \psi^{-1}\left\{\varphi\dfrac{\partial}{\partial t} + \boldsymbol{u} \cdot \nabla\right\}$. 为了应用混合体积元离散扩散部分, 将方程 (3.3.2) 写为下述标准形式:

$$\psi\frac{\partial c}{\partial \tau} + \nabla \cdot \boldsymbol{g} = f(X,c), \tag{3.3.11a}$$

$$\boldsymbol{g} = -D\nabla c, \tag{3.3.11b}$$

此处 $f(X, c) = (\tilde{c} - c)\tilde{q}$.

设 $P, \boldsymbol{U}, C, \boldsymbol{G}$ 分别为 $p, \boldsymbol{u}, c$ 和 $\boldsymbol{g}$ 的混合体积元–特征混合体积元的近似解. 由 3.3.2 小节的记号和引理 3.3.1～ 引理 3.3.4 的结果导出流体压力和 Darcy 流速的混合体积元格式为

$$\left(d(C^n)\frac{P^{n+1} - P^n}{\Delta t}, v\right)_m + \left(D_x U^{x,n+1} + D_y U^{y,n+1} + D_z U^{z,n+1}, v\right)_m$$
$$= \left(q^{n+1}, v\right)_m, \quad \forall v \in S_h, \tag{3.3.12a}$$

$$\left(a^{-1}(\bar{C}^{x,n})U^{x,n+1}, w^x\right)_x + \left(a^{-1}(\bar{C}^{y,n})U^{y,n+1}, w^y\right)_y + \left(a^{-1}(\bar{C}^{z,n})U^{z,n+1}, w^z\right)_z$$
$$- \left(P^{n+1}, D_x w^x + D_x w^y + D_x w^z\right)_m = 0, \quad \forall w \in V_h. \tag{3.3.12b}$$

对方程 (3.3.11a) 利用向后差商逼近特征方向导数

$$\frac{\partial c^{n+1}}{\partial \tau}(X) \approx \frac{c^{n+1} - c^n(X - \varphi^{-1}\boldsymbol{u}^{n+1}(X)\Delta t)}{\Delta t(1 + \varphi^{-2}|\boldsymbol{u}^{n+1}|^2)^{1/2}}.$$

则饱和度方程 (3.3.11a) 的特征混合体积元格式为

$$\left(\varphi\frac{C^{n+1} - \hat{C}^n}{\Delta t}, v\right)_m + \left(b(C^n)\frac{P^{n+1} - P^n}{\Delta t}, v\right)_m$$
$$+ \left(D_x G^{x,n+1} + D_y G^{y,n+1} + D_z G^{z,n+1}, v\right)_m$$
$$= \left(f(\hat{C}^n), v\right)_m, \quad \forall v \in S_h, \tag{3.3.13a}$$

$$\left(D^{-1}G^{x,n+1}, w^x\right)_x + \left(D^{-1}G^{y,n+1}, w^y\right)_y + \left(D^{-1}G^{z,n+1}, w^z\right)_z$$
$$- \left(C^{n+1}, D_x w^x + D_y w^y + D_z w^z\right)_m = 0, \quad \forall w \in V_h, \tag{3.3.13b}$$

此处 $\hat{C}^n = C^n(\hat{X}^n)$, $\hat{X}^n = X - \varphi^{-1}\boldsymbol{U}^{n+1}\Delta t$.

初始逼近:

$$P^0 = \tilde{P}^0, \quad \boldsymbol{U}^0 = \tilde{\boldsymbol{U}}^0, \quad C^0 = \tilde{C}^0, \quad \boldsymbol{G}^0 = \tilde{\boldsymbol{G}}^0, \quad X \in \Omega, \tag{3.3.14}$$

此处 $(\tilde{P}^0, \tilde{\boldsymbol{U}}^0)$, $(\tilde{C}^0, \tilde{\boldsymbol{G}}^0)$ 为 $(\tilde{p}_0, \tilde{\boldsymbol{u}}_0)$, $(c_0, \boldsymbol{g}_0)$ 的椭圆投影 (将在 3.3.4 小节定义).

混合有限体积元–特征混合有限体积元格式的计算程序: 首先由初始条件 (3.3.4), 应用混合体积元的椭圆投影确定 $\{\tilde{P}^0, \tilde{\boldsymbol{U}}^0\}$ 和 $\{\tilde{C}^0, \tilde{\boldsymbol{G}}^0\}$. 取 $P^0 = \tilde{P}^0, \boldsymbol{U}^0 = \tilde{\boldsymbol{U}}^0$ 和 $C^0 = \tilde{C}^0, \boldsymbol{G}^0 = \tilde{\boldsymbol{G}}^0$. 在此基础上, 再由混合体积元格式 (3.3.12) 应用共轭梯度法求得 $\{\boldsymbol{U}^1, P^1\}$. 然后, 再由特征混合体积元格式 (3.3.13), 应用共轭梯度法求得 $\{C^1, \boldsymbol{G}^1\}$. 如此, 再由 (3.3.12) 求得 $\{\boldsymbol{U}^2, P^2\}$. 这样依次进行, 可求得全部数值逼近解, 由正定性条件 (C), 解存在且唯一.

3.3.4 收敛性分析

本节对一个模型问题进行收敛性分析, 即假定问题中的 $a(c) = k(X)\mu^{-1}(c) \approx k(X)\mu_0^{-1} = a(X)$, 即黏度近似为常数, 此情况出现在低渗流油田的情况[21]. 为了进行收敛性分析, 引入下述辅助性椭圆投影. 定义 $\{\tilde{P}, \tilde{U}\} \in S_h \times V_h$, 满足

$$\left(D_x \tilde{U}^x + D_y \tilde{U}^y + D_z \tilde{U}^z, v \right)_m = (\nabla \cdot \boldsymbol{u}, v)_m, \quad \forall v \in S_h, \tag{3.3.15a}$$

$$\left(a^{-1} \tilde{U}^x, w^x \right)_x + \left(a^{-1} \tilde{U}^y, w^y \right)_y + \left(a^{-1} \tilde{U}^z, w^z \right)_z$$
$$- \left(\tilde{P}, D_x w^x + D_y w^y + D_z w^z \right)_m = 0, \quad \forall w \in V_h, \tag{3.3.15b}$$

$$\left(\tilde{P} - p, 1 \right)_m = 0. \tag{3.3.15c}$$

定义 $\{\tilde{C}, \tilde{G}\} \in S_h \times V_h$, 满足

$$\left(D_x \tilde{G}^x + D_y \tilde{G}^y + D_z \tilde{G}^z, v \right)_m = (\nabla \cdot g, v)_m, \quad \forall v \in S_h, \tag{3.3.16a}$$

$$\left(D^{-1} \tilde{G}^x, w^x \right)_x + \left(D^{-1} \tilde{G}^y, w^y \right)_y + \left(D^{-1} \tilde{G}^z, w^z \right)_z$$
$$- \left(\tilde{C}, D_x w^x + D_y w^y + D_z w^z \right)_m = 0, \quad \forall w \in V_h, \tag{3.3.16b}$$

$$\left(\tilde{C} - c, 1 \right)_m = 0, \tag{3.3.16c}$$

此处 $g = -D\nabla c$.

记 $\pi = P - \tilde{P}$, $\eta = \tilde{P} - p$, $\sigma = \boldsymbol{U} - \hat{\boldsymbol{U}}$, $\rho = \tilde{\boldsymbol{U}} - \boldsymbol{u}$, $\xi = C - \tilde{C}$, $\zeta = \tilde{C} - c$, $\alpha = \boldsymbol{G} - \tilde{\boldsymbol{G}}$, $\beta = \tilde{\boldsymbol{G}} - \boldsymbol{g}$. 设问题 (3.3.1)∼(3.3.14) 满足正定性条件 (C), 其精确解满足正则性条件 (R). 由 Weiser, Wheeler 理论[32] 得知格式 (3.3.15) 和 (3.3.16) 确定的辅助函数 $\{\hat{\boldsymbol{U}}, \tilde{P}, \tilde{\boldsymbol{G}}, \tilde{C}\}$ 存在唯一, 并有下述误差估计.

引理 3.3.5 若问题 (5.3.1)∼(5.3.5) 的系数和精确解满足条件 (C) 和 (R), 则存在不依赖于 $h, \Delta t$ 的常数 $\bar{C}_1, \bar{C}_2 > 0$, 使得下述估计式成立:

$$\|\eta\|_m + \|\zeta\|_m + \|\|\rho\|\| + \|\|\beta\|\| + \left\|\frac{\partial \eta}{\partial t}\right\|_m + \left\|\frac{\partial \zeta}{\partial t}\right\|_m \leqslant \bar{C}_1 \{h_p^2 + h_c^2\}, \tag{3.3.17a}$$

$$\|\|\hat{\boldsymbol{U}}\|\|_\infty + \|\|\tilde{\boldsymbol{G}}\|\|_\infty \leqslant \bar{C}_2. \tag{3.3.17b}$$

首先估计 π 和 σ. 将式 (3.3.12a) 和 (3.3.12b) 分别减式 (3.3.15a)$(t = t^{n+1})$ 和式 (3.3.15b)$(t = t^{n+1})$ 可得下述误差关系式

$$(d(C^n)\partial_t \pi^n, v)_m + \left(D_x \sigma^{x,n+1} + D_y \sigma^{y,n+1} + D_z \sigma^{z,n+1}, v \right)_m$$

$$= \big((d(c^{n+1}) - d(C^n)) \tilde{p}_t^{n+1}, v \big)_m - \big(d(c^{n+1}) \partial_t \eta^n, v \big)_m$$
$$+ \Big(d(C^n)(\tilde{p}_t^{n+1} - \partial_t \tilde{P}^n), v \Big)_m, \quad \forall v \in S_h, \tag{3.3.18a}$$

$$\big(a^{-1} \sigma^{x,n+1}, w^x \big)_x + \big(a^{-1} \sigma^{y,n+1}, w^y \big)_y + \big(a^{-1} \sigma^{z,n+1}, w^z \big)_z$$
$$- \big(\pi^{n+1}, D_x w^x + D_y w^y + D_z w^z \big)_m = 0, \quad \forall w \in V_h. \tag{3.3.18b}$$

此处 $\partial_t \pi^n = \dfrac{(\pi^{n+1} - \pi^n)}{\Delta t}$, $\tilde{p}_t^{n+1} = \dfrac{\partial \tilde{p}^{n+1}}{\partial t}$.

为了估计 π 和 σ. 在式 (3.3.18a) 中取 $v = \partial_t \pi^n$, 式 (3.3.18b) 中取 t^{n+1} 时刻和 t^n 时刻的值, 两式相减, 再除以 Δt, 取 $w = \sigma^{n+1}$ 时再相加, 注意到如下关系式, 当 $A \geqslant 0$ 的情况下有

$$\big(\partial_t (AB^n), B^{n+1} \big)_s = \frac{1}{2} \partial_t \left(AB^n, B^n \right)_s + \frac{1}{2\Delta t} \big(A(B^{n+1} - B^n), B^{n+1} - B^n \big)_s$$
$$\geqslant \frac{1}{2} \partial_t \left(AB^n, B^n \right)_s, \quad s = x, y, z,$$

有

$$d_* \left\| \partial_t \pi^n \right\|_m^2 + \frac{1}{2} \partial_t \big[\big(a^{-1} \sigma^{x,n+1}, \sigma^{x,n+1} \big)_x + \big(a^{-1} \sigma^{y,n+1}, \sigma^{y,n+1} \big)_y$$
$$+ \big(a^{-1} \sigma^{z,n+1}, \sigma^{z,n+1} \big)_z \big]$$
$$\leqslant \big((d(c^{n+1}) - d(C^n)) \tilde{p}_t^{n+1}, \partial_t \pi^n \big)_m - \left(d(c^{n+1}) \frac{\partial \eta^{n+1}}{\partial t}, \partial_t \pi^n \right)_m$$
$$+ \Big(d(C^n)(\tilde{p}_t^{n+1} - \partial_t \tilde{P}^n), \partial_t \pi^n \Big)_m = T_1 + T_2 + T_3. \tag{3.3.19}$$

由引理 3.3.5 可得

$$|T_1 + T_2 + T_3| \leqslant \varepsilon \left\| \partial_t \pi^n \right\|_m^2 + K \left\{ \|\xi^n\|_m^2 + h_p^4 + (\Delta t)^2 \right\}. \tag{3.3.20}$$

对估计式 (3.3.19) 的右端应用式 (3.3.20) 可得

$$\left\| \partial_t \pi^n \right\|_m^2 + \partial_t \sum_{s=x,y,z} \big(a^{-1} \sigma^{s,n}, \sigma^{s,n} \big)_s \leqslant \varepsilon \left\| \partial_t \pi^n \right\|_m^2 + K \left\{ \|\xi^n\|_m^2 + h_p^4 + (\Delta t)^2 \right\}.$$
$$\tag{3.3.21}$$

下面讨论饱和度方程 (3.3.2) 的误差估计. 为此将式 (3.3.13a) 和式 (3.3.13b) 分别减去 $t = t^{n+1}$ 时刻的式 (3.3.16a) 和式 (3.3.16b), 分别取 $v = \xi^{n+1}$, $w = \alpha^{n+1}$, 可得

$$\left(\varphi \frac{C^{n+1} - \hat{C}^n}{\Delta t}, \xi^{n+1} \right)_m + \left(b(C^n) \frac{P^{n+1} - P^n}{\Delta t}, \xi^{n+1} \right)_m$$
$$+ \big(D_x \alpha^{x,n+1} + D_y \alpha^{y,n+1} + D_z \alpha^{z,n+1}, \xi^{n+1} \big)_m$$

$$= \left(f(\hat{C}^n) - f(c^{n+1}) + \psi^{n+1}\frac{\partial c^{n+1}}{\partial \tau} + b(c^{n+1})\frac{\partial p^{n+1}}{\partial t}, \xi^{n+1} \right)_m, \quad (3.3.22a)$$

$$\left(D^{-1}\alpha^{x,n+1}, \alpha^{x,n+1} \right)_x + \left(D^{-1}\alpha^{y,n+1}, \alpha^{y,n+1} \right)_y + \left(D^{-1}\alpha^{z,n+1}, \alpha^{z,n+1} \right)_z$$
$$- \left(\xi^{n+1}, D_x\alpha^{x,n+1} + D_y\alpha^{y,n+1} + D_z\alpha^{z,n+1} \right)_m = 0. \quad (3.3.22b)$$

将式 (3.3.22a) 和式 (3.3.22b) 相加可得

$$\left(\varphi\frac{C^{n+1} - \hat{C}^n}{\Delta t}, \xi^{n+1} \right)_m + \left(b(C^n)\frac{P^{n+1} - P^n}{\Delta t}, \xi^{n+1} \right)_m + \left(D^{-1}\alpha^{x,n+1}, \alpha^{x,n+1} \right)_x$$
$$+ \left(D^{-1}\alpha^{y,n+1}, \alpha^{y,n+1} \right)_y + \left(D^{-1}\alpha^{z,n+1}, \alpha^{z,n+1} \right)_z$$
$$= \left(f(\hat{C}^n) - f(c^{n+1}) + \psi^{n+1}\frac{\partial c^{n+1}}{\partial \tau} + b(c^{n+1})\frac{\partial p^{n+1}}{\partial t}, \xi^{n+1} \right)_m. \quad (3.3.23)$$

应用方程 (3.3.2), $t = t^{n+1}$, 将上式改写为

$$\left(\varphi\frac{\xi^{n+1} - \xi^n}{\Delta t}, \xi^{n+1} \right)_m + \sum_{s=x,y,z} \left(D^{-1}\alpha^{s,n+1}, \alpha^{s,n+1} \right)_s$$
$$= \left(\left[\varphi\frac{\partial c^{n+1}}{\partial t} + \boldsymbol{u}^{n+1}\cdot\nabla c^{n+1} \right] - \varphi\frac{c^{n+1} - \check{c}^n}{\Delta t}, \xi^{n+1} \right)_m + \left(\varphi\frac{\zeta^{n+1} - \zeta^n}{\Delta t}, \xi^{n+1} \right)_m$$
$$+ \left(f(\hat{C}^n) - f(c^{n+1}), \xi^{n+1} \right) + \left(b(c^{n+1})\frac{\partial p^{n+1}}{\partial t} - b(C^n)\frac{P^{n+1} - P^n}{\Delta t}, \xi^{n+1} \right)_m$$
$$+ \left(\varphi\frac{\hat{c}^n - \check{c}^n}{\Delta t}, \xi^{n+1} \right)_m - \left(\varphi\frac{\hat{\zeta}^n - \zeta^n}{\Delta t}, \xi^{n+1} \right)_m + \left(\varphi\frac{\hat{\xi}^n - \zeta^n}{\Delta t}, \xi^{n+1} \right)_m$$
$$- \left(\varphi\frac{\check{\zeta}^n - \zeta^n}{\Delta t}, \xi^{n+1} \right)_m + \left(\varphi\frac{\check{\xi}^n - \xi^n}{\Delta t}, \xi^{n+1} \right)_m, \quad (3.3.24)$$

此处 $\check{c}^n = c^n(X - \varphi^{-1}\boldsymbol{u}^{n+1}\Delta t)$, $\hat{c}^n = c^n(X - \varphi^{-1}\boldsymbol{U}^{n+1}\Delta t)$, $\cdots$.

对式 (3.3.24) 的左端应用不等式 $a(a-b) \geqslant \frac{1}{2}(a^2 - b^2)$, 其右端分别用 $T_1, T_2, \cdots,$ T_9 表示, 可得

$$\frac{1}{2\Delta t}\left\{ (\varphi\xi^{n+1}, \xi^{n+1})_m - (\varphi\xi^n, \xi^n)_m \right\} + \sum_{s=x,y,z} \left(D^{-1}\alpha^{s,n+1}, \alpha^{s,n+1} \right)_s \leqslant \sum_{i=1}^{9} T_i. \quad (3.3.25)$$

为了估计 T_1, 注意到 $\varphi\dfrac{\partial c^{n+1}}{\partial t} + \boldsymbol{u}^{n+1}\cdot\nabla c^{n+1} = \psi^{n+1}\dfrac{\partial c^{n+1}}{\partial \tau}$, 于是可得

$$\frac{\partial c^{n+1}}{\partial \tau} - \frac{\varphi}{\psi^{n+1}}\frac{c^{n+1} - \check{c}^n}{\Delta t} = \frac{\varphi}{\psi^{n+1}\Delta t}\int_{(\check{X},t^n)}^{(X,t^{n+1})} \left[|X - \check{X}|^2 + (t - t^n)^2 \right]^{1/2}\frac{\partial^2 c}{\partial \tau^2}\mathrm{d}\tau. \quad (3.3.26)$$

对上式 (3.3.26) 乘以 ψ^{n+1} 并作 m 模估计, 可得

$$\left\|\psi^{n+1}\frac{\partial c^{n+1}}{\partial \tau}-\varphi\frac{c^{n+1}-\check{c}^n}{\Delta t}\right\|_m^2$$

$$\leqslant \int_\Omega \left[\frac{\varphi}{\Delta t}\right]^2 \left[\frac{\psi^{n+1}\Delta t}{\varphi}\right]^2 \left|\int_{(\check{X},t^n)}^{(X,t^{n+1})}\frac{\partial^2 c}{\partial \tau^2}\mathrm{d}\tau\right|^2 \mathrm{d}X$$

$$\leqslant \Delta t \left\|\frac{(\psi^{n+1})^3}{\varphi}\right\|_\infty \int_\Omega \int_{(\check{X},t^n)}^{(X,t^{n+1})}\left|\frac{\partial^2 c}{\partial \tau^2}\right|^2 \mathrm{d}\tau\mathrm{d}X$$

$$\leqslant \Delta t \left\|\frac{(\psi^{n+1})^4}{\varphi^2}\right\|_\infty \int_\Omega \int_{t^n}^{t^{n+1}}\int_0^1\left|\frac{\partial^2 c}{\partial \tau^2}(\bar{\tau}\check{X}+(1-\bar{\tau})X,t)\right|^2 \mathrm{d}\bar{\tau}\mathrm{d}X\mathrm{d}t. \quad (3.3.27)$$

因此有

$$|T_1|\leqslant K\left\|\frac{\partial^2 c}{\partial \tau^2}\right\|_{L^2(t^n,t^{n+1};m)}^2\Delta t + K\left\|\xi^{n+1}\right\|_m^2. \quad (3.3.28a)$$

对于 T_2, T_3, T_4 的估计, 应用引理 3.3.5 可得

$$|T_2|\leqslant K\left\{(\Delta t)^{-1}\left\|\frac{\partial \zeta}{\partial t}\right\|_{L^2(t^n,t^{n+1};m)}^2 + \left\|\xi^{n+1}\right\|_m^2\right\}, \quad (3.3.28b)$$

$$|T_3|\leqslant K\left\{\left\|\xi^{n+1}\right\|_m^2 + \left\|\xi^n\right\|_m^2 + (\Delta t)^2 + h_c^4\right\}, \quad (3.3.28c)$$

$$|T_4|\leqslant \varepsilon\|\partial_t\pi^n\|_m^2 + K\left\{\left\|\xi^{n+1}\right\|_m^2 + \left\|\xi^n\right\|_m^2 + h_p^4 + h_c^4 + (\Delta t)^2\right\}, \quad (3.3.28d)$$

估计 T_5, T_6 和 T_7 导出下述一般的关系式. 若 f 定义在 Ω 上, f 对应的是 c, ζ 和 ξ, Z 表示方向 $U^{n+1}-u^{n+1}$ 的单位向量. 则

$$\int_\Omega \varphi\frac{\hat{f}^n-\check{f}^n}{\Delta t}\xi^{n+1}\mathrm{d}X$$

$$=(\Delta t)^{-1}\int_\Omega \varphi\left[\int_{\check{X}}^{\hat{X}}\frac{\partial f^n}{\partial Z}\mathrm{d}Z\right]\xi^{n+1}\mathrm{d}X$$

$$=(\Delta t)^{-1}\int_\Omega \varphi\left[\int_0^1\frac{\partial f^n}{\partial Z}((1-\bar{Z})\check{X}+\bar{Z}\hat{X})\mathrm{d}\bar{Z}\right]\left|\hat{X}-\check{X}\right|\xi^{n+1}\mathrm{d}X$$

$$=\int_\Omega \left[\int_0^1\frac{\partial f^n}{\partial Z}((1-\bar{Z})\check{X}+\bar{Z}\hat{X})\mathrm{d}\bar{Z}\right]|u-U|\xi^{n+1}\mathrm{d}X, \quad (3.3.29)$$

此处 $\bar{Z}\in[0,1]$ 的参数, 应用关系式 $\hat{X}-\check{X}=\Delta t[u^{n+1}(X)-U^{n+1}(X)]/\varphi(X)$. 设

$$g_f=\int_0^1\frac{\partial f^n}{\partial Z}((1-\bar{Z})\check{X}+\bar{Z}\hat{X})\mathrm{d}\bar{Z}.$$

则可写出关于式 (3.3.29) 的三个特殊情况.

$$|T_5| \leqslant ||g_c||_\infty \left|\left|(\boldsymbol{u} - \boldsymbol{U})^{n+1}\right|\right|_m ||\xi^{n+1}||_m, \tag{3.3.30a}$$

$$|T_6| \leqslant ||g_\zeta||_m \left|\left|(\boldsymbol{u} - \boldsymbol{U})^{n+1}\right|\right|_m ||\xi^{n+1}||_\infty, \tag{3.3.30b}$$

$$|T_7| \leqslant ||g_\xi||_m \left|\left|(\boldsymbol{u} - \boldsymbol{U})^{n+1}\right|\right|_m ||\xi^{n+1}||_\infty. \tag{3.3.30c}$$

由引理 3.3.1~引理 3.3.5 可得

$$\left|\left|(\boldsymbol{u} - \boldsymbol{U})^{n+1}\right|\right|_m^2 \leqslant K \left\{|||\sigma^{n+1}|||^2 + h_p^4 + h_c^4\right\}. \tag{3.3.31}$$

因为 $g_c(X)$ 是 c^n 的一阶偏导数的平均值, 它能用 $||c^n||_{W_\infty^1}$ 来估计. 由式 (3.3.30a) 可得

$$|T_5| \leqslant K \left\{||\xi^{n+1}||_m^2 + |||\sigma^{n+1}|||^2 + h_p^4 + h_c^4\right\}. \tag{3.3.32}$$

为了估计 $||g_\zeta||_m$ 和 $||g_\xi||_m$, 需要引入归纳法假定和作下述剖分参数限制性条件:

$$\sup_{0 \leqslant n \leqslant L} |||\sigma^n|||_\infty \to 0, \quad \sup_{0 \leqslant n \leqslant L} ||\xi^n||_\infty \to 0, \quad (h_p, h_c, \Delta t) \to 0. \tag{3.3.33}$$

$$\Delta t = O(h_c^2), \quad h_c^2 = o(h_p^{3/2}). \tag{3.3.34}$$

现在考虑

$$||g_f||^2 \leqslant \int_0^1 \int_\Omega \left[\frac{\partial f^n}{\partial Z}((1 - \bar{Z})\check{X} + \bar{Z}\hat{X})\right]^2 \mathrm{d}X \mathrm{d}\bar{Z}. \tag{3.3.35}$$

定义变换

$$G_{\bar{Z}}(X) = (1 - \bar{Z})\check{X} + \bar{Z}\hat{X} = X - [\varphi^{-1}(X)\boldsymbol{u}^{n+1}(X) + \bar{Z}\varphi^{-1}(X)(\boldsymbol{U} - \boldsymbol{u})^{n+1}(X)]\Delta t,$$

设 $J_p = \Omega_{ijk} = [x_{i-1/2}, x_{i+1/2}] \times [y_{j-1/2}, y_{j+1/2}] \times [z_{k-1/2}, z_{k+1/2}]$ 是流动方程的网格单元, 则式 (3.3.35) 可写为

$$||g_f||^2 \leqslant \int_0^1 \sum_{J_p} \left|\frac{\partial f^n}{\partial Z}(G_{\bar{Z}}(X))\right|^2 \mathrm{d}X \mathrm{d}\bar{Z}. \tag{3.3.36}$$

由归纳法假定 (3.3.33) 和剖分参数限制性条件 (3.3.34) 有

$$\det DG_{\bar{Z}} = 1 + o(1).$$

则式 (3.3.36) 进行变量替换后可得

$$||g_f||^2 \leqslant K ||\nabla f^n||^2. \tag{3.3.37}$$

对 T_6 应用式 (3.3.31), 引理 3.3.5 和 Sobolev 嵌入定理 [42] 可得下述估计:

$$|T_6| \leqslant K \|\nabla\zeta^n\| \cdot \left\|(\boldsymbol{u}-\boldsymbol{U})^{n+1}\right\| \cdot h^{-(\varepsilon+1/2)} \|\nabla\xi^{n+1}\|$$

$$\leqslant K \left\{ h_c^{2-(\varepsilon+1/2)} \left\|(\boldsymbol{u}-\boldsymbol{U})^{n+1}\right\| \|\nabla\xi^{n+1}\| \right\}$$

$$\leqslant K \left\{ \|\|\sigma^{n+1}\|\|^2 + h_p^4 + h_c^4 \right\} + \varepsilon \|\|\alpha^{n+1}\|\|^2. \tag{3.3.38a}$$

因为我们的定理将证明 $\|\|\sigma^{n+1}\|\| = O(h_p^2 + h_c^2 + \Delta t)$, 从式 (3.3.31) 清楚地看到 $\|(\boldsymbol{u}-\boldsymbol{U})^{n+1}\|_m = o(h_c^{\varepsilon+1/2})$, 类似于文献 [3] 中的分析, 有

$$|T_7| \leqslant K \|\nabla\xi^n\| \cdot \left\|(\boldsymbol{u}-\boldsymbol{U})^{n+1}\right\| \cdot h^{-(\varepsilon+1/2)} \|\nabla\xi^{n+1}\|$$

$$\leqslant \varepsilon \left\{ \|\|\alpha^{n+1}\|\|^2 + \|\|\alpha^n\|\|^2 \right\}. \tag{3.3.38b}$$

对 T_8, T_9 应用负模估计可得

$$|T_8| \leqslant K h_c^4 + \varepsilon \|\|\alpha^{n+1}\|\|^2, \tag{3.3.39a}$$

$$|T_9| \leqslant K \|\xi^n\|_m^2 + \varepsilon \|\|\alpha^{n+1}\|\|^2. \tag{3.3.39b}$$

对误差估计式 (3.3.24) 左右两端分别应用式 (3.3.25)、(3.3.28)、(3.3.32)、(3.3.38) 和 (3.3.39) 可得

$$\frac{1}{2\Delta t} \left\{ \left(\varphi\xi^{n+1}, \xi^{n+1}\right)_m - \left(\varphi\xi^n, \xi^n\right)_m \right\} + \sum_{s=x,y,z} \left(D_s^{-1}\alpha^{s,n+1}, \alpha^{s,n+1}\right)_s$$

$$\leqslant \varepsilon \|\partial_t\pi^n\|_m^2 + K \left\{ \left\|\frac{\partial^2 c}{\partial\tau^2}\right\|_{L^2(t^n,t^{n+1};m)}^2 \Delta t + (\Delta t)^{-1} \left\|\frac{\partial\zeta}{\partial t}\right\|_{L^2(t^n,t^{n+1};m)}^2 + \|\xi^{n+1}\|_m^2 \right.$$

$$\left. + \|\xi^n\|_m^2 + \|\|\sigma^{n+1}\|\|^2 + h_p^4 + h_c^4 + (\Delta t)^2 \right\} + \varepsilon \left\{ \|\|\alpha^{n+1}\|\|^2 + \|\|\alpha^n\|\|^2 \right\}. \tag{3.3.40}$$

对式 (3.3.40) 乘以 $2\Delta t$, 并对时间 t 求和 $(0 \leqslant n \leqslant L)$, 注意到 $\xi^0 = 0$, 可得

$$\|\xi^{L+1}\|_m^2 + \sum_{n=0}^{L} \|\|\alpha^{n+1}\|\|^2 \Delta t$$

$$\leqslant \varepsilon \sum_{n=0}^{L} \|\partial_t\pi^n\|_m^2 \Delta t + K \left\{ \sum_{n=0}^{L} \left[\|\xi^{n+1}\|_m^2 + \|\|\sigma^{n+1}\|\|^2 \right] \Delta t + h_p^4 + h_c^4 + (\Delta t)^2 \right\}. \tag{3.3.41}$$

同样的对估计式 (3.3.40) 乘以 Δt, 并对时间 t 求和 $(0 \leqslant n \leqslant L)$, 注意到 $\sigma^0 = 0$, 可得

$$\|\|\sigma^{L+1}\|\|^2 + \sum_{n=0}^{L} \|\partial_t\pi^n\|_m^2 \Delta t \leqslant K \left\{ \sum_{n=0}^{L} \|\xi^n\|_m^2 \Delta t + h_p^4 + (\Delta t)^2 \right\}. \tag{3.3.42}$$

组合估计式 (3.3.21) 和 (3.3.42) 可得

$$\left|\left|\left|\sigma^{L+1}\right|\right|\right|^2 + \sum_{n=0}^{L}\left|\left|\partial_t\pi^n\right|\right|_m^2\Delta t + \left|\left|\xi^{L+1}\right|\right|_m^2 + \sum_{n=0}^{L}\left|\left|\left|\alpha^{n+1}\right|\right|\right|^2\Delta t$$

$$\leqslant K\left\{\sum_{n=0}^{L}\left[\left|\left|\xi^{n+1}\right|\right|_m^2 + \left|\left|\left|\sigma^{n+1}\right|\right|\right|^2\right]\Delta t + h_p^4 + h_c^4 + (\Delta t)^2\right\}. \tag{3.3.43}$$

应用 Gronwall 引理可得

$$\left|\left|\left|\sigma^{L+1}\right|\right|\right|^2 + \sum_{n=0}^{L}\left|\left|\partial_t\pi^n\right|\right|_m^2\Delta t + \left|\left|\xi^{L+1}\right|\right|_m^2 + \sum_{n=0}^{L}\left|\left|\left|\alpha^{n+1}\right|\right|\right|^2\Delta t \leqslant K\left\{h_p^4 + h_c^4 + (\Delta t)^2\right\}. \tag{3.3.44}$$

对 $\pi^{L+1} \in S_h$, 利用对偶方法进行估计 [40,41], 为此考虑下述椭圆问题:

$$\nabla\cdot\omega = \pi^{L+1}, \quad X = (x,y,z)^{\mathrm{T}} \in \Omega, \tag{3.3.45a}$$

$$\omega = \nabla p, \quad X \in \Omega, \tag{3.3.45b}$$

$$\omega\cdot\nu = 0, \quad X \in \partial\Omega. \tag{3.3.45c}$$

由问题的正则性, 有

$$\sum_{s=x,y,z}\left|\left|\frac{\partial\omega^s}{\partial s}\right|\right|_m^2 \leqslant K\left|\left|\pi^{n+1}\right|\right|_m^2. \tag{3.3.46}$$

设 $\tilde{\omega} \in V_h$ 满足

$$\left(\frac{\partial\tilde{\omega}^s}{\partial s}, v\right)_m = \left(\frac{\partial\omega^s}{\partial s}, v\right)_m, \quad \forall v \in S_h, \quad s = x,y,z. \tag{3.3.47a}$$

这样定义的 $\tilde{\omega}$ 是存在的, 且有

$$\sum_{s=x,y,z}\left|\left|\frac{\partial\tilde{\omega}^s}{\partial s}\right|\right|_m^2 \leqslant \sum_{s=x,y,z}\left|\left|\frac{\partial\omega^s}{\partial s}\right|\right|_m^2. \tag{3.3.47b}$$

应用引理 3.3.4, 式 (3.3.45)、(3.3.46) 和 (3.3.18) 可得

$$\left|\left|\pi^{L+1}\right|\right|_m^2 = (\pi^{L+1}, \nabla\omega) = (\pi^{L+1}, D_x\tilde{\omega}^x + D_y\tilde{\omega}^y + D_z\tilde{\omega}^z)_m$$

$$= \sum_{s=x,y,z}\left(a^{-1}\sigma^{s,n+1}, \tilde{\omega}^s\right)_s$$

$$\leqslant K\left|\left|\left|\tilde{\omega}\right|\right|\right|\cdot\left|\left|\left|\sigma^{L+1}\right|\right|\right|. \tag{3.3.48}$$

由引理 3.3.4, (3.3.46)、(3.3.47) 可得

$$
\begin{aligned}
|||\tilde{\omega}|||^2 &\leqslant \sum_{s=x,y,z} \|D_s\tilde{\omega}^s\|_m^2 = \sum_{s=x,y,z}\left\|\frac{\partial\tilde{\omega}^s}{\partial s}\right\|_m^2 \leqslant \sum_{s=x,y,z}\left\|\frac{\partial\omega^s}{\partial s}\right\|_m^2 \\
&\leqslant K\left\|\pi^{L+1}\right\|_m^2.
\end{aligned}
\tag{3.3.49}
$$

将式 (3.3.49) 代入式 (3.3.42), 并利用误差估计式 (3.3.44) 可得

$$
\left\|\pi^{L+1}\right\|_m^2 \leqslant K\left\{h_p^4 + h_c^4 + (\Delta t)^2\right\}.
\tag{3.3.50}
$$

最后需要检验归纳法假定 (3.3.33). 对于 $n=0$, 由于初始值的选取, $\xi^0 = 0, \sigma^0 = 0$, 归纳法假定显然是正确的. 若对 $1 \leqslant n \leqslant L$ 归纳法假定 (3.3.33) 成立. 由估计式 (3.3.40) 和限制性条件 (3.3.34) 有

$$
|||\sigma^{L+1}|||_\infty \leqslant Kh_p^{-3/2}\left\{h_p^2 + h_c^2 + \Delta t\right\} \leqslant Kh_p^{1/2} \to 0,
\tag{3.3.51a}
$$

$$
||\xi^{L+1}||_\infty \leqslant Kh_c^{-3/2}\left\{h_p^2 + h_c^2 + \Delta t\right\} \leqslant Kh_c^{1/2} \to 0.
\tag{3.3.51b}
$$

归纳法假定成立.

由估计式 (3.3.44)、(3.3.48) 和引理 3.3.5, 可以建立下述定理.

定理 3.3.1　对问题 (3.3.1)~(3.3.4) 假定其精确解满足正则性条件 (R), 且其系数满足正定性条件 (C), 并且 $a(c) \approx a(X)$, 采用混合体积元-特征混合体积元方法 (3.3.12)、(3.3.13) 和 (3.3.14) 逐层求解. 若剖分参数满足限制性条件 (3.3.34), 则下述误差估计式成立:

$$
\begin{aligned}
&\|p-P\|_{\bar{L}^\infty(J;m)} + \|\boldsymbol{u}-\boldsymbol{U}\|_{\bar{L}^\infty(J;V)} + \|\partial_t(p-P)\|_{\bar{L}^2(J;m)} + \|c-C\|_{\bar{L}^\infty(J;m)} \\
&\quad + \|\boldsymbol{g}-\boldsymbol{G}\|_{\bar{L}^2(J;V)} \leqslant M^*\left\{h_p^2 + h_c^2 + \Delta t\right\},
\end{aligned}
\tag{3.3.52}
$$

此处 $\|g\|_{\bar{L}^\infty(J;X)} = \sup\limits_{n\Delta t \leqslant T} \|g^n\|_X, \|g\|_{\bar{L}^2(J;X)} = \sup\limits_{L\Delta t \leqslant T}\left\{\sum\limits_{n=0}^{L}\|g^n\|_X^2\,\Delta t\right\}^{1/2}$, 常数 M^* 依赖于函数 p,c 及其导函数.

3.3.5　多组分可压缩渗流驱动问题的混合体积元-特征混合体积元方法

在强化采油 (化学采油) 的数值模拟计算中, 需要研究多组分可压缩渗流驱动问题, 其数学模型是下述非线性偏微分方程组的初边值问题 [7,51,52]:

$$
d(c)\frac{\partial p}{\partial t} + \nabla \cdot \boldsymbol{u} = q(X,t), \quad X = (x,y,z)^{\mathrm{T}} \in \Omega, \quad t \in J = (0,T],
\tag{3.3.53a}
$$

$$
\boldsymbol{u} = -a(c)\nabla p, \quad X \in \Omega, \quad t \in J,
\tag{3.3.53b}
$$

$$\varphi(X)\frac{\partial c_\alpha}{\partial t} + b_\alpha(c)\frac{\partial p}{\partial t} + \boldsymbol{u} \cdot \nabla c_\alpha - \nabla \cdot (D\nabla c_\alpha)$$

$$= f(X,t,c_\alpha), \quad X \in \Omega, \quad t \in J, \quad \alpha = 1,2,\cdots,n_c, \tag{3.3.54}$$

此处 $p(X,t)$ 是混合流体的压力函数, $c_\alpha(X,t)$ 是混合流体的第 α 个组分的饱和度函数, $\alpha = 1,2,\cdots,n_c$, n_c 是组分数, 由于 $\sum\limits_{\alpha=1}^{n_c} c_\alpha(X,t) \equiv 1$, 因此只有 $n_c - 1$ 个是独立的, 需要寻求的未知函数是压力函数 $p(X,t)$ 和饱和度函数组 $\boldsymbol{c}(X,t) = (c_1(X,t), c_2(X,t),\cdots,c_{n_c-1}(X,t))^{\mathrm{T}}$. 在 3.3.1~3.3.4 小节的基础上, 对组分可压缩渗流驱动问题, 我们提出混合体积元–特征混合体积元格式, 并得到下述收敛性定理.

对于三维流动压力和 Darcy 速度的混合体积元格式为在已知 $t = t^n$ 时刻的 $\{P^n, \boldsymbol{U}^n\} \in S_h \times V_h$, $\{C^n, \boldsymbol{G}^n\} \in S_h^{n_c-1} \times V_h^{n_c-1}$ 的近似解, 寻求 $t = t^{n+1}$ 时刻的 $\{P^{n+1}, \boldsymbol{U}^{n+1}\} \in S_h \times V_h$.

$$\left(d(C^n)\frac{P^{n+1} - P^n}{\Delta t}, v\right)_m + \left(D_x U^{x,n+1} + D_y U^{y,n+1} + D_z U^{z,n+1}, v\right)_m$$

$$= \left(q^{n+1}, v\right)_m, \quad \forall v \in S_h, \tag{3.3.55a}$$

$$\left(a^{-1}(\bar{C}^{x,n})U^{x,n+1}, w^x\right)_x + \left(a^{-1}(\bar{C}^{y,n})U^{y,n+1}, w^y\right)_y + \left(a^{-1}(\bar{C}^{z,n})U^{z,n+1}), w^z\right)_z$$

$$- \left(P^{n+1}, D_x w^x + D_y w^y + D_z w^z\right)_m = 0, \quad \forall w \in V_h, \tag{3.3.55b}$$

求得 $\{P^{n+1}, \boldsymbol{U}^{n+1}\} \in S_h \times V_h$ 后, 再利用特征混合体积元格式, 寻求 $t = t^{n+1}$ 时刻的 $\{C^n, \boldsymbol{G}^n\} \in S_h^{n_c-1} \times V_h^{n_c-1}$.

$$\left(\varphi\frac{C_\alpha^{n+1} - \hat{C}_\alpha^n}{\Delta t}, v\right)_m + \left(b_\alpha(C^n)\frac{P^{n+1} - P^n}{\Delta t}, v\right)_m$$

$$+ \left(D_x G_\alpha^{x,n+1} + D_y G_\alpha^{y,n+1} + D_z G_\alpha^{z,n+1}, v\right)_m$$

$$= \left(f(\hat{C}_\alpha^n), v\right)_m, \quad \forall v \in S_h, \quad \alpha = 1,2,\cdots,n_c-1. \tag{3.3.56a}$$

$$\left(D^{-1}G_\alpha^{x,n+1}, w^x\right)_x + \left(D^{-1}G_\alpha^{y,n+1}, w^y\right)_y + \left(D^{-1}G_\alpha^{z,n+1}, w^z\right)_z = 0,$$

$$\forall w \in V_h, \quad \alpha = 1,2,\cdots,n_c-1. \tag{3.3.56b}$$

此处 $\hat{C}_\alpha^n = C_\alpha^n(\hat{X}^n), \alpha = 1,2,\cdots,n_c-1, \hat{X}^n = X - \varphi^{-1}\boldsymbol{U}^{n+1}\Delta t$.

初始逼近:

$$P^0 = \tilde{P}^0, \quad \boldsymbol{U}^0 = \tilde{\boldsymbol{U}}^0, \quad C^0 = \tilde{C}^0, \quad \boldsymbol{G}^0 = \tilde{\boldsymbol{G}}, \tag{3.3.57}$$

此处 $(\tilde{P}^0, \tilde{U}^0)$, $(\tilde{C}^0, \tilde{G}^0)$ 均为相应的混合体积元椭圆投影函数.

经烦琐和细致的估计和分析, 类似地可以建立下述定理.

定理 3.3.2　对问题 (3.3.53)~(3.3.54) 假定其精确解满足正则性条件 (R), 且其系数满足正定性条件 (C), 采用修正混合体积元–特征混合元方法 (3.3.55)~(3.3.57) 逐层计算求解. 若剖分参数满足限制性条件 (3.3.34), 则下述误差估计式成立:

$$\|p - P\|_{\bar{L}^\infty(J;m)} + \|\boldsymbol{u} - \boldsymbol{U}\|_{\bar{L}^\infty(J;V)} + \|\partial_t(p - P)\|_{\bar{L}^2(J;m)} + \sum_{\alpha=1}^{n_c-1} \|c_\alpha - C_\alpha\|_{\bar{L}^\infty(J;m)}$$

$$+ \sum_{\alpha=1}^{n_c-1} \|\boldsymbol{g}_\alpha - \boldsymbol{G}_\alpha\|_{\bar{L}^2(J;V)} \leqslant M^{**}\left\{h_p^2 + h_c^2 + \Delta t\right\}, \tag{3.3.58}$$

此处 $\|g\|_{\bar{L}^\infty(J;X)} = \sup\limits_{n\Delta t \leqslant T} \|g^n\|_X$, $\|g\|_{\bar{L}^2(J;X)} = \sup\limits_{L\Delta t \leqslant T}\left\{\sum\limits_{n=0}^{L} \|g^n\|_X^2 \,\Delta t\right\}^{1/2}$　依赖于

函数 $p, c_\alpha (\alpha = 1, 2, \cdots, n_c - 1)$ 及其导函数.

3.3.6　数值算例

首先, 假设 Darcy 速度 $\boldsymbol{u}$ 是已知的, 采用特征混合体积元格式来逼近对流扩散问题. 考虑

$$\begin{cases} \dfrac{\partial c}{\partial t} + \boldsymbol{u} \cdot \nabla c - \dfrac{\varepsilon}{3\pi^2}\Delta c = f, & X \in \Omega, 0 < t \leqslant T, \\ c(X, 0) = c_0, & X \in \Omega, \\ \dfrac{\partial c}{\partial \nu} = 0, & X \in \partial\Omega, 0 < t \leqslant T, \end{cases} \tag{3.3.59}$$

此处 $\Omega = (0,1) \times (0,1) \times (0,1)$ 和 ν 是边界面 $\partial\Omega$ 的单位外法向向量. $\boldsymbol{u} = (u_1, u_2, u_3)^{\mathrm{T}}$,

$$u_1 = \mathrm{e}^{-\varepsilon t}\sin(\pi x_1)\cos(\pi x_2)\cos(\pi x_3)/(3\pi),$$

$$u_2 = \mathrm{e}^{-\varepsilon t}\cos(\pi x_1)\sin(\pi x_2)\cos(\pi x_3)/(3\pi),$$

$$u_3 = \mathrm{e}^{-\varepsilon t}\cos(\pi x_1)\cos(\pi x_2)\sin(\pi x_3)/(3\pi).$$

选定 f 和 c_0 使得精确解为 $c = \mathrm{e}^{-\varepsilon t}\cos(\pi x_1)\cos(\pi x_2)\cos(\pi x_3)/(3\pi)$.

我们将用特征混合元方法逼近问题 (3.3.59). 在这里将寻求饱和度及其伴随函数的数值解. 取 $\Delta t = 0.001$, $t = 1.0$, 并对问题 (3.3.59) 中的 $\varepsilon = 1, 10^{-3}, 10^{-8}$ 分别进行数值近似. 表 3.3.1 和表 3.3.2 给出了 $\|c - C\|_h$, $\|g - G\|_h$ 的误差估计结果, 其中 $\|\cdot\|_h$ 代表了 L^2 离散模. 可以看出误差随着步长变小而变小, 收敛阶都不低于 1. 在 $x_3 = 0.28152$, $\varepsilon = 10^{-3}$ 时关于 $c - C$ 的模拟结果见图 3.3.1 和图 3.3.2, 关于 $g - G$ 的模拟结果见图 3.3.3 和图 3.3.4.

从表 3.3.1、表 3.3.2 和图 3.3.1~ 图 3.3.4, 我们能够指明这种方法在数值模拟计算 c 和 g 是稳定和有效的, 同时它指明这种方法对小的 ε 是有效的.

表 3.3.1 算例 1 数值结果的误差估计 $||c-C||_h$

	$h=\dfrac{1}{4}$	$h=\dfrac{1}{8}$	$h=\dfrac{1}{16}$
$\varepsilon=1$	8.37936e−3	2.04794e−3 2.03	4.46738e−4 2.20
$\varepsilon=10^{-3}$	1.46724e−2	3.77369e−3 1.96	9.62809e−4 1.97
$\varepsilon=10^{-8}$	1.46678e−2	3.75608e−3 1.97	9.41237e−4 2.00

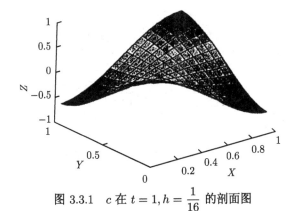

图 3.3.1 c 在 $t=1, h=\dfrac{1}{16}$ 的剖面图

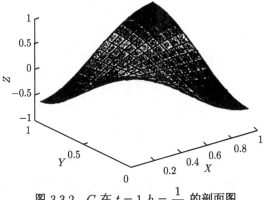

图 3.3.2 C 在 $t=1, h=\dfrac{1}{16}$ 的剖面图

表 3.3.2　算例 1 数值结果的误差估计 $\|g - G\|_h$

	$h = \dfrac{1}{4}$	$h = \dfrac{1}{8}$	$h = \dfrac{1}{16}$
$\varepsilon = 1$	1.28241e − 3	3.07871e − 4	6.83190e − 5
		2.06	2.17
$\varepsilon = 10^{-3}$	2.8810e − 3	9.02797e − 4	2.32485e − 4
		1.67	1.96
$\varepsilon = 10^{-8}$	2.89707e − 3	9.13636e − 4	2.42117e − 4
		1.66	1.92

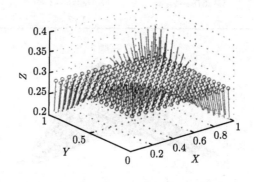

图 3.3.3　$\boldsymbol{g}$ 在 $t = 1, h = \dfrac{1}{16}$ 的箭状图

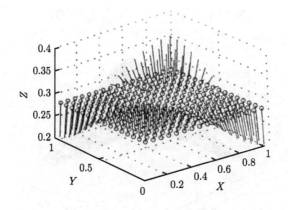

图 3.3.4　$\boldsymbol{G}$ 在 $t = 1, h = \dfrac{1}{16}$ 的箭状图

其次, 现在应用本书提出的混合体积元–特征混合元方法解一个椭圆–对流扩散

方程组:

$$\begin{cases} -\Delta p = \nabla \cdot \boldsymbol{u} = c + F, & X \in \partial\Omega, 0 \leqslant t \leqslant T, \\[2mm] \dfrac{\partial c}{\partial t} + \boldsymbol{u} \cdot \nabla c - \varepsilon \Delta c = f, & X \in \Omega, 0 < t \leqslant T, \\[2mm] c(X,0) = c_0, & X \in \Omega, \\[2mm] \dfrac{\partial c}{\partial \nu} = 0, & X \in \partial\Omega, 0 < t \leqslant T, \\[2mm] -\dfrac{\partial p}{\partial \nu} = \boldsymbol{u} \cdot \nu = 0, & X \in \partial\Omega, 0 < t \leqslant T. \end{cases} \tag{3.3.60}$$

此处 $\Omega = (0,1) \times (0,1) \times (0,1)$ 和 ν 是边界面 $\partial\Omega$ 的单位外法向向量. 选定 F, f 和 c_0 对应的精确解为

$$\begin{aligned} p =& e^{12t}\big(x_1^4(1-x_1)^4 x_2^4(1-x_2)^4 x_3^4(1-x_3)^4 \\ & - x_1^2(1-x_1)^2 x_2^2(1-x_2)^2 x_3^2(1-x_3)^2/21^3\big), \end{aligned}$$

$$c = -e^{12t}\sum_{i=1}^{3}\left(12x_i^2(1-x_i)^4 - 32x_i^3(1-x_i)^3 + 12x_i^4(1-x_i)^2\right)x_{i+1}^4(1-x_{i+1})^4 x_{i+2}^4$$
$$(1-x_{i+2})^4.$$

这里 $x_4 = x_1$, $x_5 = x_2$. 用混合体积元去逼近问题 (3.3.60) 中第一个方程, 用特征混合体积元逼近第二个方程. $\varepsilon = 10^{-3}$ 时的数值结果见表 3.3.3, 图形比较见图 3.3.5~图 3.3.13.

　　表 3.3.3, 图 3.3.5~图 3.3.12, 指明我们的数值方法对处理椭圆–对流扩散方程组是有效的.

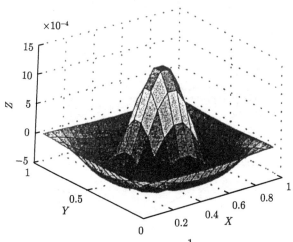

图 3.3.5 p 在 $t = 1, h = \dfrac{1}{16}$ 的剖面图

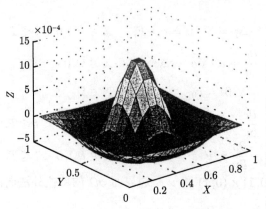

图 3.3.6　P 在 $t = 1, h = \dfrac{1}{16}$ 的剖面图

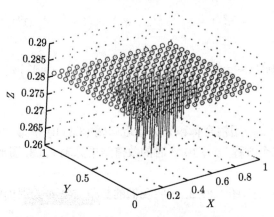

图 3.3.7　$\boldsymbol{u}$ 在 $t = 1, h = \dfrac{1}{16}$ 的箭状图

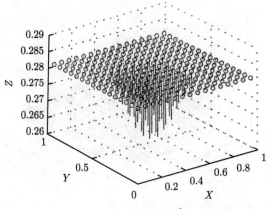

图 3.3.8　$\boldsymbol{U}$ 在 $t = 1, h = \dfrac{1}{16}$ 的箭状图

表 3.3.3 算例 2 数值结果的误差估计

	$h = \dfrac{1}{4}$	$h = \dfrac{1}{8}$	$h = \dfrac{1}{16}$
$\|p - P\|_m$	1.82852e−4	1.17235e−4	3.30572e−5
		0.64	1.82
$\|\|u - U\|\|$	6.95898e−3	1.86974e−3	4.74263e−4
		1.90	1.98
$\|c - C\|_m$	1.39414e−1	8.76624e−2	4.46468e−2
		0.67	0.97
$\|\|g - G\|\|$	1.78590e − 3	8.88468e−4	4.85070e−4
		1.01	0.87

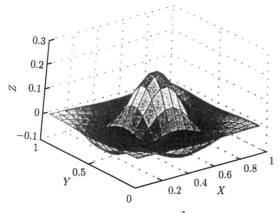

图 3.3.9 c 在 $t = 1, h = \dfrac{1}{16}$ 的剖面图

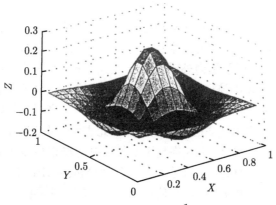

图 3.3.10 C 在 $t = 1, h = \dfrac{1}{16}$ 的剖面图

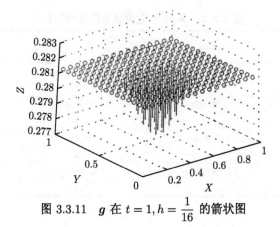

图 3.3.11　g 在 $t = 1, h = \dfrac{1}{16}$ 的箭状图

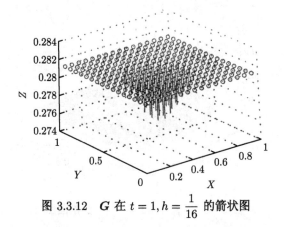

图 3.3.12　G 在 $t = 1, h = \dfrac{1}{16}$ 的箭状图

3.3.7　总结和讨论

本节研究三维多孔介质中油水可压缩可混溶渗流驱动问题, 提出一类混合体积元–特征混合体积元方法及其收敛性分析. 3.3.1 小节是引言部分, 叙述和分析问题的数学模型、物理背景以及国内外研究概况. 3.3.2 小节给出网格的剖分和记号, 以及粗细网格剖分. 3.3.3 小节提出混合体积元–特征混合体积元程序, 对流动方程采用具有守恒律性质的混合体积元离散, 对 Darcy 速度提高了一阶精确度. 对饱和度方程同样采用具有守恒律性质的特征混合体积元求解, 对流部分采用特征线法, 扩散部分采用混合体积元离散, 大大提高了数值计算的稳定性和精确度, 这在油藏数值模拟计算中是十分重要的. 3.3.4 小节是收敛性分析, 应用微分方程先验估计理论和特殊技巧, 得到了二阶 L^2 模误差估计结果. 这点特别重要, 它突破了 Arbogast 和 Wheeler 对同类问题仅能得到 $\dfrac{3}{2}$ 阶的著名成果. 3.3.5 小节对多组分可压缩渗流驱动问题, 提出了混合体积元–特征混合体积元方法及其收敛性结果. 3.3.6 小节是

数值算例, 支撑了理论分析, 并指明本节所提出的方法在实际问题是切实可行和高效的. 本节有如下特征: ①本节成功应用具有物理守恒律特性的混合有限体积元, 这点在油藏数值模拟是极其重要的, 特别是强化采油数值模拟计算; ②由于组合的应用混合体积元和特征线法, 它具有高精度和高稳定性的特征, 特别适用于三维复杂区域大型数值模拟的工程实际计算; ③它突破了 Arbogast 和 Wheeler 对同类问题仅能得到 $\frac{3}{2}$ 阶的收敛性结果, 推进并解决了这一重要问题 [8,19,21,22]. 详细的讨论和分析可参阅文献 [55].

3.4 多孔介质中可压缩渗流驱动问题的混合体积元–特征混合体积元方法

油水二相渗流驱动问题是能源数值模拟的基础. 对可压缩情况, 其数学模型是关于压力的流动方程, 它是抛物型的和关于饱和度的对流–扩散型方程. 流场压力通过 Darcy 速度在饱和度方程中出现, 并控制着饱和度方程的全过程. 我们对流动方程采用具有守恒律性质的混合体积元离散, 它对 Darcy 速度的计算提高了一阶精确度. 对饱和度方程采用特征混合体积元求解, 即对方程的扩散部分采用混合体积元离散, 对流部分采用特征线法, 特征线法可以保证格式在流体锋线前沿逼近的高稳定性, 消除数值弥散和非物理性振荡, 并可以得到较小的时间截断误差, 增大时间步长, 提高计算精度. 扩散项采用混合体积元离散, 可以同时逼近饱和度及其伴随向量函数, 保持单元质量守恒. 应用微分方程先验估计的理论和特殊技巧, 得到最佳二阶 L^2 模误差估计结果. 数值算例指明该方法的有效性和实用性.

3.4.1 引言

用高压泵将水强行注入地层, 使原油从生产井排出, 这是近代采油的一种重要手段. 将水注入油层后, 水驱动油层中的石油, 这就是二相渗流驱动问题. 对可压缩可混溶问题, 其密度实际上不仅依赖于压力, 还依赖于饱和度. 其数学模型虽早已提出, 但在数值模拟计算和理论分析方面, 无论在方法上还是在理论上, 均出现实质性困难. 问题的数学模型是下述一类耦合非线性偏微分方程组的初边值问题 [8,21,44-56]:

$$\varphi\frac{\partial\rho}{\partial t} = -\nabla\cdot\boldsymbol{u} + q(X,t), \quad X = (x,y,z)^{\mathrm{T}} \in \Omega, \quad t \in J = (0,T], \tag{3.4.1a}$$

$$\boldsymbol{u} = -\frac{k(X)}{r(c,p)}\nabla p, \quad X \in \Omega, \quad t \in J, \tag{3.4.1b}$$

$$\varphi\frac{\partial(\rho c)}{\partial t} = -\nabla\cdot(c\boldsymbol{u}) + \nabla\cdot(D\nabla c) + q\tilde{c}, \quad X \in \Omega, \quad t \in J, \tag{3.4.2}$$

此处 $\varphi = \varphi(X)$ 是多孔介质的孔隙度, ρ 是混合流体的密度, 它是压力 p 和饱和度 c 的函数, 由下述关系确定:

$$\rho = \rho(c, p) = \rho_0(c)\left[1 + \alpha_0(c)p\right], \tag{3.4.3a}$$

ρ_0 是混合流体在标准状态下的密度, 可表示为油藏中原有流体密度 ρ_r 和注入流体密度 ρ_i 的线性组合, ρ_r, ρ_i 均为正常数.

$$\rho_0(c) = (1 - c)\rho_r + c\rho_i, \tag{3.4.3b}$$

混合流体的压缩系数表示为 α_r, α_i 的线性组合.

$$\alpha_0(c) = (1 - c)\alpha_r + c\alpha_i, \tag{3.4.3c}$$

α_r, α_i 分别对应于油藏中原有流体和侵入流体的压缩系数. 黏度 $\mu = \mu_c$ 可表示为

$$\mu(c) = \left(\left((1-c)\mu_r^{1/4} + c\mu_i^{1/4}\right)\right)^4, \tag{3.4.3d}$$

此处 μ_r, μ_i 同样分别对应于原有流体和侵入流体的黏性系数, 均为正常数.

混合流体的流动黏度 r 是黏度和密度的商, 可表示为

$$r(c, p) = \frac{\mu(c)}{\rho(c, p)}, \tag{3.4.3e}$$

$\boldsymbol{u} = \boldsymbol{u}(X, t)$ 是流体的 Darcy 速度, $k = k(X)$ 是渗透率, Ω 是 R^3 中的有界区域, $\partial\Omega$ 是其边界面. q 是产量项, $D = D(X)$ 是由 Fick 定律给出的扩散系数, $\tilde{c}(X, t)$ 在注入井 $(q > 0)$ 等于 1, 在生产井 $(q < 0)$ 等于 $c(X, t)$. 注意到密度函数的表达式 (3.4.3), 方程 (3.4.1) 可改写为

$$\varphi\rho_0(c)\alpha_0(c)\frac{\partial p}{\partial t} + \varphi\left\{(\rho_i - \rho_r)[1 + \alpha_0(c)p] + (\alpha_i - \alpha_r)\rho_0(c)p\right\}\frac{\partial c}{\partial t}$$

$$- \nabla \cdot \left(\frac{k}{r}\nabla p\right) = q(X, t), \quad X \in \Omega, \; t \in J, \tag{3.4.4a}$$

$$\boldsymbol{u} = -\frac{k}{r}\nabla p, \quad X \in \Omega, \; t \in J, \tag{3.4.4b}$$

对饱和度方程 (3.4.2), 注意到 $\varphi\dfrac{\partial(c\rho)}{\partial t} = \varphi\left(c\dfrac{\partial\rho}{\partial t} + \rho\dfrac{\partial c}{\partial t}\right)$, 应用 (3.4.1) 和 (3.4.2), 可将其改写为

$$\varphi\rho\frac{\partial c}{\partial t} + \boldsymbol{u} \cdot \nabla c - \nabla \cdot (D\nabla c) = q(\tilde{c} - c), \quad X \in \Omega, \; t \in J. \tag{3.4.5}$$

假定流体在边界面 $\partial\Omega$ 上不渗透, 于是有下述边界条件:

$$\boldsymbol{u} \cdot \gamma = 0, \ \text{在} \ \partial\Omega \ \text{上}, \quad D\nabla c \cdot \gamma = 0, \ \text{在} \ \partial\Omega \ \text{上}, \tag{3.4.6}$$

此处 γ 是 $\partial\Omega$ 的单位外法线向量.

最后必须给出初始条件:

$$p(X, 0) = p_0(X), \ X \in \Omega, \quad c(X, 0) = c_0(X), \ X \in \Omega. \tag{3.4.7}$$

对于经典的不可压缩的二相渗流驱动问题, Douglas, Ewing, Russell, Wheeler 和作者已有系列的研究成果 [3,26,28,46]. 对于不可压缩的经典情况, 数值分析和数值计算指明, 经典的有限元方法在处理对流–扩散问题上, 会出现强烈的数值振荡现象. 为了克服上述缺陷, 学者们提出了一系列新的数值方法, 如特征差分方法 [4]、特征有限元法 [9]、迎风加权差分格式 [10]、高阶 Godunov 格式 [11]、流线扩散法 [12]、最小二乘混合有限元方法 [13]、修正的特征有限元方法 [15] 以及 Eulerian-Lagrangian 局部对偶方法 [14]. 上述方法对传统的有限元方法有所改进, 但它们各自均有许多无法克服的缺陷. 迎风加权差分格式在锋线前沿产生数值弥散现象, 高阶 Godunov 格式要求一个 CFL 限制, 流线扩散法与最小二乘混合元方法减少了数值弥散, 却人为地强加了流线的方向. Eulerian-Lagrangian 局部对偶方法可以保持局部的质量守恒, 但增加了积分的估算, 计算量很大. 修正的特征有限元方法是一个隐格式, 可采用较大的时间步长, 在流动的锋线前沿具有较高稳定性, 较好地消除了数值弥散现象, 但其检验函数空间不含有分片常数, 因此不能保证质量守恒. 混合有限元方法是流体力学数值求解的有效方法, 它能同时高精度逼近待求函数及其伴随函数. 理论分析及应用已被深入研究 [1,2,16]. 为了得到对流–扩散方程的高精度数值计算格式, Arbogast 与 Wheeler 在 [19] 中对对流占优的输运方程提出一种特征混合元方法, 在方程的时空变分形式上, 用类似的 MMOC-Galerkin 方法逼近对流项, 用零次 Raviart-Thomas-Nedekc 混合元法离散扩散项, 分片常数在检验函数空间中, 因此在每个单元上格式是质量守恒的, 并借助于有限元解的后处理方法, 对空间 L^2 模误差估计提高到 $\dfrac{3}{2}$ 阶精确度, 必须指出此格式包含大量关于检验函数映像的积分, 使得实际计算十分复杂和困难.

对于现代能源和环境科学数值模拟新技术, 特别是在强化 (化学) 采油新技术中, 必须考虑流体的可压缩性. 否则数值模拟将失真 [48,49]. 关于可压缩二相渗流驱动问题, Douglas 和作者已有系列的研究成果 [7,8,45,49], 如特征有限元法 [44,50,51]、特征差分方法 [45,52]、分数步差分方法 [52,53] 等. 我们在上述工作基础上, 实质性拓广和改进了 Arbogast 与 Wheeler 以及孙同军与袁益让的工作 [19,20,57], 提出了一类混合元–特征混合元方法, 大大减少了计算工作量, 并进行了实际问题的数值模拟计算, 指明此方法在实际计算时是可行的和有效的 [20,57]. 但在那里我们仅能得到一阶精确度误差估计, 且不能拓广到三维问题.

我们注意到有限体积元法 [29,30] 兼具有差分方法的简单性和有限元方法的高精度性, 并且保持局部质量守恒, 是求解偏微分方程的一种十分有效的数值方法. 混合元方法 [1,2,16] 可以同时求解压力函数及其 Darcy 流速, 从而提高其一阶精确度. 文献 [31,32] 将有限体积元和混合元相结合, 提出了混合有限体积元的思想, 文献 [33,34] 通过数值算例验证这种方法的有效性. 文献 [35-37] 主要对椭圆问题给出混合有限体积元的收敛性估计理论结果, 形成了混合有限体积元方法的一般框架. 芮洪兴等用此方法研究了低渗油气渗流驱动问题的数值模拟计算 [38,39]. 在上述工作的基础上, 我们对三维油水二相渗流驱动问题提出一类混合体积元–特征混合体积元方法. 用具有物理守恒律性质的混合体积元同时逼近压力函数和 Darcy 速度, 并对 Darcy 速度提高了一阶计算精确度. 对饱和度方程同样用具有物理守恒律性质的特征混合体积元方法, 即对对流项沿特征线方向离散, 方程的扩散项采用混合体积元离散. 特征线方法可以保证格式在流体锋线前沿逼近的高度稳定性, 消除数值弥散现象, 并可以得到较小的截断时间误差. 在实际计算中可以采用较大的时间步长, 提高计算效率而不降低精确度. 扩散项采用混合有限体积元离散, 可以同时逼近未知的饱和度函数及其伴随向量函数. 并且由于分片常数在检验函数空间中, 因此格式保持单元上质量守恒. 应用微分方程先验估计理论和特殊技巧, 得到了最优二阶 L^2 模误差估计, 高于 Arbogast、Wheeler 的 $\frac{3}{2}$ 阶估计的著名成果 [19]. 本节对一般三维对流扩散问题做了数值试验, 指明本节的方法是一类切实可行的高效计算方法, 支撑了理论分析结果, 成功解决了这一重要问题 [7,8,21,22].

我们使用通常的 Sobolev 空间及其范数记号. 假定问题 (3.4.1)~(3.4.7) 的精确解满足下述正则性条件:

$$(R) \begin{cases} c \in L^\infty(H^2) \cap H^1(H^1) \cap L^\infty(W_\infty^1) \cap H^2(L^2), \\ p \in L^\infty(H^1), \\ \boldsymbol{u} \in L^\infty(H^1(\mathrm{div})) \cap L^\infty(W_\infty^1) \cap W_\infty^1(L^\infty) \cap H^2(L^2). \end{cases}$$

同时假定问题 (3.4.1)~(3.4.7) 的系数满足正定性条件:

$$(C) \quad 0 < a_* \leqslant \frac{k(X)}{r(c,p)} \leqslant a^*, \quad 0 < \varphi_* \leqslant \varphi(X) \leqslant \varphi^*, \quad 0 < D_* \leqslant D(X) \leqslant D^*,$$

此处 $a_*, a^*, \varphi_*, \varphi^*, D_*$ 和 D^* 均为确定的正常数.

在本节中, 为了理论分析方便, 假定问题 (3.4.1)~(3.4.7) 是 Ω 周期的 [3,8,21], 也就是在本节中全部函数假定是 Ω 周期的. 这在物理上是合理的, 因为无流动边界条件 (3.4.6) 一般能作镜面反射处理, 而且通常油藏数值模拟中, 边界条件对油藏内部流动影响较小 [3,8,21,46]. 因此边界条件是可以省略的.

在本节中 K 表示一般的正常数, ε 表示一般小的正数, 在不同地方具有不同含义.

3.4.2 记号和引理

为了应用混合体积元-特征混合体积元方法, 我们需要构造两套网格系统. 粗网格是针对流场压力和 Darcy 流速的非均匀粗网格, 细网格是针对饱和度方程的非均匀细网格. 首先讨论粗网格系统.

研究三维问题, 为简单起见, 设区域 $\Omega = \{[0,1]\}^3$, 用 $\partial\Omega$ 表示其边界. 定义剖分:

$$\delta_x : 0 < x_{1/2} < x_{3/2} < \cdots < x_{N_x-1/2} < x_{N_x+1/2} = 1,$$
$$\delta_y : 0 < y_{1/2} < y_{3/2} < \cdots < y_{N_y-1/2} < y_{N_y+1/2} = 1,$$
$$\delta_z : 0 < z_{1/2} < z_{3/2} < \cdots < z_{N_z-1/2} < z_{N_z+1/2} = 1.$$

对 Ω 作剖分 $\delta_x \times \delta_y \times \delta_z$, 对于 $i = 1, 2, \cdots, N_x$; $j = 1, 2, \cdots, N_y$; $k = 1, 2, \cdots, N_z$. 记 $\Omega_{ijk} = \{(x,y,z)|x_{i-1/2} < x < x_{i+1/2}, y_{j-1/2} < y < y_{j+1/2}, z_{k-1/2} < z < z_{k+1/2}\}$, $x_i = \dfrac{(x_{i-1/2} + x_{i+1/2})}{2}$, $y_j = \dfrac{(y_{j-1/2} + y_{j+1/2})}{2}$, $z_k = \dfrac{(z_{k-1/2} + z_{k+1/2})}{2}$. $h_{x_i} = x_{i+1/2} - x_{i-1/2}$, $h_{y_j} = y_{j+1/2} - y_{j-1/2}$, $h_{z_k} = z_{k+1/2} - z_{k-1/2}$. $h_{x,i+1/2} = x_{i+1} - x_i$, $h_{y,j+1/2} = y_{j+1} - y_j$, $h_{z,k+1/2} = z_{k+1} - z_k$. $h_x = \max\limits_{1\leqslant i\leqslant N_x}\{h_{x_i}\}$, $h_y = \max\limits_{1\leqslant j\leqslant N_y}\{h_{y_j}\}$, $h_z = \max\limits_{1\leqslant k\leqslant N_z}\{h_{z_k}\}$, $h_p = (h_x^2 + h_y^2 + h_z^2)^{1/2}$.

称剖分是正则的, 是指存在常数 $\alpha_1, \alpha_2 > 0$, 使得

$$\min_{1\leqslant i\leqslant N_x}\{h_{x_i}\} \geqslant \alpha_1 h_x, \quad \min_{1\leqslant j\leqslant N_y}\{h_{y_j}\} \geqslant \alpha_1 h_y, \quad \min_{1\leqslant k\leqslant N_z}\{h_{z_k}\} \geqslant \alpha_1 h_z,$$
$$\min\{h_x, h_y, h_z\} \geqslant \alpha_2 \max\{h_x, h_y, h_z\}.$$

图 3.4.1 表示对应于 $N_x = 4, N_y = 3, N_z = 3$ 的情况简单网格的示意图. 定义 $M_l^d(\delta_x) = \{f \in C^l[0,1] : f|_{\Omega_i} \in p_d(\Omega_i), i = 1, 2, \cdots, N_x\}$, 其中 $\Omega_i = [x_{i-1/2}, x_{i+1/2}]$, $p_d(\Omega_i)$ 是 Ω_i 上次数不超过 d 的多项式空间, 当 $l = -1$ 时, 表示函数 f 在 $[0,1]$ 上可以不连续. 对 $M_l^d(\delta_y), M_l^d(\delta_z)$ 的定义是类似的. 记

$$S_h = M_{-1}^0(\delta_x) \otimes M_{-1}^0(\delta_y) \otimes M_{-1}^0(\delta_z)$$
$$V_h = \{\boldsymbol{w}|\boldsymbol{w} = (w^x, w^y, w^z), w^x \in M_0^1(\delta_x) \otimes M_{-1}^0(\delta_y) \otimes M_{-1}^0(\delta_z),$$
$$w^y \in M_{-1}^0(\delta_x) \otimes M_0^1(\delta_y) \otimes M_{-1}^0(\delta_z),$$
$$w^z \in M_{-1}^0(\delta_x) \otimes M_{-1}^0(\delta_y) \otimes M_0^1(\delta_z), \boldsymbol{w} \cdot \gamma|_{\partial\Omega} = 0\}$$

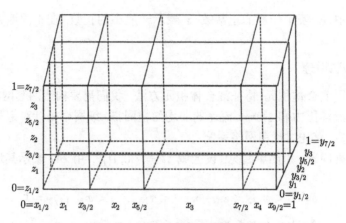

图 3.4.1 非均匀网格剖分示意图

对函数 $v(x, y, z)$, 以 v_{ijk}, $v_{i+1/2,jk}$, $v_{i,j+1/2,k}$ 和 $v_{ij,k+1/2}$ 分别表示 $v(x_i, y_j, z_k)$,
$v(x_{i+1/2}, y_j, z_k)$, $v(x_i, y_{j+1/2}, z_k)$ 和 $v(x_i, y_j, z_{k+1/2})$.

定义下列内积及范数:

$$(v, w)_{\bar{m}} = \sum_{i=1}^{N_x} \sum_{j=1}^{N_y} \sum_{k=1}^{N_z} h_{x_i} h_{y_j} h_{z_k} v_{ijk} w_{ijk},$$

$$(v, w)_x = \sum_{i=1}^{N_x} \sum_{j=1}^{N_y} \sum_{k=1}^{N_z} h_{x_{i-1/2}} h_{y_j} h_{z_k} v_{i-1/2,jk} w_{i-1/2,jk},$$

$$(v, w)_y = \sum_{i=1}^{N_x} \sum_{j=1}^{N_y} \sum_{k=1}^{N_z} h_{x_i} h_{y_{j-1/2}} h_{z_k} v_{i,j-1/2,k} w_{i,j-1/2,k},$$

$$(v, w)_z = \sum_{i=1}^{N_x} \sum_{j=1}^{N_y} \sum_{k=1}^{N_z} h_{x_i} h_{y_j} h_{z_{k-1/2}} v_{ij,k-1/2} w_{ij,k-1/2},$$

$$\|v\|_s^2 = (v, v)_s, \ s = m, x, y, z, \quad \|v\|_\infty = \max_{1 \leqslant i \leqslant N_x, 1 \leqslant j \leqslant N_y, 1 \leqslant k \leqslant N_z} |v_{ijk}|,$$

$$\|v\|_{\infty(x)} = \max_{1 \leqslant i \leqslant N_x, 1 \leqslant j \leqslant N_y, 1 \leqslant k \leqslant N_z} |v_{i-1/2,jk}|,$$

$$\|v\|_{\infty(y)} = \max_{1 \leqslant i \leqslant N_x, 1 \leqslant j \leqslant N_y, 1 \leqslant k \leqslant N_z} |v_{i,j-1/2,k}|,$$

$$\|v\|_{\infty(z)} = \max_{1 \leqslant i \leqslant N_x, 1 \leqslant j \leqslant N_y, 1 \leqslant k \leqslant N_z} |v_{ij,k-1/2}|.$$

当 $\boldsymbol{w} = (w^x, w^y, w^z)^{\mathrm{T}}$ 时, 记

$$\||\boldsymbol{w}\|| = \left(\|w^x\|_x^2 + \|w^y\|_y^2 + \|w^z\|_z^2 \right)^{1/2}, \quad \||\boldsymbol{w}\||_\infty = \|w^x\|_{\infty(x)} + \|w^y\|_{\infty(y)} + \|w^z\|_{\infty(z)},$$

$$\|\boldsymbol{w}\|_m = \left(\|w^x\|_m^2 + \|w^y\|_m^2 + \|w^z\|_m^2 \right)^{1/2}, \quad \|\boldsymbol{w}\|_\infty = \|w^x\|_\infty + \|w^y\|_\infty + \|w^z\|_\infty.$$

设 $W_p^m(\Omega) = \left\{ v \in L^p(\Omega) \left| \dfrac{\partial^n v}{\partial x^{n-l-r} \partial y^l \partial z^r} \in L^p(\Omega), n-l-r \geqslant 0, l = 0, 1, \cdots, \right. \right.$

$\left. n; r = 0, 1, \cdots, n, n = 0, 1, \cdots, m; 0 < p < \infty \right\}$. $H^m(\Omega) = W_2^m(\Omega)$, $L^2(\Omega)$ 的内积与范数分别为 $(\cdot, \cdot)$, $\|\cdot\|$, 对于 $v \in S_h$, 显然有

$$\|v\|_m = \|v\|. \tag{3.4.8}$$

定义下列记号:

$$[d_x v]_{i+1/2, jk} = \frac{v_{i+1, jk} - v_{ijk}}{h_{x, i+1/2}}, \quad [d_y v]_{i, j+1/2, k} = \frac{v_{i, j+1, k} - v_{ijk}}{h_{y, j+1/2}},$$

$$[d_z v]_{ij, k+1/2} = \frac{v_{ij, k+1} - v_{ijk}}{h_{z, k+1/2}};$$

$$[D_x w]_{ijk} = \frac{w_{i+1/2, jk} - w_{i-1/2, jk}}{h_{x_i}}, \quad [D_y w]_{ijk} = \frac{w_{i, j+1/2, k} - w_{i, j-1/2, k}}{h_{y_j}},$$

$$[D_z w]_{ijk} = \frac{w_{ij, k+1/2} - w_{ij, k-1/2}}{h_{z_k}};$$

$$\hat{w}_{ijk}^x = \frac{w_{i+1/2, jk}^x + w_{i-1/2, jk}^x}{2}, \quad \hat{w}_{ijk}^y = \frac{w_{i, j+1/2, k}^y + w_{i, j-1/2, k}^y}{2},$$

$$\hat{w}_{ijk}^z = \frac{w_{ij, k+1/2}^z + w_{ij, k-1/2}^z}{2},$$

$$\bar{w}_{ijk}^x = \frac{h_{x, i+1}}{2h_{x, i+1/2}} w_{ijk} + \frac{h_{x, i}}{2h_{x, i+1/2}} w_{i+1, jk}, \quad \bar{w}_{ijk}^y = \frac{h_{y, j+1}}{2h_{y, j+1/2}} w_{ijk} + \frac{h_{y, j}}{2h_{y, j+1/2}} w_{i, j+1, k},$$

$$\bar{w}_{ijk}^z = \frac{h_{z, k+1}}{2h_{z, k+1/2}} w_{ijk} + \frac{h_{z, k}}{2h_{z, k+1/2}} w_{ij, k+1},$$

以及 $\hat{\boldsymbol{w}}_{ijk} = (\hat{w}_{ijk}^x, \hat{w}_{ijk}^y, \hat{w}_{ijk}^z)^{\mathrm{T}}$, $\bar{\boldsymbol{w}}_{ijk} = (\bar{w}_{ijk}^x, \bar{w}_{ijk}^y, \bar{w}_{ijk}^z)^{\mathrm{T}}$. 记 L 是一个正整数, $\Delta t = \dfrac{T}{L}$, $t^n = n\Delta t$, v^n 表示函数在 t^n 时刻的值, $d_t v^n = \dfrac{v^n - v^{n-1}}{\Delta t}$.

对于上面定义的内积和范数, 下述三个引理成立.

引理 3.4.1 对于 $v \in S_h$, $\boldsymbol{w} \in V_h$, 显然有

$$(v, D_x w^x)_m = -(d_x v, w^x)_x, \quad (v, D_y w^y)_m = -(d_y v, w^y)_y,$$
$$(v, D_z w^z)_m = -(d_z v, w^z)_z. \tag{3.4.9}$$

引理 3.4.2 对于 $\boldsymbol{w} \in V_h$, 则有

$$\|\hat{\boldsymbol{w}}\|_m \leqslant \|\|\boldsymbol{w}\|\|. \tag{3.4.10}$$

引理 3.4.3　对于 $q \in S_h$, 则有

$$\|\bar{q}^x\|_x \leqslant M\|q\|_m, \quad \|\bar{q}^y\|_y \leqslant M\|q\|_m, \quad \|\bar{q}^z\|_z \leqslant M\|q\|_m, \tag{3.4.11}$$

此处 M 是与 q, h 无关的常数.

引理 3.4.4　对于 $w \in V_h$, 则有

$$\|w^x\|_x \leqslant \|D_x w^x\|_m, \quad \|w^y\|_y \leqslant \|D_y w^y\|_m, \quad \|w^z\|_z \leqslant \|D_z w^z\|_m. \tag{3.4.12}$$

对于细网格系统, 对于区域 $\Omega = \{[0,1]\}^3$, 通常基于上述粗网格的基础上再进行均匀细分, 一般取原网格步长的 $\dfrac{1}{l}$, 通常 l 取 2 或 4, 其余全部记号不变, 此时 $h_c = \dfrac{h_p}{l}$.

3.4.3　混合体积元–修正特征混合体积元程序

3.4.3.1　格式的提出

为了引入混合有限体积元方法的处理思想, 将流动方程 (3.4.4) 写为下述标准形式:

$$\varphi \rho_0(c) \alpha_0(c) \frac{\partial p}{\partial t} + \varphi \big\{ (\rho_i - \rho_r)[1 + \alpha_0(c)p]$$

$$+ (\alpha_i - \alpha_r) \rho_0(c) p \big\} \frac{\partial c}{\partial t} + \nabla \cdot \boldsymbol{u} = q(X, t), \tag{3.4.13a}$$

$$\boldsymbol{u} = -a(c)\nabla p, \tag{3.4.13b}$$

此处 $a(c, p) = \dfrac{k(X)}{r(c, p)}$.

对饱和度方程 (3.4.5), 注意到这流动实际上沿着迁移的特征方向, 采用特征线法处理一阶双曲部分, 它具有很高的精确度和强稳定性. 对时间 t 可采用大步长计算. 记 $\psi(X, \boldsymbol{u}) = [\varphi^2 \rho^2 + |\boldsymbol{u}|^2]^{1/2}$, $\dfrac{\partial}{\partial u} = \psi^{-1} \left\{ \varphi \rho \dfrac{\partial}{\partial t} + \boldsymbol{u} \cdot \nabla \right\}$. 为了应用混合体积元离散扩散部分, 将方程 (3.4.5) 写为下述标准形式:

$$\psi \frac{\partial c}{\partial \tau} + \nabla \cdot \boldsymbol{g} = f(X, c), \tag{3.4.14a}$$

$$\boldsymbol{g} = -D\nabla c, \tag{3.4.14b}$$

此处 $f(X, c) = q(\tilde{c} - c)$.

对方程 (3.4.14a) 利用向后差商逼近特征方向导数:

$$\frac{\partial c^{n+1}}{\partial \tau} \approx \frac{c^{n+1} - c^n(X - \varphi^{-1}\rho^{-1}\boldsymbol{u}^{n+1}(X)\Delta t)}{\Delta t(1 + \varphi^{-2}\rho^{-2}|\boldsymbol{u}^{n+1}|^2)^{1/2}}. \tag{3.4.15}$$

设 $P, \boldsymbol{U}, C, \boldsymbol{G}$ 分别为 $p, \boldsymbol{u}, c$ 和 $\boldsymbol{g}$ 的混合体积元–特征混合体积元的近似解. 由 3.4.2

小节的记号和引理 3.4.1～引理 3.4.4 的结果导出饱和度方程 (3.4.14) 的特征混合体积元格式为

$$\left(\varphi\rho(C^n, P^n)\frac{C^{n+1} - \hat{C}^n}{\Delta t}, v\right)_m + \left(D_x G^{x,n+1} + D_y G^{y,n+1} + D_z G^{z,n+1}, v\right)_m$$

$$= \left(f(\hat{C}^n), v\right)_m, \quad \forall v \in S_h, \tag{3.4.16a}$$

$$\left(D^{-1}G^{x,n+1}, w^x\right)_x + \left(D^{-1}G^{y,n+1}, w^y\right)_y + \left(D^{-1}G^{z,n+1}), w^z\right)_z$$

$$- \left(C^{n+1}, D_x w^x + D_y w^y + D_z w^z\right)_m = 0, \quad \forall w \in V_h, \tag{3.4.16b}$$

此处 $\hat{C}^n = C^n(\hat{X}^n)$, $\hat{X}^n = X - \varphi^{-1}\rho^{-1}(C^n, P^n)U^{n+1}\Delta t$.

流体压力 (3.4.1) 的混合体积元格式为

$$\left(\varphi\rho_0(C^n)\alpha_0(C^n)\frac{P^{n+1} - P^n}{\Delta t}, v\right)_m + \left(D_x U^{x,n+1} + D_y U^{y,n+1} + D_z U^{z,n+1}, v\right)_m$$

$$+ \left(\varphi\{(\rho_i - \rho_r)[1 + \alpha_0(C^n)P^n] + (\alpha_i - \alpha_r)\rho_0(C^n)P^n\}\frac{C^{n+1} - \hat{C}^n}{\Delta t}, v\right)_m$$

$$= (q^{n+1}, v)_m, \quad \forall v \in S_h, \tag{3.4.17a}$$

$$\left(a^{-1}(\bar{C}^{x,n}, \bar{P}^{x,n})U^{x,n+1}, w^x\right)_x + \left(a^{-1}(\bar{C}^{y,n}, \bar{P}^{x,n})U^{y,n+1}, w^y\right)_y$$

$$+ \left(a^{-1}(\bar{C}^{z,n}, \bar{P}^{x,n})U^{z,n+1}, w^z\right)_z$$

$$- \left(P^{n+1}, D_x w^x + D_x w^y + D_x w^z\right)_m = 0, \quad \forall w \in V_h. \tag{3.4.17b}$$

初始逼近:

$$C^0 = \tilde{C}^0, \quad \boldsymbol{G}^0 = \tilde{\boldsymbol{G}}^0, \quad P^0 = \tilde{P}^0, \quad \boldsymbol{U}^0 = \tilde{\boldsymbol{U}}^0, \quad X \in \Omega, \tag{3.4.18}$$

此处 $(\tilde{C}^0, \tilde{\boldsymbol{G}}^0)$, $(\tilde{P}^0, \tilde{\boldsymbol{U}}^0)$ 为 $(c_0, \boldsymbol{g}_0)$, $(\tilde{p}_0, \tilde{\boldsymbol{u}}_0)$ 的椭圆投影 (将在 3.4.3.3 小节定义).

混合有限体积元–特征混合有限体积元格式的计算程序: 首先由初始条件 (3.4.7), 应用混合体积元的椭圆投影确定 $\{\tilde{C}^0, \tilde{\boldsymbol{G}}^0\}$ 和 $\{\tilde{P}^0, \tilde{\boldsymbol{U}}^0\}$. 取 $C^0 = \tilde{C}^0, \boldsymbol{G}^0 = \tilde{\boldsymbol{G}}^0$ 和 $P^0 = \tilde{P}^0, \boldsymbol{U}^0 = \tilde{\boldsymbol{U}}^0$. 在此基础上, 由混合体积元格式 (3.4.16) 应用共轭梯度法求得 $\{C^1, \boldsymbol{G}^1\}$. 然后, 再由特征混合体积元格式 (3.4.17), 应用共轭梯度法求得 $\{\boldsymbol{U}^1, P^1\}$. 如此, 再由 (3.4.16) 求得 $\{C^2, \boldsymbol{G}^2\}$. 这样依次进行, 可求得全部数值逼近解, 由正定性条件 (C), 解存在且唯一.

3.4.3.2 局部质量守恒律

如果问题 (3.4.13)～(3.4.14) 没有源汇项, 也就是 $q \equiv 0$, 并且边界条件是不渗透的, 则在每个单元 $J_c \in \Omega$ 上, 单元质量守恒律此处为简单起见, 设 $l = 1$, 即粗细网格重合, $J_c = \Omega_{ijk} = [x_{i-1/2}, x_{i+1/2}] \times [y_{j-1/2}, y_{j+1/2}] \times [z_{k-1/2}, z_{k+1/2}]$, 饱和度方程的局部质量守恒律表现为

$$\int_{J_c} \varphi\rho\frac{\partial c}{\partial\tau}\mathrm{d}X - \int_{\partial_{J_c}} \boldsymbol{g}\cdot\gamma_{J_c}\mathrm{d}S = 0. \tag{3.4.19}$$

此处 J_c 为区域 Ω 关于饱和度的细网格剖分单元, ∂_{J_c} 为单元 J_c 的边界面, γ_{J_c} 为单元边界面的外法线方向向量. 下面证明 (3.4.16a) 满足下面的离散意义下的局部质量守恒律.

定理 3.4.1　如果 $q \equiv 0$, 则在任意单元 $J_c \in \Omega$ 上, 格式 (3.4.16a) 满足离散的局部质量守恒律

$$\int_{J_c} \varphi\frac{C^{n+1} - \hat{C}^n}{\Delta t}\mathrm{d}X - \int_{\partial_{J_c}} \boldsymbol{G}^{n+1}\cdot\gamma_{J_c}\mathrm{d}S = 0. \tag{3.4.20}$$

证明　因为 $v \in S_h$, 对给定的单元 $J_c \in \Omega$ 上, 取 $v \equiv 1$, 在其他单元上为零, 则此时 (3.4.16a) 为

$$\left(\varphi\rho(C^n, P^n)\frac{C^{n+1} - \hat{C}^n}{\Delta t}, 1\right)_{\Omega_{ijk}} + \left(D_x G^{x,n+1} + D_y G^{y,n+1} + D_z G^{z,n+1}, 1\right)_{\Omega_{ijk}} = 0. \tag{3.4.21}$$

按 3.4.2 小节中的记号可得

$$\left(\varphi\rho(C^n, P^n)\frac{C^{n+1} - \hat{C}^n}{\Delta t}, 1\right)_{\Omega_{ijk}} = \varphi_{ijk}\rho(C^n_{ijk}, P^n_{ijk})\left(\frac{C^{n+1}_{ijk} - \hat{C}^n_{ijk}}{\Delta t}\right)h_{x_i}h_{y_j}h_{z_k}$$

$$= \int_{\Omega_{ijk}} \varphi\rho(C^n, P^n)\frac{C^{n+1} - \hat{C}^n}{\Delta t}\mathrm{d}X, \tag{3.4.22a}$$

$$\left(D_x G^{x,n+1} + D_y G^{y,n+1} + D_z G^{z,n+1}, 1\right)_{\Omega_{ijk}}$$

$$= \left(G^{x,n+1}_{i+1/2,jk} - G^{x,n+1}_{i-1/2,jk}\right)h_{y_j}h_{z_k} + \left(G^{y,n+1}_{i,j+1/2,k} - G^{y,n+1}_{i,j-1/2,k}\right)h_{x_i}h_{z_k}$$

$$+ \left(G^{z,n+1}_{ij,k+1/2} - G^{z,n+1}_{ij,k-1/2}\right)h_{x_i}h_{y_j}$$

$$= -\int_{\partial\Omega_{ijk}} \boldsymbol{G}^{n+1}\cdot\gamma_{J_c}\mathrm{d}S. \tag{3.4.22b}$$

将式 (3.4.22) 代入式 (3.4.21), 定理 3.4.1 得证.

由局部质量守恒律定理 3.4.1, 即可推出整体质量守恒律.

定理 3.4.2　如果 $q \equiv 0$, 而且边界条件是不渗透的, 则格式 (3.4.16a) 满足整体离散质量守恒律

$$\int_{\Omega} \varphi\rho(C^n, P^n)\frac{C^{n+1} - \hat{C}^n}{\Delta t}\mathrm{d}X = 0, \quad n \geqslant 0. \tag{3.4.23}$$

证明 由局部质量守恒律 (3.4.20), 对全部的网格剖分单元求和, 则有

$$\sum_{i,j,k} \int_{\Omega_{ijk}} \varphi \rho(C^n, P^n) \frac{C^{n+1} - \hat{C}^n}{\Delta t} \mathrm{d}X - \sum_{i,j,k} \int_{\partial\Omega_{ijk}} \boldsymbol{G}^{n+1} \cdot \gamma_{J_c} \mathrm{d}S = 0. \tag{3.4.24}$$

注意到 $-\sum_{i,j,k} \int_{\partial\Omega_{ijk}} \boldsymbol{G}^{n+1} \cdot \gamma_{J_c} \mathrm{d}S = -\int_{\partial\Omega} \boldsymbol{G}^{n+1} \cdot \gamma \mathrm{d}S = 0$, 定理得证.

3.4.3.3 辅助性椭圆投影

为了确定初始逼近 (3.4.18) 和 3.4.4 小节的收敛性分析. 引入下述辅助性椭圆投影. 定义 $\{\tilde{C}, \tilde{G}\} \in S_h \times V_h$, 满足

$$\left(D_x \tilde{G}^x + D_y \tilde{G}^y + D_z \tilde{G}^z, v \right)_m = (\nabla \cdot g, v)_m, \quad \forall v \in S_h, \tag{3.4.25a}$$

$$\left(D^{-1} \tilde{G}^x, w^x \right)_x + \left(D^{-1} \tilde{G}^y, w^y \right)_y + \left(D^{-1} \tilde{G}^z, w^z \right)_z$$
$$- \left(\tilde{C}, D_x w^x + D_y w^y + D_z w^z \right)_m = 0, \quad \forall w \in V_h, \tag{3.4.25b}$$

$$\left(\tilde{C} - c, 1 \right)_m = 0, \tag{3.4.25c}$$

此处 $g = -D\nabla c$.

定义 $\{\tilde{P}, \tilde{U}\} \in S_h \times V_h$, 满足

$$\left(D_x \tilde{U}^x + D_y \tilde{U}^y + D_z \tilde{U}^z, v \right)_m = (\nabla \cdot \boldsymbol{u}, v)_m, \quad \forall v \in S_h, \tag{3.4.26a}$$

$$\left(a^{-1} \tilde{U}^x, w^x \right)_x + \left(a^{-1} \tilde{U}^y, w^y \right)_y + \left(a^{-1} \tilde{U}^z, w^z \right)_z$$
$$- \left(\tilde{P}, D_x w^x + D_y w^y + D_z w^z \right)_m = 0, \quad \forall w \in V_h, \tag{3.4.26b}$$

$$\left(\tilde{P} - p, 1 \right)_m = 0. \tag{3.4.26c}$$

记 $\pi = P - \tilde{P}$, $\eta = \tilde{P} - p$, $\sigma = \boldsymbol{U} - \tilde{U}$, $\theta = \tilde{U} - \boldsymbol{u}$, $\xi = C - \tilde{C}$, $\zeta = \tilde{C} - c$, $\alpha = \boldsymbol{G} - \tilde{G}$, $\beta = \tilde{G} - g$. 设问题 (3.4.1)~(3.4.7) 满足正定性条件 (C), 其精确解满足正则性条件 (R). 由 Weiser, Wheeler 理论 [32] 得知格式 (3.4.25) 和 (3.4.26) 确定的辅助函数 $\{\tilde{G}, \tilde{C}, \tilde{U}, \tilde{P}\}$ 存在唯一, 并有下述误差估计.

引理 3.4.5 若问题 (3.4.1)~(3.4.7) 的系数和精确解满足条件 (C) 和 (R), 则存在不依赖于剖分参数 $h, \Delta t$ 的常数 $\bar{C}_1, \bar{C}_2 > 0$, 使得下述估计式成立:

$$||\eta||_m + ||\zeta||_m + |||\theta||| + |||\beta||| + \left\|\left\|\frac{\partial\eta}{\partial t}\right\|\right\|_m + \left\|\left\|\frac{\partial\zeta}{\partial t}\right\|\right\|_m \leqslant \bar{C}_1 \{h_p^2 + h_c^2\}, \tag{3.4.27a}$$

$$\left\|\left\|\tilde{U}\right\|\right\|_\infty + \left\|\left\|\tilde{G}\right\|\right\|_\infty \leqslant \bar{C}_2. \tag{3.4.27b}$$

3.4.4　收敛性分析

本节对一个模型问题进行收敛性分析, 在问题 (3.4.4) 和 (3.4.5) 中假定 $\rho_i \approx \rho_r$, $\alpha_i \approx \alpha_r$, $\rho(c,p) \approx \rho_0$, $\mu(c) \approx \mu_0$, $a(c,p) = \dfrac{k\rho(c,p)}{\mu(c)} \approx \dfrac{k(X)\rho_0}{\mu_0} = a(X)$, 此情况出现在混合流体 "微小压缩" 的低渗流油田的情况 [2,43]. 此时原问题简化为

$$\varphi\rho_0(c)\alpha_0(c)\frac{\partial p}{\partial t} + \nabla \cdot \boldsymbol{u} = q(X,t), \quad X \in \Omega, t \in J, \tag{3.4.28a}$$

$$\boldsymbol{u} = -a\nabla p, \quad X \in \Omega, t \in J, \tag{3.4.28b}$$

$$\varphi\rho_0\frac{\partial c}{\partial t} + \boldsymbol{u} \cdot \nabla c - \nabla \cdot (D\nabla c) = f(c), \quad X \in \Omega, t \in J, \tag{3.4.29}$$

此处 ρ_0, α_0, μ_0 均为正常数. 与此同时, 原问题 (3.4.4) 和 (3.4.5) 的混合体积元–特征混合元格式简化为

$$\left(\varphi\rho_0\alpha_0\frac{P^{n+1} - P^n}{\Delta t}, v\right)_m + \left(D_x U^{x,n+1} + D_y U^{y,n+1} + D_z U^{z,n+1}, v\right)_m$$
$$= (q^{n+1}, v)_m, \quad \forall v \in S_h, \tag{3.4.30a}$$

$$\left(a^{-1}U^{x,n+1}, w^x\right)_x + \left(a^{-1}U^{y,n+1}, w^y\right)_y + \left(a^{-1}U^{z,n+1}, w^z\right)_z$$
$$- \left(P^{n+1}, D_x w^x + D_x w^y + D_x w^z\right)_m = 0, \quad \forall w \in V_h. \tag{3.4.30b}$$

$$\left(\varphi\rho_0\frac{C^{n+1} - \hat{C}^n}{\Delta t}, v\right)_m + \left(D_x G^{x,n+1} + D_y G^{y,n+1} + D_z G^{z,n+1}, v\right)_m$$
$$= \left(f(\hat{C}^n), v\right)_m, \quad \forall v \in S_h, \tag{3.4.31a}$$

$$\left(D^{-1}G^{x,n+1}, w^x\right)_x + \left(D^{-1}G^{y,n+1}, w^y\right)_y + \left(D^{-1}G^{z,n+1}), w^z\right)_z$$
$$- \left(C^{n+1}, D_x w^x + D_y w^y + D_z w^z\right)_m = 0, \quad \forall w \in V_h, \tag{3.4.31b}$$

此处 $\hat{C}^n = C^n(\hat{X}^n)$, $\hat{X}^n = X - \varphi^{-1}\rho_0^{-1}U^{n+1}\Delta t$.

首先估计 π 和 σ. 将式 (3.4.30a) 和 (3.4.30b) 分别减式 (3.4.17a)$(t = t^{n+1})$ 和式 (3.4.17b)$(t = t^{n+1})$ 可得下述误差关系式

$$(\varphi\rho_0\alpha_0\partial_t\pi^n, v)_m + \left(D_x\sigma^{x,n+1} + D_y\sigma^{y,n+1} + D_z\sigma^{z,n+1}, v\right)_m$$
$$= -\left(\varphi\rho_0\alpha_0\left(\partial_t \tilde{P}^n - \frac{\partial \tilde{p}^{n+1}}{\partial t}\right), v\right)_m - (\varphi\rho_0\alpha_0\partial_t\eta^n, v)_m, \quad \forall v \in S_h, \tag{3.4.32a}$$

$$\left(a^{-1}\sigma^{x,n+1}, w^x\right)_x + \left(a^{-1}\sigma^{y,n+1}, w^y\right)_y + \left(a^{-1}\sigma^{z,n+1}, w^z\right)_z$$

$$- \left(\pi^{n+1}, D_x w^x + D_y w^y + D_z w^z \right)_m = 0, \quad \forall w \in V_h. \tag{3.4.32b}$$

此处 $\partial_t \pi^n = \dfrac{\pi^{n+1} - \pi^n}{\Delta t}$, $\partial_t \tilde{P}^n = \dfrac{\tilde{P}^{n+1} - \tilde{P}^n}{\Delta t}$.

为了估计 π 和 σ, 式 (3.4.32a) 中取 $v = \partial_t \pi^n$, 在式 (3.4.32b) 中取 t^{n+1} 时刻和 t^n 时刻的值, 两式相减, 再除以 Δt, 并取 $w = \sigma^{n+1}$ 时再相加, 注意到如下关系式, 当 $A \geqslant 0$ 的情况下有

$$\left(\partial_t (AB^n), B^{n+1} \right)_s = \frac{1}{2} \partial_t \left(AB^n, B^n \right)_s + \frac{1}{2\Delta t} \left(A(B^{n+1} - B^n), B^{n+1} - B^n \right)_s$$
$$\geqslant \frac{1}{2} \partial_t \left(AB^n, B^n \right)_s, \quad s = x, y, z,$$

有

$$\left(\varphi \rho_0 \alpha_0 \partial_t \pi^n, \partial_t \pi^n \right)_m + \frac{1}{2} \partial_t \left[\left(a^{-1} \sigma^{x,n}, \sigma^{x,n} \right)_x + \left(a^{-1} \sigma^{y,n}, \sigma^{y,n} \right)_y + \left(a^{-1} \sigma^{z,n}, \sigma^{z,n} \right)_z \right]$$
$$\leqslant - \left(\varphi \rho_0 \alpha_0 \left(\partial_t \tilde{P}^n - \frac{\partial \tilde{p}^{n+1}}{\partial t} \right), \partial_t \pi^n \right)_m - \left(\varphi \rho_0 \alpha_0 \frac{\partial \eta^{n+1}}{\partial t}, \partial_t \pi^n \right)_m. \tag{3.4.33}$$

由正定性条件 (C) 和引理 3.4.5 可得

$$\left(\varphi \rho_0 \alpha_0 \partial_t \pi^n, \partial_t \pi^n \right)_m \geqslant \varphi_* \rho_0 \alpha_0 \left\| \partial_t \pi^n \right\|_m^2, \tag{3.4.34a}$$

$$- \left(\varphi \rho_0 \alpha_0 \left(\partial_t \tilde{P}^n - \frac{\partial \tilde{p}^{n+1}}{\partial t} \right), \partial_t \pi^n \right)_m - \left(\varphi \rho_0 \alpha_0 \frac{\partial \eta^{n+1}}{\partial t}, \partial_t \pi^n \right)_m$$
$$\leqslant \varepsilon \left\| \partial_t \pi^n \right\|_m^2 + K \left\{ h_p^4 + h_c^4 + (\Delta t)^2 \right\}. \tag{3.4.34b}$$

对估计式 (3.4.33) 的右端应用式 (3.4.34) 可得

$$\left\| \partial_t \pi^n \right\|_m^2 + \partial_t \sum_{s=x,y,z} \left(a^{-1} \sigma^{s,n}, \sigma^{s,n} \right)_s \leqslant K \left\{ h_p^4 + h_c^4 + (\Delta t)^2 \right\}. \tag{3.4.35}$$

对上式 (3.4.35) 乘以 Δt, 并对 t 求和 $0 \leqslant n \leqslant L$, 注意到 $\sigma^0 = 0$, 可得

$$\left\| \left\| \sigma^{L+1} \right\| \right\|^2 + \sum_{n=0}^{L} \left\| \partial_t \pi^n \right\|_m^2 \Delta t \leqslant K \left\{ h_p^4 + h_c^4 + (\Delta t)^2 \right\}. \tag{3.4.36}$$

下面讨论饱和度方程的误差估计. 为此将式 (3.4.31a) 和式 (3.4.31b) 分别减去 $t = t^{n+1}$ 时刻的式 (3.4.25a) 和式 (3.4.25b), 分别取 $v = \xi^{n+1}$, $w = \alpha^{n+1}$, 可得

$$\left(\varphi \rho_0 \frac{C^{n+1} - \hat{C}^n}{\Delta t}, \xi^{n+1} \right)_m + \left(D_x \alpha^{x,n+1} + D_y \alpha^{y,n+1} + D_z \alpha^{z,n+1}, \xi^{n+1} \right)_m$$

$$
= \left(f(\hat{C}^n) - f(c^{n+1}) + \psi^{n+1}\frac{\partial c^{n+1}}{\partial \tau}, \xi^{n+1} \right)_m, \tag{3.4.37a}
$$

$$
\left(D^{-1}\alpha^{x,n+1}, \alpha^{x,n+1} \right)_x + \left(D^{-1}\alpha^{y,n+1}, \alpha^{y,n+1} \right)_y + \left(D^{-1}\alpha^{z,n+1}, \alpha^{z,n+1} \right)_z
$$
$$
- \left(\xi^{n+1}, D_x\alpha^{x,n+1} + D_y\alpha^{y,n+1} + D_z\alpha^{z,n+1} \right)_m = 0. \tag{3.4.37b}
$$

将式 (3.4.37a) 和式 (3.4.37b) 相加可得

$$
\left(\varphi\rho_0\frac{C^{n+1} - \hat{C}^n}{\Delta t}, \xi^{n+1} \right)_m + \left(D_x^{-1}\alpha^{x,n+1}, \alpha^{x,n+1} \right)_x + \left(D_y^{-1}\alpha^{y,n+1}, \alpha^{y,n+1} \right)_y
$$
$$
+ \left(D_z^{-1}\alpha^{z,n+1}, \alpha^{z,n+1} \right)_z
$$
$$
= \left(f(\hat{C}^n) - f(c^{n+1}) + \psi^{n+1}\frac{\partial c^{n+1}}{\partial \tau}, \xi^{n+1} \right)_m. \tag{3.4.38}
$$

应用方程 $(3.4.29)(t = t^{n+1})$, 将上式改写为

$$
\left(\varphi\rho_0\frac{\xi^{n+1} - \xi^n}{\Delta t}, \xi^{n+1} \right)_m + \sum_{s=x,y,z} \left(D^{-1}\alpha^{s,n+1}, \alpha^{s,n+1} \right)_s
$$
$$
= \left(\left[\varphi\rho_0\frac{\partial c^{n+1}}{\partial t} + \boldsymbol{u}^{n+1}\cdot\nabla c^{n+1} \right] - \varphi\rho_0\frac{c^{n+1} - \breve{c}^n}{\Delta t}, \xi^{n+1} \right)_m + \left(\varphi\rho_0\frac{\zeta^{n+1} - \zeta^n}{\Delta t}, \xi^{n+1} \right)_m
$$
$$
+ \left(f(\hat{C}^n) - f(c^{n+1}), \xi^{n+1} \right) + \left(\varphi\rho_0\frac{\hat{c}^n - \breve{c}^n}{\Delta t}, \xi^{n+1} \right)_m - \left(\varphi\rho_0\frac{\hat{\zeta}^n - \zeta^n}{\Delta t}, \xi^{n+1} \right)_m
$$
$$
+ \left(\varphi\rho_0\frac{\hat{\xi}^n - \xi^n}{\Delta t}, \xi^{n+1} \right)_m - \left(\varphi\rho_0\frac{\breve{\zeta}^n - \zeta^n}{\Delta t}, \xi^{n+1} \right)_m
$$
$$
+ \left(\varphi\rho_0\frac{\breve{\xi}^n - \xi^n}{\Delta t}, \xi^{n+1} \right)_m, \tag{3.4.39}
$$

此处 $\breve{c}^n = c^n(X - \varphi^{-1}\rho_0^{-1}\boldsymbol{u}^{n+1}\Delta t)$, $\hat{c}^n = c^n(X - \varphi^{-1}\rho_0^{-1}\boldsymbol{U}^{n+1}\Delta t)$.

对式 (3.4.39) 的左端应用不等式 $a(a-b) \geqslant \frac{1}{2}(a^2-b^2)$, 其右端分别用 $T_1, T_2, \cdots,$ T_8 表示, 可得

$$
\frac{1}{2\Delta t}\left\{ (\varphi\rho_0\xi^{n+1}, \xi^{n+1})_m - (\varphi\rho_0\xi^n, \xi^n)_m \right\} + \sum_{s=x,y,z} \left(D^{-1}\alpha^{s,n+1}, \alpha^{s,n+1} \right)_s \leqslant \sum_{i=1}^{8} T_i. \tag{3.4.40}
$$

为了估计 T_1, 注意到 $\varphi\rho_0\dfrac{\partial c^{n+1}}{\partial t} + \boldsymbol{u}^{n+1}\cdot\nabla c^{n+1} = \psi^{n+1}\dfrac{\partial c^{n+1}}{\partial\tau}$, 于是可得

$$
\frac{\partial c^{n+1}}{\partial\tau} - \frac{\varphi\rho_0}{\psi^{n+1}}\frac{c^{n+1}-\check{c}^n}{\Delta t} = \frac{\varphi\rho_0}{\psi^{n+1}\Delta t}\int_{(\check{X},t^n)}^{(X,t^{n+1})}\left[\left|X-\check{X}\right|^2 + (t-t^n)^2\right]^{1/2}\frac{\partial^2 c}{\partial\tau^2}\mathrm{d}\tau.
\tag{3.4.41}
$$

对上式 (3.4.41) 乘以 ψ^{n+1} 并作 m 模估计, 可得

$$
\left\|\psi^{n+1}\frac{\partial c^{n+1}}{\partial\tau} - \varphi\rho_0\frac{c^{n+1}-\check{c}^n}{\Delta t}\right\|_m^2
$$

$$
\leqslant \int_\Omega\left[\frac{\varphi\rho_0}{\Delta t}\right]^2\left[\frac{\psi^{n+1}\Delta t}{\varphi\rho_0}\right]^2\left|\int_{(\check{X},t^n)}^{(X,t^{n+1})}\frac{\partial^2 c}{\partial\tau^2}\mathrm{d}\tau\right|^2\mathrm{d}X
$$

$$
\leqslant \Delta t\left\|\frac{(\psi^{n+1})^3}{\varphi\rho_0}\right\|_\infty\int_\Omega\int_{(\check{X},t^n)}^{(X,t^{n+1})}\left|\frac{\partial^2 c}{\partial\tau^2}\right|^2\mathrm{d}\tau\mathrm{d}X
$$

$$
\leqslant \Delta t\left\|\frac{(\psi^{n+1})^4}{(\varphi\rho_0)^2}\right\|_\infty\int_\Omega\int_{t^n}^{t^{n+1}}\int_0^1\left|\frac{\partial^2 c}{\partial\tau^2}(\bar{\tau}\check{X}+(1-\bar{\tau})X,t)\right|^2\mathrm{d}\bar{\tau}\mathrm{d}X\mathrm{d}t.
\tag{3.4.42}
$$

因此有

$$
|T_1| \leqslant K\left\|\frac{\partial^2 c}{\partial\tau^2}\right\|_{L^2(t^n,t^{n+1};m)}^2\Delta t + K\left\|\xi^{n+1}\right\|_m^2.
\tag{3.4.43a}
$$

对于 T_2, T_3 的估计, 应用引理 3.4.5 可得

$$
|T_2| \leqslant K\left\{(\Delta t)^{-1}\left\|\frac{\partial\zeta}{\partial t}\right\|_{L^2(t^n,t^{n+1};m)}^2 + \left\|\xi^{n+1}\right\|_m^2\right\},
\tag{3.4.43b}
$$

$$
|T_3| \leqslant K\left\{\left\|\xi^{n+1}\right\|_m^2 + \left\|\xi^n\right\|_m^2 + (\Delta t)^2 + h_c^4\right\}.
\tag{3.4.43c}
$$

估计 T_4, T_5 和 T_6 导致下述一般的关系式. 若 f 定义在 Ω 上, f 对应的是 c, ζ 和 ξ, Z 表示方向 $\boldsymbol{U}^{n+1}-\boldsymbol{u}^{n+1}$ 的单位向量. 则

$$
\int_\Omega\varphi\rho_0\frac{\hat{f}^n-\check{f}^n}{\Delta t}\xi^{n+1}\mathrm{d}X = (\Delta t)^{-1}\int_\Omega\varphi\rho_0\left[\int_{\check{X}}^{\hat{X}}\frac{\partial f^n}{\partial Z}\mathrm{d}Z\right]\xi^{n+1}\mathrm{d}X
$$

$$
= (\Delta t)^{-1}\int_\Omega\varphi\rho_0\left[\int_0^1\frac{\partial f^n}{\partial Z}((1-\bar{Z})\check{X}+\bar{Z}\hat{X})\mathrm{d}\bar{Z}\right]\left|\hat{X}-\check{X}\right|\xi^{n+1}\mathrm{d}X
$$

$$
= \int_\Omega\left[\int_0^1\frac{\partial f^n}{\partial Z}((1-\bar{Z})\check{X}+\bar{Z}\hat{X})\mathrm{d}\bar{Z}\right]\left|\boldsymbol{u}^{n+1}-\boldsymbol{U}^{n+1}\right|\xi^{n+1}\mathrm{d}X.
\tag{3.4.44}
$$

此处 $\bar{Z}\in[0,1]$ 的参数, 应用关系式 $\hat{X}-\check{X} = \Delta t[\boldsymbol{u}^{n+1}(X)-\boldsymbol{U}^{n+1}(X)]/(\varphi(X)\rho_0)$.
设

$$g_f = \int_0^1 \frac{\partial f^n}{\partial Z}((1 - \bar{Z})\check{X} + \bar{Z}\hat{X})\mathrm{d}\bar{Z}.$$

则可写出关于式 (3.4.44) 的三个特殊情况:

$$|T_4| \leqslant \|g_c\|_\infty \left\|(\boldsymbol{u} - \boldsymbol{U})^{n+1}\right\|_m \|\xi^{n+1}\|_m, \tag{3.4.45a}$$

$$|T_5| \leqslant \|g_\zeta\|_m \left\|(\boldsymbol{u} - \boldsymbol{U})^{n+1}\right\|_m \|\xi^{n+1}\|_\infty, \tag{3.4.45b}$$

$$|T_6| \leqslant \|g_\xi\|_m \left\|(\boldsymbol{u} - \boldsymbol{U})^{n+1}\right\|_m \|\xi^{n+1}\|_\infty. \tag{3.4.45c}$$

由估计式 (3.4.36) 和引理 3.4.5 可得

$$\left\|(\boldsymbol{u} - \boldsymbol{U})^{n+1}\right\|_m^2 \leqslant K \left\{ h_p^4 + h_c^4 + (\Delta t)^2 \right\}. \tag{3.4.46}$$

因为 $g_c(X)$ 是 c^n 的一阶偏导数的平均值, 它能用 $\|c^n\|_{W_\infty^1}$ 来估计. 由式 (3.4.45a) 可得

$$|T_4| \leqslant K \left\{ \|\xi^{n+1}\|_m^2 + h_p^4 + h_c^4 + (\Delta t)^2 \right\}. \tag{3.4.47}$$

为了估计 $\|g_\zeta\|_m$ 和 $\|g_\xi\|_m$, 需要引入归纳法假定和做下述剖分参数限制性条件:

$$\sup_{0 \leqslant n \leqslant L} \|\xi^n\|_\infty \to 0, \quad (h_p, h_c, \Delta t) \to 0. \tag{3.4.48}$$

$$\Delta t = O(h_c^2), \quad h_c^2 = o(h_p^{3/2}). \tag{3.4.49}$$

现在考虑

$$\|g_f\|^2 \leqslant \int_0^1 \int_\Omega \left[\frac{\partial f^n}{\partial Z}((1 - \bar{Z})\check{X} + \bar{Z}\hat{X}) \right]^2 \mathrm{d}X\mathrm{d}\bar{Z}. \tag{3.4.50}$$

定义变换

$$G_{\bar{Z}}(X) = (1 - \bar{Z})\check{X} + \bar{Z}\hat{X} = X - \varphi^{-1}(X)\rho_0^{-1}[\boldsymbol{u}^{n+1}(X) + \bar{Z}(\boldsymbol{U} - \boldsymbol{u})^{n+1}(X)]\Delta t,$$

设 $J_p = \Omega_{ijk} = [x_{i-1/2}, x_{i+1/2}] \times [y_{j-1/2}, y_{j+1/2}] \times [z_{k-1/2}, z_{k+1/2}]$ 是流动方程的网格单元, 则式 (3.4.50) 可写为

$$\|g_f\|^2 \leqslant \int_0^1 \sum_{J_p} \left| \frac{\partial f^n}{\partial Z}(G_{\bar{Z}}(X)) \right|^2 \mathrm{d}X\mathrm{d}\bar{Z}. \tag{3.4.51}$$

由归纳法假定 (3.4.49) 和剖分参数限制性条件 (3.4.49) 有

$$\det DG_{\bar{Z}} = 1 + o(1).$$

则式 (3.4.51) 进行变量替换后可得

$$\|g_f\|^2 \leqslant K \|\nabla f^n\|^2. \tag{3.4.52}$$

对 T_5 应用式 (3.4.46), 引理 3.4.5 和 Sobolev 嵌入定理 [42] 可得下述估计:

$$
\begin{aligned}
|T_5| &\leqslant K \|\nabla \zeta^n\| \cdot \left\|(\boldsymbol{u} - \boldsymbol{U})^{n+1}\right\| \cdot h^{-(\varepsilon+1/2)} \|\nabla \xi^{n+1}\| \\
&\leqslant K \left\{ h_c^{2-(\varepsilon+1/2)} \left\|(\boldsymbol{u} - \boldsymbol{U})^{n+1}\right\| \|\nabla \xi^{n+1}\| \right\} \\
&\leqslant K \left\{ h_p^4 + h_c^4 + (\Delta t)^2 \right\} + \varepsilon \left\|\left|\alpha^{n+1}\right\|\right|^2.
\end{aligned} \tag{3.4.53a}
$$

因为在式 (3.4.35) 中已证明 $\||\sigma^{n+1}\|| = O(h_p^2 + h_c^2 + \Delta t)$, 所以从式 (3.4.46) 清楚地看到 $\left\|(\boldsymbol{u} - \boldsymbol{U})^{n+1}\right\|_m = o(h_c^{\varepsilon+1/2})$, 类似于文献 [3] 中的分析, 有

$$
\begin{aligned}
|T_6| &\leqslant K \|\nabla \xi^n\| \cdot \left\|(\boldsymbol{u} - \boldsymbol{U})^{n+1}\right\| \cdot h^{-(\varepsilon+1/2)} \|\nabla \xi^{n+1}\| \\
&\leqslant \varepsilon \left\{ \left\|\left|\alpha^{n+1}\right\|\right|^2 + \left\|\left|\alpha^n\right\|\right|^2 \right\}.
\end{aligned} \tag{3.4.53b}
$$

对 T_7, T_8 应用负模估计可得

$$|T_7| \leqslant K h_c^4 + \varepsilon \left\|\left|\alpha^{n+1}\right\|\right|^2, \tag{3.4.54a}$$

$$|T_8| \leqslant K \|\xi^n\|_m^2 + \varepsilon \left\|\left|\alpha^{n+1}\right\|\right|^2. \tag{3.4.54b}$$

对误差估计式 (3.4.39) 左、右两端分别应用式 (3.4.35)、(3.4.43)、(3.4.45)、(3.4.53) 和 (3.4.54) 可得

$$
\begin{aligned}
&\frac{1}{2\Delta t} \left\{ (\varphi \rho_0 \xi^{n+1}, \xi^{n+1})_m - (\varphi \rho_0 \xi^n, \xi^n)_m \right\} + \sum_{s=x,y,z} \left(D^{-1} \alpha^{s,n+1}, \alpha^{s,n+1} \right)_s \\
&\leqslant K \left\{ \left\| \frac{\partial^2 c}{\partial \tau^2} \right\|_{L^2(t^n, t^{n+1}; m)}^2 \Delta t + (\Delta t)^{-1} \left\| \frac{\partial \zeta}{\partial t} \right\|_{L^2(t^n, t^{n+1}; m)}^2 + \left|\xi^{n+1}\right|_m^2 + \|\xi^n\|_m^2 \right. \\
&\quad \left. + h_p^4 + h_c^4 + (\Delta t)^2 \right\} + \varepsilon \left\{ \left\|\left|\alpha^{n+1}\right\|\right|^2 + \left\|\left|\alpha^n\right\|\right|^2 \right\}.
\end{aligned} \tag{3.4.55}
$$

应用 Gronwall 引理可得

$$\left\|\xi^{L+1}\right\|_m^2 + \sum_{n=0}^{L} \left\|\left|\alpha^{n+1}\right\|\right|^2 \Delta t \leqslant K \left\{ h_p^4 + h_c^4 + (\Delta t)^2 \right\}. \tag{3.4.56}$$

最后需要检验归纳法假定 (3.4.48). 对于 $n = 0$ 时, 由于初始值的选取, $\xi^0 = 0$, 归纳法假定显然是正确的. 若对 $1 \leqslant n \leqslant L$ 归纳法假定 (3.4.48) 成立. 由估计式 (4.29) 和剖分限制性条件 (3.4.49) 有

$$\left\| \xi^{L+1} \right\|_\infty \leqslant Kh_c^{-3/2} \left\{ h_p^2 + h_c^2 + \Delta t \right\} \leqslant Kh_c^{1/2} \to 0. \tag{3.4.57}$$

归纳法假定成立.

由估计式 (3.4.36)、(3.4.56) 和引理 3.4.5, 并应用对偶原理 [40,41], 可以建立下述定理.

定理 3.4.3　对问题 (3.4.28)~(3.4.29) 假定其精确解满足正则性条件 (R), 且其系数满足正定性条件 (C). 采用混合体积元–特征混合体积元方法 (3.4.30) 和 (3.4.31) 逐层求解. 若剖分参数满足限制性条件 (3.4.49), 则下述误差估计式成立:

$$\|p - P\|_{\bar{L}^\infty(J;m)} + \|\boldsymbol{u} - \boldsymbol{U}\|_{\bar{L}^\infty(J;V)} + \|c - C\|_{\bar{L}^\infty(J;m)} + \|\boldsymbol{g} - \boldsymbol{G}\|_{\bar{L}^2(J;V)}$$
$$\leqslant M^* \left\{ h_p^2 + h_c^2 + \Delta t \right\}, \tag{3.4.58}$$

此处 $\|g\|_{\bar{L}^\infty(J;X)} = \sup\limits_{n\Delta t \leqslant T} \|g^n\|_X$, $\|g\|_{\bar{L}^2(J;X)} = \sup\limits_{L\Delta t \leqslant T} \left\{ \sum\limits_{n=0}^{L} \|g^n\|_X^2 \, \Delta t \right\}^{1/2}$, 常数 M^* 依赖于函数 p, c 及其导函数.

3.4.5　数值算例

首先, 假设 Darcy 速度 $\boldsymbol{u}$ 是已知的, 采用特征混合体积元格式来逼近对流扩散问题. 考虑

$$\begin{cases} \dfrac{\partial c}{\partial t} + \boldsymbol{u} \cdot \nabla c - \dfrac{\varepsilon}{3\pi^2} \Delta c = f, & X \in \Omega, 0 < t \leqslant T, \\ c(X, 0) = c_0, & X \in \Omega, \\ \dfrac{\partial c}{\partial \nu} = 0, & X \in \partial\Omega, 0 < t \leqslant T, \end{cases} \tag{3.4.59}$$

此处 $\Omega = (0,1) \times (0,1) \times (0,1)$ 和 ν 是边界面 $\partial\Omega$ 的单位外法向向量. $\boldsymbol{u} = (u_1, u_2, u_3)^{\mathrm{T}}$,

$$u_1 = \mathrm{e}^{-\varepsilon t} \sin(\pi x_1) \cos(\pi x_2) \cos(\pi x_3)/(3\pi),$$
$$u_2 = \mathrm{e}^{-\varepsilon t} \cos(\pi x_1) \sin(\pi x_2) \cos(\pi x_3)/(3\pi),$$
$$u_3 = \mathrm{e}^{-\varepsilon t} \cos(\pi x_1) \cos(\pi x_2) \sin(\pi x_3)/(3\pi).$$

选定 f 和 c_0 使得精确解为 $c = \mathrm{e}^{-\varepsilon t} \cos(\pi x_1) \cos(\pi x_2) \cos(\pi x_3)/(3\pi)$.

将用特征混合元方法逼近问题 (3.4.59). 可得与 3.3.6 小节相同的结论.

其次, 现在应用本节提出的混合体积元–特征混合元方法解一个椭圆–对流扩散方程组:

$$
\begin{cases}
-\Delta p = \nabla \cdot \boldsymbol{u} = c + F, & X \in \partial\Omega, 0 \leqslant t \leqslant T, \\
\dfrac{\partial c}{\partial t} + \boldsymbol{u} \cdot \nabla c - \varepsilon\Delta c = f, & X \in \Omega, 0 < t \leqslant T, \\
c(X,0) = c_0, & X \in \Omega, \\
\dfrac{\partial c}{\partial \nu} = 0, & X \in \partial\Omega, 0 < t \leqslant T, \\
-\dfrac{\partial p}{\partial \nu} = \boldsymbol{u} \cdot \nu = 0, & X \in \partial\Omega, 0 < t \leqslant T.
\end{cases}
\tag{3.4.60}
$$

亦可得与 3.3.6 小节相同的结论.

3.4.6 总结和讨论

本节研究三维多孔介质中油水可压缩可混溶渗流驱动问题, 提出一类混合体积元–特征混合体积元方法及其收敛性分析. 3.4.1 小节是引言部分, 叙述和分析问题的数学模型、物理背景以及国内外研究概况. 3.4.2 小节给出网格的剖分和记号, 以及粗细网格剖分. 3.4.3 小节提出混合体积元–特征混合体积元程序, 对流动方程采用具有守恒性质的混合体积元离散, 对 Darcy 速度提高了一阶精确度. 对饱和度方程同样采用具有守恒性质的特征混合体积元求解, 对流部分采用特征线法, 扩散部分采用混合体积元离散, 大大提高了数值计算的稳定性和精确度, 且保持单元质量守恒, 这在油藏数值模拟计算中是十分重要的. 3.4.4 小节是收敛性分析, 对模型问题应用微分方程先验估计理论和特殊技巧, 得到了二阶 L^2 模误差估计结果. 这点特别重要, 它突破了 Arbogast 和 Wheeler 对同类问题仅能得到 $\dfrac{3}{2}$ 阶的著名成果. 3.4.5 小节是数值算例, 支撑了理论分析, 并指明本节所提出的方法在实际问题是切实可行和高效的. 本节有如下特征: ①本节成功应用具有物理守恒律特性的混合有限体积元方法, 具有物理守恒特性, 这点在油藏数值模拟是极其重要的, 特别是强化采油数值模拟计算. ②由于组合地应用混合体积元和特征线法, 它具有高精度和高稳定性的特征, 特别适用于三维复杂区域大型数值模拟的工程实际计算. ③它突破了 Arbogast 和 Wheeler 对同类问题仅能得到 $\dfrac{3}{2}$ 阶收敛性结果, 推进并解决了这一重要问题[7,8,21,22]. 详细的讨论和分析, 可参阅文献 [58].

参 考 文 献

[1] Douglas Jr J, Ewing R E, Wheeler M F. The approximation of the pressure by a mixed method in the simulation of miscible displacement. RAIRO Anal. Numer., 1983, 17(1): 17-33.

[2] Douglas Jr J, Ewing R E, Wheeler M F. A time-discretization procedure for a mixed finite element approximation of miscible displacement in porous media. RAIRO Anal. Numer., 1983, 17(3): 249-265.

[3] Ewing R E, Russell T F, Wheeler M F. Convergence analysis of an approximation of miscible displacement in porous media by mixed finite elements and a modified method of characteristics. Comput. Methods Appl. Mech. Engrg., 1984, 47(1-2): 73-92.

[4] Yuan Y R. Characteristic finite difference methods for positive semidefinite problem of two phase miscible flow in porous media. J. Systems Sci. Math. Sci., 1999, 12(4): 299-306.

[5] Dawson C N, Russell T F, Wheeler M F. Some improved error estimates for the modified method of characteristics. SIAM. J. Numer. Anal., 1989, 26(6): 1487-1512.

[6] Russell T F, Wheeler M F. Finite element and finite difference methods for continuous flows in porous media//Ewing R E. ed. Mathematics of Reservoir Simulation. Philadelphia: SIAM, 1983: 35-106.

[7] Douglas Jr J, Roberts J E. Numerical methods for a model for compressible miscible displacement in porous media. Math. Comp., 1983, 41(164): 441-459.

[8] 袁益让. 能源数值模拟方法的理论和应用. 北京: 科学出版社, 2013: 1-132.

[9] 袁益让. 三维油水驱动半正定问题特征有限元格式及分析. 科学通报, 1996, 41(22): 2027-2032.

[10] Todd M R, O'Dell P M, Hirasaki G J. Methods for increased accuracy in numerical reservoir simulators. Soc. Petrol. Engry. J., 1972, 12(6): 515-530.

[11] Bell J B, Dawson C N, Shubin G R. An unsplit high-order Godunov scheme for scalar conservation laws in two dimensions. J. Comput. Phys., 1988, 74(1): 1-24.

[12] Johnson C. Streamline diffusion methods for problems in fluid mechanics//Finite Element in Fluids VI. New York: Wiley, 1986.

[13] Yang D P. Analysis of least-squares mixed finite element methods for nonlinear nonstationary convection-diffusion problems. Math. Comp., 2000, 69(231): 929-963.

[14] Cella M A, Russell T F, Herrera I, et al. An Eulerian-Lagrangian localized adjoint method for the advection-diffusion equation. Adv. Water Resour., 1990, 13(4): 187-206.

[15] Johnson C, Thomee V. Error estimates for some mixed finite element methods for parabolic type problems. RAIRO Anal. Numer., 1981, 15(1): 41-78.

[16] Raviart P A, Thomas J M. A mixed finite element method for second order elliptic problems//Mathematical Aspects of the Finite Element Method. Lecture Notes in Mathematics, 606, 1977, New York: Springer.

[17] Nedelec J C. Mixed finite elements in R^3. Numer. Math., 1980, 35(3): 315-341.

[18] Douglas Jr J, Roberts J E. Global estimates for mixed methods for second order elliptic equations. Math. Comp., 1985, 44(169): 39-52.

[19] Arbogast T, Wheeler M F. A characteristics-mixed finite element methods for advection-dominated transport problems. SIAM. J. Numer. Anal., 1995, 32(2): 404-424.

[20] Sun T J, Yuan Y R. An approximation of incompressible miscible displacement in porous media by mixed finite element method and characteristics-mixed finite element method. J. Comput. Appl. Math., 2009, 228(1): 391-411.

[21] Ewing R E. The Mathematics of Reservior Simulation. Philadelphia: SIAM, 1983.

[22] 沈平平, 刘明新, 汤磊. 石油勘探开发中的数学问题. 北京: 科学出版社, 2002.

[23] Ciarlet P. G. The Finite Element Method for Elliptic Problems. Amsterdam: North-Holland, 1978.

[24] Brezzi F. On the existence, uniqueness and approximation of sadde-point problems arising from lagrangian multipliers. RAIRO Anal. Numer., 1974, 8(2): 129-151.

[25] Wheeler M F. A priori L_2 error estimates for Galerkin approximations to parabolic partial differential equations. SIAM. J. Numer. Anal., 1973, 10(4): 723-759.

[26] Russell T F. Time stepping along characteristics with incomplete iteraction for a Galerkin approximation of miscible displacement in porous media. SLAM. J. Numer. Anal., 1985, 22(5): 970-1013.

[27] 袁益让, 孙同军, 李长峰, 等. 三维不可压缩混溶驱动问题的混合元–特征混合元方法. 山东大学数学研究所科研报告, 2015.
Yuan Y R, Sun T J, Li C F, et al, Mixed finite element-characteristic mixed finite element method for simnlating three-dimensional incompressible miscible displacement problems. 山东大学数学研究所科研报告, 2015.

[28] Douglas Jr. J, Yuan Y R. Numerical Simulation of Immiscible Flow in Porous Media Based on Combining the Method of Characteristics with Mixed Finite Element Procedures. Numerical Simulation in Oil Recovery. New York: Springer-Verlag, 1986: 119-131.

[29] Cai Z. On the finite volume element method. Numer. Math., 1991, 58(1): 713-735.

[30] 李荣华, 陈仲英. 微分方程广义差分法. 长春: 吉林大学出版社, 1994.

[31] Russell T F. Rigorous block-centered discritization on inregular grids: Improved simulation of complex reservoir systems. Tulsa: Project Report, Research Comporation, 1995.

[32] Weiser A, Wheeler M F. On convergence of block-centered finite difference for elliptic problems. SIAM. J Numer Anal., 1988, 25(2): 351-375.

[33] Jones J E. A mixed finite volume element method for accurate computation of fluid velocities in porous media. Ph. D. Thesis. University of Clorado, Denver, Co., 1995.

[34] Cai Z, Jones J E, Mccormilk S F, et al. Control-volume mixed finite element methods. Comput. Geosci., 1997, 1(3-4): 289-315.

[35] Chou S H, Kawk D Y, Vassileviki P. Mixed covolume methods on rectangular grids for elliptic problem. SIAM. J. Numer. Anal., 2000, 37(3): 758-771.

[36] Chou S H, Kawk D Y, Vassileviki P. Mixed covolume methods for elliptic problems on triangular grids. SIAM. J. Numer. Anal., 1998, 35(5): 1850-1861.

[37] Chou S H, Vassileviki P. A general mixed covolume framework for constructing conservative schemes for elliptic problems. Math. Comp., 1999, 68(227): 991-1011.

[38] Rui H X, Pan H. A block-centered finite difference method for the Darcy-Forchheimer model. SIAM. J. Numer. Anal., 2012, 50(5): 2612-2631.

[39] Pan H, Rui H X. Mixed element method for two-dimensional Darcy-Forchheimer model. J. of Scientific Computing, 2012, 52(3): 563-587.

[40] Nitsche J. Linear splint-funktionen and die methoden von Ritz for elliptishce randwert problem. Arch. for Rational Mech. and Anal., 1968, 36: 348-355.

[41] 姜礼尚, 庞之垣. 有限元方法及其理论基础. 北京: 人民教育出版社, 1979.

[42] Adams R A. Sobolev Spaces. New York: Academic Press, 1975.

[43] 袁益让, 孙同军, 李长峰, 等. 油水二相渗流驱动问题的混合体积元–特征混合体积元方法. 山东大学数学研究所科研报告, 2015.
     Yuan Y R, Sun T J, Li G F, et al. Mixed volume element combined with characteristic mixed finite volume element method for oil-water two-phase displacement problem. Journal of Computational and Applied Mathematics, 2018, 340: 404-419.

[44] 袁益让. 在多孔介质中完全可压缩、可混溶驱动问题的特征有限元方法. 计算数学, 1992, 14(4): 385-400.

[45] 袁益让. 在多孔介质中完全可压缩、可混溶驱动问题的特征的差分方法. 计算数学, 1993, 15(1): 16-28.

[46] Douglas Jr J. Finite difference methods for two-phase incompressible flow in porous media. SIAM. J. Numer. Anal., 1983, 20(4): 681-696.

[47] Cella M A, Russell T F, Herrera I, et al. An Eulerian-Lagrangian localized adjoint method for the advection-diffusion equation. Adv. Water Resour., 1990, 13(4): 187-206.

[48] Ewing R E, Yuan Y R, Li G. Finite element for chemical-flooding simulation. Proceeding of the 7th International Conference Finite Element Method in Flow Problems. The University of Alabama in Huntsville, Huntsville, Alabama: UAHDRESS, 1989: 1264-1271.

[49] 袁益让, 羊丹平, 戚连庆, 等. 聚合物驱应用软件算法研究//冈秦麟. 化学驱油论文集. 北京: 石油工业出版社, 1998: 246-253.

[50] Yuan Y R. The characteristic finite element alternating direction method with moving meshes for nonlinear convection-dominated diffusion problems. Numer. Methods of Partial Differential Eq., 2006, 22(3): 661-679.

[51] Yuan Y R. The modified method of characteristics with finite element operator-splitting procedures for compressible multi-component displacement problem. J. Systerms Science and Complexity, 2003, 16(1): 30-45.

[52] Yuan Y R. The characteristic finite difference fractional steps methods for compressible two-phase displacement problem. Science in China (Series A), 1999, 42(1): 48-57.

[53] Yuan Y R. The upwind finite difference fractional steps methods for two-phase compressible flow in porous media. Numer Methods for Partial Differential Eq., 2003, 19: 67-88.

[54] Sun T J, Yuan Y R. An approximation of incompressible miscible displacement in porous media by mixed finite element method and characteristics-mixed finite element method. J. Comput. Appl. Math., 2009, 228(1): 391-411.

[55] 袁益让, 孙同军, 李长峰, 等. 三维可压缩二相渗流驱动问题的混合体积元–特征混合体积元方法和分析. 山东大学数学研究所科研报告, 2015.
Yuan Y R, Sun T J, Li C F, et al. The method of mixed volume element characteristic mixed volume element and its numerical analysis for three-dimensional slightly compressible two-phase displacement. Numerical Methods of Partial Differential Egutions, 2017, 34(2): 661-685.

[56] Bird R B, Stewart W E, Lightfoot E N. Transport Phenomenon. New York: John Wiley & Sons, 1960.

[57] Sun T J, Yuan Y R. Mixed finite element method and the characteristics-mixed finite element method for a slightly compressible miscible displacement problem in porous media. Mathematics and Computers in Simulation, 2015, 107: 24-45.

[58] 袁益让, 孙同军, 李长峰, 等. 多孔介质中可压缩渗流驱动问题的混合体积元–特征混合体积元方法和分析. 山东大学数学研究所科研报告, 2015.
Yuan Y R, Sun T J, Li C F, et al. The method of mixed volume element-characteristic mixed finite volume element and its numerical analysis of three-dimensional compressible two-phase displacement. 山东大学数学研究所科研报告, 2015.

第4章　可压缩二相渗流的区域分裂方法

本章研究可压缩油水二相渗流驱动问题的区域分裂并行计算方法. 它对现代油藏开发数值模拟计算具有重要的理论和实用价值. 我们提出一类特征修正区域分裂并行算法, 将求解区域分为若干个子区域, 在各个子区域内部用隐格式求解, 提出一个逼近导函数的特征函数, 用此函数前一时刻的函数值给出区域的内边界条件, 从而在算法上实现了并行. 对压力方程用混合元方法离散计算, 对饱和度方程用修正特征有限元方法计算. 对模型问题应用变分形式、区域分裂、特征线法、能量原理、负模估计、归纳法假定、微分方程先验估计的理论和技巧, 得到了最佳阶 L^2 模误差估计.

本章共两节, 4.1 节为三维微压缩驱动问题的区域分裂并行混合元方法. 4.2 节为可压缩油水渗流驱动问题的特征修正混合元区域分裂方法.

在本章中通常用 K 表示一般正常数, 在不同处具有不同含义, 同样用 ε 表示一般小的正数.

4.1　三维微压缩渗流驱动问题的区域分裂并行混合元方法

本节研究了三维微压缩油水渗流驱动问题, 提出了一类特征修正混合元区域分裂并行方法. 求解区域被分为若干个子区域, 在每个子区域内部用隐式方法求解, 提出一个逼近导函数的特征函数, 用此函数前一时刻的函数值给出区域的内边界条件, 从而在算法上实现了并行. 对压力方程用混合元方法离散计算, 对饱和度方程用修正特征有限元方法计算. 对模型问题得到了最佳阶 L^2 模误差估计结果; 同时我们做了数值试验, 支撑了理论分析结果, 并指明此方法在实际应用中是十分有效的.

4.1.1　引言

用高压泵将水强行注入油层, 使原油从生产井排出, 这是近代采油的一种重要手段. 将水注入油层后, 水驱动油层中的原油, 从生产井排出, 这就是二相驱动问题. 在近代油气田开发过程中, 为了将经油田二次采油后, 残存在油层中的原油尽可能采出, 必须采用三次采油 (化采) 新技术. 在强化采油数值模拟时, 必须考虑流体的压缩性, 否则数值模拟将会严重失真. Douglas 等学者率先提出 "微可压缩" 相混溶模型, 并提出特征有限元方法和特征混合元方法, 开创了现代油藏数值模拟这

一重要新领域 [1-5].

问题的数学模型是下述一类非线性抛物型方程组的初边值问题 [1-5]:

$$d(c)\frac{\partial p}{\partial t} + \nabla \cdot \boldsymbol{u} = d(c)\frac{\partial p}{\partial t} - \nabla \cdot (a(c)\nabla p) = q(X,t),$$

$$X = (x,y,z)^{\mathrm{T}} \in \Omega, \quad t \in J = (0,T], \tag{4.1.1a}$$

$$\boldsymbol{u} = -a(c)\nabla p, \quad X \in \Omega, t \in J, \tag{4.1.1b}$$

$$\varphi\frac{\partial c}{\partial t} + b(c)\frac{\partial p}{\partial t} + \boldsymbol{u} \cdot \nabla c - \nabla \cdot (D\nabla c) = (\tilde{c} - c)\tilde{q}, \quad X \in \Omega, t \in J, \tag{4.1.2}$$

此处 Ω 为 R^3 中的有界区域, $c = c_1 = 1 - c_2$, c_2 表示混合流体第二个分量的饱和度. $a(c) = k(X)\mu^{-1}(c)$, $k(X)$ 是地层的渗透率, $\mu(c)$ 是混合流体的黏度, $\varphi = \varphi(X)$ 是多孔介质的孔隙度, $p(X,t)$ 是混合流体的压力, $q(X,t)$ 是产量速率. $\boldsymbol{u} = \boldsymbol{u}(X,t)$ 是流体的 Darcy 速度. $D = \varphi(X)d_m I$, 此处 d_m 是扩散系数, I 是单位矩阵.

假定流体在边界上不渗透, 于是有下述边界条件:

$$\boldsymbol{u} \cdot \nu = 0, \quad (D\nabla c - c\boldsymbol{u}) \cdot \nu = 0, \quad X \in \partial\Omega, \quad t \in J, \tag{4.1.3}$$

此处 $\partial\Omega$ 是 Ω 的边界曲面, ν 是 $\partial\Omega$ 的外法线方向向量.

初始条件:

$$p(X,0) = p_0(X), \quad c(X,0) = c_0(X), \quad X \in \Omega. \tag{4.1.4}$$

对二维不可压缩二相渗流驱动问题, 在问题周期性假定下, Douglas, Ewing 等学者提出特征差分方法和特征有限元方法, 并给出严谨的误差估计 [6-10]. 他们将特征线方法和标准的有限差分方法或有限元法相结合, 真实地处理反映出对流-扩散方程的一阶双曲特性, 减少截断误差, 克服数值振荡和弥散, 大大提高了计算的稳定性和精确度. 对于现代强化采油数值模拟新技术, 必须考虑流体的可压缩性 [1,4,5]. 对此问题 Douglas 和作者率先在周期性条件下提出特征有限元方法、特征混合元方法、特征分数步差分方法和迎风分数步差分方法, 并得到最佳阶 L^2 模误差估计结果, 完整地解决了这一问题 [1,11-13].

在现代油田勘探和开发数值模拟 (特别是强化三次采油) 计算中, 它是超大规模、三维大范围, 甚至是超长时间的, 节点个数多达数万乃至数百万个, 用一般方法很难解决这样的问题, 需要采用现代并行计算技术才能完整解决问题 [2,14]. 对最简单的抛物问题, Dawson, Dupont 和 Du 率先提出 Galerkin 区域分裂程序和收敛性分析 [15-18]. 对于热传导型半导体瞬态问题, 关于区域分裂的特征有限元和特征混合元方法, 已有较完整的成果发表 [19,20]. 关于强化采油数值模拟在其模型问题不可压缩的假定下, 我们已有初步成果 [21]. 在上述工作基础上, 对三维微可压缩油水渗流驱动问题, 提出一类特征修正混合元区域分裂方法. 即将求解区域剖分为若干子区域, 在每个子区域内用隐式方法求解, 提出一个逼近导函数的特征函数, 用此函数前一时刻的函数值给出区域的内边界条件, 从而算法上实现了并行. 对流动方程用混合元方法离散计算, 在对饱和度方程用修正特征有限元方法计算. 对模型问题, 应用变分形式、区域分裂、特征线法、能量原理、归纳法假定、微分方程先验估计的理论和技巧, 得到了最佳阶 L^2 误差估计结果, 同时做了数值试验支撑了理论分析的结果, 并指明此方法在实际数值计算是可行的、高效的, 它对现代油田勘探和开发数值模拟这一重要领域的模型分析、数值方法、机理研究和工业应用软件的研制均有重要的价值 [1,2,14].

在本节中需要假定问题 (4.1.1)~(4.1.4) 的解具有一定的光滑性, 还要假定问题的系数满足正定性条件:

$$(C) \quad 0 < \varphi_* \leqslant \varphi(X) \leqslant \varphi^*, \quad 0 < a_* \leqslant a(c) \leqslant a^*,$$
$$0 < d_* \leqslant d(c) \leqslant d^*, \quad 0 < D_* \leqslant D(X) \leqslant D^*,$$

此处 $\varphi_*, \varphi^*, a_*, a^*, d_*, d^*, D_*$ 和 D^* 均为确定的正常数.

为了研究简便, 假定问题 (4.1.1)~(4.1.4) 是 Ω 周期的 [7-10], 即全部函数均假定是 Ω 周期的. 这一假定在物理上是合理的, 因为对无流动边界条件 (4.1.3) 通常可做反射处理, 而且在油藏数值模拟中, 通常边界条件对油藏内部流动影响较小, 因此边界条件 (4.1.3) 能够被略去 [7-10].

4.1.2 某些预备工作

为叙述简便, 设 $\Omega = \{(x_1, x_2, x_3)| 0 < x_1 < 1, 0 < x_2 < 1, 0 < x_3 < 1\}$, 记

$$\Omega_1 = \left\{ (x_1, x_2, x_3) \middle| 0 < x_1 < \frac{1}{2}, 0 < x_2 < 1, 0 < x_3 < 1 \right\},$$
$$\Omega_2 = \left\{ (x_1, x_2, x_3) \middle| \frac{1}{2} < x_1 < 1, 0 < x_2 < 1, 0 < x_3 < 1 \right\},$$
$$\Gamma = \left\{ (x_1, x_2, x_3) \middle| x_1 = \frac{1}{2}, 0 < x_2 < 1, 0 < x_3 < 1 \right\},$$

如图 4.1.1 所示.

为了逼近内边界 Γ 的法向导数, 引入两个专门函数 [15,17].

$$\Phi_2(x_1) = \begin{cases} 1 - x_1, & 0 \leqslant x_1 \leqslant 1, \\ x_1 + 1, & -1 \leqslant x_1 < 0, \\ 0, & \text{其他}. \end{cases} \quad (4.1.5a)$$

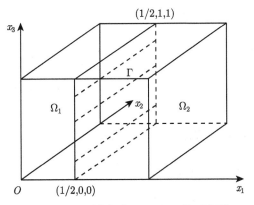

图 4.1.1 区域分裂 $\Omega_1, \Omega_2, \Gamma$ 的示意图

$$\Phi_4(x_1) = \begin{cases} \dfrac{(x_1 - 2)}{12}, & 1 \leqslant x_1 \leqslant 2, \\[2mm] -\dfrac{5x_1}{4} + \dfrac{7}{6}, & 0 \leqslant x_1 \leqslant 1, \\[2mm] \dfrac{5x_1}{4} + \dfrac{7}{6}, & -1 \leqslant x_1 \leqslant 0, \\[2mm] -\dfrac{(x_1 + 2)}{12}, & -2 \leqslant x_1 \leqslant -1, \\[2mm] 0, & \text{其他}. \end{cases} \tag{4.1.5b}$$

易知, 若 p 为不高于一次的多项式, 则有

$$\int_{-\infty}^{\infty} p(x_1)\Phi_2(x_1)\mathrm{d}x_1 = p(0), \tag{4.1.6a}$$

若 p 为不高于三次的多项式, 则有

$$\int_{-\infty}^{\infty} p(x_1)\Phi_4(x_1)\mathrm{d}x_1 = p(0). \tag{4.1.6b}$$

定义 4.1.1 对于 $H \in \left(0, \dfrac{1}{2}\right)$, 记

$$\Phi(x_1) = \Phi_m((x_1 - 1/2)/H)/H, \quad m = 2, 4. \tag{4.1.7}$$

设 $N_{h,j}$ 是 $H^1(\Omega_j)(j = 1, 2)$ 的有限维有限元子空间, $N_h(\Omega)$ 是 $L^2(\Omega)$ 的 l 阶有限元空间, 且如果 $v \in N_h$, 则 $v|_{\Omega_j} \in N_{h,j}$. 注意函数 $v \in N_h(\Omega)$ 在内边界 Γ 上的跳跃 $[v]$, 即

$$[v]_{\left(\frac{1}{2}, x_2, x_3\right)} = v\left(\frac{1}{2} + 0, x_2, x_3\right) - v\left(\frac{1}{2} - 0, x_2, x_3\right). \tag{4.1.8}$$

定义 4.1.2   关于双线性形式 $\bar{D}(u,v)$:

$$\bar{D}(u,v) = \int_{\Omega_1 \cup \Omega_2} D_s(X) \nabla u \cdot \nabla v \mathrm{d}x_1 \mathrm{d}x_2 \mathrm{d}x_3 + \lambda \int_{\Omega_1 \cup \Omega_2} uv \mathrm{d}x_1 \mathrm{d}x_2 \mathrm{d}x_3, \quad s = e, p, T,$$

$$(4.1.9)$$

此处函数 $u, v \in H^1(\Omega_j), j = 1, 2, D_s(X)(s = e, p, T)$ 是正定函数, λ 为确定的正常数.

定义 4.1.3   逼近内边界法向导数的积分算子:

$$B(\psi)\left(\frac{1}{2}, x_2, x_3\right) = -\int_0^1 \Phi'(x_1)\psi(x_1, x_2, x_3)\mathrm{d}x_1, \qquad (4.1.10)$$

其中 $\Phi(x_1)$ 为式 (4.1.7) 所给出的函数.

设 $(\cdot, \cdot)$ 表示 $L^2(\Omega_1) \cup L^2(\Omega_2)$ 内积, 在 $\Omega_1 \cup \Omega_2 = \Omega$ 时省略, $(\psi, \rho) = (\psi, \rho)_\Omega$. 对于限定在 $H^1(\Omega_1)$ 和 $H^1(\Omega_2)$ 的函数 ψ, 定义

$$|||\psi|||^2 = \bar{D}(\psi, \psi) + H^{-1}\|D[\psi]\|_{L^2(\Gamma)}^2. \qquad (4.1.11)$$

注意到

$$(D(x_1, x_2, x_3)B(\psi), [\psi])_\Gamma$$

$$= -\int_0^1 \int_0^1 D\left(\frac{1}{2}, x_2, x_3\right) \int_0^1 \Phi'(x_1)\psi(x_1, x_2, x_3)\mathrm{d}x_1 [\psi]\left(\frac{1}{2}, x_2, x_3\right) \mathrm{d}x_2 \mathrm{d}x_3,$$

$$\int_0^1 \Phi'(x_1)\psi(x_1, x_2, x_3)\mathrm{d}x_1$$

$$= \psi(x_1, x_2, x_3)\Phi(x_1)|_0^1 - \int_0^1 \Phi(x_1)\psi_{x_1}(x_1, x_2, x_3)\mathrm{d}x_1$$

$$= -\frac{1}{H}[\psi]\left(\frac{1}{2}, x_2, x_3\right) - \int_0^1 \Phi(x_1)\psi_{x_1}(x_1, x_2, x_3)\mathrm{d}x_1.$$

因此有

$$(D(x_1, x_2, x_3)B(\psi), [\psi])_\Gamma$$

$$= \frac{1}{H}\int_0^1 \int_0^1 D\left(\frac{1}{2}, x_2, x_3\right)[\psi]^2\left(\frac{1}{2}, x_2, x_3\right)\mathrm{d}x_2 \mathrm{d}x_3$$

$$+ \int_0^1 \int_0^1 D\left(\frac{1}{2}, x_2, x_3\right) \int_0^1 \Phi(x_1)\psi_{x_1}(x_1, x_2, x_3)\mathrm{d}x_1 [\psi]\left(\frac{1}{2}, x_2, x_3\right) \mathrm{d}x_2 \mathrm{d}x_3. \quad (4.1.12)$$

对上式第二项可改写为

$$\int_0^1 \int_0^1 D^{1/2}\left(\frac{1}{2}, x_2, x_3\right) \int_{\frac{1}{2}-H}^{\frac{1}{2}+H} D^{1/2}\left(\frac{1}{2}, x_2, x_3\right)$$

$$\cdot \, \Phi(x_1)\psi_{x_1}(x_1, x_2, x_3)\mathrm{d}x_1 [\psi]\left(\frac{1}{2}, x_2, x_3\right)\mathrm{d}x_2\mathrm{d}x_3$$

$$\leqslant \int_0^1 \int_0^1 D^{1/2}\left(\frac{1}{2}, x_2, x_3\right)\left(\int_0^1 \Phi^2(x_1)\mathrm{d}x_1\right)^{1/2}$$

$$\left(\int_{\frac{1}{2}-H}^{\frac{1}{2}+H} D\left(\frac{1}{2}, x_2, x_3\right)\psi_{x_1}^2(x_1, x_2, x_3)\mathrm{d}x_1\right)^{1/2} [\psi]\left(\frac{1}{2}, x_2, x_3\right)\mathrm{d}x_2\mathrm{d}x_3$$

$$\leqslant \left(\frac{2}{3H}\right)^{1/2}\left(\int_0^1\int_0^1 D\left(\frac{1}{2}, x_2, x_3\right)[\psi]^2\left(\frac{1}{2}, x_2, x_3\right)\mathrm{d}x_2\mathrm{d}x_3\right)^{1/2}$$

$$\cdot \left(\int_0^1\int_0^1\int_{\frac{1}{2}-H}^{\frac{1}{2}+H} D\left(\frac{1}{2}, x_2, x_3\right)\psi_{x_1}^2(x_1, x_2, x_3)\mathrm{d}x_1\mathrm{d}x_2\mathrm{d}x_3\right)^{1/2}.$$

对于 $D\left(\dfrac{1}{2}, x_2, x_3\right)$, 注意到

$$D\left(\frac{1}{2}, x_2, x_3\right) = D(x_1, x_2, x_3) + \left(x_1 - \frac{1}{2}\right)\frac{\partial D}{\partial x_1}(\xi_1(x_1), x_2, x_3),$$

于是有

$$\int_0^1\int_0^1\int_{\frac{1}{2}-H}^{\frac{1}{2}+H} D\left(\frac{1}{2}, x_2, x_3\right)\psi_{x_1}^2(x_1, x_2, x_3)\mathrm{d}x_1\mathrm{d}x_2\mathrm{d}x_3$$

$$= \int_0^1\int_0^1\int_{\frac{1}{2}-H}^{\frac{1}{2}+H}\left[D(x_1, x_2, x_3) + \left(x_1 - \frac{1}{2}\right)\frac{\partial D}{\partial x_1}(\xi_1(x_1), x_2, x_3)\right]\psi_{x_1}^2(x_1, x_2, x_3)\mathrm{d}x_1\mathrm{d}x_2\mathrm{d}x_3$$

$$\leqslant (1 + M^* H)\int_0^1\int_0^1\int_{\frac{1}{2}-H}^{\frac{1}{2}+H} D(x_1, x_2, x_3)\psi_{x_1}^2(x_1, x_2, x_3)\mathrm{d}x_1\mathrm{d}x_2\mathrm{d}x_3,$$

此处

$$M^* = \max_{\substack{x_1 \in (\frac{1}{2}-H, \frac{1}{2}+H) \\ (x_2, x_3) \in (0,1)\times(0,1)}} \frac{\left|\dfrac{\partial D}{\partial x_1}(\xi(x_1), x_2, x_3)\right|}{D(x_1, x_2, x_3)},$$

从而可得

$$\bar{D}(\psi, \psi) + (DB(\psi), [\psi])_\Gamma \geqslant \frac{1}{M_0}|||\psi|||^2, \tag{4.1.13a}$$

此处 M_0 为确定的正常数, 亦即有

$$|||\psi|||^2 \leqslant M_0\left\{\bar{D}(\psi, \psi) + (DB(\psi), [\psi])_\Gamma\right\}. \tag{4.1.13b}$$

类似地可推出下述估计式:

$$\|B(\psi)\|_{L^2(\Gamma)}^2 \leqslant M_1 H^{-3} \|\psi\|_0^2, \tag{4.1.14a}$$

$$\|B(\psi)\|_{L^2(\Gamma)} \leqslant M_2 H^{-1} \|\psi\|_{0,\infty}, \tag{4.1.14b}$$

$$\left\|\frac{\partial u(\cdot,t)}{\partial \gamma} - B(u)(\cdot,t)\right\|_{L^2(\Gamma)} \leqslant M_3 H^m, \tag{4.1.14c}$$

此处 M_1, M_2, M_3 均为确定的正常数, $m = 2, 4$, $\dfrac{\partial u}{\partial \gamma}$ 是 u 在内边界 Γ 的法向导数, 对于 $0 \leqslant t \leqslant T$ 成立.

4.1.3　特征修正混合元区域分裂程序

饱和度方程 (4.1.2) 的变分形式为

$$\left(\varphi\frac{\partial c}{\partial t}, v\right) + (\boldsymbol{u}\cdot\nabla c, v) + (D\nabla c, \nabla v) + \left(b(c)\frac{\partial p}{\partial t}, v\right) + \left(D\frac{\partial c}{\partial n}, [v]\right)_\Gamma$$
$$= (g(c), v), \quad v \in N(\Omega), \tag{4.1.15a}$$

$$c(X, 0) = c_0(X), \quad X \in \Omega, \tag{4.1.15b}$$

其中 $(\psi, v) = \displaystyle\int_{\Omega_1 \cup \Omega_2} \psi v \mathrm{d}x_1 \mathrm{d}x_2 \mathrm{d}x_3$, $(\psi, v)_\Gamma = \displaystyle\int_\Gamma \psi v \mathrm{d}x_2 \mathrm{d}x_3$, $g(c) = (\tilde{c} - c)q$.

为了应用混合元求解压力方程. 如果 $f = (f_1, f_2, f_3)^{\mathrm{T}}$ 是一个向量函数. 记 $\tilde{H}(\mathrm{div}, \Omega) = \{f : f_1, f_2, f_3, \nabla\cdot f \in L^2(\Omega), 周期的\}$, $\tilde{L}^2(\Omega) = \{g : g \in L^2(\Omega), 周期的\}$. 在以后为了简便, 将 "~" 省略. 记 $V = H(\mathrm{div}; \Omega)$, $W = L^2(\Omega)$. 在考虑剖分子区域 Ω_1, Ω_2 上的方程时, 需要相容性条件如下:

$$p_1 = p_2, \quad \boldsymbol{u}_1\cdot n_1 + \boldsymbol{u}_2\cdot n_2 = 0, \quad X \in \Gamma, \tag{4.1.16}$$

其中 n_1, n_2 是 Ω_1, Ω_2 在 Γ 上的单位外法线方向. 令 $W_i = L^2(\Omega_i)$, $V_i = H(\mathrm{div}; \Omega_i)$, 则方程 (4.1.1) 在 $\Omega_i(i = 1, 2)$ 上的鞍点弱形式为

$$\left(d(c)\frac{\partial p}{\partial t}, w\right)_{\Omega_i} + (\nabla\cdot\boldsymbol{u}, w)_{\Omega_i} = (q, w)_{\Omega_i}, \quad \forall w \in W_i, \tag{4.1.17a}$$

$$\left(a^{-1}(c)\boldsymbol{u}, z\right)_{\Omega_i} - (\nabla\cdot z, p)_{\Omega_i} + (p, z\cdot n_i)_\Gamma = 0, \quad \forall z \in V_i, \tag{4.1.17b}$$

$$(\beta, \boldsymbol{u}_1\cdot n_1 + \boldsymbol{u}_2\cdot n_2)_\Gamma = 0, \quad \forall\beta \in \Lambda, \tag{4.1.17c}$$

此处 $\Lambda = \{v : v|_\Gamma \in L^2(\Gamma), \Gamma \neq \varnothing\}$. 定义在 Ω_1 和 Ω_2 上的变分形式, 将 (4.1.17a) 和 (4.1.17b) 相加, 可得流动方程 (4.1.1) 在 Ω 上的变分形式:

$$\left(d(c)\frac{\partial p}{\partial t}, w\right) + (\nabla\cdot\boldsymbol{u}, w) = (q, w), \quad \forall w \in W, \tag{4.1.18a}$$

$$\left(a^{-1}(c)\boldsymbol{u}, z\right) - (\nabla \cdot z, p) + \sum_{i=1}^{2} \left(p, z^{(i)} \cdot n_i\right)_\Gamma = 0, \quad \forall z \in V, \tag{4.1.18b}$$

$$(\beta, \boldsymbol{u}_1 \cdot n_1 + \boldsymbol{u}_2 \cdot n_2)_\Gamma = 0, \quad \forall \beta \in \Lambda, \tag{4.1.18c}$$

其中 $z^{(i)} = z|_{\Gamma_i}$, $\Gamma_i = \Gamma \cap \partial\Omega_i$.

下面分别定义饱和度函数、Darcy 速度和压力函数的椭圆投影.

定义 4.1.4 饱和度函数 $c(X,t)$ 的椭圆投影 $\tilde{c}(X,t) : J \to N_h$ 满足下述方程:

$$(D(X)(\tilde{c} - c), \nabla v_h) + \lambda (\tilde{c} - c, v_h) = 0, \quad \forall v_h \in N_h, \tag{4.1.19}$$

此处 λ 为确定的正常数.

定义 4.1.5 Darcy 速度 $\boldsymbol{u}(X,t)$ 和压力函数 $p(X,t)$ 的椭圆投影 $\{\tilde{\boldsymbol{u}}, \tilde{p}\} : J \to W_h \times V_h$ 满足

$$\left(d(c)\frac{\partial p}{\partial t}, w_h\right) + (\nabla \cdot \tilde{\boldsymbol{u}}, w_h) = (q, w_h), \quad \forall w_h \in W_h, \tag{4.1.20a}$$

$$\left(a^{-1}(c)\tilde{\boldsymbol{u}}, v_h\right) - (\nabla \cdot v_h, \tilde{p}) = 0, \quad \forall v_h \in V_h, \tag{4.1.20b}$$

$$(\tilde{p}, 1) = (p, 1), \tag{4.1.20c}$$

此处 $W_h \times V_h$ 是 Raviart-Thomas 空间, 指数为 k, 步长为 h_p, 其逼近性满足 [22,23]:

$$\inf_{v_h \in V_h} \|v - v_h\|_{L^2(\Omega)} \leqslant K \|v\|_{k+2} h_p^{k+1}, \tag{4.1.21a}$$

$$\inf_{v_h \in V_h} \|\nabla \cdot (v - v_h)\|_0 \leqslant K \left\{\|v\|_{k+1} + \|\nabla \cdot v\|_{k+1}\right\} h_p^{k+1}, \tag{4.1.21b}$$

$$\inf_{w_h \in W_h} \|w - w_h\|_0 \leqslant K \|w\|_{k+1} h_p^{k+1}. \tag{4.1.21c}$$

引理 4.1.1 对于饱和度函数的椭圆投影误差, 由 Galerkin 方法对椭圆问题的结果 [24,25] 有

$$\|c - \tilde{c}\|_0 + h_c \|c - \tilde{c}\|_1 \leqslant K \|c\|_{l+1} h_c^{l+1}, \tag{4.1.22a}$$

$$\left\|\frac{\partial(c - \tilde{c})}{\partial t}\right\|_0 + h_c \left\|\frac{\partial(c - \tilde{c})}{\partial t}\right\|_1 \leqslant K \left\{\|c\|_{l+1} + \left\|\frac{\partial c}{\partial t}\right\|_{l+1}\right\} h_c^{l+1}. \tag{4.1.22b}$$

引理 4.1.2 对于 Darcy 速度和压力函数的混合元椭圆投影的误差, 由 Brezzi 理论 [26,27] 可得下述估计式:

$$\|\boldsymbol{u} - \tilde{\boldsymbol{u}}\|_V + \|p - \tilde{p}\|_W \leqslant K \|p\|_{k+3} h_p^{k+1}, \tag{4.1.23a}$$

$$\left\|\frac{\partial(\boldsymbol{u} - \tilde{\boldsymbol{u}})}{\partial t}\right\|_V + \left\|\frac{\partial(p - \tilde{p})}{\partial t}\right\|_W \leqslant K \left\{\|p\|_{k+3} + \left\|\frac{\partial p}{\partial t}\right\|_{k+3}\right\} h_p^{k+1}. \tag{4.1.23b}$$

考虑到此流动实际上沿着带有迁移 $\varphi\frac{\partial c}{\partial t} + \boldsymbol{u}\cdot\nabla c$ 的特征线方向. 引入特征线方法.

记 $\psi = [\varphi^2 + |\boldsymbol{u}|^2]^{1/2}$, $\frac{\partial}{\partial\tau} = \psi^{-1}\left\{\varphi\frac{\partial}{\partial t} + \boldsymbol{u}\cdot\nabla\right\}$. 特征方向依赖于 Darcy 速度 $\boldsymbol{u}$.

因此饱和度方程 (4.1.2) 可改写为

$$\psi\frac{\partial c}{\partial\tau} + b\frac{\partial p}{\partial t} - \nabla\cdot(D\nabla c) = g(c), \quad (X,t)\in\Omega\times J. \tag{4.1.24}$$

记 $\hat{X}^n = X - \varphi^{-1}\boldsymbol{U}_h^{n+1}\Delta t$, $\hat{C}_h^n = C_h^n(\hat{X}^n)$, 此处 $C_h^n, \boldsymbol{U}_h^{n+1}$ 均为问题的数值解.

设 $N_h\subset N$ 是剖分步长为 h_c, l 阶有限元空间, $W_h\times V_h$ 为剖分步长为 h_p, k 阶 Raviart-Thomas 混合元空间, $\Lambda_h = \{\beta:\beta|_\Gamma\in P_k(\Gamma)\}$ 为 Λ 的子空间.

下面给出特征修正区域分裂混合元格式. 当已知 t^n 时刻的近似解 $\{P_h^n, \boldsymbol{U}_h^n, C_h^n\}\in W_h\times V_h\times N_h$, 寻求 t^{n+1} 时刻的近似解 $\{P_h^{n+1}, \boldsymbol{U}_h^{n+1}\}\in W_h\times V_h$, $C_h^{n+1}\in N_h$, $n = 0,1,2,\cdots$, 满足

$$\boldsymbol{U}_h^0 = \tilde{\boldsymbol{u}}^0, \quad P_h^0 = \tilde{p}^0, \tag{4.1.25a}$$

$$\left(d(C_h^n)\frac{P_h^{n+1} - P_h^n}{\Delta t}, w_h\right) + (\nabla\cdot\boldsymbol{U}_h^{n+1}, w_h) = (q, w_h), \quad \forall w_h\in W_h, \quad n\geqslant 0, \tag{4.1.25b}$$

$$\left(a^{-1}(C_h^n)\boldsymbol{U}_h^{n+1}, z_h\right) - (\nabla\cdot z_h, P_h^{n+1}) + \sum_{i=1}^{2}\left(P_h^{n+1}, z_h^{(i)}\cdot n_i\right)_\Gamma = 0, \quad \forall z_h\in V_h, \tag{4.1.25c}$$

$$\left(\beta, \boldsymbol{U}_1^{n+1}\cdot n_1 + \boldsymbol{U}_2^{n+1}\cdot n_2\right)_\Gamma = 0, \quad \forall\beta\in\Lambda_h, \tag{4.1.25d}$$

此处 $\boldsymbol{U}_i^{n+1} = \boldsymbol{U}^{n+1}|_{\Gamma_i}$, $z_h^{(i)} = z_h|_{\Gamma_i}$, $\Gamma_i = \Gamma\cap\partial\Omega_i$, $i = 1,2$.

$$C_h^0 = \tilde{c}^0, \tag{4.1.26a}$$

$$\left(\varphi\frac{C_h^{n+1} - \hat{C}_h^n}{\Delta t}, v_h\right) + (D\nabla C_h^{n+1}, \nabla v_h) + \left(b(C_h^n)\frac{P_h^{n+1} - P_h^n}{\Delta t}, v_h\right)$$
$$+ (DB(C_h^n), [v_h])_\Gamma = (g(C_h^n), v_h), \quad \forall v_h\in N_h. \tag{4.1.26b}$$

区域分裂的计算程序: $\boldsymbol{U}_h^0, P_h^0, C_h^0, \boldsymbol{U}_h^1, P_h^1, C_h^1, \cdots$. 当 $t = t^n$, $\{\boldsymbol{U}_h^n, P_h^n, C_h^n\}$ 已知时, 首先利用 (4.1.25b)~(4.1.25d) 求出 $\{\boldsymbol{U}_h^{n+1}, P_h^{n+1}\}$, 则可求出 $\hat{X}^n$, 从而得到 $\hat{C}_h^n$, 然后由公式 (4.1.10) 计算出 $B(C_h^n)$, 因此问题转化为两个子区域上求解两个相互独立的问题, 计算出 C_h^{n+1}, 实现了并行计算, 由正定性条件 (C) 可知问题的解存在且唯一.

4.1.4 一个模型问题的数值分析

本小节仅对一个模型问题进行收敛性分析, 即假定问题中的 $a(c)=k(X)\mu^{-1}(c)\approx k(X)\mu_0^{-1} = a(X)$, 即黏度 $\mu(c)$ 近似为常数, 此情况出现在低渗流油田的情况[2,28]. 此时方程 (4.1.1) 和 (4.1.2) 退化为

$$d(c)\frac{\partial p}{\partial t} + \nabla \cdot \boldsymbol{u} = q, \quad (X,t) \in \Omega \times J, \tag{4.1.27a}$$

$$\boldsymbol{u} = -a(X)\nabla p, \quad (X,t) \in \Omega \times J, \tag{4.1.27b}$$

$$\varphi(X)\frac{\partial c}{\partial t} + b(c)\frac{\partial p}{\partial t} + \boldsymbol{u} \cdot \nabla c - \nabla \cdot (D\nabla c) = g(c), \quad (X,t) \in \Omega \times J. \tag{4.1.28}$$

此时流动方程 (4.1.27) 的鞍点弱形式为

$$\left(d(c)\frac{\partial p}{\partial t}, w\right) + (\nabla \cdot \boldsymbol{u}, w) = (q, w), \quad \forall w \in W, \tag{4.1.29a}$$

$$\left(a^{-1}\boldsymbol{u}, z\right) - (\nabla \cdot z, p) = 0, \quad \forall z \in V. \tag{4.1.29b}$$

此时特征修正区域分裂混合元格式为: 已知 $t = t^n$ 时刻的近似解 $\{P_h^n, \boldsymbol{U}_h^n, C_h^n\} \in W_h \times V_h \times N_h$, 寻求 $t = t^{n+1}$ 时刻的近似解 $\{P_h^{n+1}, \boldsymbol{U}_h^{n+1}, C_h^{n+1}\} \in W_h \times V_h \times N_h$:

$$\left(d(C_h^n)\frac{P_h^{n+1} - P_h^n}{\Delta t}, w_h\right) + (\nabla \cdot \boldsymbol{U}_h^{n+1}, w_h) = (q^{n+1}, w_h), \quad \forall w_h \in W_h, \tag{4.1.30a}$$

$$\left(a^{-1}\boldsymbol{U}_h^{n+1}, z_h\right) - (\nabla \cdot z_h, P_h^{n+1}) = 0, \quad \forall z_h \in V_h, \tag{4.1.30b}$$

$$\left(\varphi\frac{C_h^{n+1} - \hat{C}_h^n}{\Delta t}, v_h\right) + (D\nabla C_h^{n+1}, \nabla v_h) + \left(b(C_h^n)\frac{P_h^{n+1} - P_h^n}{\Delta t}, v_h\right)$$
$$+ (DB(C_h^n), [v_h]) = (g(C_h^n), v_h), \quad \forall v_h \in N_h. \tag{4.1.31}$$

此时对应于流动方程的椭圆投影定义为: 对 $t \in J = (0, T]$, 令 $\{\tilde{\boldsymbol{u}}, \tilde{p}\} : J \to W_h \times V_h$ 满足

$$\left(d(c)\frac{\partial p}{\partial t}, w_h\right) + (\nabla \cdot \tilde{\boldsymbol{u}}, w_h) = (q^{n+1}, w_h), \quad \forall w_h \in W_h, \tag{4.1.32a}$$

$$\left(a^{-1}\tilde{\boldsymbol{u}}, z_h\right) - (\nabla \cdot z_h, \tilde{p}) = 0, \quad \forall z_h \in V_h, \tag{4.1.32b}$$

$$(\tilde{p}, 1) = (p, 1). \tag{4.1.32c}$$

为了误差估计简便, 记 $\zeta = c - \tilde{C}, \xi = \tilde{C} - C_h, \eta = P - \tilde{P}, \pi = \tilde{P} - P_h, \alpha = \boldsymbol{u} - \tilde{\boldsymbol{u}},$ $\sigma = \tilde{\boldsymbol{u}} - \boldsymbol{U}_h$. 由椭圆问题关于混合元的结果[25-27], 可以得到下述误差估计

$$\|\alpha\|_{H(\text{div};\Omega)} + \|\eta\|_0 \leqslant K \|p\|_{k+3} h_p^{k+1}, \tag{4.1.33a}$$

$$\left\|\frac{\partial \alpha}{\partial t}\right\|_{H(\mathrm{div};\Omega)} + \left\|\frac{\partial \eta}{\partial t}\right\|_0 \leqslant K\left\{\|p\|_{k+3} + \left\|\frac{\partial p}{\partial t}\right\|_{k+3}\right\} h_p^{k+1}. \tag{4.1.33b}$$

由式 (4.1.32a) 减去方程 (4.1.30a)($t = t^{n+1}$), 取检验函数 $d_t\pi^n = \dfrac{\pi^{n+1} - \pi^n}{\Delta t}$, 可得下述方程:

$$(d(C_h^n)d_t\pi^n, d_t\pi^n) + (\nabla \cdot \sigma^{n+1}, d_t\pi^n)$$
$$= \left((d(C_h^n) - d(c^{n+1}))\frac{\partial \tilde{p}^{n+1}}{\partial t}, d_t\pi^n\right) - \left(d(C_h^n)\left[\frac{\tilde{p}^{n+1} - \tilde{p}^n}{\Delta t} - \frac{\partial \tilde{p}^{n+1}}{\partial t}\right], d_t\pi^n\right)$$
$$- \left(d(c^{n+1})\left[\frac{\partial p^{n+1}}{\partial t} - \frac{\partial \tilde{p}^{n+1}}{\partial t}\right], d_t\pi^n\right). \tag{4.1.34}$$

由式 (4.1.32b)($t = t^{n+1}$) 和 (4.1.30b), 取检验函数 σ^{n+1} 可得

$$\left(d_t(a^{-1}\sigma^n), \sigma^{n+1}\right) - \left(\nabla \cdot \sigma^{n+1}, d_t\pi^n\right) = 0, \tag{4.1.35a}$$

注意到

$$d_t\left(a^{-1}\sigma^n, \sigma^n\right) = 2\left(d_t(a^{-1}\sigma^n), \sigma^{n+1}\right) - \frac{1}{\Delta t}\left(a^{-1}(\sigma^{n+1} - \sigma^n), \sigma^{n+1} - \sigma^n\right), \tag{4.1.35b}$$

由于 $\dfrac{1}{\Delta t}\left(a^{-1}(\sigma^{n+1} - \sigma^n), \sigma^{n+1} - \sigma^n\right) \geqslant 0$ 可得

$$\frac{1}{2}d_t\left(a^{-1}\sigma^n, \sigma^n\right) - \left(\nabla \cdot \sigma^{n+1}, d_t\pi^n\right) \leqslant 0. \tag{4.1.36}$$

将式 (4.1.34) 和式 (4.1.36) 相加, 可得

$$(d(C_h^n)d_t\pi^n, d_t\pi^n) + \frac{1}{2}d_t\left(a^{-1}\sigma^n, \sigma^n\right)$$
$$\leqslant \left((d(C_h^n) - d(c^{n+1}))\frac{\partial \tilde{p}^{n+1}}{\partial t}, d_t\pi^n\right) - \left(d(C_h^n)\left[\frac{\tilde{p}^{n+1} - \tilde{p}^n}{\Delta t} - \frac{\partial \tilde{p}^{n+1}}{\partial t}\right], d_t\pi^n\right)$$
$$- \left(d(c^{n+1})\left[\frac{\partial p^{n+1}}{\partial t} - \frac{\partial \tilde{p}^{n+1}}{\partial t}\right], d_t\pi^n\right). \tag{4.1.37}$$

依次估计式 (4.1.37) 右端诸项

$$\left|\left((d(C_h^n) - d(c^{n+1}))\frac{\partial \tilde{p}^{n+1}}{\partial t}, d_t\pi^n\right)\right| \leqslant \varepsilon \|d_t\pi^n\|^2 + K\left\{\|\xi^n\|^2 + h_c^{2(l+1)} + (\Delta t)^2\right\}, \tag{4.1.38a}$$

$$\left|\left(d(C_h^n)\left[\frac{\tilde{p}^{n+1} - \tilde{p}^n}{\Delta t} - \frac{\partial \tilde{p}^{n+1}}{\partial t}\right], d_t\pi^n\right)\right| \leqslant \varepsilon \|d_t\pi^n\|^2 + K(\Delta t)^2, \tag{4.1.38b}$$

$$\left|\left(d(c^{n+1})\left[\frac{\partial p^{n+1}}{\partial t} - \frac{\partial \tilde{p}^{n+1}}{\partial t}\right], d_t\pi^n\right)\right| \leqslant \varepsilon \|d_t\pi^n\|^2 + Kh_p^{2(k+1)}. \tag{4.1.38c}$$

对流动方程误差估计式 (4.1.37) 应用 (4.1.38a)~(4.1.38c) 和问题的正定性条件 (C) 可得

$$||d_t\pi^n||^2 + d_t\left(a^{-1}\sigma^n, \sigma^n\right) \leqslant K\left\{||\xi^n||^2 + h_c^{2(l+1)} + h_p^{2(k+1)} + (\Delta t)^2\right\}. \qquad (4.1.39)$$

对式 (4.1.39) 乘以 Δt, 对 t 求和, $1 \leqslant n \leqslant L-1$, 可得

$$\sum_{n=0}^{L-1}||d_t\pi^n||^2\,\Delta t + \left(a^{-1}\sigma^L, \sigma^L\right) \leqslant K\left\{\sum_{n=0}^{L}||\xi^n||^2\,\Delta t + h_c^{2(l+1)} + h_p^{2(k+1)} + (\Delta t)^2\right\}. \qquad (4.1.40)$$

下面讨论饱和度函数的误差估计. 由方程 (4.1.15)$(t = t^{n+1})$ 减去式 (4.1.31), 并利用式 (4.1.19)$(t = t^{n+1})$ 可得

$$\left(\varphi\frac{\partial c^{n+1}}{\partial t} + \boldsymbol{u}^{n+1}\cdot\nabla c^{n+1}, v_h\right) - \left(\varphi\frac{C_h^{n+1} - \hat{C}_h^n}{\Delta t}, v_h\right)$$

$$+ (D\nabla c^{n+1}, \nabla v_h) - (D\nabla C_h^{n+1}, \nabla v_h)$$

$$+ \left(b(c^{n+1})\frac{\partial p^{n+1}}{\partial t}, v_h\right) - \left(b(C_h^n)\frac{P_h^{n+1} - P_h^n}{\Delta t}, v_h\right)$$

$$+ \left(D\frac{\partial c^{n+1}}{\partial \gamma}, [v_h]\right)_\Gamma - (DB(C_h^n), [v_h])_\Gamma$$

$$= \left(g(c^{n+1}) - g(C_h^n), v_h\right). \qquad (4.1.41)$$

注意到

$$\left(\varphi\frac{\partial c^{n+1}}{\partial t} + \boldsymbol{u}^{n+1}\cdot\nabla c^{n+1}, v_h\right) - \left(\varphi\frac{C_h^{n+1} - \hat{C}_h^n}{\Delta t}, v_h\right)$$

$$= \left(\left[\varphi\frac{\partial c^{n+1}}{\partial t} + \boldsymbol{u}^{n+1}\cdot\nabla c^{n+1} - \varphi\frac{c^{n+1} - \hat{c}^n}{\Delta t}\right], v_h\right)$$

$$+ \left(\varphi\left[\frac{c^{n+1} - \hat{c}^n}{\Delta t} - \frac{C_h^{n+1} - \hat{C}_h^n}{\Delta t}\right], v_h\right)$$

$$+ \left((\boldsymbol{u}^{n+1} - \boldsymbol{U}_h^n)\cdot\nabla c^{n+1}, v_h\right), \qquad (4.1.42a)$$

$$\left(D\frac{\partial c^{n+1}}{\partial \gamma}, [v_h]\right)_\Gamma - (DB(C_h^n), [v_h])_\Gamma$$

$$= \left(D\left[\frac{\partial c^{n+1}}{\partial \gamma} - \frac{\partial c^n}{\partial \gamma}\right], [v_h]\right)_\Gamma + \left(D\left[\frac{\partial c^n}{\partial \gamma} - B(C_h^n)\right], [v_h]\right)_\Gamma$$

$$+ (DB(\zeta^n), [v_h])_\Gamma + (DB(\xi^n), [v_h])_\Gamma. \tag{4.1.42b}$$

将式 (4.1.42a), (4.1.42b) 代入式 (4.1.41), 令 $v_h = \xi^{n+1}$, 利用椭圆投影关系式 (4.1.19), 可得

$$\left(\varphi\frac{\xi^{n+1} - \xi^n}{\Delta t}, \xi^{n+1}\right) + (D\nabla\xi^{n+1}, \nabla\xi^{n+1})$$

$$+ \lambda\left(\xi^{n+1}, \xi^{n+1}\right) + (DB(\xi^{n+1}), [\xi^{n+1}])_\Gamma$$

$$= \left(\left[\varphi\frac{\partial c^{n+1}}{\partial t} + \boldsymbol{u}_h^{n+1} \cdot \nabla c^{n+1}\right] - \varphi\frac{c^{n+1} - \hat{c}^n}{\Delta t}, \xi^{n+1}\right)$$

$$+ \left(\varphi\frac{\hat{\xi}^n - \xi^n}{\Delta t}, \xi^{n+1}\right) - \left(\varphi\frac{\zeta^{n+1} - \hat{\zeta}^n}{\Delta t}, \xi^{n+1}\right)$$

$$- ((\boldsymbol{u}^{n+1} - \boldsymbol{U}_h^n) \cdot \nabla c^{n+1}, \xi^{n+1}) + (g(c^{n+1}) - g(C_h^n), \xi^{n+1})$$

$$- \left(D\left[\frac{\partial c^{n+1}}{\partial \gamma} - \frac{\partial c^n}{\partial \gamma}\right], [\xi^{n+1}]\right)_\Gamma$$

$$+ \left(D\left[\frac{\partial c^n}{\partial \gamma} - B(C_h^n)\right], [\xi^{n+1}]\right)_\Gamma - (DB(\zeta^n), [\xi^{n+1}])_\Gamma$$

$$+ (DB(\xi^{n+1} - \xi^n), [\xi^{n+1}])_\Gamma$$

$$- \left(b(c^{n+1})\frac{\partial p^{n+1}}{\partial t} - b(C_h^n)\frac{P_h^{n+1} - P_h^n}{\Delta t}, \xi^{n+1}\right) + \lambda\left(\xi^{n+1}, \xi^{n+1}\right)$$

$$+ \lambda\left(\zeta^{n+1}, \xi^{n+1}\right). \tag{4.1.43}$$

依次估计式 (4.1.43) 左端诸项可得

$$\left(\varphi\frac{\xi^{n+1} - \xi^n}{\Delta t}, \xi^{n+1}\right)$$

$$= \frac{1}{2\Delta t}\left\{\left\|\varphi^{1/2}\xi^{n+1}\right\|^2 - \left\|\varphi^{1/2}\xi^n\right\|^2\right\} + \frac{1}{2\Delta t}\left\|\varphi^{1/2}(\xi^{n+1} - \xi^n)\right\|^2, \tag{4.1.44a}$$

$$(D\nabla\xi^{n+1}, \nabla\xi^{n+1}) + \lambda\left(\xi^{n+1}, \xi^{n+1}\right) + (DB(\xi^{n+1}), [\xi^{n+1}])_\Gamma \geqslant M_0^{-1}\left|\left\|\xi^{n+1}\right\|\right|^2, \tag{4.1.44b}$$

此处 M_0 为确定的正常数.

下面估计式 (4.1.43) 右端诸项, 应用估计式 (4.1.14) 可得

$$(DB(\xi^{n+1} - \xi^n), [\xi^{n+1}])_\Gamma$$

$$\leqslant M_1\left\|B(\xi^{n+1} - \xi^n)\right\|_{L^2(\Gamma)} \cdot \left|\left\|[\xi^{n+1}]\right\|\right|_{L^2(\Gamma)}$$

$$\leqslant M_1 H^{-3/2} \left\| \xi^{n+1} - \xi^n \right\| \cdot H^{1/2} \left\| \left\| \xi^{n+1} \right\| \right\|$$

$$\leqslant M_1 H^{-2} \left\| \xi^{n+1} - \xi^n \right\|^2 + \varepsilon \left\| \left\| \xi^{n+1} \right\| \right\|^2, \tag{4.1.45a}$$

$$\left(D\left[\frac{\partial c^{n+1}}{\partial \gamma} - \frac{\partial c^n}{\partial \gamma} \right], [\xi^{n+1}] \right)_\Gamma$$

$$\leqslant M_2 \left\| \frac{\partial c^{n+1}}{\partial \gamma} - \frac{\partial c^n}{\partial \gamma} \right\|_{L^2(\Gamma)} \cdot \left\| [\xi^{n+1}] \right\|_{L^2(\Gamma)}$$

$$\leqslant M_2 \Delta t H^{1/2} \varepsilon \left\| \left\| \xi^{n+1} \right\| \right\| \leqslant M_2 (\Delta t)^2 H + \varepsilon \left\| \left\| \xi^{n+1} \right\| \right\|^2, \tag{4.1.45b}$$

$$\left(D\left[\frac{\partial c^n}{\partial \gamma} - B(C_h^n) \right], [\xi^{n+1}] \right)_\Gamma \leqslant M_3 H^{2m-1} + \varepsilon \left\| \left\| \xi^{n+1} \right\| \right\|^2, \tag{4.1.45c}$$

$$\left(DB(\zeta^n), [\xi^{n+1}] \right)_\Gamma \leqslant M_4 H^{-2} \left\| \zeta^n \right\|^2 + \varepsilon \left\| \left\| \xi^{n+1} \right\| \right\|^2 \leqslant M_4 H^{-2} h_c^{2(l+1)} + \varepsilon \left\| \left\| \xi^{n+1} \right\| \right\|^2, \tag{4.1.45d}$$

此处 $M_i (i = 1, 2, 3, 4)$ 均为确定的正常数.

取 Δt 适当小, 满足下述限制性条件

$$\Delta t \leqslant M_1^{-1} H^2, \quad h_c^{l+1} = o(H), \tag{4.1.46}$$

则下述估计式成立

$$\frac{1}{2\Delta t} \left\| \varphi^{1/2} (\xi^{n+1} - \xi^n) \right\|^2 \geqslant M_1 H^{-2} \left\| \xi^{n+1} - \xi^n \right\|^2. \tag{4.1.47}$$

提出归纳法假定:

$$\sup_{0 \leqslant n \leqslant L} \| \sigma^n \|_{0,\infty} \to 0, \quad \sup_{0 \leqslant n \leqslant L} \| \xi^n \|_{0,\infty} \to 0, \quad (h_p, h_c) \to 0. \tag{4.1.48}$$

现在估计 (4.1.43) 右端其余诸项, 由归纳法假定 (4.1.48) 可得

$$\left| \left(\left[\varphi \frac{\partial c^{n+1}}{\partial t} + \boldsymbol{u}_h^{n+1} \cdot \nabla c^{n+1} \right] - \varphi \frac{c^{n+1} - \hat{c}^n}{\Delta t}, \xi^{n+1} \right) \right|$$

$$\leqslant K \left\{ \Delta t \left\| \frac{\partial^2 c}{\partial \tau^2} \right\|_{L^2(t^n, t^{n+1}; L^2(\Omega))}^2 + \left\| \xi^{n+1} \right\|^2 \right\}, \tag{4.1.49a}$$

$$\left| \left(\varphi \frac{\hat{\xi}^n - \xi^n}{\Delta t}, \xi^{n+1} \right) \right| \leqslant K \| \xi^n \|^2 + \varepsilon \left\| \nabla \xi^{n+1} \right\|^2, \tag{4.1.49b}$$

$$\left| \left(\varphi \frac{\zeta^{n+1} - \hat{\zeta}^n}{\Delta t}, \xi^{n+1} \right) \right|$$

$$\leqslant K \left\{ (\Delta t)^{-1} \left\| \frac{\partial^2 \zeta}{\partial t^2} \right\|_{L^2(t^n, t^{n+1}; L^2(\Omega))}^2 + \left\| \xi^{n+1} \right\|^2 + \left\| \xi^n \right\|^2 \right\} + \varepsilon \left\| \nabla \xi^{n+1} \right\|^2, \quad (4.1.49c)$$

$$\left| \left(b(c^{n+1}) \frac{\partial p^{n+1}}{\partial t} - b(C_h^n) \frac{P_h^{n+1} - P_h^n}{\Delta t}, \xi^{n+1} \right) \right|$$
$$\leqslant \varepsilon \| d_t \pi^n \|^2 + K \left\{ \left\| \xi^{n+1} \right\|^2 + \left\| \xi^n \right\|^2 + (\Delta t)^2 + h_c^{2(l+1)} + h_p^{2(k+1)} \right\}, \quad (4.1.49d)$$

$$\left| \lambda \left(\xi^{n+1}, \xi^{n+1} \right) + \lambda \left(\zeta^{n+1}, \xi^{n+1} \right) \right| \leqslant K \left\{ h_c^{2(l+1)} + \left\| \xi^{n+1} \right\|^2 \right\}, \quad (4.1.49e)$$

$$\left| \left((\boldsymbol{u}^{n+1} - \boldsymbol{U}_h^n) \cdot \nabla c^{n+1}, \xi^{n+1} \right) \right| \leqslant K \left\{ \left\| \sigma^{n+1} \right\|^2 + h_p^{2(k+1)} + \left\| \xi^{n+1} \right\|^2 \right\}, \quad (4.1.49f)$$

$$\left| \left(g(c^{n+1}) - g(C_h^n), \xi^{n+1} \right) \right| \leqslant K \left\{ (\Delta t)^2 + h_c^{2(l+1)} + \left\| \xi^n \right\|^2 + \left\| \xi^{n+1} \right\|^2 \right\}. \quad (4.1.49g)$$

对误差估计式 (4.1.43) 的左右两端, 分别应用估计式 (4.1.44)~(4.1.49) 可得

$$\frac{1}{2\Delta t} \left\{ \left\| \varphi^{1/2} \xi^{n+1} \right\|^2 - \left\| \varphi^{1/2} \xi^n \right\|^2 \right\} + \frac{1}{M_0} \left\| \xi^{n+1} \right\|^2$$

$$\leqslant \varepsilon \left\| \nabla \xi^{n+1} \right\|^2 + K \left\{ (\Delta t)^{-1} \left\| \frac{\partial^2 \zeta}{\partial t^2} \right\|_{L^2(t^n, t^{n+1}; L^2(\Omega))}^2 \right.$$

$$+ \Delta t \left\| \frac{\partial^2 c}{\partial \tau^2} \right\|_{L^2(t^n, t^{n+1}; L^2(\Omega))}^2 + h_p^{2(k+1)}$$

$$+ h_c^{2(l+1)} + (\Delta t)^2 + (\Delta t)^2 H + H^{-2} h_c^{2(l+1)}$$

$$\left. + H^{2m+1} + \left\| \xi^{n+1} \right\|^2 + \left\| \xi^n \right\|^2 + \left\| \sigma^{n+1} \right\|^2 \right\}. \quad (4.1.50)$$

对误差估计式 (4.1.50) 应用投影估计式 (4.1.22), 乘以 $2\Delta t$, 并对 n 从 0 到 $L-1$ 求和, 注意到 $\xi^0 = 0$, 可得

$$\left\| \xi^L \right\|^2 + \sum_{n=0}^{L-1} \left\| \xi^{n+1} \right\|^2 \Delta t$$

$$\leqslant \varepsilon \sum_{n=0}^{L-1} \| d_t \pi^n \|^2 \Delta t + K \left\{ \sum_{n=0}^{L} \left\{ \| \xi^n \|^2 + \| \sigma^n \|^2 \right\} \Delta t \right.$$

$$\left. + (\Delta t)^2 + h_p^{2(k+1)} + h_c^{2(l+1)} + H^{-2} h_c^{2(l+1)} + H^{2m+1} \right\}. \quad (4.1.51)$$

组合估计式 (4.1.40) 和 (4.1.51) 可得

$$\sum_{n=0}^{L-1} \| d_t \pi^n \|^2 \Delta t + \sum_{n=0}^{L} \left\| \xi^n \right\|^2 \Delta t + \left\| \sigma^L \right\|^2 + \left\| \xi^L \right\|^2$$

$$\leqslant K \Bigg\{ \sum_{n=0}^{L} \{||\xi^n||^2 + ||\sigma^n||^2\} \Delta t + (\Delta t)^2 + h_p^{2(k+1)} + h_c^{2(l+1)}$$

$$+ H^{-2} h_c^{2(l+1)} + H^{2m+1} \Bigg\}. \tag{4.1.52}$$

应用 Gronwall 引理可得

$$\sum_{n=0}^{L-1} ||d_t \pi^n||^2 \Delta t + \sum_{n=0}^{L} |||\xi^n|||^2 \Delta t + ||\sigma^L||^2 + ||\xi^L||^2$$

$$\leqslant K \left\{ (\Delta t)^2 + h_p^{2(k+1)} + h_c^{2(l+1)} + H^{-2} h_c^{2(l+1)} + H^{2m+1} \right\}. \tag{4.1.53}$$

下面检验归纳法假定 (4.1.48). 当 $n = 0$ 时 $\xi^0 = 0$, $\sigma^0 = 0$, 归纳法假定显然是正确的. 当 $0 \leqslant n \leqslant L-1$ 归纳法假定 (4.1.48) 成立. 当 $n = L$ 时, 当 $k, l \geqslant 1$, 由 (4.1.53) 以及下述限制性条件:

$$\Delta t = o(h_c^{3/2}), \quad h_c \sim h_p, \quad H^{-1} h_c^{l+1} = o(h_c^{3/2}), \quad H^{m+1/2} = o(h_c^{3/2}). \tag{4.1.54}$$

归纳法假定是正确的. 组合 (4.1.53) 和椭圆投影辅助性结果 (4.1.22) 和 (4.1.33), 可得下述定理.

定理 4.1.1 假定模型问题 (4.1.27)~(4.1.28) 满足正定性条件 (C), 且其精确解有一定的正则性, $p \in L^\infty(J; W^{k+3}(\Omega)), c \in L^\infty(J; W^{l+1}(\Omega)), \dfrac{\partial^2 c}{\partial \tau} \in L^\infty(J; L^\infty(\Omega))$. 采用特征修正混合元区域分裂程序 (4.1.30) 和 (4.1.31) 在子区域 Ω_1, Ω_2 上并行逐层计算. 若剖分参数满足限制性条件 (4.1.46) 和 (4.1.54), 且有限元空间指数 $k, l \geqslant 1$, 则下述误差估计式成立:

$$||p - P_h||_{\bar{L}^\infty(J;W)} + ||d_t(p - P_h)||_{\bar{L}^\infty(J;L^2(\Omega))} + ||\boldsymbol{u} - \boldsymbol{U}_h||_{\bar{L}^\infty(J;V)}$$

$$+ ||c - C_h||_{\bar{L}^\infty(J;L^2(\Omega))} + |||c - C_h|||_{\bar{L}^2(J;\bar{W})}$$

$$\leqslant K^* \left\{ \Delta t + H^{m+1/2} + h_p^{k+1} + h_c^{l+1} + H^{-1} h_c^{l+1} \right\}, \tag{4.1.55}$$

此处 $||g||_{\bar{L}^\infty(J;X)} = \sup_{n\Delta t \leqslant T} ||g^n||_X$, $||g||_{\bar{L}^2(J;L^2(\Omega))} = \sup_{N\Delta t \leqslant T} \left\{ \sum_{n=0}^{N} ||g^n||^2 \Delta t \right\}^{1/2}$,

$||g||_{\bar{L}^2(J;\bar{W})} = \sup_{N\Delta t \leqslant T} \left\{ \sum_{n=0}^{N} |||g^n|||^2 \Delta t \right\}^{1/2}$, 常数 K^* 依赖于函数 p, c 及其导函数.

讨论 本节讨论的方法可应用到将区域 Ω 分裂为多个子区域, 这对于生产实际问题的数值模拟是十分重要的.

4.1.5　数值算例

本节将给出数值算例来验证上面的算法. 考虑模型问题

$$(1+p)\frac{\partial c}{\partial t} + \boldsymbol{u}\frac{\partial c}{\partial x} - \frac{\partial}{\partial x}\left(D(x,t)\frac{\partial c}{\partial x}\right) = f(c,x,t), \quad 0<x<1, 0<t\leqslant T, \quad (4.1.56\text{a})$$

$$\boldsymbol{u} = -(1+p)\frac{\partial p}{\partial x}, \quad (4.1.56\text{b})$$

$$\frac{\partial p}{\partial t} + \frac{\partial}{\partial x}\left((1+p)\frac{\partial p}{\partial x}\right) = g(x,t), \quad (4.1.57)$$

$$c(x,0) = \cos(2\pi), \quad 0\leqslant x\leqslant 1, \quad (4.1.58\text{a})$$

$$p(x,0) = x^2, \quad 0\leqslant x\leqslant 1, \quad (4.1.58\text{b})$$

$$\frac{\partial c}{\partial x}(0,t) = \frac{\partial c}{\partial x}(1,t) = 0, \quad 0\leqslant t\leqslant T, \quad (4.1.59\text{a})$$

$$\frac{\partial p}{\partial x}(0,t) = 0, \quad \frac{\partial p}{\partial x}(1,t) = 2\mathrm{e}^t, \quad 0\leqslant t\leqslant T. \quad (4.1.59\text{b})$$

取 $D(x,t) = 0.01x^2\mathrm{e}^{2t}$, $c = \mathrm{e}^t\cos(2\pi x)$, $p = x^2\mathrm{e}^t$, $f = (1+x^2\mathrm{e}^t)\mathrm{e}^t\cos(2\pi x) + 4\pi x\mathrm{e}^{2t}(1+x^2\mathrm{e}^t)\sin(2\pi x) + 0.04\pi x\mathrm{e}^{3t}\sin(2\pi x) + 0.04\pi^2 x^2\mathrm{e}^{3t}\cos(2\pi x)$, $H = 4h$, $\Delta t_c = \frac{1}{12}h^2$, $\Delta t_p = 4\Delta t_c$, $T = 0.25$.

在表 4.1.1 和表 4.1.2 中, 给出在不同节点处的绝对误差. 表 4.1.1 和表 4.1.2 分别给出了饱和度函数 c 与压力函数 p 在各节点处的误差.

表 4.1.1　饱和度函数 c 的误差估计 $\|c - C_h\|$

	$x=0.05$	$x=0.25$	$x=0.45$	$x=0.55$	$x=0.75$	$x=0.95$
$h=\frac{1}{40}$	64.3205e−3	1.1178e−3	64.1035e−3	64.3205e−3	1.1178e−3	64.3205e−3
$h=\frac{1}{80}$	14.9841e−3	0.0773e−3	14.6352e−3	14.9841e−3	0.0773e−4	14.6351e−3
$h=\frac{1}{160}$	3.6547e−3	0.0048e−3	3.6588e−3	3.6547e−3	0.0051e−3	3.6588e−3

表 4.1.2　压力函数 p 的误差估计 $\|p - P_h\|$

	$x=0.05$	$x=0.25$	$x=0.45$	$x=0.55$	$x=0.75$	$x=0.95$
$h=\frac{1}{40}$	51.0082e−3	11.2156e−3	51.3174e−3	51.0882e−3	11.2156e−3	51.3174e−3
$h=\frac{1}{80}$	12.1448e−3	0.8011e−3	12.2184e−3	12.1448e−3	0.8010e−4	12.2184e−3
$h=\frac{1}{160}$	2.9622e−3	0.0499e−3	2.9801e−3	2.9622e−3	0.0499e−3	2.9801e−3

由表 4.1.1 和表 4.1.2 可以看出, 数值结果很好地验证了我们的理论分析.

对内边界法向导数 $\dfrac{\partial c}{\partial x}(0.5) = \mathrm{e}^{\mathrm{T}}\sin(\pi) = 0$的数值模拟结果如表 4.1.3. 可以看出对于区域内边界条件的模拟非常精确, 从而使得在子区域独立计算时每个子区域可以得到很好的误差精度.

表 4.1.3　B 的误差估计

h	B
$\dfrac{1}{40}$	$3.1746\mathrm{e}-15$
$\dfrac{1}{80}$	$2.8594\mathrm{e}-14$
$\dfrac{1}{160}$	$4.1065\mathrm{e}-13$

表 4.1.4 给出了区域分裂方法计算耗时效率的比较, 时间单位为 s.

表 4.1.4　计算耗时比较　　　　　　　　　（单位: s)

h	区域分裂算法	非区域分裂算法
$\dfrac{1}{40}$	0.8532	1.7364
$\dfrac{1}{80}$	1.8976	4.2377
$\dfrac{1}{160}$	7.4303	31.2657
$\dfrac{1}{320}$	166.9077	652.3577

由表 4.1.4 可知, 当区域剖分加细时, 由于待解方程组急剧变大, 区域分离算法显示了它的优越性. 这其中有两个原因, 首先, 区域分裂方法实现了并行计算, 节省了计算时间; 其次, 在每个子区域上独立求解的方程组的阶数是非区域分裂方法在整个求解区域上求解的方程组阶数的一半. 可以预见, 当剖分步长越细或增加子区域的个数时, 越能显示其快速求解的优越性, 这在实际生产中有着十分重要的应用价值.

4.1.6　多组分微可压缩渗流问题的修正特征混合元区域分裂程序和分析

在强化采油 (化学采油) 的数值模拟中, 需要研究多组分的渗流问题, 其数学模型为下述非线性偏微分方程组的初边值问题 [1,5,29,30]:

$$d(c)\frac{\partial p}{\partial t} + \nabla \cdot \boldsymbol{u} = q(X,t), \quad X = (x_1, x_2, x_3)^{\mathrm{T}} \in \Omega, \quad t \in J = (0,T], \qquad (4.1.60\mathrm{a})$$

$$\boldsymbol{u} = a(c)\nabla p, \quad X \in \Omega, \quad t \in J, \tag{4.1.60b}$$

$$\varphi(X)\frac{\partial c_\alpha}{\partial t} + b_\alpha(c)\frac{\partial p}{\partial t} + \boldsymbol{u} \cdot \nabla c_\alpha - \nabla \cdot (D\nabla c_\alpha) = g(X, t, c_\alpha),$$
$$X \in \Omega, \quad t \in J, \quad \alpha = 1, 2, \cdots, n_c, \tag{4.1.61}$$

此处 $p(X, t)$ 是混合流体的压力函数, $c_\alpha(X, t)$ 是混合流体第 α 个组分的饱和度, $\alpha = 1, 2, \cdots, n_c$, n_c 是组分数, 由于 $\sum\limits_{\alpha=1}^{n_c} c_\alpha(X, t) = 1$, 因此只有 $n_c - 1$ 个是独立的. 需要寻求的未知量是压力函数 $p(X, t)$ 和饱和度函数组 $c(X, t) = c_\alpha(X, t)$, $\alpha = 1, 2, \cdots, n_c$.

特征修正区域分裂混合元格式: 若已知 t^n 时刻的近似解 $\{P_h^n, \boldsymbol{U}_h^n, C_{\alpha,h}^n, \alpha = 1, 2, \cdots, n_c - 1\} \in W_h \times V_h \times N_h^{n_c-1}$, 寻求 t^{n+1} 时刻的近似解 $\{P_h^{n+1}, \boldsymbol{U}_h^{n+1}\} \in W_h \times V_h$, $C_{\alpha,h}^{n+1}(\alpha = 1, 2, \cdots, n_c - 1) \in N_h^{n_c-1}$, 满足:

$$\boldsymbol{U}_h^0 = \tilde{\boldsymbol{u}}^0, \quad P_h^0 = \tilde{p}^0, \tag{4.1.62a}$$

$$\left(d(C_h^n)\frac{P_h^{n+1} - P_h^n}{\Delta t}, w_h\right) + (\nabla \cdot \boldsymbol{U}_h^{n+1}, w_h) = (q, w_h), \quad \forall w_h \in W_h, \tag{4.1.62b}$$

$$\left(a(C_h^n)\boldsymbol{U}_h^{n+1}, z_h\right) - (\nabla \cdot z_h, P_h^{n+1}) + \sum_{i=1}^{2}\left(P_h^{n+1}, z_h^{(i)} \cdot n_i\right)_\Gamma = 0, \quad \forall z_h \in V_h, \tag{4.1.62c}$$

$$\left(\beta, \boldsymbol{U}_1^{n+1} \cdot n_1 + \boldsymbol{U}_2^{n+1} \cdot n_2\right)_\Gamma = 0, \quad \forall \beta \in \Lambda_h, \tag{4.1.62d}$$

$$C_{\alpha,h}^0 = \tilde{c}_\alpha^0, \tag{4.1.63a}$$

$$\left(\varphi\frac{C_{\alpha,h}^{n+1} - \hat{C}_{\alpha,h}^n}{\Delta t}, v_h\right) + \left(D\nabla C_{\alpha,h}^{n+1}, \nabla v_h\right)$$
$$+ \left(b_\alpha(C_{\alpha,h}^n)\frac{P_h^{n+1} - P_h^n}{\Delta t}, v_h\right) + \left(DB(C_{\alpha,h}^n), [v_h]\right)_\Gamma$$
$$= \left(g(C_{\alpha,h}^n), v_h\right), \quad v_h \in N_h, \quad \alpha = 1, 2, \cdots, n_c. \tag{4.1.63b}$$

经类似的分析, 同样可以建立收敛性定理.

定理 4.1.2　假定模型问题 (4.1.60)~(4.1.61) 是正定的, 且其精确解有一定的光滑性, $p \in L^\infty(J; W^{k+3}(\Omega))$, $c_\alpha \in L^\infty(J; W^{l+1}(\Omega))$, $\dfrac{\partial^2 c_\alpha}{\partial \tau} \in L^\infty(J; L^\infty(\Omega))$, $\alpha = 1, 2, \cdots, n_c$. 采用特征修正混合元区域分裂程序 (4.1.62) 和 (4.1.63) 在子区域 Ω_1, Ω_2

上并行逐层计算. 若剖分参数满足限制性条件 (4.1.46) 和 (4.1.54), 且有限元空间指数 $k, l \geqslant 1$, 则下述误差估计式成立:

$$\|p - P_h\|_{\bar{L}^\infty(J;W)} + \|d_t(p - P_h)\|_{\bar{L}^\infty(J;L^2(\Omega))} + \|\boldsymbol{u} - U_h\|_{\bar{L}^\infty(J;V)}$$

$$+ \sum_{\alpha=1}^{n_c-1} \|c_\alpha - C_{\alpha,h}\|_{\bar{L}^\infty(J;L^2(\Omega))} + \sum_{\alpha=1}^{n_c-1} \||c_\alpha - C_{\alpha,h}\||_{\bar{L}^2(J;\bar{W})}$$

$$\leqslant K^{**} \left\{ \Delta t + H^{m+1/2} + h_p^{k+1} + h_c^{l+1} + H^{-1}h_c^{l+1} \right\}, \tag{4.1.64}$$

此处常数 K^{**} 依赖于函数 $p, c_\alpha(\alpha = 1, 2, \cdots, n_c - 1)$ 及其导函数.

4.1.7 总结和讨论

本节研究微可压缩油水渗流驱动问题特征修正混合元区域分裂方法. 4.1.1 小节为引言部分, 叙述问题的数学模型、物理背景以及国内外研究概况. 4.1.2 小节为某些预备性工作及一些基本估计. 4.1.3 小节为提出特征修正混合元区域分裂程序. 4.1.4 小节为模型问题的数值分析, 得到了最佳阶 L^2 模误差估计结果, 同时指出本节所提出的方法对分裂为多个子区域同样适用. 4.1.5 小节为数值算例, 支撑了理论分析, 同时指明其实用价值. 4.1.6 小节研究了多组分渗流驱动问题的修正特征混合元区域分裂程序和分析. 本节有如下特点: ①适用于三维复杂区域油藏数值模拟的精确计算, 特别是强化采用数值模拟计算. ②由于应用混合元方法, 其对 Darcy 速度的计算提高了一阶精度, 这对油藏数值模拟计算具有特别重要的价值. ③适用于现代并行机上进行油藏数值模拟问题的高精度、快速、并行计算. 详细的讨论和分析可参阅文献 [29].

4.2 可压缩油水渗流驱动问题的特征修正混合元区域分裂方法

本节研究了三维可压缩油水渗流驱动问题, 提出了一类特征修正混合元区域分裂方法. 求解区域被分为若干个子区域, 在每个区域内部用隐式方法求解, 提出一个特征函数, 用此函数前一时刻的函数值给出区域的内边界条件, 从而算法实现了并行. 对流动方程用混合元方法离散计算, 对饱和度方程用修正特征有限元方法计算. 对模型问题, 得到了最佳阶 L^2 模误差估计结果. 数值试验支撑了理论分析, 同时指明此方法在实际应用中是十分有效的.

4.2.1 引言

用高压泵将水强行注入油层, 使原油从生产井排出, 这是近代采油的一种重要手段. 将水注入油层后, 水驱动油层中的石油, 从生产井排出, 这就是二相驱动问题. 对可压缩可混溶问题, 其密度实际上不仅依赖于压力, 而且还依赖于饱和度. 其数学模型虽早已提出, 但在数值分析方面, 无论在方法上还是在理论上, 都存在实质性困难.

问题的数学模型是下述一类耦合非线性偏微分方程组的初边值问题 [3-5,30,31]:

$$\varphi\frac{\partial\rho}{\partial t} = -\nabla\cdot\boldsymbol{u} + q, \quad (X,t)\in\Omega\times J, \quad J=(0,T], \tag{4.2.1a}$$

$$\boldsymbol{u} = -\frac{k}{r}\nabla p, \quad (X,t)\in\Omega\times J, \tag{4.2.1b}$$

$$\varphi\frac{\partial(\rho c)}{\partial t} = -\nabla\cdot(c\boldsymbol{u}) + \nabla\cdot(D\nabla c) + q\tilde{c}, \quad (X,t)\in\Omega\times J, \tag{4.2.2}$$

此处 $\varphi = \varphi(X)$ 是多孔介质的孔隙度, ρ 是混合流体的密度, 它是压力 p 和饱和度 c 的函数, 由下述关系确定

$$\rho = \rho(c,p) = \rho_0(c)\left[1 + \alpha_0(c)p\right], \tag{4.2.3a}$$

此处 ρ_0 是混合流体在标准状态下的密度, 可表示为油藏中原有流体密度 ρ_r 和注入流体密度 ρ_i 的线性组合, ρ_r, ρ_i 均为正常数.

$$\rho_0(c) = (1-c)\rho_r + c\rho_i, \tag{4.2.3b}$$

混合流体的压缩系数 $\alpha_0(c)$ 表示为 α_r, α_i 的线性组合,

$$\alpha_0(c) = (1-c)\alpha_r + c\alpha_i, \tag{4.2.3c}$$

此处 α_r, α_i 分别对应于油藏中原有流体和浸入流体的压缩系数. 黏度 $\mu = \mu(c)$ 可表示为

$$\mu(c) = \left(\left((1-c)\mu_r^{1/4} + c\mu_i^{1/4}\right)\right)^4, \tag{4.2.4}$$

此处 μ_r, μ_i 分别对应于油藏中原有流体和浸入流体的黏度.

混合流体的流动黏度 r 是黏度和密度的商, 可表示为

$$r(c,p) = \frac{\mu(c)}{\rho(c,p)}. \tag{4.2.5}$$

$\boldsymbol{u} = \boldsymbol{u}(X,t)$ 是流体的 Darcy 速度, $k = k(X)$ 是渗透率, Ω 是 R^3 中的有界区域, $\partial\Omega$ 是其边界. $q(X,t)$ 是产量函数, $D = D(X)$ 是由 Fick 定律给出的扩散系数, $\tilde{c}(X,t)$ 在注入井 ($q > 0$) 等于 1, 在生产井 ($q < 0$) 等于 c. 注意到密度函数 $\rho(c,p)$ 的表达式, 方程 (4.2.1a) 可改写为

$$\varphi\rho_0(c)\alpha_0(c)\frac{\partial p}{\partial t} + \varphi\{(\rho_i - \rho_r)[1 + \alpha_0(c)p]$$

$$+ (\alpha_i - \alpha_r)\rho_0(c)p\} \frac{\partial c}{\partial t} - \nabla \cdot \left(\frac{k}{r}\nabla p\right) = q, \quad (X, t) \in \Omega \times J, \quad (4.2.6)$$

对饱和度方程 (4.2.2), 注意到 $\varphi\frac{\partial(c\rho)}{\partial t} = \varphi\left(c\frac{\partial\rho}{\partial t} + \rho\frac{\partial c}{\partial t}\right)$, 应用 (4.2.1a) 于 (4.2.2), 可将其改写为

$$\varphi\rho\frac{\partial c}{\partial t} + \boldsymbol{u} \cdot \nabla c - \nabla \cdot (D\nabla c) = q(\tilde{c} - c), \quad (X, t) \in \Omega \times J. \quad (4.2.7)$$

假定流体在边界面 $\partial\Omega$ 上不渗透, 于是有下述边界条件:

$$\boldsymbol{u} \cdot \sigma = 0, \quad (X, t) \in \partial\Omega \times J,$$
$$D\nabla c \cdot \sigma = 0, \quad (X, t) \in \partial\Omega \times J. \quad (4.2.8)$$

最后必须给出初始条件:

$$p(X, 0) = p_0(X), \quad c(X, 0) = c_0(X), \quad X \in \Omega. \quad (4.2.9)$$

对平面不可压缩二相渗流驱动问题, 在问题周期性假定下, Douglas, Ewing 等学者提出特征差分方法和特征有限元方法, 并给出严谨的误差估计 [6-10]. 他们将特征线方法和标准的有限差分方法或有限元法相结合, 真实地反映出对流-扩散方程的一阶双曲特性, 减少截断误差, 克服数值振荡和弥散, 大大提高计算的稳定性和精确度. 对于现代强化采油数值模拟新技术, 必须考虑流体的可压缩性 [1,4,5]. 对此问题, Douglas 和作者率先在周期性条件下提出特征有限元方法和特征混合元方法, 并得到最佳阶 L^2 模误差估计结果, 完整地解决这一著名问题 [1,11-13].

在现代油田勘探和开发数值模拟计算中, 它是超大规模、三维大范围, 甚至是超长时间的, 节点个数多达数万乃至数百万个, 用一般方法很难解决这样的问题, 需要采用现代并行计算技术才能完整解决问题 [2,14]. 对最简单的抛物问题, Dawson, Dupont 和 Du 率先提出 Galerkin 区域分裂程序和收敛性分析 [15-18]. 对于热传导型半导体瞬态问题, 关于区域分裂的特征有限元和特征混合元方法我们已有较完整的成果发表 [19-20]. 对于可压缩油水渗流驱动问题, 作者研究了该问题的特征混合元-混合元方法, 得到了收敛性结果, 数值计算生产实际问题指明该方法是高效、可行和具有物理守恒律的 [32,33]. 在上述工作基础上, 对三维可压缩渗流驱动问题提出一类特征修正混合元区域分裂方法. 即将求解区域剖分为若干子区域, 在每个子区域内用隐式方法求解, 提出一个特征函数, 用此函数前一时刻的函数值给出区域的内边界条件, 从而算法实现了并行. 对流动方程用混合元方法离散计算, 在对饱和度方程用修正特征有限元方法计算. 对模型问题, 应用变分形式、区域分裂、特征线法、能量原理、归纳法假定、微分方程先验估计的理论和技巧, 得到了最佳阶 L^2 模误差估计结果. 并做了数值试验, 支撑了理论分析, 指明此方法在实际数值计算是可行的、高效的, 它对现代油田勘探和开发数值模拟这一重要领域的模型分析,

数值方法, 机理研究和工业应用软件的研制均有重要的价值, 成功解决了这一重要问题 [2,14].

在本节中需要假定问题 (4.2.1)~(4.2.9) 的解具有一定的光滑性, 还将假定问题的系数满足正定性条件:

(C) $0 < \varphi_* \leqslant \varphi(X) \leqslant \varphi^*$, $0 < a_* \leqslant \dfrac{k(X)}{r(c,p)} \leqslant a^*$, $0 < D_* \leqslant D(X) \leqslant D^*$,

此处 $\varphi_*, \varphi^*, a_*, a^*, D_*$ 和 D^* 均为确定的正常数.

为了研究简便, 假定问题 (4.2.1)~(4.2.9) 是 Ω 周期的 [7-10], 即全部函数均假定是 Ω 周期的. 这一假定在物理上是合理的, 因为对无流动边界条件 (4.2.8) 通常可反射处理, 而且在油藏数值模拟中, 通常边界条件对油藏内部流动影响较小, 因此边界条件 (4.2.8) 能够被略去 [7-10].

在本节的数值分析中, 通常用 K 表示一般的正常数, 它不依赖于剖分参数 h_c, h_p 和 Δt, 类似地, 用 ε 表示一般小的正数, 在不同地方具有不同含义.

4.2.2   某些预备工作

为叙述简便, 设 $\Omega = \{(x_1, x_2, x_3) | 0 < x_1 < 1, 0 < x_2 < 1, 0 < x_3 < 1\}$, 记

$$\Omega_1 = \left\{ (x_1, x_2, x_3) \Big| 0 < x_1 < \frac{1}{2}, 0 < x_2 < 1, 0 < x_3 < 1 \right\},$$

$$\Omega_2 = \left\{ (x_1, x_2, x_3) \Big| \frac{1}{2} < x_1 < 1, 0 < x_2 < 1, 0 < x_3 < 1 \right\},$$

$$\Gamma = \left\{ (x_1, x_2, x_3) \Big| x_1 = \frac{1}{2}, 0 < x_2 < 1, 0 < x_3 < 1 \right\},$$

如图 4.1.1 所示.

为了逼近内边界 Γ 的法向导数, 引入两个专门函数 [15-18].

$$\Phi_2(x_1) = \begin{cases} 1 - x_1, & 0 \leqslant x_1 \leqslant 1, \\ x_1 + 1, & -1 \leqslant x_1 < 0, \\ 0, & \text{其他.} \end{cases} \tag{4.2.10a}$$

$$\Phi_4(x_1) = \begin{cases} \dfrac{(x_1 - 2)}{12}, & 1 \leqslant x_1 \leqslant 2, \\ -\dfrac{5x_1}{4} + \dfrac{7}{6}, & 0 \leqslant x_1 < 1, \\ \dfrac{5x_1}{4} + \dfrac{7}{6}, & -1 \leqslant x_1 < 0, \\ -\dfrac{(x_1 + 2)}{12}, & -2 \leqslant x_1 < -1, \\ 0, & \text{其他.} \end{cases} \tag{4.2.10b}$$

易知, 若 p 为不高于一次的多项式, 有

$$\int_{-\infty}^{\infty} p(x_1)\Phi_2(x_1)\mathrm{d}x_1 = p(0);\qquad(4.2.11a)$$

若 p 为不高于三次的多项式, 有

$$\int_{-\infty}^{\infty} p(x_1)\Phi_4(x_1)\mathrm{d}x_1 = p(0).\qquad(4.2.11b)$$

定义 4.2.1 对于 $H \in \left(0, \dfrac{1}{2}\right)$, 记

$$\Phi(x_1) = \Phi_m\left(\left(x_1 - \frac{1}{2}\right)/H\right)/H, \quad m = 2, 4.\qquad(4.2.12)$$

设 $N_{h,j}$ 是 $H^1(\Omega_j)(j = 1, 2)$ 的有限维有限元空间, $N_h(\Omega)$ 是 $L^2(\Omega)$ 的 l 阶有限元空间, 且如果 $v \in N_h$, 则 $v|_{\Omega_j} \in N_{h,j}$. 注意函数 $v \in N_h(\Omega)$ 在内边界 Γ 上的跳跃 $[v]$, 即

$$[v]_{\left(\frac{1}{2}, x_2, x_3\right)} = v\left(\frac{1}{2} + 0, x_2, x_3\right) - v\left(\frac{1}{2} - 0, x_2, x_3\right).\qquad(4.2.13)$$

定义 4.2.2 关于双线性形式 $\bar{D}(u, v)$:

$$\bar{D}(u, v) = \int_{\Omega_1 \cup \Omega_2} D_s(X)\nabla u \cdot \nabla v \mathrm{d}x_1 \mathrm{d}x_2 \mathrm{d}x_3 + \lambda_s \int_{\Omega_1 \cup \Omega_2} uv\mathrm{d}x_1\mathrm{d}x_2\mathrm{d}x_3, \quad s = e, p, T,\qquad(4.2.14)$$

此处函数

$$u, v \in H^1(\Omega_j), \quad j = 1, 2, \quad D_s(X) \quad (s = e, p)$$

是正定函数, $D_T = 1$, λ_s 为正常数.

定义 4.2.3 逼近内边界法向导数的积分算子:

$$B(\psi)\left(\frac{1}{2}, x_2, x_3\right) = -\int_0^1 \Phi'(x_1)\psi(x_1, x_2, x_3)\mathrm{d}x_1,\qquad(4.2.15)$$

其中 $\Phi(x_1)$ 为式 (4.2.12) 所给出的函数.

设 $(\cdot, \cdot)$ 表示 $L^2(\Omega_1 \cup \Omega_2)$ 内积, 在 $\Omega_1 \cup \Omega_2 = \Omega$ 时省略, $(\psi, \rho) = (\psi, \rho)_\Omega$. 对于限定在 $H^1(\Omega_1)$ 和 $H^1(\Omega_2)$ 的函数 ψ, 定义

$$\||\psi\||^2 = \bar{D}(\psi, \psi) + H^{-1}\|D[\psi]\|_{L^2(\Gamma)}^2.\qquad(4.2.16)$$

注意到

$$(D(x_1, x_2, x_3)B(\psi), [\psi])_\Gamma$$

$$= -\int_0^1 \int_0^1 D\left(\frac{1}{2}, x_2, x_3\right) \int_0^1 \Phi'(x_1)\psi(x_1, x_2, x_3)\mathrm{d}x_1 [\psi]\left(\frac{1}{2}, x_2, x_3\right) \mathrm{d}x_2 \mathrm{d}x_3,$$

$$\int_0^1 \Phi'(x_1)\psi(x_1, x_2, x_3)\mathrm{d}x_1$$

$$= \psi(x_1, x_2, x_3)\Phi(x_1)\Big|_0^1 - \int_0^1 \Phi(x_1)\psi_{x_1}(x_1, x_2, x_3)\mathrm{d}x_1$$

$$= -\frac{1}{H}[\psi]\left(\frac{1}{2}, x_2, x_3\right) - \int_0^1 \Phi(x_1)\psi_{x_1}(x_1, x_2, x_3)\mathrm{d}x_1.$$

因此有

$$(D(x_1, x_2, x_3)B(\psi), [\psi])_\Gamma$$

$$= \frac{1}{H}\int_0^1 \int_0^1 D\left(\frac{1}{2}, x_2, x_3\right)[\psi]^2\left(\frac{1}{2}, x_2, x_3\right) \mathrm{d}x_2 \mathrm{d}x_3$$

$$+ \int_0^1 \int_0^1 D\left(\frac{1}{2}, x_2, x_3\right) \int_0^1 \Phi(x_1)\psi_{x_1}(x_1, x_2, x_3)\mathrm{d}x_1 [\psi]\left(\frac{1}{2}, x_2, x_3\right) \mathrm{d}x_2 \mathrm{d}x_3. \quad (4.2.17)$$

对上式第二项可改写为

$$\int_0^1 \int_0^1 D^{1/2}\left(\frac{1}{2}, x_2, x_3\right) \int_{\frac{1}{2}-H}^{\frac{1}{2}+H} D^{1/2}\left(\frac{1}{2}, x_2, x_3\right)$$

$$\cdot \Phi(x_1)\psi_{x_1}(x_1, x_2, x_3)\mathrm{d}x_1 [\psi]\left(\frac{1}{2}, x_2, x_3\right) \mathrm{d}x_2 \mathrm{d}x_3$$

$$\leqslant \int_0^1 \int_0^1 D^{1/2}\left(\frac{1}{2}, x_2, x_3\right) \left(\int_0^1 \Phi^2(x_1)\mathrm{d}x_1\right)^{1/2}$$

$$\cdot \left(\int_{\frac{1}{2}-H}^{\frac{1}{2}+H} D\left(\frac{1}{2}, x_2, x_3\right)\psi_{x_1}^2(x_1, x_2, x_3)\mathrm{d}x_1\right)^{1/2} \cdot [\psi]\left(\frac{1}{2}, x_2, x_3\right) \mathrm{d}x_2 \mathrm{d}x_3$$

$$\leqslant \left(\frac{2}{3H}\right)^{1/2} \left(\int_0^1 \int_0^1 D\left(\frac{1}{2}, x_2, x_3\right)[\psi]^2\left(\frac{1}{2}, x_2, x_3\right) \mathrm{d}x_2 \mathrm{d}x_3\right)^{1/2}$$

$$\cdot \left(\int_0^1 \int_0^1 \int_{\frac{1}{2}-H}^{\frac{1}{2}+H} D\left(\frac{1}{2}, x_2, x_3\right)\psi_{x_1}^2(x_1, x_2, x_3)\mathrm{d}x_1 \mathrm{d}x_2 \mathrm{d}x_3\right)^{1/2}.$$

对于 $D\left(\frac{1}{2}, x_2, x_3\right)$, 注意到

$$D\left(\frac{1}{2}, x_2, x_3\right) = D(x_1, x_2, x_3) + \left(x_1 - \frac{1}{2}\right)\frac{\partial D}{\partial x_1}(\xi_1(x_1), x_2, x_3),$$

于是有

$$\int_0^1 \int_0^1 \int_{\frac{1}{2}-H}^{\frac{1}{2}+H} D\left(\frac{1}{2}, x_2, x_3\right) \psi_{x_1}^2(x_1, x_2, x_3) \mathrm{d}x_1 \mathrm{d}x_2 \mathrm{d}x_3$$

$$= \int_0^1 \int_0^1 \int_{\frac{1}{2}-H}^{\frac{1}{2}+H} \left[D(x_1, x_2, x_3) + \left(x_1 - \frac{1}{2}\right) \frac{\partial D}{\partial x_1}(\xi_1(x_1), x_2, x_3) \right]$$

$$\cdot \psi_{x_1}^2(x_1, x_2, x_3) \mathrm{d}x_1 \mathrm{d}x_2 \mathrm{d}x_3$$

$$\leqslant (1 + M^* H) \int_0^1 \int_0^1 \int_{\frac{1}{2}-H}^{\frac{1}{2}+H} D(x_1, x_2, x_3) \psi_{x_1}^2(x_1, x_2, x_3) \mathrm{d}x_1 \mathrm{d}x_2 \mathrm{d}x_3,$$

此处 $M^* = \max\limits_{\substack{x_1 \in (\frac{1}{2}-H, \frac{1}{2}+H) \\ (x_2, x_3) \in (0,1) \times (0,1)}} \dfrac{\left| \dfrac{\partial D}{\partial x_1}(\xi(x_1), x_2, x_3) \right|}{D(x_1, x_2, x_3)}$. 从而可得

$$\bar{D}_s(\psi, \psi) + (D_s B(\psi), [\psi])_\Gamma \geqslant \frac{1}{M_0} |||\psi|||_s^2, \quad s = e, p, T, \tag{4.2.18a}$$

此处 M_0 为确定的正常数, 亦即有

$$|||\psi|||_s^2 \leqslant M_0 \left\{ \bar{D}_s(\psi, \psi) + (D_s B(\psi), [\psi])_\Gamma \right\}, \quad s = e, p, T. \tag{4.2.18b}$$

类似地可推出下述估计式:

$$\|B(\psi)\|_{L^2(\Gamma)}^2 \leqslant M_1 H^{-3} \|\psi\|_0^2, \tag{4.2.19a}$$

$$\|B(\psi)\|_{L^2(\Gamma)} \leqslant M_2 H^{-1} \|\psi\|_{0,\infty}, \tag{4.2.19b}$$

$$\left\| \frac{\partial u(\cdot, t)}{\partial \gamma} - B(u)(\cdot, t) \right\|_{L^2(\Gamma)} \leqslant M_3 H^m, \tag{4.2.19c}$$

此处 M_1, M_2, M_3 均为确定的正常数, $m = 2, 4$, $\dfrac{\partial u}{\partial \gamma}$ 是 u 在内边界 Γ 的法向导数, 对于 $0 \leqslant t \leqslant T$ 成立.

4.2.3 特征修正混合元区域分裂程序

饱和度方程 (4.2.7) 的变分形式为

$$\left(\varphi \rho \frac{\partial c}{\partial t}, v \right) + (\boldsymbol{u} \cdot \nabla c, v) + (D \nabla c, \nabla v) + \left(D \frac{\partial c}{\partial n}, [v] \right)_\Gamma = (g(c), v), \quad v \in N(\Omega), \tag{4.2.20a}$$

$$c(X, 0) = c_0(X), \quad X \in \Omega. \tag{4.2.20b}$$

为了应用混合元求解压力方程. 如果 $f = (f_1, f_2, f_3)^{\mathrm{T}}$ 是一个向量函数. 记 $\tilde{H}(\mathrm{div}, \Omega) = \{f : f_1, f_2, f_3, \nabla \cdot f \in L^2(\Omega),\text{周期的}\}$, $\tilde{L}^2(\Omega) = \{g : g \in L^2(\Omega),\text{周期的}\}$. 在以后为了简便, 将 "$\sim$" 省略. 记 $V = H(\mathrm{div}; \Omega)$, $W = L^2(\Omega)$. 在考虑剖分子区域 Ω_1, Ω_2 上的方程时, 需要相容性条件如下:

$$p_1 = p_2, \quad \boldsymbol{u}_1 \cdot n_1 + \boldsymbol{u}_2 \cdot n_2 = 0, \quad X \in \Gamma, \tag{4.2.21}$$

其中 n_1, n_2 是 Ω_1, Ω_2 在 Γ 上的单位外法线方向. 令 $W_i = L^2(\Omega_i)$, $V_i = H(\mathrm{div}; \Omega_i)$, 则方程 (4.2.6) 在 $\Omega_i(i = 1, 2)$ 上的鞍点变分形式为

$$\left(\varphi \rho_0(c)\alpha_0(c)\frac{\partial p}{\partial t}, w\right)_{\Omega_i}$$
$$+ \left(\varphi\{(\rho_i - \rho_r)[1 + \alpha_0(c)p] + (\alpha_i - \alpha_r)\rho_0(c)p\}\frac{\partial c}{\partial t}, w\right)_{\Omega_i} + (\nabla \cdot \boldsymbol{u}, w)_{\Omega_i}$$
$$= (q, w)_{\Omega_i}, \quad \forall w \in W_i, \tag{4.2.22a}$$

$$\left(r^{-1}(c, p)\boldsymbol{u}, z\right)_{\Omega_i} - (\nabla \cdot z, p)_{\Omega_i} + (p, z \cdot n_i)_\Gamma = 0, \quad \forall z \in V_i, \tag{4.2.22b}$$

$$(\beta, \boldsymbol{u}_1 \cdot n_1 + \boldsymbol{u}_2 \cdot n_2)_\Gamma = 0, \quad \forall \beta \in \Lambda, \tag{4.2.22c}$$

此处 $\Lambda = \{v : v|_\Gamma \in L^2(\Gamma), \Gamma \neq \varnothing\}$. 定义在 Ω_1 和 Ω_2 上的变分形式, 将 (4.2.22a) 和 (4.2.22b) 相加, 可得流动方程 (1.6) 在 Ω 上的变分形式:

$$\left(\varphi \rho_0(c)\alpha_0(c)\frac{\partial p}{\partial t}, w\right) + \left(\varphi\{(\rho_i - \rho_r)[1 + \alpha_0(c)p] + (\alpha_i - \alpha_r)\rho_0(c)p\}\frac{\partial c}{\partial t}, w\right)$$
$$+ (\nabla \cdot \boldsymbol{u}, w) = (q, w), \quad \forall w \in W, \tag{4.2.23a}$$

$$\left(r^{-1}(c, p)u, z\right) - (\nabla \cdot z, p) + \sum_{i=1}^2 \left(p, z^{(i)} \cdot n_i\right)_\Gamma = 0, \quad \forall z \in V, \tag{4.2.23b}$$

$$(\beta, \boldsymbol{u}_1 \cdot n_1 + \boldsymbol{u}_2 \cdot n_2)_\Gamma = 0, \quad \forall \beta \in \Lambda, \tag{4.2.23c}$$

其中 $z^{(i)} = z|_{\Gamma_i}$, $\Gamma_i = \Gamma \cap \partial\Omega_i$.

下面分别定义饱和度函数、Darcy 速度和压力函数的椭圆投影.

定义 4.2.4 饱和度函数 $c(X, t)$ 的椭圆投影 $\tilde{c}(X, t) : J \to N_h$ 满足下述方程:

$$(D(X)(\tilde{c} - c), \nabla v_h) + \lambda(\tilde{c} - c, v_h) = 0, \quad \forall v_h \in N_h, \tag{4.2.24}$$

此处 λ 为确定的正常数.

定义 4.2.5 Darcy 速度 $\boldsymbol{u}(X, t)$ 和压力函数 $p(X, t)$ 的椭圆投影 $\{\tilde{\boldsymbol{u}}, \tilde{p}\} : J \to W_h \times V_h$ 满足

$$\left(\varphi\frac{\partial\rho(c, p)}{\partial t}, w_h\right) + (\nabla \cdot \tilde{\boldsymbol{u}}, w_h) = (q, w_h), \quad \forall w_h \in W_h, \tag{4.2.25a}$$

$$\left(r^{-1}(c,p)\tilde{\boldsymbol{u}}, v_h\right) - (\nabla \cdot v_h, \tilde{p}) = 0, \quad \forall v_h \in V_h, \tag{4.2.25b}$$

$$(\tilde{p}, 1) = (p, 1), \tag{4.2.25c}$$

此处 $W_h \times V_h$ 是 Raviart-Thomas 空间, 指数为 k, 步长为 h_p, 其逼近性满足[22,23]:

$$\inf_{v_h \in V_h} \|v - v_h\|_{L^2(\Omega)} \leqslant K \|v\|_{k+2} h_p^{k+1}, \tag{4.2.26a}$$

$$\inf_{v_h \in V_h} \|\nabla \cdot (v - v_h)\|_0 \leqslant K \left\{ \|v\|_{k+1} + \|\nabla \cdot v\|_{k+1} \right\} h_p^{k+1}, \tag{4.2.26b}$$

$$\inf_{w_h \in W_h} \|w - w_h\|_0 \leqslant K \|w\|_{k+1} h_p^{k+1}. \tag{4.2.26c}$$

引理 4.2.1 对于饱和度函数的椭圆投影误差, 由 Galerkin 方法对椭圆问题的结果[25,26] 有

$$\|c - \tilde{c}\|_0 + h_c \|c - \tilde{c}\|_1 \leqslant K \|c\|_{l+1} h_c^{l+1}, \tag{4.2.27a}$$

$$\left\| \frac{\partial(c - \tilde{c})}{\partial t} \right\|_0 + h_c \left\| \frac{\partial(c - \tilde{c})}{\partial t} \right\|_1 \leqslant K \left\{ \|c\|_{l+1} + \left\| \frac{\partial c}{\partial t} \right\|_{l+1} \right\} h_c^{l+1}. \tag{4.2.27b}$$

引理 4.2.2 对于 Darcy 速度和压力函数的混合元椭圆投影的误差, 由 Brezzi 理论[25,26] 可得下述估计式

$$\|\boldsymbol{u} - \tilde{\boldsymbol{u}}\|_V + \|p - \tilde{p}\|_W \leqslant K \|p\|_{k+3} h_p^{k+1}, \tag{4.2.28a}$$

$$\left\| \frac{\partial(\boldsymbol{u} - \tilde{\boldsymbol{u}})}{\partial t} \right\|_V + \left\| \frac{\partial(p - \tilde{p})}{\partial t} \right\|_W \leqslant K \left\{ \|p\|_{k+1} + \left\| \frac{\partial p}{\partial t} \right\|_{k+3} \right\} h_p^{k+1}. \tag{4.2.28b}$$

考虑到此流动实际上沿着带有迁移 $\varphi\rho\dfrac{\partial c}{\partial t} + \boldsymbol{u} \cdot \nabla c$ 的特征线方向. 引入特征线方法. 记 $\psi = [(\varphi\rho(c,p))^2 + |\boldsymbol{u}|^2]^{1/2}$, $\dfrac{\partial}{\partial \tau} = \psi^{-1}\left\{ \varphi\rho\dfrac{l}{\partial t} + \boldsymbol{u} \cdot \nabla \right\}$. 特征方向依赖于饱和度 c、压力 p 和 Darcy 速度 $\boldsymbol{u}$. 因此饱和度方程 (4.2.7) 可改写为

$$\psi\frac{\partial c}{\partial \tau} - \nabla \cdot (D\nabla c) = g(c), \quad (X,t) \in \Omega \times J. \tag{4.2.29}$$

记 $\hat{X}^n = X - (\varphi\rho(C_h^n, P_h^n))^{-1}\boldsymbol{U}_h^{n+1}\Delta t$, $\hat{C}_h^n = C_h^n(\hat{X}^n)$, 此处 $C_h^n, P_h^n, \boldsymbol{U}_h^n$ 均为问题的数值解.

设 $N_h \subset N$ 是剖分步长为 h_c, l 阶有限元空间, $W_h \times V_h$ 为剖分步长为 h_p, k 阶 Raviart-Thomas 混合元空间, $\Lambda_h = \{\beta : \beta|_\Gamma \in P_k(\Gamma)\}$ 为 Λ 的子空间.

下面给出特征修正区域分裂混合元格式. 当已知 t^n 时刻的近似解 $\{C_h^n, P_h^n, \boldsymbol{U}_h^n\} \in N_h \times W_h \times V_h$, 寻求 $C_h^{n+1} \in N_h, n = 0, 1, 2, \cdots, \{P_h^{n+1}, \boldsymbol{U}_h^{n+1}\} \in W_h \times V_h, n = 0, 1, 2, \cdots$, 满足

$$C_h^0 = \tilde{c}^0, \tag{4.2.30a}$$

$$\left(\varphi \rho(C_h^n, P_h^n) \frac{C_h^{n+1} - \hat{C}_h^n}{\Delta t}, v_h \right) + (D \nabla C_h^{n+1}, \nabla v_h) + (DB(C_h^n), [v_h])_\Gamma$$

$$= (g(C_h^n), v_h), \quad v_h \in N_h, \quad n \geqslant 0, \tag{4.2.30b}$$

$$\boldsymbol{U}_h^0 = \tilde{\boldsymbol{u}}^0, \quad P_h^0 = \tilde{p}^0, \tag{4.2.31a}$$

$$\left(\varphi \rho_0(C_h^n) \alpha_0(C_h^n) \frac{P_h^{n+1} - P_h^n}{\Delta t}, w_h \right) + (\nabla \cdot \boldsymbol{U}_h^{n+1}, w_h)$$

$$+ \left(\varphi \{ (\rho_i - \rho_r)[1 + \alpha_0(C_h^n) P_h^n] + (\alpha_i - \alpha_r) \rho_0(C_h^n) P_h^n \} \frac{C_h^{n+1} - C_h^n}{\Delta t}, w_h \right)$$

$$= (q, w_h), \quad w_h \in W_h, n \geqslant 0, \tag{4.2.31b}$$

$$\left(r^{-1}(C_h^n, P_h^n) \boldsymbol{U}_h^{n+1}, z \right) - (\nabla \cdot z, P_h^{n+1}) + \sum_{i=1}^2 \left(P_h^{n+1}, z^{(i)} \cdot n_i \right)_\Gamma = 0, \quad \forall z \in V_h, \tag{4.2.31c}$$

$$\left(\beta, \boldsymbol{U}_1^{n+1} \cdot n_1 + \boldsymbol{U}_2^{n+1} \cdot n_2 \right)_\Gamma = 0, \quad \forall \beta \in \Lambda_h, \tag{4.2.31d}$$

此处 $\boldsymbol{U}_i^{n+1} = \boldsymbol{U}^{n+1}|_{\Gamma_i}$, $z^{(i)} = z|_{\Gamma_i}$, $\Gamma_i = \Gamma \cap \partial \Omega_i$, $i = 1, 2$.

区域分裂的计算程序: $\{C_h^0, P_h^0, \boldsymbol{U}_h^0\}$, $\{C_h^1, P_h^1, \boldsymbol{U}_h^1\}$, $\cdots$ 求解. 当 $t = t^n$, $\{C_h^n, P_h^n, \boldsymbol{U}_h^n\}$ 已知时, 则可求出 $\hat{X}^n$, 从而得到 $\hat{C}_h^n$, 然后由公式 (4.2.15) 计算出 $B(C_h^n)$, 因此问题转化为两个子区域上求解两个相互独立的问题, 实现了并行计算, 由正定性条件 (C) 可知问题的解存在且唯一.

4.2.4　收敛性分析

本节仅对一个模型问题进行数值分析. 假定问题是不可压缩的, 即 $\rho(c, p) \approx \rho_0$, $r(c, p) \approx r(c)$. 此时方程 (4.2.1)~(4.2.2) 退化为

$$\nabla \cdot \boldsymbol{u} = q, \quad (X, t) \in \Omega \times J, \tag{4.2.32a}$$

$$\boldsymbol{u} = -r(c) \nabla p, \quad (X, t) \in \Omega \times J, \tag{4.2.32b}$$

$$\varphi \rho_0 \frac{\partial c}{\partial t} + \boldsymbol{u} \cdot \nabla c - \nabla \cdot (D \nabla c) = g(c), \quad (X, t) \in \Omega \times J. \tag{4.2.33}$$

此时流动方程 (4.2.32) 的鞍点弱形式为

$$(\nabla \cdot \boldsymbol{u}, w) = (q, w), \quad \forall w \in W, \tag{4.2.34a}$$

$$\left(r^{-1}(c) \boldsymbol{u}, z \right) - (\nabla \cdot z, p) = 0, \quad \forall z \in V. \tag{4.2.34b}$$

此时特征修正区域分裂混合元格式为: 已知 $t = t^n$ 时刻的近似解 $\{C_h^n, P_h^n, \boldsymbol{U}_h^n\} \in N_h \times W_h \times V_h$, 寻求 $t = t^{n+1}$ 时刻的近似解 $\{C_h^{n+1}, P_h^{n+1}, \boldsymbol{U}_h^{n+1}\} \in N_h \times W_h \times V_h$:

$$\left(\varphi\rho_0 \frac{C_h^{n+1} - \hat{C}_h^n}{\Delta t}, v_h\right) + \left(D\nabla C_h^{n+1}, \nabla v_h\right) + \left(DB(C_h^n), [v_h]\right)$$

$$= (g(C_h^n), v_h), \quad \forall v_h \in N_h, \tag{4.2.35}$$

$$\left(\nabla \cdot \boldsymbol{U}_h^{n+1}, w_h\right) = \left(q^{n+1}, w_h\right), \quad \forall w_h \in W_h, \tag{4.2.36a}$$

$$\left(r^{-1}(C_h^{n+1})\boldsymbol{U}_h^{n+1}, z_h\right) - \left(\nabla \cdot z_h, P_h^{n+1}\right) = 0, \quad \forall z_h \in V_h. \tag{4.2.36b}$$

此时对应于流动方程的椭圆投影定义为: 对 $t \in J = (0, T]$, 令 $\{\tilde{\boldsymbol{u}}, \tilde{p}\} : J \to W_h \times V_h$ 满足

$$\left(\nabla \cdot \tilde{\boldsymbol{u}}, w_h\right) = \left(q^{n+1}, w_h\right), \quad \forall w_h \in W_h, \tag{4.2.37a}$$

$$\left(r^{-1}(c)\tilde{\boldsymbol{u}}, v_h\right) - \left(\nabla \cdot v_h, \tilde{p}\right) = 0, \quad \forall v_h \in V_h. \tag{4.2.37b}$$

由 Brezzi 理论可得下述估计式 [26,29]

$$\|\boldsymbol{u} - \tilde{\boldsymbol{u}}\|_V + \|p - \tilde{p}\|_W \leqslant K \|p\|_{L^\infty(J; H^{k+3})} h_p^{k+1}. \tag{4.2.38}$$

首先研究流动方程的误差估计. 现估计 $\tilde{\boldsymbol{u}} - \boldsymbol{U}_h$ 和 $\tilde{p} - P_h$, 将方程 (4.2.36) 减去方程 (4.2.37)$(t = t^{n+1})$ 可得

$$\left(\nabla \cdot (\boldsymbol{U}_h^{n+1} - \tilde{\boldsymbol{u}}^{n+1}), w_h\right) = 0, \quad \forall w_h \in W_h, \tag{4.2.39a}$$

$$\left(r^{-1}(C_h^n)\boldsymbol{U}_h^{n+1} - r^{-1}(c^{n+1})\tilde{\boldsymbol{u}}^{n+1}, v_h\right) - \left(\nabla \cdot v_h, P_h^{n+1} - \tilde{p}^{n+1}\right) = 0, \quad \forall v_h \in V_h. \tag{4.2.39b}$$

应用 Brezzi 稳定性理论 [9,16,26,29] 可得下述估计式

$$\left\|\boldsymbol{U}_h^{n+1} - \tilde{\boldsymbol{u}}^{n+1}\right\|_V + \left\|P_h^{n+1} - \tilde{p}^{n+1}\right\|_W \leqslant K \left\|C_h^n - c^{n+1}\right\|_0. \tag{4.2.40}$$

下面讨论饱和度函数的误差估计. 为此记 $\zeta = c - \tilde{C}_h$, $\xi = \tilde{C}_h - C_h$, $\eta = p - \tilde{P}_h$, $\pi = \tilde{P}_h - P_h$, $\alpha = \boldsymbol{u} - \tilde{\boldsymbol{u}}$, $\sigma = \tilde{\boldsymbol{u}} - \boldsymbol{U}_h$. 从方程 (4.2.33)$(t = t^{n+1})$ 减去式 (4.2.35), 并利用式 (4.2.24) 可得

$$\left(\varphi\rho_0 \frac{\partial c^{n+1}}{\partial t} + \boldsymbol{u}^{n+1} \cdot \nabla c^{n+1}, v_h\right) - \left(\varphi\rho_0 \frac{C_h^{n+1} - \hat{C}_h^n}{\Delta t}, v_h\right)$$

$$+ \left(D\nabla c^{n+1}, \nabla v_h\right) - \left(D\nabla C_h^{n+1}, \nabla v_h\right)$$

$$+ \left(D\frac{\partial c^{n+1}}{\partial \gamma}, [v_h]\right)_\Gamma - (DB(C_h^n), [v_h])_\Gamma = g(c^{n+1}) - g(C_h^n). \tag{4.2.41}$$

注意到

$$
\left(\varphi\rho_0\frac{\partial c^{n+1}}{\partial t}+\boldsymbol{u}^{n+1}\cdot\nabla c^{n+1},v_h\right)-\left(\varphi\rho_0\frac{C_h^{n+1}-\hat{C}_h^n}{\Delta t},v_h\right)
$$

$$
=\left(\left[\varphi\rho_0\frac{\partial c^{n+1}}{\partial t}+\boldsymbol{u}^{n+1}\cdot\nabla c^{n+1}-\varphi\rho_0\frac{c^{n+1}-\hat{c}^n}{\Delta t}\right],v_h\right)
$$

$$
+\left(\varphi\rho_0\left[\frac{c^{n+1}-\hat{c}^n}{\Delta t}-\frac{C_h^{n+1}-\hat{C}_h^n}{\Delta t}\right],v_h\right)
$$

$$
+\left(\left(\boldsymbol{u}^{n+1}-\boldsymbol{U}_h^n\right)\cdot\nabla c^{n+1},v_h\right),\tag{4.2.42a}
$$

$$
\left(D\frac{\partial c^{n+1}}{\partial\gamma},[v_h]\right)_\Gamma-\left(DB(C_h^n),[v_h]\right)_\Gamma
$$

$$
=\left(D\left[\frac{\partial c^{n+1}}{\partial\gamma}-\frac{\partial c^n}{\partial\gamma}\right],[v_h]\right)_\Gamma+\left(D\left[\frac{\partial c^n}{\partial\gamma}-B(C_h^n)\right],[v_h]\right)_\Gamma
$$

$$
+\left(DB(\zeta^n),[v_h]\right)_\Gamma+\left(DB(\xi^n),[v_h]\right)_\Gamma.\tag{4.2.42b}
$$

将式 (4.2.42a)、(4.2.42b) 代入式 (4.2.41), 令 $v_h=\xi^{n+1}$, 利用椭圆投影关系式 (4.2.24), 可得

$$
\left(\varphi\rho_0\frac{\xi^{n+1}-\xi^n}{\Delta t},\xi^{n+1}\right)+\left(D\nabla\xi^{n+1},\nabla\xi^{n+1}\right)
$$

$$
+\lambda\left(\xi^{n+1},\xi^{n+1}\right)+\left(DB(\xi^{n+1}),[\xi^{n+1}]\right)
$$

$$
=\left(\left[\varphi\rho_0\frac{\partial c^{n+1}}{\partial t}+\boldsymbol{u}_h^{n+1}\cdot\nabla c^{n+1}\right]-\varphi\rho_0\frac{c^{n+1}-\hat{c}^n}{\Delta t},\xi^{n+1}\right)
$$

$$
+\left(\varphi\rho_0\frac{\xi^n-\xi^n}{\Delta t},\xi^{n+1}\right)-\left(\varphi\rho_0\frac{\zeta^{n+1}-\hat{\zeta}^n}{\Delta t},\xi^{n+1}\right)
$$

$$
-\left(\left(\boldsymbol{u}^{n+1}-\boldsymbol{U}_h^n\right)\cdot\nabla c^{n+1},\xi^{n+1}\right)+\left(g(c^{n+1})-g(C_h^n),\xi^{n+1}\right)
$$

$$
-\left(D\left[\frac{\partial c^{n+1}}{\partial\gamma}-\frac{\partial c^n}{\partial\gamma}\right],[\xi^{n+1}]\right)_\Gamma+\left(D\left[\frac{\partial c^n}{\partial\gamma}-B(C_h^n)\right],[\xi^{n+1}]\right)_\Gamma
$$

$$
-\left(DB(\zeta^n),[\xi^{n+1}]\right)_\Gamma+\left(DB(\xi^{n+1}-\xi^n),[\xi^{n+1}]\right)_\Gamma
$$

$$
+\lambda\left(\xi^{n+1},\xi^{n+1}\right)+\lambda\left(\zeta^{n+1},\xi^{n+1}\right).\tag{4.2.43}
$$

依次估计式 (4.2.43) 左端诸项可得

$$
\left(\varphi\rho_0\frac{\xi^{n+1}-\xi^n}{\Delta t},\xi^{n+1}\right)
$$

$$= \frac{1}{2\Delta t} \left\{ \left\| (\varphi\rho_0)^{1/2} \xi^{n+1} \right\|^2 - \left\| (\varphi\rho_0)^{1/2} \xi^n \right\|^2 \right\}$$

$$+ \frac{1}{2\Delta t} \left\| (\varphi\rho_0)^{1/2} (\xi^{n+1} - \xi^n) \right\|^2, \tag{4.2.44a}$$

$$\left(D\nabla\xi^{n+1}, \nabla\xi^{n+1} \right) + \lambda\left(\xi^{n+1}, \xi^{n+1} \right) + \left(DB(\xi^{n+1}), [\xi^{n+1}] \right) \geqslant M_0^{-1} \left\| \left| \xi^{n+1} \right| \right\|^2, \tag{4.2.44b}$$

此处 M_0 为确定的正常数.

下面估计式 (4.2.43) 右端诸项, 应用估计式 (4.2.41) 可得

$$\left(DB(\xi^{n+1} - \xi^n), [\xi^{n+1}] \right)_\Gamma \leqslant M_1 \left\| B(\xi^{n+1} - \xi^n) \right\|_{L^2(\Gamma)} \cdot \left\| [\xi^{n+1}] \right\|_{L^2(\Gamma)}$$

$$\leqslant M_1 H^{-3/2} \left\| \xi^{n+1} - \xi^n \right\| \cdot H^{1/2} \left\| \left| \xi^{n+1} \right| \right\|$$

$$\leqslant M_1 H^{-2} \left\| \xi^{n+1} - \xi^n \right\|^2 + \varepsilon \left\| \left| \xi^{n+1} \right| \right\|^2, \tag{4.2.45a}$$

$$\left(D\left[\frac{\partial c^{n+1}}{\partial\gamma} - \frac{\partial c^n}{\partial\gamma} \right], [\xi^{n+1}] \right)_\Gamma \leqslant M_2 \left\| \frac{\partial c^{n+1}}{\partial\gamma} - \frac{\partial c^n}{\partial\gamma} \right\|_{L^2(\Gamma)} \cdot \left\| [\xi^{n+1}] \right\|_{L^2(\Gamma)}$$

$$\leqslant M_2 \Delta t H^{1/2} \varepsilon \left\| \left| \xi^{n+1} \right| \right\| \leqslant M_2 (\Delta t)^2 H + \varepsilon \left\| \left| \xi^{n+1} \right| \right\|^2, \tag{4.2.45b}$$

$$\left(D\left[\frac{\partial c^n}{\partial\gamma} - B(C_h^n) \right], [\xi^{n+1}] \right)_\Gamma \leqslant M_3 H^{2m-1} + \varepsilon \left\| \left| \xi^{n+1} \right| \right\|^2, \tag{4.2.45c}$$

$$\left(DB(\zeta^n), [\xi^{n+1}] \right)_\Gamma \leqslant M_4 H^{-2} \left\| \zeta^n \right\|^2 + \varepsilon \left\| \left| \xi^{n+1} \right| \right\|^2 \leqslant M_4 H^{-2} h_c^{2(l+1)} + \varepsilon \left\| \left| \xi^{n+1} \right| \right\|^2, \tag{4.2.45d}$$

此处 $M_i(i=1,2,3,4)$ 均为确定的正常数.

我们取 Δt 适当小, 满足下述限制性条件

$$\Delta t \leqslant M_p^{-1} H^2, \quad h_c^{l+1} = o(H). \tag{4.2.46}$$

则下述误差估计式成立:

$$\frac{1}{2\Delta t} \left\| (\varphi\rho_0)^{1/2} (\xi^{n+1} - \xi^n) \right\|^2 \geqslant M_1 H^{-2} \left\| \xi^{n+1} - \xi^n \right\|^2. \tag{4.2.47}$$

我们提出归纳法假定:

$$\sup_{0\leqslant n\leqslant L} \|\sigma^n\|_{0,\infty} \to 0, \quad \sup_{0\leqslant n\leqslant L} \|\xi^n\|_{0,\infty} \to 0, \quad (h_p, h_c) \to 0. \tag{4.2.48}$$

现在估计 (4.2.43) 右端其余诸项, 由归纳法假定 (4.2.28) 可得

$$\left| \left(\left[\varphi\rho_0 \frac{\partial c^{n+1}}{\partial t} + \boldsymbol{u}_h^{n+1} \cdot \nabla c^{n+1} \right] - \varphi\rho_0 \frac{c^{n+1} - \hat{c}^n}{\Delta t}, \xi^{n+1} \right) \right|$$

$$\leqslant K\left\{\Delta t\left\|\frac{\partial^2 c}{\partial \tau^2}\right\|^2_{L^2(t^n,t^{n+1};L^2(\Omega))}+\left\|\xi^{n+1}\right\|^2\right\}, \tag{4.2.49a}$$

$$\left|\left(\varphi\rho_0\frac{\hat{\xi}^n-\xi^n}{\Delta t},\xi^{n+1}\right)\right|\leqslant K\left\|\xi^n\right\|^2+\varepsilon\left\|\nabla\xi^{n+1}\right\|^2, \tag{4.2.49b}$$

$$\left|\left(\varphi\rho_0\frac{\zeta^{n+1}-\hat{\zeta}^n}{\Delta t},\xi^{n+1}\right)\right|\leqslant\left|\left(\varphi\rho_0\frac{\zeta^{n+1}-\zeta^n}{\Delta t},\xi^{n+1}\right)\right|+\left|\left(\varphi\rho_0\frac{\zeta^n-\hat{\zeta}^n}{\Delta t},\xi^{n+1}\right)\right|$$

$$\leqslant K\left\{(\Delta t)^{-1}\left\|\frac{\partial^2\zeta}{\partial t^2}\right\|^2_{L^2(t^n,t^{n+1};L^2(\Omega))}+\left\|\xi^{n+1}\right\|^2+\left\|\xi^n\right\|^2\right\}+\varepsilon\left\|\nabla\xi^{n+1}\right\|^2, \tag{4.2.49c}$$

$$\left|\lambda\left(\xi^{n+1},\xi^{n+1}\right)+\lambda\left(\zeta^{n+1},\xi^{n+1}\right)\right|\leqslant K\left\{h_c^{2(l+1)}+\left\|\xi^{n+1}\right\|^2\right\}, \tag{4.2.49d}$$

$$\left|\left((\boldsymbol{u}^{n+1}-\boldsymbol{U}_h^n)\cdot\nabla c^{n+1},\xi^{n+1}\right)\right|\leqslant K\left\{(\Delta t)^2+\left\|\sigma^n\right\|^2+\left\|\alpha^n\right\|^2+\left\|\xi^{n+1}\right\|^2\right\}, \tag{4.2.49e}$$

$$\left|\left(g(c^{n+1})-g(C_h^n),\xi^{n+1}\right)\right|\leqslant K\left\{(\Delta t)^2+h_c^{2(l+1)}+\left\|\xi^n\right\|^2+\left\|\xi^{n+1}\right\|^2\right\}. \tag{4.2.49f}$$

对误差估计式 (4.2.43) 的左右两端, 应用估计式 (4.2.44)~(4.2.49) 可得

$$\frac{1}{2\Delta t}\left\{\left\|(\varphi\rho_0)^{1/2}\xi^{n+1}\right\|^2-\left\|(\varphi\rho_0)^{1/2}\xi^n\right\|^2\right\}+\frac{1}{M_0}\left\|\left|\xi^{n+1}\right|\right\|^2$$

$$\leqslant K\left\{(\Delta t)^{-1}\left\|\frac{\partial^2\zeta}{\partial t^2}\right\|^2_{L^2(t^n,t^{n+1};L^2(\Omega))}+\Delta t\left\|\frac{\partial^2 c}{\partial\tau^2}\right\|^2_{L^2(t^n,t^{n+1};L^2(\Omega))}\right.$$

$$+h_p^{2(k+1)}+h_c^{2(l+1)}+(\Delta t)^2+(\Delta t)^2 H+H^{-2}h_c^{2(l+1)}$$

$$\left.+H^{2m+1}+\left\|\xi^{n+1}\right\|^2+\left\|\xi^n\right\|^2+\left\|\sigma^n\right\|^2\right\}+\varepsilon\left\{\left\|\nabla\xi^{n+1}\right\|^2\right\}. \tag{4.2.50}$$

对误差估计式 (4.2.50) 应用投影估计 (4.2.27), 乘以 $2\Delta t$, 并对 n 从 0 到 $L-1$ 求和 $(0\leqslant n\leqslant L-1)$, 注意到 $\xi^0=0$, 可得

$$\left\|\xi^L\right\|^2+\sum_{n=0}^{L-1}\left\|\left|\xi^{n+1}\right|\right\|^2\Delta t$$

$$\leqslant K\left\{\left\|\frac{\partial^2\zeta}{\partial t^2}\right\|^2_{L^2(J;L^2(\Omega))}+\sum_{n=0}^{L-1}\left\|\xi^{n+1}\right\|^2\Delta t\right.$$

$$\left.+(\Delta t)^2\left\|\frac{\partial^2 c}{\partial\tau^2}\right\|^2_{L^2(J;L^2(\Omega))}+(\Delta t)^2+h_p^{2(k+1)}\right.$$

$$+ h_c^{2(l+1)} + H^{2m+1} + H^{-2}h_c^{2(l+1)} \Big\}. \tag{4.2.51}$$

应用 Gronwall 引理可得

$$||\xi^L||^2 + \sum_{n=0}^{L-1} |||\xi^{n+1}|||^2 \Delta t \leqslant K \left\{ (\Delta t)^2 + h_p^{2(k+1)} + h_c^{2(l+1)} + H^{-2}h_c^{2(l+1)} + H^{2m+1} \right\}. \tag{4.2.52}$$

由估计式 (4.2.42) 并应用式 (4.2.52) 可得

$$||\boldsymbol{U}_h^{n+1} - \tilde{\boldsymbol{u}}^{n+1}||_V + ||P_h^{n+1} - \tilde{p}^{n+1}||_W$$

$$\leqslant K \left\{ \Delta t + h_p^{k+1} + h_c^{l+1} + H^{-1}h_c^{l+1} + H^{m+1/2} \right\}. \tag{4.2.53}$$

下面检验归纳法假定 (4.2.48). 当 $n = 0$ 时 $\xi^0 = 0$, 归纳法假定显然是正确的. 当 $0 \leqslant n \leqslant L-1$ 归纳法假定 (4.2.28) 成立. 当 $n = L$ 时, 且 $k, l \geqslant 1$, 由 (4.2.52) 和 (4.2.53) 以及下述限制性条件:

$$\Delta t = o(h_c^{3/2}), \quad h_c \sim h_p, \quad H^{-1}h_c^{l+1} = o(h_c^{3/2}), \quad H^{m+1/2} = o(h_c^{3/2}). \tag{4.2.54}$$

归纳法假定是正确的. 组合 (4.2.52) 和 (4.2.53) 以及椭圆投影辅助性结果 (4.2.27) 和 (4.2.38), 可得下述定理.

定理 4.2.1　假定模型问题 (4.2.32)∼(4.1.33) 的精确解有一定的正则性, $p \in L^\infty(J; W^{k+3}(\Omega)), c \in L^\infty(J; W^{l+1}(\Omega)), \dfrac{\partial^2 c}{\partial \tau} \in L^\infty(J; L^\infty(\Omega))$. 采用特征修正混合元区域分裂程序 (4.2.35) 和 (4.2.36) 在子区域 Ω_1, Ω_2 上并行逐层计算. 若剖分参数满足限制性条件 (4.2.46) 和 (4.2.54), 且有限元空间指数 $k, l \geqslant 1$, 则下述误差估计式成立:

$$||p - P_h||_{\bar{L}^\infty(J;W)} + ||\boldsymbol{u} - \boldsymbol{U}_h||_{\bar{L}^\infty(J;V)} + ||c - C_h||_{\bar{L}^\infty(J;L^2(\Omega))} + |||c - C_h|||_{\bar{L}^2(J;\bar{W})}$$

$$\leqslant K^* \left\{ \Delta t + h_p^{k+1} + h_c^{l+1} + H^{-1}h_c^{l+1} + H^{m+1/2} \right\}, \tag{4.2.55}$$

此处 $||g||_{\bar{L}^\infty(J;X)} = \sup\limits_{n\Delta t \leqslant T} ||g^n||_X, ||g||_{\bar{L}^2(J;X)} = \sup\limits_{L\Delta t \leqslant T} \left\{ \sum\limits_{n=0}^{L} |||g^n|||_X^2 \Delta t \right\}^{1/2}$, 常数 K^* 依赖于函数 p, c 及其导函数.

4.2.5　数值算例

在本小节中, 将给出数值算例来验证上面的算法. 考虑模型问题

$$(1+p)\frac{\partial c}{\partial t} + \boldsymbol{u}\frac{\partial c}{\partial x} - \frac{\partial}{\partial x}\left(D(x,t)\frac{\partial c}{\partial x}\right) = f(c,x,t), \quad 0 < x < 1, 0 < t \leqslant T, \tag{4.2.56}$$

$$\boldsymbol{u} = -(1+p)\frac{\partial p}{\partial x}, \tag{4.2.57a}$$

$$\frac{\partial p}{\partial t} + \frac{\partial}{\partial x}\left((1+p)\frac{\partial p}{\partial x}\right) = g(x,t), \tag{4.2.57b}$$

$$c(x,0) = \cos(2\pi), \quad 0 \leqslant x \leqslant 1, \tag{4.2.58a}$$

$$p(x,0) = x^2, \quad 0 \leqslant x \leqslant 1, \tag{4.2.58b}$$

$$\frac{\partial c}{\partial x}(0,t) = \frac{\partial c}{\partial x}(1,t) = 0, \quad 0 \leqslant t \leqslant T, \tag{4.2.59a}$$

$$\frac{\partial p}{\partial x}(0,t) = 0, \quad \frac{\partial p}{\partial x}(1,t) = 2\mathrm{e}^t, \quad 0 \leqslant t \leqslant T. \tag{4.2.59b}$$

取 $D(x,t) = 0.01x^2\mathrm{e}^{2t}$, $c = \mathrm{e}^t\cos(2\pi x)$, $p = x^2\mathrm{e}^t$, $f = (1+x^2\mathrm{e}^t)\mathrm{e}^t\cos(2\pi x) + 4\pi x\mathrm{e}^{2t}(1+x^2\mathrm{e}^t)\sin(2\pi x) + 0.04\pi x\mathrm{e}^{3t}\sin(2\pi x) + 0.04\pi^2 x^2\mathrm{e}^{3t}\cos(2\pi x)$.

应用本节提出的特征修正混合元区域分裂方法, 如同 4.1.5 小节同样可得相同的结论.

4.2.6　总结和讨论

本节研究可压缩油水渗流驱动问题特征修正混合元区域分裂方法. 4.2.1 小节是引言部分, 叙述问题的数学模型、物理背景以及国内外研究概况. 4.2.2 小节是某些预备性工作及一些基本估计. 4.2.3 小节提出特征修正混合元区域分裂程序. 4.2.4 小节是模型问题的数值分析, 得到了最佳阶 L^2 模误差估计结果. 4.2.5 小节是数值算例, 支撑了理论分析, 同时指明其实用价值. 本节有如下特点: ①适用于三维复杂区域油藏数值模拟的精确计算, 特别是强化采用数值模拟计算; ②由于应用混合元方法, 其对 Darcy 速度的计算提高了一阶精度, 这对油藏数值模拟计算具有特别重要的价值; ③适用于现代并行机上进行油藏数值模拟问题的高精度、快速、并行计算. 详细的讨论和分析可参阅文献 [34].

参 考 文 献

[1] Douglas Jr J, Roberts J E. Numerical methods for a model for compressible miscible displacement in porous media. Math. Comp., 1983, 41(164): 441-459.

[2] Ewing R E. The Mathematics of Reservoir Simulation. Philadelphia: SIAM, 1983.

[3] 袁益让. 在多孔介质中完全可压缩、可混溶驱动问题的特征差分方法. 计算数学, 1993, 15(1): 16-28.

[4] 袁益让. 多孔介质中可压缩、可混溶驱动问题的特征–有限元方法. 计算数学, 1992, 14(4): 385-400.

[5] 袁益让. 能源数值模拟方法的理论和应用. 北京: 科学出版社, 2013.

[6] Douglas Jr J, Russell T F. Numerical methods for convection-dominated diffusion problems based on combining the method of characteristics with finite element or finite difference procedures. SIAM. J. Numer. Anal., 1982, 19(5): 871-885.

[7] Ewing R E, Russell T F. Efficient time-stepping methods for miscible displacement problems in porous media. SIAM. J. Numer. Anal., 1982, 19(1): 1-67.

[8] Russell T F. Time stepping along characteristics with incomplete interaction for a Galerkin approximation of miscible displacement in porous media. SIAM. J. Numer. Anal., 1985, 22(5): 970-1013.

[9] Douglas Jr J, Yuan Y R. Numerical simulation of immiscible flow in porous media based on combining the method of characteristics with mixed finite element procedure. Numerical Simulation of Oil Recovery, 1986, 11: 119-131.

[10] Ewing R E, Yuan Y R, Li G. Time stepping along characteristics for amixed finite element approximation for compressible flow of contamination from nuclear waste in porous media. SIAM. J. Numer. Anal., 1989, 26(6): 1513-1524.

[11] Yuan Y R. The characteristic finite difference fractional steps method for compressible two-phase displacement problem. Science in China (Series A), 1999, 42(1): 48-57.

[12] Yuan Y R. The upwind finite difference fractional steps methods for two-phase compressible flow in porous media. Numer Methods Partial Differential Eq., 2003, 19: 67-88.

[13] Yuan Y R. The modified method of characteristics with finite element operator-splitting procedures for compressible multi-component displacement problem. J. Systems Science and Complexity, 2003, 16(1): 30-45.

[14] 沈平平, 刘明新, 汤磊. 石油勘探开发中的数学问题. 北京: 科学出版社, 2002.

[15] Dawson C N, Dupont T F. Explicit/Implicit conservative Galerkin domain decomposition procedures for parabolic problems. Math. Comp., 1992, 58 (197): 21-34.

[16] Dawson C N, Du Q, Dupont T F. A finite difference domain decomposition algorithm for numerical solution of the heat equation. Math. Comp., 1991, 57 (195): 63-71.

[17] Dawson C N, Du Q. A domain decomposition method for parabolic equations based on finite elements. Rice Technical'report TR90-25, Dept. of Mathematical Sciences, Rice University, 1990.

[18] Dawson C N, Dupont T F. Explicit/Implicit, conservative domain decomposition procedures for parabolic problems based on block-centered finite differences. SIAM. J. Numer. Anal., 1994, 31(4): 1045-1061.

[19] Yuan Y R, Chang L, Li C F, et al. Domain decomposition method with characteristic finite element method for numerical simulation of semiconductor transient problem of heat conduction. J. of Mathematics Research, 2015, 7(3): 61-74.

[20] Yuan Y R, Chang L, Li C F, et al. Theory and applications of domain decomposition

with characteristic mixed finite element of three-dimensional semiconductor transient problem of heat conduction. Far East J. Appl. Math., 2015, 92(1): 51-80.

[21] Yuan Y R, Chang L, Li C F, et al. The modified method of characteristics with mixed finite element domain decomposition procedures for the enhanced oil recovery simulation. Far East Journal of Applied Mathematics, 2015, 93(2):123-152.

[22] Raviart P A, Thomas J M. A Mixed Finite Element Method for Second Order Elliptic Problems. Mathematical Aspects of the Finite Element Method. Lecture Notes in Mathematics, 606. Berlin: Springer-Verlag, 1977.

[23] Ewing R E, Russell T F, Wheeler M F. Convergence analysis of an approximation of miscible displacement in porous media by mixed finite elements and a modified method of characteristics. Comput. Methods Appl. Mech. Engrg., 1984, 47(1-2): 73-92.

[24] Brezzi F. On the existence, uniqueness and approximation of saddle-point problems arising from lagrangian multipliers. RAIRO Anal. Numer., 1974, 8(R2): 129-151.

[25] Cialet P G. The Finite Element Method for Elliptic Problems. Amsterdam: North Holland, 1978.

[26] Wheeler M F. A priori L_2 error estimates for Galerkin approximations to parabolic partial differential equations. SIAM. J. Numer. Anal., 1973, 10(4): 723-759.

[27] Ewing R E, Wheeler M F. Galerkin methods for miscible displacement problems with point sources and sinks-unit mobility ratio case. Proc. Special Year in Numerical Anal., Lecture Notes No.20, Univ. Maryland, College Park, 1981: 151-174.

[28] 袁益让. 三维多组分可压缩驱动问题的分数步特征差分方法. 应用数学学报, 2001, 24(2): 242-249.

[29] 袁益让, 常洛, 李长峰, 等. 三维微压缩渗流驱动问题的区域分裂并行混合元方法和分析. 山东大学数学研究所科研报告, 2015.
     Yuan Y R, Chang L, Li C F, et al. Domaim decomposition method with charactersitic mixed finite element and numerical analysis for three-dimensional slightly compressible oil-water seepage displacement. Journal of Mathematics Research, 2017, 9(1): 143-157.

[30] Aziz K, Settari A. Petroleum Reservoir Simulation. London: Applied Science Publisher, 1979.

[31] Bird R B, Lightfoot E N, Stewart W E. Transport Phenomenon. New York: John Wiley and Sons, 1960.

[32] Sun T J, Yuan Y R. An approximation of incompressible miscible displacement in porous media by mixed finite element method and characteristics-mixed finite element method. J. Comput. Appl. Math., 2009, 228(1): 391-411.

[33] Sun T J, Yuan Y R. Mixed finite element method and the characteristics-mixed finite element method for a slightly compressible miscible displacement problem in porous media. Mathematics and Computers in Simulation, 2015, 107: 24-45.

[34] 袁益让, 常洛, 李长峰, 等. 可压缩油水渗流驱动问题的特征混合元区域分裂方法和分析. 山东大学数学研究所科研报告, 2015.

Yuan Y R, Chang L, Li C F, et al. Domain decomposition modified with characteristic mixed finite element of compressible oil-water displacement and its numerical analysis. Parallel Compating, 2018, 79: 36-47.

第 5 章 二相渗流驱动问题的混合体积元–分数步差分方法

油水二相渗流驱动问题是能源数值模拟的基础. 对不可压缩情况, 其数字模型关于流动方程是椭圆型的, 对于可压缩情况是抛物型的. 关于饱和度是对流–扩散方程. 流场压力通过 Darcy 速度在饱和度方程中出现, 并控制着饱和度方程的全过程. 我们对流动方程采用具有物理守恒律性质的混合有限体积元方法离散求解, 它对 Darcy 速度的计算提高了一阶精确度. 对饱和度方程采用二阶修正迎风. 特征分数步差分方法求解. 它克服了数值解振荡、弥散和计算复杂性, 将三维问题化为连续解三个一维问题, 且可用追赶法求解, 大大减少了计算工作量. 应用微分方程先验估计理论, 得到最优二阶 L^2 模误差估计结果.

本章共三节. 5.1 节介绍三维油水渗流驱动问题的混合有限体积元–修正迎风分数步差分方法. 5.2 节介绍可压缩二相渗流驱动问题的混合有限体积元–修正迎风分数步差分方法. 5.3 节介绍多组分可压缩渗流驱动问题的混合有限体积元–修正特征分数步差分方法.

5.1 三维油水渗流驱动问题的混合有限体积元–修正迎风分数步差分方法

5.1.1 引言

用高压泵将水强行注入油藏, 使其保持油藏内流体的压力和速度, 驱动原油流到采油井底, 称为二次采油. 在流体力学上称为油水二相渗流驱动问题, 通常可分为混溶和不混溶不可压缩油水二相驱动两类问题. 其数学模型是关于压力函数的流动方程, 它是椭圆型的, 饱和度方程是对流–扩散型方程. 流场压力通过 Darcy 速度在饱和度方程中出现, 并控制着饱和度方程的全过程, 油水二相渗流驱动问题的数字模型、数值方法、数值分析和工程应用软件是能源数学的基础 [1-7].

问题 I 多孔介质中油水二相渗流体可压缩、可混溶驱动问题 [1-6]:

$$\nabla \cdot u = -\nabla \cdot \left(\frac{k(x)}{\mu(c)} \nabla p \right) = q(x,t), \quad x = (x,y,z)^{\mathrm{T}} \in \Omega, \quad t \in J = [0,T], \quad (5.1.1a)$$

$$u = -\frac{k(x)}{\mu(c)}\nabla p, \quad x \in \Omega, \quad t \in J, \tag{5.1.1b}$$

$$\phi(x)\frac{\partial c}{\partial t} + u \cdot \nabla c - \nabla \cdot (D\nabla c) = (\tilde{c} - c)q, \quad x \in \Omega, \quad t \in J, \tag{5.1.2}$$

此处 $p(x,t)$ 是压力函数, $\phi(x)$ 和 $k(x)$ 是岩石的孔隙度和绝对渗透率, $\mu(c)$ 是混合流体的黏度, u 是 Darcy 速度, $c(x,t)$ 是注入流体的相对饱和度, $q(x,t)$ 是产量项, $\tilde{c}$ 是注入流体在井点的饱和度, 在生产井 $\tilde{c} = c, \bar{q} = \max(q,0)$. 扩散矩阵可表示为下述形式:

$$D(x,u) = \phi(x)\{d_m\,I + d_l|u|E + d_t|u|E^\perp\}, \tag{5.1.3}$$

此处 I 是 3×3 单位矩阵, E 是速度投影矩阵:

$$E = \begin{pmatrix} \hat{u}_x^2 & \hat{u}_x\hat{u}_y & \hat{u}_x\hat{u}_\xi \\ \hat{u}_x\hat{u}_y & \hat{u}_y^2 & \hat{u}_y\hat{u}_\xi \\ \hat{u}_x\hat{u}_\xi & \hat{u}_y\hat{u}_\xi & \hat{u}_\xi^2 \end{pmatrix}, \quad E^\perp = \begin{pmatrix} \hat{u}^2 + \hat{u}^2 & -\hat{u}_x\hat{u}_y & -\hat{u}_x\hat{u}_\xi \\ -\hat{u}_x\hat{u}_y & \hat{u}_x^2 + \hat{u}_\xi^2 & -\hat{u}_y\hat{u}_\xi \\ -\hat{u}_x\hat{u}_\xi & -\hat{u}_y\hat{u}_\xi & \hat{u}_x^2 + \hat{u}_y^2 \end{pmatrix},$$

$E^\perp = I - E$ 是速度相补投影矩阵, d_m 是分子扩散系数, d_l 是流动方向的扩散系数, d_t 是垂直方向的扩散系数, $\hat{u}_x, \hat{u}_y, \hat{u}_\xi$ 表示速度 u 在坐标轴的方向余弦.

问题 II 多孔介质中油水二相渗流、不可压缩、不混溶驱动问题的数学模型 [1-6]:

$$\frac{\partial}{\partial t}(\phi s_0) - \nabla \cdot \left(k(x)\frac{k_{r_0}(s_0)}{\mu_0}\nabla p_0\right) = q_0, \quad x \in \Omega, \quad t \in J, \tag{5.1.4}$$

$$\frac{\partial}{\partial t}(\phi s_w) - \nabla \cdot \left(k(x)\frac{k_{r_w}(s_w)}{\mu_w}\nabla p_w\right) = q_w, \quad x \in \Omega, \quad t \in J, \tag{5.1.5}$$

此处下标 "0" 和 "w" 分别对应于油相和水相. s_i 是浓度, p_i 是压力, k_{r_2} 是相对渗透率, μ_i 是黏度, q_i 是产量分别对应于 i 相. 假定水和油充满了岩石的孔隙空间, 于是有 $s_0 + s_w = 1$, 因此取 $s = s_0 = 1 - s_w$, 则毛细管压力函数有下述关系: $p_c(s) = p_0 - p_w$, 此处 p_c 是依赖于浓度 s 的函数.

将方程 (5.1.4) 和 (5.1.5) 化为 (5.1.1a)、(5.1.1b) 和 (5.1.2) 的标准形式, 记 $\lambda(s) = \frac{k_{r0}(s)}{\mu_0(s)} + \frac{k_{rw}(s)}{\mu_w(s)}$ 表示二相流体的总迁移率, $\lambda_i(s) = \frac{k_{ri}(s)}{\mu_r(s)}, i = 0, w$, 分别表示相迁率, 应用 Chavent 变换 [1,5,6]

$$p = \frac{p_0 + p_w}{z} + \int_0^{pc}(\lambda_0(p_c^{-1}(\xi)) - (\lambda_w(p_c^{-1}(\xi))))\mathrm{d}\xi, \tag{5.1.6}$$

将 (5.1.4) 和 (5.1.5) 相加, 则可导出压力方程:

$$-\nabla \cdot (k(x)\lambda(s)\nabla p) = q, \quad x \in \Omega, \quad t \in J,$$

此处 $q = q_v + q_w$, 将 (5.1.4) 和 (5.1.5) 相减, 则可得浓度方程:

$$\phi \frac{\partial s}{\partial t} - \nabla \cdot (k\lambda\lambda_0\lambda_w p_c' \nabla s) - \frac{1}{2}\nabla \cdot (k(\lambda_0 - \lambda_w)\nabla p) = \frac{1}{2}(q_0 - q_w),$$

论 $u = -k(x)\lambda(s)\nabla p$, 因为 $\lambda_0 - \lambda_w = 2\lambda_0 - 1$, 可得

$$\phi \frac{\partial s}{\partial t} - \nabla \cdot (k\lambda\lambda_0\lambda_w p_c'\nabla s) + \lambda_o' u \cdot \nabla s = \frac{1}{2}\left\{(q_0 - \lambda_0 q) - (q_w - \lambda wq)\right\}.$$

设

$$q_w = q \ \text{和} \ q_0 = 0, \ \text{如果} \ q \geqslant 0 \ (注水井),$$

$$q_w = \lambda_w q \ \text{和} \ q_0 = \lambda_0 q, \ \text{如果} \ q < 0 \ (采油井),$$

则问题 II 同样可写为

$$\nabla \cdot u = q, \quad x \in \Omega, \quad t \in J, \tag{5.1.7a}$$

$$u = -k(x)\lambda(s)\nabla p, \quad x \in \Omega, \quad t \in J, \tag{5.1.7b}$$

$$\phi \frac{\partial s}{\partial t} + \lambda_0'(s)u \cdot \nabla s - \nabla \cdot (k(x)\lambda\lambda_0\lambda_w p_c'\nabla s) = \begin{cases} -\lambda_0 q, & q \geqslant 0, \\ 0, & q < 0. \end{cases} \tag{5.1.8}$$

初始条件

$$s(x,0) = s_0(x), \quad x \in \Omega. \tag{5.1.9}$$

边界条件常用的是定压边界条件 (Dirichlet 问题) 和不渗透边界条件 (齐次 Neumann 问题). 对于不渗透边界条件, 压力函数确定到可以相差一个常数. 因此, 条件

$$\int_\Omega p \mathrm{d}x = 0, \quad t \in J, \tag{5.1.10a}$$

用来确定不定性, 相容性条件:

$$\int_\Omega q \mathrm{d}x = 0, \quad t \in J. \tag{5.1.10b}$$

对于二维不可压缩二相渗流驱动问题, 在问题周期性的假设下, Douglus, Russell, Ewing 和作者提出了特征差分方法、特征有限元法和特征混合元方法, 并给出严谨的误差估计结果 [1-4,8,9], 他们将特征线法和有限差分法、有限元法和混合元方法相结合, 真实地处理反映出对流–扩散方程的一阶双曲特性, 减少了截断误差, 克服数值振荡和弥散, 大大提高了计算的稳定性和收敛性. 由于特征线法需要利用插值计算, 并且特征线在求解区域边界附近可能穿出边界, 需要作特殊处理, 特征线与网格边界交点及相应的函数值需要计算, 因此实际计算是比较复杂的.

对抛物型问题, Axelsson, Ewing, Lazarov 和作者等提出了迎风差分格式 [10-14] 来克服数值解的振荡和特征线方法的某些弱点. 虽然 Peaceman 和 Douglas 曾用此方法于不可压缩二相渗流驱动问题 [15-17] 得到了很多的数值结果, 但一直未见理论分析成果发表 [16,17]. 有限体积元法 [18,19] 兼具有差分法的简单性和有限元法的高精度性, 并且保持局部守恒, 是求解偏微分方程的一种十分有效的数值方法. 混合元方法 [20-22] 可以同时求解压力函数及其梯度 Darcy 速度, 从而提高一阶精确度, 文献 [23, 24] 将有限体积元和混合元法相结合, 提出了混合有限体积元法的思路, 文献 [25,26] 通过数值算例验证了这种方法的有效性, 文献 [27-29] 主要对椭圆问题给出了混合有限体积元法的收敛性估计等理论结果, 形成了混合有限体积元的一般框架. 在现代油田勘探和开发数值模拟计算中, 它是超大规模、三维大范围, 甚至是超长时间的, 节点个数多达数万乃至数百万个, 用一般方法很难解决这样的问题, 需要采用现代分数步计算技术才能完整地解决这类问题 [5,6,30]. 在上述工作基础上本节对三维油水二相渗流驱动问题, 提出一类混合有限体积元–修正迎风分数步差分方法, 即对流动方程采用具有物理守恒律性质的混合有限体积元求解, 它对 Darcy 速度的计算提高了一阶精确度. 对饱和度方程采用二阶修正迎风分数步方法求解, 克服了数值解振荡、弥散和计算复杂性, 将三维问题化为连续解三个一维问题, 且可用追赶法求解大大减少了计算工作量. 应用微分方程先验估计的理论和特殊技巧, 得到了最优二阶 L^2 模误差估计结果. 数值算例支持了理论分析, 指明本节方法在生产实际计算中是高效的、高精度的、它对能源数值模拟领域有着重要的理论和实用价值, 成功解决了这一重要国际问题 [5,6,30].

本节重点研究问题 I 的 Dirichlet 问题. 对问题 II 仅作简要的论述. 在这里需要假定问题 (5.1.1)~(5.1.3) 的解具有一定的光滑性, 还需要假定问题的的系数满足下述正定性条件:

$$
(\mathrm{C}_1) \qquad
\begin{aligned}
&0 < \phi_* \leqslant \phi(x) \leqslant \phi^*, \quad k_* \leqslant k(x) \leqslant k^*, \\
&0 < \mu_* \leqslant \mu(c) \leqslant \mu^*,
\end{aligned}
\qquad (5.1.11)
$$

$$
0 < D_* \|\xi\|^2 \leqslant \sum_{i,j,k=1}^3 D(x,u)\xi_i\xi_j\xi_k \leqslant D^* \|\xi\|^2, \quad \forall \xi \in R^3,
$$

此处 $\phi_*, \phi^*, k_*, k^*, \mu_*, \mu^*, D_*$ 和 D^* 均为确定的正常数.

假定问题 (5.1.1)~(5.1.3) 的精确解具有下述正则性:

$$
(\mathrm{R}_1) \qquad
\begin{aligned}
&p \in L^\infty(J; H^3(\Omega)) \cap H'(J; W^{4,\infty}(\Omega)), \\
&c \in L^\infty(J; H^{4,\infty}(\Omega)), \quad \frac{\partial^2 c}{\partial t^2} \in L^2(L^\infty(\Omega)).
\end{aligned}
\qquad (5.1.12)
$$

这些假定在物理上是合理的. 最后指出, 本节中记号 M 和 ε 分别表示普通的正常数和小的正数, 在不同处具有不同的含义.

5.1.2　记号和引理

为了应用混合有限体积元–修正迎风分数步差分方法, 需要构造粗细两套网格系统. 粗网格是针对流场压力和 Darcy 速度的非均匀粗网格, 细网格是针对饱和度方程在三个坐标方向的均匀网格. 首先讨论粗网格系统.

研究三维问题, 为简单起见, 设区域 $\Omega = \{[0,1]\}^3$, 用 $\partial\Omega$ 表示其边界. 定义剖分

$$\delta_x : 0 < x_{1/2} < x_{3/2} < \cdots < x_{N_x-1/2} < x_{N_x+1/2} = 1,$$
$$\delta_y : 0 < y_{1/2} < y_{3/2} < \cdots < y_{N_y-1/2} < y_{N_y+1/2} = 1,$$
$$\delta_z : 0 < z_{1/2} < z_{3/2} < \cdots < z_{N_z-1/2} < z_{N_z+1/2} = 1.$$

对 Ω 作剖分 $\delta_x \times \delta_y \times \delta_z$ 对于 $i = 1, 2, \cdots, N_x; j = 1, 2, \cdots, N_y; k = 1, 2, \cdots, N_z$. 记

$$\Omega_{ijk} = \left\{(x,y,z)|x_{i-1/2} < x < x_{i+1/2}, y_{j-1/2} < y < y_{j+1/2}, z_{k-1/2} < z < z_{k+1/2}\right\},$$

$$x_i = \frac{x_{i-1/2} + x_{i+1/2}}{2}, \quad y_j = \frac{y_{j-1/2} + y_{j+1/2}}{2}, \quad z_k = \frac{z_{k-1/2} + z_{k+1/2}}{2}.$$

$$h_{x_i} = x_{i+1/2} - x_{i-1/2}, \quad h_{y_j} = y_{j+1/2} - y_{j-1/2}, \quad h_{z_k} = z_{k+1/2} - z_{k-1/2}.$$

$$h_{x,i+1/2} = x_{i+1} - x_i, \quad h_{y,j+1/2} = y_{j+1} - y_j,$$

$$h_{z,k+1/2} = z_{k+1} - z_k.$$

$$h_x = \min_{1\leqslant i\leqslant N_x}\{h_{x_i}\}, \quad h_y = \min_{1\leqslant k\leqslant N_y}\{h_{y_j}\}, \quad h_z = \min_{1\leqslant i\leqslant N_z}\{h_{z_k}\}, \quad h_p = (h_x^2 + h_y^2 + h_z^2)^{1/2}.$$

称剖分是正则的, 是指存在常数 $\alpha_1, \alpha_2 > 0$, 使得

$$\min_{1\leqslant i\leqslant N_x}\{h_{x_i}\} \geqslant \alpha_1 h_x, \quad \min_{1\leqslant j\leqslant N_y}\{h_{y_j}\} \geqslant \alpha_1 h_y, \quad \min_{1\leqslant k\leqslant N_z}\{h_{z_k}\} \geqslant \alpha_1 h_z,$$
$$\min\{h_x, h_y, h_z\} \geqslant \alpha_2 \max\{h_x, h_y, h_z\}.$$

图 5.1.1 表示对应于 $N_x = 4, N_y = 3, N_z = 3$ 情况的简单网格的示意图. 定义 $M_l^d(\delta_x) = \{f \in C^l[0,1] : f|_{\Omega_i} \in p_d(\Omega_i), i = 1, 2, \cdots, N_x\}$, 其中 $\Omega_i = [x_{i-1/2}, x_{i+1/2}]$, $p_d(\Omega_i)$ 是 Ω_i 上次数不超过 d 的多项式空间, 当 $l = -1$ 时, 表示函数 f 在 $[0,1]$ 上可以不连续. 对 $M_l^d(\delta_y), M_l^d(\delta_z)$ 的定义是类似的. 记

$$S_h = M_{-1}^0(\delta_x) \otimes M_{-1}^0(\delta_y) \otimes M_{-1}^0(\delta_z),$$
$$V_h = \{\underline{w} \,|\, \underline{w} \in (w^x, w^y, w^z),$$
$$w^x \in M_0^1(\delta_x) \otimes M_{-1}^0(\delta_y) \otimes M_{-1}^0(\delta_z),$$
$$\omega^y \in M_{-1}^0(\delta_x) \otimes M_0^1(\delta_y) \otimes M_{-1}^0(\delta_z),$$

$$\omega^z \in M_{-1}^0(\delta_x) \otimes M_{-1}^0(\delta_y) \otimes M_0^1(\delta_z), \underline{\omega} \cdot \underline{\gamma}|_{\partial\Omega} = 0\}.$$

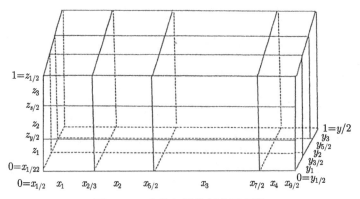

图 5.1.1　非均匀网格剖分示意图

对函数 $v(x,y,z)$, 以 $v_{ijk}, v_{i+1/2,jk}, v_{i,j+1/2,k}$ 和 $v_{ij,k+1/2}$ 分别表示 $v(x_i,y_j,z_k)$, $v(x_{i+1/2},y_j,z_k), v(x_i,y_{j+1/2},z_k)$ 和 $(x_i,y_j,z_{k+1/2})$. 定义下列内积及范数:

$$(v,w)_m = \sum_{i=1}^{N_x}\sum_{j=1}^{N_y}\sum_{k=1}^{N_z} h_{xi}h_{yj}h_{zk}v_{ijk}w_{ijk},$$

$$(v,w)_x = \sum_{i=1}^{N_x}\sum_{j=1}^{N_y}\sum_{z=1}^{N_z} h_{xi-1/2}h_{yj}h_{zk}v_{i-1/2,jk}w_{i-1/2,jk},$$

$$(v,w)_y = \sum_{i=1}^{N_x}\sum_{j=1}^{N_y}\sum_{z=1}^{N_z} h_{xi}h_{yj-1/2}h_{zk}v_{i,j-1/2,k}w_{i,j-1/2,k},$$

$$(v,w)_z = \sum_{i=1}^{N_x}\sum_{j=1}^{N_y}\sum_{z=1}^{N_z} h_{xi}h_{yj}h_{zk-1/2}v_{ij,k-1/2}w_{ij,k-1/2},$$

$$\|v\|_s^2 = (v,v)_s, \quad s = m,x,y,z, \quad \|v\|_\infty = \max_{1\leqslant i\leqslant N_x, 1\leqslant j\leqslant N_y, 1\leqslant k\leqslant N_z}\|v_{ijk}\|,$$

$$\|v\|_{\infty(x)} = \max_{1\leqslant i\leqslant N_x, 1\leqslant j\leqslant N_y, 1\leqslant k\leqslant N_z}|v_{i-1/2,jk}|,$$

$$\|v\|_{\infty(y)} = \max_{1\leqslant i\leqslant N_x, 1\leqslant j\leqslant N_y, 1\leqslant k\leqslant N_z}|v_{i,j-1/2,k}|,$$

$$\|v\|_{\infty(x)} = \max_{1\leqslant i\leqslant N_x, 1\leqslant j\leqslant N_y, 1\leqslant k\leqslant N_z}|v_{ij,k-1/2}|.$$

当 $\underline{w} = (w^x, w^y, w^z)^{\mathrm{T}}$ 时, 记

$$|||\underline{w}||| = (\|w^x\|_x^2 + \|w^y\|_y^2 + \|w^z\|_z^2)^{1/2}, \quad |||\underline{w}|||_\infty = \|w^x\|_{\infty(x)} + \|w^y\|_{\infty(y)} + \|w^z\|_{\infty(z)},$$

$$\|\underline{w}\| = (\|w^x\|_m^2 + \|w^y\|_m^2 + \|w^z\|_m^2)^{1/2}, \quad \|\underline{w}\|_\infty = \|w^x\|_\infty + \|w^y\|_\infty + \|w^z\|_\infty.$$

设 $W_p^m(\Omega) = \left\{ v \in L^p(\Omega) \,\middle|\, \dfrac{\partial^n v}{\partial x^{n-l-r} \partial y^l \partial z^r} \in L^p(\Omega), n - l - r \geqslant 0, l = 0, 1, \cdots, n; r = 0, 1, \cdots, n; n = 0, 1, \cdots, m; 0 < p < \infty \right\}$. $H^m(\Omega) = W_2^m(\Omega), L^2(\Omega)$ 的内积与范数分别为 $(\cdot, \cdot), \| \cdot \|$, 对于 $v \in S_h$, 显然有

$$\|v\|_m = \|v\|. \tag{5.1.13}$$

定义下列记号:

$$[d_x v]_{i+1/2, jk} = \frac{v_{i+1, jk} - v_{ijk}}{h_{x, i+1/2}}, \quad [d_y v]_{i, j+1/2, k} = \frac{v_{i, j+1, k} - v_{ijk}}{h_{y, j+1/2}},$$

$$[d_z v]_{ij, k+1/2} = \frac{v_{ij, k+1} - v_{ijk}}{h_{z, k+1/2}};$$

$$[D_x w]_{ijk} = \frac{w_{i+1/2, jk} - w_{i-1/2, jk}}{h_{xi}}, \quad [D_y w]_{ijk} = \frac{w_{i, j+1/2, k} - w_{i, j-1/2, k}}{h_{yi}},$$

$$[D_z w]_{ijk} = \frac{w_{ij, k+1/2} - w_{ij, k-1/2}}{h_{zi}};$$

$$\hat{w}_{ijk}^x = \frac{w_{i+1/2, jk}^x + w_{i-1/2, jk}^x}{2}, \quad \hat{w}_{ijk}^y = \frac{w_{i, j+1/2, k}^y + w_{i, j-1/2, k}^y}{2},$$

$$\hat{w}_{ijk}^y = \frac{w_{ij, k+1/2}^z + w_{ij, k-1/2}^z}{2}.$$

$$\bar{w}_{ijk}^x = \frac{h_{x, c+1}}{2h_{x, i+1/2}} w_{ijk} + \frac{h_{xi}}{2h_{x, i+1/2}} w_{i+1, jk}, \quad \bar{w}_{ijk}^y = \frac{h_{y, i+1}}{2h_{y, j+1/2}} w_{ijh} + \frac{h_{yj}}{2h_{y, j+1/2}} w_{i, j+1, k},$$

$$\bar{w}_{ijk}^z = \frac{h_{z, k+1}}{2h_{z, k+1/2}} w_{ijk} + \frac{h_{zk}}{2h_{z, k+1/2}} w_{ij, k+1}$$

以及 $\hat{\underline{w}}_{ijk} = (\hat{w}_{ijk}^x, \hat{w}_{ijk}^y, \hat{w}_{ijk}^z)^{\mathrm{T}}$ 和 $\bar{\underline{w}}_{ijk} = (\bar{w}_{ijk}^x, \bar{w}_{ijk}^y, \bar{w}_{ijk}^z)^{\mathrm{T}}$. L 是一个正整数, $\Delta t = \dfrac{T}{L}, t^n = n\Delta t, v^n$ 表示函数在 t^n 时刻的值, $d_t v^n = \dfrac{v_n - v^{n-1}}{\Delta t}$.

对于上面定义的内积和范数, 下述四个引理成立.

引理 5.1.1　对于 $v \in S_h, \underline{w} \in V_h$, 显然有

$$(v, D_x w^x)_m = -(d_x v, w^x)_x, (v, d_y w^y)_m = -(d_y v, w^y)_y, (v, d_z w^z)_m = -(d_z v, w^z)_z. \tag{5.1.14}$$

引理 5.1.2　对于 $\underline{w} \in V_h$, 则有

$$\|\hat{\underline{w}}\| \leqslant \|\|\underline{w}\|\|. \tag{5.1.15}$$

证明　事实上, 只要证明 $\|\hat{w}^x\|_m \leqslant \|w^x\|_x, \|\hat{w}^y\|_m \leqslant \|\hat{w}^y\|_y, \|\hat{w}^z\|_m \leqslant \|\hat{w}^z\|_z$ 即可. 注意到

$$\sum_{i=1}^{N_x}\sum_{j=1}^{N_y}\sum_{k=1}^{N_z} h_{xi}h_{yj}h_{zk}(\hat{w}_{ijk}^x)^2$$

$$\leqslant \sum_{j=1}^{N_y}\sum_{k=1}^{N_z} h_{yj}h_{zk}\sum_{i=1}^{N_x}\frac{(w_{i+1/2,jk}^x)^2+(w_{i-1/2,jk}^x)^2}{2}h_x$$

$$= \sum_{j=1}^{N_y}\sum_{k=1}^{N_z} h_{yj}h_{zk}\left(\sum_{i=2}^{N_x}\frac{h_{x,i-1/2}}{2}(w_{i-1/2,jk}^x)^2+\sum_{i=1}^{N_x}\frac{h_{xi}}{2}(w_{i-1/2,jk}^x)^2\right)$$

$$= \sum_{j=1}^{N_y}\sum_{k=1}^{N_z} h_{yj}h_{zk}\sum_{i=2}^{N_x}\frac{h_{x,i-1/2}}{2}(w_{i-1/2,jk}^x)^2$$

$$= \sum_{i=1}^{N_x}\sum_{j=1}^{N_y}\sum_{k=1}^{N_z} h_{x,i-1/2}h_{yj}h_{zk}(w_{i-1/2,jk}^x)^2,$$

从而有 $\|\hat{w}^x\|_m \leqslant \|w^x\|_x$, 对其余二项估计是类似的.

引理 5.1.3　对 $q \in S_h$, 则有

$$\|\bar{q}^x\|_x \leqslant M\|q\|_m, \quad \|\bar{q}^y\|_y \leqslant M\|q\|_m, \quad \|\bar{q}^z\|_z \leqslant M\|q\|_m, \tag{5.1.16}$$

此处 M 是与 q, h 无关的常数.

引理 5.1.4　对于 $\underline{w} \in V_h$, 则有

$$\|w^x\|_x \leqslant \|D_x w^x\|_m, \quad \|w^y\|_y \leqslant \|D_y w^y\|_m, \quad \|w^z\|_z \leqslant \|D_z w^z\|_m. \tag{5.1.17}$$

证明　只要证明 $\|\hat{w}^x\|_x \leqslant \|D_x w^x\|_m$, 其余是类似的. 注意到

$$\|w\|_{l+1/2,jk}^x = \sum_{i=1}^{l}(w_{i+1/2,jk}^x - w_{i-1/2,jk}^x) = \sum_{i=1}^{l}\frac{w_{i+1/2,jk}^x - w_{i-1/2,jk}^x}{h_{xi}}h_{xi}^{1/2}h_{xi}^{1/2}.$$

由 Cauchy 不等式, 可得

$$(w_{l+1/2,jk}^x)^2 \leqslant x_1\sum_{i=1}^{N_x} h_{xi}([D_x w^x]_{ijk})^2.$$

对上式左、右两边同乘以 $h_{x,i+1/2}h_{yj}h_{zk}$, 并求和可得

$$\sum_{i=1}^{N_x}\sum_{j=1}^{N_y}\sum_{k=1}^{N_z}(w_{i-1/2,jk}^x)^2 h_{x,i-1/2}h_{yj}h_{zk} \leqslant \sum_{i=1}^{N_x}\sum_{j=1}^{N_y}\sum_{k=1}^{N_z}([D_x w^x]_{ijk})^2 h_{xi}h_{yj}h_{zk}.$$

引理 5.1.4 得证.

对于细网格系统, 对于区域 $\Omega = \{[0,1]\}^3$, 定义均匀网格剖分

$$\bar\delta_x : 0 = x_0 < x_1 < x_2 < \cdots < x_{M_1-1} < x_{M_1} = 1,$$
$$\bar\delta_y : 0 = y_0 < y_1 < y_2 < \cdots < x_{M_2-1} < y_{M_2} = 1,$$
$$\bar\delta_z : 0 = z_0 < z_1 < z_2 < \cdots < x_{M_3-1} < z_{M_3} = 1.$$

此处 $M_i(i=1,2,3)$ 均为正整数, 三个方向步长和网格点分别记为 $h_x = \dfrac{1}{M_1}, h_y = \dfrac{1}{M_2}, h_z = \dfrac{1}{M_3}, x_i = ih^x, y_j = jh^y, z_k = kh^z$. 记 $D_{i+1/2,jk} = \dfrac{1}{2}[D(X_{ijk})+D(X_{i+1,j,k})]$, $D_{i-1/2,jk} = \dfrac{1}{2}[D(x_{ijk})+D(X_{i-1,j,k})]$, $D_{i,j+1/2,k}, D_{i,j-1/2,k}, D_{ij,k+1/2}, D_{ij,k-1/2}$ 的定义是类似的. 同时定义

$$\delta_{\bar x}(D\delta_x W)^n_{ijk} = (h^x)^{-2}[D_{i+1/2,jk}(W^n_{i+1,jk} - W^n_{ijk}) - D_{i-1/2,jk}(W^n_{ijk} - W^n_{i-1,jk})],$$
$$(5.1.18a)$$
$$\delta_{\bar y}(D\delta_y W)^n_{ijk} = (h^y)^{-2}[D_{i,j+1/2,k}(W^n_{i,j+1,k} - W^n_{ijk}) - D_{i,j-1/2,k}(W^n_{ijk} - W^n_{i,j-1,k})],$$
$$(5.1.18b)$$
$$\delta_{\bar z}(D\delta_z W)^n_{ijk} = (h^z)^{-2}[D_{ij,k+1/2}(W^n_{ij,k+1} - W^n_{ijk}) - D_{ij,k-1/2}(W^n_{ijk} - W^n_{ij,k-1})],$$
$$(5.1.18c)$$
$$\nabla_h(D\nabla_h W)^n_{ijk} = \delta_{\bar x}(D\delta_x W)^n_{ijk} + \delta_{\bar y}(D\delta_y W)^n_{ijk} + \delta_{\bar z}(D\delta_z W)^n_{ijk}. \qquad (5.1.19)$$

5.1.3   问题 I 混合有限体积元–修正迎风分数步差分方法程序

为了引入混合有限体积元方法的处理思想, 将流动方程 (5.1.1) 写为下述标准形式:

$$\nabla \cdot u = q(x,t), \quad (x,t) \in \Omega \times J, \qquad (5.1.20a)$$
$$u = -a(c)\nabla p, \quad (x,t) \in \Omega \times J, \qquad (5.1.20b)$$

此处 $a(c) = \dfrac{k(x)}{\mu(c)}$. 设 P, U, C 分别为 p, u 和 c 的混合有限体积元–修正迎风分数步差分方法的近似解. 则流体压力和 Darcy 速度的混合有限体积元格式为 [23-25]

$$[D_x U^x]^n_{ijk} + [D_y U^y]^n_{ijk} + [D_z U^z]^n_{ijk} = q^n_{ijk}, \qquad (5.1.21a)$$
$$U^{x,n}_{i+1/2,jk} = -[a(\bar C^x)d_x P]^n_{i+1/2,jk}, \quad U^{y,n}_{i,j+1/2,k} = -[a(\bar C^y)d_y P]^n_{i,j+1/2,k}, \qquad (5.1.21b)$$
$$U^{\xi}_{ij,k+1/2} = -[a(\bar C^z)d_z P]^n_{ij,k+1/2}.$$

下面对饱和度方程 (5.1.2) 引入修正迎风分数步差分格式, 在实际计算中通常 $D(u) \approx \Phi(x) d_m I = D(x)$. 于是有

$$\left(1 - \Delta t \left(1 + \frac{h^x}{2} |U^{x,n}| D^{-1}\right)_{ijk}^{-1} \delta_{\bar{x}}(D\delta_x) - \Delta t \delta_{U^{x,n}}\right) C_{ijk}^{n+1/3}$$

$$= C_{ijk}^n + \frac{\Delta t}{\phi_{ijk}} g(C_{ijk}^n), \quad 1 \leqslant i \leqslant M_1 - 1, \tag{5.1.22a}$$

$$C_{ijk}^{n+1/3} = \bar{c}_{ijk}^{n+1}, \quad X_{ijk} \in \partial\Omega_h. \tag{5.1.22b}$$

$$\left(1 - \Delta t \left(1 + \frac{h^y}{2} |U^{y,n}| D^{-1}\right)_{ijk}^{-1} \delta_{\bar{y}}(D\delta_y) - \Delta t \delta_{U^{v,n}}\right) C_{ijk}^{n+2/3}$$

$$= C_{ijk}^{n+1/3}, \quad 1 \leqslant j \leqslant M_2 - 1 \tag{5.1.23a}$$

$$C_{ijk}^{n+2/3} = \bar{c}_{ijk}^{n+1}, \quad X_{ijk} \in \partial\Omega_h. \tag{5.1.23b}$$

$$\left(1 - \Delta t \left(1 + \frac{h^\delta}{2} |U^{\delta,n}| D^{-1}\right)_{ijk}^{-1} \delta_{\bar{\xi}}(D\delta_\delta) - \Delta t \delta_{U^2,n}\right) C_{ijk}^{n+1} = C_{ijk}^{n+1}, \quad 1 < k < M_3 - 1,$$
$$\tag{5.1.24a}$$

$$C_{ijk}^{n+1} = \bar{c}_{ijk}^{n+1}, \quad X_{ijk} \in \partial\Omega_h. \tag{5.1.24b}$$

此处 $\bar{c}_{ijk}^{n+1}$ 为精确解 $c(x_{ijk}, t^{n+1})$ 在 $\partial\Omega_h$ 上的值, $g(c) = (\tilde{c} - c)q$,

$$\delta_{U^{x,n}} C_{ijk} = U_{ijk}^{x,n}\{H(U_{ijk}^{x,n})D_{ijk}^{-1}D_{i-1/2,jk}\delta_{\bar{x}} + (1 - H(U_{ijk}^{x,n}))D_{ijk}^{-1}D_{i+1/2,jk}\delta_x\}C_{ijk},$$

$$\delta_{U^{v,n}} C_{ijk} = U_{ijk}^{y,n}\{H(U_{ijk}^{y,n})D_{ijk}^{-1}D_{i,j-1/2,k}\delta_{\bar{y}} + (1 - H(U_{ijk}^{y,n}))D_{ijk}^{-1}D_{i,j+1/2,k}\delta_y\}C_{ijk},$$

$$\delta_{U^{z,n}} C_{ijk} = U_{ijk}^{z,n}\{H(U_{ijk}^{z,n})D_{ijk}^{-1}D_{ij,k-1/2}\delta_{\bar{z}} + (1 - H(U_{ijk}^{z,n}))D_{ijk}^{-1}D_{ij,k+1/2}\delta_z\}C_{ijk}.$$

$$H(z) = 1, \quad z \geqslant 0, \quad H(z) = 0, \quad z < 0.$$

初始逼近:

$$C_{ijk}^0 = c_0(X_{ijk}), \quad X \in \bar{\Omega}_h = \Omega \cup \partial\Omega, \tag{5.1.25}$$

混合有限体积元–修正迎风差分格式的计算程序: 首先由初始逼近 (5.1.25) 应用混合有限体元方法 (5.1.21) 对应于 $n = 0$ 计算出压力函数和 Darcy 速度的初始值 $\{U^0, P^0\}$; 再由修正迎风分数步差分格式 (5.1.22)~(5.1.24), 应用一维追赶法依次计算出 $\{C_{ijk}^1\}$; 再由 (5.1.21) 应用共轭梯度法得到混合有限体积元逼近解 $\{U^2, P^2\}$. 这样依次进行可得全部数值解, 由正性条件 (C_1) 可得解存在且唯一.

5.1.4 收敛性分析

由 5.1.2 小节的记号和引理 5.1.1 ~ 引理 5.1.4 的结果, 混合有限体积元格式 (5.1.21) 等价于下述具有离散内积形式 [23-25]:

$$(D_x U^{x,n} + D_y U^{y,n} + D_z U^{z,n}, v)_m = (q^n, v)_m, \quad \forall v \in S_h, \tag{5.1.26a}$$

$$(a^{-1}(\bar{C}^{x,n})U^{x,n}, W^x)_x + (a^{-1}(\bar{C}^{y,n})U^{y,n}, W^y)_y + (a^{-1}(\bar{C}^{z,n})U^{z,n}, W^z)_z$$
$$-(P^n, D_x w^x + D_y w^y + D_z w^z)_m = 0, \quad \forall w \in V_h, \tag{5.1.26b}$$

为了进行收敛性分析, 引入下述辅助性椭圆投影, 设 $\tilde{U} \in V_h, \tilde{P} \in S_h$ 满足

$$(D_x \tilde{U}^x + D_y \tilde{U}^y + D_z \tilde{U}^z, v)_m = (q, v)_m, \quad \forall v \in S_n, \tag{5.1.27a}$$

$$(a^{-1}(c)\tilde{U}^x, W^x)_x + (a^{-1}(c)\tilde{U}^y, W^y)_y + (a^{-1}(c)\tilde{U}^z, W^z)_z$$
$$-(\tilde{P}, D_x w^x + D_y w^y + D_z w^z)_m = 0, \quad \forall w \in V_h, \tag{5.1.27b}$$

记 $\eta = P - \tilde{P}, \zeta - \tilde{P} - P, \xi = U - \tilde{U}, \beta = \tilde{U} - U, \theta = C - c$. 设问题 (5.1.1)~(5.1.2) 满足正定性条件 (C$_1$), 其精确解满足正则性条件 (R). 由 Weiser, Wheeler 理论 [24] 得知 (5.1.27) 确定的辅助函数 $(\tilde{U}, \tilde{P})$ 存在唯一, 并有下述误差估计.

引理 5.1.5 若问题 (5.1.1)~(5.1.2) 的系数和精确解满足条件 (C$_1$) 和 (R$_1$), 则存在不依赖于 $h, \Delta t, t, n$ 的常数 $\bar{C}_1, \bar{C}_2$, 使下述估计式成立:

$$\|\zeta\|_m + \||\beta\|| \leqslant \bar{C}_1 h_p^2, \tag{5.1.28a}$$

$$\||\tilde{U}\||_\infty \leqslant \bar{C}_2. \tag{5.1.28b}$$

此处, $h_p = (h_x^2 + h_y^2 + h_z^2)^{1/2}$.

为了得到格式 (5.1.26a)、(5.1.26b) 的解与问题 (5.1.20) 和 (5.1.20) 的真解之间的误差估计, 我们需要估计 η 和 ξ, 将式 (5.1.26a) 减式 (5.1.27a)$(t = t^n)$, 式 (5.1.27b) 减式 (5.1.27b)$(t = t^n)$ 可得

$$(D_x \xi^{x,n} + D_y \xi^{y,n} + D_z \xi^{z,n}, \nu)_m = 0, \quad \forall \nu \in S_h, \tag{5.1.29a}$$

$$(a^{-1}(\bar{C}^{x,n})\xi^{x,n}, w^x)_x + (a^{-1}(\bar{C}^{y,n})\xi^{y,n}, w^y)_y + (a^{-1}(\bar{C}^{z,n})\xi^{z,n}, w^z)_z$$
$$- (\eta^n, D_x w^x + D_y \omega^y + D_z w^z)_m$$
$$= - ((a^{-1}(\bar{C}^{x,n}) - a^{-1}(c^n))\tilde{U}^{x,n}, w^x)_x - ((a^{-1}(\bar{C}^{y,n}) - a^{-1}(c^n))\tilde{U}^{y,n}, w^y)_y$$
$$- ((a^{-1}(\bar{C}^{z,n}) - a^{-1}(c^n))\tilde{U}^{z,n}, w^z)_z, \quad \forall w \in V_h. \tag{5.1.29b}$$

在 (5.1.29a) 中取 $\nu = \eta^n$, 在 (5.1.29b) 中取 $w = \xi^n$, 并将 (5.1.29b) 代入 (5.1.29b) 中, 注意到正定性条件 (C_1) 和引理 5.1.5, 可得

$$|||\xi^n|||^2 \leqslant \{\|\bar{C}^{x,n} - c^n\|_x \cdot \|\xi\|_x + \|\bar{C}^{y,n} - c^n\|_y \cdot \|\xi\|_y + \|\bar{C}^{z,n} - c^n\|_z \cdot \|\xi\|_z\}.$$

由引理 5.1.3 和 Taylor 公式可得

$$|||\xi^n||| \leqslant M\{\|\theta^n\|_m + \|\bar{c}^{x,n} - c^n\|_x + \|\bar{c}^{y,n} - c^n\|_y + \|\bar{c}^{z,n} - c^n\|_z\} \leqslant M\{\|\theta^n\|_m + h^2 + h_p^2\}. \tag{5.1.30}$$

对于 $\eta^n \in S_h$, 利用对偶方法 [31-33], 为此考虑下述椭圆问题:

$$\nabla \cdot \omega = \eta^n, \quad (x,y,z)^{\mathrm{T}} \in \Omega, \tag{5.1.31a}$$

$$\omega = \nabla p, \quad (x,y,z)^{\mathrm{T}} \in \Omega, \tag{5.1.31b}$$

$$\omega \cdot \gamma = 0, \quad (x,y,z)^{\mathrm{T}} \in \partial\Omega. \tag{5.1.31c}$$

设 $\tilde{\omega} \in V_h$, 满足

$$\left(\frac{\partial \tilde{\omega}^x}{\partial x}, \nu\right) = \left(\frac{\partial \omega^x}{\partial x}, \nu\right), \quad \forall \nu \in S_h, \tag{5.1.32a}$$

$$\left(\frac{\partial \tilde{\omega}^y}{\partial y}, \nu\right) = \left(\frac{\partial \omega^y}{\partial y}, \nu\right), \quad \forall \nu \in S_h, \tag{5.1.32b}$$

$$\left(\frac{\partial \tilde{\omega}^z}{\partial z}, \nu\right) = \left(\frac{\partial \omega^z}{\partial z}, \nu\right), \quad \forall \nu \in S_h, \tag{5.1.32c}$$

这样定义的 $\tilde{\omega}$ 是存在的且有

$$\left\|\frac{\partial \tilde{\omega}^x}{\partial x}\right\|^2 + \left\|\frac{\partial \tilde{\omega}^y}{\partial y}\right\|^2 + \left\|\frac{\partial \tilde{\omega}^z}{\partial z}\right\|^2 \leqslant \left\|\frac{\partial \omega^x}{\partial x}\right\|^2 + \left\|\frac{\partial \omega^y}{\partial y}\right\|^2 + \left\|\frac{\partial \omega^z}{\partial z}\right\|^2. \tag{5.1.33}$$

由式 (5.1.31)、(5.1.32) 和 (5.1.28) 以及引理 5.1.2 $\sim$ 引理 5.1.4 可得

$$\|\eta^n\|^2 = (\eta^n, \nabla \cdot \omega) = (\eta^n, \nabla \cdot \tilde{\omega}) = (\eta^n, D_x\tilde{\omega}^x + D_y\tilde{\omega}^y + D_z\tilde{\omega}^z)_m$$

$$= (a^{-1}(\bar{C}^{x,n})\xi^{x,n}, \tilde{\omega}^x)_x + (a^{-1}(\bar{C}^{y,n})\xi^{y,n}, \tilde{\omega}^y)_y + (a^{-1}(\bar{C}^{z,n})\xi^{z,n}, \omega^z)_z$$

$$+ ((a^{-1}(\bar{C}^{x,n}) - a^{-1}(c^n))\tilde{U}^{x,n}, \tilde{\omega}^x)_x + ((a^{-1}(\bar{C}^{y,n}) - a^{-1}(c^n))\tilde{U}^{y,n}, \tilde{\omega}^y)_y$$

$$+ ((a^{-1}(\bar{C}^{z,n}) - a^{-1}(c^n))\tilde{U}^{z,n}, \tilde{\omega}^z)_z$$

$$\leqslant M\{\|\xi^{x,n}\|_x \cdot \|\tilde{\omega}^x\|_x + \|\xi^{y,n}\|_y \cdot \|\tilde{\omega}^y\|_y + \|\xi^{z,n}\|_z \cdot \|\tilde{\omega}^z\|_z + \|\bar{C}^{x,n} - c^n\|_x$$

$$\cdot \|\tilde{\omega}^x\|_x + \|\bar{C}^{y,n} - c^n\|_y \cdot \|\tilde{\omega}^y\|_y + \|\bar{C}^{z,n} - c^n\|_z \cdot \|\bar{\omega}^z\|_z\}$$

$$\leqslant M\{(\|\bar{\omega}^x\|_x^2 + \|\bar{\omega}^y\|_y^2 + \|\bar{\omega}^\xi\|_\xi^2)^{1/2} \cdot (\|\xi^{x,n}\|_x^2 + \|\xi^{y,n}\|_y^2$$

$$+ \|\xi^{z,n}\|_z^2 + \|\theta^n\|_m^2 + \|\bar{c}^{x,n} - c^n\|_x^2 + \|\bar{c}^{y,n} - c^n\|_y^2 + \|\bar{c}^{z,n} - c^n\|_z^2)^{1/2}, \tag{5.1.34}$$

由引理 5.1.4 和椭圆问题的正则性有

$$\left\|\frac{\partial w^x}{\partial x}\right\|^2 + \left\|\frac{\partial w^y}{\partial y}\right\|^2 + \left\|\frac{\partial w^z}{\partial z}\right\|^2 \leqslant M\|\eta^n\|^2. \tag{5.1.35}$$

由引理 5.1.4 以及 (5.1.33) 和 (5.1.35) 可得

$$\begin{aligned}
\|\tilde{\omega}^x\|_x^2 + \|\tilde{\omega}^y\|_y^2 + \|\tilde{\omega}^z\|_z^2 &\leqslant \|D_x\tilde{\omega}^x\|^2 + \|D_y\tilde{\omega}^y\|^2 + \|D_z\tilde{\omega}^z\|^2 \\
&= \left\|\frac{\partial \tilde{\omega}^x}{\partial x}\right\|^2 + \left\|\frac{\partial \tilde{\omega}^y}{\partial y}\right\|^2 + \left\|\frac{\partial \tilde{\omega}^z}{\partial z}\right\|^2 \\
&\leqslant \left\|\frac{\partial \omega^x}{\partial x}\right\| + \left\|\frac{\partial \omega^y}{\partial u}\right\|^2 + \left\|\frac{\partial \omega^z}{\partial z}\right\|^2 \leqslant M\|\eta^n\|^2. \tag{5.1.36}
\end{aligned}$$

由 (5.1.34)、(5.1.30) 和 (5.1.36) 可得

$$\|\eta^n\| \leqslant M\{\|\theta^n\|_m + h^2 + h_p^2\}.$$

由 (5.1.34)、(5.1.30) 和 (5.1.36) 可得

$$\|\eta^n\| \leqslant M\{\|\theta^n\|_m + h^2 + h_p^2\}. \tag{5.1.37}$$

在区域 $\Omega = \{[0,1]\}^3$ 中的长方体网格 $\bar{\Omega}_h = \Omega_h \cup \partial\Omega_h = \bar{\omega}_1 \times \bar{\omega}_2 \times \bar{\omega}_3$ 上, 记 $\bar{\omega}_1 = \{\,x_i|i = 0, 1, \cdots, M_1\,\}, \bar{\omega}_2 = \{\,y_j|j = 0, 1, \cdots, M_2\,\}, \bar{\omega}_3 = \{\,z_k|k = 0, 1, \cdots, M_3\,\}$; $\omega_1^+ = \{\,x_i|i = 1, 2, \cdots, M_1\,\}, \omega_2^+ = \{\,y_j|j = 1, 2, \cdots, M_2\,\}, \omega_3^+ = \{\,z_k|k = 1, 2, \cdots, M_3\,\}$. 记号 $|f|_0 = \langle f, f\rangle^{1/2}$ 表示离散空间 $l^2(\Omega)$ 的模,

$$\langle f, g\rangle = \sum_{\bar{\omega}_1} h_i^x \sum_{\bar{\omega}_2} h_j^y \sum_{\bar{\omega}_3} h_k^z f(X_{ijk}) g(X_{ijk}) \tag{5.1.38a}$$

表示离散空间内积, 此处 $h_i^x = h^x, 1 \leqslant i \leqslant M_1-1, h_0^x = h_{M_1}^x = h^x/2, h_j^y = h^y, 1 \leqslant j \leqslant M_2 - 1, h_0^y = h_{M_2}^y = h^y/2, h_k^z = h^z, 1 \leqslant k \leqslant M_3 - 1, h_0^z = h_{M_3}^z = h^z/2. \langle D\nabla_h f, \nabla_h f\rangle$ 表示对应于 $H^1(\Omega) = W^{1,2}(\Omega)$ 的离散空间 $h^1(\Omega)$ 加权半模平方, 其中 $D(X)$ 是正定函数,

$$\begin{aligned}
(D\nabla_h f, \nabla_h f) &= \sum_{\bar{\omega}_2} \sum_{\bar{\omega}_3} h_j^y h_k^z \sum_{\omega_1^+} h_i^x \{D(X)\,[\delta_{\bar{x}} f(X)]^2\} \\
&\quad + \sum_{\bar{\omega}_3} \sum_{\bar{\omega}_1} h_k^z h_i^x \sum_{\omega_2^+} h_j^y \{D(X)[\delta_{\bar{y}} f(X)]^2\} \\
&\quad + \sum_{\bar{\omega}_1} \sum_{\bar{\omega}_2} h_i^x h_j^y \sum_{\omega_3^+} h_k^z \{D(X)[\delta_{\bar{z}} f(X)]^2\}. \tag{5.1.38b}
\end{aligned}$$

下面讨论饱和度的误差估计. 从分数步差分方程 (5.1.22)~(5.1.24) 消去 $C^{n+1/3}$, $C^{n+2/3}$, 可得下述等价形式:

$$\left(1 - \Delta t \left(1 + \frac{h^x}{2}|U^{x,n}|D^{-1}\right)^{-1}\delta_{\bar{x}}(D\delta_x) - \Delta t \delta_{U^{x,n}}\right)$$

$$\times \left(1 - \Delta t \left(1 + \frac{h^y}{2}|U^{y,n}|D^{-1}\right)^{-1}\delta_{\bar{y}}(D\delta_y) - \Delta t \delta_{U^{y,n}}\right)$$

$$\times \left(1 - \Delta t \left(1 + \frac{h^z}{2}|U^{z,n}|D^{-1}\right)^{-1}\delta_{\bar{z}}(D\delta_z) - \Delta t \delta_{U^{z,n}}\right) C_{ijk}^{n+1}$$

$$= C_{ijk}^n + \Delta t \phi_{ijk}^{-1} g(C_{ijk}^n), \quad X_{ijk} \in \Omega_h, \tag{5.1.39a}$$

$$C_{ijk}^{n+1} = \bar{c}_{ijk}^{n+1}, \quad X_{ijk} \in \partial\Omega_h. \tag{5.1.39b}$$

展开式 (5.1.39) 可得

$$\phi_{ijk}\frac{C_{ijk}^{n+1} - C_{ijk}^n}{\Delta t} - \sum_{S=x,y,z}\left(1 + \frac{h^s}{2}|U^{x,n}|D^{-1}\right)^{-1}_{ijk}\delta_{\bar{s}}(D\delta_s C^{n+1})_{ijk} - \sum_{s=x,y,z}\delta_{U^{s,n}}C_{ijk}^n$$

$$+ \Delta t\left\{\left(1 + \frac{h^x}{2}|U^{x,n}|D^{-1}\right)^{-1}\delta_{\bar{x}}\left(D\delta_x\left(1 + \frac{h^y}{2}|U^{y,n}|D^{-1}\right)^{-1}\delta_{\bar{y}}(D\delta_y)\right) + \cdots\right.$$

$$+ \left.\left(1 + \frac{h^y}{2}|U^{y,n}|D^{-1}\right)^{-1}\delta_{\bar{y}}\left(D\delta_y\left(1 + \frac{h^z}{2}|U^{z,n}|\right)^{-1}\delta_{\bar{z}}(D\delta_z)\right)\right\}C_{ijk}^{n+1}$$

$$- (\Delta t)^2\left(1 + \frac{h^x}{2}|U^{x,n}|D^{-1}\right)^{-1}\delta_x\left(D\delta_x\left(1 + \frac{h^y}{2}|U^{y,n}|D^{-1}\right)^{-1}\right.$$

$$\cdot \delta_{\bar{y}}\left(D\delta_{\bar{y}}\left(1 + \frac{h^z}{2}|U^{z,n}|D^{-1}\right)^{-1}\delta_{\bar{z}}(D\delta_z C^{n+1})\right)\right)_{ijk}$$

$$+ \Delta t\{\delta_{U^{x,n}}(\delta_{U^{y,n}}) + \delta_{U^{x,n}}(\delta_{U^{z,n}}) + \delta_{U^{y,n}}(\delta_{U^{z,n}})\}C_{ijk}^{n+1}$$

$$- (\Delta t)^2\delta_{U^{x,n}}(\delta_{U^{y,n}}(\delta_{U^{z,n}}C^{n+1}))_{ijk}$$

$$+ \Delta t\left\{\left(1 + \frac{h_x}{2}|U^{x,n}|D^{-1}\right)^{-1}\delta_{\bar{x}}(D\delta_x(\delta_{U^{y,n}})) + \cdots\right\}C_{ijk}^{n+1}$$

$$- (\Delta t)^2\left\{\left(1 + \frac{h_x}{2}|U^{x,n}|D^{-1}\right)^{-1}\delta_{\bar{x}}(D\delta_x(\delta_{U^{y,n}}(\delta_{U^{z,n}}))) + \cdots\right.$$

$$+ \left.\delta_{U^{x,n}}\left(\delta_{U^{y,n}}\left(1 + \frac{h^z}{2}|U^{z,n}|D^{-1}\right)^{-1}\delta_{\bar{z}}(D\delta_z)\right)\right\}C_{ijk}^{n+1}$$

$$= g(C_{ijk}^n), \quad X_{ijk} \in \Omega_h, \tag{5.1.40a}$$

$$C_{ijk}^{n+1} = \bar{c}_{ijk}^{n+1}, \quad X_{ijk} \in \partial\Omega_h. \tag{5.1.40b}$$

由方程式 (5.1.2)$(t = t^{n+1})$ 和式 (5.1.40), 可得下述误差方程:

$$\frac{\theta_{ijk}^{n+1} - \theta_{ijk}^n}{\Delta t} - \sum_{s=x,y,z} \left(1 + \frac{h^s}{2}|U^{s,n}|D^{-1}\right)_{ijk}^{-1} \delta_{\bar{s}}(D\delta_s \theta^{n+1})_{ijk}$$

$$= \sum_{s=x,y,z} \delta_{U^{s,n}} \theta_{ijk}^{n+1}$$

$$- \Delta t \Bigg\{ \left(1 + \frac{h^x}{2}|U^{x,n}|D^{-1}\right)^{-1} \delta_{\bar{x}}\left(D\delta_x \left(1 + \frac{h^y}{2}|U^{y,n}|D^{-1}\right)^{-1} \delta_{\bar{y}}(D\delta_y \theta^{n+1})\right)_{ijk}$$

$$+ \cdots + \left(1 + \frac{h^y}{2}|U^{y,n}|D^{-1}\right)^{-1} \delta_{\bar{y}}\left(D\delta_y \left(1 + \frac{h^z}{2}|U^{z,n}|D^{-1}\right)^{-1} \delta_z(D\delta_z \theta^{n+1})\right)_{ijk} \Bigg\}$$

$$+ (\Delta t)^2 \left(1 + \frac{h_x}{2}|U^{x,n}|D^{-1}\right)^{-1} \delta_{\bar{x}}\Bigg(D\delta_x \left(1 + \frac{h^y}{2}|U^{y,n}|D^{-1}\right)^{-1}$$

$$\cdot \delta_{\bar{y}}\Bigg(D\delta_y \left(1 + \frac{h^z}{2}|U^{z,n}|D^{-1}\right)^{-1} \delta_{\bar{z}}(D\delta_z \theta^{n+1})\Bigg)\Bigg)_{ijk}$$

$$+ \sum_{s=x,y,z} \{\delta_{u^{s,n+1}} c^{n+1} - \delta_{U^{s,n}} c^{n+1}\}_{ijk}$$

$$+ \sum_{s=x,y,z} \left\{ \left[\left(1 + \frac{h^s}{2}|u^{s,n+1}|D^{-1}\right)^{-1} - \left(1 + \frac{h^s}{2}|U^{s,n}|D^{-1}\right)^{-1}\right] \delta_{\bar{s}}(D\delta_s c^{n+1}) \right\}_{ijk}$$

$$- \Delta t \Bigg\{ \left[\left(1 + \frac{h^x}{2}|u^{x,n+1}|D^{-1}\right)^{-1} \delta_{\bar{x}}\left(D\delta_x \left(1 + \frac{h^y}{2}|u^{y,n+1}|D^{-1}\right)^{-1}\right)\right.$$

$$\left. - \left(1 + \frac{h^x}{2}|U^{x,n}|D^{-1}\right)^{-1} \delta_{\bar{x}}\left(D\delta_x \left(1 + \frac{h^y}{2}|u^{y,n}|D^{-1}\right)^{-1}\right)\right] \delta_{\bar{y}}(D\delta_y c^{n+1})_{ijk} + \cdots \Bigg\}$$

$$+ \cdots + \varepsilon(X_{ijk}, t^{n+1}), \quad X_{ijk} \in \Omega_h, \tag{5.1.41a}$$

$$\theta_{ijk}^{n+1} = 0, \quad X_{ijk} \in \partial\Omega_h. \tag{5.1.41b}$$

此处 $|\varepsilon(X_{ijk}, t^{n+1})| \leqslant M\{\Delta t + h^2\}, h^2 = (h^x)^2 + (h^y)^2 + (h^z)^2$.

假定时间和空间剖分参数满足限制性条件:

$$\Delta t = O(h^2), \quad h^2 = o(h_p^{3/2}). \tag{5.1.42}$$

引入归纳法假定:

$$\sup_{0 \leqslant n \leqslant L} |\theta^n|_\infty \to 0, \quad \sup_{0 \leqslant n \leqslant L} |||\xi^n|||_\infty \to 0, \quad (h, h_p, \Delta t) \to 0. \tag{5.1.43}$$

对方程 (5.1.41) 乘以 $\theta_{ijk}^{n+1} \Delta t$, 作内积并分部求和, 则有

$$\left\langle \phi(\theta^{n+1} - \theta^n), \theta^{n+1} \right\rangle + \Delta t \sum_{s=x,y,z} \left\langle D\delta_s \theta^{n+1}, \delta_s \left[\left(1 + \frac{h^s}{2}|U^{s,n}|D^{-1}\right)^{-1} \theta^{n+1}\right]\right\rangle$$

$$
= \Delta t \sum_{s=x,y,z} \left\langle \delta_{U^{s,n}} \theta^{n+1}, \theta^{n+1} \right\rangle - (\Delta t)^2 \Bigg\{ \left\langle \left(1 + \frac{h^x}{2} |U^{x,n}| D^{-1} \right)^{-1} \right.
$$

$$
\cdot \delta_{\bar{x}} \left(D \delta_{\bar{x}} \left(1 + \frac{h^y}{2} |U^{y,n}| D^{-1} \right)^{-1} \delta_{\bar{y}} (D \delta_y \theta^{n+1}) \right), \theta^{n+1} \bigg\rangle + \cdots
$$

$$
+ \left\langle \left(1 + \frac{h^y}{2} |U^{y,n}| D^{-1} \right) \delta_{\bar{y}} \left(D \delta_y \left(1 + \frac{h^z}{2} |U^{z,n}| D^{-1} \right)^{-1} \delta_{\bar{z}} (D \delta_z \theta^{n+1}) \right), \theta^{n+1} \right\rangle \Bigg\}
$$

$$
+ (\Delta t)^3 \left\langle \left(1 + \frac{h^x}{2} |U^{x,n}| D^{-1} \right)^{-1} \delta_{\bar{x}} \left(D \delta_x \left(1 + \frac{h^y}{2} |U^{y,n}| D^{-1} \right)^{-1} \right. \right.
$$

$$
\cdot \delta_{\bar{y}} \left(D \delta_y \left(1 + \frac{h^z}{2} |U^{z,n}| D^{-1} \right)^{-1} \delta_{\bar{z}} (D \delta_z \theta^{n+1}) \right) \right), \theta^{n+1} \bigg\rangle
$$

$$
+ \Delta t \sum_{s=x,y,z} \left\langle \delta_{u^{s,n+1}} c^{n+1} - \delta_{U^{s,n}}, c^{n+1}, \theta^{n+1} \right\rangle
$$

$$
+ \Delta t \sum_{s=x,y,z} \left\langle \left[\left(1 + \frac{h^s}{2} |u^{s,n+1}| D^{-1} \right)^{-1} \right. \right.
$$

$$
\left. - \left(1 + \frac{h^s}{2} |u^{s,n}| D^{-1} \right)^{-1} \right] \delta_{\bar{s}} (D \delta_s c^{n+1}), \theta^{n+1} \bigg\rangle
$$

$$
- (\Delta t)^2 \Bigg\{ \left\langle \left[\left(1 + \frac{h^x}{2} |u^{x,n+1}| D^{-1} \right)^{-1} \delta_{\bar{x}} \left(D_e \delta_x \left(1 + \frac{h^y}{2} |u^{y,n+1}| D^{-1} \right)^{-1} \right) \right. \right.
$$

$$
\left. - \left(1 + \frac{h^x}{2} |U^{x,n}| D^{-1} \right)^{-1} \delta_{\bar{x}} \left(D \delta_x \left(1 + \frac{h^y}{2} |U^{y,n}| D^{-1} \right)^{-1} \right) \right]
$$

$$
\cdot \delta_{\bar{y}} (D \delta_y c^{n+1}), \theta^{n+1} \bigg\rangle + \cdots \Bigg\}
$$

$$
+ (\Delta t)^3 \left\langle \left[\left(1 + \frac{h^x}{2} |u^{x,n+1}| D^{-1} \right)^{-1} \delta_{\bar{x}} \left(D \delta_x \left(1 + \frac{h^y}{2} |u^{y,n+1}| D^{-1} \right)^{-1} \right. \right. \right.
$$

$$
\cdot \delta_{\bar{z}} \left(D \delta_z \left(1 + \frac{h^z}{2} |u^{z,n+1}| D^{-1} \right)^{-1} \right) \right)
$$

$$
- \left(1 + \frac{h^x}{2} |U^{x,n}| D^{-1} \right)^{-1} \delta_{\bar{x}} \left(D_e \delta_x \left(1 + \frac{h^y}{2} |U^{y,n}| D^{-1} \right)^{-1} \right.
$$

$$
\left. \left. \cdot \delta_{\bar{z}} \left(D \delta_z \left(1 + \frac{h^z}{2} |U^{z,n}| D^{-1} \right)^{-1} \right) \right) \right] \delta_{\bar{z}} (D \delta_z c^{n+1}), \theta^{n+1} \bigg\rangle + \cdots
$$

$$
+ \Delta t \left\langle \varepsilon^{n+1}, \theta^{n+1} \right\rangle. \tag{5.1.44}
$$

首先估计饱和度误差方程 (5.1.44) 左端诸项, 可得

$$
\left\langle \phi(\theta^{n+1} - \theta^n), \theta^{n+1} \right\rangle + \Delta t \sum_{s=x,y,z} \left\langle D \delta_s \theta^{n+1}, \delta_s \left[\left(1 + \frac{h^s}{2} |U^{s,n}| D^{-1} \right)^{-1} \theta^{n+1} \right] \right\rangle
$$

$$\geqslant \frac{1}{2}\{|\phi^{1/2}\theta^{n+1}|_0^2 - |\phi^{1/2}\theta^n|_0^2\}$$

$$+ \Delta t \sum_{s=x,y,z} \left\{ \left\langle D\delta_s\theta^{n+1}, \left(1 + \frac{h^s}{2}|U^{s,n}|D^{-1}\right)^{-1}\delta_s\theta^{n+1}\right\rangle \right.$$

$$\left. + \left\langle D\delta_s\theta^{n+1}, \delta_s\left(1 + \frac{h^s}{2}|U^{s,n}|D^{-1}\right)^{-1}\cdot\theta^{n+1}\right\rangle \right\}$$

$$\geqslant \frac{1}{2}\{|\phi^{1/2}\theta^{n+1}|_0^2 - |\phi^{1/2}\theta^n|_0^2\}$$

$$+ \Delta t \sum_{s=x,y,z} \left\langle D\delta_s\theta^{n+1}, \left(1 + \frac{h^s}{2}|U^{s,n}|D^{-1}\right)^{-1}\delta_s\theta^{n+1}\right\rangle$$

$$- \varepsilon|\nabla_h\theta^{n+1}|^2\Delta t - M|\theta^{n+1}|_0^2\Delta t$$

$$\geqslant \frac{1}{2}\{|\phi^{1/2}\theta_e^{n+1}|_0^2 - |\phi^{1/2}\theta_e^n|_0^2\}$$

$$+ D_0\Delta t \sum_{s=x,y,z} |\delta_s\theta^{n+1}|_0^2 - \varepsilon|\nabla_h\theta^{n+1}|^2\Delta t - M|\theta^{n+1}|_0^2\Delta t, \tag{5.1.45}$$

此处 D_0 是一确定的正常数. 从关系式

$$\delta_s\left(1 + \frac{h^s}{2}|U^{s,n}|D^{-1}\right)^{-1} = \left(1 + \frac{h^s}{2}|U^{s,n}|D^{-1}\right)^{-2}\cdot\frac{h^s}{2}\frac{U^{s,n}}{|U^{s,n}|}\cdot\delta_s(U_{s,n})$$

和归纳法假定 (5.1.43), 混合有限体积元误差估计式 (5.1.28) 和 (5.1.30), 推得估计式 (5.1.45) 成立.

现逐项估计饱和度误差方程 (5.1.44) 右端诸项, 同样由归纳法假定 (5.1.43) 和混合体积元误差估计式 (5.1.28) 和 (5.1.30) 可以推得 $|\underline{U}^n|_\infty$ 是有界的, 则有

$$\Delta t \sum_{s=x,y,z} \left\langle \delta_{U^{s,n}}\theta^{n+1}, \theta^{n+1}\right\rangle \leqslant M\{|\theta^{n+1}|_0^2 + |\nabla_h\theta^{n+1}|_0^2\}\Delta t. \tag{5.1.46}$$

对于估计式 (5.1.44) 右端其余的项. 虽然算子 $-\delta_{\bar{x}}(D\delta_x), -\delta_{\bar{y}}(D\delta_y), -\delta_{\bar{z}}(D\delta_z)$ 是自共轭、正定和有界的, 空间区域是正长立方体, 但通常它们的乘积一般是不可交换的. 注意到 $\delta_x\delta_y = \delta_y\delta_x, \delta_{\bar{x}}\delta_y = \delta_y\delta_{\bar{x}},\cdots$, 对估计式 (5.1.44) 右端第二项有

$$- (\Delta t)^2\left\langle \left(1 + \frac{h^x}{2}|U^{x,n}|D^{-1}\right)^{-1} \right.$$

$$\left. \cdot \delta_{\bar{x}}\left(D\delta_x\left(1 + \frac{h^y}{2}|U^{y,n}|D^{-1}\right)^{-1}\delta_{\bar{y}}(D\delta_y\theta^{n+1})\right), \theta^{n+1}\right\rangle$$

$$= (\Delta t)^2\left\{ \left\langle D_e\left(1 + \frac{h^y}{2}|U^{y,n}|D^{-1}\right)^{-1}\delta_{\bar{y}}\delta_x(D\delta_y\theta^{n+1}), \left(1 + \frac{h^x}{2}\right)|U^{x,n}|D^{-1}\delta_x\theta^{n+1} \right.\right.$$

$$\left. + \delta_x\left(1 + \frac{h^x}{2}|U^{x,n}|D^{-1}\right)^{-1}\cdot\theta^{n+1}\right\rangle$$

$$+ \left\langle D\delta_x \left(1 + \frac{h^y}{2}|U^{y,n}|D^{-1}\right)^{-1} \cdot \delta_{\bar{y}}(D\delta_{\bar{y}}\theta^{n+1}),\right.$$

$$\left.\left(1 + \frac{h^x}{2}|U^{x,n}|D^{-1}\right)^{-1}\delta_x\theta^{n+1} + \delta_x\left(1 + \frac{h^x}{2}|U^{x,n}|D^{-1}\right)^{-1} \cdot \theta^{n+1}\right\rangle\right\}$$

$$= -(\Delta t)^2 \left\{ \left\langle D\delta_x\delta_y\theta^{n+1}, D\left(1 + \frac{h^y}{2}|U^{y,n}|D^{-1}\right)^{-1} \right.\right.$$

$$\left.\cdot \left(1 + \frac{h^x}{2}|U^{x,n}|D^{-1}\right)^{-1} \cdot \delta_x\delta_y\theta^{n+1}\right\rangle$$

$$+ \left\langle \delta_x D \cdot \delta_y\theta^{n+1}, D\left(1 + \frac{h^y}{2}|U^{y,n}|D^{-1}\right)^{-1} \cdot \left(1 + \frac{h^x}{2}|U^{x,n}|D^{-1}\right)^{-1} \cdot \delta_x\delta_y\theta^{n+1}\right\rangle$$

$$+ \left\langle D\delta_x\delta_y\theta^{n+1}, \delta_y\left[D\left(1 + \frac{h^y}{2}|U^{y,n}|D^{-1}\right)^{-1} \cdot \left(1 + \frac{h^x}{2}|U^{x,n}|D^{-1}\right)^{-1}\right] \cdot \delta_x\theta^{n+1}\right.$$

$$\left. + \delta_x\left(1 + \frac{h^x}{2}|U^{x,n}|D^{-1}\right)^{-1} \cdot \delta_y\theta^{n+1} + \delta_x\delta_y\left(1 + \frac{h^x}{2}|U^{x,n}|D^{-1}\right)^{-1} \cdot \theta^{n+1}\right\rangle$$

$$+ \left\langle D\delta_y\theta^{n+1}, D\delta_x\left(1 + \frac{h^y}{2}|U^{y,n}|D^{-1}\right)^{-1} \cdot \left(1 + \frac{h^x}{2}|U^{x,n}|D^{-1}\right)^{-1} \cdot \delta_x\delta_y\theta^{n+1}\right\rangle$$

$$+ \left\langle D\delta_y\theta^{n+1}, D\delta_y\left[D\delta_x\left(1 + \frac{h^y}{2}|U^{y,n}|D^{-1}\right)^{-1} \cdot \left(1 + \frac{h^x}{2}|U^{x,n}|D^{-1}\right)^{-1}\right] \cdot \delta_x\theta^{n+1}\right.$$

$$+ D\delta_x\left(1 + \frac{h^y}{2}|U^{y,n}|D^{-1}\right)^{-1} \cdot \left(1 + \frac{h^x}{2}|U^{x,n}|D^{-1}\right)^{-1} \cdot \delta_y\theta^{n+1}$$

$$\left.\left. + \delta_y\left[D\delta_x\left(1 + \frac{h^y}{2}|U^{y,n}|D^{-1}\right)^{-1} \cdot \left(1 + \frac{h^x}{2}|U^{x,n}|D^{-1}\right)^{-1}\right] \cdot \theta^{n+1}\right\rangle\right\} \quad (5.1.47)$$

对上述估计式 (5.1.47) 右端第一项, 由正定性条件 $0 < D_* \leqslant D_e(X) \leqslant D^*$ 和归纳法假定 (5.1.43) 以及 Cauchy 不等式, 消去高阶差商项 $\delta_x\delta_y\theta_e^{n+1}$, 当 h 适当小时, 有

$$-(\Delta t)^2 \left\langle D\delta_x\delta_y\theta^{n+1}, D_e\left(1 + \frac{h^y}{2}|U^{y,n}|D^{-1}\right)^{-1}\right.$$

$$\left.\cdot \left(1 + \frac{h^x}{2}|U^{x,n}|D^{-1}\right)^{-1} \cdot \delta_x\delta_y\theta^{n+1}\right\rangle$$

$$\leqslant -(\Delta t)^2 D_0|\delta_x\delta_y\theta^{n+1}|_0^2, \quad (5.1.48a)$$

此处 D_0 是一确定的正常数, 对估计式 (5.1.47) 右端其余诸项有下述估计:

$$-(\Delta t)^2 \left\{ \left\langle \delta_x D \cdot \delta_y\theta^{n+1}, D\left(1 + \frac{h^y}{2}|U^{y,n}|D^{-1}\right)^{-1}\right.\right.$$

$$\left.\cdot \left(1 + \frac{h^x}{2}|U^{x,n}|D^{-1}\right)^{-1} D^{-1} \cdot \delta_x\delta_y\theta^{n+1}\right\rangle$$

$$+ \left\langle D\delta_y\theta^{n+1}, \delta_y\left[D\left(1 + \frac{h^y}{2}|U^{y,n}|D^{-1}\right)^{-1} \right.\right.$$
$$\left.\left. \cdot \left(1 + \frac{h^x}{2}|U^{x,n}|D^{-1}\right)^{-1}\right] \cdot \delta_x\theta^{n+1} + \cdots \right\rangle + \cdots \Big\}$$
$$\leqslant \frac{1}{2}(\Delta t)^2 D_0|\delta_x\delta_y\theta^{n+1}|_0^2 + M\{|\nabla_h\theta^{n+1}|_0^2 + |\theta^{n+1}|_0^2\}(\Delta t)^2. \tag{5.1.48b}$$

对估计式 (5.1.47) 用式 (5.1.48) 可得

$$-(\Delta t)^2 \left\langle \left(1 + \frac{h^x}{2}|U^{x,n}|D^{-1}\right)^{-1} \right.$$
$$\left. \cdot \delta_{\bar{x}}\left(D\delta_x\left(1 + \frac{h^y}{2}|U^{y,n}|D^{-1}\right)^{-1}\delta_{\bar{y}}(D\delta_y\theta^{n+1})\right), \theta^{n+1} \right\rangle$$
$$\leqslant -\frac{1}{2}D_0(\Delta t)^2|\delta_x\delta_y\theta^{n+1}|_0^2 + M\{|\nabla_h\theta^{n+1}|_0^2 + |\theta_0^{n+1}|_0^2\}(\Delta t)^2. \tag{5.1.49}$$

类似地, 对估计式 (5.1.44) 右端第二项其余部分的讨论和分析, 可得

$$-(\Delta t)^2 \left\{ \left\langle \left(1 + \frac{h^x}{2}|U^{x,n}|D^{-1}\right)^{-1} \right.\right.$$
$$\left. \cdot \delta_{\bar{x}}\left(D\delta_x\left(1 + \frac{h^y}{2}|U^{y,n}|\cdot D^{-1}\right)^{-1}\delta_{\bar{y}}(D\delta_y\theta^{n+1})\right), \theta^{n+1} \right\rangle$$
$$+ \cdots + \left\langle \left(1 + \frac{h^y}{2}|U^{y,n}|D^{-1}\right)^{-1} \right.$$
$$\left.\left. \cdot \delta_{\bar{y}}\left(D\delta_y\left(1 + \frac{h^z}{2}|U^{z,n}|D^{-1}\right)^{-1}\delta_{\bar{z}}(D\delta_z\theta^{n+1})\right), \theta^{n+1} \right\rangle \right\}$$
$$\leqslant -\frac{1}{2}D_0(\Delta t)^2\{|\delta_x\delta_y\theta^{n+1}|_0^2 + |\delta_x\delta_z\theta^{n+1}|_0^2 + |\delta_y\delta_z\theta^{n+1}|_0^2\}$$
$$+ M\{|\nabla_h\theta^{n+1}|_0^2 + |\theta^{n+1}|_0^2\}(\Delta t)^2. \tag{5.1.50}$$

类似地, 对于估计式 (5.1.44) 右端的第三项, 由正定性条件 (C$_1$) 和归纳法假定 (5.1.43), 消去高阶差商项 $\delta_x\delta_y\delta_z\theta_e^{n+1}$, 当 h 适当小时, 有

$$(\Delta t)^3 \left\langle \left(1 + \frac{h^x}{2}|U^{x,n}|D^{-1}\right)^{-1}\delta_{\bar{x}}\left(D\delta_x\left(1 + \frac{h^y}{2}|U^{y,n}|D^{-1}\right)^{-1} \right.\right.$$
$$\left.\left. \cdot \delta_{\bar{y}}\left(D\delta_y\left(1 + \frac{h^z}{2}|U^{z,n}|D^{-1}\right)^{-1}\delta_{\bar{z}}(D\delta_z\theta^{n+1})\right)\right), \theta^{n+1} \right\rangle$$
$$\leqslant -\frac{D_0}{2}(\Delta t)^3|\delta_x\delta_y\delta_z\theta^{n+1}| + \varepsilon(\Delta t)^2\{|\delta_x\delta_y\theta^{n+1}|_0^2 + |\delta_x\delta_z\theta^{n+1}|_0^2 + |\delta_y\delta_z\theta^{n+1}|_0^2\}$$
$$+ M\{|\nabla_h\theta^{n+1}|_0^2 + |\theta^{n+1}|_0^2\}(\Delta t)^2. \tag{5.1.51}$$

对估计式 (5.1.44) 右端的第四项有

$$\Delta t \sum_{s=x,y,z} \left\langle \delta_{u^{s,n+1}} c^{n+1} - \delta_{U^{s,n}} c^{n+1}, \theta^{n+1} \right\rangle$$
$$\leqslant M\{(\Delta t)^2 + h^4 + h_\rho^4 + |\theta^{n+1}|_0^2 + |\theta^{n+1}|_0^2\}\Delta t. \tag{5.1.52}$$

此处估计式利用了关于混合元的估计式 (5.1.28) 和 (5.1.30), 得到了下述估计 [34-36],

$$|||\underline{u} - \underline{U}_h|||_0^2 \leqslant M\{|\theta|_0^2 + h^4\}. \tag{5.1.53}$$

对估计式 (5.1.44) 右端最后一项有

$$|\left\langle \varepsilon^{n+1}, \theta^{n+1} \right\rangle \Delta t| \leqslant M\{(\Delta t)^2 + h^4 + |\theta^{n+1}|_0^2\}\Delta t. \tag{5.1.54}$$

对误差方程 (5.1.44), 组合 (5.1.45)、(5.1.46)、(5.1.50)∼(5.1.52) 和 (5.1.54), 对 n 从 0 到 L 求和, 当 Δt 适当小时, 则有

$$|\theta^{L+1}|_0^2 + \sum_{n=0}^{L} |\nabla_h \theta^{n+1}|_0^2 \Delta t$$
$$\leqslant M\left\{ \sum_{n=0}^{L} |\theta^{n+1}|_0^2 \Delta t + (\Delta t)^2 + h^4 + h_p^4 \right\}. \tag{5.1.55}$$

对上式应用离散形式 Gronwall 引理有

$$|\theta^{L+1}|_0^2 + \sum_{n=0}^{L} |\nabla_h \theta^{n+1}|_0^2 \Delta t$$
$$\leqslant M\{(\Delta t)^2 + h^4 + h_p^4\}. \tag{5.1.56}$$

下面检验归纳法 (5.1.43). 对于 $n = 0$ 时, 由于初始值的选取 $\theta^0 = 0$, 再由估计式 (5.1.53) 同时得知 (5.1.43) 是显然成立的. 若对 $1 \leqslant n \leqslant L$, 应用归纳法, 假定 (5.1.43) 成立. 由估计式 (5.1.56) 和限制性条件 (5.1.42), 有

$$|\theta^{L+1}|_\infty \leqslant Mh^{-3/2}\{h^2 + h_p^2 + \Delta t\} \leqslant Mh^{1/2} \to 0, \tag{5.1.57a}$$

$$|||\xi|||_\infty \leqslant Mh_p^{-3/2}\{h^2 + h_p^2 + \Delta t\} \leqslant Mh_p^{1/2} \to 0. \tag{5.1.57b}$$

则归纳法假定 (5.1.43) 得证.

定理 5.1.1 对问题 (5.1.1)∼(5.1.2), 假定其精确解满足正则性条件 (R_1), 且问题是正定的, 即满足正定性条件 (C_1), 采用混合有限体积元–修正迎风分数步差分方法 (5.1.21)∼(5.1.25) 逐层用追赶法并行求解. 若剖分参数满足限制性条件 (5.1.42), 则下述误差估计式成立:

$$\|c - C\|_{\bar{L}\infty(J;l^2)} + \|p - P\|_{\bar{L}\infty(J;l^2)} + \|c - C\|_{\bar{L}\infty(J;h)} + \|u - U\|_{\bar{L}\infty((0,\hat{T}],V)}$$

$$\leqslant M^*\{\Delta t + h^2 + h_p^2\},\tag{5.1.58}$$

此处 $\|g\|_{L_\infty(J;K)} = \sup\limits_{n\Delta t \leqslant T} \|g^n\|_X \|g\|_{L_2(J;X)} = \sup\limits_{L\Delta t \leqslant T} \left\{\sum\limits_{n=0}^{L} \|g^n\|_X \Delta t\right\}^{1/2}$, 常数 M^* 依赖于函数 p, c 及其导函数.

5.1.5　数值算例

我们构造了一个包含椭圆方程和对流扩散方程组例子, 用来阐明本节的方法在求解油水二相渗流驱动问题的有效性. 为了更好地贴近油水二相渗流驱动问题数值模拟的实际情况, 考虑如下的方程组:

$$-\Delta\psi = \nabla \cdot \underline{u} = -e, \quad (x,y) \in (0,1) \times (0,1), \quad t > 0,\tag{5.1.59a}$$

$$\frac{\partial e}{\partial t} - k\nabla \cdot (\underline{u}e) - \Delta e = f(x,y,t), \quad (x,y) \in (0,1) \times (0,1), \quad t > 0,\tag{5.1.59b}$$

其精确解为

$$\psi = -\frac{1}{2\pi^2}\exp(-2\pi^2 t)\sin\pi x\sin\pi y,$$

$$\underline{u} = \frac{1}{2\pi}cxp(-2\pi^2 t)(\cos\pi x\sin\pi y, \sin\pi x\cos\pi y)^{\mathrm{T}},$$

$$e = \exp(-2\pi^2 t)\sin\pi x\sin\pi y.$$

函数 f 可通过精确解计算出.

对问题 (5.1.59a) 和 (5.1.59b), 我们按照本节的思想构造了混合有限体积元–修正迎风分数步差分格式, 计算结果见表 5.1.1 和表 5.1.2. 这两个表反映了本节的方法处理这类方程组是有效的.

表 5.1.1　$k = 1.0, \Delta t = 0.001, t = 0.1$

h	$\frac{1}{4}$	$\frac{1}{8}$	$\frac{1}{16}$
$\|p - P\|_{l^2}$	5.39894×10^{-4}	2.80845×10^{-4}	1.46112×10^{-4}
$\|u - U\|_{\mathrm{div}}$	2.49803×10^{-2}	9.49419×10^{-3}	3.84348×10^{-3}
$\|c - C\|_{l^2}$	1.17250×10^{-2}	2.41124×10^{-3}	2.60700×10^{-4}

表 5.1.2　$k = 1.0 \times 10^4, \Delta t = 0.001, t = 0.1$

h	$\frac{1}{4}$	$\frac{1}{8}$	$\frac{1}{16}$
$\|p - P\|_{l^2}$	5.22689×10^{-4}	2.96090×10^{-4}	1.55494×10^{-4}
$\|u - U\|_{\mathrm{div}}$	2.47792×10^{-2}	1.09559×10^{-2}	5.42783×10^{-3}
$\|c - C\|_{l^2}$	1.77480×10^{-2}	9.51986×10^{-3}	4.82983×10^{-3}

5.1.6 问题 II 的混合有限体积元–修正迎风分数步差分方法和分析

将问题 II 写为下述标准形式 [1-6]：

$$\nabla \cdot u = q(x,t), \quad x \in \Omega \times J, \tag{5.1.60a}$$

$$u = -k(x,s)\nabla p, \quad x \in \Omega \times J, \tag{5.1.60b}$$

$$\phi\frac{\partial s}{\partial t} + b(s)u \cdot \nabla s - \nabla \cdot (D\nabla S) = f(x,t,s), \quad X \in \Omega \times J, \tag{5.1.61}$$

此处 $k(x,s) = k(x)\lambda(s)$, $b(s) = \lambda_0'(s)$, $D(x,s) = k(x)\lambda\lambda_0\lambda_w p_c'$, $f(x,t,s) = -\lambda_0 q, q \geqslant 0$, $f(x,t,s) = 0, q < 0$.

流体压力和 Darcy 速度的混合有限体积元格式为

$$[D_x U^x]_{ijk}^n + [D_y U^y]_{ijk}^n + [D_z U^z]_{ijk}^n = q_{ijk}^n, \tag{5.1.62a}$$

$$U_{i+\frac{1}{2}jk}^{x,n} = -[k(\bar{S}^x)d_x P]_{i+\frac{1}{2}jk}^n, \quad U_{i,j+\frac{1}{2},k}^{y,n} = -[k(\bar{S}^y)d_y P]_{i+\frac{1}{2}k}^n,$$

$$U_{ij,k+\frac{1}{2}}^{z,n} = -[k(\bar{S}^z)d_z P]_{ij,k+\frac{1}{2}}^n \tag{5.1.62b}$$

饱和度方程 (5.1.61) 的修正迎风分数步格式为

$$\left(1 - \Delta t\left(1 + \frac{h^x}{2}|(bU)^{x,n}|D^{-1}\right)^{-1}\delta_{\bar{x}}(D\delta_x) - \Delta t\delta_{(bU)^{x,n}}\right)S_{ijk}^{n+\frac{1}{3}}$$

$$= S_{ijk}^n + \frac{\Delta t}{\phi_{ijk}}f(S_{ijk}^n), \quad 1 \leqslant i \leqslant M_1 - 1, \tag{5.1.63a}$$

$$S_{ijk}^{n+1/3} = \bar{s}_{ijk}^{n+1}, \quad X_{ijk} \in \partial\Omega_h. \tag{5.1.63b}$$

$$\left(1 + \Delta t\left(1 + \frac{h^y}{2}|(bU)^{y,n}|D^{-1}\right)^{-1}\delta_{\bar{y}}(D\delta_y) - \Delta t\delta_{(bu)^{y,n}}\right)S_{ijk}^{n+2/3} = S_{ijk}^{n+1/3},$$

$$1 \leqslant j \leqslant M_2 - 1, \tag{5.1.64a}$$

$$S_{ijk}^{n+2/3} = \bar{s}_{ijk}^{n+1}, \quad X_{ijk} \in \partial\Omega_h. \tag{5.1.64b}$$

$$\left(1 - \Delta t\left(1 + \frac{h^z}{2}|(bU)^{z,n}|D^{-1}\right)^{-1}\delta_{\bar{z}}(D\delta_z) - \Delta t\delta_{(bu)^{z,n}}\right)S_{ijk}^{n+1} = S_{ijk}^{n+2/3},$$

$$1 \leqslant k \leqslant M_3 - 1, \tag{5.1.65a}$$

$$S_{ijk}^{n+1} = \bar{s}_{ijk}^{n+1}, \quad X_{ijk} \in \partial\Omega_h. \tag{5.1.65b}$$

此处 $\delta_{(bU)^{x,n}}S_{ijk} = (bU)_{ijk}^{x,n}\{H((bU)^{x,n})D_{ijk}^{-1}D_{i-1/2,jk}\delta_{\bar{x}} + (1 - H((bU)^{x,n}))D_{ijk}^{-1} \cdot D_{i+1/2,jk}\delta_x\}S_{ijk}$, $\delta_{(bU)^{y,n}}S_{ijk}$, $\delta_{(bU)^{z,n}}S_{ijk}$ 定义是类似的.

初始逼近:

$$S_{ijk}^0 = S_0(X_{ijk}), \quad X \in \Omega_h. \tag{5.1.66}$$

问题 II 的混合有限体积元–修正迎风差分格式的计算程序和问题 I 是类似的.

定理 5.1.2　　对问题 (5.1.60)、(5.1.61), 假定问题满足正定性条件 (C$_2$), 其精确解满足正则性条件 (R$_2$):

(C$_2$)　$0 < \phi_* \leqslant \phi(x) \leqslant \phi^*, \quad 0 < k_* \leqslant k(x,s) \leqslant k^*, \quad 0 < D_* \leqslant D(x,s) \leqslant D^*,$
此处 $\phi^*, \phi^*, k^*, k^*, D^*$ 和 D^* 均为确定的正常数.

(R$_2$)　　　　　$p \in L^\infty(J; H^3(\Omega)) \cap H^1(J; W^{4,\infty}(\Omega)),$

$$S \in L^\infty(J; W^{4\infty}(\Omega)), \frac{\partial^2 c}{\partial t^z} \in L^\infty(L^\infty(\Omega)),$$

采用混合有限体积元–修正迎风分数步差分格式 (5.1.62)、(5.1.63)~(5.1.65) 和 (5.1.66) 逐层用追赶法求解, 若剖分参数同样满足限制性条件 (5.1.42), 则下述误差估计式成立:

$$\|s - S\|_{L^\infty(J;L^2)} + \|p - P\|_{\bar{L}^2(J;L^2)} + \|s - S\|_{\bar{L}^2(J;h^1)} + \|u - U\|_{\bar{L}^\infty(J;V)}$$
$$\leqslant M^{**}\{\Delta t + h^2 + h_p^2\}. \tag{5.1.67}$$

此处常数 M^{**} 依赖于函数 p, s 及其导函数.

5.1.7　总结和讨论

本节研究三维油水二相渗流驱动问题的混合有限体积元–修正迎风分数步差分方法及其数值分析. 5.1.1 小节是引言部分, 叙述问题的数学模型、物理背景以及国内外研究概况; 5.1.2 小节给出了网格剖分记号和引理. 两种不同 (粗、细) 不可压缩相混溶和不混溶二类网格剖分分别对应两种不同的离散格式, 引理则为下面的收敛性分析提供理论基础; 5.1.3 小节提出了混合有限体积元–修正迎风分数步差分程序, 混合有限体积元方法对 Darcy 流速的高精度计算, 对饱和度方程的修正迎风分数步差分方法, 将三维问题化为连续解三个一维问题, 大大减少了计算工作量; 5.1.4 小节是收敛性分析, 得到了最佳二阶 L^2 模误差估计. 这里需要特别指出的是, 对高精度要求较低的问题, 我们同样可类似地提出混合有限体积元–迎风 (一阶) 分数步差方法, 经过类似的分析, 同样可得一阶 L^2 模误差估计. 5.1.5 小节给出了数值算例, 验证了本节方法在二相渗流驱动数值模拟中的有效性. 5.1.6 小节对不可压缩不混溶油水驱动问题提出了混合有限体积元–修正迎风分数方法及其收敛性结果. 本节有如下特点: ①由于考虑了相混溶和不混溶二类问题, 相同之处和不同之处的特征使得数值模拟结果更能反映物理性态的真实情况; ②适用于三维复杂区域大型数值模拟的精确计算; ③由于应用混合有限体积元方法, 其具有物理守恒律性质, 且对 Darcy 流速计算提高了一阶精确度, 这对二相渗流驱动问题的数值模拟是十分重要的; ④由于对饱和度方程采用修正迎风分数步方法, 它具有二阶高精度的计算结果, 是一类适用于现代计算机上进行油藏数值模拟问题的高精度、快速的工程计算方法和程序.

5.2 可压缩二相渗流驱动问题的混合有限体积元–修正迎风分数步差分方法

5.2.1 引言

用高压泵将水强行注入油层, 使原油从生产井排出, 这是近代采油的一种重要手段. 将水注入油层后, 水驱动油层中的原油, 从生产井排出, 这就是二相驱动问题, 在近代油气田开发过程中, 为了将经油田二次采油后, 残存在油层中的原油尽可能采出, 必须采用强化采油 (化采) 新技术, 在强化采油数值模拟时, 必须考虑流体的压缩性, 否则数值模拟将会严重失真. Douglas 等学者率先提出 "微可压缩" 相混溶的数学模型, 并提出特征有限元方法和特征混合元方法, 开创了现代油藏数值模拟这一重要的新领域 [5,6,34,35,37].

问题的数学模型是下述一类耦合非线性抛物型方程组的初边值问题 [5,6,34,35,37]

$$d(c)\frac{\partial p}{\partial t} + \nabla \cdot u = d(c)\frac{\partial p}{\partial t} - \nabla \cdot (a(c)\nabla p) = q, \quad X = (x,y,z)^{\mathrm{T}} \in \Omega, \quad t \in J = (0,T],$$
$$(5.2.1a)$$

$$u = -a(c)\nabla p, \quad X \in \Omega, \quad t \in J, \quad (5.2.1b)$$

$$\phi(x)\frac{\partial c}{\partial t} + b(c)\frac{\partial p}{\partial t} + u \cdot \nabla c - \nabla \cdot (D\nabla c) = (\tilde{c} - c)\tilde{q}, \quad x \in \Omega, \quad t \in J. \quad (5.2.2)$$

此处 Ω 为 R^3 中的有界区域, 此处 $c = c_1 = 1 - c_2$, c_2 表示混合流体第二个分量的饱和度, $a(c) = k(x)\mu^{-1}(c)$, $k(x)$ 是地层的渗透率, $\mu(c)$ 是混合流体的黏度, $\phi = \phi(x)$ 是多孔介质的孔隙度, $p(x,t)$ 是混合流体内压力, $q(x,t)$ 是产量速率. $u = u(x,t)$ 是流体的 Darcy 速度, $D = \phi(x)d_m I$, 此处 d_m 是扩散系数, I 是单位矩阵. $c(x,t)$ 为待求的饱和度函数, $\tilde{q} = \max\{q,0\}$, $\tilde{c}(x,t)$ 在注入井是注入流体的饱和度, 在生产井 $\tilde{c} = c$.

边界条件常用的是定压边界条件 (Dirichlet 问题):

$$p(x,t) = \bar{p}(x,t), \quad x \in \partial\Omega, \quad t \in J; \quad c(x,t) = \bar{c}(x,t), \quad x \in \partial\Omega, \quad t \in J. \quad (5.2.3a)$$

此处 $\partial\Omega$ 是 Ω 的边界面, $\bar{p}(x,t), \bar{c}(x,t)$ 是问题的精确解在边界面上的值.

不渗透边界条件 (齐次 Neumann 问题):

$$u \cdot v = 0, \quad x \in \Omega, \quad t \in J; \quad (D\nabla c - cu) \cdot v = 0, \quad x \in \partial\Omega, \quad t \in j, \quad (5.2.3b)$$

此处 v 是 $\partial\Omega$ 的外法向向量.

初始条件:

$$p(x,0) = p_0(x), \quad x \in \Omega, \quad c(x,0) = c_0(x), \quad x \in \Omega. \tag{5.2.4}$$

对于不可压缩二相渗流驱动问题, 在问题周期性的假设下, Douglas, Ewing, Russell 等学者提出了特征差分方法和特征有限元法, 并给出了严谨的误差估计 [1-4]. 他们将特征线方法和标准的有限差分方法或有限元法相结合, 真实地处理反映出对流–扩散方程的一阶双曲特性, 减少截断误差, 克服数值振荡和弥散, 大大提高了计算的稳定性和精确度, 对现代强化采油数值模拟新技术, 必须考虑流体的可压缩性 [6,37-39]. 对此问题 Douglas 和作者率先在周期条件下提出特征有限元法、特征混合元法. 特征分数步差分方法和迎风分数步差分方法并得到最佳阶 L^2 模误差估计结果, 完整地解决这一著名问题 [34,35,37,40-42].

但由于特征线法需要利用插值计算, 并且特征线在求解区域附近可能穿出边界, 需要作特殊处理, 特征线与网格边界交点及相应的函数值需要计算, 因此实际计算还是比较复杂的, 对抛物问题 Axelsson, Ewing, Lazarov 和作者提出迎风差分格式 [10-14] 来克服数值解的振荡和特征线法的某些弱点. 虽然 Douglas 和 Peaceman 曾将此方法用于不可压缩二相渗流驱动问题 [15], 并得到了很好的数值结果, 但一直未见理论分析成果发表 [16,17], 有限体积元方法 [18,19] 兼具有差分方法的简单性和有限元方法的高精度性, 并且保持局部质量守恒律. 是求解偏微分方程的一种十分有效的数值方法, 混合元方法 [20-22] 可以同时求解压力函数及其 Darcy 流速, 从而提高其一阶精确度. 文献 [5,23,24] 将有限体积元和混合元方法相结合, 提出了混合有限体积元方法的思想, 文献 [25,26] 通过数值算例验证了这种方法的有效性, 文献 [26-29] 主要对椭圆问题给出了混合有限体积元方法的收敛性估计等理论结果, 形成了混合有限体积元的一般框架, 芮洪兴等用此方法研究了低渗油气渗流问题的数值模拟 [43,44].

在现代油田勘探和开发数值模拟 (特别是强化采油) 计算中, 必须考虑流体的可压缩性, 同时它是超大规模、三维大范围, 甚至是超长时间的, 节点个数多达数万及至数百万个, 用一般方法很难解决这样的问题, 需要采用现代分数步计算技术才能完整地解决这类问题 [5,6,30]. 在上述工作基础上, 本节对三维可压缩两相渗流驱动问题, 提出一类混合有限体积元–修正迎风分数步差分方法, 即对流动方程采用具有物理守恒性质的混合有限体积元方法求解, 它对 Darcy 速度的计算提高了一阶精确度. 对饱和度方程采用二阶修正迎风分数步差分方法求解, 此方法克服了数值解振荡、弥散和计算复杂性, 将三维问题化为连续解三个一维问题, 且可用追赶法求解, 大大减少了计算复杂性, 应用微分方程先验估计的理论和特殊技巧, 得到了最优二阶 L^2 模误差估计结果, 数值算例, 支持了理论分析, 指明本节方法在生产实际计算中是高效的, 高精度的, 它对现代油田勘探和开发数值模拟这一重要领域的模型分析、数值方法、机理研究和工业应用软件的研制均有重要的价值, 成功解决了这一重要问题 [5,6,30,37]

本节重点研究 Dirichlet 问题, 对 Neumann 问题可类似地讨论和分析. 这里需要假定问题 (2.2.1)~(2.2.4) 的精确解具有一定的光滑性, 还需要假定问题的系数满足下述正定性条件:

$$(C) \quad \begin{aligned} & 0 < \phi_* \leqslant \phi(x) \leqslant \phi^*, \quad 0 < a_* \leqslant a(c) \leqslant a^*, \\ & 0 < d_* \leqslant d(c) \leqslant d^*, \quad 0 < D_* \leqslant D(c) \leqslant D^*, \end{aligned}$$

此处 $\phi_*, \phi^*, a_*, a^*, d_*, d^*, D_*$ 和 D^* 均为确定的正常数.

假定问题 (5.2.1)~(5.2.4) 的精确解具有下述正则性:

$$(R) \quad \begin{aligned} & p \in L^\infty(J; H^3(\Omega)) \cap H^1(J; W^{4,\infty}(\Omega)), \quad \frac{\partial^2 c}{\partial t^2} \in L^2(L^\infty(\Omega)), \\ & c \in L^\infty(J; W^{4,\infty}(\Omega)), \quad \frac{\partial^2 c}{\partial t^2} \in L^2(L^\infty(\Omega)), \end{aligned}$$

这些假定在物理上是合理的. 最后指出, 本节中记号 M 和 ε 分别表示普通的正常数和小的正数, 在不同处具有不同的含义.

5.2.2 记号和引理

为了应用混合有限体积元–修正迎风分数步差分方法, 我们需要构造粗细两套网格系统. 粗网格是针对流场压力和 Darcy 流速的非均匀粗网格, 细网格是针对饱和度方程在三个坐标方向的均匀网格. 首先讨论粗网格系统.

下面研究三维问题. 为简单起见, 设区域 $\Omega = \{[0,1]\}^3$, 用 $\partial\Omega$ 表示其边界. 定义剖分:

$$\delta_x : 0 < x_{1/2} < x_{3/2} < \cdots < x_{N_x-1/2} < x_{N_x+1/2} = 1,$$
$$\delta_y : 0 < y_{1/2} < y_{3/2} < \cdots < y_{N_y-1/2} < y_{N_y+1/2} = 1,$$
$$\delta_z : 0 < z_{1/2} < z_{3/2} < \cdots < z_{N_z-1/2} < z_{N_z+1/2} = 1.$$

对 Ω 作剖分 $\delta_x \times \delta_y \times \delta_z, i = 1, 2, \cdots, N_x; j = 1, 2, \cdots, N_y; k = 1, 2, \cdots, N_z.$ 记

$$\Omega_{ijk} = \left\{ (x,y,z) | x_{i-1/2} < x < x_{i+1/2}, y_{j-1/2} < y < y_{j+1/2}, z_{k-1/2} < z < z_{k+1/2} \right\},$$

$$x_i = \frac{x_{i-1/2} + x_{i+1/2}}{2}, \quad y_j = \frac{y_{j-1/2} + y_{j+1/2}}{2}, \quad z_k = \frac{z_{k-1/2} + z_{k+1/2}}{2}.$$

$$h_{x_i} = x_{i+1/2} - x_{i-1/2}, \quad h_{y_j} = y_{j+1/2} - y_{j-1/2}, \quad h_{zk} = z_{k+1/2} - z_{k-1/2}.$$

$$h_{x,i+1/2} = x_{i+1} - x_i,$$

$$h_{y,i+1/2} = y_{j+1} - y_j,$$

$$h_{z,k+1/2} = z_{k+1} - z_k.$$

$$h_x = \max_{1 \leqslant i \leqslant N_x} \{h_{xi}\}, \quad h_y = \max_{1 \leqslant k \leqslant N_y} \{h_{yj}\}, \quad h_z = \max_{1 \leqslant i \leqslant N_z} \{h_{zk}\}, \quad h_p = (h_x^2 + h_y^2 + h_z^2)^{1/2}.$$

$$\min_{1 \leqslant i \leqslant N_x} \{h_{xi}\} \geqslant \alpha_1 h_x, \quad \min_{1 \leqslant j \leqslant N_y} \{h_{yj}\} \geqslant \alpha_1 h_y, \quad \min_{1 \leqslant k \leqslant N_z} \{h_{zk}\} \geqslant \alpha_1 h_z,$$

$$\min\{h_x, h_y, h_z\} \geqslant \alpha_2 \max\{h_x, h_y, h_z\}.$$

图 5.1.1 为对应于 $N_x = 4, N_y = 3, N_z = 3$ 情况简单网格的示意图. 定义 $M_l^d(\delta_x) = \{f \in C^l[0,1] : f|_{\Omega_i} \in p_d(\Omega_i), i = 1, 2, \cdots, N_x\}$, 其中 $\Omega_i = [x_{i-1/2}, x_{i+1/2}]$, $p_d(\Omega_i)$ 是 Ω_i 上次数不超过 d 的多项式空间, 当 $l = -1$ 时, 表示函数 f 在 $[0,1]$ 上可以不连续. 对 $M_1^d(\delta_y), M_1^d(\delta_z)$ 的定义是类似的. 记 $S_h = M_1^0(\delta_x) \otimes M_{-1}^0(\delta_y) \otimes M_{-1}^0(\delta_z), V_h = \{\underline{w} \mid \underline{w} = (w^x, w^y, w^z), w^x \in M_0^1(\delta_x) \otimes M_{-1}^0(\delta_y) \otimes M_{-1}^0(\delta_z), \omega^y \in M_{-1}^0(\delta_x) \otimes M_0^1(\delta_y) \otimes M_{-1}^0(\delta_z), \omega^z \in M_{-1}^0(\delta_x) \otimes M_{-1}^0(\delta_y) \otimes M_0^1(\delta_z), \underline{\omega} \cdot \underline{\gamma}|_{\partial\Omega} = 0\}$. 对函数 $v(x,y,z)$, 以 $v_{ijk}, v_{i+1/2,jk}, v_{i,j+1/2,k}$ 和 $v_{ij,k+1/2}$ 分别表示 $v(x_i, y_j, z_k), v(x_{i+1/2}, y_j, z_k), v(x_i, y_{j+1/2}, z_k)$ 和 $v(x_i, y_j, z_{k+1/2})$. 定义下列内积及范数:

$$(v, w)_m = \sum_{i=1}^{N_x} \sum_{j=1}^{N_y} \sum_{k=1}^{N_z} h_{xi} h_{yj} h_{zk} v_{ijk} w_{ijk},$$

$$(v, w)_x = \sum_{i=1}^{N_x} \sum_{j=1}^{N_y} \sum_{z=1}^{N_z} h_{xi-1/2} h_{yj} h_{zk} v_{i-1/2,jk} w_{i-1/2,jk},$$

$$(v, w)_y = \sum_{i=1}^{N_x} \sum_{j=1}^{N_y} \sum_{z=1}^{N_z} h_{xi} h_{yj-1/2} h_{zk} v_{i,j-1/2,k} w_{i,j-1/2,k},$$

$$(v, w)_z = \sum_{i=1}^{N_x} \sum_{j=1}^{N_y} \sum_{z=1}^{N_z} h_{xi} h_{yj} h_{zk-1/2} v_{ij,k-1/2} w_{ij,k-1/2},$$

$$\|v\|_S^2 = (v, v)_s, \quad s = m, x, y, z, \quad \|v\|_\infty = \max_{1 \leqslant i \leqslant N_x, 1 \leqslant j \leqslant N_y, 1 \leqslant k \leqslant N_z} |v_{ijk}|,$$

$$\|v\|_{\infty(x)} = \max_{1 \leqslant i \leqslant N_x, 1 \leqslant j \leqslant N_y, 1 \leqslant k \leqslant N_z} |v_{i-1/2,jk}|,$$

$$\|v\|_{\infty(y)} = \max_{1 \leqslant i \leqslant N_x, 1 \leqslant j \leqslant N_y, 1 \leqslant k \leqslant N_z} |v_{i,j-1/2,k}|,$$

$$\|v\|_{\infty(x)} = \max_{1 \leqslant i \leqslant N_x, 1 \leqslant j \leqslant N_y, 1 \leqslant k \leqslant N_z} |v_{ij,k-1/2}|.$$

当 $\underline{w} = (w^x, w^y, w^z)^{\mathrm{T}}$ 时, 记

$$|||\underline{w}||| = (\|w^x\|_x^2 + \|w^y\|_y^2 + \|w^z\|_z^2)^{1/2}, \quad |||\underline{w}|||_\infty = \|w^x\|_{\infty(x)} + \|w^y\|_{\infty(y)} + \|w^z\|_{\infty(z)},$$

$$\|\underline{w}\| = (\|w^x\|_m^2 + \|w^y\|_m^2 + \|w^z\|_m^2)^{1/2}, \quad \|\underline{w}\|_\infty = \|w^x\|_\infty + \|w^y\|_\infty + \|w^z\|_\infty.$$

设 $W_p^m(\Omega) = \left\{ v \in L^p(\Omega) \Big| \dfrac{\partial^n v}{\partial x^{n-l-r} \partial y^l \partial z^r} \in L^p(\Omega), n - l - r \geqslant 0, l = 0, 1, \cdots, n; \right.$
$\left. r = 0, 1, \cdots, n; n = 0, 1, \cdots, m; 0 < p < \infty \right\}.$ $H^m(\Omega) = W_2^m(\Omega), L^2(\Omega)$ 的内积与范数分别为 $(\cdot, \cdot), \|\cdot\|$, 对于 $v \in S_h$, 显然有

$$\|v\|_m = \|v\|. \tag{5.2.5}$$

定义下列记号:

$$[d_x v]_{i+1/2, jk} = \frac{v_{i+1, jk} - v_{ijk}}{h_{x, i+1/2}}, \quad [d_y v]_{i, j+1/2, k} = \frac{v_{i, j+1, k} - v_{ijk}}{h_{y, j+1/2}},$$

$$[d_z v]_{ij, k+1/2} = \frac{v_{ij, k+1} - v_{ijk}}{h_{z, k+1/2}};$$

$$[D_x w]_{ijk} = \frac{w_{i+1/2, jk} - w_{i-1/2, jk}}{h_{xi}}, \quad [D_y w]_{ijk} = \frac{w_{i, j+1/2, k} - w_{i, j-1/2, k}}{h_{yi}},$$

$$[D_z w]_{ijk} = \frac{w_{ij, k+1/2} - w_{ij, k-1/2}}{h_{zi}};$$

$$\hat{w}_{ijk}^x = \frac{w_{i+1/2, jk}^x + w_{i-1/2, jk}^x}{2}, \quad \hat{w}_{ijk}^y = \frac{w_{i, j+1/2, k}^y + w_{i, j-1/2, k}^y}{2},$$

$$\hat{w}_{ijk}^z = \frac{w_{ij, k+1/2}^z + w_{ij, k-1/2}^z}{2}.$$

$$\bar{w}_{ijk}^x = \frac{k_{x, i+1}}{2 h_{x, i+1/2}} w_{ijh} + \frac{k_{xi}}{2 h_{x, i+1/2}} w_{i+1, jk}, \quad \bar{w}_{ijk}^y = \frac{h_{y, i+1}}{2 h_{y, j+1/2}} w_{ijh} + \frac{h_{yj}}{2 h_{y, j+1/2}} w_{i, j+1, k},$$

$$\bar{w}_{ijk}^z = \frac{h_{z, k+1}}{2 h_{\xi, k+1/2}} w_{ijh} + \frac{h_{zk}}{2 h_{z, k+1/2}} w_{ij, k+1},$$

以及 $\underline{\hat{w}}_{ijk} = (\hat{w}_{ijk}^x, \hat{w}_{ijk}^y, \hat{w}_{ijk}^z)^{\mathrm{T}}$ 和 $\underline{\bar{w}}_{ijk} = (\bar{w}_{ijk}^x, \bar{w}_{ijk}^y, \bar{w}_{ijk}^\xi)^{\mathrm{T}}$. L 是一个正整数, $\Delta t = \dfrac{T}{L}, t^n = n\Delta t, v^n$ 表示函数在 t^n 时刻的值, $d_t v^n = \dfrac{v_n - v_{n-1}}{\Delta t}$.

对于上面定义的内积和范数, 下述四个引理成立.

引理 5.2.1　对于 $v \in S_h, \underline{w} \in V_h$, 显然有

$$(v, D_x w^x)_m = -(d_x v, w^x)_x, \quad (v, d_y w^y)_m = -(d_y v, w^y)_y, \quad (v, d_z w^z)_m = -(d_z v, w^z)_z.$$
(5.2.6)

引理 5.2.2　对于 $\underline{w} \in V_h$, 则有

$$\|\hat{\underline{w}}\|_m \leqslant \||\underline{w}\|_m.$$
(5.2.7)

引理 5.2.3　对 $q \in S_h$, 则有

$$\|\bar{q}^x\|_x \leqslant M\|q\|_m, \quad \|q^y\|_y \leqslant M\|\bar{q}\|_m, \quad \|q^z\|_z \leqslant \|q\|_m,$$
(5.2.8)

此处 M 是与 q, h 无关的常数.

引理 5.2.4　对于 $\underline{w} \in V_h$, 则有

$$\|w^x\|_x \leqslant \|D_x w^x\|_m, \quad \|w^y\|_y \leqslant \|D_y w^y\|_m, \quad \|w^z\|_z \leqslant \|D_z w^z\|_m.$$
(5.2.9)

考虑细网格系统, 对于区域 $\Omega = \{[0,1]\}^3$, 定义均匀网格剖分:

$$\bar{\delta}_x : 0 = x_0 < x_1 < x_2 < \cdots < x_{M_1-1} < x_{M_1} = 1,$$
$$\bar{\delta}_y : 0 = y_0 < y_1 < y_2 < \cdots < y_{M_2-1} < y_{M_2} = 1,$$
$$\bar{\delta}_z : 0 = z_0 < z_1 < z_2 < \cdots < z_{M_3-1} < z_{M_3} = 1.$$

此处 $M_i(i = 1, 2, 3)$ 均为正整数, 三个方向步长和网格点分别记为 $h_x = \dfrac{1}{M_1}, h_y = \dfrac{1}{M_2}, h_z = \dfrac{1}{M_3}, x_i = ih^x, y_j = jh^y, z_k = kh^z$. 记

$$D_{i+1/2,jk} = \frac{1}{2}[D(X_{ijk}) + D(X_{i+1,jk})], \quad D_{i-1/2,jk} = \frac{1}{2}[D(x_{ijk}) + D(X_{i-1,jk})],$$

$D_{i,j+1/2,k}, D_{i,j-1/2,k}, D_{ij,k+1/2}, D_{ij,k-1/2}$ 的定义是类似的. 同时定义

$$\delta_{\bar{x}}(D\delta_x W)_{ijk}^n = (h^x)^{-2}[D_{i+1/2,jk}(W_{i+1,jk}^n - W_{ijk}^n) - D_{i-1/2,jk}(W_{ijk}^n - W_{i-1,jk}^n)],$$
(5.2.10a)

$$\delta_{\bar{y}}(D\delta_y W)_{ijk}^n = (h^y)^{-2}[D_{i,j+1/2,k}(W_{i,j+1,k}^n - W_{ijk}^n) - D_{i,j-1/2,k}(W_{ijk}^n - W_{i,j-1,k}^n)],$$
(5.2.10b)

$$\delta_{\bar{z}}(D\delta_z W)_{ijk}^n = (h^z)^{-2}[D_{ij,k+1/2}(W_{ij,k+1}^n - W_{ijk}^n) - D_{ij,k-1/2}(W_{ijk}^n - W_{ij,k-1}^n)],$$
(5.2.10c)

$$\nabla_h(D\nabla_h W)_{ijk}^n = \delta_{\bar{x}}(D\delta_x W)_{ijk}^n + \delta_{\bar{y}}(D\delta_y W)_{ijk}^n + \delta_{\bar{z}}(D\delta_z W)_{ijk}^n.$$
(5.2.11)

5.2.3　混合有限体积元–修正迎风分数步差分方法程序

为了引入混合有限体积元方法的处理思想, 将流动方程 (5.2.1) 写为下述标准形式:

$$d(c)\frac{\partial p}{\partial t} + \nabla \cdot u = q(x,t), \quad (x,t) \in \Omega \times J, \tag{5.2.12a}$$

$$u = -a(c)\nabla p, \quad (x,t) \in \Omega \times J. \tag{5.2.12b}$$

设 P, U, C 分别为 p, u 和 c 的混合有限体积元–修正迎风分数差分方法的近似解. 在这里 C 均理解为在细网格区域 Ω_h 上的乘积型三二次插值 [6,45]. 由 5.2.2 小节的记号和引理 5.2.1~ 引理 5.2.4 的结果, 导出流体压力和 Darcy 速度的混合有限体积元格式 [28-30]:

$$\left(d(C^n)\frac{P^{n+1} - P^n}{\Delta t}, v\right)_m + (D_x U^x + D_y U^y + D_z U^z)_m = (q^{n+1}, v)_m, \quad \forall v \in S_h, \tag{5.2.13a}$$

$$(a^{-1}(\bar{C}^{x,n})U^{x,n+1}, w^x)_x + (a^{-1}(\bar{C}^{y,n})U^{y,n+1}, w^y)_y + (a^{-1}(\bar{C}^{z,n})U^{z,n+1}, w^z)_\zeta$$
$$- (P^{n+1}, D_x w^x + D_y w^y + D_z w^z)_m = 0, \quad \forall w \in V_h. \tag{5.2.13b}$$

下面对饱和度方程 (5.2.2) 引入修正迎风分数步差分格式:

$$\phi_{ijk}\frac{C_{ijk}^{n+1/3} - C_{ijk}^n}{\Delta t} = \left(1 + \frac{h^x}{2}|U^{x,n+1}|D^{-1}\right)_{ijk}^{-1} \delta_{\bar{x}}(D\delta_x C^{n+1/3})_{ijk}$$

$$+ \left(1 + \frac{h^y}{2}|U^{y,n+1}|D^{-1}\right)_{ijk}^{-1} \delta_{\bar{y}}(D\delta_y C^n)_{ijk}$$

$$+ \left(1 + \frac{h^z}{2}|U^{z,n+1}|D^{-1}\right)_{ijk}^{-1} \delta_{\bar{z}}(D\delta_z C^n)_{ijk} - b(C_{ijk}^n)\frac{P_{ijk}^{n+1} - P_{ijk}^n}{\Delta t}$$

$$+ g(C_{ijk}^n), \quad 1 \leqslant i \leqslant M_1 - 1, \tag{5.2.14a}$$

$$C_{ijk}^{n+1/3} = \bar{c}_{ijk}^{n+1}, \quad X_{ijk} \in \partial\Omega_h, \tag{5.2.14b}$$

$$\varphi_{ijk}\frac{C_{ijk}^{n+2/3} - C_{ijk}^{y+1/3}}{\Delta t} = \left(1 + \frac{h^y}{2}|U^{y,n+1}|D^{-1}\right)_{ijk}^{-1}$$

$$\cdot \delta_{\bar{y}}(D\delta_y(C^{n+2/3} - C^n))_{ijk}, \quad 1 \leqslant y \leqslant M_2 - 1, \tag{5.2.15a}$$

$$C_{ijk}^{n+2/3} = \bar{c}_{ijk}^{n+1}, \quad X_{ijk} \in \Omega_h. \tag{5.2.15b}$$

$$\varphi_{ijk}\frac{C_{ijk}^{n+1} - C_{ijk}^{n+2/3}}{\Delta t} = \left(1 + \frac{h^z}{2}|U^{z,n+1}|D^{-1}\right)_{ijk}^{-1} \delta_{\bar{z}}(D\delta_z(C^{n+1} - C^n))_{ijk}$$

$$- \sum_{s=x,y,z} \delta_{U^s,n+1} C_{ijk}^{n+1}, \quad 1 \leqslant k \leqslant M_3 - 1, \qquad (5.2.16a)$$

$$C_{ijk}^{n+1} = \bar{c}_{ijk}^{n+1}, \quad X_{ijk} \in \Omega_h. \qquad (5.2.16b)$$

此处 $g(c) = (\tilde{c} - c)q$,

$$\delta_{U^x,n+1} C_{ijk} = U_{ijk}^{x,n+1}\{H(U_{ijk}^{x,n+1})D_{ijk}^{-1}D_{i-1/2,jk}\delta_{\bar{x}}$$
$$+ (1 - H(U_{ijk}^{x,n+1}))D_{ijk}^{-1}D_{i+1/2,jk}\delta_x\}C_{ijk},$$

$$\delta_{U^y,n+1} C_{ijk} = U_{ijk}^{y,n+1}\{H(U_{ijk}^{y,n+1})D_{ijk}^{-1}D_{i,j-1/2,k}\delta_{\bar{y}}$$
$$+ (1 - H(U_{ijk}^{y,n+1}))D_{ijk}^{-1}D_{i,j+1/2,k}\delta_y\}C_{ijk},$$

$$\delta_{U^z,n+1} C_{ijk} = U_{ijk}^{z,n+1}\{H(U_{ijk}^{z,n+1})D_{ijk}^{-1}D_{ij,k-1/2}\delta_{\bar{z}}$$
$$+ (1 - H(U_{ijk}^{z,n+1}))D_{ijk}^{-1}D_{ij,k+1/2}\delta_\zeta\}C_{ijk},$$

$$H(z) = 1, \quad z \geqslant 0, \quad H(z) = 0, \quad z < 0.$$

初始逼近:

$$P_{ijk}^0 = p_0(X_{ijk}), \quad C_{ijk}^0 = c_0(X_{ijk}), \quad X_{ijk} \in \bar{\Omega}_h = \Omega \cup \partial\Omega. \qquad (5.2.17)$$

混合有限体积元–修正迎风分数步差分格式的计算程序: 先由初始逼近 (5.2.17) 应用混合有限体积元方法的椭圆投影确定 $\{\tilde{U}^0, \tilde{P}^0\}$ (将在下节叙述并定义). 取 $U^0 = \tilde{U}^0, P^0 = \tilde{P}^0$. 再由混合有限体积元格式 (5.2.13) 应用共轭梯度法求得 $\{U^1, P^1\}$. 再用修正迎风分数步差分格式 (5.2.14)~(5.2.16) 应用一组追赶法依次计算出 $\{C_{ijk}^1\}$. 再由 (5.2.13) 应用共轭梯度法得到混合有限体积元逼近解 $\{U^2, P^2\}$, 这样依次进行可得全部数值逼近解, 由正定性条件 (C), 故解存在且唯一.

5.2.4   收敛性分析

为进行收敛性分析, 引入下述辅助性椭圆投影, 记 $\tilde{U} \in V_h, \tilde{P} \in S_h$ 满足:

$$(D_x U^x + D_y \tilde{U}^y + D_z \tilde{U}^z, v)_m = (\nabla \cdot u, v)_m, \quad \forall v \in S_h, \qquad (5.2.18a)$$

$$(a^{-1}(c)\tilde{U}^x, w^x)_x + (a^{-1}(c)\tilde{U}^y, w^y)_y + (a^{-1}(c)\tilde{U}^z, w^z)_z$$
$$- (\tilde{P}, D_x w^x + D_y w^y + D_z w^\zeta)_m = 0, \quad \forall w \in V_h, \qquad (5.2.18b)$$

$$(\tilde{P} - P, 1)_m = 0. \qquad (5.2.18c)$$

记 $\pi = P - \tilde{P}, \eta = \tilde{P} - p, \sigma = U - \tilde{U}, \rho = \tilde{U} - U, \xi = c - C$. 设问题 (5.2.1)、(5.2.2) 满足正定性条件 (C), 其精确解满足正则性条件 (R). 由 Weiser, Wheeler 理论 [24] 得知格式 (5.2.18) 确定的辅助函数 $(\tilde{U}, \tilde{P})$ 存在唯一, 并有下述误差估计.

引理 5.2.5　若问题 (5.2.1)~(5.2.2) 的系数和精确解满足条件 (C) 和 (R), 则存在不依赖剖分参数 $h, \Delta t$ 的常数 $\bar{C}_1, \bar{C}_2$, 使下述估计式成立:

$$\|\eta\|_m + |||\rho||| \leqslant \bar{C}_1 h_p^2, \tag{5.2.19a}$$

$$\left\|\frac{\partial \tilde{P}}{\partial t}\right\|_\infty + |||\tilde{U}|||_\infty + \left|\left|\left|\frac{\partial \tilde{U}}{\partial t}\right|\right|\right|_\infty \leqslant \bar{C}_2. \tag{5.2.19b}$$

首先估计 π 和 σ, 将式 (5.2.13a) 或 (5.2.13b) 分别减式 (5.1.18a) $(t = t^{n+1})$ 和式 (5.1.18b) $(t = t^{n+1})$ 可得下述误差关系式.

$$(d(C^n)\partial_t \pi^n, v)_m + (D_x \sigma^{x,n+1} + D_y \sigma^{y,n+1} + D_z \sigma^{z,n+1}, v)_m$$
$$= ((d(c^{n+1}) - d(C^n))\tilde{P}_t^{n+1}, v)_m - (d(c^{n+1})\partial_t \eta^n, v)_m$$
$$+ (d(C^n)(\tilde{P}_t^{n+1} - \partial_t \tilde{P}^n), v)_m, \tag{5.2.20a}$$

$$(a^{-1}(\bar{C}^{x,n})\sigma^{x,n}, w^x)_x + (a^{-1}(\bar{C}^{y,n})\sigma^{y,n}, w^y)_y$$
$$+ (a^{-1}(\bar{C}^{z,n})\sigma^{z,n}, w^z)_z - (\pi^{n+1}, D_x w^x + D_y w^y + D_z w^z)_m$$
$$= -((a^{-1}(\bar{C}^{x,n}) - a^{-1}(c^{n+1}))\tilde{U}^{x,n+1}, w^x)_x - ((a^{-1}(\bar{C}^{y,n})$$
$$- a^{-1}(c^{n+1}))\tilde{U}^{y,n+1}, w^y)_y - ((a^{-1}(\bar{C}^{z,n}) - a^{-1}(C^{n+1}))U^{z,n+1}, w^z)_z. \tag{5.2.20b}$$

此处 $\partial_t \pi^n = \dfrac{\pi^{n+1} - \pi^n}{\Delta t}$, $\tilde{P}_t^{n+1} = \dfrac{\partial \tilde{P}^{n+1}}{\partial t}$.

为了估计 π 和 σ, 在式 (5.2.20a) 中取 $v = \partial_t \pi^n$, 在式 (5.2.20b) 中取 t^{n+1} 时刻与 t^n 时刻两式相减, 再除以 Δt, 取 $w = \sigma^{n+1}$ 后, 将两式相加, 注意到如下关系式, 当 $A^n \geqslant 0$ 的条件下, 有

$$(\partial_t(A^{n-1}B^n), B^{n+1})_s = \frac{1}{2}\partial_t(A^{n-1}B^n, B^n)_s$$
$$- \frac{1}{2}(\partial_t(A^{n-1})B^n, B^n)_s + (\partial_t(A^{n-1})B^n, B^{n+1})_s$$
$$+ \frac{1}{2\Delta t}(A^n(B^{n+1} - B^n), (B^{n+1} - B^n))_s$$
$$\geqslant \frac{1}{2}\partial_t(A^{n-1}B^n, B^n)_s - \frac{1}{2}(\partial_t(A^{n-1})B^n, B^n)_s$$
$$+ (\partial_t(A^{n-1})B^n, B^n)_s, \quad s = x, y, z,$$

有

$$d_* \|\partial_t \pi^n\|_m^2 + \frac{1}{2}\partial_t[(a^{-1}(\bar{C}^{x,n-1})\sigma^{x,n}, \sigma^{x,n})_x$$
$$+ (a^{-1}(\bar{C}^{y,n-1})\sigma^{y,n}, \sigma^{y,n})_y + (a^{-1}(\bar{C}^{z,n-1})\sigma^{z,n}, \sigma^{z,n})_z]$$
$$\leqslant ((d(c^{n+1}) - d(c^n))\tilde{p}_t^{n+1}, \partial_t \pi^n)_m - \left(d(c^{n+1})\frac{\partial \eta^{n+1}}{\partial t}, \partial_t \pi^m\right)_m$$

$$+ (d(c^n)(\tilde{P}_t^{n+1} - \partial_t \tilde{P}^n), \partial_t \pi^n)_m - \{(d_t[a^{-1}(\bar{C}^{x,n-1}) - a^{-1}(\bar{c}^{n-1}))\tilde{U}^{x,n}], \sigma^{x,n+1})_x$$

$$+ (\partial_t[(a^{-1}(\bar{C}^{y,n-1}) - a^{-1}(c^{n-1}))\tilde{U}^{y,n}], \sigma^{y,n+1})_y$$

$$+ (\delta_t[(a^{-1}(\bar{C}^{z,n+1}) - a^{-1}(c^{n-1}))\tilde{U}^{z,n}]\sigma^{z,n-1})_z\}$$

$$- \{(\delta_t[(a^{-1}(c^m) - a^{-1}(c^{n-1}))\tilde{U}^{x,n}], \sigma^{x,n+1})_x$$

$$+ (\partial_t[(a^{-1}(c^n) - a^{-1}(c^{n-1}))\tilde{U}^{y,n}], \sigma^{y,n+1})_y$$

$$+ (\delta_t[(a^{-1}(c^n) - a^{-1}(c^{n-1}))\tilde{U}^{z,n+1}], \sigma^{z,n+1})_z\}$$

$$+ \frac{1}{2}\{(\delta_t(a^{-1}(\bar{C}^{x,n-1}))\sigma^{x,n}, \sigma^{x,n})_x + (\partial_t(a^{-1}(\bar{C}^{y,n-1}))\sigma^{y,n}, \sigma^{y,n})_y$$

$$+ (\partial_t(a^{-1}(\bar{C}^{\zeta,n-1}))\sigma^{z,n}, \sigma^{z,n})_z\}$$

$$- \{(\partial_t(a^{-1}(\bar{C}^{x,n-1}))\sigma^{x,n}, \sigma^{x,n+1})_x + (\partial_t(a^{-1}(\bar{C}^{y,n-1}))\sigma^{y,n}, \sigma^{y,n+1})_y$$

$$+ (\partial_t(a^{-1}(\bar{C}^{\zeta,n-1}))\sigma^{z,n}, \sigma^{z,n+1})_z\} = T_1 + T_2 + \cdots + T_7. \tag{5.2.21}$$

由引理 5.2.5, 可得

$$|T_1 + T_2 + T_3| \leqslant \varepsilon\|\partial_t \pi^n\|_m^2 + M\{\|\xi^n\|_m^2 + h_p^4 + (\Delta t)^2\}. \tag{5.2.22}$$

注意到

$$\partial_t(a^{-1}(\bar{C}^{x,n-1})) = \frac{da^{-1}}{dc}\partial_t(\bar{C}^{x,n-1}) = \frac{da^{-1}}{dc}[\partial_t(C^{x,n-1}) + \partial_t(\xi^{x,n-1})],$$

由引理 5.2.4 和引理 5.2.5, 并引入归纳法假定:

$$\sup_{0 \leqslant n \leqslant L} \||\sigma|\|_\infty \to 0, \quad \sup_{0 \leqslant n \leqslant L} \|\xi^n\|_\infty \to 0 \quad (h, h_p\Delta t) \to 0, \tag{5.2.23}$$

可得

$$|T_6 + T_7| \leqslant M\{\||\sigma^n|\|^2 + \||\sigma^n|\| \cdot \||\sigma^{n+1}|\| + \||\sigma^n|\|_\infty\|\partial_t\xi^{n-1}\|_m(\||\sigma^n|\| + \||\sigma^{n+1}|\|)\}$$

$$\leqslant \varepsilon\|\partial_t\xi^{n-1}\|_m^2 + M\{\||\sigma^n|\|^2 + \||\sigma^{n+1}|\|^2\}. \tag{5.2.24a}$$

$$|T_5| \leqslant M\{(\Delta t)^2 + \||\sigma^{n+1}|\|^2\} \tag{5.2.24b}$$

由正则性条件 (R)、Taylor 公式、引理 5.2.5 和归纳法假定 (5.2.23) 可得

$$|T_4| \leqslant \varepsilon\|\partial_t\xi^{n-1}\|_m^2 + M\{\|\xi^n\|_m^2 + \|\xi^{n-1}\|_m^2 + \||\sigma^{n+1}|\|^2 + h_p^4 + (\Delta t)^2\}, \tag{5.2.24c}$$

对估计式 (5.2.21) 的右端应用式 (5.2.22) 和 (5.2.24) 可得

$$\|\partial_t\pi^n\|_m^2 + \partial_t \sum_{s=x,y,z} (a^{-1}(\bar{C}^{s,n-1})\sigma^{s,x}, \sigma^{s,n})$$

$$\leqslant \varepsilon \|\|\partial_t \xi^{n+1}\|\|_m^2 + M\{\|\xi^n\|_m^2 + \|\xi^{n-1}\|_m^2$$
$$+ \|\|\sigma^n\|\|^2 + \|\|\sigma^{n+1}\|\|^2 + h_p^4 + (\Delta t)^2\}. \tag{5.2.25}$$

现对式 (5.2.20a) 中取 $v = \pi^{n+1}$, 在式 (5.2.20b) 中取 $w = \sigma^{n+1}$, 两式相加, 注意到

$$(d(C^n)\partial_t \pi^n, \pi^n)_m = \frac{1}{2}\partial_t(d(C^{n-1})\pi^n, \pi^n)_m - \frac{1}{2}(\partial_t(d(C^{n-1}))\pi^n, \pi^n)_m$$
$$+ \frac{1}{2\Delta t}(d(C^n)(\pi^{n+1} - \pi^n), (\pi^{n+1} - \pi^n))_m$$
$$\geqslant \frac{1}{2}\partial_t(d(C^{n-1})\pi^n, \pi^n)_m - \frac{1}{2}(\partial_t(d(C^{n-1}))\pi^n, \pi^n)_m,$$

则有

$$\frac{1}{2}\partial_t(d(C^{n-1})\pi^n, \pi^n)_m - \frac{1}{2}\partial_t(d(C^{n-1})\pi^n, \pi^n)_m + (a^{-1}(\bar{C}^{x,n})\sigma^{x,n+1}, \sigma^{x,n+1})_x$$
$$+ (a^{-1}(\bar{C}^{y,n})\sigma^{y,n+1}, \sigma^{y,n+1})_y + (a^{-1}(\bar{C}^{z,n})\sigma^{z,n+1}, \sigma^{z,n+1})_z$$
$$\leqslant ((d(c^{n+1}) - d(C^n))\tilde{P}_t^{n+1}, \pi^{n+1})_m - \left(d(c^{n+1})\frac{\partial \eta^{n+1}}{\partial t}, \pi^{n+1}\right)_m$$
$$+ (d(C^n)(\tilde{P}_t^{n+1} - \partial_t \tilde{P}^n), \pi^{n+1})_m$$
$$- \sum_{s=x,y,z}((a^{-1}(\bar{C}^{s,n}) - a^{-1}(c^{n+1}))\tilde{U}^{s,n+1}, \sigma^{s,n+1})_s. \tag{5.2.26}$$

注意到

$$|(\partial_t(d(C^{n-1}))\pi^n, \pi^n)_m| = |(d_c'(\partial_t(c^{n-1}) + \partial_t, \xi^{n-1})\pi^n, \pi^n)_m|$$
$$\leqslant \varepsilon\|\partial_t \xi^{n-1}\|_m^2 + M\|\pi^n\|_m^2, \tag{5.2.27}$$

此处 $d_c' = d'(C)$.

然后依次估计 (5.2.26) 右端诸项可得

$$\partial_t(d(C^{n-1})\pi^n, \pi^n)_m + \|\|\sigma^{n+1}\|\|^2$$
$$\leqslant \varepsilon\|\partial_t \xi^{n-1}\|_m^2 + M\{\|\pi^{n+1}\|_m^2 + \|\pi^n\|_m^2 + h_p^4 + (\Delta t)^2\}, \tag{5.2.28}$$

组合式 (5.2.25) 和 (5.2.28) 可得

$$\|\partial_t \pi^n\|_m^2 + \partial_t \sum_{s=x,y,z}(a^{-1}(\bar{C}^{s,n-1})\sigma^{s,n}, \sigma^{s,n})_s + \partial_t(d(c^{n-1})\pi^n, \pi^n)_m + \|\|\sigma^{n+1}\|\|^2$$
$$\leqslant \varepsilon\|\partial_t \xi^{n-1}\|_m^2 + M\{\|\pi^{n+1}\|_m^2 + \|\pi^n\|_m^2 + \|\xi^n\|_m^2 + \|\xi^{n+1}\|_m^2$$
$$+ \|\|\sigma^n\|\|^2 + \|\|\sigma^{n+1}\|\|^2 + h_p^4 + (\Delta t)^2\}. \tag{5.2.29}$$

在区域 $\bar{\Omega} = \{[0,1]\}^3$ 中的长方体网格 $\bar{\Omega}_h = \Omega_h \cup \partial\Omega_h = \bar{\omega}_1 \times \bar{\omega}_2 \times \bar{\omega}_3$ 上, 记
$\bar{\omega}_1 = \{x_i| i=0,1,\cdots,M_1\}$, $\bar{\omega}_2 = \{y_j|j = 0,1,\cdots,M_2\}$, $\bar{\omega}_3 = \{z_k|k = 0,1,\cdots,M_3\}$;

$\omega_1^+ = \{x_i | i = 1, 2, \cdots, M_1\}$, $\omega_2^+ = \{y_j | j = 1, 2, \cdots, M_2\}$, $\omega_3^+ = \{z_k | k = 1, 2, \cdots, M_3\}$.
记号 $|f|_0 = \langle f, f \rangle^{1/2}$ 表示离散空间 $l^2(\Omega)$ 的

$$\langle f, g \rangle \sum_{\bar{\omega}} h_i^x \sum_{\bar{\omega}_2} h_j^y \sum_{\bar{\omega}_3} h_k^z f(X_{ijk}) g(X_{ijk}) \tag{5.2.30a}$$

表示离散空间内积, 此处

$$h_i^x = h^x, \quad 1 \leqslant i \leqslant M_1 - 1, \quad h_0^x = h_{M_1}^x = \frac{h^x}{2}, \quad h_j^y = h^y, \quad 1 \leqslant j \leqslant M_2 - 1,$$

$$h_0^y = h_{M_2}^y = \frac{h^y}{2}, \quad h_k^z = h^z,$$

$$1 \leqslant k \leqslant M_3 - 1, \quad h_0^z = h_{M_3}^z = \frac{h^z}{2}.$$

$\langle D \nabla_h f, \nabla_h f \rangle$ 表示对应于 $H^1(\Omega) = W^{1,2}(\Omega)$ 的离散空间 $h^1(\Omega)$ 的加权半模平方, 其中 $D(X)$ 是正定函数,

$$(D \nabla_h f, \nabla_h f) = \sum_{\bar{\omega}_2} \sum_{\bar{\omega}_3} h_j^y h_k^z \sum_{\omega_1^+} h_i^x \{D(X)[\delta_{\bar{x}} f(X)]^2\}$$

$$\cdot \sum_{\bar{\omega}_3} \sum_{\bar{\omega}_1} h_k^z h_i^x \sum_{\omega_2^+} h_j^y \{D(X)[\delta_{\bar{y}} f(X)]^2\}$$

$$+ \sum_{\bar{\omega}_1} \sum_{\bar{\omega}_2} h_i^x h_j^y \sum_{\omega_3^+} h_k^z \{D(X)[\delta_{\bar{z}} f(X)]^2\}. \tag{5.2.30b}$$

下面讨论关于饱和度的误差估计. 首先从分数步差分方程 (5.2.20)~(5.2.22) 消去 $C^{n+1/3}$, $C^{n+2/3}$, 可得下述等价形式:

$$\phi_{ijk} \frac{C_{ijk}^{n+1} - C_{ijk}^n}{\Delta t} - \sum_{S=x,y,z} \left(1 + \frac{h}{2}|U^{s,n+1}|D^{-1}\right)_{ijk}^{-1} \delta_{\bar{s}}(D\delta_s C^{n+1})_{ijk}$$

$$= -\sum_{s=x,y,z} \delta_{u^{s,n+1}} C_{ijk}^{n+1} - b(C_{ijk}^n) \frac{P_{ijk}^{n+1} - P_{ijk}^n}{\Delta t} + g(C_{ijk}^n)$$

$$- (\Delta t)^2 \Bigg\{ \left(1 + \frac{h^x}{2}|U^{x,n+1}|D^{-1}\right)_{ijk}^{-1}$$

$$\cdot \delta_{\bar{x}} \left(D\delta_x \left[\phi^{-1}\left(1 + \frac{h^y}{2}|U^{y,n+1}|D^{-1}\right)^{-1} \delta_y(D\delta_y(\partial_t C^n))\right]\right)_{ijk}$$

$$+ \left(1 + \frac{h^x}{2}|U^{x,n+1}|D^{-1}\right)_{ijk}^{-1}$$

$$\cdot \delta_{\bar{y}} \left(D\delta_x \left[\phi^{-1}\left(1 + \frac{h^z}{2}|U^{z,n+1}|D^{-1}\right)^{-1} \delta_{\bar{z}}(D\delta_z(\partial_t C^n))\right]\right)_{ijk}$$

$$
+ \left(1 + \frac{h^y}{2}|U^{y,n+1}|D^{-1}\right)_{ijk}^{-1}
$$

$$
\cdot \delta_y \left(D\delta_y \left[\phi^{-1}\left(1 + \frac{h^z}{2}|U^{z,n+1}|D^{-1}\right)^{-1} \delta_{\bar{z}}(D\delta_z(\partial_t C^n))\right]\right)_{ijk} \Big\}
$$

$$
+ (\Delta t)^3 \left(1 + \frac{h^x}{2}|U^{x,n+1}|D^{-1}\right)_{ijk}^{-1} \delta_{\bar{x}}\left(D\delta_x\left(\phi^{-1}\left(1 + \frac{h^y}{2}|U^{y,n+1}|D^{-1}\right)^{-1}\right.\right.
$$

$$
\left.\left.\cdot \delta_{\bar{y}}\left(D\delta_y\left(\phi^{-1}\left(1 + \frac{h^z}{2}|U^{z,n+1}|D^{-1}\right)^{-1} \delta_{\bar{z}}(D\delta_z(\partial_t C^n))\right)\right)\right)\right)_{ijk}, \quad X_{ijk} \in \Omega_h.
$$

$$
C_{ijk}^{n+1} = \bar{c}_{ijk}^{n+1}, \quad X_{ijk} \in \partial\Omega_h. \tag{5.2.31}
$$

由方程式 (5.2.2)($t = t^{n+1}$) 和式 (5.2.31) 相减, 可得下述饱和度的误差方程:

$$
\phi_{ijk}\frac{\xi_{ijk}^{n+1} - \xi_{ijk}^n}{\Delta t} - \sum_{s=x,y,z}\left(1 + \frac{h^s}{2}|u^{s,n+1}|D^{-1}\right)^{-1}\delta_{\bar{s}}(D\delta_s\xi^{n+1})_{ijk}
$$

$$
= \sum_{s=x,y,z}\{\delta_{u^{s,n+1}}C_{ijk}^{n+1} - \delta_{u^{s,n+1}}C_{ijk}^{n+1}\}
$$

$$
+ \sum_{s=x,y,z}\left\{\left(1 + \frac{h}{2}|u^{s,n+1}|D^{-1}\right)_{ijk}^{-1} - \left(1 + \frac{h^s}{2}|U^{s,n+1}|D^{-1}\right)_{ijk}^{-1}\right\}
$$

$$
\cdot \delta_{\bar{s}}(D\delta_s C^{n+1})_{ijk} + g(C_{ijk}^{n+1}) - g(C_{ijk}^n)
$$

$$
- b(C_{ijk}^n)\frac{\pi_{ijk}^{n+1} - \pi_{ijk}^n}{\Delta t} - [b(c_{ijk}^{n+1}) - b(c_{ijk}^n)]\frac{P_{ijk}^{n+1} - P_{ijk}^n}{\Delta t}
$$

$$
- (\Delta t)^2\left\{\left(1 + \frac{h^x}{2}|u^{x,n+1}|D^{-1}\right)_{ijk}^{-1}\right.
$$

$$
\cdot \delta_{\bar{x}}\left(D\delta_x\left(\phi^{-1}\left(1 + \frac{h^y}{2}|u^{u,n+1}|D^{-1}\right)^{-1}\delta_{\bar{y}}(D\delta_y\partial_t C^n)\right)\right)_{ijk}
$$

$$
- \left(1 + \frac{h^x}{2}|U^{x,n+1}|D^{-1}\right)_{ijk}^{-1}
$$

$$
\cdot \delta_{\bar{x}}\left(D\delta_x\left(\phi^{-1}\left(1 + \frac{h^y}{2}|U^{y,n+1}|D^{-1}\right)^{-1}\delta_{\bar{y}}(D\delta_y\partial_t C^n)\right)\right)_{ijk} + \cdots
$$

$$
+ \left(1 + \frac{h^y}{2}|u^{y,n+1}|D^{-1}\right)_{ijk}^{-1}
$$

$$
\cdot \delta_{\bar{y}}\left(D\delta_y\left(\phi^{-1}\left(1 + \frac{h^2}{2}|U^{2,n+1}|D^{-1}\right)^{-1}\delta_{\bar{z}}(D\delta_z\partial_t C^n)\right)\right)_{ijk}
$$

$$
- \left(1 + \frac{h^y}{2}|U^{y,n+1}|D^{-1}\right)_{ijk}^{-1}
$$

$$
\cdot \delta_{\bar{y}}\left(D\delta_y\left(\phi^{-1}\left(1+\frac{h^2}{2}|U^{z,n+1}|D^{-1}\right)^{-1}\delta_{\bar{z}}(D\delta_z\partial_t C^n)\right)\right)_{ijk}\bigg\}
$$

$$
+(\Delta t)^3\bigg\{\left(1+\frac{h^x}{z}|u^{x,n+1}|D^{-1}\right)^{-1}_{ijk}
$$

$$
\cdot \delta_{\bar{x}}\left(D\delta_x\left(\phi^{-1}\left(1+\frac{h^y}{2}|u^{y.n+1}|D^{-1}\right)^{-1}\delta_{\bar{y}}\left(D\delta_y\left(\phi^{-1}\left(1+\frac{h^z}{2}|u^{z,n+1}|D^{-1}\right)^{-1}\right.\right.\right.\right.
$$

$$
\left.\left.\left.\left.\cdot \delta_{\bar{z}}(D\delta_z\partial_y C^n)\right)\right)\right)\right)_{ijk} - \left(1+\frac{h^x}{2}|U^{x,n+1}|D^{-1}\right)^{-1}_{ijk}
$$

$$
\cdot \delta_{\bar{x}}\left(D\delta_x\left(\phi^{-1}\left(1+\frac{h^y}{2}|U^{y.n+1}|D^{-1}\right)\delta_{\bar{y}}\left(D\delta_y\left(\phi^{-1}\right.\right.\right.\right.
$$

$$
\left.\left.\left.\left.\cdot \left(1+\frac{h^z}{2}|U^{z.n+1}|D^{-1}\right)^{-1}\delta_{\bar{z}}(D\delta_z\partial_t C^n)\right)\right)\right)\right)_{ijk}\bigg\}
$$

$$
+\varepsilon(X_{ijk},t^{n+1}),\quad X_{ijk}\in\Omega. \tag{5.2.32a}
$$

$$
\xi_{ijk}^{n+1}=0,\quad X_{ijk}\in\partial\Omega. \tag{5.2.32b}
$$

此处 $|\varepsilon(X_{ijk},t^{n+1})|\leqslant M\{h^2+\Delta t\}; h^2=(h^x)^2+(h^y)^2+(h^z)^2$.

对饱和度误差方程 (5.2.32) 乘以 $\partial_t\xi_{ijk}^n\Delta t=\xi_{ijk}^{n+1}-\xi_{ijk}^n$ 作内积, 并分部求和可得

$$
\langle\phi\partial_t\xi^n,\partial_t\xi^n\rangle\Delta t+\sum_{s=x,y,z}\left\langle D\delta_s\xi^{n+1},\delta_s\left[\left(1+\frac{h^s}{2}|u^{s,n+1}|D^{-1}\right)^{-1}(\xi^{n+1}-\xi^n)\right]\right\rangle
$$

$$
=\sum_{s=x,y,z}\left\langle \delta_{u^{s,n+1}}C^{n+1}-\delta_{u^{s,n+1}}C^{n+1},\partial_t\xi^n\right\rangle\Delta t
$$

$$
+\sum_{s=x,y,z}\left\langle\left[\left(1+\frac{h^s}{2}|u^{s,n+1}|D^{-1}\right)^{-1}\right.\right.
$$

$$
\left.\left.-\left(1+\frac{h^s}{2}|U^{s,n+1}|D^{-1}\right)^{-1}\right]\delta_{\bar{s}}(D\delta_s C^{n+1}),\partial_t\xi^n\right\rangle\Delta t
$$

$$
+\left\langle g(c^{n+1})-g(c^n),\partial_t\xi\right\rangle\Delta t-\left\langle b(C^n)\frac{\pi^{n+1}-\pi^n}{\Delta t},\partial_t\xi^n\right\rangle\Delta t
$$

$$
-\left\langle[b(c^{n+1})-b(C^n)]\frac{p^{n+1}-p^n}{\Delta t},\partial_t\xi^n\right\rangle\Delta t
$$

$$
-(\Delta t^3)\bigg\{\left\langle\left(1+\frac{h^x}{2}|U^{x,n+1}|D^{-1}\right)^{-1}\right.
$$

$$
\left.\cdot \delta_{\bar{x}}\left(D\delta_x\left(\phi^{-1}\left(1+\frac{h^y}{2}|U^{y,n+1}|D^{-1}\right)^{-1}\delta_{\bar{y}}(D\delta_y\partial_t\xi^n)\right)\right),\partial_t\xi^h\right\rangle
$$

$$
+\cdots+\left\langle\left(1+\frac{h^y}{2}|U^{y,n+1}|D^{-1}\right)^{-1}\right.
$$

$$\cdot \delta_{\bar{y}}\left(D\delta_y\left(\phi^{-1}\left(1+\frac{h^2}{2}|U^{2,n+1}|D^{-1}\right)^{-1}\delta_{\bar{z}}(D\delta_z\partial_t\xi^n)\right)\right), \partial_t\xi^n\Big\rangle + \cdots\Big\}$$

$$+(\Delta t)^4\Big\{\Big\langle\left(1+\frac{h^x}{2}|U^{x,n+1}|D^{-1}\right)^{-1}$$

$$\cdot\delta_{\bar{x}}\left(D\delta_x\left(\phi\left(1+\frac{h^y}{2}|U^{y,n+1}|D^{-1}\right)^{-1}\delta_{\widehat{y}}\left(D\delta_y\left(\phi\left(1+\frac{h^z}{2}|U^{z.n+1}|D^{-1}\right)^{-1}\delta_{\bar{z}}\right.\right.\right.\right.$$

$$\cdot(D\delta_z\partial_t\xi^n)\Big)\Big)\Big)\Big), \partial_t\xi^n\Big\rangle + \cdots\Big\} + \langle\varepsilon^{n+1}, \partial_t\xi^n\rangle\Delta t. \tag{5.2.33}$$

首先估计式 (5.2.33) 左端第二项

$$\sum_{s=x,y,z}\left\langle D\delta_s\xi^{n+1}, \delta_s\left[\left(1+\frac{h^s}{2}|u^{s,n+1}|D^{-1}\right)^{-1}(\xi^{n+1}-\xi^n)\right]\right\rangle$$

$$=\sum_{s=x,y,z}\left\{\left\langle D\delta_s\xi^{n+1}, \left(1+\frac{h^s}{2}|u^{s,n+1}|D^{-1}\right)^{-1}\delta_s(\xi^{n+1}-\xi^n)\right\rangle\right.$$

$$+\left\langle D\delta_s\xi^{n+1}, \delta_s\left(1+\frac{h^s}{2}|u^{s,n+1}|D^{-1}\right)^{-1}\cdot(\xi^{n+1}-\xi^n)\right\rangle\right\}$$

$$\geqslant\frac{1}{2}\sum_{s=x,y,z}\left\{\left\langle D\delta_s\xi^{n+1}, \left(1+\frac{h^s}{2}|u^{s,n+1}|D^{-1}\right)^{-1}\delta_s\xi^{n+1}\right\rangle\right.$$

$$-\left\langle D\delta_s\xi^n, \left(1+\frac{h^s}{2}|u^{s,n+1}|D^{-1}\right)^{-1}\delta_s\xi^n\right\rangle\right\}$$

$$-M\sum_{s=x,y,z}|\delta_s\xi^{n+1}|_0^2\Delta t - \varepsilon|\partial_t\xi^n|^2\Delta t. \tag{5.2.34}$$

现估计式 (5.2.33) 右端诸项, 归纳法假定 (5.2.23) 和引理 5.2.5 可以得出 U^{n+1} 是有界的, 故有

$$\sum_{s=x,y,z}\left\langle\delta_{u^s,n+1}C^{n+1}-\delta_{u^s,n+1}c^{n+1}, \partial_t\xi^n\right\rangle\Delta t$$

$$\leqslant M\{|||\sigma^{n+1}|||^2+|\nabla_h\xi^{n+1}|_0^z+h_p^4+(\Delta t)^2\}+\varepsilon|\partial_t\xi^n|_0^z\Delta t, \tag{5.2.35a}$$

此处 $|\nabla_h\xi|_0^2=\left\{\displaystyle\sum_{s=x,y,z}|\delta_s\xi|_0^2\right\}^{1/2}$.

对估计式 (5.2.33) 右端的第三、四、五和最后一项有

$$\left\langle g(C^{n+1})-g(C_h^n), \partial_t\xi^n\right\rangle\Delta t\leqslant M\{|\xi^n|_0^z+(\Delta t)^2\}\Delta t+\varepsilon|\partial_t\xi^n|_0^z\Delta t, \tag{5.2.35b}$$

$$-\left\langle b(C^n)\frac{\pi^{n+1}-\pi^n}{\Delta t}, \partial_t\xi^n\right\rangle\Delta t\leqslant M|\partial_t\pi^n|_0^z\Delta t+\varepsilon|\partial_t\xi^n|_0^z\Delta t, \tag{5.2.35c}$$

$$-\left\langle [b(c^{n+1}) - b(C^n)] \frac{p^{n+1} - p^n}{\Delta t}, \partial_t \xi^b \right\rangle \leqslant M\{|\xi^n|_o^z + (\Delta t)^2\} + \varepsilon |\partial_t \xi^n|_0^z \Delta t. \quad (5.2.35d)$$

$$\langle \varepsilon^{n+1}, \partial_t \xi^h \rangle \Delta t \leqslant M\{h^4 + (\Delta t)^2\}\Delta t + \varepsilon |\partial_t \xi^n|_0^z \Delta t. \quad (5.2.35e)$$

现估计式 (5.2.33) 右端的第六项

$$-(\Delta t)^3 \left\langle \left(1 + \frac{h^x}{2}|U^{x,n+1}|D^{-1}\right)^{-1} \right.$$
$$\left. \cdot \delta_{\bar{x}}\left(D\delta_x\left(\phi^{-1}\left(1 + \frac{h^y}{2}|U^{y,n+1}|D^{-1}\right)^{-1}\delta_{\bar{y}}(D\delta_y\partial_t \xi^h)\right)\right), \partial_t \xi^n \right\rangle$$
$$= (\Delta t)^3 \left\{ \left\langle D\delta_x\left[\phi^{-1}\left(1 + \frac{h^y}{2}|U^{y,n+1}|D^{-1}\right)^{-1}\delta_{\bar{y}}(D\delta_y\partial_t \xi^n)\right], \right.\right.$$
$$\left.\left. \delta_x\left[\left(1 + \frac{h^x}{2}|U^{x,n+1}|D^{-1}\right)^{-1}\partial_t \xi^n\right] \right\rangle \right\}$$
$$= (\Delta t)^3 \left\{ \left\langle D\phi^{-1}\left(1 + \frac{h^y}{2}|U^{y,n+1}|D^{-1}\right)^{-1}\delta_{\bar{y}}\delta_x(D\delta_y\partial_t \xi^n), \right.\right.$$
$$\left(1 + \frac{h^x}{z}|U^{x,n+1}|D^{-1}\right)^{-1} \cdot \delta_x\partial_t \xi^n$$
$$\left. + \delta_x\left(1 + \frac{h^x}{2}|U^{y,n+1}|D^{-1}\right)^{-1} \cdot \partial_t \xi^n \right\rangle$$
$$+ \left\langle D\delta_x\left(\phi^{-1}\left(1 + \frac{h^n}{2}|U^{y,n+1}|D^{-1}\right)^{-1} \cdot \delta_{\bar{y}}(D\delta_y\partial_t \xi^n), \right.\right.$$
$$\left.\left. \left(1 + \frac{h^y}{2}|U^{y,n+1}|D^{-1}\right)^{-1} \cdot \delta_x\partial_t \xi^n + \delta_x\left(1 + \frac{h^x}{2}|U^{x,n+1}|D^{-1}\right)^{-1} \cdot \partial_t \xi^n \right\rangle \right\} \cdot$$
$$= -(\Delta t)^3 \left\{ \left\langle D\delta_x\delta_y\delta_t \xi^n + \delta_x D \cdot \delta_y\partial_t \xi^n, D\phi^{-1}\left(1 + \frac{h^y}{2}|U^{y,n+1}|D^{-1}\right)^{-1} \right.\right.$$
$$\cdot \left(1 + \frac{h^x}{2}|U^{x,n+1}|D^{-1}\right)^{-1}$$
$$\cdot \left(1 + \frac{h^y}{2}|U^{y,n+1}|D^{-1}\right)^{-1} \cdot \delta_x\delta_y\partial_t \xi^n$$
$$+ \left\{ \delta_y\left[D\phi^{-1}\left(1 + \frac{h^y}{2}|U^{y,n+1}|D^{-1}\right)^{-1} \cdot \left(1 + \frac{h^x}{2}|U^{x,n+1}|D^{-1}\right)^{-1}\right]\delta_x\partial_t \xi^n \right.$$
$$+ D\phi^{-1}\left(1 + \frac{h^y}{2}|U^{y,n+1}|D^{-1}\right)^{-1}$$
$$\cdot \delta_x\left(1 + \frac{h^x}{2}|U^{x,n+1}|D^{-1}\right)^{-1} \cdot \delta_y\partial_t \xi^n + \delta_y\left[D\phi^{-1}\left(1 + \frac{h^y}{2}|U^{y,n+1}|D^{-1}\right)^{-1} \right.$$
$$\left.\left. \cdot \delta_x\left(1 + \frac{h^x}{2}|U^{x,n+1}|D^{-1}\right)^{-1}\right]\partial_t \xi^n \right\} \right\rangle$$

$$+ \left\langle D\delta_y \partial_t \xi^n, D\delta_x \left(\phi^{-1} \left(1 + \frac{h^y}{2}|U^{y,n+1}|D^{-1}\right)^{-1} \right. \right.$$

$$\left. \cdot \left(1 + \frac{h^x}{2}|U^{x,n+1}|D^{-1}\right)^{-1} \delta_x \delta_y \partial_t \xi^n \right.$$

$$+ \left\{ \delta_y \left[D\delta_x \left(\phi^{-1} \left(1 + \frac{h^y}{2}|U^{y,n+1}|D^{-1}\right)^{-1} \right) \cdot \left(1 + \frac{h^x}{2}|U^{x,n+1}|D^{-1}\right)^{-1} \right] \delta_x \partial_t \xi^n \right.$$

$$+ D\delta_x \left(\phi^{-1} \left(1 + \frac{h^y}{2}|U^{y,n+1}|D^{-1}\right)^{-1} \right) \cdot \delta_x \left(1 + \frac{h^x}{2}|U^{x,n+1}|D^{-1}\right)^{-1} \right] \delta_y \partial_t \xi^n$$

$$+ \delta_y \left[D\delta_x \left(\phi^{-1} \left(1 + \frac{h^y}{2}|U^{y,n+1}|D^{-1}\right)^{-1} \right) \right.$$

$$\left. \cdot \delta_x \left(1 + \frac{h^x}{2}|U^{x,n+1}|D^{-1}\right)^{-1} \right] \cdot \partial_t \xi^n \right\} \right\rangle. \tag{5.2.36}$$

对上式依次讨论下述诸项:

$$- (\Delta t)^3 \left\langle D\delta_x \delta_y \partial_t \xi^n, D\phi^{-1} \left(1 + \frac{h^y}{2}|U^{y,n+1}|D^{-1}\right)^{-1} \right.$$

$$\left. \cdot \left(1 + \frac{h^x}{2}|U^{x,n+1}|D^{-1}\right)^{-1} \delta_x \delta_y \partial_t \xi^n \right\rangle$$

$$= (\Delta t)^3 \sum_{i,ijk} D_{i,j-y_2,k} D_{i-1/2,jk} D_{i-y_2,jk} \phi_{ijk}^{-1} \left(1 + \frac{h^x}{2}|U^{x,n+1}|D^{-1}\right)_{ijk}^{-1}$$

$$\cdot \left(1 + \frac{h^x}{2}|U^{x,n+1}|D^{-1}\right)_{ijk}^{-1} \cdot (\delta_x \delta_y \partial_t \xi_{ijk}^n)^2 h_1 h_2 h_3. \tag{5.2.37a}$$

由正定性条件 (C) 和归纳法假定 (5.2.23), 可以推出 $\left(1 + \frac{h^y}{2}|U^{y,n+1}|D^{-1}\right)^{-1} \geqslant b_2 > 0$, $\left(1 + \frac{h^x}{2}|U^{x,n+1}|D^{-1}\right)^{-1} \geqslant b_1 > 0$, 此处 b_1, b_2 为确定的正常数, 于是有

$$- (\Delta t)^3 \left\langle D\delta_x \delta_y \partial_t \xi^n, D\phi^{-1} \left(1 + \frac{h^y}{2}|U^{y,n+1}|D^{-1}\right)^{-1} \right.$$

$$\left. \cdot \left(1 + \frac{h^x}{2}|U^{x,n+1}|D^{-1}\right)^{-1} \delta_x \delta_y \partial_t \xi^n \right\rangle$$

$$\leqslant - (\Delta t)^3 D_x^2 (\phi^x)^{-1} b_1 b_2 \sum_{i,j,k} (\delta_x \delta_y \partial_t \xi_{ijk}^n)^2 h_1 h_2 h_3. \tag{5.2.37b}$$

对式 (5.2.36) 中含有 $\delta_x \delta_y \partial_t \xi^n$ 的其余诸项, 即

$$- (\Delta t)^3 \left\{ \left\langle D\delta_x \delta_y \partial_t \xi^n, \delta_y \left[D\phi^{-1} \left(1 + \frac{h^y}{2}|U^{y,n+1}|D^{-1}\right)^{-1} \right. \right. \right.$$

$$\cdot \left(1 + \frac{h^x}{2}|U^{x,n+1}|D^{-1}\right)^{-1}\Big] \cdot \delta_x \partial_t \xi^n$$

$$+ D\phi^{-1}\left(1 + \frac{h^y}{2}|U^{y,n+1}|D^{-1}\right)^{-1} \cdot \delta_x \left(1 + \frac{h^y}{2}|U^{y,n+1}|D^{-1}\right)^{-1} \cdot \delta_x \partial_t \xi^n\Big\rangle$$

$$+ \left\langle \delta_x D \cdot \delta_y \partial_t \xi^n, D\phi^{-1}\left(1 + \frac{h^y}{2}|U^{y,n+1}|D^{-1}\right)^{-1}\right.$$

$$\cdot \left(1 + \frac{h^x}{2}|U^{x,n+1}|D^{-1}\right)^{-1} \cdot \delta_x \delta_y \partial_t \xi^n\Big\rangle$$

$$+ \left\langle D\delta_y \partial_t \xi^n, D\delta_x\left(\phi^{-1}\left(1 + \frac{h^y}{2}|U^{y,n+1}|D^{-1}\right)^{-1}\right)\right.$$

$$\cdot \left(1 + \frac{h^x}{2}|U^{x,n+1}|D^{-1}\right)^{-1} \cdot \delta_x \delta_y \partial_t \xi^n\Big\rangle\Big\}, \tag{5.2.37c}$$

首先讨论式 (5.2.37c) 中的第一项

$$- (\Delta t)^2 \left\langle D\delta_x \delta_y \partial_t \xi^n, \delta_y\Big[D\phi^{-1}\left(1 + \frac{h^y}{2}|U^{y,n+1}|D^{-1}\right)^{-1}\right.$$

$$\cdot \left(1 + \frac{h^x}{2}|U^{x,n+1}|D^{-1}\right)^{-1}\Big] \cdot \delta_x \partial_t \xi^n\Big\rangle$$

$$= - (\Delta t)^3 \sum_{i,i,k} D_{i,j-y_1,k} \delta_y\Big[D_{i-y_2,jk}\phi_{ijk}^{-1}\left(1 + \frac{h^y}{2}|U^{y,n+1}|D^{-1}\right)^{-1}$$

$$\cdot \left(1 + \frac{h^x}{2}|U^{x,n+1}|D^{-1}\right)^{-1}_{ijk}\Big] \cdot \delta_x \delta_y \partial_t \xi^n_{ijk} \cdot \delta_x \partial_t \xi^n_{ijk} h_1 h_2 h_3.$$

由归纳法假定和逆估计, 可以推出

$$\delta_y\left(1 + \frac{h^y}{2}|U^{y,n+1}|D^{-1}\right)^{-1}_{ijk}, \quad \delta_y\left(1 + \frac{h^y}{2}|U^{x,n+1}|D^{-1}\right)^{-1}_{ijk}$$

有界, 应用 ε 不等式可以推得

$$- (\Delta t)^3 \left\langle D\delta_x \delta_y \partial_t \xi^n, \delta_y\Big[D\phi^{-1}\left(1 + \frac{h^y}{2}|U^{y,n+1}|D^{-1}\right)^{-1}\right.$$

$$\cdot \left(1 + \frac{h^x}{2}|U^{x,n+1}|D^{-1}\right)^{-1}\Big] \cdot \delta_x \partial_t \xi^n\Big\rangle$$

$$\leqslant \varepsilon(\Delta t)^2 \sum_{i,j,k} (\delta_x \delta_y \partial_t \xi^n_{ijk})^2 h_1 h_2 h_3 + M(\Delta t)^3 \sum_{i,j,k} (\delta_x \partial_t \xi^n_{ijk})^2 h_1 h_2 h_3. \tag{5.2.37d}$$

对 (5.2.37b) 中其余诸项可进行类似估计, 可得

$$- (\Delta t)^3 \Big\{ \left\langle D\delta_x \delta_y \partial_t \xi^n, \delta_y\Big[D\phi^{-1}\left(1 + \frac{h^y}{2}|U^{y,n+1}|D^{-1}\right)^{-1}\right.$$

$$\cdot \delta_x \left(1 + \frac{h^x}{2}|U^{x,n+1}|D^{-1}\right)^{-1}\right] \cdot \delta_x \partial_t \xi^n \Big\rangle + \cdots \Big\}$$

$$\leqslant M\{|\nabla_h \xi^{n+1}|_0^2 + |\nabla_h \xi^n|_0^2 + |\xi^n|_0^2\}\Delta t. \tag{5.2.37e}$$

同理对式 (5.2.33) 右端第六项其他部分, 亦可得估计式 (5.2.37e).

对式 (5.2.33) 右端第七项, 假定部分参数满足下述限制性条件:

$$\Delta t = O(h^2), \quad h^2 = o(h_p^{3/2}). \tag{5.2.38}$$

由归纳法假定 (5.2.23) 和逆估计可得

$$(\Delta t)^4\Bigg\{\Bigg\langle \left(1 + \frac{h^x}{2}|U^{x,n+1}|D^{-1}\right)^{-1}\delta_{\bar{x}}\Bigg(D\delta_x\Bigg(\phi^{-1}\left(1 + \frac{h^y}{2}|U^{y,n+1}|D^{-1}\right)^{-1}$$

$$\cdot \delta_{\bar{y}}\Bigg(D\delta_y\Bigg(\phi^{-1}\left(1 + \frac{h^z}{2}|U^{zx,n+1}|D^{-1}\right)^{-1}\delta_{\bar{z}}(D\delta_z\partial_z\partial_t\xi^n)\Bigg)\Bigg)\Bigg)\Bigg)\Bigg), \partial_t\xi^n\Bigg\rangle + \cdots \Bigg\}$$

$$\leqslant \varepsilon|\partial_t\xi^n|_0^2\Delta t + M\{|\nabla_h\xi^{n+1}|_0 + |\nabla_h\xi^n|_0 + |\xi^{n+1}|_0^2 + |\xi^n|_0^2 + (\Delta t)^2\}. \tag{5.2.39}$$

对饱和度误差估计式 (5.2.33) 的左、右两端, 分别应用 (5.2.34)~(5.2.39) 的结果, 经计算可得

$$|\partial_t\xi^n|_0^2\Delta t + \frac{1}{2}\sum_{s=x,y,z}\Bigg\{\Bigg\langle D\delta_s\xi^{n+1}, \left(1 + \frac{h^s}{2}|U^{s,n+1}|D^{-1}\right)\delta_s\xi^{n+1}\Bigg\rangle$$

$$- \Bigg\langle D\delta_s\xi^n, \left(1 + \frac{h^s}{2}|U^{s,n+1}|D^{-1}\right)^{-1}\delta_s\xi^n\Bigg\rangle\Bigg\}$$

$$\leqslant \varepsilon|\partial_t\xi^n|_0^z\Delta t + M\{|||\sigma^{n+1}|||^2 + |\partial_t\pi^n|_0^2 + |\nabla_h\xi^{n+1}|_v^2 + |\nabla_h\xi^n|_0^2$$

$$+ |\xi^{n+1}|_0^2 + |\xi^n|_0^2 + h_p^4 + (\Delta t)^2\}. \tag{5.2.40}$$

下面对压力函数的误差估计式 (5.2.29) 乘以 Δt, 并对 t 求和 $(0 \leqslant n \leqslant L)$, 注意到 $\pi^0 = 0$. 可得

$$\|\pi^{L+1}\|_m^2 + |||\sigma^{L+1}|||^2 + \sum_{n=0}^{L}\|\partial_t\pi^n\|_m^2\Delta t$$

$$\leqslant \varepsilon\sum_{n=0}^{L}\|\partial_t\xi^{n-1}\|_m^2\Delta t + \sum_{n=b}^{L-1}((d(C^n) - d(C^{n-1}))\pi^n, \pi^n)_m\Delta t$$

$$+ M\Bigg\{\sum_{n=0}^{L}\Big[\|\pi^n\|_m^2 + \|\xi^n\|_m^2 + |||\sigma^{n+1}|||^2\Big]\Delta t + h_p^4 + (\Delta t)^2\Bigg\}$$

$$\leqslant \varepsilon\sum_{n=0}^{L}\|\partial_t\xi^n\|_m^2\Delta t + M\Bigg\{\sum_{n=0}^{L}[|||\pi^n\||_m^2 + \|\xi^n\|_m^2 + |||\sigma^{n+1}|||^2]\Delta t + h_p^4 + (\Delta t)^2\Bigg\}.$$

$$\tag{5.2.41}$$

饱和度函数的误差式 (5.2.40) 对 t 求和 $(0 \leqslant n \leqslant L)$, 注意到 $\xi^0 = 0$ 可得

$$
\sum_{n=0}^{L} |\partial_t \xi^n|_0^2 \Delta t + \frac{1}{2} \sum_{s=x,y,21} \left\{ \left\langle D\delta_s \xi^{L+1}, \left(1 + \frac{h^s}{2} |u^{s,L+1}| D^{-1} \right)^{-1} \delta_s \xi^{L+1} \right\rangle \right.
$$
$$
\left. - \left\langle D\delta_s \xi^0, \left(1 + \frac{h^s}{2} |u^{s,0}| D^{-1} \right)^{-1} \delta_s \xi^0 \right\rangle \right\}
$$
$$
\leqslant \frac{1}{2} \sum_{n=0}^{L} \sum_{s=x,y,z} \left\langle D\delta_s \xi^n, \left[\left(1 + \frac{h^s}{2} |u^{s,n+1}| D^{-1} \right)^{-1} \right. \right.
$$
$$
\left. \left. - \left(1 + \frac{h^s}{2} |u^{s,n}| D^{-1} \right)^{-1} \right] \cdot \delta_s \xi^n \right\rangle + \varepsilon \sum_{n-0}^{L} |\partial_t \xi^n|^2 \Delta t
$$
$$
+ M \sum_{n=0}^{L} |\partial_t \xi^n|^2 \Delta t + M \sum_{n=0}^{L} \{ |\nabla_h \xi^{n+1}|_0^2 + |\partial_t \pi^n|_0^2 + h^4 + (\Delta t)^2 \} \Delta t
$$
$$
\leqslant \varepsilon \sum_{n=0}^{L} |\partial_t \xi^n|_0^2 \Delta t + M \sum_{n=0}^{L} |\partial_t \pi^n|_0^2 \Delta t
$$
$$
+ M \left\{ \sum_{n=0}^{L} [\nabla_n \xi^{n+1}|_0^2 + |\xi^{n+1}|_0^2 + b_p^4 + (\Delta t^2)] \right\} \Delta t. \tag{5.2.42}
$$

组合估计式 (5.2.41) 和式 (5.2.42), 并考虑到 $L^2(\Omega)$ 连续模和 L^2 离散模之间的关系 [34-36] 可得

$$
\|\pi^{L+1}\|_m^2 + \||\sigma^{L+1}\||^2 + \sum_{n=0}^{L} \|\partial_t \pi^n\|_m^2 \Delta t + |\nabla_h \xi^{L+1}|_0^2 + |\xi^{L+1}|_0^2
$$
$$
\leqslant M \left\{ \sum_{n=0}^{L} [\||\pi^n\||_m^2 + \||\sigma^{n+1}\||^2 + |\nabla_h \xi^{n+1}|_0^2 \right.
$$
$$
\left. + |\xi^{n+1}|_0^2] \Delta t + h_P^4 + h^4 + (\Delta t)^2 \right\}. \tag{5.2.43}
$$

在这里注意到 $\xi^0 = 0$, 有关系式

$$
|\xi^{L+1}|_0^2 \leqslant \varepsilon \sum_{n=0}^{L} |\partial_t \xi^n|_0^2 \Delta t + M \sum_{n=0}^{L} |\xi^n|_0^2 \Delta t.
$$

应用 Gronwall 引理可得

$$
\|\pi^{L+1}\|_m^2 + \||\sigma^{L+1}\||^2 + \sum_{n=0}^{L} \|\partial_t \pi^n\|_m^2 \Delta t + |\nabla_h \xi^{L+1}|_0^2 + |\xi^L|_0^2 + \sum_{n=0}^{L} |\partial_t \xi^n|_0^2 \Delta t
$$
$$
\leqslant M \{ h_p^4 + h^4 + (\Delta t)^2 \}. \tag{5.2.44}
$$

下面需要检验归纳法假定 (5.2.23), $n = 0$ 时, 由于初始值的选取, 有 $n^0 = \xi^0 = 0, p = 0$.

归纳法假定 (5.2.23) 显然是成立的. 若对 $1 \leqslant n \leqslant L$ 归纳法假定 (5.2.23) 成立, 由估计式 (5.2.44) 和限制性条件 (5.2.38) 有

$$\|\xi^{L+1}\|_\infty \leqslant Mh^{-3/2}\{h^2 + h_p^2 + \Delta t\} \leqslant Mh_p^{1/2} \to 0, \tag{5.2.45a}$$

$$|||\sigma^{n+1}|||_\infty \leqslant Mh^{3/2}\{h^2 + h_p^2 + \Delta t\} \leqslant Mh_p^{1/2} \to 0. \tag{5.2.45b}$$

归纳法假定 (5.2.23) 成立.

由误差估计式 (5.2.44) 和椭圆投影误差估计式 (5.2.19) 可以建立下述定理.

定理 5.2.1　对问题 (5.2.1)~(5.2.2) 假定其精确解满足正则性条件 (R), 且问题的系数满足正定性条件 (C). 采用混合有限体积元–修正迎风分数步差分方法 (5.2.13) ~ (5.2.17) 逐层用追赶法求解, 若部分参数满足限制性条件 (5.2.38), 则下述误差估计式成立:

$$\|p - P\|_{\bar{L}^\infty(J, L^2(\Omega))} + \|\partial_t(p - P)\|_{\bar{L}^2(J, L^2(\Omega))} + \|u - U\|_{\bar{L}^\infty(J;v)}$$
$$+ \|c - C\|_{\bar{L}^\infty(J, L^2(\Omega))} + \|\nabla_h(c - C)\|_{\bar{L}^\infty(J;L^2(\Omega))} + \|\partial_t(c - C)\|_{\bar{L}^2(J;L^2(\Omega))}$$
$$\leqslant M^x\{h_p^2 + h^2 + \Delta t\}. \tag{5.2.46}$$

此处 $\|g\|_{\bar{L}^\infty(J,X)} = \sup\limits_{n\Delta t \leqslant T}\|g^n\|_x, \|g\|_{\bar{L}^2(J;X)} = \sup\limits_{L\Delta t \leqslant T}\left\{\sum\limits_{n=0}^{L}\|g^n\|_x^2\Delta t\right\}^{1/2}$, 常数 M^* 依赖于函数 P, C 及其导函数.

5.2.5　数值算例

本小节中将分别给出两个算例, 其中算例 1 采用了混合有限体积元求解椭圆方程, 主要来验证混合有限体积元法的计算效果; 算例 1 采用迎风有限差分方法元求解一个对流扩散方程, 用以验证迎风有限差分方法的实际计算效果; 为了更好地体现本节的主题, 在算例 2 中, 构造了一个包含椭圆方程和对流扩散方程的方程组的例子, 用来验证本节的方法在求解油水二相渗流驱动问题时的有效性.

算例 1　考虑如下问题

$$\frac{\partial e}{\partial t} + k\frac{\partial e}{\partial x} + k\frac{\partial e}{\partial y} = \varepsilon\frac{\partial^2 e}{\partial x^2} + \varepsilon\frac{\partial^2 e}{\partial y^2}, \quad (x, y) \in (0, 2) \times (0, 2), \quad t > 0, \tag{5.2.47}$$

其精确解为

$$e(x, y, t) = \frac{1}{4t + 1}\exp\left(-\frac{(x - kt - 0.5)^2}{\varepsilon(4t + 1)} - \frac{(y - kt - 0.5)^2}{\varepsilon(4t + 1)}\right).$$

我们用本节提出的迎风有限差分方法求解问题 (5.2.47), 结果见表 5.2.1 和表 5.2.2, 表 5.2.1 给出的是扩散系数 $\varepsilon = 0.2$ 和对流项系数 $k = 0.2$ 时的结果; 表 5.2.2 给出的是扩散项系数 $\varepsilon = 0.2$ 和对流项系数 $k = 10$ 时的结果. 结果表明, 两种情况下, 方法都是稳定和收敛的.

算例 2   为更好地结合油水二相渗流驱动问题数值模拟实际情况, 考虑如下的方程组:

$$-\Delta\varphi = \nabla \cdot u = -e, \quad (x,y) \in (0,1) \times (0,1), \quad t > 0, \tag{5.2.48}$$

$$\frac{\partial e}{\partial t} - k\nabla \cdot (ue) - \Delta e = f(x,y,t), \quad (x,y) \in (0,1) \times (0,1), \quad t > 0, \tag{5.2.49}$$

其精确解为

$$\varphi = -\frac{1}{2\pi^2}\exp(-2\pi^2 t)\sin\pi\sin\pi y,$$

$$u = \frac{1}{2\pi}\exp(-2\pi^2 t)(cos\pi\sin\pi y, \sin\pi x\cos\pi y)^{\mathrm{T}},$$

$$e = \exp(-2\pi^2 t)\sin\pi x\sin\pi y.$$

函数 f 可通过精确解计算出来.

表 5.2.1 $\varepsilon = 0.2, k = 0.2, \dfrac{\Delta t^2}{h} = 1, t = 0.31250 \times 10^{-1}$

h	$\frac{1}{8}$	$\frac{1}{16}$	$\frac{1}{32}$	$\frac{1}{64}$
$\|e-e_h\|_{l^2}$	0.20227×10^{-2}	0.11179×10^{-2}	0.58970×10^{-3}	0.30149×10^{-3}
收敛率		0.86	0.92	0.97

表 5.2.2 $\varepsilon = 0.1, k = 10, \dfrac{\Delta t^2}{h} = 1, t = 0.31250 \times 10^{-1}$

h	$\frac{1}{8}$	$\frac{1}{16}$	$\frac{1}{32}$	$\frac{1}{64}$
$\|e-e_h\|_{l^2}$	0.17011	0.84601×10^{-1}	0.3855×10^{-1}	0.176681×10^{-1}
收敛率		1.01	1.14	1.12

对问题 (5.2.48) 和 (5.2.49), 按照本节的思想构造了混合有限体积元–迎风有限差分格式, 计算结果见表 5.2.3 和表 5.2.4. 从表 5.2.3 可以看出, 当对流项与扩散项系数相等时, 各个函数的收敛阶都达到甚至超过了理论分析的结果. 从表 5.2.4 可以看出, 当对流项占优时, 在同样的网格下, 相应的误差除个别外都要比表 5.2.3 中的大一些, 收敛阶比表 5.2.3 中的相应结果也要低一些, 但也基本符合理论结果, 这与此时方程的对流占优性质是一致的, 同时也反映了本节的方法处理这类方程组是有效的.

表 5.2.3 $k = 1.0, \Delta t = 0.001, t = 0.1$

h	$\frac{1}{4}$	$\frac{1}{8}$	$\frac{1}{16}$
$\|\psi-\psi_h\|_{l^2}$	5.39894×10^{-4}	2.80845×10^{-4}	1.46112×10^{-4}
收敛率		0.94	0.94
$\|u-u_h\|_{\mathrm{div}}$	2.49803×10^{-2}	9.49419×10^{-3}	3.84348×10^{-3}
收敛率		1.39	1.30
$\|e-e_h\|_{l^2}$	1.17250×10^{-2}	2.41124×10^{-3}	2.60700×10^{-4}
收敛率		2.28	3.21

表 5.2.4　　$k = 1.0 \times 10^4, \Delta t = 0.001, t = 0.1$

h	$\dfrac{1}{4}$	$\dfrac{1}{8}$	$\dfrac{1}{16}$
$\|\psi - \psi_h\|_{l^2}$	5.22689×10^{-4}	2.96096×10^{-4}	1.55494×10^{-4}
收敛率		0.82	0.93
$\|u - u_h\|_{\mathrm{div}}$	2.47792×10^{-2}	1.09559×10^{-2}	5.42783×10^{-3}
收敛率		1.18	1.01
$\|e - e_h\|_{l^2}$	1.77480×10^{-2}	9.51986×10^{-3}	4.82983×10^{-3}
收敛率		0.90	0.98

5.2.6　多组分可压缩渗流问题的混合有限体积元--修正迎风分数步方法

在强化采油 (化学采油) 的数值模拟中, 需要研究多组分可压缩渗流驱动问题, 其数学模型为下述非线性偏微分方程组的初边值问题 [37,42-46]:

$$d(c)\frac{\partial p}{\partial t} + \nabla \cdot u = q(x,t), \quad X = (x,y,z)^{\mathrm{T}} \in \Omega, \quad t \in J = [0,T], \tag{5.2.50a}$$

$$u = -a(c)\nabla p, \quad X = \in \Omega, \quad t \in J, \tag{5.2.50b}$$

$$\phi(X)\frac{\partial c_\alpha}{\partial t} + b_\alpha(c)\frac{\partial p}{\partial t} + u \cdot \nabla c_\alpha - \nabla \cdot (D\nabla c_\alpha) = g(X,t,c_\alpha),$$

$$X \in \Omega, \quad t \in J, \quad \alpha = 1,2,\cdots,n_c. \tag{5.2.51}$$

此处 $p(X,t)$ 是混合流体的压力函数, $c_\alpha(X,t)$ 是混合流体第 α 个组合的饱和度函数, $\alpha = 1,2,\cdots,n_c, n_c$ 是组分数, 由于 $\displaystyle\sum_{\alpha=1}^{n_c} c_\alpha(X,t) \equiv 1$, 因此只有 $n_c - 1$ 个是独立的, 需要寻求的未知函数是压力函数 $p(X,t)$ 与饱和度函数组 $c(X,t) = (c_1(X,t), c_2(X,t),\cdots,c_{n_c}(X,t))^{\mathrm{T}}$.

在 5.2.1 $\sim$ 5.2.5 小节的基础上, 对多组分可压缩渗流驱问题, 提出混合有限体积元--修正迎风差分格式并得到收敛性定理.

对三维流体压力和 Darcy 速度的混合有限体积元格式为在已知 $t = t^n$ 时刻的 $\{P^n, U^n\} \in S_n \times V_h, \{C^n\}$ 为已知差分解, 寻求 $t = t^{n+1}$ 时刻的 $\{P^{n+1}, U^{n+1}\}$:

$$\left(d(C^n)\frac{P^{n+1} - P^n}{\Delta t}, v\right)_m + (D_x U^{x,n+1} + D_y U^{y,n+1} + D_y U^{z,n+1}, v)_m$$

$$= (q^{n+1}, v)_m, \quad \forall v \in S_n, \tag{5.2.52a}$$

$$(a^{-1}(\overline{C}^{x,n})U^{x,n+1}, \omega^x)_x + (a^{-1}(\overline{C}^{y,n1})U^{y,n+1}, \omega^y)_y$$

$$+ (a^{-1}(\overline{C}^{z,n})U^{z,n+1}, \omega^z)_z - (P^{n+1}, D_x w^x + D_y w^y + D w^z)_m$$

$$= 0, \quad \forall w \in V_h. \tag{5.2.52b}$$

在求得 $\{P^{n+1}, U^{n+1}\}$ 后, 应用修正迎风分数步差分格式寻求 $t = t^{n+1}$ 时刻的 $\{C^{n+1}\}$:

$$
\phi_{ijk} \frac{C_{d,ijk}^{n+1} - C_{\alpha,ijk}^{n}}{\Delta t}
$$

$$
= \left(1 + \frac{h^x}{2} |U^{x,n+1}| D^{-1}\right)_{ijk}^{-1} \delta_{\bar{x}} (D\delta_x C_\alpha^{n+1/2})_{ijk}
$$

$$
+ \left(1 + \frac{h^y}{2} |U^{y,n+1}| D^{-1}\right)_{ijk}^{-1} \delta_{\bar{y}} (D\delta_y C_\alpha^n)_{ijk}
$$

$$
+ \left(1 + \frac{h^2}{2} |U^{z,n+1}| D^{-1}\right)_{ijk}^{-1} \delta_{\bar{z}} (D\delta_z C_\alpha^n)_{ijk}
$$

$$
- b_\alpha(C_{ijk}^n) \frac{P^{n+1} - P^y}{\Delta t} + g(C_{\alpha,jik}^n), \quad 1 \leqslant i \leqslant M_1 - 1, \quad \alpha = 1, 2, \cdots, n_c - 1. \tag{5.2.53a}
$$

$$
C_{\alpha,ijk}^{n+1/3} = \bar{c}_{\alpha,ijl}^{n+1}, \quad X_{ijk} \in \partial\Omega_h, \quad \alpha = 1, 2, \cdots, n_c - 1. \tag{5.2.53b}
$$

$$
\phi_{ijk} \frac{C_{\alpha,ijk}^{n+2/3} - C_{\alpha,ijk}^{\alpha n+1/3}}{\Delta t} = \left(1 + \frac{h^y}{2} |U^{y,n+1}| D^{-1}\right)_{ijk}^{-1} \cdot \delta_{\bar{y}} (D\delta_y (C_{\alpha,ijk}^{n+2/3} - C_\alpha^n))_{ijk},
$$

$$
1 \leqslant i \leqslant M_2 - 1, \quad \alpha = 1, 2, \cdots, n_c - 1. \tag{5.2.54a}
$$

$$
C_{\alpha,ijk}^{n+2/3} = \bar{c}_{\alpha,ijl}^{n+1}, \quad X_{ijk} \in \partial\Omega_h, \quad \alpha = 1, 2, \cdots, n_c - 1. \tag{5.2.54b}
$$

$$
\phi_{ijk} \frac{C_{\alpha,ijk}^{n+1} - C_{\alpha,ijk}^{n+2/3}}{\Delta t} = \left(1 + \frac{h^z}{2} |U^{z,n+1}| D^{-1}\right)_{ijk}^{-1} \delta_{\bar{z}} (D\delta_z (C_\alpha^{n+1} - C_\alpha^n))_{ijk},
$$

$$
1 \leqslant i \leqslant M_3 - 1, \quad \alpha = 1, 2, \cdots, n_c - 1. \tag{5.2.55a}
$$

$$
C_{\alpha,ijk}^{n+1} = \bar{c}_{\alpha,ijk}^{n+1}, \quad X_{ijk} \in \partial\Omega_h, \quad \alpha = 1, 2, \cdots, n_c - 1. \tag{5.2.55b}
$$

此处 $\delta_{u^s,n+1} C_{\alpha,ijk}$ 的定义和 5.2.3 小节是一致的, 对于差分格式 (5.2.53)~(5.2.55) 可用一维追赶法和关于 $\alpha = 1, 2, \cdots, n_c - 1$, 逐层并行求解, 可得 $\{C^{n+1}\}$.

经烦锁和细微地估计和分析, 类似地可以建立下述定理.

定理 5.2.2　对问题 (5.2.50)~(5.2.51), 若问题的精确解具有一定的正则性且问题是正定的. 若采用混合有限体积元–修正迎风分数步方法 (5.2.52) ~ (5.2.55) 逐层用追赶法并行求解. 若剖分参数满足限制性条件 (4.21), 则下述误差估计式成立:

$$
\|p - P\|_{\bar{L}^\infty(J;L^2(\Omega))} + \|\partial_t(p - P)\|_{\bar{L}^2(J;L^2(\Omega))} + \|u - U\|_{\bar{L}^\infty(J;V)}
$$

$$+ \sum_{\alpha=1}^{n_c-1} \|c_\alpha - C_\alpha\|_{\bar{L}^\infty(J;h^1(\Omega))} + \sum_{\alpha=1}^{n_c-1} \|\partial_t(c_\alpha - C_\alpha)\|_{\bar{L}^2(J;L^2(\Omega))}$$

$$\leqslant M^{**}\{h_p^2 + h^2 + \Delta t\}, \tag{5.2.56}$$

常数 M^{**} 依赖于函数 $p, c_\alpha(\alpha = 1, 2, \cdots, n_c - 1)$ 及其导函数.

5.2.7 总结和讨论

本节研究三维油水可压缩渗流驱动问题, 提出一类混合有限体积元–修正迎风分数步差分方法及其数值分析. 5.2.1 小节是引言部分, 叙述问题的数字模型、物理背景, 以及国内外研究概况. 5.2.2 小节给出网格剖分记号和引理, 两种不同 (粗、细) 网格剖分对应两种不同的离散格式. 引理则为下面的收敛性分析提供理论基础. 5.2.3 小节提出混合有限体积元–修正迎风分数步差分程序、混合有限体积元方法对 Darcy 流速的高精度计算, 对饱和度方程的修正迎风分数步差分方法, 将三维问题化为连续解三个一维问题, 大大减少了计算工作量. 5.2.4 小节是收敛性分析, 得到了最佳二阶 L^2 模误差估计, 这里需要特别指出的是, 对于精确度要求较低的问题, 我们同样可类似地提出混合有限体积元–迎风 (一阶) 分数步差分方法, 经类似的分析, 同样可得一阶 L^2 模误差估计. 5.2.5 小节给出了数估算例, 验证了本节的方法在二相流驱动问题数值模拟中的有效性. 5.2.6 小节对多组分可压缩渗流驱动问题, 提出了混合有限体积元–修正迎风分数步方法及其收敛性结果. 本节有如下特点: ① 考虑了混合流体的可压缩性和多组分的特征, 使得数值模拟结果更能反映物理性态的真实情况; ②适用于三维复杂区域大型数值模拟的精确计算; ③由于应用混合有限体积元方法, 其具有物理守恒性质, 且它对 Darcy 流速计算提高了一阶精确度, 这对二相渗流驱动问题的数值模拟是十分重要的; ④由于对饱和度方程采用修正迎风分数步方法, 它具有二阶高精度的计算特征, 是一类适用于现代计算机上进行了油藏数值模拟问题的高精度、快速的工程计算方法和程序.

5.3 多组分可压缩渗流问题的混合有限体积元–修正特征分数步差分方法

5.3.1 引言

用高压泵将水强行注入油层, 使原油从生产井排出, 这是近代采油的一种重要手段, 将水注入油层后, 水驱动油层中的原油, 从生产井排出, 这就是二相驱动问题. 在近代油气田开发过程中, 为了将油田二次采油后, 残存在油层中的原油尽可能采出, 必须采用强化采油 (化采) 新技术, 在强化采油数值模拟时, 必须考虑混合流体的压缩性和多组分的特征, 否则数值模拟将会严重失真. Douglas 等学者率先提出可压缩、多组分、相混容的油水渗流驱动问题的数学模型, 并对简化的模型问题提出特征有限元方法和特征混合元方法, 开创了现代油藏数值模拟这一重要的新领域 [5,6,34,35,37].

问题的数学模拟模型是下述一类非线性耦合偏微分方程组的初边值问题 [5,6,34,35,37,40-42]:

$$d(c)\frac{\partial p}{\partial t} + \nabla \cdot u = q(x,t), \quad X = (x,y,z)^{\mathrm{T}} \in \Omega, \quad t \in J = (0,T], \tag{5.3.1a}$$

$$u = -a(c)\nabla p, \quad X \in \Omega, \quad t \in J, \tag{5.3.1b}$$

$$\phi(x)\frac{\partial c_\alpha}{\partial t} + b_\alpha(C)\frac{\partial p}{\partial t} + u \cdot \nabla c_\alpha - \nabla \cdot (D\nabla c_\alpha) = g(x,t,c_\alpha),$$
$$x \in \Omega, \quad t \in J, \quad \alpha = 1,2,\cdots,n_c. \tag{5.3.2}$$

此处 $p(x,t)$ 是混合流体的压力函数, $c_\alpha(x,t)$ 是混合流体第 α 个组分的饱和度, $\alpha = 1,2,\cdots,n_c, n_c$ 是组分数, 由于 $\sum_{\alpha=1}^{n_c} c_\alpha(x,t) = 1$, 因此只有 n_{c-1} 个是独立的.

设 $c(x,t) = (c_1(x,t),c_2(x,t),\cdots,c_{n_c-1}(x,t))^{\mathrm{T}}$ 是饱和度的向量函数, $d(c) = \phi(x)\sum_{\alpha=1}^{n_c} z_\alpha c_\alpha, \phi(x)$ 是岩石的孔隙度, z_α 是 α 组分的压缩常数因子, $u(x,t)$ 是混合流体的 Darcy 速度, $a(c) = k(x)u(c)^{-1}, k(x)$ 是岩石的渗透率, $\mu(c)$ 是流华的黏度, $b_\alpha(c) = \phi c_\alpha \left\{ z_\alpha - \sum_{j=1}^{n_c} z_j c_j \right\}, D = D(X)$ 是扩散系数. 压力函数 $p(x,t)$ 和饱和度向量函数 $c(x,t)$ 是待求的基本函数.

不渗透边界条件:

$$u \cdot \gamma = 0, \quad x \in \partial\Omega; \quad (D\nabla c_\alpha - c_\alpha u) \cdot \gamma = 0, \quad x \in \partial\Omega, \quad t \in J, \quad \alpha = 1,2,\cdots,n_c-1. \tag{5.3.3}$$

此处 γ 是区域 Ω 的边界面 $\partial\Omega$ 的外法线方向向量.

初始条件:

$$p(x,0) = p_0(x), \quad x \in \Omega, \quad c_\alpha(x,0) = c_{\alpha 0}(x), \quad X \in \Omega, \quad \alpha = 1,2,\cdots,n_{c-1}. \tag{5.3.4}$$

对于不可压缩二相渗流驱动问题, 在问题周期性的假设下, Douglas, Ewing, Russell 等学者提出特征差分方法和特征有限元方法, 并给出了严谨的误差估计 [1-4], 他们将特征线性和标准的有限差分方法式有限元法相结合, 真实地处理反映出对流–扩散方程的一阶双曲特性, 为减少截断误差, 克服数值振荡和弥散, 大大提高了计算的稳定性和精确度. 对现代强化采油 (化采) 数值模拟新技术, 必须考虑混合流体的可压缩和多组分的特性 [38,39]. 对此问题 Douglas 和作者率先在周期条件下提出特征有限元法、特征混合元法, 特征分数步差分方法, 并得到最佳阶 L^2 模误差估计结果, 完整地解决了这一著名问题 [1,5,6,46]. 有限体积元法 [18,19] 具有差分方法的简单和有限方法的高精度性, 并且保持局部质量守恒律, 是求解偏微分方程的一种十分有效的数值方法. 混合元方法 [20-22] 可以同时求解压力函数及其 Darcy 流速, 从而提高其一阶精确度. 文献 [5,23,24] 将有限体积元和混合元相结合, 提出了混合有限体积元方法的思想, 文献 [25,26] 通过数值算例验证这种方法的有效性, 文献 [27-29] 主要对椭圆问题给出混合有限体积元的收敛估计等理论结果, 形成了混合有限体积元方法的一般框架, 芮洪兴等用此方法研究了低渗油气渗流问题的数值模拟 [43,44].

在现代油田勘探和开发数值模拟 (特别是三次采油) 计算中, 必须考虑混合流体的可压缩性和多组分的特征. 同时它是超大规模、三维大范围, 甚至是超长时间的. 节点个数多达数万乃至数百万个, 用一般方法很难解决这样的问题, 需要采用现代分数步计算技术才能完整地解决这样的问题 [5,6,30], 对二维问题, 虽然 Peaceman, Douglas 很早提出交替方向差分格式来解这类问题, 并获得了成功. 但在理论分析时出现实质性困难, 用 Fourier 分析方法仅能对常系数的情况证明稳定性和收敛性结果, 才能推广到变系数的情况 [15-17]. 关于分数步方法有 Yanenko, Samarskii, Marchuk 的重要工作 [47,48]. 作者在对二维二相油水驱动问题提出分数步特征差分格式, 并得到收敛性结果 [40-42]. 在上述工作基础上, 本节对多组分三维油水渗流驱动问题, 提出一类混合有限体积元–修正特征分数步差分方法, 即对流动方程采用具有物理守恒性质的混合有限体积元方法求解, 它对 Darcy 速度的计算提高了一阶精确度, 对饱和度方程组采用二阶修正特征分数步差分方法求解, 克服了数值解振荡、弥散和计算复杂性, 且可用大步长计算, 将三维问题化为连续解三个一维问题, 且可用追赶法求解, 大大减少了计算的工作量, 使工程实际高精度计算成为可能. 利用变分形式、能量方法、粗细网格配套、乘积型三二次插值 (27 点乘积型公式)[45], 高阶差分算子分解和乘积交换性理论和技巧, 得到最佳阶 L^2 模误差估计. 它对现代油田勘探和开发数值模拟这一重要领域的模型分析、数值方法、机理研究和工业应用软件的研制均有重要的价值.

为分析方便, 假定问题 (5.3.1)~(5.3.4) 是 Ω 周期的 [1-6], 也就是在本节中全部的函数假定是 Ω 周期的. 这在物理上是合理的. 因为无流动边界条件 (5.3.3) 一般能作镜面反射处理, 而且在通常油藏数值模拟中边界条件对油藏内部流动影响较小 [3-6], 因此边界条件 (5.3.3) 是可省略的.

在本节中需要假定问题 (5.3.1)~(5.3.4) 的精确解具有一定的光滑性, 这需要假定问题的系数满足下述正定性条件:

(C)

$$0 < \phi_* \leqslant \phi(x) \leqslant \phi^*, 0 < a_* \leqslant a(c) \leqslant a^*, 0 < d_* \leqslant d(c) \leqslant d^*, 0 < D_* \leqslant D(x) \leqslant D^*,$$
此处 $\phi_*, \phi^*, a_*, a^*, d_*, d^*, D_*$ 和 D^* 均为确定的正常数.

这假定问题 (5.3.1)~(5.3.4) 的精确解具有下述正则性:

$$
\text{(R)} \quad
\begin{aligned}
&p \in L^\infty(J; H^3(\Omega)) \cap H^1(J; W^{4,\infty}(\Omega)), \quad \frac{\partial^2 p}{\partial t^2} \in L^\infty(L^\infty(\Omega)), \\
&c_\alpha \in L^\infty(J; W^{4,\infty}(\Omega)), \quad \frac{\partial^2 c_\alpha}{\partial \tau_\alpha^2} \in L^\infty(L^\infty(\Omega)), \quad \alpha = 1, 2, \cdots, n_c - 1.
\end{aligned}
$$

这些假定在物理上是合理的. 最后指出, 本节中记号 M 和 ε 分别表示普通的正常数和小的正数, 在不同处具有不同的含义.

5.3.2　记号和引理

为了应用混合有限体积元–修正特征分数步差分方法, 我们需要构造粗细两套网格系统. 粗网格是针对流场压力和 Darcy 的非均匀粗网格, 细网格是针对饱和度方程组在三个坐标方向的均网格. 首先讨论粗网格系统.

研究三维问题, 为简单起见, 设区域 $\Omega = \{[0,1]\}^3$, 用 $\partial\Omega$ 表示其边界. 定义剖分:

$$
\begin{aligned}
&\delta_x : 0 < x_{1/2} < x_{3/2} < \cdots < x_{N_x - 1/2} < x_{N_x + 1/2} = 1, \\
&\delta_y : 0 < y_{1/2} < y_{3/2} < \cdots < y_{N_x - 1/2} < y_{N_x + 1/2} = 1, \\
&\delta_z : 0 < z_{1/2} < z_{3/2} < \cdots < z_{N_x - 1/2} < z_{N_x + 1/2} = 1,
\end{aligned}
$$

对 Ω 做剖分 $\delta_x \times \delta_y \times \delta_z$, 对于 $i = 1, 2, \cdots, N_x; j = 1, 2, \cdots, N_y; k = 1, 2, \cdots, N_z$. 记

$$
\begin{aligned}
\Omega_{ijk} = \{(x,y,z) | &x_{i-1/2} < x < x_{i+1/2}, \quad y_{j-1/2} < y < y_{j+1/2}, \\
&z_{k-1/2} < z < z_{k+1/2}\}, \quad x_i = \frac{x_{i-1/2} + x_{i+1/2}}{2}, \\
&y_j = \frac{y_{j-1/2} + y_{j+1/2}}{2}, \quad z_k = \frac{z_{k-1/2} + z_{k+1/2}}{2}.
\end{aligned}
$$

$$
h_{x_i} = x_{i+1/2} - x_{i-1/2}, \quad h_{y_j} = y_{j+1/2} - y_{j-1/2}, \quad h_{z_k} = z_{k+1/2} - z_{k-1/2}.
$$

$$
h_{x,i+1/2} = x_{i+1} - x_i, \quad h_{y,j+1/2} = y_{j+1} - y_j,
$$

$$
h_{z,k+1/2} = z_{k+1} - z_k, \quad h_x = \max_{1 \leqslant i \leqslant N_x}\{h_{xi}\},
$$

$$
h_y = \max_{1 \leqslant j \leqslant N_j}\{h_{yj}\}, \quad h_z = \max_{1 \leqslant k \leqslant N_z}\{h_{zk}\}, \quad h_p = (h_x^2 + h_y^2 + h_z^2)^{1/2}.
$$

称剖分是正则的, 是指存在常数 $\alpha_1, \alpha_1 > 0$, 使得

$$
\max_{1 \leqslant i \leqslant N_x}\{h_{xi}\} \geqslant \alpha_1 h_x, \quad \max_{1 \leqslant j \leqslant N_y}\{h_{yj}\} \geqslant \alpha_1 h_y, \quad \max_{1 \leqslant k \leqslant N_z}\{h_{zk}\} \geqslant \alpha_1 h_z,
$$

$$
\min\{h_x, h_y, h_z\} \geqslant \alpha_2 \max\{h_x, h_y, h_z\}.
$$

图 5.1.1 表示对应于 $N_x = 4, N_y = 3, N_z = 3$ 情况简单网格的示意图. 定义:
$M_l^d(\delta_x) = \{f \in C^l[0,1] : f|_{\Omega_i} \in p_d(\Omega_i), i = 1, 2, \cdots, N_x\}$, 其中 $\Omega_i = [x_{i-1/2}, x_{i+1/2}]$,

$p_d(\Omega_i)$ 是 Ω_i 上次数不超过 d 的多项式空间, 当 $l = -1$ 时, 表示函数 f 在 $[0,1]$ 上可以不连续. 对 $M_l^{\mathrm{d}}(\delta_y), M_1^{\mathrm{d}}(\delta_z)$ 的定义是类似的. 记

$$S_h = M_{-1}^0(\delta_x) \otimes M_{-1}^0(\delta_y) \otimes M_{-1}^0(\delta_z),$$
$$V_h = \{\underline{\omega} \,|\, \underline{\omega} \in (\omega^x, \omega^y, \omega^z), \omega^x \in M_0^1(\delta_x) \otimes M_{-1}^0(\delta_y) \otimes M_{-1}^0(\delta_z),$$
$$\omega^y \in M_{-1}^0(\delta_x) \otimes M_0^1(\delta_y) \otimes M_{-1}^0(\delta_z),$$
$$\omega^z \in M_{-1}^0(\delta_x) \otimes M_{-1}^0(\delta_y) \otimes M_0^1(\delta_z), \underline{\omega} \cdot \underline{\gamma}|_{\partial\Omega} = 0\}.$$

对函数 $v(x,y,z)$, 以 $v_{ijk}, v_{i+1/2,jk}, v_{i,j+1/2,k}$ 和 $v_{ij,k+1/2}$ 分别表示 $v(x_i, y_j, z_k)$, $v(x_{i+1/2}, y_j, z_k)$, $v(x_i, y_{j+1/2}, z_k)$ 和 $v(x_i, y_j, z_{k+1/2})$. 定义下列内积及范数:

$$(v,w)_m = \sum_{i=1}^{N_x} \sum_{j=1}^{N_y} \sum_{k=1}^{N_z} h_{xi} h_{yj} h_{zk} v_{ijk} w_{ijk},$$

$$(v,w)_x = \sum_{i=1}^{N_x} \sum_{j=1}^{N_y} \sum_{z=1}^{N_z} h_{xi-1/2} h_{yj} h_{zk} v_{i-1/2,jk} w_{i-1/2,jk},$$

$$(v,w)_y = \sum_{i=1}^{N_x} \sum_{j=1}^{N_y} \sum_{k=1}^{N_z} h_{xi} h_{yj-1/2} h_{zk} v_{i,j-1/2,k} w_{i,j-1/2,k},$$

$$(v,w)_z = \sum_{i=1}^{N_x} \sum_{j=1}^{N_y} \sum_{k=1}^{N_z} h_{xi} h_{yj} h_{zk-1/2} v_{ij,k-1/2} w_{ij,k-1/2},$$

$$\|v\|_S^2 = (v,v)_s, \quad s = m,x,y,z, \quad \|v\|_\infty = \max_{1\leqslant i\leqslant N_x, 1\leqslant j\leqslant N_y, 1\leqslant k\leqslant N_z} |v_{ijk}|,$$

$$\|v\|_{\infty(x)} = \max_{1\leqslant i\leqslant N_x, 1\leqslant j\leqslant N_y, 1\leqslant k\leqslant N_z} |v_{i-1/2,jk}|,$$

$$\|v\|_{\infty(y)} = \max_{1\leqslant i\leqslant N_x, 1\leqslant j\leqslant N_y, 1\leqslant k\leqslant N_z} |v_{i-1/2,k}|,$$

$$\|v\|_{\infty(x)} = \max_{1\leqslant i\leqslant N_x, 1\leqslant j\leqslant N_y, 1\leqslant k\leqslant N_z} |v_{ij,k-1/2}|.$$

当 $\underline{w} = (w^x, w^y, w^z)^{\mathrm{T}}$ 时, 记

$$|||\underline{w}||| = (\|w^x\|_x^2 + \|w^y\|_y^2 + \|w^z\|_z^2)^{1/2}, \quad |||\underline{w}|||_\infty = \|w^x\|_{\infty(x)} + \|w^y\|_{\infty(y)} + \|w^z\|_{\infty(z)},$$

$$\|\underline{w}\| = (\|w^x\|_m^2 + \|w^y\|_m^2 + \|w^z\|_m^2)^{1/2}, \quad \|\underline{w}\|_\infty = \|w^x\|_\infty + \|w^y\|_\infty + \|w^z\|_\infty.$$

设 $W_p^m(\Omega) = \left\{ v \in L^p(\Omega) \,\middle|\, \dfrac{\partial^n v}{\partial x^{n-l-r} \partial y^l \partial z^r} \in L^p(\Omega), n-l-r \geqslant 0, l = 0,1,\cdots,n; r = \right.$

$\left. 0,1,\cdots,n; n = 0,1,\cdots,m; 0 < p < \infty \right\}$. $H^m(\Omega) = W_2^m(\Omega), L^2(\Omega)$ 的内积与范数分别为 $(\cdot,\cdot), \|\cdot\|$, 对于 $v \in S_h$, 显然有

$$\|v\|_m = \|v\|. \tag{5.3.5}$$

定义下列记号:

$$[d_x v]_{i+1/2,jk} = \frac{v_{i+1,jk} - v_{ijk}}{h_{x,i+1/2}}, \quad [d_y v]_{i,j+1/2,k} = \frac{v_{i,j+1,k} - v_{ijk}}{h_{y,j+1/2}},$$

$$[d_z v]_{ij,k+1/2} = \frac{v_{ij,k+1} - v_{ijk}}{h_{z,k+1/2}};$$

$$[D_x w]_{ijk} = \frac{w_{i+1/2,jk} - w_{i-1/2,jk}}{h_{xi}}, \quad [D_y w]_{ijk} = \frac{w_{i,j+1/2,k} - w_{i,j-1/2,k}}{h_{yi}},$$

$$[D_z w]_{ijk} = \frac{w_{ij,k+1/2} - w_{ij,k-1/2}}{h_{zi}};$$

$$\hat{w}^x_{ijk} = \frac{w^x_{i+1/2,jk} + w^x_{i-1/2,jk}}{2}, \quad \hat{w}^y_{ijk} = \frac{w^y_{i,j+1/2,k} + w^y_{i,j-1/2,k}}{2},$$

$$\hat{w}^y_{ijk} = \frac{w^z_{ij,k+1/2} + w^z_{ij,k-1/2}}{2}.$$

$$\bar{w}^x_{ijk} = \frac{h_{x,c+1}}{2h_{x,i+1/2}} w_{ijh} + \frac{h_{xi}}{2h_{x,i+1/2}} w_{i+1,j}, \quad \bar{w}^y_{ijk} = \frac{h_{y,i+1}}{2h_{y,j+1/2}} w_{ijh} + \frac{h_{yj}}{2h_{y,j+1/2}} w_{i,j+1,k},$$

$$\bar{w}^z_{ijk} = \frac{h_{2,k+1}}{2h_{z,k+1/2}} w_{ijh} + \frac{h_{jk}}{2h_{z,k+1/2}} w_{ij,k+1/2}$$

以及 $\hat{\underline{w}}_{ijk} = (\hat{w}^x_{ijk}, \hat{w}^y_{ijk}, \hat{w}^z_{ijk})^{\mathrm{T}}$ 和 $\underline{\hat{w}}_{ijk} = (\bar{\underline{w}}^x_{ijh}, \bar{\underline{w}}^y_{ijh}, \bar{\underline{w}}^\xi_{ijh})^{\mathrm{T}}$. L 是一个正整数, $\Delta t = \dfrac{T}{L}, t^n = n\Delta t, v^n$ 表示函数在 t^n 时刻的值, $d_t v^n = \dfrac{v^n - v^{n-1}}{\Delta t}$.

对于上面定义的内积和范数, 下述四个引理成立.

引理 5.3.1　对于 $v \in S_h, \underline{w} \in V_h$, 显然有

$$(v, D_x w^x)_m = -(d_x v, w^x)_x, (v, d_y w^y)_m = -(d_y v, w^y)_y, (v, d_z w^z)_m = -(d_z v, w^z)_z. \tag{5.3.6}$$

引理 5.3.2　对于 $\underline{w} \in V_h$, 则有

$$\|\hat{\underline{w}}\| \leqslant \|\|\underline{w}\|. \tag{5.3.7}$$

引理 5.3.3　对 $q \in S_h$, 则有

$$\|\bar{q}^x\|_x \leqslant M\|q\|_M, \quad \|\bar{q}^y\|_y \leqslant M\|q\|_m, \quad \|\bar{q}^z\|_z \leqslant M\|q\|_m, \tag{5.3.8}$$

此处 M 是与 q, h 无关的常数.

引理 5.3.4　对于 $\underline{w} \in V_h$, 则有

$$\|\omega^x\|_x \leqslant \|D_x \omega^x\|_m, \quad \|\omega^y\|_y \leqslant \|D_y \omega^y\|_m, \quad \|\omega^z\|_z \leqslant \|D_z \omega^z\|_m. \tag{5.3.9}$$

对于细网格系统, 对于区域 $\Omega = \{[0,1]\}^3$, 定义均匀网格剖分:

$$\delta_x : 0 = x_0 < x_1 < x_2 < \cdots < x_{M_1-1} < x_{M_1} = 1,$$
$$\delta_y : 0 = y_0 < y_1 < y_2 < \cdots < y_{M_2-1} < y_{M_2} = 1,$$
$$\delta_z : 0 = z_0 < z_1 < z_2 < \cdots < z_{M_3-1} < z_{M_3} = 1,$$

此处 $M_i(i = 1, 2, 3)$ 均为正整数, 三个方向步长和网格点分别记为

$$h^x = \frac{1}{M_1}, \quad h^y = \frac{1}{M_2}, \quad h^z = \frac{1}{M_3}, \quad x_i = ih^x, \quad y_j = jh^y, \quad z_k = kh^z.$$

记

$$D_{i+1/2,jk} = \frac{1}{2}[D(X_{ijk}) + D(X_{i+1,jk})], \quad D_{i-1/2,jk} = \frac{1}{2}[D(X_{ijk}) + D(X_{i-1,jk})],$$

$D_{i,j+1/2,k}, D_{i,j-1/2,k}, D_{ij,k+1/2}, D_{ij,k-1/2}$ 的定义是类似的. 同时定义:

$$\delta_{\bar{x}}(D\delta_x W)_{ijk}^n = (h^x)^{-2}[D_{i+1/2,jk}(W_{i+1,jk}^n - W_{ijk}^n) - D_{i-1/2,jk}(W_{ijk}^n - W_{i-1,jk}^n)],$$
$$\tag{5.3.10a}$$

$$\delta_{\bar{y}}(D\delta_y W)_{ijk}^n = (h^y)^{-2}[D_{i,j+1/2,k}(W_{i,j+1,k}^n - W_{ijk}^n) - D_{i,j-1/2,k}(W_{ijk}^n - W_{i-1,jk}^n)],$$
$$\tag{5.3.10b}$$

$$\delta_{\bar{z}}(D\delta_z W)_{ijk}^n = (h^z)^{-2}[D_{ij,k+1/2}(W_{ij,k+1}^n - W_{ijk}^n) - D_{ij,k-1/2}(W_{ijk}^n - W_{ij,k-1}^n)],$$
$$\tag{5.3.10c}$$

$$\nabla_h(D\nabla_h W)_{ijk}^n = \delta_{\bar{x}}(D\delta_x W)_{ijk}^n + \delta_{\bar{y}}(D\delta_y W)_{ijk}^n + \delta_{\bar{z}}(D\delta_z W)_{ijk}^n. \tag{5.3.11}$$

5.3.3 混合有限体积元–修正特征分数步差分方法程序

为了引入混合有限体积元方法的处理思想, 将流动方程 (5.3.1) 写为下述标准形式:

$$d(c)\frac{\partial p}{\partial t} + \nabla \cdot u = q(x,t), \quad (x,t) \in \Omega \times J, \tag{5.3.12a}$$

$$u = -a(c)\nabla p, \quad (x,t) \in \Omega \times J. \tag{5.3.12b}$$

设 P, U, C 分别为 p, u 和 c 的混合有限体积元–修正特征分数步差分方法的近似解, 在这里 C 均理解为在细网格 Ω_h 上的乘积型三二次插值 [6,45]. 由 5.3.2 小节的记号和引理 5.3.1~ 引理 5.3.4 的结果得知流体压力和 Darcy 流速的混合有限体积元格式为 [22-25]:

$$\left(d(C^n)\frac{P^{n+1} - P^n}{\Delta t}, v\right)_m + (D_x U^{x,n+1} + D_y U^{y,n+1} + D_z U^{z,n+1}, v)_m$$
$$= (q^{n+1}, v)_m, \quad \forall v \in S_h, \tag{5.3.13a}$$

$$(a^{-1}(\bar{C}^{x,n})U^{x,n+1}, w^x)_x + (a^{-1}(\bar{C}^{y,n})U^{y,n+1}, w^y)_y + (a^{-1}(\bar{C}^{z,n})U^{z,n+1}, w^z)_z$$

$$- (P^{n+1}, D_x w^x + D_y w^y + D_z w^z)_m = 0, \quad \forall w \in V_h, \tag{5.3.13b}$$

对于饱和度方程组 (5.3.2), 注意到这流动实际上沿着迁移的特征方向, 采用特征线法处理一阶双曲部分, 它具有很高的精确度和强稳定性, 对时间 t 可用大步长计算. 记 $\psi(x,u) = [\phi^2(x) + |u|^2]^{1/2}, \partial/\partial \tau = \psi^{-1}\{\phi \partial/\partial t + u \cdot \nabla\}$, 利用向后差分逼近特征方向导数

$$\frac{\partial c_\alpha^{n+1}}{\partial \tau} \approx \frac{c_\alpha^{n+1} - c_\alpha^n(x - \phi^{-1}(x)u^{n+1}(x)\Delta t)}{\Delta t(1 + \phi^{-1}|u^{n+1}|^2)^{1/2}}.$$

对饱和度方程组 (5.3.2) 的分数步特征差分格式为

$$\phi_{ijk}\frac{C_{\alpha,ijk}^{n+1/3} - \hat{C}_{\alpha,ijk}^n}{\Delta t} = \delta_{\bar{x}}(D\delta_x C_\alpha^{n+1/2})_{ijk} + \delta_{\bar{y}}(D\delta_y C_\alpha^n)_{ijk} + \delta_{\bar{\mathfrak{z}}}(D\delta_y C_\alpha^n)_{ijk}$$
$$- b_\alpha(C_{ijk}^n)\frac{P_{ijk}^{n+1} - P_{ijk}^n}{\Delta t} + g(X_{ijk}, t^n, \hat{C}_{\alpha,ijk}^n),$$
$$1 \leqslant i \leqslant M_1, \quad \alpha = 1, 2, \cdots, n_c - 1. \tag{5.3.14}$$

$$\phi_{ijk}\frac{C_{\alpha,ijk}^{n+2/3} - C_{\alpha,ijk}^{n+1/3}}{\Delta t} = \delta_{\bar{y}}(D\delta_y(C_\alpha^{n+2/3} - C_\alpha^n))_{ijk},$$
$$1 \leqslant j \leqslant M_2, \quad \alpha = 1, 2, \cdots, n_c - 1, \tag{5.3.15}$$

$$\phi_{ijk}\frac{C_{\alpha,ijk}^{n+1} - C_{\alpha,ijk}^{n+2/3}}{\Delta t} = \delta_{\bar{z}}(D\delta_z(C_\alpha^{n+1} - C_\alpha^n))_{ijk},$$
$$1 \leqslant k \leqslant M_3, \quad \alpha = 1, 2, \cdots, n_c - 1, \tag{5.3.16}$$

此处 $C_\alpha^n(x)(\alpha = 1, 2, \cdots, n_c - 1)$ 分别按节点值 $\{C_{\alpha,ijk}^n\}$ 分片三二次插值, $\hat{C}_{\alpha,ijk}^n = C_\alpha^n(\hat{X}_{ijk}^n), \hat{X}_{ijk}^n = x - \phi_{ijk}^{-1}U_{ijk}^{n+1}\Delta t$.

初始逼近:

$$P_{ijk}^0 = p_0(X_{ijk}), \quad C_{\alpha,ijk}^0 = c_{\alpha 0}(X_{ijk}), \quad X_{ijk} \in \bar{\Omega}_h, \quad \alpha = 1, 2, \cdots, n_c - 1. \tag{5.3.17}$$

混合有限体积元–修正特征分数步差分格式的计算程序: 首先由初始逼近 (5.3.17) 应用混合有限体积元的椭圆投影确定 $\{\tilde{U}^0, \tilde{P}^0\}$(将在下节叙述并定义). 取 $U^0 = \tilde{U}^0, P^0 = \tilde{P}^0$. 再由混合有限体积元格式 (5.3.13) 应用共轭梯度法求得 $\{U^1, P^1\}$. 再用修正特征分数步差分格式 (5.3.14)~(5.3.16) 应用一维追赶法依次并行计算出 $\{C_{\alpha,ijk}^1\}, \alpha = 1, 2, \cdots, n_c - 1$. 再由 (5.3.13) 应用共轭梯度法得到混合有限体积元逼近解 $\{U^2, P^2\}$, 这样依次进行可得全部数值逼近解. 由正定性条件 (C), 故解存在且唯一.

5.3.4　收敛性分析

为了进行收敛性分析, 引入下述辅助性椭圆投影, 记 $\tilde{U} \in V_h, \tilde{P} \in S_h$ 满足:

$$(D_x\tilde{U}^x + D_y\tilde{U}^y + D_z\tilde{U}^z, v)_m = (\nabla \cdot u, v)_m, \quad \forall v \in S_h, \tag{5.3.18a}$$

$$(a^{-1}(c)\tilde{U}^x, w^x)_x + (a^{-1}(c)\tilde{U}^y, w^y)_y + (a^{-1}(c)\tilde{U}^z, w^z)_z$$
$$- (\tilde{P}, D_x w^x + D_y w^y + D_z w^z)_m = 0, \quad \forall w \in V_h, \tag{5.3.18b}$$

$$(\tilde{P} - P, 1)_m = 0. \tag{5.3.18c}$$

记 $\pi = P - \tilde{p}, \eta = \tilde{P} - p, \sigma = U - \tilde{U}, \rho = \tilde{U} - U, \xi = c - C$. 设问题 (5.3.1), (5.3.2) 满足正定性条件 (C), 其精确解满足正则性条件 (R). 由 Weiser, Wheeler 和 Jones 理论 [24,25] 得知格式 (5.3.18) 确定的辅助函数 $(\tilde{U}, \tilde{P})$ 存在唯一, 并有下述误差估计.

引理 5.3.5 若问题 (5.3.1)~(5.3.2) 的系数和精确解满足条件 (C) 和 (R), 则存在不依赖剖分参数 $h, \Delta t$ 的常数 $\bar{C}_1, \bar{C}_2$, 使下述估计式成立:

$$\|\eta\|_m + |||\rho||| \leqslant \bar{C}_1 h_p^2, \tag{5.3.19a}$$

$$\left\|\frac{\partial \eta}{\partial t}\right\|_\infty + |||\tilde{U}|||_\infty + \left|\left|\left|\frac{\partial \tilde{U}}{\partial t}\right|\right|\right|_\infty \leqslant \bar{C}_2. \tag{5.3.19b}$$

首先估计 π 和 σ, 将式 (5.3.13a) 或 (5.3.13b) 分别减式 (5.3.18a)($t = t^{n+1}$) 和式 (5.3.18b) ($t = t^{n+1}$) 可得

下述误差关系式;

$$(d(C^n)\partial_t \pi^n, v)_m + (D_x \sigma^{x,n+1} + D_y \sigma^{y,n+1} + D_z \sigma^{z,n+1}, v)_m$$
$$= ((d(c^{n+1}) - d(C^n))\tilde{P}_t^{n+1}, v)_m - (d(c^{n+1})\partial_t \eta^n, v)_m$$
$$+ (d(C^n)(\tilde{P}_t^{n+1} - \partial_t \tilde{P}^n), v)_m, \tag{5.3.20a}$$

$$(a^{-1}(\bar{C}^{x,n})\sigma^{x,n}, w^x)_x + (a^{-1}(\bar{C}^{y,n})\sigma^{y,n}, w^y)_y + (a^{-1}(\bar{C}^{z,n})\sigma^{z,n}, w^x)_x$$
$$- (\pi^{n+1}, D_x w^x + D_y w^y + D_z w^z)_m$$
$$= - ((a^{-1}(\bar{C}^{x,n}) - a^{-1}(c^{n+1}))\tilde{U}^{x,n+1}, w^x)_x - ((a^{-1}(\bar{C}^{y,n}) - a^{-1}(c^{n+1}))\tilde{U}^{y,n+1}, w^y)_y$$
$$- ((a^{-1}(\bar{C}^{z,n}) - a^{-1}(C^{n+1}))U^{z,n+1}, w^z)_z, \tag{5.3.20b}$$

此处 $\partial_t \pi^n = \dfrac{\pi^{n+1} - \pi^n}{\Delta t}$.

为了估计 π 和 σ, 在式 (5.3.20a) 中取 $v = \partial_t \pi^n$, 在式 (5.3.20b) 中取 t^{n+1} 时刻与 t^n 时刻两式相减, 再除以 Δt, 取 $w = \sigma^{n+1}$ 时相加, 注意到如下关系式, 当 $A^n \geqslant 0$ 的条件下, 有

$$(\partial_t(A^{n-1}B^n), B^{n+1})_s$$
$$= \frac{1}{2}\partial_t(A^{n-1}B^n, B^n)_s - \frac{1}{2}(\partial_t(A^{n-1})B^n, B^n)_s + (\partial_t(A^{n-1})B^n, B^{n+1})_s$$
$$+ \frac{1}{2\Delta t}(A^n(B^{n+1} - B^n), (B^{n+1} - B^n))_s$$

$$\geqslant \frac{1}{2}\partial_t(A^{n-1}B^n, B^n)_s - \frac{1}{2}(\partial_t(A^{n-1})B^n, B^n)_s + (\partial_t(A^{n-1})B^n, B^{n+1})_s, \quad s = x, y, z,$$

有

$$
\begin{aligned}
d_* &\|\partial_t\pi^n\|_m^2 + \frac{1}{2}\partial_t[(a^{-1}(\bar{C}^{x,n-1})\sigma^{x,n}, \sigma^{x,n})_x \\
&+ (a^{-1}(\bar{C}^{y,n-1})\sigma^{y,n}, \sigma^{y,n})_y + (a^{-1}(\bar{C}^{z,n})\sigma^{z,n}, \sigma^{z,n})_z] \\
\leqslant &\left(\left(d(c^{n+1}) - d(c^n)\right)\frac{\partial\tilde{p}^{n+1}}{\partial t}, \partial_t\pi^n \right)_m - \left(d(c^{n+1})\frac{\partial\eta^{n+1}}{\partial t}, \partial_t\pi^n \right)_m \\
&+ \left(d(c^n)\left(\frac{\partial\tilde{p}^{n+1}}{\partial t} - \partial_t\tilde{P}^n\right), \partial_t\pi^n \right)_m \\
&- \{(\partial_t[(a^{-1}(\bar{C}^{x,n-1}) - a^{-1}(C^{n-1}))\tilde{U}^{x,n}], \sigma^{x,n+1})_x \\
&+ (\partial_t[(a^{-1}(\bar{C}^{y,n-1}) - a^{-1}(c^{n-1}))\tilde{U}^{y,n}], \sigma^{y,n+1})_y \\
&+ (\partial_t[(a^{-1}(\bar{C}^{z,n-1}) - a^{-1}(c^{n-1}))\tilde{U}^{z,n}]\sigma^{z,n-1})_z\} \\
&- \{(\partial_t[(a^{-1}(c^n) - a^{-1}(c^{n-1}))\tilde{U}^{x,n}], \sigma^{x,n+1})_x \\
&+ (\partial_t[(a^{-1}(c^n) - a^{-1}(c^{n-1}))\tilde{U}^{y,n}], \sigma^{y,n+1})_y \\
&+ (\partial_t[(a^{-1}(c^n) - a^{-1}(c^{n-1}))\tilde{U}^{z,n}], \sigma^{z,n+1})_z\} \\
&+ \frac{1}{2}\{(\partial_t(a^{-1}(\bar{C}^{x,n-1}))\sigma^{x,n}, \sigma^{x,n})_x + (\partial_t(a^{-1}(C^{y,n-1}))\sigma^{y,n}, \sigma^{y,n})_y \\
&+ (\partial_t(a^{-1}(\bar{C}^{z,n-1}))\sigma^{z,n}, \sigma^{z,n})_z\} \\
&- \frac{1}{2}\{(\partial_t(a^{-1}(\bar{C}^{x,n-1}))\sigma^{x,n}, \sigma^{x,n+1})_x + (\partial_t(a^{-1}(\bar{C}^{y,n-1}))\sigma^{y,n}, \sigma^{y,n+1})_y \\
&+ (\partial_t(a^{-1}(\bar{C}^{z,n-1}))\sigma^{z,n}, \sigma^{z,n+1})_z\} = T_1 + T_2 + \cdots + T_7.
\end{aligned}
\tag{5.3.21}
$$

由引理 5.3.5, 可得

$$|T_1 + T_2 + T_3| \leqslant \varepsilon\|\partial_t\pi^n\|_m^2 + M\{\|\xi^n\|_m^2 + h_p^4 + (\Delta t)^2\}. \tag{5.3.22}$$

注意到 $\partial_t(a^{-1}(\bar{C}^{x,n-1})) = \dfrac{da^{-1}}{dc}\partial_t(\bar{C}^{x,n-1}) = \dfrac{da^{-1}}{dc}[\partial_t(C^{x,n-1}) + \partial_t(\xi^{x,n-1})]$.

由引理 5.3.4 和引理 5.3.5, 并引入归纳法假定:

$$\sup_{0\leqslant n\leqslant L}|||\sigma|||_\infty \to 0, \quad \sup_{0\leqslant n\leqslant L}\|\xi^n\|_\infty \to 0, \quad (h, h_p\Delta t) \to 0, \tag{5.3.23}$$

此处 $\|\xi^n\|^2 = \sum\limits_{\alpha=1}^{n-1}\|\xi_\alpha^n\|^2$. 可得

$$
\begin{aligned}
|T_6 + T_7| \leqslant M\{&|||\sigma^n|||^2 + |||\sigma^n||| \cdot |||\sigma^{n+1}||| \\
&+ |||\sigma^n|||_\infty\|\partial_t\xi^{n-1}\|_m(|||\sigma^n||| + |||\sigma^{n+1}|||)\}
\end{aligned}
$$

$$\leqslant \varepsilon \|\partial_t \xi^{n-1}\|_m^2 + M\{\||\sigma^n\||^2 + \||\sigma^{n+1}\||^2\}, \tag{5.3.24a}$$

$$|T_5| \leqslant M\{(\Delta t)^2 + \||\sigma^{n+1}\||^2\}. \tag{5.3.24b}$$

此处 $\|\partial_t \xi^{n-1}\|_m^2 = \sum\limits_{\alpha=1}^{n_c-1} \|\partial_t \xi_\alpha^{n-1}\|_m^2.$

由正则性条件 (R)、Taylor 公式、引理 5.3.5 和归纳法假定 (5.3.23) 可得

$$|T_4| \leqslant \varepsilon \|\partial_t \xi^{n-1}\|_m^2 + M\{\|\xi^n\|_m^2 + \{\|\xi^{n-1}\|_m^2 + \|\xi^{n+1}\|^2 + h_p^4 + (\Delta t)^2\}\}. \tag{5.3.24c}$$

对式 (5.3.21) 的右端应用 (5.3.22) 和 (5.3.24) 可得

$$\|\partial_t \pi^n\|_m^2 + \partial_t \sum_{s=x,y,z} (a^{-1}(\bar{C}^{s,n-1})\sigma^{s,n}, \sigma^{s,n})$$

$$\leqslant \varepsilon \|\partial_t \xi^{n-1}\|_m^2 + M\{\|\xi^n\|_m^2 + \|\xi^{n-1}\|_m^2 + \||\sigma^n\||^2 + \||\sigma^{n+1}\||^2 + h_p^4 + (\Delta t)^2\}. \tag{5.3.25}$$

在式 (5.3.20a) 中取 $v = \pi^{n+1}$, 在式 (5.3.20b) 中取 $w = \sigma^{n+1}$, 两式相加, 注意到

$$(d(C^n)\partial_t \pi^n, \pi^n)_m$$
$$= \frac{1}{2}\partial_t (d(C^{n-1})\pi^n, \pi^n)_m - \frac{1}{2}(\partial_t(d(C^{n-1}))\pi^n, \pi^n)_m$$
$$\quad + \frac{1}{z\Delta t}(d(C^n)(\pi^{n+1}, \pi^n), (\pi^{n+1} - \pi^n))_m$$
$$\geqslant \frac{1}{2}\partial_t (d(C^{n+1})\pi^n, \pi^n)_m - \frac{1}{2}(\partial_t(d(C^{n-1}))\pi^n, \pi^n)_m,$$

则有

$$\frac{1}{2}\partial_t(d(C^{n-1}))\pi^n, \pi^n)_m - \frac{1}{2}(\partial_t(d(C^{n-1}))\pi^n, \pi^n)_m + (a^{-1}(\bar{C}^{x,n})\sigma^{x,n+1}, \sigma^{x,n+1})_x$$
$$+ (a^{-1}(\bar{C}^{y,n})\sigma^{y,n+1}, \sigma^{y,n+1})_y + (a^{-1}(\bar{C}^{z,n})\sigma^{z,n+1}, \sigma^{z,n+1})_z$$
$$\leqslant \left((d(c^{n+1}) - d(C^n))\frac{\partial \tilde{p}^{n+1}}{\partial t}, \pi^{n+1}\right)_m - \left(d(c^{n+1})\frac{\partial \eta^{n+1}}{\partial t}, \pi^{n+1}\right)_m$$
$$+ \left(d(C^n)\left(\frac{\partial \tilde{P}^{n+1}}{\partial t} - \partial_t \tilde{P}^n\right), \pi^{n+1}\right)_m$$
$$- \sum_{s=x,y,z} ((a^{-1}(\bar{C}^{s,n}) - a^{-1}(c^{n+1}))\tilde{U}^{s,n+1})_s, \tag{5.3.26}$$

注意到

$$|(\partial_t(d(C^{n+1}))\pi^n, \pi^n)_m| = |(d_c'(\partial_t(c^{n-1}) + \partial_t \xi^{n-1})\pi^n, \pi^n)_m|$$
$$\leqslant \varepsilon \|\partial_t \xi^{n-1}\|_m^2 + M\|\pi^n\|_m^2. \tag{5.3.27}$$

此处 $d_c' = d_c'(c)$.

然后依次估计 (5.3.26) 右端诸项可得

$$\partial_t(d(C^{n-1})\pi^n, \pi^n)_m + |||\sigma^{n+1}|||^2 \leqslant \varepsilon\|\partial_t\xi^{n-1}\|_m^2 + M\{\|\pi^{n+1}\|_m^2 + \|\pi^n\|_m^2 + h_p^4 + (\Delta t)^2\}. \tag{5.3.28}$$

组合 (5.3.25) 和 (5.3.28) 可得

$$\|\partial_t\pi^n\|_m^2 + \partial_t\sum_{s=x,y,z}(a^{-1}(\bar{C}^{s,n-1})\sigma^{s,n}, \sigma^{s,n})_s + \partial_t(d(C^{n-1})\pi^n, \pi^n)_{n+1} + |||\sigma^{n+1}|||^2$$
$$\leqslant\varepsilon\|\partial_t\xi^{n-1}\|_m^2 + M\{\|\pi^{n+}\|_m + \|\pi^n\|_m^2 + \|\xi^n\|_m^2$$
$$+ \|\xi^{n-1}\|_m^2 + |||\sigma^n|||^2 + |||\sigma^{n+1}|||^2 + h_p^4\}, \tag{5.3.29}$$

在区域 $\Omega = \{[0,1]\}^3$ 中的长方体网格 $\bar{\Omega}_h = \Omega_h \cup \partial\Omega_h = \bar{\omega}_1 \times \bar{\omega}_2 \times \bar{\omega}_3$. 记 $\bar{\omega}_1 = \{x_i|i = 0,1,\cdots,M_1\}, \bar{\omega}_2 = \{y_j|j = 0,1,\cdots,M_2\}, \bar{\omega}_3 = \{z_k|k = 0,1,\cdots,M_3\}; \omega_1^+ = \{x_i|i = 1,2,\cdots,M_1\}, \omega_2^+ = \{y_j|j = 1,2,\cdots,M_2\}, \omega_3^+ = \{z_k|k = 1,2,\cdots,M_3\}$. 记号 $|f|_0 = \langle f,f\rangle^{1/2}$ 表示离散空间 $L^2(\Omega)$ 的模.

$$\langle f,g\rangle = \sum_{\bar{\omega}_1}h_i^x\sum_{\bar{\omega}_2}h_i^y\sum_{\bar{\omega}_3}h_k^2f(X_{ijk})g(x_{ijk}) \tag{5.3.30a}$$

表示离散空间内积, 此处 $h_i^x = h^x, 1 \leqslant i \leqslant M_1 - 1, h_0^x = h_0^x = h_{M_1}^x = \frac{1}{2}h^x; h_j^y = h^y, 1 \leqslant j \leqslant M_2 - 1, h_0^y = h_0^y = h_{M_2}^y = \frac{1}{2}h^y; h_k^z = h^2, 1 \leqslant k \leqslant M_3 - 1, h_0^2 = h_{M_3}^2 = \frac{1}{2}h^2$. $\langle D\nabla_h f, \nabla_h f\rangle$ 表示对应于 $H^1(\Omega) = W^{1,2}(\Omega)$ 的离散空间 $h^1(\Omega)$ 的加权半模平方, 其中 $D(X)$ 是正定函数,

$$\langle D\nabla_h f, \nabla h f\rangle = \sum_{\bar{\omega}_2}\sum_{\bar{\omega}_3}h_j^y h_h^2\sum_{\omega_1^+}h_i^x\{D(X)[\delta_{\bar{x}}f(X)]^2\}$$
$$+ \sum_{\bar{\omega}_3}\sum_{\bar{\omega}_1}h_k^2 h_i^x\sum_{\omega_2^+}h_i^y\{D(X)[\delta_{\bar{y}}f(x)]^2\}$$
$$+ \sum_{\bar{\omega}_1}\sum_{\bar{\omega}_2}h_i^x h_j^y\sum_{\omega_3^+}h_k^2\{D(X)[f_{\bar{z}}(x)]^2\}. \tag{5.3.30b}$$

下面讨论关于饱和度向量函数的误差估计. 先从分数步差分方程 (5.3.7)~(5.3.9) 消去 $C_\alpha^{n+1/3}, C_\alpha^{n+2/3}$, 可得下述等价形式:

$$\phi_{ijk}\frac{C_{\alpha,ijk}^{n+1} - \hat{C}_{\alpha,ijk}^n}{\Delta t} - \sum_{s=x,g,z}\delta_{\bar{s}}(D\delta_s C_\alpha^{n+1})_{ijk}$$
$$= -b_\alpha(C_{ijk}^n)\frac{P_{ijk}^{n+1} - P_{ijk}^n}{\Delta t} + g(X_{ijk}, t^n, \hat{C}_{\alpha,ijk}^n)$$

$$- (\Delta t)^2 \{\delta_{\bar{x}}(D\delta_x(\phi^{-1}\delta_{\bar{y}}(D\delta_y(\partial_t C_\alpha^n))))_{ijk} + \delta_{\bar{x}}(D\delta_x(\phi^{-1}\delta_{\bar{z}}(D\delta_z(\partial_t C_\alpha^n))))_{ijk}$$

$$+ \delta_{\bar{y}}(D\delta_y(\phi^{-1}\delta_{\bar{z}}(D\delta_z(\partial_t C_\alpha^n))))_{ijk}\}$$

$$+ (\Delta t)^3 \delta_{\bar{x}}(D\delta_x(\phi^{-1}\delta_{\bar{y}}$$

$$\cdot (D\delta_y(\phi^{-1}\delta_{\bar{z}}(D\delta_{\bar{z}}(\partial_t C_\alpha^n))))))_{ijk}, \quad X_{ijk} \in \Omega_h, \quad \alpha = 1, 2, \cdots, n_0 - 1. \quad (5.3.31)$$

由饱和度方程组 (5.3.2) $(t = t^{n+1})$ 和式 (5.3.31) 可得下述差分方程组:

$$\phi_{ijk}\frac{\xi_{\alpha,ijk}^{n+1} - (c_\alpha^n(\bar{X}_{ijk}^n) - \hat{C}_{\alpha,ijk}^n)}{\Delta t}$$

$$= \sum_{s=x,y,z} \delta_{\bar{s}}(D\delta_s \xi_\alpha^{n+1})_{ijk}$$

$$= g(X_{ijk}, t^{n+1}, C_{\alpha,ijk}^{n+1}) - g(X_{ijk}, t^n, \hat{C}_{\alpha,ijk}^n) - b_\alpha(C_{ijk}^n)\frac{\pi_{ijk}^{n+1} - \pi_{ijk}^n}{\Delta t}$$

$$- [b_\alpha(c_{ijk}^{n+1}) - b_\alpha(C_{ijk}^n)]\frac{p_{ijk}^{n+1} - P_{ijk}^{n+1}}{\Delta t} - (\Delta t)^2\{\delta_{\bar{x}}(D\delta_x(\phi^{-1}\delta_{\bar{y}}(D\delta_y(\partial_t \xi_\alpha^{n+1}))))_{ijk}$$

$$+ \delta_{\bar{x}}(D\delta_x(\phi^{-1}\delta_{\bar{z}}(D\delta_z(\partial_t \xi_\alpha^{n+1}))))_{ijk} + \delta_{\bar{y}}(D\delta_y(\phi^{-1}\delta_{\bar{z}}(D\delta_z(\partial_t \xi_\alpha^{n+1}))))_{ijk}$$

$$+ (\Delta t)^3 \delta_{\bar{x}}(D\delta_x(\phi^{-1}\delta_{\bar{y}}(D\delta_y(\phi^{-1}\delta_{\bar{z}}(D\delta_y(\partial_t \xi_\alpha^{n+1})))))))_{ijk} + \varepsilon_{\alpha,ijk}^{n+1}, \quad (5.3.32)$$

此处 $\bar{X}_{ijk}^n = x_{ijk} - \phi_{ijk}^{-1}u_{ijk}^{n+1}\Delta t, |\varepsilon_{\alpha,ijk}^{n+1}| \leqslant M\{h^2 + \Delta t\}$.

对误差方程组 (5.3.32) 由下述限制性条件:

$$\Delta t = O(h^2), \quad h^2 = o(h_p^{3/2}) \quad (5.3.33)$$

和归纳法假定 (5.3.23) 可得

$$\phi_{ijk}\frac{\xi_{\alpha,ijk}^{n+1} - \hat{\xi}_{\alpha,ijk}^n}{\Delta t} - \sum_{s=x,y,z} \delta_{\bar{s}}(D\delta_s \xi_\alpha^{n+1})_{ijk}$$

$$\leqslant M\left\{\sum_{\alpha=1}^{n_c-1} |\xi_{\alpha,ijk}^n| + |u_{ijk}^{n+1} - U_{ijk}^{n+1}| + h^2 + \Delta t\right\}$$

$$- b_\alpha(C_{ijk}^n)\frac{\pi_{ijk}^{n+1} - \pi_{ijk}^n}{\Delta t} - (\Delta t)^2\{\delta_{\bar{x}}(D\delta_x(\phi^{-1}\delta_{\bar{y}}(D\delta_y(\partial_t \xi_\alpha^n))))_{ijk}$$

$$+ \delta_{\bar{x}}(D\delta_x(\phi^{-1}\delta_{\bar{\xi}}(D\delta_2(\partial_t \xi_\alpha^n))))_{ijk} + \delta_{\bar{y}}(D\delta_y(\phi^{-1}\delta_{\bar{z}}(D\delta_z(\partial_t \xi_\alpha^n))))_{ijk}\}$$

$$+ (\Delta t)^3 \delta_{\bar{x}}(D\delta_x(\phi^{-1}\delta_{\bar{y}}(D\delta_y(\phi^{-1}\delta_{\bar{z}}(D\delta_2(\partial_t \xi_\alpha^n))))))_{ijk}, \quad X_{ijk} \in \Omega_h. \quad (5.3.34)$$

对式 (5.3.34) 乘以 $\partial_t \xi_{\alpha,ijk}^n \Delta t = \xi_{ijk}^{n+} - \xi_{ijk}^n$ 作内积并分部求和可得

$$\left\langle \phi\left(\frac{\xi_\alpha^{n+1} - \hat{\xi}_\alpha^n}{\Delta t}\right), \partial_t \xi_\alpha^n \right\rangle \Delta t + \frac{1}{2}\sum_{s=x,y,z} \{\langle D\delta_s \xi_\alpha^{n+1}, \delta_s \xi_\alpha^{n+1}\rangle - \langle D\delta_s \xi_\alpha^n, \delta_s \xi_\alpha^n\rangle\}$$

$$\leqslant \varepsilon |\partial_t \xi_\alpha^n|_0^2 \Delta t + M \bigg\{ \sum_{\alpha=1}^{n_c-1} |\xi_\alpha^n|_0^2 + |||\sigma^{n+1}|||^2 + h_p^4 + h^4 + (\Delta t)^2 \bigg\} \Delta t$$

$$- \langle b_\alpha(C^n) \partial_t \pi^n, \partial_t \xi_\alpha^n \rangle \Delta t - (\Delta t)^2 \{ \langle \delta_{\bar{x}}(D\delta_x(\phi^{-1}\delta_{\bar{y}}(D\delta_y(\partial_t \xi_\alpha^n)))), \partial_t \xi_\alpha^n \rangle$$

$$+ \langle \delta_{\bar{x}}(D\delta_x(\phi^{-1}\delta_{\bar{z}}(D\delta_z(\partial_t \xi_\alpha^n)))), \partial_t \xi_\alpha^n \rangle + \langle \delta_{\bar{y}}(D\delta_y(\phi^{-1}\delta_{\bar{z}}(D\delta_z(\partial_t \xi_\alpha^n)))), \partial_t \xi_\alpha^n \rangle \} \Delta t$$

$$+ (\Delta t)^3 < \delta_{\bar{x}}(D\delta_x(\phi^{-1}\delta_{\bar{y}}(D\delta_y(\phi^{-1}\delta_{\bar{z}}(D\delta_z(\partial_t \xi_\alpha^n)))))), \quad \partial_t \xi_\alpha^n > \Delta t. \tag{5.3.35}$$

上述估计利用了 $L^2(\Omega)$ 连续模和 L^2 离散模之间的关系 [34-36], 将式 (5.3.35) 改写为下述形式:

$$\bigg\langle \phi \bigg(\frac{\xi_\alpha^{n+1} - \xi_\alpha^n}{\Delta t} \bigg), \partial_t \xi_\alpha^n \bigg\rangle \Delta t + \frac{1}{2} \sum_{s=x,y,z} \{ \langle D\delta_s \xi_\alpha^{n+1}, \delta_s \xi_\alpha^{n+1} \rangle - \langle D\delta_s \xi_\alpha^n, \delta_s \xi_\alpha^n \rangle \}$$

$$\leqslant \bigg\langle \phi \frac{(\hat{\xi}_\alpha^n - \xi_\alpha^n)}{\Delta t}, \partial_t \xi_\alpha^n \bigg\rangle \Delta t + \varepsilon |\partial_t \xi_\alpha^n|_0^2 \Delta t + M \bigg\{ \sum_{\alpha=1}^{n_c-1} |\xi_\alpha^n|_0^2 + |||\sigma^{n+1}|||^2 + |\partial_t \pi^n|_0^2$$

$$+ h_p^4 + h^4 + (\Delta t)^2 \bigg\} \Delta t - (\Delta t)^2 \{ \langle \delta_{\bar{x}}(D\delta_x(\phi^{-1}\delta_{\bar{y}}(D\delta_y(\partial_t \xi_\alpha^n)))), \partial_t \xi_\alpha^n \rangle + \cdots$$

$$+ \langle \delta_{\bar{y}}(D\delta_y(\phi^{-1}\delta_{\bar{z}}(D\delta_2(\partial_t \xi_\alpha^n)))), \partial_t \xi_\alpha^n \rangle \} \Delta t$$

$$+ (\Delta t)^3 \langle \delta_{\bar{x}}(D\delta_x(\phi^{-1}\delta_{\bar{y}}(D\delta_y(\phi^{-1}\delta_{\bar{z}}(D\delta_z(\partial_t \xi_\alpha^n)))))), \partial_t \xi_\alpha^n \rangle \Delta t. \tag{5.3.36}$$

首先估计式 (5.3.36) 右端第一项, 应用表达式

$$\hat{\xi}_{ijk}^n - \xi_{ijk}^n = \int_{x_{ijk}}^{\hat{x}_{ijk}} \nabla \xi^n \cdot U_{ijk}^{n+1}/|U_{ijk}^{n+1}| \mathrm{d}\sigma, \quad X_{ijk} \in \Omega_h. \tag{5.3.37a}$$

由归纳法假定 (5.3.23) 和剖分限制性条件 (5.3.33), 可以推得

$$\bigg| \sum_{\Omega_h} \phi_{ijk} \frac{\hat{\xi}_{ijk}^n - \xi_{ijk}^n}{\Delta t} \partial_t \xi_{\alpha,ijk}^n h_i^x h_j^y h_k^z \bigg| \leqslant \varepsilon |\partial_t \xi_\alpha^n|_0^2 + \varepsilon |\nabla_h \xi_\alpha^n|^2, \tag{5.3.37b}$$

此处 $|\nabla_h \xi_\alpha^n|^2 = \sum_{s=x,y,z} |\partial_s \xi_\alpha^n|^2$.

现估计式 (5.3.36) 右端第四项, 首先讨论其中首项.

$$- (\Delta t)^3 \langle \delta_{\bar{x}}(D\delta_x(\phi^{-1}\delta_{\bar{y}}(D\delta_y \partial_t(\xi_\alpha^n)))), \partial_t \xi_\alpha^n \rangle$$

$$= (\Delta t)^3 \{ \langle \delta_x(D\delta_y \partial_t \xi_\alpha^n), \partial_y(\phi^{-1}D\partial_x \partial_t \xi_\alpha^n) \rangle + \langle D\delta_y \partial_t \xi_\alpha^n, \delta_y[\delta_x \phi^{-1} \cdot D\delta_x \partial_t \xi_\alpha^n] \rangle \}$$

$$= - (\Delta t)^3 \sum_{\Omega_h} \{ D_{ijk+1/2,k} D_{i+1/2,k} \phi_{ijk}^{-1} [\delta_x \delta_y \partial_t \xi_{\alpha,ijk}^n]^2$$

$$+ [D_{i,j+1/2,k} \delta_y(D_{i+1/2,jk} \phi_{ijk}^{-1}) \cdot \delta_x(\partial_t \xi_{\alpha,ijk}^n)$$

$$+ D_{i+1/2,jk} \phi_{ijk}^{-1} \delta_x D_{i,j+1/2,k} \cdot \delta_y(\partial_t \xi_{\alpha,ijk}^n)$$

$$+ D_{i,j+1/2,k} D_{i+1/2,jk} \delta_y(\partial_t \xi_{\alpha,ijk}^n)] \cdot \delta_x \delta_y \partial_t \xi_{\alpha,ijk}^n$$

$$+ [D_{i,j+1/2,k} D_{i,j+1/2,ijk} \delta_x \delta_y \phi_{ijk}^{-1}$$

$$+ D_{i,j+1/2,h} \delta_y D_{i+1/2,jk} \delta_x \phi_{ijk}^{-1}] \delta_x(\partial_t \xi_{\alpha,ijk}^n) \cdot \delta_y(\partial_t \xi_{\alpha,ijk}^n)\} h_i^x h_i^y h_k^z. \qquad (5.3.38)$$

由 D 的正定性, 对表达式 (5.3.38) 的前三项, 应用 Cauchy 不等式消去高阶差商项 $\delta_x \delta_y(\partial_t \xi_{\alpha,ijk}^n)$, 最后可得

$$- (\Delta t)^3 \sum_{\Omega_h} \{ D_{i+1/2,jk} D_{i,j+1/2,jk} \phi_{ijk}^{-1}[\delta_x \delta_y \partial_t \xi_{\alpha,ijk}^n]^2 + \cdots$$

$$+ D_{i,j+1/2,k} D_{i+1/2,jk} \delta_y(\partial_t \xi_{\alpha,ijk}^n)] \cdot \delta_x \delta_y \partial_t \xi_{\alpha,ijk}^n \} h_i^x h_i^y h_k^z$$

$$\leqslant M\{ |\nabla_h \xi^{n+1}|_0^2 + |\nabla_h \xi^n|_0^2 \} \Delta t. \qquad (5.3.39a)$$

对式 (5.2.38) 最后一项, 由 P, D 的正则性有

$$- (\Delta t)^3 \sum_{\Omega_h} [D_{i,j+1/2,k} D_{i+1/2,jk} \delta_x \delta_y \phi_{ijk}^{-1} + D_{i,j+1/2,k} \delta_y D_{i+1/2,jk} \delta_x \phi_{ijk}^{-1}] \delta_x(\partial_t \xi_{\alpha,ijk}^n)$$

$$\cdot \delta_y(\partial_t \xi_{\alpha,ijk}^n) h_i^x h_j^y h_k^z$$

$$\leqslant M\{ |\nabla_h \xi^{n+1}|_0^2 + |\nabla_h \xi^n|_0^2 \} \Delta t. \qquad (5.3.39b)$$

对式 (5.3.36) 右端第四项中其余二项的估计是类似的, 故有

$$- (\Delta t)^3 \{ \langle \delta_{\bar{x}}(D\delta_x(\phi^{-1} \delta_{\bar{y}}(D\delta_y(\partial_t \xi_\alpha^n)))), \partial_t \xi_\alpha^n \rangle + \cdots$$

$$+ \langle \delta_{\bar{y}}(D\delta_y(\phi^{-1} \delta_{\bar{z}}(D\delta_z(\partial_t \xi_\alpha^n)))), \partial_t \xi_\alpha^n \rangle \}$$

$$\leqslant M\{ |\nabla_h \xi_\alpha^{n+1}|_0^2 + |\nabla_h \xi_\alpha^n|_0^2 \} \Delta t. \qquad (5.3.40)$$

对式 (5.3.38) 右端最后一项, 采用类似的方法, 应用 Cauchy 不等式消去高阶差商项 $\delta_x \delta_y \delta_z(\partial_t \xi_{\alpha,ijk}^n)$, 可得

$$(\Delta t)^4 \langle \delta_{\bar{x}} D \delta_{\bar{x}}(\phi^{-1} \delta_{\bar{y}}(D\delta_y(\phi^{-1} \delta_{\bar{z}}(D\delta_z \partial_t \xi_\alpha^n)) \cdots), \partial_t \xi_\alpha^n \rangle \leqslant M\{ |\nabla_h \xi_\alpha^{n+1}|^2 + |\nabla_h \xi_\alpha^n|^2 \} \Delta t. \qquad (5.3.41)$$

对误差估计式 (5.3.36) 应用式 (5.3.37)、(5.3.40) 和 (5.3.41) 可得

$$|\partial_t \xi_\alpha^n|_0^2 \Delta t + \frac{1}{2} \sum_{s=x,y,z} \{ \langle D\delta_s \xi_\alpha^{n+1}, \delta_s \xi_\alpha^{n+1} \rangle - \langle D\delta_s \xi_\alpha^n, \delta_s \xi_\alpha^n \rangle \}$$

$$\leqslant \varepsilon |\partial_t \xi_\alpha^n|_0^2 + M \sum_{\alpha=0}^{n_{i-1}} \{ |\xi_\alpha^n|^2 + |||\sigma^{n+1}|||^2$$

$$+ |\partial_t \pi^n|_0^2 + |\nabla_h \xi_\alpha^{n+1}|_0^2 + |\nabla_h \xi_\alpha^n|_0^2 + h_p^4 + h_c^4 + (\Delta t)^2 \} \Delta t,$$

$$\alpha = 1, 2, \cdots, n_{c-1}. \qquad (5.3.42)$$

下面对压力函数的误差估计式 (5.3.29) 乘以 Δt, 并对 t 求和 $(0 \leqslant n \leqslant L)$, 注意到 $\pi^0 = 0$, 可得

$$\|\pi^{L+1}\|_m^2 + \||\sigma^{L+1}\||^2 + \sum_{n=0}^{L} \|\partial_t \pi^n\|_m^2 \Delta t$$

$$\leqslant \varepsilon \sum_{n=0}^{L} \|\partial_t \xi_\alpha^n\|_m^2 \Delta t + \sum_{n=0}^{L-1} ((d(C^n) - d(c^{n+1}))\pi^n, \pi^n)_m \Delta t$$

$$+ M \left\{ \sum_{n=0}^{L} \left[\|\pi^n\|_m^2 + \sum_{\alpha=1}^{n_c-1} \|\xi_\alpha^n\|_m^2 + \||\sigma^{n+1}\||^2 \right] \Delta t + h_p^4 + (\Delta t)^2 \right\}$$

$$\leqslant \varepsilon \sum_{n=0}^{L} \|\partial_t \xi_\alpha^n\|_0^2 \Delta t + M \left\{ \sum_{n=0}^{L} \left[\|\pi^n\|_m^2 + \sum_{\alpha=1}^{n_c-1} \|\xi_\alpha^n\|_m^2 \right. \right.$$

$$\left. \left. + \||\sigma^{n+1}\||^2 \right] \Delta t + h_p^4 + (\Delta t)^2 \right\}. \tag{5.3.43}$$

对饱和度函数组的误差估计式 (5.3.42), 先对 α 求和, $i \leqslant \alpha \leqslant n_c - 1$, 再对 t 求和, $0 \leqslant n \leqslant L$, 注意到 $\xi_\alpha^0 = 0, \alpha = 1, 2, \cdots, n_c - 1$ 可得

$$\sum_{n=0}^{L} \sum_{\alpha=1}^{n_c-1} |\partial_t \xi_\alpha^n|_0^2 \Delta t + \frac{1}{2} \sum_{\alpha=1}^{n_c-1} \sum_{s=x,y,z} \langle D\delta_s \xi_\alpha^{L+1}, \delta_s \xi_\alpha^{L+1} \rangle$$

$$\leqslant M \sum_{n=0}^{L} |\partial_t \pi^n|_0^2 \Delta t + M \left\{ \sum_{n=0}^{L} \left[\sum_{\alpha=1}^{n_c-1} |\xi_\alpha^n|_0^2 + \||\sigma^{n+1}\||^2 \right. \right.$$

$$\left. \left. + \sum_{\alpha=1}^{n_c-1} |\nabla_h \xi_\alpha^{n+1}|_0^2 \right] \Delta t + h_p^4 + h_c^4 + (\Delta t)^2 \right\}. \tag{5.3.44}$$

组合估计式 (5.3.43) 和式 (5.3.44), 并考虑到 $L^2(\Omega)$ 连续模和 $L^2(\Omega)$ 离散模之间的关系 [34-36] 可得

$$\|\pi^{L+1}\|_m^2 + \||\sigma^{L+1}\||^2 + \sum_{n=0}^{L} \|\partial_t \pi^n\|_m^2 \Delta t$$

$$+ \sum_{\alpha=1}^{n_c} [|\nabla_h \xi_\alpha^{L+1}| + |\xi_\alpha^{L+1}|^2] + \sum_{n=0}^{L} \sum_{\alpha=1}^{n_c-1} |\partial_t \xi_\alpha^n|^2 \Delta t$$

$$\leqslant M \left\{ \sum_{n=0}^{L} \left[\|\pi^n\|_m^2 + \||\sigma^{n+1}\||^2 \right. \right.$$

$$\left. \left. + \sum_{\alpha=1}^{n_c-1} |\nabla_h \xi_\alpha^{n+1}|^2 + |\xi_\alpha^{n+1}|^2 \right] \Delta t + h_p^4 + h^4 + (\Delta t)^2 \right\}. \tag{5.3.45}$$

在这里注意到 $\xi_\alpha^0 = 0$, 因此, 有关系式

$$|\xi_\alpha^{L+1}|_0^2 \leqslant \varepsilon \sum_{n=0}^{L} |\partial_t \xi_\alpha^n|^2 \Delta t + M \sum_{n=0}^{L} |\xi_\alpha^n|^2 \Delta t.$$

应用 Gronwall 引理可得

$$\|\pi^{L+1}\|^2 + \||\sigma^{L+1}\||^2 + \sum_{n=0}^{L} \|\partial_t \pi^n\|_m^2 \Delta t$$

$$+ \sum_{\alpha=1}^{n_c-1} [|\nabla_h \xi_\alpha^{L+1}|_0^2 + |\xi_\alpha^{L+1}|_0^2] + \sum_{n=0}^{L} \sum_{\alpha=1}^{n_c-1} |\partial_t \xi_\alpha^n|_0^2 \Delta t$$

$$\leqslant M\{h_p^4 + h^4 + (\Delta t)^2\}. \tag{5.3.46}$$

下面需要检验归纳法假定 (5.3.23), 对于 $n = 0$ 时, 由初始值的选取, 有 $\eta^0 = 0, \xi_\alpha^0 = 0, \alpha = 1, 2, \cdots, n_c - 1, p = 0$.

归纳法假定 (5.3.46) 显然是成立的, 若对 $1 \leqslant n \leqslant L$ 归纳法假定 (5.3.23) 成立, 由估计式 (5.3.43) 和限制性条件 (5.3.23) 有

$$\sum_{\alpha=1}^{n_c-1} \|\xi_\alpha^{L+1}\|_\infty \leqslant Mh^{-3/2}\{h^2 + h_p^2 + \Delta t\} \leqslant Mh_p^{1/2} \to 0, \tag{5.3.47}$$

$$\||\sigma^{L+1}\||_\infty \leqslant Mh^{-3/2}\{h^2 + h_p^2 + \Delta t\} \leqslant Mh_p^{1/2} \to 0. \tag{5.3.48}$$

归纳法假定成立.

定理 5.3.1 对问题 (5.3.1) ∼ (5.3.2) 假定其精确解满足正则性条件 (R), 且其系数满足正定性条件 (C). 采用混合有限体积元–修正特征分数步差分方法 (5.3.13)∼ (5.3.17) 逐层用追赶法并行求解. 若剖分参数满足限制性条件 (5.3.33), 则下述误差估计式成立:

$$\|p - P\|_{\bar{L}^\infty(J_3 L^2(\Omega))} + \|\partial_t(p - P)\|_{\bar{L}^2(J;L^2(\Omega))} + \|u - U\|_{\bar{L}^\infty(J;V)}$$

$$+ \sum_{\alpha=1}^{n_c-1} \|c_\alpha - C_\alpha\|_{\bar{L}^\infty(J;L^2(\Omega))} + \sum_{\alpha=1}^{n_c-1} \|\nabla_h(c_\alpha - C_\alpha)\|_{\bar{L}^\infty(J;l^2(\Omega))}$$

$$+ \sum_{\alpha=1}^{n_c-1} \|\partial_t(c_\alpha - C_\alpha)\|_{\bar{L}^2(J;l^2(\Omega))}$$

$$\leqslant M^*\{h_p^2 + h^2 + \Delta t\}. \tag{5.3.49}$$

此处 $\|g\|_{\bar{L}^\infty(J;X)} = \sup_{n\Delta t \leqslant T} \|g^n\|_x, \|g\|_{\bar{l}^2(J;X)} = \sup_{L\Delta t \leqslant T} \left\{ \sum_{n=0}^{L} \|g^n\|_x^2 \Delta t \right\}^{1/2}$, 常数 M^* 依赖于函数 p, c 及其导函数.

5.3.5   总结和讨论

本节研究三维油水可压缩渗流驱动问题, 提出了一类混合有限体积元–修正特征分数步差分方法, 并对其收敛性进行了分析. 5.3.1 小节是引言部分, 叙述问题的数学模型、物理背景以及国内外研究概况; 5.3.2 小节给出网格剖分记号和引理. 两种不同 (粗、细) 网格剖分对应两种不同的离散格式. 引理则为下面的收敛性分析提供理论基础. 5.3.3 小节提出混合有限体积元–修正特征分数步差分程序. 混合有限体积元方法具有物理守恒性质且对 Darcy 流速的高精度计算, 对饱和度方程组的修正特征分数步方法, 它克服了数值解振荡、弥散且可用大步长计算, 将三维问题化为连续解三个一维问题, 且可用追赶法求解, 大大减少计算工作量. 5.3.4 小节是收敛性分析. 利用变分形式、能量方法、粗细网格配套、乘积型三二次插值, 高阶差分算子分解和乘积交换性理论和技巧, 得到最佳阶 l^2 模误差估计. 本节有如下特点: ①考虑了混合流体的可压缩性和多组分的特性, 使得数值模拟结果更能反映物理形态的真实情况; ②适用于三维复杂区域大型数值模拟的高精度计算; ③由于应用混合有限体积元方法, 其具有物理守恒律性质, 且它对 Darcy 流速计算提高了一阶精确度, 这对油水二相渗流驱动问题的数值模拟计算是十分重要的; ④由于对饱和度方程组采用修正特征分数步方法, 它可用对时间大步长且具有二阶高精度的快速并行计算特征, 就一类适用于现代计算机上进行油藏数值模拟问题的工程实用计算方法和程序. 关于这一领域的相关工作, 可参阅文献 [49-51].

参 考 文 献

[1] Douglas Jr J. Finite difference methods for two-phase incompressible flow in porous media. SIAM. J.Numer. Anal., 1983, 20(4): 681-696.

[2] Russell T F. Time stepping along characteristics with incomplete iteration for a Galerkin approximation of miscible displacement in porous media. SIAM. J. Numer. Anal., 1985, 22(5): 970-1013.

[3] Ewing R E, Russell T F, Wheeler M F. Convergence analysis of an approximation of miscible displacement in porous media by mixed finite elements and a modified method of characteristics. Comp Mech in App Mevh & Eng., 1984, 47(1-2): 73-92.

[4] Douglas Jr J, Yuan Y R. Numerical simulation of immiscible flow in porous media based on combining the method of characteristics with mixed finite element procedure. Numerical Simulation in Oil Rewvery. New York: Springer, 1986: 119-131.

[5] Eewing R E. The Mathematics of Reservoir Simulation. The Mathematics of Reservoirs Simulation, 1984.

[6] 袁益让. 能源数值模拟方法的理论和应用. 北京: 科学出版社, 2013.

[7] Sun T J, Yuan Y R. An approximation of incompressible miscible displacment in porous

media by mixed finite element method and characteristics-mixed finite element method. J. Comp. Appl. Math., 2009, 228(1): 391-411.

[8] 袁益让. 油藏数值模拟中动边值问题的特征差分方法. 中国科学 (A) 辑, 1994, 24(10): 1029-1036.
Yuan Y R. Characteristic finite difference methods for moving boundary Value problem of numerical simulation of oil deposit. Science in China(SeriesA), 1994, 37(12): 1442-1453.

[9] 袁益让. 三维动边值问题的特征混合元方法和分析. 中国科学 (A 辑), 1996, 26(1): 11-22.
Yuan Y R. The characteristic mixed finite element method and analysis for three-dimensinal moving boundary value problem. Science in China (Series A), 1996, (3): 276-288.

[10] Axelsson O, Gustafasson I. A modified upwind scheme for convective transport equations and the use of a conjugate gradient method for the solution of non-symmetric systems of equations. Journal of Applied Mathematics, 1979, 23(3): 321-337.

[11] Ewing R E, Lazarvo R D, Vassilevski A T. Finite difference scheme for parabolic problems on composite grids with refinement in time and space. SIAM. J. Numer. Anal., 1994, 31(6): 1605-1622.

[12] Lazarov R D, Mishev I D, Vassilevski P S. Finite volume methods for convection-diffusion problems. SIAM. J. Numer. Anal., 1996, 33(1): 31-55.

[13] 袁益让. 三维渗流耦合系统动边值问题迎风差分方法的理论和应用. 中国科学 (数学), 2010, 40(2): 103-126.

[14] 袁益让. 非线性渗流耦合系统动边值问题二阶迎风分数步差分方法. 中国科学 (数学), 2012, 42(8): 845-864.

[15] Peaceman D W. Fundamantal of Numerical Reservoir Simulation. Amsterdam: Elsevier, 1977.

[16] Douglus Jr J, Gunn J E. Two high-order correct difference analogues for the equation of multidimensional heat flow. Math. Comp., 1963, 17(81): 71-80.

[17] Douglus Jr J, Gunn J E. A general formulation of alternating direction methods, Part 1. Parabolic and hyperbolic problems. Numer. Math., 1964, 6(1): 428-453.

[18] Cai Z. On the finite volume element method. Numer. Math., 1990, 58(1): 713-735.

[19] 李荣华, 陈仲英. 微分方程广义差分法. 长春: 吉林大学出版社, 1994.

[20] Raviart P A, Thomas J M. A Mixed Finite Element Method for 2nd Order Elliptic Problems. Mathematical Aspects of The Finite Element Method, Lectes in Mathematics 606, Berlin: Springer-Verlag, 1977.

[21] Douglas Jr J, Ewing R E, Wheeler M F. The approximation of the pressure by a mixed method in the simulation of miscible displacement. RAIRO Analyse Numeringue, 1983, 17(1): 17-33.

[22] Douglas Jr J, Ewing R E, Wheeler M F. A time-discretization procedure for a mixed finite element approximation of miscible displacement in porous media. RAIRO Analyse numerique, 1983, 17(3): 249-265.

[23] Russll T F. Rigorous block-crntered discritizations on irrcgular geids: Improved simulation of complex reservoir systems. Tulsa: Project Report, Corporation, 1995.

[24] Weiser A, Wheeler M F. On convergence of block-centered finite difference for elliptic problems. SIAM. J. Numer. Anal., 1988, 25 (2): 351-375.

[25] Jones J E. A mixed finite volume method for accurate computation of fluid velocities in porous media. D. Thesis. University of Colorado, Denrer., 1995.

[26] Cai Z, Jones J E, MeCormick S F, et al. Control-volume mixed finite element methods. Comput. Geosci., 1997, 1(3-4): 289-315.

[27] Chou S H, Kawk D Y, Vassilevski P. Mixed covolume methods on rectangular grids for elliptic problem. SIAM. J. Numer. Anal., 2000, 37(3): 758-771.

[28] Chou S H, Kawk D Y, Vassilevski P. Mixed covolume methods for elliptic problems on trianglar grids. SIAM. J. Namer. Anal., 1998, 35(5): 1850-1861.

[29] Chou S H, Vassilevski P. A general mixed covolume framework for constructing conservative schemes for elliptic problems. Math. Comp., 1999, 68(227): 991-1011.

[30] 沈平平, 刘明新, 汤磊. 石油勘探开发中的数学问题. 北京: 科学出版社, 2002.

[31] Nirsche J. Lineare spline-funktionen und die methoden von ritz for elliptishce randwert problem. Arch. For Rational Mech. and Anal., 1968, 36(5): 348-355.

[32] 姜礼尚, 庞之垣. 有限元方法及其理论基础. 北京: 人民教育出版社, 1979.

[33] Rui H X, Pan H A. A block-centered finite difference method for the Darcy- Forchheimer model. SIAM. J. Numer. Anal., 2012, 50(5): 2612-2631.

[34] 袁益让. 在多孔介质中完全可压缩、可混溶驱动问题的特征 —— 有限元方法. 计算数学, 1992, 14(4): 385-400.

[35] 袁益让. 在多孔介质中完全可压缩、可混溶驱动问题的差分方法. 计算数学, 1993, 15(1): 16-28.

[36] Douglus Jr J. Simulation of Miscible Displacement in Porous Media by a Modified Method of Characteristic Procedure. In Numerical Analysis, Dundee, 1981,Lecture Note in Mathematics 912, Berlin: Springer-Verlag, 1982.

[37] Douglus Jr J, Roberts J E. Numerical methods for a model for compressible miscible displacement in porous media. Math. Comp. 1983, 41(164): 441-459.

[38] Ewing R E, Yuan Y R, Li G. Finite element for ehemical-flooding simulation. Proceeding of the 7th International conference finite element method in flow problems. The University of Alabama in Huntsville, Huntsville, Alabama: Uahdress, 1989: 1264-1271.

[39] 袁益让, 羊丹平, 戚连庆, 等. 聚合物驱应用软件算法研究// 刚秦麟. 化学驱油论文集. 北京: 石油工业出版社, 1998: 246-253.

[40] Yuan Y R. The characteristic finite difference fractional steps methods for compressible two-phase displacement problem. Science in China (Series A), 1999, 42(1): 48-57.

[41] Yuan Y R. The upwind finite difference fractional steps methods for two-phase comepressible flow in porous media. Numer. Methods of Partial Differential Eq., 2003, 19(1): 67-88.

[42] Yuan Y R. The modified method of characteristics with finite element operater-splitting procedures for compressible multieomponent displacement problem. J.of Systems Science and Complexity, 2003, 1: 30-45.

[43] Rui H X, Pan H. A block-centered finite difference method for the Darcy-Forchheimer model. SIAM Journal on Numerical Analysis, 2012, 52(5): 2612-2631.

[44] Pan H, Rui H X. Mixed element method for two-dimensional Darcy-Forchheimer mode. Journal of Scientific Compating, 2012, 52(3): 563-587.

[45] Ciarlet P G. The Finite Element Method fore Elliptic Problems. Amsterdam: North-Holland, 1978: 110-168.

[46] 袁益让. 三维多组分可压缩驱动问题的分数步特征差分方法. 应用数学学报, 2001, 24(2): 242-249.

[47] Yanenko N N. The Method of Fractional Steps. Berlin: Spronger-Verlag, 1971.

[48] Marchuk G I. Splitting and altrnating direction methods//Ciarlet P G, Lions J L. Hand book of Numerical Analysis. Amsterdam: Elsevier Science Publishers B V., 1990, 1: 197-462.

[49] 李长峰, 袁益让, 孙同军, 等. 三维油水驱动问题的混合有限体积元–修正迎风分数步差分方法. 山东大学数学研究所科研报告, 2016.
Li C F, Yuan Y R, Sun T J, et al. A mixed volume element approximation coupled with second-order upwind fractional step difference and numerical analysis. 山东大学数学研究所科研报告, 2016.

[50] 李长峰, 袁益让, 孙同军, 等. 三维可压缩二相渗流驱动问题的混合有限体积元–修正迎风分数步差分方法和分析. 山东大学数学研究所科研报告, 2016.
Li C F, Yuan Y R, Sun T J, et al. Mixed volume element-upwind fractional step difference method for compressible flow in porons media. 山东大学数学研究所科研报告, 2016.

[51] 袁益让, 李长峰, 孙同军. 多组分可压缩渗流驱动问题的混合有限体积元–修正特征分数步差分方法. 山东大学数学研究所科研报告, 2016.

第6章　多孔介质非 Darcy 流问题的数值方法

6.1　引　言

多孔介质中的 Darcy 流在很多领域, 比如石油开采和地下水污染中都有很重要的作用, Darcy 定律

$$\frac{\mu}{\rho}K^{-1}u + \nabla p = g \tag{6.1.1}$$

描述了蠕动流速度和压力梯度之间的线性关系, 这可由动量定理的线性化简导出. 此关系可由当蠕动速度很低, 多孔率和渗透率足够小条件下的实验 [1] 得到. Darcy 定律的理论推导可见文献 [2, 3]. Forchheimer 在 1901 年 [1] 提出, 当速度较高而且多孔性是非均匀时, 速度和压力梯度的关系就会转化为非线性的, 可通过加上一个二阶项来转化为修正的方程, 如下 (质量速度):

$$\frac{\mu}{\rho}K^{-1}u + \frac{\beta}{\rho}|u|u + \nabla p = g \tag{6.1.2}$$

或者 (流量速度)

$$\mu K^{-1}u + \beta\rho|u|u + \nabla p = g. \tag{6.1.3}$$

Forchheimer 定律的理论推导可见文献 [4]. Forchheimer 定律主要描述了惯性效应和高速流体, Forchheimer 定律最重要的特征是它结合了非线性项的单调性和 Darcy 部分的非退化性, 这在证明解的存在唯一性和误差估计中有很大的作用.

本章主要介绍由 Forchheimer 定律描述速度压力关系的模型问题的数值方法, 主要包括两类算法: 混合元算法和块中心差分算法.

6.2　单相流问题的混合元逼近

关于数值算法, Girault 和 Wheeler 曾在文献 [5] 中研究过 Forchheimer 方程 (或有时称之为 Darcy-Forchheimer 方程) 的混合元方法, 他们证明了 Forchheimer 方程弱解的存在唯一性, 但是他们的混合逼近被称为原始的 (primal)[6]. 因为他们采用分片常数逼近速度, Crouzeix-Raviart 元逼近压力. 他们也提出了一种交替方向迭代法来解决有限元离散得到的非线性方程组, 给出了迭代法和混合有限元方法的收敛性, 也展示了混合有限元方法的误差估计. 之后, 文献 [7] 对他们的方法进行了数值实验, 并给出了逼近和迭代算法的收敛性.

本节采用一种有别于 [8] 中方法的协调混合元逼近. 这里我们介绍的方法与文献 [6] 中提出的混合元格式不同, 这里的混合元一般会采用 Raviart-Thomas 混合元、Brezzi-Douglas-Marini 混合元等, 参见文献 [9]. 我们证明弱解的存在唯一性, 并给出由 Forchheimer 项单调性得出的误差估计.

6.2.1 数学模型

考虑如下模型问题:

$$\begin{cases} \text{(i)} & \dfrac{\mu}{\rho}K^{-1}u + \dfrac{\beta}{\rho}|u|u + \nabla p = g, & x \in \Omega, \\ \text{(ii)} & \nabla \cdot u = f, & x \in \Omega, \\ \text{(iii)} & p = f_D, & x \in \partial\Omega, \end{cases} \tag{6.2.1}$$

其中 p 表示压力, u 表示速度. Ω 是属于 $R^d(d = 2,3)$ 的有界子区域, 且有连续的 Lipschitz 边界 Γ. 比如, Ω 是二维多边形区域或者三维多面体区域. n 是 Ω 边界上的单位外法向量. $|\cdot|$ 为 Euclidean 范数, $|u|^2 = u \cdot u$. ρ, μ 和 β 分别为流体密度、黏度和动态黏滞度的标量函数, β 为一个标量正数, 表示 Forchheimer 数. $K = \begin{pmatrix} k_1 & \\ & k_2 \end{pmatrix}$ 为渗透率张量函数.

假设 $\mu(x), \rho(x), \beta(x) \in L^\infty(\Omega)$ 且 $K(x) \in (L^\infty(\Omega))^{2\times 2}$. 进一步假设以上所有系数满足下面条件:

$$0 < \mu_{\min} \leqslant \mu(x) \leqslant \mu_{\max},$$
$$0 < \rho_{\min} \leqslant \rho(x) \leqslant \rho_{\max},$$
$$0 < \beta_{\min} \leqslant \beta(x) \leqslant \beta_{\max},$$

$K(x)$ 为一致正定有界的, 即

$$0 < K_{\min}x \cdot x \leqslant (K(x)x) \cdot x \leqslant K_{\max}x \cdot x.$$

$g(x) = \nabla Z(x) \in (L^2(\Omega))^d$ 为向量函数, 表示深度函数 $Z(x) \in H^1(\Omega)$ 的梯度. $f(x) \in L^2(\Omega)$ 表示系统的源和汇的标量函数, $f_D(x) \in L^2(\partial\Omega)$ 表示 Dirichlet 边界条件的标量函数.

注 问题的边界条件 (6.2.1) 可以由 Neumann 边界条件代替, 即

$$u \cdot n = f_N, \quad x \in \partial\Omega. \tag{6.2.2}$$

此情况下, 相容性条件如下:

$$\int_\Omega f \mathrm{d}x = \int_{\partial\Omega} f_N \mathrm{d}s. \tag{6.2.3}$$

另外, 在对偶混合有限元中, Dirichlet 边界条件表现为自然条件, 而 Neumann 边界条件表现为本质条件. 这和原始的混合元的情况相反, 其中 Dirichlet 边界条件表现为本质条件, 而 Neumann 边界条件表现为自然条件 [6].

6.2.2　混合元方法

定义函数空间 X, M 以及其范数如下:

$$X = \{u \in L^3(\Omega)^d; \nabla \cdot u \in L^2(\Omega)\}, \quad M = L^2(\Omega),$$

$$\|u\|_X = \|u\|_{0,3,\Omega} + \|\nabla \cdot u\|_{0,2,\Omega}, \quad \|p\|_M = \|p\|_{0,2,\Omega}.$$

Ω 的下标一般省去, 除非有歧义.

利用分部积分, 得到

$$\int_\Omega \left(\frac{\mu}{\rho}K^{-1}u + \frac{\beta}{\rho}|u|u\right) \cdot v dx - \int_\Omega p\nabla \cdot v dx + \int_{\partial\Omega} pv \cdot n ds$$
$$= \int_\Omega g \cdot v dx, \quad \forall v \in X.$$

应用 Dirichlet 边界条件, 列出混合弱形式如下:

$$(P) \begin{cases} \text{解} \quad u \in X, p \in M, \text{使得} \\ \text{(i)} \int_\Omega \left(\frac{\mu}{\rho}K^{-1}u + \frac{\beta}{\rho}|u|u\right) \cdot v dx - \int_\Omega p\nabla \cdot v dx \\ \quad = -\int_{\partial\Omega} f_D v \cdot n ds + \int_\Omega g \cdot v dx, \quad \forall v \in X, \\ \text{(ii)} -\int_\Omega w\nabla \cdot u dx = -\int_\Omega wf dx, \quad \forall w \in M. \end{cases} \qquad (6.2.4)$$

令 T_h 为 Ω 的拟正则多边形 (三角形、矩形、多面体, 也可能是六面体), h 为多边形元的最大直径. 令 $X_h \times M_h \subset X \times M$ 为协调 (相容) 的混合元空间, 其指数为 k, 离散参数为 h, $X_h \times M_h$ 为 $X \times M$ 的一个逼近.

有很多协调 (或相容) 混合元函数空间, 如二维三角形和矩形下的 Raviart-Thomas、Brezzi-Douglas-Marin; 三维四面体和立方体下的 Raviart-Thomas-Nedelec、Brezzi-Douglas-Duran-Fortin; 二维矩形或三维立方体下的 Brezzi-Douglas-Fortin-Marini; 以上类型混合元在很多著作中 [6,10,11] 都有概述, 其中 Raviart-Thomas 类型的混合元如表 6.2.1 表示.

表 6.2.1 中, $P_k(T)$ 为在三角形元或四面体元中 d 维空间下的 k 阶多项式, $Q_{k,l}(T)$ 或 $Q_{k,l,m}(T)$ 表示在矩形元或立方体元中各个维度 ($d = 2$ 或 $d = 3$) 上多项式阶数分别为 k, l, m 的多项式.

表 6.2.1 若干类型混合元

维数	单元	$X_h(T)$	$M_h(T)$
2D	三角元	$RT_k(T) = P_k(T)^2 \oplus xP_k(T)$	$P_k(T)$
2D	矩形元	$RT_{[k]}(T) = Q_{k+1,k}(T) \oplus Q_{k,k+1}(T)$	$Q_{k,k}(T)$
3D	四面体	$RTN_k(T) = P_k(T)^3 \oplus xP_k(T)$	$P_k(T)$
3D	立方体	$RTN_{[k]}(T) = Q_{k+1,k,k}(T) \oplus Q_{k,k+1,k}(T) \oplus Q_{k,k,k+1}(T)$	$Q_{k,k,k}(T)$

用估计值替换初始的速度和压力, 得到对偶混合有限元逼近问题,

$$(P_h)\begin{cases} \text{解} u_h \in X_h, p_h \in M_h, \text{使得} \\ \text{(i)} \int_\Omega \left(\frac{\mu}{\rho} K^{-1} u_h + \frac{\beta}{\rho} |u_h| u_h \right) \cdot v_h \mathrm{d}x - \int_\Omega p_h \nabla \cdot v_h \mathrm{d}x \\ \quad = -\int_{\partial\Omega} f_D v_h \cdot n \mathrm{d}s + \int_\Omega g \cdot v_h \mathrm{d}x, \quad \forall v_h \in X_h, \\ \text{(ii)} -\int_\Omega w_h \nabla \cdot u_h \mathrm{d}x = -\int_\Omega w_h f \mathrm{d}x, \quad \forall w_h \in M_h. \end{cases} \tag{6.2.5}$$

下面我们定义插值或投影.

对速度, 令 $\Pi_h : X \to X_h$ 为 Raviart-Thomas 投影 [6] 或 Brezzi-Douglas-Marini 投影 [12], 满足

$$\int_\Omega w_h \nabla \cdot (\Pi_h v - v) = 0, \quad v \in X, w_h \in M_h; \tag{6.2.6}$$

$$\|\Pi_h v - v\|_{0,q} \leqslant C \|v\|_{s,q} h^s, \quad \frac{1}{q} < s \leqslant k+1, \quad \forall v \in X \cap W^{s,q}(\Omega)^d; \tag{6.2.7}$$

$$\|\nabla \cdot (\Pi_h v - v)\|_0 \leqslant C \|\nabla \cdot v\|_s h^s, \quad 0 \leqslant s \leqslant k+1, \quad \forall v \in X \cap H^s(\mathrm{div}, \Omega). \tag{6.2.8}$$

对压力, 令 $P_h : M \to M_h$ 为正交 l^2 投影, 满足

$$\int_\Omega (P_h w - w)\chi_h = 0, \quad w \in M, \quad \forall \chi_h \in M_h; \tag{6.2.9}$$

$$\|P_h w - w\|_{0,q} \leqslant C \|w\|_{s,q} h^s, \quad 0 \leqslant s \leqslant k+1, \quad \forall w \in M \cap W^{s,q}(\Omega); \tag{6.2.10}$$

$$\|P_h w - w\|_{-r} \leqslant C \|w\|_s h^{r+s}, \quad 0 \leqslant r, s \leqslant k+1, \quad \forall w \in H^s(\Omega). \tag{6.2.11}$$

以上两个投影保持关系:

$$\int_\Omega (P_h w - w)\nabla \cdot v_h = 0, \quad w \in M, v_h \in X_h, \tag{6.2.12}$$

即 $\mathrm{div} X_h = M_h$, 其算子形式

$$\Pi_h \times P_h : X \times M \to X_h \times M_h, \tag{6.2.13}$$

且具有交换性: $\mathrm{div} \circ \Pi_h = P_h$, 即

$$
\begin{array}{ccc}
X & \xrightarrow{\mathrm{div}} & M \\
\Pi_h \downarrow & & P_h \downarrow \\
X_h & \xrightarrow{\mathrm{div}} & M_h
\end{array}
\qquad (6.2.14)
$$

　　为简便起见, 采用内积格式将变分形式 (6.2.4) 和 (6.2.5) 改写. 先定义一些符号:

$$
D^{-1}(u) = \frac{\mu}{\rho K} + \frac{\beta}{\rho}|u|, \quad \text{若 } K \text{ 为标量};
$$

$$
D^{-1}(u) = \frac{\mu}{\rho} K^{-1} + \frac{\beta}{\rho}|u|I, \quad \text{若 } K \text{ 为张量};
$$

$$
A(u) = D^{-1}(u)u.
$$

将弱形式 (6.2.4) 和对偶混合有限元逼近 (6.2.5) 改写为如下形式:

$$
(\tilde{P}) \begin{cases}
\text{解 } u \in X, p \in M, \text{ 使得} \\
(\mathrm{i})(A(u),v) - (p, \nabla \cdot v) = (g,v) - (f_D, v \cdot n), \quad \forall v \in X, \\
(\mathrm{ii}) - (w, \nabla \cdot u) = -(w,f), \quad \forall w \in M;
\end{cases} \qquad (6.2.15)
$$

$$
(\tilde{P}_h) \begin{cases}
\text{解 } u_h \in X_h, p_h \in M_h, \text{ 使得} \\
(\mathrm{i})(A(u_h),v_h) - (p_h, \nabla \cdot v_h) = (g,v_h) - (f_D, v_h \cdot n), \quad \forall v_h \in X_h, \\
(\mathrm{ii}) - (w_h, \nabla \cdot u_h) = -(w_h,f), \quad \forall w_h \in M_h.
\end{cases} \qquad (6.2.16)
$$

　　为简便起见, 仅考虑 Dirichlet 边界条件且在 $\partial\Omega$ 上 $f_D = 0$. 假设渗透率为标量, 则

$$
\left(\frac{\mu}{\rho K} + \frac{\beta}{\rho}|u|\right)|u| = |-\nabla p + g|,
$$

$$
\frac{\beta}{\rho}|u|^2 + \frac{\mu}{\rho K}|u| - |\nabla p - g| = 0.
$$

去掉负数项, 得到 $|u|$,

$$
|u| = \frac{-\dfrac{\mu}{\rho K} + \sqrt{\left(\dfrac{\mu}{\rho K}\right)^2 + 4\dfrac{\beta}{\rho}|\nabla p - g|}}{2\dfrac{\beta}{\rho}}.
$$

流量 u 可表示如下:

$$
u = -\frac{\nabla p - g}{\dfrac{\mu}{\rho K} + \dfrac{\beta}{\rho}|u|} = -\frac{2(\nabla p - g)}{\dfrac{\mu}{\rho K} + \sqrt{\left(\dfrac{\mu}{\rho K}\right)^2 + 4\dfrac{\beta}{\rho}|\nabla p - g|}},
$$

Darcy-Forchheimer 方程可表示如下:

$$-\nabla \cdot \left(\frac{2(\nabla p - g)}{\frac{\mu}{\rho K} + \sqrt{\left(\frac{\mu}{\rho K}\right)^2 + 4\frac{\beta}{\rho}|\nabla p - g|}} \right) = f. \tag{6.2.17}$$

Darcy-Forchheimer 为单调非线性问题, 且在数据的弱正则假设下, 可证明唯一弱解存在. 下面列举一些结果, 为证明问题 (6.2.4) 或者 (6.2.15) 的存在唯一性, 可利用文献 [13] 中一些抽象结论, 叙述如下.

引理 6.2.1 令 $(X, \|\cdot\|_X)$ 和 $(M, \|\cdot\|_M)$ 为两个自反的 Banach 空间, 令 $(X', \|\cdot\|_{X'})$ 和 $(M', \|\cdot\|_{M'})$ 为其对应的对偶空间. 令 $B : X \to M'$ 为一线性连续算子且 $B' : M \to X'$ 为 B 的对偶算子, 令 $V = \mathrm{Ker}(B)$ 为 B 的核空间. 记 $V^0 \subset X'$ 为 V 的极集, $V^0 = \{x' \in X' | \langle x', v \rangle = 0, \forall v \in X\}$, $\dot{B} : (X/V) \to M'$ 为关于 B 的商算子. 下面三个性质等价:

(i) 存在常数 $\gamma > 0$ 使得

$$\inf_{w \in M} \sup_{v \in X} \frac{\langle Bv, w \rangle}{\|w\|_M \|v\|_X} \geqslant \gamma;$$

(ii) B' 是从 M 到 V^0 上的同构且

$$\|B'w\|_{X'} \geqslant \gamma \|w\|_M, \quad \forall w \in M;$$

(iii) $\dot{B}$ 是从 (X/V) 到 M' 上的同构且

$$\left\|\dot{M}\dot{v}\right\|_{M'} \geqslant \gamma \|\dot{v}\|_{(X/V)}, \quad \forall \dot{v} \in (X/V).$$

下面两个引理和文献 [8, 14] 中的引理相似, 也研究了单调型问题.

引理 6.2.2(连续问题的 inf-sup 条件) 存在一个正数 γ 使得

$$\inf_{w \in M} \sup_{v \in X} \frac{(w, \nabla \cdot v)}{\|w\|_M \|v\|_X} \geqslant \gamma. \tag{6.2.18}$$

证明 对 $w \in L^2(\Omega)$, 令 p 满足

$$\begin{cases} -\nabla \cdot \left(\dfrac{2(\nabla p - g)}{\dfrac{\mu}{\rho K} + \sqrt{\left(\dfrac{\mu}{\rho K}\right)^2 + 4\dfrac{\beta}{\rho}|\nabla p - g|}} \right) = w, & \text{在}\Omega\text{中} \\ p = 0, & \text{在}\partial\Omega\text{上} \end{cases}$$

由于问题是非退化且单调的椭圆问题, 类似于文献 [8, 14, 15] 中的证明, 易得出存在常数 C 使得

$$\|p - Z\|_{0,\frac{3}{2}} + \|\nabla p - g\|_{0,\frac{3}{2}} \leqslant C \|w\|_{0,2}^2.$$

所以, 函数 $v = -\dfrac{2(\nabla p - g)}{\dfrac{\mu}{\rho K} + \sqrt{\left(\dfrac{\mu}{\rho K}\right)^2 + 4\dfrac{\beta}{\rho}|\nabla p - g|}}$ 是属于空间 X 的, 且存在常数 C

使得

$$
\begin{aligned}
\|v\|_X = \|v\|_{0,3} + \|\nabla \cdot v\|_{0,2} &\leqslant \left(\int_\Omega \frac{(|2(\nabla p - g)|)^3}{\left(\sqrt{4\frac{\beta}{\rho}|\nabla p - g|}\right)^3} \mathrm{d}x \right)^{\frac{1}{3}} + \|\nabla \cdot v\|_{0,2} \\
&\leqslant C \left(\int_\Omega |\nabla p - g|^{\frac{3}{2}} \mathrm{d}x \right)^{\frac{1}{3}} + \|\nabla \cdot v\|_{0,2} \\
&\leqslant C \|\nabla p - g\|_{0,\frac{3}{2}}^{\frac{1}{2}} + \|w\|_{0,2} \\
&\leqslant C \|w\|_{0,2}.
\end{aligned}
$$

所以 $\|v\|_X \leqslant C \|w\|_{0,2,\Omega}$, $(w, \nabla \cdot v) = \|w\|_{0,2,\Omega}^2$. 显然有

$$\frac{(w, \nabla \cdot v)}{\|w\|_M \|v\|_X} \geqslant \frac{\|w\|_{0,2,\Omega}^2}{C \|w\|_{0,2,\Omega}^2}.$$

从而即可得到连续的 inf-sup 条件 (6.2.18).

定理 6.2.1 (连续问题的存在唯一性) 问题 (P) 有唯一解 $(u, p) \in X \times M$, 且存在常数 $C > 0$ 使得

$$\|u\|_{0,2}^2 + \|u\|_{0,3}^3 + \|\nabla \cdot u\|_{0,2}^2 \leqslant C \left(\|f\|_{0,2}^2 + \|f\|_{0,2}^3 + \|g\|_{0,2}^2 \right), \tag{6.2.19}$$

$$\|p\|_{0,2} \leqslant C \left(\|f\|_{0,2} + \|f\|_{0,2}^2 + \|g\|_{0,2} + \|g\|_{0,2}^2 \right). \tag{6.2.20}$$

证明 令

$$K(f) = \{u \in X; (w, \nabla \cdot u) - (w, f) = 0, \forall w \in M\}$$

且 $B = \nabla \cdot : X \to M$. 对算子 B 利用 inf-sup 条件, 可得到存在 $u_0 \in K(f)$ 使得

$\|u_0\|_X \leqslant \dfrac{1}{\gamma} \|f\|_{0,2,\Omega}$. 因此, 问题可改成如下形式:

$$\begin{cases} \text{求 } u_1 = (u - u_0) \in X, p \in M \text{使得} \\ (A(u), v) - (p, \nabla \cdot v) = (g, v), \quad \forall v \in X, \\ -(w, \nabla \cdot u) = -(w, f), \quad \forall w \in M, \end{cases} \tag{6.2.21}$$

或

$$\begin{cases} \text{解 } u_1 \in K(0) \text{使得} \\ (A(u_1 + u_0), v) = (g, v), \quad \forall v \in K(0). \end{cases} \tag{6.2.22}$$

令 J 为下面定义的函数

$$J(v) = \frac{1}{2} \frac{\mu}{\rho} \int_\Omega \left(K^{-1} v\right) \cdot v \mathrm{d}x + \frac{1}{3} \frac{\beta}{\rho} \int_\Omega |v|^3 \mathrm{d}x - \int_\Omega g \cdot v \mathrm{d}x,$$

则问题等价于

$$\begin{cases} \text{解 } u_1 \in K(0) \text{使得} \\ J(u_1 + u_0) = \displaystyle\inf_{v \in K(0)} J(v + u_0). \end{cases} \tag{6.2.23}$$

由 J 的特征 [5] 可导出, 问题存在唯一解 u_1. 更进一步, 存在常数 C 和任意小的正常数 ε, 使得

$$\begin{aligned} &\|u\|_{0,2}^2 + \|u\|_{0,3}^3 - C \|g\|_{0,2}^2 - \varepsilon \|u\|_{0,2}^2 \\ &\leqslant C J(u_1 + u_0) \\ &\leqslant C J(u_0) \\ &\leqslant C \left(\|u_0\|_{0,2}^2 + \|u_0\|_{0,3}^3 + \|g\|_{0,2}^2 \right) \\ &\leqslant C \left(\|f\|_{0,2}^2 + \|f\|_{0,2}^3 + \|g\|_{0,2}^2 \right). \end{aligned}$$

取 $\varepsilon = \dfrac{1}{2}$, 即可得结论 (6.2.19).

再次应用 inf-sup 条件引理 6.2.2 和引理 6.2.1, 得到 p 的存在性, 以及 (u, p) 满足

$$\|p\|_{0,2} \leqslant \frac{1}{\gamma} \frac{(p, \nabla \cdot v)}{\|v\|_X} = \frac{1}{\gamma} \frac{(A(u), v) - (g, v)}{\|v\|_X} \leqslant C \left(\|u\|_{0,2} + \|u\|_{0,3}^2 + \|g\|_{0,2} \right).$$

利用一些不等式的技巧, 即得出结论 (6.2.20) 成立.

引理 6.2.3 (离散问题的 inf-sup 条件)   存在不依赖于 h 的正数 $\tilde{\gamma}_h$ 使得

$$\inf_{w_h \in M_h} \sup_{v_h \in X_h} \frac{(w_h, \nabla \cdot v_h)}{\|w_h\|_{M_h} \|v_h\|_{X_h}} \geqslant \tilde{\gamma}_h. \tag{6.2.24}$$

证明　令 $w_h \in M_h$ 并定义

$$v^* = -\frac{2(\nabla p^* - g)}{\dfrac{\mu}{\rho K} + \sqrt{\left(\dfrac{\mu}{\rho K}\right)^2 + 4\dfrac{\beta}{\rho}|\nabla p^* - g|}},$$

其中 p^* 为下面问题的解:

$$
\begin{cases}
-\nabla \cdot \left(\dfrac{2(\nabla p^* - g)}{\dfrac{\mu}{\rho K} + \sqrt{\left(\dfrac{\mu}{\rho K}\right)^2 + 4\dfrac{\beta}{\rho}|\nabla p^* - g|}} \right) = w_h, & \text{在 } \Omega \text{ 中}, \\
p^* = 0, & \text{在 } \partial\Omega \text{ 上}.
\end{cases}
$$

此问题存在唯一解 $p^* \in W_0^{1,\frac{3}{2}}(\Omega)$ 且存在 $C > 0$, 使得 $\|p^* - Z\|_{1,\frac{3}{2}} \leqslant C\|w_h\|_{0,2}^2$. 则 $v^* \in X$ 且 $\|v^*\|_X \leqslant C\|w_h\|_{0,2}$. 现令 $v = \nabla p$, p 为 Dirichlet 问题的解

$$
\begin{cases}
-\Delta p = \nabla \cdot v^*, & \text{在 } \Omega \text{ 中}, \\
p = 0, & \text{在 } \partial\Omega \text{ 上}.
\end{cases}
$$

由于 $\nabla \cdot v \in L^2(\Omega)$, 有 $v \in (H^1(\Omega))^d$, 存在常数 C 使得

$$\|v\|_{0,3} \leqslant C\|v\|_{1,2} \leqslant C\|\nabla \cdot v^*\|_{0,2},$$

且在 Ω 中有 $\nabla \cdot v = \nabla \cdot v^*$.

最后, 令 $v_h = \Pi_h v$, 则有

$$\int_\Omega \nabla \cdot v_h w_h \mathrm{d}x = \int_\Omega \nabla \cdot v w_h \mathrm{d}x = \int_\Omega \nabla \cdot v^* w_h \mathrm{d}x = \|w_h\|_{0,2}^2$$

和

$$\|v_h\|_X \leqslant C(\|v\|_{0,3} + \|\nabla \cdot v\|_{0,2}) \leqslant C\|\nabla \cdot v^*\|_{0,2} \leqslant C\|w_h\|_{0,2}.$$

所以, 离散的 inf-sup 条件 (6.2.24) 成立.

定理 6.2.2 (离散问题解的存在唯一性)　问题 (P_h) 存在唯一解 $(v_h, w_h) \in X_h \times M_h$, 且存在常数 $C > 0$ 使得

$$\|u_h\|_{0,2}^2 + \|u_h\|_{0,3}^3 + \|\nabla \cdot u_h\|_{0,2}^2 \leqslant C\left(\|f\|_{0,2}^2 + \|f\|_{0,2}^3 + \|g\|_{0,2}^2\right), \tag{6.2.25}$$

$$\|p_h\|_{0,2} \leqslant C\left(\|f\|_{0,2} + \|f\|_{0,2}^2 + \|g\|_{0,2} + \|g\|_{0,2}^2\right). \tag{6.2.26}$$

证明和定理 6.2.1 相似, 利用离散的 inf-sup 条件即引理 6.2.3, 则易证明解的存在唯一性.

6.2.3 误差估计

下面这一节给出解析解和逼近解之间的误差估计.

将弱方程和它的有限元逼近相减, 即得出下列误差方程:

$$(A(u) - A(u_h), v_h) - (p - p_h, \nabla \cdot v_h) = 0, \quad \forall v_h \in X_h,$$

$$(w_h, \nabla \cdot (u - u_h)) = 0, \quad \forall w_h \in M_h.$$

利用插值或投影 (6.2.6)、(6.2.9) 和 (6.2.12), 得到

$$(w_h, \nabla \cdot (\Pi_h u - u_h)) = -(w_h, \nabla \cdot (u - \Pi_h u)) = 0, \quad \forall w_h \in M_h,$$

$$(A(u) - A(u_h), v_h) - (P_h p - p_h, \nabla \cdot v_h) = (p - P_h p, \nabla \cdot v_h) = 0, \quad \forall v_h \in X_h.$$

设 $v_h = \Pi_h u - u_h$, 且有事实

$$(P_h p - p_h, \nabla \cdot (\Pi_h u - u_h)) = 0,$$

得到

$$(A(u) - A(u_h), \Pi_h u - u_h) = 0,$$

即

$$(A(u) - A(u_h), u - u_h) = (A(u) - A(u_h), u - \Pi_h u). \tag{6.2.27}$$

利用插值误差 $u - \Pi_h u$ 来控制 $u - u_h$. 为了控制 $P_h p - p_h$ 我们将利用如下等式:

$$(P_h p - p_h, \nabla \cdot v_h) = (A(u) - A(u_h), v_h) \tag{6.2.28}$$

和 inf-sup 条件 (6.2.24).

下面两个引理是关于绝对值类型单调插值的, 在误差估计中会用到, 它们在文献 [16] 中也被提到.

引理 6.2.4 令 $x, h \in R^d$. $f: R^d \to R^d$ 定义为 $f: x \to |x|x$, 有

$$C_h^1(|x| + |x + h|)|h|^2 \leqslant (f(x + h) - f(x), h), \tag{6.2.29}$$

$$|f(x + h) - f(x)| \leqslant C_h^2(|x| + |x + h|)|h|, \tag{6.2.30}$$

$$C_h^3|f(x + h) - f(x)||h| \leqslant (f(x + h) - f(x), h). \tag{6.2.31}$$

证明 首先, 对 $f(x)$ 求导数,

$$\frac{\partial f_i}{\partial x_j}(x) = (x_i x_j + |x|^2 \delta_{ij})|x|^{-1}.$$

则对 $k = (k_1, k_2, \cdots, k_d) \in R^d$, 通过 Taylor 展开可得到

$$(f(x+h) - f(x), k) = \sum_{i=1}^{d} (f_i(x+h) - f_i(x)) k_i = \sum_{i=1}^{d} \sum_{j=1}^{d} \int_0^1 \frac{\partial f_i}{\partial x_j}(x+th) h_j k_i \mathrm{d}t.$$

令 $x^t = x + th$,

$$(f(x+h) - f(x), k) = \sum_{i=1}^{d} \sum_{j=1}^{d} \int_0^1 (x_i^t x_j^t + |x^t|^2 \delta_{ij})|x^t|^{-1} h_j k_i \mathrm{d}t$$

$$= \sum_{i=1}^{d} \int_0^1 |x^t| h_i k_i \mathrm{d}t + \sum_{i=1}^{d} \sum_{j=1}^{d} \int_0^1 x_i^t x_j^t |x^t|^{-1} h_j k_i \mathrm{d}t$$

$$= (h, k) \int_0^1 |x^t| \mathrm{d}t + \int_0^1 |x^t|^{-1} (x^t, h)(x^t, k) \mathrm{d}t.$$

为证明 (6.2.29), 令 $k = h$, 得到

$$(f(x+h) - f(x), h) \geqslant |h|^2 \int_0^1 |x^t|^\alpha \mathrm{d}t.$$

下面估计 $\int_0^1 |x^t| \mathrm{d}t$. 显然有 $\forall \beta > 0$, 存在 $C_{1,d,\beta} > 0, C_{2,d,\beta} > 0$, 使得

$$C_{1,d,\beta} \sum_{i=1}^{d} |x_i| \leqslant \left(\sum_{i=1}^{d} |x_i|^\beta \right)^{\frac{1}{\beta}} \leqslant C_{2,d,\beta} \sum_{i=1}^{d} |x_i|.$$

从而

$$\int_0^1 |x^t| \mathrm{d}t = \int_0^1 \left(\sum_{i=1}^{d} (x_i + th_i)^2 \right)^{\frac{1}{2}} \mathrm{d}t$$

$$\geqslant C_{1,d,2} \int_0^1 \sum_{i=1}^{d} |x_i + th_i| \mathrm{d}t$$

$$\geqslant C_{1,d,2} \left(\frac{1}{2} \sum_{i=1}^{d} |x_i| \int_0^1 \left| 1 + t \frac{h_i}{x_i} \right| \mathrm{d}t + \frac{1}{2} \sum_{i=1}^{d} |x_i + h_i| \int_0^1 \left| 1 + (t-1) \frac{h_i}{x_i + h_i} \right| \mathrm{d}t \right)$$

$$\geqslant C_{1,d,2} C_{2,d,2}^{-1} \left[\frac{1}{2} |x| \inf_{\lambda \in R} \int_0^1 |1 + t\lambda| \mathrm{d}t + \frac{1}{2} |x+h| \inf_{\lambda \in R} \int_0^1 |1 + (t-1)\lambda| \mathrm{d}t \right].$$

由于 $\varphi(\lambda) = \int_0^1 |1 + t\lambda| \mathrm{d}t$ 和 $\psi(\lambda) = \int_0^1 |1 + (t-1)\lambda| \mathrm{d}t$ 是连续正定的, 且当 $|\lambda| \to +\infty$

时有 $\varphi(\lambda)$ 和 $\psi(\lambda) \to +\infty$, 易得出其分别在 $\lambda = -2$ 和 $\lambda = 2$ 处取最小值 $\frac{1}{2}$. 从而,

存在常数 C_d 使得

$$\int_0^1 |x^t| \mathrm{d}t \geqslant C_{2,d,\frac{1}{2}}^{-1} C_{1,d,\frac{1}{2}} C_d(|x| + |x+h|) \geqslant C_{0,d}^1(|x| + |x+h|).$$

因此不等式 (6.2.29) 成立.

现在证明 (6.2.30)

$$|(f(x+h) - f(x), k)| \leqslant |h||k|2 \int_0^1 |x^t| \mathrm{d}t.$$

所以

$$|f(x+h) - f(x)| \leqslant 2|h| \int_0^1 |x^t| \mathrm{d}t.$$

由于 $|x+th| \leqslant |x| + |h| = |x| + |-x+x+h| \leqslant 2|x| + |x+h|$. 可得到不等式 (6.2.30).

由 (6.2.29) 和 (6.2.30) 易得到不等式 (6.2.31) 成立.

引理 6.2.5 令 $f(v) = v|v| : L^3(\Omega)^d \to L^3(\Omega)^d$, 存在正数 C_i, $i = 1,2,3,4$, 使得对 $u, v, w \in L^3(\Omega)^d$, 有

$$C_1 \int_\Omega (|u| + |v|)|v - u|^2 \mathrm{d}x \leqslant \int_\Omega (f(v) - f(u), v - u) \mathrm{d}x, \tag{6.2.32}$$

$$\int_\Omega (f(v) - f(u), w) \mathrm{d}x$$
$$\leqslant C_2 \left[\int_\Omega (|u| + |v|)|v - u|^2 \mathrm{d}x \right]^{\frac{1}{2}} \times \left[\|u\|_{0,3}^{\frac{1}{2}} + \|v\|_{0,3}^{\frac{1}{2}} \right] \|w\|_{0,3}, \tag{6.2.33}$$

$$C_3 \|v - u\|_0^3 \leqslant \int_\Omega (f(v) - f(u), v - u) \mathrm{d}x, \tag{6.2.34}$$

$$C_4 \int_\Omega |f(v) - f(u)||v - u| \mathrm{d}x \leqslant \int_\Omega (f(v) - f(u), v - u) \mathrm{d}x \tag{6.2.35}$$

成立.

证明 利用 (6.2.29), 我们得到

$$\int_\Omega (f(v) - f(u), v - u) \mathrm{d}x \geqslant C \int_\Omega (|v| + |u|)|v - u|^2 \mathrm{d}x,$$

即完成 (6.2.32) 的证明.

利用不等式 (6.2.32) 和 Minkowski 不等式, 易得到

$$\int_\Omega (f(v) - f(u), v - u) \mathrm{d}x \geqslant C \|v - u\|_{0,3}^3.$$

即完成证明 (6.2.34).

现证明 (6.2.33). 利用不等式 (6.2.30),

$$
\begin{aligned}
\int_\Omega (f(v) - f(u), w)\mathrm{d}x &\leqslant \int_\Omega |f(v) - f(u)| \cdot |w|\mathrm{d}x \\
&\leqslant C\int_\Omega (|v| + |u|)|v - u| \cdot |w|\mathrm{d}x \\
&= C\int_\Omega (|v| + |u|)^{\frac{1}{2}}|v - u|(|v| + |u|)^{\frac{1}{2}}|w|\mathrm{d}x \\
&\leqslant C\left[\int_\Omega (|v| + |u|)|v - u|^2\mathrm{d}x\right]^{\frac{1}{2}} \left[\int_\Omega (|v| + |u|)|w|^2\mathrm{d}x\right]^{\frac{1}{2}}.
\end{aligned}
$$

为控制右边第二项, 令 $\gamma = 3$, $\gamma' = \dfrac{1}{1 - \dfrac{1}{\gamma}} = \dfrac{3}{2}$, 得到

$$
\begin{aligned}
\int_\Omega (|v| + |u|)|w|^2\mathrm{d}x &\leqslant \left[\int_\Omega (|v| + |u|)^\gamma\mathrm{d}x\right]^{\frac{1}{\gamma}} \left[\int_\Omega |w|^{2\gamma'}\mathrm{d}x\right]^{\frac{1}{\gamma'}} \\
&\leqslant C\left[\int_\Omega (|v|^3 + |u|^3)\mathrm{d}x\right]^{\frac{1}{3}} \left[\int_\Omega |w|^3\mathrm{d}x\right]^{\frac{2}{3}} \\
&\leqslant C(\|v\|_{0,3} + \|u\|_{0,3})\|w\|_{0,3}^2.
\end{aligned}
$$

利用 (6.2.31), 易得到

$$
\int_\Omega (f(v) - f(u), v - u)\mathrm{d}x \geqslant C\int_\Omega |f(v) - f(u)||v - u|\mathrm{d}x.
$$

定理 6.2.3　令 $(u, p) \in X \times M$ 为弱问题的解, 且 $(u_h, p_h) \in X_h \times M_h$ 为离散问题的解, 则存在依赖于 h 的常数 C 使得

$$
\|u - u_h\|_{0,2}^2 + \|u - u_h\|_{0,3}^3 \leqslant C\left\{\|u - \Pi_h u\|_{0,2}^2 + \|u - \Pi_h u\|_{0,3}^3\right\}, \tag{6.2.36}
$$

$$
\|p - p_h\|_{0,2} \leqslant C\left\{\|u - \Pi_h u\|_{0,2} + \|u - \Pi_h u\|_{0,3} + \|p - P_h p\|_{0,2}\right\}. \tag{6.2.37}
$$

证明　考虑误差方程 (6.2.27) 的两端, 左端为

$$
\begin{aligned}
l.h.s. &= \int_\Omega (A(u) - A(u_h)) \cdot (u - u_h)\mathrm{d}x \\
&= \int_\Omega \frac{\mu}{\rho}K^{-1}(u - u_h) \cdot (u - u_h)\mathrm{d}x + \left(\frac{1}{2} + \frac{1}{2}\right)\int_\Omega (|u|u - |u_h|u_h) \cdot (u - u_h)\mathrm{d}x \\
&\geqslant C_0\left\{\|u - u_h\|_{0,2}^2 + \|u - u_h\|_{0,3}^3 + \int_\Omega (|u| + |u_h|)|u - u_h|^2\mathrm{d}x\right\},
\end{aligned}
$$

右端估计如下:

$$r.h.s. = \int_\Omega (A(u) - A(u_h)) \cdot (u - \Pi_h u) \mathrm{d}x$$

$$= \int_\Omega \frac{\mu}{\rho} K^{-1} (u - u_h) \cdot (u - \Pi_h u) \mathrm{d}x + \int_\Omega (|u|u - |u_h|u_h) \cdot (u - \Pi_h u) \mathrm{d}x$$

$$\leqslant C \|u - u_h\|_{0,2} \|u - \Pi_h u\|_{0,2} + C \left[\int_\Omega (|u| + |u_h|) |u - u_h|^2 \mathrm{d}x \right]^{\frac{1}{2}}$$

$$\times \left[\|u\|_{0,3}^{\frac{1}{2}} + \|u_h\|_{0,3}^{\frac{1}{2}} \right] \|u - \Pi_h u\|_{0,3}$$

$$\leqslant \varepsilon \left\{ \|u - u_h\|_{0,2}^2 + \int_\Omega (|u| + |u_h|) |u - u_h|^2 \mathrm{d}x \right\}$$

$$+ \frac{C_5}{\varepsilon} \left\{ \|u - \Pi_h u\|_{0,2}^2 + \left[\|u\|_{0,3}^{\frac{1}{2}} + \|u_h\|_{0,3}^{\frac{1}{2}} \right]^2 \|u - \Pi_h u\|_{0,3}^2 \right\}.$$

其中 C_0 和 C_5 为依赖于 h 和 ε 的正数. 取 $\varepsilon = \dfrac{C_0}{2}$ 且应用以上不等式和 (6.2.27), 得到

$$\|u - u_h\|_{0,2}^2 + \|u - u_h\|_{0,3}^3 + \int_\Omega (|u| + |u_h|) |u - u_h|^2 \mathrm{d}x \leqslant C \left\{ \|u - \Pi_h u\|_{0,2}^2 + \|u - \Pi_h u\|_{0,3}^2 \right\}.$$

除去正的项, 可得到不等式 (6.2.36).

利用下面不等式

$$\int_\Omega (A(u) - A(u_h)) \cdot v_h \mathrm{d}x$$

$$\leqslant C \left\{ \|u - u_h\|_{0,2} \|v\|_{0,2} + \left[\int_\Omega (|u| + |u_h|) |u - u_h|^2 \mathrm{d}x \right]^{\frac{1}{2}} \times \left[\|u\|_{0,3}^{\frac{1}{2}} + \|u_h\|_{0,3}^{\frac{1}{2}} \right] \|v_h\|_{0,3} \right\},$$

$$\gamma_h \|P_h p - p_h\|_{0,2} \leqslant \sup_{v_h \in X_h} \frac{(P_h p - p_h, \nabla \cdot v_h)}{\|v_h\|_X}$$

$$= \sup_{v_h \in X_h} \frac{(A(u) - A(u_h), v_h)}{\|v_h\|_X}$$

$$\leqslant C \left\{ \|u - u_h\|_{0,2} + \left[\int_\Omega (|u| + |u_h|) |u - u_h|^2 \mathrm{d}x \right]^{\frac{1}{2}} \times \left[\|u\|_{0,3}^{\frac{1}{2}} + \|u_h\|_{0,3}^{\frac{1}{2}} \right] \right\}$$

$$\leqslant C \left\{ \|u - \Pi_h u\|_{0,2} + \|u - \Pi_h u\|_{0,3} \right\}$$

和

$$\|p - p_h\|_{0,2} \leqslant \|p - P_h p\|_{0,2} + \|P_h p - p_h\|_{0,2},$$

易得出不等式 (6.2.37).

定理 6.2.4　令 $(u, p) \in X \times M$ 为弱问题 (6.2.4) 或 (6.2.15) 的解, 且 $(u_h, p_h) \in X_h \times M_h$ 为离散问题 (6.2.5) 或 (6.2.16) 的解. 若 $(u, p) \in W^{s,3}(\Omega)^d \times W^{s,\frac{3}{2}}(\Omega)$, 则存在不依赖于 h 的常数 C, 使得

$$\|u - u_h\|_{0,2}^2 + \|u - u_h\|_{0,3}^3 \leqslant Ch^{2s}, \quad 1 \leqslant s \leqslant k+1, \tag{6.2.38}$$

$$\|p - p_h\|_{0,2} \leqslant Ch^s, \quad 1 \leqslant s \leqslant k+1. \tag{6.2.39}$$

证明　通过将插值误差不等式 (6.2.7) 和 (6.2.10) 代入定理 6.2.3 的不等式 (6.2.36) 和 (6.2.37) 中, 易证得估计 (6.2.38) 和 (6.2.39).

6.2.4　数值计算

下面我们采用最低阶 Raviart-Thomas 有限元实现数值实验. 利用二维区域的三角形元和矩形元测试算例来验证收敛阶. 为简便起见, 算例区域为单位正方形, 即 $\Omega = [0,1] \times [0,1]$. 边界条件为 $f_D = 0$, 在 $\partial\Omega$ 上. 渗透率为常数, 且黏度和密度也为常数. 为简单起见, 取 $\mu = \rho = K = 1$.

二维空间的矩形剖分在每一维度上是均匀分割的, 分割的尺度用 scale 表示. 对拟一致剖分, scale 和离散参数 h 的量级阶数一样. 例如, 二维空间下 scale $= [0.1, 0.1]$ 对应于 $h = \dfrac{1}{10}$. 二维空间的三角剖分是基于二维矩形剖分或应用 Delaunay 三角剖分生成, 可参考文献 [17] 来了解最低阶 Raviart-Thomas 混合元的实现细节.

例 1 ~ 例 4 的实现是证实混合元逼近的收敛阶.

例 1　不带源项的 Forchheimer 问题.

$$\begin{cases} p(x,y) = (x - x^2)(y - y^2), \quad u(x,y) = (\exp(x)\sin y, \exp(x)\cos y)^{\mathrm{T}}, \\ f(x,y) = 0, \\ g(x,y) = \left(\dfrac{\mu}{\rho K} + \dfrac{\beta}{\rho} \sqrt{(\exp(x)\sin y)^2 + (\exp(x)\cos y)^2} \right) (\exp(x)\sin y, \exp(x)\cos y)^{\mathrm{T}}, \\ \qquad\quad + \left((1 - 2x)(y - y^2), (x - x^2)(1 - 2y) \right)^{\mathrm{T}}. \end{cases}$$

例 2　不带源项的 Forchheimer 问题.

$$\begin{cases} p(x,y) = \sin \xi_1 x \sin \xi_2 y, \quad u(x,y) = (\exp(x)\sin y, \exp(x)\cos y)^{\mathrm{T}}, \\ f(x,y) = 0, \\ g(x,y) = \left(\dfrac{\mu}{\rho K} + \dfrac{\beta}{\rho} \sqrt{(\exp(x)\sin y)^2 + (\exp(x)\cos y)^2} \right) (\exp(x)\sin y, \exp(x)\cos y)^{\mathrm{T}}, \\ \qquad\quad + (\xi_1 \cos \xi_1 x \sin \xi_2 y, \xi_2 \sin \xi_1 x \cos \xi_2 y)^{\mathrm{T}}, \quad \xi_1 = \pi, \quad \xi_2 = \pi. \end{cases}$$

例 3　带源项的 Forchheimer 问题.

$$
\begin{cases}
p(x,y)=(x-x^2)(y-y^2),u(x,y)=(x\exp(y),y\exp(x))^{\mathrm{T}},\\
f(x,y)=\exp(x)+\exp(y),\\
g(x,y)=\left(\dfrac{\mu}{\rho K}+\dfrac{\beta}{\rho}\sqrt{(x\exp(y))^2+(y\exp(x))^2}\right)(x\exp(y),y\exp(x))^{\mathrm{T}},\\
\qquad+\left((1-2x)(y-y^2),(x-x^2)(1-2y)\right)^{\mathrm{T}}.
\end{cases}
$$

例 4　带源项的 Forchheimer 问题.

$$
\begin{cases}
p(x,y)=\sin\xi_1 x\sin\xi_2 y,u(x,y)=(x\exp(y),y\exp(x))^{\mathrm{T}},\\
f(x,y)=\exp(x)+\exp(y),\\
g(x,y)=\left(\dfrac{\mu}{\rho K}+\dfrac{\beta}{\rho}\sqrt{(x\exp(y))^2+(y\exp(x))^2}\right)(x\exp(y),y\exp(x))^{\mathrm{T}},\\
\qquad+(\xi_1\cos\xi_1 x\sin\xi_2 y,\xi_2\sin\xi_1 x\cos\xi_2 y)^{\mathrm{T}},\quad \xi_1=\pi,\quad \xi_2=\pi.
\end{cases}
$$

上面的非线性问题要用迭代法求解. 我们是通过一些数值算例证实迭代算法的收敛性. 用最大模作为迭代算法收敛性的误差控制, 即

$$
\mathrm{eps}=\max\left(\left\|\begin{pmatrix}\tilde u^{n+1}\\\tilde p^{n+1}\end{pmatrix}-\begin{pmatrix}\tilde u^{n}\\\tilde p^{n}\end{pmatrix}\right\|\right).
$$

测试例 1 ~ 例 4 来得到迭代算法的收敛性. 参数设置如下, 离散参数 $h=\dfrac{1}{20}$, 迭代算法误差控制为 $\mathrm{eps}=10^{-4}$. 设 Forchheimer 数为 1, 即 $\beta=1$. 结果列在图 6.2.1 中.

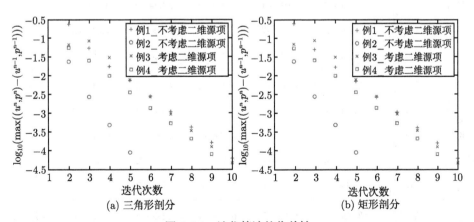

图 6.2.1　迭代算法的收敛性

由图 6.2.1, 我们可得出应用三角形和矩形剖分的最低阶 Raviart-Thomas 元迭代算法大概的线性收敛性, 收敛性的结果表明了迭代算法的效率.

下面展示混合元逼近的收敛性. 我们通过例 1 ~ 例 4 来得到有限元逼近的收敛阶. 通过计算 6 级来得到收敛阶, 即离散参数分别为 $h = \dfrac{1}{5}, \dfrac{1}{10}, \dfrac{1}{20}, \dfrac{1}{40}, \dfrac{1}{80}, \dfrac{1}{160}.$ 迭代算法的误差控制为 eps $= 10^{-4}$. 设 Forchheimer 数为 1, 即 $\beta = 1$.

利用 $\dfrac{\|u - u_h\|}{\|u\|}$, $\dfrac{\|\nabla \cdot (u - u_h)\|}{\|\nabla \cdot u\|}$, $\dfrac{\|p - p_h\|}{\|p\|}$ 为有限元逼近收敛的标准, 其中 $\|\cdot\|$ 可以是 $\|\cdot\|_{0,2,\Omega}, \|\cdot\|_{0,3,\Omega}, \|\cdot\|_{0,\infty,\Omega}.$

在以下表中, 应用如下符号:

$$E_{0,2}^{p,h} = \frac{\|p - p_h\|_{0,2}}{\|p\|_{0,2}}, \quad E_{0,\infty}^{p,h} = \frac{\|p - p_h\|_{0,\infty}}{\|p\|_{0,\infty}},$$

$$E_{0,2}^{u,h} = \frac{\|u - u_h\|_{0,2}}{\|u\|_{0,2}}, \quad E_{0,3}^{u,h} = \frac{\|u - u_h\|_{0,3}}{\|u\|_{0,3}}, \quad E_{0,\infty}^{u,h} = \frac{\|u - u_h\|_{0,\infty}}{\|u\|_{0,\infty}},$$

$$E_{\mathrm{div},2}^{u,h} = \frac{\|\nabla \cdot (u - u_h)\|_{0,2}}{\|\nabla \cdot u\|_{0,2}}.$$

表 6.2.2 和表 6.2.3 为例 1 ~ 例 4 的相对误差. 由表易得出收敛阶约为 1.

表 6.2.2 三角形剖分的相对误差

	结果	$E_{0,2}^{p,h}$	$E_{0,\infty}^{p,h}$	$E_{0,2}^{u,h}$	$E_{0,3}^{u,h}$	$E_{0,\infty}^{u,h}$	$E_{\mathrm{div},2}^{u,h}$
例 1	$h = \frac{1}{5}$	4.54e-1	9.61e-1	9.00e-2	9.16e-2	1.71e-1	—
	$h = \frac{1}{10}$	1.58e-1	3.94e-1	4.57e-2	4.74e-2	9.27e-2	—
	$h = \frac{1}{20}$	6.13e-2	1.61e-1	2.29e-2	2.39e-2	4.77e-2	—
	$h = \frac{1}{40}$	2.75e-2	7.12e-2	1.15e-2	1.20e-2	2.41e-2	—
	$h = \frac{1}{80}$	1.33e-2	3.34e-2	5.76e-3	6.02e-3	1.22e-2	—
例 2	$h = \frac{1}{5}$	3.23e-1	7.18e-1	9.00e-2	9.16e-2	1.71e-1	—
	$h = \frac{1}{10}$	1.64e-1	3.80e-1	4.57e-2	4.74e-2	9.27e-2	—
	$h = \frac{1}{20}$	8.26e-2	1.95e-1	2.29e-2	2.39e-2	4.77e-2	—
	$h = \frac{1}{40}$	4.13e-2	9.82e-2	1.15e-2	1.20e-2	2.41e-2	—
	$h = \frac{1}{80}$	2.06e-2	4.91e-2	5.76e-3	6.02e-3	1.22e-2	—
例 3	$h = \frac{1}{5}$	3.02e-1	6.31e-1	6.03e-2	4.54e-2	8.92e-2	4.10e-2
	$h = \frac{1}{10}$	1.21e-1	2.89e-1	3.03e-2	2.36e-2	4.58e-2	2.05e-2

	结果	$E_{0,2}^{p,h}$	$E_{0,\infty}^{p,h}$	$E_{0,2}^{u,h}$	$E_{0,3}^{u,h}$	$E_{0,\infty}^{u,h}$	$E_{\mathrm{div},2}^{u,h}$
例 3	$h=\dfrac{1}{20}$	5.48e−2	1.36e−1	1.52e−2	1.19e−2	2.29e−2	1.02e−2
	$h=\dfrac{1}{40}$	2.66e−2	6.54e−2	7.61e−3	6.02e−3	1.22e−2	5.13e−3
	$h=\dfrac{1}{80}$	1.32e−2	3.19e−2	3.80e−3	3.05e−3	6.68e−3	2.56e−3
例 4	$h=\dfrac{1}{5}$	3.22e−1	7.19e−1	6.03e−2	4.54e−2	8.92e−2	4.10e−2
	$h=\dfrac{1}{10}$	1.64e−1	3.75e−1	3.03e−2	2.36e−2	4.58e−2	2.05e−2
	$h=\dfrac{1}{20}$	8.26e−2	1.94e−1	1.52e−2	1.19e−2	2.29e−2	1.02e−2
	$h=\dfrac{1}{40}$	4.13e−2	9.79e−2	7.61e−3	6.02e−3	1.22e−2	5.13e−3
	$h=\dfrac{1}{80}$	2.06e−2	4.90e−2	3.80e−3	3.05e−3	6.68e−3	2.56e−3

表 6.2.3 矩形剖分的相对误差

	结果	$E_{0,2}^{p,h}$	$E_{0,\infty}^{p,h}$	$E_{0,2}^{u,h}$	$E_{0,3}^{u,h}$	$E_{0,\infty}^{u,h}$	$E_{\mathrm{div},2}^{u,h}$
例 1	$h=\dfrac{1}{5}$	2.66e−1	4.20e−1	6.96e−2	5.29e−2	1.26e−1	—
	$h=\dfrac{1}{10}$	1.30e−1	1.99e−1	3.48e−2	2.62e−2	6.51e−2	—
	$h=\dfrac{1}{20}$	6.46e−2	9.76e−2	1.74e−2	1.49e−2	3.32e−2	—
	$h=\dfrac{1}{40}$	3.22e−2	4.81e−2	8.70e−3	7.72e−3	1.69e−2	—
	$h=\dfrac{1}{80}$	1.61e−2	2.38e−2	4.36e−3	3.84e−3	9.01e−3	—
例 2	$h=\dfrac{1}{5}$	3.91e−1	5.64e−1	6.96e−2	5.29e−2	1.26e−1	—
	$h=\dfrac{1}{10}$	2.01e−1	2.84e−1	3.48e−2	2.62e−2	6.51e−2	—
	$h=\dfrac{1}{20}$	1.01e−1	1.47e−1	1.74e−2	1.49e−2	3.32e−2	—
	$h=\dfrac{1}{40}$	5.06e−2	7.43e−2	8.70e−3	7.72e−3	1.69e−2	—
	$h=\dfrac{1}{80}$	2.53e−2	3.72e−2	4.36e−3	3.84e−3	9.01e−3	—
例 3	$h=\dfrac{1}{5}$	2.75e−1	4.61e−1	5.76e−2	2.77e−2	8.74e−2	4.15e−2
	$h=\dfrac{1}{10}$	1.31e−1	1.96e−1	2.88e−2	1.43e−2	4.54e−2	2.08e−2
	$h=\dfrac{1}{20}$	6.48e−2	9.49e−2	1.44e−2	7.28e−3	2.29e−2	1.04e−2
	$h=\dfrac{1}{40}$	3.23e−2	4.72e−2	7.21e−3	3.60e−3	1.21e−2	5.20e−3
	$h=\dfrac{1}{80}$	1.61e−2	2.36e−2	3.61e−3	1.88e−3	6.56e−3	2.60e−3

续表

结果		$E_{0,2}^{p,h}$	$E_{0,\infty}^{p,h}$	$E_{0,2}^{u,h}$	$E_{0,3}^{u,h}$	$E_{0,\infty}^{u,h}$	$E_{\mathrm{div},2}^{u,h}$
	$h=\frac{1}{5}$	3.91e−1	5.64e−1	5.76e−2	2.77e−2	8.74e−2	4.15e−2
	$h=\frac{1}{10}$	2.01e−1	2.85e−1	2.88e−2	1.43e−2	4.54e−2	2.08e−2
例 4	$h=\frac{1}{20}$	1.01e−1	1.47e−1	1.44e−2	7.28e−3	2.29e−2	1.04e−2
	$h=\frac{1}{40}$	5.06e−2	7.43e−2	7.21e−3	3.60e−3	1.21e−2	5.20e−3
	$h=\frac{1}{80}$	2.53e−2	3.72e−2	3.61e−3	1.88e−3	6.56e−3	2.60e−3

关于混合元更多的结果参见文献 [9].

6.3   不可压缩非混相驱问题的混合元方法

多孔介质中, 一种流体被另一种流体驱动问题在地下水污染或石油工程中有许多应用. 当速度–压力关系由 Darcy-Forchheimer 方程描述时, 不可压缩混溶驱动问题由下面耦合的非线性系统偏微分方程描述,

$$\begin{cases} \text{(a) } \mu(C)K^{-1}u + \beta\rho(C)|u|u + \nabla p = \gamma(C)\nabla d, & x\in\Omega, t\in[0,T],\\ \text{(b) } \nabla\cdot u = q = q_I + q_P, & x\in\Omega, t\in[0,T],\\ \text{(c) } \varphi\frac{\partial C}{\partial t} + u\cdot\nabla C - \nabla\cdot(D(u)\nabla C) + q_I C = q_I C_I, & x\in\Omega, t\in[0,T], \end{cases} \tag{6.3.1}$$

这里 Ω 是有界区域, $[0,T]$ 是时间间隔.

模型中, (6.3.1b) 和 (6.3.1c) 分别代表混合流体和其中一种组分的质量守恒律. $p(x,t)$ 和 $u(x,t)$ 代表流体的压力和 Darcy 速度, $C(x,t)$ 代表混合流体中一种组分的浓度. $K(x)$, $\varphi(x)$ 和 $\beta(x)$ 表示多孔介质的绝对渗透率、孔隙度和 Forchheimer 数. $\gamma(x,C)$ 为重力系数, $d(x)$ 为纵坐标, $q(x,t)$ 为外部流量, 通常是产出 q_P 和注入 q_I 的线性组合, 即 $q(x,t)=q_I(x,t)+q_P(x,t)$, $C_I(x,t)$ 为注入井的注入浓度和产出井的驻留浓度. 为简单起见, 只考虑二维问题, 即 $\Omega\subset R^2$.

假设混合组分没有体积变化. 流体的密度 $\rho(C)$ 由构成混合物的两种物质的密度的体积平均来给定,

$$\rho(C) = \rho_1 C + \rho_2(1-C). \tag{6.3.2}$$

混合物的黏度 $\mu(C)$ 可通过实验确定,

$$\mu(C) = \mu_1\left[\left(\frac{\mu_1}{\mu_2}\right)^{\frac{1}{4}}C + (1-C)\right]^{-4}. \tag{6.3.3}$$

扩散系数 $D(u)$, 它结合了分子扩散和机械弥散的作用, 与组分无关,

$$D(u) = \varphi d_m I + |u| \left[d_l E(u) + d_t E^\perp(u) \right], \tag{6.3.4}$$

这里 $E(u) = (u_i u_j / |u|^2)$ 是一个 2×2 的张量表示沿速度向量的正交投影, $E^\perp = I - E$.

上述问题的弱形式: 求 $(u, p, C) : [0, T] \to (X, M, V)$ 满足,

$$
\begin{cases}
\text{(a)} \displaystyle\int_\Omega \left(\mu(C) K^{-1} u + \beta \rho(C) |u| u \right) \cdot v \mathrm{d}x - \int_\Omega p \nabla \cdot v \mathrm{d}x = \int_\Omega \gamma(C) \nabla d \cdot v \mathrm{d}x, \quad \forall v \in X, \\[2mm]
\text{(b)} \displaystyle -\int_\Omega w \nabla \cdot u \mathrm{d}x = -\int_\Omega w q \mathrm{d}x, \quad \forall w \in M, \\[2mm]
\text{(c)} \displaystyle\int_\Omega \left(\varphi \frac{\partial C}{\partial t} + u \cdot \nabla C \right) \chi \mathrm{d}x + \int_\Omega D(u) \nabla C \cdot \nabla \chi \mathrm{d}x + \int_\Omega q_I C \chi \mathrm{d}x \\[2mm]
\quad = \displaystyle\int_\Omega q_I C_I \chi \mathrm{d}x, \quad \forall \chi \in V.
\end{cases}
\tag{6.3.5}
$$

其中 X, M 定义同前, V 为浓度的函数空间.

令 Δt_p 表示压力的时间增量. 在第一个时间步长内时间增量为 $\Delta t_{p,1}$. 令 $0 = t_0 < t_1 < \cdots < t_M = T$ 为压力的时间间隔 $[0, T]$ 上的剖分, 其中 $i \geqslant 1, t_i = \Delta t_{p,1} + (i-1)\Delta t_p$. 类似地, 令 $0 = t^0 < t^1 < \cdots < t^N = T$ 为浓度的时间剖分, $t^n = n\Delta t_c$. 假设对于每个 m, 存在一个 n 满足 $t_m = t^n$. 也就是说 $\dfrac{\Delta t_p}{\Delta t_c}$ 是正整数. 令 $j^0 = \dfrac{\Delta t_{p,1}}{\Delta t_c}$ 及 $j = \dfrac{\Delta t_p}{\Delta t_c}$.

令 T_p 为 Ω 的拟正则的多边形剖分, h_p 为剖分单元的最大直径, $(X_h, M_h) \subset X \times M$ 为相应的混合元空间, 如指数为 k 的 Raviart-Thomas 或 Brezzi-Douglas-Marini. 令 T_c 为 Ω 的拟正则的多边形剖分, h_c 为剖分单元的最大直径, $V_h \subset V$ 表示指数为 1 的相应的标准有限元空间.

选择初始近似 $C_h^0 = \Xi_h C^0$, 其中 Ξ_h 为插值算子. 我们给出逼近格式如下: 求 $(u_{h,m}, p_{h,m}) \in X_h \times M_h, m = 0, 1, \cdots, M$ 和 $C_h^n \in V_h, n = 1, \cdots, N$ 满足

$$
\begin{cases}
\text{(a)} \displaystyle\int_\Omega \left(\mu(\bar{C}_{h,m}) K^{-1} u_{h,m} + \beta \rho(\bar{C}_{h,m}) |u_{h,m}| u_{h,m} \right) \cdot v_h \mathrm{d}x - \int_\Omega p_{h,m} \nabla \cdot v_h \mathrm{d}x \\[2mm]
\quad = \displaystyle\int_\Omega \gamma(\bar{C}_{h,m}) \nabla d \cdot v_h \mathrm{d}x, \quad \forall v_h \in X_h, \\[2mm]
\text{(b)} \displaystyle -\int_\Omega w_h \nabla \cdot u_{h,m} \mathrm{d}x = -\int_\Omega w_h q_m \mathrm{d}x, \quad \forall w_h \in M_h, \\[2mm]
\text{(c)} \displaystyle\int_\Omega \varphi \frac{C_h^n - C_h^{n-1}}{\Delta t} \chi_h \mathrm{d}x + \int_\Omega E u_h^n \cdot \nabla C_h^n \chi_h \mathrm{d}x + \int_\Omega D(E u_h^n) \nabla C_h^n \cdot \nabla \chi_h \mathrm{d}x \\[2mm]
\quad + \displaystyle\int_\Omega q_I C_h^n \chi_h \mathrm{d}x = \int_\Omega q_I^n C_I^n \chi_h \mathrm{d}x, \quad \forall \chi_h \in V_h,
\end{cases}
\tag{6.3.6}
$$

其中, 在时间步 t_m, 与之对应 $C \in [0,1]$, 替代 $C_{h,m}$ 在非线性函数 μ, ρ 和 γ:

$$\bar{C}_{h,m} = \min\{1, \max\{0, C_{h,m}\}\} \in [0,1].$$

在时间步 t^n, $t_{m-1} < t^n \leqslant t_m$, 外推 Eu_h^n 定义为

$$Eu_h^n = \begin{cases} u_{h,0}, & t_0 < t^n \leqslant t_1, \quad m = 1, \\ \left(1 + \dfrac{t^n - t_{m-1}}{t_{m-1} - t_{m-2}}\right) u_{h,m-1} & \\ \quad - \dfrac{t^n - t_{m-1}}{t_{m-1} - t_{m-2}} u_{h,m-2}, & t_{m-1} < t^n \leqslant t_m, \quad m \geqslant 2. \end{cases} \tag{6.3.7}$$

我们给出如下计算步骤.

对于 $m = 0$, 当 $C_h^0 = C_{h,0}$ 已知, 可以由 (6.3.6a) 和 (6.3.6b) 得到 $(u_{h,0}, p_{h,0})$ 的逼近. 然后由 (6.3.6c) 得到 $C_h^1, \cdots, C_h^{j^0}$.

对于 $m \geqslant 1$, 当 $C_h^{j^0+(m-1)j} = C_{h,m}$ 已知, 可由 (6.3.6a) 和 (6.3.6b) 得到 $(u_{h,m}, p_{h,m})$ 的逼近. 从而由 (6.3.6c) 得到 $C_h^{j^0+(m-1)j+1}, \cdots, C_h^{j^0+mj}$.

关于多孔介质多相流问题的数值方法的理论分析已经有很多文献. 在这里不多叙述. 有兴趣的读者可参见相关文献, 如文献 [18].

6.4　一般非 Darcy 流问题的块中心有限差分算法

6.4.1　数学模型

前面的 Darcy-Forchheimer 方程可以用来描述多孔介质高速流体的运动, 但不能描述所有的非 Darcy 流动. 于是, 一般形式的非 Darcy 流被引入, 参看文献 [19-21],

$$\mu K^{-1} \left(k_{mr} + \frac{(1-k_{mr})\mu\hat{\tau}}{\mu\hat{\tau} + \beta\rho|u|}\right)^{-1} u = -\nabla\Phi,$$

这里 k_{mr} 是最小渗透率, 和 Darcy 渗透率有关, $\hat{\tau}$ 为特征长度, 参数的意义可以参看文献 [21]. Darcy-Forchheimer 模型可以认为是 $k_{mr} = 0$ 时的特殊形式, Darcy 模型可以认为是 $k_{mr} = 1$ 时的特殊形式.

将上述表达式变形, 并加上质量守恒方程和边界条件, 多孔介质中一般形式的非 Darcy 流模型如下, 可参看文献 [19-21],

$$\begin{cases} \mu K^{-1} \left(1 + \dfrac{(1-k_{mr})\beta\rho|u|}{\mu\hat{\tau} + k_{mr}\rho\beta|u|}\right) u + \nabla p = \rho g \nabla h, & x \in \Omega, \\ \nabla \cdot u = f, & x \in \Omega, \\ u \cdot n = f_N, & x \in \partial\Omega, \end{cases} \tag{6.4.1}$$

相容性条件为

$$\int_\Omega f \mathrm{d}x = \int_{\partial\Omega} f_N \mathrm{d}s, \tag{6.4.2}$$

其中 p 表示压力, u 表示流体速度. 为差分格式简单起见我们在二维区域 $\Omega = (0,1)\times(0,1)$ 上求解. n 表示 Ω 边界上的单位法向量, $|\cdot|$ 表示欧几里得范数 (Euclidean norm), 即 $|u|^2 = u\cdot u$. ρ, μ 和 β 是标量函数, 分别表示流体的密度、黏度和动态黏滞度, β 也称为 Forchheimer 数, $\hat\tau$ 为特征长度. $f(x)\in L^2(\Omega)$, 也是一个标量函数, 为方程组的源汇项. $\nabla h(x)\in (L^2(\Omega))^d$ 是一个向量函数, 表示深度函数 $h(x)\in H^1(\Omega)$ 的梯度. $f_N(x)\in L^2(\partial\Omega)$ 是一个标量函数, 表示 Neumann 边界条件或是流体从边界流出的量. k_{mr} 表示最小渗透率, 和 Darcy 渗透率有关. 关于参数更多的信息可参看文献 [22].

K 是渗透率张量, 一般情况下, 不同方向的渗透率不同, 为了简化问题, 假设各向同性即 $K = kI$, 其中 k 是正数, I 代表单位矩阵.

不失一般性, 我们假设 $\nabla h(x) = 0$ 和 $f_N = 0$, 更一般情况下不会增加难度. 用下面的记号:

$$a_0 = \frac{\mu}{k}, \quad a_1 = \frac{k_{mr}\rho\beta}{\mu\hat\tau}, \quad a_2 = \frac{(1-k_{mr})\beta\rho}{k\hat\tau}, \quad a(w) = a_0 + \frac{a_2 w}{1+a_1 w}. \tag{6.4.3}$$

根据定义, 我们知道 $a_0 > 0$ 和 $a_i \geqslant 0, i = 1,2$ 是有界的. 当 $k_{mr} = 1$ 时, 该问题为线性 Darcy 问题, 本书不考虑这种特殊情形. 考虑 $0 \leqslant k_{mr} < 1$ 和 $a_2 > 0$ 的情形. 假设存在正常数 $\bar a$ 和 $\bar C$ 使得

$$\bar a \leqslant a_0 \leqslant \bar C, \quad \bar a \leqslant a_2 \leqslant \bar C. \tag{6.4.4}$$

利用上面的假设和记号, 问题 (6.4.1) 和相容性条件 (6.4.2) 可以写成

$$\begin{cases} \left(a_0 + \dfrac{a_2|u|}{1+a_1|u|}\right)u + \nabla p = 0, & \text{在 } \Omega = (0,1)\times(0,1) \text{ 内}, \\ \nabla\cdot u = f, & \text{在 } \Omega \text{ 内}, \\ u\cdot n = 0, & \text{在 } \partial\Omega \text{ 上}, \end{cases} \tag{6.4.5}$$

$$\int_\Omega f \mathrm{d}x\mathrm{d}y = 0. \tag{6.4.6}$$

6.4.2 块中心有限差分方法

我们将用块中心有限差分法解上面的变系数问题. 参照文献 [3] 和 [23] 中的剖分形式和记号, 用 $\delta_x \times \delta_y$ 来剖分区域 $\Omega = (0,1)\times(0,1)$:

$$\delta_x: 0 = x_{\frac{1}{2}} < x_{\frac{3}{2}} < \cdots < x_{N_x-\frac{1}{2}} < x_{N_x+\frac{1}{2}} = 1,$$

$$\delta_y : 0 = y_{\frac{1}{2}} < y_{\frac{3}{2}} < \cdots < y_{N_y - \frac{1}{2}} < y_{N_y + \frac{1}{2}} = 1.$$

对于任意 $i = 1, \cdots, N_x$ 和 $j = 1, \cdots, N_y$, 定义:

$$x_i = \frac{x_{i-\frac{1}{2}} + x_{i+\frac{1}{2}}}{2}, \quad y_j = \frac{y_{j-\frac{1}{2}} + y_{j+\frac{1}{2}}}{2},$$

$$h_i = x_{i+\frac{1}{2}} - x_{i-\frac{1}{2}}, \quad h = \max_i h_i,$$

$$h_{i+\frac{1}{2}} = \frac{h_{i+1} + h_i}{2} = x_{i+1} - x_i,$$

$$\tau_j = y_{j+\frac{1}{2}} - y_{j-\frac{1}{2}}, \quad \tau = \max_j \tau_j,$$

$$\tau_{j+\frac{1}{2}} = \frac{\tau_{j+1} + \tau_j}{2} = y_{j+1} - y_j.$$

$$\Omega_{i,j} = (x_{i-\frac{1}{2}}, x_{i+\frac{1}{2}}) \times (y_{j-\frac{1}{2}}, y_{j+\frac{1}{2}}),$$

$$\Omega_{i+\frac{1}{2},j} = (x_i, x_{i+1}) \times (y_{j-\frac{1}{2}}, y_{j+\frac{1}{2}}),$$

$$\Omega_{i,j+\frac{1}{2}} = (x_{i-\frac{1}{2}}, x_{i+\frac{1}{2}}) \times (y_j, y_{j+1}).$$

这里采用不等距网格使结果更具有一般性, 同时由于实际多孔介质存在断层以及复杂结构, 不等距网格也十分必要. 我们假设剖分是拟一致正规的, 即存在与剖分无关的常数 C_0 使得

$$\rho_{i,j} = \min_{\Omega_{i,j}} \{h_i, \tau_j\} \geqslant C_0 \max\{h, \tau\}. \tag{6.4.7}$$

为了构造格式, 将 $\Omega_{i,j}$ 剖分成 4 个小矩形区域,

$$\Omega_{i,j}^{L,T} = (x_{i-\frac{1}{2}}, x_i) \times (y_j, y_{j+\frac{1}{2}}), \quad \Omega_{i,j}^{R,T} = (x_i, x_{i+\frac{1}{2}}) \times (y_j, y_{j+\frac{1}{2}}),$$

$$\Omega_{i,j}^{L,B} = (x_{i-\frac{1}{2}}, x_i) \times (y_{j-\frac{1}{2}}, y_j), \quad \Omega_{i,j}^{R,B} = (x_i, x_{i+\frac{1}{2}}) \times (y_{j-\frac{1}{2}}, y_j),$$

其中上标 L, R, T 和 B 分别表示 Left (左), Right (右), Top (上) 和 Bottom (下). 图 6.4.1 是子区域分割的一个简单说明, $c_{l,m} = (x_l, y_m)$. 于是, 很明显得到

$$\begin{cases} \Omega_{i,j} = \Omega_{i,j}^{L,T} \cup \Omega_{i,j}^{R,T} \cup \Omega_{i,j}^{L,B} \cup \Omega_{i,j}^{R,B}, \\ \Omega_{i+\frac{1}{2},j} = \Omega_{i,j}^{R,T} \cup \Omega_{i,j}^{R,B} \cup \Omega_{i+1,j}^{L,T} \cup \Omega_{i+1,j}^{L,B}, \\ \Omega_{i,j+\frac{1}{2}} = \Omega_{i,j}^{L,T} \cup \Omega_{i,j}^{R,T} \cup \Omega_{i,j+1}^{L,B} \cup \Omega_{i,j+1}^{R,B}. \end{cases} \tag{6.4.8}$$

对于函数 $\theta(x, y)$, 令 $\theta_{l,m} = \theta(x_l, y_m)$, 其中 l 可以取值 $i, i + \frac{1}{2}$, m 可以取值 $j, j + \frac{1}{2}$, i 和 j 均为非负整数. 对于离散函数在离散点处的值, 定义为

$$[d_x\theta]_{i+\frac{1}{2},j} = \frac{\theta_{i+1,j} - \theta_{i,j}}{h_{i+\frac{1}{2}}}, \quad [D_x\theta]_{i,j} = \frac{\theta_{i+\frac{1}{2},j} - \theta_{i-\frac{1}{2},j}}{h_i},$$

$$[d_y\theta]_{i,j+\frac{1}{2}} = \frac{\theta_{i,j+1} - \theta_{i,j}}{\tau_{j+\frac{1}{2}}}, \quad [D_y\theta]_{i,j} = \frac{\theta_{i,j+\frac{1}{2}} - \theta_{i,j-\frac{1}{2}}}{\tau_j}.$$

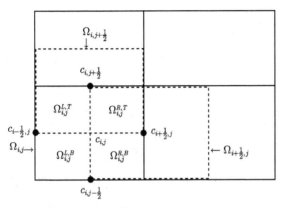

图 6.4.1

同时, 定义离散内积和离散 L^2 模为

$$(\theta, \xi)_M = (\theta, \xi)_{M_x, M_y} = \sum_{i=1}^{N_x} \sum_{j=1}^{N_y} h_i \tau_j \theta_{i,j} \xi_{i,j},$$

$$(\theta, \xi)_x = (\theta, \xi)_{T_x, M_y} = \sum_{i=2}^{N_x} \sum_{j=1}^{N_y} h_{i-\frac{1}{2}} \tau_j \theta_{i-\frac{1}{2},j} \xi_{i-\frac{1}{2},j},$$

$$(\theta, \xi)_y = (\theta, \xi)_{M_x, T_y} = \sum_{i=1}^{N_x} \sum_{j=2}^{N_y} h_i \tau_{j-\frac{1}{2}} \theta_{i,j-\frac{1}{2}} \xi_{i,j-\frac{1}{2}},$$

$$\|\theta\|_M^2 = (\theta, \theta)_{M_x, M_y}, \quad \|\theta\|_x^2 = (\theta, \theta)_x, \quad \|\theta\|_y^2 = (\theta, \theta)_y.$$

有了前面的准备, 给出该问题的块中心有限差分解法.

定义:

$$F_{i,j} = \frac{1}{|\Omega_{i,j}|} \int_{\Omega_{i,j}} f dx = \frac{1}{|\Omega_{i,j}|} \int_{y_{j-\frac{1}{2}}}^{y_{j+\frac{1}{2}}} \int_{x_{i-\frac{1}{2}}}^{x_{i+\frac{1}{2}}} f dx dy, \tag{6.4.9}$$

那么 $f_{i,j}$ 是 $F_{i,j}$ 的一个二阶逼近, 即

$$f_{i,j} = F_{i,j} + O(h^2 + \tau^2). \tag{6.4.10}$$

为了定义格式, 我们做些准备. 对于一个离散函数 $\{q_{i,j}\}$, 定义 Ω 上一个分片常函数, 满足

$$\Pi_h q(x, y) = q_{i,j}, \quad (x, y) \in \Omega_{i,j}. \tag{6.4.11}$$

对于一组离散函数 $\{V_{i+\frac{1}{2},j}^x\}$ 和 $\{V_{i,j+\frac{1}{2}}^y\}$, 定义插值 $\Pi_2 V$ 如下:

$$\Pi_2 V = (\Pi_x V^x, \Pi_y V^y), \tag{6.4.12}$$

其中

$$\begin{cases} \Pi_x V^x(x,y) = V_{i+\frac{1}{2},j}^x, & (x,y) \in \Omega_{i+\frac{1}{2},j}, \\ \Pi_y V^y(x,y) = V_{i,j+\frac{1}{2}}^y, & (x,y) \in \Omega_{i,j+\frac{1}{2}}. \end{cases}$$

用 $|(U,V)|$ 标记 (U,V) 的范数函数, 根据 $\Omega_{i,j}$ 的划分, 对于 $l = 1, 2$, 定义:

$$I_h a_l = \begin{cases} a_{l,i+\frac{1}{4},j+\frac{1}{4}}, & \text{在 } \Omega_{i,j}^{R,T} \text{ 上,} \\ a_{l,i+\frac{1}{4},j-\frac{1}{4}}, & \text{在 } \Omega_{i,j}^{R,B} \text{ 上,} \\ a_{l,i-\frac{1}{4},j+\frac{1}{4}}, & \text{在 } \Omega_{i,j}^{L,T} \text{ 上,} \\ a_{l,i-\frac{1}{4},j-\frac{1}{4}}, & \text{在 } \Omega_{i,j}^{L,B} \text{ 上.} \end{cases} \qquad l = 1, 2. \tag{6.4.13}$$

用参数 a_1, a_2 和一组离散函数 V_x, V_y, 定义两个平均算子 Q_x 和 Q_y:

$$[Q_x(a_1, a_2, V)]_{i+\frac{1}{2},j} = \frac{1}{|\Omega_{i+\frac{1}{2},j}|} \int_{\Omega_{i+\frac{1}{2},j}} \frac{I_h a_1 |(\Pi_x V^x, \Pi_y V^y)|}{1 + I_h a_2 |(\Pi_x V^x, \Pi_y V^y)|} \mathrm{d}x\mathrm{d}y, \tag{6.4.14}$$

$$[Q_y(a_1, a_2, V)]_{i,j+\frac{1}{2}} = \frac{1}{|\Omega_{i,j+\frac{1}{2}}|} \int_{\Omega_{i,j+\frac{1}{2}}} \frac{I_h a_1 |(\Pi_x V^x, \Pi_y V^y)|}{1 + I_h a_2 |(\Pi_x V^x, \Pi_y V^y)|} \mathrm{d}x\mathrm{d}y. \tag{6.4.15}$$

直接计算得到

$$\begin{aligned} [Q_x(a_1, a_2, V)]_{i+\frac{1}{2},j} = \frac{1}{4h_{i+\frac{1}{2}}} &\left\{ h_i \left[\frac{a_{2,i+\frac{1}{4},j+\frac{1}{4}} |(V_{i+\frac{1}{2},j}^x, V_{i,j+\frac{1}{2}}^y)|}{1 + a_{1,i+\frac{1}{4},j+\frac{1}{4}} |(V_{i+\frac{1}{2},j}^x, V_{i,j+\frac{1}{2}}^y)|} \right. \right. \\ &\quad + \left. \frac{a_{2,i+\frac{1}{4},j-\frac{1}{4}} |(V_{i+\frac{1}{2},j}^x, V_{i,j-\frac{1}{2}}^y)|}{1 + a_{1,i+\frac{1}{4},j-\frac{1}{4}} |(V_{i+\frac{1}{2},j}^x, V_{i,j-\frac{1}{2}}^y)|} \right] \\ &+ h_{i+1} \left[\frac{a_{2,i+\frac{3}{4},j+\frac{1}{4}} |(V_{i+\frac{1}{2},j}^x, V_{i+1,j+\frac{1}{2}}^y)|}{1 + a_{1,i+\frac{3}{4},j-\frac{1}{4}} |(V_{i+\frac{1}{2},j}^x, V_{i+1,j-\frac{1}{2}}^y)|} \right. \\ &\quad + \left. \left. \frac{a_{2,i+\frac{3}{4},j-\frac{1}{4}} |(V_{i+\frac{1}{2},j}^x, V_{i+1,j-\frac{1}{2}}^y)|}{1 + a_{1,i+\frac{3}{4},j-\frac{1}{4}} |(V_{i+\frac{1}{2},j}^x, V_{i+1,j-\frac{1}{2}}^y)|} \right] \right\} \\ \equiv \frac{1}{4h_{i+\frac{1}{2}}} &\{ h_i[Q_1 + Q_2] + h_{i+1}[Q_3 + Q_4] \}. \tag{6.4.16} \end{aligned}$$

$$\begin{aligned} [Q_y(a_1, a_2, V)]_{i,j+\frac{1}{2}} = \frac{1}{4\tau_{j+\frac{1}{2}}} &\left\{ \tau_j \left[\frac{a_{2,i+\frac{1}{4},j+\frac{1}{4}} |(V_{i+\frac{1}{2},j}^x, V_{i,j+\frac{1}{2}}^y)|}{1 + a_{1,i+\frac{1}{4},j+\frac{1}{4}} |(V_{i+\frac{1}{2},j}^x, V_{i,j+\frac{1}{2}}^y)|} \right. \right. \\ &\quad + \left. \frac{a_{2,i-\frac{1}{4},j+\frac{1}{4}} |(V_{i-\frac{1}{2},j}^x, V_{i,j+\frac{1}{2}}^y)|}{1 + a_{1,i-\frac{1}{4},j+\frac{1}{4}} |(V_{i-\frac{1}{2},j}^x, V_{i,j+\frac{1}{2}}^y)|} \right] \end{aligned}$$

$$+ \tau_{j+1} \left[\frac{a_{2,i+\frac{1}{4},j+\frac{3}{4}} |(V^x_{i+\frac{1}{2},j+1}, V^y_{i,j+\frac{1}{2}})|}{1 + a_{1,i+\frac{1}{4},j+\frac{3}{4}} |(V^x_{i+\frac{1}{2},j+1}, V^y_{i,j+\frac{1}{2}})|} \right.$$

$$\left. \left. + \frac{a_{2,i-\frac{1}{4},j+\frac{3}{4}} |(V^x_{i-\frac{1}{2},j+1}, V^y_{i,j+\frac{1}{2}})|}{1 + a_{1,i-\frac{1}{4},j+\frac{3}{4}} |(V^x_{i-\frac{1}{2},j+1}, V^y_{i,j+\frac{1}{2}})|} \right] \right\}. \tag{6.4.17}$$

定义速度 $u = (u^x, u^y)$, 用 $\{U^x_{i+\frac{1}{2},j}\}$, $\{U^y_{i,j+\frac{1}{2}}\}$ 和 $\{P_{i,j}\}$ 分别表示 $\{u^x(x_{i+\frac{1}{2},j})\}$, $\{u^y(x_{i,j+\frac{1}{2}})\}$ 和 $\{p(x_{i,j})\}$ 的块中心有限差分逼近值. 给出如下格式.

块中心有限差分格式 求离散函数 $\{U^x_{i+\frac{1}{2},j}\}$, $\{U^y_{i,j+\frac{1}{2}}\}$ 和 $\{P_{i,j}\}$ 使得

$$[D_x U^x]_{i,j} + [D_y U^y]_{i,j} = f_{i,j}, \quad 1 \leqslant i \leqslant N_x, \quad 1 \leqslant j \leqslant N_y; \tag{6.4.18}$$

$$(a_0 + [Q_x(a_1, a_2, U)])_{i+\frac{1}{2},j} U^x_{i+\frac{1}{2},j} = -[d_x P]_{i+\frac{1}{2},j}, \quad 1 \leqslant i \leqslant N_x - 1, \quad 1 \leqslant j \leqslant N_y; \tag{6.4.19}$$

$$(a_0 + [Q_y(a_1, a_2, U)])_{i,j+\frac{1}{2}} U^y_{i,j+\frac{1}{2}} = -[d_y P]_{i,j+\frac{1}{2}}, \quad 1 \leqslant i \leqslant N_x, \quad 1 \leqslant j \leqslant N_y - 1. \tag{6.4.20}$$

$$\begin{cases} U^x_{i+\frac{1}{2},j} = 0, & i = 0, N_x, \quad 1 \leqslant j \leqslant N_y, \\ U^y_{i,j+\frac{1}{2}} = 0, & 1 \leqslant i \leqslant N_x, \quad j = 0, N_y. \end{cases} \tag{6.4.21}$$

$$p(x_{1,1}) = P_{1,1} = 0. \tag{6.4.22}$$

其中 (6.4.21) 为边界条件. 压力 p 和它的逼近值 P 在相差一个常数的意义下是唯一的, 为了确定出它们唯一的形式, 假设它们在点 (x_1, y_1) 有相同的值零.

注 1 定义 $A(U, V)$ 和 $B(U, q)$ 如下:

$$A(U, V) = \sum_{ij} h_{i+\frac{1}{2}} \tau_j \left(a_{0,i+\frac{1}{2},j} + [Q_x(a_1, a_2, U)]_{i+\frac{1}{2},j} \right) U^x_{i+\frac{1}{2},j} V^x_{i+\frac{1}{2},j}$$

$$+ \sum_{ij} h_i \tau_{j+\frac{1}{2}} \left(a_{0,i,j+\frac{1}{2}} + [Q_y(a_1, a_2, U)]_{i,j+\frac{1}{2}} \right) U^y_{i,j+\frac{1}{2}} V^y_{i,j+\frac{1}{2}},$$

$$B(U, q) = \sum_{ij} h_i \tau_j \left([D_x U^x]_{i,j} + [D_y U^y]_{i,j} \right) q_{i,j}.$$

直接计算可知由 (6.4.18)~(6.2.22) 组成的格式等价于如下形式. 对任给的 $\{V^x_{i+\frac{1}{2},j}\}$, $\{V^y_{i,j+\frac{1}{2}}\}$ 和 $\{q_{i,j}\}$, 求 $\{U^x_{i+\frac{1}{2},j}\}$, $\{U^y_{i,j+\frac{1}{2}}\}$ 和 $\{P_{i,j}\}$ 满足:

$$\begin{cases} A(U, V) + B(V, P) = 0, \\ B(U, q) = \sum_{ij} h_i \tau_j f_{i,j} q_{i,j}. \end{cases} \tag{6.4.23}$$

类似强非线性椭圆问题混合元算法, 用不动点定理可以证明当剖分步长充分小时, 上述问题的解存在唯一, 参见文献 [24] 第二节.

6.4.3　误差估计

下面我们证明如果解析解足够光滑, 格式解 (U^x, U^y, P) 是 (u^x, u^y, p) 的二阶逼近.

为了这个目的, 先给出一些引理.

由方程 (6.4.5) 可以得到速度 $u = (u^x, u^y)$ 与压力梯度 $\nabla p = \left(\dfrac{\partial p}{\partial x}, \dfrac{\partial p}{\partial y}\right)$ 之间的关系:

$$\left(a_0 + \frac{a_2|u|}{1 + a_1|u|}\right) u = -\nabla p. \tag{6.4.24}$$

下面的引理给出了 u, p 的一组插值, 其构造可参看文献 [25] 附录中的插值构造.

引理 6.4.1　如果 u 和 p 足够光滑且满足 (6.4.1), 则存在 $\{\tilde{P}_{i,j}\}$, $\{\tilde{U}^x_{i+\frac{1}{2},j}\}$ 和 $\{\tilde{U}^y_{i,j+\frac{1}{2}}\}$ 满足

$$\begin{cases} \left(a_0 + \dfrac{a_2|u|}{1 + a_1|u|}\right)_{i+\frac{1}{2},j} \tilde{U}^x_{i+\frac{1}{2},j} = -[d_x \tilde{P}]_{i+\frac{1}{2},j}, \\ \left(a_0 + \dfrac{a_2|u|}{1 + a_1|u|}\right)_{i,j+\frac{1}{2}} \tilde{U}^y_{i,j+\frac{1}{2}} = -[d_y \tilde{P}]_{i,j+\frac{1}{2}}, \end{cases} \tag{6.4.25}$$

并且有如下的逼近:

$$\begin{cases} |p_{i,j} - \tilde{P}_{i,j}| = O(h^2 + \tau^2), \\ |u^x_{i+\frac{1}{2},j} - \tilde{U}^x_{i+\frac{1}{2},j}| = O(h^2 + \tau^2), \\ |u^y_{i,j+\frac{1}{2}} - \tilde{U}^y_{i,j+\frac{1}{2}}| = O(h^2 + \tau^2). \end{cases} \tag{6.4.26}$$

进一步可以构造 u, p 的另一组插值, 在误差估计时用到.

引理 6.4.2　如果 p 和 u 足够光滑且满足 (6.4.26), 则存在 $\{\tilde{\tilde{P}}_{i,j}\}$, $\{\tilde{\tilde{U}}^x_{i+\frac{1}{2},j}\}$ 和 $\{\tilde{\tilde{U}}^y_{i,j+\frac{1}{2}}\}$ 满足:

$$\begin{cases} (a_0 + Q_x(a_1, a_2, u))_{i+\frac{1}{2},j} \tilde{\tilde{U}}^x_{i+\frac{1}{2},j} = -[d_x \tilde{\tilde{P}}]_{i+\frac{1}{2},j}, \\ (a_0 + Q_x(a_1, a_2, u))_{i,j+\frac{1}{2}} \tilde{\tilde{U}}^y_{i,j+\frac{1}{2}} = -[d_y \tilde{\tilde{P}}]_{i,j+\frac{1}{2}}, \end{cases} \tag{6.4.27}$$

并且有如下的逼近:

$$\begin{cases} |p_{i,j} - \tilde{\tilde{P}}_{i,j}| = O(h^2 + \tau^2), \\ |u^x_{i+\frac{1}{2},j} - \tilde{\tilde{U}}^x_{i+\frac{1}{2},j}| = O(h^2 + \tau^2), \\ |u^y_{i,j+\frac{1}{2}} - \tilde{\tilde{U}}^y_{i,j+\frac{1}{2}}| = O(h^2 + \tau^2). \end{cases} \tag{6.4.28}$$

证明 由方程 (6.4.25) 得到

$$
\begin{cases}
(a_0 + Q_x(a_1, a_2, u))_{i+\frac{1}{2},j}\, \tilde{U}^x_{i+\frac{1}{2},j} \\
\quad = -[d_x\tilde{P}]_{i+\frac{1}{2},j} + \left(Q_x(a_1,a_2,u) - \dfrac{a_2|u|}{1+a_1|u|}\right)_{i+\frac{1}{2},j} u^x_{i+\frac{1}{2},j} + O(h^2+\tau^2), \\
(a_0 + Q_y(a_1, a_2, u))_{i,j+\frac{1}{2}}\, \tilde{U}^y_{i,j+\frac{1}{2}} \\
\quad = -[d_y\tilde{P}]_{i,j+\frac{1}{2}} + \left(Q_y(a_1,a_2,u) - \dfrac{a_2|u|}{1+a_1|u|}\right)_{i,j+\frac{1}{2}} u^y_{i,j+\frac{1}{2}} + O(h^2+\tau^2).
\end{cases}
\tag{6.4.29}
$$

首先估计 $\left(Q_x(a_1,a_2,u) - \dfrac{a_2|u|}{1+a_1|u|}\right)$. 当 $a_l \in C^2(\Omega), l=1,2$ 时, 有

$$
a_{l,i+\frac{1}{4},j+\frac{1}{4}} = a_{l,i+\frac{1}{2},j} - \frac{\partial a_{l,i+\frac{1}{2},j}}{\partial x}\cdot\frac{h_i}{4} + \frac{\partial a_{l,i+\frac{1}{2},j}}{\partial y}\cdot\frac{\tau_j}{4} + O(h_i^2+\tau_j^2).
\tag{6.4.30}
$$

类似于文献 [26] 中的引理 6.4.2 的证明, 有

$$
\begin{aligned}
&|(u^x_{i+\frac{1}{2},j}, u^y_{i,j+\frac{1}{2}})| \\
&= |u_{i+\frac{1}{2},j}| - \left(\frac{u^y}{|u|}\frac{\partial u^y}{\partial x}\right)_{i+\frac{1}{2},j}\frac{h_i}{2} + \left(\frac{u^y}{|u|}\frac{\partial u^y}{\partial y}\right)_{i+\frac{1}{2},j}\frac{\tau_j}{2} + O(h^2+\tau^2),
\end{aligned}
\tag{6.4.31}
$$

注意到 Q_1 的定义, 通过一些简单的计算可以得出

$$
\begin{aligned}
Q_1 =& \frac{a_2|u_{i+\frac{1}{2},j}|}{1+a_1|u_{i,j+\frac{1}{2}}|} + \left(\frac{a_2|u|^2}{(1+a_1|u|)^2}\cdot\frac{\partial a_1}{\partial x} - \frac{|u|}{1+a_1|u|}\cdot\frac{\partial a_2}{\partial x}\right)_{i+\frac{1}{2},j}\frac{h_i}{4} \\
&- \left(\frac{a_2|u|^2}{(1+a_1|u|)^2}\cdot\frac{\partial a_1}{\partial y} - \frac{|u|}{1+a_1|u|}\cdot\frac{\partial a_2}{\partial y}\right)_{i+\frac{1}{2},j}\frac{\tau_j}{4} \\
&+ \left(\left(\frac{a_1a_2|u|}{(1+a_1|u|)^2} - \frac{a_2}{1+a_1|u|}\right)\frac{u^y}{|u|}\cdot\frac{\partial u^y}{\partial x}\right)_{i+\frac{1}{2},j}\frac{h_i}{2} \\
&- \left(\left(\frac{a_1a_2|u|}{(1+a_1|u|)^2} - \frac{a_2}{1+a_1|u|}\right)\frac{u^y}{|u|}\cdot\frac{\partial u^y}{\partial y}\right)_{i+\frac{1}{2},j}\frac{\tau_j}{2} + O(h^2+\tau^2),
\end{aligned}
\tag{6.4.32}
$$

对 Q_2 进行类似的处理, 由 $x_{i+\frac{1}{2}} - x_i = \dfrac{h_i}{2}$, 得到 Q_1 和 Q_2 的平均值:

$$
\begin{aligned}
\frac{1}{2}(Q_1+Q_2) =& \frac{a_2|u_{i+\frac{1}{2},j}|}{1+a_1|u_{i+\frac{1}{2},j}|} - \left(\frac{|u|}{1+a_1|u|}\cdot\frac{\partial a_2}{\partial x} - \frac{a_2|u|^2}{(1+a_1|u|)^2}\cdot\frac{\partial a_1}{\partial x}\right)_{i,j}\frac{h_i}{4} \\
&- \left(\left(\frac{a_2}{1+a_1|u|} - \frac{a_1a_2|u|}{(1+a_1|u|)^2}\right)\frac{u^y}{|u|}\cdot\frac{\partial u^y}{\partial x}\right)_{i,j}\frac{h_i}{2} + O(h^2+\tau^2) \\
=& \frac{a_2|u_{i+\frac{1}{2},j}|}{1+a_1|u_{i+\frac{1}{2},j}|} - \left(\frac{|u|}{1+a_1|u|}\cdot\frac{\partial a_2}{\partial x} - \frac{a_2|u|^2}{(1+a_1|u|)^2}\cdot\frac{\partial a_1}{\partial x}\right)_{i,j}\frac{h_i}{4}
\end{aligned}
$$

$$- \left(\frac{a_2}{(1+a_1|u|)^2} \cdot \frac{u^y}{|u|} \cdot \frac{\partial u^y}{\partial x} \right)_{i,j} \frac{h_i}{2} + O(h^2 + \tau^2), \tag{6.4.33}$$

同样地, 得到

$$\frac{1}{2}(Q_3 + Q_4) = \frac{a_2 |u_{i+\frac{1}{2},j}|}{1+a_1|u_{i+\frac{1}{2},j}|} + \left(\frac{|u|}{1+a_1|u|} \cdot \frac{\partial a_2}{\partial x} - \frac{a_2|u|^2}{(1+a_1|u|)^2} \cdot \frac{\partial a_1}{\partial x} \right)_{i+1,j} \frac{h_{i+1}}{4}$$

$$+ \left(\frac{a_2}{(1+a_1|u|)^2} \cdot \frac{u^y}{|u|} \cdot \frac{\partial u^y}{\partial x} \right)_{i+1,j} \frac{h_{i+1}}{2} + O(h^2 + \tau^2), \tag{6.4.34}$$

因为 $u_{i+\frac{1}{2},j}^x - u_{i,j}^x = O(h), u_{i+\frac{1}{2},j}^x - u_{i+1,j}^x = O(h)$, 得到下面的估计:

$$\left(Q_x(a_1, a_2, u) - \frac{a_2|u|}{1+a_1|u|} \right)_{i+\frac{1}{2},j} u_{i+\frac{1}{2},j}^x$$

$$= \left(\frac{1}{4h_{i+\frac{1}{2}}} (h_i[Q_1 + Q_2] + h_{i+1}[Q_3 + Q_4]) - \frac{a_2|u|}{1+a_1|u|} \right)_{i+\frac{1}{2},j} u_{i,j+\frac{1}{2}}^x$$

$$= \frac{1}{h_{i+\frac{1}{2}}} \left\{ \left(\frac{|u|u^x}{1+a_1|u|} \cdot \frac{\partial a_2}{\partial x} - \frac{a_2|u|^2 u^x}{(1+a_1|u|)^2} \cdot \frac{\partial a_1}{\partial x} \right)_{i+1,j} \frac{h_{i+1}^2}{8} \right.$$

$$+ \left(\frac{a_2}{(1+a_1|u|)^2} \cdot \frac{u^x u^y}{|u|} \cdot \frac{\partial u^y}{\partial x} \right)_{i+1,j} \frac{h_{i+1}^2}{4}$$

$$- \left(\frac{|u|u^x}{1+a_1|u|} \cdot \frac{\partial a_2}{\partial x} - \frac{a_2|u|^2 u^x}{(1+a_1|u|)^2} \cdot \frac{\partial a_1}{\partial x} \right)_{i,j} \frac{h_i^2}{8}$$

$$\left. - \left(\frac{a_2}{(1+a_1|u|)^2} \cdot \frac{u^x u^y}{|u|} \cdot \frac{\partial u^y}{\partial x} \right)_{i,j} \frac{h_i^2}{4} \right\} + O(h^2 + \tau^2). \tag{6.4.35}$$

类似地,

$$\left(Q_y(a_1, a_2, u) - \frac{a_2|u|}{1+a_1|u|} \right)_{i,j+\frac{1}{2}} u_{i,j+\frac{1}{2}}^y$$

$$= \frac{1}{\tau_{j+\frac{1}{2}}} \left\{ \left(\frac{|u|u^x}{1+a_1|u|} \cdot \frac{\partial a_2}{\partial y} - \frac{a_2|u|^2 u^x}{(1+a_1|u|)^2} \cdot \frac{\partial a_1}{\partial y} \right)_{i,j+1} \frac{\tau_{j+1}^2}{8} \right.$$

$$+ \left(\frac{a_2}{(1+a_1|u|)^2} \cdot \frac{u^x u^y}{|u|} \cdot \frac{\partial u^y}{\partial y} \right)_{i,j+1} \frac{\tau_{j+1}^2}{4}$$

$$- \left(\frac{|u|u^x}{1+a_1|u|} \cdot \frac{\partial a_2}{\partial y} - \frac{a_2|u|^2 u^x}{(1+a_1|u|)^2} \cdot \frac{\partial a_1}{\partial y} \right)_{i,j} \frac{\tau_j^2}{8}$$

$$\left. - \left(\frac{a_2}{(1+a_1|u|)^2} \cdot \frac{u^x u^y}{|u|} \cdot \frac{\partial u^y}{\partial y} \right)_{i,j} \frac{\tau_j^2}{4} \right\} + O(h^2 + \tau^2). \tag{6.4.36}$$

定义:

$$\tilde{\tilde{P}}_{i,j} = \tilde{P}_{i,j} - \left(\frac{|u|u^x}{1+a_1|u|} \cdot \frac{\partial a_2}{\partial x} - \frac{a_2|u|^2 u^x}{(1+a_1|u|)^2} \cdot \frac{\partial a_1}{\partial x} \right)_{i,j} \frac{h_i^2}{8}$$

$$- \left(\frac{a_2}{(1+a_1|u|)^2} \cdot \frac{u^x u^y}{|u|} \cdot \frac{\partial u^y}{\partial x} \right)_{i,j} \frac{h_i^2}{4}$$

$$- \left(\frac{|u|u^x}{1+a_1|u|} \cdot \frac{\partial a_2}{\partial y} - \frac{a_2|u|^2 u^x}{(1+a_1|u|)^2} \cdot \frac{\partial a_1}{\partial y} \right)_{i,j} \frac{\tau_j^2}{8}$$

$$- \left(\frac{a_2}{(1+a_1|u|)^2} \cdot \frac{u^x u^y}{|u|} \cdot \frac{\partial u^y}{\partial y} \right)_{i,j} \frac{\tau_j^2}{4}, \tag{6.4.37}$$

由 (6.4.26), 得到

$$\tilde{\tilde{P}}_{i,j} - p_{i,j} = O(h^2 + \tau^2).$$

由 (6.4.29)、(6.4.35) 和 (6.4.6) 有下列形式:

$$\begin{cases} \left(a_0 + \dfrac{a_2[Q_x u]}{1+a_1[Q_x u]} \right)_{i+\frac{1}{2},j} [\tilde{U}_{i+\frac{1}{2},j}^x + O(h^2 + \tau^2)] = -[d_x \tilde{\tilde{P}}]_{i+\frac{1}{2},j}, \\ \left(a_0 + \dfrac{a_2[Q_x u]}{1+a_1[Q_x u]} \right)_{i,j+\frac{1}{2}} [\tilde{U}_{i,j+\frac{1}{2}}^y + O(h^2 + \tau^2)] = -[d_y \tilde{\tilde{P}}]_{i,j+\frac{1}{2}}. \end{cases} \tag{6.4.38}$$

分别定义 $[\tilde{U}_{i+\frac{1}{2},j}^x + O(h^2 + \tau^2)]$, $[\tilde{U}_{i,j+\frac{1}{2}}^y + O(h^2 + \tau^2)]$ 为 $\tilde{\tilde{U}}_{i+\frac{1}{2},j}^x$, $\tilde{\tilde{U}}_{i,j+\frac{1}{2}}^y$, 得到 (6.4.27) 和误差估计 (6.4.28). 这里为计算简单, 没有给出 $O(h^2 + \tau^2)$ 的精确的表达式.

对于离散函数, 定义内积形式为

$$\hat{a}(\Pi_2 U, \Pi_2 V) \equiv \sum_{ij} \int_{\Omega_{i+\frac{1}{2},j}} a_{0,i+\frac{1}{2},j} \Pi_x U^x \Pi_x V^x \mathrm{d}x\mathrm{d}y$$

$$+ \sum_{ij} \int_{\Omega_{i,j+\frac{1}{2}}} a_{0,i,j+\frac{1}{2}} \Pi_y U^y \Pi_y V^y \mathrm{d}x\mathrm{d}y.$$

$$= (a_0 \Pi_x U^x, \Pi_x V^x)_x + (a_0 \Pi_y U^y, \Pi_y V^y)_y. \tag{6.4.39}$$

$$\hat{b}(\Pi_2 W; \Pi_2 U, \Pi_2 V) \equiv \sum_{ij} \int_{\Omega_{i+\frac{1}{2},j}} [Q_x(a_1, a_2, W)]_{i+\frac{1}{2},j} \Pi_x U^x \Pi_x V^x \mathrm{d}x\mathrm{d}y$$

$$+ \sum_{ij} \int_{\Omega_{i,j+\frac{1}{2}}} [Q_y(a_1, a_2, W)]_{i,j+\frac{1}{2}} \Pi_y U^y \Pi_y V^y \mathrm{d}x\mathrm{d}y. \tag{6.4.40}$$

引理 6.4.3 令 $V = (V^x, V^y)$, $W = (W^x, W^y)$, $h \in R^d$, $g(V) = \dfrac{a_2|V|}{1+a_1|V|} V$ 是向量值函数, 即 $g: R^d \to R^d$.

(1) 存在与 V, h 和 τ 皆无关的正常数 C_1 以及一个非负常数 C_2 满足

$$\min\{C_1(|x|+|x+h|), C_2\}|h|^2 \leqslant (g(x+h)-g(x), h). \tag{6.4.41}$$

(2) 假设 $D \subset \Omega$ 是 Ω 的一个子区域, 有

$$\int_D \left(\frac{a_2|V|}{1+a_1|V|}V - \frac{a_2|W|}{1+a_1|W|}W, V-W\right)\mathrm{d}x$$

$$\geqslant \int_D \min\{C_1(|V|+|W|), C_2\}|V-W|^2\mathrm{d}x. \tag{6.4.42}$$

(3) 假设 a_2 在 Ω 上 Lipschitz 连续, 当剖分步长 h 和 τ 足够小时下式成立:

$$\hat{b}(\Pi_2 V; \Pi_2 V, \Pi_2(V-W)) - \hat{b}(\Pi_2 W; \Pi_2 W, \Pi_2(V-W))$$

$$\geqslant (\min\{C_1(|\Pi_2 V|+|\Pi_2 W|), C_2\}\Pi_2(V-W), \Pi_2(V-W)). \tag{6.4.43}$$

证明　(1) 先证 (6.4.41). 根据定义

$$(g(V+h)-g(V), h)$$
$$=\frac{a_2(|V+h|(V+h)-|V|V, h)}{(1+a_1|V+h|)(1+a_1|V|)} + \frac{a_1a_2|V||V+h|}{(1+a_1|V+h|)(1+a_1|V|)}|h|^2. \tag{6.4.44}$$

从文献 [26] 的结果, 我们知道存在一个与 h 和 τ 无关的正常数 C_{11} 满足

$$C_{11}(|V|+|V+h|)|h|^2 \leqslant (|V+h|(V+h)-|V|V, h). \tag{6.4.45}$$

因此,

$$(g(V+h)-g(V), h) \geqslant \frac{a_2C_{11}(|V+h|+|V|)+a_1a_2|V||V+h|}{(1+a_1|V+h|)(1+a_1|V|)}|h|^2. \tag{6.4.46}$$

为了证明引理, 要证明下面的函数有下界:

$$f(\xi, \eta) = \frac{a_2C_{11}(\xi+\eta)+a_1a_2\xi\eta}{(1+a_1\xi)(1+a_1\eta)}, \quad (\xi, \eta) \in D, \tag{6.4.47}$$

其中 $D = \{(\xi, \eta): \xi \geqslant 0, \eta \geqslant 0\}$. 为了这个目的, 将区域 D 分成 3 部分:

$$D_1 = \{(\xi, \eta): \xi \geqslant 1, \eta \geqslant 1\},$$
$$D_2 = \{(\xi, \eta): 0 \leqslant \xi \leqslant 1, 0 \leqslant \eta \leqslant 1\},$$
$$D_3 = \{(\xi, \eta): 0 \leqslant \xi \leqslant 1, \eta \geqslant 1\} \cup \{(\xi, \eta): \xi \geqslant 1, 0 \leqslant \eta \leqslant 1\}.$$

当 $(\xi, \eta) \in D_1, \xi \geqslant 1, \eta \geqslant 1$ 时, 有

$$f(\xi, \eta) \geqslant \frac{a_1a_2\xi\eta}{(1+a_1)\xi(1+a_1)\eta} = \frac{a_1a_2}{(1+a_1)^2}, \quad (\xi, \eta) \in D_1. \tag{6.4.48}$$

当 $(\xi, \eta) \in D_2, 0 \leqslant \xi \leqslant 1, 0 \leqslant \eta \leqslant 1$ 时, 有

$$f(\xi, \eta) \geqslant \frac{a_2 C_{11}(\xi + \eta)}{(1 + a_1)(1 + a_1)}, \quad (\xi, \eta) \in D_2. \tag{6.4.49}$$

当 $0 \leqslant \xi \leqslant 1, \eta \geqslant 1$ 时, 有

$$f(\xi, \eta) = \frac{a_2 C_{11}(\xi + \eta) + a_1 a_2 \xi \eta}{(1 + a_1 \xi)(1 + a_1 \eta)} \geqslant \frac{a_2 C_{11} \eta}{(1 + a_1)(1 + a_1)\eta} = \frac{a_2 C_{11}}{(1 + a_1)^2}.$$

类似地处理 $\xi \geqslant 1, 0 \leqslant \eta \leqslant 1$ 的情形. 最后有

$$f(\xi, \eta) = \frac{a_2 C_{11}(\xi + \eta) + a_1 a_2 \xi \eta}{(1 + a_1 \xi)(1 + a_1 \eta)} \geqslant \frac{a_2 C_{11}}{(1 + a_1)^2}, \quad (\xi, \eta) \in D_3. \tag{6.4.50}$$

令

$$C_1 = \frac{a_2 C_{11}}{(1 + a_1)^2}, \quad C_2 = \min \left\{ \frac{a_1 a_2}{(1 + a_1)^2}, \frac{a_2 C_{11}}{(1 + a_1)^2} \right\},$$

联立 (6.4.48)~(6.4.50) 得到

$$f(\xi, \eta) \geqslant \min\{C_1(\xi + \eta), C_2\}, \quad \xi \geqslant 0, \quad \eta \geqslant 0. \tag{6.4.51}$$

注意到 (6.4.4), 联立 (6.4.51) 和 (6.4.46) 即可完成 (6.4.41) 的证明.

(2) 利用 (6.4.41) 可直接得到 (6.4.42).

(3) 下面证明 (6.4.43). 因为 $\Omega_{i+\frac{1}{2},j} = \Omega_{i,j}^{R,T} \cup \Omega_{i,j}^{R,B} \cup \Omega_{i+1,j}^{L,T} \cup \Omega_{i+1,j}^{L,B}$ 和 $\Omega_{i,j+\frac{1}{2}} = \Omega_{i,j}^{L,T} \cup \Omega_{i,j}^{R,T} \cup \Omega_{i,j+1}^{L,B} \cup \Omega_{i,j+1}^{R,B}$, 由 $\hat{b}$ 的定义, 有

$$
\begin{aligned}
&\hat{b}(\Pi_2 V; \Pi_2 V, \Pi_2 W) \\
&= \sum_{ij} \int_{\Omega_{i,j}^{R,T}} \left(\frac{a_{2,i+1/4,j+1/4}|\Pi_2 V|}{1 + a_{1,i+1/4,j+1/4}|\Pi_2 V|} \Pi_2 V, \Pi_2 W \right) \mathrm{d}x \mathrm{d}y \\
&\quad + \sum_{ij} \int_{\Omega_{i,j}^{R,B}} \left(\frac{a_{2,i+1/4,j-1/4}|\Pi_2 V|}{1 + a_{1,i+1/4,j-1/4}|\Pi_2 V|} \Pi_2 V, \Pi_2 W \right) \mathrm{d}x \mathrm{d}y \\
&\quad + \sum_{ij} \int_{\Omega_{i,j}^{L,T}} \left(\frac{a_{2,i-1/4,j+1/4}|\Pi_2 V|}{1 + a_{1,i-1/4,j+1/4}|\Pi_2 V|} \Pi_2 V, \Pi_2 W \right) \mathrm{d}x \mathrm{d}y \\
&\quad + \sum_{ij} \int_{\Omega_{i,j}^{L,B}} \left(\frac{a_{2,i-1/4,j-1/4}|\Pi_2 V|}{1 + a_{1,i-1/4,j-1/4}|\Pi_2 V|} \Pi_2 V, \Pi_2 W \right) \mathrm{d}x \mathrm{d}y. \tag{6.4.52}
\end{aligned}
$$

那么有

$$\hat{b}(\Pi_2 V; \Pi_2 V, \Pi_2(V - W)) - \hat{b}(\Pi_2 W; \Pi_2 W, \Pi_2(V - W)) = \sum_{l=1}^{4} I_l, \tag{6.4.53}$$

其中 $I_l, l = 1, 2, 3, 4$, 从 (6.4.29) 相应的项中得到. 例如, I_1 是由 $\hat{b}(\Pi_2 V; \Pi_2 V, \Pi_2(V - W))$ 的第一项减去 $\hat{b}(\Pi_2 W; \Pi_2 W, \Pi_2(V - W))$ 的第一项,

$$I_1 = \sum_{ij} \int_{\Omega_{i,j}^{R,T}} \left\{ \left(\frac{a_{2,i+1/4,j+1/4}|\Pi_2 V|}{1 + a_{1,i+1/4,j+1/4}|\Pi_2 V|} \Pi_2 V, \Pi_2(V - W) \right) \right.$$
$$\left. - \left(\frac{a_{2,i+1/4,j+1/4}|\Pi_2 W|}{1 + a_{1,i+1/4,j+1/4}|\Pi_2 W|} \Pi_2 W, \Pi_2(V - W) \right) \right\} \mathrm{d}x\mathrm{d}y.$$

利用 (6.4.41), 有

$$I_1 \geqslant \sum_{ij} \int_{\Omega_{i,j}^{R,T}} \min\{C_1(|\Pi_2 V| + |\Pi_2 W|), C_2\}|\Pi_2 V - \Pi_2 W|^2 \mathrm{d}x\mathrm{d}y. \tag{6.4.54}$$

类似地, 我们可估计出 $I_l, l = 2, 3, 4$. 把 $I_l, l = 1, 2, 3, 4$ 加起来, 即得到此证明.

注 2　在 (6.4.16) 和 (6.4.17) 中的 Q_x 和 Q_y 的定义, 保证 (6.4.43) 成立. 这个性质对于误差估计很重要.

引理 6.4.4　如果 p 和 u 足够光滑且满足 (6.4.43), 那么存在 $\hat{P}_{i,j}$, $\hat{U}_{i+\frac{1}{2},j}^x$ 和 $\hat{U}_{i,j+\frac{1}{2}}^y$ 满足:

$$\begin{cases} (a_0 + Q_x(a_1, a_2, \hat{U}))_{i+\frac{1}{2},j} \hat{U}_{i+\frac{1}{2},j}^x = -[d_x \hat{P}]_{i+\frac{1}{2},j}, \\ (a_0 + Q_y(a_1, a_2, \hat{U}))_{i,j+\frac{1}{2}} \hat{U}_{i,j+\frac{1}{2}}^y = -[d_y \hat{P}]_{i,j+\frac{1}{2}}, \end{cases} \tag{6.4.55}$$

并且有如下的逼近:

$$\begin{cases} |p_{i,j} - \hat{P}_{i,j}| = O(h^2 + \tau^2), \\ \left\| \Pi_2(u - \hat{U}) \right\| = O(h^2 + \tau^2). \end{cases} \tag{6.4.56}$$

证明　令 $\hat{P}_{i,j} = \tilde{\tilde{P}}_{i,j}$, 定义 $\hat{U}_{i+\frac{1}{2},j}^x$ 和 $\hat{U}_{i,j+\frac{1}{2}}^y$ 如下:

$$\begin{cases} (a_0 + Q_x(a_1, a_2, \hat{U}))_{i+\frac{1}{2},j} \hat{U}_{i+\frac{1}{2},j}^x = (a_0 + Q_x(a_1, a_2, u))_{i+\frac{1}{2},j} \tilde{\tilde{U}}_{i+\frac{1}{2},j}^x, \\ (a_0 + Q_y(a_1, a_2, \hat{U}))_{i,j+\frac{1}{2}} \hat{U}_{i,j+\frac{1}{2}}^y = (a_0 + Q_y(a_1, a_2, u))_{i,j+\frac{1}{2}} \tilde{\tilde{U}}_{i,j+\frac{1}{2}}^y. \end{cases} \tag{6.4.57}$$

从引理 6.4.2 我们知道 (6.4.55) 和 (6.4.56) 的第一式成立.

由 Q_x, Π_2 和 $\hat{U}_{i+\frac{1}{2},j}^x$ 的定义, 对于任一离散函数 $\{V_{i+\frac{1}{2},j}^x\}$, 有

$$\int_{\Omega_{i+\frac{1}{2},j}} \left(a_0 + \frac{a_2|\Pi_2 \hat{U}|}{1 + a_1|\Pi_2 \hat{U}|} \right)_{i+\frac{1}{2},j} \Pi_x \hat{U}^x \Pi_x V^x \mathrm{d}x\mathrm{d}y$$
$$= \int_{\Omega_{i+\frac{1}{2},j}} \left(a_0 + \frac{a_2|\Pi_2 u|}{1 + a_1|\Pi_2 u|} \right)_{i+\frac{1}{2},j} \Pi_x \tilde{\tilde{U}}^x \Pi_x V^x \mathrm{d}x\mathrm{d}y. \tag{6.4.58}$$

类似地, 对于任一离散函数 $\{V^y_{i,j+\frac{1}{2}}\}$, 有

$$\int_{\Omega_{i,j+\frac{1}{2}}} \left(a_0 + \frac{a_2|\Pi_2\hat{U}|}{1+a_1|\Pi_2\hat{U}|}\right)_{i,j+\frac{1}{2}} \Pi_y\hat{U}^y\,\Pi_y V^y \mathrm{d}x\mathrm{d}y$$
$$= \int_{\Omega_{i,j+\frac{1}{2}}} \left(a_0 + \frac{a_2|\Pi_2 u|}{1+a_1|\Pi_2 u|}\right)_{i,j+\frac{1}{2}} \Pi_y\tilde{\tilde{U}}^y\,\Pi_y V^y \mathrm{d}x\mathrm{d}y. \tag{6.4.59}$$

对于所有的 $\Omega_{i+\frac{1}{2},j}$ 和 $\Omega_{i,j+\frac{1}{2}}$, 将方程 (6.4.58) 和 (6.4.59) 加起来, 有

$$\hat{a}(\Pi_2\hat{U},\Pi_2 V) + \hat{b}(\Pi_2\hat{U};\Pi_2\hat{U},\Pi_2 V) = \hat{a}(\Pi_2\tilde{\tilde{U}},\Pi_2 V) + \hat{b}(\Pi_2 u;\Pi_2\tilde{\tilde{U}},\Pi_2 V). \tag{6.4.60}$$

将 $\hat{a}(\Pi_2\tilde{\tilde{U}},\Pi_2 V)$ 移到左边, 并且 (6.4.60) 两边同时减去 $\hat{b}(\Pi_2\tilde{\tilde{U}};\Pi_2\tilde{\tilde{U}},\Pi_2 V)$, 得到

$$\hat{a}(\Pi_2(\hat{U}-\tilde{\tilde{U}}),\Pi_2 V) + \hat{b}(\Pi_2\hat{U};\Pi_2\hat{U},\Pi_2 V) - \hat{b}(\Pi_2\tilde{\tilde{U}};\Pi_2\tilde{\tilde{U}},\Pi_2 V)$$
$$= \hat{b}(\Pi_2 u;\Pi_2\tilde{\tilde{U}},\Pi_2 V) - \hat{b}(\Pi_2\tilde{\tilde{U}};\Pi_2\tilde{\tilde{U}},\Pi_2 V).$$

令 $\Pi_2 V = \Pi_2(\hat{U}-\tilde{\tilde{U}}) = (\Pi_x(\hat{U}^x-\tilde{\tilde{U}}^x), \Pi_y(\hat{U}^y-\tilde{\tilde{U}}^y))$, 利用 (6.4.19), 有

$$\bar{a}\|\Pi_2 V\|^2 = \bar{a}\|\Pi_2(\hat{U}-\tilde{\tilde{U}})\|^2$$
$$\leqslant \hat{a}(\Pi_2 V,\Pi_2 V) + \hat{b}(\Pi_2\hat{U};\Pi_2\hat{U},\Pi_2 V) - \hat{b}(\Pi_2\tilde{\tilde{U}};\Pi_2\tilde{\tilde{U}},\Pi_2 V)$$
$$= \hat{b}(\Pi_2 u;\Pi_2\tilde{\tilde{U}},\Pi_2 V) - \hat{b}(\Pi_2\tilde{\tilde{U}};\Pi_2\tilde{\tilde{U}},\Pi_2 V)$$
$$\leqslant C(h^2+\tau^2)\left\|\Pi_2(\hat{U}-\tilde{\tilde{U}})\right\|. \tag{6.4.61}$$

因此,

$$\|\Pi_2(\hat{U}-\tilde{\tilde{U}})\| \leqslant C(h^2+\tau^2). \tag{6.4.62}$$

联立 $u-\tilde{\tilde{U}}$ 的误差逼近结果, 即可完成引理证明.

注 3 有了 $\hat{U}-u$, $\hat{P}-p$ 的估计, 就可以将估计 $U-u$, $P-p$ 转化为估计 $U-\hat{U}$, $P-\hat{P}$, 再结合后面定义的 U^{1D} 又可以将估计 $U-\hat{U}$ 转化为估计 $U^{1D}-\hat{U}$.

现在, 我们给出误差估计.

定理 6.4.1 设原问题 (6.4.1)~(6.4.2) 的解 u, p 足够光滑, U^x, U^y, P 是差分格式 (6.4.18)~(6.4.22) 的解. 当 h 和 τ 充分小时, 存在一个与 h 和 τ 无关的正常数 C 使得

$$\|u^x-U^x\|_x + \|u^y-U^y\|_y + \|p-P\|_M \leqslant C(h^2+\tau^2). \tag{6.4.63}$$

证明 (1) 先证明 (6.4.63) 中关于 U^x, U^y 的估计.

定义 $U_{i+\frac{1}{2},j}^{1Dx}$, $P_{i,j}^{1Dx}$, $U_{i,j+\frac{1}{2}}^{1Dy}$ 和 $P_{i,j}^{1Dy}$ 分别为 $u_{i+\frac{1}{2},j}^{x}$, $p_{i,j}$, $u_{i,j+\frac{1}{2}}^{y}$ 和 $p_{i,j}$ 的一维有限差分逼近, 满足

$$
\begin{cases}
(a_0 + Q_x(a_1,a_2,U^{1D}))_{i+\frac{1}{2},j} U_{i+\frac{1}{2},j}^{1Dx} = -[d_x P^{1Dx}]_{i+\frac{1}{2},j}, \\
[D_x U^{1Dx}]_{i,j} = \dfrac{1}{|\Omega_{i,j}|} \displaystyle\int_{\Omega_{i,j}} \left(f - \dfrac{\partial u^y}{\partial y} \right) \mathrm{d}x\mathrm{d}y, \quad U_{\frac{1}{2},j}^{1Dx} = 0.
\end{cases}
\tag{6.4.64}
$$

$$
\begin{cases}
(a_0 + Q_y(a_1,a_2,U^{1D}))_{i,j+\frac{1}{2}} U_{i,j+\frac{1}{2}}^{1Dy} = -[d_y P^{1Dy}]_{i,j+\frac{1}{2}}, \\
[D_y U^{1Dy}]_{i,j} = \dfrac{1}{|\Omega_{i,j}|} \displaystyle\int_{\Omega_{i,j}} \left(f - \dfrac{\partial u^x}{\partial x} \right) \mathrm{d}x\mathrm{d}y, \quad U_{i,\frac{1}{2}}^{1Dy} = 0.
\end{cases}
\tag{6.4.65}
$$

由于

$$
\int_0^1 \left(f - \frac{\partial u^y}{\partial y} \right) \mathrm{d}x = \int_0^1 \frac{\partial u^x}{\partial x} \mathrm{d}x = u^x(1,y) - u^x(0,y) = 0,
$$

得到

$$
\sum_i h_i \frac{1}{|\Omega_{i,j}|} \int_{\Omega_{i,j}} \left(f - \frac{\partial u^y}{\partial y} \right) \mathrm{d}x\mathrm{d}y = \frac{1}{\tau_j} \int_{y_{j-\frac{1}{2}}}^{y_{j+\frac{1}{2}}} \int_0^1 \left(f - \frac{\partial u^y}{\partial y} \right) \mathrm{d}x\mathrm{d}y = 0. \tag{6.4.66}
$$

从方程组 (6.4.64) 我们知道 U^{1Dx} 是有定义的. 类似地, 可以证明 U^{1Dy} 也是有定义的. 因此, 包含 P^{1Dx} 和 P^{1Dy} 的方程变成线性的, 于是, P^{1Dx} 和 P^{1Dy} 也是有定义的.

类似文献 [25, 26] 中一维问题的误差估计技巧, 对于 $u^x - U^{1Dx}$ 的估计只用到 (6.4.64) 的第二个方程, 对于 $u^y - U^{1Dy}$ 的估计只用到 (6.4.66) 的第二个方程, 可以得到

$$
\left\| u^x - U^{1Dx} \right\|_x \leqslant C(h^2 + \tau^2), \quad \left\| u^y - U^{1Dy} \right\|_y \leqslant C(h^2 + \tau^2). \tag{6.4.67}
$$

有了 $(u^x - U^{1Dx})$ 和 $(u^y - U^{1Dy})$ 的估计, 可以将 $(u^x - U^x)$ 和 $(u^y - U^y)$ 的估计转化为估计 $(U^x - U^{1Dx})$ 和 $(U^y - U^{1Dy})$.

下面只要估计 $(U^x - U^{1Dx})$ 和 $(U^y - U^{1Dy})$ 即可. 首先推导它们满足的方程.

根据条件 (6.4.67) 和 $U_{i,j+\frac{1}{2}}^{1Dy}$ 的定义, 有

$$
U_{N_x+\frac{1}{2},j}^{1Dx} = 0, \quad U_{i,N_y+\frac{1}{2}}^{1Dy} = 0.
$$

结合 (6.4.64)、(6.4.66) 有

$$
\begin{cases}
(U^{1Dx} - U)_{\frac{1}{2},j} = (U^{1Dx} - U)_{N_x+\frac{1}{2},j} = 0, \quad j = 1,2,\cdots,N_y, \\
(U^{1Dy} - U)_{i,\frac{1}{2}} = (U^{1Dy} - U)_{i,N_y+\frac{1}{2}} = 0, \quad i = 1,2,\cdots,N_x.
\end{cases}
\tag{6.4.68}
$$

由方程组 (6.4.18)、(6.4.64) 和 (6.4.65) 得到, 对于任意的 $(x_i, y_j) \in \Omega$, 下式成立:

$$[D_x(U^x - U^{1Dx}) + D_y(U^y - U^{1Dy})]_{i,j} = 0. \tag{6.4.69}$$

由 $\hat{a}(\cdot, \cdot)$, $\hat{b}(\cdot, \cdot)$ 的定义可得

$$
\begin{aligned}
&\hat{a}(\Pi_2(U^{1D} - U), \Pi_2(U^{1D} - U)) + \hat{b}(\Pi_2 U^{1D}; \Pi_2 U^{1D}, \Pi_2(U^{1D} - U)) \\
&\quad - \hat{b}(\Pi_2 U; \Pi_2 U, \Pi_2(U^{1D} - U)) \\
&= \sum_{i,j} \int_{\Omega_{i+\frac{1}{2},j}} \Big\{ (a_0 + Q_x(a_1, a_2, U^{1D}))_{i+\frac{1}{2},j} U^{1Dx}_{i+\frac{1}{2},j} (U^{1D} - U)^x_{i+\frac{1}{2},j} \\
&\quad - (a_0 + Q_x(a_1, a_2, U))_{i+\frac{1}{2},j} U^x_{i+\frac{1}{2},j} (U^{1D} - U)^x_{i+\frac{1}{2},j} \Big\} \mathrm{d}x\mathrm{d}y \\
&\quad + \sum_{i,j} \int_{\Omega_{i,j+\frac{1}{2}}} \Big\{ (a_0 + Q_y(a_1, a_2, U^{1D}))_{i,j+\frac{1}{2}} U^{1Dy}_{i,j+\frac{1}{2}} (U^{1D} - U)^y_{i,j+\frac{1}{2}} \\
&\quad - (a_0 + Q_y(a_1, a_2, U))_{i,j+\frac{1}{2}} U^y_{i,j+\frac{1}{2}} (U^{1D} - U)^y_{i,j+\frac{1}{2}} \Big\} \mathrm{d}x\mathrm{d}y \\
&= (-d_x P^{1Dx} + d_x P, U^{1Dx} - U^x)_x + (-d_y P^{1Dy} + d_y P, U^{1Dy} - U^y)_y \\
&= (P^{1Dx} - P, D_x(U^{1Dx} - U^x))_M + (P^{1Dy} - P, D_y(U^{1Dy} - U^y))_M. \tag{6.4.70}
\end{aligned}
$$

由 (6.4.42), 以及假设 (6.4.4) 和 Schwarz 不等式得到

$$
\begin{aligned}
\bar{a}\|\Pi_2(U^{1D} - U)\|^2 &= \bar{a}(\|U^{1Dx} - U^x\|_x^2 + \|U^{1Dy} - U^y\|_y^2) \\
&\leqslant \hat{a}(\Pi_2(U^{1D} - U), \Pi_2(U^{1D} - U)) + \hat{b}(\Pi_2 U^{1D}; \Pi_2 U^{1D}, \Pi_2(U^{1D} - U)) \\
&\quad - \hat{b}(\Pi_2 U; \Pi_2 U, \Pi_2(U^{1D} - U)) \\
&= (P^{1Dx} - P, D_x(U^{1Dx} - U^x))_M + (P^{1Dy} - P, D_y(U^{1Dy} - U^y))_M. \tag{6.4.71}
\end{aligned}
$$

由 (6.4.64)、(6.4.65)、(6.4.69) 和 (6.4.39) 的定义, 有

$$
\begin{aligned}
&(P^{1Dx} - P, D_x[U^{1Dx} - U^x])_M + (P^{1Dy} - P, D_y[U^{1Dy} - U^y])_M \\
&= (P^{1Dx} - \hat{P}, D_x[U^{1Dx} - U^x])_M - (P^{1Dy} - \hat{P}, D_y[U^{1Dy} - U^y])_M \\
&= -(d_x P^{1Dx} - d_x\hat{P}, U^{1Dx} - U^x)_M + (d_y P^{1Dy} - d_y\hat{P}, U^{1Dy} - U^y)_M \\
&= ((a_0 + Q_x(a_1, a_2, U^{1D}))U^{1Dx} - (a_0 + Q_x(a_1, a_2, \hat{U}))\hat{U}^x, U^{1Dx} - U^x)_x \\
&\quad + ((a_0 + Q_y(a_1, a_2, U^{1D}))U^{1Dy} - (a_0 + Q_y(a_1, a_2, \hat{U}))\hat{U}^y, U^{1Dy} - U^y)_y \\
&= \hat{a}(\Pi_2(U^{1D} - \hat{U}), \Pi_2(U^{1D} - U)) \\
&\quad + \hat{b}(\Pi_2 U^{1D}; \Pi_2 U^{1D}, \Pi_2(U^{1D} - U)) - \hat{b}(\Pi_2\hat{U}; \Pi_2\hat{U}, \Pi_2(U^{1D} - U)). \tag{6.4.72}
\end{aligned}
$$

联立 (6.4.71) 和 (6.4.72), 得到如下估计

$$\|\Pi_2(U^{1D} - U)\|^2 \leqslant C\|\Pi_2(U^{1D} - \hat{U})\|^2$$

$$= C(\|U^{1Dx} - u^x + u^x - \hat{U}^x\|_x^2 + \|U^{1Dy} - u^y + u^y - \hat{U}^y\|_y^2)$$

$$\leqslant C\left(\|U^{1Dx} - u^x\|_x^2 + \left\|u^x - \hat{U}^x\right\|_x^2 + \|U^{1Dy} - u^y\|_y^2 + \left\|u^y - \hat{U}^y\right\|_y^2\right)$$

$$= C\left(\|U^{1Dx} - u^x\|_x^2 + \|U^{1Dy} - u^y\|_y^2 + \left\|\Pi_2(u - \hat{U})\right\|^2\right). \tag{6.4.73}$$

再联立 (6.4.67) 可得到

$$\|U^x - u^x\|_x^2 + \|U^y - u^y\|_y^2 = \|\Pi_2(u - U)\|^2$$

$$\leqslant 2\|\Pi_2(U^{1D} - u)\|^2 + 2\|\Pi_2(U^{1D} - U)\|^2$$

$$\leqslant C\left(\|U^{1Dx} - u^x\|_x^2 + \|U^{1Dy} - u^y\|_y^2 + \left\|\Pi_2(u - \hat{U})\right\|^2\right)$$

$$\leqslant C(h^2 + \tau^2)^2. \tag{6.4.74}$$

故得到 (6.4.63) 中关于 U^x, U^y 的估计.

下面我们给出压力的误差估计.

对于离散函数 $P_{ij} - \hat{P}_{ij}, 1 \leqslant i \leqslant N_x, 1 \leqslant j \leqslant N_y$ 定义分片常数函数 $P(x,y) - \hat{P}(x,y)$ 如下:

$$P(x,y) - \hat{P}(x,y) = P_{ij} - \hat{P}_{ij}, \quad (x,y) \in \Omega_{i,j}, \quad 1 \leqslant i \leqslant N_x, \quad 1 \leqslant j \leqslant N_y.$$

设 W 是如下辅助问题的解,

$$\begin{cases} \nabla \cdot W = P - \hat{P}, & \text{在 } \Omega \text{ 内}, \\ W \cdot n = 0, & \text{在 } \partial\Omega \text{ 上}. \end{cases} \tag{6.4.75}$$

由于速度的离散 L^2 范数是二阶收敛的, 利用逆估计可以得到 $|U^x_{i+\frac{1}{2},j}|$ 和 $|U^y_{i,j+\frac{1}{2}}|$ 无穷范数有界. 利用文献 [25] 中定理 4.2 中介绍的对偶技巧 (见该书第 364-365 页), 可以证明对于上一节格式定义的离散解 P, U^x, U^y 和引理 6.4.4 中的定义的离散压力插值, 存在一个与 h 和 τ 无关的正常数 C 满足:

$$\left\|P - \hat{P}\right\|_M^2 \leqslant C\left(\left\|U^x - \hat{U}^x\right\|_x^2 + \left\|U^y - \hat{U}^y\right\|_y^2\right). \tag{6.4.76}$$

联立 (6.4.63) 式和引理 6.4.4 中 $\Pi_2(u - \hat{U})$ 的估计, 得到

$$\|P - \hat{P}\|_M^2 \leqslant C\left(\left\|U^x - \hat{U}^x\right\|_x^2 + \left\|U^y - \hat{U}^y\right\|_y^2\right) \leqslant C(h^2 + \tau^2)^2. \tag{6.4.77}$$

再结合 (6.4.56) 式中 $(p - \hat{P})$ 的估计, 即可得到 (6.4.63) 中关于 P 的估计. 定理证毕.

6.4.4 数值算法

下面在这一节中我们给出块中心有限差分格式的数值算例. 为计算简单, 求解区域选择为单位正方形区域 $\Omega = [0,1] \times [0,1]$.

我们举两个例子, 利用格式求解, 验证该格式的收敛阶. 用方程 (6.4.5) 代替方程 (6.4.1), 设定 a_1 和 a_2 是常量或变量. 利用给定的解析解, 计算得到方程右端和边界条件.

初始网格选为 10×10 的非均匀网格, 然后依次将网格细 4 次, 每一次都是先对上一层网格的每个单元在每个方向上进行等距剖分, 然后进行适当扰动来形成非等距网格. 这样形成的网格在任何局部区域都不是等距网格. 我们用 x 方向和 y 方向上的最大最小步长比 $\dfrac{h_{\max}}{h_{\min}}$ 和 $\dfrac{\tau_{\max}}{\tau_{\min}}$ 表示网格剖分非均匀的程度.

算例 1 边界条件为齐次 Neumann 边界条件, 压力和速度的解析解表示为

$$\begin{cases} p(x,y) = \arctan(x+y-1), \quad u(x,y) = \left(-\dfrac{y}{1+x+y}, \dfrac{x}{1+x+y}\right)^{\mathrm{T}}, \\ a_1 = 0.4, \quad a_2 = 0.8. \end{cases}$$

数值计算结果在表 6.4.1 和图 6.4.1 中, 其中

$$E_{u,l^2} = \left(\|u^x - U^x\|_x^2 + \|u^y - U^y\|_y^2\right)^{\frac{1}{2}}, \quad E_{p,l^2} = \|p - P\|_M^2.$$

表 6.4.1 算例 1 的计算误差和收敛阶

$N_x \times N_y$	E_{u,l^2}	速率	E_{p,l^2}	速率	$\dfrac{h_{\max}}{h_{\min}}$	$\dfrac{\tau_{\max}}{\tau_{\min}}$
10×10	1.787e−1	—	1.403e−2	—	1.74	2.00
20×20	4.493e−2	1.98	3.579e−3	1.97	1.88	1.86
40×40	1.142e−2	1.98	9.236e−4	1.96	1.80	1.99
80×80	2.880e−3	1.98	1.429e−4	1.98	2.00	2.18
160×160	7.229e−4	1.99	5.885e−5	1.98	2.15	2.18

算例 2 边界条件为齐次 Neumann 边界条件, 压力和速度的解析解表示为

$$\begin{cases} p(x,y) = \arctan(x+y-1), \quad u(x,y) = \left(-\dfrac{y}{1+x+y}, \dfrac{x}{1+x+y}\right)^{\mathrm{T}}, \\ a_1 = 0.3 + 0.2x, \quad a_2 = 0.6 + 0.4x. \end{cases}$$

数值计算结果在表 6.4.2 和图 6.4.2 中.

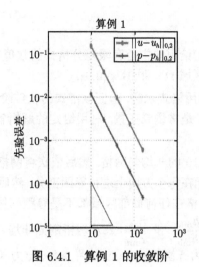

图 6.4.1   算例 1 的收敛阶

表 6.4.2   算例 2 的计算误差和收敛阶

$N_x \times N_y$	E_{u,l^2}	速率	E_{p,l^2}	速率	$\dfrac{h_{\max}}{h_{\min}}$	$\dfrac{\tau_{\max}}{\tau_{\min}}$
10×10	1.384e$-$1	——	1.328e$-$2	——	1.63	2.04
20×20	3.584e$-$2	1.95	3.330e$-$3	1.99	2.01	1.68
40×40	9.528e$-$3	1.91	8.854e$-$4	1.98	1.73	1.71
80×80	2.504e$-$3	1.93	1.342e$-$4	1.98	1.93	2.21
160×160	5.471e$-$4	1.93	5.474e$-$5	1.96	2.10	2.21

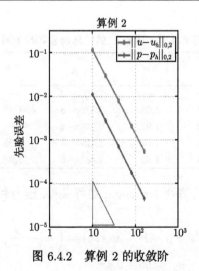

图 6.4.2   算例 2 的收敛阶

从表 6.4.1、表 6.4.2、图 6.4.1 和图 6.4.2, 可以看出压力和速度的块中心有限差分逼近在离散 L^2 模意义下是二阶收敛的. 这些结果与定理 6.4.1 中的误差估计结果一致.

关于非 Darcy 问题的数值方法还有很多工作, 可参见文献 [9, 18] 和 [4, 23, 27-29], 还可参阅近期的一些研究成果 [30-32].

参 考 文 献

[1] Aziz K, Settari A. Petroleum Reservoir Simulation. Applied Science Publishers, 1979.

[2] Neuman S P. Theoretical derivation of Darcy's law. Acta Mechanica, 1977, 25(3): 153-170.

[3] Weiser A, Wheeler M F. On convergence of block-centered finite differences for elliptic problems. SIAM. J. Numer Anal., 1988, 25(2): 351-375.

[4] Rui H X, Zhao D H, Pan H. A block-centered finite difference method for Darcy-Forchheimer model with variable Forchheimer number. Numer. Methods Part. Differ. Eqns., 2015, 31(5), 1603-1622.

[5] Girault V, Wheeler M F. Numerical discretization of a Darcy-Forchheimer model. Numerische Mathematik, 2008, 110(2): 161-198.

[6] Raviart P A, Thomas J M. A mixed finite element method for 2nd order elliptic problems in mathematical aspects of the finite element method. Lecture Notes in Mathematics, 606, New York: Springer, 1977: 292-315.

[7] Lopez H, Molina B, Jose J S. Comparison between different numerical discretizations for a Darcy-Forchheimer model. Electronic Transactions on Numerical Analysis, 2009, 34: 187-203.

[8] Farhloul M, Manouzi H. On a mixed finite element method for the p-Laplacian. Canadian Applied Mathematics Quarterly, 2000, 8(1): 67-78.

[9] Pan H, Rui H. Mixed element method for two-dimensional Darcy-Forchheimer model. Journal of Scientific Computing, 2012, 52(3): 563-587.

[10] Brezzi F, Fortin M. Mixed and Hybrid Finite Element Methods. Springer Series in Computational Mathematics. 15. Berlin: Springer-Verlag, 1991.

[11] Chen Z. Finite Element Methods and Their Applications. Scientific Computation. Berlin: Springer, 2005.

[12] Brezzi F, Douglas Jr J, Marini L D. Two families of mixed finite elements for second order elliptic problems. Numerische Mathematik, 1985, 47(2): 217-235.

[13] Girault V, Raviart P A. Finite Element Methods for Navier-Stokes Equation: Theory and Algorithm. Springer Series in Computational Mathematics. 5. Berlin: Springer-Verlag, 1986.

[14] Farhloul M. A mixed finite element method for a nonlinear dirichlet problem. IMA Journal of Numerical Analysis, 1998, 18(1): 121-132.

[15] Ciarlet P G. The Finite Element Method for Elliptic Problems. Studies in Mathematics and Its Applications. 4. Amsterdam: North-Holland, 1978.

[16] Glowinski R, Marroco A. Sur l'approximation, par éléments finis d'ordre un, et la résolution, par Pénalisation-Dualitéd'une classe de problèmes de Dirichlet non linéaires. Journal of Equine Veterinary Science, 1975, 9(2): 41-76.

[17] Bahriawati C, Carstensen C. Three Matlab implementations of the lowest-order Raviart-Thomas MFEM with a posteriori error control. Comput. Methods Appl. Math., 2005, 5(4): 333-361.

[18] Pan H, Rui H X. A mixed element method for Darcy-Forchheimer incompressible miscible displacement problem. Copm. Methods. Appl. Mech. Engrg., 2013, 264: 1-11.

[19] Barree R D, Conway M W. Beyond beta factors: a complete model for Darcy, Forchheimer and Trans-Forchheimer flow in porous media. SPE Annual Technical Conference and Exihibition, 2004.

[20] Barree R D, Conway M. Multiphase non-Darcy flow in proppant packs. SPE Production & Operations, 2009, 24(2): 257-268.

[21] Wu Y, Lai B, Miskimins J L, et al. Analysis of multiphase Non-Darcy flow in porous media. Transport in Porous Media, 2011, 88(2): 205-223.

[22] Whitaker S. Flow in porous media I: A theoretical derivation of Darcy's law. Transport in Porous Media, 1986, 1(1): 3-25.

[23] Rui H, Pan H. A block-centered finite difference method for the Darcy-Forchheimer model. SIAM. J. Numer. Anal., 2012, 50(5): 2612-2631.

[24] Milner F A, Park E J. A mixed finite element method for a strongly nonlinear second-order elliptic problem. Math. Comp., 1995, 64(211): 973-988.

[25] Urquiza J M, Dri D N, Garon A, et al. A numerical study of primal mixed finite element approximations of Darcy equations. Communications in Numerical Methods in Engineering, 2006, 22(8): 901-915.

[26] Roberts J E, Thomas J M. Mixed and Hybrid Methods, In Finite Element Methods, part 1, Handbook of Numerical Analysis, 2, Elsevier Science Publishers B. V. Amsterdam: North-Holland, 1991: 523-639.

[27] Rui H X, Pan H. Block-centered finite difference methods for parabolic equation with time-dependent coefficient. Japan Journal of Industrial and Applied Mathematics, 2013, 30(3): 681-699.

[28] Rui H, Liu W. A two-grid block-centered finite difference method for Darcy-Forchheimer flow in porous media, SIAM. J. Numer. Anal., 2015, 53(4): 1941-1962.

[29] 芮洪兴, 赵丹汇. 多孔介质一般非 Darcy 流问题的块中心有限差分算法. 中国科学: 数学, 2017, 47(4): 515-532.

[30] 袁益让, 芮洪兴, 李长峰, 等. 不可压缩 Darcy-Forchheimer 混溶驱动问题的混合元 - 特征有限元和混合元 - 特征差分方法. 山东大学数学研究所科研报告, 2016.

Yuan Y R, Rui H X, Li C F, et al. Mixed element-characteristic-finite element and mixed element-characteristic finite difference for incompressible miscible Darcy-Forchheimer displacement problem. Asian Journal of Mathematics and Computer Research, 2017, 18(2): 80-97.

[31] 袁益让, 李长峰. 不可压缩 Darcy-Forchheimer 混溶驱动问题的混合元 - 特征混合元和分析. 山东大学数学研究所科研报告, 2016.
Yuan Y R, Li C F. Mixed clement-characteristic mixed element method for incompressible miscible Darcy-Forchheimer displacement problem. Research Report of Institute of Mathmatics, Shandong University, 2016.

[32] 袁益让, 李长峰. Darcy-Forchheimer 混溶驱动问题的混合元–特征混合体积元方法和分析. 山东大学数学研究所科研报告, 2016.
Yuan Y R, Li C F. A mixed finite element-characteristic mixed volume element and concergence analsis of Darcy-Forchheimer displacement problem. Research Report of Institute of Mathmatics, Shandong University, 2016.

第 7 章 核废料污染问题数值模拟的新方法

本章研究核废料污染问题数值模拟的新方法. 核废料深埋在地层下, 若遇到地震, 岩石裂隙发生时, 它就会扩散 (图 7.1). 因此研究其扩散及完全问题是十分重要的. 深层核废料污染问题的数值模拟是近代能源数学的新课题. 其数学模型由下述四类方程组成.

(1) 压力函数 $p(x, t)$ 的流动方程.

(2) 主要污染元素浓度函数 $\hat{c}$ 的对流扩散方程.

(3) 微量污染元素浓度函数组 $\{c_i\}$ 的对流扩散方程组.

(4) 温度函数 $T(x, t)$ 的热传导方程.

本章主要内容起始于作者 1987 年 1 月～ 1988 年 3 月在美国 Wyoming 大学石油工程数学研究所参加 Ewing 教授领导的 "核废料污染问题数值模拟研究" 的部分理论成果. 在那里我们首先发现流动方程、Brine 方程、Radionuclude 方程和热传导方程可以分裂求解, 并提出混合元方法、特征混合元方法和特征混合元差分方法. 并得到最佳阶理论分析结果. 此方法已成功应用于生产实际领域. 主要文献如下.

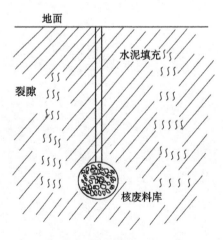

图 7.1 深层核废料库示意图

(1) Ewing R E, Yuan Y R, Li G. Finile element methods for incompressible nuclear waste-disposal contamination in porous media. Numerical Analysis, 53-66, New York: Copubished in the United States with John Wiley & Sine, Inc., 1987.

(2) Ewing R E, Yuan Y R, Li G. A time-disretization procedure for a mixed finite element approximation of contamination by incompressible nuclear waste in porous media. Mathematics for Large Scate Computing, 127-146, New York and Basel: Marcel Dehker, Inc., 1988.

(3) Ewing R E, Yuan Y R, Li G. Time-stepping along characteristics for a mixed finite-element approximation for compressible flow of contamination from nuclear waste in porous media. SIAM. J. Numer. Anal., 1989, 6: 1513-1524.

(4) 袁益让. 可压缩核废料污染问题的数值模拟和分析. 应用数学学报, 1992, 1: 70-82.

在上述工作的基础上, 本章重点研究具有守恒律性质的混合体积元–特征混合体积元方法和混合体积元–特征分数方法.

本章共四节. 7.1 节为核废料污染数值模拟的混合体积元–特征混合体积方法. 7.2 节为多孔介质中可压缩核废料污染问题的混合体积元–特征混合体积元方法. 7.3 节为核废料污染问题的混合体积元–特征分数步差分方法. 7.4 节为多孔介质中可压缩核废料污染问题的混合体积元–特征分数步差分方法.

7.1 核废料污染数值模拟的混合体积元–特征混合体积元方法

多孔介质中核废料污染问题的数学模型是一类非线性耦合对流–扩散偏微分方程组的初边值问题. 关于压力的流动方程是椭圆型的, 关于 Brine 和 Radionuclide 浓度方程是对流扩散型的, 关于温度传播是热传导型的. 流体的压力通过 Darcy 流速在浓度方程和热传导方程中出现, 并控制着它们的全过程. 我们对流动方程采用具有守恒律性质的混合体积元离散, 它对 Darcy 速度的计算提高了一阶精确度. 对浓度方程和热传导方程采用特征混合体积元求解, 即对方程的扩散部分采用混合体积元离散, 对流部分采用特征线法, 特征线法可以保证格式在流体锋线前沿逼近的高度稳定性, 消除数值弥散和非物理性振荡, 并可以得到较小的时间截断误差, 增大时间步长, 提高计算精确度. 扩散项采用混合体积元离散, 可以同时逼近浓度函数及其伴随向量函数, 保持单元的质量守恒. 应用微分方程先验估计的理论和特殊技巧, 得到最佳二阶 L^2 模误差估计结果. 数值算例指明该方法的有效性和实用性.

7.1.1 引言

本节研究多孔介质中核废料污染数值模拟问题的混合体积元–特征混合体积元方法及其收敛性分析. 核废料深埋在地层下, 若遇到地震、岩石裂隙发生时, 它就会扩散, 因此研究其扩散及安全问题是十分重要的. 深层核废料污染问题的数值模拟是现代能源数学的重要课题. 在多孔介质中核废料污染问题计算方法研究, 对处理和分析地层核废料设施的安全有重要的价值. 对于不可压缩三维数学模型, 它是地层中迁移的耦合对流–扩散型非线性偏微分方程组的初边值问题 [1-3]. 它由四类方程组成: ① 压力函数 $p(X,t)$ 的流动方程; ② 主要污染元素浓度函数 $\hat{c}$ 的对流–扩散方程; ③ 微量污染元素浓度方程组 $\{c_i\}$ 的对流–扩散方程组; ④ 温度 $T(X,t)$ 的热传导方程.

流动方程:

$$\nabla \cdot \boldsymbol{u} = -q + R_s, \quad X = (x,y,z)^{\mathrm{T}} \in \Omega, \quad t \in J = (0, \bar{T}], \tag{7.1.1a}$$

$$\boldsymbol{u} = -\frac{\kappa}{\mu}\nabla p, \quad X \in \Omega, \quad t \in J, \tag{7.1.1b}$$

此处 $p(X,t)$ 和 $\boldsymbol{u}(X,t)$ 对应于流体的压力函数和 Darcy 速度. $q = q(X,t)$ 是产量项. $R_s = R_s(\hat{c})$ 是主要污染元素的溶解项, $\kappa(X)$ 是岩石的渗透率, $\mu(\hat{c})$ 是流体的黏度, 依赖于 $\hat{c}$, 它是流体中主要污染元素的浓度函数.

Brine (主要污染元素) 浓度方程:

$$\varphi\frac{\partial \hat{c}}{\partial t} + \boldsymbol{u} \cdot \nabla\hat{c} - \nabla \cdot (E_c\nabla\hat{c}) = f(\hat{c}), \quad X \in \Omega, \quad t \in J, \tag{7.1.2}$$

此处 φ 是岩石孔隙度, $E_c = D + D_m I$, I 为单位矩阵, $D = |\boldsymbol{u}|(d_l E + d_t(I - E))$, $E = \boldsymbol{u} \otimes u/|\boldsymbol{u}|^2$, $f(\hat{c}) = -\hat{c}\{[c_s\varphi K_s f_s/(1+c_s)](1-\hat{c})\} - q_c - R_c$. 通常在实际计算时, 取 $E_c = D_m I$.

Radionuclide 浓度方程组:

$$\varphi K_l\frac{\partial c_l}{\partial t} + \boldsymbol{u} \cdot \nabla c_l - \nabla \cdot (E_c\nabla c_l) = f_l(\hat{c}, c_1, c_2, \cdots, c_N),$$
$$X \in \Omega, \quad t \in J, \quad l = 1, 2, \cdots, N, \tag{7.1.3}$$

此处 c_l $(l = 1, 2, \cdots, N)$ 是微量元素浓度函数, $f_l(\hat{c}, c_1, c_2, \cdots, c_N) = c_l\{q - [c_s\varphi K_s f_s/$ $(1+c_s)](1-\hat{c})\} - qc_l - q_{c_l} + q_{ol} + \sum_{j=1}^{N}\kappa_{lj}\lambda_j K_j\varphi c_j - \lambda_l K_l\varphi c_l$. 通常在实际计算时, 取 $E_c = D_m I$.

热传导方程:

$$d\frac{\partial T}{\partial t} + c_p\boldsymbol{u} \cdot \nabla T - \nabla \cdot (E_H\nabla T) = Q(\boldsymbol{u}, p, T, \hat{c}), \quad X \in \Omega, \quad t \in J, \tag{7.1.4}$$

此处 T 是流体的温度, $d = \varphi c_p + (1-\varphi)\rho_R\rho_{pR}$, $E_H = Dc_{pw} + K_m' I$, $Q(\boldsymbol{u}, p, T, \hat{c}) = -\{[\nabla v_0 - c_p\nabla T_0] \cdot \boldsymbol{u} + [v_0 + c_p(T - T_0) + p/\rho_0][-q + R_s']\} - q_L + qH - q_H$. 通常在实际计算时, 取 $E_H = K_m' I$.

假定没有流体越过边界 (不渗透边界条件):

$$\boldsymbol{u} \cdot \nu = 0, \quad (X,t) \in \partial\Omega \times J, \tag{7.1.5a}$$

$$(E_c \nabla \hat{c} - \hat{c}\boldsymbol{u}) \cdot \nu = 0, \quad (X, t) \in \partial\Omega \times J, \tag{7.1.5b}$$

$$(E_c \nabla c_l - c_l \boldsymbol{u}) \cdot \nu = 0, \quad (X, t) \in \partial\Omega \times J, \quad l = 1, 2, \cdots, N. \tag{7.1.5c}$$

此处 Ω 是 R^3 空间的有界区域, $\partial\Omega$ 为其边界曲面, ν 是 $\partial\Omega$ 的外法向向量. 对温度方程 (7.1.4) 的边界条件是绝热的, 即

$$(E_H \nabla T - c_p \boldsymbol{u}) \cdot \nu = 0, \quad (X, t) \in \partial\Omega \times J, \tag{7.1.5d}$$

还需要相容性条件

$$(q - R_s, 1) = \int_\Omega [q(X, t) - R_s(\hat{c})]\mathrm{d}X = 0. \tag{7.1.6}$$

另外, 初始条件必须给出

$$\hat{c}(X, 0) = \hat{c}_0(X), \quad c_l(X, 0) = c_{l0}(X), \quad l = 1, 2, \cdots, N,$$
$$T(X, 0) = T_0(X), \quad X \in \Omega. \tag{7.1.7}$$

对于经典的不可压缩的二相渗流驱动问题, Douglas, Ewing, Russell, Wheeler 和作者已有系列研究成果 [1,4-8]. 数值试验和理论分析指明, 经典的有限元方法在处理对流–扩散问题上, 会出现强烈的数值振荡现象. 为了克服上述缺陷, 许多学者提出了系列新的数值方法. 如特征差分方法 [9]、特征有限元法 [10]、迎风加权差分格式 [11]、高阶 Godunov 格式 [12]、流线扩散法 [13]、最小二乘混合有限元法 [14], 修正的特征有限元法 [15] 以及 Eulerian-Lagrangian 局部对偶方法 [16]. 上述方法对传统有限元方法和差分方法有所改进, 但它们各自也有许多无法克服的缺陷. 迎风加权差分格式在锋线前沿产生数值弥散现象, 高阶 Godunov 格式关于时间步长要求一个 CTL 限制, 流线扩散法与最小二乘混合有限元方法减少了数值弥散, 却人为地强加了流线的方向. Eulerian-Lagrangian 局部对偶方法可以保持局部的质量守恒, 但增加了积分的估算, 计算量很大. 为了得到对流–扩散问题的高精度数值计算格式, Arbogast 与 Wheeler 在文献 [17] 中对对流占优的输运方程讨论了一种特征混合元方法, 此格式在单元上是守恒的, 通过后处理得到 $\frac{3}{2}$ 阶的高精度误差估计, 但此格式要计算大量的检验函数的映像积分, 使得实际计算十分复杂和困难. 我们实质性拓广和改进了 Arbogast 与 Wheeler 的工作 [17], 提出了一类混合元–特征混合元方法, 大大减少了计算工作量, 并进行了实际问题的数值算例, 指明此方法在实际计算时是可行的和有效的 [18]. 但在那里我们仅能到一阶精确度误差估计, 不能拓广到三维问题. 我们注意到有限体积元法 [19,20] 兼具有差分方法的简单性和有限元方法的高精度性, 并且保持局部质量守恒, 是求解偏微分方程的一种十分有效的数值方法. 混合元方法 [21-23] 可以同时求

解压力函数及其 Darcy 流速, 从而提高其一阶精确度. 文献 [1, 24, 25] 将有限体积元和混合元结合, 提出了混合有限体积元的思想, 文献 [26, 27] 通过数值算例验证这种方法的有效性. 文献 [28-30] 主要对椭圆问题给出混合有限体积元的收敛性估计等理论结果, 形成了混合有限体积元方法的一般框架. 芮洪兴等用此方法研究了低渗油气渗流问题的数值模拟计算 [31,32]. 关于核废料污染问题数值模拟的研究, 作者和 Ewing 教授关于有限元方法和有限差分方法已有比较系统的研究成果, 并得到实际应用 [8,33-35]. 在上述工作的基础上, 对三维核废料污染渗流力学数值模拟问题提出一类混合体积元-特征混合体积元方法. 用混合体积元同时逼近压力函数和 Darcy 速度, 并对 Darcy 速度提高了一阶计算精确度. 对浓度方程和热传导方程用特征混合有限体积元方法, 即对对流项沿特征线方向离散, 方程的扩散项采用混合体积元离散. 特征线方法可以保证格式在流体锋线前沿逼近的高度稳定性, 消除数值弥散现象, 并可以得到较小的截断时间误差. 在实际计算中可以采用较大的时间步长, 提高计算效率而不降低精确度. 扩散项采用混合有限体积元离散, 可以同时逼近未知的浓度函数及其伴随向量函数, 并且由于分片常数在检验函数空间中, 因此格式保持单元上质量守恒律. 这一特性对渗流力学数值模拟计算是特别重要的. 应用微分方程先验估计理论和特殊技巧, 得到了最优二阶 L^2 模误差估计, 在不需要做后处理的情况下, 得到高于 Arbogast 和 Wheeler $\frac{3}{2}$ 阶估计的著名成果 [17]. 本节对一般三维椭圆-对流扩散方程组做了数值试验, 进一步指明本书的方法是一类切实可行的高效计算方法, 支撑了理论分析结果, 成功解决了这一重要问题 [1-3,8,17]. 这项研究成果对核废料污染问题数值模拟的计算方法、应用软件研制和矿场实际应用均有重要的价值.

我们通常使用 Sobolev 空间及其范数记号. 假定问题 (7.1.1)~(7.1.7) 的精确解满足下述正则性条件:

$$
(\mathrm{R}) \quad
\begin{cases}
p \in L^\infty(H^1), \\
\boldsymbol{u} \in L^\infty(H^1(\mathrm{div})) \cap L^\infty(W_\infty^1) \cap W_\infty^1(L^\infty) \cap H^2(L^2), \\
\hat{c}, c_l(l = 1, 2, \cdots, N), \quad T \in L^\infty(H^2) \cap H^1(H^1) \cap L^\infty(W_\infty^1) \cap H^2(L^2).
\end{cases}
$$

同时假定问题 (7.1.1)~(7.1.7) 的系数满足正定性条件:

$$
(\mathrm{C}) \quad
\begin{aligned}
&0 < a_* \leqslant \frac{\kappa(X)}{\mu(\hat{c})} \leqslant a^*, \quad 0 < \varphi_* \leqslant \varphi, \varphi K_l \leqslant \varphi^* \quad (l = 1, 2, \cdots, N), \\
&0 < d_* \leqslant d(X) \leqslant d^*, \quad 0 < E_* \leqslant E_c \leqslant E^*, \quad 0 < \bar{E}_* \leqslant E_H \leqslant \bar{E}^*,
\end{aligned}
$$

此处 $a_*, a^*, \varphi_*, \varphi^*, d_*, d^*, E_*, E^*, \bar{E}_*$ 和 $\bar{E}^*$ 均为确定的正常数. 并且全部系数满足局部有界和局部 Lipschitz 连续条件.

在本节中, 为了分析方便, 假定问题 (7.1.1)~(7.1.7) 是 Ω 周期的 [1-8], 也就是在本节中全部函数假定是 Ω 周期的. 这在物理上是合理的, 因为无流动边界条件 (7.1.5) 一般能作镜面反射处理, 而且通常在能源和环境科学渗流力学数值模拟中, 边界条件对区域内部流动影响较小 [1-8]. 因此边界条件是可以省略的.

在本节中 K 表示一般的正常数, ε 表示一般小的正数, 在不同地方具有不同含义.

7.1.2 记号和引理

为了应用混合体积元–修正特征混合体积元方法, 我们需要构造两套网格系统. 粗网格是针对流场压力和 Darcy 流速的非均匀粗网格, 细网格是针对浓度方程和热传导方程的非均匀细网格. 首先讨论粗网格系统.

研究三维问题, 为简单起见, 设区域 $\Omega = \{[0,1]\}^3$, 用 $\partial\Omega$ 表示其边界. 定义剖分:

$$\delta_x : 0 = x_{1/2} < x_{3/2} < \cdots < x_{N_x-1/2} < x_{N_x+1/2} = 1,$$

$$\delta_y : 0 = y_{1/2} < y_{3/2} < \cdots < y_{N_y-1/2} < y_{N_y+1/2} = 1,$$

$$\delta_z : 0 = z_{1/2} < z_{3/2} < \cdots < z_{N_z-1/2} < z_{N_z+1/2} = 1.$$

对 Ω 作剖分 $\delta_x \times \delta_y \times \delta_z$, 对于 $i = 1, 2, \cdots, N_x; j = 1, 2, \cdots, N_y; k = 1, 2, \cdots, N_z$. 记

$$\Omega_{ijk} = \{(x,y,z) | x_{i-1/2} < x < x_{i+1/2}, y_{j-1/2} < y < y_{j+1/2}, z_{k-1/2} < z < z_{k+1/2}\},$$

$$x_i = \frac{x_{i-1/2} + x_{i+1/2}}{2}, \quad y_j = \frac{y_{j-1/2} + y_{j+1/2}}{2}, \quad z_k = \frac{z_{k-1/2} + z_{k+1/2}}{2}.$$

$$h_{x_i} = x_{i+1/2} - x_{i-1/2}, \quad h_{y_j} = y_{j+1/2} - y_{j-1/2}, \quad h_{z_k} = z_{k+1/2} - z_{k-1/2}.$$

$$h_{x,i+1/2} = x_{i+1} - x_i,$$

$$h_{y,j+1/2} = y_{j+1} - y_j,$$

$$h_{z,k+1/2} = z_{k+1} - z_k.$$

$$h_x = \max_{1 \leqslant i \leqslant N_x}\{h_{x_i}\}, \quad h_y = \max_{1 \leqslant j \leqslant N_y}\{h_{y_j}\}, \quad h_z = \max_{1 \leqslant k \leqslant N_z}\{h_{z_k}\}, \quad h_p = (h_x^2 + h_y^2 + h_z^2)^{1/2}.$$

称剖分是正则的, 是指存在常数 $\alpha_1, \alpha_2 > 0$, 使得

$$\min_{1 \leqslant i \leqslant N_x}\{h_{x_i}\} \geqslant \alpha_1 h_x, \quad \min_{1 \leqslant j \leqslant N_y}\{h_{y_j}\} \geqslant \alpha_1 h_y,$$

$$\min_{1 \leqslant k \leqslant N_z}\{h_{z_k}\} \geqslant \alpha_1 h_z, \quad \min\{h_x, h_y, h_z\} \geqslant \alpha_2 \max\{h_x, h_y, h_z\}.$$

特别指出的是, 此处 $\alpha_i(i=1,2)$ 是两个确定的正常数, 它与 Ω 的剖分 $\delta_x \times \delta_y \times \delta_z$ 有关. 图 7.1.1 表示对应于 $N_x = 4, N_y = 3, N_z = 3$ 情况简单网格的示意图. 定义 $M_l^d(\delta_x) = \{f \in C^l[0,1] : f|_{\Omega_i} \in p_d(\Omega_i), i = 1, 2, \cdots, N_x\}$, 其中 $\Omega_i = [x_{i-1/2}, x_{i+1/2}]$, $p_d(\Omega_i)$ 是 Ω_i 上次数不超过 d 的多项式空间, 当 $l = -1$ 时, 表示函数 f 在 $[0,1]$ 上可以不连续. 对 $M_l^d(\delta_y), M_l^d(\delta_z)$ 的定义是类似的. 记 $S_h = M_{-1}^0(\delta_x) \otimes M_{-1}^0(\delta_y) \otimes M_{-1}^0(\delta_z)$, $V_h = \{\boldsymbol{w} | \boldsymbol{w} = (w^x, w^y, w^z), w^x \in M_0^1(\delta_x) \otimes M_{-1}^0(\delta_y) \otimes M_{-1}^0(\delta_z), w^y \in M_{-1}^0(\delta_x) \otimes M_0^1(\delta_y) \otimes M_{-1}^0(\delta_z), w^z \in M_{-1}^0(\delta_x) \otimes M_{-1}^0(\delta_y) \otimes M_0^1(\delta_z), \boldsymbol{w} \cdot \gamma|_{\partial\Omega} = 0\}$. 对函数 $v(x, y, z)$, 以 v_{ijk}, $v_{i+1/2,jk}$, $v_{i,j+1/2,k}$ 和 $v_{ij,k+1/2}$ 分别表示 $v(x_i, y_j, z_k)$, $v(x_{i+1/2}, y_j, z_k)$, $v(x_i, y_{j+1/2}, z_k)$ 和 $v(x_i, y_j, z_{k+1/2})$.

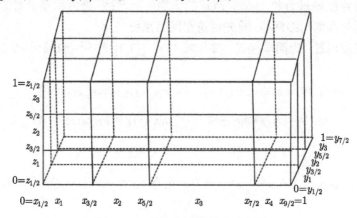

图 7.1.1　非均匀网格剖分示意图

定义下列内积及范数:

$$(v, w)_{\bar{m}} = \sum_{i=1}^{N_x} \sum_{j=1}^{N_y} \sum_{k=1}^{N_z} h_{x_i} h_{y_j} h_{z_k} v_{ijk} w_{ijk},$$

$$(v, w)_x = \sum_{i=1}^{N_x} \sum_{j=1}^{N_y} \sum_{k=1}^{N_z} h_{x_{i-1/2}} h_{y_j} h_{z_k} v_{i-1/2,jk} w_{i-1/2,jk},$$

$$(v, w)_y = \sum_{i=1}^{N_x} \sum_{j=1}^{N_y} \sum_{k=1}^{N_z} h_{x_i} h_{y_{j-1/2}} h_{z_k} v_{i,j-1/2,k} w_{i,j-1/2,k},$$

$$(v, w)_z = \sum_{i=1}^{N_x} \sum_{j=1}^{N_y} \sum_{k=1}^{N_z} h_{x_i} h_{y_j} h_{z_{k-1/2}} v_{ij,k-1/2} w_{ij,k-1/2},$$

$$\|v\|_s^2 = (v, v)_s, \quad s = m, x, y, z, \quad \|v\|_\infty = \max_{1 \leqslant i \leqslant N_x, 1 \leqslant j \leqslant N_y, 1 \leqslant k \leqslant N_z} |v_{ijk}|,$$

$$\|v\|_{\infty(x)} = \max_{1 \leqslant i \leqslant N_x, 1 \leqslant j \leqslant N_y, 1 \leqslant k \leqslant N_z} |v_{i-1/2,jk}|,$$

$$\|v\|_{\infty(y)} = \max_{1\leqslant i\leqslant N_x, 1\leqslant j\leqslant N_y, 1\leqslant k\leqslant N_z} \left|v_{i,j-1/2,k}\right|,$$

$$\|v\|_{\infty(z)} = \max_{1\leqslant i\leqslant N_x, 1\leqslant j\leqslant N_y, 1\leqslant k\leqslant N_z} \left|v_{ij,k-1/2}\right|.$$

当 $\boldsymbol{w} = (w^x, w^y, w^z)^{\mathrm{T}}$ 时, 记

$$\||\boldsymbol{w}\|| = \left(\|w^x\|_x^2 + \|w^y\|_y^2 + \|w^z\|_z^2\right)^{1/2},$$

$$\||\boldsymbol{w}\||_\infty = \|w^x\|_{\infty(x)} + \|w^y\|_{\infty(y)} + \|w^z\|_{\infty(z)},$$

$$\|\boldsymbol{w}\|_{\bar{m}} = \left(\|w^x\|_{\bar{m}}^2 + \|w^y\|_{\bar{m}}^2 + \|w^z\|_{\bar{m}^2}^2\right)^{1/2},$$

$$\|\boldsymbol{w}\|_\infty = \|w^x\|_\infty + \|w^y\|_\infty + \|w^z\|_\infty.$$

设 $W_p^m(\Omega) = \left\{v \in L^p(\Omega) \Big| \dfrac{\partial^n v}{\partial x^{n-l-r}\partial y^l\partial z^r} \in L^p(\Omega), n-l-r\geqslant 0, l=0,1,\cdots,n;\right.$ $r=0,1,\cdots,n; n=0,1,\cdots,m; 0<p<\infty\Big\}$. $H^m(\Omega)=W_2^m(\Omega)$, $L^2(\Omega)$ 的内积与范数分别为 $(\cdot,\cdot)$, $\|\cdot\|$, 对于 $v\in S_h$, 显然有

$$\|v\|_{\bar{m}} = \|v\|. \tag{7.1.8}$$

定义下列记号:

$$[d_x v]_{i+1/2,jk} = \frac{v_{i+1,jk}-v_{ijk}}{h_{x,i+1/2}}, \quad [d_y v]_{i,j+1/2,k} = \frac{v_{i,j+1,k}-v_{ijk}}{h_{y,j+1/2}},$$

$$[d_z v]_{ij,k+1/2} = \frac{v_{ij,k+1}-v_{ijk}}{h_{z,k+1/2}}; \quad [D_x w]_{ijk} = \frac{w_{i+1/2,jk}-w_{i-1/2,jk}}{h_{x_i}},$$

$$[D_y w]_{ijk} = \frac{w_{i,j+1/2,k}-w_{i,j-1/2,k}}{h_{y_j}}, \quad [D_z w]_{ijk} = \frac{w_{ij,k+1/2}-w_{ij,k-1/2}}{h_{z_k}};$$

$$\hat{w}_{ijk}^x = \frac{w_{i+1/2,jk}^x + w_{i-1/2,jk}^x}{2}, \quad \hat{w}_{ijk}^y = \frac{w_{i,j+1/2,k}^y + w_{i,j-1/2,k}^y}{2},$$

$$\hat{w}_{ijk}^z = \frac{w_{ij,k+1/2}^z + w_{ij,k-1/2}^z}{2}, \quad \bar{w}_{ijk}^x = \frac{h_{x,i+1}}{2h_{x,i+1/2}}w_{ijk} + \frac{h_{x,i}}{2h_{x,i+1/2}}w_{i+1,jk},$$

$$\bar{w}_{ijk}^y = \frac{h_{y,j+1}}{2h_{y,j+1/2}}w_{ijk} + \frac{h_{y,j}}{2h_{y,j+1/2}}w_{i,j+1,k},$$

$$\bar{w}_{ijk}^z = \frac{h_{z,k+1}}{2h_{z,k+1/2}}w_{ijk} + \frac{h_{z,k}}{2h_{z,k+1/2}}w_{ij,k+1},$$

以及 $\hat{\boldsymbol{w}}_{ijk} = (\hat{w}_{ijk}^x, \hat{w}_{ijk}^y, \hat{w}_{ijk}^z)^{\mathrm{T}}$, $\bar{\boldsymbol{w}}_{ijk} = (\bar{w}_{ijk}^x, \bar{w}_{ijk}^y, \bar{w}_{ijk}^z)^{\mathrm{T}}$. 此处 $d_s(s=x,y,z)$, $D_s(s=x,y,z)$ 是差商算子, 它与方程 (1.2) 中的系数 D 无关. 记 L 是一个正整数, $\Delta t = \dfrac{T}{L}$, $t^n = n\Delta t$, v^n 表示函数在 t^n 时刻的值, $d_t v^n = \dfrac{v^n - v^{n-1}}{\Delta t}$.

对于上面定义的内积和范数, 下述三个引理成立.

引理 7.1.1　对于 $v \in S_h$, $w \in V_h$, 显然有

$$(v, D_x w^x)_{\bar{m}} = -(d_x v, w^x)_x, \quad (v, D_y w^y)_{\bar{m}} = -(d_y v, w^y)_y,$$
$$(v, D_z w^z)_{\bar{m}} = -(d_z v, w^z)_z. \tag{7.1.9}$$

引理 7.1.2　对于 $w \in V_h$, 则有

$$\|\hat{w}\|_{\bar{m}} \leqslant \||w\||. \tag{7.1.10}$$

证明　事实上, 只要证明 $\|\hat{w}^x\|_{\bar{m}} \leqslant \|w^x\|_x$, $\|\hat{w}^y\|_{\bar{m}} \leqslant \|w^y\|_y$, $\|\hat{w}^z\|_{\bar{m}} \leqslant \|w^z\|_z$ 即可. 注意到

$$\sum_{i=1}^{N_x} \sum_{j=1}^{N_y} \sum_{k=1}^{N_z} h_{x_i} h_{y_j} h_{z_k} (\hat{w}_{ijk}^x)^2$$
$$\leqslant \sum_{j=1}^{N_y} \sum_{k=1}^{N_z} h_{y_j} h_{z_k} \sum_{i=1}^{N_x} \frac{(w_{i+1/2,jk}^x)^2 + (w_{i-1/2,jk}^x)^2}{2} h_{x_i}$$
$$= \sum_{j=1}^{N_y} \sum_{k=1}^{N_z} h_{y_j} h_{z_k} \left(\sum_{i=2}^{N_x} \frac{h_{x,i-1/2}}{2} (w_{i-1/2,jk}^x)^2 + \sum_{i=1}^{N_x} \frac{h_{x_i}}{2} (w_{i-1/2,jk}^x)^2 \right)$$
$$= \sum_{j=1}^{N_y} \sum_{k=1}^{N_z} h_{y_j} h_{z_k} \sum_{i=2}^{N_x} \frac{h_{x,i-1/2} + h_{x_i}}{2} (w_{i-1/2,jk}^x)^2$$
$$= \sum_{i=1}^{N_x} \sum_{j=1}^{N_y} \sum_{k=1}^{N_z} h_{x,i-1/2} h_{y_j} h_{z_k} (w_{i-1/2,jk}^x)^2.$$

从而有 $\|\hat{w}^x\|_{\bar{m}} \leqslant \|w^x\|_x$, 对其余两项估计是类似的.

引理 7.1.3　对于 $q \in S_h$, 则有

$$\|\bar{q}^x\|_x \leqslant M \|q\|_m, \quad \|\bar{q}^y\|_y \leqslant M \|q\|_m, \quad \|\bar{q}^z\|_z \leqslant M \|q\|_m, \tag{7.1.11}$$

此处 M 是与 q, h 无关的常数.

引理 7.1.4　对于 $w \in V_h$, 则有

$$\|w^x\|_x \leqslant \|D_x w^x\|_{\bar{m}}, \quad \|w^y\|_y \leqslant \|D_y w^y\|_{\bar{m}}, \quad \|w^z\|_z \leqslant \|D_z w^z\|_{\bar{m}}. \tag{7.1.12}$$

证明　只要证明 $\|w^x\|_x \leqslant \|D_x w^x\|_{\bar{m}}$, 其余是类似的. 注意到

$$w_{l+1/2,jk}^x = \sum_{i=1}^{l} \left(w_{i+1/2,jk}^x - w_{i-1/2,jk}^x \right) = \sum_{i=1}^{l} \frac{w_{i+1/2,jk}^x - w_{i-1/2,jk}^x}{h_{x_i}} h_{x_i}^{1/2} h_{x_i}^{1/2}.$$

由 Cauchy 不等式, 可得

$$\left(w^x_{l+1/2,jk}\right)^2 \leqslant x_l \sum_{i=1}^{N_x} h_{x_i}\left([D_x w^x]_{ijk}\right)^2.$$

对上式左、右两边同乘以 $h_{x,i+1/2}h_{y_j}h_{z_k}$, 并求和可得

$$\sum_{i=1}^{N_x}\sum_{j=1}^{N_y}\sum_{k=1}^{N_z}(w^x_{i-1/2,jk})^2 h_{x,i-1/2}h_{y_j}h_{z_k} \leqslant \sum_{i=1}^{N_x}\sum_{j=1}^{N_y}\sum_{k=1}^{N_z}\left([D_x w^x]_{ijk}\right)^2 h_{x_i}h_{y_j}h_{z_k}.$$

引理 7.1.4 得证.

对于细网格系统, 对于区域 $\Omega = \{[0,1]\}^3$, 通常基于上述粗网格的基础上再进行均匀细分, 一般取原网格步长的 $\dfrac{1}{l}$, 通常 l 取 2 或 4, 其余全部记号不变, 此时 $h_c = \dfrac{h_p}{l}$.

7.1.3 混合体积元–特征混合元程序

7.1.3.1 格式的提出

为了引入混合有限体积元方法的处理思想, 将流动方程 (7.1.1) 写为下述标准形式:

$$\nabla \cdot \boldsymbol{u} = -q + R_s(\hat{c}), \quad X \in \Omega, \quad t \in J, \tag{7.1.13a}$$

$$\boldsymbol{u} = -a(\hat{c})\nabla p, \quad X \in \Omega, \quad t \in J, \tag{7.1.13b}$$

此处 $a(\hat{c}) = \kappa(X)\mu^{-1}(\hat{c})$.

对于 Brine 浓度方程 (7.1.2), 注意到这流动实际上沿着迁移的特征方向, 采用特征线法处理一阶双曲部分, 它具有很高的精确度和强稳定性. 对时间 t 可采用大步长计算. 记 $\psi(X,\boldsymbol{u}) = [\varphi^2(X) + |\boldsymbol{u}|^2]^{1/2}$, $\dfrac{\partial}{\partial\tau} = \psi^{-1}\left\{\varphi\dfrac{\partial}{\partial t} + \boldsymbol{u}\cdot\nabla\right\}$. 为了应用混合体积元离散扩散部分, 将方程 (1.2) 写为下述标准形式:

$$\psi\frac{\partial\hat{c}}{\partial\tau} + \nabla\cdot\hat{\boldsymbol{g}} = f(\hat{c}), \tag{7.1.14a}$$

$$\hat{\boldsymbol{g}} = -E_c\nabla c. \tag{7.1.14b}$$

对方程 (7.1.4) 应用向后差商逼近特征方向导数

$$\frac{\partial\hat{c}^{n+1}}{\partial\tau} \approx \frac{\hat{c}^{n+1} - \hat{c}^n(X - \varphi^{-1}\boldsymbol{u}^{n+1}\Delta t)}{\Delta t(1 + \varphi^{-2}|\boldsymbol{u}^{n+1}|^2)^{1/2}}. \tag{7.1.15}$$

对 Radionuclide 浓度方程 (7.1.3) 类似地采用特征线法处理一阶双曲部分. 记 ψ_l

$(X, \boldsymbol{u}) = [\varphi^2 K_l^2 + |\boldsymbol{u}|^2]^{1/2}, \dfrac{\partial}{\partial \tau_l} = \psi_l^{-1} \left\{ \varphi K_l \dfrac{\partial}{\partial t} + \boldsymbol{u} \cdot \nabla \right\}.$ 同样为了应用混合体积元

离散扩散部分, 将方程 (7.1.3) 写为下述标准形式:

$$\psi_l \frac{\partial c_l}{\partial \tau_l} + \nabla \cdot \boldsymbol{g}_l = f_l(\hat{c}, c_1, c_2, \cdots, c_N), \tag{7.1.16a}$$

$$\boldsymbol{g}_l = -E_c \nabla c_l. \tag{7.1.16b}$$

对方程 (7.1.16) 应用向后差商逼近特征方向导数

$$\frac{\partial c_l^{n+1}}{\partial \tau_l} \approx \frac{c_l^{n+1} - c_l^n (X - \varphi^{-1} K_l^{-1} \boldsymbol{u}^{n+1} \Delta t)}{\Delta t (1 + \varphi^{-2} K_l^{-2} |\boldsymbol{u}^{n+1}|^2)^{1/2}}. \tag{7.1.17}$$

对热传导方程 (7.1.4) 同样采用特征线法处理一阶双曲部分. 记 $\psi_T(X, \boldsymbol{u}) = [d^2 + c_p^2 |\boldsymbol{u}|^2]^{1/2}, \dfrac{\partial}{\partial \tau_T} = \psi_T^{-1} \left\{ d \dfrac{\partial}{\partial t} + c_p \boldsymbol{u} \cdot \nabla \right\}.$ 为了应用混合体积元离散扩散部分, 将方程 (7.1.4) 写为下述标准形式:

$$\psi_T \frac{\partial T}{\partial \tau_T} + \nabla \cdot \boldsymbol{g}_T = Q(\boldsymbol{u}, p, T, \hat{c}), \tag{7.1.18a}$$

$$\boldsymbol{g}_T = -E_H \nabla T. \tag{7.1.18b}$$

对方程 (7.1.18) 应用向后差商逼近特征方向导数

$$\frac{\partial T^{n+1}}{\partial \tau_T} \approx \frac{T^{n+1} - T^n (X - d^{-1} c_p \boldsymbol{u}^{n+1} \Delta t)}{\Delta t (1 + d^{-2} c_p^2 |\boldsymbol{u}^{n+1}|^2)^{1/2}}. \tag{7.1.19}$$

设 $P, \boldsymbol{U}, \hat{C}, \hat{G}$ 分别为 $p, \boldsymbol{u}, \hat{c}$ 和 $\hat{g}$ 的混合体积元–特征混合体积元的近似解. 由 7.1.2 小节的记号和引理 7.1.1~ 引理 7.1.4 的结果导出流动方程 (7.1.13) 的混合体积元格式为

$$(D_x U^{x,n+1} + D_y U^{y,n+1} + D_z U^{z,n+1}, v)_m = (-q^{n+1} + R_s(\hat{C}^n), v)_m, \quad \forall v \in S_h, \tag{7.1.20a}$$

$$(a^{-1}(\bar{\hat{C}}^{x,n}) U^{x,n+1}, w^x)_x + (a^{-1}(\bar{\hat{C}}^{y,n}) U^{y,n+1}, w^y)_y + (a^{-1}(\bar{\hat{C}}^{z,n}) U^{z,n+1}, w^z)_z$$
$$- (P^{n+1}, D_x w^x + D_x w^y + D_x w^z)_m = 0, \quad \forall w \in V_h. \tag{7.1.20b}$$

Brine 浓度方程 (7.1.14) 的特征混合体积元格式为

$$\left(\varphi \frac{\hat{C}^{n+1} - \hat{C}^n}{\Delta t}, v \right)_m + (D_x \hat{G}^{x,n+1} + D_y \hat{G}^{y,n+1} + D_z \hat{G}^{z,n+1}, v)_m$$

$$=(f(\hat{C}^n),v)_m, \quad \forall v \in S_h, \tag{7.1.21a}$$

$$(E_c^{-1}\hat{G}^{x,n+1},w^x)_x + (E_c^{-1}\hat{G}^{y,n+1},w^y)_y + (E_c^{-1}\hat{G}^{z,n+1}),w^z)_z$$
$$- (\hat{C}^{n+1}, D_x w^x + D_y w^y + D_z w^z)_m = 0, \quad \forall w \in V_h, \tag{7.1.21b}$$

此处 $\hat{\hat{C}}^n = \hat{C}^n(\hat{X}^n)$, $\hat{X}^n = X - \varphi^{-1}U^{n+1}\Delta t$.

在此基础上, 设 C_l, G_l 分别为 c_l, g_l 的特征混合体积元的近似解. 对 Radionuclide 浓度方程 (7.1.3) 提出特征混合体积元格式:

$$\left(\varphi K_l \frac{C_l^{n+1} - \hat{C}_l^n}{\Delta t}, v\right)_m + (D_x G_l^{x,n+1} + D_y G_l^{y,n+1} + D_z G_l^{z,n+1}, v)_m$$
$$= (f(\hat{C}^{n+1}, C_1^n, C_2^n, \cdots, C_N^n), v)_m, \quad \forall v \in S_h, \quad l = 1, 2, \cdots, N, \tag{7.1.22a}$$
$$(E_c^{-1}G_l^{x,n+1},w^x)_x + (E_c^{-1}G_l^{y,n+1},w^y)_y + (E_c^{-1}G_l^{z,n+1},w^z)_z$$
$$- (C_l^{n+1}, D_x w^x + D_y w^y + D_z w^z)_m$$
$$= 0, \quad \forall w \in V_h, \quad l = 1, 2, \cdots, N, \tag{7.1.22b}$$

此处 $\hat{C}_l^n = C_l^n(\hat{X}_l^n)$, $\hat{X}_l^n = X - \varphi^{-1}K_l^{-1}U^{n+1}\Delta t$.

设 T_h, G_T 分别为 T, g_T 的特征混合体积元的近似解, 对热传导方程 (7.1.4) 提出特征混合体积元格式为

$$\left(d\frac{T_h^{n+1} - \hat{T}_h^n}{\Delta t}, v\right)_m + (D_x G_T^{x,n+1} + D_y G_T^{y,n+1} + D_z G_T^{z,n+1}, v)_m$$
$$= -(Q(U^{n+1}, P^{n+1}, \hat{T}_h^n, \hat{C}^{n+1}), v)_m, \quad \forall v \in S_h, \tag{7.1.23a}$$

$$(E_H^{-1}G_T^{x,n+1},w^x)_x + (E_H^{-1}G_T^{y,n+1},w^y)_y + (E_H^{-1}G_T^{z,n+1},w^z)_z$$
$$- (T_h^{n+1}, D_x w^x + D_y w^y + D_z w^z)_m$$
$$= 0, \quad \forall w \in V_h, \tag{7.1.23b}$$

此处 $\hat{T}_h^n = T_h^n(\hat{X}_T^n)$, $\hat{X}_T^n = X - d^{-1}c_p U^{n+1}\Delta t$.

初始逼近:

$$\hat{C}^0 = \tilde{\hat{C}}^0, \quad \hat{G}^0 = \tilde{\hat{G}}^0, \quad C_l^0 = \tilde{C}_l^0, \quad G_l^0 = \tilde{G}_l^0 \quad (l = 1, 2, \cdots, N);$$
$$T_h^0 = \tilde{T}^0, \quad G_T^0 = \tilde{G}_T^0 X \in \Omega, \tag{7.1.24}$$

此处 $\{\tilde{\hat{C}}^0, \tilde{\hat{G}}^0\}$, $\{\tilde{C}_l^0, \tilde{G}_l^0\}$, $\{\tilde{T}_h^0, \tilde{G}_T^0\}$ 为 $\{\hat{c}_0, \hat{g}_0\}$, $\{c_{l,0}, g_{l,0}\}$, $\{T_0, g_{T,0}\}$ 的椭圆投影 (将在 7.1.3.3 小节定义).

混合有限体积元–特征混合体积元格式的计算程序: 首先由 (7.1.7) 应用混合体积元椭圆投影确定 $\{\tilde{C}^0, \tilde{\boldsymbol{G}}^0\}$, 取 $\hat{C}^0 = \tilde{C}^0, \hat{\boldsymbol{G}}^0 = \tilde{\boldsymbol{G}}^0$. 再由混合体积元格式 (7.1.20) 应用共轭梯度法求得 $\{P^1, \boldsymbol{U}^1\}$. 然后, 再由特征混合体积元格式 (7.1.21) 应用共轭梯度法求得 $\{\hat{C}^1, \hat{\boldsymbol{G}}^1\}$. 在此基础, 由初始条件 (7.1.21) 应用混合体积元椭圆投影确定 $\{\tilde{C}_l^0, \tilde{\boldsymbol{G}}_l^0, l = 1, 2, \cdots, N\}$, 对 $l = 1, 2, \cdots, N$ 可并行计算, 以及 $\{\tilde{T}_h^0, \tilde{\boldsymbol{G}}_T^0\}$, 取 $C_l^0 = \tilde{C}_l^0, \boldsymbol{G}_l^0 = \tilde{\boldsymbol{G}}_l^0$ $(l = 1, 2, \cdots, N)$, $T_h^0 = \tilde{T}_h^0, \boldsymbol{G}_T^0 = \tilde{\boldsymbol{G}}_T^0$. 由特征混合体积元格式 (7.1.22) 和 (7.1.23) 求出 $\{C_l^1, \boldsymbol{G}_l^1, l = 1, 2, \cdots, N\}$, 对 $l = 1, 2, \cdots, N$ 可并行计算, 以及 $\{T_h^1, \boldsymbol{G}_T^1\}$. 然后再由混合体积元格式 (7.1.20) 求得 $\{P^2, \boldsymbol{U}^2\}$. 由格式 (7.1.21) 求出 $\{\hat{C}^2, \hat{\boldsymbol{G}}^2\}$, 然后由格式 (7.1.22)、(7.1.23) 求出 $\{C_l^2, \boldsymbol{G}_l^2, l = 1, 2, \cdots, N\}$ 及 $\{T_h^2, \boldsymbol{G}_T^2\}$. 这样依次进行, 可求得全部数值逼近解, 由正定性条件 (C), 解存在且唯一.

7.1.3.2　局部质量守恒律

如果 Brine 浓度方程 (7.1.12) 没有源汇项, 也就是 $f(\hat{c}) \equiv 0$ 和边界条件是不渗透的, 则在每个单元 $J_c \in \Omega$ 上, 此处为简单起见, 设 $l = 1$, 即粗细网格重合, $J_c = \Omega_{ijk} = [x_{i-1/2}, x_{i+1/2}] \times [y_{j-1/2}, y_{j+1/2}] \times [z_{k-1/2}, z_{k+1/2}]$, 浓度方程的局部质量守恒律表现为

$$\int_{J_c} \psi \frac{\partial \hat{c}}{\partial \tau} \mathrm{d}X - \int_{\partial J_c} \hat{\boldsymbol{g}} \cdot \gamma_{J_c} \mathrm{d}S = 0. \tag{7.1.25}$$

此处 J_c 为区域 Ω 关于浓度的中网格剖分单元, ∂J_c 为单元 J_c 的边界面, γ_{J_c} 为单元边界面的外法线方向向量. 下面证明 (7.1.21a) 满足下面的离散意义下的局部质量守恒律.

定理 7.1.1　如果 $f(\hat{c}) \equiv 0$, 则在任意单元 $J_c \in \Omega$ 上, 格式 (7.1.21a) 满足离散的局部质量守恒律

$$\int_{J_c} \varphi \frac{\hat{C}^{n+1} - \hat{C}^n}{\Delta t} \mathrm{d}X - \int_{\partial J_c} \hat{\boldsymbol{G}}^{n+1} \cdot \gamma_{J_c} \mathrm{d}S = 0. \tag{7.1.26}$$

证明　因为 $v \in S_h$, 对给定的单元 $J_c \in \Omega$ 上, 取 $v \equiv 1$, 在其他单元上为零, 则此时 (7.1.21a) 为

$$\left(\varphi \frac{\hat{C}^{n+1} - \hat{C}^n}{\Delta t}, 1 \right)_{\Omega_{ijk}} + \left(D_x \hat{G}^{x,n+1} + D_y \hat{G}^{y,n+1} + D_z \hat{G}^{z,n+1}, 1 \right)_{\Omega_{ijk}} = 0. \tag{7.1.27}$$

按 7.1.2 小节中的记号可得

$$\left(\varphi \frac{\hat{C}^{n+1} - \hat{C}^n}{\Delta t}, 1 \right)_{\Omega_{ijk}} = \varphi_{ijk} \left(\frac{\hat{C}_{ijk}^{n+1} - \hat{C}_{ijk}^n}{\Delta t} \right) h_{x_i} h_{y_j} h_{z_k} = \int_{\Omega_{ijk}} \varphi \frac{\hat{C}^{n+1} - \hat{C}^n}{\Delta t} \mathrm{d}X, \tag{7.1.28a}$$

$$(D_x\hat{G}^{x,n+1} + D_y\hat{G}^{y,n+1} + D_z\hat{G}^{z,n+1}, 1)_{\Omega_{ijk}} = (\hat{G}^{x,n+1}_{i+1/2,jk} - \hat{G}^{x,n+1}_{i-1/2,jk})h_{y_j}h_{z_k}$$
$$+ (\hat{G}^{y,n+1}_{i,j+1/2,k} - \hat{G}^{y,n+1}_{i,j-1/2,k})h_{x_i}h_{z_k} + (\hat{G}^{z,n+1}_{ij,k+1/2} - \hat{G}^{z,n+1}_{ij,k-1/2})h_{x_i}h_{y_j}$$
$$= -\int_{\partial\Omega_{ijk}} \hat{\boldsymbol{G}}^{n+1} \cdot \gamma_{J_c}\mathrm{d}S. \tag{7.1.28b}$$

将式 (7.1.28) 代入式 (7.1.27), 定理 7.1.1 得证.

由 (局部质量守恒律) 定理 7.1.1, 即可推出整体质量守恒律.

定理 7.1.2   如果 $f(\hat{c}) \equiv 0$, 边界条件是不渗透的, 则格式 (7.1.21a) 满足整体离散质量守恒律

$$\int_\Omega \varphi\frac{\hat{C}^{n+1} - \hat{\hat{C}}^n}{\Delta t}\mathrm{d}X = 0, \quad n \geqslant 0. \tag{7.1.29}$$

证明   由局部质量守恒律 (7.1.26), 对全部的网格剖分单元求和, 则有

$$\sum_{i,j,k}\int_{\Omega_{ijk}} \varphi\frac{\hat{C}^{n+1} - \hat{\hat{C}}^n}{\Delta t}\mathrm{d}X - \sum_{i,j,k}\int_{\partial\Omega_{ijk}} \hat{\boldsymbol{G}}^{n+1} \cdot \gamma_{J_c}\mathrm{d}S = 0. \tag{7.1.30}$$

注意到 $-\sum_{i,j,k}\int_{\partial\Omega_{ijk}} \hat{\boldsymbol{G}}^{n+1} \cdot \gamma_{J_c}\mathrm{d}S = -\int_{\partial\Omega} \hat{\boldsymbol{G}}^{n+1} \cdot \gamma\mathrm{d}S = 0$, 定理得证.

对 Radionuclide 浓度方程的离散格式 (7.1.22a) 同样可证明其具有局部质量守恒律的特性.

定理 7.1.3   对于方程 (7.1.16), 若其右端 $f_l(\hat{c}, c_1, c_2, \cdots, c_N) \equiv 0$, 则在任意单元 $J_c \in \Omega$ 上, 格式 (7.1.22a) 满足离散的局部质量守恒律

$$\int_{J_c} \varphi K_l\frac{C_l^{n+1} - \hat{C}_l^n}{\Delta t}\mathrm{d}X - \int_{\partial J_c} \boldsymbol{G}_l^{n+1} \cdot \gamma_{J_c}\mathrm{d}S = 0. \tag{7.1.31}$$

定理 7.1.4   对于方程 (7.1.16), 若其右端 $f_l(\hat{c}, c_1, c_2, \cdots, c_N) \equiv 0$, 边界条件是不渗透的, 则格式 (7.1.22a) 满足整体离散质量守恒律

$$\int_\Omega \varphi K_l\frac{C_l^{n+1} - \hat{C}_l^n}{\Delta t}\mathrm{d}X = 0, \quad n \geqslant 0, \quad l = 1, 2, \cdots, N. \tag{7.1.32}$$

对于热传导方程 (7.1.18) 的离散格式 (7.1.23a), 同样具有局部能量守恒律和整体守恒律性质.

7.1.3.3 辅助性椭圆投影

为了确定初始逼近 (7.1.24a) 和 7.1.4 节的收敛性分析. 引入下述辅助性椭圆投影. 定义 $\{\tilde{P}, \tilde{U}\} \in S_h \times V_h$, 满足

$$\left(D_x\tilde{U}^x + D_y\tilde{U}^y + D_z\tilde{U}^z, v\right)_m = (-q + R_s(\hat{c}), v)_m, \quad \forall v \in S_h, \tag{7.1.33a}$$

$$\left(a^{-1}(\hat{c})\tilde{U}^x, w^x\right)_x + \left(a^{-1}(\hat{c})\tilde{U}^y, w^y\right)_y + \left(a^{-1}(\hat{c})\tilde{U}^z, w^z\right)_z$$
$$- \left(\tilde{P}, D_x w^x + D_y w^y + D_z w^z\right)_m = 0, \quad \forall w \in V_h, \tag{7.1.33b}$$

$$\left(\tilde{P} - p, 1\right)_m = 0. \tag{7.1.33c}$$

定义 $\{\tilde{C}, \tilde{\boldsymbol{G}}\} \in S_h \times V_h$, 满足

$$\left(D_x \tilde{G}^x + D_y \tilde{G}^y + D_z \tilde{G}^z, v\right)_m = (\nabla \cdot \hat{\boldsymbol{g}}, v)_m, \quad \forall v \in S_h, \tag{7.1.34a}$$

$$\left(E_c^{-1} \tilde{G}^x, w^x\right)_x + \left(E_c^{-1} \tilde{G}^y, w^y\right)_y + \left(E_c^{-1} \tilde{G}^z, w^z\right)_z$$
$$- \left(\tilde{C}, D_x w^x + D_y w^y + D_z w^z\right)_m = 0, \quad \forall w \in V_h, \tag{7.1.34b}$$

$$\left(\tilde{C} - \hat{c}, 1\right)_m = 0. \tag{7.1.34c}$$

定义 $\{\tilde{C}_l, \tilde{\boldsymbol{G}}_l\} \in S_h \times V_h, l = 1, 2, \cdots, N$, 满足

$$\left(D_x \tilde{G}_l^x + D_y \tilde{G}_l^y + D_z \tilde{G}_l^z, v\right)_m = (\nabla \cdot \boldsymbol{g}_l, v)_m, \quad \forall v \in S_h, \tag{7.1.35a}$$

$$\left(E_c^{-1} \tilde{G}_l^x, w^x\right)_x + \left(E_c^{-1} \tilde{G}_l^y, w^y\right)_y + \left(E_c^{-1} \tilde{G}_l^z, w^z\right)_z$$
$$- \left(\tilde{C}_l, D_x w^x + D_y w^y + D_z w^z\right)_m = 0, \quad \forall w \in V_h, \tag{7.1.35b}$$

$$\left(\tilde{C}_l - c_l, 1\right)_m = 0, \quad l = 1, 2, \cdots, N. \tag{7.1.35c}$$

定义 $\{\tilde{T}_h, \tilde{\boldsymbol{G}}_T\} \in S_h \times V_h$, 满足

$$\left(D_x \tilde{G}_T^x + D_y \tilde{G}_T^y + D_z \tilde{G}_T^z, v\right)_m = (\nabla \cdot \boldsymbol{g}_T, v)_m, \quad \forall v \in S_h, \tag{7.1.36a}$$

$$\left(E_H^{-1} \tilde{G}_T^x, w^x\right)_x + \left(E_H^{-1} \tilde{G}_T^y, w^y\right)_y + \left(E_H^{-1} \tilde{G}_T^z, w^z\right)_z$$
$$- \left(\tilde{T}_h, D_x w^x + D_y w^y + D_z w^z\right)_m = 0, \quad \forall w \in V_h, \tag{7.1.36b}$$

$$\left(\tilde{T}_h - T, 1\right)_m = 0. \tag{7.1.36c}$$

记

$$\pi = P - \tilde{P}, \quad \eta = \tilde{P} - p, \quad \sigma = \boldsymbol{U} - \tilde{\boldsymbol{U}}, \quad \rho = \tilde{\boldsymbol{U}} - \boldsymbol{u}, \quad \hat{\xi} = \hat{C} - \tilde{C},$$
$$\hat{\zeta} = \tilde{C} - \hat{c}, \quad \alpha = \hat{\boldsymbol{G}} - \tilde{\boldsymbol{G}}, \quad \beta = \tilde{\boldsymbol{G}} - \hat{\boldsymbol{g}},$$
$$\xi_l = C_l - \tilde{C}_l, \quad \zeta_l = \tilde{C}_l - c_l, \quad \alpha_l = \boldsymbol{G}_l - \tilde{\boldsymbol{G}}_l, \quad \beta_l = \tilde{\boldsymbol{G}}_l - \boldsymbol{g}_l,$$

$$\xi_T = T_h - \tilde{T}_h, \quad \zeta_T = \tilde{T}_h - T, \quad \alpha_T = \boldsymbol{G}_T - \tilde{\boldsymbol{G}}_T, \quad \beta_T = \tilde{\boldsymbol{G}}_T - \boldsymbol{g}_T.$$

设问题 (7.1.1)~(7.1.7) 满足正定性条件 (C), 其精确解满足正则性条件 (R). 由 Weiser、Wheeler 理论 [25] 得知格式 (7.1.33)~(7.1.36) 确定的辅助函数 $\{\tilde{P}, \tilde{\boldsymbol{U}}, \tilde{C}, \tilde{\boldsymbol{G}}, \tilde{C}_l, \tilde{\boldsymbol{G}}_l, \tilde{T}_h, \tilde{\boldsymbol{G}}_T\}$ 唯一存在, 并有下述误差估计.

引理 7.1.5 若问题 (7.1.1)~(7.1.7) 的系数和精确解满足条件 (C) 和 (R), 则存在不依赖于剖分参数 $h, \Delta t$ 的常数 $\bar{C}_1, \bar{C}_2 > 0$, 使得下述估计式成立:

$$\|\eta\|_m + \left\|\hat{\zeta}\right\|_m + \sum_{l=1}^{N} \|\zeta_l\|_m + \|\zeta_T\|_m + |||\rho||| + |||\beta|||$$
$$+ \sum_{l=1}^{N} |||\beta_l||| + |||\beta_T||| + \left\|\frac{\partial \eta}{\partial t}\right\|_m + \left\|\frac{\partial \hat{\zeta}}{\partial t}\right\|_m$$
$$+ \sum_{l=1}^{N} \left\|\frac{\partial \zeta_l}{\partial t}\right\|_m + \left\|\frac{\partial \zeta_T}{\partial t}\right\|_m \leqslant \bar{C}_1 \{h_p^2 + h_c^2\}, \tag{7.1.37a}$$

$$|||\tilde{\boldsymbol{U}}|||_\infty + |||\tilde{\tilde{\boldsymbol{G}}}|||_\infty + \sum_{l=1}^{N} |||\tilde{\boldsymbol{G}}_l|||_\infty + |||\tilde{\boldsymbol{G}}_T|||_\infty \leqslant \bar{C}_2. \tag{7.1.37b}$$

7.1.4 收敛性分析

首先估计 π 和 σ. 将式 (7.1.20a) 和 (7.1.20b) 分别减式 (7.1.33a) $(t = t^{n+1})$ 和式 (7.1.33b) $(t = t^{n+1})$ 可得下述关系式:

$$(D_x \sigma^{x,n+1} + D_y \sigma^{y,n+1} + D_z \sigma^{z,n+1}, v)_m = (R_s(\hat{C}^n) - R_s(\hat{c}^{n+1}), v)_m, \quad \forall v \in S_h, \tag{7.1.38a}$$

$$(a^{-1}(\bar{\hat{C}}^{x,n})\sigma^{x,n+1}, w^x)_x + (a^{-1}(\bar{\hat{C}}^{y,n})\sigma^{y,n+1}, w^y)_y$$
$$+ (a^{-1}(\bar{\hat{C}}^{z,n})\sigma^{z,n+1}, w^z)_z - (\pi^{n+1}, D_x w^x + D_y w^y + D_z w^z)_m$$
$$= -\{((a^{-1}(\bar{\hat{C}}^{x,n}) - a^{-1}(\hat{c}^{n+1}))\tilde{U}^{x,n+1}, w^x)_x$$
$$+ ((a^{-1}(\bar{\hat{C}}^{y,n}) - a^{-1}(\hat{c}^{n+1}))\tilde{U}^{y,n+1}, w^y)_y + ((a^{-1}(\bar{\hat{C}}^{z,n})$$
$$- a^{-1}(\hat{c}^{n+1}))\tilde{U}^{z,n+1}, w^z)_z\}, \quad \forall w \in V_h. \tag{7.1.38b}$$

在式 (7.1.38a) 中取 $v = \pi^{n+1}$, 在式 (7.1.38b) 中取 $w = \sigma^{n+1}$, 组合上述二式可得

$$(a^{-1}(\bar{\hat{C}}^{x,n})\sigma^{x,n+1}, \sigma^{x,n+1})_x + (a^{-1}(\bar{\hat{C}}^{y,n})\sigma^{y,n+1}, \sigma^{y,n+1})_y$$
$$+ (a^{-1}(\bar{\hat{C}}^{z,n})\sigma^{z,n+1}, \sigma^{z,n+1})_z$$
$$= -\sum_{s=x,y,z} ((a^{-1}(\bar{\hat{C}}^{s,n}) - a^{-1}(\hat{c}^{n+1}))\tilde{U}^{s,n+1}, \sigma^{s,n+1})_s$$

$$+ (R_s(\hat{C}^n) - R_s(\hat{c}^{n+1}), \pi^{n+1})_m. \tag{7.1.39}$$

对于估计式 (7.1.39) 应用引理 7.1.1~ 引理 7.1.5、Taylor 公式和正定性条件 (C) 可得

$$|||\sigma^{n+1}|||^2 \leqslant K \sum_{s=x,y,z} \left\| \bar{\hat{C}}^{s,n} - \hat{c}^{n+1} \right\|_s^2 + \varepsilon \left\| \pi^{n+1} \right\|_m^2$$

$$\leqslant K \left\{ \sum_{s=x,y,z} \left\| \bar{\hat{c}}^{s,n} - \hat{c}^n \right\|_s^2 + \left\| \hat{\xi}^n \right\|_m^2 + \left\| \hat{\zeta}^n \right\|_m^2 + (\Delta t)^2 \right\} + \varepsilon \left\| \pi^{n+1} \right\|_m^2$$

$$\leqslant K \left\{ \left\| \hat{\xi}^n \right\|^2 + h_{\hat{c}}^4 + (\Delta t)^2 \right\} + \varepsilon \left\| \pi^{n+1} \right\|_m^2. \tag{7.1.40}$$

对 $\pi^{n+1} \in S_h$, 利用对偶方法进行估计 [36,37], 为此考虑下述椭圆问题:

$$\nabla \cdot \omega = \pi^{n+1}, \quad X = (x,y,z)^{\mathrm{T}} \in \Omega, \tag{7.1.41a}$$

$$\omega = \nabla p, \quad X \in \Omega, \tag{7.1.41b}$$

$$\omega \cdot \gamma = 0, \quad X \in \partial\Omega. \tag{7.1.41c}$$

由问题 (7.1.41) 的正则性, 有

$$\sum_{s=x,y,z} \left\| \frac{\partial \omega^s}{\partial s} \right\|_m^2 \leqslant K \left\| \pi^{n+1} \right\|_m^2. \tag{7.1.42}$$

设 $\tilde{\omega} \in V_h$ 满足

$$\left(\frac{\partial \tilde{\omega}^s}{\partial s}, v \right)_m = \left(\frac{\partial \omega^s}{\partial s}, v \right)_m, \quad \forall v \in S_h, \quad s = x, y, z. \tag{7.1.43a}$$

这样定义的 $\tilde{\omega}$ 是存在的, 且有

$$\sum_{s=x,y,z} \left\| \frac{\partial \tilde{\omega}^s}{\partial s} \right\|_m^2 \leqslant \sum_{s=x,y,z} \left\| \frac{\partial \omega^s}{\partial s} \right\|_m^2. \tag{7.1.43b}$$

应用引理 7.1.4、式 (7.1.41)~(7.1.43) 可得

$$\left\| \pi^{n+1} \right\|_m^2 = (\pi^{n+1}, \nabla \cdot \omega) = (\pi^{n+1}, D_x \tilde{\omega}^x + D_y \tilde{\omega}^y + D_z \tilde{\omega}^z)$$

$$= \sum_{s=x,y,z} \left(a^{-1}(\bar{\hat{C}}^{s,n}) \sigma^{s,n+1}, \tilde{\omega}^s \right)_s + \sum_{s=x,y,z} \left(\left(a^{-1}(\bar{\hat{C}}^{s,n}) - a^{-1}(\hat{c}^{n+1}) \right) \tilde{U}^{s,n+1}, \tilde{\omega}^s \right)_s$$

$$\leqslant K |||\tilde{\omega}||| \left\{ |||\sigma^{n+1}|||^2 + \left\| \hat{\xi}^n \right\|_m^2 + h_{\hat{c}}^4 + (\Delta t)^2 \right\}^{1/2}. \tag{7.1.44}$$

由引理 7.1.4, (7.1.42) 和 (7.1.43) 可得

$$|||\tilde{\omega}|||^2 \leqslant \sum_{s=x,y,z} \|D_s\tilde{\omega}^s\|_m^2 = \sum_{s=x,y,z} \left\|\frac{\partial \tilde{\omega}^s}{\partial s}\right\|_m^2 \leqslant \sum_{s=x,y,z} \left\|\frac{\partial \omega^s}{\partial s}\right\|_m^2 \leqslant K\left\|\pi^{n+1}\right\|_m^2.$$
$$(7.1.45)$$

将式 (7.1.45) 代入式 (7.1.44), 并利用 (7.1.40) 可得

$$\left\|\pi^{n+1}\right\|_m^2 \leqslant K\left\{|||\sigma^{n+1}|||^2 + \left\|\hat{\xi}^n\right\|_m^2 + h_{\hat{c}}^4 + (\Delta t)^2\right\} \leqslant K\left\{\left\|\hat{\xi}^n\right\|_m^2 + h_{\hat{c}}^4 + (\Delta t)^2\right\}.$$
$$(7.1.46a)$$

$$|||\sigma^{n+1}|||^2 \leqslant K\left\{\left\|\hat{\xi}^n\right\|_m^2 + h_{\hat{c}}^4 + (\Delta t)^2\right\}.$$
$$(7.1.46b)$$

下面讨论 Brine 浓度方程 (7.1.2) 的误差估计. 为此将式 (7.1.21a) 和式 (7.1.21b) 分别减去 $t = t^{n+1}$ 时刻的式 (7.1.34a) 和式 (7.1.34b), 分别取 $v = \hat{\xi}^{n+1}$, $w = \alpha^{n+1}$, 可得

$$\left(\varphi\frac{\hat{C}^{n+1} - \hat{\hat{C}}^n}{\Delta t}, \hat{\xi}^{n+1}\right)_m + \left(D_x\alpha^{x,n+1} + D_y\alpha^{y,n+1} + D_z\alpha^{z,n+1}, \hat{\xi}^{n+1}\right)_m$$
$$= \left(f(\hat{\hat{C}}^n) - f(\hat{c}^{n+1}) + \psi^{n+1}\frac{\partial \hat{c}^{n+1}}{\partial \tau}, \hat{\xi}^{n+1}\right)_m, \qquad (7.1.47a)$$
$$\left(E_c^{-1}\alpha^{x,n+1}, \alpha^{x,n+1}\right)_x + \left(E_c^{-1}\alpha^{y,n+1}, \alpha^{y,n+1}\right)_y + \left(E_c^{-1}\alpha^{z,n+1}, \alpha^{z,n+1}\right)_z$$
$$- \left(\hat{\xi}^{n+1}, D_x\alpha^{x,n+1} + D_y\alpha^{y,n+1} + D_z\alpha^{z,n+1}\right)_m = 0. \qquad (7.1.47b)$$

将式 (7.1.47a) 和式 (7.1.47b) 相加可得

$$\left(\varphi\frac{\hat{C}^{n+1} - \hat{\hat{C}}^n}{\Delta t}, \hat{\xi}^{n+1}\right)_m + \left(E_c^{-1}\alpha^{x,n+1}, \alpha^{x,n+1}\right)_x$$
$$+ \left(E_c^{-1}\alpha^{y,n+1}, \alpha^{y,n+1}\right)_y + \left(E_c^{-1}\alpha^{z,n+1}, \alpha^{z,n+1}\right)_z$$
$$= \left(f(\hat{C}^n) - f(\hat{c}^{n+1}) + \psi^{n+1}\frac{\partial \hat{c}^{n+1}}{\partial \tau}, \hat{\xi}^{n+1}\right)_m. \qquad (7.1.48)$$

应用方程 (7.1.2) $(t = t^{n+1})$, 将上式改写为

$$\left(\varphi\frac{\hat{\xi}^{n+1} - \hat{\xi}^n}{\Delta t}, \hat{\xi}^{n+1}\right)_m + \sum_{s=x,y,z}\left(E_c^{-1}\alpha^{s,n+1}, \alpha^{s,n+1}\right)_s$$
$$= \left(\left[\varphi\frac{\partial \hat{c}^{n+1}}{\partial t} + \boldsymbol{u}^{n+1}\cdot\nabla\hat{c}^{n+1}\right] - \varphi\frac{\hat{c}^{n+1} - \overset{\vee}{\hat{c}}^n}{\Delta t}, \hat{\xi}^{n+1}\right)_m + \left(\varphi\frac{\hat{\zeta}^{n+1} - \hat{\zeta}^n}{\Delta t}, \hat{\xi}^{n+1}\right)_m$$
$$+ \left(f(\hat{C}^n) - f(\hat{c}^{n+1}), \xi^{n+1}\right) + \left(\varphi\frac{\hat{\hat{c}}^n - \overset{\vee}{\hat{c}}^n}{\Delta t}, \xi^{n+1}\right)_m - \left(\varphi\frac{\hat{\hat{\zeta}}^n - \overset{\vee}{\hat{\zeta}}^n}{\Delta t}, \xi^{n+1}\right)_m$$

$$+ \left(\varphi \frac{\hat{\check{\xi}}^n - \check{\xi}^n}{\Delta t}, \xi^{n+1} \right)_m - \left(\varphi \frac{\check{\zeta}^n - \hat{\zeta}^n}{\Delta t}, \xi^{n+1} \right)_m + \left(\varphi \frac{\check{\xi}^n - \hat{\xi}^n}{\Delta t}, \xi^{n+1} \right)_m, \quad (7.1.49)$$

此处 $\check{c}^n = \hat{c}^n(X - \varphi^{-1} \boldsymbol{u}^{n+1} \Delta t)$, $\hat{c}^n = \hat{c}^n(X - \varphi^{-1} \boldsymbol{U}^{n+1} \Delta t)$, $\cdots$.

对式 (7.1.49) 的左端应用不等式 $a(a-b) \geqslant \frac{1}{2}(a^2 - b^2)$, 其右端分别用 $T_1, T_2, \cdots$, T_8 表示, 可得

$$\frac{1}{2\Delta t} \{ (\varphi \hat{\xi}^{n+1}, \hat{\xi}^{n+1})_m - (\varphi \hat{\xi}^n, \hat{\xi}^n)_m \} + \sum_{s=x,y,z} \left(E_c^{-1} \alpha^{s,n+1}, \alpha^{s,n+1} \right)_s$$

$$\leqslant T_1 + T_2 + \cdots + T_8. \quad (7.1.50)$$

为了估计 T_1, 注意到 $\varphi \dfrac{\partial \hat{c}^{n+1}}{\partial t} + \boldsymbol{u}^{n+1} \cdot \nabla \hat{c}^{n+1} = \psi^{n+1} \dfrac{\partial \hat{c}^{n+1}}{\partial \tau}$, 于是可得

$$\frac{\partial \hat{c}^{n+1}}{\partial \tau} - \frac{\varphi}{\psi^{n+1}} \cdot \frac{\hat{c}^{n+1} - \check{c}^n}{\Delta t} = \frac{\varphi}{\psi^{n+1} \Delta t} \int_{(\check{X}, t^n)}^{(X, t^{n+1})} \left[|X - \check{X}|^2 + (t - t^n)^2 \right]^{1/2} \frac{\partial^2 \hat{c}}{\partial \tau^2} \mathrm{d}\tau. \quad (7.1.51)$$

对上式乘以 ψ^{n+1} 并作 m 模估计, 可得

$$\left\| \psi^{n+1} \frac{\partial \hat{c}^{n+1}}{\partial \tau} - \varphi \frac{\hat{c}^{n+1} - \check{c}^n}{\Delta t} \right\|_m^2 \leqslant \int_\Omega \left[\frac{\psi^{n+1}}{\Delta t} \right]^2 \left| \int_{(\check{X}, t^n)}^{(X, t^{n+1})} \frac{\partial^2 \hat{c}}{\partial \tau^2} \mathrm{d}\tau \right|^2 \mathrm{d}X$$

$$\leqslant \Delta t \left\| \frac{(\psi^{n+1})^3}{\varphi} \right\|_\infty \int_\Omega \int_{(\check{X}, t^n)}^{(X, t^{n+1})} \left| \frac{\partial^2 \hat{c}}{\partial \tau^2} \right|^2 \mathrm{d}\tau \mathrm{d}X$$

$$\leqslant \Delta t \left\| \frac{(\psi^{n+1})^4}{\varphi^2} \right\|_\infty \int_\Omega \int_{t^n}^{t^{n+1}} \int_0^1 \left| \frac{\partial^2 \hat{c}}{\partial \tau^2} (\bar{\tau} \check{X} + (1 - \bar{\tau})X, t) \right|^2 \mathrm{d}\bar{\tau} \mathrm{d}X \mathrm{d}t. \quad (7.1.52)$$

因此有

$$|T_1| \leqslant K \left\| \frac{\partial^2 \hat{c}}{\partial \tau^2} \right\|_{L^2(t^n, t^{n+1}; m)}^2 \Delta t + K \left\| \hat{\xi}^{n+1} \right\|_m^2. \quad (7.1.53a)$$

对于 T_2, T_3 的估计, 应用引理 7.1.5 可得

$$|T_2| \leqslant K \left\{ (\Delta t)^{-1} \left\| \frac{\partial \hat{\zeta}}{\partial t} \right\|_{L^2(t^n, t^{n+1}; m)}^2 + \left\| \hat{\xi}^{n+1} \right\|_m^2 \right\}. \quad (7.1.53b)$$

$$|T_3| \leqslant K \left\{ \left\| \hat{\xi}^{n+1} \right\|_m^2 + \left\| \hat{\xi}^n \right\|_m^2 + (\Delta t)^2 + h_{\hat{c}}^4 \right\}. \quad (7.1.53c)$$

估计 T_4, T_5 和 T_6 导出下述一般的关系式. 若 f 定义在 Ω 上, f 对应的是 $\hat{c}$, ζ 和 $\hat{\xi}$, Z 表示方向 $\boldsymbol{U}^{n+1} - \boldsymbol{u}^{n+1}$ 的单位向量. 则

$$
\int_\Omega \varphi \frac{\hat{f}^n - \overset{\vee}{f}{}^n}{\Delta t} \hat{\xi}^{n+1} \mathrm{d}X = (\Delta t)^{-1} \int_\Omega \varphi \left[\int_{\overset{\vee}{X}}^{\hat{X}} \frac{\partial f^n}{\partial Z} \mathrm{d}Z \right] \hat{\xi}^{n+1} \mathrm{d}X
$$

$$
= (\Delta t)^{-1} \int_\Omega \varphi \left[\int_0^1 \frac{\partial f^n}{\partial Z} ((1 - \bar{Z}) \overset{\vee}{X} + \bar{Z}\hat{X}) \mathrm{d}\bar{Z} \right] \left| \hat{X} - \overset{\vee}{X} \right| \hat{\xi}^{n+1} \mathrm{d}X
$$

$$
= \int_\Omega \left[\int_0^1 \frac{\partial f^n}{\partial Z} ((1 - \bar{Z}) \overset{\vee}{X} + \bar{Z}\hat{X}) \mathrm{d}\bar{Z} \right] |\boldsymbol{u} - \boldsymbol{U}| \hat{\xi}^{n+1} \mathrm{d}X, \tag{7.1.54}
$$

此处 $\bar{Z} \in [0,1]$ 的参数, 应用关系式 $\hat{X} - \check{X} = \Delta t \dfrac{\boldsymbol{u}^{n+1}(X) - \boldsymbol{U}^{n+1}(X)}{\varphi(X)}$. 设

$$
g_f = \int_0^1 \frac{\partial f^n}{\partial Z} ((1 - \bar{Z})\check{X} + \bar{Z}\hat{X}) \mathrm{d}\bar{Z}.
$$

则可写出关于式 (7.1.54) 三个特殊情况:

$$
|T_4| \leqslant \|g_{\hat{c}}\|_\infty \left\| (\boldsymbol{u} - \boldsymbol{U})^{n+1} \right\|_m \left\| \hat{\xi}^{n+1} \right\|_m, \tag{7.1.55a}
$$

$$
|T_5| \leqslant \left\| g_{\hat{\zeta}} \right\|_m \left\| (\boldsymbol{u} - \boldsymbol{U})^{n+1} \right\|_m \left\| \hat{\xi}^{n+1} \right\|_\infty, \tag{7.1.55b}
$$

$$
|T_6| \leqslant \left\| g_{\hat{\xi}} \right\|_m \left\| (\boldsymbol{u} - \boldsymbol{U})^{n+1} \right\|_m \left\| \hat{\xi}^{n+1} \right\|_\infty. \tag{7.1.55c}
$$

由引理 7.1.1~ 引理 7.1.5 和 (7.1.46) 可得

$$
\left\| (\boldsymbol{u} - \boldsymbol{U})^{n+1} \right\|_m^2 \leqslant K \left\{ \left\| \hat{\xi}^n \right\|_m^2 + h_p^4 + h_{\hat{c}}^4 + (\Delta t)^2 \right\}. \tag{7.1.56}
$$

因为 $g_{\hat{c}}(X)$ 是 $\hat{c}^n$ 的一阶偏导数的平均值, 它能用 $\|\hat{c}^n\|_{W_\infty^1}$ 来估计. 由式 (7.1.55a) 可得

$$
|T_4| \leqslant K \left\{ \left\| \hat{\xi}^{n+1} \right\|_m^2 + \left\| \hat{\xi}^n \right\|_m^2 + h_p^4 + h_{\hat{c}}^4 + (\Delta t)^2 \right\}. \tag{7.1.57}
$$

为了估计 $\left\| g_{\hat{\zeta}} \right\|_m$ 和 $\left\| g_{\hat{\xi}} \right\|_m$, 需要作归纳法假定:

$$
\sup_{0 \leqslant n \leqslant L} \|\|\sigma\|\|_\infty \to 0, \quad \sup_{0 \leqslant n \leqslant L} \left\| \hat{\xi}^n \right\|_\infty \to 0, \quad (h_c, h_p, \Delta t) \to 0. \tag{7.1.58}
$$

同时作下述剖分参数限制性条件:

$$
\Delta t = O(h_{\hat{c}}^2), \quad h_{\hat{c}}^2 = o(h_p^{3/2}). \tag{7.1.59}
$$

为了估计 T_5, T_6, 现在考虑

$$\|g_f\|^2 \leqslant \int_0^1 \int_\Omega \left[\frac{\partial f^n}{\partial Z}((1-\bar{Z})\check{X} + \bar{Z}\hat{X})\right]^2 \mathrm{d}X\mathrm{d}\bar{Z}. \tag{7.1.60}$$

定义变换:

$$G_{\bar{Z}}(X) = (1-\bar{Z})\check{X} + \bar{Z}\hat{X}$$
$$= X - [\varphi^{-1}(X)\boldsymbol{u}^{n+1}(X) + \bar{Z}\varphi^{-1}(X)(\boldsymbol{U}-\boldsymbol{u})^{n+1}(X)]\Delta t, \tag{7.1.61}$$

设 $J_p = \Omega_{ijk} = [x_{i-1/2}, x_{i+1/2}] \times [y_{j-1/2}, y_{j+1/2}] \times [z_{k-1/2}, z_{k+1/2}]$ 是流动方程的网格单元, 则式 (7.1.59) 可写为

$$\|g_f\|^2 \leqslant \int_0^1 \sum_{J_p} \left|\frac{\partial f^n}{\partial Z}(G_{\bar{Z}}(X))\right|^2 \mathrm{d}X\mathrm{d}\bar{Z}. \tag{7.1.62}$$

由归纳法假定 (7.1.58) 和剖分参数限制性条件 (7.1.59) 有

$$\det DG_{\bar{Z}} = 1 + o(1).$$

则式 (7.1.62) 进行变量替换后可得

$$\|g_f\|^2 \leqslant K\|\nabla f^n\|^2. \tag{7.1.63}$$

对 T_5 应用式 (7.1.63), 引理 7.1.5 和 Sobolev 嵌入定理 [38] 可得下述估计:

$$|T_5| \leqslant K \left\|\nabla\hat{\zeta}^n\right\| \cdot \left\|(\boldsymbol{u}-\boldsymbol{U})^{n+1}\right\| \cdot h_{\hat{c}}^{-(\varepsilon+1/2)} \left\|\nabla\hat{\xi}^{n+1}\right\|$$
$$\leqslant K\left\{h_{\hat{c}}^{2-(\varepsilon+1/2)} \left\|(\boldsymbol{u}-\boldsymbol{U})^{n+1}\right\|\left\|\nabla\hat{\xi}^{n+1}\right\|\right\}$$
$$\leqslant K\left\{\left\|\hat{\xi}^{n+1}\right\|_m^2 + \left\|\hat{\xi}^n\right\|_m^2 + h_p^4 + h_{\hat{c}}^4 + (\Delta t)^2\right\} + \varepsilon \left\|\|\alpha^{n+1}\|\right\|^2. \tag{7.1.64a}$$

从式 (7.1.56) 清楚地看到 $\|(\boldsymbol{u}-\boldsymbol{U})^{n+1}\|_m = o(h_{\hat{c}}^{\varepsilon+1/2})$, 因此我们的定理将证明 $\left\|\hat{\xi}^n\right\|_m = O(h_p^2 + h_{\hat{c}}^2 + \Delta t)$. 类似于文献 [6] 中的分析, 有

$$|T_6| \leqslant K \left\|\nabla\hat{\xi}^n\right\| \cdot \left\|(\boldsymbol{u}-\boldsymbol{U})^{n+1}\right\| \cdot h_{\hat{c}}^{-(\varepsilon+1/2)} \left\|\nabla\hat{\xi}^{n+1}\right\| \leqslant \varepsilon\left\{\|\|\alpha^{n+1}\|\|^2 + \|\|\alpha^n\|\|^2\right\}. \tag{7.1.64b}$$

对 T_7, T_8 应用负模估计可得

$$|T_7| \leqslant Kh_{\hat{c}}^4 + \varepsilon\|\|\alpha^{n+1}\|\|^2, \tag{7.1.65a}$$

$$|T_8| \leqslant K\left\|\hat{\xi}^n\right\|_m^2 + \varepsilon\|\|\alpha^{n+1}\|\|^2. \tag{7.1.65b}$$

对误差估计式 (7.1.49) 左、右两端分别应用式 (7.1.50)、(7.1.53)、(7.1.64) 和 (7.1.65) 可得

$$
\frac{1}{2\Delta t}\left\{(\varphi\hat{\xi}^{n+1},\hat{\xi}^{n+1})_m-(\varphi\hat{\xi}^n,\hat{\xi}^n)_m\right\}+\sum_{s=x,y,z}(E_c^{-1}\alpha^{s,n+1},\alpha^{s,n+1})_s
$$

$$
\leqslant K\left\{\left\|\frac{\partial^2\hat{c}}{\partial\tau^2}\right\|_{L^2(t^n,t^{n+1};m)}^2\Delta t+(\Delta t)^{-1}\left\|\frac{\partial\zeta}{\partial t}\right\|_{L^2(t^n,t^{n+1};m)}^2\right.
$$

$$
\left.+\left\|\hat{\xi}^{n+1}\right\|_m^2+\left\|\hat{\xi}^n\right\|_m^2+h_p^4+h_{\hat{c}}^4+(\Delta t)^2\right\}
$$

$$
+\varepsilon\{|||\alpha^{n+1}|||^2+|||\alpha^n|||^2\}. \tag{7.1.66}
$$

对式 (7.1.66) 乘以 $2\Delta t$, 并对时间 t 求和 $(0\leqslant n\leqslant L)$, 注意到 $\hat{\xi}^0=0$, 可得

$$
\left\|\hat{\xi}^{L+1}\right\|_m^2+\sum_{n=0}^L|||\alpha^{n+1}|||^2\Delta t\leqslant K\left\{\sum_{n=0}^L\left\|\hat{\xi}^{n+1}\right\|_m^2\Delta t+h_p^4+h_{\hat{c}}^4+(\Delta t)^2\right\}. \tag{7.1.67}
$$

应用 Gronwall 引理可得

$$
\left\|\hat{\xi}^{L+1}\right\|_m^2+\sum_{n=0}^L|||\alpha^{n+1}|||^2\Delta t\leqslant K\left\{h_p^4+h_{\hat{c}}^4+(\Delta t)^2\right\}. \tag{7.1.68a}
$$

对流动方程的误差估计式 (7.1.40) 和 (7.1.46), 应用估计式 (7.1.68) 可得

$$
\sup_{0\leqslant n\leqslant L}\left\{|||\pi^{n+1}||_m^2+|||\alpha^{n+1}|||^2\right\}\leqslant K\left\{h_p^4+h_{\hat{c}}^4+(\Delta t)^2\right\}. \tag{7.1.68b}
$$

下面需要检验归纳法假定 (7.1.58). 对于 $n=0$ 时, 由于初始值的选取, $\hat{\xi}^0=0$, 由归纳法假定显然是正确的. 若对 $1\leqslant n\leqslant L$ 归纳法假定 (7.1.58) 成立. 由估计式 (7.1.68) 和限制性条件 (7.1.59) 有

$$
|||\sigma^{L+1}|||_\infty\leqslant Kh_p^{-3/2}\left\{h_p^2+h_{\hat{c}}^2+\Delta t\right\}\leqslant Kh_p^{1/2}\to 0, \tag{7.1.69a}
$$

$$
\left\|\hat{\xi}^{L+1}\right\|_\infty\leqslant Kh_{\hat{c}}^{-3/2}\left\{h_p^2+h_{\hat{c}}^2+\Delta t\right\}\leqslant Kh_{\hat{c}}^{1/2}\to 0. \tag{7.1.69b}
$$

归纳法假定成立.

下面讨论 Radionuclide 浓度方程 (7.1.22) 的误差估计. 为此将式 (7.1.22a) 和式 (7.1.22b) 分别减去 $t=t^{n+1}$ 时刻的式 (7.1.35a) 和式 (7.1.35b), 分别取 $v=i_l^{n+1}$, $w=\alpha_l^{n+1}$, 可得

$$
\left(\varphi K_l\frac{C_l^{n+1}-\hat{C}_l^n}{\Delta t},\xi_l^{n+1}\right)_m+\left(D_x\alpha_l^{x,n+1}+D_y\alpha_l^{y,n+1}+D_z\alpha_l^{z,n+1},\xi_l^{n+1}\right)_m
$$

$$
\begin{aligned}
=&\Big(f(\hat{C}^{n+1}, C_1^n, C_2^n, \cdots, C_N^n) - f(\hat{c}^{n+1}, c_1^{n+1}, c_2^{n+1}, \cdots, c_N^{n+1}) \\
&+ \psi_l^{n+1} \frac{\partial c_l^{n+1}}{\partial \tau_l}, \xi_l^{n+1} \Big)_m,
\end{aligned} \tag{7.1.70a}
$$

$$
\begin{aligned}
&(E_c^{-1} \alpha_l^{x,n+1}, \alpha_l^{x,n+1})_x + (E_c^{-1} \alpha_l^{y,n+1}, \alpha_l^{y,n+1})_y + (E_c^{-1} \alpha_l^{z,n+1}, \alpha_l^{z,n+1})_z \\
&- (\xi_l^{n+1}, D_x \alpha_l^{x,n+1} + D_y \alpha_l^{y,n+1} + D_z \alpha_l^{z,n+1})_m = 0.
\end{aligned} \tag{7.1.70b}
$$

将式 (7.1.70a) 和式 (7.1.70b) 相加可得

$$
\begin{aligned}
&\Big(\varphi K_l \frac{C_l^{n+1} - \hat{C}_l^n}{\Delta t}, \xi_l^{n+1} \Big)_m + (E_c^{-1} \alpha_l^{x,n+1}, \alpha_l^{x,n+1})_x \\
&+ (E_c^{-1} \alpha_l^{y,n+1}, \alpha_l^{y,n+1})_y + (E_c^{-1} \alpha_l^{z,n+1}, \alpha_l^{z,n+1})_z \\
&= \Big(f(\hat{C}^{n+1}, C_1^n, C_2^n, \cdots, C_N^n) - f(\hat{c}^{n+1}, c_1^{n+1}, c_2^{n+1}, \cdots, c_N^{n+1}) \\
&+ \psi_l^{n+1} \frac{\partial c_l^{n+1}}{\partial \tau_l}, \xi_l^{n+1} \Big)_m.
\end{aligned} \tag{7.1.71}
$$

应用方程 (7.1.3) $(t = t^{n+1})$, 将上式改写为

$$
\begin{aligned}
&\Big(\varphi K_l \frac{\xi_l^{n+1} - \xi_l^n}{\Delta t}, \xi_l^{n+1} \Big)_m + \sum_{s=x,y,z} (E_c^{-1} \alpha_l^{s,n+1}, \alpha_l^{s,n+1})_s \\
&= \Big(\Big[\varphi K_l \frac{\partial c_l^{n+1}}{\partial t} + \boldsymbol{u}^{n+1} \cdot \nabla c_l^{n+1} \Big] - \varphi K_l \frac{c_l^{n+1} - \check{c}_l^n}{\Delta t}, \xi_l^{n+1} \Big)_m \\
&+ (f(\hat{C}^{n+1}, C_1^n, C_2^n, \cdots, C_N^n) - f(\hat{c}^{n+1}, c_1^{n+1}, c_2^{n+1}, \cdots, c_N^{n+1}), \xi_l^{n+1}) \\
&+ \Big(\varphi K_l \frac{\zeta_l^{n+1} - \zeta_l^n}{\Delta t}, \xi_l^{n+1} \Big)_m + \Big(\varphi K_l \frac{\hat{c}_l^n - \check{c}_l^n}{\Delta t}, \xi_l^{n+1} \Big)_m \\
&- \Big(\varphi K_l \frac{\hat{\zeta}_l^n - \check{\zeta}_l^n}{\Delta t}, \xi_l^{n+1} \Big)_m + \Big(\varphi K_l \frac{\hat{\xi}_l^n - \check{\xi}_l^n}{\Delta t}, \xi_l^{n+1} \Big)_m \\
&- \Big(\varphi K_l \frac{\check{\zeta}^n - \zeta^n}{\Delta t}, \xi_l^{n+1} \Big)_m + \Big(\varphi K_l \frac{\check{\xi}_l^n - \xi_l^n}{\Delta t}, \xi_l^{n+1} \Big)_m.
\end{aligned} \tag{7.1.72}
$$

对式 (7.1.72) 的左端应用不等式 $a(a-b) \geqslant \frac{1}{2}(a^2 - b^2)$, 其右端分别用 $\bar{T}_1, \bar{T}_2, \cdots, \bar{T}_8$ 表示, 可得

$$
\frac{1}{2\Delta t} \big\{ (\varphi K_l \xi_l^{n+1}, \xi_l^{n+1})_m - (\varphi K_l \xi_l^n, \xi_l^n)_m \big\} + \sum_{s=x,y,z} (E_c^{-1} \alpha_l^{s,n+1}, \alpha_l^{s,n+1})_s \leqslant \sum_{j=1}^8 \bar{T}_j. \tag{7.1.73}
$$

为了进行误差估计, 需要引入下述归纳法假定:

$$\sup_{0 \leqslant n \leqslant L} \left\{ \left\| \hat{\xi}_l^n \right\|_m, l = 1, 2, \cdots, N \right\} \to 0, \quad (h_{\hat{c}}, h_p, \Delta t) \to 0. \tag{7.1.74}$$

同样要求剖分限制性条件 (7.1.59).

现在依次估计式 (7.1.73) 右端诸项, 应用估计式 (7.1.46) 和式 (7.1.68) 以及归纳法假定 (7.1.74) 可得

$$|\bar{T}_1| \leqslant K \left\| \frac{\partial^2 c_l}{\partial \tau_l^2} \right\|_{L^2(t^n, t^{n+1}; m)}^2 \Delta t + K \left\| \xi_l^{n+1} \right\|_m^2, \tag{7.1.75a}$$

$$|\bar{T}_2| \leqslant K \left\{ \left\| \xi_l^{n+1} \right\|_m^2 + \sum_{l=1}^N \left\| \xi_l^n \right\|_m^2 + h_p^4 + h_{\hat{c}}^4 + (\Delta t)^2 \right\}, \tag{7.1.75b}$$

$$|\bar{T}_3| \leqslant K \left\{ (\Delta t)^{-1} \left\| \frac{\partial \zeta_l}{\partial t} \right\|_{L^2(t^n, t^{n+1}; m)}^2 + \left\| \xi_l^{n+1} \right\|_m^2 \right\}, \tag{7.1.75c}$$

$$|\bar{T}_4| \leqslant K \left\{ \left\| \xi_l^{n+1} \right\|_m^2 + h_p^4 + h_{\hat{c}}^4 + (\Delta t)^2 \right\}, \tag{7.1.75d}$$

$$|\bar{T}_5| \leqslant \varepsilon |||\alpha_l^{n+1}|||^2 + K\{h_p^4 + h_{\hat{c}}^4 + (\Delta t)^2\}, \tag{7.1.75e}$$

$$|\bar{T}_6| \leqslant \varepsilon\{|||\alpha_l^{n+1}|||^2 + |||\alpha_l^n|||^2\}, \tag{7.1.75f}$$

$$|\bar{T}_7| \leqslant \varepsilon |||\alpha_l^{n+1}|||^2 + K h_p^4, \tag{7.1.75g}$$

$$|\bar{T}_8| \leqslant \varepsilon |||\alpha_T^{n+1}|||^2 + K \left\| \xi_l^{n+1} \right\|_m^2. \tag{7.1.75h}$$

对估计式 (7.1.73) 右端应用估计式 (7.1.75a)~(7.1.75h) 可得

$$\frac{1}{2\Delta t}\{(\varphi K_l \xi_l^{n+1}, \xi_l^{n+1})_m - (\varphi K_l \xi_l^n, \xi_l^n)_m\} + \sum_{s=x,y,z} \left(E_c^{-1} \alpha_l^{s,n+1}, \alpha_l^{s,n+1} \right)_s$$

$$\leqslant K \left\{ \left\| \frac{\partial^2 c_l}{\partial \tau_l^2} \right\|_{L^2(t^n, t^{n+1}; m)}^2 \Delta t + (\Delta t)^{-1} \left\| \frac{\partial \zeta_l}{\partial t} \right\|_{L^2(t^n, t^{n+1}; m)}^2 \right.$$

$$+ \left\| \xi_l^{n+1} \right\|_m^2 + \sum_{l=1}^N \left\| \xi_l^n \right\|_m^2 + h_p^4 + h_{\hat{c}}^4 + (\Delta t)^2 \right\}$$

$$+ \varepsilon\{|||\alpha_l^{n+1}|||^2 + |||\alpha_l^n|||^2\} \tag{7.1.76}$$

对上式 (7.1.76) 乘以 $2\Delta t$, 对时间 t 求和 $0 \leqslant n \leqslant L$, 注意到正定性条件 (C) 和 $\xi_l^0 = 0$ 可得

$$\left\| \xi_l^{L+1} \right\|_m^2 + \sum_{n=0}^L |||\alpha_l^{n+1}|||^2 \Delta t$$

$$\leqslant K\left\{\sum_{n=0}^{L}[||\xi_l^{n+1}||_m^2 + \sum_{l=1}^{N}||\xi_l^n||_m^2]\Delta t + h_p^4 + h_{\hat c}^4 + (\Delta t)^2\right\}, \tag{7.1.77}$$

对于上式 (7.1.77) 关于 l 求和 $1 \leqslant l \leqslant N$, 应用 Gronwall 引理可得

$$\sum_{l=1}^{N}||\xi_l^{L+1}||_m^2 + \sum_{n=0}^{L}\sum_{l=1}^{N}|||\alpha_l^{n+1}|||^2\Delta t \leqslant K\{h_p^4 + h_{\hat c}^4 + (\Delta t)^2\}. \tag{7.1.78}$$

类似地可证明归纳法假定 (7.1.74) 成立.

最后讨论热传导方程 (7.1.23) 的误差估计. 为此将式 (7.1.23a) 和式 (7.1.23b) 分别减去 $t = t^{n+1}$ 时刻的式 (7.1.36a) 和式 (7.1.36b), 并取 $v = \xi_T^{n+1}$, $w = \alpha_T^{n+1}$ 可得

$$\left(d_2\frac{T_h^{n+1} - \hat T_h^n}{\Delta t}, \xi_T^{n+1}\right)_m + \left(D_x\alpha_T^{x,n+1} + D_y\alpha_T^{y,n+1} + D_z\alpha_T^{z,n+1}, \xi_T^{n+1}\right)_m$$
$$= \left(Q(\boldsymbol{U}^{n+1}, P^{n+1}, \hat T_h^n, \hat C^{n+1}) - Q(\boldsymbol{u}^{n+1}, p^{n+1}, T^n, \hat c^{n+1}) + \psi_T^{n+1}\frac{\partial T^{n+1}}{\partial \tau_T}, \xi_T^{n+1}\right)_m, \tag{7.1.79a}$$

$$\left(E_H^{-1}\alpha_T^{x,n+1}, \alpha_T^{x,n+1}\right)_x + \left(E_H^{-1}\alpha_T^{y,n+1}, \alpha_T^{y,n+1}\right)_y + \left(E_H^{-1}\alpha_T^{z,n+1}, \alpha_T^{z,n+1}\right)_z$$
$$- \left(\xi_T^{n+1}, D_x\alpha_T^{x,n+1} + D_y\alpha_T^{y,n+1} + D_z\alpha_T^{z,n+1}\right)_m = 0. \tag{7.1.79b}$$

将式 (7.1.79a) 和式 (7.1.79b) 相加可得

$$\left(d_2\frac{T_h^{n+1} - \hat T_h^n}{\Delta t}, \xi_T^{n+1}\right)_m + \sum_{s=x,y,z}\left(E_H^{-1}\alpha_T^{s,n+1}, \alpha_T^{s,n+1}\right)_s$$
$$= \Big(Q(\boldsymbol{U}^{n+1}, P^{n+1}, \hat T_h^n, \hat C^{n+1}) - Q(\boldsymbol{u}^{n+1}, p^{n+1}, T^{n+1}, \hat c^{n+1})$$
$$+ \psi_T^{n+1}\frac{\partial T^{n+1}}{\partial \tau_T}, \xi_T^{n+1}\Big)_m. \tag{7.1.80}$$

应用方程 (7.1.4) $(t = t^{n+1})$, 将上式改写为

$$\left(d_2\frac{\xi_T^{n+1} - \hat\xi_T^n}{\Delta t}, \xi_T^{n+1}\right)_m + \sum_{s=x,y,z}\left(E_H^{-1}\alpha_T^{s,n+1}, \alpha_T^{s,n+1}\right)_s$$
$$= \left(d_2\frac{\partial T^{n+1}}{\partial t} + c_p\boldsymbol{u}^{n+1}\cdot\nabla T^{n+1} - d_2\frac{T^{n+1} - \check T^n}{\Delta t}, \xi_T^{n+1}\right)_m$$
$$+ (Q(\boldsymbol{U}^{n+1}, P^{n+1}, \hat T_h^n, \hat C^{n+1}) - Q(\boldsymbol{u}^{n+1}, p^{n+1}, T^{n+1}, \hat c^{n+1}), \xi_T^{n+1})_m$$
$$+ \left(d_2\frac{\zeta_T^{n+1} - \zeta_T^n}{\Delta t}, \xi_T^{n+1}\right)_m + \left(d_2\frac{\hat T^n - \check T^n}{\Delta t}, \xi_T^{n+1}\right)_m$$

$$- \left(d_2 \frac{\hat{\zeta}_T^n - \check{\zeta}_T^n}{\Delta t}, \xi_T^{n+1} \right)_m + \left(d_2 \frac{\hat{\xi}_T^n - \check{\zeta}_T^n}{\Delta t}, \xi_T^n \right)_m$$

$$- \left(d_2 \frac{\check{\zeta}_T^n - \zeta_T^n}{\Delta t}, \xi_T^{n+1} \right)_m + \left(d_2 \frac{\check{\zeta}_T^n - \xi_T^n}{\Delta t}, \xi_T^{n+1} \right)_m. \tag{7.1.81}$$

对估计式 (7.1.81) 的右端应用不等式 $a(a-b) \geqslant \frac{1}{2}(a^2-b^2)$, 对其右端用 $\hat{T}_1, \hat{T}_2, \cdots, \hat{T}_8$ 表示, 可得

$$\frac{1}{2\Delta t} \left\{ (d_2\xi_T^{n+1}, \xi_T^{n+1})_m - (d_2\xi_T^n, \xi_T^n)_m \right\} + \sum_{s=x,y,z} \left(E_H^{-1}\alpha_T^{s,n+1}, \alpha_T^{s,n+1} \right)_s \leqslant \sum_{j=1}^8 \hat{T}_j. \tag{7.1.82}$$

为了进行误差估计, 需要引入下述归纳法假定:

$$\sup_{0\leqslant n\leqslant L} \{\|\xi_T^n\|_\infty\} \to 0, \quad (h_p, h_{\hat{c}}, \Delta t) \to 0. \tag{7.1.83}$$

经类似的估计和分析, 并应用引理 7.1.5, 正定性条件 (C) 和估计式 (7.1.68)、(7.1.78), 并注意到 $\xi_T^0 = 0$, 可得

$$\|\xi_T^{L+1}\|_m^2 + \sum_{n=0}^L \||\alpha_T^{n+1}\||^2 \Delta t \leqslant K \left\{ \sum_{n=0}^L \|\xi_T^{n+1}\|_m^2 \Delta t + h_p^4 + h_{\hat{c}}^4 + (\Delta t)^2 \right\} \tag{7.1.84}$$

应用 Gronwall 引理可得

$$\|\xi_T^{L+1}\|_m^2 + \sum_{n=0}^L \||\alpha_T^{n+1}\||^2 \Delta t \leqslant K\{h_p^4 + h_{\hat{c}}^4 + (\Delta t)^2\} \tag{7.1.85}$$

由估计式 (7.1.46)、(7.1.68)、(7.1.78)、(7.1.85) 和引理 7.1.5, 可以建立下述定理.

定理 7.1.5　对问题 (7.1.1)∼(7.1.7) 假定其精确解满足正则性条件 (R), 且其系数满足正定性条件 (C), 采用混合体积元–修正特征混合体积元方法 (7.1.20)∼(7.1.23) 逐层求解. 若剖分参数满足限制性条件 (7.1.59), 则下述误差估计式成立:

$$\|p - P\|_{\bar{L}^\infty(J;m)} + \|\boldsymbol{u} - \boldsymbol{U}\|_{\bar{L}^\infty(J;V)} + \left\|\hat{c} - \hat{C}\right\|_{\bar{L}^\infty(J;m)} + \left\|\hat{\boldsymbol{g}} - \hat{\boldsymbol{G}}\right\|_{\bar{L}^2(J;V)}$$

$$+ \sum_{l=1}^N [\|c_l - C_l\|_{\bar{L}^\infty(J;m)} + \|\boldsymbol{g}_l - \boldsymbol{G}_l\|_{\bar{L}^2(J;V)}]$$

$$+ \|T - T_h\|_{\bar{L}^\infty(J;m)} + \|\boldsymbol{g}_T - \boldsymbol{G}_T\|_{\bar{L}^2(J;V)}$$

$$\leqslant M^* \{h_p^2 + h_c^2 + \Delta t\}, \tag{7.1.86}$$

此处 $\|g\|_{\bar{L}^\infty(J;X)} = \sup\limits_{n\Delta t \leqslant T} \|g^n\|_X, \|g\|_{\bar{L}^2(J;X)} = \sup\limits_{L\Delta t \leqslant T} \left\{ \sum\limits_{n=0}^{L} \|g^n\|_X^2 \, \Delta t \right\}^{1/2}$，常数

M^* 依赖于函数 $p, \hat{c}, c_l(l = 1, 2, \cdots, N), T$ 及其导函数.

7.1.5　修正混合体积元--特征体积元方法和分析

在 7.1.3 小节和 7.1.4 小节, 我们研究了混合体积元–特征体积元方法, 但在很多实际问题中, Darcy 速度关于时间的变化比浓度和温度的变化慢得多. 因此, 我们对流动方程 (7.1.1) 采用大步长计算, 对浓度方程 (7.1.2)~(7.1.3) 和热传导方程 (7.1.4) 采用小步长计算, 这样大大减少实际计算量. 为此对时间区间 J 进行剖分: $0 = t_0 < t_1 < \cdots < t_L = T$, 记 $\Delta t_p^m = t_m - t_{m-1}$, 除 Δt_p^1 外, 假定其余的步长为均匀的, 即 $\Delta t_p^m = \Delta t_p, m \geqslant 2$. 设 $\Delta t_c = t^n - t^{n-1}$, 为对应于饱和度方程的均匀小步长. 设对每一个正常数 m, 都存在一个正整数 n 使得 $t_m = t^n$, 即每一个压力时间节点也是一个饱和度时间节点, 并记 $j = \dfrac{\Delta t_p}{\Delta t_c}$, $j_1 = \dfrac{\Delta t_p^1}{\Delta t_c}$. 对函数 $\psi_m(X) = \psi(X, t_m)$, 对饱和度时间步 t^{n+1}, 若 $t_{m-1} < t^{n+1} \leqslant t_m$, 则在 (7.1.21) 中, 用 Darcy 速度 $\boldsymbol{u}^{n+1}$ 的下述逼近形式, 如果 $m \geqslant 2$, 定义 $\boldsymbol{U}_{m-1}$ 和 $\boldsymbol{U}_{m-2}$ 的线性外推:

$$E\boldsymbol{U}^{n+1} = \left(1 + \frac{t^{n+1} - t_{m-1}}{t_{m-1} - t_{m-2}}\right)\boldsymbol{U}_{m-1} - \frac{t^{n+1} - t_{m-1}}{t_{m-1} - t_{m-2}}\boldsymbol{U}_{m-2}, \tag{7.1.87}$$

如果 $m = 1$, 令 $E\boldsymbol{U}^{n+1} = \boldsymbol{U}_0$.

问题 (7.1.1)~(7.1.7) 的修正混合体积元–特征混合体积元格式: 求 $(\boldsymbol{U}_m, P_m)$: $(t_0, t_1, \cdots, t_L) \to S_h \times V_h$ 满足

$$(D_x U_m^x + D_y U_m^y + D_z U_m^z, v)_{\hat{m}} = \left(-q_m + R_s(\hat{C}_m), v\right)_{\hat{m}}, \quad \forall v \in S_h, \tag{7.1.88a}$$

$$\left(a^{-1}(\bar{\hat{C}}_m^x)U_m^x, w^x\right)_x + \left(a^{-1}(\bar{\hat{C}}_m^y)U_m^y, w^y\right)_y + \left(a^{-1}(\bar{\hat{C}}_m^z)U_m^z, w^z\right)_z$$
$$- (P_m, D_x w^x + D_y w^y + D_z w^z)_{\hat{m}}$$
$$= 0, \quad \forall w \in V_h, \tag{7.1.88b}$$

此处为了避免符号相重, 这里 $\hat{m}$ 即为 7.1.2 小节中的 m.

求 $(C^n, \boldsymbol{G}^n) : (t^0, t^1, \cdots, t^R) \to S_h \times V_h$ 满足

$$\left(\varphi \frac{\hat{C}^{n+1} - \hat{C}^n}{\Delta t}, v\right)_m + (D_x \hat{G}^{x,n+1} + D_y \hat{G}^{y,n+1} + D_z \hat{G}^{z,n+1}, v)_m$$
$$= (f(\hat{C}^n), v)_m, \quad \forall v \in S_h, \tag{7.1.89a}$$

$$(E_c^{-1} \hat{G}^{x,n+1}, w^x)_x + (E_c^{-1} \hat{G}^{y,n+1}, w^y)_y + (E_c^{-1} \hat{G}^{z,n+1}, w^z)_z$$

$$- (\hat{C}^{n+1}, D_x w^x + D_y w^y + D_z w^z)_m$$

$$=0, \quad \forall w \in V_h, \tag{7.1.89b}$$

$$\hat{C}^0 = \tilde{C}^0, \quad \hat{G}^0 = \tilde{\hat{G}}^0, \quad X \in \Omega, \tag{7.1.89c}$$

此处 $\hat{\hat{C}}^n = \hat{C}^n(X - \varphi^{-1}EU^{n+1}\Delta t)$.

求 $\{(C_l^n, \boldsymbol{G}_l^n), l = 1, 2, \cdots, N\} : (t^0, t^1, \cdots, t^R) \to S_h \times V_h$ 满足

$$\left(\varphi K_l \frac{C_l^{n+1} - \hat{C}_l^n}{\Delta t}, v\right)_m + (D_x G_l^{x,n+1} + D_y G_l^{y,n+1} + D_z G_l^{z,n+1}, v)_m$$

$$=(f(\hat{C}^{n+1}, C_1^n, C_2^n, \cdots, C_N^n), v)_m, \quad \forall v \in S_h, \tag{7.1.90a}$$

$$(E_c^{-1}G_l^{x,n+1}, w^x)_x + (E_c^{-1}G_l^{y,n+1}, w^y)_y + (E_c^{-1}G_l^{z,n+1}, w^z)_z$$

$$- (C_l^{n+1}, D_x w^x + D_y w^y + D_z w^z)_{\hat{m}} = 0,$$

$$\forall w \in V_h, \tag{7.1.90b}$$

$$C_l^0 = \tilde{C}_l^0, \quad G_l^0 = \tilde{G}_l^0, \quad X \in \Omega, \tag{7.1.90c}$$

此处 $\hat{C}_l^n = C_l^n(\hat{X}_l^n), \hat{X}_l^n = X - \varphi^{-1}K_l^{-1}EU^{n+1}\Delta t$.

求 $(T_h^n, \boldsymbol{G}_T^n) : (t^0, t^1, \cdots, t^R) \to S_h \times V_h$ 满足

$$\left(d_2 \frac{T_h^{n+1} - \hat{T}_h^n}{\Delta t}, v\right)_m + (D_x G_T^{x,n+1} + D_y G_T^{y,n+1} + D_z G_T^{z,n+1}, v)_m$$

$$=(Q(U^{n+1}, P^{n+1}, \hat{T}_h^n, \hat{C}^{n+1}), v)_m, \quad \forall v \in S_h, \tag{7.1.91a}$$

$$(E_H^{-1}G_T^{x,n+1}, w^x)_x + (E_H^{-1}G_T^{y,n+1}, w^y)_y + (E_H^{-1}G_T^{z,n+1}, w^z)_z$$

$$- (T_h^{n+1}, D_x w^x + D_y w^y + D_z w^z)_m = 0,$$

$$\forall w \in V_h, \tag{7.1.91b}$$

$$T_h^0 = \tilde{T}_h^0, \quad G_T^0 = \tilde{G}_T^0, \quad X \in \Omega, \tag{7.1.91c}$$

此处 $\hat{T}_h^n = T_h^n(\hat{X}_T^n), \hat{X}_T^n = X - d_2^{-1}c_pEU^{n+1}\Delta t$.

格式 (7.1.88)~(7.1.91) 的计算程序如下.

(1) 首先由 (7.1.34) 求出 $\{\tilde{\hat{C}}^0, \tilde{\boldsymbol{G}}^0\}$ 作为初始逼近 $\{\hat{C}^0, \hat{\boldsymbol{G}}^0\}$. 并由 (7.1.88) 求出 $\{\boldsymbol{U}_0, P_0\}$.

(2) 由 (7.1.89) 依次计算出 $\{\hat{C}^1, \hat{\boldsymbol{G}}^1\}, \{\hat{C}^2, \hat{\boldsymbol{G}}^2\}, \cdots, \{\hat{C}^{j_1}, \hat{\boldsymbol{G}}^{j_1}\}$, 由 (7.1.90) 依次计算出 $\{C_l^1, \boldsymbol{G}_l^1\}, \{C_l^2, f\boldsymbol{G}_l^2\}, \cdots, \{C_l^{j_1}, \boldsymbol{G}_l^{j_1}\}$, 再由 (7.1.91) 依次计算出 $\{T_h^1, \boldsymbol{G}_T^1\}$, $\{T_h^2, \boldsymbol{G}_T^2\}, \cdots, \{T_h^{j_1}, \boldsymbol{G}_t^{j_1}\}$.

(3) 由于 $\{\hat{C}^{j_1}, \hat{\boldsymbol{G}}^{j_1}\} = \{\hat{C}_1, \hat{\boldsymbol{G}}_1\}$, 然后可由 (7.1.88) 求出 $\{\boldsymbol{U}_1, P_1\}$.

(4) 类似地, 计算出 $\{\hat{C}^{j_1+1}, \hat{G}^{j_1+1}\}, \cdots, \{\hat{C}^{j_1+j}, \hat{G}^{j_1+j}\}, \{C_l^{j_1+1}, G_l^{j_1+1}\}, \{C_l^{j_1+2}, G_l^{j_1+2}\}, \cdots, \{C_l^{j_1+j}, G_l^{j_1+j}\}, \{T_h^{j_1+1}, G_T^{j_1+1}\}, \{T_h^{j_1+2}, G_T^{j_1+2}\}, \cdots, \{T_h^{j_1+j}, G_t^{j_1+j}\}, \{U_2, P_2\}$.

(5) 由此类推, 可求得全部数值解.

经和定理 7.1.3 类似的分析及繁杂的估算, 可以建立下述定理.

定理 7.1.6　对问题 (7.1.1)~(7.1.7) 假定其精确解满足正则性条件 (R), 且其系数满足正定性条件 (C), 采用修正混合体积元–特征混合元方法 (7.1.88)~(7.1.91) 逐层计算求解. 若剖分参数满足限制性条件 (7.1.59), 则下述误差估计式成立:

$$\|p - P\|_{\bar{L}^\infty(J;m)} + \|\boldsymbol{u} - \boldsymbol{U}\|_{\bar{L}^\infty(J;V)} + \left\|\hat{c} - \hat{C}\right\|_{\bar{L}^\infty(J;m)} + \left\|\hat{\boldsymbol{g}} - \hat{\boldsymbol{G}}\right\|_{\bar{L}^2(J;V)}$$

$$+ \sum_{l=1}^N \left[\|c_l - C_l\|_{\bar{L}^\infty(J;m)} + \|\boldsymbol{g}_l - \boldsymbol{G}_l\|_{\bar{L}^2(J;V)} \right] + \|T - T_h\|_{\bar{L}^\infty(J;m)}$$

$$+ \|\boldsymbol{g}_T - \boldsymbol{G}_T\|_{\bar{L}^2(J;V)}$$

$$\leqslant M^{**} \left\{ h_p^2 + h_c^2 + \Delta t_c + (\Delta t_p)^2 + (\Delta t_p^1)^{3/2} \right\}, \tag{7.1.92}$$

此处常数 M^{**} 依赖于函数 $p, \hat{c}, c_l(l = 1, 2, \cdots, N), T$ 及其导函数.

定理 7.1.5 和定理 7.1.6 指明, 本节突破了 Arbogast 和 Wheeler 对同类问题仅有 $\frac{3}{2}$ 阶的著名结果 [17].

7.1.6　数值算例

现在, 我们应用本节提出的混合体积元–特征混合体积元方法解一个椭圆–对流扩散方程组:

$$\begin{cases} -\Delta p = \nabla \cdot \boldsymbol{u} = c + F, & X \in \partial\Omega, \quad 0 \leqslant t \leqslant T, \\ \dfrac{\partial c}{\partial t} + \boldsymbol{u} \cdot \nabla c - \varepsilon \Delta c = f, & X \in \Omega, \quad 0 < t \leqslant T, \\ c(X, 0) = c_0, & X \in \Omega, \\ \dfrac{\partial c}{\partial \nu} = 0, & X \in \partial\Omega, \quad 0 < t \leqslant T, \\ -\dfrac{\partial p}{\partial \nu} = \boldsymbol{u} \cdot \nu = 0, & X \in \partial\Omega, \quad 0 < t \leqslant T. \end{cases} \tag{7.1.93}$$

此处 p 是流体压力, $\boldsymbol{u}$ 是 Darcy 速度, c 是饱和度函数. $\Omega = (0,1) \times (0,1) \times (0,1)$ 和 ν 是边界面 $\partial\Omega$ 的单位外法向向量. 选定 F, f 和 c_0 对应的精确解为

$$p = \mathrm{e}^{12t} \Big(x_1^4(1 - x_1)^4 x_2^4(1 - x_2)^4 x_3^4(1 - x_3)^4$$

$$- x_1^2(1 - x_1)^2 x_2^2(1 - x_2)^2 x_3^2(1 - x_3)^2/21^3 \Big),$$

$$c = -\mathrm{e}^{12t} \sum_{i=1}^{3} \left(12x_i^2(1-x_i)^4 - 32x_i^3(1-x_i)^3 + 12x_i^4(1-x_i)^2 \right)$$
$$\cdot x_{i+1}^4(1-x_{i+1})^4 x_{i+2}^4(1-x_{i+2})^4.$$

对 $\varepsilon = 10^{-3}$, 这数值解误差结果在表 7.1.1 指明. 当 h 很小时, 从图 7.1.2~ 图 7.1.5 可知, 逼近解 $\{U, P\}$ 对精确解 $\{u, p\}$ 定性的图像有相当好的近似. 从图 7.1.6~ 图 7.1.9 可知, 逼近解 $\{G, C\}$ 对精确解 $\{g, c\}$ 定性的图像亦有很好的近似. 当步长 h 较小时, 对 $\{p, \boldsymbol{u}\}$ 的逼近解接近 2 阶精确度.

表 7.1.1　数值结果

	$h = \frac{1}{4}$	$h = \frac{1}{8}$	$h = \frac{1}{16}$
$\|p - P\|_m$	$1.82852\mathrm{e} - 4$	$1.17235\mathrm{e} - 4$ 0.64	$3.30572\mathrm{e} - 5$ 1.82
$\|\|\boldsymbol{u} - \boldsymbol{U}\|\|$	$6.95898\mathrm{e} - 3$	$1.86974\mathrm{e} - 3$ 1.90	$4.74263\mathrm{e} - 4$ 1.98
$\|c - C\|_m$	$1.39414\mathrm{e} - 1$	$8.76624\mathrm{e} - 2$ 0.67	$4.46468\mathrm{e} - 2$ 0.97
$\|\|\boldsymbol{g} - \boldsymbol{G}\|\|$	$1.78590\mathrm{e} - 3$	$8.88468\mathrm{e} - 4$ 1.01	$4.85070\mathrm{e} - 4$ 0.87

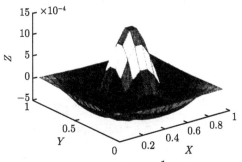

图 7.1.2　p 在 $t = 1, h = \frac{1}{16}$ 的剖面图

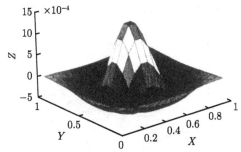

图 7.1.3　P 在 $t = 1, h = \frac{1}{16}$ 的剖面图

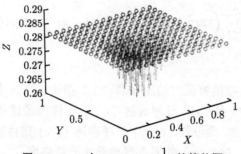

图 7.1.4　u 在 $t = 1, h = \frac{1}{16}$ 的箭状图

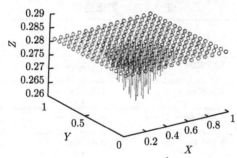

图 7.1.5　U 在 $t = 1, h = \frac{1}{16}$ 的箭状图

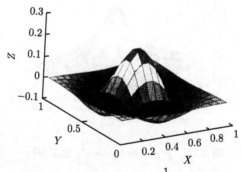

图 7.1.6　c 在 $t = 1, h = \frac{1}{16}$ 的剖面图

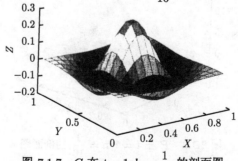

图 7.1.7　C 在 $t = 1, h = \frac{1}{16}$ 的剖面图

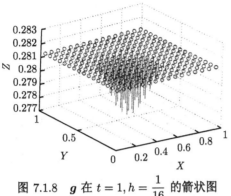

图 7.1.8 $\boldsymbol{g}$ 在 $t = 1, h = \dfrac{1}{16}$ 的箭状图

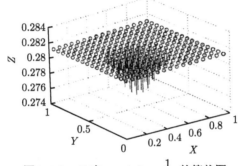

图 7.1.9 $\boldsymbol{G}$ 在 $t = 1, h = \dfrac{1}{16}$ 的箭状图

从表 7.1.1, 图 7.1.2~ 图 7.1.9 以及前面证明的守恒律定理 7.1.1~ 定理 7.1.4 和收敛性定理 7.1.5、定理 7.1.6, 我们指明此数值方法在处理三维核废料污染数值模拟问题 (7.1.1.1)~(7.1.1.7) 将是十分有效的并且是高精度的.

7.1.7 总结和讨论

本节研究三维多孔介质中核废料污染数值模拟问题, 提出一类混合有限体积元–特征有限体积元方法及其收敛性分析. 7.1.1 小节是引言部分, 叙述和分析问题的数学模型, 物理背景以及国内外研究概况. 7.1.2 小节给出网格剖分记号和引理, 以及两种 (粗, 细) 网格剖分. 7.1.3 小节提出混合体积元–特征混合体积元程序, 对流动方程采用具有守恒律性质的混合体积元离散, 对 Darcy 速度提高了一阶精确度. 对浓度方程和热传导方程采用了特征混合体积元求解, 对流部分采用特征线法, 扩散项采用混合体积元离散, 大大提高了数值计算的稳定性和精确度, 且保持单元质量守恒, 这在地下渗流力学数值模拟计算中是十分重要的. 7.1.4 小节是收敛性分析, 应用微分方程先验估计理论和特殊技巧, 得到了二阶 L^2 模误差估计结果. 这点是特别重要的, 它突破了 Arbogast 和 Wheeler 对同类问题仅能得到 $\dfrac{3}{2}$ 阶的著名成果. 7.1.5 小节讨论了修正混合体积元–特征混合体积元方法, 指明对很多实际问题, 对流动方程可采用大步长计算, 能进一步缩小计算规模和时间. 7.1.6 小节是数值算例, 支撑了理论分析, 并指明本节所提出的方法在实际问题是切实可行和高效的. 特别对于核废料污染等环境科学等实际问题的数值计算有着重要的价值. 本节有如下特征: ①本格式具有物理守恒律特性, 这点在地下渗流力学数值模拟计算是极其重要的; ②由于组合的应用混合体积元和特征线法, 它具有高精度和高稳定性的特征, 特别适用于三维复杂区域大型数值模拟的工程实际计算; ③它突破了 Arbogast 和 Wheeler 对同类问题仅能得到 $\frac{3}{2}$ 阶收敛性结果, 推进并解决了这一重要问题 [1-3,8,17] 详细的讨论和分析可参阅文献 [39].

7.2　多孔介质可压缩核废料污染问题的混合体积元–特征混合体积元方法

多孔介质中三维可压缩核废料污染问题的数学模型是一类非线性耦合对流扩散偏微分方程组的初边值问题. 关于压力的流动方程是抛物型的, 关于 Brine 和 Radionuclide 浓度方程组是对流扩散型的, 关于温度的传播是热传导型的. 流体压力通过 Darcy 流速在浓度和热传导方程中出现, 并控制着它们的全过程. 我们对流动方程采用具有守恒律性质的混合体积元离散, 它对 Darcy 速度的计算提高了一阶精确度. 对浓度方程和热传导方程采用特征混合体积元求解, 即对方程的扩散部分采用混合体积元离散, 对流部分采用特征线法, 特征线法可以保证格式在流体锋线前沿逼近的高稳定性, 消除数值弥散和非物理性振荡, 并可以得到较小的时间截断误差, 增大时间步长, 提高计算精确度. 扩散项采用混合体积元离散, 可以同时逼近浓度函数及其伴随向量函数, 保持单元的质量守恒. 应用微分方程先验估计的理论和特殊技巧, 得到最佳二阶 L^2 模误差估计结果. 数值算例, 指明该方法的有效性和实用性.

7.2.1　引言

本节研究多孔介质中可压缩核废料污染问题的混合体积元–特征混合体积元方法及其数值分析. 核废料深埋在地层下, 若遇到地震、岩石裂隙发生时, 它就会扩散, 因此研究其扩散及安全问题是十分重要的. 深层核废料污染问题的数值模拟是现代能源数学的重要课题. 在多孔介质中核废料污染问题计算方法研究, 对处理和分析地层核废料设施的安全有重要的价值. 对于可压缩、三维数学模型, 它是地层中迁移的耦合对流–扩散型偏微分方程组的初边值问题. ①流体流动; ②热量迁移; ③主要污染元素的相混溶驱动; ④微量污染元素的相混溶驱动. 应用 Douglas 关于

"微小压缩" 的处理, 其对应的偏微分方程组如下 [1-3,33,34,40].

流动方程:

$$\varphi_1 \frac{\partial p}{\partial t} + \nabla \cdot \boldsymbol{u} = -q + R_s', \quad X = (x, y, z)^{\mathrm{T}} \in \Omega, \quad t \in J = (0, T], \tag{7.2.1a}$$

$$\boldsymbol{u} = -\frac{\kappa}{\mu} \nabla p, \quad X \in \Omega, \quad t \in J, \tag{7.2.1b}$$

此处 $p = p(X, t)$ 和 $\boldsymbol{u} = \boldsymbol{u}(X, t)$ 对应于流体的压力和 Darcy 速度. $\varphi_1 = \varphi c_w$, $q = q(X, t)$ 是产量项. $R_s' = R_s'(\hat{c}) = \left[\dfrac{c_s \varphi K_s f_s}{(1 + c_s)} \right] (1 - \hat{c})$ 是主要污染元素的溶解项, $\kappa(X)$ 是岩石的渗透率, $\mu(\hat{c})$ 是流体的黏度, 依赖于 $\hat{c}$, 它是这流体中主要污染元素的浓度函数.

热传导方程:

$$d_1(p) \frac{\partial p}{\partial t} + d_2 \frac{\partial T}{\partial t} + c_p \boldsymbol{u} \cdot \nabla T - \nabla \cdot (E_H \nabla T) = Q(\boldsymbol{u}, p, T, \hat{c}), \quad X \in \Omega, \quad t \in J, \tag{7.2.2}$$

此处 T 是流体的温度, $d_1(p) = \varphi c_w \left[v_0 + \dfrac{p}{\rho} \right]$, $d_2 = \varphi c_p + (1 - \varphi) \rho_R \rho_{pR}$, $E_H = D c_{pw} + K_m' I$, $K_m' = \dfrac{\kappa_m}{\rho_o}$, I 为单位矩阵. $D = |\boldsymbol{u}| (d_l E + d_l (I - E))$, $E = \dfrac{\boldsymbol{u} \otimes \boldsymbol{u}}{|\boldsymbol{u}|^2}$,

$$Q(\boldsymbol{u}, p, T, \hat{c}) = -\left\{ [\nabla v_0 - c_p \nabla T_0] \cdot \boldsymbol{u} + \left[v_0 + c_p (T - T_0) + \frac{p}{\rho} \right] [-q + R_s'] \right\} - q_L - qH - q_H.$$

通常在实际计算时, 取 $E_H = K_m' I$.

Brine (主要污染元素) 浓度方程:

$$\varphi \frac{\partial \hat{c}}{\partial t} + \boldsymbol{u} \cdot \nabla \hat{c} - \nabla \cdot (E_c \nabla \hat{c}) = f(\hat{c}), \quad X \in \Omega, \quad t \in J, \tag{7.2.3}$$

此处 φ 是岩石孔隙度, $E_c = D + D_m I$, $f(\hat{c}) = -\hat{c} \left\{ \left[\dfrac{c_s \varphi K_s f_s}{(1 + c_s)} \right] (1 - \hat{c}) \right\} - q_c - R_c$. 通常在实际计算时, 取 $E_c = D_m I$.

Radionuclide (微量污染元素) 浓度方程:

$$\varphi K_i \frac{\partial c_i}{\partial t} + \boldsymbol{u} \cdot \nabla c_i - \nabla \cdot (E_c \nabla c_i) + d_3(c_i) \frac{\partial p}{\partial t}$$
$$= f_i(\hat{c}, c_1, c_2, \cdots, c_N), \quad i = 1, 2, \cdots, N, \quad X \in \Omega, \quad t \in J, \tag{7.2.4}$$

此处 $c_i (i = 1, 2, \cdots, N)$ 是微量元素浓度函数, $d_3(c_i) = \varphi c_w c_i (K_i - 1)$, $f_i(\hat{c}, c_1, c_2, \cdots, c_N) = c_i \left\{ q - \left[\dfrac{c_s \varphi K_s f_s}{(1 + c_s)} \right] (1 - \hat{c}) \right\} - q c_i - q_{c_i} + q_{oi} + \sum_{j=1}^{N} k_{ij} \lambda_i K_j \varphi c_j - \lambda_i K_i \varphi c_i.$

假定没有流体越过边界 (不渗透边界条件)

$$\boldsymbol{u} \cdot \nu = 0, \quad (X, t) \in \partial\Omega \times J, \tag{7.2.5a}$$

$$(E_c \nabla \hat{c} - \hat{c}\boldsymbol{u}) \cdot \nu = 0, \quad (X, t) \in \partial\Omega \times J, \tag{7.2.5b}$$

$$(E_c \nabla c_i - c_i \boldsymbol{u}) \cdot \nu = 0, \quad (X, t) \in \partial\Omega \times J, \quad i = 1, 2, \cdots, N. \tag{7.2.5c}$$

此处 Ω 是 R^3 空间的有界区域, $\partial\Omega$ 是其边界曲面, ν 是 $\partial\Omega$ 的外法向向量. 对热传导方程 (7.2.2) 的边界条件是绝热的, 即

$$(E_H \nabla T - c_p \boldsymbol{u}) \cdot \nu = 0, \quad (X, t) \in \partial\Omega \times J, \tag{7.2.5d}$$

另外, 初始条件必须给出.

$$p(X, 0) = p_0(X), \quad \hat{c}(X, 0) = \hat{c}_0(X), \quad c_i(X, 0) = c_{i0}(X),$$
$$i = 1, 2, \cdots, N, \quad T(X, 0) = T_0(X), \quad X \in \Omega. \tag{7.2.6}$$

对于经典的不可压缩的二相渗流驱动问题, Douglas, Ewing, Russell, 和作者已有系列研究成果 [1,4,7,8,41]. 对于不可压缩的经典情况, 数值分析和数值计算指明, 经典的有限元方法在处理对流–扩散问题上, 会出现强烈的数值振荡现象. 为了克服上述缺陷, 学者们提出了一系列新的数值方法, Eulerian-Lagrangian 局部对偶方法可以保持局部的质量守恒律, 但增加了积分的估算, 计算量很大. 修正的特征有限元方法是一个隐格式, 可采用较大的时间步长, 在流动的锋线前沿具有较高稳定性, 较好地消除了数值弥散现象, 但其检验函数空间不含有分片常数, 因此不能保证质量守恒律. 混合有限元方法是流体力学数值求解的有效方法, 它能同时高精度逼近待求函数及其伴随函数. 理论分析及应用已被深入研究 [21-23]. 为了得到对流–扩散方程的高精度数值计算格式, Arbogast 与 Wheeler 在 [17] 中对对流占优的输运方程提出一种特征混合元方法, 在方程的时空变分形式上, 用类似的 MMOC-Galerkin 方法逼近对流项, 用零次 Raviart-Thomas-Nedekc 混合元法离散扩散项, 分片常数在检验函数空间中, 因此在每个单元上格式是质量守恒的, 并借助于有限元解的后处理方法, 对空间 L^2 模误差估计提高到 $\frac{3}{2}$ 阶精确度, 必须指出此格式包含大量关于检验函数映像的积分, 使得实际计算十分复杂和困难.

对于现代能源和环境科学数值模拟新技术, 特别是在渗流力学数值模拟新技术中, 必须考虑流体的可压缩性. 否则数值模拟将失真 [42,43]. 关于可压缩二相渗流驱动问题, Douglas 和作者已有系列的研究成果 [1,8,40,41], 如特征有限元法 [41,44,45]、特征差分方法 [8,46]、分数步差分方法等 [46,47]. 我们在上述工作基础上, 实质性拓广和改进了 Arbogast 与 Wheeler 的工作 [17,48,49], 提出了一类混合元–特征混合元

方法, 大大减少了计算工作量, 并进行了实际问题的数值模拟计算, 指明此方法在实际计算时是可行的和有效的 [48,49]. 但在那里我们仅能到一阶精确度误差估计, 不能拓广到三维问题.

关于核废料污染问题数值模拟的研究 Ewing 教授和作者关于有限元方法和有限差分方法已有比较系统的研究成果, 并得到实际应用 [2,33,34,50]. 在上述工作的基础上, 我们对三维核废料污染渗流力学数值模拟问题提出一类混合体积元–特征混合体积元方法. 用具有物理守恒律性质的混合体积元同时逼近压力函数和 Darcy 速度, 并对 Darcy 速度提高了一阶计算精确度. 对浓度方程和热传导方程同样用具有物理守恒律性质的特征混合体积元方法, 即对对流项沿特征线方向离散, 方程的扩散项采用混合体积元离散. 特征线方法可以保证格式在流体锋线前沿逼近的高度稳定性, 消除数值弥散现象, 并可以得到较小的截断时间误差. 在实际计算中可以采用较大的时间步长, 提高计算效率而不降低精确度. 扩散项采用混合有限体积元离散, 可以同时逼近未知的饱和度函数及其伴随向量函数. 并且由于分片常数在检验函数空间中, 因此格式保持单元上质量守恒. 应用微分方程先验估计理论和特殊技巧, 得到了最优二阶 L^2 模误差估计, 高于 Arbogast 和 Wheeler $\frac{3}{2}$ 阶估计的著名成果 [17]. 本节对一般三维对流扩散问题做了数值试验, 指明本书的方法是一类切实可行的高效计算方法, 支撑了理论分析结果, 成功解决了这一重要问题 [1-3,33,34].

我们使用通常的 Sobolev 空间及其范数记号. 假定问题 (7.2.1)~(7.2.6) 的精确解满足下述正则性条件:

$$
(\mathrm{R}) \quad
\begin{cases}
\hat{c}, c_i(i = 1, 2, \cdots, N), \quad T \in L^\infty(H^2) \cap H^1(H^1) \cap L^\infty(W_\infty^1) \cap H^2(L^2), \\
p \in L^\infty(H^1), \\
\boldsymbol{u} \in L^\infty(H^1(\mathrm{div})) \cap L^\infty(W_\infty^1) \cap W_\infty^1(L^\infty) \cap H^2(L^2).
\end{cases}
$$

同时假定问题 (7.2.1)~(7.2.6) 的系数满足正定性条件:

$$
(\mathrm{C}) \quad
\begin{gathered}
0 < a_* \leqslant \frac{\kappa(X)}{\mu(c)} \leqslant a^*, \quad 0 < \varphi_* \leqslant \varphi, \quad \varphi_1 \leqslant \varphi^*, \quad 0 < d_* \leqslant d_1, \quad d_2, d_3 \leqslant d^*, \\
0 < K_* \leqslant K_i \leqslant K^*, \quad i = 1, 2, \cdots, N, \quad 0 < E_* \leqslant E_c \leqslant E^*, \\
0 < \bar{E}_* \leqslant E_H \leqslant \bar{E}^*,
\end{gathered}
$$

此处 $a_*, a^*, \varphi_*, \varphi^*, d_*, d^*, K_*, K^*, E_*, E^*$ 和 $\bar{E}_*, \bar{E}^*$ 均为确定的正常数. 并且全部系数满足局部有界和局部 Lipschitz 连续条件.

在本节中, 为了分析方便, 我们假定问题 (7.2.1)~(7.2.6) 是 Ω 周期的 [1-8], 也就是在本节中全部函数假定是 Ω-周期的. 这在物理上是合理的, 因为无流动边界

条件 (7.2.5) 一般能作镜面反射处理, 而且在通常能源和环境科学渗流力学数值模拟中, 边界条件对区域内部流动影响较小 [1-8]. 因此边界条件是省略的.

7.2.2　记号和引理

为了应用混合体积元–特征混合体积元方法, 我们需要构造两套网格系统. 粗网格是针对流场压力和 Darcy 流速的非均匀粗网格, 细网格是针对浓度方程和热传导方程的非均匀细网格. 首先讨论粗网格系统.

研究三维问题, 为简单起见, 设区域 $\Omega = \{[0,1]\}^3$, 用 $\partial\Omega$ 表示其边界. 定义剖分:

$$\delta_x : 0 = x_{1/2} < x_{3/2} < \cdots < x_{N_x-1/2} < x_{N_x+1/2} = 1,$$
$$\delta_y : 0 = y_{1/2} < y_{3/2} < \cdots < y_{N_y-1/2} < y_{N_y+1/2} = 1,$$
$$\delta_z : 0 = z_{1/2} < z_{3/2} < \cdots < z_{N_z-1/2} < z_{N_z+1/2} = 1.$$

对 Ω 作剖分 $\delta_x \times \delta_y \times \delta_z$, 对于 $i = 1, 2, \cdots, N_x; j = 1, 2, \cdots, N_y; k = 1, 2, \cdots, N_z$. 记

$$\Omega_{ijk} = \{(x,y,z) : x_{i-1/2} < x < x_{i+1/2}, y_{j-1/2} < y < y_{j+1/2}, z_{k-1/2} < z < z_{k+1/2}\},$$
$$x_i = \frac{x_{i-1/2} + x_{i+1/2}}{2}, \quad y_j = \frac{y_{j-1/2} + y_{j+1/2}}{2}, \quad z_k = \frac{z_{k-1/2} + z_{k+1/2}}{2}.$$
$$h_{x_i} = x_{i+1/2} - x_{i-1/2}, \quad h_{y_j} = y_{j+1/2} - y_{j-1/2}, \quad h_{z_k} = z_{k+1/2} - z_{k-1/2}.$$
$$h_{x,i+1/2} = x_{i+1} - x_i,$$
$$h_{y,j+1/2} = y_{j+1} - y_j,$$
$$h_{z,k+1/2} = z_{k+1} - z_k.$$
$$h_x = \max_{1 \leq i \leq N_x} \{h_{x_i}\}, \quad h_y = \max_{1 \leq j \leq N_y} \{h_{y_j}\}, \quad h_z = \max_{1 \leq k \leq N_z} \{h_{z_k}\},$$
$$h_p = (h_x^2 + h_y^2 + h_z^2)^{1/2}.$$

称剖分是正则的, 是指存在常数 $\alpha_1, \alpha_2 > 0$, 使得

$$\min_{1 \leq i \leq N_x} \{h_{x_i}\} \geq \alpha_1 h_x, \quad \min_{1 \leq j \leq N_y} \{h_{y_j}\} \geq \alpha_1 h_y, \quad \min_{1 \leq k \leq N_z} \{h_{z_k}\} \geq \alpha_1 h_z,$$
$$\min\{h_x, h_y, h_z\} \geq \alpha_2 \max\{h_x, h_y, h_z\}.$$

特别指出的是, 此处 $\alpha_i (i = 1, 2)$ 是两个确定的正常数, 它与 Ω 的剖分 $\delta_x \times \delta_y \times \delta_z$ 有关. 图 7.1.1 表示对应于 $N_x = 4, N_y = 3, N_z = 3$ 情况简单网格的示意图. 定义 $M_l^d(\delta_x) = \{f \in C^l[0,1] : f|_{\Omega_i} \in p_d(\Omega_i), i = 1, 2, \cdots, N_x\}$, 其中 $\Omega_i = [x_{i-1/2}, x_{i+1/2}]$, $p_d(\Omega_i)$ 是 Ω_i 上次数不超过 d 的多项式空间, 当 $l = -1$ 时, 表示函数 f 在 $[0,1]$ 上可以不连续. 对 $M_l^d(\delta_y), M_l^d(\delta_z)$ 的定义是类似的. 记 $S_h = M_{-1}^0(\delta_x) \otimes M_{-1}^0(\delta_y) \otimes M_{-1}^0(\delta_z)$, $V_h = \{\boldsymbol{w}|\boldsymbol{w} = (w^x, w^y, w^z), w^x \in M_0^1(\delta_x) \otimes M_{-1}^0(\delta_y) \otimes M_{-1}^0(\delta_z), w^y \in M_{-1}^0(\delta_x) \otimes M_0^1(\delta_y) \otimes M_{-1}^0(\delta_z), w^z \in M_{-1}^0(\delta_x) \otimes M_{-1}^0(\delta_y) \otimes M_0^1(\delta_z), \boldsymbol{w} \cdot \gamma|_{\partial\Omega} = 0\}$.

对函数 $v(x,y,z)$, 以 v_{ijk}, $v_{i+1/2,jk}$, $v_{i,j+1/2,k}$ 和 $v_{ij,k+1/2}$ 分别表示 $v(x_i,y_j,z_k)$, $v(x_{i+1/2},y_j,z_k)$, $v(x_i,y_{j+1/2},z_k)$ 和 $v(x_i,y_j,z_{k+1/2})$.

定义下列内积及范数:

$$(v,w)_{\bar{m}} = \sum_{i=1}^{N_x}\sum_{j=1}^{N_y}\sum_{k=1}^{N_z} h_{x_i}h_{y_j}h_{z_k}v_{ijk}w_{ijk},$$

$$(v,w)_x = \sum_{i=1}^{N_x}\sum_{j=1}^{N_y}\sum_{k=1}^{N_z} h_{x_{i-1/2}}h_{y_j}h_{z_k}v_{i-1/2,jk}w_{i-1/2,jk},$$

$$(v,w)_y = \sum_{i=1}^{N_x}\sum_{j=1}^{N_y}\sum_{k=1}^{N_z} h_{x_i}h_{y_{j-1/2}}h_{z_k}v_{i,j-1/2,k}w_{i,j-1/2,k},$$

$$(v,w)_z = \sum_{i=1}^{N_x}\sum_{j=1}^{N_y}\sum_{k=1}^{N_z} h_{x_i}h_{y_j}h_{z_{k-1/2}}v_{ij,k-1/2}w_{ij,k-1/2},$$

$$\|v\|_s^2 = (v,v)_s, \quad s = m,x,y,z, \quad \|v\|_\infty = \max_{1\leqslant i\leqslant N_x,1\leqslant j\leqslant N_y,1\leqslant k\leqslant N_z}|v_{ijk}|,$$

$$\|v\|_{\infty(x)} = \max_{1\leqslant i\leqslant N_x,1\leqslant j\leqslant N_y,1\leqslant k\leqslant N_z}|v_{i-1/2,jk}|,$$

$$\|v\|_{\infty(y)} = \max_{1\leqslant i\leqslant N_x,1\leqslant j\leqslant N_y,1\leqslant k\leqslant N_z}|v_{i,j-1/2,k}|,$$

$$\|v\|_{\infty(z)} = \max_{1\leqslant i\leqslant N_x,1\leqslant j\leqslant N_y,1\leqslant k\leqslant N_z}|v_{ij,k-1/2}|.$$

当 $\boldsymbol{w}=(w^x,w^y,w^z)^{\mathrm{T}}$ 时, 记

$$|||\boldsymbol{w}||| = \left(\|w^x\|_x^2 + \|w^y\|_y^2 + \|w^z\|_z^2\right)^{1/2},$$

$$|||\boldsymbol{w}|||_\infty = \|w^x\|_{\infty(x)} + \|w^y\|_{\infty(y)} + \|w^z\|_{\infty(z)},$$

$$\|\boldsymbol{w}\|_{\bar{m}} = \left(\|w^x\|_{\bar{m}}^2 + \|w^y\|_{\bar{m}}^2 + \|w^z\|_{\bar{m}}^2\right)^{1/2},$$

$$\|\boldsymbol{w}\|_\infty = \|w^x\|_\infty + \|w^y\|_\infty + \|w^z\|_\infty.$$

设 $W_p^m(\Omega) = \left\{v\in L^p(\Omega)\Big|\dfrac{\partial^n v}{\partial x^{n-l-r}\partial y^l\partial z^r}\in L^p(\Omega), n-l-r\geqslant 0, l=0,1,\cdots,n;\right.$ $\left. r=0,1,\cdots,n; n=0,1,\cdots,m; 0<p<\infty\right\}$. $H^m(\Omega)=W_2^m(\Omega)$, $L^2(\Omega)$ 的内积与范数分别为 $(\cdot,\cdot)$, $\|\cdot\|$, 对于 $v\in S_h$, 显然有

$$\|v\|_{\bar{m}} = \|v\|. \tag{7.2.7}$$

定义下列记号:

$$[d_xv]_{i+1/2,jk} = \frac{v_{i+1jk}-v_{ijk}}{h_{x,i+1/2}}, \quad [d_yv]_{i,j+1/2,k} = \frac{v_{i,j+1,k}-v_{ijk}}{h_{y,j+1/2}},$$

$$[d_z v]_{ij,k+1/2} = \frac{v_{ij,k+1} - v_{ijk}}{h_{z,k+1/2}}, \quad [D_x w]_{ijk} = \frac{w_{i+1/2,jk} - w_{i-1/2,jk}}{h_{x_i}},$$

$$[D_y w]_{ijk} = \frac{w_{i,j+1/2,k} - w_{i,j-1/2,k}}{h_{y_j}}, \quad [D_z w]_{ijk} = \frac{w_{ij,k+1/2} - w_{ij,k-1/2}}{h_{z_k}};$$

$$\hat{w}_{ijk}^x = \frac{w_{i+1/2,jk}^x + w_{i-1/2,jk}^x}{2}, \quad \hat{w}_{ijk}^y = \frac{w_{i,j+1/2,k}^y + w_{i,j-1/2,k}^y}{2},$$

$$\hat{w}_{ijk}^z = \frac{w_{ij,k+1/2}^z + w_{ij,k-1/2}^z}{2}, \quad \bar{w}_{ijk}^x = \frac{h_{x,i+1}}{2h_{x,i+1/2}} w_{ijk} + \frac{h_{x,i}}{2h_{x,i+1/2}} w_{i+1,jk},$$

$$\bar{w}_{ijk}^y = \frac{h_{y,j+1}}{2h_{y,j+1/2}} w_{ijk} + \frac{h_{y,j}}{2h_{y,j+1/2}} w_{i,j+1,k},$$

$$\bar{w}_{ijk}^z = \frac{h_{z,k+1}}{2h_{z,k+1/2}} w_{ijk} + \frac{h_{z,k}}{2h_{z,k+1/2}} w_{ij,k+1},$$

以及 $\hat{\boldsymbol{w}}_{ijk} = (\hat{w}_{ijk}^x, \hat{w}_{ijk}^y, \hat{w}_{ijk}^z)^{\mathrm{T}}$, $\bar{\boldsymbol{w}}_{ijk} = (\bar{w}_{ijk}^x, \bar{w}_{ijk}^y, \bar{w}_{ijk}^z)^{\mathrm{T}}$. 此处 $d_s(s = x, y, z)$, $D_s(s = x, y, z)$ 是差商算子, 它与方程 (7.2.2) 中的系数 D 无关. 记 L 是一个正整数, $\Delta t = \frac{T}{L}$, $t^n = n\Delta t$, v^n 表示函数在 t^n 时刻的值, $d_t v^n = \frac{v^n - v^{n-1}}{\Delta t}$.

对于上面定义的内积和范数, 下述三个引理成立.

引理 7.2.1　对于 $v \in S_h$, $\boldsymbol{w} \in V_h$, 显然有

$$(v, D_x w^x)_{\bar{m}} = -(d_x v, w^x)_x, \quad (v, D_y w^y)_{\bar{m}} = -(d_y v, w^y)_y,$$
$$(v, D_z w^z)_{\bar{m}} = -(d_z v, w^z)_z. \tag{7.2.8}$$

引理 7.2.2　对于 $\boldsymbol{w} \in V_h$, 则有

$$\|\hat{\boldsymbol{w}}\|_{\bar{m}} \leqslant \|\|\boldsymbol{w}\|\|. \tag{7.2.9}$$

引理 7.2.3　对于 $q \in S_h$, 则有

$$\|\bar{q}^x\|_x \leqslant M \|q\|_m, \quad \|\bar{q}^y\|_y \leqslant M \|q\|_m, \quad \|\bar{q}^z\|_z \leqslant M \|q\|_m, \tag{7.2.10}$$

此处 M 是与 q, h 无关的常数.

引理 7.2.4　对于 $\boldsymbol{w} \in V_h$, 则有

$$\|w^x\|_x \leqslant \|D_x w^x\|_{\bar{m}}, \quad \|w^y\|_y \leqslant \|D_y w^y\|_{\bar{m}}, \quad \|w^z\|_z \leqslant \|D_z w^z\|_{\bar{m}}. \tag{7.2.11}$$

对于细网格系统, 对于区域 $\Omega = \{[0,1]\}^3$, 通常基于上述粗网格的基础上再进行均匀细分, 一般取原网格步长的 $\frac{1}{l}$, 通常 l 取 2 或 4, 其余全部记号不变, 此时 $h_c = \frac{h_p}{l}$.

7.2.3 混合体积元–特征混合元程序

7.2.3.1 格式的提出

为了引入混合体积元方法的处理思想, 将流动方程 (7.2.1) 写为下述标准形式:

$$\varphi_1 \frac{\partial p}{\partial t} + \nabla \cdot \boldsymbol{u} = R(\hat{c}),\tag{7.2.12a}$$

$$\boldsymbol{u} = -a(\hat{c})\nabla p.\tag{7.2.12b}$$

此处 $R(\hat{c}) = -q + R'_s$, $a(\hat{c}) = \kappa(X)\mu^{-1}(\hat{c})$.

对 Brine 浓度方程 (7.2.3), 注意到这流动实际上沿着迁移的特征方向, 采用特征线法处理一阶双曲部分, 它具有很高的精确度和强稳定性. 对时间 t 可采用大步长计算. 记 $\psi(X, \boldsymbol{u}) = [\varphi^2(X) + |\boldsymbol{u}|^2]^{1/2}$, $\frac{\partial}{\partial \tau} = \psi^{-1}\left\{\varphi\frac{\partial}{\partial t} + \boldsymbol{u}\cdot\nabla\right\}$. 为了应用混合体积元离散扩散部分, 将方程 (7.2.3) 写为下述标准形式:

$$\psi\frac{\partial \hat{c}}{\partial \tau} + \nabla \cdot \boldsymbol{g} = f(\hat{c}),\tag{7.2.13a}$$

$$\boldsymbol{g} = -E_c\nabla\hat{c}.\tag{7.2.13b}$$

对方程 (7.2.13) 应用向后差商逼近特征方向导数

$$\frac{\partial \hat{c}^{n+1}}{\partial \tau} \approx \frac{\hat{c}^{n+1} - \hat{c}^n(X - \varphi^{-1}\boldsymbol{u}^{n+1}(X)\Delta t)}{\Delta t(1 + \varphi^{-2}|\boldsymbol{u}^{n+1}|^2)^{1/2}}.\tag{7.2.14}$$

对 Radionuclide 浓度方程 (7.2.14) 类似地采用特征线法处理一阶双曲部分. 记 $\psi_i(X, \boldsymbol{u}) = [\varphi^2 K_i^2 + |\boldsymbol{u}|^2]^{1/2}$, $\frac{\partial}{\partial \tau_i} = \psi_i^{-1}\left\{\varphi K_i\frac{\partial}{\partial t} + \boldsymbol{u}\cdot\nabla\right\}$. 同样为了应用混合体积元离散扩散部分, 将方程 (1.4) 写为下述标准形式:

$$\psi_i\frac{\partial c_i}{\partial \tau_i} + \nabla\cdot\boldsymbol{g}_i + d_3(c_i)\frac{\partial p}{\partial t} = f_i(\hat{c}, c_1, c_2, \cdots, c_N),\tag{7.2.15a}$$

$$\boldsymbol{g}_i = -E_c\nabla c_i.\tag{7.2.15b}$$

对方程 (7.2.15) 应用向后差商逼近特征方向导数

$$\frac{\partial c_i^{n+1}}{\partial \tau_i} \approx \frac{c_i^{n+1} - c_i^n(X - \varphi^{-1}K_i^{-1}\boldsymbol{u}^{n+1}\Delta t)}{\Delta t(1 + \varphi^{-2}K_i^{-2}|\boldsymbol{u}^{n+1}|^2)^{1/2}}.$$

对热传导方程 (7.2.2) 同样采用特征线法处理一阶双曲部分. 记 $\psi_T(X, \boldsymbol{u}) = [d_2^2 + c_p^2|\boldsymbol{u}|^2]^{1/2}$, $\frac{\partial}{\partial \tau_T} = \psi_T^{-1}\left\{d_2\frac{\partial}{\partial t} + c_p\boldsymbol{u}\cdot\nabla\right\}$. 为了应用混合体积元离散扩散部分, 我

们将方程 (7.2.2) 写为下述标准形式:

$$\psi_T \frac{\partial T}{\partial \tau_i} + \nabla \cdot \boldsymbol{g}_T + d_1(p)\frac{\partial p}{\partial t} = Q(\boldsymbol{u}, p, T, \hat{c}), \qquad (7.2.16\text{a})$$

$$\boldsymbol{g}_T = -E_H \nabla T. \qquad (7.2.16\text{b})$$

对方程 (7.2.16) 应用向后差商逼近特征方向导数

$$\frac{\partial T^{n+1}}{\partial \tau_T} \approx \frac{T^{n+1} - T^n(X - d_2^{-1}c_p \boldsymbol{u}^{n+1}\Delta t)}{\Delta t(1 + d_2^{-2}c_p^2 |\boldsymbol{u}^{n+1}|^2)^{1/2}}.$$

设 $P, \boldsymbol{U}, \hat{C}, \hat{\boldsymbol{G}}$ 分别为 $p, \boldsymbol{u}, \hat{c}, \hat{\boldsymbol{g}}$ 的混合体积元–特征混合体积元的近似解. 由 7.2.2 小节的记号和引理 7.2.1~ 引理 7.2.4 的结果, 导出流动方程 (7.2.12) 的混合体积元格式为

$$\left(\varphi_1 \frac{P^{n+1} - P^n}{\Delta t}, v\right)_m + \left(D_x U^{x,n+1} + D_y U^{y,n+1} + D_z U^{z,n+1}, v\right)_m$$
$$= \left(R(\hat{C}^n), v\right)_m, \quad \forall v \in S_h, \qquad (7.2.17\text{a})$$

$$\left(a^{-1}(\bar{\hat{C}}^{x,n})U^{x,n+1}, w^x\right)_x + \left(a^{-1}(\bar{\hat{C}}^{y,n})U^{y,n+1}, w^y\right)_y + \left(a^{-1}(\bar{\hat{C}}^{z,n})U^{z,n+1}, w^z\right)_z$$
$$- \left(P^{n+1}, D_x w^x + D_x w^y + D_x w^z\right)_m = 0, \quad \forall w \in V_h. \qquad (7.2.17\text{b})$$

Brine 浓度方程 (7.2.13) 的特征混合体积元格式为

$$\left(\varphi \frac{\hat{C}^{n+1} - \hat{C}^n}{\Delta t}, v\right)_m + \left(D_x \hat{G}^{x,n+1} + D_y \hat{G}^{y,n+1} + D_z \hat{G}^{z,n+1}, v\right)_m$$
$$= \left(f(\hat{C}^n), v\right)_m, \quad \forall v \in S_h, \qquad (7.2.18\text{a})$$

$$\left(E_c^{-1}\hat{G}^{x,n+1}, w^x\right)_x + \left(E_c^{-1}\hat{G}^{y,n+1}, w^y\right)_y + \left(E_c^{-1}\hat{G}^{z,n+1}), w^z\right)_z$$
$$- \left(\hat{C}^{n+1}, D_x w^x + D_y w^y + D_z w^z\right)_m = 0,$$
$$\forall w \in V_h, \qquad (7.2.18\text{b})$$

此处 $\hat{C}^n = \hat{C}^n(\hat{X}^n)$, $\hat{X}^n = X - \varphi^{-1}\boldsymbol{U}^{n+1}\Delta t$.

在此基础上, 设 C_i, G_i 分别为 c_i, g_i 的特征混合元的近似解. 对 Radionuclide 浓度方程 (7.2.15) 提出特征混合体积元格式如下.

$$\left(\varphi K_i \frac{C_i^{n+1} - \hat{C}_i^n}{\Delta t}, v\right)_m + \left(D_x G_i^{x,n+1} + D_y G_i^{y,n+1} + D_z G_i^{z,n+1}, v\right)_m$$

$$- \left(d_3(C_i^n) \frac{P^{n+1} - P^n}{\Delta t}, v \right)_m$$

$$= \left(f(\hat{C}^{n+1}, C_1^n, C_2^n, \cdots, \hat{C}_i^n, \cdots, C_N^n), v \right)_m, \quad \forall v \in S_h, \quad i = 1, 2, \cdots, N, \quad (7.2.19a)$$

$$\left(E_c^{-1} G_i^{x,n+1}, w^x \right)_x + \left(E_c^{-1} G_i^{y,n+1}, w^y \right)_y + \left(E_c^{-1} G_i^{z,n+1}, w^z \right)_z$$

$$- \left(C_i^{n+1}, D_x w^x + D_y w^y + D_z w^z \right)_m$$

$$= 0, \quad \forall w \in V_h, \quad i = 1, 2, \cdots, N, \quad (7.2.19b)$$

此处 $\hat{C}_i^n = C_i^n(\hat{X}_i^n)$, $\hat{X}_i^n = X - \varphi^{-1} K_i^{-1} U^{n+1} \Delta t$.

设 T_h, G_T 分别为 T, g_T 的特征混合体积元的近似解. 对热传导方程 (7.2.16) 提出特征混合体积元格式如下.

$$\left(d_2 \frac{T_h^{n+1} - \hat{T}_h^n}{\Delta t}, v \right)_m + \left(D_x G_T^{x,n+1} + D_y G_T^{y,n+1} + D_z G_T^{z,n+1}, v \right)_m$$

$$= - \left(d_1(P^{n+1}) \frac{P^{n+1} - P^n}{\Delta t}, v \right)_m + \left(Q(U^{n+1}, P^{n+1}, \hat{T}^n, \hat{C}^{n+1}), v \right)_m, \quad \forall v \in S_h,$$

$$(7.2.20a)$$

$$\left(E_H^{-1} G_T^{x,n+1}, w^x \right)_x + \left(E_H^{-1} G_T^{y,n+1}, w^y \right)_y + \left(E_H^{-1} G_T^{z,n+1}, w^z \right)_z$$

$$- \left(T_h^{n+1}, D_x w^x + D_y w^y + D_z w^z \right)_m = 0,$$

$$\forall w \in V_h, \quad (7.2.20b)$$

此处 $\hat{T}_h^n = T_h^n(\hat{X}_T^n)$, $\hat{X}_T^n = X - d_2^{-1} c_p U^{n+1} \Delta t$.

初始逼近:

$$P^0 = \tilde{P}^0, \quad \hat{U}^0 = \tilde{U}^0, \quad \hat{C}_0 = \tilde{C}^0, \quad \hat{G}^0 = \tilde{G}^0, \quad C_i^0 = \tilde{C}_i^0,$$

$$G_i^0 = \tilde{G}_i^0, (i = 1, 2, \cdots, N), \quad T_h^0 = \tilde{T}^0, \quad G_T^0 = \tilde{G}_T^0, \quad X \in \Omega, \quad (7.2.21)$$

此处 $\{\tilde{P}^0, \tilde{U}^0\}$, $\{\tilde{C}^0, \tilde{G}^0\}$, $\{\tilde{C}_i^0, \tilde{G}_i^0\}$, $\{\tilde{T}_T^0, \tilde{G}_T^0\}$ 为 $\{p_0, u_0\}$, $\{\hat{c}_0, \hat{g}_0\}$, $\{c_{i,0}, g_{i,0}\}$, $\{T_0, g_{T,0}\}$ 的椭圆投影 (将在 7.2.3.3 小节定义).

混合有限体积元–特征混合有限体积元格式的计算程序: 首先由初始条件 (7.2.6), 应用混合体积元的椭圆投影确定 $\{\tilde{P}^0, \tilde{U}^0\}$ 和 $\{\tilde{C}^0, \tilde{G}^0\}$, 取 $P^0 = \tilde{P}^0, U^0 = \tilde{U}^0$ 和 $\hat{C}^0 = \tilde{C}^0, \hat{G}^0 = \tilde{G}^0$. 由混合体积元格式 (7.2.17) 应用共轭梯度法求得 $\{P^1, U^1\}$, 然后, 再由特征混合体积元格式 (7.2.18) 应用共轭梯度法求得 $\{\hat{C}^1, \hat{G}^1\}$. 在此基础上, 由初始条件 (7.2.6), 应用混合体积元的椭圆投影确定 $\{\tilde{C}_i^0, \tilde{G}_i^0, i = 1, 2, \cdots, N\}$ 和 $\{\tilde{T}_h^0, \tilde{G}_T^0\}$, 取 $C_i^0 = \tilde{C}_i^0, G_i^0 = \tilde{G}_i^0$ 和 $T_h^0 = \tilde{T}_h^0, G_T^0 = \tilde{G}_T^0$. 再分别由特征混合体积元格式 (7.2.19) 和 (7.2.20) 求出 $\{C_i^1, G_i^1, i = 1, 2, \cdots, N\}$ 及 $\{T_h^1, G_T^1\}$. 然后, 再

由混合体积元格式 (7.2.17) 求得 $\{P^2, U^2\}$, 由格式 (7.2.18) 求得 $\{\hat{C}^2, \hat{G}^2\}$. 然后再由格式 (7.2.19) 和 (7.2.20) 求出 $\{C_i^2, G_i^2, i = 1, 2, \cdots, N\}$ 及 $\{T_h^2, G_T^2\}$. 这样依次进行, 可求得全部数值逼近解, 由正定性条件 (C), 数值解存在且唯一.

7.2.3.2　局部质量守恒律

如果问题 (7.2.13) 没有源汇项, 也就是 $f(\hat{c}) \equiv 0$ 和边界条件是不渗透的, 则在每个单元 $J_c \subset \Omega$ 上, 此处为简单起见, 设 $l = 1$, 即粗细网格重合, $J_c = \Omega_{ijk} = [x_{i-1/2}, x_{i+1/2}] \times [y_{j-1/2}, y_{j+1/2}] \times [z_{k-1/2}, z_{k+1/2}]$, 浓度方程 (7.2.2) 的局部质量守恒律表现为

$$\int_{J_c} \varphi \frac{\partial \hat{c}}{\partial \tau} \mathrm{d}X - \int_{\partial J_c} \hat{g} \cdot \gamma_{J_c} \mathrm{d}S = 0, \tag{7.2.22}$$

此处 J_c 为区域 Ω 关于浓度的细网格剖分单元, ∂J_c 为单元 J_c 的边界面, γ_{J_c} 为单元边界面的外法线方向向量. 下面证明 (7.2.18a) 满足下面离散意义下的局部质量守恒律.

定理 7.2.1　如果 $f(\hat{c}) \equiv 0$, 则在任意单元 $J_c \subset \Omega$ 上, 格式 (7.2.18a) 满足离散的局部质量守恒律

$$\int_{J_c} \varphi \frac{\hat{C}^{n+1} - \hat{\hat{C}}^n}{\Delta t} \mathrm{d}X - \int_{\partial J_c} \hat{G}^{n+1} \cdot \gamma_{J_c} \mathrm{d}S = 0. \tag{7.2.23}$$

证明　因为 $v \in S_h$, 对给定的单元 $J_c \in \Omega$ 上, 取 $v \equiv 1$, 在其他单元上为零, 则此时 (7.2.18a) 为

$$\left(\varphi \frac{\hat{C}^{n+1} - \hat{\hat{C}}^n}{\Delta t}, 1 \right)_{\Omega_{ijk}} + \left(D_x \hat{G}^{x,n+1} + D_y \hat{G}^{y,n+1} + D_z \hat{G}^{z,n+1}, 1 \right)_{\Omega_{ijk}} = 0. \tag{7.2.24}$$

按 7.2.2 小节中的记号可得

$$\left(\varphi \frac{\hat{C}^{n+1} - \hat{\hat{C}}^n}{\Delta t}, 1 \right)_{\Omega_{ijk}} = \varphi_{ijk} \left(\frac{\hat{C}_{ijk}^{n+1} - \hat{\hat{C}}_{ijk}^n}{\Delta t} \right) h_{x_i} h_{y_j} h_{z_k} = \int_{\Omega_{ijk}} \varphi \frac{\hat{C}^{n+1} - \hat{\hat{C}}^n}{\Delta t} \mathrm{d}X, \tag{7.2.25a}$$

$$\begin{aligned}
&\left(D_x \hat{G}^{x,n+1} + D_y \hat{G}^{y,n+1} + D_z \hat{G}^{z,n+1}, 1 \right)_{\Omega_{ijk}} \\
&= \left(\hat{G}_{i+1/2,jk}^{x,n+1} - \hat{G}_{i-1/2,jk}^{x,n+1} \right) h_{y_j} h_{z_k} + \left(\hat{G}_{i,j+1/2,k}^{y,n+1} - \hat{G}_{i,j-1/2,k}^{y,n+1} \right) h_{x_i} h_{z_k} \\
&\quad + \left(\hat{G}_{ij,k+1/2}^{z,n+1} - \hat{G}_{ij,k-1/2}^{z,n+1} \right) h_{x_i} h_{y_j} \\
&= -\int_{\partial \Omega_{ijk}} \hat{G}^{n+1} \cdot \gamma_{J_c} \mathrm{d}S. \tag{7.2.25b}
\end{aligned}$$

将式 (7.2.25) 代入式 (7.2.24), 定理 7.2.1 得证.

由局部质量守恒律定理 7.2.1, 即可推出整体质量守恒律.

定理 7.2.2 如果 $f(\hat{c}) \equiv 0$, 边界条件是不渗透的, 且不考虑介质表面吸附的影响, 则格式 (7.2.18a) 满足整体离散质量守恒律

$$\int_\Omega \varphi \frac{\hat{C}^{n+1} - \hat{\hat{C}}^n}{\Delta t} \mathrm{d}X = 0, \quad n \geqslant 0. \tag{7.2.26}$$

证明 由局部质量守恒律 (7.2.23), 对全部的网格剖分单元求和, 则有

$$\sum_{i,j,k} \int_{\Omega_{ijk}} \varphi \frac{\hat{C}^{n+1} - \hat{\hat{C}}^n}{\Delta t} \mathrm{d}X - \sum_{i,j,k} \int_{\partial\Omega_{ijk}} \hat{\boldsymbol{G}}^{n+1} \cdot \gamma_{J_c} \mathrm{d}S = 0. \tag{7.2.27}$$

注意到 $-\sum_{i,j,k} \int_{\partial\Omega_{ijk}} \hat{\boldsymbol{G}}^{n+1} \cdot \gamma_{J_c} \mathrm{d}S = -\int_{\partial\Omega} \hat{\boldsymbol{G}}^{n+1} \cdot \gamma \mathrm{d}S = 0$, 定理得证.

7.2.3.3 辅助性椭圆投影

为了确定初始逼近 (7.2.21) 和 7.2.4 小节的收敛性分析. 引入下述辅助性椭圆投影. 定义 $\{\tilde{P}, \tilde{\boldsymbol{U}}\} \in S_h \times V_h$, 满足

$$\left(D_x \tilde{U}^x + D_y \tilde{U}^y + D_z \tilde{U}^z, v\right)_m = (\nabla \cdot \boldsymbol{u}, v)_m, \quad \forall v \in S_h, \tag{7.2.28a}$$

$$\left(a^{-1}(c)\tilde{U}^x, w^x\right)_x + \left(a^{-1}(c)\tilde{U}^y, w^y\right)_y + \left(a^{-1}(c)\tilde{U}^z, w^z\right)_z$$
$$- \left(\tilde{P}, D_x w^x + D_y w^y + D_z w^z\right)_m = 0, \quad \forall w \in V_h, \tag{7.2.28b}$$

$$\left(\tilde{P} - p, 1\right)_m = 0. \tag{7.2.28c}$$

定义 $\{\tilde{\hat{C}}, \tilde{\boldsymbol{U}}\} \in S_h \times V_h$, 满足

$$\left(D_x \tilde{\hat{G}}^x + D_y \tilde{\hat{G}}^y + D_z \tilde{\hat{G}}^z, v\right)_m = (\nabla \cdot \hat{\boldsymbol{g}}, v)_m, \quad \forall v \in S_h, \tag{7.2.29a}$$

$$\left(E_c^{-1} \tilde{\hat{G}}^x, w^x\right)_x + \left(E_c^{-1} \tilde{\hat{G}}^y, w^y\right)_y + \left(E_c^{-1} \tilde{\hat{G}}^z, w^z\right)_z$$
$$- \left(\tilde{\hat{C}}, D_x w^x + D_y w^y + D_z w^z\right)_m = 0, \quad \forall w \in V_h, \tag{7.2.29b}$$

$$\left(\tilde{\hat{C}} - \hat{c}, 1\right)_m = 0, \tag{7.2.29c}$$

此处 $\hat{g} = -E_c \nabla \hat{c}$.

定义 $\{\tilde{C}_i, \tilde{\boldsymbol{G}}_i\} \in S_h \times V_h$, 满足

$$\left(D_x \tilde{G}_i^x + D_y \tilde{G}_i^y + D_z \tilde{G}_i^z, v\right)_m = (\nabla \cdot \boldsymbol{g}_i, v)_m, \quad \forall v \in S_h, \quad i = 1, 2, \cdots, N,$$
$$\tag{7.2.30a}$$

$$\left(E_c^{-1}\tilde{G}_i^x, w^x\right)_x + \left(E_c^{-1}\tilde{G}_i^y, w^y\right)_y + \left(E_c^{-1}\tilde{G}_i^z, w^z\right)_z$$

$$- \left(\tilde{C}_i, D_x w^x + D_y w^y + D_z w^z\right)_m$$

$$=0, \quad \forall w \in V_h, \quad i = 1, 2, \cdots, N, \tag{7.2.30b}$$

$$\left(\tilde{C}_i - c_i, 1\right)_m = 0, \quad i = 1, 2, \cdots, N. \tag{7.2.30c}$$

定义 $\{\tilde{T}_h, \tilde{\boldsymbol{G}}_T\} \in S_h \times V_h$, 满足

$$\left(D_x \tilde{G}_T^x + D_y \tilde{G}_T^y + D_z \tilde{G}_T^z, v\right)_m = (\nabla \cdot \boldsymbol{g}_T, v)_m, \quad \forall v \in S_h, \tag{7.2.31a}$$

$$\left(E_H^{-1}\tilde{G}_T^x, w^x\right)_x + \left(E_H^{-1}\tilde{G}_T^y, w^y\right)_y + \left(E_H^{-1}\tilde{G}_T^z, w^z\right)_z$$

$$- \left(\tilde{T}_h, D_x w^x + D_y w^y + D_z w^z\right)_m = 0, \quad \forall w \in V_h, \tag{7.2.31b}$$

$$\left(\tilde{T}_h - T, 1\right)_m = 0. \tag{7.2.31c}$$

记 $\pi = P - \tilde{P}$, $\eta = \tilde{P} - p$, $\sigma = \boldsymbol{U} - \tilde{\boldsymbol{U}}$, $\theta = \tilde{\boldsymbol{U}} - \boldsymbol{u}$, $\hat{\xi} = \hat{C} - \tilde{C}$, $\hat{\zeta} = \tilde{C} - \hat{c}$, $\alpha = \boldsymbol{G} - \tilde{\boldsymbol{G}}$, $\beta = \tilde{\boldsymbol{G}} - \hat{\boldsymbol{g}}$, $\xi_i = C_i - \tilde{C}_i$, $\zeta_i = \tilde{C}_i - c_i$, $\alpha_i = \boldsymbol{G}_i - \tilde{\boldsymbol{G}}_i$, $\beta_i = \tilde{\boldsymbol{G}}_i - \boldsymbol{g}_i$, $\xi_T = T_h - \tilde{T}_h$, $\zeta_T = \tilde{T}_h - T$, $\tau = \boldsymbol{G}_T - \tilde{\boldsymbol{G}}_T$ 和 $\beta_T = \tilde{\boldsymbol{G}}_T - \boldsymbol{g}_T$. 设问题 (7.2.1)~(7.2.6) 满足正定性条件 (C), 其精确解满足正则性条件 (R). 由 Weiser、Wheeler 理论 [25] 得知格式 (7.2.28)~(7.2.31) 确定的辅助函数 $\{\tilde{P}, \tilde{\boldsymbol{U}}, \tilde{C}, \tilde{\boldsymbol{G}}, \tilde{C}_i, \tilde{\boldsymbol{G}}_i (i = 1, 2, \cdots, N), \tilde{T}_h, \tilde{\boldsymbol{G}}_T\}$ 唯一存在, 并有下述误差估计.

引理 7.2.5　若问题 (7.2.1)~(7.2.6) 的系数和精确解满足条件 (C) 和 (R), 则存在不依赖于剖分参数 $h, \Delta t$ 的常数 $\bar{C}_1, \bar{C}_2 > 0$, 使得下述估计式成立:

$$\|\eta\|_m + \left\|\hat{\zeta}\right\|_m + \|\|\theta\|\| + \|\|\beta\|\|$$

$$+ \sum_{i=1}^N \|\zeta_i\|_m + \|\zeta_T\|_m + \sum_{i=1}^N \|\|\beta_i\|\| + \|\|\beta_T\|\| + \left\|\frac{\partial \eta}{\partial t}\right\|_m$$

$$+ \left\|\frac{\partial \hat{\zeta}}{\partial t}\right\|_m + \sum_{i=1}^N \left\|\frac{\partial \zeta_i}{\partial t}\right\|_m + \left\|\frac{\partial \zeta_T}{\partial t}\right\|_m \leqslant \bar{C}_1 \{h_p^2 + h_c^2\}, \tag{7.2.32a}$$

$$\|\|\tilde{\boldsymbol{U}}\|\|_\infty + \|\|\tilde{\boldsymbol{G}}\|\|_\infty + \sum_{i=1}^N \|\|\tilde{\boldsymbol{G}}_i\|\|_\infty + \|\|\tilde{\boldsymbol{G}}_T\|\|_\infty \leqslant \bar{C}_2. \tag{7.2.32b}$$

7.2.4　收敛性分析

本节对一个模型问题进行收敛性分析, 在方程 (7.2.1) 中假定 $\mu(\hat{c}) \approx \mu_0$, $a(\hat{c}) = \kappa(X)\mu^{-1}(\hat{c}) \approx \kappa(X)\mu_0^{-1} = a(X)$, $R_s' \equiv 0$, 此情况出现在混合流体 "微小压缩" 的低渗流岩石地层的情况 [1,51]. 此时原问题简化为

$$\varphi_1 \frac{\partial p}{\partial t} + \nabla \cdot \boldsymbol{u} = -q(X, t), \quad X \in \Omega, \quad t \in J, \tag{7.2.33a}$$

$$\boldsymbol{u} = -a\nabla p, \quad X \in \Omega, \quad t \in J, \tag{7.2.33b}$$

$$\varphi\frac{\partial \hat{c}}{\partial t} + \boldsymbol{u} \cdot \nabla \hat{c} - \nabla \cdot (D\nabla \hat{c}) = f(\hat{c}), \quad X \in \Omega, \quad t \in J. \tag{7.2.34}$$

与此同时, 原问题 (7.2.17) 和 (7.2.18) 的混合体积元–特征混合元格式简化为

$$\left(\varphi_1\frac{P^{n+1} - P^n}{\Delta t}, v\right)_m + \left(D_x U^{x,n+1} + D_y U^{y,n+1} + D_z U^{z,n+1}, v\right)_m$$
$$= -\left(q^{n+1}, v\right)_m, \quad \forall v \in S_h, \tag{7.2.35a}$$

$$\left(a^{-1}U^{x,n+1}, w^x\right)_x + \left(a^{-1}U^{y,n+1}, w^y\right)_y + \left(a^{-1}U^{z,n+1}, w^z\right)_z$$
$$- \left(P^{n+1}, D_x w^x + D_x w^y + D_x w^z\right)_m = 0, \quad \forall w \in V_h. \tag{7.2.35b}$$

$$\left(\varphi\frac{\hat{C}^{n+1} - \hat{C}^n}{\Delta t}, v\right)_m + \left(D_x \hat{G}^{x,n+1} + D_y \hat{G}^{y,n+1} + D_z \hat{G}^{z,n+1}, v\right)_m$$
$$= \left(f(\hat{\hat{C}}^n), v\right)_m, \quad \forall v \in S_h, \tag{7.2.36a}$$

$$\left(E_c^{-1}\hat{G}^{x,n+1}, w^x\right)_x + \left(E_c^{-1}\hat{G}^{y,n+1}, w^y\right)_y + \left(E_c^{-1}\hat{G}^{z,n+1}, w^z\right)_z$$
$$- \left(\hat{C}^{n+1}, D_x w^x + D_y w^y + D_z w^z\right)_m$$
$$= 0, \quad \forall w \in V_h, \tag{7.2.36b}$$

此处 $\hat{C}^n = C^n(\hat{X}^n)$, $\hat{X}^n = X - \varphi^{-1}\boldsymbol{U}^{n+1}\Delta t$.

首先估计 π 和 σ. 将式 (7.2.35a)、(7.2.35b) 分别减式 (7.2.28a) $(t = t^{n+1})$ 和式 (7.2.28b) $(t = t^{n+1})$ 可得下述误差关系式:

$$(\varphi_1\partial_t\pi^n, v)_m + \left(D_x\sigma^{x,n+1} + D_y\sigma^{y,n+1} + D_z\sigma^{z,n+1}, v\right)_m$$
$$= -\left(\varphi_1\left(\partial_t \tilde{P}^n - \frac{\partial \tilde{p}^{n+1}}{\partial t}\right), v\right)_m - (\varphi_1\partial_t\eta^n, v)_m, \quad \forall v \in S_h, \tag{7.2.37a}$$

$$\left(a^{-1}\sigma^{x,n+1}, w^x\right)_x + \left(a^{-1}\sigma^{y,n+1}, w^y\right)_y + \left(a^{-1}\sigma^{z,n+1}, w^z\right)_z$$
$$- \left(\pi^{n+1}, D_x w^x + D_y w^y + D_z w^z\right)_m = 0,$$
$$\forall w \in V_h. \tag{7.2.37b}$$

此处 $\partial_t\pi^n = \dfrac{\pi^{n+1} - \pi^n}{\Delta t}, \partial_t\tilde{P}^n = \dfrac{\tilde{P}^{n+1} - \tilde{P}^n}{\Delta t}$.

为了估计 π 和 σ. 在式 (7.2.37a) 中取 $v = \partial_t\pi^n$, 在式 (7.2.37b) 中取 t^{n+1} 时刻和 t^n 时刻的值, 两式相减, 再除以 Δt, 并取 $w = \sigma^{n+1}$ 时再相加, 注意到如下关系式, 当 $A \geqslant 0$ 的情况下有

$$\left(\partial_t(AB^n), B^{n+1}\right)_s = \frac{1}{2}\partial_t(AB^n, B^n)_s + \frac{1}{2\Delta t}\left(A(B^{n+1} - B^n), B^{n+1} - B^n\right)_s$$

$$\geqslant \frac{1}{2} \partial_t (AB^n, B^n)_s, \quad s = x, y, z.$$

我们有

$$\left(\varphi_1 \partial_t \pi^n, \partial_t \pi^n \right)_m + \frac{1}{2} \partial_t \left[\left(a^{-1} \sigma^{x,n}, \sigma^{x,n} \right)_x + \left(a^{-1} \sigma^{y,n}, \sigma^{y,n} \right)_y + \left(a^{-1} \sigma^{z,n}, \sigma^{z,n} \right)_z \right]$$

$$\leqslant - \left(\varphi_1 \left(\partial_t \tilde{P}^n - \frac{\partial \tilde{p}^{n+1}}{\partial t} \right), \partial_t \pi^n \right)_m - \left(\varphi_1 \frac{\partial \eta^{n+1}}{\partial t}, \partial_t \pi^n \right)_m. \tag{7.2.38}$$

由正定性条件 (C) 和引理 7.2.5 可得

$$\left(\varphi_1 \partial_t \pi^n, \partial_t \pi^n \right)_m \geqslant \varphi_* \| \partial_t \pi^n \|_m^2, \tag{7.2.39a}$$

$$- \left(\varphi_1 \left(\partial_t \tilde{P}^n - \frac{\partial \tilde{p}^{n+1}}{\partial t} \right), \partial_t \pi^n \right)_m - \left(\varphi_1 \frac{\partial \eta^{n+1}}{\partial t}, \partial_t \pi^n \right)_m$$

$$\leqslant \varepsilon \| \partial_t \pi^n \|_m^2 + K \left\{ h_p^4 + h_c^4 + (\Delta t)^2 \right\}. \tag{7.2.39b}$$

对估计式 (7.2.38) 的右端应用式 (7.2.39) 可得

$$\| \partial_t \pi^n \|_m^2 + \partial_t \sum_{s=x,y,z} \left(a^{-1} \sigma^{s,n}, \sigma^{s,n} \right)_s \leqslant K \left\{ h_p^4 + h_c^4 + (\Delta t)^2 \right\}. \tag{7.2.40}$$

现在式 (7.2.37a) 中取 $v = \pi^{n+1}$, 在式 (7.2.37b) 中取 $w = \sigma^{n+1}$, 将其相加, 可得

$$\left(\varphi_1 \partial_t \pi^n, \pi^{n+1} \right)_m + \sum_{s=x,y,z} \left(a^{-1} \sigma^{s,n+1}, \sigma^{s,n+1} \right)_s$$

$$= - \left(\varphi_1 \left(\partial_t \tilde{P}^n - \frac{\partial \tilde{p}^{n+1}}{\partial t} \right), \pi^{n+1} \right)_m - \left(\varphi_1 \partial_t \eta^n, \pi^{n+1} \right)_m. \tag{7.2.41}$$

注意到 $\left(\varphi_1 \partial_t \pi^n, \pi^{n+1} \right)_m \geqslant \frac{1}{2} \partial_t (\varphi_1 \pi^n, \pi^n)_m$, 于是可得下述估计式:

$$\partial_t (\varphi_1 \pi^n, \pi^n)_m + \| | \sigma^{n+1} | \|^2 \leqslant K \left\{ \| \pi^{n+1} \|_m^2 + h_p^4 + h_c^4 + (\Delta t)^2 \right\}. \tag{7.2.42}$$

对式 (7.2.40) 和式 (7.2.42) 相加, 再乘以 Δt, 并对 t 求和 $0 \leqslant n \leqslant L$, 注意到 $\pi^0 = 0$ 和 $\sigma^0 = 0$, 应用 Gronwall 引理可得

$$\| \pi^{L+1} \|_m^2 + \| | \sigma^{L+1} | \|^2 + \sum_{n=0}^{L} \left\{ \| \partial_t \pi^n \|_m^2 + \| | \sigma^n | \|^2 \right\} \Delta t \leqslant K \left\{ h_p^4 + h_c^4 + (\Delta t)^2 \right\}. \tag{7.2.43}$$

下面讨论浓度方程的误差估计. 为此将式 (7.2.36a) 和式 (7.2.36b) 分别减去 $t = t^{n+1}$ 时刻的式 (7.2.29a) 和式 (7.2.29b), 分别取 $v = \hat{\xi}^{n+1}$, $w = \alpha^{n+1}$, 可得

$$\left(\varphi_1 \frac{\hat{C}^{n+1} - \hat{\hat{C}}^n}{\Delta t}, \hat{\xi}^{n+1} \right)_m + \left(D_x \alpha^{x,n+1} + D_y \alpha^{y,n+1} + D_z \alpha^{z,n+1}, \hat{\xi}^{n+1} \right)_m$$

$$
=\left(f(\hat{C}^n)-f(\hat{c}^{n+1})+\psi^{n+1}\frac{\partial\hat{c}^{n+1}}{\partial\tau},\hat{\xi}^{n+1}\right)_m, \tag{7.2.44a}
$$

$$
\left(E_c^{-1}\alpha^{x,n+1},\alpha^{x,n+1}\right)_x+\left(E_c^{-1}\alpha^{y,n+1},\alpha^{y,n+1}\right)_y+\left(E_c^{-1}\alpha^{z,n+1},\alpha^{z,n+1}\right)_z
$$
$$
-\left(\hat{\xi}^{n+1},D_x\alpha^{x,n+1}+D_y\alpha^{y,n+1}+D_z\alpha^{z,n+1}\right)_m=0. \tag{7.2.44b}
$$

将式 (7.2.44a) 和式 (7.2.44b) 相加可得

$$
\left(\varphi_1\frac{\hat{C}^{n+1}-\hat{\hat{C}}^n}{\Delta t},\hat{\xi}^{n+1}\right)_m+\left(E_c^{-1}\alpha^{x,n+1},\alpha^{x,n+1}\right)_x
$$
$$
+\left(E_c^{-1}\alpha^{y,n+1},\alpha^{y,n+1}\right)_y+\left(E_c^{-1}\alpha^{z,n+1},\alpha^{z,n+1}\right)_z
$$
$$
=\left(f(\hat{C}^n)-f(\hat{c}^{n+1})+\psi^{n+1}\frac{\partial\hat{c}^{n+1}}{\partial\tau},\hat{\xi}^{n+1}\right)_m. \tag{7.2.45}
$$

应用方程 (7.2.34) $(t=t^{n+1})$, 将上式改写为

$$
\left(\varphi_1\frac{\hat{\xi}^{n+1}-\hat{\xi}^n}{\Delta t},\hat{\xi}^{n+1}\right)_m+\sum_{s=x,y,z}\left(E_c^{-1}\alpha^{s,n+1},\alpha^{s,n+1}\right)_s
$$
$$
=\left(\left[\varphi_1\frac{\partial\hat{c}^{n+1}}{\partial t}+\boldsymbol{u}^{n+1}\cdot\nabla\hat{c}^{n+1}\right]-\varphi_1\frac{\hat{c}^{n+1}-\check{c}^n}{\Delta t},\hat{\xi}^{n+1}\right)_m+\left(\varphi_1\frac{\hat{\zeta}^{n+1}-\hat{\zeta}^n}{\Delta t},\hat{\xi}^{n+1}\right)_m
$$
$$
+\left(f(\hat{C}^n)-f(\hat{c}^{n+1}),\hat{\xi}^{n+1}\right)+\left(\varphi_1\frac{\hat{c}^n-\check{c}^n}{\Delta t},\hat{\xi}^{n+1}\right)_m-\left(\varphi_1\frac{\hat{\zeta}^n-\check{\zeta}^n}{\Delta t},\hat{\xi}^{n+1}\right)_m
$$
$$
+\left(\varphi_1\frac{\hat{\hat{\xi}}^n-\check{\xi}^n}{\Delta t},\hat{\xi}^{n+1}\right)_m-\left(\varphi_1\frac{\check{\zeta}^n-\hat{\zeta}^n}{\Delta t},\hat{\xi}^{n+1}\right)_m+\left(\varphi_1\frac{\check{\xi}^n-\hat{\xi}^n}{\Delta t},\hat{\xi}^{n+1}\right)_m, \tag{7.2.46}
$$

此处 $\check{c}^n=\hat{c}^n(X-\varphi_1^{-1}\boldsymbol{u}^{n+1}\Delta t),\ \hat{c}^n=\hat{c}^n(X-\varphi_1^{-1}\boldsymbol{U}^{n+1}\Delta t)$.

对式 (7.2.46) 的左端应用不等式 $a(a-b)\geqslant\frac{1}{2}(a^2-b^2)$, 其右端分别用 T_1, $T_2,\cdots,T_8$ 表示, 可得

$$
\frac{1}{2\Delta t}\left\{\left(\varphi_1\hat{\xi}^{n+1},\hat{\xi}^{n+1}\right)_m-\left(\varphi_1\hat{\xi}^n,\hat{\xi}^n\right)_m\right\}+\sum_{s=x,y,z}\left(E_c^{-1}\alpha^{s,n+1},\alpha^{s,n+1}\right)_s\leqslant\sum_{i=1}^8 T_i. \tag{7.2.47}
$$

为了估计 T_1, 注意到 $\varphi_1\dfrac{\partial\hat{c}^{n+1}}{\partial t}+\boldsymbol{u}^{n+1}\cdot\nabla\hat{c}^{n+1}=\psi^{n+1}\dfrac{\partial\hat{c}^{n+1}}{\partial\tau}$, 于是可得

$$\frac{\partial \hat{c}^{n+1}}{\partial \tau} - \frac{\varphi_1}{\psi^{n+1}} \cdot \frac{\hat{c}^{n+1} - \check{c}^n}{\Delta t} = \frac{\varphi_1}{\psi^{n+1}\Delta t} \int_{(\check{X},t^n)}^{(X,t^{n+1})} \left[\left| X - \check{X} \right|^2 + (t - t^n)^2 \right]^{1/2} \frac{\partial^2 \hat{c}}{\partial \tau^2} \mathrm{d}\tau.$$
$$\tag{7.2.48}$$

对上式 (7.2.48) 乘以 ψ^{n+1} 并作 m 模估计, 可得

$$\left\| \psi^{n+1} \frac{\partial \hat{c}^{n+1}}{\partial \tau} - \varphi_1 \frac{\hat{c}^{n+1} - \check{c}^n}{\Delta t} \right\|_m^2 \leqslant \int_\Omega \left[\frac{\varphi_1}{\Delta t} \right]^2 \left[\frac{\psi^{n+1}\Delta t}{\varphi_1} \right]^2 \left| \int_{(\check{X},t^n)}^{(X,t^{n+1})} \frac{\partial^2 \hat{c}}{\partial \tau^2} \mathrm{d}\tau \right|^2 \mathrm{d}X$$

$$\leqslant \Delta t \left\| \frac{(\psi^{n+1})^3}{\varphi_1} \right\|_\infty \int_\Omega \int_{(\check{X},t^n)}^{(X,t^{n+1})} \left| \frac{\partial^2 \hat{c}}{\partial \tau^2} \right|^2 \mathrm{d}\tau \mathrm{d}X$$

$$\leqslant \Delta t \left\| \frac{(\psi^{n+1})^4}{(\varphi_1)^2} \right\|_\infty \int_\Omega \int_{t^n}^{t^{n+1}} \int_0^1 \left| \frac{\partial^2 \hat{c}}{\partial \tau^2}(\bar{\tau}\check{X} + (1 - \bar{\tau})X, t) \right|^2 \mathrm{d}\bar{\tau} \mathrm{d}X \mathrm{d}t. \tag{7.2.49}$$

因此有

$$|T_1| \leqslant K \left\| \frac{\partial^2 \hat{c}}{\partial \tau^2} \right\|_{L^2(t^n,t^{n+1};m)}^2 \Delta t + K \left\| \hat{\xi}^{n+1} \right\|_m^2. \tag{7.2.50a}$$

对于 T_2, T_3 的估计, 应用引理 7.2.5 可得

$$|T_2| \leqslant K \left\{ (\Delta t)^{-1} \left\| \frac{\partial \hat{\zeta}}{\partial t} \right\|_{L^2(t^n,t^{n+1};m)}^2 + \left\| \hat{\xi}^{n+1} \right\|_m^2 \right\}, \tag{7.2.50b}$$

$$|T_3| \leqslant K \left\{ \left\| \hat{\xi}^{n+1} \right\|_m^2 + \left\| \hat{\xi}^n \right\|_m^2 + (\Delta t)^2 + h_c^4 \right\}. \tag{7.2.50c}$$

估计 T_4, T_5 和 T_6 导出下述一般的关系式. 若 f 定义在 Ω 上, f 对应的是 $\hat{c}$, $\hat{\zeta}$ 和 $\hat{\xi}$, Z 表示方向 $U^{n+1} - u^{n+1}$ 的单位向量. 则

$$\int_\Omega \varphi_1 \frac{\hat{f}^n - \check{f}^n}{\Delta t} \hat{\xi}^{n+1} \mathrm{d}X = (\Delta t)^{-1} \int_\Omega \varphi_1 \left[\int_{\check{X}}^{\hat{X}} \frac{\partial f^n}{\partial Z} \mathrm{d}Z \right] \hat{\xi}^{n+1} \mathrm{d}X$$

$$= (\Delta t)^{-1} \int_\Omega \varphi_1 \left[\int_0^1 \frac{\partial f^n}{\partial Z}((1 - \bar{Z})\check{X} + \bar{Z}\hat{X}) \mathrm{d}\bar{Z} \right] \left| \hat{X} - \check{X} \right| \hat{\xi}^{n+1} \mathrm{d}X$$

$$= \int_\Omega \left[\int_0^1 \frac{\partial f^n}{\partial Z}((1 - \bar{Z})\check{X} + \bar{Z}\hat{X}) \mathrm{d}\bar{Z} \right] |u - U| \hat{\xi}^{n+1} \mathrm{d}X. \tag{7.2.51}$$

此处 $\bar{Z} \in [0,1]$ 的参数, 应用关系式 $\hat{X} - \check{X} = \Delta t \dfrac{u^{n+1}(X) - U^{n+1}(X)}{\varphi_1(X)}$. 设

$$g_f = \int_0^1 \frac{\partial f^n}{\partial Z}((1 - \bar{Z})\check{X} + \bar{Z}\hat{X}) \mathrm{d}\bar{Z}.$$

则可写出关于式 (7.2.51) 三个特殊情况:

$$|T_4| \leqslant ||g_{\hat{c}}||_\infty \left|\left|(\boldsymbol{u} - \boldsymbol{U})^{n+1}\right|\right|_m \left|\left|\hat{\xi}^{n+1}\right|\right|_m, \tag{7.2.52a}$$

$$|T_5| \leqslant \left|\left|g_{\hat{\zeta}}\right|\right|_m \left|\left|(\boldsymbol{u} - \boldsymbol{U})^{n+1}\right|\right|_m \left|\left|\hat{\xi}^{n+1}\right|\right|_\infty, \tag{7.2.52b}$$

$$|T_6| \leqslant \left|\left|g_{\hat{\xi}}\right|\right|_m \left|\left|(\boldsymbol{u} - \boldsymbol{U})^{n+1}\right|\right|_m \left|\left|\hat{\xi}^{n+1}\right|\right|_\infty. \tag{7.2.52c}$$

由估计式 (7.2.43) 和引理 7.2.5 可得

$$\left|\left|(\boldsymbol{u} - \boldsymbol{U})^{n+1}\right|\right|_m^2 \leqslant K \left\{ h_p^4 + h_c^4 + (\Delta t)^2 \right\}. \tag{7.2.53}$$

因为 $g_{\hat{c}}(X)$ 是 c^n 的一阶偏导数的平均值, 它能用 $||\hat{c}^n||_{W_\infty^1}$ 来估计. 由式 (7.2.52a) 可得

$$|T_4| \leqslant K \left\{ \left|\left|\hat{\xi}^{n+1}\right|\right|_m^2 + h_p^4 + h_c^4 + (\Delta t)^2 \right\}. \tag{7.2.54}$$

为了估计 $\left|\left|g_{\hat{\zeta}}\right|\right|_m$ 和 $\left|\left|g_{\hat{\xi}}\right|\right|_m$, 需要引入归纳法假定和作下述剖分参数限制性条件:

$$\sup_{0 \leqslant n \leqslant L} \left|\left|\hat{\xi}^n\right|\right|_\infty \to 0, \quad (h_p, h_c, \Delta t) \to 0. \tag{7.2.55}$$

$$\Delta t = O(h_c^2), \quad h_c^2 = o(h_p^{3/2}). \tag{7.2.56}$$

现在考虑

$$||g_f||^2 \leqslant \int_0^1 \int_\Omega \left[\frac{\partial f^n}{\partial Z} ((1 - \bar{Z}) \overset{\vee}{X} + \bar{Z} \hat{X}) \right]^2 \mathrm{d}X \mathrm{d}\bar{Z}. \tag{7.2.57}$$

定义变换

$$G_{\bar{Z}}(X) = (1 - \bar{Z}) \overset{\vee}{X} + \bar{Z} \hat{X} = X - [\varphi^{-1}(X) \boldsymbol{u}^{n+1}(X) + \bar{Z} \varphi^{-1}(X) (\boldsymbol{U} - \boldsymbol{u})^{n+1}(X)] \Delta t,$$

设 $J_p = \Omega_{ijk} = [x_{i-1/2}, x_{i+1/2}] \times [y_{j-1/2}, y_{j+1/2}] \times [z_{k-1/2}, z_{k+1/2}]$ 是流动方程的网格单元, 则式 (7.2.57) 可写为

$$||g_f||^2 \leqslant \int_0^1 \sum_{J_p} \left| \frac{\partial f^n}{\partial Z} (G_{\bar{Z}}(X)) \right|^2 \mathrm{d}X \mathrm{d}\bar{Z}. \tag{7.2.58}$$

由归纳法假定 (7.2.55) 和剖分参数限制性条件 (7.2.56) 有

$$\det DG_{\bar{Z}} = 1 + o(1).$$

则式 (7.2.58) 进行变量替换后可得

$$||g_f||^2 \leqslant K ||\nabla f^n||^2. \tag{7.2.59}$$

对 T_5 应用式 (7.2.53), 引理 7.2.5 和 Sobolev 嵌入定理 [38] 可得下述估计:

$$|T_5| \leqslant K \left\| \nabla \hat{\zeta}^n \right\| \cdot \left\| (\boldsymbol{u} - \boldsymbol{U})^{n+1} \right\| \cdot h_{\hat{c}}^{-(\varepsilon+1/2)} \left\| \nabla \hat{\xi}^{n+1} \right\|$$

$$\leqslant K \left\{ h_c^{2-(\varepsilon+1/2)} \left\| (\boldsymbol{u} - \boldsymbol{U})^{n+1} \right\| \cdot \left\| \nabla \hat{\xi}^{n+1} \right\| \right\}$$

$$\leqslant K \left\{ \left\| \hat{\xi}^{n+1} \right\|_m^2 + \left\| \hat{\xi}^n \right\|_m^2 + h_p^4 + h_c^4 + (\Delta t)^2 \right\} + \varepsilon \left\| |\alpha^{n+1}| \right\|^2. \quad (7.2.60a)$$

因为在式 (7.2.53) 已证明 $\||\sigma^{n+1}|\| = O(h_p^2 + h_c^2 + \Delta t)$, 从式 (7.2.53) 我们清楚地看到 $\|(\boldsymbol{u} - \boldsymbol{U})^{n+1}\|_m = o(h_c^{\varepsilon+1/2})$, 类似于文献 [6] 中的分析, 有

$$|T_6| \leqslant K \left\| \nabla \hat{\xi}^n \right\| \cdot \left\| (\boldsymbol{u} - \boldsymbol{U})^{n+1} \right\| \cdot h^{-(\varepsilon+1/2)} \left\| \nabla \hat{\xi}^{n+1} \right\|$$

$$\leqslant \varepsilon \left\{ \left\| |\alpha^{n+1}| \right\|^2 + \left\| |\alpha^n| \right\|^2 \right\}. \quad (7.2.60b)$$

对 T_7, T_8 应用负模估计可得

$$|T_7| \leqslant K h_c^4 + \varepsilon \left\| |\alpha^{n+1}| \right\|^2, \quad (7.2.61a)$$

$$|T_8| \leqslant K \left\| \hat{\xi}^n \right\|_m^2 + \varepsilon \left\| |\alpha^{n+1}| \right\|^2. \quad (7.2.61b)$$

对误差估计式 (7.2.46) 左、右两端分别应用式 (7.2.43)、(7.2.50)、(7.2.54)、(7.2.60) 和 (7.2.61) 可得

$$\frac{1}{2\Delta t} \left\{ \left(\varphi_1 \hat{\xi}^{n+1}, \hat{\xi}^{n+1} \right)_m - \left(\varphi_1 \hat{\xi}^n, \hat{\xi}^n \right)_m \right\} + \sum_{s=x,y,z} \left(E_c^{-1} \alpha^{s,n+1}, \alpha^{s,n+1} \right)_s$$

$$\leqslant K \left\{ \left\| \frac{\partial^2 \hat{c}}{\partial \tau^2} \right\|_{L^2(t^n, t^{n+1}; m)}^2 \Delta t + (\Delta t)^{-1} \left\| \frac{\partial \hat{\zeta}}{\partial t} \right\|_{L^2(t^n, t^{n+1}; m)}^2 + \left\| \hat{\xi}^{n+1} \right\|_m^2 + \left\| \hat{\xi}^n \right\|_m^2 \right.$$

$$\left. + h_p^4 + h_c^4 + (\Delta t)^2 \right\} + \varepsilon \left\{ \left\| |\alpha^{n+1}| \right\|^2 + \left\| |\alpha^n| \right\|^2 \right\}. \quad (7.2.62)$$

对式 (7.2.62) 乘以 $2\Delta t$, 对时间 t 求和 $0 \leqslant n \leqslant L$, 注意到 $\hat{\xi}^0 = 0$, 应用 Gronwall 引理可得

$$\left\| \hat{\xi}^{L+1} \right\|_m^2 + \sum_{n=0}^{L} \left\| |\alpha^{n+1}| \right\|^2 \Delta t \leqslant K \left\{ h_p^4 + h_c^4 + (\Delta t)^2 \right\}. \quad (7.2.63)$$

最后需要检验归纳法假定 (7.2.55). 对于 $n = 0$ 时, 由于初始值的选取, $\hat{\xi}^0 = 0$, 归纳法假定显然是正确的. 若对 $1 \leqslant n \leqslant L$ 归纳法假定 (7.2.55) 成立. 由估计式 (7.2.63) 和剖分参数限制性条件 (7.2.56) 有

$$\left\| \hat{\xi}^{L+1} \right\|_\infty \leqslant K h_c^{-3/2} \left\{ h_p^2 + h_c^2 + \Delta t \right\} \leqslant K h_c^{1/2} \to 0. \quad (7.2.64)$$

归纳法假定成立.

下面对 Radionuclide 浓度方程 (7.2.49) 进行误差估计. 为此将式 (7.2.49a) 和式 (7.2.49b) 分别减去 $t = t^{n+1}$ 时刻的式 (7.2.40a) 和式 (7.2.40b), 分别取 $v = \xi_i^{n+1}$, $w = \alpha_i^{n+1}$, 可得

$$\left(\varphi K_i \frac{C_i^{n+1} - \hat{C}_i^n}{\Delta t}, \xi_i^{n+1}\right)_m + \left(D_x \alpha_i^{x,n+1} + D_y \alpha_i^{y,n+1} + D_z \alpha_i^{z,n+1}, \xi_i^{n+1}\right)_m$$
$$= -\left(d_3(C_i^n)\frac{P^{n+1} - P^n}{\Delta t} - d_3(c_i^{n+1})\frac{\partial p^{n+1}}{\partial t}, \xi_i^{n+1}\right)_m + \left(f(\hat{C}^{n+1}, C_1^n, C_2^n, \cdots, C_N^n)\right.$$
$$\left. - f(\hat{c}^{n+1}, c_1^{n+1}, c_2^{n+1}, \cdots, c_N^{n+1}) + \psi_i^{n+1}\frac{\partial c_i^{n+1}}{\partial \tau_i}, \xi_i^{n+1}\right)_m, \tag{7.2.65a}$$
$$\left(E_c^{-1}\alpha_i^{x,n+1}, \alpha_i^{x,n+1}\right)_x + \left(E_c^{-1}\alpha_i^{y,n+1}, \alpha_i^{y,n+1}\right)_y + \left(E_c^{-1}\alpha_i^{z,n+1}, \alpha_i^{z,n+1}\right)_z$$
$$- \left(\xi_i^{n+1}, D_x\alpha_i^{x,n+1} + D_y\alpha_i^{y,n+1} + D_z\alpha_i^{z,n+1}\right)_m = 0. \tag{7.2.65b}$$

将式 (7.2.65a) 和式 (7.2.65b) 相加可得

$$\left(\varphi K_i \frac{C_i^{n+1} - \hat{C}_i^n}{\Delta t}, \xi_i^{n+1}\right)_m + \left(E_c^{-1}\alpha_i^{x,n+1}, \alpha_i^{x,n+1}\right)_x + \left(E_c^{-1}\alpha_i^{y,n+1}, \alpha_i^{y,n+1}\right)_y$$
$$+ \left(E_c^{-1}\alpha_i^{z,n+1}, \alpha_i^{z,n+1}\right)_z$$
$$= -\left(d_3(C_i^n)\frac{P^{n+1} - P^n}{\Delta t} - d_3(c_i^{n+1})\frac{\partial p^{n+1}}{\partial t}, \xi_i^{n+1}\right)_m + (f(\hat{C}^{n+1}, C_1^n, C_2^n, \cdots, C_N^n)$$
$$- f(\hat{c}^{n+1}, c_1^{n+1}, c_2^{n+1}, \cdots, c_N^{n+1}), \xi_i^{n+1})_m + \left(\psi_\alpha^{n+1}\frac{\partial c_i^{n+1}}{\partial \tau_i}, \xi_i^{n+1}\right)_m. \tag{7.2.66}$$

应用方程 (7.2.15) $(t = t^{n+1})$, 将上式改写为

$$\left(\varphi K_i \frac{\xi_i^{n+1} - \xi_i^n}{\Delta t}, \xi_i^{n+1}\right)_m + \sum_{s=x,y,z}\left(E_c^{-1}\alpha_i^{s,n+1}, \alpha_i^{s,n+1}\right)_s$$
$$= \left(\varphi K_i \frac{\partial c_i^{n+1}}{\partial t} + \boldsymbol{u}^{n+1} \cdot \nabla c_i^{n+1} - \varphi K_i \frac{c_i^{n+1} - \check{c}_i^n}{\Delta t}, \xi_i^{n+1}\right)_m$$
$$- \left(d_3(C_i^n)\frac{P^{n+1} - P^n}{\Delta t} - d_3(c_i^{n+1})\frac{\partial p^{n+1}}{\partial t}, \xi_i^{n+1}\right)_m + (f(\hat{C}^{n+1}, C_1^n, C_2^n, \cdots, C_N^n)$$
$$- f(\hat{c}^{n+1}, c_1^{n+1}, c_2^{n+1}, \cdots, c_N^{n+1}), \xi_i^{n+1})_m + \left(\varphi K_i \frac{\zeta_i^{n+1} - \zeta_i^n}{\Delta t}, \xi_i^{n+1}\right)_m$$
$$+ \left(\varphi K_i \frac{\hat{c}_i^n - \check{c}_i^n}{\Delta t}, \xi_i^{n+1}\right)_m - \left(\varphi K_i \frac{\hat{\zeta}_i^n - \check{\zeta}_i^n}{\Delta t}, \xi_i^{n+1}\right)_m + \left(\varphi K_i \frac{\hat{\xi}_i^n - \check{\xi}_i^n}{\Delta t}, \xi_i^{n+1}\right)_m$$

$$
-\left(\varphi K_i \frac{\overset{\vee}{\zeta_i^n}-\zeta_i^n}{\Delta t}, \xi_i^{n+1}\right)_m + \left(\varphi K_i \frac{\overset{\vee}{\xi_i^n}-\xi_i^n}{\Delta t}, \xi_i^{n+1}\right)_m. \tag{7.2.67}
$$

对式 (7.2.67) 的左端应用不等式 $a(a-b) \geqslant \frac{1}{2}(a^2-b^2)$, 对其右端用 $\bar{T}_1, \bar{T}_2, \cdots$, $\bar{T}_9$ 表示, 可得

$$
\frac{1}{2\Delta t}\left\{\left(\varphi K_i \xi_i^{n+1}, \xi_i^{n+1}\right)_m - \left(\varphi K_i \xi_i^n, \xi_i^n\right)_m\right\} + \sum_{s=x,y,z}\left(E_c^{-1}\alpha_i^{s,n+1}, \alpha_i^{s,n+1}\right)_s
$$

$$
\leqslant \sum_{j=1}^{9} \bar{T}_j. \tag{7.2.68}
$$

为了进行误差估计, 需要引入下述归纳法假定:

$$
\sup_{0\leqslant n\leqslant L}\left\{\|\xi_i^n\|_\infty, i=1,2,\cdots,N\right\}\to 0, \quad (h_p, h_c, \Delta t)\to 0. \tag{7.2.69}
$$

同样要求剖分参数限制性条件 (7.2.56).

现依次估计式 (7.2.67) 右端诸项, 并应用估计式 (7.2.43) 和 (7.2.63) 以及归纳法假定 (7.2.69) 可得

$$
|\bar{T}_1| \leqslant K\left\|\frac{\partial^2 c_i}{\partial \tau_i^2}\right\|_{L^2(t^n,t^{n+1},m)}\Delta t + K\|\xi_i^{n+1}\|_m^2, \tag{7.2.70a}
$$

$$
|\bar{T}_2| \leqslant K\{\|\partial_t \pi^n\|_m^2 + \|\xi_i^{n+1}\|_m^2 + h_p^4 + h_c^4 + (\Delta t)^2\}, \tag{7.2.70b}
$$

$$
|\bar{T}_3| \leqslant K\left\{\|\xi_i^{n+1}\|_m^2 + \sum_{i=1}^{N}\|\xi_i^n\|_m^2 + h_p^4 + h_c^4 + (\Delta t)^2\right\}, \tag{7.2.70c}
$$

$$
|\bar{T}_4| \leqslant K\left\{(\Delta t)^{-1}\left\|\frac{\partial \zeta_i}{\partial t}\right\|_{L^2(t^n,t^{n+1};m)}^2 + \|\xi_i^{n+1}\|_m^2\right\}, \tag{7.2.70d}
$$

$$
|\bar{T}_5| \leqslant K\left\{\|\xi_i^{n+1}\|_m^2 + h_p^4 + h_c^4 + (\Delta t)^2\right\}, \tag{7.2.70e}
$$

$$
|\bar{T}_6| \leqslant \varepsilon\||\alpha_i^{n+1}\||^2 + K\{h_p^4 + h_c^4 + (\Delta t)^2\}, \tag{7.2.70f}
$$

$$
|\bar{T}_7| \leqslant \varepsilon\left\{\||\alpha_i^{n+1}\||^2 + \||\alpha_i^n\||^2\right\}, \tag{7.2.70g}
$$

$$
|\bar{T}_8| \leqslant \varepsilon\||\alpha_i^{n+1}\||^2 + Kh_c^4, \tag{7.2.70h}
$$

$$
|\bar{T}_9| \leqslant \varepsilon\||\alpha_i^{n+1}\||^2 + K\|\xi_i^n\|_m^2. \tag{7.2.70i}
$$

对误差估计式 (7.2.67) 右端应用估计式 (7.2.70a)~(7.2.70i) 可得

$$
\frac{1}{2\Delta t}\left\{\left(\varphi K_i \xi_i^{n+1}, \xi_i^{n+1}\right)_m - \left(\varphi K_i \xi_i^n, \xi_i^n\right)_m\right\} + \sum_{s=x,y,z}\left(E_c^{-1}\alpha_i^{s,n+1}, \alpha_i^{s,n+1}\right)_s
$$

$$\leqslant K\left\{\left\|\frac{\partial^2 c_i}{\partial \tau_i^2}\right\|_{L^2(t^n,t^{n+1},m)}\Delta t+(\Delta t)^{-1}\left\|\frac{\partial \zeta_i}{\partial t}\right\|_{L^2(t^n,t^{n+1};m)}^2+\left\|\xi^{n+1}\right\|_m^2+\sum_{j=1}^N\left\|\xi_j^n\right\|_m^2\right.$$

$$\left.+\left\|\partial_t\pi^n\right\|_m^2+h_p^4+h_c^4+(\Delta t)^2\right\}+\varepsilon\left\{\left\|\left|\alpha_i^{n+1}\right|\right\|^2+\left\|\left|\alpha_i^n\right|\right\|^2\right\}. \tag{7.2.71}$$

对式 (7.2.71) 乘以 $2\Delta t$, 对时间 t 求和 $0\leqslant n\leqslant L$, 注意到正定性条件 (C) 和 $\xi_i^0=0$, 引理 7.2.5 可得

$$\left\|\xi_i^{L+1}\right\|_m^2+\sum_{n=0}^L\left\|\left|\alpha_i^{n+1}\right|\right\|^2\Delta t$$

$$\leqslant K\left\{\sum_{n=0}^L\left\|\partial_t\pi^n\right\|_m^2\Delta t+\sum_{n=0}^L\left\{\left\|\xi_i^{n+1}\right\|_m^2+\sum_{j=1}^N\left\|\xi_j^n\right\|_m^2\right\}\Delta t+h_p^4+h_c^4+(\Delta t)^2\right\}. \tag{7.2.72}$$

对式 (7.2.72) 求和 $(1\leqslant i\leqslant N)$, 并利用估计式 (7.2.43) 和 Gronwall 引理可得

$$\sum_{i=1}^N\left\|\xi_i^{L+1}\right\|_m^2+\sum_{n=0}^L\sum_{i=1}^N\left\|\left|\alpha_i^{n+1}\right|\right\|^2\Delta t\leqslant K\left\{h_p^4+h_c^4+(\Delta t)^2\right\}. \tag{7.2.73}$$

类似地, 可以证明归纳法假定 (7.2.69) 成立.

最后讨论热传导方程 (7.2.16) 的误差估计. 为此将式 (7.2.20a) 和式 (7.2.20b) 分别减去 $t=t^{n+1}$ 时刻的式 (7.2.31a) 和式 (7.2.31b), 并取 $v=\xi_T^{n+1}$, $w=\alpha_T^{n+1}$ 可得

$$\left(d_2\frac{T_h^{n+1}-\hat{T}_h^n}{\Delta t},\xi_T^{n+1}\right)_m+\left(D_x\alpha_T^{x,n+1}+D_y\alpha_T^{y,n+1}+D_z\alpha_T^{z,n+1},\xi_T^{n+1}\right)_m$$

$$=-\left(d_1(P^{n+1})\frac{P^{n+1}-P^n}{\Delta t}-d_1(p^{n+1})\frac{\partial p^{n+1}}{\partial t},\xi_T^{n+1}\right)_m+\left(Q(\boldsymbol{U}^{n+1},P^{n+1},\hat{T}_h^n,\hat{C}^{n+1})\right.$$

$$\left.-Q(\boldsymbol{u}^{n+1},p^{n+1},T^n,\hat{c}^{n+1})+\psi_T^{n+1}\frac{\partial T^{n+1}}{\partial \tau_T},\xi_T^{n+1}\right)_m, \tag{7.2.74a}$$

$$\left(E_H^{-1}\alpha_T^{x,n+1},\alpha_T^{x,n+1}\right)_x+\left(E_H^{-1}\alpha_T^{y,n+1},\alpha_T^{y,n+1}\right)_y+\left(E_H^{-1}\alpha_T^{z,n+1},\alpha_T^{z,n+1}\right)_z$$

$$-\left(\xi_T^{n+1},D_x\alpha_T^{x,n+1}+D_y\alpha_T^{y,n+1}+D_z\alpha_T^{z,n+1}\right)_m=0. \tag{7.2.74b}$$

将式 (7.2.74a) 和式 (7.2.74b) 相加可得

$$\left(d_2\frac{T_h^{n+1}-\hat{T}_h^n}{\Delta t},\xi_T^{n+1}\right)_m+\sum_{s=x,y,z}\left(E_H^{-1}\alpha_T^{s,n+1},\alpha_T^{s,n+1}\right)_s$$

$$
\begin{aligned}
= & -\left(d_1(P^{n+1})\frac{P^{n+1}-P^n}{\Delta t} - d_1(p^{n+1})\frac{\partial p^{n+1}}{\partial t}, \xi_T^{n+1}\right)_m + \left(Q(\boldsymbol{U}^{n+1}, P^{n+1}, \hat{T}_h^n, \hat{C}^{n+1})\right. \\
& \left. - Q(\boldsymbol{u}^{n+1}, p^{n+1}, T^n, \hat{c}^{n+1}) + \psi_T^{n+1}\frac{\partial T^{n+1}}{\partial \tau_T}, \xi_T^{n+1}\right)_m.
\end{aligned}
\tag{7.2.75}
$$

应用方程 (7.2.16) $(t=t^{n+1})$, 将上式改写为

$$
\begin{aligned}
& \left(d_2\frac{\xi_T^{n+1}-\xi_T^n}{\Delta t}, \xi_T^{n+1}\right)_m + \sum_{s=x,y,z}\left(E_H^{-1}\alpha_T^{s,n+1}, \alpha_T^{s,n+1}\right)_s \\
= & \left(d_2\frac{\partial T^{n+1}}{\partial t} + c_p\boldsymbol{u}^{n+1}\cdot\nabla T^{n+1} - d_2\frac{T^{n+1}-\check{T}^n}{\Delta t}, \xi_T^{n+1}\right)_m \\
& -\left(d_1(P^{n+1})\frac{P^{n+1}-P^n}{\Delta t} - d_1(p^{n+1})\frac{\partial p^{n+1}}{\partial t}, \xi_T^{n+1}\right)_m \\
& + (Q(\boldsymbol{U}^{n+1}, P^{n+1}, \hat{T}_h^n, \hat{C}^{n+1}) - Q(\boldsymbol{u}^{n+1}, p^{n+1}, T^n, \hat{c}^{n+1}), \xi_T^{n+1})_m \\
& + \left(d_2\frac{\zeta_T^{n+1}-\zeta_T^n}{\Delta t}, \xi_T^{n+1}\right)_m + \left(d_2\frac{\hat{T}^n-\check{T}^n}{\Delta t}, \xi_T^{n+1}\right)_m \\
& -\left(d_2\frac{\hat{\zeta}_T^n-\zeta_T^n}{\Delta t}, \xi_T^{n+1}\right)_m + \left(d_2\frac{\hat{\xi}_T^n-\overset{\vee}{\xi}_T^n}{\Delta t}, \xi_T^{n+1}\right)_m \\
& -\left(d_2\frac{\overset{\vee}{\zeta}_T^n-\zeta_T^n}{\Delta t}, \xi_T^{n+1}\right)_m + \left(d_2\frac{\overset{\vee}{\xi}_T^n-\xi_T^n}{\Delta t}, \xi_T^{n+1}\right)_m.
\end{aligned}
\tag{7.2.76}
$$

对估计式 (7.2.76) 的右端用 $\hat{T}_1, \hat{T}_2, \cdots, \hat{T}_9$ 表示, 有

$$
\frac{1}{2\Delta t}\left\{(d_2\xi_T^{n+1}, \xi_T^{n+1})_m - (d_2\xi_T^n, \xi_T^n)_m\right\} + \sum_{s=x,y,z}\left(E_H^{-1}\alpha_T^{s,n+1}, \alpha_T^{s,n+1}\right)_s \leqslant \sum_{j=1}^{9}\hat{T}_j.
\tag{7.2.77}
$$

为了进行误差估计, 需要引入下述归纳法假定:

$$
\sup_{0\leqslant n\leqslant L}\{\|\xi_T^n\|_\infty\} \to 0, \quad (h_p, h_c, \Delta t) \to 0.
\tag{7.2.78}
$$

经类似的估计和分析, 并应用引理 7.2.5, 正定性条件 (C) 和估计式 (7.2.43), 注意到 $\xi_T^0 = 0$, 可得

$$
\begin{aligned}
& \left\|\xi_T^{L+1}\right\|_m^2 + \sum_{n=0}^{L}\left\|\left|\alpha_T^{n+1}\right|\right\|^2\Delta t \\
& \leqslant K\left\{\sum_{n=0}^{L}\left\{\left\|\partial_t\pi^n\right\|_m^2 + \left\|\xi_T^{n+1}\right\|_m^2\right\}\Delta t + h_p^4 + h_c^4 + (\Delta t)^2\right\}.
\end{aligned}
\tag{7.2.79}
$$

应用估计式 (7.2.43) 和 Gronwall 引理可得

$$\left\|\xi_T^{L+1}\right\|_m^2 + \sum_{n=0}^{L} \left\|\left|\alpha_T^{n+1}\right|\right\|^2 \Delta t \leqslant K\left\{h_p^4 + h_c^4 + (\Delta t)^2\right\}. \tag{7.2.80}$$

类似地, 可以证明归纳法假定 (7.2.78) 成立.

由估计式 (7.2.43)、(7.2.63)、(7.2.73)、(7.2.80) 和引理 7.2.5, 可以建立下述定理.

定理 7.2.3 对问题 (7.2.1)~(7.2.6) 假定其精确解满足正则性条件 (R), 且其系数满足正定性条件 (C). 采用混合体积元–特征混合体积元方法 (7.2.17)~(7.2.21) 逐层求解. 若剖分参数满足限制性条件 (7.2.56), 则下述误差估计式成立:

$$\|p - P\|_{\bar{L}^\infty(J;m)} + \|\partial_t(p - P)\|_{\bar{L}^2(J;m)}$$
$$+ \|\boldsymbol{u} - \boldsymbol{U}\|_{\bar{L}^\infty(J;V)} + \|\boldsymbol{u} - \boldsymbol{U}\|_{\bar{L}^2(J;V)} + \left\|\hat{c} - \hat{C}\right\|_{\bar{L}^\infty(J;m)}$$
$$+ \left\|\hat{\boldsymbol{g}} - \hat{\boldsymbol{G}}\right\|_{\bar{L}^2(J;V)} + \sum_{i=1}^{N}\left\{\|c_i - C_i\|_{\bar{L}^\infty(J;m)} + \|\boldsymbol{g}_i - \boldsymbol{G}_i\|_{\bar{L}^2(J;V)}\right\}$$
$$+ \|T - T_h\|_{\bar{L}^\infty(J;m)} + \|\boldsymbol{g}_T - \boldsymbol{G}_T\|_{\bar{L}^2(J;V)}$$
$$\leqslant M^*\left\{h_p^2 + h_c^2 + \Delta t\right\}, \tag{7.2.81}$$

此处 $\|g\|_{\bar{L}^\infty(J;X)} = \sup_{n\Delta t \leqslant T}\|g^n\|_X, \|g\|_{\bar{L}^2(J;X)} = \sup_{L\Delta t \leqslant T}\left\{\sum_{n=0}^{L}\|g^n\|_X^2 \Delta t\right\}^{1/2}$, 常数

M^* 依赖于函数 $p, \hat{c}, c_i(i = 1, 2, \cdots, N), T$ 及其导函数.

7.2.5 数值算例

首先, 假设 Darcy 速度 $\boldsymbol{u}$ 是已知的, 采用特征混合体积元格式来逼近对流扩散问题. 考虑

$$\begin{cases} \dfrac{\partial c}{\partial t} + \boldsymbol{u} \cdot \nabla c - \dfrac{\varepsilon}{3\pi^2}\Delta c = f, & X \in \Omega, \quad 0 < t \leqslant T, \\ c(X, 0) = c_0, & X \in \Omega, \\ \dfrac{\partial c}{\partial \nu} = 0, & X \in \partial\Omega, \quad 0 < t \leqslant T, \end{cases} \tag{7.2.82}$$

此处 $\Omega = (0,1) \times (0,1) \times (0,1)$ 和 ν 是边界面 $\partial\Omega$ 的单位外法向向量.

$$\boldsymbol{u} = (u_1, u_2, u_3)^{\mathrm{T}},$$
$$u_1 = \mathrm{e}^{-\varepsilon t}\frac{\sin(\pi x_1)\cos(\pi x_2)\cos(\pi x_3)}{3\pi},$$
$$u_2 = \mathrm{e}^{-\varepsilon t}\frac{\cos(\pi x_1)\sin(\pi x_2)\cos(\pi x_3)}{3\pi},$$
$$u_3 = \mathrm{e}^{-\varepsilon t}\frac{\cos(\pi x_1)\cos(\pi x_2)\sin(\pi x_3)}{3\pi}.$$

选定 f 和 c_0 使得精确解为 $c = \mathrm{e}^{-\varepsilon t}\cos(\pi x_1)\cos(\pi x_2)\cos(\pi x_3)/(3\pi)$.

我们将用特征混合体积元方法逼近问题 (7.2.82). 在这里将寻求饱和度及其伴随函数的数值解. 取 $\Delta t = 0.001$, $t = 1.0$, 并对问题 (7.2.82) 中的 $\varepsilon = 1, 10^{-3}, 10^{-8}$ 分别进行数值近似. 表 7.2.1, 表 7.2.2 给出了 $\|c - C\|_h$, $\|g - G\|_h$ 误差估计结果, 其中 $\|\cdot\|_h$ 代表了 L^2 离散模. 可以看出误差随着步长变小而变小, 收敛阶都不低于 1, 在 2 左右. 在 $x_3 = 0.28152$, $\varepsilon = 10^{-3}$ 时关于 $c - C$ 的模拟结果见图 7.2.1 和图 7.2.2, 关于 $g - G$ 的模拟结果见图 7.2.3 和图 7.2.4.

表 7.2.1　算例 1 数值结果的误差估计 $\|c - C\|_h$

ε	$h = \dfrac{1}{4}$	$h = \dfrac{1}{8}$	$h = \dfrac{1}{16}$
1	8.37936e$-$3	2.04794e$-$3 2.03	4.46738e$-$4 2.20
10^{-3}	1.46724e$-$2	3.77369e$-$3 1.96	9.62809e$-$4 1.97
10^{-8}	1.46678e$-$2	3.75608e$-$3 1.97	9.41237e$-$4 2.00

表 7.2.2　算例 1 数值结果的误差估计 $\|g - G\|_h$

ε	$h = \dfrac{1}{4}$	$h = \dfrac{1}{8}$	$h = \dfrac{1}{16}$
1	1.28241e$-$3	3.07871e$-$4 2.06	6.83190e$-$5 2.17
10^{-3}	2.8810e$-$3	9.02797e$-$4 1.67	2.32485e$-$4 1.96
10^{-8}	2.89707e$-$3	9.13636e$-$4 1.66	2.42117e$-$4 1.92

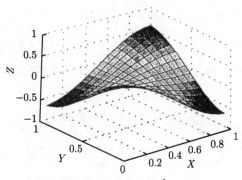

图 7.2.1　c 在 $t = 1, h = \dfrac{1}{16}$ 的剖面图

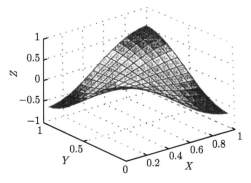

图 7.2.2 c 在 $t = 1, h = \dfrac{1}{16}$ 的剖面图

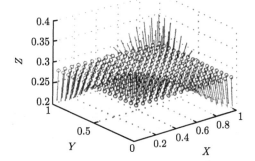

图 7.2.3 g 在 $t = 1, h = \dfrac{1}{16}$ 的箭状图

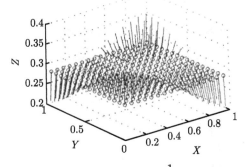

图 7.2.4 G 在 $t = 1, h = \dfrac{1}{16}$ 的箭状图

从表 7.2.1, 表 7.2.2 和图 7.2.1～ 图 7.2.4, 我们能够指明这方法在数值模拟计算 c 和 g 是稳定和有效的, 同时它指明这方法对小 ε 的是有效的.

其次, 现在我们应用本节提出的混合体积元–特征混合元方法解一个椭圆–对流扩散方程组:

$$\begin{cases} -\Delta p = \nabla \cdot \boldsymbol{u} = c + F, & X \in \partial\Omega, \quad 0 \leqslant t \leqslant T, \\[2mm] \dfrac{\partial c}{\partial t} + \boldsymbol{u} \cdot \nabla c - \varepsilon \Delta c = f, & X \in \Omega, \quad 0 < t \leqslant T, \\[2mm] c(X, 0) = c_0, & X \in \Omega, \\[2mm] \dfrac{\partial c}{\partial \nu} = 0, & X \in \partial\Omega, \quad 0 < t \leqslant T, \\[2mm] -\dfrac{\partial p}{\partial \nu} = \boldsymbol{u} \cdot \nu = 0, & X \in \partial\Omega, \quad 0 < t \leqslant T. \end{cases} \quad (7.2.83)$$

此处 $\Omega = (0,1) \times (0,1) \times (0,1)$ 和 ν 是边界面 $\partial\Omega$ 的单位外法向向量. 选定 F, f 和 c_0 对应的精确解为

$$\begin{aligned} p =\ & \mathrm{e}^{12t} \Big(x_1^4 (1 - x_1)^4 x_2^4 (1 - x_2)^4 x_3^4 (1 - x_3)^4 \\ & - x_1^2 (1 - x_1)^2 x_2^2 (1 - x_2)^2 x_3^2 (1 - x_3)^2 / 21^3 \Big), \end{aligned}$$

$$\begin{aligned} c =\ & -\mathrm{e}^{12t} \sum_{i=1}^{3} \Big(12 x_i^2 (1 - x_i)^4 - 32 x_i^3 (1 - x_i)^3 + 12 x_i^4 (1 - x_i)^2 \Big) \\ & \cdot x_{i+1}^4 (1 - x_{i+1})^4 x_{i+2}^4 (1 - x_{i+2})^4. \end{aligned}$$

这里 $x_4 = x_1$, $x_5 = x_2$. 我们用混合体积元去逼近问题 (7.2.83) 中第一个方程, 用特征混合体积元逼近第二个方程. 对 $\varepsilon = 10^{-3}$ 数值结果见表 7.2.3, 图形比较见图 7.2.5~ 图 7.2.12.

表 7.2.3 算例 2 数值结果的误差估计

	$h = \dfrac{1}{4}$	$h = \dfrac{1}{8}$	$h = \dfrac{1}{16}$
$\|p - P\|_m$	$1.82852\mathrm{e} - 4$	$1.17235\mathrm{e} - 4$	$3.30572\mathrm{e} - 5$
$\|\|\boldsymbol{u} - \boldsymbol{U}\|\|$	$6.95898\mathrm{e} - 3$	$1.86974\mathrm{e} - 3$	$4.74263\mathrm{e} - 4$
$\|c - C\|_m$	$1.39414\mathrm{e} - 1$	$8.76624\mathrm{e} - 2$	$4.46468\mathrm{e} - 2$
$\|\|\boldsymbol{g} - \boldsymbol{G}\|\|$	$1.78590\mathrm{e} - 3$	$8.88468\mathrm{e} - 4$	$4.85070\mathrm{e} - 4$

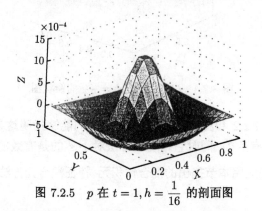

图 7.2.5 p 在 $t = 1, h = \dfrac{1}{16}$ 的剖面图

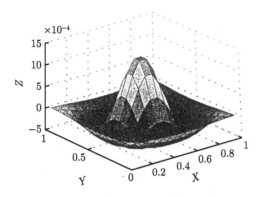

图 7.2.6 P 在 $t = 1, h = \dfrac{1}{16}$ 的剖面图

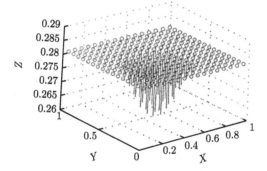

图 7.2.7 $\boldsymbol{u}$ 在 $t = 1, h = \dfrac{1}{16}$ 的箭状图

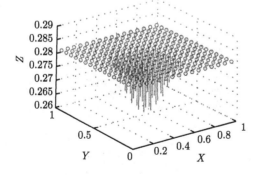

图 7.2.8 $\boldsymbol{U}$ 在 $t = 1, h = \dfrac{1}{16}$ 的箭状图

表 7.2.3, 图 7.2.5~ 图 7.2.12 指明我们的数值方法对处理对流扩散问题是有效的.

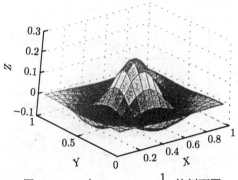

图 7.2.9　c 在 $t=1, h=\dfrac{1}{16}$ 的剖面图

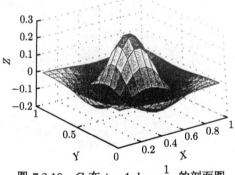

图 7.2.10　C 在 $t=1, h=\dfrac{1}{16}$ 的剖面图

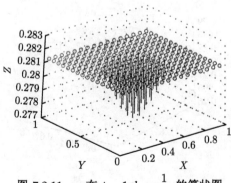

图 7.2.11　g 在 $t=1, h=\dfrac{1}{16}$ 的箭状图

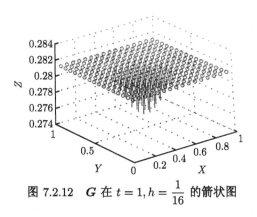

图 7.2.12　$\boldsymbol{G}$ 在 $t = 1, h = \dfrac{1}{16}$ 的箭状图

7.2.6 总结和讨论

本节研究三维多孔介质中可压缩核废料污染数值模拟问题, 提出一类混合体积元–特征混合体积元方法及其收敛性分析. 7.2.1 小节是引言部分, 叙述和分析问题的数学模型、物理背景以及国内外研究概况. 7.2.2 小节给出网格的剖分和记号, 以及粗细网格剖分. 7.2.3 小节提出混合体积元–特征混合体积元程序, 对流动方程采用具有守恒性质的混合体积元离散, 对 Darcy 速度提高了一阶精确度. 对饱和度方程同样采用具有守恒性质的特征混合体积元求解, 对流部分采用特征线法, 扩散部分采用混合体积元离散, 大大提高了数值计算的稳定性和精确度, 且保持单元质量守恒律, 这在地下渗流力学数值模拟计算中是十分重要的. 7.2.4 小节是收敛性分析, 对模型问题应用微分方程先验估计理论和特殊技巧, 得到了二阶 L^2 模误差估计结果. 这点特别重要, 它突破了 Arbogast 和 Wheeler 对同类问题仅能得到 $\frac{3}{2}$ 阶的著名成果. 7.2.5 小节是数值算例, 支撑了理论分析, 并指明本节所提出的方法在实际问题是切实可行和高效的. 本节有如下特征: ① 本格式成功应用具有物理守恒律特性的混合有限体积元方法, 具有物理守恒特性, 这点在地下渗流力学数值模拟中是极其重要的, 特别是核废料污染问题数值模拟计算; ② 由于组合的应用混合体积元和特征线法, 它具有高精度和高稳定性的特征, 特别适用于三维复杂区域大型数值模拟的工程实际计算; ③ 它突破了 Arbogast 和 Wheeler 对同类问题仅能得到 $\frac{3}{2}$ 阶收敛性结果, 推进并解决了这一重要问题 [1,3,33,34]. 详细的讨论和分析可参阅文献 [52].

7.3 核废料污染问题的混合体积元–特征分数步差分方法

多孔介质中核废料污染问题的数学模型是一类非线性对流–扩散偏微分方程组

的初边值问题. 关于流动方程是椭圆型的, 关于 Brine 和 Radionuclide 浓度方程组是对流扩散型的, 关于温度的传播是热传导型的. 流体的压力通过 Darcy 流速在浓度方程和热传导方程中出现, 并控制着它们的全过程. 我们对流动方程采用具有守恒律性质的混合体积元离散, 它对 Darcy 速度的计算提高了一阶精确度. 对 Brine 浓度方程和热传导方程采用特征混合体积元求解, 即对方程的扩散部分采用混合体积元离散, 对流部分采用特征线法, 特征线法可以保证格式在流体锋线前沿逼近的高度稳定性, 消除数值弥散和非物理性振荡, 并可以得到较小的时间截断误差, 增大时间步长, 提高计算精确度. 扩散项采用混合体积元离散, 可以同时逼近浓度函数及其伴随向量函数, 保持单元的质量守恒. 对 Radionuclide 浓度方程组采用特征分数步差分求解, 将整体三维问题化为连续解三个一维问题, 且可用追赶法求解, 大大减少实际计算工作量. 应用微分方程先验估计的理论和特殊技巧, 得到最佳二阶 L^2 模误差估计结果.

7.3.1　引言

本节研究多孔介质中核废料污染数值模拟问题的混合体积元–特征分数步差分方法及其收敛性分析. 核废料深埋在地层下, 若遇到地震、岩石裂隙发生时, 它就会扩散, 因此研究其扩散及安全问题是十分重要的环境保护问题. 深层核废料污染问题的数值模拟是现代能源数学的重要课题. 在多孔介质中核废料污染问题计算方法研究, 对处理和分析地层核废料设施的安全有重要的价值. 对于不可压缩三维数学模型, 它是地层中迁移的耦合对流–扩散型非线性偏微分方程组的初边值问题 [1-3,34]. 它由四类方程组成: ①压力函数 $p(X,t)$ 的流动方程; ②Brine 浓度函数 $\hat{c}$ 的对流–扩散方程; ③Radionuclide 浓度方程组 $\{c_i\}$ 的对流–扩散方程组; ④温度 $T(X,t)$ 的热传导方程.

流动方程:

$$\nabla \cdot \boldsymbol{u} = -q + R_s, \quad X = (x,y,z)^{\mathrm{T}} \in \Omega, \quad t \in J = (0, \bar{T}], \tag{7.3.1a}$$

$$\boldsymbol{u} = -\frac{\kappa}{\mu} \nabla p, \quad X \in \Omega, \quad t \in J, \tag{7.3.1b}$$

此处 $p(X,t)$ 和 $\boldsymbol{u}(X,t)$ 对应于流体的压力函数和 Darcy 速度. $q = q(X,t)$ 是产量项. $R_s = R_s(\hat{c})$ 是主要污染元素的溶解项, $\kappa(X)$ 是岩石的渗透率, $\mu(\hat{c})$ 是流体的黏度, 依赖于 $\hat{c}$, 它是流体中主要污染元素的浓度函数.

Brine 浓度方程:

$$\varphi \frac{\partial \hat{c}}{\partial t} + \boldsymbol{u} \cdot \nabla \hat{c} - \nabla \cdot (E_c \nabla \hat{c}) = f(\hat{c}), \quad X \in \Omega, \quad t \in J, \tag{7.3.2}$$

此处 φ 是岩石孔隙度, $E_c = D + D_m I$, I 为单位矩阵, $D = |\boldsymbol{u}|(d_L E + d_T(1-E))$, $E =$

$\dfrac{\boldsymbol{u} \otimes \boldsymbol{u}}{|\boldsymbol{u}|^2}$, $f(\hat{c}) = -\hat{c}\left\{\left[\dfrac{c_s \varphi K_s f_s}{(1 + c_s)}\right](1 - \hat{c})\right\} - q_c - R_c$. 通常在实际计算时, 取 $E_c = D_m I$.

Radionuclide 浓度方程组:

$$\varphi K_l \frac{\partial c_l}{\partial t} + \boldsymbol{u} \cdot \nabla c_l - \nabla \cdot (E_c \nabla c_l)$$
$$= f_l(\hat{c}, c_1, c_2, \cdots, c_N), \quad X \in \Omega, \quad t \in J, \quad l = 1, 2, \cdots, N, \tag{7.3.3}$$

此处 c_l 是微量元素浓度函数 $(l = 1, 2, \cdots, N)$, $f_l(\hat{c}, c_1, c_2, \cdots, c_N) = c_l\{q - [c_s \varphi K_s f_s / (1 + c_s)](1 - \hat{c})\} - q c_l - q_{c_l} + q_{ol} + \sum\limits_{j=1}^{N} k_j \lambda_j K_j \varphi c_j - \lambda_l K_l \varphi c_l$. 通常在实际计算时, 取 $E_c = D_m I$.

热传导方程:

$$d \frac{\partial T}{\partial t} + c_p \boldsymbol{u} \cdot \nabla T - \nabla \cdot (E_H \nabla T) = Q(\boldsymbol{u}, p, T, \hat{c}), \quad X \in \Omega, \quad t \in J, \tag{7.3.4}$$

此处 T 是流体的温度, $d = \varphi c_p + (1 - \varphi)\rho_R \rho_{pR}$, $E_H = D c_{pw} + K'_m I$, $Q(\boldsymbol{u}, p, T, \hat{c}) = -\left\{[\nabla v_0 - c_p \nabla T_0] \cdot \boldsymbol{u} + \left[v_0 + c_p(T - T_0) + \dfrac{p}{\rho_0}\right][-q + R'_s]\right\} - q_L + qH - q_H$. 通常在实际计算时, 取 $E_H = K'_m I$.

假定没有流体越过边界 (不渗透边界条件):

$$\boldsymbol{u} \cdot \nu = 0, \quad (X, t) \in \partial\Omega \times J, \tag{7.3.5a}$$

$$(E_c \nabla \hat{c} - \hat{c} \boldsymbol{u}) \cdot \nu = 0, \quad (X, t) \in \partial\Omega \times J, \tag{7.3.5b}$$

$$(E_c \nabla c_l - c_l \boldsymbol{u}) \cdot \nu = 0, \quad (X, t) \in \partial\Omega \times J, \quad l = 1, 2, \cdots, N. \tag{7.3.5c}$$

此处 Ω 是 R^3 空间的有界区域, $\partial\Omega$ 为其边界曲面, ν 是 $\partial\Omega$ 的外法向向量. 对温度方程 (7.3.4) 的边界条件是绝热的, 即

$$(E_H \nabla T - c_p \boldsymbol{u}) \cdot \nu = 0, \quad (X, t) \in \partial\Omega \times J, \tag{7.3.5d}$$

还需要相容性条件

$$(q - R_s, 1) = \int_\Omega [q(X, t) - R_s(\hat{c})] \mathrm{d}X = 0. \tag{7.3.6}$$

另外, 初始条件必须给出

$$\hat{c}(X, 0) = \hat{c}_0(X), \quad c_l(X, 0) = c_{l0}(X), \quad l = 1, 2, \cdots, N,$$
$$T(X, 0) = T_0(X), \quad X \in \Omega. \tag{7.3.7}$$

对于经典的不可压缩的二相渗流驱动问题, Douglas、Ewing、Russell 和作者已有系列研究成果 [1,4-8]. 数值实验和理论分析指明, 经典的有限元方法在处理对流-扩散问题上, 会出现强烈的数值振荡现象. 为了克服上述缺陷, 许多学者提出了系列新的数值方法. 如特征差分方法 [9]、特征有限元法 [10]、迎风加权差分格式 [11]、高阶 Godunov 格式 [12]、流线扩散法 [13]、最小二乘混合有限元方法 [14]、修正的特征有限元方法 [15] 以及 Eulerian-Lagrangian 局部对偶方法 [16]. 上述方法对传统有限元方法和差分方法有所改进, 但它们各自也有许多无法克服的缺陷. 迎风加权差分格式在锋线前沿产生数值弥散现象, 高阶 Godunov 格式关于时间步长要求一个 CTL 限制, 流线扩散法与最小二乘混合有限元方法减少了数值弥散, 却人为地强加了流线的方向. Eulerian-Lagrangian 局部对偶方法可以保持局部的质量守恒律, 但增加了积分的估算, 计算量很大. 为了得到对流-扩散问题的高精度数值计算格式, Arbogast 与 Wheeler 在 [17] 中对对流占优的输运方程讨论了一种特征混合元方法, 此格式在单元上是守恒的, 通过后处理得到 $\frac{3}{2}$ 阶的高精度误差估计, 但此格式要计算大量的检验函数的映像积分, 这使得实际计算十分复杂和困难. 我们实质性拓广和改进了 Arbogast 与 Wheeler 的工作 [17], 提出了一类混合元-特征混合元方法, 大大减少了计算工作量, 并进行了实际问题的数值算例, 指明此方法在实际计算时是可行的和有效的 [18]. 但在那里我们仅能得到一阶精确度误差估计, 且不能拓广到三维问题. 我们注意到有限体积元法 [19,20] 兼具有差分方法的简单性和有限元方法的高精度性, 并且保持局部质量守恒律, 是求解偏微分方程的一种十分有效的数值方法. 混合元方法 [21-23] 可以同时求解压力函数及其 Darcy 流速, 从而提高其一阶精确度. 文献 [1, 24, 25] 将有限体积元和混合元结合, 提出了混合有限体积元的思想, 文献 [26, 27] 通过数值算例验证这种方法的有效性. 文献 [28-30] 主要对椭圆问题给出混合有限体积元的收敛性估计等理论结果, 形成了混合有限体积元方法的一般框架. 芮洪兴等用此方法研究了低渗油气渗流问题的数值模拟计算 [31,32]. 关于核废料污染问题数值模拟的研究, Ewing 教授和作者关于有限元方法和有限差分方法已有比较系统的研究成果, 并得到实际应用 [8,33-35]. 在上述工作的基础上, 我们对三维核废料污染渗流力学数值模拟问题提出一类混合体积元-特征分数步差分方法. 用混合体积元同时逼近压力函数和 Darcy 速度, 并对 Darcy 速度提高了一阶计算精确度. 对主要污染元素浓度方程和热传导方程用特征混合有限体积元方法, 即对对流项沿特征线方向离散, 方程的扩散项采用混合体积元离散. 特征线方法可以保证格式在流体锋线前沿逼近的高度稳定性, 消除数值弥散现象, 并可以得到较小的截断时间误差. 在实际计算中可以采用较大的时间步长, 提高计算效率而不降低精确度. 扩散项采用混合有限体积元离散, 可以同时逼近未知的饱和度函数及其伴随向量函数, 并且由于分片常数在检验函数空间中, 因此格式保持单元上质量守恒.

这一特性对渗流力学数值模拟计算是特别重要的. 应用微分方程先验估计理论和特殊技巧, 得到了最优二阶 L^2 模误差估计, 在不需要做后处理的情况下, 得到高于 Arbogast 和 Wheeler 的 $\frac{3}{2}$ 阶估计的著名成果 [17]. 对计算工作量最大的微量污染元素浓度方程组采用特征分数步差分方法, 将整体三维问题分解为连续解三个一维问题, 且可用追赶法求解, 大大减少实际计算工作量 [53]. 本节对一般三维椭圆–对流扩散方程组做了数值试验, 进一步指明本方法是一类切实可行的高效计算方法, 支撑了理论分析结果, 成功解决了这一重要问题 [1-3,8,17,53]. 这项研究成果对油藏数值模拟的计算方法、应用软件研制和矿场实际应用均有重要的价值.

我们使用通常的 Sobolev 空间及其范数记号. 假定问题 (7.3.1)~(7.3.7) 的精确解满足下述正则性条件:

$$
(\text{R}) \quad
\begin{cases}
p \in L^\infty(H^1), \\
\boldsymbol{u} \in L^\infty(H^1(\mathrm{div})) \cap L^\infty(W_\infty^1) \cap W_\infty^1(L^\infty) \cap H^2(L^2), \\
\hat{c}, c_l(l = 1, 2, \cdots, N), \quad T \in L^\infty(H^2) \cap H^1(H^1) \cap L^\infty(W_\infty^1) \cap H^2(L^2).
\end{cases}
$$

同时假定问题 (7.3.1)~(7.3.7) 的系数满足正定性条件:

$$
(\text{C}) \quad
\begin{aligned}
& 0 < a_* \leqslant \frac{\kappa(X)}{\mu(\hat{c})} \leqslant a^*, \quad 0 < \varphi_* \leqslant \varphi, \\
& \varphi K_l \leqslant \varphi^*(l = 1, 2, \cdots, N), \quad 0 < d_* \leqslant d(X) \leqslant d^*, \\
& 0 < E_* \leqslant E_c \leqslant E^*, \quad 0 < \bar{E}_* \leqslant E_H \leqslant \bar{E}^*,
\end{aligned}
$$

此处 $a_*, a^*, \varphi_*, \varphi^*, d_*, d^*, E_*, E^*, \bar{E}_*$ 和 $\bar{E}^*$ 均为确定的正常数. 并且全部系数满足局部有界和局部 Lipschitz 连续条件.

在本节中, 为了分析方便, 假定问题 (7.3.1)~(7.3.7) 是 Ω 周期的 [1-8], 也就是在本节中全部函数假定是 Ω 周期的. 这在物理上是合理的, 因为无流动边界条件 (7.3.5) 一般能作镜面反射处理, 而且通常能源和环境科学渗流力学数值模拟中, 边界条件对区域内部流动影响较小 [1-8]. 因此边界条件是省略的.

7.3.2 记号和引理

为了应用混合体积元–修正特征分数步差分方法, 我们需要构造三套网格系统. 粗网格是针对流场压力和 Darcy 流速的非均匀粗网格, 中网格是针对主要污染元素浓度方程和热传导方程的非均匀网格, 细网格是针对微量元素浓度方程组的均匀细网格. 首先讨论粗网格系统和中网格系统.

研究三维问题, 为简单起见, 设区域 $\Omega = \{[0,1]\}^3$, 用 $\partial\Omega$ 表示其边界. 定义剖分:

$$\delta_x : 0 = x_{1/2} < x_{3/2} < \cdots < x_{N_x-1/2} < x_{N_x+1/2} = 1,$$
$$\delta_y : 0 = y_{1/2} < y_{3/2} < \cdots < y_{N_y-1/2} < y_{N_y+1/2} = 1,$$
$$\delta_z : 0 = z_{1/2} < z_{3/2} < \cdots < z_{N_z-1/2} < z_{N_z+1/2} = 1.$$

对 Ω 作剖分 $\delta_x \times \delta_y \times \delta_z$, 对于 $i = 1, 2, \cdots, N_x; j = 1, 2, \cdots, N_y; k = 1, 2, \cdots, N_z$. 记

$$\Omega_{ijk} = \{(x,y,z) | x_{i-1/2} < x < x_{i+1/2}, y_{j-1/2} < y < y_{j+1/2}, z_{k-1/2} < z < z_{k+1/2}\},$$

$$x_i = \frac{x_{i-1/2} + x_{i+1/2}}{2}, \quad y_j = \frac{y_{j-1/2} + y_{j+1/2}}{2}, \quad z_k = \frac{z_{k-1/2} + z_{k+1/2}}{2}.$$

$$h_{x_i} = x_{i+1/2} - x_{i-1/2}, \quad h_{y_j} = y_{j+1/2} - y_{j-1/2}, \quad h_{z_k} = z_{k+1/2} - z_{k-1/2}.$$

$$h_{x,i+1/2} = x_{i+1} - x_i,$$

$$h_{y,j+1/2} = y_{j+1} - y_j,$$

$$h_{z,k+1/2} = z_{k+1} - z_k.$$

$$h_x = \max_{1 \leqslant i \leqslant N_x} \{h_{x_i}\}, \quad h_y = \max_{1 \leqslant j \leqslant N_y} \{h_{y_j}\},$$

$$h_z = \max_{1 \leqslant k \leqslant N_z} \{h_{z_k}\}, \quad h_p = (h_x^2 + h_y^2 + h_z^2)^{1/2}.$$

称剖分是正则的, 是指存在常数 $\alpha_1, \alpha_2 > 0$, 使得

$$\min_{1 \leqslant i \leqslant N_x} \{h_{x_i}\} \geqslant \alpha_1 h_x, \quad \min_{1 \leqslant j \leqslant N_y} \{h_{y_j}\} \geqslant \alpha_1 h_y, \quad \min_{1 \leqslant k \leqslant N_z} \{h_{z_k}\} \geqslant \alpha_1 h_z,$$

$$\min\{h_x, h_y, h_z\} \geqslant \alpha_2 \max\{h_x, h_y, h_z\}.$$

　　特别指出的是, 此处 $\alpha_i (i = 1, 2)$ 是两个确定的正常数, 它与 Ω 的剖分 $\delta_x \times \delta_y \times \delta_z$ 有关. 图 7.3.1 表示对应于 $N_x = 4, N_y = 3, N_z = 3$ 情况简单网格的示意图. 定义 $M_l^d(\delta_x) = \{f \in C^l[0,1] : f|_{\Omega_i} \in p_d(\Omega_i), i = 1, 2, \cdots, N_x\}$, 其中 $\Omega_i = [x_{i-1/2}, x_{i+1/2}]$, $p_d(\Omega_i)$ 是 Ω_i 上次数不超过 d 的多项式空间, 当 $l = -1$ 时, 表示函数 f 在 $[0,1]$ 上可以不连续. 对 $M_l^d(\delta_y), M_l^d(\delta_z)$ 的定义是类似的. 记 $S_h = M_{-1}^0(\delta_x) \otimes M_{-1}^0(\delta_y) \otimes M_{-1}^0(\delta_z)$, $V_h = \{\boldsymbol{w} | \boldsymbol{w} = (w^x, w^y, w^z), w^x \in M_0^1(\delta_x) \otimes M_{-1}^0(\delta_y) \otimes M_{-1}^0(\delta_z), w^y \in M_{-1}^0(\delta_x) \otimes M_0^1(\delta_y) \otimes M_{-1}^0(\delta_z), w^z \in M_{-1}^0(\delta_x) \otimes M_{-1}^0(\delta_y) \otimes M_0^1(\delta_z), \boldsymbol{w} \cdot \gamma|_{\partial\Omega} = 0\}$. 对函数 $v(x,y,z)$, 以 $v_{ijk}, v_{i+1/2,jk}, v_{i,j+1/2,k}$ 和 $v_{ij,k+1/2}$ 分别表示 $v(x_i, y_j, z_k)$, $v(x_{i+1/2}, y_j, z_k), v(x_i, y_{j+1/2}, z_k)$ 和 $v(x_i, y_j, z_{k+1/2})$.

　　定义下列内积及范数:

$$(v, w)_{\bar{m}} = \sum_{i=1}^{N_x} \sum_{j=1}^{N_y} \sum_{k=1}^{N_z} h_{x_i} h_{y_j} h_{z_k} v_{ijk} w_{ijk},$$

$$(v, w)_x = \sum_{i=1}^{N_x} \sum_{j=1}^{N_y} \sum_{k=1}^{N_z} h_{x_{i-1/2}} h_{y_j} h_{z_k} v_{i-1/2,jk} w_{i-1/2,jk},$$

$$(v,w)_y = \sum_{i=1}^{N_x} \sum_{j=1}^{N_y} \sum_{k=1}^{N_z} h_{x_i} h_{y_{j-1/2}} h_{z_k} v_{i,j-1/2,k} w_{i,j-1/2,k},$$

$$(v,w)_z = \sum_{i=1}^{N_x} \sum_{j=1}^{N_y} \sum_{k=1}^{N_z} h_{x_i} h_{y_j} h_{z_{k-1/2}} v_{ij,k-1/2} w_{ij,k-1/2},$$

$$\|v\|_s^2 = (v,v)_s, s = m,x,y,z, \quad \|v\|_\infty = \max_{1\leqslant i\leqslant N_x, 1\leqslant j\leqslant N_y, 1\leqslant k\leqslant N_z} |v_{ijk}|,$$

$$\|v\|_{\infty(x)} = \max_{1\leqslant i\leqslant N_x, 1\leqslant j\leqslant N_y, 1\leqslant k\leqslant N_z} |v_{i-1/2,jk}|,$$

$$\|v\|_{\infty(y)} = \max_{1\leqslant i\leqslant N_x, 1\leqslant j\leqslant N_y, 1\leqslant k\leqslant N_z} |v_{i,j-1/2,k}|,$$

$$\|v\|_{\infty(z)} = \max_{1\leqslant i\leqslant N_x, 1\leqslant j\leqslant N_y, 1\leqslant k\leqslant N_z} |v_{ij,k-1/2}|.$$

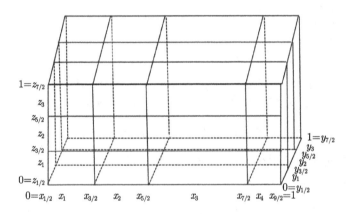

图 7.3.1 非均匀网格剖分示意图

当 $\boldsymbol{w} = (w^x, w^y, w^z)^{\mathrm{T}}$ 时, 记

$$\||\boldsymbol{w}\|| = \left(\|w^x\|_x^2 + \|w^y\|_y^2 + \|w^z\|_z^2 \right)^{1/2},$$

$$\||\boldsymbol{w}\||_\infty = \|w^x\|_{\infty(x)} + \|w^y\|_{\infty(y)} + \|w^z\|_{\infty(z)},$$

$$\|\boldsymbol{w}\|_{\bar{m}} = \left(\|w^x\|_{\bar{m}}^2 + \|w^y\|_{\bar{m}}^2 + \|w^z\|_{\bar{m}}^2 \right)^{1/2},$$

$$\|\boldsymbol{w}\|_\infty = \|w^x\|_\infty + \|w^y\|_\infty + \|w^z\|_\infty.$$

设 $W_p^m(\Omega) = \left\{ v \in L^p(\Omega) \Big| \dfrac{\partial^n v}{\partial x^{n-l-r} \partial y^l \partial z^r} \in L^p(\Omega), n-l-r \geqslant 0, l = 0,1,\cdots,n; \right.$

$\left. r = 0,1,\cdots,n; n = 0,1,\cdots,m; 0 < p < \infty \right\}.$ $H^m(\Omega) = W_2^m(\Omega), L^2(\Omega)$ 的内积与范数分别为 $(\cdot,\cdot), \|\cdot\|$, 对于 $v \in S_h$, 显然有

$$\|v\|_{\bar{m}} = \|v\|. \tag{7.3.8}$$

定义下列记号:

$$[d_x v]_{i+1/2,jk} = \frac{v_{i+1,jk} - v_{ijk}}{h_{x,i+1/2}}, \quad [d_y v]_{i,j+1/2,k} = \frac{v_{i,j+1,k} - v_{ijk}}{h_{y,j+1/2}},$$

$$[d_z v]_{ij,k+1/2} = \frac{v_{ij,k+1} - v_{ijk}}{h_{z,k+1/2}}, \quad [D_x w]_{ijk} = \frac{w_{i+1/2,jk} - w_{i-1/2,jk}}{h_{x_i}},$$

$$[D_y w]_{ijk} = \frac{w_{i,j+1/2,k} - w_{i,j-1/2,k}}{h_{y_j}}, \quad [D_z w]_{ijk} = \frac{w_{ij,k+1/2} - w_{ij,k-1/2}}{h_{z_k}};$$

$$\hat{w}^x_{ijk} = \frac{w^x_{i+1/2,jk} + w^x_{i-1/2,jk}}{2}, \quad \hat{w}^y_{ijk} = \frac{w^y_{i,j+1/2,k} + w^y_{i,j-1/2,k}}{2},$$

$$\hat{w}^z_{ijk} = \frac{w^z_{ij,k+1/2} + w^z_{ij,k-1/2}}{2}, \quad \bar{w}^x_{ijk} = \frac{h_{x,i+1}}{2h_{x,i+1/2}} w_{ijk} + \frac{h_{x,i}}{2h_{x,i+1/2}} w_{i+1,jk},$$

$$\bar{w}^y_{ijk} = \frac{h_{y,j+1}}{2h_{y,j+1/2}} w_{ijk} + \frac{h_{y,j}}{2h_{y,j+1/2}} w_{i,j+1,k},$$

$$\bar{w}^z_{ijk} = \frac{h_{z,k+1}}{2h_{z,k+1/2}} w_{ijk} + \frac{h_{z,k}}{2h_{z,k+1/2}} w_{ij,k+1},$$

以及 $\hat{\boldsymbol{w}}_{ijk} = (\hat{w}^x_{ijk}, \hat{w}^y_{ijk}, \hat{w}^z_{ijk})^{\mathrm{T}}$, $\bar{\boldsymbol{w}}_{ijk} = (\bar{w}^x_{ijk}, \bar{w}^y_{ijk}, \bar{w}^z_{ijk})^{\mathrm{T}}$. 此处 $d_s(s = x,y,z)$, $D_s(s = x,y,z)$ 是差商算子, 它与方程 (7.3.2) 中的系数 D 无关. 记 L 是一个正整数, $\Delta t = \dfrac{T}{L}$, $t^n = n\Delta t$, v^n 表示函数在 t^n 时刻的值, $d_t v^n = \dfrac{v^n - v^{n-1}}{\Delta t}$.

对于上面定义的内积和范数, 下述三个引理成立.

引理 7.3.1　对于 $v \in S_h$, $\boldsymbol{w} \in V_h$, 显然有

$$(v, D_x w^x)_{\bar{m}} = -(d_x v, w^x)_x, \quad (v, D_y w^y)_{\bar{m}} = -(d_y v, w^y)_y,$$

$$(v, D_z w^z)_{\bar{m}} = -(d_z v, w^z)_z. \tag{7.3.9}$$

引理 7.3.2　对于 $\boldsymbol{w} \in V_h$, 则有

$$\|\hat{\boldsymbol{w}}\|_{\bar{m}} \leqslant \|\|\boldsymbol{w}\|\|. \tag{7.3.10}$$

证明　事实上, 只要证明 $\|\hat{w}^x\|_{\bar{m}} \leqslant \|w^x\|_x$, $\|\hat{w}^y\|_{\bar{m}} \leqslant \|w^y\|_y$, $\|\hat{w}^z\|_{\bar{m}} \leqslant \|w^z\|_z$ 即可. 注意到

$$\sum_{i=1}^{N_x} \sum_{j=1}^{N_y} \sum_{k=1}^{N_z} h_{x_i} h_{y_j} h_{z_k} (\hat{w}^x_{ijk})^2$$

$$\leqslant \sum_{j=1}^{N_y} \sum_{k=1}^{N_z} h_{y_j} h_{z_k} \sum_{i=1}^{N_x} \frac{(w^x_{i+1/2,jk})^2 + (w^x_{i-1/2,jk})^2}{2} h_{x_i}$$

$$= \sum_{j=1}^{N_y} \sum_{k=1}^{N_z} h_{y_j} h_{z_k} \left(\sum_{i=2}^{N_x} \frac{h_{x,i-1/2}}{2} (w^x_{i-1/2,jk})^2 + \sum_{i=1}^{N_x} \frac{h_{x_i}}{2} (w^x_{i-1/2,jk})^2 \right)$$

$$= \sum_{j=1}^{N_y} \sum_{k=1}^{N_z} h_{y_j} h_{z_k} \sum_{i=2}^{N_x} \frac{h_{x,i-1/2} + h_{x_i}}{2} (w_{i-1/2,jk}^x)^2$$

$$= \sum_{i=1}^{N_x} \sum_{j=1}^{N_y} \sum_{k=1}^{N_z} h_{x,i-1/2} h_{y_j} h_{z_k} (w_{i-1/2,jk}^x)^2.$$

从而有 $\|\hat{w}^x\|_{\bar{m}} \leqslant \|w^x\|_x$, 对其余两项估计是类似的.

引理 7.3.3 对于 $q \in S_h$, 则有

$$\|\bar{q}^x\|_x \leqslant M \|q\|_m, \quad \|\bar{q}^y\|_y \leqslant M \|q\|_m, \quad \|\bar{q}^z\|_z \leqslant M \|q\|_m, \tag{7.3.11}$$

此处 M 是与 q, h 无关的常数.

引理 7.3.4 对于 $w \in V_h$, 则有

$$\|w^x\|_x \leqslant \|D_x w^x\|_{\bar{m}}, \quad \|w^y\|_y \leqslant \|D_y w^y\|_{\bar{m}}, \quad \|w^z\|_z \leqslant \|D_z w^z\|_{\bar{m}}. \tag{7.3.12}$$

证明 只要证明 $\|w^x\|_x \leqslant \|D_x w^x\|_{\bar{m}}$, 其余是类似的. 注意到

$$w_{l+1/2,jk}^x = \sum_{i=1}^{l} \left(w_{i+1/2,jk}^x - w_{i-1/2,jk}^x \right) = \sum_{i=1}^{l} \frac{w_{i+1/2,jk}^x - w_{i-1/2,jk}^x}{h_{x_i}} h_{x_i}^{1/2} h_{x_i}^{1/2}.$$

由 Cauchy 不等式, 可得

$$\left(w_{l+1/2,jk}^x \right)^2 \leqslant x_l \sum_{i=1}^{N_x} h_{x_i} \left([D_x w^x]_{ijk} \right)^2.$$

对上式左、右两边同乘以 $h_{x,i+1/2} h_{y_j} h_{z_k}$, 并求和可得

$$\sum_{i=1}^{N_x} \sum_{j=1}^{N_y} \sum_{k=1}^{N_z} (w_{i-1/2,jk}^x)^2 h_{x,i-1/2} h_{y_j} h_{z_k} \leqslant \sum_{i=1}^{N_x} \sum_{j=1}^{N_y} \sum_{k=1}^{N_z} \left([D_x w^x]_{ijk} \right)^2 h_{x_i} h_{y_j} h_{z_k}.$$

引理 7.3.4 得证.

对于中网格系统, 对于区域 $\Omega = \{[0,1]\}^3$, 通常基于上述粗网格的基础上再进行均匀细分, 一般取原网格步长的 $\frac{1}{l}$, 通常 l 取 2 或 4, 其余全部记号不变, 此时 $h_{\hat{c}} = \frac{h_p}{l}$.

关于细网格系统, 对于区域 $\Omega = \{[0,1]\}^3$, 定义均匀网格剖分:

$$\bar{\delta}_x : 0 = x_0 < x_1 < \cdots < x_{M_1-1} < x_{M_1} = 1,$$

$$\bar{\delta}_y : 0 = y_0 < y_1 < \cdots < y_{M_2-1} < y_{M_2} = 1,$$

$$\bar{\delta}_z : 0 = z_0 < z_1 < \cdots < z_{M_3-1} < z_{M_3} = 1,$$

此处 $M_i(i = 1, 2, 3)$ 均为正常数, 三个方向步长和网格点分别记为 $h^x = \dfrac{1}{M_1}$, $h^y = \dfrac{1}{M_2}$, $h^z = \dfrac{1}{M_3}$, $x_i = i \cdot h^x$, $y_j = j \cdot h^y$, $z_k = k \cdot h^z$, $h_c = ((h^x)^2 + (h^y)^2 + (h^z)^2)^{1/2}$. 记 $D_{i+1/2,jk} = \dfrac{1}{2}[D(X_{ijk}) + D(X_{i+1,jk})]$, $D_{i-1/2,jk} = \dfrac{1}{2}[D(X_{ijk}) + D(X_{i-1,jk})]$, $D_{i,j+1/2,k}, D_{i,j-1/2,k}, D_{ij,k+1/2}, D_{ij,k-1/2}$ 的定义是类似的. 同时定义:

$$\delta_{\bar{x}}(D\delta_x W)^n_{ijk} = (h^x)^{-2}[D_{i+1/2,jk}(W^n_{i+1,jk} - W^n_{ijk}) - D_{i-1/2,jk}(W^n_{ijk} - W^n_{i-1,jk})],$$
$$\delta_{\bar{y}}(D\delta_y W)^n_{ijk} = (h^y)^{-2}[D_{i,j+1/2,k}(W^n_{i,j+1,k} - W^n_{ijk}) - D_{i,j-1/2,k}(W^n_{ijk} - W^n_{i,j-1,k})],$$
$$\delta_{\bar{z}}(D\delta_z W)^n_{ijk} = (h^z)^{-2}[D_{ij,k+1/2}(W^n_{ij,k+1} - W^n_{ijk}) - D_{ij,k-1/2}(W^n_{ijk} - W^n_{ij,k-1})],$$
$$\nabla_h(D\nabla W)^n_{ijk} = \delta_{\bar{x}}(D\delta_x W)^n_{ijk} + \delta_{\bar{y}}(D\delta_y W)^n_{ijk} + \delta_{\bar{z}}(D\delta_z W)^n_{ijk}.$$

7.3.3　混合体积元–特征分数步差分方法程序

7.3.3.1　格式的提出

为了引入混合有限体积元方法的处理思想, 将流动方程 (7.3.1) 写为下述标准形式:

$$\nabla \cdot \boldsymbol{u} = -q + R_s(\hat{c}), \quad X \in \Omega, \quad t \in J, \tag{7.3.13a}$$

$$\boldsymbol{u} = -a(\hat{c})\nabla p, \quad X \in \Omega, \quad t \in J, \tag{7.3.13b}$$

此处 $a(\hat{c}) = \kappa(X)\mu^{-1}(\hat{c})$.

对于 Brine 浓度方程 (7.3.2), 注意到这流动实际上沿着迁移的特征方向, 采用特征线法处理一阶双曲部分, 它具有很高的精确度和强稳定性. 对时间 t 可采用大步长计算. 记 $\psi(X, \boldsymbol{u}) = [\varphi^2(X) + |\boldsymbol{u}|^2]^{1/2}$, $\dfrac{\partial}{\partial \tau} = \psi^{-1}\left\{\varphi\dfrac{\partial}{\partial t} + \boldsymbol{u} \cdot \nabla\right\}$ 为了应用混合体积元离散扩散部分, 将方程 (7.3.2) 写为下述标准形式:

$$\psi\frac{\partial \hat{c}}{\partial \tau} + \nabla \cdot \hat{\boldsymbol{g}} = f(\hat{c}), \tag{7.3.14a}$$

$$\hat{\boldsymbol{g}} = -E_c\nabla c. \tag{7.3.14b}$$

对方程 (7.3.14) 应用向后差商逼近特征方向导数

$$\frac{\partial \hat{c}^{n+1}}{\partial \tau} \approx \frac{\hat{c}^{n+1} - \hat{c}^n(X - \varphi^{-1}\boldsymbol{u}^{n+1}(X)\Delta t)}{\Delta t(1 + \varphi^{-2}|\boldsymbol{u}^{n+1}|^2)^{1/2}}. \tag{7.3.15}$$

对热传导方程 (7.3.4) 同样采用特征线法处理一阶双曲部分. 记 $\psi_T(X, \boldsymbol{u}) = [d^2 + c_p^2|\boldsymbol{u}|^2]^{1/2}$, $\dfrac{\partial}{\partial \tau_T} = \psi_T^{-1}\left\{d\dfrac{\partial}{\partial t} + c_p\boldsymbol{u} \cdot \nabla\right\}$. 为了应用混合体积元离散扩散部分,

将方程 (7.3.4) 写为下述标准形式:

$$\psi_T \frac{\partial T}{\partial \tau_T} + \nabla \cdot \boldsymbol{g}_T = Q(\boldsymbol{u}, p, T, \hat{c}), \tag{7.3.16a}$$

$$\boldsymbol{g}_T = -E_H \nabla T. \tag{7.3.16b}$$

对方程 (7.3.16) 应用向后差商逼近特征方向导数

$$\frac{\partial T^{n+1}}{\partial \tau_T} \approx \frac{T^{n+1} - T^n(X - d^{-1}c_p\boldsymbol{u}^{n+1}\Delta t)}{\Delta t(1 + d^{-2}c_p^2|\boldsymbol{u}^{n+1}|^2)^{1/2}}. \tag{7.3.17}$$

设 $P, \boldsymbol{U}, \hat{C}, \hat{\boldsymbol{G}}$ 分别为 $p, \boldsymbol{u}, \hat{c}$ 和 $\hat{\boldsymbol{g}}$ 的混合体积元–特征混合体积元的近似解. 由 7.2.2 小节的记号和引理 7.2.1~ 引理 7.2.4 的结果导出流动方程 (7.3.13) 的混合体积元格式为

$$(D_x U^{x,n+1} + D_y U^{y,n+1} + D_z U^{z,n+1}, v)_m = (-q^{n+1} + R_s(\hat{C}^n), v)_m, \quad \forall v \in S_h, \tag{7.3.18a}$$

$$(a^{-1}(\bar{\hat{C}}^{x,n})U^{x,n+1}, w^x)_x + (a^{-1}(\bar{\hat{C}}^{y,n})U^{y,n+1}, w^y)_y + (a^{-1}(\bar{\hat{C}}^{z,n})U^{z,n+1}, w^z)_z$$
$$- (P^{n+1}, D_x w^x + D_x w^y + D_x w^z)_m = 0, \quad \forall w \in V_h. \tag{7.3.18b}$$

Brine 浓度方程 (7.3.14) 的特征混合体积元格式为

$$\left(\varphi \frac{\hat{C}^{n+1} - \hat{\hat{C}}^n}{\Delta t}, v\right)_m + (D_x \hat{G}^{x,n+1} + D_y \hat{G}^{y,n+1} + D_z \hat{G}^{z,n+1}, v)_m$$
$$= (f(\hat{\hat{C}}^n), v)_m, \quad \forall v \in S_h, \tag{7.3.19a}$$

$$(E_c^{-1}\hat{G}^{x,n+1}, w^x)_x + (E_c^{-1}\hat{G}^{y,n+1}, w^y)_y + (E_c^{-1}\hat{G}^{z,n+1}, w^z)_z$$
$$- (\hat{C}^{n+1}, D_x w^x + D_y w^y + D_z w^z)_m = 0,$$
$$\forall w \in V_h, \tag{7.3.19b}$$

此处 $\hat{\hat{C}}^n = \hat{C}^n(\hat{X}^n)$, $\hat{X}^n = X - \varphi^{-1}\boldsymbol{U}^{n+1}\Delta t$.

在此基础上, 对热传导方程 (7.3.4), 设 T_h, G_T 分别为 T, g_T 的特征混合体积元的近似解, 其特征混合体积元格式为

$$\left(d \frac{T_h^{n+1} - \hat{T}_h^n}{\Delta t}, v\right)_m + (D_x G_T^{x,n+1} + D_y G_T^{y,n+1} + D_z G_T^{z,n+1}, v)_m$$
$$= - (Q(\boldsymbol{U}^{n+1}, P^{n+1}, \hat{T}_h^n, \hat{C}^{n+1}), v)_m, \quad \forall v \in S_h, \tag{7.3.20a}$$

$$(E_H^{-1}G_T^{x,n+1}, w^x)_x + (E_H^{-1}G_T^{y,n+1}, w^y)_y + (E_H^{-1}G_T^{z,n+1}, w^z)_z$$

$$- (T_h^{n+1}, D_x w^x + D_y w^y + D_z w^z)_m = 0,$$

$$\forall w \in V_h, \tag{7.3.20b}$$

此处 $\hat{T}_h^n = T_h^n(\hat{X}_T^n)$, $\hat{X}_T^n = X - d^{-1} c_p U^{n+1} \Delta t$.

对 Radionuclide 浓度方程 (7.3.3) 需要高精度计算, 其计算工作量最大, 同样注意到这流动实际上是沿着迁移的特征方向, 利用特征线法处理一阶双曲部分. 记 $\psi_l(X, \boldsymbol{u}) = [\varphi^2 K_l^2 + |\boldsymbol{u}|^2]^{1/2}$, $\dfrac{\partial}{\partial tau_l} = \psi_l^{-1} \left\{ \varphi K_l \dfrac{\partial}{\partial t} + \boldsymbol{u} \cdot \nabla \right\}$. 则方程组 (7.3.3) 可改写为下述形式:

$$\psi_l \frac{\partial c_l}{\partial \tau_l} - \nabla \cdot (E_c \nabla c_l) = f_l(\hat{c}, c_1, c_2, \cdots, c_N), \quad X \in \Omega, \quad t \in J, \quad l = 1, 2, \cdots, N. \tag{7.3.21}$$

对方程 (7.3.21) 应用向后差商逼近特征方向导数

$$\frac{\partial c_l^{n+1}}{\partial \tau_l} \approx \frac{c_l^{n+1} - c_l^n(X - \varphi^{-1} K_l^{-1} \boldsymbol{u}^{n+1} \Delta t)}{\Delta t (1 + \varphi^{-2} K_l^{-2} |\boldsymbol{u}^{n+1}|^2)^{1/2}}.$$

对 Radionuclide 浓度方程组 (7.3.21) 的特征分数步差分格式为

$$\varphi_{l,ijk} \frac{C_{l,ijk}^{n+1/3} - \hat{C}_{l,ijk}^n}{\Delta t}$$

$$= \delta_{\bar{x}}(E_c \delta_x C_l^{n+1/3})_{ijk} + \delta_{\bar{y}}(E_c \delta_y C_l^n)_{ijk} + \delta_{\bar{z}}(E_c \delta_z C_l^n)_{ijk}$$

$$+ f_l(\hat{C}^{n+1}, C_1^n, C_2^n, \cdots, C_N^n)_{ijk}, \quad 1 \leqslant i \leqslant M_1, \quad l = 1, 2, \cdots, N, \tag{7.3.22a}$$

$$\varphi_{l,ijk} \frac{C_{l,ijk}^{n+2/3} - C_{l,ijk}^{n+1/3}}{\Delta t} = \delta_{\bar{y}}(E_c \delta_y (C_l^{n+1/3} - C_l^n))_{ijk},$$

$$1 \leqslant j \leqslant M_2, \quad l = 1, 2, \cdots, N, \tag{7.3.22b}$$

$$\varphi_{l,ijk} \frac{C_{l,ijk}^{n+1} - C_{l,ijk}^{n+2/3}}{\Delta t} = \delta_{\bar{z}}(E_c \delta_z (C_l^{n+1} - C_l^n))_{ijk},$$

$$1 \leqslant k \leqslant M_3, \quad l = 1, 2, \cdots, N, \tag{7.3.22c}$$

此处 $\varphi_l = \varphi K_l$, $C_l^n(X)(l = 1, 2, \cdots, N)$ 为分别按节点值 $\{C_{l,ijk}^n\}$ 分片三二次插值, $\hat{C}_{l,ijk}^n = C_l^n(\hat{X}_{l,ijk}^n)$, $\hat{X}_{l,ijk}^n = X_{ijk} - \varphi_{l,ijk}^{-1} U_{ijk}^{n+1} \Delta t$.

初始逼近:

$$\hat{C}^0 = \tilde{\hat{C}}^0, \quad \hat{\boldsymbol{G}}^0 = \tilde{\hat{\boldsymbol{G}}}^0, \quad T_h^0 = \tilde{T}^0, \quad \boldsymbol{G}_T^0 = \tilde{\boldsymbol{G}}_T^0, \quad X \in \Omega, \tag{7.3.23a}$$

$$C_{l,ijk}^0 = \tilde{C}_{l0}(X_{ijk}), \quad X_{ijk} \in \bar{\Omega}, \quad l = 1, 2, \cdots, N. \tag{7.3.23b}$$

此处 $\{\tilde{C}^0, \tilde{\boldsymbol{G}}^0\}$, $\{\tilde{T}_h^0, \tilde{\boldsymbol{G}}_T^0\}$ 为 $\{\hat{c}_0, \hat{\boldsymbol{g}}_0\}$, $\{T_0, \boldsymbol{g}_{T,0}\}$ 的椭圆投影 (将在 7.3.3 小节定义), $\tilde{C}_{l,ijk}^0$ 将由初始条件 (7.3.7) 直接得到.

混合体积元–特征分数步差分格式的计算程序: 首先由 (7.3.7) 应用混合体积元椭圆投影确定 $\{\tilde{C}^0, \tilde{\boldsymbol{G}}^0\}$, 取 $\hat{C}^0 = \tilde{C}^0, \hat{\boldsymbol{G}}^0 = \tilde{\boldsymbol{G}}^0$. 再由混合体积元格式 (7.3.18) 应用共轭梯度法求得 $\{P^1, U^1\}$. 然后, 再由特征混合体积元格式 (7.3.19) 应用共轭梯度法求得 $\{\hat{C}^1, \hat{\boldsymbol{G}}^1\}$, 再由初始条件 (7.3.17), 应用混合体积元椭圆投影确定 $\{\tilde{T}_h^0, \tilde{\boldsymbol{G}}_T^0\}$, 取 $T_h^0 = \tilde{T}_h^0, \boldsymbol{G}_T^0 = \tilde{\boldsymbol{G}}_T^0$. 由特征混合体积元格式 (7.3.20) 求出 $\{T_h^1, \boldsymbol{G}_T^1\}$. 在此基础上, 再用修正特征分数步差分格式 (7.3.22a)~(7.3.22c), 应用一维追赶法依次计算出过渡层的 $\{C_{l,ijk}^{1/3}\}$, $\{C_{l,ijk}^{2/3}\}$. 最后得 $t = t^1$ 的差分解 $\{C_{l,ijk}^1\}$. 对 $l = 1, 2, \cdots, N$ 可并行计算. 这样完成了第 1 层的计算. 再由混合体积元格式 (7.3.18) 求得 $\{P^2, U^2\}$. 由格式 (7.3.19) 求出 $\{\hat{C}^2, \hat{\boldsymbol{G}}^2\}$, 由格式 (7.3.20) 求出 $\{T_h^2, \boldsymbol{G}_T^2\}$. 然后再由特征分数步差分格式 (7.3.22) 求出 $\{C_l^2, l = 1, 2, \cdots, N\}$. 这样依次进行, 可求得全部数值逼近解, 由正定性条件 (C), 解存在且唯一.

7.3.3.2 局部质量守恒律

如果 Brine 浓度方程 (7.3.2) 没有源汇项, 也就是 $f(\hat{c}) \equiv 0$ 和边界条件是不渗透的, 则在每个单元 $J_c \in \Omega$ 上, 此处为简单起见, 设 $l = 1$, 即粗中网格重合, $J_c = \Omega_{ijk} = [x_{i-1/2}, x_{i+1/2}] \times [y_{j-1/2}, y_{j+1/2}] \times [z_{k-1/2}, z_{k+1/2}]$, 浓度方程的局部质量守恒律表现为

$$\int_{J_c} \psi \frac{\partial \hat{c}}{\partial \tau} \mathrm{d}X - \int_{\partial J_c} \hat{\boldsymbol{g}} \cdot \gamma_{J_c} \mathrm{d}S = 0. \tag{7.3.24}$$

此处 J_c 为区域 Ω 关于浓度的中网格剖分单元, ∂J_c 为单元 J_c 的边界面, γ_{J_c} 为单元边界面的外法线方向向量. 下面我们证明 (7.3.19a) 满足下面的离散意义下的局部质量守恒律.

定理 7.3.1 如果 $f(\hat{c}) \equiv 0$, 则在任意单元 $J_c \in \Omega$ 上, 格式 (7.3.19a) 满足离散的局部质量守恒律

$$\int_{J_c} \varphi \frac{\hat{C}^{n+1} - \hat{\hat{C}}^n}{\Delta t} \mathrm{d}X - \int_{\partial J_c} \hat{\boldsymbol{G}}^{n+1} \cdot \gamma_{J_c} \mathrm{d}S = 0. \tag{7.3.25}$$

证明 因为 $v \in S_h$, 对给定的单元 $J_c \in \Omega$ 上, 取 $v \equiv 1$, 在其他单元上为零, 则此时 (7.3.19a) 为

$$\left(\varphi \frac{\hat{C}^{n+1} - \hat{\hat{C}}^n}{\Delta t}, 1 \right)_{\Omega_{ijk}} + \left(D_x \hat{G}^{x,n+1} + D_y \hat{G}^{y,n+1} + D_z \hat{G}^{z,n+1}, 1 \right)_{\Omega_{ijk}} = 0. \tag{7.3.26}$$

按 7.3.2 小节中的记号可得

$$\left(\varphi\frac{\hat{C}^{n+1}-\hat{C}^n}{\Delta t},1\right)_{\Omega_{ijk}} = \varphi_{ijk}\left(\frac{\hat{C}_{ijk}^{n+1}-\hat{C}_{ijk}^n}{\Delta t}\right)h_{x_i}h_{y_j}h_{z_k} = \int_{\Omega_{ijk}}\varphi\frac{\hat{C}^{n+1}-\hat{C}^n}{\Delta t}\mathrm{d}X,$$

$$(7.3.27\mathrm{a})$$

$$(D_x\hat{G}^{x,n+1}+D_y\hat{G}^{y,n+1}+D_z\hat{G}^{z,n+1},1)_{\Omega_{ijk}}$$
$$=(\hat{G}_{i+1/2,jk}^{x,n+1}-\hat{G}_{i-1/2,jk}^{x,n+1})h_{y_j}h_{z_k}+(\hat{G}_{i,j+1/2,k}^{y,n+1}-\hat{G}_{i,j-1/2,k}^{y,n+1})h_{x_i}h_{z_k}$$
$$+(\hat{G}_{ij,k+1/2}^{z,n+1}-\hat{G}_{ij,k-1/2}^{z,n+1})h_{x_i}h_{y_j}$$
$$=-\int_{\partial\Omega_{ijk}}\hat{\boldsymbol{G}}^{n+1}\cdot\gamma_{J_c}\mathrm{d}S. \qquad (7.3.27\mathrm{b})$$

将式 (7.3.27) 代入式 (7.3.26), 定理 7.3.1 得证.

由局部质量守恒律定理 7.3.1, 即可推出整体质量守恒律.

定理 7.3.2　如果 $f(\hat{c})\equiv 0$, 边界条件是不渗透的, 则格式 (7.3.19a) 满足整体离散质量守恒律

$$\int_\Omega\varphi\frac{\hat{C}^{n+1}-\hat{C}^n}{\Delta t}\mathrm{d}X=0,\quad n\geqslant 0. \qquad (7.3.28)$$

证明　由局部质量守恒律 (7.3.25), 对全部的网格剖分单元求和, 则有

$$\sum_{i,j,k}\int_{\Omega_{ijk}}\varphi\frac{\hat{C}^{n+1}-\hat{C}^n}{\Delta t}\mathrm{d}X-\sum_{i,j,k}\int_{\partial\Omega_{ijk}}\hat{\boldsymbol{G}}^{n+1}\cdot\gamma_{J_c}\mathrm{d}S=0. \qquad (7.3.29)$$

注意到 $-\sum\limits_{i,j,k}\int_{\partial\Omega_{ijk}}\hat{\boldsymbol{G}}^{n+1}\cdot\gamma_{J_c}\mathrm{d}S=-\int_{\partial\Omega}\hat{\boldsymbol{G}}^{n+1}\cdot\gamma\mathrm{d}S=0$, 定理得证.

对于热传导方程的特征混合元格式 (7.3.20a), 同样可证明其具有局部能量守恒律的特性.

定理 7.3.3　对于热传导方程 (7.3.16), 若其右端 $Q(\boldsymbol{u},p,T,\hat{c})\equiv 0$, 则在任意单元 $J_c\subset\Omega$ 上, 离散格式 (7.3.20a) 满足离散的局部能量守恒律

$$\int_{J_c}d\frac{T_h^{n+1}-\hat{T}_h^n}{\Delta t}\mathrm{d}X-\int_{\partial J_c}\boldsymbol{G}_T^{n+1}\cdot\gamma_{J_c}\mathrm{d}S=0. \qquad (7.3.30)$$

定理 7.3.4　对于热传导方程 (7.3.16), 若其右端 $Q(\boldsymbol{u},p,T,\hat{c})\equiv 0$, 且边界条件是绝热的, 则格式 (7.3.20a) 满足整体离散能量守恒律

$$\int_\Omega d\frac{T_h^{n+1}-\hat{T}_h^n}{\Delta t}\mathrm{d}X=0,\quad n\geqslant 0. \qquad (7.3.31)$$

7.3.3.3 辅助性椭圆投影

为了确定初始逼近 (7.3.23a) 和 7.3.4 节的收敛性分析. 引入下述辅助性椭圆投影. 定义 $\{\tilde{P}, \tilde{U}\} \in S_h \times V_h$, 满足

$$\left(D_x \tilde{U}^x + D_y \tilde{U}^y + D_z \tilde{U}^z, v\right)_m = (-q + R_s(\hat{c}), v)_m, \quad \forall v \in S_h, \tag{7.3.32a}$$

$$\left(a^{-1}(\hat{c}) \tilde{U}^x, w^x\right)_x + \left(a^{-1}(\hat{c}) \tilde{U}^y, w^y\right)_y + \left(a^{-1}(\hat{c}) \tilde{U}^z, w^z\right)_z$$
$$- \left(\tilde{P}, D_x w^x + D_y w^y + D_z w^z\right)_m = 0, \quad \forall w \in V_h, \tag{7.3.32b}$$

$$\left(\tilde{P} - p, 1\right)_m = 0. \tag{7.3.32c}$$

定义 $\{\tilde{\hat{C}}, \tilde{\boldsymbol{G}}\} \in S_h \times V_h$, 满足

$$\left(D_x \tilde{G}^x + D_y \tilde{G}^y + D_z \tilde{G}^z, v\right)_m = (\nabla \cdot \hat{\boldsymbol{g}}, v)_m, \quad \forall v \in S_h, \tag{7.3.33a}$$

$$\left(E_c^{-1} \tilde{G}^x, w^x\right)_x + \left(E_c^{-1} \tilde{G}^y, w^y\right)_y + \left(E_c^{-1} \tilde{G}^z, w^z\right)_z$$
$$- \left(\tilde{\hat{C}}, D_x w^x + D_y w^y + D_z w^z\right)_m = 0, \quad \forall w \in V_h, \tag{7.3.33b}$$

$$\left(\tilde{\hat{C}} - \hat{c}, 1\right)_m = 0. \tag{7.3.33c}$$

定义 $\{\tilde{T}_h, \tilde{\boldsymbol{G}}_T\} \in S_h \times V_h$, 满足

$$\left(D_x \tilde{G}_T^x + D_y \tilde{G}_T^y + D_z \tilde{G}_T^z, v\right)_m = (\nabla \cdot \boldsymbol{g}_T, v)_m, \quad \forall v \in S_h, \tag{7.3.34a}$$

$$\left(E_H^{-1} \tilde{G}_T^x, w^x\right)_x + \left(E_H^{-1} \tilde{G}_T^y, w^y\right)_y + \left(E_H^{-1} \tilde{G}_T^z, w^z\right)_z$$
$$- \left(\tilde{T}_h, D_x w^x + D_y w^y + D_z w^z\right)_m = 0, \quad \forall w \in V_h, \tag{7.3.34b}$$

$$\left(\tilde{T}_h - T, 1\right)_m = 0. \tag{7.3.34c}$$

记

$$\pi = P - \tilde{P}, \quad \eta = \tilde{P} - p, \quad \sigma = \boldsymbol{U} - \tilde{\boldsymbol{U}}, \quad \rho = \tilde{\boldsymbol{U}} - \boldsymbol{u},$$
$$\hat{\xi} = \hat{C} - \tilde{\hat{C}}, \quad \zeta = \tilde{\hat{C}} - \hat{c}, \quad \alpha = \boldsymbol{G} - \tilde{\boldsymbol{G}}, \quad \beta = \tilde{\boldsymbol{G}} - \hat{\boldsymbol{g}},$$
$$\xi_T = T_h - \tilde{T}_h, \quad \zeta_T = \tilde{T}_h - T, \quad \alpha_T = \boldsymbol{G}_T - \tilde{\boldsymbol{G}}_T, \quad \beta_T = \tilde{\boldsymbol{G}}_T - \boldsymbol{g}_T.$$

设问题 (7.3.1)~(7.3.7) 满足正定性条件 (C), 其精确解满足正则性条件 (R). 由 Weiser, Wheeler 理论 [25] 得知格式 (7.3.32)~(7.3.34) 确定的辅助函数 $\{\tilde{P}, \tilde{U}, \tilde{\hat{C}}, \tilde{\boldsymbol{G}}, \tilde{T}_h, \tilde{\boldsymbol{G}}_T\}$ 存在唯一, 并有下述误差估计.

引理 7.3.5　若问题 (7.3.1)～(7.3.7) 的系数和精确解满足条件 (C) 和 (R), 则存在不依赖于剖分参数 $h, \Delta t$ 的常数 $\bar{C}_1, \bar{C}_2 > 0$, 使得下述估计式成立:

$$\|\eta\|_m + \left\|\hat{\zeta}\right\|_m + \|\zeta_T\|_m + \|\|\rho\|\| + \|\|\beta\|\| + \|\|\beta_T\|\|$$

$$+ \left\|\frac{\partial \eta}{\partial t}\right\|_m + \left\|\frac{\partial \hat{\zeta}}{\partial t}\right\|_m + \left\|\frac{\partial \zeta_T}{\partial t}\right\|_m \leqslant \bar{C}_1\{h_p^2 + h_c^2\}, \tag{7.3.35a}$$

$$\|\|\tilde{U}\|\|_\infty + \|\|\tilde{\hat{G}}\|\|_\infty + \|\|\tilde{G}_T\|\|_\infty \leqslant \bar{C}_2. \tag{7.3.35b}$$

7.3.4　收敛性分析

首先估计 π 和 σ. 将式 (7.3.18a) 和 (7.3.18b) 分别减式 (7.3.32a) $(t = t^{n+1})$ 和式 (7.3.32b) $(t = t^{n+1})$ 可得下述误差关系式:

$$\left(D_x\sigma^{x,n+1} + D_y\sigma^{y,n+1} + D_z\sigma^{z,n+1}, v\right)_m = \left(R_s(\hat{C}^n) - R_s(\hat{c}^{n+1}), v\right)_m, \quad \forall v \in S_h, \tag{7.3.36a}$$

$$\left(a^{-1}(\bar{\hat{C}}^{x,n})\sigma^{x,n+1}, w^x\right)_x + \left(a^{-1}(\bar{\hat{C}}^{y,n})\sigma^{y,n+1}, w^y\right)_y$$

$$+ \left(a^{-1}(\bar{\hat{C}}^{z,n})\sigma^{z,n+1}, w^z\right)_z - \left(\pi^{n+1}, D_xw^x + D_yw^y + D_zw^z\right)_m$$

$$= -\{((a^{-1}(\bar{\hat{C}}^{x,n}) - a^{-1}(\hat{c}^{n+1}))\tilde{U}^{x,n+1}, w^x)_x + ((a^{-1}(\bar{\hat{C}}^{y,n}) - a^{-1}(\hat{c}^{n+1}))\tilde{U}^{y,n+1}, w^y)_y$$

$$+ ((a^{-1}(\bar{\hat{C}}^{z,n}) - a^{-1}(\hat{c}^{n+1}))\tilde{U}^{z,n+1}, w^z)_z\}, \quad \forall w \in V_h. \tag{7.3.36b}$$

在式 (7.3.36a) 中取 $v = \pi^{n+1}$, 在式 (7.3.36b) 中取 $w = \sigma^{n+1}$, 组合上述二式可得

$$\left(a^{-1}(\bar{\hat{C}}^{x,n})\sigma^{x,n+1}, \sigma^{x,n+1}\right)_x + \left(a^{-1}(\bar{\hat{C}}^{y,n})\sigma^{y,n+1}, \sigma^{y,n+1}\right)_y$$

$$+ \left(a^{-1}(\bar{\hat{C}}^{z,n})\sigma^{z,n+1}, \sigma^{z,n+1}\right)_z$$

$$= -\sum_{s=x,y,z}\left((a^{-1}(\bar{\hat{C}}^{s,n}) - a^{-1}(\hat{c}^{n+1}))\tilde{U}^{s,n+1}, \sigma^{s,n+1}\right)_s$$

$$+ \left(R_s(\hat{C}^n) - R_s(\hat{c}^{n+1}), \pi^{n+1}\right)_m. \tag{7.3.37}$$

对于估计式 (7.3.37) 应用引理 7.3.1～ 引理 7.3.5, Taylor 公式和正定性条件 (C) 可得

$$\|\|\sigma^{n+1}\|\|^2 \leqslant K\sum_{s=x,y,z}\left\|\bar{\hat{C}}^{s,n} - \hat{c}^{n+1}\right\|_s^2 + \varepsilon\|\pi^{n+1}\|_m^2$$

$$\leqslant K\left\{\sum_{s=x,y,z}\|\bar{\hat{c}}^{s,n} - \hat{c}^n\|_s^2 + \left\|\hat{\xi}^n\right\|_m^2 + \left\|\hat{\zeta}^n\right\|_m^2 + (\Delta t)^2\right\} + \varepsilon\|\pi^{n+1}\|_m^2$$

$$\leqslant K\left\{\left\|\hat{\xi}^n\right\|^2 + h_{\hat{c}}^4 + (\Delta t)^2\right\} + \varepsilon\left\|\pi^{n+1}\right\|_m^2. \tag{7.3.38}$$

对 $\pi^{n+1} \in S_h$, 利用对偶方法进行估计 [36,37], 为此考虑下述椭圆问题:

$$\nabla \cdot \omega = \pi^{n+1}, \quad X = (x, y, z)^{\mathrm{T}} \in \Omega, \tag{7.3.39a}$$

$$\omega = \nabla p, \quad X \in \Omega, \tag{7.3.39b}$$

$$\omega \cdot \gamma = 0, \quad X \in \partial\Omega. \tag{7.3.39c}$$

由问题 (7.3.39) 的正则性, 有

$$\sum_{s=x,y,z}\left\|\frac{\partial \omega^s}{\partial s}\right\|_m^2 \leqslant K\left\|\pi^{n+1}\right\|_m^2. \tag{7.3.40}$$

设 $\tilde{\omega} \in V_h$ 满足

$$\left(\frac{\partial \tilde{\omega}^s}{\partial s}, v\right)_m = \left(\frac{\partial \omega^s}{\partial s}, v\right)_m, \quad \forall v \in S_h, \quad s = x, y, z. \tag{7.3.41a}$$

这样定义的 $\tilde{\omega}$ 是存在的, 且有

$$\sum_{s=x,y,z}\left\|\frac{\partial \tilde{\omega}^s}{\partial s}\right\|_m^2 \leqslant \sum_{s=x,y,z}\left\|\frac{\partial \omega^s}{\partial s}\right\|_m^2. \tag{7.3.41b}$$

应用引理 7.3.4, 式 (7.3.39)、(7.3.40) 和 (7.3.38) 可得

$$\begin{aligned}
\left\|\pi^{n+1}\right\|_m^2 &= (\pi^{n+1}, \nabla \cdot \omega) = (\pi^{n+1}, D_x\tilde{\omega}^x + D_y\tilde{\omega}^y + D_z\tilde{\omega}^z) \\
&= \sum_{s=x,y,z}\left(a^{-1}(\bar{\bar{C}}^{s,n})\sigma^{s,n+1}, \tilde{\omega}^s\right)_s \\
&\quad + \sum_{s=x,y,z}\left(\left(a^{-1}(\bar{\bar{C}}^{s,n}) - a^{-1}(\hat{c}^{n+1})\right)\tilde{U}^{s,n+1}, \tilde{\omega}^s\right)_s \\
&\leqslant K\|\|\tilde{\omega}\|\|\left\{\|\|\sigma^{n+1}\|\|^2 + \left\|\hat{\xi}^n\right\|_m^2 + h_{\hat{c}}^4 + (\Delta t)^2\right\}^{1/2}. \tag{7.3.42}
\end{aligned}$$

由引理 7.3.4, (7.3.40) 和 (7.3.41) 可得

$$\|\|\tilde{\omega}\|\|^2 \leqslant \sum_{s=x,y,z}\|D_s\tilde{\omega}^s\|_m^2 = \sum_{s=x,y,z}\left\|\frac{\partial \tilde{\omega}^s}{\partial s}\right\|_m^2 \leqslant \sum_{s=x,y,z}\left\|\frac{\partial \omega^s}{\partial s}\right\|_m^2 \leqslant K\left\|\pi^{n+1}\right\|_m^2. \tag{7.3.43}$$

将式 (7.3.43) 代入式 (7.3.42), 并利用 (7.3.38) 可得

$$\left\|\pi^{n+1}\right\|_m^2 \leqslant K\left\{\|\|\sigma^{n+1}\|\|^2 + \left\|\hat{\xi}^n\right\|_m^2 + h_{\hat{c}}^4 + (\Delta t)^2\right\} \leqslant K\left\{\left\|\hat{\xi}^n\right\|_m^2 + h_{\hat{c}}^4 + (\Delta t)^2\right\}. \tag{7.3.44a}$$

$$\||\sigma^{n+1}\||^2 \leqslant K\left\{\left\|\hat{\xi}^n\right\|_m^2 + h_{\hat{c}}^4 + (\Delta t)^2\right\}. \tag{7.3.44b}$$

下面讨论 Brine 浓度方程 (7.3.2) 的误差估计. 为此将式 (7.3.19a) 和式 (7.3.19b) 分别减去 $t = t^{n+1}$ 时刻的式 (7.3.33a) 和式 (7.3.33b), 分别取 $v = \xi^{n+1}$, $w = \alpha^{n+1}$, 可得

$$\left(\varphi\frac{\hat{C}^{n+1} - \hat{C}^n}{\Delta t}, \xi^{n+1}\right)_m + \left(D_x\alpha^{x,n+1} + D_y\alpha^{y,n+1} + D_z\alpha^{z,n+1}, \hat{\xi}^{n+1}\right)_m$$
$$= \left(f(\hat{\hat{C}}^n) - f(\hat{c}^{n+1}) + \psi^{n+1}\frac{\partial\hat{c}^{n+1}}{\partial\tau}, \hat{\xi}^{n+1}\right)_m, \tag{7.3.45a}$$

$$\left(E_c^{-1}\alpha^{x,n+1}, \alpha^{x,n+1}\right)_x + \left(E_c^{-1}\alpha^{y,n+1}, \alpha^{y,n+1}\right)_y + \left(E_c^{-1}\alpha^{z,n+1}, \alpha^{z,n+1}\right)_z$$
$$- \left(\hat{\xi}^{n+1}, D_x\alpha^{x,n+1} + D_y\alpha^{y,n+1} + D_z\alpha^{z,n+1}\right)_m = 0. \tag{7.3.45b}$$

将式 (7.3.45a) 和式 (7.3.45b) 相加可得

$$\left(\varphi\frac{\hat{C}^{n+1} - \hat{C}^n}{\Delta t}, \xi^{n+1}\right)_m + \left(E_c^{-1}\alpha^{x,n+1}, \alpha^{x,n+1}\right)_x$$
$$+ \left(E_c^{-1}\alpha^{y,n+1}, \alpha^{y,n+1}\right)_y + \left(E_c^{-1}\alpha^{z,n+1}, \alpha^{z,n+1}\right)_z$$
$$= \left(f(\hat{\hat{C}}^n) - f(\hat{c}^{n+1}) + \psi^{n+1}\frac{\partial\hat{c}^{n+1}}{\partial\tau}, \hat{\xi}^{n+1}\right)_m. \tag{7.3.46}$$

应用方程 (7.3.2) $(t = t^{n+1})$, 将上式改写为

$$\left(\varphi\frac{\hat{\xi}^{n+1} - \hat{\xi}^n}{\Delta t}, \xi^{n+1}\right)_m + \sum_{s=x,y,z}\left(E_c^{-1}\alpha^{s,n+1}, \alpha^{s,n+1}\right)_s$$
$$= \left(\left[\varphi\frac{\partial\hat{c}^{n+1}}{\partial t} + \boldsymbol{u}^{n+1}\cdot\nabla\hat{c}^{n+1}\right] - \varphi\frac{\hat{c}^{n+1} - \check{c}^n}{\Delta t}, \hat{\xi}^{n+1}\right)_m + \left(\varphi\frac{\hat{\zeta}^{n+1} - \hat{\zeta}^n}{\Delta t}, \hat{\xi}^{n+1}\right)_m$$
$$+ (f(\hat{\hat{C}}^n) - f(\hat{c}^{n+1}), \xi^{n+1}) + \left(\varphi\frac{\hat{\hat{c}}^n - \check{c}^n}{\Delta t}, \xi^{n+1}\right)_m - \left(\varphi\frac{\hat{\zeta}^n - \check{\zeta}^n}{\Delta t}, \xi^{n+1}\right)_m$$
$$+ \left(\varphi\frac{\hat{\hat{\xi}}^n - \check{\hat{\xi}}^n}{\Delta t}, \xi^{n+1}\right)_m - \left(\varphi\frac{\check{\zeta}^n - \hat{\zeta}^n}{\Delta t}, \xi^{n+1}\right)_m + \left(\varphi\frac{\check{\hat{\xi}}^n - \hat{\xi}^n}{\Delta t}, \xi^{n+1}\right)_m, \tag{7.3.47}$$

此处 $\check{c}^n = \hat{c}^n(X - \varphi^{-1}\boldsymbol{u}^{n+1}\Delta t)$, $\hat{c}^n = \hat{c}^n(X - \varphi^{-1}\boldsymbol{U}^{n+1}\Delta t)$, $\cdots$.

对式 (7.3.47) 的左端应用不等式 $a(a-b) \geqslant \frac{1}{2}(a^2 - b^2)$, 其右端分别用 $T_1, T_2, \cdots,$ T_8 表示, 可得

$$\frac{1}{2\Delta t}\{(\varphi \hat{\xi}^{n+1}, \hat{\xi}^{n+1})_m - (\varphi \hat{\xi}^n, \hat{\xi}^n)_m\} + \sum_{s=x,y,z} \left(E_c^{-1}\alpha^{s,n+1}, \alpha^{s,n+1}\right)_s$$

$$\leqslant T_1 + T_2 + \cdots + T_8. \tag{7.3.48}$$

为了估计 T_1, 注意到 $\varphi \dfrac{\partial \hat{c}^{n+1}}{\partial t} + \boldsymbol{u}^{n+1} \cdot \nabla \hat{c}^{n+1} = \psi^{n+1} \dfrac{\partial \hat{c}^{n+1}}{\partial \tau}$, 于是可得

$$\frac{\partial \hat{c}^{n+1}}{\partial \tau} - \frac{\varphi}{\psi^{n+1}} \cdot \frac{\hat{c}^{n+1} - \overset{\vee}{\hat{c}}{}^n}{\Delta t} = \frac{\varphi}{\psi^{n+1}\Delta t} \int_{(\overset{\vee}{X}, t^n)}^{(X, t^{n+1})} \left[\left|X - \overset{\vee}{X}\right|^2 + (t - t^n)^2\right]^{1/2} \frac{\partial^2 \hat{c}}{\partial \tau^2} \mathrm{d}\tau. \tag{7.3.49}$$

对上式乘以 ψ^{n+1} 并作 m 模估计, 可得

$$\left\|\psi^{n+1}\frac{\partial \hat{c}^{n+1}}{\partial \tau} - \varphi \frac{\hat{c}^{n+1} - \overset{\vee}{\hat{c}}{}^n}{\Delta t}\right\|_m^2 \leqslant \int_\Omega \left[\frac{\psi^{n+1}}{\Delta t}\right]^2 \left|\int_{(\overset{\vee}{X}, t^n)}^{(X, t^{n+1})} \frac{\partial^2 \hat{c}}{\partial \tau^2}\mathrm{d}\tau\right|^2 \mathrm{d}X$$

$$\leqslant \Delta t \left\|\frac{(\psi^{n+1})^3}{\varphi}\right\|_\infty \int_\Omega \int_{(\overset{\vee}{X}, t^n)}^{(X, t^{n+1})} \left|\frac{\partial^2 \hat{c}}{\partial \tau^2}\right|^2 \mathrm{d}\tau \mathrm{d}X$$

$$\leqslant \Delta t \left\|\frac{(\psi^{n+1})^4}{\varphi^2}\right\|_\infty \int_\Omega \int_{t^n}^{t^{n+1}} \int_0^1 \left|\frac{\partial^2 \hat{c}}{\partial \tau^2}(\bar{\tau}\overset{\vee}{X} + (1-\bar{\tau})X, t)\right|^2 \mathrm{d}\bar{\tau}\mathrm{d}X\mathrm{d}t. \tag{7.3.50}$$

因此有

$$|T_1| \leqslant K \left\|\frac{\partial^2 \hat{c}}{\partial \tau^2}\right\|_{L^2(t^n, t^{n+1}; m)}^2 \Delta t + K \left\|\hat{\xi}^{n+1}\right\|_m^2. \tag{7.3.51a}$$

对于 T_2, T_3 的估计, 应用引理 7.3.5 可得

$$|T_2| \leqslant K \left\{(\Delta t)^{-1}\left\|\frac{\partial \hat{\zeta}}{\partial t}\right\|_{L^2(t^n, t^{n+1}; m)}^2 + \left\|\hat{\xi}^{n+1}\right\|_m^2\right\}. \tag{7.3.51b}$$

$$|T_3| \leqslant K \left\{\left\|\hat{\xi}^{n+1}\right\|_m^2 + \left\|\hat{\xi}^n\right\|_m^2 + (\Delta t)^2 + h_{\hat{c}}^4\right\}. \tag{7.3.51c}$$

估计 T_4, T_5 和 T_6 导出下述一般的关系式. 若 f 定义在 Ω 上, f 对应的是 $\hat{c}, \hat{\zeta}$ 和 $\hat{\xi}$, Z 表示方向 $\boldsymbol{U}^{n+1} - \boldsymbol{u}^{n+1}$ 的单位向量. 则

$$\int_\Omega \varphi \frac{\hat{f}^n - \overset{\vee}{f}{}^n}{\Delta t} \hat{\xi}^{n+1}\mathrm{d}X = (\Delta t)^{-1}\int_\Omega \varphi \left[\int_{\overset{\vee}{X}}^{\hat{X}} \frac{\partial f^n}{\partial Z}\mathrm{d}Z\right]\hat{\xi}^{n+1}\mathrm{d}X$$

$$= (\Delta t)^{-1}\int_\Omega \varphi \left[\int_0^1 \frac{\partial f^n}{\partial Z}((1-\bar{Z})\overset{\vee}{X} + \bar{Z}\hat{X})\mathrm{d}\bar{Z}\right]\left|\hat{X} - \overset{\vee}{X}\right|\hat{\xi}^{n+1}\mathrm{d}X$$

$$= \int_\Omega \left[\int_0^1 \frac{\partial f^n}{\partial Z}((1-\bar{Z})\overset{\vee}{X}+\bar{Z}\hat{X})\mathrm{d}\bar{Z} \right] |\boldsymbol{u}-\boldsymbol{U}|\hat{\xi}^{n+1}\mathrm{d}X, \tag{7.3.52}$$

此处 $\bar{Z} \in [0,1]$ 的参数, 应用关系式 $\hat{X}-\overset{\vee}{X} = \Delta t \dfrac{\boldsymbol{u}^{n+1}(X)-\boldsymbol{U}^{n+1}(X)}{\varphi(X)}$. 设

$$g_f = \int_0^1 \frac{\partial f^n}{\partial Z}((1-\bar{Z})\overset{\vee}{X}+\bar{Z}\hat{X})\mathrm{d}\bar{Z}.$$

则可写出关于式 (7.3.52) 三个特殊情况:

$$|T_4| \leqslant ||g_{\hat{c}}||_\infty ||(\boldsymbol{u}-\boldsymbol{U})^{n+1}||_m ||\hat{\xi}^{n+1}||_m, \tag{7.3.53a}$$

$$|T_5| \leqslant ||g_{\hat{\zeta}}||_m ||(\boldsymbol{u}-\boldsymbol{U})^{n+1}||_m ||\hat{\xi}^{n+1}||_\infty, \tag{7.3.53b}$$

$$|T_6| \leqslant ||g_{\hat{\xi}}||_m ||(\boldsymbol{u}-\boldsymbol{U})^{n+1}||_m ||\hat{\xi}^{n+1}||_\infty. \tag{7.3.53c}$$

由引理 7.3.1~ 引理 7.3.5 和 (7.3.44) 可得

$$||(\boldsymbol{u}-\boldsymbol{U})^{n+1}||_m^2 \leqslant K \left\{ ||\hat{\xi}^n||_m^2 + h_p^4 + h_{\hat{c}}^4 + (\Delta t)^2 \right\}. \tag{7.3.54}$$

因为 $g_{\hat{c}}(X)$ 是 $\hat{c}^n$ 的一阶偏导数的平均值, 它能用 $||\hat{c}^n||_{W_\infty^1}$ 来估计. 由式 (7.3.53a) 可得

$$|T_4| \leqslant K \left\{ ||\hat{\xi}^{n+1}||_m^2 + ||\hat{\xi}^n||_m^2 + h_p^4 + h_{\hat{c}}^4 + (\Delta t)^2 \right\}. \tag{7.3.55}$$

为了估计 $||g_{\hat{\zeta}}||_m$ 和 $||g_{\hat{\xi}}||_m$, 需要作归纳法假定:

$$\sup_{0\leqslant n\leqslant L} |||\sigma|||_\infty \to 0, \quad \sup_{0\leqslant n\leqslant L} ||\hat{\xi}^n||_\infty \to 0, \quad (h_{\hat{c}}, h_p, \Delta t) \to 0. \tag{7.3.56}$$

同时作下述剖分参数限制性条件:

$$\Delta t = O(h_{\hat{c}}^2), \quad h_{\hat{c}}^2 = o(h_p^{3/2}). \tag{7.3.57}$$

为了估计 T_5, T_6, 现在考虑

$$||g_f||^2 \leqslant \int_0^1 \int_\Omega \left[\frac{\partial f^n}{\partial Z}((1-\bar{Z})\overset{\vee}{X}+\bar{Z}\hat{X}) \right]^2 \mathrm{d}X\mathrm{d}\bar{Z}. \tag{7.3.58}$$

定义变换:

$$G_{\bar{Z}}(X) = (1-\bar{Z})\breve{X}+\bar{Z}\hat{X} = X - [\varphi^{-1}(X)\boldsymbol{u}^{n+1}(X)+\bar{Z}\varphi^{-1}(X)(\boldsymbol{U}-\boldsymbol{u})^{n+1}(X)]\Delta t, \tag{7.3.59}$$

设 $J_p = \Omega_{ijk} = [x_{i-1/2}, x_{i+1/2}] \times [y_{j-1/2}, y_{j+1/2}] \times [z_{k-1/2}, z_{k+1/2}]$ 是流动方程的网格单元, 则式 (7.3.58) 可写为

$$\|g_f\|^2 \leqslant \int_0^1 \sum_{J_p} \left| \frac{\partial f^n}{\partial Z}(G_{\bar{Z}}(X)) \right|^2 \mathrm{d}X \mathrm{d}\bar{Z}. \tag{7.3.60}$$

由归纳法假定 (7.3.56) 和剖分参数限制性条件 (7.3.57) 有

$$\det DG_{\bar{Z}} = 1 + o(1).$$

则式 (7.3.60) 进行变量替换后可得

$$\|g_f\|^2 \leqslant K\|\nabla f^n\|^2. \tag{7.3.61}$$

对 T_5 应用式 (7.3.61), 引理 7.3.5 和 Sobolev 嵌入定理 [38] 可得下述估计:

$$
\begin{aligned}
|T_5| &\leqslant K \left\|\nabla \hat{\zeta}^n\right\| \cdot \left\|(\boldsymbol{u}-\boldsymbol{U})^{n+1}\right\| \cdot h_{\hat{c}}^{-(\varepsilon+1/2)} \left\|\nabla \hat{\xi}^{n+1}\right\| \\
&\leqslant K \left\{ h_{\hat{c}}^{2-(\varepsilon+1/2)} \left\|(\boldsymbol{u}-\boldsymbol{U})^{n+1}\right\| \cdot \left\|\nabla \hat{\xi}^{n+1}\right\| \right\} \\
&\leqslant K \left\{ \left\|\hat{\xi}^{n+1}\right\|_m^2 + \left\|\hat{\xi}^n\right\|_m^2 + h_p^4 + h_{\hat{c}}^4 + (\Delta t)^2 \right\} + \varepsilon |||\alpha^{n+1}|||^2.
\end{aligned} \tag{7.3.62a}
$$

从式 (7.3.54) 清楚地看到 $\|(\boldsymbol{u}-\boldsymbol{U})^{n+1}\|_m = o(h_{\hat{c}}^{\varepsilon+1/2})$, 因此我们的定理将证明 $\left\|\hat{\xi}^n\right\|_m = O(h_p^2 + h_{\hat{c}}^2 + \Delta t)$. 类似于文献 [6] 中的分析, 有

$$|T_6| \leqslant K \left\|\nabla \hat{\xi}^n\right\| \cdot \left\|(\boldsymbol{u}-\boldsymbol{U})^{n+1}\right\| \cdot h_{\hat{c}}^{-(\varepsilon+1/2)} \left\|\nabla \hat{\xi}^{n+1}\right\| \leqslant \varepsilon \left\{ |||\alpha^{n+1}|||^2 + |||\alpha^n|||^2 \right\}. \tag{7.3.62b}$$

对 T_7, T_8 应用负模估计可得

$$|T_7| \leqslant K h_{\hat{c}}^4 + \varepsilon |||\alpha^{n+1}|||^2, \tag{7.3.63a}$$

$$|T_8| \leqslant K \left\|\hat{\xi}^n\right\|_m^2 + \varepsilon |||\alpha^{n+1}|||^2. \tag{7.3.63b}$$

对误差估计式 (7.3.47) 左、右两端分别应用式 (7.3.48)、(7.3.51)、(7.3.62) 和 (7.3.63) 可得

$$
\begin{aligned}
&\frac{1}{2\Delta t} \left\{ \left(\varphi \hat{\xi}^{n+1}, \hat{\xi}^{n+1}\right)_m - \left(\varphi \hat{\xi}^n, \hat{\xi}^n\right)_m \right\} + \sum_{s=x,y,z} \left(D_s \alpha^{s,n+1}, \alpha^{s,n+1}\right)_s \\
&\leqslant K \left\{ \left\|\frac{\partial^2 \hat{c}}{\partial \tau^2}\right\|_{L^2(t^n,t^{n+1};m)}^2 \Delta t + (\Delta t)^{-1} \left\|\frac{\partial \zeta}{\partial t}\right\|_{L^2(t^n,t^{n+1};m)}^2 + \left\|\hat{\xi}^{n+1}\right\|_m^2 \right.
\end{aligned}
$$

$$+ \left\| \hat{\xi}^n \right\|_m^2 + h_p^4 + h_{\hat{c}}^4 + (\Delta t)^2 \Big\} + \varepsilon \left\{ |||\alpha^{n+1}|||^2 + |||\alpha^n|||^2 \right\}. \tag{7.3.64}$$

对式 (7.3.64) 乘以 $2\Delta t$, 并对时间 t 求和 $(0 \leqslant n \leqslant L)$, 注意到 $\hat{\xi}^0 = 0$, 可得

$$\left\| \hat{\xi}^{L+1} \right\|_m^2 + \sum_{n=0}^{L} |||\alpha^{n+1}|||^2 \Delta t \leqslant K \left\{ \sum_{n=0}^{L} \left\| \hat{\xi}^{n+1} \right\|_m^2 \Delta t + h_p^4 + h_{\hat{c}}^4 + (\Delta t)^2 \right\}. \tag{7.3.65}$$

应用 Gronwall 引理可得

$$\left\| \hat{\xi}^{L+1} \right\|_m^2 + \sum_{n=0}^{L} |||\alpha^{n+1}|||^2 \Delta t \leqslant K \left\{ h_p^4 + h_{\hat{c}}^4 + (\Delta t)^2 \right\}. \tag{7.3.66a}$$

对流动方程的误差估计式 (7.3.38) 和 (7.3.44), 应用估计式 (7.3.66) 可得

$$\sup_{0 \leqslant n \leqslant L} \left\{ |||\pi^{n+1}|||_m^2 + |||\alpha^{n+1}|||^2 \right\} \leqslant K \left\{ h_p^4 + h_{\hat{c}}^4 + (\Delta t)^2 \right\}. \tag{7.3.66b}$$

下面需要检验归纳法假定 (7.3.56). 对于 $n = 0$ 时, 由于初始值的选取, $\hat{\xi}^0 = 0$, 由归纳法假定显然是正确的. 若对 $1 \leqslant n \leqslant L$ 归纳法假定 (7.3.56) 成立. 由估计式 (7.3.66) 和限制性条件 (7.3.57) 有

$$|||\sigma^{L+1}|||_\infty \leqslant K h_p^{-3/2} \left\{ h_p^2 + h_{\hat{c}}^2 + \Delta t \right\} \leqslant K h_p^{1/2} \to 0, \tag{7.3.67a}$$

$$\left\| \hat{\xi}^{L+1} \right\|_\infty \leqslant K h_{\hat{c}}^{-3/2} \left\{ h_p^2 + h_{\hat{c}}^2 + \Delta t \right\} \leqslant K h_{\hat{c}}^{1/2} \to 0. \tag{7.3.67b}$$

归纳法假定成立.

下面讨论热传导方程 (7.3.16) 的误差估计. 为此将式 (7.3.20a) 和式 (7.3.20b) 分别减去 $t = t^{n+1}$ 时刻的式 (7.3.34a) 和式 (7.3.34b), 并取 $v = \xi_T^{n+1}$, $w = \alpha_T^{n+1}$ 可得

$$\left(d\frac{T_h^{n+1} - \hat{T}_h^n}{\Delta t}, \xi_T^{n+1} \right)_m + \left(D_x \alpha_T^{x,n+1} + D_y \alpha_T^{y,n+1} + D_z \alpha_T^{z,n+1}, \xi_T^{n+1} \right)_m$$

$$= \left(Q(U^{n+1}, P^{n+1}, \hat{T}_h^n, \hat{C}^{n+1}) - Q(\boldsymbol{u}^{n+1}, p^{n+1}, T^n, \hat{c}^{n+1}) \right.$$

$$\left. + \psi_T^{n+1} \frac{\partial T^{n+1}}{\partial \tau_T}, \xi_T^{n+1} \right)_m, \tag{7.3.68a}$$

$$\left(E_H^{-1} \alpha_T^{x,n+1}, \alpha_T^{x,n+1} \right)_x + \left(E_H^{-1} \alpha_T^{y,n+1}, \alpha_T^{y,n+1} \right)_y + \left(E_H^{-1} \alpha_T^{z,n+1}, \alpha_T^{z,n+1} \right)_z$$

$$- \left(\xi_T^{n+1}, D_x \alpha_T^{x,n+1} + D_y \alpha_T^{y,n+1} + D_z \alpha_T^{z,n+1} \right)_m = 0. \tag{7.3.68b}$$

将式 (7.3.68a) 和式 (7.3.68b) 相加可得

$$
\left(d\frac{T_h^{n+1}-\hat{T}_h^n}{\Delta t},\xi_T^{n+1}\right)_m + \sum_{s=x,y,z}\left(E_H^{-1}\alpha_T^{s,n+1},\alpha_T^{s,n+1}\right)_s
$$
$$
=\Big(Q(\boldsymbol{U}^{n+1},P^{n+1},\hat{T}_h^n,\hat{C}^{n+1})-Q(\boldsymbol{u}^{n+1},p^{n+1},T^{n+1},\hat{c}^{n+1})
$$
$$
+\psi_T^{n+1}\frac{\partial T^{n+1}}{\partial\tau_T},\xi_T^{n+1}\Big)_m. \tag{7.3.69}
$$

应用方程 (7.3.16) $(t=t^{n+1})$，将上式改写为

$$
\left(d\frac{\xi_T^{n+1}-\hat{\xi}_T^n}{\Delta t},\xi_T^{n+1}\right)_m + \sum_{s=x,y,z}\left(E_H^{-1}\alpha_T^{s,n+1},\alpha_T^{s,n+1}\right)_s
$$
$$
=\left(d\frac{\partial T^{n+1}}{\partial t}+c_p\boldsymbol{u}^{n+1}\cdot\nabla T^{n+1}-d\frac{T^{n+1}-\check{T}^n}{\Delta t},\xi_T^{n+1}\right)_m
$$
$$
+(Q(\boldsymbol{U}^{n+1},P^{n+1},\hat{T}_h^n,\hat{C}^{n+1})-Q(\boldsymbol{u}^{n+1},p^{n+1},T^{n+1},\hat{c}^{n+1}),\xi_T^{n+1})_m
$$
$$
+\left(d\frac{\zeta_T^{n+1}-\zeta_T^n}{\Delta t},\xi_T^{n+1}\right)_m+\left(d\frac{\hat{T}^n-\check{T}^n}{\Delta t},\xi_T^{n+1}\right)_m-\left(d\frac{\hat{\zeta}_T^n-\overset{\vee}{\zeta}_T^n}{\Delta t},\xi_T^{n+1}\right)_m
$$
$$
+\left(d\frac{\hat{\xi}_T^n-\xi_T^n}{\Delta t},\xi_T^{n+1}\right)_m-\left(d\frac{\overset{\vee}{\zeta}_T^n-\zeta_T^n}{\Delta t},\xi_T^{n+1}\right)_m+\left(d\frac{\overset{\vee}{\xi}_T^n-\xi_T^n}{\Delta t},\xi_T^{n+1}\right)_m. \tag{7.3.70}
$$

对估计式 (7.3.70) 的右端应用不等式 $a(a-b)\geqslant\frac{1}{2}(a^2-b^2)$，对其右端用 $\bar{T}_1,\bar{T}_2,\cdots,\bar{T}_8$ 表示，可得

$$
\frac{1}{2\Delta t}\left\{(d\xi_T^{n+1},\xi_T^{n+1})_m-(d\xi_T^n,\xi_T^n)_m\right\}+\sum_{s=x,y,z}\left(E_H^{-1}\alpha_T^{s,n+1},\alpha_T^{s,n+1}\right)_s\leqslant\sum_{j=1}^8\bar{T}_j. \tag{7.3.71}
$$

为了进行误差估计，需要引入下述归纳法假定：

$$
\sup_{0\leqslant n\leqslant L}\{\|\xi_T^n\|_\infty\}\to 0,\quad (h_p,h_{\hat{c}},\Delta t)\to 0. \tag{7.3.72}
$$

同样要求剖分满足限制性条件 (7.3.57).

现在依次估计式 (7.3.71) 右端诸项，应用估计式 (7.3.44) 和式 (7.3.66) 以及归纳法假定 (7.3.71) 可得

$$
|\bar{T}_1|\leqslant K\left\|\frac{\partial^2 T}{\partial\tau_T^2}\right\|_{L^2(t^n,t^{n+1};m)}^2\Delta t+K\|\xi_T^{n+1}\|_m^2, \tag{7.3.73a}
$$

$$
|\bar{T}_2|\leqslant K\left\{\|\xi_T^{n+1}\|_m^2+\|\xi_{\hat{c}}^n\|_m^2+h_p^4+h_{\hat{c}}^4+(\Delta t)^2\right\}, \tag{7.3.73b}
$$

$$|\bar{T}_3| \leqslant K \left\{ (\Delta t)^{-1} \left\| \frac{\partial \zeta_T}{\partial t} \right\|^2_{L^2(t^n,t^{n+1};m)} + \|\xi_T^{n+1}\|^2_m \right\}, \tag{7.3.73c}$$

$$|\bar{T}_4| \leqslant K \left\{ \|\xi_T^{n+1}\|^2_m + h_p^4 + h_{\hat{c}}^4 + (\Delta t)^2 \right\}, \tag{7.3.73d}$$

$$|\bar{T}_5| \leqslant \varepsilon |||\alpha_T^{n+1}|||^2 + K \left\{ \|\xi_T^n\|^2_m + h_p^4 + h_{\hat{c}}^4 + (\Delta t)^2 \right\}, \tag{7.3.73e}$$

$$|\bar{T}_6| \leqslant \varepsilon \left\{ |||\alpha_T^{n+1}|||^2 + |||\alpha_T^n|||^2 \right\}, \tag{7.3.73f}$$

$$|\bar{T}_7| \leqslant \varepsilon |||\alpha_T^{n+1}|||^2 + K h_p^4, \tag{7.3.73g}$$

$$|\bar{T}_8| \leqslant \varepsilon |||\alpha_T^{n+1}|||^2 + K \|\xi_T^{n+1}\|^2_m. \tag{7.3.73h}$$

对估计式 (7.3.71) 右端应用估计式 (7.3.73a)~(7.3.73h) 可得

$$\frac{1}{2\Delta t} \left\{ (d\xi_T^{n+1}, \xi_T^{n+1})_m - (d\xi_T^n, \xi_T^n)_m \right\} + \sum_{s=x,y,z} \left(E_H^{-1} \alpha_T^{s,n+1}, \alpha_T^{s,n+1} \right)_s$$

$$\leqslant K \left\{ \left\| \frac{\partial^2 T}{\partial \tau_T^2} \right\|^2_{L^2(t^n,t^{n+1};m)} \Delta t + (\Delta t)^{-1} \left\| \frac{\partial \zeta_T}{\partial t} \right\|^2_{L^2(t^n,t^{n+1};m)} + \|\xi_T^{n+1}\|^2_m + \|\xi_T^n\|^2_m + h_p^4 \right.$$

$$\left. + h_{\hat{c}}^4 + (\Delta t)^2 \right\} + \varepsilon \left\{ |||\alpha_T^{n+1}|||^2 + |||\alpha_T^n|||^2 \right\}. \tag{7.3.74}$$

对上式 (7.3.74) 乘以 $2\Delta t$, 对时间 t 求和 $(0 \leqslant n \leqslant L)$, 注意到正定性条件 (C) 和 $\xi_T^0 = 0$ 可得

$$\|\xi_T^{L+1}\|^2_m + \sum_{n=0}^L |||\alpha_T^{n+1}|||^2 \Delta t \leqslant K \left\{ \sum_{n=0}^L \|\xi_T^{n+1}\|^2_m \Delta t + h_p^4 + h_{\hat{c}}^4 + (\Delta t)^2 \right\}. \tag{7.3.75}$$

应用 Gronwall 引理可得

$$\|\xi_T^{L+1}\|^2_m + \sum_{n=0}^L |||\alpha_T^{n+1}|||^2 \Delta t \leqslant K \{ h_p^4 + h_{\hat{c}}^4 + (\Delta t)^2 \}. \tag{7.3.76}$$

类似的可证明归纳法假定 (7.3.72) 成立.

最后讨论对于 Radionuclide 方程组 (7.3.21) 的特征分数步差分方法的误差估计. 记 $\xi_{l,ijk}^n = c_l(X_{ijk}, t^n) - C_{l,ijk}^n$, 为此先从分数步差分格式 (7.3.22a)~(7.3.22c) 消去 $C_l^{n+1/3}$, $C_l^{n+2/3}$, 可得下述等价形式:

$$\varphi_{l,ijk} \frac{C_{l,ijk}^{n+1} - \hat{C}_{l,ijk}^n}{\Delta t} - \sum_{s=x,y,z} \delta_{\bar{s}}(E_c \delta_s C_l^{n+1})_{ijk}$$

$$= f_l(\hat{C}_{ijk}^{n+1}, C_{1,ijk}^n, C_{2,ijk}^n, \cdots, C_{N,ijk}^n) - (\Delta t)^2 \{ \delta_{\bar{x}}(E_c \delta_x (\varphi_l^{-1} \delta_{\bar{y}}(E_c \delta_y (\partial_t C_l^n)))) \}_{ijk}$$

$$+ \delta_{\bar{x}}(E_c \delta_x(\varphi_l^{-1} \delta_{\bar{z}}(E_c \delta_z(\partial_t C_l^n))))_{ijk} + \delta_{\bar{y}}(E_c \delta_y(\varphi_l^{-1} \delta_{\bar{z}}(E_c \delta_z(\partial_t C_l^n))))_{ijk}\}$$

$$+ (\Delta t)^3 \delta_{\bar{x}}(E_c \delta_x(\varphi_l^{-1} \delta_{\bar{y}}(E_c \delta_y(\varphi_l^{-1} \delta_{\bar{z}}(E_c \delta_z(\partial_t C_l^n))))))_{ijk},$$

$$X_{ijk} \in \Omega_h, \quad l = 1, 2, \cdots, N. \tag{7.3.77}$$

由 Radionuclide 浓度方程组 (7.3.21) $(t = t^{n+1})$ 相减可得下述差分方程组:

$$\varphi_{l,ijk} \frac{\xi_{l,ijk}^{n+1} - (c_l^n(\bar{X}_{l,ijk}^n) - \hat{C}_{l,ijk}^n)}{\Delta t} - \sum_{s=x,y,z} \delta_{\bar{s}}(E_c \delta_s \xi_l^{n+1})_{ijk}$$

$$= f_l(\hat{c}_{ijk}^{n+1}, c_{1,ijk}^{n+1}, c_{2,ijk}^{n+1}, \cdots, c_{N,ijk}^{n+1}) - f_l(\hat{C}_{ijk}^{n+1}, C_{1,ijk}^n, C_{2,ijk}^n, \cdots, C_{N,ijk}^n)$$

$$- (\Delta t)^2 \{\delta_{\bar{x}}(E_c \delta_x(\varphi_l^{-1} \delta_{\bar{y}}(E_c \delta_y(\partial_t \xi_l^n))))_{ijk} + \delta_{\bar{x}}(E_c \delta_x(\varphi_l^{-1} \delta_{\bar{z}}(E_c \delta_z(\partial_t \xi_l^n))))_{ijk}$$

$$+ \delta_{\bar{y}}(E_c \delta_y(\varphi_l^{-1} \delta_{\bar{z}}(E_c \delta_z(\partial_t \xi_l^n))))_{ijk}\}$$

$$+ (\Delta t)^3 \delta_{\bar{x}}(E_c \delta_x(\varphi_l^{-1} \delta_{\bar{y}}(E_c \delta_y(\varphi_l^{-1} \delta_{\bar{z}}(E_c \delta_z(\partial_t \xi_l^n))))))_{ijk}$$

$$+ \varepsilon_{l,ijk}^{n+1}, \quad X_{ijk} \in \Omega_h, \quad l = 1, 2, \cdots, N, \tag{7.3.78}$$

此处 $\bar{X}_{l,ijk}^{n+1} = X_{ijk} - \varphi_{l,ijk}^{-1} \boldsymbol{u}_{ijk}^{n+1} \Delta t$, $\left| \varepsilon_{l,ijk}^{n+1} \right| \leqslant K \left\{ h_c^2 + \Delta t \right\}$.

对误差方程组 (7.3.78) 作误差分析时需作下述归纳法假定:

$$\sup_{0 \leqslant n \leqslant L} \{\|\xi_l^n\|_\infty, l = 1, 2, \cdots, N\} \to 0, \quad (h_p, h_{\hat{c}}, h_c, \Delta t) \to 0. \tag{7.3.79}$$

类似地要求剖分限制性条件

$$\Delta t = O(h_c^2), \quad h_c^2 = o(h_p^{3/2}). \tag{7.3.80}$$

对于细网格来说, 此条件是显然成立的.

由归纳法假定 (7.3.79) 对误差估计式 (7.3.78) 可得

$$\varphi_{l,ijk} \frac{\xi_{l,ijk}^{n+1} - \hat{\xi}_{l,ijk}^n}{\Delta t} - \sum_{s=x,y,z} \delta_{\bar{s}}(E_c \delta_s \xi_l^{n+1})_{ijk}$$

$$\leqslant K \left\{ \sum_{l=1}^N \left| \xi_{l,ijk}^n \right| + \left| \hat{\xi}_{ijk}^{n+1} \right| + \left| \boldsymbol{u}_{ijk}^{n+1} - \boldsymbol{U}_{ijk}^n \right| + h_p^2 + h_{\hat{c}}^2 + \Delta t \right\}$$

$$- (\Delta t)^2 \{\delta_{\bar{x}}(E_c \delta_x(\varphi_l^{-1} \delta_{\bar{y}}(E_c \delta_y(\partial_t \xi_l^n))))_{ijk} + \cdots + \delta_{\bar{y}}(E_c \delta_y(\varphi_l^{-1} \delta_{\bar{z}}(E_c \delta_z(\partial_t \xi_l^n))))_{ijk}\}$$

$$+ (\Delta t)^3 \delta_{\bar{x}}(E_c \delta_x(\varphi_l^{-1} \delta_{\bar{y}}(E_c \delta_y(\varphi_l^{-1} \delta_{\bar{z}}(E_c \delta_z(\partial_t \xi_l^n))))))_{ijk}, \quad X_{ijk} \in \Omega_h. \tag{7.3.81}$$

对式 (7.3.81) 乘以 $\partial_t \xi_{l,ijk}^n \Delta t = \xi_{l,ijk}^{n+1} - \xi_{l,ijk}^n$ 作内积并分部求和可得

$$\left\langle \varphi_l \frac{\xi_l^{n+1} - \hat{\xi}_l^n}{\Delta t}, \partial_t \xi_l^n \right\rangle \Delta t + \frac{1}{2} \sum_{s=x,y,z} \{\langle E_c \delta_s \xi_l^{n+1}, \delta_s \xi_l^{n+1} \rangle - \langle E_c \delta_s \xi_l^n, \delta_s \xi_l^n \rangle\}$$

$$\leqslant \varepsilon \left|\partial_t \xi_l^n\right|_0^2 \Delta t + K \left\{ \sum_{l=1}^{N} \left|\xi_l^n\right|_0^2 + \left|\hat{\xi}^{n+1}\right|_0^2 + |||\sigma^{n+1}|||^2 + h_p^4 + h_{\hat{c}}^4 + h_c^4 + (\Delta t)^2 \right\} \Delta t$$

$$- (\Delta t)^3 \{ \langle \delta_{\bar{x}}(E_c \delta_x(\varphi_l^{-1} \delta_{\bar{y}}(E_c \delta_y(\partial_t \xi_l^n)))), \partial_t \xi_l^n \rangle + \cdots$$

$$+ \langle \delta_{\bar{y}}(E_c \delta_y(\varphi_l^{-1} \delta_{\bar{z}}(E_c \delta_z(\partial_t \xi_l^n)))), \partial_t \xi_l^n \rangle \}$$

$$+ (\Delta t)^4 \langle \delta_{\bar{x}}(E_c \delta_x(\varphi_l^{-1} \delta_{\bar{y}}(E_c \delta_y(\varphi_l^{-1} \delta_{\bar{z}}(E_c \delta_z(\partial_t \xi_l^n)))))), \partial_t \xi_l^n \rangle, \qquad (7.3.82)$$

此处 $\langle \cdot, \cdot \rangle$, $|\cdot|_0$ 为对应于 l^2 离散内积和范数, 这里利用了 $L^2(\Omega)$ 连续模和 $l^2(\Omega)$ 离散模之间的关系. 将估计式 (7.3.82) 改写为下述形式:

$$\left\langle \varphi_l \frac{\xi_l^{n+1} - \xi_l^n}{\Delta t}, \partial_t \xi_l^n \right\rangle \Delta t + \frac{1}{2} \sum_{s=x,y,z} \left\{ \langle E_c \delta_s \xi_l^{n+1}, \delta_s \xi_l^{n+1} \rangle - \langle E_c \delta_s \xi_l^n, \delta_s \xi_l^n \rangle \right\}$$

$$\leqslant \left\langle \varphi_l \frac{\hat{\xi}_l^n - \xi_l^n}{\Delta t}, \partial_t \xi_l^n \right\rangle \Delta t + K \left\{ \sum_{l=1}^{N} \left|\xi_l^n\right|_0^2 + \left|\hat{\xi}^{n+1}\right|_0^2 \right.$$

$$\left. + |||\sigma^{n+1}|||^2 + h_p^4 + h_{\hat{c}}^4 + h_c^4 + (\Delta t)^2 \right\} \Delta t$$

$$- (\Delta t)^3 \{ \langle \delta_{\bar{x}}(E_c \delta_x(\varphi_l^{-1} \delta_{\bar{y}}(E_c \delta_y(\partial_t \xi_l^n)))), \partial_t \xi_l^n \rangle + \cdots$$

$$+ \langle \delta_{\bar{y}}(E_c \delta_y(\varphi_l^{-1} \delta_{\bar{z}}(E_c \delta_z(\partial_t \xi_l^n)))), \partial_t \xi_l^n \rangle \}$$

$$+ (\Delta t)^4 \langle \delta_{\bar{x}}(E_c \delta_x(\varphi_l^{-1} \delta_{\bar{y}}(E_c \delta_y(\varphi_l^{-1} \delta_{\bar{z}}(E_c \delta_z(\partial_t \xi_l^n)))))), \partial_t \xi_l^n \rangle$$

$$+ \varepsilon \left|\partial_t \xi_l^n\right|_0^2 \Delta t. \qquad (7.3.83)$$

首先估计 (7.3.83) 右端第一项, 应用表达式

$$\hat{\xi}_{l,ijk}^n - \xi_{l,ijk}^n = \int_{X_{ijk}}^{\hat{X}_{l,ijk}^n} \nabla \xi_l^n \cdot \boldsymbol{U}_{ijk}^{n+1} / \left|\boldsymbol{U}_{ijk}^{n+1}\right| \mathrm{d}s, \quad X_{ijk} \in \Omega_h. \qquad (7.3.84a)$$

由归纳法假定 (7.3.79) 和剖分限制性条件 (7.3.80) 及已建立的估计式 (7.3.44)、(7.3.66), 可以推得

$$\left| \sum_{\Omega_h} \varphi_{l,ijk} \frac{\hat{\xi}_{l,ijk}^n - \xi_{l,ijk}^n}{\Delta t} \partial_t \xi_{l,ijk}^n h_i^x h_j^y h_k^z \right| \leqslant \varepsilon \left|\partial_t \xi_l^n\right|_0^2 + K \left|\nabla_h \xi_l^n\right|_0^2, \qquad (7.3.84b)$$

此处 $|\nabla_h \xi_l^n|_0^2 = \sum_{s=x,y,z} |\partial_s \xi_l^n|_0^2$.

现估计 (7.3.83) 右端第三项. 首先注意到

$$- (\Delta t)^3 \langle \delta_{\bar{x}}(E_c \delta_x(\varphi_l^{-1} \delta_{\bar{y}}(E_c \delta_y(\partial_t \xi_l^n)))), \partial_t \xi_l^n \rangle$$

$$= - (\Delta t)^3 \{ \langle \delta_x(E_c \delta_y(\partial_t \xi_l^n)), \delta_y(\varphi_l^{-1} E_c \delta_x(\partial_t \xi_l^n)) \rangle$$

$$+ \langle E_c \delta_y(\partial_t \xi_l^n), \delta_y(\delta_x \varphi_l^{-1} \cdot E_c \delta_x(\partial_t \xi_l^n)) \rangle \}$$

$$= - (\Delta t)^3 \sum_{\Omega_h} \{ E_{c,i,j+1/2,k} E_{c,i+1/2,jk} \varphi_{l,ijk}^{-1} (\delta_x \delta_y \delta_t)_{ijk}^2$$

$$+ [E_{c,i,j+1/2,k} \delta_y(E_{c,i+1/2,jk} \varphi_{l,ijk}^{-1}) \cdot \delta_x(\partial_t \xi_{l,ijk}^n)$$

$$+ E_{c,i+1/2,jk} \varphi_{l,ijk}^{-1} \delta_x E_{c,i,j+1/2,k} \cdot \delta_y(\partial_t \xi_{l,ijk}^n)$$

$$+ E_{c,i,j+1/2,k} E_{c,i+1/2,jk} \delta_y(\partial_t \xi_{l,ijk}^n)] \cdot \delta_x \delta_y(\partial_t \xi_{l,ijk}^n)$$

$$+ [E_{c,i,j+1/2,k} E_{c,i+1/2,jk} \delta_x \delta_y \varphi_{l,ijk}^{-1} + E_{c,i,j+1/2,k} \delta_y E_{c,i+1/2,jk} \delta_x \delta_y \varphi_{l,ijk}^{-1}]$$

$$\delta_x(\partial_t \xi_{l,ijk}^n) \cdot \delta_y(\partial_t \xi_{l,ijk}^n) \} h_i^x h_j^y h_k^z. \tag{7.3.85}$$

由于 E_c 的正定性, 对表达式 (7.3.85) 的前三项, 应用 Cauchy 不等式消去高阶差商项 $\delta_x \delta_y(\partial_t \xi_l^n)$, 最后可得

$$- (\Delta t)^3 \sum_{\Omega_h} \{ E_{c,i,j+1/2,k} E_{c,i+1/2,j,k} \varphi_{l,ijk}^{-1} (\delta_x \delta_y \delta_t \xi_l^n)_{ijk}^2$$

$$+ \cdots + [E_{c,i,j+1/2,k} E_{c,i+1/2,j,k} \delta_y(\partial_t \xi_{l,ijk}^n)] \cdot \delta_x \delta_y(\partial_t \xi_{l,ijk}^n) \} h_i^x h_j^y h_k^z$$

$$\leqslant K \left\{ \left| \nabla_h \xi_l^{n+1} \right|_0^2 + \left| \nabla_h \xi_l^n \right|_0^2 \right\} \Delta t. \tag{7.3.86a}$$

对式 (7.3.85) 的最后一项, 由 φ_l, E_c 的正则性, 有

$$- (\Delta t)^3 \sum_{\Omega_h} \{ [E_{c,i,j+1/2,k} E_{c,i+1/2,j,k} \delta_x \delta_y \varphi_{l,ijk}^{-1}$$

$$+ E_{c,i,j+1/2,k} \delta_y E_{c,i+1/2,j,k} \delta_x \delta_y \varphi_{l,ijk}^{-1}] \delta_x(\partial_t \xi_{l,ijk}^n) \cdot \delta_y(\partial_t \xi_{l,ijk}^n) \} h_i^x h_j^y h_k^z$$

$$\leqslant K \{ \left| \nabla_h \xi_l^{n+1} \right|_0^2 + \left| \nabla_h \xi_l^n \right|_0^2 \} \Delta t. \tag{7.3.86b}$$

对式 (7.3.83) 右端第三项的其余两项的估计是类似的, 故有

$$- (\Delta t)^3 \{ \langle \delta_{\bar{x}}(E_c \delta_x(\varphi_l^{-1} \delta_{\bar{y}}(E_c \delta_y(\partial_t \xi_l^n)))), \partial_t \xi_l^n \rangle + \cdots$$

$$+ \langle \delta_{\bar{y}}(E_c \delta_y(\varphi_l^{-1} \delta_{\bar{z}}(E_c \delta_z(\partial_t \xi_l^n)))), \partial_t \xi_l^n \rangle \}$$

$$\leqslant K \{ \left| \nabla_h \xi_l^{n+1} \right|_0^2 + \left| \nabla_h \xi_l^n \right|_0^2 \} \Delta t. \tag{7.3.87}$$

对式 (7.8.3) 右端第四项, 采用类似的方法, 应用 Cauchy 不等式消去高阶差商项 $\delta_x \delta_y \delta_z(\partial_t \xi_l^n)$, 可得

$$(\Delta t)^4 \langle \delta_{\bar{x}}(E_c \delta_x(\varphi_l^{-1} \delta_{\bar{y}}(E_c \delta_y(\varphi_l^{-1} \delta_{\bar{z}}(E_c \delta_z(\partial_t \xi_l^n)))))), \partial_t \xi_l^n \rangle$$

$$\leqslant K \{ \left| \nabla_h \xi_l^{n+1} \right|_0^2 + \left| \nabla_h \xi_l^n \right|_0^2 \} \Delta t. \tag{7.3.88}$$

对式 (7.3.83) 应用式 (7.3.84), (7.3.87), (7.3.88), 经整理可得

$$\left| \partial_t \xi_l^n \right|_0^2 \Delta t + \frac{1}{2} \sum_{s=x,y,z} \{ \langle E_c \delta_s \xi_l^{n+1}, \delta_s \xi_l^{n+1} \rangle - \langle E_c \delta_s \xi_l^n, \delta_s \xi_l^n \rangle \}$$

$$\leqslant K \left\{ \sum_{l=1}^{N} |\xi_l^n|_0^2 + \left|\hat{\xi}^{n+1}\right|_0^2 + |||\sigma^{n+1}|||^2 + h_p^4 + h_{\hat{c}}^4 + h_c^4 + (\Delta t)^2 \right\} \Delta t$$

$$+ \varepsilon \, |\partial_t \xi_l^n|_0^2 \, \Delta t. \tag{7.3.89}$$

对 Radionuclide 浓度误差方程组 (7.3.89)，先对 l 求和 $(1 \leqslant l \leqslant N)$，再对 t 求和 $(0 \leqslant n \leqslant L)$，注意到 $\xi_l^0 = 0, l = 1, 2, \cdots, N$，可得

$$\sum_{n=0}^{L} \sum_{l=1}^{N} |\partial_t \xi_l^n|_0^2 \, \Delta t + \frac{1}{2} \sum_{l=1}^{N} \sum_{s=x,y,z} \langle E_c \delta_s \xi_l^{L+1}, \delta_s \xi_l^{L+1} \rangle$$

$$\leqslant K \left\{ \sum_{n=0}^{L} \sum_{l=1}^{N} \left[|\xi_l^n|_0^2 + |\nabla_h \xi_l^{n+1}|_0^2 \right] \Delta t + h_p^4 + h_{\hat{c}}^4 + h_c^4 + (\Delta t)^2 \right\}. \tag{7.3.90}$$

这里注意到 $\xi_l^0 = 0$ 和关系式 $|\xi_l^{L+1}|_0^2 \leqslant \varepsilon \sum_{n=0}^{L} |\partial_t \xi_l^n|_0^2 \, \Delta t + K \sum_{n=0}^{L} |\xi_l^n|_0^2 \, \Delta t$. 并考虑 $L^2(\Omega)$ 连续模和 l^2 离散模之间的关系 [8,54]，并应用估计式 (7.3.21)、(7.3.66) 和 Gronwall 引理可得

$$\sum_{n=0}^{L} \sum_{l=1}^{N} |\partial_t \xi_l^n|_0^2 \, \Delta t + \sum_{l=1}^{N} \left[|\xi_l^n|_0^2 + |\nabla_h \xi_l^{n+1}|_0^2 \right] \leqslant K\{h_p^4 + h_{\hat{c}}^4 + h_c^4 + (\Delta t)^2\}. \tag{7.3.91}$$

类似地可以验证归纳法假定 (7.3.79) 成立.

由估计式 (7.3.21)、(7.3.66)、(7.3.76)、(7.3.91) 和引理 7.3.5，可以建立下述定理.

定理 7.3.5　对问题 (7.3.1)~(7.3.7) 假定其精确解满足正则性条件 (R)，且其系数满足正定性条件 (C)，采用混合体积元–修正特征分数步差分方法 (7.3.18)~(7.3.22) 逐层求解. 若剖分参数满足限制性条件 (7.3.57)、(7.3.80)，则下述误差估计式成立：

$$\|p - P\|_{\bar{L}^\infty(J;m)} + \|\boldsymbol{u} - \boldsymbol{U}\|_{\bar{L}^\infty(J;V)} + \left\|\hat{c} - \hat{C}\right\|_{\bar{L}^\infty(J;m)}$$

$$+ \left\|\hat{\boldsymbol{g}} - \hat{\boldsymbol{G}}\right\|_{\bar{L}^2(J;V)} + \|T - T_h\|_{\bar{L}^\infty(J;m)}$$

$$+ \|\boldsymbol{g}_T - \boldsymbol{G}_T\|_{\bar{L}^2(J;V)} + \sum_{l=1}^{N} \left\{ \|c_l - C_l\|_{\bar{L}^\infty(J;h^1)} + \|\partial_t(c_l - C_l)\|_{\bar{L}^2(J;l^2)} \right\}$$

$$\leqslant M^* \left\{ h_p^2 + h_{\hat{c}}^2 + h_c^2 + \Delta t \right\}, \tag{7.3.92}$$

此处 $\|g\|_{\bar{L}^\infty(J;X)} = \sup\limits_{n\Delta t \leqslant T} \|g^n\|_X, \|g\|_{\bar{L}^2(J;X)} = \sup\limits_{L\Delta t \leqslant T} \left\{ \sum\limits_{n=0}^{L} \|g^n\|_X^2 \, \Delta t \right\}^{1/2}$，常数 M^* 依赖于函数 $p, \hat{c}, c_l(l = 1, 2, \cdots, N), T$ 及其导函数.

7.3.5 修正混合体积元–特征分数步差分方法和分析

在 7.3.3 小节和 7.3.4 小节我们研究了混合体积元–特征分数步差分方法, 但在很多实际问题中, Darcy 速度关于时间的变化比浓度的变化慢得多. 因此, 我们对流动方程 (7.3.1) 采用大步长计算, 对浓度方程 (7.3.2)、(7.3.3) 和热传导方程 (7.3.4) 采用小步长计算, 这样大大减少实际计算量. 为此对时间区间 J 进行剖分: $0 = t_0 < t_1 < \cdots < t_L = T$, 记 $\Delta t_p^m = t_m - t_{m-1}$, 除 Δt_p^1 外, 我们假定其余的步长为均匀的, 即 $\Delta t_p^m = \Delta t_p, m \geqslant 2$. 设 $\Delta t_c = t^n - t^{n-1}$, 为对应于浓度方程的均匀小步长. 设对每一个正常数 m, 都存在一个正整数 n 使得 $t_m = t^n$, 即每一个压力时间节点也是一个浓度时间节点, 并记 $j = \dfrac{\Delta t_p}{\Delta t_c}, j_1 = \dfrac{\Delta t_p^1}{\Delta t_c}$. 对函数 $\psi_m(X) = \psi(X, t_m)$, 对浓度度时间步 t^{n+1}, 若 $t_{m-1} < t^{n+1} \leqslant t_m$, 则在 (7.3.19) 中, 用 Darcy 速度 $\boldsymbol{u}^{n+1}$ 的下述逼近形式, 如果 $m \geqslant 2$, 定义 $\boldsymbol{U}_{m-1}$ 和 $\boldsymbol{U}_{m-2}$ 的线性外推如下:

$$EU^{n+1} = \left(1 + \frac{t^{n+1} - t_{m-1}}{t_{m-1} - t_{m-2}}\right) \boldsymbol{U}_{m-1} - \frac{t^{n+1} - t_{m-1}}{t_{m-1} - t_{m-2}} \boldsymbol{U}_{m-2}, \tag{7.3.93}$$

如果 $m = 1$, 令 $EU^{n+1} = \boldsymbol{U}_0$.

问题 (7.3.1)~(7.3.7) 的修正混合体积元–特征分数步差分格式: 求 $(\boldsymbol{U}_m, P_m)$: $(t_0, t_1, \cdots, t_L) \to S_h \times V_h$, $(C^n, \boldsymbol{G}^n) : (t^0, t^1, \cdots, t^R) \to S_h \times V_h$, 满足

$$\left(D_x U_m^x + D_y U_m^y + D_z U_m^z, v\right)_{\hat{m}} = \left(-q_m + R_S(\hat{C}_m), v\right)_{\hat{m}}, \quad \forall v \in S_h, \tag{7.3.94a}$$

$$\left(a^{-1}(\bar{\hat{C}}_m^x) U_m^x, w^x\right)_x + \left(a^{-1}(\bar{\hat{C}}_m^y) U_m^y, w^y\right)_y + \left(a^{-1}(\bar{\hat{C}}_m^z) U_m^z, w^z\right)_z$$
$$- (P_m, D_x w^x + D_y w^y + D_z w^z)_{\hat{m}} = 0, \quad \forall w \in V_h, \tag{7.3.94b}$$

此处为了避免符号相重, 这里 $\hat{m}$ 即为 7.3.2 小节中的 m.

$$\left(\varphi \frac{\hat{C}^{n+1} - \hat{C}^n}{\Delta t}, v\right)_{\hat{m}} + \left(D_x \hat{G}^{x,n+1} + D_y \hat{G}^{y,n+1} + D_z \hat{G}^{z,n+1}, v\right)_{\hat{m}}$$
$$= \left(f(\hat{C}^n), v\right)_{\hat{m}}, \quad \forall v \in S_h, \tag{7.3.95a}$$

$$\left(E_c^{-1} \hat{G}^{x,n+1}, w^x\right)_x + \left(E_c^{-1} \hat{G}^{y,n+1}, w^y\right)_y + \left(E_c^{-1} \hat{G}^{z,n+1}, w^z\right)_z$$
$$- \left(\hat{C}^{n+1}, D_x w^x + D_y w^y + D_z w^z\right)_{\hat{m}} = 0, \quad \forall w \in V_h, \tag{7.3.95b}$$

$$\hat{C}^0 = \tilde{\hat{C}}^0, \quad \hat{G}^0 = \tilde{\hat{G}}^0, \quad X \in \Omega, \tag{7.3.95c}$$

此处 $\hat{\hat{C}}^n = \hat{C}^n(X - \varphi^{-1} EU^{n+1} \Delta t_c)$.

$$\left(d \frac{T_h^{n+1} - \hat{T}_h^n}{\Delta t}, v\right)_m + \left(D_x G_T^{x,n+1} + D_y G_T^{y,n+1} + D_z G_T^{z,n+1}, v\right)_m$$

$$= \Big(Q(E\boldsymbol{U}^{n+1}, E\boldsymbol{P}^{n+1}, \hat{T}^n, \hat{C}^{n+1}), v \Big)_m, \quad \forall v \in S_h, \tag{7.3.96a}$$

$$\Big(E_H^{-1} G_T^{x,n+1}, w^x \Big)_x + \Big(E_H^{-1} G_T^{y,n+1}, w^y \Big)_y + \Big(E_H^{-1} G_T^{z,n+1}, w^z \Big)_z$$
$$- \Big(T_h^{n+1}, D_x w^x + D_y w^y + D_z w^z \Big)_m = 0, \quad \forall w \in V_h, \tag{7.3.96b}$$

$$T_h^0 = \tilde{T}^0, \quad \boldsymbol{G}_T^0 = \tilde{\boldsymbol{G}}_T^0, \quad X \in \Omega, \tag{7.3.96c}$$

此处 $\hat{T}_h^n = T_h^n(X - d^{-1} E\boldsymbol{U}^{n+1} \Delta t_c)$.

$$\varphi_{l,ijk} \frac{C_{l,ijk}^{n+1/3} - \hat{C}_{l,ijk}^n}{\Delta t_c}$$
$$= \delta_{\bar{x}}(E_c \delta_x C_l^{n+1/3})_{ijk} + \delta_{\bar{y}}(E_c \delta_y C_l^n)_{ijk} + \delta_{\bar{z}}(E_c \delta_z C_l^n)_{ijk}$$
$$+ f_l(\hat{C}^{n+1}, C_1^n, C_2^n, \cdots, C_N^n)_{ijk}, \quad 1 \leqslant i \leqslant M_1, \quad l = 1, 2, \cdots, N, \tag{7.3.97a}$$

$$\varphi_{l,ijk} \frac{C_{l,ijk}^{n+2/3} - C_{l,ijk}^{n+1/3}}{\Delta t} = \delta_{\bar{y}}(E_c \delta_y (C_l^{n+1/3} - C_l^n))_{ijk},$$
$$1 \leqslant j \leqslant M_2, \quad l = 1, 2, \cdots, N, \tag{7.3.97b}$$

$$\varphi_{l,ijk} \frac{C_{l,ijk}^{n+1} - C_{l,ijk}^{n+2/3}}{\Delta t} = \delta_{\bar{z}}(E_c \delta_z (C_l^{n+1} - C_l^n))_{ijk},$$
$$1 \leqslant k \leqslant M_3, \quad l = 1, 2, \cdots, N, \tag{7.3.97c}$$

此处 $\hat{C}_{l,ijk}^n = C_l^n(X_{ijk} - \varphi_{l,ijk}^{-1} E\boldsymbol{U}_{ijk}^{n+1} \Delta t_c)$.

格式 (7.3.94)~(7.3.97) 的计算程序如下.

(1) 首先由 (7.3.33) 求出 $\{\tilde{\hat{C}}^0, \tilde{\hat{\boldsymbol{G}}}^0\}$ 作为初始逼近 $\{\hat{C}^0, \hat{\boldsymbol{G}}^0\}$. 并由 (7.3.94) 求出 $\{\boldsymbol{U}_0, \boldsymbol{P}_0\}$.

(2) 由 (7.3.95) 依次计算出 $\{\hat{C}^1, \hat{\boldsymbol{G}}^1\}$, $\{\hat{C}^2, \hat{\boldsymbol{G}}^2\}$, $\cdots$, $\{\hat{C}^{j_1}, \hat{\boldsymbol{G}}^{j_1}\}$. 由 (7.3.96) 依次计算出 $\{T_h^1, \boldsymbol{G}_T^1\}$, $\{T_h^2, \boldsymbol{G}_T^2\}$, $\cdots$, $\{T_h^{j_1}, \boldsymbol{G}_T^{j_1}\}$.

(3) 由 (7.3.97) 依次计算出 $\{C_l^1, C_l^2, \cdots, C_l^{j_1}; l = 1, 2, \cdots, N\}$.

(4) 由于 $\{\hat{C}^{j_1}, \hat{\boldsymbol{G}}^{j_1}\} = \{\hat{C}_1, \hat{\boldsymbol{G}}_1\}$, 然后可由 (7.3.94) 求出 $\{U_1, P_1\}$.

(5) 类似地, 计算出 $\{\hat{C}^{j_1+1}, \hat{\boldsymbol{G}}^{j_1+1}\}$, $\cdots$, $\{\hat{C}^{j_1+j}, \hat{\boldsymbol{G}}^{j_1+j}\}$, $\{U_2, P_2\}$, $\{T_h^{j_1+1}, \boldsymbol{G}_T^{j_1+1}\}$, $\{T_h^{j_1+2}, \boldsymbol{G}_T^{j_1+2}\}$, $\cdots$, $\{T_h^{j_1+j_2}, \boldsymbol{G}_T^{j_1+j_2}\}$.

(6) 类似地用分数步方法计算出 $\{C_l^{j_1+1}, C_l^{j_1+2}, \cdots, C_l^{j_1+j}; l = 1, 2, \cdots, N\}$.

(7) 由此类推, 可求得全部数值解.

经和定理 7.3.5 类似的分析及繁杂的估算, 可以建立下述定理.

定理 7.3.6　对问题 (7.3.1)~(7.3.7) 假定其精确解满足正则性条件 (R), 且其系数满足正定性条件 (C), 采用修正混合体积元–特征分数步差分方法 (7.3.94)~(7.3.97)

逐层计算求解. 若剖分参数满足限制性条件 (7.3.57) 和 (7.3.80), 则下述误差估计式成立:

$$
\begin{aligned}
&\|p - P\|_{\bar{L}^\infty(J;m)} + \|\boldsymbol{u} - \boldsymbol{U}\|_{\bar{L}^\infty(J;V)} + \left\|\hat{c} - \hat{C}\right\|_{\bar{L}^\infty(J;m)} \\
&+ \left\|\hat{\boldsymbol{g}} - \hat{\boldsymbol{G}}\right\|_{\bar{L}^2(J;V)} + \|T - T_h\|_{\bar{L}^\infty(J;m)} \\
&+ \|\boldsymbol{g}_T - \boldsymbol{G}_T\|_{\bar{L}^2(J;V)} + \sum_{l=1}^N \left\{ \|c_l - C_l\|_{\bar{L}^\infty(J;h^1)} + \|\partial_t(c_l - C_l)\|_{\bar{L}^2(J;l^2)} \right\} \\
&\leqslant M^* \left\{ h_p^2 + h_{\hat{c}}^2 + h_c^2 + \Delta t_c + (\Delta t_p)^2 + (\Delta t_p^1)^{3/2} \right\},
\end{aligned}
\tag{7.3.98}
$$

此处常数 M^{**} 依赖于函数 $p, \hat{c}, c_l(l = 1, 2, \cdots, N), T$ 及其导函数.

定理 7.3.5 和定理 7.3.6 指明, 本节突破了 Arbogast 和 Wheeler 对同类问题仅有 $\frac{3}{2}$ 阶的著名结果 [2].

7.3.6 总结和讨论

本节研究三维多孔介质中核废料污染数值模拟问题, 提出一类混合有限体积元–特征分数步差分方法及其收敛性分析. 7.3.1 小节引言部分, 叙述和分析问题的数学模型, 物理背景以及国内外研究概况. 7.3.2 小节给出网格剖分记号和引理, 以及三种 (粗、中、细) 网格剖分. 7.3.3 小节提出混合体积元–特征分数步差分方法程序, 对流动方程采用具有守恒律性质的混合体积元离散, 对 Darcy 速度提高了一阶精确度. 对 Brine 浓度方程和热传导方程采用了特征混合体积元求解, 对流部分采用特征线法, 扩散项采用混合体积元离散, 大大提高了数值计算的稳定性和精确度, 且保持单元质量守恒律, 这在地下渗流力学数值模拟计算中是十分重要的. 对计算工作量最大的 Radionuclide 浓度方程组采用特征分数步差分方法, 将整体三维问题分解成连续计算三个一维问题, 且可用追赶法求解, 大大减少了实际计算工作量. 7.3.4 小节收敛性分析, 应用微分方程先验估计理论和特殊技巧, 得到了二阶 L^2 模误差估计结果. 这点是特别重要的, 它突破了 Arbogast 和 Wheeler 对同类问题仅能得到 $\frac{3}{2}$ 阶的著名成果. 7.3.5 小节讨论了修正混合体积元–特征分数步差分方法, 指明对很多实际问题, 对流动方程可采用大步长计算, 能进一步缩小计算规模和时间. 并指明本节所提出的方法在实际问题中是切实可行和高效的. 特别对于环境污染等实际问题的数值计算有着重要的价值. 本节有如下特征: ① 本格式具有物理守恒律特性, 这点在地下渗流力学数值模拟是极端重要的, 特别核废料污染问题数值模拟计算. ② 由于组合的应用混合体积元和特征线法, 它具有高精度和高稳定性的特征, 特别适用于三维复杂区域大型数值模拟的工程实际计算. ③ 它突破了 Arbogast 和 Wheeler 对同类问题仅能得到 $\frac{3}{2}$ 阶收敛性结果, 推进并解决了这一

重要问题 [1-3,8,17,53]. 详细的讨论和分析, 可参阅文献 [55].

7.4   多孔介质中可压缩核废料污染问题的混合体积元–特征分数步差分方法

多孔介质中三维可压缩核废料污染问题的数学模型是一类非线性对流–扩散偏微分方程组的初边值问题. 关于流动方程是抛物型的, 关于 Brine 和 Radionuclide 浓度方程组是对流扩散型的, 关于温度的传播是热传导型的. 流体的压力通过 Darcy流速在浓度方程和热传导方程中出现, 并控制着它们的全过程. 我们对流动方程采用具有守恒律性质的混合体积元离散, 它对 Darcy 速度的计算提高了一阶精确度. 对 Brine 浓度方程和热传导方程采用特征混合体积元求解, 即对方程的扩散部分采用混合体积元离散, 对流部分采用特征线法, 特征线法可以保证格式在流体锋线前沿逼近的高度稳定性, 消除数值弥散和非物理性振荡, 并可以得到较小的时间截断误差, 增大时间步长, 提高计算精确度. 扩散项采用混合体积元离散, 可以同时逼近浓度函数及其伴随向量函数, 保持单元的质量守恒. 对 Radionuclide 浓度方程组采用特征分数步差分求解, 将整体三维问题化为连续解三个一维问题, 且可用追赶法求解, 大大减少实际计算工作量. 应用微分方程先验估计的理论和特殊技巧, 得到最佳二阶 L^2 模误差估计结果.

7.4.1   引言

本节研究多孔介质中可压缩核废料污染数值模拟问题的混合体积元–特征分数步差分方法及其收敛性分析. 核废料深埋在地层下, 遇到地震、岩石裂隙发生时, 它就会扩散, 因此研究其扩散及安全问题是十分重要的. 深层核废料污染问题的数值模拟是现代能源数学的重要课题. 在多孔介质中核废料污染问题计算方法研究, 对处理和分析地层核废料设施的安全有重要的价值. 对于可压缩三维数学模型, 它是地层中迁移的耦合对流–扩散型偏微分方程组的初边值问题. ① 流体流动; ② 热量迁移; ③ Brine 的相混溶驱动; ④ Radionuclide 的相混溶驱动. 应用 Douglas 关于"微小压缩"的处理, 其对应的偏微分方程组如下 [2,3,33,34,46].

流动方程:

$$\varphi_1 \frac{\partial p}{\partial t} + \nabla \cdot \boldsymbol{u} = -q + R_s, \quad X = (x,y,z)^{\mathrm{T}} \in \Omega, \quad t \in J = (0, \bar{T}], \tag{7.4.1a}$$

$$\boldsymbol{u} = -\frac{\kappa}{\mu} \nabla p, \quad X \in \Omega, \quad t \in J, \tag{7.4.1b}$$

此处 $p = p(X,t)$ 和 $\boldsymbol{u} = \boldsymbol{u}(X,t)$ 对应于流体的压力函数和 Darcy 速度. $\varphi_1 = \varphi c_w$, $q = q(X,t)$ 是产量项. $R_s = R_s(\hat{c}) = [c_s \varphi K_s f_s/(1+c_s)](1-\hat{c})$ 是主要污染元素的溶

解项, $\kappa(X)$ 是岩石的渗透率, $\mu(\hat{c})$ 是流体的黏度, 依赖于 $\hat{c}$, 它是流体中主要污染元素的浓度函数.

热传导方程:

$$d_1(p)\frac{\partial p}{\partial t} + d_2\frac{\partial T}{\partial t} + c_p\boldsymbol{u}\cdot\nabla T - \nabla\cdot(E_H\nabla T) = Q(\boldsymbol{u}, p, T, \hat{c}),$$
$$X\in\Omega, \quad t\in J, \tag{7.4.2}$$

此处 T 是流体的温度, $d_1(p) = \varphi c_w\left[v_0 + \dfrac{p}{\rho}\right]$, $d_2 = \varphi c_p + (1-\varphi)\rho_R\rho_{pR}$, $E_H = Dc_{pw} + K'_m I$, $K'_m = \dfrac{\kappa_m}{\rho_o}$, I 为单位矩阵. $D = |\boldsymbol{u}|\,(d_l E + d_t(I - E))$, $E = \dfrac{\boldsymbol{u}\otimes\boldsymbol{u}}{|\boldsymbol{u}|^2}$,

$Q(\boldsymbol{u}, p, T, \hat{c}) = -\left\{[\nabla v_0 - c_p\nabla T_0]\cdot\boldsymbol{u} + \left[v_0 + c_p(T - T_0) + \dfrac{p}{\rho}\right][-q + R'_s]\right\} - q_L - qH - q_H$.

通常在实际计算时, 取 $E_H = K'_m I$.

Brine 浓度方程:

$$\varphi\frac{\partial\hat{c}}{\partial t} + \boldsymbol{u}\cdot\nabla\hat{c} - \nabla\cdot(E_c\nabla\hat{c}) = f(\hat{c}), \quad X\in\Omega, \quad t\in J, \tag{7.4.3}$$

此处 φ 是岩石孔隙度, $E_c = D + D_m I$, $f(\hat{c}) = -\hat{c}\{[c_s\varphi K_s f_s/(1+c_s)](1-\hat{c})\} - q_c - R_s$.
通常在实际计算时, 取 $E_c = D_m I$.

Radionuclide 浓度方程组:

$$\varphi K_l\frac{\partial c_l}{\partial t} + \boldsymbol{u}\cdot\nabla c_l - \nabla\cdot(E_c\nabla c_l) + d_3(c_l)\frac{\partial p}{\partial t}$$
$$= f_l(\hat{c}, c_1, c_2, \cdots, c_N), \quad X\in\Omega, \quad t\in J, \quad l = 1, 2, \cdots, N, \tag{7.4.4}$$

此处 c_l 是微量元素浓度函数 $(l = 1, 2, \cdots, N)$, $d_3(c_l) = \varphi c_w c_l(K_l - 1)$ 和 $f_l(\hat{c}, c_1, $

$c_2, \cdots, c_N) = c_l\{q - [c_s\varphi K_s f_s/(1+c_s)](1-\hat{c})\} - qc_l - q_{c_l} + q_{ol} + \sum\limits_{j=1}^{N} k_j\lambda_j K_j\varphi c_j - \lambda_l K_l\varphi c_l$.

假定没有流体越过边界 (不渗透边界条件):

$$\boldsymbol{u}\cdot\nu = 0, \quad (X, t)\in\partial\Omega\times J, \tag{7.4.5a}$$

$$(E_c\nabla\hat{c} - \hat{c}\boldsymbol{u})\cdot\nu = 0, \quad (X, t)\in\partial\Omega\times J, \tag{7.4.5b}$$

$$(E_c\nabla c_l - c_l\boldsymbol{u})\cdot\nu = 0, \quad (X, t)\in\partial\Omega\times J, \quad l = 1, 2, \cdots, N. \tag{7.4.5c}$$

此处 Ω 是 R^3 空间的有界区域, $\partial\Omega$ 为其边界曲面, ν 是 $\partial\Omega$ 的外法向向量. 对温度方程 (7.4.2) 的边界条件是绝热的, 即

$$(E_H\nabla T - c_p\boldsymbol{u})\cdot\nu = 0, \quad (X, t)\in\partial\Omega\times J. \tag{7.4.5d}$$

另外, 初始条件必须给出:

$$p(X,0) = p_0(X), \quad \hat{c}(X,0) = \hat{c}_0(X), \quad c_l(X,0) = c_{l0}(X),$$
$$l = 1, 2, \cdots, N, \quad T(X,0) = T_0(X), \quad X \in \Omega. \tag{7.4.6}$$

对于经典的不可压缩的二相渗流驱动问题, Douglas, Ewing, Russell 和作者已有系列研究成果 [1,4,7,8,41]. 数值试验和理论分析指明, 经典的有限元方法在处理对流–扩散问题上, 会出现强烈的数值振荡现象. 为了克服上述缺陷, 许多学者提出了系列新的数值方法. Eulerian-Lagrangian 局部对偶方法可以保持局部的质量守恒律, 但增加了积分的估算, 计算量很大. 修正的特征有限元方法是一个隐格式, 可采用较大的时间步长, 在流动的锋线前沿具有较高稳定性, 较好地消除了数值弥散现象, 但其检验函数空间不含有分片常数, 因此不能保证质量守恒律. 混合有限元方法是流体力学数值求解的有效方法, 它能同时高精度逼近待求函数及其伴随函数. 理论分析及应用已被深入研究 [21-23]. 为了得到对流–扩散方程的高精度数值计算格式, Arbogast 与 Wheeler 在 [17] 中对对流占优的输运方程提出一种特征混合元方法, 在方程的时空变分形式上, 用类似的修正的特征有限元方法逼近对流项, 用零次 Raviart-Thomas-Nedekc 混合元法离散扩散项, 分片常数在检验函数空间中, 因此在每个单元上格式是质量守恒律的, 并借助于有限元解的后处理方法, 对空间 L^2 模误差估计提高到 $\frac{3}{2}$ 阶精确度, 必须指出此格式包含大量关于检验函数映像的积分, 这使得实际计算十分复杂和困难.

对于现代能源和环境科学数值模拟新技术, 特别是在渗流力学数值模拟新技术中, 必须考虑流体的可压缩性. 否则数值模拟将失真 [42,43]. 关于可压缩二相渗流驱动问题, Douglas 和作者已有系列的研究成果 [1,8,40,41], 如特征有限元法 [41,44,45]、特征差分方法 [8,46]、分数步差分方法等 [46,47]. 我们在上述工作基础上, 实质性拓广和改进了 Arbogast 与 Wheeler 的工作 [17,48,49], 提出了一类混合元–特征混合元方法, 大大减少了计算工作量, 并进行了实际问题的数值模拟计算, 指明此方法在实际计算时是可行的和有效的 [48,49]. 但在那里我们仅能到一阶精确度误差估计, 且不能拓广到三维问题.

我们对三维核废料污染渗流力学数值模拟问题提出一类混合体积元–特征分数步差分方法. 用混合体积元同时逼近压力函数和 Darcy 速度, 并对 Darcy 速度提高了一阶计算精度. 对主要污染元素浓度方程和热传导方程用特征混合有限体积元方法, 即对对流项沿特征线方向离散, 方程的扩散项采用混合体积元离散. 特征线方法可以保证格式在流体锋线前沿逼近的高度稳定性, 消除数值弥散现象, 并可以得到较小的截断时间误差. 在实际计算中可以采用较大的时间步长, 提高计算效率而不降低精度. 扩散项采用混合有限体积元离散, 可以同时逼近未知的饱和度函数及其伴随向量函数, 并且由于分片常数在检验函数空间中, 因此格式保持单元上质量守恒. 这一特性对渗流力学数值模拟计算是特别重要的. 应用微分方程先验估计理论和特殊技巧, 得到了最优二阶 L^2 模误差估计, 在不需要做后处理的情况下, 得到高于 Arbogast 和 Wheeler 的 $\frac{3}{2}$ 阶估计的著名成果 [17]. 对计算工作量最大的微量污染元素浓度方程组采用特征分数步差分方法, 将整体三维问题分解为连续解三个一维问题, 且可用追赶法求解, 大大减少实际计算工作量 [53].

我们使用通常的 Sobolev 空间及其范数记号. 假定问题 (7.4.1)~(7.4.6) 的精确解满足下述正则性条件:

$$(R) \quad \begin{cases} p \in L^\infty(H^1), \\ \boldsymbol{u} \in L^\infty(H^1(\mathrm{div})) \cap L^\infty(W_\infty^1) \cap W_\infty^1(L^\infty) \cap H^2(L^2), \\ \hat{c}, c_l(l=1,2,\cdots,N), T \in L^\infty(H^2) \cap H^1(H^1) \cap L^\infty(W_\infty^1) \cap H^2(L^2). \end{cases}$$

同时假定问题 (7.4.1)~(7.4.6) 的系数满足正定性条件:

$$(C) \quad \begin{array}{c} 0 < a_* \leqslant \dfrac{\kappa(X)}{\mu(c)} \leqslant a^*, \quad 0 < \varphi_* \leqslant \varphi, \varphi_1 \leqslant \varphi^*, \quad 0 < d_* \leqslant d_1, \quad d_2, d_3 \leqslant d^*, \\[2mm] 0 < K_* \leqslant K_l \leqslant K^*, \quad l = 1,2,\cdots,N, \quad 0 < E_* \leqslant E_c \leqslant E^*, \\[2mm] 0 < \bar{E}_* \leqslant E_H \leqslant \bar{E}^*, \end{array}$$

此处 $a_*, a^*, \varphi_*, \varphi^*, d_*, d^*, K_*, K^*, E_*, E^*$ 和 $\bar{E}_*, \bar{E}^*$ 均为确定的正常数. 并且全部系数满足局部有界和局部 Lipschitz 连续条件.

在本节中, 为了分析方便, 假定问题 (7.4.1)~(7.4.6) 是 Ω-周期的 [1-8].

7.4.2 记号和引理

为了应用混合体积元–特征分数步差分方法, 我们需要构造三套网格系统. 粗网格是针对流场压力和 Darcy 流速的非均匀粗网格, 中网格是针对 Brine 浓度方程和热传导方程的非均匀网格, 细网格是针对需要精细计算且工作量最大的 Radionuclide 浓度方程组的均匀细网格. 首先讨论粗网格系统和中网格系统.

研究三维问题, 为简单起见, 设区域 $\Omega = \{[0,1]\}^3$, 用 $\partial\Omega$ 表示其边界. 定义剖分:

$$\delta_x : 0 = x_{1/2} < x_{3/2} < \cdots < x_{N_x-1/2} < x_{N_x+1/2} = 1,$$
$$\delta_y : 0 = y_{1/2} < y_{3/2} < \cdots < y_{N_y-1/2} < y_{N_y+1/2} = 1,$$
$$\delta_z : 0 = z_{1/2} < z_{3/2} < \cdots < z_{N_z-1/2} < z_{N_z+1/2} = 1.$$

对 Ω 作剖分 $\delta_x \times \delta_y \times \delta_z$, 对于 $i = 1,2,\cdots,N_x;\ j = 1,2,\cdots,N_y;\ k = 1,2,\cdots,N_z$. 记

$$\Omega_{ijk} = \{(x,y,z) | x_{i-1/2} < x < x_{i+1/2}, y_{j-1/2} < y < y_{j+1/2}, z_{k-1/2} < z < z_{k+1/2}\},$$

$$x_i = \frac{x_{i-1/2} + x_{i+1/2}}{2}, \quad y_j = \frac{y_{j-1/2} + y_{j+1/2}}{2}, \quad z_k = \frac{z_{k-1/2} + z_{k+1/2}}{2}.$$

$$h_{x_i} = x_{i+1/2} - x_{i-1/2}, \quad h_{y_j} = y_{j+1/2} - y_{j-1/2}, \quad h_{z_k} = z_{k+1/2} - z_{k-1/2}.$$

$$h_{x,i+1/2} = x_{i+1} - x_i,$$

$$h_{y,j+1/2} = y_{j+1} - y_j,$$

$$h_{z,k+1/2} = z_{k+1} - z_k. \quad h_x = \max_{1 \leqslant i \leqslant N_x} \{h_{x_i}\},$$

$$h_y = \max_{1 \leqslant j \leqslant N_y} \{h_{y_j}\}, \quad h_z = \max_{1 \leqslant k \leqslant N_z} \{h_{z_k}\}, \quad h_p = (h_x^2 + h_y^2 + h_z^2)^{1/2}.$$

称剖分是正则的, 是指存在常数 $\alpha_1, \alpha_2 > 0$, 使得

$$\min_{1 \leqslant i \leqslant N_x} \{h_{x_i}\} \geqslant \alpha_1 h_x, \quad \min_{1 \leqslant j \leqslant N_y} \{h_{y_j}\} \geqslant \alpha_1 h_y,$$

$$\min_{1 \leqslant k \leqslant N_z} \{h_{z_k}\} \geqslant \alpha_1 h_z, \quad \min\{h_x, h_y, h_z\} \geqslant \alpha_2 \max\{h_x, h_y, h_z\}.$$

特别指出的是, 此处 $\alpha_i (i = 1, 2)$ 是两个确定的正常数, 它与 Ω 的剖分 $\delta_x \times \delta_y \times \delta_z$ 有关. 如 7.3 节图 7.3.1 表示对应于 $N_x = 4, N_y = 3, N_z = 3$ 情况简单网格的示意图. 定义 $M_l^d(\delta_x) = \{f \in C^l[0,1] : f|_{\Omega_i} \in p_d(\Omega_i), i = 1, 2, \cdots, N_x\}$, 其中 $\Omega_i = [x_{i-1/2}, x_{i+1/2}]$, $p_d(\Omega_i)$ 是 Ω_i 上次数不超过 d 的多项式空间, 当 $l = -1$ 时, 表示函数 f 在 $[0,1]$ 上可以不连续. 对 $M_l^d(\delta_y), M_l^d(\delta_z)$ 的定义是类似的. 记 $S_h = M_{-1}^0(\delta_x) \otimes M_{-1}^0(\delta_y) \otimes M_{-1}^0(\delta_z)$, $V_h = \{\boldsymbol{w} | \boldsymbol{w} = (w^x, w^y, w^z), w^x \in M_0^1(\delta_x) \otimes M_{-1}^0(\delta_y) \otimes M_{-1}^0(\delta_z), w^y \in M_{-1}^0(\delta_x) \otimes M_0^1(\delta_y) \otimes M_{-1}^0(\delta_z), w^z \in M_{-1}^0(\delta_x) \otimes M_{-1}^0(\delta_y) \otimes M_0^1(\delta_z), \boldsymbol{w} \cdot \gamma|_{\partial\Omega} = 0\}$. 对函数 $v(x, y, z)$, 以 v_{ijk}, $v_{i+1/2,jk}$, $v_{i,j+1/2,k}$ 和 $v_{ij,k+1/2}$ 分别表示 $v(x_i, y_j, z_k)$, $v(x_{i+1/2}, y_j, z_k)$, $v(x_i, y_{j+1/2}, z_k)$ 和 $v(x_i, y_j, z_{k+1/2})$.

定义下列内积及范数:

$$(v, w)_{\bar{m}} = \sum_{i=1}^{N_x} \sum_{j=1}^{N_y} \sum_{k=1}^{N_z} h_{x_i} h_{y_j} h_{z_k} v_{ijk} w_{ijk},$$

$$(v, w)_x = \sum_{i=1}^{N_x} \sum_{j=1}^{N_y} \sum_{k=1}^{N_z} h_{x_{i-1/2}} h_{y_j} h_{z_k} v_{i-1/2,jk} w_{i-1/2,jk},$$

$$(v, w)_y = \sum_{i=1}^{N_x} \sum_{j=1}^{N_y} \sum_{k=1}^{N_z} h_{x_i} h_{y_{j-1/2}} h_{z_k} v_{i,j-1/2,k} w_{i,j-1/2,k},$$

$$(v, w)_z = \sum_{i=1}^{N_x} \sum_{j=1}^{N_y} \sum_{k=1}^{N_z} h_{x_i} h_{y_j} h_{z_{k-1/2}} v_{ij,k-1/2} w_{ij,k-1/2},$$

$$\|v\|_s^2 = (v, v)_s, \quad s = m, x, y, z, \quad \|v\|_\infty = \max_{1 \leqslant i \leqslant N_x, 1 \leqslant j \leqslant N_y, 1 \leqslant k \leqslant N_z} |v_{ijk}|,$$

$$\|v\|_{\infty(x)} = \max_{1 \leqslant i \leqslant N_x, 1 \leqslant j \leqslant N_y, 1 \leqslant k \leqslant N_z} |v_{i-1/2,jk}|,$$

$$\|v\|_{\infty(y)} = \max_{1\leqslant i\leqslant N_x, 1\leqslant j\leqslant N_y, 1\leqslant k\leqslant N_z} \left|v_{i,j-1/2,k}\right|,$$

$$\|v\|_{\infty(z)} = \max_{1\leqslant i\leqslant N_x, 1\leqslant j\leqslant N_y, 1\leqslant k\leqslant N_z} \left|v_{ij,k-1/2}\right|.$$

当 $\boldsymbol{w} = (w^x, w^y, w^z)^{\mathrm{T}}$ 时, 记

$$|||\boldsymbol{w}||| = \left(\|w^x\|_x^2 + \|w^y\|_y^2 + \|w^z\|_z^2\right)^{1/2},$$

$$|||\boldsymbol{w}|||_{\infty} = \|w^x\|_{\infty(x)} + \|w^y\|_{\infty(y)} + \|w^z\|_{\infty(z)},$$

$$\|\boldsymbol{w}\|_{\bar{m}} = \left(\|w^x\|_{\bar{m}}^2 + \|w^y\|_{\bar{m}}^2 + \|w^z\|_{\bar{m}}^2\right)^{1/2},$$

$$\|\boldsymbol{w}\|_{\infty} = \|w^x\|_{\infty} + \|w^y\|_{\infty} + \|w^z\|_{\infty}.$$

设 $W_p^m(\Omega) = \left\{ v \in L^p(\Omega) \,\middle|\, \dfrac{\partial^n v}{\partial x^{n-l-r}\partial y^l\partial z^r} \in L^p(\Omega), n-l-r \geqslant 0, l = 0,1,\cdots,n; \right.$
$\left. r = 0,1,\cdots,n; n = 0,1,\cdots,m; 0 < p < \infty \right\}$. $H^m(\Omega) = W_2^m(\Omega)$, $L^2(\Omega)$ 的内积与范数分别为 $(\cdot,\cdot)$, $\|\cdot\|$, 对于 $v \in S_h$, 显然有

$$\|v\|_{\bar{m}} = \|v\|. \tag{7.4.7}$$

定义下列记号:

$$[d_x v]_{i+1/2,jk} = \frac{v_{i+1,jk} - v_{ijk}}{h_{x,i+1/2}}, \quad [d_y v]_{i,j+1/2,k} = \frac{v_{i,j+1,k} - v_{ijk}}{h_{y,j+1/2}},$$

$$[d_z v]_{ij,k+1/2} = \frac{v_{ij,k+1} - v_{ijk}}{h_{z,k+1/2}}; \quad [D_x w]_{ijk} = \frac{w_{i+1/2,jk} - w_{i-1/2,jk}}{h_{x_i}},$$

$$[D_y w]_{ijk} = \frac{w_{i,j+1/2,k} - w_{i,j-1/2,k}}{h_{y_j}}, \quad [D_z w]_{ijk} = \frac{w_{ij,k+1/2} - w_{ij,k-1/2}}{h_{z_k}};$$

$$\hat{w}_{ijk}^x = \frac{w_{i+1/2,jk}^x + w_{i-1/2,jk}^x}{2}, \quad \hat{w}_{ijk}^y = \frac{w_{i,j+1/2,k}^y + w_{i,j-1/2,k}^y}{2},$$

$$\hat{w}_{ijk}^z = \frac{w_{ij,k+1/2}^z + w_{ij,k-1/2}^z}{2}, \quad \bar{w}_{ijk}^x = \frac{h_{x,i+1}}{2h_{x,i+1/2}}w_{ijk} + \frac{h_{x,i}}{2h_{x,i+1/2}}w_{i+1,jk},$$

$$\bar{w}_{ijk}^y = \frac{h_{y,j+1}}{2h_{y,j+1/2}}w_{ijk} + \frac{h_{y,j}}{2h_{y,j+1/2}}w_{i,j+1,k},$$

$$\bar{w}_{ijk}^z = \frac{h_{z,k+1}}{2h_{z,k+1/2}}w_{ijk} + \frac{h_{z,k}}{2h_{z,k+1/2}}w_{ij,k+1},$$

以及 $\hat{\boldsymbol{w}}_{ijk} = (\hat{w}_{ijk}^x, \hat{w}_{ijk}^y, \hat{w}_{ijk}^z)^{\mathrm{T}}$, $\bar{\boldsymbol{w}}_{ijk} = (\bar{w}_{ijk}^x, \bar{w}_{ijk}^y, \bar{w}_{ijk}^z)^{\mathrm{T}}$. 此处 $d_s (s = x, y, z)$, $D_s(s = x,y,z)$ 是差商算子, 它与方程 (7.4.2) 中的系数 D 无关. 记 L 是一个正整数, $\Delta t = \dfrac{T}{L}$, $t^n = n\Delta t$, v^n 表示函数在 t^n 时刻的值, $d_t v^n = \dfrac{v^n - v^{n-1}}{\Delta t}$.

对于上面定义的内积和范数, 下述四个引理成立.

引理 7.4.1　对于 $v \in S_h$, $\boldsymbol{w} \in V_h$, 显然有

$$(v, D_x w^x)_{\bar{m}} = -(d_x v, w^x)_x, \quad (v, D_y w^y)_{\bar{m}} = -(d_y v, w^y)_y,$$
$$(v, D_z w^z)_{\bar{m}} = -(d_z v, w^z)_z. \tag{7.4.8}$$

引理 7.4.2　对于 $\boldsymbol{w} \in V_h$, 则有

$$\|\hat{\boldsymbol{w}}\|_{\bar{m}} \leqslant \|\|\boldsymbol{w}\|\|. \tag{7.4.9}$$

引理 7.4.3　对于 $q \in S_h$, 则有

$$\|\bar{q}^x\|_x \leqslant M \|q\|_m, \quad \|\bar{q}^y\|_y \leqslant M \|q\|_m, \quad \|\bar{q}^z\|_z \leqslant M \|q\|_m, \tag{7.4.10}$$

此处 M 是与 q, h 无关的常数.

引理 7.4.4　对于 $\boldsymbol{w} \in V_h$, 则有

$$\|w^x\|_x \leqslant \|D_x w^x\|_{\bar{m}}, \quad \|w^y\|_y \leqslant \|D_y w^y\|_{\bar{m}}, \quad \|w^z\|_z \leqslant \|D_z w^z\|_{\bar{m}}. \tag{7.4.11}$$

对于中网格系统, 对于区域 $\Omega = \{[0,1]\}^3$, 通常基于上述粗网格的基础上再进行均匀细分, 一般取原网格步长的 $1/\hat{l}$, 通常 $\hat{l}$ 取 2 或 4, 其余全部记号不变, 此时 $h_{\hat{c}} = h_p/\hat{l}$.

关于细网格系统, 对于区域 $\Omega = \{[0,1]\}^3$, 定义均匀网格剖分:

$$\bar{\delta}_x : 0 = x_0 < x_1 < \cdots < x_{M_1-1} < x_{M_1} = 1,$$
$$\bar{\delta}_y : 0 = y_0 < y_1 < \cdots < y_{M_2-1} < y_{M_2} = 1,$$
$$\bar{\delta}_z : 0 = z_0 < z_1 < \cdots < z_{M_3-1} < z_{M_3} = 1,$$

此处 $M_i(i = 1, 2, 3)$ 均为正常数, 三个方向步长和网格点分别记为 $h^x = \dfrac{1}{M_1}$, $h^y = \dfrac{1}{M_2}$, $h^z = \dfrac{1}{M_3}$, $x_i = i \cdot h^x$, $y_j = j \cdot h^y$, $z_k = k \cdot h^z$, $h_c = ((h^x)^2 + (h^y)^2 + (h^z)^2)^{1/2}$. 记 $D_{i+1/2,jk} = \dfrac{1}{2}[D(X_{ijk}) + D(X_{i+1,jk})]$, $D_{i-1/2,jk} = \dfrac{1}{2}[D(X_{ijk}) + D(X_{i-1,jk})]$, $D_{i,j+1/2,k}$, $D_{i,j-1/2,k}$, $D_{ij,k+1/2}$, $D_{ij,k-1/2}$ 的定义是类似的. 同时定义:

$$\delta_{\bar{x}}(D\delta_x W)^n_{ijk} = (h^x)^{-2}[D_{i+1/2,jk}(W^n_{i+1,jk} - W^n_{ijk}) - D_{i-1/2,jk}(W^n_{ijk} - W^n_{i-1,jk})], \tag{7.4.12a}$$

$$\delta_{\bar{y}}(D\delta_y W)^n_{ijk} = (h^y)^{-2}[D_{i,j+1/2,k}(W^n_{i,j+1,k} - W^n_{ijk}) - D_{i,j-1/2,k}(W^n_{ijk} - W^n_{i,j-1,k})], \tag{7.4.12b}$$

$$\delta_{\bar{z}}(D\delta_z W)^n_{ijk} = (h^z)^{-2}[D_{ij,k+1/2}(W^n_{ij,k+1} - W^n_{ijk}) - D_{ij,k-1/2}(W^n_{ijk} - W^n_{ij,k-1})], \tag{7.4.12c}$$

$$\nabla_h(D\nabla W)^n_{ijk} = \delta_{\bar{x}}(D\delta_x W)^n_{ijk} + \delta_{\bar{y}}(D\delta_y W)^n_{ijk} + \delta_{\bar{z}}(D\delta_z W)^n_{ijk}. \tag{7.4.12d}$$

7.4.3　混合体积元–特征分数步差分方法程序

7.4.3.1　格式的提出

为了引入混合有限体积元方法的处理思想, 将流动方程 (7.4.1) 写为下述标准形式:

$$\varphi_1 \frac{\partial p}{\partial t} + \nabla \cdot \boldsymbol{u} = R(\hat{c}), \tag{7.4.13a}$$

$$\boldsymbol{u} = -a(\hat{c})\nabla p, \tag{7.4.13b}$$

此处 $R(\hat{c}) = -q + R'_s$, $a(\hat{c}) = \kappa(X)\mu^{-1}(\hat{c})$.

对于 Brine 浓度方程 (7.4.3), 注意到这流动实际上沿着迁移的特征方向, 采用特征线法处理一阶双曲部分, 它具有很高的精确度和强稳定性. 对时间 t 可采用大步长计算. 记 $\psi(X, \boldsymbol{u}) = [\varphi^2(X) + |\boldsymbol{u}|^2]^{1/2}$, $\frac{\partial}{\partial \tau} = \psi^{-1}\left\{\varphi\frac{\partial}{\partial t} + \boldsymbol{u}\cdot\nabla\right\}$ 为了应用混合体积元离散扩散部分, 将方程 (7.4.3) 写为下述标准形式:

$$\psi \frac{\partial \hat{c}}{\partial \tau} + \nabla \cdot \hat{\boldsymbol{g}} = f(\hat{c}), \tag{7.4.14a}$$

$$\hat{\boldsymbol{g}} = -E_c \nabla c. \tag{7.4.14b}$$

对方程 (7.4.13) 应用向后差商逼近特征方向导数

$$\frac{\partial \hat{c}^{n+1}}{\partial \tau} \approx \frac{\hat{c}^{n+1} - \hat{c}^n(X - \varphi^{-1}\boldsymbol{u}^{n+1}\Delta t)}{\Delta t(1 + \varphi^{-2}|\boldsymbol{u}^{n+1}|^2)^{1/2}}. \tag{7.4.15}$$

对热传导方程 (7.4.2) 同样采用特征线法处理一阶双曲部分. 记 $\psi_T(X, \boldsymbol{u}) = [d_2^2 + c_p^2|\boldsymbol{u}|^2]^{1/2}$, $\frac{\partial}{\partial \tau_T} = \psi_T^{-1}\left\{d_2\frac{\partial}{\partial t} + c_p\boldsymbol{u}\cdot\nabla\right\}$. 为了应用混合体积元离散扩散部分, 将方程 (7.4.2) 写为下述标准形式:

$$\psi_T \frac{\partial T}{\partial \tau_i} + \nabla \cdot \boldsymbol{g}_T + d_1(p)\frac{\partial p}{\partial t} = Q(\boldsymbol{u}, p, T, \hat{c}), \tag{7.4.16a}$$

$$\boldsymbol{g}_T = -E_H \nabla T. \tag{7.4.16b}$$

对方程 (7.4.16) 应用向后差商逼近特征方向导数

$$\frac{\partial T^{n+1}}{\partial \tau_T} \approx \frac{T^{n+1} - T^n(X - d_2^{-1}c_p\boldsymbol{u}^{n+1}\Delta t)}{\Delta t(1 + d_2^{-2}c_p^2|\boldsymbol{u}^{n+1}|^2)^{1/2}} \tag{7.4.16c}$$

设 $P, \boldsymbol{U}, \hat{C}, \hat{\boldsymbol{G}}$ 分别为 $p, \boldsymbol{u}, \hat{c}$ 和 $\hat{\boldsymbol{g}}$ 的混合体积元–特征混合体积元的近似解. 由 7.4.2 小节的记号和引理 7.4.1~ 引理 7.4.4 的结果导出流动方程 (7.4.13) 的混合体积元格式为

$$\left(\varphi_1 \frac{P^{n+1} - P^n}{\Delta t}, v\right)_m + \left(D_x U^{x,n+1} + D_y U^{y,n+1} + D_z U^{z,n+1}, v\right)_m$$

$$= \left(R(\hat{C}^n), v \right)_m, \quad \forall v \in S_h, \tag{7.4.17a}$$

$$\left(a^{-1}(\bar{\hat{C}}^{x,n}) U^{x,n+1}, w^x \right)_x + \left(a^{-1}(\bar{\hat{C}}^{y,n}) U^{y,n+1}, w^y \right)_y + \left(a^{-1}(\bar{\hat{C}}^{z,n}) U^{z,n+1}, w^z \right)_z$$
$$- (P^{n+1}, D_x w^x + D_x w^y + D_x w^z)_m = 0, \quad \forall w \in V_h. \tag{7.4.17b}$$

Brine 浓度方程 (7.4.14) 的特征混合体积元格式为

$$\left(\varphi \frac{\hat{C}^{n+1} - \hat{C}^n}{\Delta t}, v \right)_m + (D_x \hat{G}^{x,n+1} + D_y \hat{G}^{y,n+1} + D_z \hat{G}^{z,n+1}, v)_m$$

$$= (f(\hat{C}^n), v)_m, \quad \forall v \in S_h, \tag{7.4.18a}$$

$$(E_c^{-1} \hat{G}^{x,n+1}, w^x)_x + (E_c^{-1} \hat{G}^{y,n+1}, w^y)_y + (E_c^{-1} \hat{G}^{z,n+1}, w^z)_z$$
$$- (\hat{C}^{n+1}, D_x w^x + D_y w^y + D_z w^z)_m = 0,$$
$$\forall w \in V_h, \tag{7.4.18b}$$

此处 $\hat{C}^n = \hat{C}^n(\hat{X}^n)$, $\hat{X}^n = X - \varphi^{-1} U^{n+1} \Delta t$.

在此基础上, 对热传导方程 (7.4.2), 设 T_h, G_T 分别为 T, g_T 的特征混合体积元的近似解, 其特征混合体积元格式为

$$\left(d_2 \frac{T_h^{n+1} - \hat{T}_h^n}{\Delta t}, v \right)_m + \left(D_x G_T^{x,n+1} + D_y G_T^{y,n+1} + D_z G_T^{z,n+1}, v \right)_m$$
$$= - \left(d_1(P^{n+1}) \frac{P^{n+1} - P^n}{\Delta t}, v \right)_m + \left(Q(U^{n+1}, P^{n+1}, \hat{T}_h^n, \hat{C}^{n+1}), v \right)_m, \quad \forall v \in S_h,$$
$$\tag{7.4.19a}$$

$$\left(E_H^{-1} G_T^{x,n+1}, w^x \right)_x + \left(E_H^{-1} G_T^{y,n+1}, w^y \right)_y + \left(E_H^{-1} G_T^{z,n+1}, w^z \right)_z$$
$$- (T_h^{n+1}, D_x w^x + D_y w^y + D_z w^z)_m$$
$$= 0, \quad \forall w \in V_h, \tag{7.4.19b}$$

此处 $\hat{T}_h^n = T_h^n(\hat{X}_T^n)$, $\hat{X}_T^n = X - d_2^{-1} c_p U^{n+1} \Delta t$.

对 Radionuclide 浓度方程 (7.4.4) 需要高精度计算, 其计算工作量最大, 同样注意到这流动实际上是沿着迁移的特征方向, 利用特征线法处理一阶双曲部分. 记 $\psi_l(X, \boldsymbol{u}) = [\varphi^2 K_l^2 + |\boldsymbol{u}|^2]^{1/2}$, $\frac{\partial}{\partial \tau_l} = \psi_l^{-1} \left\{ \varphi K_l \frac{\partial}{\partial t} + \boldsymbol{u} \cdot \nabla \right\}$. 则方程组 (7.4.4) 可改写为下述形式:

$$\psi_l \frac{\partial c_l}{\partial \tau_l} - \nabla \cdot (E_c \nabla c_l) + d_3(c_l) \frac{\partial p}{\partial t}$$

$$= f_l(\hat{c}, c_1, c_2, \cdots, c_N), \quad X \in \Omega, \quad t \in J, \quad l = 1, 2, \cdots, N. \qquad (7.4.20)$$

对方程组 (7.4.20) 应用向后差商逼近特征方向导数

$$\frac{\partial c_l^{n+1}}{\partial \tau_l} \approx \frac{c_l^{n+1} - c_l^n(X - \varphi^{-1}K_l^{-1}\boldsymbol{u}^{n+1}\Delta t)}{\Delta t(1 + \varphi^{-2}K_l^{-2}|\boldsymbol{u}^{n+1}|^2)^{1/2}}.$$

对 Radionuclide 浓度方程组 (7.4.20) 的特征分数步差分格式为

$$\varphi_{l,ijk}\frac{C_{l,ijk}^{n+1/3} - \hat{C}_{l,ijk}^n}{\Delta t} = \delta_{\bar{x}}(E_c\delta_x C_l^{n+1/3})_{ijk} + \delta_{\bar{y}}(E_c\delta_y C_l^n)_{ijk} + \delta_{\bar{z}}(E_c\delta_z C_l^n)_{ijk}$$
$$- d_1(C_{ijk}^n)\frac{P_{ijk}^{n+1} - P_{ijk}^n}{\Delta t} + f_l(\hat{C}^{n+1}, C_1^n, C_2^n, \cdots, C_N^n)_{ijk},$$
$$1 \leqslant i \leqslant M_1, \quad l = 1, 2, \cdots, N, \qquad (7.4.21\text{a})$$

$$\varphi_{l,ijk}\frac{C_{l,ijk}^{n+2/3} - C_{l,ijk}^{n+1/3}}{\Delta t} = \delta_{\bar{y}}(E_c\delta_y(C_l^{n+2/3} - C_l^n))_{ijk}, \quad 1 \leqslant j \leqslant M_2, \quad l = 1, 2, \cdots, N,$$
$$(7.4.21\text{b})$$

$$\varphi_{l,ijk}\frac{C_{l,ijk}^{n+1} - C_{l,ijk}^{n+2/3}}{\Delta t} = \delta_{\bar{z}}(E_c\delta_z(C_l^{n+1} - C_l^n))_{ijk}, \quad 1 \leqslant k \leqslant M_3, \quad l = 1, 2, \cdots, N,$$
$$(7.4.21\text{c})$$

此处 $\varphi_l = \varphi K_l$, $C_l^n(X)(l = 1, 2, \cdots, N)$ 为分别按节点值 $\{C_{l,ijk}^n\}$ 分片三二次插值, $\hat{C}_{l,ijk}^n = C_l^n(\hat{X}_{l,ijk}^n)$, $\hat{X}_{l,ijk}^n = X_{ijk} - \varphi_{l,ijk}^{-1}\boldsymbol{U}_{ijk}^{n+1}\Delta t$.

初始逼近:

$$P^0 = \tilde{P}^0, \quad \boldsymbol{U}^0 = \tilde{\boldsymbol{U}}^0, \quad \hat{C}^0 = \tilde{\hat{C}}^0, \quad \hat{\boldsymbol{G}}^0 = \tilde{\hat{\boldsymbol{G}}}^0, \quad T_h^0 = \tilde{T}^0, \quad \boldsymbol{G}_T^0 = \tilde{\boldsymbol{G}}_T^0, \quad X \in \Omega,$$
$$(7.4.22\text{a})$$

$$C_{l,ijk}^0 = \tilde{C}_{l0}(X_{ijk}), \quad X_{ijk} \in \bar{\Omega}, \quad l = 1, 2, \cdots, N. \qquad (7.4.22\text{b})$$

此处 $\{\tilde{P}^0, \tilde{\boldsymbol{U}}^0\}$, $\{\tilde{\hat{C}}^0, \tilde{\hat{\boldsymbol{G}}}^0\}$, $\{\tilde{T}_h^0, \tilde{\boldsymbol{G}}_T^0\}$ 分别为 $\{p^0, \boldsymbol{u}^0\}$, $\{\hat{c}_0, \hat{\boldsymbol{g}}_0\}$, $\{T_0, \boldsymbol{g}_{T,0}\}$ 的椭圆投影 (将在 7.4.3.3 小节定义), $\tilde{C}_{l,ijk}^0$ 将由初始条件 (7.4.6) 直接得到.

混合体积元–特征分数步差分格式的计算程序: 首先由 (7.4.6) 应用混合体积元椭圆投影确定 $\{\tilde{P}^0, \tilde{\boldsymbol{U}}^0\}$, $\{\tilde{\hat{C}}^0, \tilde{\hat{\boldsymbol{G}}}^0\}$, 取 $P^0 = \tilde{P}^0, \boldsymbol{U}^0 = \tilde{\boldsymbol{U}}^0$, $\hat{C}^0 = \tilde{\hat{C}}^0, \hat{\boldsymbol{G}}^0 = \tilde{\hat{\boldsymbol{G}}}^0$. 再由混合体积元格式 (7.4.17) 应用共轭梯度法求得 $\{P^1, \boldsymbol{U}^1\}$. 然后, 再由特征混合体积元格式 (7.4.18) 应用共轭梯度法求得 $\{\hat{C}^1, \hat{\boldsymbol{G}}^1\}$, 再由初始条件 (7.4.18), 应用混合体积元椭圆投影确定 $\{\tilde{T}_h^0, \tilde{\boldsymbol{G}}_T^0\}$, 取 $T_h^0 = \tilde{T}_h^0, \boldsymbol{G}_T^0 = \tilde{\boldsymbol{G}}_T^0$. 由特征混合体积元格式 (7.4.19) 求出 $\{T_h^1, \boldsymbol{G}_T^1\}$. 在此基础上, 再用修正特征分数步差分格式 (7.4.21a)~(7.4.21c), 应用一维追赶法依次计算出过渡层的 $\{C_{l,ijk}^{1/3}\}$, $\{C_{l,ijk}^{2/3}\}$. 最后得 $t = t^1$ 的差分解 $\{C_{l,ijk}^1\}$. 对 $l = 1, 2, \cdots, N$ 可并行计算. 这样完成了第 1 层的计算. 再由混合体积元格式 (7.4.17) 求得 $\{P^2, \boldsymbol{U}^2\}$. 由格式 (7.4.18) 求出

$\{\hat{C}^2, \hat{G}^2\}$, 由格式 (7.4.19) 求出 $\{T_h^2, G_T^2\}$. 然后再由特征分数步差分格式 (7.4.21) 求出 $\{C_l^2, l = 1, 2, \cdots, N\}$. 这样依次进行, 可求得全部数值逼近解, 由正定性条件 (C), 解存在且唯一.

7.4.3.2　局部质量守恒律

如果 Brine 浓度方程 (7.4.14) 没有源汇项, 也就是 $f(\hat{c}) \equiv 0$, 边界条件是不渗透的, 则在每个单元 $J_c \in \Omega$ 上, 此处为简单起见, 设 $l = 1$, 即粗中网格重合, $J_c = \Omega_{ijk} = [x_{i-1/2}, x_{i+1/2}] \times [y_{j-1/2}, y_{j+1/2}] \times [z_{k-1/2}, z_{k+1/2}]$, 浓度方程的局部质量守恒律表现为

$$\int_{J_c} \psi \frac{\partial \hat{c}}{\partial \tau} \mathrm{d}X - \int_{\partial J_c} \hat{\boldsymbol{g}} \cdot \gamma_{J_c} \mathrm{d}S = 0. \tag{7.4.23}$$

此处 J_c 为区域 Ω 关于 Brine 浓度的中网格剖分单元, ∂J_c 为单元 J_c 的边界面, γ_{J_c} 为单元边界面的外法线方向向量. 下面证明 (7.4.18a) 满足下面的离散意义下的局部质量守恒律.

定理 7.4.1　如果 $f(\hat{c}) \equiv 0$, 则在任意单元 $J_c \in \Omega$ 上, 格式 (7.4.18a) 满足离散的局部质量守恒律

$$\int_{J_c} \varphi \frac{\hat{C}^{n+1} - \hat{C}^n}{\Delta t} \mathrm{d}X - \int_{\partial J_c} \hat{G}^{n+1} \cdot \gamma_{J_c} \mathrm{d}S = 0. \tag{7.4.24}$$

证明　因为 $v \in S_h$, 对给定的单元 $J_c \in \Omega$ 上, 取 $v \equiv 1$, 在其他单元上为零, 则此时 (7.4.18a) 为

$$\left(\varphi \frac{\hat{C}^{n+1} - \hat{C}^n}{\Delta t}, 1 \right)_{\Omega_{ijk}} + \left(D_x \hat{G}^{x,n+1} + D_y \hat{G}^{y,n+1} + D_z \hat{G}^{z,n+1}, 1 \right)_{\Omega_{ijk}} = 0. \tag{7.4.25}$$

按 7.4.2 小节中的记号可得

$$\left(\varphi \frac{\hat{C}^{n+1} - \hat{C}^n}{\Delta t}, 1 \right)_{\Omega_{ijk}} = \varphi_{ijk} \left(\frac{\hat{C}_{ijk}^{n+1} - \hat{C}_{ijk}^n}{\Delta t} \right) h_{x_i} h_{y_j} h_{z_k} = \int_{\Omega_{ijk}} \varphi \frac{\hat{C}^{n+1} - \hat{C}^n}{\Delta t} \mathrm{d}X, \tag{7.4.26a}$$

$$(D_x \hat{G}^{x,n+1} + D_y \hat{G}^{y,n+1} + D_z \hat{G}^{z,n+1}, 1)_{\Omega_{ijk}}$$
$$= (\hat{G}_{i+1/2,jk}^{x,n+1} - \hat{G}_{i-1/2,jk}^{x,n+1}) h_{y_j} h_{z_k} + (\hat{G}_{i,j+1/2,k}^{y,n+1} - \hat{G}_{i,j-1/2,k}^{y,n+1}) h_{x_i} h_{z_k}$$
$$+ (\hat{G}_{ij,k+1/2}^{z,n+1} - \hat{G}_{ij,k-1/2}^{z,n+1}) h_{x_i} h_{y_j}$$
$$= - \int_{\partial \Omega_{ijk}} \hat{G}^{n+1} \cdot \gamma_{J_c} \mathrm{d}S. \tag{7.4.26b}$$

将式 (7.4.26) 代入式 (7.4.25), 定理 7.4.1 得证.

由局部质量守恒律定理 7.4.1, 即可推出整体质量守恒律.

定理 7.4.2 如果 $f(\hat{c}) \equiv 0$, 边界条件是不渗透的, 则格式 (7.4.18a) 满足整体离散质量守恒律

$$\int_\Omega \varphi \frac{\hat{C}^{n+1} - \hat{C}^n}{\Delta t} \mathrm{d}X = 0, \quad n \geqslant 0. \tag{7.4.27}$$

证明 由局部质量守恒律 (7.4.24), 对全部的网格剖分单元求和, 则有

$$\sum_{i,j,k} \int_{\Omega_{ijk}} \varphi \frac{\hat{C}^{n+1} - \hat{C}^n}{\Delta t} \mathrm{d}X - \sum_{i,j,k} \int_{\partial\Omega_{ijk}} \hat{G}^{n+1} \cdot \gamma_{J_c} \mathrm{d}S = 0. \tag{7.4.28}$$

注意到 $-\sum_{i,j,k} \int_{\partial\Omega_{ijk}} \hat{G}^{n+1} \cdot \gamma_{J_c} \mathrm{d}S = -\int_{\partial\Omega} \hat{G}^{n+1} \cdot \gamma \mathrm{d}S = 0$, 定理得证.

7.4.3.3 辅助性椭圆投影

为了确定初始逼近 (7.4.22) 和 7.4.4 小节的收敛性分析. 引入下述辅助性椭圆投影. 定义 $\{\tilde{P}, \tilde{U}\} \in S_h \times V_h$, 满足

$$\left(D_x\tilde{U}^x + D_y\tilde{U}^y + D_z\tilde{U}^z, v\right)_m = (\nabla \cdot \boldsymbol{u}, v)_m, \quad \forall v \in S_h, \tag{7.4.29a}$$

$$\left(a^{-1}\tilde{U}^x, w^x\right)_x + \left(a^{-1}\tilde{U}^y, w^y\right)_y + \left(a^{-1}\tilde{U}^z, w^z\right)_z$$
$$- \left(\tilde{P}, D_x w^x + D_y w^y + D_z w^z\right)_m = 0, \quad \forall w \in V_h, \tag{7.4.29b}$$

$$\left(\tilde{P} - p, 1\right)_m = 0. \tag{7.4.29c}$$

定义 $\{\tilde{\hat{C}}, \tilde{\hat{G}}\} \in S_h \times V_h$, 满足

$$\left(D_x\tilde{\hat{G}}^x + D_y\tilde{\hat{G}}^y + D_z\tilde{\hat{G}}^z, v\right)_m = (\nabla \cdot \hat{\boldsymbol{g}}, v)_m, \quad \forall v \in S_h, \tag{7.4.30a}$$

$$\left(E_c^{-1}\tilde{\hat{G}}^x, w^x\right)_x + \left(E_c^{-1}\tilde{\hat{G}}^y, w^y\right)_y + \left(E_c^{-1}\tilde{\hat{G}}^z, w^z\right)_z$$
$$- \left(\tilde{\hat{C}}, D_x w^x + D_y w^y + D_z w^z\right)_m = 0, \quad \forall w \in V_h, \tag{7.4.30b}$$

$$\left(\tilde{\hat{C}} - \hat{c}, 1\right)_m = 0. \tag{7.4.30c}$$

定义 $\{\tilde{T}_h, \tilde{\boldsymbol{G}}_T\} \in S_h \times V_h$, 满足

$$\left(D_x\tilde{G}_T^x + D_y\tilde{G}_T^y + D_z\tilde{G}_T^z, v\right)_m = (\nabla \cdot \boldsymbol{g}_T, v)_m, \quad \forall v \in S_h, \tag{7.4.31a}$$

$$\left(E_H^{-1}\tilde{G}_T^x, w^x\right)_x + \left(E_H^{-1}\tilde{G}_T^y, w^y\right)_y + \left(E_H^{-1}\tilde{G}_T^z, w^z\right)_z$$

$$- \left(\tilde{T}_h, D_x w^x + D_y w^y + D_z w^z\right)_m = 0, \quad \forall w \in V_h, \tag{7.4.31b}$$

$$\left(\tilde{T}_h - T, 1\right)_m = 0. \tag{7.4.31c}$$

记

$$\pi = P - \tilde{P}, \quad \eta = \tilde{P} - p, \quad \sigma = \boldsymbol{U} - \tilde{\boldsymbol{U}}, \quad \rho = \tilde{\boldsymbol{U}} - \boldsymbol{u},$$
$$\hat{\xi} = \hat{C} - \tilde{\hat{C}}, \quad \hat{\zeta} = \tilde{\hat{C}} - \hat{c}, \quad \alpha = \hat{\boldsymbol{G}} - \tilde{\hat{\boldsymbol{G}}}, \quad \beta = \tilde{\hat{\boldsymbol{G}}} - \hat{\boldsymbol{g}},$$
$$\xi_T = T_h - \tilde{T}_h, \quad \zeta_T = \tilde{T}_h - T, \quad \alpha_T = \boldsymbol{G}_T - \tilde{\boldsymbol{G}}_T, \quad \beta_T = \tilde{\boldsymbol{G}}_T - \boldsymbol{g}_T.$$

设问题 (7.4.1)~(7.4.6) 满足正定性条件 (C), 其精确解满足正则性条件 (R). 由 Weiser, Wheeler 理论 [25] 得知格式 (7.4.29)~(7.4.31) 确定的辅助函数 $\{\tilde{P}, \tilde{\boldsymbol{U}}, \tilde{\hat{C}}, \tilde{\hat{\boldsymbol{G}}}, \tilde{T}_h, \tilde{\boldsymbol{G}}_T\}$ 存在唯一, 并有下述误差估计.

引理 7.4.5　若问题 (7.4.1)~(7.4.6) 的系数和精确解满足条件 (C) 和 (R), 则存在不依赖于剖分参数 $h, \Delta t$ 的常数 $\bar{C}_1, \bar{C}_2 > 0$, 使得下述估计式成立:

$$||\eta||_m + \left|\left|\hat{\zeta}\right|\right|_m + ||\zeta_T||_m + |||\theta||| + |||\beta||| + |||\beta_T||| + \left|\left|\frac{\partial \eta}{\partial t}\right|\right|_m + \left|\left|\frac{\partial \hat{\zeta}}{\partial t}\right|\right|_m + \left|\left|\frac{\partial \zeta_T}{\partial t}\right|\right|_m$$
$$\leqslant \bar{C}_1 \{h_p^2 + h_{\hat{c}}^2\}, \tag{7.4.32a}$$

$$\left|\left|\left|\tilde{\boldsymbol{U}}\right|\right|\right|_\infty + \left|\left|\left|\tilde{\hat{\boldsymbol{G}}}\right|\right|\right|_\infty + \left|\left|\left|\tilde{\boldsymbol{G}}_T\right|\right|\right|_\infty \leqslant \bar{C}_2. \tag{7.4.32b}$$

7.4.4　收敛性分析

本节对一个模型问题进行收敛性分析, 在方程 (7.4.1)、(7.4.3) 中假定 $\mu(\hat{c}) \approx \mu_0$, $a(\hat{c}) = \kappa(X)\mu^{-1}(\hat{c}) \approx \kappa(X)\mu_0^{-1} = a(X)$, $R_s' \equiv 0$, 此情况出现在混合流体"微小压缩"的低渗流岩石地层的情况 [1,51]. 此时原问题简化为

$$\varphi_1 \frac{\partial p}{\partial t} + \nabla \cdot \boldsymbol{u} = -q(X, t), \quad X \in \Omega, \quad t \in J, \tag{7.4.33a}$$

$$\boldsymbol{u} = -a\nabla p, \quad X \in \Omega, \quad t \in J, \tag{7.4.33b}$$

$$\varphi \frac{\partial \hat{c}}{\partial t} + \boldsymbol{u} \cdot \nabla \hat{c} - \nabla \cdot (E_c \nabla \hat{c}) = f(\hat{c}), \quad X \in \Omega, \quad t \in J. \tag{7.4.34}$$

与此同时, 原问题 (7.4.17) 和 (7.4.18) 的混合体积元–特征混合元格式简化为

$$\left(\varphi_1 \frac{P^{n+1} - P^n}{\Delta t}, v\right)_m + \left(D_x U^{x,n+1} + D_y U^{y,n+1} + D_z U^{z,n+1}, v\right)_m$$
$$= -\left(q^{n+1}, v\right)_m, \quad \forall v \in S_h, \tag{7.4.35a}$$

$$\left(a^{-1}U^{x,n+1}, w^x\right)_x + \left(a^{-1}U^{y,n+1}, w^y\right)_y + \left(a^{-1}U^{z,n+1}, w^z\right)_z$$

$$- \left(P^{n+1}, D_x w^x + D_x w^y + D_x w^z\right)_m = 0, \quad \forall w \in V_h. \tag{7.4.35b}$$

$$\left(\varphi \frac{\hat{C}^{n+1} - \hat{\hat{C}}^n}{\Delta t}, v\right)_m + \left(D_x \hat{G}^{x,n+1} + D_y \hat{G}^{y,n+1} + D_z \hat{G}^{z,n+1}, v\right)_m$$
$$= \left(f(\hat{\hat{C}}^n), v\right)_m, \quad \forall v \in S_h, \tag{7.4.36a}$$

$$\left(E_c^{-1} \hat{G}^{x,n+1}, w^x\right)_x + \left(E_c^{-1} \hat{G}^{y,n+1}, w^y\right)_y + \left(E_c^{-1} \hat{G}^{z,n+1}, w^z\right)_z$$
$$- \left(\hat{C}^{n+1}, D_x w^x + D_y w^y + D_z w^z\right)_m = 0, \quad \forall w \in V_h, \tag{7.4.36b}$$

此处 $\hat{C}^n = C^n(\hat{X}^n)$, $\hat{X}^n = X - \varphi^{-1} \boldsymbol{U}^{n+1} \Delta t$.

应用微分方程先验估计的理论和特殊技巧, 可以建立下述定理.

定理 7.4.3　对问题 (7.4.1)~(7.4.6) 假定其精确解满足正则性条件 (R), 且其系数满足正定性条件 (C), 采用混合体积元–特征分数步差分方法 (7.4.17)~(7.4.20) 逐层求解. 若剖分参数满足限制性条件:

$$\Delta t = 0(h_{\hat{c}}^2) = 0(h_c^2), \quad (h_{\hat{c}}^2) = 0(h_c^2) = o(h_p^{3/2}) \tag{7.4.37}$$

对模问题 (7.4.33) 和 (7.4.34), 下述误差估计式成立:

$$\|p - P\|_{\bar{L}^\infty(J;m)} + \|\partial_t(p - P)\|_{\bar{L}^2(J;m)}$$
$$+ \|\boldsymbol{u} - \boldsymbol{U}\|_{\bar{L}^\infty(J;V)} + \left\|\hat{c} - \hat{C}\right\|_{\bar{L}^\infty(J;m)} + \left\|\hat{\boldsymbol{g}} - \hat{\boldsymbol{G}}\right\|_{\bar{L}^2(J;V)}$$
$$+ \|T - T_h\|_{\bar{L}^\infty(J;m)} + \|\boldsymbol{g}_T - \boldsymbol{G}_T\|_{\bar{L}^2(J;V)}$$
$$+ \sum_{l=1}^{N} \left\{\|c_l - C_l\|_{\bar{L}^\infty(J;h^1)} + \|\partial_t(c_l - C_l)\|_{\bar{L}^2(J;l^2)}\right\}$$
$$\leqslant M^* \left\{h_p^2 + h_{\hat{c}}^2 + h_c^2 + \Delta t\right\}, \tag{7.4.38}$$

此处 $\|g\|_{\bar{L}^\infty(J;X)} = \sup_{n\Delta t \leqslant T} \|g^n\|_X$, $\|g\|_{\bar{L}^2(J;X)} = \sup_{L\Delta t \leqslant T} \left\{\sum_{n=0}^{L} \|g^n\|_X^2 \Delta t\right\}^{1/2}$, 常数 M^* 依赖于函数 $p, \hat{c}, c_l(l = 1, 2, \cdots, N), T$ 及其导函数.

7.4.5　总结和讨论

本节研究三维多孔介质中可压缩核废料污染数值模拟问题, 提出一类混合有限体积元–特征分数步差分方法及其收敛性分析. 7.4.1 小节是引言部分, 叙述和分析问题的数学模型、物理背景以及国内外研究概况. 7.4.2 小节给出网格剖分记号和引理, 以及三种 (粗、中、细) 网格剖分. 7.4.3 小节提出混合体积元–特征分数步差分方法程序, 对流动方程采用具有守恒律性质的混合体积元离散, 对 Darcy 速度提高了一阶精确度. 对 Brine 浓度方程和热传导方程采用了同样具有守恒律性质的特征混合体积元求解, 对流部分采用特征线法, 扩散项采用混合体积元离散, 大大提高了数值计算的稳定性和精确度, 且保持单元质量守恒律, 这在地下渗流力学数值模拟计算中是十分重要的. 对计算工作量最大的 Radionuclide 浓度方程组采用特征分数步差分方法, 将整体三维问题分解成连续计算三个一维问题, 且可用追赶法求解, 大大减少了实际计算工作量. 7.4.4 小节是收敛性分析, 对模型问题应用微分方程先验估计理论和特殊技巧, 得到了二阶 l^2 模误差估计结果. 这点特别重要, 它突破了 Arbogast 和 Wheeler 对同类问题仅能得到 $\frac{3}{2}$ 阶的著名成果. 本节有如下特征: ① 本格式具有物理守恒律特性, 这点在地下渗流力学数值模拟是极其重要的, 特别是对于核废料污染问题数值模拟计算; ② 由于组合的应用混合体积元, 特征线法和分数步差分方法, 它具有高精度和高稳定性的特征, 特别适用于三维复杂区域大型数值模拟的工程实际计算; ③ 它突破了 Arbogast 和 Wheeler 对同类问题仅能得到 $\frac{3}{2}$ 阶收敛性结果, 推进并解决了这一重要问题 [1-3,8,17,53]. 详细地讨论和分析, 可参阅文献 [56].

参 考 文 献

[1] Ewing R E. The Mathematics of Reservior Simulation. Philadelphia: SIAM, 1983.

[2] Ewing R E, Yuan Y R, Li G. Finite element methods for contamination by nuclear waste-disposal in porous media// Griffiths D F, Watson G A, ed. Numerical Analysis. Pitman Research Notes in Math. Fssex, U. K.: Longman Scientific and Technical, 170, 1988: 53-66.

[3] Reeves M, Cranwall R M. User's manual for the sandia waste-isolation flow and transport model (swift) release 4, 81. Sandia Report Nareg/CR-2324, SAND 81-2516, GF. November, 1981.

[4] Douglas Jr J. Finite difference methods for two-phase incompressible flow in porous media. SIAM. J. Numer. Anal., 1983, 20(4): 681-696.

[5] Douglas Jr J, Yuan Y R. Numerical simulation of immiscible flow in porous media based on combining the method of characteristics with mixed finite element procedure. Numerical Simulation in Oil Recovery. New York: Springer-Verlag, 1986: 119-131.

[6] Ewing R E, Russell T F, Wheeler M F. Convergence analysis of an approximation of miscible displacement in porous media by mixed finite elements and a modified method of characteristics. Comput. Methods Appl. Mech. Engrg., 1984, 47(1-2): 73-92.

[7] Russell T F. Time stepping along characteristics with incomplete iteration for a Galerkin approximation of miscible displacement in porous media. SLAM. J. Numer. Anal., 1985, 22(5): 970-1013.

[8] 袁益让. 能源数值模拟的理论和应用. 北京: 科学出版社, 2013.

[9] Yuan Y R. Characteristic finite difference methods for positive semidefinite problem of two-phase (oil and water) miscible flow in porous media. J. Systems Sci. Math. Sci., 1999, 12(4): 299-306.

[10] Yuan Y R. Characteristic finite element methods scheme and analysis the three-dimensional two phase disphacement positive semidefinite problem. Chin. Sci. Bull., 1997, 42(1): 17-22.

[11] Todd M R, Dell P M, Hirasaki G J. Methods for increased accuracy in numerical reservoir simulators. Soc. Petrol. Engry. J., 1972, 12(6): 515-530.

[12] Bell J B, Dawson C N, Shubin G R. An unsplit high-order Godunov method for scalar conservation laws in multiple dimensions. J. Comput. Phys., 1988, 74: 1-24.

[13] Johnson C. Streamline diffusion methods for problems in fluid mechanics//Finite Elements in Fluids VI. New York: Wiley, 1986.

[14] Yang D P. Analysis of least-squares mixed finite element methods for nonlinear nonstationary convection–diffusion problems. Math. Comp., 2000, 69(231): 929-963.

[15] Dawson C N, Russell T F, Wheeler M F. Some improved error estimates for the modified method of characteristics. SIAM. J. Numer. Anal., 1989, 26(6): 1487-1512.

[16] Celia M A, Russell T F, Herrera I, et al. An Eulerian-Lagrangian localized adjoint method for the advection-diffusion equations. Adv. Water Resour., 1990, 13(4): 187-206.

[17] Arbogast T, Wheeler M F. A charcteristics-mixed finite element method for advection-dominated transport problems. SIAM. J. Numer. Anal., 1995, 32(2): 404-424.

[18] Sun T J, Yuan Y R. An approximation of incompressible miscible displacement in porous media by mixed finite element method and characteristics-mixed finite element method. J. Comput. Appl. Math., 2009, 228(1): 391-411.

[19] Cai Z. On the finite volume element method. Numer. Math., 1990, 58(1): 713-735.

[20] Li R H, Chen Z Y. Generalized Difference of Differential Equations. Changchun: Jilin University Press, 1994.

[21] Douglas Jr J, Ewing R E, Wheeler M F. Approximation of the pressure by a mixed method in the simulation of miscible displacement. RAIRO Anal. Numer., 1983, 17(1): 17-33.

[22] Douglas Jr J, Ewing R E, Wheeler M F. A time-discretization procedure for a mixed finite element approximation of miscible displacement in porous media. RAIRO Anal. Numer., 1983, 17(3): 249-265.

[23] Raviart P A, Thomas J M. A Mixed Finite Element Method for Second Order Elliptic Problems. Mathematical Aspects of the Finite Element Method. Lecture Notes in Mathematics, 606, New York: Springer-Verlag, 1977.

[24] Russell T F. Rigorous block-centered discritization on inregular grids: Improved simulation of complex reservoir systems. Tulsa: Project Report, Research Comporation, 1995.

[25] Weiser A, Wheeler M F. On convergence of block-centered finite difference for elliptic problems. SIAM. J. Numer. Anal., 1988, 25(2): 351-375.

[26] Cai Z, Jones J E, Mccormilk S F, et al. Control-volume mixed finite element methods. Comput. Geosci., 1997, 1(3-4): 289-315.

[27] Jones J E. A mixed finite volume element method for accurate computation of fluid velocities in porous media. Ph. D. Thesis. University of Clorado, Denver, Co., 1995.

[28] Chou S H, Kawk D Y, Vassilevski P. Mixed covolume methods for elliptic problems on triangular grids. SIAM. J. Numer. Anal., 1998, 35(5): 1850-1861.

[29] Chou S H, Kawk D Y. Mixed volume methods on rectangular grids for elliptic problem. SIAM. J. Numer. Anal., 2000, 37(3): 758-771.

[30] Chou S H, Vassileviki P. A general mixed covolume framework for constructing conservative schemes for elliptic problems. Math. Comp., 1999, 68(227): 991-1011.

[31] Pan H, Rui H X. Mixed element method for two-dimensional Darcy-Forchheimer model. J. of Scientific Computing, 2012, 52(3): 563-587.

[32] Rui H X, Pan H. A block-centered finite difference method for the Darcy-Forchheimer Model. SIAM. J. Numer. Anal., 2012, 50(5): 2612-2631.

[33] Ewing R E, Yuan Y R, Li G. A time-discretization procedure for a mixed finite element approximation of contamination by incompressbile nuclear waste in porous media. Mathematics of Large Scale Computing, 127-146, New York and Basel: Marcel Dekker, INC, 1988.

[34] Ewing R E, Yuan Y R, Li G. Timestepping along characteristics for a mixed finite-element approximation for compressible flow of contamination from nuclear waste in porous media. SIAM. J. Numer. Anal., 1989, 26(6): 1513-1524.

[35] 袁益让. 可压缩核废料问题的数值模拟研究. 山东大学数学研究所科研报告, 1990.

[36] Jiang L S, Pang Z Y. Finite Element Method and Its Theory. Beijing: People's Education Press, 1979.

[37] Nitsche J. Linear splint-funktionen and die methoden von Ritz for elliptishce randwert problem. Arch. for Rational Mech. and Anal., 1970, 36(5): 348-355.

[38] Adams R A. Sobolev Spaces. New York: Academic Press, 1975.

[39] 袁益让, 李长峰, 刘允欣, 等. 核废料污染的混合体积元–特征混合体积元方法和收敛性. 山东大学数学研究所科研报告, 2016.
    Yuan Y R, Li C F, Liu Y X, et al. Mixed volume element-characteristic mixed volume element method and its analysis for incompressible flow of contamination from nuclear waste in porous media. 山东大学数学研究所科研报告, 2016.

[40] Douglas Jr J, Roberts J E. Numerical methods for a model for compressible miscible displacement in porous media. Math. Comp., 1983, 41(164): 441-459.

[41] 袁益让. 多孔介质中可压缩可混溶驱动问题的特征 —— 有限元方法. 计算数学, 1992, 14(4): 385-400.

[42] Ewing R E, Yuan Y R, Li G. Finite element for chemical-flooding simulation. Proceeding of the 7th International conference finite element method in flow problems. The University of Alabama in Huntsville, Huntsville, Alabama: UAHDRESS, 1989: 1264-1271.

[43] 袁益让, 羊丹平, 戚连庆, 等. 聚合物驱应用软件算法研究//冈秦麟. 化学驱油论文集. 北京: 石油工业出版社, 1998: 246-253.

[44] Yuan Y R. The characteristic finite element alternating direction method with moving meshes for nonlinear convection-dominated diffusion problems. Numer. Methods for Partial Differential Eq., 2006, 22(3): 661-679.

[45] Yuan Y R. The modified method of characteristics with finite element operator-splitting procedures for compressible multi component displacement problem. J. Systems Science and Complexity, 2003, 16(1): 30-45.

[46] Yuan Y R. The characteristic finite difference fractional steps method for compressible two-phase displacement problem. Science in China (Series A), 1999, 42(1): 48-57.

[47] Yuan Y R. The upwind finite difference fractional steps methods for two-phase compressible flow in porous media. Numer Methods Partial Differential Eq., 2003, 19(1): 67-88.

[48] Sun T J, Yuan Y R. An approximation of incompressible miscible displacement in porous media by mixed finite element method and characteristics-mixed finite element method. J. Comput. Appl. Math., 2009, 228(1): 391-411.

[49] Sun T J, Yuan Y R. Mixed finite element method and the characteristics-mixed finite element method for a slightly compressible miscible displacement problem in porous media. Mathematics and Computers in Simulation, 2015, 107: 24-45.

[50] 袁益让. 可压缩核废料污染问题的数值模拟和分析. 应用数学学报, 1992, 1: 70-82.

[51] Ewing R E, Wheeler M F. Galerkin methods for miscible displacement problems with point sources and sinks-unit mobility ratis case. Proc. Special Year in Numerical Anal., Lecture Notes #20, Univ. Maryland, College Park, 1981: 151-174.

[52] 袁益让, 李长峰, 刘允欣, 等. 多孔介质中可压缩核废料污染问题的混合体积元–特征混合体积元和分析. 山东大学数学研究所科研报告, 2016.
Yuan Y R, Li C F, Liu Y X, et al. Mixed volume element-Characteristic mixed volume element mothod with its analysis for compressible flow of contamination from nuclear waste in porous media. 山东大学数学研究所科研报告, 2016.

[53] 袁益让. 高维数学物理问题的分数步方法. 北京: 科学出版社, 2015.

[54] Douglas Jr J. Simulation of miscible displacement in porous media by a modified method of characteristic procedure. In Numerical Analysis, Dundee, 1981. Lecture Notes in Mathematics, 912, Berlin: Springer-Verlag, 1982.

[55] 李长峰, 袁益让, 孙同军, 等. 多孔介质中核废料污染问题数值模拟的混合体积元–特征分数步差分方法. 山东大学数学研究所科研报告, 2016.
Li C F, Yuan Y R, Sun T J, et al. Mixed volume element-characterstic fractional step difference method for contamination treatment from nuclear waste disposal. J Sci Comput. 2017, 72(2): 467-499.

第8章　化学采油数值模拟方法的新进展

作者 1985~1988 年访美期间和 R.E.Ewing 教授合作, 从事强化采油数值模拟方法和应用软件研究. 回国后带领课题组 1991~1995 年承担了 "八五" 国家重点改关项目——聚合驱软件研究和应用. 随后又继续承担大庆石油管理局多项改关项目, 全部在生产中得到实际应用, 产生巨大的经济和社会效益. 本章主要研究黑油 (油、气、水)——聚合物驱, 黑油 (油、气、水)——三元 (聚合物、表面活性剂、碱) 复合驱数值模拟方法和工业生产软件的矿场实际应用. 在此基础上, 进一步研究了具有物理守恒律性质的三维化学采油耦合系统的混合体积元——特征混合体积元方法和收敛分析.

8.1　多孔介质三相 (油、气、水) 化学采油数值模拟方法、理论和应用

本节研究三相 (油、气、水) 化学采油数值模拟方法、理论和应用, 包含黑油 (油、气、水)——聚合物驱, 黑油 (油、气、水)——三元复合驱、矿场实际应用和数值分析等方面的研究成果, 提出了渗流力学模型, 全隐式解法和隐式压力–显式饱和度解法, 构造了上游排序, 隐式迎风精细分数步差分迭代格式, 分别求解压力方程、饱和度方程、化学物质组分浓度方程和石油酸浓度方程, 编制了大型工业应用软件, 成功实现了网格步长十米级, 十万个节点和模拟时间长达数十年的高精度数值模拟. 并已成功应用到大庆、胜利、大港等国家主力油田的矿场采油实际数值模拟和分析中, 产生了巨大的社会和经济效益. 并对模型问题得到了严谨的数值分析成果, 使软件系统建立在坚实的数学和力学基础上, 成功解决了这一重要问题.

8.1.1　引言

目前国内外行之有效的保持油藏压力的方法是注水开发, 其采收率比靠天然能量的任何开采方式都高. 我国大庆油田在注水开发上取得了巨大的成绩, 使油田达到高产稳产. 如何进一步提高注水油藏的原油采收率, 仍然是一个具有战略性的重大课题.

油田经注水开采后, 油藏中仍残留大量的原油, 这些油或者被毛细管力束缚住不能流动, 或者由于驱替相和被驱替相之间的不利流度比, 使得注入流波及体积小, 而无法驱动原油. 在注入液中加入某些化学添加剂, 则可大大改善注入液的驱洗油

能力. 常用的化学添加剂大都为聚合物、表面活性剂和碱. 聚合物被用来优化驱替相的流度, 以调整与被驱替相之间的流度比, 均匀驱动前缘, 减弱高渗层指进, 提高驱替液的波及效率, 同时增加压力梯度等. 表面活性剂和碱主要用于降低地下各相间的界面张力, 从而将被束缚的油启动.

　　问题的数学模型基于下述的假定: 流体的等温流动、各相间的平衡状态、各组分间没有化学反应以及推广的 Darcy 定理等. 据此, 可以建立关于压力函数 $p(x,t)$ 的流动方程和关于饱和度函数组 $c_i(x,t)$ 的对流扩散方程组, 以及相应的边界和初始条件.

　　多相 (油、气、水)、多组分、微可压缩混合体的质量平衡方程是一组非线性耦合偏微分方程, 它的求解是十分复杂和困难的, 涉及许多现代数值方法 (混合元、有限元、有限差分法、数值代数) 的技巧. 一般用隐式求解压力方程, 用显式或隐式求解饱和度方程组. 通过上述求解过程, 能求出诸未知函数, 并给予物理解释. 分析和研究计算机模拟所提供的数值和信息是十分重要的, 它可描述注化学剂驱油的完整过程, 帮助更好地理解各种驱油机制和过程. 预测原油采收率, 计算产出液中含油的百分比以及注入的聚合物、表面活性剂和碱的百分比数, 由此可看出液体中组分变化的情况, 有助于决定何时终止注入. 测出各种参数对原油采收率的影响, 可用于现场试验特性的预测, 优化各种注采开发方案. 化学驱油渗流力学模型的建立、计算机应用软件的研制、数值模拟的实现, 是近年来化学驱油新技术的重要组成部分, 受到了各国石油工程师、数学家的高度重视 [1-8].

　　作者 1985~1988 年访美期间和 Ewing 教授合作, 从事这一领域的理论和实际数值模拟研究 [5,9]. 回国后带领课题组 1991~1995 年承担了国家 "八五" 重点科技攻关项目 (85-203-01-087)——聚合物驱软件研究和应用 [10,11]. 研制的聚合物驱软件已在大庆油田聚合物驱油工业性生产区的方案设计和研究中应用. 通过聚合物驱矿场模拟得到聚合物驱一系列重要认识: 聚合物段塞作用、清水保护段塞设置、聚合物用量扩大等, 都在生产中得到应用, 产生巨大的经济和社会效益 [10,11]. 随后又继续承担大庆油田石油管理局攻关项目 (DQYJ-1201002-2006-JS-9565)——聚合物驱数学模型解法改进及油藏描述功能完善. 该软件系统还应用于胜利油田孤东小井驱试验区三元复合驱、孤岛中一区试验区聚合物驱、孤岛西区复合驱扩大试验区实施方案优化及孤东八区注活性水试验的可行性研究等多个项目, 均取得很好的效果 [12]. 近年来又先后承担了大庆石油管理局攻关项目 (DQYJ-1201002-2009-JS-1077)——化学驱模拟器碱驱机理模型和水平井模型研制及求解方法研究 [13], 和国家科技重大专项 (2008ZX05011-004) 高温高盐化学驱油藏数值模拟关键技术研究, 亦取得重大的成果和巨大的经济和社会效益 [14]. 在承担国家攻关项目的同时, 我们还先后承担着国家能源数值模拟的基础理论研究, 国家基础研究规划项目 (大规模科学计算研究 (G1999032803)——能源数值模拟的理论和应用), 国家攀登计划 A 类项目 (大规模科学与工程计算的方法和理论 (85-2)——能源数值模拟的有限元数值方法和理论), 国家攀登计算 B 类项目 (复合驱强化采油技术中重大基础性研究 (85-33-03-02)–复合驱数值模拟和软件), 国家自然科学基金 (能源数值方法的理论和应用 (10271066)), 国家自然科学基金 (能源数值模拟的方法, 理论和应用 (19871051)), 国家自然科学基金 (能源数值模拟的理论和方法 (19171054)), 国家自然科学基金 (油田三次采油法的数值模拟和理论 (1880441)), 国家自然科学基金 (能源数值模拟的理论和应用 (1850233)), 亦取得系列重要成果, 将能源数值模拟基础理论研究上了一个新的台阶, 达到国际前沿的先进水平, 使我们研制的能源数值模拟工业应用软件系统建立在坚实的数学和力学基础上. 本文是上述科研工作的总结, 发展和展望 [4,15-28].

本节共五小节: 8.1.1 小节引言; 8.1.2 小节黑油 (油、气、水)-聚合物驱数值模拟方法及应用; 8.1.3 小节黑油 (油、气、水)-三元复合驱数值模拟方法及应用; 8.1.4 小节化学采油数值模拟计算方法的数值分析; 8.1.5 小节总结和展望.

8.1.2 黑油 (油、气、水)–聚合物驱数值模拟方法及其应用

作者带领课题组 1991~1995 年承担了 "八五" 国家重点科技攻关项目 (85-203-01-087)——聚合物驱软件研究和应用 [10,11,15-17]. 研制的聚合物驱软件已在大庆油田聚合物驱油工业性生产区的方案设计和研究中应用. 通过聚合物驱矿场模拟得到聚合物驱一系列重要认识: 聚合物段塞作用、清水保护段塞设置、聚合物用量扩大等, 都在生产中得到应用, 产生巨大的经济和社会效益 [10,11,18,20]. 随后又继续承担大庆油田石油管理局攻关项目 (DQYJ-1201002-2006-JS-9565)——聚合物驱数学模型解法改进及油藏描述功能完善 [12]. 该软件系统还应用于大港油田枣北断块地区的聚合物驱数值模拟, 胜利油田孤东小井驱试验区三元复合驱、孤岛中一区试验区聚合物驱、孤岛西区复合驱扩大试验区实施方案优化及孤东八区注活性水试验的可行性研究等多个项目, 均取得很好的效果 [13].

本小节是上述研究工作的总结和深化分析, 主要包含在多孔介质中油、气、水三相注聚合物驱油数值模拟的渗流力学数学模型、数值方法、实际矿场应用和分析.

8.1.2.1 黑油 (油、气、水)——聚合物驱数学模型

黑油 (油、气、水) 模型的油藏数值模拟软件. 其出发点是: 油藏含油、气、水三相, 油相含油组分和溶解气组分、水相含水组分、气相含气组分、气组分随压力环境变化可在油相和气相之间交换. 为了改进黑油模型使之能够模拟聚合物驱过程, 我们以黑油模块为基础, 经改造并增加了聚合物驱模块, 研制成新的黑油 (油、气、水)——聚合物模拟系统.

　　我们的系统含油气水三相, 油相含油组分和溶解气组分, 水相含水组分、聚合物组分和阴、阳离子组分, 气相只含气组分, 气组分随压力环境变化可在油相和气相之间交换. 包含两个基本模块: 三相流求解模块、组分方程求解模块.

　　三相 (油、气、水) 流求解模块继承了黑油模型的部分算法, 但黑油模型中水相的黏度是常数, 而在聚合物驱中, 由于聚合物的出现改变了水的黏性, 水相黏度成为变量. 另一方面, 增加的组分方程求解模块的结构和算法必需要在功能上与黑油模型兼容, 组分方程的求解需增加相应处理, 以满足尖灭区、断层、边底水以及断层等工程实际的需求.

　　在上述工作基础上, 我们提出以下两类计算方法.

　　(i) 全隐式解法　所有变量 (压力、水饱和度、气饱和度或溶解气油比) 同时隐式求解. 这是最可靠的有限差分公式. 每步外迭代需要的机时最多. 但由于全隐式比隐压–显饱格式来的更稳定, 所以能够选取更大的时间步长从而降低总模拟时间. 进一步, 稳定性限制有时会使隐压–显饱格式无法进行.

　　(ii) 隐压–显饱格式　隐压–显饱格式 (隐式压力、显式饱和度) 公式基于如下假设: 一个时间步内, 饱和度变化不会明显影响到油藏流体流动. 这一假设允许从离散流动方程中消去饱和度未知量. 只有迭代步上的压力变化保持隐式耦合. 一旦压力变化确定了, 饱和度可以逐点显式更新. 如果饱和度在时间步上的变化偏大, 隐压–显饱格式就不稳定了. 当时间步长足够小使得饱和度变化足够小 (一般设为 5%) 时, 隐压–显饱格式是非常有效的.

　　求解油水二相流时, 用 "w" 和 "o" 分别表示水相和油相, 渗流力学数学模型为 [9,18,20,21]

$$\frac{\partial}{\partial x}\left[\lambda_l\left(\frac{\partial p_l}{\partial x}-\gamma_l\frac{\partial z}{\partial x}\right)\right]=\frac{\partial}{\partial t}\left(\varphi\frac{\partial S_l}{\partial B_l}\right)-q_l,\quad l=w,o,\tag{8.1.1a}$$

$$p_c=p_o-p_w,\quad S_w+S_o=1.0.\tag{8.1.1b}$$

用 "w", "o" 和 "g" 分别表示水相、油相和气相, 三相流渗流力学数学模型为 [9-11,21]

$$\begin{cases}\dfrac{\partial}{\partial x}\left[\lambda_w\left(\dfrac{\partial p_w}{\partial x}-\gamma_w\dfrac{\partial z}{\partial x}\right)\right]=\dfrac{\partial}{\partial t}\left(\varphi\dfrac{\partial S_w}{\partial B_w}\right)-q_w,\\[3mm]\dfrac{\partial}{\partial x}\left[\lambda_o\left(\dfrac{\partial p_o}{\partial x}-\gamma_o\dfrac{\partial z}{\partial x}\right)\right]=\dfrac{\partial}{\partial t}\left(\varphi\dfrac{\partial S_o}{\partial B_o}\right)-q_o,\\[3mm]\dfrac{\partial}{\partial x}\left[R_s\lambda_o\left(\dfrac{\partial p_o}{\partial x}-\gamma_o\dfrac{\partial z}{\partial x}\right)\right]+\dfrac{\partial}{\partial x}\left[\lambda_g\left(\dfrac{\partial p_g}{\partial x}-\gamma_g\dfrac{\partial z}{\partial x}\right)\right]\\[3mm]=\dfrac{\partial}{\partial t}\left(\varphi R_s\dfrac{(1-S_w-S_g)}{B_o}+\varphi\dfrac{S_g}{B_g}\right)-R_sq_o-q_g,\end{cases}\tag{8.1.2a}$$

$$p_o-p_w=p_{cow},\quad p_g-p_o=p_{cog},\tag{8.1.2b}$$

$$\lambda_l = \frac{KK_{rl}}{\mu_l B_l}, \quad l = w, o, g, \quad \gamma_l = \rho_l g, \tag{8.1.2c}$$

$$u_l = \lambda_l (\nabla p_l - \gamma_l \nabla z), \quad l = w, o, g, \tag{8.1.2d}$$

其中 φ 为孔隙度, p_l 为 l 相压力, S_l 为 l 相的饱和度, K 为绝对渗透率, B_l 为 l 相的体积因子, K_{rl} 为 l 相的相对渗透率, μ_l 为 l 相的黏度, ρ_l 为 l 相的密度;R_s 为溶解气油比, q_l 为 l 相的源汇项 (地面条件).

需要说明的是, 在黑油 (油、气、水) 模型中水相黏度 μ_w 为常数, 在黑油 (油、气、水)–聚合物驱模型中, 水相黏度 μ_w 是聚合物浓度的函数, 即 $\mu_w = \mu_w(C_{pw})$, C_{pw} 表示水中聚合物浓度 (相对于水). 聚合物组分在水中运动, 其浓度场反过来影响水相黏度场, 从而影响三相 (油、气、水) 流体流动, 流体流动过程与聚合物组分的运动是同时发生的. 因此, 上述黑油数学模型, 与描述聚合物运动的对流扩散方程是非线性耦合系统. 从解法角度考虑, 我们把三相流运动方程和聚合物对流扩散方程的解耦合计算. 即解一步三相流动, 得到流场, 再利用该流场解对流扩散方程, 得到新的聚合物浓度场, 更新水相黏度场, 转入下一个时间步.

现在, 我们给出描述聚合物, 阴、阳离子组分运动的对流扩散方程, 为了便于说明, 不区别组分, 只以表示某一组分在水中的浓度.

$$\frac{\partial}{\partial t} (\varphi S_w C) + \operatorname{div} (C u_w - \psi S_w K \nabla C) = Q, \tag{8.1.2e}$$

$$\mu_w = \mu_w(C). \tag{8.1.2f}$$

方程组 (8.1.1a)、(8.1.1b)、(8.1.1e)、(8.1.1f) 是完整的油水二相聚合物驱数学模型. 方程组 (8.1.2a)∼ (8.1.2f) 是完整的油气水三相聚合物驱数学模型.

黑油 (油、气、水)–聚合物驱模型计算步骤如下:

t^1 时间步压力、饱和度求解, t^1 时间步组分浓度求解;

依组分浓度修正水相黏度;

t^2 时间步压力、饱和度求解, t^2 时间步组分浓度求解;

依组分浓度修正水相黏度;

......

t^{n+1} 时间步压力、饱和度求解, t^{n+1} 时间步组分浓度求解;

依组分浓度修正水相黏度;

......

模拟完成.

8.1.2.2 数值计算方法

我们提出两类数值计算方法.

8.1.2.2.1　三相 (油、气、水) 流的全隐式解法

全隐式解法是指消去多余的未知数, 保留三个未知数, 通常保留油相压力、水相饱和度以及气相饱和度. 采用隐式差分格式, 即左端所有值, 包括压力、饱和度、产量和其他系数 (如相对渗透率、毛细管力等, 全部用新时刻的值). 这种全隐式差分方程是非线性的代数方程组, 必须用迭代法求解, 每迭代一次 (外迭代) 所用工作量是隐-显方法的七倍. 但它是无条件稳定的, 适于处理一些难度比较大的黑油模拟问题. 为了使一个时间步的变化与一次迭代后的变化有所区别, 我们用算子 $\bar{\delta}$ 表示前者, 用 δ 表示从第 k 次迭代到 $k+1$ 次迭代的变化, 即

$$\bar{\delta}f = f^{n+1} - f^n, \quad \delta f = f^{k+1} - f^k,$$
$$\bar{\delta}f \approx f^{k+1} - f^n = f^k + \delta f - f^n.$$

对方程 (8.1.2a) 的欧拉向后有限差分格式可写为

$$\left\{(\Delta T_l \Delta(p_l - \gamma_l z))^{n+1} + \omega \left[\Delta(T_o R_s \Delta(p_o - \gamma_o z))^{n+1} + (q_o R_s)^{n+1}\right]\right\}_i$$
$$= \frac{V_b}{\Delta t}\left\{\left(\varphi\frac{S_l}{B_l}\right) + \omega\left(\frac{1}{B_o}R_s S_o\right)\right\}_i^{n+1} - q_{li}^{n+1}, \quad l = w, o, g, \tag{8.1.3}$$

此处 $\omega = 1$ 当 $l = g$; $\omega = 0$, 当 $l = w, o$; $V_b = \Delta x \Delta y \Delta z$. 则可导出黑油模型全隐式求解差分格式如下:

$$\Delta T_l^{n+1}\Delta\Phi_l^{n+1} + q_l^{n+1} + \omega\left[\Delta(T_o R_s \Delta\Phi_o)^{n+1} + (q_o R_s)^{n+1}\right]$$
$$= \frac{V_b}{\Delta t}\bar{\delta}\left[\varphi b_l S_l + \omega(b_o R_s S_o)\right], \quad l = w, o, g, \tag{8.1.4}$$

其中 $b_l = \dfrac{1}{B_l}$; $\Phi = p_i - \gamma_l D$. 利用算子 δ 可将上式写成如下形式.

$$\Delta(T_l^k + \delta T_l)\Delta(\Phi_l^k + \delta\Phi_l) + q_l^k + \delta q_l$$
$$+ \omega\left\{\left[\Delta(T_o R_s)^k + \delta(T_o R_s)\right]\left[\Delta(\Phi_o^k + \delta\Phi_o) + (q_o R_s)^k + \delta(q_o R_s)\right]\right\}$$
$$= \frac{V_b}{\Delta t}\left\{[\varphi b_l S_l + \omega(b_o R_s S_o)]^k + \delta[\varphi b_l S_l + \omega(\varphi b_o R_s S_o)] - [\varphi b_l S_l + \omega(\varphi b_o R_s S_o)]^n\right\},$$
$$l = w, o, g.$$

将上式展开, 略去二次项, 第 k 次迭代后的余项可以写为

$$R_l^k \equiv \Delta T_l^k \Delta\Phi_l^k + q_l^k + \omega\left[\Delta(T_o R_s)^k \Delta\Phi_o^k + (q_o R_s)^k\right]$$
$$- \frac{V_b}{\Delta t}\left\{[\varphi b_l S_l + \omega(b_o R_s S_o)]^k - [\varphi b_l S_l + \omega(\varphi b_o R_s S_o)]^n\right\}, \quad l = w, o, g.$$

这样, 原方程可以写成带余项的形式:

$$\Delta(\delta T_l)\Delta\Phi_l^k + \Delta T_l^k\Delta(\delta\Phi_l) + \delta q_l + \omega\left[\Delta\delta(T_oR_s)\Delta\Phi_o^k + \Delta(T_oR_s)^k\Delta(\delta\Phi_o) + \delta(q_oR_s)\right]$$
$$=\frac{V_b}{\Delta t}\delta\left\{\varphi b_l S_l + \omega(\varphi b_o R_s S_o)\right\} - R_l^k. \tag{8.1.5}$$

当迭代达到收敛时, $R_l^k \to 0$, 这里 $l = w, o, g$; $k = 1, 2, \cdots$.

写成通式有

$$RHS_l = C_{l1}\delta p_o + C_{l2}\delta S_w + C_{l3}\delta S_g - R_l^k, \quad l = w, o, g. \tag{8.1.6}$$

为了求解上面这一方程, 还需要对其作线性展开. 选择 $\delta p_o, \delta S_w, \delta S_g$ 作为求解变量, 我们给出方程右端项展开如下.

注意到: $\delta(ab) = a^{k+1}\delta b + b^k\delta a$, 对水相方程右端, 有

$$RHS_w = \frac{V_b}{\Delta t}\delta(\varphi b_w S_w) - R_w^k = C_{w1}\delta p_o + C_{w2}\delta S_w + C_{w3}\delta S_g - R_w^k,$$

这里

$$C_{w1} = \frac{V_b}{\Delta t}S_w^k(\varphi^{k+1}b_w + b_w^k\varphi'), \quad C_{w2} = \frac{V_b}{\Delta t}\varphi^{k+1}(b_w^k - S^k b_w'p_{cwo}'),$$
$$C_{w3} = 0, \quad R_w^k = \Delta T_w^k\Delta\Phi_w^k + q_w^k - \frac{V_b}{\Delta t}\left[(\varphi b_w S_w)^k - (\varphi b_w S_w)^n\right]. \tag{8.1.7}$$

对油相方程右端, 有

$$RHS_o = \frac{V_b}{\Delta t}\delta(\varphi b_o S_o) - R_o^k = C_{o1}\delta p_o + C_{o2}\delta S_w + C_{o3}\delta S_g - R_o^k,$$

这里

$$C_{o1} = \frac{V_b}{\Delta t}S_o^k(\varphi^{k+1}b_o' + b_o^k\varphi'), \quad C_{o2} = \frac{V_b}{\Delta t}\varphi^{k+1}(\varphi b_o)^{k+1},$$
$$C_{o3} = -\frac{V_b}{\Delta t}\varphi^{k+1}(\varphi b_o)^{k+1}, \quad R_o^k = \Delta T_o^k\Delta\Phi_o^k + q_o^k - \frac{V_b}{\Delta t}\left[(\varphi b_o S_o)^k - (\varphi b_o S_o)^n\right]. \tag{8.1.8}$$

对气相方程右端, 有

$$RHS_g = \frac{V_b}{\Delta t}\delta\left[(\varphi b_g S_g) + (\varphi b_o R_s S_o)\right] - R_g^k = C_{g1}\delta p_o + C_{g2}\delta S_w + C_{g3}\delta S_g - R_g^k,$$

这里

$$C_{g1} = \frac{V_b}{\Delta t}\left\{(b_g S_g + b_o R_s S_o)^k\varphi_r C_r + \varphi^{k+1}\left[S_g^k b_g + S_o^n(R_s^{k+1}b_o' + b_o^k R_s')\right]\right\},$$
$$C_{g2} = -\frac{V_b}{\Delta t}(\varphi b_o R_s)^{k+1}, \quad C_{g3} = -\frac{V_b}{\Delta t}\varphi^{k+1}(b_g^{k+1} + S_g^k b_g' p_{cgo}') + C_{g2},$$

$$R_g^k = \Delta T_g^k \Delta \Phi_g^k + q_g^k + \left[\Delta(T_o R_s)^k \Delta \Phi_o^k + (q_o R_s)^k\right] - \frac{V_b}{\Delta t}\left\{[\varphi(b_g S_g + b_o R_s S_o)]^k\right.$$
$$\left. - [\varphi(b_g S_g + b_o R_s S_o)]^n\right\}. \tag{8.1.9}$$

在上面的表达式中 b_l' 和 φ' 是体积因子和孔隙度对压力的导数. p_{cwo}' 是 p_c 对 S_w 的导数, p_{cgo}' 是 p_c 对 S_g 的导数.

左端项的展开, 为方便引进两个算子,

$$M_l = \Delta T_l^k \Delta(\delta\Phi_l)^k + \omega\left[\Delta(T_o R_s)^k \Delta(\delta\Phi_o)\right], \quad N_l = \Delta(\delta T_l)\Delta\Phi_l^k + \omega\left[\Delta\delta(T_o R_s)\Delta\Phi_o^k\right].$$

这样, 原差分方程可表示成如下形式:

$$M_l + N_l + \delta q_l + \omega\delta(q_o R_s) = RHS_l, \quad l = w, o, g. \tag{8.1.10}$$

在此仅给出 M_l 的展开. 对水相,

$$M_w = \Delta T_w^k \Delta(\delta\Phi_w) \approx \Delta T_w^k \Delta(\delta p) - \Delta T_w^k \Delta(p_{cwo}' \delta S_w),$$

对油相,

$$M_o = \Delta T_o^k \Delta(\delta\Phi_o) = \Delta T_o^k \Delta\left[\delta(p - \gamma_o D)\right] \approx \Delta T_w^k \Delta(\delta p),$$

对气相,

$$M_g = \Delta T_g^k \Delta(\delta\Phi_g) + \Delta(T_o R_s)^k \Delta(\delta\Phi_o)$$
$$\approx \Delta(T_g + T_o R_s)^k \Delta(\delta p) + \Delta T_g^k \Delta(p_{cgo}' \delta S_g).$$

二阶差分算子展开时, 传导系数按上游原则取值, i_+ 表示节点 i 和节点 $i+1$ 之中的上游节点, i_- 表示节点 i 和节点 $i-1$ 之中的上游节点, 即

$$\Delta T_l \Delta(\delta f)_i = T_{li_+}(\delta f_{i+1} - \delta f_i) - T_{li_-}(\delta f_i - \delta f_{i-1}), \quad l = w, o, g.$$

将左端和右端的所有展开式代入原差分方程, 即得到所需代数方程组.

8.1.2.2.2　隐式压力-显式饱和度解法

隐-显方法的基本思路是合并流体流动方程得到一个只含压力的方程. 某一时间步的压力求出来后, 饱和度采用显式更新.

将方程 (8.1.2a) 进行离散得到的有限差分方程可以写为 p_o 及饱和度的形式:

$$\Delta\left[T_w(\Delta p_o - \Delta p_{cow} - \gamma_w \Delta z)\right] = C_{1p}\Delta_t p_w + \sum_t C_{1l}\Delta_t S_l + q_w,$$

$$\Delta\left[T_o(\Delta p_o - \gamma_o \Delta z)\right] = C_{2p}\Delta_t p_o + \sum_t C_{2l}\Delta_t S_l + q_o,$$

$$\Delta \left[T_g (\Delta p_o - \Delta p_{cog} - \gamma_g \Delta z) \right] + \Delta \left[R_s T_o (\Delta p_o - \gamma_o \Delta z) \right]$$
$$= C_{3p} \Delta_t p_g + \sum_t C_{3l} \Delta_t S_l + R_s q_o + q_g.$$

隐-显方法的基本假设是: 方程左端的流动项中毛细管力压力在一个时间步长内不发生变化. 则含 Δp_{cow} 和 Δp_{cog} 的项在前一个时间步长上 (t^n 步) 的值可以用显式计算出来, 并且 $\Delta_t p_w = \Delta_t p_o = \Delta_t p_g$. 因此, 我们可以用 p 来表示 p_o, 写为

$$\Delta \left[T_w (\Delta p^{n+1} - \Delta p^n_{cow} - \gamma_w \Delta z) \right] = C_{1p} \Delta_t p + C_{1w} \Delta_t S_w + q_w,$$
$$\Delta \left[T_o (\Delta p^{n+1} - \gamma_o \Delta z) \right] = C_{2p} \Delta_t p + C_{2o} \Delta_t S_o + q_o,$$
$$\Delta \left[T_g (\Delta p^{n+1} - \Delta p^n_{cog} - \gamma_g \Delta z) \right] + \Delta \left[R_s T_o (\Delta p^{n+1} - \gamma_o \Delta z) \right]$$
$$= C_{3p} \Delta_t p + C_{3o} \Delta_t S_o + C_{3g} \Delta_t S_g + R_s q_o + q_g, \tag{8.1.11}$$

式中, 系数 C 由下式来确定:

$$C_{1p} = \frac{V_b}{\Delta t} \left[(S_w \varphi)^n b'_w + S^n_w b^{n+1}_w \varphi' \right], \quad C_{1w} = \frac{V_b}{\Delta t} (\varphi b_w)^{n+1},$$

$$C_{2p} = \frac{V_b}{\Delta t} \left[(S_o \varphi)^n b'_o + S^n_o b^{n+1}_o \varphi' \right], \quad C_{2o} = \frac{V_b}{\Delta t} (\varphi b_o)^{n+1},$$

$$C_{3p} = \frac{V_b}{\Delta t} \left[R^n_s (S^n_o \varphi^n b'_o + S^n_o b^{n+1}_o \varphi') + S^n_g \varphi^n b'_g + S^n_g b^{n+1}_g \varphi' + (\varphi S_o b_o)^{n+1} R'_s \right],$$

$$C_{3o} = \frac{V_b}{\Delta t} \left[R^n_s (\varphi b_o)^{n+1} \right], \quad C_{3g} = \frac{V_b}{\Delta t} (\varphi b_g)^{n+1}. \tag{8.1.12}$$

以适当的方式将式 (8.1.11) 的三个方程合并, 消去所有 $\Delta_t S_l$ 项. 将水相方程乘以系数 A, 气相方程乘以 B, 然后将三个方程相加来实现这一点. 所得右端项为

$$(A C_{1p} + C_{2p} + B C_{3p}) \Delta_t p + (-A C_{1w} + C_{2o} + B C_{3o}) \Delta_t S_o + (-A C_{1w} + B C_{3g}) \Delta_t S_g.$$

于是, A 和 B 可以通过下式求解:

$$-A C_{1w} + C_{2o} + B C_{3o} = 0; \quad -A C_{1w} + B C_{3g} = 0.$$

解为

$$B = \frac{C_{2o}}{C_{3g} - C_{3o}}; \quad A = \frac{B C_{3g}}{C_{1w}}. \tag{8.1.13}$$

因此, 压力方程变为

$$\Delta \left[T_o (\Delta p^{n+1} - \gamma_o \Delta z) \right] + A \Delta \left[T_w (\Delta p^{n+1} - \gamma_w \Delta z) \right]$$
$$+ B \Delta \left[T_o R_s (\Delta p^{n+1} - \gamma_o \Delta z) + T_g (\Delta p^{n+1} - \gamma_g \Delta z) \right]$$

$$= (C_{2p} + AC_{1p} + BC_{3p})\Delta_t p + A\Delta(T_w \Delta p_{cow}^n)$$
$$- B\Delta(T_w \Delta p_{cog}^n) + q_o + Aq_w + B(R_s q_o + q_g). \tag{8.1.14}$$

这是从抛物方程得到的典型有限差分方程, 可以写为矩阵形式:

$$Tp^{n+1} = D(p^{n+1} - p^n) + G + Q,$$

式中, T 为一三对角矩阵, 而 D 为一个对角矩阵. 在这种情况下, 向量 G 包括重力和毛细管力压力项.

求得压力解后, 将压力代入方程 (8.1.11) 的前两个方程, 显式计算饱和度. S_l^{n+1} 求出后, 计算新的毛细管力压力 p_{cow}^{n+1} 和 p_{cog}^{n+1}, 毛细管力压力将以显式用于下一个时间步.

8.1.2.2.3　组分浓度方程数值方法

组分是指阴离子、阳离子、聚合物分子等. 其存在于水相中. 其质量守恒用对流扩散方程来描述, 而且是对流占优问题. 为保证计算精度、提高模拟效率, 我们采用算子分裂技术将方程分解为含对流项的双曲方程以及含扩散弥散项的抛物方程. 前者采用隐式迎风格式求解, 通过上游排序策略, 实际上具有显式的优点, 可按序逐点求解; 后者采用交替方向有限差分格式, 可以大大提高计算速度. 为表达清晰, 将组分浓度方程简写为

$$\frac{\partial}{\partial t}(\varphi S_w C) + \mathrm{div}(C u_w - \varphi S_w K \nabla C) = Q. \tag{8.1.15}$$

这是一个典型的对流扩散方程. 弥散张量取为对角形式. 已知饱和度 S_w 和水相流速场 u_w 在时间步 t^{n+1} 的值, 欲求解 C^{n+1}. 为简洁, 已略去组分下标 k, 用 C 泛指某个组分的浓度, 但因涉及交替方向隐格式, 必须考虑三个方向. 先解一个对流问题, 采用隐式迎风格式:

$$\frac{\varphi_{ijk}^{n+1} S_w^{n+1} C_{ijk}^{n+1,0} - \varphi_{ijk}^n S_w^n C_{ijk}^n}{\Delta t} + \frac{C_{i+jk}^{n+1,0} u_{w,ijk}^{n+1} - C_{i-jk}^{n+1,0} u_{w,i-1,jk}^{n+1}}{\Delta x}$$
$$+ \frac{C_{ij+k}^{n+1,0} u_{w,ijk}^{n+1} - C_{ij-k}^{n+1,0} u_{w,i,j-1,k}^{n+1}}{\Delta y} + \frac{C_{ijk+}^{n+1,0} u_{w,ijk}^{n+1} - C_{ijk-}^{n+1,0} u_{w,ij,k-1}^{n+1}}{\Delta z} = Q_{ijk}^{n+1}, \tag{8.1.16}$$

得到 $C^{n+1,0}$ 后, 分三个方向交替求解扩散问题, 先是 x 方向扩散,

$$\frac{\varphi_{ijk}^{n+1} S_w^{n+1} C_{ijk}^{n+1,1} - \varphi_{ijk}^n S_w^n C_{ijk}^{n+1,0}}{\Delta t} - \frac{1}{(\Delta x)^2}$$
$$\cdot \left\{ \varphi_{i+1/2,jk} S_{w,i+jk}^{n+1} K_{xx,i+1/2,jk}(C_{i+1,jk}^{n+1,1} - C_{ijk}^{n+1,1}) \right.$$
$$\left. - \varphi_{i-1/2,jk} S_{w,i-jk}^{n+1} K_{xx,i-1/2,jk}(C_{ijk}^{n+1,1} - C_{i-1,jk}^{n+1,1}) \right\} = 0, \tag{8.1.17}$$

然后是 y 方向扩散,

$$\frac{\varphi_{ijk}^{n+1} S_w^{n+1} C_{ijk}^{n+1,2} - \varphi_{ijk}^n S_w^n C_{ijk}^{n+1,1}}{\Delta t} - \frac{1}{(\Delta y)^2}$$

$$\cdot \left\{ \varphi_{i,j+1/2,k} S_{w,ij_+k}^{n+1} K_{yy,i,j+1/2,k}(C_{i,j+1,k}^{n+1,2} - C_{ijk}^{n+1,2}) \right.$$

$$\left. - \varphi_{i,j-1/2,k} S_{w,ij_-k}^{n+1} K_{yy,i,j-1/2,k}(C_{ijk}^{n+1,2} - C_{i,j-1,k}^{n+1,2}) \right\} = 0, \qquad (8.1.18)$$

最后是 z 方向扩散, 解得 C^{n+1}.

$$\frac{\varphi_{ijk}^{n+1} S_w^{n+1} C_{ijk}^{n+1} - \varphi_{ijk}^n S_w^n C_{ijk}^{n+1,2}}{\Delta t} - \frac{1}{(\Delta z)^2}$$

$$\left\{ \varphi_{ij,k+1/2} S_{w,ijk_+}^{n+1} K_{zz,ij,k+1/2}(C_{ij,k+1}^{n+1} - C_{ijk}^{n+1}) \right.$$

$$\left. - \varphi_{ij,k-1/2} S_{w,ijk_-}^{n+1} K_{zz,ij,k-1/2}(C_{ijk}^{n+1} - C_{ij,k-1}^{n+1}) \right\} = 0, \qquad (8.1.19)$$

本时间步计算结束, 已经得到 $P_o^{n+1}, S_w^{n+1}, S_g^{n+1}, C^{n+1}$, 进入下一个时间步.

8.1.2.3 实际矿场检验、总结和讨论

8.1.2.3.1 黑油-聚合物驱模型算例检验

用于算法检验的模型网格为 $9 \times 9 \times 3$. 网格尺度 $DX = DY = 44.5\text{m}, DZ = 2.0\text{m}$. 从 2000 年 1 月 1 日起开始模拟, 至 2015 年 1 月 1 日止. 自 2004 年 1 月 1 日至 2008 年 1 月 1 日注聚合物. 有两个开采注聚方案. 方案 1: 注入聚合物浓度为 1000mg/L. 方案 2: 注入聚合物浓度为 2000mg/L. 模拟结果表明, 黑油-聚合物驱能够正确反映聚合物驱的物理过程和机理, 主要物理量如饱和度、组分浓度、水相黏度等分布合理, 计算精度满足要求. 未发现聚合物堆积、陷入死循环等现象.

方案1: 模拟结果关于水、油、气、聚合物、阴离子以及阳离子的物质平衡误差分别为:1.01e-6, 1.10e-7, 1.10e-7, 1.92e-15, 8.01e-16, 2.41e-15, 注采全过程的生产井含水率曲线、产水量曲线和产油量曲线, 共 3 个图 (图 8.1.1(a)~(c)).

方案2: 模拟结果关于水、油、气、聚合物、阴离子以及阳离子的物质平衡误差分别为: 2.71e-6, 2.70e-7, 2.70e-7, 1.58e-15, 7.84e-16, 2.00e-15, 注采全过程的生产井含水率曲线、产水量曲线和产油量曲线, 共 3 个图 (图 8.1.2(a)~(c)).

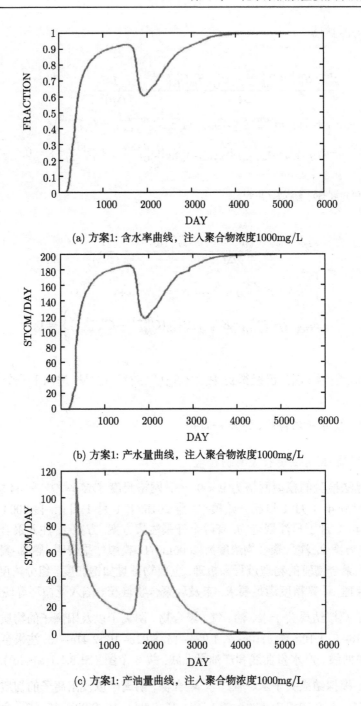

(a) 方案1: 含水率曲线，注入聚合物浓度1000mg/L

(b) 方案1: 产水量曲线，注入聚合物浓度1000mg/L

(c) 方案1: 产油量曲线，注入聚合物浓度1000mg/L

图 8.1.1　方案 1: 含水率曲线、产水量曲线和产油量曲线

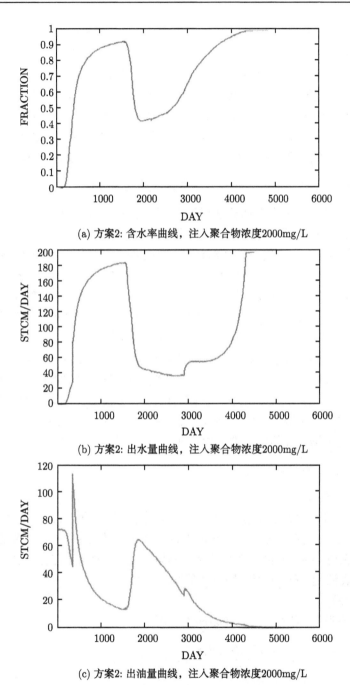

(a) 方案2: 含水率曲线, 注入聚合物浓度2000mg/L

(b) 方案2: 出水量曲线, 注入聚合物浓度2000mg/L

(c) 方案2: 出油量曲线, 注入聚合物浓度2000mg/L

图 8.1.2 方案 2: 含水率曲线、产水量曲线和产油量曲线

8.1.2.3.2　总结和讨论

　　本小节研究在多孔介质中三维三相 (水、油、气) 聚合物驱的渗流力学数值模拟的理论、方法和应用. 引言首先叙述本课题的概况. 8.1.2.1 小节渗流力学数学模型. 8.1.2.2 小节数值计算方法, 提出了全隐式解法和隐式压力–显式饱和度解法, 构造了上游排序、隐式迎风分数步迭代格式. 编制了大型工业应用软件, 成功实现了网格步长 10 米级、10 万个网点和模拟时间长达数十年的高精度数值模拟. 8.1.2.3 小节实际矿场算例检验, 本系统已成功应用到大庆、胜利、大港等国家主力油田.

8.1.3　黑油 (油、气、水)–三元复合驱数值模拟方法及应用

　　作者近年又承担大庆石油管理局攻关项目 (DQYJ-1201002-2009-JS-1077)——化学驱模拟器碱驱机理模型和水平井模型研制及求解方法研究 [13], 亦取得重要成果. 本节是上述研究工作的总结和深化分析, 主要包含在多孔介质中黑油 - 三元复合驱的数值模拟的渗流力学数学模型、数值方法、实际矿场应用和分析.

　　本小节研究在多孔介质中黑油 (水、油、气)–三元 (聚合物、表面活性剂、碱) 复合驱的渗流力学数值模拟. 基于石油地质、地球化学、计算渗流力学和计算机技术, 首先建立三相 (油、水、气)–三元 (聚合物、表面活性剂、碱) 复合驱渗流力学模型, 提出了全隐式解法和隐式压力–显式饱和度解法, 构造了上游排序、隐式迎风分数步差分迭代格式, 分别求解压力方程、饱和度方程、化学物质组分浓度方程和石油酸浓度方程. 编制了大型工业应用软件, 成功实现了网格步长拾米级、10 万个网点和模拟时间长达数十年的高精度数值模拟, 并已应用到大庆、胜利、大港等国家主力油田的矿场采油的实际数值模拟和分析, 产生巨大的经济和社会效益.

8.1.3.1　化学驱采油机理

8.1.3.1.1　基本假设

　　我们研发的化学驱采油模型, 基于如下基本假设: 系统含油、气、水三相, 化学组分除石油酸外, 均含于水相中. 石油酸含于水相和油相中. 油藏中局部热力学平衡、固相不流动、Fick 弥散、理想混合、流体渗流满足 Darcy 定律. 化学剂组分, 包括聚合物、表活剂、石油酸等, 均不占体积.

8.1.3.1.2　运动方程

　　在基本假设下, 各相运动由 Darcy 定律描述:

$$\boldsymbol{u}_l = -\frac{KK_{rl}(S_w, S_g)}{\mu_l}(\nabla p_l - \gamma_l \nabla D), \quad l = w, o, g. \tag{8.1.20}$$

　　图 8.1.3(a), 图 8.1.3(b) 分别给出了油水系统和油气系统的相对渗透率曲线示意图. 三相系统相对渗透率关系由上述两系统生成, 如 StoneII 公式.

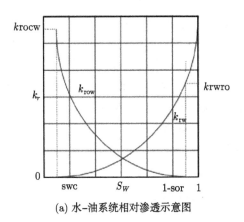

(a) 水–油系统相对渗透示意图

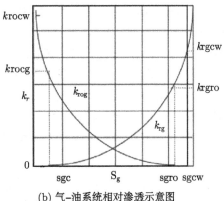

(b) 气–油系统相对渗透示意图

图 8.1.3

另外, 定义 $\lambda_{rw} = \dfrac{K_{rw}(S_w)}{\mu_w(S_w, C_{1w}, \cdots, C_{Lw})}$, $\lambda_{ro} = \dfrac{K_{ro}(S_w)}{\mu_o(S_w)}$ 分别为水相和油相的流度, K 和 K_{rw}, K_{ro} 分别为绝对渗透率张量、水相相对渗透率和油相相对渗透率, 相对渗透率由具体油藏 (或实验室) 试验数据拟合得到. K 为介质绝对渗透率, μ_w, μ_o 为水相、油相黏性系数, 依赖于相饱和度, 水相黏度还依赖聚合物、阴阳离子的浓度. γ_1, γ_2 分别为水相、油相的密度, D 为深度函数,

$$D = D(x, y, z) = z. \tag{8.1.21}$$

8.1.3.1.3 质量守恒方程

水组分、油组分、气组分的质量守恒方程分别为

$$-\operatorname{div}\left(\frac{1}{B_o}\boldsymbol{u}_o\right) = \frac{\partial}{\partial t}\left(\frac{1}{B_o}\varphi S_o\right) - q_o,$$

$$-\operatorname{div}\left(\frac{1}{B_w}\boldsymbol{u}_w\right) = \frac{\partial}{\partial t}\left(\frac{1}{B_w}\varphi S_o\right) - q_w,$$

$$-\operatorname{div}\left(\frac{R_s}{B_o}\boldsymbol{u}_o + \frac{1}{B_g}\boldsymbol{u}_g\right) = \frac{\partial}{\partial t}\left[\left(\frac{R_s}{B_o}S_o + \frac{1}{B_g}S_g\right)\right] - q_{fg} - R_s q_o,$$

$$S_w + S_o + S_g = 1, \tag{8.1.22}$$

其中 R_g 为溶解气油比, B_w 和 B_o 分别为水和油的体积因子.

8.1.3.1.4 表面活性剂驱油机理数学描述

表面活性剂可以影响界面张力, 从而增加毛细管力, 降低残余油残余饱和度. 新的相渗曲线由低毛细管力情形的相对渗透率曲线与高毛细管力情形的相对渗透率曲线插值生成. 界面张力是表面活性剂浓度的函数. 有两种途径计算界面张力.

(1) 如果采用表面活性剂浓度、碱浓度插值计算界面张力 (表 8.1.1), 不需要计算化学反应平衡. 利用表面活性剂、碱的浓度, 采用双线性插值计算界面张力如下: 界面张力关于表面活性剂浓度和碱浓度的表已经读入, 根据二者每个时间步的浓度和表来插值计算界面张力, 插值采用双线性插值. 对于区域外部 1, 3, 7, 9 对应的是四个角点的值. 2, 4, 6, 8 是在对应的边上做一维线性插值. 区域内部 5 是作二维双线性插值. 在程序中表现为两个嵌套的选择语句. 比如 $C_S^T(I) \leqslant C_S \leqslant C_S^T(I+1)$, $C_A^T(J) \leqslant C_A \leqslant C_A^T(J+1)$, 双线性插值公式为

$$
\begin{aligned}
IFT =& \frac{(C_S - C_S^T(I))(C_A - C_A^T(J))}{(C_S^T(I+1) - C_S^T(I))(C_A^T(J+1) - C_S^T(J))} IFT^T(I+1, J+1) \\
&+ \frac{(C_S - C_S^T(I))(C_A^T(J+1) - C_A)}{(C_S^T(I+1) - C_S^T(I))(C_A^T(J+1) - C_S^T(J))} IFT^T(I+1, J) \\
&+ \frac{(C_S^T(I+1) - C_S)(C_A - C_A^T(J))}{(C_S^T(I+1) - C_S^T(I))(C_A^T(J+1) - C_S^T(J))} IFT^T(I, J+1) \\
&+ \frac{(C_S^T(I+1) - C_S)(C_A^T(J+1) - C_A)}{(C_S^T(I+1) - C_S^T(I))(C_A^T(J+1) - C_S^T(J))} IFT^T(I, J) \\
=& IFT^T(I, J) + \frac{C_S - C_S^T(I)}{C_S^T(I+1) - C_S^T(I)}(IFT^T(I+1, J) - IFT^T(I, J)) \\
&+ \frac{C_A - C_A^T(J)}{C_A^T(J+1) - C_A^T(J)}(IFT^T(I, J+1) - IFT^T(I, J)) \\
&+ (IFT^T(I, J) + IFT^T(I+1, J+1) - IFT^T(I+1, J) - IFT^T(I, J+1)) \\
&\cdot \frac{(C_S - C_S^T(I))(C_A - C_A^T(J))}{(C_S^T(I+1) - C_S^T(I))(C_A^T(J+1) - C_S^T(J))}.
\end{aligned}
$$

表 8.1.1　界面张力插值表

C_A^T	C_S^T				
	0.0	0.05	0.1	0.2	0.3
0.0	20	0.1	0.1	0.1	0.1
0.6	20	0.00203	0.00759	0.016	0.0199
0.8	20	0.0027	0.00411	0.00316	0.00188
1.0	20	0.00448	0.00146	0.00252	0.00448
1.2	20	0.0152	0.00887	0.00357	0.0086

1			2			3
	20	0.1	0.1	0.1	0.1	
	20	0.00203	0.00759	0.0016	0.00199	
4	20	0.0027	0.00411	5 0.00316	0.00188	6
	20	0.00448	0.00146	0.00252	0.00448	
	20	0.0152	0.00887	0.00357	0.0086	
7			8			9

(2) 常规计算流程是: 计算化学反应平衡, 得到表面活性剂浓度 (注入表面活性剂与生成表活剂), 通过表面活性剂–界面张力表插值得到界面张力. 盐度影响到表面活性剂以及聚合物的吸附, 不直接影响界面张力. 利用计算得到的界面张力计算毛管数, 利用毛管数计算残余油和束缚水. 利用界面张力 σ_{wo} 和势梯度计算毛管数公式如下:

$$Nc_l = \frac{|\boldsymbol{K} \cdot \nabla \Phi_l|}{\sigma_{wo}}, \quad l = w, o,$$

其中 $\nabla \Phi_l = \nabla P_l - \rho_l g \nabla h (l = w, o)$ 为势梯度.

再利用毛管数计算束缚水和残余油

$$S_{wr} = S_{wr}^H + \frac{S_{wr}^L - S_{wr}^H}{1 - T_w \cdot Nc_w}, \quad S_{or} = S_{or}^H + \frac{S_{or}^L - S_{or}^H}{1 - T_o \cdot Nc_o}.$$

8.1.3.1.5 碱驱机理数学描述

碱驱的基本原理是通过注入碱, 与石油中含有的石油酸反应生成表面活性剂, 起到降低界面张力, 减小残余油的驱油方法. 石油酸组分既存在于水相又存在于油相中, 存在相间质量转移, 我们假定油相石油酸与水相石油酸瞬间达到平衡.

石油酸总浓度方程 (流动方程) 如下:

$$\frac{\partial(C\text{tot}_{HA})}{\partial t} + \nabla \cdot (\boldsymbol{u}_w C_{HA_w} - \varphi S_w \bar{K}_{HA_w} \nabla C_{HA_w})$$
$$+ \nabla \cdot (\boldsymbol{u}_o C_{HA_o} - \varphi S_o \bar{K}_{HA_o} \nabla C_{HA_o}) = q_w C_{HA_w} + q_o C_{HA_o},$$

其中 $\bar{K}_{HA_w}$ 和 $\bar{K}_{HA_o}$ 分别表示石油酸在水相和油相中的弥散张量 (含分子扩散和弥散). 石油酸总浓度 $C\text{tot}_{HA}$ 定义为

$$C\text{tot}_{HA} = \frac{S_w C_{HA_w}}{B_w} + \frac{S_o C_{HA_o}}{B_o}.$$

此处有三个未知量: 一个总浓度, 两个相浓度. 有三个方程: 流动方程、总浓度定义 (上式), 还有后面列出的水相、油相中石油酸的平衡方程. 未知量个数与方程个数相等, 问题是适定的. 采用显格式求解流动方程是方便的.

在这里考虑了地面条件和油藏条件, 石油酸的流动既存在于水相中又在油相中, 化学反应的计算和流动方程合理匹配才能保证物质平衡误差.

水相反应包括

$$HA_o \overset{K_D}{\rightleftarrows} HA_w, \quad H_2O \overset{K_1^{eq}}{\rightleftarrows} H^+ + OH^-, \quad HA_w + OH^- \overset{K_2^{eq}}{\rightleftarrows} A^- + H_2O,$$

$$H^+ + CO_3^{2-} \overset{K_3^{eq}}{\rightleftarrows} HCO_3^-, \quad Ca^{2+} + H_2O \overset{K_4^{eq}}{\rightleftarrows} Ca(OH)^+ + H^+,$$

$$Mg^{2+} + H_2O \overset{K_5^{eq}}{\rightleftarrows} Mg(OH)^+ + H^+,$$

$$Ca^{2+} + H^+ + CO_3^{2-} \overset{K_6^{eq}}{\rightleftarrows} Ca(HCO_3)^+, \quad Mg^{2+} + H^+ + CO_3^{2-} \overset{K_7^{eq}}{\rightleftarrows} Mg(HCO_3)^+,$$

$$2H^+ + CO_3^{2-} \overset{K_8^{eq}}{\rightleftarrows} H_2CO_3, \quad Ca^{2+} + CO_3^{2-} \overset{K_9^{eq}}{\rightleftarrows} CaCO_3, \quad Mg^{2+} + CO_3^{2-} \overset{K_{10}^{eq}}{\rightleftarrows} MgCO)3.$$

沉淀反应包括

$$CaCO_3 \overset{K_1^{sp}}{\rightleftarrows} Ca^{2+} + CO_3^{2-}, \quad MgCO_3 \overset{K_2^{sp}}{\rightleftarrows} Mg^{2+} + CO_3^{2-},$$

$$Ca(OH)_2 \overset{K_3^{sp}}{\rightleftarrows} Ca^{2+} + 2OH^-, \quad Mg(OH)_2 \overset{K_4^{sp}}{\rightleftarrows} Mg^{2+} + 2OH^-.$$

吸附反应包括

$$2\overline{Na^+} + Ca^{2+} \overset{K_1^{ex}}{\rightleftarrows} 2Na^+ + \overline{Ca}^{2+}, 2\overline{Na^+} + Mg^{2+} \overset{K_2^{ex}}{\rightleftarrows} 2Na^+ + \overline{Mg}^{2+},$$

$$\overline{H}^+ + Na^+ + OH^- \overset{K_3^{ex}}{\rightleftarrows} \overline{Na}^+ + H_2O.$$

8.1.3.1.6　化学反应平衡方程组的 Newton-Raphson 迭代

(1) 首先, 因为沉淀反应模型为不等式, 要把不等式转化为等式. 具体做法是, 先对沉淀是否出现做假设. 如果出现, 则该沉淀及所对应的沉淀反应变为等式予以保留, 如果不出现, 该沉淀浓度为 0, 并且该沉淀对应的沉淀方程不出现.

(2) 对于出现的沉淀, 通过消元法从质量守恒方程组中消去.

(3) 对于水相中的化学反应方程, 选取独立的变量, 其他的变量都可以由独立变量来表示出, 化学反应方程都是乘积的形式, 利用取对数的技巧, 变为加和的形式. 利用 Newton-Raphson 迭代, 求解出水中离子和吸附离子的浓度.

(4) 将求解出的水中离子和吸附离子的浓度代入元素守恒方程, 求解出沉淀的量, 如果沉淀的量小于 0, 不符合物理意义, 证明做的假设是不对的, 回到 1, 重新做假设, 开始新的迭代.

计算出来的水中由石油酸生成的表面活性剂.

8.1.3.2 黑油 (油、气、水)–三元复合驱数学模型

黑油 (油、气、水) 模型的油藏数值模拟的出发点是: 油藏含油气水三相, 油相含油组分和溶解气组分, 水相含水组分, 气相含气组分, 气组分随压力环境变化可在油相和气相之间交换. 为了改进黑油模型使之能够模拟三元 (聚合物、表面活性剂、碱) 复合驱过程, 我们以黑油模块和化学反应平衡方程为基础, 经过改造并增加了三元复合驱模块, 研制成新的黑油 (油、气、水)–三元复合驱模拟系统.

我们的系统含油气水三相, 油相含油组分和溶解气组分, 水相含水组分、化学剂组分包括聚合物、表面活性剂、石油酸等, 化学组分除石油酸外, 均含于水相中, 石油酸含于水相和油相中. 气相只含气组分, 气组分随压力环境变化可在油相和气相之间交换. 系统包含三个基本模块: 三相流求解模块、组分方程求解模块、化学反应平衡求解模块.

三相 (油、气、水) 流求解模块继承了黑油模型的部分算法, 但在黑油模型中水相的黏度是常数, 而在三元复合驱中, 由于化学剂组分的出现改变了水的黏性, 水相黏度成为变量. 另一方面, 增加的组分方程和化学反应平衡方程求解模块的结构和算法必需要在功能上与黑油模型兼容, 组分方程和平衡方程的求解需增加相应处理, 以满足尖灭区、断层、边底水以及断层等工程实际的需求.

在上述工作基础上, 我们提出两类计算方法.

(i) 全隐式解法: 所有变量 (压力、水饱和度、气饱和度或溶解气油比) 同时隐式求解. 这是最可靠的有限差分公式. 每步外迭代需要的机时最多. 但由于全隐式比隐压–显饱格式更稳定, 所以能够选取更大的时间步长从而降低总模拟时间. 进一步考虑到, 稳定性限制有时会使隐压–显饱格式无法进行.

(ii) 隐压–显饱格式: 隐压–显饱格式 (隐式压力、显式饱和度) 基于如下假设: 一个时间步内, 饱和度变化不会明显影响到油藏流体流动. 这一假设允许从离散流动方程中消去饱和度未知量. 只有迭代步上的压力变化保持隐式耦合. 一旦压力变化确定了, 饱和度可以逐点显式更新. 如果饱和度在时间步上的变化偏大, 隐压–显饱格式就不稳定了. 当时间步长足够小使得饱和度变化足够小 (一般设为 5%) 时, 隐压–显饱格式是非常有效的.

求解油水二相流时, 用 "w" 和 "o" 分别表示水相和油相, 渗流力学数学模型为
[5,13,15,21]

$$\frac{\partial}{\partial x}\left[\lambda_l\left(\frac{\partial p_l}{\partial x}-\gamma_l\frac{\partial z}{\partial x}\right)\right]=\frac{\partial}{\partial t}\left(\varphi\frac{\partial S_l}{\partial B_l}\right)-q_l, \quad l=w,o; \tag{8.1.23a}$$

$$p_c=p_o-p_w, \quad S_w+S_o=1.0. \tag{8.1.23b}$$

用 "w", "o" 和 "g" 分别表示水相、油相和气相, 三相流渗流力学数学模型

为 [8,13,15-18]

$$
\left\{
\begin{aligned}
&\frac{\partial}{\partial x}\left[\lambda_w\left(\frac{\partial p_w}{\partial x}-\gamma_w\frac{\partial z}{\partial x}\right)\right]=\frac{\partial}{\partial t}\left(\varphi\frac{\partial S_w}{\partial B_w}\right)-q_w,\\
&\frac{\partial}{\partial x}\left[\lambda_o\left(\frac{\partial p_o}{\partial x}-\gamma_o\frac{\partial z}{\partial x}\right)\right]=\frac{\partial}{\partial t}\left(\varphi\frac{\partial S_o}{\partial B_o}\right)-q_o,\\
&\frac{\partial}{\partial x}\left[R_s\lambda_o\left(\frac{\partial p_o}{\partial x}-\gamma_o\frac{\partial z}{\partial x}\right)\right]+\frac{\partial}{\partial x}\left[\lambda_g\left(\frac{\partial p_g}{\partial x}-\gamma_g\frac{\partial z}{\partial x}\right)\right]\\
&=\frac{\partial}{\partial t}\left(\varphi R_s\frac{1-S_w-S_g}{B_o}+\varphi\frac{S_g}{B_g}\right)-R_sq_o-q_g;
\end{aligned}
\right.
\tag{8.1.24a}
$$

$$
p_o-p_w=p_{cow},\quad p_g-p_o=p_{cog}, \tag{8.1.24b}
$$

$$
\lambda_l=\frac{KK_{rl}}{\mu_lB_l},\quad l=w,o,g,\quad \gamma_l=\rho_lg, \tag{8.1.24c}
$$

$$
u_l=\lambda_l(\nabla p_l-\gamma_l\nabla z),\quad l=w,o,g. \tag{8.1.24d}
$$

其中 φ 为孔隙度, p_l 为 l 相压力, S_l 为 l 相的饱和度, K 为绝对渗透率, B_l 为 l 相的体积因子, K_{rl} 为 l 相的相对渗透率, μ_l 为 l 相的黏度, ρ_l 为 l 相的密度;R_s 为溶解气油比, q_l 为 l 相的源汇项 (地面条件).

需要说明的是, 在黑油模型中水相黏度 μ_w 为常数, 在黑油–三元复合驱模型中, 水相黏度 μ_w 是聚合物浓度的函数, 即 $\mu_w=\mu_w(C_{pw})$, C_{pw} 表示水中三元复合驱浓度 (相对于水). 复合驱组分在水中运动, 其浓度场反过来影响水相黏度场, 从而影响三相流体流动, 流体流动过程与复合驱组分的运动是同时发生的. 因此, 上述黑油数学模型, 与描述聚合物运动的对流扩散方程是非线性耦合系统. 从解法角度考虑, 我们把三相流运动方程和三元复合驱对流扩散方程的解耦合计算. 即解一步三相流动, 得到流场, 再利用该流场解对流扩散方程, 得到新的三元复合驱浓度场, 更新水相黏度场, 转入下一个时间步.

现在, 给出描述聚合物、阴、阳离子组分运动的对流扩散方程, 为了便于说明, 我们不区别组分, 只以表示某一组分在水中的浓度.

$$
\frac{\partial}{\partial t}(\varphi S_wC)+\mathrm{div}(Cu_w-\varphi S_wK\nabla C)=Q, \tag{8.1.24e}
$$

$$
\mu_w=\mu_w(C). \tag{8.1.24f}
$$

表面活性剂可以影响界面张力, 从而增加毛细管力, 降低残余油残余饱和度. 新的相渗曲线由低毛管数情况的相对渗透率曲线与高毛管数情况的相对渗透率曲线插值生成.

碱驱的基本原理是通过注入碱, 与石油中含有的石油酸反应生成表面活性剂, 达到降低界面张力, 减小残余油的驱油方法. 石油酸组分既存在于水相又存在于油相中, 存在相间质量转移, 我们假定油相石油酸与水相石油酸瞬间达到平衡. 石油酸总浓度方程 (流动方程) 如下:

$$\frac{\partial(Ctot_{\mathrm{HA}})}{\partial t} + \nabla \cdot (\boldsymbol{u}_w C_{\mathrm{HA}_w} - \varphi S_w \bar{K}_{\mathrm{HA}_w} \nabla C_{\mathrm{HA}_w})$$
$$+ \nabla \cdot (\boldsymbol{u}_o C_{\mathrm{HA}_o} - \varphi S_o \bar{K}_{\mathrm{HA}_o} \nabla C_{\mathrm{HA}_o})$$
$$= q_w C_{\mathrm{HA}_w} + q_o C_{\mathrm{HA}_o}, \tag{8.1.24g}$$

其中 $\bar{K}_{\mathrm{HA}_w}$ 和 $\bar{K}_{\mathrm{HA}_o}$ 分别表示石油酸在水相和油相中的弥散张量 (含分子扩散和弥散). 石油酸总浓度 $Ctot_{\mathrm{HA}}$ 定义为

$$Ctot = \frac{S_w C_{\mathrm{HA}_w}}{B_w} + \frac{S_o C_{\mathrm{HA}_o}}{B_o}. \tag{8.1.24h}$$

方程组 (8.1.23a)、(8.1.23b)、(8.1.24e)、(8.1.24f)、(8.1.24g)、(8.1.24h) 是完整的油水二相三元复合驱数学模型. 方程组 (8.1.24a)、(8.1.24b)、(8.1.24c)、(8.1.24d)、(8.1.24e)、(8.1.24f)、(8.1.24g)、(8.1.24h) 是完整的油气水三相三元复合驱数学模型.

黑油–三元复合驱模型计算步骤如下:

t^1 时间步压力、饱和度求解, t^1 时间步化学组分浓度求解;

依组分浓度修正水相黏度;

t^2 时间步压力、饱和度求解, t^2 时间步化学组分浓度求解;

依组分浓度修正水相黏度;

······

t^{n+1} 时间步压力、饱和度求解, t^{n+1} 时间步化学组分浓度求解;

依组分浓度修正水相黏度;

······

模拟完成.

8.1.3.3 数值计算方法

关于三相流的全隐式解法, 隐式压力–显式饱和度解法, 组分浓度方程数值方法见 8.1.3.2 小节. 这里重点研究化学反应平衡方程组的 Newton-Raphson 迭代解法.

对化学平衡系统中的液体化学剂、固体化学剂及吸附于岩石的离子所构成的非线性方程组, 用 Newton-Raphson 迭代方法求解. 考虑非线性方程组 $\boldsymbol{F}(\boldsymbol{X}) = \boldsymbol{0}$

的求解, 也就是

$$F_1(x_1, x_2, \cdots, x_{N-1}, x_N) = 0,$$
$$F_2(x_1, x_2, \cdots, x_{N-1}, x_N) = 0,$$
$$\cdots\cdots$$
$$F_{N-1}(x_1, x_2, \cdots, x_{N-1}, x_N) = 0,$$
$$F_N(x_1, x_2, \cdots, x_{N-1}, x_N) = 0,$$

其中 $\boldsymbol{F} = (F_1, F_2, \cdots, F_N)^{\mathrm{T}}$, $\boldsymbol{X} = (x_1, x_2, \cdots, x_N)^{\mathrm{T}}$, $\boldsymbol{0} = (0, 0, \cdots, 0)^{\mathrm{T}}$. 它的 Newton 迭代表示为

$$\boldsymbol{X}^{k+1} = \boldsymbol{X}^k - \frac{\boldsymbol{F}(\boldsymbol{X}^k)}{\boldsymbol{DF}(\boldsymbol{X}^k)}, \quad k = 0, 1, \cdots \tag{8.1.25}$$

k 表示迭代次数, $\boldsymbol{F}(X^k) = (F_1^k, F_2^k, \cdots, F_{N-1}^k, F_N^k)^{\mathrm{T}}$, 其中 $F_i^k = F_i(x_1^k, x_2^k, \cdots, x_{N-1}^k, x_N^k)$, 收敛准则为 $||F(X^k)|| < \varepsilon$ 或者是 $||X^{k+1} - X^k|| < \varepsilon$. 同样初值 X^0 的选择也会影响到 Newton 迭代序列的收敛与否. $DF(X^k)$ 成为 Jacobian 矩阵, 定义为

$$DF(X^k) = \begin{pmatrix} \dfrac{\partial F_1^k}{\partial x_1} & \dfrac{\partial F_1^k}{\partial x_2} & \cdots & \dfrac{\partial F_1^k}{\partial x_N} \\[2mm] \dfrac{\partial F_2^k}{\partial x_1} & \dfrac{\partial F_2^k}{\partial x_2} & \cdots & \dfrac{\partial F_2^k}{\partial x_N} \\[2mm] \vdots & \vdots & & \vdots \\[2mm] \dfrac{\partial F_N^k}{\partial x_1} & \dfrac{\partial F_N^k}{\partial x_2} & \cdots & \dfrac{\partial F_N^k}{\partial x_N} \end{pmatrix}, \tag{8.1.26}$$

其中 $\dfrac{\partial F_i^k}{\partial x_j} = \dfrac{\partial F_i}{\partial x_j}(x_1^k, x_2^k, \cdots, x_{N-1}^k, x_N^k)$, 表示 $F_i(x_1, x_2, \cdots, x_{N-1}, x_N)$ 对 x_j 求偏导数在 $(x_1^k, x_2^k, \cdots, x_{N-1}^k, x_N^k)$ 的值.

8.1.3.4 黑油 (油、气、水)–三元复合驱矿场碱驱测试

8.1.3.4.1 水平井模型测试

水平井功能测试一: 网格 $9 \times 9 \times 1$ 模拟聚合物驱, 模拟时间 5500 天, 1460 天时注入聚合物. 分三种方案. 方案一: 四注一采, 全是垂直井; 方案二: 四注一采, 生产井是水平井; 方案三: 两注一采, 全是水平井.

从计算结果可见, 软件具有水平井油藏描述功能, 具有较高的计算精度, 数值模拟正确反映了水平井的作用和机理. 主要物理量分布合理, 计算精度满足要求: 未发现聚合物堆积、陷入死循环等现象.

下面给出了 3400 天三个方案的流线等值线图、饱和度等值线图、聚合物相浓度分布以及黏度分布图 (图 8.1.4∼ 图 8.1.7).

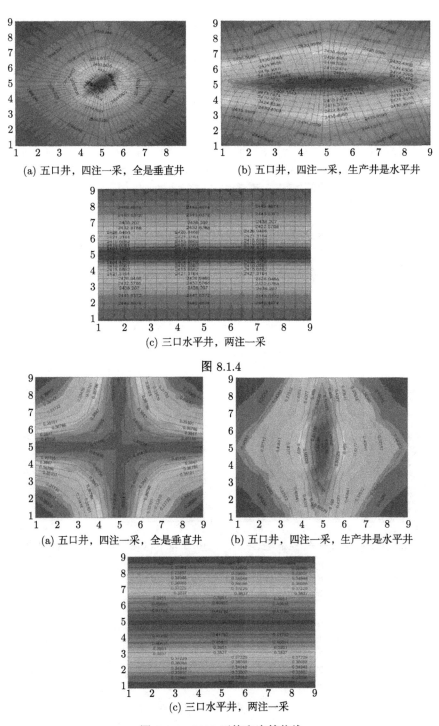

(a) 五口井, 四注一采, 全是垂直井

(b) 五口井, 四注一采, 生产井是水平井

(c) 三口水平井, 两注一采

图 8.1.4

(a) 五口井, 四注一采, 全是垂直井

(b) 五口井, 四注一采, 生产井是水平井

(c) 三口水平井, 两注一采

图 8.1.5　3400 天饱和度等值线

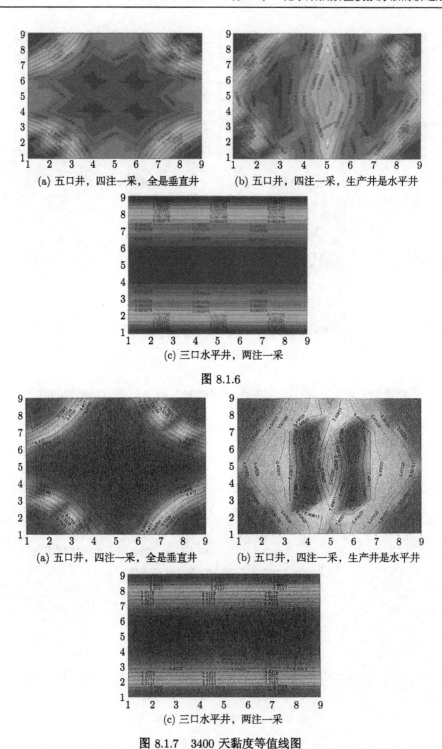

(a) 五口井，四注一采，全是垂直井　　　(b) 五口井，四注一采，生产井是水平井

(c) 三口水平井，两注一采

图 8.1.6

(a) 五口井，四注一采，全是垂直井　　　(b) 五口井，四注一采，生产井是水平井

(c) 三口水平井，两注一采

图 8.1.7　3400 天黏度等值线图

8.1.3.4.2 碱驱机理分析

网格 $9 \times 9 \times 1$. 检验不同石油酸酸值环境和注入碱的浓度对驱油效果的影响. 设置三个 SLUG, 模拟时间总长为 5500 天, 先是水驱, 1460 天, 注入聚合物或者聚合物加碱复合驱, 2920 天, 再注入水. 记号 P 表示聚合物驱, ASP 为聚合物加碱复合驱, 其中酸值为 0.0006, 注入 Na^+, CO_3^{2-} 的浓度分别为 0.3351, 0.3929. ASP3 为聚合物加碱复合驱, 其中酸值为 0.006, 注入 Na^+, CO_3^{2-} 的浓度分别为 0.3351, 0.3929. ASP4 为聚合物加碱复合驱, 其中酸值为 0.0006, 注入 Na^+, CO_3^{2-} 的浓度分别为 3.3351, 3.3929, ASP5 为聚合物加碱复合驱, 其中酸值为 0.006, 注入 $N_a^+ CO_3^{2-}$ 的浓度分别为 3.3351, 3.3929, 依据这五种方案计算得到的生成表活剂、残余油的浓度以及生成沉淀的数据可以得到如下结论:

(I) 以上五种方案计算出的生成表面活性剂的当量浓度 (3000 天), 可以看出, 石油酸酸值越大、注入碱浓度越高, 生成的表面活性剂越多.

(II) 以上五种方案计算出的残余油的值 (3000 天), 酸值越大、注入碱浓度越高, 残余油越低.

(III) 以上方案二、方案四计算出的 $CaCO_3$ 的值, 看出注入碱的浓度对 $CaCO_3$ 影响不大.

(IV) 以上方案二、方案四计算出的 $Mg(OH)_2$ 的值, 注入碱的浓度对 $Mg(OH)_2$ 影响很大. 并且在注入井 $Mg(OH)_2$ 最多.

下面是这五种方案的含水率、瞬时产油量、累计产油量的比较. 模拟结果见图 8.1.8(a)~(c).

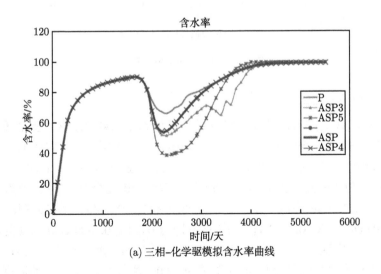

(a) 三相-化学驱模拟含水率曲线

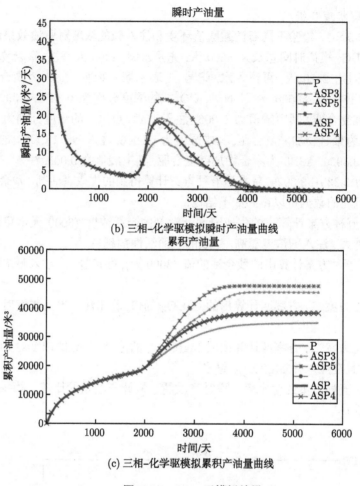

(b) 三相–化学驱模拟瞬时产油量曲线

(c) 三相–化学驱模拟累积产油量曲线

图 8.1.8　3000 天模拟结果

8.1.3.4.3　矿场碱驱测试

网格 $46 \times 83 \times 7$. 检验不同石油酸酸值环境和注入碱的浓度对驱油效果的影响. 设置三个 SLUG, 模拟时间 1970.1.1 ∼ 1994.1.1, 1970.1.1 ∼ 1982.1.1 是水驱, 1982.1.1 ∼ 1988.1.1 注入聚合物或者聚合物加碱复合驱, 1988.1.1 ∼ 1994.1.1 再注入水. 其中 X45ASP1 是聚合物驱, X45ASP2 为聚合物加碱复合驱, 其中酸值为 0.0006, 注入 Na^+, CO_3^{2-} 的浓度分别为 0.3351, 0.3929.X45ASP3 为聚合物加碱复合驱, 其中酸值为 0.006, 注入 Na^+, CO_3^{2-} 的浓度分别为 0.3351, 0.3929X45ASP4 为聚合物加碱复合驱, 其中酸值为 0.0006, 注入 Na^+, CO_3^{2-} 的浓度分别为 3.3351, 3.3929, X45ASP5 为聚合物加碱复合驱, 其中酸值为 0.006, 注入 Na^+, CO_3^{2-} 的浓度分别为 3.3351, 3.3929. 下面是这五种方案的含水率、瞬时产油量、累积产油量的比较 (见

图 8.1.9(a)～(c)). 模拟结果表明, 地层中含有的石油酸酸值越高, 注入的碱的浓度越大, 驱油效果越好. 下面列出物质平衡误差表 8.1.2.

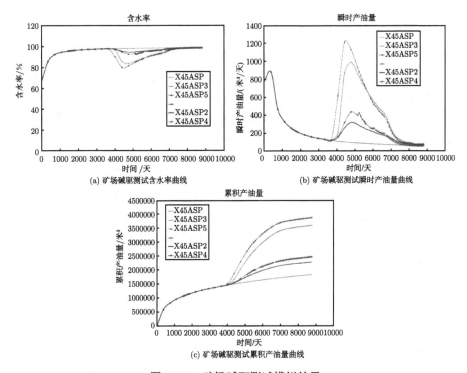

图 8.1.9 矿场碱驱测试模拟结果

表 8.1.2 物质平衡误差

	水	油	聚合物	Mg^{2+}	CO_3^{2-}	Na^+	H	HA
P	5E−5	4E−5	3E−13	3E−10	9E−11	4E−11	3E−11	3E−10
1	8E−5	3E−4	5E−13	2E−10	5E−11	1E−11	3E−11	1E−9
3	9E−6	3E−5	5E−13	2E−10	5E−11	2E−11	3E−11	7E−10
4	1E−5	4E−5	5E−13	6E−11	2E−11	2E−13	3E−11	2E−9
5	2E−4	1E−3	4E−13	6E−11	2E−11	9E−13	3E−11	9E−10

8.1.3.5 总结和讨论

本小节研究在多孔介质中三维三相 (水、油、气)–三元复合驱 (聚合物、表面活性剂、碱) 的渗流力学数值模拟的理论、方法和应用. 8.1.3.1 小节化学驱采油机理. 8.1.3.2 小节渗流力学数学模型. 8.1.3.3 小节数值计算方法, 提出了全隐式解法和隐式压力–显式饱和度解法, 构造了上游排序、隐式迎风分数步迭代格式. 编制了大型工业应用软件, 成功实现了网格步长拾米级、10 万网点和模拟时间长达数十年的高精度数值模拟. 8.1.3.4 小节实际矿场算例检验, 本系统已成功应用到大庆、胜利、大港等国家主力油田.

8.1.4   化学采油数值模拟计算方法的数值分析

在化学采油数值模拟技术 (8.1.2 小节和 8.1.3 小节) 研究的同时, 我们进行系统的数学和力学的基础研究, 亦取得系列重要成果, 使我们研究的化学采油软件系统建立在坚实的数学和力学基础上. 本小节共两部分. 8.1.4.1 小节化学采油 (微可压缩) 数值模拟的迎风分数步方法理论和应用; 8.1.4.2 小节化学采油 (考虑毛细管力) 数值模拟的迎风分数步方法的数值分析.

8.1.4.1   化学采油 (微可压缩) 数值模拟的迎风分数步方法理论和应用

本小节讨论在化学采油渗流力学数值模拟中提出的行之有效的迎风分数步差分方法的收敛性分析, 使得我们的软件系统建立在坚实的数学和力学基础上.

问题的数学模型是一类非线性耦合系统的初边值问题 [10-14,18,20,27]:

$$d(c)\frac{\partial p}{\partial t} + \nabla \cdot \boldsymbol{u} = q(X,t), \quad X = (x_1,x_2,x_3)^{\mathrm{T}} \in \Omega, \quad t \in J = (0,T], \qquad (8.1.27\mathrm{a})$$

$$\boldsymbol{u} = -a(c)\nabla p, \quad X \in \Omega, \quad t \in J. \qquad (8.1.27\mathrm{b})$$

$$\varphi(X)\frac{\partial c}{\partial t} + b(c)\frac{\partial p}{\partial t} + \boldsymbol{u} \cdot \nabla c - \nabla \cdot (D\nabla c) = g(X,t,c), \quad X \in \Omega, \quad t \in J. \qquad (8.1.28)$$

$$\varphi(X)\frac{\partial}{\partial t}(cs_\alpha) + \nabla \cdot (s_\alpha \boldsymbol{u} - \varphi c K_\alpha \nabla s_\alpha) = Q_\alpha(X,t,c,s_\alpha),$$
$$X \in \Omega, \quad t \in J, \quad \alpha = 1,2,\cdots,n_c, \qquad (8.1.29)$$

此处 Ω 是有界区域, $a(c) = a(X,c) = k(X)\mu(c)^{-1}$, $d(c) = d(X,c)$, $\varphi(X)$ 是岩石的孔隙度, $k(X)$ 是地层的渗透率, $\mu(c)$ 是流体的黏度, $D = D(X)$, $K_\alpha = K_\alpha(X)(\alpha = 1,2,\cdots,n_c)$ 均为相应的扩散系数. $\boldsymbol{u}$ 是 Darcy 速度, $p = p(X,t)$ 是压力函数, $c = c(X,t)$ 是水相饱和度函数, $s_\alpha = s_\alpha(X,t)$ 是组分浓度函数, 组分是指各种化学剂 (聚合物、表面活性剂、碱及各种离子等), n_c 是组分数.

提出二类边界条件. 定压边界条件:

$$p = e(X,t), \quad c = h(X,t), \quad X \in \partial\Omega, \quad t \in J, \qquad (8.1.30\mathrm{a})$$

$$s_\alpha = h_\alpha(X,t), \quad X \in \partial\Omega, \quad t \in J, \quad \alpha = 1,2,\cdots,n_c, \qquad (8.1.30\mathrm{b})$$

此处 $\partial\Omega$ 为区域 Ω 的外边界面.

初始条件:

$$p(X, 0) = p_0(X), \quad c(X, 0) = c_0(X), \quad X \in \Omega, \tag{8.1.31a}$$

$$s_\alpha(X, 0) = s_{\alpha,0}(X), \quad X \in \Omega, \quad \alpha = 1, 2, \cdots, n_c. \tag{8.1.31b}$$

为了便于计算, 将方程 (8.1.29) 写为下述形式

$$\varphi c \frac{\partial}{\partial t}(s_\alpha) + \boldsymbol{u} \cdot \nabla s_\alpha - \nabla \cdot (\varphi c K_\alpha \nabla s_\alpha)$$

$$= Q_\alpha - s_\alpha \left(q - d(c) \frac{\partial p}{\partial t} + \varphi \frac{\partial c}{\partial t} \right), \quad X \in \Omega, \quad t \in J, \quad \alpha = 1, 2, \cdots, n_c. \tag{8.1.32}$$

对于平面不可压缩二相渗流驱动问题, Douglas 发表了奠基性论文 [3,4]. 由于现代油田勘探和开发的数值模拟计算中, 它是超大规模、三维大范围, 甚至是超长时间的, 节点个数多达数万乃至数百万个, 用一般方法不能解决这样的问题. 对二维问题, 虽然 Peaceman 和 Douglas 很早提出交替方向差分格式来解决这类问题 [2,6], 并获得成功. 但在理论分析时出现实质性困难, 他们用 Fourier 分析方法仅能对常系数情况证明了收敛性和稳定性结果, 不难推广到变系数情况. 关于分数步法 Yanenko, Samarskii, Marchuk 的重要工作 [5,8]. 作者在对二维二相水驱动的模型问题提出了分数步特征差分格式并得到收敛性结果 [19]. 我们在上述工作基础上, 这里进一步研究化学采油 (微可压缩) 模型问题的隐式迎风分数步差分格式并取得实质性进展. 这三维问题化为连续解三个一维问题, 大大减少了计算工作量, 使工程实际计算成为可能, 并应用变分形式、能量方法、高阶差分算子分解和乘积交换性理论和技巧, 得到了 L^2 模误差估计 [23,24].

为了分析简便, 假定区域 $\Omega = \{[0,1]\}^3$. 设 $h = 1/N$, $X_{ijk} = (ih, jh, kh)^{\mathrm{T}}$, $t^n = n\Delta t$ 和 $W(X_{ijk}, t^n) = W_{ijk}^n$, 记

$$A_{i+1/2,jk}^n = \left[a(X_{ijk}, C_{ijk}^n) + a(X_{i+1,jk}, C_{i+1,jk}^n) \right] / 2,$$

$$\delta_{\bar{x}_1}\left(A^n \delta_{x_1} P^{n+1}\right)_{ijk} = h^{-2} \left[A_{i+1/2,jk}^n \left(P_{i+1,jk}^{n+1} - P_{ijk}^{n+1} \right) - A_{i-1/2,jk}^n \left(P_{ijk}^{n+1} - P_{i-1,jk}^{n+1} \right) \right].$$

对记号 $A_{i,j+1/2,k}^n$, $A_{ij,k+1/2}^n$, $\delta_{\bar{x}_2}\left(A^n \delta_{x_2} P^{n+1}\right)_{ijk}$, $\delta_{\bar{x}_3}\left(A^n \delta_{x_3} P^{n+1}\right)_{ijk}$ 的定义是类似的.

流动方程 (8.1.27) 的分数步差分格式:

$$d(C_{ijk}^n) \frac{P_{ijk}^{n+1/3} - P_{ijk}^n}{\Delta t} = \delta_{\bar{x}_1}\left(A^n \delta_{x_1} P^{n+1/3}\right)_{ijk} + \delta_{\bar{x}_2}(A^n \delta_{x_2} P^n)_{ijk} + \delta_{\bar{x}_3}(A^n \delta_{x_3} P^n)_{ijk}$$

$$+ q(X_{ijk}, t^{n+1}), \quad 1 < i < N, \tag{8.1.33a}$$

$$P_{ijk}^{n+1/3} = e_{ijk}^{n+1}, \quad X_{ijk} \in \partial\Omega_h, \tag{8.1.33b}$$

$$d(C_{ijk}^n)\frac{P_{ijk}^{n+2/3} - P_{ijk}^{n+1/3}}{\Delta t} = \delta_{\bar{x}_2}\Big(A^n \delta_{x_2}(P^{n+2/3} - P^n)\Big)_{ijk}, \quad 1 < j < N, \quad (8.1.33c)$$

$$P_{ijk}^{n+2/3} = e_{ijk}^{n+1}, \quad X_{ijk} \in \partial\Omega_h, \tag{8.1.33d}$$

$$d(C_{ijk}^n)\frac{P_{ijk}^{n+1} - P_{ijk}^{n+2/3}}{\Delta t} = \delta_{\bar{x}_3}\Big(A^n \delta_{x_3}(P^{n+1} - P^n)\Big)_{ijk}, \quad 1 < k < N, \quad (8.1.33e)$$

$$P_{ijk}^{n+1} = e_{ijk}^{n+1}, \quad X_{ijk} \in \partial\Omega_h. \tag{8.1.33f}$$

近似 Darcy 速度 $\boldsymbol{U}^{n+1} = (U_1^{n+1}, U_2^{n+1}, U_3^{n+1})^{\mathrm{T}}$ 按下述公式计算:

$$U_{1,ijk}^{n+1} = -\frac{1}{2}\left[A_{i+1/2,jk}^n \frac{P_{i+1,jk}^{n+1} - P_{ijk}^{n+1}}{h} + A_{i-1/2,jk}^n \frac{P_{ijk}^{n+1} - P_{i-1,jk}^{n+1}}{h}\right], \quad (8.1.34)$$

对应于另外两个方向的速度 $U_{2,ijk}^{n+1}$, $U_{3,ijk}^{n+1}$ 可类似计算.

下面考虑饱和度方程 (8.1.28) 的隐式迎风分数步计算格式.

$$
\begin{aligned}
\varphi_{ijk}\frac{C_{ijk}^{n+1/3} - C_{ijk}^n}{\Delta t} &= \left(1 + \frac{h_1}{2}\left|U_1^{n+1}\right|D^{-1}\right)_{ijk}^{-1} \delta_{\bar{x}_1}\Big(D\delta_{x_1}C^{n+1/3}\Big)_{ijk} \\
&\quad + \left(1 + \frac{h_2}{2}\left|U_2^{n+1}\right|D^{-1}\right)_{ijk}^{-1} \delta_{\bar{x}_2}\big(D\delta_{x_2}C^n\big)_{ijk} \\
&\quad + \left(1 + \frac{h_3}{2}\left|U_3^{n+1}\right|D^{-1}\right)_{ijk}^{-1} \delta_{\bar{x}_3}\big(D\delta_{x_3}C^n\big)_{ijk} \\
&\quad - b(C_{ijk}^n)\frac{P_{ijk}^{n+1} - P_{ijk}^n}{\Delta t} + f(X_{ijk}, t^n, C_{ijk}^n), \quad 1 < i < N,
\end{aligned}
$$
$$\tag{8.1.35a}$$

$$C_{ijk}^{n+1/3} = h_{ijk}^{n+1}, \quad X_{ijk} \in \partial\Omega_h, \tag{8.1.35b}$$

$$\varphi_{ijk}\frac{C_{ijk}^{n+2/3} - C_{ijk}^{n+1/3}}{\Delta t} = \left(1 + \frac{h_2}{2}\left|U_2^{n+1}\right|D^{-1}\right)_{ijk}^{-1} \delta_{\bar{x}_2}\Big(D\delta_{x_2}(C^{n+2/3} - C^n)\Big)_{ijk},$$
$$1 < j < N, \tag{8.1.35c}$$

$$C_{ijk}^{n+2/3} = h_{ijk}^{n+1}, \quad X_{ijk} \in \partial\Omega_h, \tag{8.1.35d}$$

$$
\begin{aligned}
\varphi_{ijk}\frac{C_{ijk}^{n+1} - C_{ijk}^{n+2/3}}{\Delta t} &= \left(1 + \frac{h_3}{2}\left|U_3^{n+1}\right|D^{-1}\right)_{ijk}^{-1} \delta_{\bar{x}_3}\big(D\delta_{x_3}(C^{n+1} - C^n)\big)_{ijk} \\
&\quad - \sum_{\beta=1}^{3} \delta_{U_\beta^{n+1}, x_\beta} C_{ijk}^{n+1}, \quad 1 < k < N,
\end{aligned}
$$
$$\tag{8.1.35e}$$

$$C_{ijk}^{n+1} = h_{ijk}^{n+1}, \quad X_{ijk} \in \partial\Omega_h, \tag{8.1.35f}$$

此处 $\delta_{U_1^{n+1},x_1} C_{ijk}^{n+1} = U_{1,ijk}^{n+1}\{H(U_{1,ijk}^{n+1})D_{ijk}^{-1}D_{i-1/2,jk}\delta_{\bar{x}_1} + (1-H(U_{1,ijk}^{n+1}))D_{ijk}^{-1}$

$D_{i+1/2,jk}\delta_{x_1}\}C_{ijk}^{n+1}$, $\delta_{U_2^{n+1},x_2}C_{ijk}^{n+1}$, $\delta_{U_3^{n+1},x_3}C_{ijk}^{n+1}$ 的定义是类似的, $H(z) = \begin{cases} 1, & z \geqslant 0, \\ 0, & z < 0. \end{cases}$

对组分浓度方程 (8.1.32) 亦采用隐式迎风分数步差分并行计算

$$\varphi_{ijk}C_{ijk}^{n+1}\frac{S_{\alpha,ijk}^{n+1/3} - S_{\alpha,ijk}^n}{\Delta t}$$
$$= \delta_{\bar{x}_1}\left(C^{n+1}\varphi K_\alpha \delta_{x_1}S_\alpha^{n+1/3}\right)_{ijk} + \delta_{\bar{x}_2}\left(C^{n+1}\varphi K_\alpha \delta_{x_2}S_\alpha^n\right)_{ijk}$$
$$+ \delta_{\bar{x}_3}\left(C^{n+1}\varphi K_\alpha \delta_{x_3}S_\alpha^n\right)_{ijk} + Q_\alpha\left(C_{ijk}^{n+1}, S_{\alpha,ijk}^n\right)$$
$$- S_{\alpha,ijk}^n\left(q(C^{n+1}) - d(C^{n+1})\frac{P_{ijk}^{n+1} - P_{ijk}^n}{\Delta t}\right.$$
$$\left. + \varphi_{ijk}\frac{C_{ijk}^{n+1} - C_{ijk}^n}{\Delta t}\right), \quad 1 < i < N, \quad \alpha = 1,2,\cdots,n_c, \tag{8.1.36a}$$

$$S_{\alpha,ijk}^{n+1/3} = h_{\alpha,ijk}^{n+1}, \quad X_{ijk} \in \partial\Omega_h, \quad \alpha = 1,2,\cdots,n_c, \tag{8.1.36b}$$

$$\varphi_{ijk}C_{ijk}^{n+1}\frac{S_{\alpha,ijk}^{n+2/3} - S_{\alpha,ijk}^{n+1/3}}{\Delta t} = \delta_{\bar{x}_2}\left(C^{n+1}\varphi K_\alpha \delta_{x_2}(S_\alpha^{n+1/3} - S_\alpha^n)\right)_{ijk},$$
$$1 < j < N, \quad \alpha = 1,2,\cdots,n_c, \tag{8.1.36c}$$

$$S_{\alpha,ijk}^{n+2/3} = h_{\alpha,ijk}^{n+1}, \quad X_{ijk} \in \partial\Omega_h, \quad \alpha = 1,2,\cdots,n_c, \tag{8.1.36d}$$

$$\varphi_{ijk}C_{ijk}^{n+1}\frac{S_{\alpha,ijk}^{n+1} - S_{\alpha,ijk}^{n+2/3}}{\Delta t} = \delta_{\bar{x}_3}\left(C^{n+1}\varphi K_\alpha \delta_{x_3}(S_\alpha^{n+1} - S_\alpha^n)\right)_{ijk}$$
$$- \sum_{\beta=1}^3 \delta_{\bar{U}_\beta^{n+1},x_\beta}S_{\alpha,ijk}^{n+1}, \quad 1 < k < N, \quad \alpha = 1,2,\cdots,n_c, \tag{8.1.36e}$$

$$S_{\alpha,ijk}^{n+1} = h_{\alpha,ijk}^{n+1}, \quad X_{ijk} \in \partial\Omega_h, \quad \alpha = 1,2,\cdots,n_c, \tag{8.1.36f}$$

此处 $\delta_{\bar{U}_\beta^{n+1},x_\beta}S_{\alpha,ijk}^{n+1} = \bar{U}_{\beta,ijk}^{n+1}\{H(\bar{U}_{\beta,ijk}^{n+1})\delta_{\bar{x}_\beta} + (1-H(\bar{U}_{\beta,ijk}^{n+1}))\delta_{x_\beta}\}S_{\alpha,ijk}^{n+1}, \quad \beta = $

$1,2,3; \bar{U}_{1,ijk}^{n+1} = \frac{1}{2}\left[A_{i+1/2,jk}^{n+1}\frac{P_{i+1,jk}^{n+1} - P_{ijk}^{n+1}}{h} + A_{i-1/2,jk}^{n+1}\frac{P_{ijk}^{n+1} - P_{i-1,jk}^{n+1}}{h}\right]$, $\bar{U}_{2,ijk}^{n+1}$, $\bar{U}_{3,ijk}^{n+1}$

是类似的.

初始条件:

$$P_{ijk}^0 = p_0(X_{ijk}), \quad C_{ijk}^0 = c_0(X_{ijk}), \quad S_{\alpha,ijk}^0 = s_{\alpha,0}(X_{ijk}),$$

$$X_{ijk} \in \Omega_h, \quad \alpha = 1, 2, \cdots, n_c. \tag{8.1.37}$$

隐式迎风分数步差分格式的计算程序是: 当 $\{P_{ijk}^n, C_{ijk}^n, S_{\alpha,ijk}^n, \alpha = 1, 2, \cdots, n_c\}$ 已知, 首先由 (8.1.33a)、(8.1.33b) 沿 x_1 方向用追赶法求出过渡层的解 $\{P_{ijk}^{n+1/3}\}$, 再由 (8.1.33c)、(8.1.33d) 式沿 x_2 方向用追赶法求出 $\{P_{ijk}^{n+2/3}\}$, 最后由 (8.1.33e)、(8.1.33f) 式沿 x_3 方向用追赶法求出解 $\{P_{ijk}^{n+1}\}$. 应用 (8.1.34) 计算出 $\{U_{ijk}^{n+1}\}$. 其次由 (8.1.35a)、(8.1.35b) 沿 x_1 方向用追赶法求出过渡层的解 $\{C_{ijk}^{n+1/3}\}$, 再由 (8.1.35c)、(8.1.35d) 式沿 x_2 方向用追赶法求出 $\{C_{ijk}^{n+2/3}\}$, 最后再由 (8.1.35e)、(8.1.35f) 式沿 x_3 方向用追赶法求出解 $\{C_{ijk}^{n+1}\}$. 在此基础并行的由 (8.1.36a)、(8.1.36b) 沿 x_1 方向用追赶法求出过渡层的解 $\{S_{\alpha,ijk}^{n+1/3}\}$, 再由 (8.1.36c)、(8.1.36d) 式沿 x_2 方向用追赶法求出 $\{S_{\alpha,ijk}^{n+2/3}\}$, 最后由 (8.1.36e)、(8.1.36f) 式沿 x_3 方向用追赶法求出解 $\{S_{\alpha,ijk}^{n+1}\}$. 对 $\alpha = 1, 2, \cdots, n_c$ 可并行的同时求解. 由问题的正定性, 格式 (8.1.33), (8.1.35) 和 (8.1.36) 的解存在且唯一.

我们可以建立下述定理 [23,24].

定理 8.1.1　假定问题 (8.1.27)~(8.1.31) 的精确解具有适当的光滑性. 若采用隐式迎风分数步格式 (8.1.33)~(8.1.36) 逐层计算, 则下述误差估计式成立:

$$\|p - P\|_{\bar{L}^\infty(J;h^1)} + \|c - C\|_{\bar{L}^\infty(J;h^1)} + \|d_t(p - P)\|_{\bar{L}^2(J;l^2)}$$
$$+ \|d_t(c - C)\|_{\bar{L}^2(J;l^2)} \leqslant M_1^* \{\Delta t + h^2\}. \tag{8.1.38a}$$

$$\|s_\alpha - S_\alpha\|_{\bar{L}^\infty(J;h^1)} + \|d_t(s_\alpha - S_\alpha)\|_{\bar{L}^2(J;l^2)} \leqslant M_2^* \{\Delta t + h^2\}, \quad \alpha = 1, 2, \cdots, n_c. \tag{8.1.38b}$$

对于问题 (8.1.27)~(8.1.31), 我们提出特征修正的分数步差分方法. 同样可以得到二阶收敛性结果.

8.1.4.2　化学采油 (考虑毛细管力) 数值模拟的迎风分数步方法的数值分析

本小节讨论在化学采油考虑毛细管力、不混溶、不可压缩渗流力学数值模拟中提出的一类二阶迎风分数步差分方法, 并讨论方法的收敛性分析, 使得我们的软件系统建立在坚实的数学和力学基础上.

问题的数学模型是一类非线性耦合系统的初边值问题 [9,10,15-17,21]:

$$\frac{\partial}{\partial t}(\varphi c_o) - \nabla \cdot \left(\kappa(X) \frac{\kappa_{\gamma_o}(c_o)}{\mu_o} \nabla p_o \right) = q_o, \quad X = (x_1, x_2, x_3)^T \in \Omega, \quad t \in J = (0, T]. \tag{8.1.39}$$

$$\frac{\partial}{\partial t}(\varphi c_w) - \nabla \cdot \left(\kappa(X) \frac{\kappa_{\gamma_w}(c_w)}{\mu_w} \nabla p_w \right) = q_w, \quad X \in \Omega, \quad t \in J = (0, T]. \tag{8.1.40}$$

$$\varphi \frac{\partial}{\partial t}(c_w s_\alpha) + \nabla \cdot (s_\alpha \boldsymbol{u} - \varphi c_w K_\alpha \nabla s_\alpha)$$

$$=Q_\alpha(X, t, c_w, s_\alpha), \quad X \in \Omega, \quad t \in J, \quad \alpha = 1, 2, \cdots, n_c. \tag{8.1.41}$$

此处 Ω 是有界区域. 这里下标 "o" 和 "w" 分别对应于油相和水相, c_l 是浓度, p_l 是压力, $\kappa_{\gamma_l}(c_l)$ 是相对渗透率, μ_l 是黏度, q_l 是产量项, 对应于 l 相. φ 是岩石的孔隙度, $\kappa(X)$ 是绝对渗透率, $s_\alpha = s_\alpha(X, t)$ 是组分浓度函数, 组分是指各种化学剂 (聚合物、表面活性剂、碱及各种离子等), n_c 是组分数. $\boldsymbol{u}$ 是 Darcy 速度, $K_\alpha = K_\alpha(X)$ 为相应的扩散系数, Q_α 为与产量相关的源汇项. 假定水和油充满了岩石的空隙空间, 也就是 $c_o + c_w = 1$. 因此取 $c = c_w = 1 - c_o$, 则毛细管力压力函数有下述关系: $p_c(c) = p_o - p_w$, 此处 p_c 依赖于浓度 c.

为了将方程 (8.1.39)~(8.1.40) 化为标准形式[5,21]. 记 $\lambda(c) = \dfrac{\kappa_{\gamma_o}(c_o)}{\mu_o} + \dfrac{\kappa_{\gamma_w}(c_o)}{\mu_w}$ 表示二相流体的总迁移率, $\lambda_l(c) = \dfrac{\kappa_{\gamma_l}(c)}{\mu_l a(c)}, l = o, w$ 分别表示相对迁移率, 应用 Chavent 变换[9,21,24,26]:

$$p = \frac{p_o + p_w}{2} + \frac{1}{2} \int_o^{p_c} \{\lambda_o(p_c^{-1}(\xi)) - \lambda_w(p_c^{-1}(\xi))\} \mathrm{d}\xi, \tag{8.1.42}$$

将 (8.1.39)~(8.1.41) 写为下述标准形式:

$$-\nabla \cdot (a(X, c)\nabla p) = q(X, t), \quad X \in \Omega, \quad t \in J = (0, T], \tag{8.1.43a}$$

$$\boldsymbol{u} = -a(X, c)\nabla p, \quad X \in \Omega, \quad t \in J, \tag{8.1.43b}$$

$$\varphi \frac{\partial c}{\partial t} + b(c)\boldsymbol{u} \cdot \nabla c - \nabla \cdot (D(X, c)\nabla c) = g(X, t, c), \quad X \in \Omega, \quad t \in J. \tag{8.1.44}$$

此处 $a(X, c) = \kappa(X)\lambda(c)$, $b(c) = -\lambda'(c)$, $D(X, c) = -\kappa(X)\lambda\lambda_o\lambda_w p_c'(c)$, $g(X, t, c) = \lambda_o q$, 当 $q \geqslant 0$ 时, $g(X, t, c) = 0$, 当 $q < 0$ 时. 利用式 (8.1.43), 将方程 (8.1.41) 写为下述便于计算的形式

$$\varphi c \frac{\partial s_\alpha}{\partial t} + \boldsymbol{u} \cdot \nabla s_\alpha - \nabla \cdot (\varphi c K_\alpha \nabla s_\alpha)$$
$$= Q_\alpha - s_\alpha \left(q + \varphi \frac{\partial c}{\partial t}\right), \quad X \in \Omega, \quad t \in J, \quad \alpha = 1, 2, \cdots, n_c. \tag{8.1.45}$$

二类边界条件.

(I) 定压边界条件:

$$p = e(X, t), \quad X \in \partial\Omega, \quad t \in J. \tag{8.1.46a}$$

$$c = r(X, t), \quad X \in \partial\Omega, \quad t \in J. \tag{8.1.46b}$$

$$s_\alpha = r_\alpha(X, t), \quad X \in \partial\Omega, \quad t \in J, \quad \alpha = 1, 2, \cdots, n_c, \tag{8.1.46c}$$

此处 $\partial\Omega$ 为区域 Ω 的外边界面.

(II) 不渗透边界条件:

$$\boldsymbol{u}\cdot\gamma=0, \quad X\in\partial\Omega, \quad t\in J. \tag{8.1.47a}$$

$$D\nabla c\cdot\gamma=0, \quad X\in\partial\Omega, \quad t\in J. \tag{8.1.47b}$$

$$K_\alpha\nabla s_\alpha\cdot\gamma=0, \quad X\in\partial\Omega, \quad t\in J, \quad \alpha=1,2,\cdots,n_c. \tag{8.1.47c}$$

此处 γ 为边界面的单位外法向量. 对于不渗透边界条件压力函数 p 确定到可以相差一个常数. 因此条件

$$\int_\Omega p\mathrm{d}X=0, \quad t\in J$$

能够用来确定不定性. 相容性条件是

$$\int_\Omega q\mathrm{d}X=0, \quad t\in J.$$

初始条件:

$$c(X,0)=c_0(X), \quad X\in\Omega, \tag{8.1.48a}$$

$$s_\alpha(X,0)=s_{\alpha,0}(X), \quad X\in\Omega, \quad \alpha=1,2,\cdots,n_c. \tag{8.1.48b}$$

我们这里仅讨论定压边界条件, 有关区域 Ω 和网域 Ω_h 同小节 4.1.

流动方程 (8.1.43) 的差分格式:

$$-\nabla_h\big(A^n\nabla_hP^{n+1}\big)_{ijk}=G_{ijk}$$
$$=(h_1h_2h_3)^{-1}\iint_{X_{ijk}+Q_h}q(X,t^{n+1})dx_1dx_2dx_3, \quad 1\leqslant i,j,k\leqslant N-1, \tag{8.1.49a}$$

$$P^{n+1}_{ijk}=e^{n+1}_{ijk}, \quad X_{ijk}\in\partial\Omega_h. \tag{8.1.49b}$$

此处 Q_h 是以原点为中心, 边长为 h 的立方体. 近似 Darcy 速度 $\boldsymbol{U}^{n+1}=(U^{n+1}_1, U^{n+1}_2, U^{n+1}_3)^{\mathrm{T}}$ 按下述公式计算:

$$U^{n+1}_{1,ijk}=-\frac{1}{2}\left[A^n_{i+1/2,jk}\frac{P^{n+1}_{i+1,jk}-P^{n+1}_{ijk}}{h}+A^n_{i-1/2,jk}\frac{P^{n+1}_{ijk}-P^{n+1}_{i-1,jk}}{h}\right], \tag{8.1.50}$$

对应于另外两个方向的速度 $U^{n+1}_{2,ijk}$, $U^{n+1}_{3,ijk}$ 可类似计算.

下面考虑饱和度方程 (8.1.44) 的隐式迎风分数步计算格式. 为此设 n 层时刻的 c^n 已知, 求第 $n+1$ 层的 c^{n+1}. 用差商代替微商, $\partial c/\partial t\approx(c^{n+1}-c^n)/\Delta t$, 将饱

和度方程 (8.1.44) 分裂为下述形式:

$$\left(1 - \frac{\Delta t}{\varphi}\frac{\partial}{\partial x_1}\left(D\frac{\partial}{\partial x_1}\right) + \frac{\Delta t}{\varphi}bu_1\frac{\partial}{\partial x_1}\right)\left(1 - \frac{\Delta t}{\varphi}\frac{\partial}{\partial x_2}\left(D\frac{\partial}{\partial x_2}\right) + \frac{\Delta t}{\varphi}bu_2\frac{\partial}{\partial x_2}\right)$$

$$\left(1 - \frac{\Delta t}{\varphi}\frac{\partial}{\partial x_3}\left(D\frac{\partial}{\partial x_3}\right) + \frac{\Delta t}{\varphi}bu_3\frac{\partial}{\partial x_3}\right)c^{n+1} = c^n + \frac{\Delta t}{\varphi}f(X,t,c^{n+1}) + O((\Delta t)^2),$$

$$(8.1.51)$$

此处 Darcy 速度 $\boldsymbol{u} = (u_1, u_2, u_3)^{\mathrm{T}}$. 其对应的二阶隐式迎风分数步差分格式为

$$\left(\varphi - \Delta t\left(1 + \frac{h_1}{2}\left|b(C^n)U_1^{n+1}\right|D^{-1}(C^n)\right)^{-1}\right.$$

$$\left. \cdot \delta_{\bar{x}_1}(D(C^n)\delta_{x_1}) + \Delta t\delta_{b^nU_1^{n+1},x_1}\right)_{ijk}C_{ijk}^{n+1/3}$$

$$=\varphi_{ijk}C_{ijk}^n + \Delta t f(X,t^n,C^n)_{ijk}, \quad 1 \leqslant i \leqslant N-1. \tag{8.1.52a}$$

$$C_{ijk}^{n+1/3} = r_{ijk}^{n+1}, \quad X_{ijk} \in \partial\Omega_h, \tag{8.1.52b}$$

$$\left(\varphi - \Delta t\left(1 + \frac{h_2}{2}\left|b(C^n)U_2^{n+1}\right|D^{-1}(C^n)\right)^{-1}\right.$$

$$\left. \cdot \delta_{\bar{x}_2}(D(C^n)\delta_{x_2}) + \Delta t\delta_{b^nU_2^{n+1},x_2}\right)_{ijk}C_{ijk}^{n+2/3}$$

$$=\varphi_{ijk}C_{ijk}^{n+1/3}, \quad 1 \leqslant j \leqslant N-1. \tag{8.1.53a}$$

$$C_{ijk}^{n+2/3} = r_{ijk}^{n+1}, \quad X_{ijk} \in \partial\Omega_h. \tag{8.1.53b}$$

$$\left(\varphi - \Delta t\left(1 + \frac{h_3}{2}\left|b(C^n)U_3^{n+1}\right|D^{-1}(C^n))^{-1}\right.$$

$$\left. \cdot \delta_{\bar{x}_3}(D(C^n)\delta_{x_3}) + \Delta t\delta_{b^nU_3^{n+1},x_3}\right)_{ijk}C_{ijk}^{n+1}$$

$$=\varphi_{ijk}C_{ijk}^{n+2/3}, \quad 1 \leqslant k \leqslant N-1. \tag{8.1.54a}$$

$$C_{ijk}^{n+1} = r_{ijk}^{n+1}, \quad X_{ijk} \in \partial\Omega_h, \tag{8.1.54b}$$

此处

$$\delta_{b^nU_1^{n+1},x_1} = b(C^n)_{ijk}U_{1,ijk}^{n+1}\{H(b(C^n)_{ijk}U_{1,ijk}^{n+1})D^{-1}(C^n)_{ijk}D(C^n)_{i-1/2,jk}\delta_{\bar{x}_1}$$

$$+ (1 - H(b(C^n)_{ijk}U_{1,ijk}^{n+1})) \cdot D^{-1}(C^n)_{ijk}D(C^n)_{i+1/2,jk}\delta_{x_1}\}.$$

$\delta_{b^nU_2^{n+1},x_2}, \delta_{b^nU_3^{n+1},x_3}$ 的定义是类似的, $H(z) = \begin{cases} 1, & z \geqslant 0, \\ 0, & z < 0. \end{cases}$

对组分浓度方程 (8.1.45), 记 $\hat{\varphi}^{n+1} = \varphi C^{n+1}$, $\hat{D}_\alpha^{n+1} = \varphi C^{n+1} K_\alpha$, $\hat{D}_\alpha^{n+1,-1} = (\hat{D}_\alpha^{n+1})^{-1}$, 亦采用隐式迎风分数步差分格式并行计算.

$$\left(\hat{\varphi}^{n+1} - \Delta t \left(1 + \frac{h_1}{2} \left| U_1^{n+1} \right| \hat{D}_\alpha^{n+1,-1} \right)^{-1} \delta_{\bar{x}_1}(\hat{D}_\alpha^{n+1}\delta_{x_1}) + \Delta t \delta_{U_1^{n+1},x_1} \right) S_{\alpha,ijk}^{n+1/3}$$

$$= \hat{\varphi}_{ijk}^{n+1} S_{\alpha,ijk}^n + \Delta t \left\{ Q_\alpha(C^{n+1}, S_{\alpha,ijk}^n) - S_{\alpha,ijk}^n \left(q(C^{n+1}) + \varphi_{ijk}\frac{C_{ijk}^{n+1} - C_{ijk}^n}{\Delta t} \right) \right\},$$

$$1 \leqslant i \leqslant N-1, \quad \alpha = 1,2,\cdots,n_c. \tag{8.1.55a}$$

$$S_{\alpha,ijk}^{n+1/3} = r_{\alpha,ijk}^{n+1}, \quad X_{ijk} \in \partial\Omega_h, \quad \alpha = 1,2,\cdots,n_c. \tag{8.1.55b}$$

$$\left(\hat{\varphi}^{n+1} - \Delta t \left(1 + \frac{h_2}{2} \left| U_2^{n+1} \right| \hat{D}_\alpha^{n+1,-1} \right)^{-1} \delta_{\bar{x}_2}(\hat{D}_\alpha^{n+1}\delta_{x_2}) + \Delta t \delta_{U_2^{n+1},x_1} \right) S_{\alpha,ijk}^{n+2/3}$$

$$= \hat{\varphi}_{ijk}^{n+1} S_{\alpha,ijk}^{n+1/3}, \quad 1 \leqslant j \leqslant N-1, \quad \alpha = 1,2,\cdots,n_c. \tag{8.1.56a}$$

$$S_{\alpha,ijk}^{n+2/3} = r_{\alpha,ijk}^{n+1}, \quad X_{ijk} \in \partial\Omega_h, \quad \alpha = 1,2,\cdots,n_c. \tag{8.1.56b}$$

$$\left(\hat{\varphi}^{n+1} - \Delta t \left(1 + \frac{h_3}{2} \left| U_3^{n+1} \right| \hat{D}_\alpha^{n+1,-1} \right)^{-1} \delta_{\bar{x}_3}(\hat{D}_\alpha^{n+1}\delta_{x_3}) + \Delta t \delta_{U_3^{n+1},x_3} \right) S_{\alpha,ijk}^{n+1}$$

$$= \hat{\varphi}_{ijk}^{n+1} S_{\alpha,ijk}^{n+2/3}, \quad 1 \leqslant k \leqslant N-1, \quad \alpha = 1,2,\cdots,n_c. \tag{8.1.57a}$$

$$S_{\alpha,ijk}^{n+1} = r_{\alpha,ijk}^{n+1}, \quad X_{ijk} \in \partial\Omega_h, \quad \alpha = 1,2,\cdots,n_c, \tag{8.1.57b}$$

此处 $\delta_{U_1^{n+1},x_1} S_{\alpha,ijk}^{n+1} = U_{1,ijk}^{n+1}\{H(U_{1,ijk}^{n+1})\hat{D}_{\alpha,ijk}^{n+1,-1}\hat{D}_{\alpha,i-1/2,jk}^{n+1}\delta_{\bar{x}_1} + (1-H(U_{1,ijk}^{n+1}))\hat{D}_{\alpha,ijk}^{n+1,-1}$ $\hat{D}_{\alpha,i+1/2,jk}^{n+1}\delta_{x_1}\}S_{\alpha,ijk}^{n+1}$, $\delta_{U_2^{n+1},x_2} S_{\alpha,ijk}^{n+1}$, $\delta_{U_3^{n+1},x_3} S_{\alpha,ijk}^{n+1}$ 的定义是类似的.

初始条件:

$$P_{ijk}^0 = p_0(X_{ijk}), \quad C_{ijk}^0 = c_0(X_{ijk}), \quad S_{\alpha,ijk}^0 = s_{\alpha,0}(X_{ijk}), \quad X_{ijk} \in \Omega_h, \quad \alpha = 1,2,\cdots,n_c. \tag{8.1.58}$$

隐式迎风分数步差分格式的计算程序和 4.1 节是类似的.

我们同样可以建立下述定理 [24,26].

定理 8.1.2 假定问题 (8.1.39)~(8.1.41) 的精确解具有适当的光滑性, 采用隐式迎风分数步差分格式 (8.1.49)~(8.1.57) 逐层计算, 则下述误差估计式成立:

$$\|p-P\|_{\bar{L}^\infty(J;h^1)} + \|c-C\|_{\bar{L}^\infty(J;l^2)} + \|c-C\|_{\bar{L}^2(J;h^1)} \leqslant M_1^*\{\Delta t + h^2\}, \tag{8.1.59a}$$

$$\|s_\alpha - S_\alpha\|_{\bar{L}^\infty(J;l^2)} + \|s_\alpha - S_\alpha\|_{\bar{L}^2(J;h^1)} \leqslant M_2^*\{\Delta t + h^2\}, \quad \alpha = 1,2,\cdots,n_c. \tag{8.1.59b}$$

8.1.5　总结与展望

8.1 节引言部分叙述和分析化学采油数值模拟国内外现状; 8.2 节和 8.3 节主要介绍我们学术团队在黑油 (油、气、水) 聚合物驱和黑油 (油、气、水)–三元复合驱这两个领域在数值模拟方法及实际矿场应用的成果, 它所创造的巨大经济效益和社会价值. 8.4 节是关于化学采油数值模拟的计算方法的数值分析, 使我们研制的数值模拟软件系统建立在坚实的数学和力学基础上. 展望未来, 还有以下几个方面的工作希望能得到深入的研究: ①随着并行计算机的快速发展, 有关网距为米级、网点为数百万个的精确数值模拟的研究已提到科研的前沿 [4-6]; ②包含注 CO_2 和注蒸氧内容的化学采油数值模拟, 工业应用软件和数值计算方法这两个领域都急需关注和发展 [1,4,7]; ③关于数值方法的分析, 目前仅能考虑 "微可压缩" 或 "考虑毛细管力" 等较为简化模型问题的数值分析, 得到收敛性分析结果. 而对一般三相 (油、气、水) 的情况还很少工作 [4,22]. 这些都需进一步攻关努力! 详细的讨论和分析可参阅文献 [28].

8.2　三维化学采油渗流耦合系统的混合体积元–特征混合体积元方法

三维化学采油数值模拟的物理模型是渗流耦合系统问题, 其数学模型是关于压力的流动方程, 它是非线性抛物型的, 以及关于饱和度的对流–扩散型方程, 组分浓度方程组是非线性对流–扩散系统. 流动压力通过 Darcy 速度在饱和度方程与组分浓度方程组中出现, 并控制着饱和度方程与组分浓度方程组的全过程. 我们对流动方程采用具有守恒律性质的混合体积元离散, 它对 Darcy 速度的计算提高了一阶精确度. 对饱和度方程采用特征混合体积元求解, 即对方程的扩散部分采用混合体积元离散, 对流部分采用特征线法, 特征线法可以保证格式在流体锋线前沿逼近的高稳定性, 消除数值弥散和非物理性振荡, 并可以得到较小的时间截断误差, 增大时间步长, 提高计算精确度. 扩散项采用混合体积元离散, 可以同时逼近饱和度及其伴随向量函数, 保持单元质量守恒律, 这是十分重要的物理特性. 对组分浓度方程组采用特征分数步差分方法求解, 将整体三维问题化为连续解三个一维问题, 且可用追赶法求解, 大大减少实际计算工作量. 应用微分方程先验估计的理论和特殊技巧, 得到最佳二阶 l^2 模误差估计结果. 数值算例指明该方法的有效性和实用性.

8.2.1　引言

目前国内外行之有效的保持油藏压力的方法是注水开发 (二次采油), 其采收率比靠天然能量的任何开采方式 (一次采油) 高. 我国大庆油田在注水开发上取得

　　了巨大的成绩, 使油田达到高产稳产. 如何进一步提高注水油藏的原油采收率, 仍然是一个具有战略性的重大课题 [9,22].

　　油田经注水开采后, 油藏中仍残留大量的原油, 这些油或者被毛细管力束缚住不能流动, 或者驱替相和被驱替相之间的不利流度比, 使得注入流波及体积小, 而无法驱动原油. 在注入液中加入某些化学添加剂, 则可大大改善注入液的驱洗油能力. 常用的化学添加剂大都为聚合物、表面活性剂和碱. 聚合物被用来优化驱替相的流度, 以调整与被驱替相之间的流度比, 均匀驱动前缘, 减弱高渗层指进, 提高驱替液的波及效率, 同时增加压力梯度等. 表面活性剂和碱主要用于降低地下各相间的界面张力, 从而将被束缚的油驱动 [9-14,18,22].

　　本节研究在化学采油渗流力学数值模拟提出的一类混合体积元–特征混合体积元方法及其收敛性分析.

　　问题的数学模型是下述一类耦合非线性耦合系统的初边值问题 [9-14,18,22,29]:

$$\varphi \frac{\partial \rho}{\partial t} = -\nabla \cdot \boldsymbol{u} + q(X,t), \quad X = (x,y,z)^{\mathrm{T}} \in \Omega, \quad t \in J = (0,T], \tag{8.2.1a}$$

$$\boldsymbol{u} = -\frac{\kappa(X)}{r(c,p)} \nabla p, \quad X \in \Omega, \quad t \in J, \tag{8.2.1b}$$

$$\varphi \frac{\partial(\rho c)}{\partial t} = -\nabla \cdot (c\boldsymbol{u}) + \nabla \cdot (D\nabla c) + q\tilde{c}, \quad X \in \Omega, \quad t \in J, \tag{8.2.2}$$

$$\varphi \frac{\partial}{\partial t}(cs_\alpha) = -\nabla \cdot (s_\alpha \boldsymbol{u} - \varphi c K_\alpha \nabla s_\alpha) + Q_\alpha(X,t,c,s_\alpha),$$
$$X \in \Omega, \quad t \in J, \quad \alpha = 1,2,\cdots,n_c, \tag{8.2.3}$$

此处 $\varphi = \varphi(X)$ 是多孔介质的孔隙度, ρ 是混合流体的密度, 它是压力 $p(X,t)$ 和饱和度 $c(X,t)$ 的函数, 由下述关系确定

$$\rho = \rho(c,p) = \rho_0(c)\,[1 + \alpha_0(c)p], \tag{8.2.4a}$$

ρ_0 是混合流体在标准状态下的密度, 可表示为油藏中原有流体密度 ρ_r 和注入流体密度 ρ_i 的线性组合, ρ_r, ρ_i 均为正常数.

$$\rho_0 = \rho_0(c) = (1-c)\rho_r + c\rho_i. \tag{8.2.4b}$$

　　混合流体的压缩系数表示为 α_r, α_i 的线性组合

$$\alpha_0 = \alpha_0(c) = (1-c)\alpha_r + c\alpha_i, \tag{8.2.4c}$$

α_r, α_i 分别对应于油藏中原有流体和侵入流体的压缩系数. 黏度 $\mu = \mu(c)$ 可表示为

$$\mu(c) = \left((1-c)\mu_r^{1/4} + c\mu_i^{1/4}\right)^4, \tag{8.2.4d}$$

此处 μ_r, μ_i 同样分别对应于原有流体和侵入流体的黏性系数, 均为正常数.

混合流体的流动黏度 r 是黏度和密度的商, 可表为

$$r(c,p) = \frac{\mu(c)}{\rho(c,p)}, \tag{8.2.4e}$$

$\boldsymbol{u} = \boldsymbol{u}(X,t)$ 是流体的 Darcy 速度, $\kappa = \kappa(X)$ 是渗透率, Ω 是 R^3 中的有界区域, $\partial\Omega$ 是其边界面. q 是产量项, $D = D(X)$ 是由 Fick 定律给出的扩散系数, $\tilde{c}(X,t)$ 在注入井 $(q > 0)$ 等于 1, 在生产井 $(q < 0)$ 等于 $c(X,t)$. $s_\alpha(X,t)(\alpha = 1, 2, \cdots, n_c)$ 是组分浓度函数, 组分是指各种化学剂 (聚合物、表面活性剂、碱及各种离子等), n_c 是组分数, Q_α 为源汇项.

假设流体在边界面上不渗透的, 于是有下述边界条件:

$$\boldsymbol{u} \cdot \gamma = 0, \quad X \in \partial\Omega, \quad t \in J, \tag{8.2.5a}$$

$$D\nabla c \cdot \gamma = 0, \quad X \in \partial\Omega, \quad t \in J, \tag{8.2.5b}$$

$$\nabla s_\alpha \cdot \gamma = 0, \quad X \in \partial\Omega, \quad t \in J, \quad \alpha = 1, 2, \cdots, n_c, \tag{8.2.5c}$$

此处 γ 为边界面 $\partial\Omega$ 的单位外法向量.

初始条件:

$$p(X,0) = p_0(X), \quad X \in \Omega, \tag{8.2.6a}$$

$$c(X,0) = c_0(X), \quad X \in \Omega, \tag{8.2.6b}$$

$$s_\alpha(X,0) = s_{\alpha,0}(X), \quad X \in \Omega, \quad \alpha = 1, 2, \cdots, n_c. \tag{8.2.6c}$$

注意到密度函数的表达式 (8.2.4), 方程 (8.2.1) 可改写为

$$\varphi\rho_0(c)\alpha_0(c)\frac{\partial p}{\partial t} + \varphi\{(\rho_i - \rho_r)[1 + \alpha_0(c)p]$$
$$+ (\alpha_i - \alpha_r)\rho_0(c)p\}\frac{\partial c}{\partial t} - \nabla \cdot \left(\frac{\kappa}{r}\nabla p\right)$$
$$= q(X,t), \quad X \in \Omega, \quad t \in J, \tag{8.2.7a}$$

$$\boldsymbol{u} = -\frac{\kappa}{r}\nabla p, \quad X \in \Omega, \quad t \in J. \tag{8.2.7b}$$

对饱和度方程 (8.2.2), 注意到 $\varphi\dfrac{\partial(c\rho)}{\partial t} = \varphi\left(c\dfrac{\partial\rho}{\partial t} + \rho\dfrac{\partial c}{\partial t}\right)$, 应用 (8.2.1) 和 (8.2.2), 可将其改写为

$$\varphi\rho\frac{\partial c}{\partial t} + \boldsymbol{u} \cdot \nabla c - \nabla \cdot (D\nabla c) = q(\tilde{c} - c), \quad X \in \Omega, \quad t \in J. \tag{8.2.8}$$

为便于计算, 将方程 (8.2.3) 写为下述形式

$$\varphi c\frac{\partial s_\alpha}{\partial t} + \boldsymbol{u}\cdot\nabla s_\alpha - \nabla\cdot(\varphi cK\nabla s_\alpha) = Q_\alpha(c,s_\alpha)$$
$$- s_\alpha\left(q - \varphi\frac{\partial\rho}{\partial t} + \varphi\frac{\partial c}{\partial t}\right),\quad X\in\Omega,\quad t\in J,\quad \alpha = 1,2,\cdots,n_c. \tag{8.2.9}$$

对于经典的不可压缩的二相渗流驱动问题, Douglas, Ewing, Russell, Wheeler 和作者已有系列研究成果 [3,30-32]. 对于不可压缩的经典情况, 数值分析和数值计算指明, 经典的有限元方法在处理对流–扩散问题上, 会出现强烈的数值振荡现象. 为了克服上述缺陷, 学者们提出了一系列新的数值方法, 如特征差分方法 [33]、特征有限元法 [34]、迎风加权差分格式 [35]、高阶 Godunov 格式 [36]、流线扩散法 [37]、最小二乘混合有限元方法 [38]、修正的特征有限元方法 [39] 以及 Eulerian-Lagrangian 局部对偶方法 [40]. 上述方法对传统的有限元方法有所改进, 但它们各自均有许多无法克服的缺陷. 迎风加权差分格式在锋线前沿产生数值弥散现象, 高阶 Godunov 格式要求一个 CFL 限制, 流线扩散法与最小二乘混合元方法减少了数值弥散, 却人为地强加了流线的方向.Eulerian-Lagrangian 局部对偶方法 (ELLAM) 可以保持局部的质量守恒, 但增加了积分的估算, 计算量很大. 修正的特征有限元方法 (MMOC-Galerkin) 是一个隐格式, 可采用较大的时间步长, 在流动的锋线前沿具有较高稳定性, 较好地消除了数值弥散现象, 但其检验函数空间不含有分片常数, 因此不能保证质量守恒. 混合有限元方法是流体力学数值求解的有效方法, 它能同时高精度逼近待求函数及其伴随函数. 理论分析及应用已被深入研究 [41-43]. 为了得到对流–扩散方程的高精度数值计算格式, Arbogast 与 Wheeler 在[44]中对对流占优的输运方程提出一种特征混合元方法, 在方程的时空变分形式上, 用类似的 MMOC-Galerkin 方法逼近对流项, 用零次 Raviart-Thomas-Nedekc 混合元法离散扩散项, 分片常数在检验函数空间中, 因此在每个单元上格式是质量守恒的, 并借助于有限元解的后处理方法, 对空间 L^2 模误差估计提高到 3/2 阶精确度, 必须指出此格式包含大量关于检验函数映像的积分, 使得实际计算十分复杂和困难.

对于现代能源和环境科学数值模拟新技术, 特别是在化学采油新技术中, 必须考虑流体的可压缩性. 否则数值模拟将失真 [9-14,18,22]. 关于可压缩二相渗流驱动问题, Douglas 和作者已有系列的研究成果 [22,45], 如特征有限元法 [46,47]、特征差分方法 [19]、分数步差分方法等 [19,48]. 我们在上述工作基础上, 实质性拓广和改进了 Arbogast 与 Wheeler 的工作 [44,49,50], 提出了一类混合元–特征混合元方法, 大大减少了计算工作量, 并进行了实际问题的数值模拟计算, 指明此方法在实际计算时是可行的和有效的 [49,50]. 但在那里我们仅能到一阶精确度误差估计, 且不能拓广到三维问题.

我们注意到有限体积元法 [51,52] 兼具有差分方法的简单性和有限元方法的高

精度性, 并且保持局部质量守恒, 是求解偏微分方程的一种十分有效的数值方法. 混合元方法[41–43] 可以同时求解压力函数及其 Darcy 流速, 从而提高其一阶精确度. 论文 [53,54] 将有限体积元和混合元相结合, 提出了混合有限体积元的思想, 论文 [55,56] 通过数值算例验证这种方法的有效性. 论文 [57–59] 主要对椭圆问题给出混合有限体积元的收敛性估计理论结果, 形成了混合有限体积元方法的一般框架. 芮洪兴等用此方法研究了低渗油气渗流驱动问题的数值模拟计算[60,61]. 对于化学采油数值模拟虽然我们已有一些初步工作, 迎风差分方法[24]、特征差分方法[62], 并得到实际应用, 但在那里并没有质量守恒律这一十分重要的物理特征. 在上述工作的基础上, 我们对三维化学采油渗流耦合系统问题提出一类混合体积元–特征混合体积元方法. 用具有物理守恒律性质的混合体积元同时逼近压力函数和 Darcy 速度, 并对 Darcy 速度提高了一阶计算精确度. 对饱和度方程同样用具有物理守恒律性质的特征混合体积元方法, 即对对流项沿特征线方向离散, 方程的扩散项采用混合体积元离散. 特征线方法可以保证格式在流体锋线前沿逼近的高度稳定性, 消除数值弥散现象, 并可以得到较小的截断时间误差. 在实际计算中可以采用较大的时间步长, 提高计算效率而不降低精确度. 扩散项采用混合有限体积元离散, 可以同时逼近未知的饱和度函数及其伴随向量函数. 并且由于分片常数在检验函数空间中, 因此格式保持单元上质量守恒. 应用微分方程先验估计理论和特殊技巧, 得到了最优二阶 L^2 模误差估计, 高于 Arbogast 和 Wheeler 3/2 阶估计的著名成果[44]. 对计算工作量最大的组分浓度方程组采用特征分数步差分方法, 将整体三维问题分解为连续解三个一维问题, 且可用追赶法求解, 大大减少实际计算工作量[22,63]. 本节对一般三维对流扩散问题做了数值试验, 指明本书的方法是一类切实可行的高效计算方法, 支撑了理论分析结果, 成功解决了这一重要问题[4,7,44].

我们使用通常的 Sobolev 空间及其范数记号. 假定问题 (8.2.1)~(8.2.9) 的精确解满足下述正则性条件:

$$
\text{(R)}\quad
\begin{cases}
c, s_\alpha \in L^\infty(H^2) \cap H^1(H^1) \cap L^\infty(W_\infty^1) \cap H^2(L^2), \quad \alpha = 1, 2, \cdots, n_c, \\
p \in L^\infty(H^1), \\
\boldsymbol{u} \in L^\infty(H^1(\mathrm{div})) \cap L^\infty(W_\infty^1) \cap W_\infty^1(L^\infty) \cap H^2(L^2).
\end{cases}
$$

同时假定问题 (8.2.1)~(8.2.9) 的系数满足正定性条件:

$$
\text{(C)}\quad 0 < a_* \leqslant \frac{\kappa(X)}{r(c,p)} \leqslant a^*, \quad 0 < \varphi_* \leqslant \varphi(X) \leqslant \varphi^*, \quad 0 < D_* \leqslant D(X) \leqslant D^*,
$$

此处 $a_*, a^*, \varphi_*, \varphi^*, D_*$ 和 D^* 均为确定的正常数.

在本节, 为了理论分析方便, 我们假定问题 (8.2.1)~(8.2.9) 是 Ω–周期的[3,30,31], 也就是在本书中全部函数假定是 Ω 周期的. 这在物理上是合理的, 因为无流动边

界条件 (8.2.5) 一般能进行镜面反射处理, 而且通常油藏数值模拟中, 边界条件对油藏内部流动影响较小 [30,31]. 因此边界条件是省略的.

在本节中 K 表示一般的正常数, ε 表示一般小的正数, 在不同地方具有不同含义.

8.2.2　记号和引理

为了应用混合体积元–特征混合体积元方法, 我们需要构造三套网格系统. 粗网格是针对流场压力和 Darcy 流速的非均匀粗网格, 中网格是针对饱和度方程的非均匀网格, 细网格是针对需要精细计算且工作量最大的组分浓度方程组的均匀细网格. 首先讨论粗网格系统和中网格系统.

研究三维问题, 为简单起见, 设区域 $\Omega = \{[0,1]\}^3$, 用 $\partial\Omega$ 表示其边界. 定义剖分

$$\delta_x : 0 < x_{1/2} < x_{3/2} < \cdots < x_{N_x-1/2} < x_{N_x+1/2} = 1,$$
$$\delta_y : 0 < y_{1/2} < y_{3/2} < \cdots < y_{N_y-1/2} < y_{N_y+1/2} = 1,$$
$$\delta_z : 0 < z_{1/2} < z_{3/2} < \cdots < z_{N_z-1/2} < z_{N_z+1/2} = 1.$$

对 Ω 做剖分 $\delta_x\times\delta_y\times\delta_z$, 对于 $i=1,2,\cdots,N_x; j=1,2,\cdots,N_y; k=1,2,\cdots,N_z$. 记 $\Omega_{ijk} = \{(x,y,z)|x_{i-1/2} < x < x_{i+1/2}, y_{j-1/2} < y < y_{j+1/2}, z_{k-1/2} < z < z_{k+1/2}\}$, $x_i = (x_{i-1/2}+x_{i+1/2})/2, y_j = (y_{j-1/2}+y_{j+1/2})/2, z_k = (z_{k-1/2}+z_{k+1/2})/2. h_{x_i} = x_{i+1/2} - x_{i-1/2}, h_{y_j} = y_{j+1/2} - y_{j-1/2}, h_{z_k} = z_{k+1/2} - z_{k-1/2}. h_{x,i+1/2} = x_{i+1} - x_i, h_{y,j+1/2} = y_{j+1} - y_j, h_{z,k+1/2} = z_{k+1} - z_k. h_x = \max\limits_{1\leqslant i\leqslant N_x}\{h_{x_i}\}, h_y = \max\limits_{1\leqslant j\leqslant N_y}\{h_{y_j}\}, h_z = \max\limits_{1\leqslant k\leqslant N_z}\{h_{z_k}\}, h_p = (h_x^2+h_y^2+h_z^2)^{1/2}.$ 称剖分是正则的, 是指存在常数 $\alpha_1, \alpha_2 > 0$, 使得

$$\min_{1\leqslant i\leqslant N_x}\{h_{x_i}\} \geqslant \alpha_1 h_x, \quad \min_{1\leqslant j\leqslant N_y}\{h_{y_j}\} \geqslant \alpha_1 h_y, \quad \min_{1\leqslant k\leqslant N_z}\{h_{z_k}\} \geqslant \alpha_1 h_z,$$
$$\min\{h_x,h_y,h_z\} \geqslant \alpha_2 \max\{h_x,h_y,h_z\}.$$

图 8.2.1 表示对应于 $N_x = 4, N_y = 3, N_z = 3$ 情况简单网格的示意图. 定义 $M_l^d(\delta_x) = \{f \in C^l[0,1] : f|_{\Omega_i} \in p_d(\Omega_i), i=1,2,\cdots,N_x\}$, 其中 $\Omega_i = [x_{i-1/2},x_{i+1/2}]$, $p_d(\Omega_i)$ 是 Ω_i 上次数不超过 d 的多项式空间, 当 $l = -1$ 时, 表示函数 f 在 $[0,1]$ 上可以不连续. 对 $M_l^d(\delta_y), M_l^d(\delta_z)$ 的定义是类似的. 记 $S_h = M_{-1}^0(\delta_x) \otimes M_{-1}^0(\delta_y) \otimes M_{-1}^0(\delta_z)$, $V_h = \{\boldsymbol{w}|\boldsymbol{w} = (w^x,w^y,w^z), w^x \in M_0^1(\delta_x) \otimes M_{-1}^0(\delta_y) \otimes M_{-1}^0(\delta_z), w^y \in M_{-1}^0(\delta_x) \otimes M_0^1(\delta_y) \otimes M_{-1}^0(\delta_z), w^z \in M_{-1}^0(\delta_x) \otimes M_{-1}^0(\delta_y) \otimes M_0^1(\delta_z), \boldsymbol{w}\cdot\gamma|_{\partial\Omega} = 0\}$. 对函数 $v(x,y,z)$, 以 v_{ijk}, $v_{i+1/2,jk}$, $v_{i,j+1/2,k}$ 和 $v_{ij,k+1/2}$ 分别表示 $v(x_i,y_j,z_k)$, $v(x_{i+1/2},y_j,z_k)$, $v(x_i,y_{j+1/2},z_k)$ 和 $v(x_i,y_j,z_{k+1/2})$.

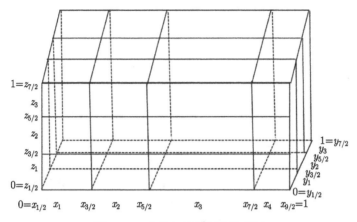

图 8.2.1 非均匀网格剖分示意图

定义下列内积及范数:

$$(v, w)_m = \sum_{i=1}^{N_x} \sum_{j=1}^{N_y} \sum_{k=1}^{N_z} h_{x_i} h_{y_j} h_{z_k} v_{ijk} w_{ijk},$$

$$(v, w)_x = \sum_{i=1}^{N_x} \sum_{j=1}^{N_y} \sum_{k=1}^{N_z} h_{x_{i-1/2}} h_{y_j} h_{z_k} v_{i-1/2,jk} w_{i-1/2,jk},$$

$$(v, w)_y = \sum_{i=1}^{N_x} \sum_{j=1}^{N_y} \sum_{k=1}^{N_z} h_{x_i} h_{y_{j-1/2}} h_{z_k} v_{i,j-1/2,k} w_{i,j-1/2,k},$$

$$(v, w)_z = \sum_{i=1}^{N_x} \sum_{j=1}^{N_y} \sum_{k=1}^{N_z} h_{x_i} h_{y_j} h_{z_{k-1/2}} v_{ij,k-1/2} w_{ij,k-1/2}.$$

$$\|v\|_s^2 = (v, v)_s, \quad s = m, x, y, z, \quad \|v\|_\infty = \max_{1 \leqslant i \leqslant N_x, 1 \leqslant j \leqslant N_y, 1 \leqslant k \leqslant N_z} |v_{ijk}|,$$

$$\|v\|_{\infty(x)} = \max_{1 \leqslant i \leqslant N_x, 1 \leqslant j \leqslant N_y, 1 \leqslant k \leqslant N_z} |v_{i-1/2,jk}|,$$

$$\|v\|_{\infty(y)} = \max_{1 \leqslant i \leqslant N_x, 1 \leqslant j \leqslant N_y, 1 \leqslant k \leqslant N_z} |v_{i,j-1/2,k}|,$$

$$\|v\|_{\infty(z)} = \max_{1 \leqslant i \leqslant N_x, 1 \leqslant j \leqslant N_y, 1 \leqslant k \leqslant N_z} |v_{ij,k-1/2}|.$$

当 $\boldsymbol{w} = (w^x, w^y, w^z)^{\mathrm{T}}$ 时, 记

$$\|\|\boldsymbol{w}\|\| = \left(\|w^x\|_x^2 + \|w^y\|_y^2 + \|w^z\|_z^2 \right)^{1/2}, \quad \|\|\boldsymbol{w}\|\|_\infty = \|w^x\|_{\infty(x)} + \|w^y\|_{\infty(y)} + \|w^z\|_{\infty(z)},$$

$$\|\boldsymbol{w}\|_m = \left(\|w^x\|_m^2 + \|w^y\|_m^2 + \|w^z\|_m^2 \right)^{1/2}, \quad \|\boldsymbol{w}\|_\infty = \|w^x\|_\infty + \|w^y\|_\infty + \|w^z\|_\infty.$$

设

$$W_p^m(\Omega) = \left\{ v \in L^p(\Omega) \left| \frac{\partial^n v}{\partial x^{n-l-r} \partial y^l \partial z^r} \in L^p(\Omega), n-l-r \geqslant 0, l = 0, 1, \cdots, n; r = 0, 1, \cdots, n, n = 0, 1, \cdots, m; 0 < p < \infty \right. \right\}.$$ $H^m(\Omega) = W_2^m(\Omega)$, $L^2(\Omega)$ 的内积与范数分

别为 $(\cdot,\cdot)$, $\|\cdot\|$, 对于 $v \in S_h$, 显然有

$$\|v\|_m = \|v\|. \tag{8.2.10}$$

定义下列记号:

$$[d_x v]_{i+1/2,jk} = \frac{v_{i+1,jk} - v_{ijk}}{h_{x,i+1/2}}, \quad [d_y v]_{i,j+1/2,k} = \frac{v_{i,j+1,k} - v_{ijk}}{h_{y,j+1/2}},$$

$$[d_z v]_{ij,k+1/2} = \frac{v_{ij,k+1} - v_{ijk}}{h_{z,k+1/2}};$$

$$[D_x w]_{ijk} = \frac{w_{i+1/2,jk} - w_{i-1/2,jk}}{h_{x_i}}, \quad [D_y w]_{ijk} = \frac{w_{i,j+1/2,k} - w_{i,j-1/2,k}}{h_{y_j}},$$

$$[D_z w]_{ijk} = \frac{w_{ij,k+1/2} - w_{ij,k-1/2}}{h_{z_k}};$$

$$\hat{w}_{ijk}^x = \frac{w_{i+1/2,jk}^x + w_{i-1/2,jk}^x}{2}, \quad \hat{w}_{ijk}^y = \frac{w_{i,j+1/2,k}^y + w_{i,j-1/2,k}^y}{2},$$

$$\hat{w}_{ijk}^z = \frac{w_{ij,k+1/2}^z + w_{ij,k-1/2}^z}{2},$$

$$\bar{w}_{ijk}^x = \frac{h_{x,i+1}}{2h_{x,i+1/2}} w_{ijk} + \frac{h_{x,i}}{2h_{x,i+1/2}} w_{i+1,jk},$$

$$\bar{w}_{ijk}^y = \frac{h_{y,j+1}}{2h_{y,j+1/2}} w_{ijk} + \frac{h_{y,j}}{2h_{y,j+1/2}} w_{i,j+1,k},$$

$$\bar{w}_{ijk}^z = \frac{h_{z,k+1}}{2h_{z,k+1/2}} w_{ijk} + \frac{h_{z,k}}{2h_{z,k+1/2}} w_{ij,k+1},$$

以及 $\hat{\boldsymbol{w}}_{ijk} = (\hat{w}_{ijk}^x, \hat{w}_{ijk}^y, \hat{w}_{ijk}^z)^{\mathrm{T}}$, $\bar{\boldsymbol{w}}_{ijk} = (\bar{w}_{ijk}^x, \bar{w}_{ijk}^y, \bar{w}_{ijk}^z)^{\mathrm{T}}$. 记 L 是一个正整数, $\Delta t = T/L$, $t^n = n\Delta t$, v^n 表示函数在 t^n 时刻的值, $d_t v^n = (v^n - v^{n-1})/\Delta t$.

对于上面定义的内积和范数, 下述四个引理成立.

引理 8.2.1　对于 $v \in S_h$, $\boldsymbol{w} \in V_h$, 显然有

$$(v, D_x w^x)_m = -(d_x v, w^x)_x, \quad (v, D_y w^y)_m = -(d_y v, w^y)_y, \quad (v, D_z w^z)_m = -(d_z v, w^z)_z. \tag{8.2.11}$$

引理 8.2.2　对于 $\boldsymbol{w} \in V_h$, 则有

$$\|\hat{\boldsymbol{w}}\|_m \leqslant \||\boldsymbol{w}|\|. \tag{8.2.12}$$

证明　事实上, 只要证明 $\|\hat{w}^x\|_m \leqslant \|w^x\|_x$, $\|\hat{w}^y\|_m \leqslant \|w^y\|_y$, $\|\hat{w}^z\|_m \leqslant \|w^z\|_z$ 即可. 注意到

$$\sum_{i=1}^{N_x} \sum_{j=1}^{N_y} \sum_{k=1}^{N_z} h_{x_i} h_{y_j} h_{z_k} (\hat{w}_{ijk}^x)^2$$

$$\leqslant \sum_{j=1}^{N_y} \sum_{k=1}^{N_z} h_{y_j} h_{z_k} \sum_{i=1}^{N_x} \frac{(w_{i+1/2,jk}^x)^2 + (w_{i-1/2,jk}^x)^2}{2} h_{x_i}$$

$$= \sum_{j=1}^{N_y} \sum_{k=1}^{N_z} h_{y_j} h_{z_k} \left(\sum_{i=2}^{N_x} \frac{h_{x,i-1/2}}{2} (w_{i-1/2,jk}^x)^2 + \sum_{i=1}^{N_x} \frac{h_{x_i}}{2} (w_{i-1/2,jk}^x)^2 \right)$$

$$= \sum_{j=1}^{N_y} \sum_{k=1}^{N_z} h_{y_j} h_{z_k} \sum_{i=2}^{N_x} \frac{h_{x,i-1/2} + h_{x_i}}{2} (w_{i-1/2,jk}^x)^2$$

$$= \sum_{i=1}^{N_x} \sum_{j=1}^{N_y} \sum_{k=1}^{N_z} h_{x,i-1/2} h_{y_j} h_{z_k} (w_{i-1/2,jk}^x)^2.$$

从而有 $\|\hat{w}^x\|_m \leqslant \|w^x\|_x$, 对其余两项估计是类似的.

引理 8.2.3 对于 $q \in S_h$, 则有

$$\|\bar{q}^x\|_x \leqslant M \|q\|_m, \quad \|\bar{q}^y\|_y \leqslant M \|q\|_m, \quad \|\bar{q}^z\|_z \leqslant M \|q\|_m, \tag{8.2.13}$$

此处 M 是与 q, h 无关的常数.

引理 8.2.4 对于 $w \in V_h$, 则有

$$\|w^x\|_x \leqslant \|D_x w^x\|_m, \quad \|w^y\|_y \leqslant \|D_y w^y\|_m, \quad \|w^z\|_z \leqslant \|D_z w^z\|_m. \tag{8.2.14}$$

证明 只要证明 $\|w^x\|_x \leqslant \|D_x w^x\|_m$, 其余是类似的. 注意到

$$w_{l+1/2,jk}^x = \sum_{i=1}^{l} \left(w_{i+1/2,jk}^x - w_{i-1/2,jk}^x \right) = \sum_{i=1}^{l} \frac{w_{i+1/2,jk}^x - w_{i-1/2,jk}^x}{h_{x_i}} h_{x_i}^{1/2} h_{x_i}^{1/2}.$$

由 Cauchy 不等式, 可得

$$\left(w_{l+1/2,jk}^x \right)^2 \leqslant x_l \sum_{i=1}^{N_x} h_{x_i} \left([D_x w^x]_{ijk} \right)^2.$$

对上式左、右两边同乘以 $h_{x,i+1/2} h_{y_j} h_{z_k}$, 并求和可得

$$\sum_{i=1}^{N_x} \sum_{j=1}^{N_y} \sum_{k=1}^{N_z} (w_{i-1/2,jk}^x)^2 h_{x,i-1/2} h_{y_j} h_{z_k} \leqslant \sum_{i=1}^{N_x} \sum_{j=1}^{N_y} \sum_{k=1}^{N_z} \left([D_x w^x]_{ijk} \right)^2 h_{x_i} h_{y_j} h_{z_k}.$$

引理 8.2.4 得证.

对于中网格系统, 对于区域 $\Omega = \{[0,1]\}^3$, 通常基于上述粗网格的基础上再进行均匀细分, 一般取原网格步长的 $1/l$, 通常 l 取 2 或 4, 其余全部记号不变, 此时 $h_{\hat{c}} = h_p/l$.

关于细网格系统, 对于区域 $\Omega = \{[0, 1]\}^3$, 定义均匀网格剖分:

$$\bar{\delta}_x : 0 = x_0 < x_1 < \cdots < x_{M_1-1} < x_{M_1} = 1,$$
$$\bar{\delta}_y : 0 = y_0 < y_1 < \cdots < y_{M_2-1} < y_{M_2} = 1,$$
$$\bar{\delta}_z : 0 = z_0 < z_1 < \cdots < z_{M_3-1} < z_{M_3} = 1,$$

此处 $M_i(i = 1, 2, 3)$ 均为正常数, 三个方向步长和网格点分别记为 $h^x = \dfrac{1}{M_1}$, $h^y = \dfrac{1}{M_2}$, $h^z = \dfrac{1}{M_3}$, $x_i = i \cdot h^x$, $y_j = j \cdot h^y$, $z_k = k \cdot h^z$, $h_c = ((h^x)^2 + (h^y)^2 + (h^z)^2)^{1/2}$. 记 $D_{i+1/2,jk} = \dfrac{1}{2}[D(X_{ijk}) + D(X_{i+1,jk})]$, $D_{i-1/2,jk} = \dfrac{1}{2}[D(X_{ijk}) + D(X_{i-1,jk})]$, $D_{i,j+1/2,k}, D_{i,j-1/2,k}, D_{ij,k+1/2}, D_{ij,k-1/2}$ 的定义是类似的. 同时定义:

$$\begin{aligned}
\delta_{\bar{x}}(D\delta_x W)^n_{ijk} =\,&(h^x)^{-2}[D_{i+1/2,jk}(W^n_{i+1,jk} - W^n_{ijk}) \\
&- D_{i-1/2,jk}(W^n_{ijk} - W^n_{i-1,jk})],
\end{aligned} \tag{8.2.15a}$$

$$\begin{aligned}
\delta_{\bar{y}}(D\delta_y W)^n_{ijk} =\,&(h^y)^{-2}[D_{i,j+1/2,k}(W^n_{i,j+1,k} - W^n_{ijk}) \\
&- D_{i,j-1/2,k}(W^n_{ijk} - W^n_{i,j-1,k})],
\end{aligned} \tag{8.2.15b}$$

$$\begin{aligned}
\delta_{\bar{z}}(D\delta_z W)^n_{ijk} =\,&(h^z)^{-2}[D_{ij,k+1/2}(W^n_{ij,k+1} - W^n_{ijk}) \\
&- D_{ij,k-1/2}(W^n_{ijk} - W^n_{ij,k-1})],
\end{aligned} \tag{8.2.15c}$$

$$\nabla_h(D\nabla W)^n_{ijk} = \delta_{\bar{x}}(D\delta_x W)^n_{ijk} + \delta_{\bar{y}}(D\delta_y W)^n_{ijk} + \delta_{\bar{z}}(D\delta_z W)^n_{ijk}. \tag{8.2.16}$$

8.2.3　混合体积元–修正特征混合体积元程序

8.2.3.1　格式的提出

为了引入混合有限体积元方法的处理思想, 将流动方程 (8.2.7) 写为下述标准形式:

$$\begin{aligned}
&\varphi\rho_0(c)\alpha_0(c)\frac{\partial p}{\partial t} + \varphi\{(\rho_i - \rho_r)[1 + \alpha_0(c)p] \\
&+ (\alpha_i - \alpha_r)\rho_0(c)p\}\frac{\partial c}{\partial t} + \nabla \cdot \boldsymbol{u} = q(X, t),
\end{aligned} \tag{8.2.17a}$$

$$\boldsymbol{u} = -a(c)\nabla p, \tag{8.2.17b}$$

此处 $a(c, p) = \dfrac{\kappa(X)}{r(c, p)}$.

对饱和度方程 (8.2.8), 注意到这流动实际上沿着迁移的特征方向, 采用特征线法处理一阶双曲部分, 它具有很高的精确度和强稳定性. 对时间 t 可采用大步长计

算. 记 $\psi(X, \boldsymbol{u}) = [\varphi^2\rho^2 + |\boldsymbol{u}|^2]^{1/2}$, $\dfrac{\partial}{\partial\tau} = \psi^{-1}\left\{\varphi\rho\dfrac{\partial}{\partial t} + \boldsymbol{u}\cdot\nabla\right\}$. 为了应用混合体积元离散扩散部分, 将方程 (8.2.8) 写为下述标准形式

$$\psi\frac{\partial c}{\partial\tau} + \nabla\cdot\boldsymbol{g} = f(X, c), \tag{8.2.18a}$$

$$\boldsymbol{g} = -D\nabla c, \tag{8.2.18b}$$

此处 $f(X, c) = q(\tilde{c} - c)$.

对方程 (8.2.18a) 利用向后差商逼近特征方向导数

$$\frac{\partial c^{n+1}}{\partial\tau} \approx \frac{c^{n+1} - c^n(X - \varphi^{-1}\rho^{-1}\boldsymbol{u}^{n+1}(X)\Delta t)}{\Delta t(1 + \varphi^{-2}\rho^{-2}|\boldsymbol{u}^{n+1}|^2)^{1/2}}. \tag{8.2.19}$$

设 $P, \boldsymbol{U}, C, \boldsymbol{G}$ 分别为 $p, \boldsymbol{u}, c$ 和 $\boldsymbol{g}$ 的混合体积元–特征混合体积元的近似解. 由 8.2 节的记号和引理 8.2.1~ 引理 8.2.4 的结果导出饱和度方程 (8.2.18) 的特征混合体积元格式为:

$$\left(\varphi\rho(C^n, P^n)\frac{C^{n+1} - \hat{C}^n}{\Delta t}, v\right)_m + \left(D_x G^{x,n+1} + D_y G^{y,n+1} + D_z G^{z,n+1}, v\right)_m$$
$$= \left(f(\hat{C}^n), v\right)_m, \quad \forall v \in S_h, \tag{8.2.20a}$$

$$\left(D^{-1}G^{x,n+1}, w^x\right)_x + \left(D^{-1}G^{y,n+1}, w^y\right)_y + \left(D^{-1}G^{z,n+1}), w^z\right)_z$$
$$- \left(C^{n+1}, D_x w^x + D_y w^y + D_z w^z\right)_m = 0, \quad \forall w \in V_h, \tag{8.2.20b}$$

此处 $\hat{C}^n = C^n(\hat{X}^n)$, $\hat{X}^n = X - \varphi^{-1}\rho^{-1}(C^n, P^n)\boldsymbol{U}^{n+1}\Delta t$.

流体压力 (8.2.17) 的混合体积元格式为

$$\left(\varphi\rho_0(C^n)\alpha_0(C^n)\frac{P^{n+1} - P^n}{\Delta t}, v\right)_m + \left(D_x U^{x,n+1} + D_y U^{y,n+1} + D_z U^{z,n+1}, v\right)_m$$
$$+ \left(\varphi\{(\rho_i - \rho_r)[1 + \alpha_0(C^n)P^n] + (\alpha_i - \alpha_r)\rho_0(C^n)P^n\}\frac{C^{n+1} - \hat{C}^n}{\Delta t}, v\right)_m$$
$$= (q^{n+1}, v)_m, \quad \forall v \in S_h, \tag{8.2.21a}$$

$$\left(a^{-1}(\bar{C}^{x,n}, \bar{P}^{x,n})U^{x,n+1}, w^x\right)_x + \left(a^{-1}(\bar{C}^{y,n}, \bar{P}^{x,n})U^{y,n+1}, w^y\right)_y$$
$$+ \left(a^{-1}(\bar{C}^{z,n}, \bar{P}^{x,n})U^{z,n+1}, w^z\right)_z - \left(P^{n+1}, D_x w^x + D_x w^y + D_x w^z\right)_m = 0, \quad \forall w \in V_h. \tag{8.2.21b}$$

在此基础上, 对组分浓度方程组 (8.2.9) 需要高精度计算, 其计算工作量最大, 同样注意到这流动实际上是沿着迁移的特征方向, 利用特征线法处理一阶双曲部分

具有很高的精确度和稳定性, 对 t 可用大步长计算. 记 $\psi_\alpha(c, \boldsymbol{u}) = (\varphi^2 c^2 + |\boldsymbol{u}|^2)^{1/2}$, $\dfrac{\partial}{\partial \tau_\alpha} = \psi_\alpha^{-1}\left\{\varphi c \dfrac{\partial}{\partial t} + \boldsymbol{u} \cdot \nabla\right\}$. 则方程组 (8.2.9) 可改写为下述形式

$$\psi_\alpha \frac{\partial s_\alpha}{\partial \tau_\alpha} - \nabla \cdot (\hat{D}(c)\nabla s_\alpha) = f_\alpha(s_\alpha, c, p), \quad X \in \Omega, \quad t \in J, \quad \alpha = 1, 2, \cdots, n_c, \quad (8.2.22)$$

其中 $\hat{D}(c) = \varphi c K, f_\alpha(s_\alpha, c, p) = Q_\alpha(c, s_\alpha) - s_\alpha\left(q - \varphi\dfrac{\partial p}{\partial t} + \varphi\dfrac{\partial c}{\partial t}\right)$. 在这里注意到在油藏数值模拟中处处存在束缚水的特征 [4,22], 则有 $c(X, t) \geqslant c_0 > 0$, 其中 c_0 为确定的正常数, 对方程组 (8.2.22) 的导数由下述正定性 [3,4,22]:

$$0 < \bar{D}_* \leqslant \hat{D}(c) \leqslant \bar{D}^*, \quad 0 < \bar{\varphi}_* \leqslant \varphi c \leqslant \bar{\varphi}^*, \quad (8.2.23)$$

此处 $\bar{D}_*, \bar{D}^*, \bar{\varphi}_*$ 和 $\bar{\varphi}^*$ 均为确定的正常数.

对方程组 (8.2.22) 采用向后差商逼近特征方向导数

$$\frac{\partial s_\alpha^{n+1}}{\partial \tau_\alpha} \approx \frac{s_\alpha^{n+1} - s_\alpha^n(X - \varphi^{-1}c^{-1}\boldsymbol{u}^{n+1}\Delta t)}{\Delta t(1 + \varphi^{-2}c^{-2}|\boldsymbol{u}^{n+1}|^2)^{1/2}}.$$

对组分浓度方程组 (8.2.22) 的特征分数步差分格式为

$$\varphi_{ijk}C_{ijk}^{n+1}\frac{S_{\alpha,ijk}^{n+1/3} - \hat{S}_{\alpha,ijk}^n}{\Delta t} = \delta_{\bar{x}}(\hat{D}(C^{n+1})\delta_x S_\alpha^{n+1/3})_{ijk} + \delta_{\bar{y}}(\hat{D}(C^{n+1})\delta_y S_\alpha^n)_{ijk}$$
$$+ \delta_{\bar{z}}(\hat{D}(C^{n+1})\delta_z S_\alpha^n)_{ijk} + Q_\alpha(C^{n+1}, S_\alpha)_{ijk}$$
$$- S_{\alpha,ijk}^n\left(q^{n+1} - \varphi\frac{\rho(C^{n+1}, P^{n+1}) - \rho(C^n, P^n)}{\Delta t} + \varphi\frac{C^{n+1} - C^n}{\Delta t}\right)_{ijk},$$
$$1 \leqslant i \leqslant M_1, \quad \alpha = 1, 2, \cdots, n_c, \quad (8.2.24a)$$

$$\varphi_{ijk}C_{ijk}^{n+1}\frac{S_{\alpha,ijk}^{n+2/3} - S_{\alpha,ijk}^{n+1/3}}{\Delta t} = \delta_{\bar{y}}(\hat{D}(C^{n+1})\delta_y(S_\alpha^{n+2/3} - S_\alpha^n))_{ijk},$$
$$1 \leqslant j \leqslant M_2, \quad \alpha = 1, 2, \cdots, n_c, \quad (8.2.24b)$$

$$\varphi_{ijk}C_{ijk}^{n+1}\frac{S_{\alpha,ijk}^{n+1} - S_{\alpha,ijk}^{n+2/3}}{\Delta t} = \delta_{\bar{z}}(\hat{D}(C^{n+1})\delta_z(S_\alpha^{n+1} - S_\alpha^n))_{ijk},$$
$$1 \leqslant j \leqslant M_3, \quad \alpha = 1, 2, \cdots, n_c, \quad (8.2.24c)$$

此处 $S_\alpha^n(X)(\alpha = 1, 2, \cdots, n_c)$ 为分别按节点值 $\{S_{\alpha,ijk}^n\}$ 分片三二次插值, $\hat{S}_{\alpha,ijk}^n = S_\alpha^n(\hat{X}_{ijk}^n)$, $\hat{X}_{ijk}^n = X_{ijk} - \varphi_{ijk}^{-1}C_{ijk}^{n+1,-1}\boldsymbol{U}_{ijk}^{n+1}\Delta t, C_{ijk}^{n+1,-1} = (C_{ijk}^{n+1})^{-1}$.

初始逼近:

$$P^0 = \tilde{P}^0, \quad \boldsymbol{U}^0 = \tilde{\boldsymbol{U}}^0, \quad C^0 = \tilde{C}^0, \quad \boldsymbol{G}^0 = \tilde{\boldsymbol{G}}^0, \quad X \in \Omega, \quad (8.2.25a)$$

$$S_{\alpha,ijk}^0 = s_{\alpha,0}(X_{ijk}), \quad X_{ijk} \in \bar{\Omega}, \quad \alpha = 1, 2, \cdots, n_c, \tag{8.2.25b}$$

此处 $(\tilde{P}^0, \tilde{U}^0)$, $(\tilde{C}^0, \tilde{G}^0)$ 为 $(p_0, \boldsymbol{u}_0)$, $(c_0, \boldsymbol{g}_0)$ 的椭圆投影 (将在 8.2.3.3 小节定义), $s_{\alpha,0}(X_{ijk})$ 将由初始条件 (8.2.1.6c) 直接得到.

混合有限体积元–特征混合有限体积元格式的计算程序: 首先由初始条件 (8.2.6), 应用混合体积元的椭圆投影确定 $\{\tilde{C}^0, \tilde{G}^0\}$ 和 $\{\tilde{P}^0, \tilde{U}^0\}$. 取 $C^0 = \tilde{C}^0, \boldsymbol{G}^0 = \tilde{\boldsymbol{G}}^0$ 和 $P^0 = \tilde{P}^0, \boldsymbol{U}^0 = \tilde{\boldsymbol{U}}^0$. 在此基础上, 由混合体积元格式 (8.2.20) 应用共轭梯度法求得 $\{C^1, \boldsymbol{G}^1\}$. 然后, 再由特征混合体积元格式 (8.2.21) 应用共轭梯度法求得 $\{\boldsymbol{U}^1, P^1\}$. 在此基础上, 再用修正特征分数步差分格式 (8.2.24a)$\sim$(8.2.24c), 应用一维追赶法依次计算出过渡层的 $\{S_{\alpha,ijk}^{1/3}\}$, $\{S_{\alpha,ijk}^{2/3}\}$. 最后得 $t = t^1$ 的差分解 $\{S_\alpha^1\}$, $\alpha = 1, 2, \cdots, n_c$. 这样完成了第 1 层的计算. 如此, 再由 (8.2.20) 求得 $\{C^2, \boldsymbol{G}^2\}$, 由格式 (8.2.21) 求得 $\{\boldsymbol{U}^2, P^2\}$. 然后再由特征分数步差分格式求出 $\{S_\alpha^2, \alpha = 1, 2, \cdots, n_c\}$. 这样依次进行, 可求得全部数值逼近解, 由正定性条件 (C), 解存在且唯一.

8.2.3.2　局部质量守恒律

如果问题 (8.2.17)、(8.2.18) 没有源汇项, 也就是 $q \equiv 0$ 边界条件是不渗透的, 则在每个单元 $J_c \in \Omega$ 上, 此处为简单起见, 设 $l = 1$, 即粗中网格重合, $J_c = \Omega_{ijk} = [x_{i-1/2}, x_{i+1/2}] \times [y_{j-1/2}, y_{j+1/2}] \times [z_{k-1/2}, z_{k+1/2}]$, 饱和度方程的局部质量守恒表现为

$$\int_{J_c} \varphi\rho\frac{\partial c}{\partial \tau}\mathrm{d}X - \int_{\partial J_c} \boldsymbol{g} \cdot \gamma_{J_c}\mathrm{d}S = 0. \tag{8.2.26}$$

此处 J_c 为区域 Ω 关于饱和度的中网格剖分单元, ∂J_c 为单元 J_c 的边界面, γ_{J_c} 为单元边界面的外法线方向矢量. 下面我们证明 (8.2.20a) 满足下面的离散意义下的局部质量守恒律.

定理 8.2.1　如果 $q \equiv 0$, 则在任意单元 $J_c \in \Omega$ 上, 格式 (8.2.20a) 满足离散的局部质量守恒律

$$\int_{J_c} \varphi\rho(C^n, P^n)\frac{C^{n+1} - \hat{C}^n}{\Delta t}\mathrm{d}X - \int_{\partial J_c} \boldsymbol{G}^{n+1} \cdot \gamma_{J_c}\mathrm{d}S = 0. \tag{8.2.27}$$

证明　因为 $v \in S_h$, 对给定的单元 $J_c \in \Omega$ 上, 取 $v \equiv 1$, 在其他单元上为零, 则此时 (8.2.20a) 为

$$\left(\varphi\rho(C^n, P^n)\frac{C^{n+1} - \hat{C}^n}{\Delta t}, 1\right)_{\Omega_{ijk}} + \left(D_x G^{x,n+1} + D_y G^{y,n+1} + D_z G^{z,n+1}, 1\right)_{\Omega_{ijk}} = 0. \tag{8.2.28}$$

按 8.2.2 小节中的记号可得

$$
\left(\varphi\rho(C^n,P^n)\frac{C^{n+1}-\hat{C}^n}{\Delta t},1\right)_{\Omega_{ijk}}=\varphi_{ijk}\rho(C_{ijk}^n,P_{ijk}^n)\left(\frac{C_{ijk}^{n+1}-\hat{C}_{ijk}^n}{\Delta t}\right)h_{x_i}h_{y_j}h_{z_k}
$$

$$
=\int_{\Omega_{ijk}}\varphi\rho(C^n,P^n)\frac{C^{n+1}-\hat{C}^n}{\Delta t}\mathrm{d}X,\qquad(8.2.29a)
$$

$$
\left(D_xG^{x,n+1}+D_yG^{y,n+1}+D_zG^{z,n+1},1\right)_{\Omega_{ijk}}
$$
$$
=\left(G_{i+1/2,jk}^{x,n+1}-G_{i-1/2,jk}^{x,n+1}\right)h_{y_j}h_{z_k}
$$
$$
+\left(G_{i,j+1/2,k}^{y,n+1}-G_{i,j-1/2,k}^{y,n+1}\right)h_{x_i}h_{z_k}+\left(G_{ij,k+1/2}^{z,n+1}-G_{ij,k-1/2}^{z,n+1}\right)h_{x_i}h_{y_j}
$$
$$
=-\int_{\partial\Omega_{ijk}}\boldsymbol{G}^{n+1}\cdot\gamma_{J_c}\mathrm{d}S.\qquad(8.2.29b)
$$

将式 (8.2.29) 代入式 (8.2.28), 定理 8.2.1 得证.

由局部质量守恒律定理 8.2.1, 即可推出整体质量守恒律.

定理 8.2.2　如果 $q\equiv0$, 边界条件是不渗透的, 则格式 (8.2.20a) 满足整体离散质量守恒律

$$
\int_{\Omega}\varphi\rho(C^n,P^n)\frac{C^{n+1}-\hat{C}^n}{\Delta t}\mathrm{d}X=0,\quad n\geqslant0.\qquad(8.2.30)
$$

证明　由局部质量守恒律 (8.2.27), 对全部的网格剖分单元求和, 则有

$$
\sum_{i,j,k}\int_{\Omega_{ijk}}\varphi\rho(C^n,P^n)\frac{C^{n+1}-\hat{C}^n}{\Delta t}\mathrm{d}X-\sum_{i,j,k}\int_{\partial\Omega_{ijk}}\boldsymbol{G}^{n+1}\cdot\gamma_{J_c}\mathrm{d}S=0.\qquad(8.2.31)
$$

注意到 $-\sum_{i,j,k}\int_{\partial\Omega_{ijk}}\boldsymbol{G}^{n+1}\cdot\gamma_{J_c}\mathrm{d}S=-\int_{\partial\Omega}\boldsymbol{G}^{n+1}\cdot\gamma\mathrm{d}S=0$, 定理得证.

8.2.3.3　辅助性椭圆投影

为了确定初始逼近 (8.2.25) 和 8.2.4 小节的收敛性分析. 引入下述辅助性椭圆投影. 定义 $\{\tilde{C},\tilde{G}\}\in S_h\times V_h$, 满足

$$
\left(D_x\tilde{G}^x+D_y\tilde{G}^y+D_z\tilde{G}^z,v\right)_m=(\nabla\cdot g,v)_m,\forall v\in S_h,\qquad(8.2.32a)
$$

$$
\left(D^{-1}\tilde{G}^x,w^x\right)_x+\left(D^{-1}\tilde{G}^y,w^y\right)_y+\left(D^{-1}\tilde{G}^z,w^z\right)_z
$$
$$
-\left(\tilde{C},D_xw^x+D_yw^y+D_zw^z\right)_m=0,\quad\forall w\in V_h,\qquad(8.2.32b)
$$

$$
\left(\tilde{C}-c,1\right)_m=0,\qquad(8.2.32c)
$$

此处 $g = -D\nabla c$.

定义 $\{\tilde{P}, \tilde{\boldsymbol{U}}\} \in S_h \times V_h$, 满足

$$\left(D_x \tilde{U}^x + D_y \tilde{U}^y + D_z \tilde{U}^z, v\right)_m = (\nabla \cdot \boldsymbol{u}, v)_m, \quad \forall v \in S_h, \tag{8.2.33a}$$

$$\left(a^{-1}\tilde{U}^x, w^x\right)_x + \left(a^{-1}\tilde{U}^y, w^y\right)_y + \left(a^{-1}\tilde{U}^z, w^z\right)_z$$
$$- \left(\tilde{P}, D_x w^x + D_y w^y + D_z w^z\right)_m = 0, \quad \forall w \in V_h, \tag{8.2.33b}$$

$$\left(\tilde{P} - p, 1\right)_m = 0. \tag{8.2.33c}$$

记 $\pi = P - \tilde{P}$, $\eta = \tilde{P} - p$, $\sigma = \boldsymbol{U} - \tilde{\boldsymbol{U}}$, $\theta = \tilde{\boldsymbol{U}} - \boldsymbol{u}$, $\xi = C - \tilde{C}$, $\zeta = \tilde{C} - c$, $\alpha = \boldsymbol{G} - \tilde{\boldsymbol{G}}$, $\beta = \tilde{\boldsymbol{G}} - g$. 设问题 (8.2.1)~(8.2.6) 满足正定性条件 (C), 其精确解满足正则性条件 (R). 由 Weiser, Wheeler 理论 [54] 得知格式 (8.2.32), (8.2.33) 确定的辅助函数 $\{\tilde{\boldsymbol{G}}, \tilde{C}, \tilde{\boldsymbol{U}}, \tilde{P}\}$ 存在唯一, 并有下述误差估计.

引理 8.2.5 若问题 (8.2.1)~(8.2.6) 的系数和精确解满足条件 (C) 和 (R), 则存在不依赖于剖分参数 $h, \Delta t$ 的常数 $\bar{C}_1, \bar{C}_2 > 0$, 使得下述估计式成立:

$$||\eta||_m + ||\zeta||_m + |||\theta||| + |||\beta||| + \left\|\frac{\partial \eta}{\partial t}\right\|_m + \left\|\frac{\partial \zeta}{\partial t}\right\|_m \leqslant \bar{C}_1\{h_p^2 + h_c^2\}, \tag{8.2.34a}$$

$$\left|\left|\left|\tilde{\boldsymbol{U}}\right|\right|\right|_\infty + \left|\left|\left|\tilde{\boldsymbol{G}}\right|\right|\right|_\infty \leqslant \bar{C}_2. \tag{8.2.34b}$$

8.2.4 收敛性分析

本小节我们对一个模型问题进行收敛性分析, 在问题 (8.2.7), (8.2.8) 中假定 $\rho_i \approx \rho_r$, $\alpha_i \approx \alpha_r$, $\rho(c, p) \approx \rho_0$, $\mu(c) \approx \mu_0$, $a(c, p) = \dfrac{\kappa\rho(c,p)}{\mu(c)} \approx \dfrac{\kappa(X)\rho_0}{\mu_0} = a(X)$, 此情况出现在混合流体 "微小压缩" 的低渗流油田的情况 [4,63,64]. 此时原问题简化为

$$\varphi\rho_0\alpha_0\frac{\partial p}{\partial t} + \nabla \cdot \boldsymbol{u} = q(X, t), \quad X \in \Omega, \quad t \in J, \tag{8.2.35a}$$

$$\boldsymbol{u} = -a\nabla p, \quad X \in \Omega, \quad t \in J, \tag{8.2.35b}$$

$$\varphi\rho_0\frac{\partial c}{\partial t} + \boldsymbol{u} \cdot \nabla c - \nabla \cdot (D\nabla c) = f(c), \quad X \in \Omega, \quad t \in J, \tag{8.2.36}$$

此处 ρ_0, α_0, μ_0 均为正常数. 与此同时, 原问题 (8.2.7), (8.2.8) 的混合体积元–特征混合元格式简化为

$$\left(\varphi\rho_0\alpha_0\frac{P^{n+1} - P^n}{\Delta t}, v\right)_m + \left(D_x U^{x,n+1} + D_y U^{y,n+1} + D_z U^{z,n+1}, v\right)_m$$

$$= (q^{n+1}, v)_m, \quad \forall v \in S_h, \tag{8.2.37a}$$

$$\left(a^{-1}U^{x,n+1}, w^x\right)_x + \left(a^{-1}U^{y,n+1}, w^y\right)_y + \left(a^{-1}U^{z,n+1}, w^z\right)_z$$
$$- \left(P^{n+1}, D_x w^x + D_x w^y + D_x w^z\right)_m = 0, \quad \forall w \in V_h. \tag{8.2.37b}$$

$$\left(\varphi\rho_0 \frac{C^{n+1} - \hat{C}^n}{\Delta t}, v\right)_m + \left(D_x G^{x,n+1} + D_y G^{y,n+1} + D_z G^{z,n+1}, v\right)_m$$
$$= \left(f(\hat{C}^n), v\right)_m, \quad \forall v \in S_h, \tag{8.2.38a}$$

$$\left(D^{-1}G^{x,n+1}, w^x\right)_x + \left(D^{-1}G^{y,n+1}, w^y\right)_y + \left(D^{-1}G^{z,n+1}), w^z\right)_z$$
$$- \left(C^{n+1}, D_x w^x + D_y w^y + D_z w^z\right)_m = 0, \quad \forall w \in V_h, \tag{8.2.38b}$$

此处 $\hat{C}^n = C^n(\hat{X}^n)$, $\hat{X}^n = X - \varphi^{-1}\rho_0^{-1}U^{n+1}\Delta t$.

首先估计 π 和 σ. 将式 (8.2.31a), (8.2.31b) 分别减式 (8.2.33a)$(t = t^{n+1})$ 和式 (8.2.33b)$(t = t^{n+1})$ 可得下述误差关系式

$$(\varphi\rho_0\alpha_0\partial_t\pi^n, v)_m + \left(D_x\sigma^{x,n+1} + D_y\sigma^{y,n+1} + D_z\sigma^{z,n+1}, v\right)_m$$
$$= -\left(\varphi\rho_0\alpha_0\left(\partial_t\tilde{P}^n - \frac{\partial\tilde{p}^{n+1}}{\partial t}\right), v\right)_m - (\varphi\rho_0\alpha_0\partial_t\eta^n, v)_m, \quad \forall v \in S_h, \tag{8.2.39a}$$

$$\left(a^{-1}\sigma^{x,n+1}, w^x\right)_x + \left(a^{-1}\sigma^{y,n+1}, w^y\right)_y + \left(a^{-1}\sigma^{z,n+1}, w^z\right)_z$$
$$- \left(\pi^{n+1}, D_x w^x + D_y w^y + D_z w^z\right)_m = 0, \quad \forall w \in V_h. \tag{8.2.39b}$$

此处 $\partial_t\pi^n = (\pi^{n+1} - \pi^n)/\Delta t$, $\partial_t\tilde{P}^n = (\tilde{P}^{n+1} - \tilde{P}^n)/\Delta t$.

为了估计 π 和 σ. 在式 (8.2.39a) 中取 $v = \partial_t\pi^n$, 和在式 (8.2.39b) 中取 t^{n+1} 时刻和 t^n 时刻的值, 两式相减, 再除以 Δt, 并取 $w = \sigma^{n+1}$ 时再相加, 注意到如下关系式, 当 $A \geqslant 0$ 的情况下有

$$(\partial_t(AB^n), B^{n+1})_s = \frac{1}{2}\partial_t(AB^n, B^n)_s + \frac{1}{2\Delta t}\left(A(B^{n+1} - B^n), B^{n+1} - B^n\right)_s$$
$$\geqslant \frac{1}{2}\partial_t(AB^n, B^n)_s, \quad s = x, y, z.$$

我们有

$$(\varphi\rho_0\alpha_0\partial_t\pi^n, \partial_t\pi^n)_m + \frac{1}{2}\partial_t\left[\left(a^{-1}\sigma^{x,n}, \sigma^{x,n}\right)_x + \left(a^{-1}\sigma^{y,n}, \sigma^{y,n}\right)_y + \left(a^{-1}\sigma^{z,n}, \sigma^{z,n}\right)_z\right]$$
$$\leqslant -\left(\varphi\rho_0\alpha_0\left(\partial_t\tilde{P}^n - \frac{\partial\tilde{p}^{n+1}}{\partial t}\right), \partial_t\pi^n\right)_m - \left(\varphi\rho_0\alpha_0\frac{\partial\eta^{n+1}}{\partial t}, \partial_t\pi^n\right)_m. \tag{8.2.40}$$

由正定性条件 (C) 和引理 8.2.5 可得

$$(\varphi \rho_0 \alpha_0 \partial_t \pi^n, \partial_t \pi^n)_m \geqslant \varphi_* \rho_0 \alpha_0 ||\partial_t \pi^n||_m^2, \tag{8.2.41a}$$

$$-\left(\varphi \rho_0 \alpha_0 \left(\partial_t \tilde{P}^n - \frac{\partial \tilde{p}^{n+1}}{\partial t}\right), \partial_t \pi^n\right)_m - \left(\varphi \rho_0 \alpha_0 \frac{\partial \eta^{n+1}}{\partial t}, \partial_t \pi^n\right)_m$$
$$\leqslant \varepsilon ||\partial_t \pi^n||_m^2 + K \left(h_p^4 + h_c^4 + (\Delta t)^2\right). \tag{8.2.41b}$$

对估计式 (8.2.40) 的右端应用式 (8.2.41) 可得

$$||\partial_t \pi^n||_m^2 + \partial_t \sum_{s=x,y,z} \left(a^{-1}\sigma^{s,n}, \sigma^{s,n}\right)_s \leqslant K \left\{h_p^4 + h_c^4 + (\Delta t)^2\right\}. \tag{8.2.42}$$

对上式 (8.2.42) 乘以 Δt, 并对 t 求和 $0 \leqslant n \leqslant L$, 注意到 $\sigma^0 = 0$, 可得

$$|||\sigma^{L+1}|||^2 + \sum_{n=0}^{L} ||\partial_t \pi^n||_m^2 \Delta t \leqslant K \left\{h_p^4 + h_c^4 + (\Delta t)^2\right\}. \tag{8.2.43}$$

下面讨论饱和度方程的误差估计. 为此将式 (8.2.38a) 和式 (8.2.38b) 分别减去 $t = t^{n+1}$ 时刻的式 (8.2.32a) 和式 (8.2.32b), 分别取 $v = \xi^{n+1}$, $w = \alpha^{n+1}$, 可得

$$\left(\varphi \rho_0 \frac{C^{n+1} - \hat{C}^n}{\Delta t}, \xi^{n+1}\right)_m + \left(D_x \alpha^{x,n+1} + D_y \alpha^{y,n+1} + D_z \alpha^{z,n+1}, \xi^{n+1}\right)_m$$
$$= \left(f(\hat{C}^n) - f(c^{n+1}) + \psi^{n+1} \frac{\partial c^{n+1}}{\partial \tau}, \xi^{n+1}\right)_m, \tag{8.2.44a}$$

$$\left(D^{-1}\alpha^{x,n+1}, \alpha^{x,n+1}\right)_x + \left(D^{-1}\alpha^{y,n+1}, \alpha^{y,n+1}\right)_y + \left(D^{-1}\alpha^{z,n+1}), \alpha^{z,n+1}\right)_z$$
$$- \left(\xi^{n+1}, D_x \alpha^{x,n+1} + D_y \alpha^{y,n+1} + D_z \alpha^{z,n+1}\right)_m = 0. \tag{8.2.44b}$$

将式 (8.2.44a) 和式 (8.2.44b) 相加可得

$$\left(\varphi \rho_0 \frac{C^{n+1} - \hat{C}^n}{\Delta t}, \xi^{n+1}\right)_m + \left(D^{-1}\alpha^{x,n+1}, \alpha^{x,n+1}\right)_x$$
$$+ \left(D^{-1}\alpha^{y,n+1}, \alpha^{y,n+1}\right)_y + \left(D^{-1}\alpha^{z,n+1}, \alpha^{z,n+1}\right)_z$$
$$= \left(f(\hat{C}^n) - f(c^{n+1}) + \psi^{n+1} \frac{\partial c^{n+1}}{\partial \tau}, \xi^{n+1}\right)_m. \tag{8.2.45}$$

应用方程 (8.2.36)$t = t^{n+1}$, 将上式改写为

$$\left(\varphi \rho_0 \frac{\xi^{n+1} - \xi^n}{\Delta t}, \xi^{n+1}\right)_m + \sum_{s=x,y,z} \left(D^{-1}\alpha^{s,n+1}, \alpha^{s,n+1}\right)_s$$

$$= \left(\left[\varphi\rho_0\frac{\partial c^{n+1}}{\partial t} + \boldsymbol{u}^{n+1}\cdot\nabla c^{n+1}\right] - \varphi\rho_0\frac{c^{n+1} - \check{c}^n}{\Delta t}, \xi^{n+1}\right)_m + \left(\varphi\rho_0\frac{\zeta^{n+1} - \zeta^n}{\Delta t}, \xi^{n+1}\right)_m$$

$$+ \left(f(\hat{C}^n) - f(c^{n+1}), \xi^{n+1}\right) + \left(\varphi\rho_0\frac{\hat{c}^n - \check{c}^n}{\Delta t}, \xi^{n+1}\right)_m - \left(\varphi\rho_0\frac{\hat{\zeta}^n - \zeta^n}{\Delta t}, \xi^{n+1}\right)_m$$

$$+ \left(\varphi\rho_0\frac{\hat{\xi}^n - \check{\xi}^n}{\Delta t}, \xi^{n+1}\right)_m - \left(\varphi\rho_0\frac{\check{\zeta}^n - \zeta^n}{\Delta t}, \xi^{n+1}\right)_m + \left(\varphi\rho_0\frac{\check{\xi}^n - \xi^n}{\Delta t}, \xi^{n+1}\right)_m,$$

$$\tag{8.2.46}$$

此处 $\check{c}^n = c^n(X - \varphi^{-1}\rho_0^{-1}\boldsymbol{u}^{n+1}\Delta t)$, $\hat{c}^n = c^n(X - \varphi^{-1}\rho_0^{-1}\boldsymbol{U}^{n+1}\Delta t)$.

对式 (8.2.46) 的左端应用不等式 $a(a-b) \geqslant \frac{1}{2}(a^2 - b^2)$, 其右端分别用 $T_1, T_2, \cdots,$ T_8 表示, 可得

$$\frac{1}{2\Delta t}\left\{(\varphi\rho_0\xi^{n+1}, \xi^{n+1})_m - (\varphi\rho_0\xi^n, \xi^n)_m\right\} + \sum_{s=x,y,z}\left(D^{-1}\alpha^{s,n+1}, \alpha^{s,n+1}\right)_s \leqslant \sum_{i=1}^{8} T_i.$$

$$\tag{8.2.47}$$

为了估计 T_1, 注意到 $\varphi\rho_0\dfrac{\partial c^{n+1}}{\partial t} + \boldsymbol{u}^{n+1}\cdot\nabla c^{n+1} = \psi^{n+1}\dfrac{\partial c^{n+1}}{\partial \tau}$, 于是可得

$$\frac{\partial c^{n+1}}{\partial \tau} - \frac{\varphi\rho_0}{\psi^{n+1}}\frac{c^{n+1} - \check{c}^n}{\Delta t} = \frac{\varphi\rho_0}{\psi^{n+1}\Delta t}\int_{(\check{X},t^n)}^{(X,t^{n+1})}\left[\left|X - \check{X}\right|^2 + (t - t^n)^2\right]^{1/2}\frac{\partial^2 c}{\partial \tau^2}\mathrm{d}\tau.$$

$$\tag{8.2.48}$$

对上式 (8.2.48) 乘以 ψ^{n+1} 并作 m 模估计, 可得

$$\left\|\psi^{n+1}\frac{\partial c^{n+1}}{\partial \tau} - \varphi\rho_0\frac{c^{n+1} - \check{c}^n}{\Delta t}\right\|_m^2 \leqslant \int_\Omega\left[\frac{\varphi\rho_0}{\Delta t}\right]^2\left[\frac{\psi^{n+1}\Delta t}{\varphi\rho_0}\right]^2\left|\int_{(\check{X},t^n)}^{(X,t^{n+1})}\frac{\partial^2 c}{\partial \tau^2}\mathrm{d}\tau\right|^2\mathrm{d}X$$

$$\leqslant \Delta t\left\|\frac{(\psi^{n+1})^3}{\varphi\rho_0}\right\|_\infty\int_\Omega\int_{(\check{X},t^n)}^{(X,t^{n+1})}\left|\frac{\partial^2 c}{\partial \tau^2}\right|^2\mathrm{d}\tau\mathrm{d}X$$

$$\leqslant \Delta t\left\|\frac{(\psi^{n+1})^4}{(\varphi\rho_0)^2}\right\|_\infty\int_\Omega\int_{t^n}^{t^{n+1}}\int_0^1\left|\frac{\partial^2 c}{\partial \tau^2}(\bar{\tau}\check{X} + (1-\bar{\tau})X, t)\right|^2\mathrm{d}\bar{\tau}\mathrm{d}X\mathrm{d}t. \tag{8.2.49}$$

因此有

$$|T_1| \leqslant K\left\|\frac{\partial^2 c}{\partial \tau^2}\right\|_{L^2(t^n,t^{n+1};m)}^2\Delta t + K\|\xi^{n+1}\|_m^2. \tag{8.2.50a}$$

对于 T_2, T_3 的估计, 应用引理 8.2.5 可得

$$|T_2| \leqslant K\left\{(\Delta t)^{-1}\left\|\frac{\partial\zeta}{\partial t}\right\|_{L^2(t^n,t^{n+1};m)}^2 + \|\xi^{n+1}\|_m^2\right\}, \tag{8.2.50b}$$

$$|T_3| \leqslant K \left\{ ||\xi^{n+1}||_m^2 + ||\xi^n||_m^2 + (\Delta t)^2 + h_c^4 \right\}. \tag{8.2.50c}$$

估计 T_4, T_5 和 T_6 导致下述一般的关系式. 若 f 定义在 Ω 上, f 对应的是 c, ζ 和 ξ, Z 表示方向 $\boldsymbol{U}^{n+1} - \boldsymbol{u}^{n+1}$ 的单位矢量. 则

$$\int_\Omega \varphi \rho_0 \frac{\hat{f}^n - \check{f}^n}{\Delta t} \xi^{n+1} \mathrm{d}X = (\Delta t)^{-1} \int_\Omega \varphi \rho_0 \left[\int_{\check{X}}^{\hat{X}} \frac{\partial f^n}{\partial Z} \mathrm{d}Z \right] \xi^{n+1} \mathrm{d}X$$

$$= (\Delta t)^{-1} \int_\Omega \varphi \rho_0 \left[\int_0^1 \frac{\partial f^n}{\partial Z} ((1-\bar{Z})\check{X} + \bar{Z}\hat{X}) \mathrm{d}\bar{Z} \right] \left| \hat{X} - \check{X} \right| \xi^{n+1} \mathrm{d}X$$

$$= \int_\Omega \left[\int_0^1 \frac{\partial f^n}{\partial Z} ((1-\bar{Z})\check{X} + \bar{Z}\hat{X}) \mathrm{d}\bar{Z} \right] \left| \boldsymbol{u}^{n+1} - \boldsymbol{U}^{n+1} \right| \xi^{n+1} \mathrm{d}X, \tag{8.2.51}$$

此处 $\bar{Z} \in [0,1]$, 为参数, 应用关系式 $\hat{X} - \check{X} = \Delta t[\boldsymbol{u}^{n+1}(X) - \boldsymbol{U}^{n+1}(X)]/(\varphi(X)\rho_0)$. 设

$$g_f = \int_0^1 \frac{\partial f^n}{\partial Z} ((1-\bar{Z})\check{X} + \bar{Z}\hat{X}) \mathrm{d}\bar{Z}.$$

则可写出关于式 (8.2.51) 三个特殊情况:

$$|T_4| \leqslant ||g_c||_\infty ||(\boldsymbol{u} - \boldsymbol{U})^{n+1}||_m ||\xi^{n+1}||_m, \tag{8.2.52a}$$

$$|T_5| \leqslant ||g_\zeta||_m ||(\boldsymbol{u} - \boldsymbol{U})^{n+1}||_m ||\xi^{n+1}||_\infty, \tag{8.2.52b}$$

$$|T_6| \leqslant ||g_\xi||_m ||(\boldsymbol{u} - \boldsymbol{U})^{n+1}||_m ||\xi^{n+1}||_\infty. \tag{8.2.52c}$$

由估计式 (8.2.43) 和引理 8.2.5 可得

$$||(\boldsymbol{u} - \boldsymbol{U})^{n+1}||_m^2 \leqslant K \left\{ h_p^4 + h_c^4 + (\Delta t)^2 \right\}. \tag{8.2.53}$$

因为 $g_c(X)$ 是 c^n 的一阶偏导数的平均值, 它能用 $||c^n||_{W_\infty^1}$ 来估计. 由式 (8.2.52a) 可得

$$|T_4| \leqslant K \left\{ ||\xi^{n+1}||_m^2 + h_p^4 + h_c^4 + (\Delta t)^2 \right\}. \tag{8.2.54}$$

为了估计 $||g_\zeta||_m$ 和 $||g_\xi||_m$, 需要引入归纳法假定和作下述剖分参数限制性条件:

$$\sup_{0 \leqslant n \leqslant L} ||\xi^n||_\infty \to 0, \quad (h_p, h_c, \Delta t) \to 0. \tag{8.2.55}$$

$$\Delta t = O(h_c^2), \quad h_c^2 = o(h_p^{3/2}). \tag{8.2.56}$$

现在考虑

$$||g_f||^2 \leqslant \int_0^1 \int_\Omega \left[\frac{\partial f^n}{\partial Z} ((1-\bar{Z})\check{X} + \bar{Z}\hat{X}) \right]^2 \mathrm{d}X \mathrm{d}\bar{Z}. \tag{8.2.57}$$

定义变换

$$G_{\bar{Z}}(X) = (1 - \bar{Z})\check{X} + \bar{Z}\hat{X} = X - \varphi^{-1}(X)\rho_0^{-1}[\boldsymbol{u}^{n+1}(X) + \bar{Z}(\boldsymbol{U} - \boldsymbol{u})^{n+1}(X)]\Delta t,$$

设 $J_p = \Omega_{ijk} = [x_{i-1/2}, x_{i+1/2}] \times [y_{j-1/2}, y_{j+1/2}] \times [z_{k-1/2}, z_{k+1/2}]$ 是流动方程的网格单元, 则式 (8.2.57) 可写为

$$\|g_f\|^2 \leqslant \int_0^1 \sum_{J_p} \left| \frac{\partial f^n}{\partial Z} (G_{\bar{Z}}(X)) \right|^2 \mathrm{d}X \mathrm{d}\bar{Z}. \tag{8.2.58}$$

由归纳法假定 (8.2.55) 和剖分参数限制性条件 (8.2.56) 有

$$\det DG_{\bar{Z}} = 1 + o(1).$$

则式 (8.2.58) 进行变量替换后可得

$$\|g_f\|^2 \leqslant K \|\nabla f^n\|^2. \tag{8.2.59}$$

对 T_5 应用式 (8.2.53), 引理 8.2.5 和 Sobolev 嵌入定理 [65] 可得下述估计:

$$
\begin{aligned}
|T_5| &\leqslant K \|\nabla \zeta^n\| \cdot \|(\boldsymbol{u} - \boldsymbol{U})^{n+1}\| \cdot h^{-(\varepsilon+1/2)} \|\nabla \xi^{n+1}\| \\
&\leqslant K \left\{ h_c^{2-(\varepsilon+1/2)} \|(\boldsymbol{u} - \boldsymbol{U})^{n+1}\| \|\nabla \xi^{n+1}\| \right\} \\
&\leqslant K \left\{ h_p^4 + h_c^4 + (\Delta t)^2 \right\} + \varepsilon \|\|\alpha^{n+1}\|\|^2.
\end{aligned}
\tag{8.2.60a}
$$

因为在式 (8.2.42) 已证明 $\|\|\sigma^{n+1}\|\| = O(h_p^2 + h_c^2 + \Delta t)$, 从式 (8.2.53) 清楚地看到 $\|(\boldsymbol{u} - \boldsymbol{U})^{n+1}\|_m = o(h_c^{\varepsilon+1/2})$, 类似于文献 [31] 中的分析, 有

$$
\begin{aligned}
|T_6| &\leqslant K \|\nabla \xi^n\| \cdot \|(\boldsymbol{u} - \boldsymbol{U})^{n+1}\| \cdot h^{-(\varepsilon+1/2)} \|\nabla \xi^{n+1}\| \\
&\leqslant \varepsilon \left\{ \|\|\alpha^{n+1}\|\|^2 + \|\|\alpha^n\|\|^2 \right\}.
\end{aligned}
\tag{8.2.60b}
$$

对 T_7, T_8 应用负模估计可得

$$|T_7| \leqslant K h_c^4 + \varepsilon \|\|\alpha^{n+1}\|\|^2, \tag{8.2.61a}$$

$$|T_8| \leqslant K \|\xi^n\|_m^2 + \varepsilon \|\|\alpha^{n+1}\|\|^2. \tag{8.2.61b}$$

对误差估计式 (8.2.46) 左右两端分别应用式 (8.2.42)、(8.2.50)、(8.2.52)、(8.2.60) 和 (8.2.61) 可得

$$\frac{1}{2\Delta t} \left\{ (\varphi\rho_0 \xi^{n+1}, \xi^{n+1})_m - (\varphi\rho_0 \xi^n, \xi^n)_m \right\} + \sum_{s=x,y,z} \left(D^{-1}\alpha^{s,n+1}, \alpha^{s,n+1} \right)_s$$

$$\leqslant K \left\{ \left\| \frac{\partial^2 c}{\partial \tau^2} \right\|_{L^2(t^n,t^{n+1};m)}^2 \Delta t + (\Delta t)^{-1} \left\| \frac{\partial \zeta}{\partial t} \right\|_{L^2(t^n,t^{n+1};m)}^2 + ||\xi^{n+1}||_m^2 + ||\xi^n||_m^2 \right.$$

$$\left. + h_p^4 + h_c^4 + (\Delta t)^2 \right\} + \varepsilon \left\{ |||\alpha^{n+1}|||^2 + |||\alpha^n|||^2 \right\}. \tag{8.2.62}$$

对式 (8.2.62) 乘以 $2\Delta t$, 并对时间 t 求和 $(0 \leqslant n \leqslant L)$, 注意到 $\xi^0 = 0$, 并应用 Gronwall 引理可得

$$||\xi^{L+1}||_m^2 + \sum_{n=0}^{L} |||\alpha^{n+1}|||^2 \Delta t \leqslant K \left\{ h_p^4 + h_c^4 + (\Delta t)^2 \right\}. \tag{8.2.63}$$

最后需要检验归纳法假定 (8.2.55). 对于 $n = 0$ 时, 由于初始值的选取, $\xi^0 = 0$, 归纳法假定显然是正确的. 若对 $1 \leqslant n \leqslant L$ 归纳法假定 (8.2.55) 成立. 由估计式 (8.2.63) 和剖分限制性条件 (8.2.56) 有

$$||\xi^{L+1}||_\infty \leqslant K h_c^{-3/2} \left\{ h_p^2 + h_c^2 + \Delta t \right\} \leqslant K h_c^{1/2} \to 0. \tag{8.2.64}$$

归纳法假定成立.

在上述工作的基础上, 讨论组分浓度方程组误差估计. 记 $\xi_{\alpha,ijk}^n = s_\alpha(X_{ijk}, t^n) - S_{\alpha,ijk}^n$. 对于模型问题, 此时方程组 (8.2.9) 简化为

$$\varphi c \frac{\partial s_\alpha}{\partial t} + \boldsymbol{u} \cdot \nabla s_\alpha - \nabla \cdot (\hat{D}(c) \nabla s_\alpha) = Q_\alpha(c, s_\alpha) - s_\alpha \left(q + \varphi \frac{\partial c}{\partial t} \right),$$
$$X \in \Omega, \quad t \in J, \quad \alpha = 1, 2, \cdots, n_c. \tag{8.2.65}$$

若假定饱和度函数 $c(X, t)$ 是已知的, 且是正则的. 下面研究组分浓度函数组方程 (8.2.65) 的误差估计. 为此从分数步差分格式 (8.2.24a)、(8.2.24b)、(8.2.24c) 消去 $S_\alpha^{n+1/3}$, $S_\alpha^{n+2/3}$, 可得下述等价形式

$$\varphi_{ijk} C_{ijk}^{n+1} \frac{S_{\alpha,ijk}^{n+1} - \hat{S}_{\alpha,ijk}^n}{\Delta t} - \sum_{s=x,y,z} \delta_{\bar{s}}(\hat{D}(C^{n+1}) \delta_s S_\alpha^{n+1})_{ijk}$$

$$= Q_\alpha(C^{n+1}, S_\alpha^n)_{ijk} - S_{\alpha,ijk}^n \left(q^{n+1} + \varphi \frac{C^{n+1} - C^n}{\Delta t} \right)_{ijk}$$

$$- (\Delta t)^2 \{ \delta_{\bar{x}}(\hat{D}(C^{n+1}) \delta_x((\varphi C^{n+1})^{-1}$$

$$\cdot \delta_{\bar{y}}(\hat{D}(C^{n+1}) \delta_y(\partial_t S_\alpha^n))))_{ijk} + \cdots + \delta_{\bar{y}}(\hat{D}(C^{n+1})$$

$$\cdot \delta_y((\varphi C^{n+1})^{-1} \delta_{\bar{z}}(\hat{D}(C^{n+1}) \delta_z(\partial_t S_\alpha^n))))_{ijk} \}$$

$$+ (\Delta t)^3 \delta_{\bar{x}}(\hat{D}(C^{n+1}) \delta_x((\varphi C^{n+1})^{-1} \delta_{\bar{y}}(\hat{D}(C^{n+1})$$

$$\cdot \delta_y((\varphi C^{n+1})^{-1} \delta_{\bar{z}}(\hat{D}(C^{n+1}) \delta_z(\partial_t S_\alpha^n))))))_{ijk},$$

$$X_{ijk} \in \Omega_h, \quad \alpha = 1, 2, \cdots, n_c. \tag{8.2.66}$$

由组分浓度方程组 (8.2.65)$(t = t^{n+1})$ 和格式 (8.2.66)$(t = t^{n+1})$ 相减, 可得下述差分方程组:

$$\varphi_{ijk} C_{ijk}^{n+1} \frac{\xi_{\alpha,ijk}^{n+1} - (s_\alpha^n(\bar{X}_{ijk}^n) - \hat{S}_{\alpha,ijk}^n)}{\Delta t} - \sum_{s=x,y,z} \delta_{\bar{s}}(\hat{D}(C^{n+1})\delta_s \xi_\alpha^{n+1})_{ijk}$$

$$= Q_\alpha(c^{n+1}, s_\alpha^{n+1})_{ijk} - Q_\alpha(C^{n+1}, S_\alpha^n)_{ijk} - \left\{ s_{\alpha,ijk}^{n+1} \left(q^{n+1} + \varphi \frac{\partial c^{n+1}}{\partial t} \right)_{ijk} - S_{\alpha,ijk}^n \left(q^{n+1} \right. \right.$$

$$\left. \left. + \varphi \frac{C^{n+1} - C^n}{\Delta t} \right)_{ijk} \right\} - (\Delta t)^2 \{ \delta_{\bar{x}}(\hat{D}(c^{n+1})\delta_x((\varphi c^{n+1})^{-1}\delta_{\bar{y}}(\hat{D}(c^{n+1})\delta_y(\partial_t \xi_\alpha^n)))))_{ijk}$$

$$+ \cdots + \delta_{\bar{y}}(\hat{D}(C^{n+1})\delta_y((\varphi C^{n+1})^{-1}\delta_{\bar{z}}(\hat{D}(C^{n+1})\delta_z(\partial_t \xi_\alpha^n)))))_{ijk} \}$$

$$+ (\Delta t)^3 \delta_{\bar{x}}(\hat{D}(c^{n+1})\delta_x((\varphi c^{n+1})^{-1}\delta_{\bar{y}}(\hat{D}(c^{n+1})\delta_y((\varphi c^{n+1})^{-1}\delta_{\bar{z}}(\hat{D}(c^{n+1})\delta_z(\partial_t \xi_\alpha^n)))))))_{ijk}$$

$$+ \varepsilon_{\alpha,ijk}^{n+1}, \quad X_{ijk} \in \Omega_h, \quad \alpha = 1, 2, \cdots, n_c, \tag{8.2.67}$$

此处 $\bar{X}_{ijk}^{n+1} = X_{ijk} - (\varphi c^{n+1})_{ijk}^{-1} \boldsymbol{u}_{ijk}^{n+1} \Delta t$, $\left| \varepsilon_{\alpha,ijk}^{n+1} \right| \leqslant K \{ h_s^2 + \Delta t \}, \alpha = 1, 2, \cdots, n_c$.

对误差方程组 (8.2.67), 基于误差估计式 (8.2.43) 和正定性条件 (8.2.23) 可得下述估计式

$$\varphi_{ijk} c_{ijk}^{n+1} \frac{\xi_{\alpha,ijk}^{n+1} - \hat{\xi}_{\alpha,ijk}^n}{\Delta t} - \sum_{s=x,y,z} \delta_{\bar{s}}(\hat{D}(c^{n+1})\delta_s \xi_\alpha^{n+1})_{ijk}$$

$$\leqslant K \{ |\xi_{\alpha,ijk}^n| + \left| \boldsymbol{u}_{ijk}^{n+1} - \boldsymbol{U}_{ijk}^{n+1} \right| + h_p^2 + h_c^2 + h_s^2 + \Delta t \}$$

$$- (\Delta t)^2 \{ \delta_{\bar{x}}(\hat{D}(c^{n+1})\delta_x((\varphi c^{n+1})^{-1}\delta_{\bar{y}}(\hat{D}(c^{n+1})\delta_y(\partial_t \xi_\alpha^n)))))_{ijk}$$

$$+ \cdots + \delta_{\bar{y}}(\hat{D}(C^{n+1})\delta_y((\varphi C^{n+1})^{-1}\delta_{\bar{z}}(\hat{D}(C^{n+1})\delta_z(\partial_t \xi_\alpha^n)))))_{ijk} \}$$

$$+ (\Delta t)^3 \delta_{\bar{x}}(\hat{D}(c^{n+1})\delta_x((\varphi c^{n+1})^{-1}\delta_{\bar{y}}(\hat{D}(c^{n+1})\delta_y((\varphi c^{n+1})^{-1}$$

$$\cdot \delta_{\bar{z}}(\hat{D}(c^{n+1})\delta_z(\partial_t \xi_\alpha^n)))))))_{ijk}, \quad X_{ijk} \in \Omega_h, \quad \alpha = 1, 2, \cdots, n_c. \tag{8.2.68}$$

对误差方程组 (8.2.68) 乘以 $\partial_t \xi_{\alpha,ijk}^n \Delta t = \xi_{\alpha,ijk}^{n+1} - \xi_{\alpha,ijk}^n$ 作内积并分部求和可得

$$\left\langle \varphi c^{n+1} \frac{\xi_\alpha^{n+1} - \hat{\xi}_\alpha^n}{\Delta t}, \partial_t \xi_\alpha^n \right\rangle + \frac{1}{2} \sum_{s=x,y,z} \left\{ \left\langle \hat{D}(c^{n+1})\delta_s \xi_\alpha^{n+1}, \delta_s \xi_\alpha^{n+1} \right\rangle \right.$$

$$\left. - \left\langle \hat{D}(c^{n+1})\delta_s \xi_\alpha^n, \delta_s \xi_\alpha^n \right\rangle \right\}$$

$$\leqslant \varepsilon |\partial_t \xi_\alpha^n|_0^2 \Delta t + K \{ |\xi_\alpha^n|_0^2 + h_p^4 + h_c^4 + h_s^4 + (\Delta t)^2 \} \Delta t$$

$$- (\Delta t)^3 \left\{ \left\langle \delta_{\bar{x}}(\hat{D}(c^{n+1})\delta_x((\varphi c^{n+1})^{-1}\delta_{\bar{y}}(\hat{D}(c^{n+1})\delta_y(\partial_t \xi_\alpha^n)))), \partial_t \xi_\alpha^n \right\rangle \right.$$

$$+\cdots+\left\langle\delta_{\bar{y}}(\hat{D}(C^{n+1})\delta_y((\varphi C^{n+1})^{-1}\delta_{\bar{z}}(\hat{D}(C^{n+1})\delta_z(\partial_t\xi_\alpha^n)))),\partial_t\xi_\alpha^n\right\rangle\Big\}$$

$$+(\Delta t)^4\Big\langle\delta_{\bar{x}}(\hat{D}(c^{n+1})\delta_x((\varphi c^{n+1})^{-1}\delta_{\bar{y}}(\hat{D}(c^{n+1})\delta_y((\varphi c^{n+1})^{-1}\delta_{\bar{z}}(\hat{D}(c^{n+1})\delta_z(\partial_t\xi_\alpha^n)))))),$$

$$\partial_t\xi_\alpha^n\Big\rangle,\quad \alpha=1,2,\cdots,n_c, \tag{8.2.69}$$

此处 $\langle\cdot,\cdot\rangle$, $|\cdot|_0$ 为对应于 l^2 离散内积和范数, 这里利用了 $L^2(\Omega)$ 连续模和 $l^2(\Omega)$ 离散模之间的关系. 将估计式 (8.2.69) 改写为下述形式

$$\left\langle\varphi c^{n+1}\frac{\xi_\alpha^{n+1}-\xi_\alpha^n}{\Delta t},\partial_t\xi_\alpha^n\right\rangle+\frac{1}{2}\sum_{s=x,y,z}\Big\{\left\langle\hat{D}(c^{n+1})\delta_s\xi_\alpha^{n+1},\delta_s\xi_\alpha^{n+1}\right\rangle$$

$$-\left\langle\hat{D}(c^n)\delta_s\xi_\alpha^n,\delta_s\xi_\alpha^n\right\rangle\Big\}$$

$$\leqslant\left\langle\varphi c^{n+1}\frac{\hat{\xi}_\alpha^n-\xi_\alpha^n}{\Delta t},\partial_t\xi_\alpha^n\right\rangle+\frac{1}{2}\sum_{s=x,y,z}\left\langle[\hat{D}(c^{n+1})-\hat{D}(c^n)]\delta_s\xi_\alpha^n,\delta_s\xi_\alpha^n\right\rangle+\varepsilon\left|\partial_t\xi_\alpha^n\right|_0^2\Delta t$$

$$+K\{|\xi_\alpha^n|_0^2+h_p^4+h_c^4+h_s^4$$

$$+(\Delta t)^2\}\Delta t-(\Delta t)^3\{\left\langle\delta_{\bar{x}}(\hat{D}(c^{n+1})\delta_x((\varphi c^{n+1})^{-1}\delta_{\bar{y}}(\hat{D}(c^{n+1})\delta_y(\partial_t\xi_\alpha^n)))),\partial_t\xi_\alpha^n\right\rangle$$

$$+\cdots+\left\langle\delta_{\bar{y}}(\hat{D}(C^{n+1})\delta_y((\varphi C^{n+1})^{-1}\delta_{\bar{z}}(\hat{D}(C^{n+1})\delta_z(\partial_t\xi_\alpha^n)))),\partial_t\xi_\alpha^n\right\rangle\}$$

$$+(\Delta t)^4\Big\langle\delta_{\bar{x}}(\hat{D}(c^{n+1})\delta_x((\varphi c^{n+1})^{-1}\delta_{\bar{y}}(\hat{D}(c^{n+1})\delta_y((\varphi c^{n+1})^{-1}\delta_{\bar{z}}(\hat{D}(c^{n+1})\delta_z(\partial_t\xi_\alpha^n)))))),$$

$$\partial_t\xi_\alpha^n\Big\rangle,\quad \alpha=1,2,\cdots,n_c. \tag{8.2.70}$$

首先估计式 (8.2.70) 右端第 1 项, 应用表达式

$$\hat{\xi}_{\alpha,ijk}^n-\xi_{\alpha,ijk}^n=\int_{X_{ijk}}^{\hat{X}_{ijk}^n}\nabla\xi_\alpha^n\cdot\boldsymbol{U}_{ijk}^{n+1}\Big/\left|\boldsymbol{U}_{ijk}^{n+1}\right|\mathrm{d}s,\quad X_{ijk}\in\Omega_h. \tag{8.2.71a}$$

由剖分限制性条件 (8.2.56) 和已建立的估计式 (8.2.43), 可以推得

$$\left|\sum_{\Omega_h}\varphi_{ijk}c_{ijk}^{n+1}\frac{\hat{\xi}_{\alpha,ijk}^n-\xi_{\alpha,ijk}^n}{\Delta t}\partial_t\xi_{\alpha,ijk}^n h_i^x h_j^y h_k^z\right|\leqslant\varepsilon\left|\partial_t\xi_\alpha^n\right|_0^2+K\left|\nabla_h\xi_\alpha^n\right|_0^2, \tag{8.2.71b}$$

此处 Ω_h 表示 Ω 的离散细网格, $|\nabla_h\xi_\alpha^n|_0^2=\displaystyle\sum_{s=x,y,z}|\partial_s\xi_\alpha^n|_0^2$.

对于估计式 (8.2.70) 右端第 2 项, 有下述估计式

$$\left|\frac{1}{2}\sum_{s=x,y,z}\left\langle[\hat{D}(c^{n+1})-\hat{D}(c^n)]\delta_s\xi_\alpha^n,\delta_s\xi_\alpha^n\right\rangle\right|\leqslant K\left|\nabla_h\xi_\alpha^n\right|_0^2. \tag{8.2.72a}$$

现估计式 (8.2.70) 右端第 3 项, 首先讨论其首项

$$- (\Delta t)^3 \{\langle \delta_{\bar{x}}(\hat{D}(c^{n+1})\delta_x((\varphi c^{n+1})^{-1}\delta_{\bar{y}}(\hat{D}(c^{n+1})\delta_y(\partial_t\xi_\alpha^n)))), \partial_t\xi_\alpha^n\rangle$$

$$= - (\Delta t)^3 \{\langle \delta_x(\hat{D}(c^{n+1})\delta_y(\partial_t\xi_\alpha^n)), \delta_y((\varphi c^{n+1})^{-1}\hat{D}(c^{n+1})\delta_x(\partial_t\xi_\alpha^n))\rangle$$

$$+ \langle \hat{D}(c^{n+1})\delta_y(\partial_t\xi_\alpha^n), \delta_y(\delta_x(\varphi c^{n+1})^{-1}\cdot\hat{D}(c^{n+1})\delta_x(\partial_t\xi_\alpha^n))\rangle\}$$

$$= (-\Delta t)^3 \sum_{\Omega_h} \{\hat{D}_{i,j+1/2,k}\,\hat{D}_{i+1/2,jk}(\varphi c^{n+1})^{-1}_{ijk}[\delta_x\delta_y\partial_t\xi_\alpha^n]^2_{ijk}$$

$$+ [\hat{D}_{i,j+1/2,k}\,\delta_y(\hat{D}_{i+1/2,jk}(\varphi c^{n+1})^{-1}_{ijk})\delta_x(\partial_t\xi_{\alpha,ijk}^n)$$

$$+ \hat{D}_{i+1/2,jk}(\varphi c^{n+1})^{-1}_{ijk}\delta_x\,\hat{D}_{i,j+1/2,k}\cdot\delta_y(\partial_t\xi_{\alpha,ijk}^n)$$

$$+ \hat{D}_{i,j+1/2,k}\,\hat{D}_{i+1/2,jk}\,\delta_y(\partial_t\xi_{\alpha,ijk}^n)\cdot\delta_x\delta_y\partial_t\xi_{\alpha,ijk}^n$$

$$+ [\hat{D}_{i,j+1/2,k}\,\hat{D}_{i+1/2,jk}\,\delta_x\delta_y(\varphi c^{n+1})^{-1}_{ijk}$$

$$+ \hat{D}_{i,j+1/2,k}\,\delta_y\,\hat{D}_{i+1/2,jk}\,\delta_x(\varphi c^{n+1})^{-1}_{ijk}]\delta_x(\partial_t\xi_{\alpha,ijk}^n)\delta_y(\partial_t\xi_{\alpha,ijk}^n)\}h_i^x h_j^y h_k^z.$$

$$(8.2.72\text{b})$$

由于 $\hat{D}(c)$ 的正定性, 对表达式 (8.2.72b) 的前三项, 应用 Cauchy 不等式消去高阶差商项 $\delta_x\delta_y(\partial_t\xi_{\alpha,ijk}^n)$, 最后可得

$$- (\Delta t)^3 \sum_{\Omega_h} \{\hat{D}_{i,j+1/2,k}\,\hat{D}_{i+1/2,jk}(\varphi c^{n+1})^{-1}_{ijk}(\delta_x\delta_y\partial_t\xi_\alpha^n)^2_{ijk}$$

$$+ [\cdots + \hat{D}_{i,j+1/2,k}\,\hat{D}_{i+1/2,jk}\,\delta_y(\partial_t\xi_{\alpha,ijk}^n)]$$

$$\cdot\,\delta_x\delta_y(\partial_t\xi_{\alpha,ijk}^n)\}h_i^x h_j^y h_k^z$$

$$\leqslant K\{\left|\nabla_h\xi_\alpha^{n+1}\right|^2_0 + \left|\nabla_h\xi_\alpha^n\right|^2_0\}\Delta t. \qquad (8.2.72\text{c})$$

对式 (8.2.72b) 的最后一项, 由于 $\varphi c, \hat{D}(c)$ 的正则性, 有

$$- (\Delta t)^3 \sum_{\Omega_h} \{[\hat{D}_{i,j+1/2,k}\,\hat{D}_{i+1/2,jk}\,\delta_x\delta_y(\varphi c^{n+1})^{-1}_{ijk}$$

$$+ \hat{D}_{i,j+1/2,k}\,\delta_y\,\hat{D}_{i+1/2,jk}\,\delta_x(\varphi c^{n+1})^{-1}_{ijk}]\delta_x(\partial_t\xi_{\alpha,ijk}^n)$$

$$\cdot\,\delta_y(\partial_t\xi_{\alpha,ijk}^n)\}h_i^x h_j^y h_k^z$$

$$\leqslant K\{\left|\nabla_h\xi_\alpha^{n+1}\right|^2_0 + \left|\nabla_h\xi_\alpha^n\right|^2_0\}\Delta t. \qquad (8.2.72\text{d})$$

对式 (8.2.70) 右端第三项的其余二项的估计是类似的, 故有

$$- (\Delta t)^3 \{\langle \delta_{\bar{x}}(\hat{D}\delta_x((\varphi c^{n+1})^{-1}\delta_{\bar{y}}(\hat{D}\delta_y(\partial_t\xi_l^n)))), \partial_t\xi_\alpha^n\rangle + \cdots$$

$$+ \langle \delta_{\bar{y}}(\hat{D}\delta_y((\varphi c^{n+1})^{-1}\delta_{\bar{z}}(\hat{D}\delta_z(\partial_t\xi_\alpha^n)))), \partial_t\xi_\alpha^n\rangle\}$$

$$\leqslant K\{\left|\nabla_h\xi_\alpha^{n+1}\right|^2_0 + \left|\nabla_h\xi_\alpha^n\right|^2_0\}\Delta t. \qquad (8.2.73)$$

对式 (8.2.70) 右端第四项, 采用类似的方法, 应用 Cauchy 不等式消去高阶差商项 $\delta_x\delta_y\delta_z(\partial_t\xi_\alpha^n)$, 可得

$$(\Delta t)^4\langle\delta_{\bar{x}}(\hat{D}(c^{n+1})\delta_x((\varphi c^{n+1})^{-1}\delta_{\bar{y}}(\hat{D}(c^{n+1})\delta_y((\varphi c^{n+1})^{-1}$$

$$\delta_{\bar{z}}(\hat{D}(c^{n+1})\delta_z(\partial_t\xi_\alpha^n))))))), \partial_t\xi_\alpha^n\rangle$$

$$\leqslant K\{|\nabla_h\xi_\alpha^{n+1}|_0^2 + |\nabla_h\xi_\alpha^n|_0^2\}\Delta t. \tag{8.2.74}$$

对式 (8.2.70) 应用式 (8.2.71)、(8.2.73)、(8.2.74), 经整理可得

$$|\partial_t\xi_\alpha^n|_0^2\Delta t + \frac{1}{2}\sum_{s=x,y,z}\{\langle\hat{D}(c^{n+1})\delta_s\xi_\alpha^{n+1}), \delta_s\xi_\alpha^{n+1}\rangle$$

$$-\langle\hat{D}(c^{n+1})\delta_s\xi_\alpha^n), \delta_s\xi_\alpha^n\rangle\}$$

$$\leqslant K\{|\xi_\alpha^n|_0^2 + |\nabla_h\xi_\alpha^{n+1}|_0^2 + |\nabla_h\xi_\alpha^n|_0^2 + h_p^4 + h_s^4 + h_c^4$$

$$+ (\Delta t)^2\}\Delta t + \varepsilon|\partial_t\xi_\alpha^n|_0^2\Delta t, \quad \alpha = 1, 2, \cdots, n_c. \tag{8.2.75}$$

对组分浓度误差方程组 (8.2.75), 先对 α 求和 $1\leqslant\alpha\leqslant n_c$, 再对 t 求和 $0\leqslant n\leqslant L$, 注意到 $\xi_\alpha^0 = 0, \alpha = 1, 2, \cdots, n_c$, 可得

$$\sum_{n=0}^{L}\sum_{\alpha=1}^{n_c}|\partial_t\xi_\alpha^n|_0^2\Delta t + \frac{1}{2}\sum_{\alpha=1}^{n_c}\sum_{s=x,y,z}\langle\hat{D}(c^{n+1})\delta_s\xi_\alpha^{L+1}, \delta_s\xi_\alpha^{L+1}\rangle$$

$$\leqslant K\sum_{n=0}^{L}|\partial_t\pi^n|_0^2\Delta t + K\left\{\sum_{n=0}^{L}\sum_{\alpha=1}^{n_c}\left[|\xi_\alpha^n|_0^2\right.\right.$$

$$+\left.\left.|\nabla_h\xi_\alpha^{n+1}|_0^2\right] + h_p^4 + h_s^4 + h_c^4 + (\Delta t)^2\right\}\Delta t. \tag{8.2.76}$$

这里注意到 $\xi_\alpha^0 = 0$ 和关系式 $|\xi_\alpha^{L+1}|_0^2 \leqslant \varepsilon\sum_{n=0}^{L}|\partial_t\xi_\alpha^n|_0^2\Delta t + K\sum_{n=0}^{L}|\xi_\alpha^n|_0^2\Delta t$. 并考虑 $L^2(\Omega)$ 连续模和 l^2 离散模之间的关系 [22,66], 并应用 Gronwall 引理可得

$$\sum_{n=0}^{L}\sum_{\alpha=1}^{n_c}|\partial_t\xi_\alpha^n|_0^2\Delta t + \sum_{\alpha=1}^{n_c}[|\xi_\alpha^n|_0^2 + |\nabla_h\xi_\alpha^{n+1}|_0^2] \leqslant K\{h_p^4 + h_s^4 + h_c^4 + (\Delta t)^2\}. \tag{8.2.77}$$

由估计式 (8.2.43), (8.2.63), (8.2.77) 和引理 8.2.5, 可以建立下述定理.

定理 8.2.3 对问题 (8.2.35), (8.2.36) 假定其精确解满足正则性条件 (R), 且其系数满足正定性条件 (C). 采用混合体积元-特征混合体积元方法 (8.2.37), (8.2.38)

逐层求解. 在此基础上, 对问题 (8.2.65) 采用分数步差分格式 (8.2.24a)、(8.2.24b)、(8.2.24c) 求解. 若剖分参数满足限制性条件 (8.2.56), 则下述误差估计式成立:

$$\|p - P\|_{\bar{L}^2(J;m)} + \|\boldsymbol{u} - \boldsymbol{U}\|_{\bar{L}^\infty(J;V)} + \|c - C\|_{\bar{L}^\infty(J;m)} + \|\boldsymbol{g} - \boldsymbol{G}\|_{\bar{L}^2(J;V)}$$

$$+ \sum_{\alpha=1}^{n_c} \left\{ \|s_\alpha - S_\alpha\|_{\bar{L}^\infty(J;h^1)} + \|\partial_t(s_\alpha - S_\alpha)\|_{\bar{L}^2(J;l^2)} \right\}$$

$$\leqslant M^* \left\{ h_p^2 + h_s^2 + h_c^2 + \Delta t \right\}, \tag{8.2.78}$$

此处 $\|g\|_{\bar{L}^\infty(J;X)} = \sup\limits_{n\Delta t \leqslant T} \|g^n\|_X$, $\|g\|_{\bar{L}^2(J;X)} = \sup\limits_{L\Delta t \leqslant T} \left\{ \sum\limits_{n=0}^{L} \|g^n\|_X^2 \Delta t \right\}^{1/2}$, 常数 M^* 依赖于函数 $p, c, s_\alpha (\alpha = 1, 2, \cdots, n_c)$ 及其导函数.

8.2.5　数值算例

首先, 假设 Darcy 速度 $\boldsymbol{u}$ 是已知的, 采用特征混合体积元格式来逼近对流扩散问题. 我们考虑

$$\begin{cases} \dfrac{\partial c}{\partial t} + \boldsymbol{u} \cdot \nabla c - \dfrac{\varepsilon}{3\pi^2} \Delta c = f, & X \in \Omega, \quad 0 < t \leqslant T, \\[2mm] c(X, 0) = c_0, & X \in \Omega, \\[2mm] \dfrac{\partial c}{\partial \nu} = 0, & X \in \partial\Omega, \quad 0 < t \leqslant T, \end{cases} \tag{8.2.79}$$

此处 $\Omega = (0,1) \times (0,1) \times (0,1)$ 和 ν 是边界面 $\partial\Omega$ 的单位外法向矢量. $\boldsymbol{u} = (u_1, u_2, u_3)^{\mathrm{T}}$,

$$u_1 = \mathrm{e}^{-\varepsilon t} \sin(\pi x_1) \cos(\pi x_2) \cos(\pi x_3)/(3\pi),$$

$$u_2 = \mathrm{e}^{-\varepsilon t} \cos(\pi x_1) \sin(\pi x_2) \cos(\pi x_3)/(3\pi),$$

$$u_3 = \mathrm{e}^{-\varepsilon t} \cos(\pi x_1) \cos(\pi x_2) \sin(\pi x_3)/(3\pi).$$

选定 f 和 c_0 使得精确解为 $c = \mathrm{e}^{-\varepsilon t} \cos(\pi x_1) \cos(\pi x_2) \cos(\pi x_3)/(3\pi)$.

我们将用特征混合元方法逼近问题 (8.2.79). 在这里将寻求饱和度及其伴随函数的数值解. 取 $\Delta t = 0.001$, $t = 1.0$, 并对问题 (8.2.79) 中的 $\varepsilon = 1, 10^{-3}, 10^{-8}$ 分别进行数值近似. 表 8.2.1 和表 8.2.2 给出了 $\|c - C\|_h$, $\|g - G\|_h$ 误差估计结果, 其中 $\|\cdot\|_h$ 代表了 l^2 离散模. 我们可以看出误差随着步长变小而变小, 收敛阶都不低于 1, 在 2 左右. 在 $x_3 = 0.28152$, $\varepsilon = 10^{-3}$ 时关于 $c - C$ 的模拟结果见表 8.2.1 和图 8.2.2, 关于 $g - G$ 的模拟结果见图 8.2.3 和图 8.2.4.

表 8.2.1　算例 1 数值结果的误差估计 $\|c - C\|_h$

	$h = 1/4$	$h = 1/8$	$h = 1/16$
$\varepsilon = 1$	8.37936e − 3	2.04794e − 3	4.46738e − 4
		2.03	2.20
$\varepsilon = 10^{-3}$	1.46724e − 2	3.77369e − 3	9.62809e − 4
		1.96	1.97
$\varepsilon = 10^{-8}$	1.46678e − 2	3.75608e − 3	9.41237e − 4
		1.97	2.00

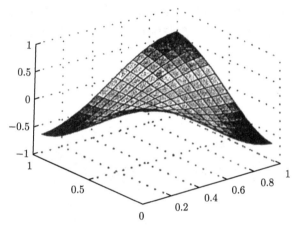

图 8.2.2　c 在 $t = 1, h = 1/16$ 的剖面图

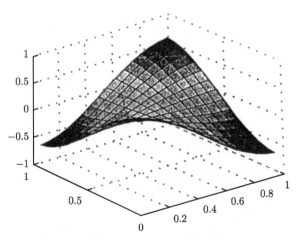

图 8.2.3　C 在 $t = 1, h = 1/16$ 的剖面图

表 8.2.2 算例 1 数值结果的误差估计 $\|g - G\|_h$

	$h = 1/4$	$h = 1/8$	$h = 1/16$
$\varepsilon = 1$	1.28241e $-$ 3	3.07871e $-$ 4	6.83190e $-$ 5
		2.06	2.17
$\varepsilon = 10^{-3}$	2.8810e $-$ 3	9.02797e $-$ 4	2.32485e $-$ 4
		1.67	1.96
$\varepsilon = 10^{-8}$	2.89707e $-$ 3	9.13636e $-$ 4	2.42117e $-$ 4
		1.66	1.92

从表 8.2.1、表 8.2.2 和图 8.2.2~图 8.2.5, 我们能够指明这方法在数值模拟计算 c 和 g 是稳定和有效的, 同时它指明这方法对小 ε 的是有效的.

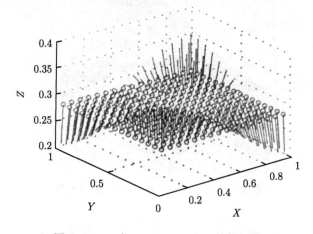

图 8.2.4 g 在 $t = 1, h = 1/16$ 的箭状图

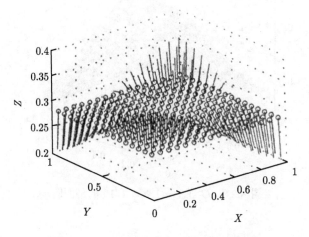

图 8.2.5 G 在 $t = 1, h = 1/16$ 的箭状图

其次, 现在应用我们提出的混合体积元–特征混合元方法解一个椭圆–对流扩散方程组:

$$
\begin{cases}
-\Delta p = \nabla \cdot \boldsymbol{u} = c + F, & X \in \partial\Omega, 0 \leqslant t \leqslant T, \\[2mm]
\dfrac{\partial c}{\partial t} + \boldsymbol{u} \cdot \nabla c - \varepsilon \Delta c = f, & X \in \Omega, 0 < t \leqslant T, \\[2mm]
c(X, 0) = c_0, & X \in \Omega, \\[2mm]
\dfrac{\partial c}{\partial \nu} = 0, & X \in \partial\Omega, 0 < t \leqslant T, \\[2mm]
-\dfrac{\partial p}{\partial \nu} = \boldsymbol{u} \cdot \nu = 0, & X \in \partial\Omega, 0 < t \leqslant T.
\end{cases}
\tag{8.2.80}
$$

此处 $\Omega = (0,1) \times (0,1) \times (0,1)$ 和 ν 是边界面 $\partial\Omega$ 的单位外法向矢量. 我们选定 F, f 和 c_0 对应的精确解为

$$
\begin{aligned}
p =& e^{12t} \bigg(x_1^4(1-x_1)^4 x_2^4(1-x_2)^4 x_3^4(1-x_3)^4 \\
& - x_1^2(1-x_1)^2 x_2^2(1-x_2)^2 x_3^2(1-x_3)^2 / 21^3 \bigg), \\
c =& - e^{12t} \sum_{i=1}^{3} \bigg(12 x_i^2 (1-x_i)^4 - 32 x_i^3 (1-x_i)^3 \\
& + 12 x_i^4 (1-x_i)^2 \bigg) x_{i+1}^4 (1-x_{i+1})^4 x_{i+2}^4 (1-x_{i+2})^4.
\end{aligned}
$$

这里 $x_4 = x_1$, $x_5 = x_2$. 用混合体积元去逼近问题 (8.2.79) 中第一个方程, 和用特征混合体积元逼近第二个方程. 这对 $\varepsilon = 10^{-3}$ 数值结果见表 8.2.3, 图形比较见图 8.2.6∼ 图 8.2.13.

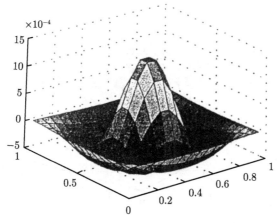

图 8.2.6　p 在 $t = 1, h = 1/16$ 的剖面图

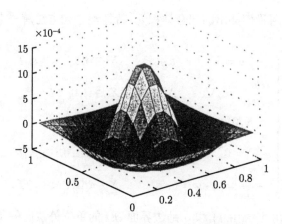

图 8.2.7　P 在 $t = 1, h = 1/16$ 的剖面图

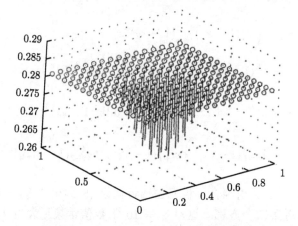

图 8.2.8　u 在 $t = 1, h = 1/16$ 的箭状图

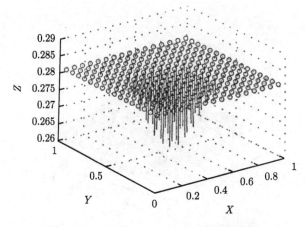

图 8.2.9　U 在 $t = 1, h = 1/16$ 的箭状图

表 8.2.3　算例 2 数值结果的误差估计

	$h = 1/4$	$h = 1/8$	$h = 1/16$
$\|p - P\|_m$	1.82852e − 4	1.17235e − 4	3.30572e − 5
$\|\|\boldsymbol{u} - \boldsymbol{U}\|\|$	6.95898e − 3	1.86974e − 3	4.74263e − 4
$\|c - C\|_m$	1.39414e − 1	8.76624e − 2	4.46468e − 2
$\|\|\boldsymbol{g} - \boldsymbol{G}\|\|$	1.78590e − 3	8.88468e − 4	4.85070e − 4

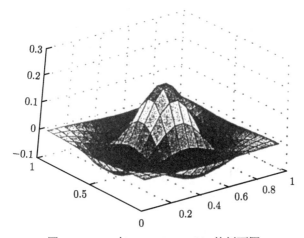

图 8.2.10　c 在 $t = 1, h = 1/16$ 的剖面图

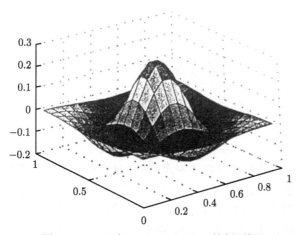

图 8.2.11　C 在 $t = 1, h = 1/16$ 的剖面图

表 8.2.3、图 8.2.6~ 图 8.2.13 指明我们的数值方法对处理椭圆–对流扩散方程组是有效的.

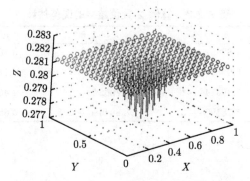

图 8.2.12 g 在 $t = 1, h = 1/16$ 的箭状图

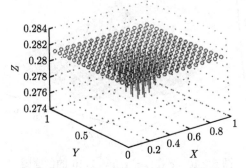

图 8.2.13 G 在 $t = 1, h = 1/16$ 的箭状图

8.2.6   总结和讨论

本节研究三维多孔介质中化学采油渗流力学数值模拟问题, 提出一类混合体积元–特征混合体积元方法及其收敛性分析. 8.2.1 小节为引言部分, 叙述和分析问题的数学模型, 物理背景以及国内外研究概况. 8.2.2 小节介绍三套网络系统及其记号与引理. 8.2.3 小节提出混合体积元–特征混合体积元程序, 对流动方程采用具有守恒性质的混合体积元离散, 对 Darcy 速度提高了一阶精确度, 对饱和度方程同样采用具有守恒性质的特征混合体积元求解, 对流部分采用特征线法, 扩散部分采用混合体积元离散, 大大提高了数值计算的稳定性和精确度, 且保持单元质量守恒, 这在油藏数值模拟计算中是十分重要的. 对计算工作量最大的组分浓度方程组采用特征分数步差分方法, 将整体三维问题分解成连续计算三个一维问题, 且可用追赶法求解, 大大减少了实际计算工作量. 8.2.4 小节为收敛性分析, 对模型问题应用微分方程先验估计理论和特殊技巧, 得到了二阶 l^2 模误差估计结果. 这点特别重要, 它突破了 Arbogast 和 Wheeler 对同类问题仅能得到 3/2 阶的著名成果. 8.2.5 小节为数值算例, 支撑了理论分析, 并指明本节所提出的方法在实际问题是切实可

行和高效的. 本节有如下特征:(I) 本格式成功应用具有物理守恒律特性的混合有限体积元方法, 具有物理守恒特性, 这点在油藏数值模拟是极端重要的, 特别是强化采油数值模拟计算; (II) 由于组合的应用混合体积元和特征线法, 以及特征分数步差分方法, 它具有高精度和高稳定性的特征, 特别适用于三维复杂区域大型数值模拟的工程实际计算; (III) 它突破了 Arbogast 和 Wheeler 对同类问题仅能得到 3/2 阶收敛性结果, 推进并解决了这一重要问题 [4-14,44]. 详细的讨论和分析可参阅文献 [67].

8.3 考虑毛细管力强化采油渗流耦合问题的混合体积元–特征混合元方法

三维考虑毛细管力化学采油数值模拟的物理模型是渗流耦合系统问题, 其数学模型关于压力的流动方程是椭圆型的, 和关于饱和度的对流–扩散型方程, 组分浓度方程组是非线性对流–扩散系统. 流动压力通过 Darcy 速度在饱和度方程和组分浓度方程组中出现, 并控制着饱和度方程和组分浓度方程组的全过程. 我们对流动方程采用具有守恒律性质的混合体积元离散, 它对 Darcy 速度的计算提高了一阶精确度. 对饱和度方程采用特征混合体积元求解, 即对方程的扩散部分采用混合体积元离散, 对流部分采用特征线法, 特征线法可以保证格式在流体锋线前沿逼近的高稳定性, 消除数值弥散和非物理性振荡, 并可以得到较小的时间截断误差, 增大时间步长, 提高计算精确度. 扩散项采用混合体积元离散, 可以同时逼近饱和度及其伴随向量函数, 保持单元质量守恒, 这是十分重要的物理特性. 对组分浓度方程组采用特征分数步差分方法求解, 将整体三维问题化为连续解三个一维问题, 且可用追赶法求解, 大大减少实际计算工作量. 应用微分方程先验估计的理论和特殊技巧, 得到最佳二阶 l^2 模误差估计结果. 数值算例指明该方法的有效性和实用性.

8.3.1 引言

油田经水开采后, 油藏中仍残留大量的原油, 这些油或者被毛细管力束缚住不能流动, 或者驱替相和被驱替相之间的不利流度比, 使得注入流波及体积小, 而无法驱动原油. 在注入液中加入某些化学添加剂, 则可大大改善注入液的驱洗油能力. 常用的化学添加剂大都为聚合物、表面活性剂和碱. 聚合物被用来优化驱替相的流速, 以调整与被驱相之间的流度比, 均匀驱动前缘, 减弱高渗层指进, 提高驱替相的波及效率, 同时增加压力梯度等. 表面活性剂和碱主要用于降低各相间的界面张力, 从而将被束缚的油启动 [1-3].

本节讨论我们在化学采油考虑毛细管力、不混溶、不可压缩渗流力学数值模拟中提出的一类混合体积元-特征混合体积元方法, 并讨论方法的收敛性分析, 使得我们的软件系统建立在坚实的数学和力学基础上. 该方法已成功应用到我国大庆、胜利等主力油田, 具有重要的经济和社会价值.

问题的数学模型是一类非线性耦合系统的初边值问题 [9,18,22]:

$$\frac{\partial}{\partial t}(\varphi c_o) - \nabla \cdot \left(\kappa(X) \frac{\kappa_{\gamma_o}(c_o)}{\mu_o} \nabla p_o \right) = q_o, \quad X = (x_1, x_2, x_3)^{\mathrm{T}} \in \Omega, \quad t \in J = (0, T], \tag{8.3.1}$$

$$\frac{\partial}{\partial t}(\varphi c_w) - \nabla \cdot \left(\kappa(X) \frac{\kappa_{\gamma_w}(c_w)}{\mu_w} \nabla p_w \right) = q_w, \quad X \in \Omega, \quad t \in J = (0, T], \tag{8.3.2}$$

$$\varphi \frac{\partial}{\partial t}(c_w s_\alpha) + \nabla \cdot (s_\alpha \boldsymbol{u} - \varphi c_w K_\alpha \nabla s_\alpha) = Q_\alpha(X, t, c_w, s_\alpha),$$
$$X \in \Omega, \quad t \in J, \quad \alpha = 1, 2, \cdots, n_c, \tag{8.3.3}$$

此处 Ω 是有界区域. 这里下标 "o" 和 "w" 分别对应于油相和水相, c_l 是浓度, p_l 是压力, $\kappa_{\gamma_l}(c_l)$ 是相对渗透率, μ_l 是黏度, q_l 是产量项, 对应于 l 相. φ 是岩石的孔隙度, $\kappa(X)$ 是绝对渗透率, $s_\alpha = s(X, t)$ 是组分浓度函数, 组分是指各种化学剂 (聚合物、表面活性剂、碱及各种离子等), n_c 是组分分数. $\boldsymbol{u}$ 是 Darcy 速度, $K_\alpha = K_\alpha(X)$ 为相应的扩散系数, Q_α 为与产量相关的源汇项. 假定水和油充满了岩石的空隙空间, 也就是 $c_o + c_w = 1$. 因此取 $c = c_w = 1 - c_o$, 则毛细管力压力函数有下述关系: $p_c(c) = p_o - p_w$, 此处 p_c 依赖于浓度 c.

为了将方程 (8.3.1) 和 (8.3.2) 化为标准形式 [1-3]. 记 $\lambda(c) = \dfrac{\kappa_{\gamma_o}(c_o)}{\mu_o} + \dfrac{\kappa_{\gamma_w}(c_w)}{\mu_w}$ 表示二相流体的总迁移率, $\lambda_l(c) = \dfrac{\kappa_{\gamma_l}(c)}{\mu_l \lambda(c)}, l = o, w$ 分别表示相对迁移率, 应用 Chavent 变换 [5,22]:

$$p = \frac{p_o + p_w}{2} + \frac{1}{2} \int_0^{p_c} \{\lambda_o(p_c^{-1}(\xi)) - \lambda_w(p_c^{-1}(\xi))\} \mathrm{d}\xi, \tag{8.3.4}$$

将 (8.3.1) 和 (8.3.2) 相加, 可以导出流动方程:

$$-\nabla \cdot (\kappa(X)\lambda(c)\nabla p) = q, \quad X \in \Omega, \quad t \in J = (0, T], \tag{8.3.5}$$

此处 $q = q_o + q_w$. 将 (8.3.1) 和 (8.3.2) 相减, 可以导出浓度方程:

$$\varphi \frac{\partial c}{\partial t} + \nabla \cdot (\kappa \lambda \lambda_o \lambda_w p_c \nabla c) - \lambda_o \boldsymbol{u} \cdot \nabla c = \frac{1}{2}\{(q_w - \lambda_w q) - (q_o - \lambda_o q)\}.$$

此处

$$q_w = q \quad \text{和} \quad q_o = 0, \quad \text{如果} \quad q \geqslant 0 \quad (\text{注水井}),$$
$$q_w = \lambda_w q \quad \text{和} \quad q_o = \lambda_o q, \quad \text{如果} \quad q < 0 \quad (\text{采油井}).$$

则问题 (8.3.1) 和 (8.3.2) 可写为下述形式

$$\nabla \cdot \boldsymbol{u} = q(X,t), \quad X \in \Omega, \quad t \in J = (0,T], \tag{8.3.6a}$$

$$\boldsymbol{u} = -\kappa(X)\lambda(c)\nabla p, \quad X \in \Omega, \quad t \in J, \tag{8.3.6b}$$

$$\varphi\frac{\partial c}{\partial t} - \lambda'(c)\boldsymbol{u}\nabla c + \nabla \cdot (\kappa(X)\lambda\lambda_o\lambda_w p_c'\nabla c) = \begin{cases} \lambda_o q, & q \geqslant 0, \\ 0, & q < 0. \end{cases} \tag{8.3.7}$$

为清晰起见, 将 (8.3.6) 和 (8.3.7) 写为下述标准形式:

$$-\nabla \cdot (a(X,c)\nabla p) = q(X,t), \quad X \in \Omega, \quad t \in J = (0,T], \tag{8.3.8a}$$

$$\boldsymbol{u} = -a(X,c)\nabla p, \quad X \in \Omega, \quad t \in J, \tag{8.3.8b}$$

$$\varphi\frac{\partial c}{\partial t} + b(c)\boldsymbol{u} \cdot \nabla c - \nabla \cdot (D(X,c)\nabla c) = f(X,t,c), \quad X \in \Omega, \quad t \in J, \tag{8.3.9}$$

此处 $a(X,c) = \kappa(X)\lambda(c)$, $b(c) = -\lambda'(c)$, $D(X,c) = -\kappa(X)\lambda\lambda_o\lambda_w p_c'(c)$, $f(X,t,c)$ $= \lambda_o q$, 当 $q \geqslant 0$ 时, $f(X,t,c) = 0$, 当 $q < 0$ 时. 利用式 (8.3.8), 将方程 (8.3.3) 写为下述便于计算的形式

$$\varphi c\frac{\partial s_\alpha}{\partial t} + \boldsymbol{u} \cdot \nabla s_\alpha - \nabla \cdot (\varphi c K_\alpha \nabla s_\alpha)$$
$$= Q_\alpha - s_\alpha\left(q + \varphi\frac{\partial c}{\partial t}\right), \quad X \in \Omega, \quad t \in J, \quad \alpha = 1, 2, \cdots, n_c, \tag{8.3.10}$$

提二类边界条件.

(I) 定压边界条件:

$$p = e(X,t), \quad X \in \partial\Omega, \quad t \in J, \tag{8.3.11a}$$

$$c = r(X,t), \quad X \in \partial\Omega, \quad t \in J, \tag{8.3.11b}$$

$$s_\alpha = r_\alpha(X,t), \quad X \in \partial\Omega, \quad t \in J, \quad \alpha = 1, 2, \cdots, n_c, \tag{8.3.11c}$$

此处 $\partial\Omega$ 为区域 Ω 的外边界面.

(II) 不渗透边界条件:

$$\boldsymbol{u} \cdot \gamma = 0, \quad X \in \partial\Omega, \quad t \in J, \tag{8.3.12a}$$

$$D\nabla c \cdot \gamma = 0, \quad X \in \partial\Omega, \quad t \in J, \tag{8.3.12b}$$

$$K_\alpha \nabla s_\alpha \cdot \gamma = 0, \quad X \in \partial\Omega, \quad t \in J, \quad \alpha = 1, 2, \cdots, n_c, \tag{8.3.12c}$$

此处 γ 为边界面的单位外法向量. 对于不渗透边界条件压力函数 p 确定到可以相差一个条件. 因此条件

$$\int_\Omega p\mathrm{d}X = 0, \quad t \in J,$$

能够用来确定不定性. 相容性条件是

$$\int_\Omega q\mathrm{d}X = 0, \quad t \in J.$$

本节重点研究常见的不渗透边界条件.

初始条件:

$$c(X, 0) = c_0(X), \quad X \in \Omega, \tag{8.3.13a}$$

$$s_\alpha(X, 0) = s_{\alpha,0}(X), \quad X \in \Omega, \quad \alpha = 1, 2, \cdots, n_c. \tag{8.3.13b}$$

对平面不可压缩二相渗流驱动问题, 在问题的周期性假定下, Douglas, Ewing, Wheeler, Russell 等提出特征差分方法和特征有限元法, 并给出误差估计 [3,31,66-68]. 他们将特征线方法和标准的有限差分方法或有限元方法相结合, 真实地反映出对流-扩散方程的一阶双曲特性, 减少截断误差. 克服数值振荡和弥散, 大大提高计算的稳定性和精确度. 对可压缩渗流驱动问题, Douglas 等学者同样在周期性假定下提出二维可压缩渗流驱动问题的 "微小压缩" 数学模型、数值方法和分析, 开创了现代数值模型这一新领域 [4,45,69,70]. 作者去掉周期性的假定, 给出新的修正特征差分格式和有限元格式, 并得到最佳的 L^2 模误差估计 [71-76]. 由于现代油田勘探和开发的数值模拟计算中, 它是超大规模、三维大范围、甚至是超长时间的, 节点个数多达数万乃至数百万, 用一般方法不能解决这样的问题, 需要采用分数步技术 [5,6,77,78]. 虽然 Peaceman 和 Douglas, 曾用此方法于油水二相渗流驱动问题, 并取得了成功 [7]. 但在理论分析时出现实质性困难, 他们用 Fourier 分析方法仅能对常系数的情形证明稳定性和收敛性的结果, 此方法不能推广到变系数的情况 [6,77,78]. 数值实验和理论分析指明, 经典的有限元方法在处理对流-扩散问题上, 会出现强烈的数值振荡现象. 为了克服上述缺陷, 学者们提出了一系列新的数值方法. Eulerian-Lagrangian 局部对偶方法 (ELLAM)[40] 可以保持局部的质量守恒, 但增加了积分的估算, 计算量很大. 为了得到对流-扩散问题的高精度数值计算格式, Arbogast 与 Wheeler 在 [44] 中对对流占优的输运方程讨论了一种特征混合元方法, 此格式在单元上是守恒的, 通过后处理得到 3/2 阶的高精度误差估计, 但此格式要计算大量的检验函数的映像积分, 使得实际计算十分复杂和困难. 我们实质性拓广和改进了 Arbogast 与 Wheeler 的工作 [44], 提出了一类混合元-特征混合元方法, 大大减少了计算工作量, 并进行了实际问题的数值算例, 指明此方法在实际计算时是可行的和有效的 [49]. 但在那里我们仅能到一阶精确度的误差估计, 且不能拓广到三维问题. 我们注意到有限体积元法 [51,52] 兼具有差分方法的简单性和有限元方法的高精度性, 并且保持局部质量守恒, 是求解偏微分方程的一种十分有效的数值方法. 混合元方法[41-43] 可以同时求解压力函数及其 Darcy 流速, 从而提高其一阶精确度. 文献 [53, 54] 将有限体积元和混合元结合, 提出了混合有限体积元的思想, 文献 [55, 56] 通过数值算例验证这种方法的有效性. 文献 [57-59] 主要对椭圆问题给出混合有限体积元的收敛性估计等理论结果, 形成了混合有限体积元方法的一般框架. 芮洪兴等用此方法研究了低渗油气渗流问题的数值模拟计算[60,61]. 对于化学采油数值模拟虽然我们已有一些初步工作, 迎风差分方法[24]、特征差分方法[62], 并得到实际应用, 但在那里并没有质量守恒这一十分重要的物理特征. 在上述工作的基础上, 我们对三维考虑毛细管力的化学采油渗流耦合系统的数值模拟问题提出一类混合体积元–特征混合体积元方法. 用混合体积元同时逼近压力函数和 Darcy 速度, 并对 Darcy 速度提高了一阶计算精度. 对饱和度方程用特征混合有限体积元方法, 即对对流项沿特征线方向离散, 方程的扩散项采用混合体积元离散. 特征线方法可以保证格式在流体锋线前沿逼近的高度稳定性, 消除数值弥散现象, 并可以得到较小的截断时间误差. 在实际计算中可以采用较大的时间步长, 提高计算效率而不降低精确度. 扩散项采用混合有限体积元离散, 可以同时逼近未知的饱和度函数及其伴随向量函数, 并且由于分片常数在检验函数空间中, 因此格式保持单元上质量守恒律. 这一特性对渗流力学数值模拟计算是特别重要的. 对计算工作量最大的组分浓度方程组采用特征分数步差分方法, 将整体三维问题分解为连续解三个一维问题, 且可用追赶法求解, 大大减少实际计算工作量[6,7,77,78]. 应用微分方程先验估计理论和特殊技巧, 得到了最优二阶 L^2 模误差估计, 在不需要做后处理的情况下, 得到高于 Arbogast, Wheeler 3/2 阶估计的著名成果[44]. 本书对一般三维椭圆–对流扩散方程组做了数值试验, 进一步指明本书的方法是一类切实可行的高效计算方法, 支撑了理论分析结果, 成功解决了这一重要问题[5,12,18,44]. 这项研究成果对油藏数值模拟的计算方法、应用软件研制和矿场实际应用均有重要的价值.

我们使用通常的 Sobolev 空间及其范数记号. 假定问题 (8.3.8)~(8.3.13) 的精确解满足下述正则性条件:

$$
\text{(R)} \quad
\begin{cases}
p \in L^\infty(H^1), \\
\boldsymbol{u} \in L^\infty(H^1(\mathrm{div})) \cap L^\infty(W_\infty^1) \cap W_\infty^1(L^\infty) \cap H^2(L^2), \\
c, s_\alpha \in L^\infty(H^2) \cap H^1(H^1) \cap L^\infty(W_\infty^1) \cap H^2(L^2), \quad \alpha = 1, 2, \cdots, n_c.
\end{cases}
$$

同时假定问题 (8.3.8)~(8.3.19) 的系数满足正定性条件:

(C) $\quad 0 < a_* \leqslant a(X, c) \leqslant a^*, \quad 0 < \varphi_* \leqslant \varphi(X) \leqslant \varphi^*, \quad 0 < D_* \leqslant D(X, c) \leqslant D^*,$

此处 $a_*, a^*, \varphi_*, \varphi^*, D_*$ 和 D^* 均为确定的正常数.

在本节中, 为了理论分析方便, 我们假定问题 (8.3.8)~(8.3.13) 是 Ω 周期的[3,5,18,22,68], 也就是在本节中全部函数假定是 Ω 周期的. 这在物理上是合理的,因为无流动边界条件 (8.3.12) 一般能作镜面反射处理, 而且通常油藏数值模拟中, 边界条件对油藏内部流动影响较小 [3,18,22]. 因此边界条件是省略的.

在本节中 K 表示一般的正常数, ε 表示一般小的正数, 在不同地方具有不同含义.

8.3.2　记号和引理

为了应用混合体积元–特征混合体积元方法, 我们需要构造三套网格系统. 粗网格是针对流场压力和 Darcy 流速的非均匀粗网格, 中网格是针对饱和度方程的非均匀网格, 细网格是针对需要精细计算且工作量最大的组分浓度方程组的均匀细网格. 首先讨论粗网格系统和中网格系统.

研究三维问题, 为简单起见, 设区域 $\Omega = \{[0,1]\}^3$, 用 $\partial\Omega$ 表示其边界. 定义剖分

$$\delta_x : 0 < x_{1/2} < x_{3/2} < \cdots < x_{N_x-1/2} < x_{N_x+1/2} = 1,$$
$$\delta_y : 0 < y_{1/2} < y_{3/2} < \cdots < y_{N_y-1/2} < y_{N_y+1/2} = 1,$$
$$\delta_z : 0 < z_{1/2} < z_{3/2} < \cdots < z_{N_z-1/2} < z_{N_z+1/2} = 1.$$

对 Ω 作剖分 $\delta_x \times \delta_y \times \delta_z$, 对于 $i = 1, 2, \cdots, N_x; j = 1, 2, \cdots, N_y; k = 1, 2, \cdots, N_z$. 记 $\Omega_{ijk} = \{(x,y,z) | x_{i-1/2} < x < x_{i+1/2}, y_{j-1/2} < y < y_{j+1/2}, z_{k-1/2} < z < z_{k+1/2}\}$, $x_i = (x_{i-1/2} + x_{i+1/2})/2, y_j = (y_{j-1/2} + y_{j+1/2})/2, z_k = (z_{k-1/2} + z_{k+1/2})/2$. $h_{x_i} = x_{i+1/2} - x_{i-1/2}, h_{y_j} = y_{j+1/2} - y_{j-1/2}, h_{z_k} = z_{k+1/2} - z_{k-1/2}$. $h_{x,i+1/2} = x_{i+1} - x_i$, $h_{y,j+1/2} = y_{j+1} - y_j, h_{z,k+1/2} = z_{k+1} - z_k$. $h_x = \max\limits_{1 \leqslant i \leqslant N_x} \{h_{x_i}\}, h_y = \max\limits_{1 \leqslant j \leqslant N_y} \{h_{y_j}\}$, $h_z = \max\limits_{1 \leqslant k \leqslant N_z} \{h_{z_k}\}, h_p = (h_x^2 + h_y^2 + h_z^2)^{1/2}$. 称剖分是正则的, 是指存在常数 $\alpha_1, \alpha_2 > 0$, 使得

$$\min_{1 \leqslant i \leqslant N_x} \{h_{x_i}\} \geqslant \alpha_1 h_x, \quad \min_{1 \leqslant j \leqslant N_y} \{h_{y_j}\} \geqslant \alpha_1 h_y, \quad \min_{1 \leqslant k \leqslant N_z} \{h_{z_k}\} \geqslant \alpha_1 h_z,$$
$$\min\{h_x, h_y, h_z\} \geqslant \alpha_2 \max\{h_x, h_y, h_z\}.$$

图 8.2.1 表示对应于 $N_x = 4, N_y = 3, N_z = 3$ 情况简单网格的示意图. 定义 $M_l^d(\delta_x) = \{f \in C^l[0,1] : f|_{\Omega_i} \in p_d(\Omega_i), i = 1, 2, \cdots, N_x\}$, 其中 $\Omega_i = [x_{i-1/2}, x_{i+1/2}]$, $p_d(\Omega_i)$ 是 Ω_i 上次数不超过 d 的多项式空间, 当 $l = -1$ 时, 表示函数 f 在 $[0,1]$ 上可以不连续. 对 $M_l^d(\delta_y), M_l^d(\delta_z)$ 的定义是类似的. 记 $S_h = M_{-1}^0(\delta_x) \otimes M_{-1}^0(\delta_y) \otimes M_{-1}^0(\delta_z)$,
$V_h = \{\boldsymbol{w} | \boldsymbol{w} = (w^x, w^y, w^z), w^x \in M_0^1(\delta_x) \otimes M_{-1}^0(\delta_y) \otimes M_{-1}^0(\delta_z), w^y \in M_{-1}^0(\delta_x) \otimes M_0^1(\delta_y) \otimes M_{-1}^0(\delta_z), w^z \in M_{-1}^0(\delta_x) \otimes M_{-1}^0(\delta_y) \otimes M_0^1(\delta_z), \boldsymbol{w} \cdot \gamma|_{\partial\Omega} = 0\}$. 对函数 $v(x,y,z)$,

以 v_{ijk}, $v_{i+1/2,jk}$, $v_{i,j+1/2,k}$ 和 $v_{ij,k+1/2}$ 分别表示 $v(x_i,y_j,z_k)$, $v(x_{i+1/2},y_j,z_k)$, $v(x_i,y_{j+1/2},z_k)$ 和 $v(x_i,y_j,z_{k+1/2})$.

定义下列内积及范数:

$$(v,w)_m = \sum_{i=1}^{N_x}\sum_{j=1}^{N_y}\sum_{k=1}^{N_z} h_{x_i}h_{y_j}h_{z_k}v_{ijk}w_{ijk},$$

$$(v,w)_x = \sum_{i=1}^{N_x}\sum_{j=1}^{N_y}\sum_{k=1}^{N_z} h_{x_{i-1/2}}h_{y_j}h_{z_k}v_{i-1/2,jk}w_{i-1/2,jk},$$

$$(v,w)_y = \sum_{i=1}^{N_x}\sum_{j=1}^{N_y}\sum_{k=1}^{N_z} h_{x_i}h_{y_{j-1/2}}h_{z_k}v_{i,j-1/2,k}w_{i,j-1/2,k},$$

$$(v,w)_z = \sum_{i=1}^{N_x}\sum_{j=1}^{N_y}\sum_{k=1}^{N_z} h_{x_i}h_{y_j}h_{z_{k-1/2}}v_{ij,k-1/2}w_{ij,k-1/2},$$

$$\|v\|_s^2 = (v,v)_s, \quad s = m,x,y,z,$$
$$\|v\|_\infty = \max_{1\leqslant i\leqslant N_x,1\leqslant j\leqslant N_y,1\leqslant k\leqslant N_z}|v_{ijk}|,$$
$$\|v\|_{\infty(x)} = \max_{1\leqslant i\leqslant N_x,1\leqslant j\leqslant N_y,1\leqslant k\leqslant N_z}|v_{i-1/2,jk}|,$$
$$\|v\|_{\infty(y)} = \max_{1\leqslant i\leqslant N_x,1\leqslant j\leqslant N_y,1\leqslant k\leqslant N_z}|v_{i,j-1/2,k}|,$$
$$\|v\|_{\infty(z)} = \max_{1\leqslant i\leqslant N_x,1\leqslant j\leqslant N_y,1\leqslant k\leqslant N_z}|v_{ij,k-1/2}|.$$

当 $\boldsymbol{w}=(w^x,w^y,w^z)^{\mathrm{T}}$ 时, 记

$$|\|\boldsymbol{w}\|| = \left(\|w^x\|_x^2+\|w^y\|_y^2+\|w^z\|_z^2\right)^{1/2},$$
$$|\|\boldsymbol{w}\||_\infty = \|w^x\|_{\infty(x)}+\|w^y\|_{\infty(y)}+\|w^z\|_{\infty(z)},$$
$$\|\boldsymbol{w}\|_m = \left(\|w^x\|_m^2+\|w^y\|_m^2+\|w^z\|_m^2\right)^{1/2},$$
$$\|\boldsymbol{w}\|_\infty = \|w^x\|_\infty+\|w^y\|_\infty+\|w^z\|_\infty.$$

设 $W_p^m(\Omega)=\left\{v\in L^p(\Omega)\left|\dfrac{\partial^n v}{\partial x^{n-l-r}\partial y^l\partial z^r}\in L^p(\Omega),\quad n-l-r\geqslant 0,l=0,1,\cdots,\right.\right.$ $\left.n;r=0,1,\cdots,n,n=0,1,\cdots,m;0<p<\infty\right\}.H^m(\Omega)=W_2^m(\Omega),L^2(\Omega)$ 的内积与范数分别为 $(\cdot,\cdot)$, $\|\cdot\|$, 对于 $v\in S_h$,

显然有

$$\|v\|_m = \|v\|. \tag{8.3.14}$$

定义下列记号:

$$[d_x v]_{i+1/2,jk} = \frac{v_{i+1,jk} - v_{ijk}}{h_{x,i+1/2}}, \quad [d_y v]_{i,j+1/2,k} = \frac{v_{i,j+1,k} - v_{ijk}}{h_{y,j+1/2}},$$

$$[d_z v]_{ij,k+1/2} = \frac{v_{ij,k+1} - v_{ijk}}{h_{z,k+1/2}};$$

$$[D_x w]_{ijk} = \frac{w_{i+1/2,jk} - w_{i-1/2,jk}}{h_{x_i}}, \quad [D_y w]_{ijk} = \frac{w_{i,j+1/2,k} - w_{i,j-1/2,k}}{h_{y_j}},$$

$$[D_z w]_{ijk} = \frac{w_{ij,k+1/2} - w_{ij,k-1/2}}{h_{z_k}};$$

$$\hat{w}_{ijk}^x = \frac{w_{i+1/2,jk}^x + w_{i-1/2,jk}^x}{2}, \quad \hat{w}_{ijk}^y = \frac{w_{i,j+1/2,k}^y + w_{i,j-1/2,k}^y}{2},$$

$$\hat{w}_{ijk}^z = \frac{w_{ij,k+1/2}^z + w_{ij,k-1/2}^z}{2},$$

$$\bar{w}_{ijk}^x = \frac{h_{x,i+1}}{2h_{x,i+1/2}} w_{ijk} + \frac{h_{x,i}}{2h_{x,i+1/2}} w_{i+1,jk},$$

$$\bar{w}_{ijk}^y = \frac{h_{y,j+1}}{2h_{y,j+1/2}} w_{ijk} + \frac{h_{y,j}}{2h_{y,j+1/2}} w_{i,j+1,k},$$

$$\bar{w}_{ijk}^z = \frac{h_{z,k+1}}{2h_{z,k+1/2}} w_{ijk} + \frac{h_{z,k}}{2h_{z,k+1/2}} w_{ij,k+1},$$

以及 $\hat{\boldsymbol{w}}_{ijk} = (\hat{w}_{ijk}^x, \hat{w}_{ijk}^y, \hat{w}_{ijk}^z)^{\mathrm{T}}$, $\bar{\boldsymbol{w}}_{ijk} = (\bar{w}_{ijk}^x, \bar{w}_{ijk}^y, \bar{w}_{ijk}^z)^{\mathrm{T}}$. 记 L 是一个正整数, $\Delta t = T/L$, $t^n = n\Delta t$, v^n 表示函数在 t^n 时刻的值, $d_t v^n = (v^n - v^{n-1})/\Delta t$.

对于上面定义的内积和范数, 下述四个引理成立.

引理 8.3.1　对于 $v \in S_h$, $\boldsymbol{w} \in V_h$, 显然有

$$(v, D_x w^x)_m = -(d_x v, w^x)_x, \quad (v, D_y w^y)_m = -(d_y v, w^y)_y, \quad (v, D_z w^z)_m = -(d_z v, w^z)_z. \tag{8.3.15}$$

引理 8.3.2　对于 $\boldsymbol{w} \in V_h$, 则有

$$\|\hat{\boldsymbol{w}}\|_m \leqslant \||\boldsymbol{w}|\|. \tag{8.3.16}$$

引理 8.3.3　对于 $q \in S_h$, 则有

$$\|\bar{q}^x\|_x \leqslant M \|q\|_m, \quad \|\bar{q}^y\|_y \leqslant M \|q\|_m, \quad \|\bar{q}^z\|_z \leqslant M \|q\|_m, \tag{8.3.17}$$

此处 M 是与 q, h 无关的常数.

引理 8.3.4　对于 $\boldsymbol{w} \in V_h$, 则有

$$\|w^x\|_x \leqslant \|D_x w^x\|_m, \quad \|w^y\|_y \leqslant \|D_y w^y\|_m, \quad \|w^z\|_z \leqslant \|D_z w^z\|_m. \tag{8.3.18}$$

关于中网格系统, 对于区域 $\Omega = \{[0,1]\}^3$, 通常基于上述粗网格的基础上再进行均匀细分, 一般取原网格步长的 $1/l$, 通常 l 取 2 或 4, 其余全部记号不变, 此时 $h_{\hat{c}} = h_p/l$.

关于细网格系统, 对于区域 $\Omega = \{[0,1]\}^3$, 定义均匀网格剖分:

$$\bar{\delta}_x : 0 = x_0 < x_1 < \cdots < x_{M_1-1} < x_{M_1} = 1,$$

$$\bar{\delta}_y : 0 = y_0 < y_1 < \cdots < y_{M_2-1} < y_{M_2} = 1,$$

$$\bar{\delta}_z : 0 = z_0 < z_1 < \cdots < z_{M_3-1} < z_{M_3} = 1,$$

此处 $M_i(i = 1,2,3)$ 均为正常数, 三个方向步长和网格点分别记为 $h^x = \dfrac{1}{M_1}$, $h^y = \dfrac{1}{M_2}, h^z = \dfrac{1}{M_3}, x_i = i \cdot h^x, y_j = j \cdot h^y, z_k = k \cdot h^z, h_c = ((h^x)^2 + (h^y)^2 + (h^z)^2)^{1/2}$. 记 $D_{i+1/2,jk} = \dfrac{1}{2}[D(X_{ijk}) + D(X_{i+1,jk})], D_{i-1/2,jk} = \dfrac{1}{2}[D(X_{ijk}) + D(X_{i-1,jk})]$, $D_{i,j+1/2,k}, D_{i,j-1/2,k}, D_{ij,k+1/2}, D_{ij,k-1/2}$ 的定义是类似的. 同时定义:

$$\delta_{\bar{x}}(D\delta_x W)^n_{ijk} = (h^x)^{-2}[D_{i+1/2,jk}(W^n_{i+1,jk} - W^n_{ijk}) - D_{i-1/2,jk}(W^n_{ijk} - W^n_{i-1,jk})],$$
$$(8.3.19a)$$

$$\delta_{\bar{y}}(D\delta_y W)^n_{ijk} = (h^y)^{-2}[D_{i,j+1/2,k}(W^n_{i,j+1,k} - W^n_{ijk}) - D_{i,j-1/2,k}(W^n_{ijk} - W^n_{i,j-1,k})],$$
$$(8.3.19b)$$

$$\delta_{\bar{z}}(D\delta_z W)^n_{ijk} = (h^z)^{-2}[D_{ij,k+1/2}(W^n_{ij,k+1} - W^n_{ijk}) - D_{ij,k-1/2}(W^n_{ijk} - W^n_{ij,k-1})],$$
$$(8.3.19c)$$

$$\nabla_h(D\nabla W)^n_{ijk} = \delta_{\bar{x}}(D\delta_x W)^n_{ijk} + \delta_{\bar{y}}(D\delta_y W)^n_{ijk} + \delta_{\bar{z}}(D\delta_z W)^n_{ijk}. \qquad (8.3.20)$$

8.3.3　混合体积元-修正特征混合元程序

8.3.3.1　格式的提出

为了引入混合有限体积元方法的处理思想, 将流动方程 (8.3.8) 写为下述标准形式:

$$\nabla \cdot \boldsymbol{u} = q, \qquad (8.3.21a)$$

$$\boldsymbol{u} = -a(c)\nabla p, \qquad (8.3.21b)$$

此处 $a(c) = \kappa(X)\lambda(c)$.

对于饱和度方程 (8.3.9), 注意到这流动实际上沿着迁移的特征方向, 采用特征线法处理一阶双曲部分, 它具有很高的精确度和强稳定性. 对时间 t 可采用大步长计算. 记 $\psi(X, \boldsymbol{u}, c) = [\varphi^2(X) + b(c)|\boldsymbol{u}|^2]^{1/2}, \dfrac{\partial}{\partial \tau} = \psi^{-1}\left\{\varphi\dfrac{\partial}{\partial t} + b(c)\boldsymbol{u} \cdot \nabla\right\}$. 为了应

用混合体积元离散扩散部分, 我们将方程 (8.3.9) 写为下述标准形式

$$\psi\frac{\partial c}{\partial \tau} + \nabla \cdot \boldsymbol{g} = f(X, c), \tag{8.3.22a}$$

$$\boldsymbol{g} = -D(c)\nabla c, \tag{8.3.22b}$$

此处 $f(X, c) = \lambda_0 q$.

设 P, U, C, G 分别为 $p, \boldsymbol{u}, c$ 和 $\boldsymbol{g}$ 的混合体积元-特征混合体积元的近似解. 由 8.3.2 小节的记号和引理 8.3.1~ 引理 8.3.4 的结果导出流体压力和 Darcy 流速的混合体积元格式为

$$\left(D_x U^{x,n+1} + D_y U^{y,n+1} + D_z U^{z,n+1}, v\right)_m = \left(q^{n+1}, v\right), \quad \forall v \in S_h, \tag{8.3.23a}$$

$$\left(a^{-1}(\bar{C}^{x,n})U^{x,n+1}, w^x\right)_x + \left(a^{-1}(\bar{C}^{y,n})U^{y,n+1}, w^y\right)_y + \left(a^{-1}(\bar{C}^{z,n})U^{z,n+1}, w^z\right)_z$$
$$- \left(P^{n+1}, D_x w^x + D_x w^y + D_x w^z\right)_m = 0, \quad \forall w \in V_h. \tag{8.3.23b}$$

对方程 (8.3.22a) 利用向后差商逼近特征方向导数

$$\frac{\partial c^{n+1}}{\partial \tau}(X) \approx \frac{c^{n+1} - c^n(X - \varphi^{-1}b(c^{n+1})\boldsymbol{u}^{n+1}(X)\Delta t)}{\Delta t(1 + \varphi^{-2}b(c^{n+1})|\boldsymbol{u}^{n+1}|^2)^{1/2}}.$$

则饱和度方程 (8.3.22a) 的特征混合体积元格式为

$$(\varphi\frac{C^{n+1} - \hat{C}^n}{\Delta t}, v)_m + \left(D_x G^{x,n+1} + D_y G^{y,n+1} + D_z G^{z,n+1}, v\right)_m = \left(f(\hat{C}^n), v\right),$$
$$\forall v \in S_h, \tag{8.3.24a}$$

$$\left(D^{-1}(\bar{C}^{x,n})G^{x,n+1}, w^x\right)_x + \left(D^{-1}(\bar{C}^{y,n})G^{y,n+1}, w^y\right)_y + \left(D^{-1}(\bar{C}^{z,n})G^{z,n+1}, w^z\right)_z$$
$$- \left(C^{n+1}, D_x w^x + D_y w^y + D_z w^z\right)_m = 0, \quad \forall w \in V_h, \tag{8.3.24b}$$

此处 $\hat{C}^n = C^n(\hat{X}^n)$, $\hat{X}^n = X - \varphi^{-1}b(C^n)U^{n+1}\Delta t$.

在此基础上, 对组分浓度方程组 (8.3.10) 需要高精度计算, 其计算工作量最大, 同样注意到这流动实际上是沿着迁移的特征方向, 利用特征线法处理一阶双曲部分具有很高的精确度和稳定性, 对 t 可用大步长计算. 记 $\psi_\alpha(c, \boldsymbol{u}) = [\varphi^2 c^2 + |\boldsymbol{u}|^2]^{1/2}$,
$\frac{\partial}{\partial \tau_\alpha} = \psi_\alpha^{-1}\left\{\varphi c\frac{\partial}{\partial t} + \boldsymbol{u} \cdot \nabla\right\}$. 则方程组 (8.3.10) 可改写为下述形式

$$\psi_\alpha\frac{\partial s_\alpha}{\partial \tau_\alpha} - \nabla \cdot (\hat{D}(c)\nabla s_\alpha) = f_\alpha(s_\alpha, c), \quad X \in \Omega, \quad t \in J, \quad \alpha = 1, 2, \cdots, n_c, \tag{8.3.25}$$

其中 $\hat{D}(c) = \varphi c K$, $f_\alpha(s_\alpha, c, p) = Q_\alpha(c, s_\alpha) - s_\alpha \left(q + \varphi \dfrac{\partial c}{\partial t}\right)$. 在这里注意到在油藏数值模拟中处处存在束缚水的特征 [1-4], 则有 $c(X, t) \geqslant c_0 > 0$, 其中 c_0 为确定的正常数, 对方程组 (8.3.25) 的导数由下述正定性 [1-4]:

$$0 < \bar{D}_* \leqslant \hat{D}(c) \leqslant \bar{D}^*, \quad 0 < \bar{\varphi}_* \leqslant \varphi c \leqslant \bar{\varphi}^*, \tag{8.3.26}$$

此处 $\bar{D}_*, \bar{D}^*, \bar{\varphi}_*$ 和 $\bar{\varphi}^*$ 均为确定的正常数.

对方程组 (8.3.25) 采用向后差商逼近特征方向导数

$$\frac{\partial s_\alpha^{n+1}}{\partial \tau_\alpha} \approx \frac{s_\alpha^{n+1} - s_\alpha^n(X - \varphi^{-1}c^{-1}\boldsymbol{u}^{n+1}\Delta t)}{\Delta t(1 + \varphi^{-2}c^{-2}|\boldsymbol{u}^{n+1}|^2)^{1/2}}.$$

对组分浓度方程组 (8.3.25) 的特征分数步差分格式为

$$
\begin{aligned}
\varphi_{ijk} C_{ijk}^{n+1} \frac{S_{\alpha,ijk}^{n+1/3} - \hat{S}_{\alpha,ijk}^n}{\Delta t} =& \delta_{\bar{x}}(\hat{D}(C^{n+1})\delta_x S_\alpha^{n+1/3})_{ijk} + \delta_{\bar{y}}(\hat{D}(C^{n+1})\delta_y S_\alpha^n)_{ijk} \\
&+ \delta_{\bar{z}}(\hat{D}(C^{n+1})\delta_z S_\alpha^n)_{ijk} + Q_\alpha(C^{n+1}, S_\alpha)_{ijk} \\
&- S_{\alpha,ijk}^n \left(q^{n+1} + \varphi \frac{C^{n+1} - C^n}{\Delta t}\right)_{ijk}, \\
& 1 \leqslant i \leqslant M_1, \quad \alpha = 1, 2, \cdots, n_c,
\end{aligned}
\tag{8.3.27a}
$$

$$
\begin{aligned}
\varphi_{ijk} C_{ijk}^{n+1} \frac{S_{\alpha,ijk}^{n+2/3} - S_{\alpha,ijk}^{n+1/3}}{\Delta t} =& \delta_{\bar{y}}(\hat{D}(C^{n+1})\delta_y(S_\alpha^{n+2/3} - S_\alpha^n))_{ijk}, \\
& 1 \leqslant j \leqslant M_2, \quad \alpha = 1, 2, \cdots, n_c,
\end{aligned}
\tag{8.3.27b}
$$

$$
\begin{aligned}
\varphi_{ijk} C_{ijk}^{n+1} \frac{S_{\alpha,ijk}^{n+1} - S_{\alpha,ijk}^{n+2/3}}{\Delta t} =& \delta_{\bar{z}}(\hat{D}(C^{n+1})\delta_z(S_\alpha^{n+1} - S_\alpha^n))_{ijk}, \\
& 1 \leqslant j \leqslant M_3, \quad \alpha = 1, 2, \cdots, n_c,
\end{aligned}
\tag{8.3.27c}
$$

此处 $S_\alpha^n(X)(\alpha = 1, 2, \cdots, n_c)$ 为分别按节点值 $\{S_{\alpha,ijk}^n\}$ 分片三二次插值, $\hat{S}_{\alpha,ijk}^n = S_\alpha^n(\hat{X}_{ijk}^n)$, $\hat{X}_{ijk}^n = X_{ijk} - \varphi_{ijk}^{-1} C_{ijk}^{n+1,-1} \boldsymbol{U}_{ijk}^{n+1} \Delta t$, $C_{ijk}^{n+1,-1} = (C_{ijk}^{n+1})^{-1}$.

初始逼近:

$$P^0 = \tilde{P}^0, \quad \boldsymbol{U}^0 = \tilde{\boldsymbol{U}}^0, \quad C^0 = \tilde{C}^0, \quad \boldsymbol{G}^0 = \tilde{\boldsymbol{G}}^0, X \in \Omega, \tag{8.3.28a}$$

$$S_{\alpha,ijk}^0 = s_{\alpha,0}(X_{ijk}), \quad X_{ijk} \in \bar{\Omega}, \quad \alpha = 1, 2, \cdots, n_c, \tag{8.3.28b}$$

此处 $(\tilde{C}^0, \tilde{\boldsymbol{G}}^0)$ 为 $(c_0, \boldsymbol{g}_0)$ 的椭圆投影 (将在 8.3.3.3 小节定义), $S_{\alpha,ijk}^0$ 将由初始条件 (8.3.13) 直接得到.

混合有限体积元–特征混合有限体积元格式的计算程序: 首先由初始条件 c_0, $g_0 = -D\nabla c_0$, 应用混合体积元的椭圆投影确定 $\{\tilde{C}^0, \tilde{G}^0\}$. 取 $C^0 = \tilde{C}^0, G^0 = \tilde{G}^0$. 再由混合体积元格式 (8.3.23) 应用共轭梯度法求得 $\{U^1, P^1\}$. 然后, 再由特征混合体积元格式 (8.3.24) 应用共轭梯度法求得 $\{C^1, G^1\}$. 在此基础, 再用修正特征分数步差分格式 (8.3.27a)~(8.3.27c), 应用一维追赶法依次计算出过渡层的 $\{S_{\alpha,ijk}^{1/3}\}$, $\{S_{\alpha,ijk}^{2/3}\}$. 最后得 $t = t^1$ 的差分解 $\{S_\alpha^1\}$, $\alpha = 1, 2, \cdots, n_c$. 这样完成了第 1 层的计算. 如此, 由 (8.3.23) 求得 $\{U^2, P^2\}$. 再由 (8.3.24) 求得 $\{C^2, G^2\}$. 然后再由特征分数步差分格式求出 $\{S_\alpha^2, \alpha = 1, 2, \cdots, n_c\}$. 这样依次进行, 可求得全部数值逼近解, 由正定性条件 (C), 解存在且唯一.

8.3.3.2　局部质量守恒律

如果问题 (8.3.8)~(8.3.13) 没有源汇项, 也就是 $f \equiv 0$ 和边界条件是不渗透的, 则在每个单元 $J_c \in \Omega$ 上, 此处为简单起见, 设 $l = 1$, 即粗中网格重合, $J_c = \Omega_{ijk} = [x_{i-1/2}, x_{i+1/2}] \times [y_{j-1/2}, y_{j+1/2}] \times [z_{k-1/2}, z_{k+1/2}]$, 饱和度方程的局部质量守恒律表现为

$$\int_{J_c} \psi \frac{\partial c}{\partial \tau} \mathrm{d}X - \int_{\partial J_c} g \cdot \gamma_{J_c} \mathrm{d}S = 0, \tag{8.3.29}$$

此处 J_c 为区域 Ω 关于饱和度的网格剖分单元, ∂J_c 为单元 J_c 的边界面, γ_{J_c} 为单元边界面的外法线方向矢量. 下面我们证明 (8.3.24a) 满足下面的离散意义下的局部质量守恒律.

定理 8.3.1　如果 $f \equiv 0$, 则在任意单元 $J_c \in \Omega$ 上, 格式 (8.3.24a) 满足离散的局部质量守恒律

$$\int_{J_c} \varphi \frac{C^{n+1} - \hat{C}^n}{\Delta t} \mathrm{d}X - \int_{\partial J_c} G^{n+1} \cdot \gamma_{J_c} \mathrm{d}S = 0. \tag{8.3.30}$$

证明　因为 $v \in S_h$, 对给定的单元 $J_c \in \Omega$ 上, 取 $v \equiv 1$, 在其他单元上为零, 则此时 (8.3.24a) 为

$$\left(\varphi \frac{C^{n+1} - \hat{C}^n}{\Delta t}, 1 \right)_{\Omega_{ijk}} + \left(D_x G^{x,n+1} + D_y G^{y,n+1} + D_z G^{z,n+1}, 1 \right)_{\Omega_{ijk}} = 0. \tag{8.3.31}$$

按 8.3.2 小节中的记号可得

$$\left(\varphi \frac{C^{n+1} - \hat{C}^n}{\Delta t}, 1 \right)_{\Omega_{ijk}} = \varphi_{ijk} \left(\frac{C_{ijk}^{n+1} - \hat{C}_{ijk}^n}{\Delta t} \right) h_{x_i} h_{y_j} h_{z_k} = \int_{\Omega_{ijk}} \varphi \frac{C^{n+1} - \hat{C}^n}{\Delta t} \mathrm{d}X, \tag{8.3.32a}$$

$$\left(D_x G^{x,n+1} + D_y G^{y,n+1} + D_z G^{z,n+1}, 1 \right)_{\Omega_{ijk}}$$

$$= \left(G_{i+1/2,jk}^{x,n+1} - G_{i-1/2,jk}^{x,n+1} \right) h_{y_j} h_{z_k} + \left(G_{i,j+1/2,k}^{y,n+1} - G_{i,j-1/2,k}^{y,n+1} \right) h_{x_i} h_{z_k}$$
$$+ \left(G_{ij,k+1/2}^{z,n+1} - G_{ij,k-1/2}^{z,n+1} \right) h_{x_i} h_{y_j}$$
$$= - \int_{\partial\Omega_{ijk}} \boldsymbol{G}^{n+1} \cdot \gamma_{J_c} \mathrm{d}S. \tag{8.3.32b}$$

将式 (8.3.32) 代入式 (8.3.31), 定理 8.3.1 得证.

由局部质量守恒律定理 8.3.1, 即可推出整体质量守恒定律.

定理 8.3.2 如果 $q \equiv 0$, 边界条件是不渗透的, 则格式 (8.3.24a) 满足整体离散质量守恒律

$$\int_{\Omega} \varphi \frac{C^{n+1} - \hat{C}^n}{\Delta t} \mathrm{d}X = 0, \quad n \geqslant 0. \tag{8.3.33}$$

证明 由局部质量守恒律 (8.3.30), 对全部的网格剖分单元求和, 则有

$$\sum_{i,j,k} \int_{\Omega_{ijk}} \varphi \frac{C^{n+1} - \hat{C}^n}{\Delta t} \mathrm{d}X - \sum_{i,j,k} \int_{\partial\Omega_{ijk}} \boldsymbol{G}^{n+1} \cdot \gamma_{J_c} \mathrm{d}S = 0. \tag{8.3.34}$$

注意到 $-\sum_{i,j,k} \int_{\partial\Omega_{ijk}} \boldsymbol{G}^{n+1} \cdot \gamma_{J_c} \mathrm{d}S = - \int_{\partial\Omega} \boldsymbol{G}^{n+1} \cdot \gamma \mathrm{d}S = 0$, 定理得证.

8.3.3.3 辅助性椭圆投影

为了确定初始逼近 (3.8) 和 8.3.4 小节的收敛性分析. 引入下述辅助性椭圆投影. 定义 $\{\tilde{P}, \tilde{U}\} \in S_h \times V_h$, 满足

$$(D_x\tilde{U}^x + D_y\tilde{U}^y + D_z\tilde{U}^z, v)_m = (q, v)_m, \quad \forall v \in S_h, \tag{8.3.35a}$$

$$(a^{-1}(c)\tilde{U}^x, w^x)_x + (a^{-1}(c)\tilde{U}^y, w^y)_y + (a^{-1}(c)\tilde{U}^z, w^z)_z$$
$$- (\tilde{P}, D_xw^x + D_yw^y + D_zw^z)_m = 0, \quad \forall w \in V_h, \tag{8.3.35b}$$

$$(\tilde{P} - p, 1)_m = 0, \tag{8.3.35c}$$

其中 c 是问题 (8.3.8)~(8.3.13) 的精确解.

记 $F = f - \psi\dfrac{\partial c}{\partial \tau}$. 定义 $\{\tilde{C}, \tilde{\boldsymbol{G}}\} \in S_h \times V_h$, 满足

$$(D_x\tilde{G}^x + D_y\tilde{G}^y + D_z\tilde{G}^z, v)_m = (F, v)_m, \quad \forall v \in S_h, \tag{8.3.36a}$$

$$(D^{-1}(c)\tilde{G}^x, w^x)_x + (D^{-1}(c)\tilde{G}^y, w^y)_y + (D^{-1}(c)\tilde{G}^z, w^z)_z$$
$$- (\tilde{C}, D_xw^x + D_yw^y + D_zw^z)_m = 0, \quad \forall w \in V_h, \tag{8.3.36b}$$

$$(\tilde{C} - c, 1)_m = 0. \tag{8.3.36c}$$

记 $\pi = P - \tilde{P}$, $\eta = \tilde{P} - p$, $\sigma = \boldsymbol{U} - \tilde{\boldsymbol{U}}$, $\rho = \tilde{\boldsymbol{U}} - \boldsymbol{u}$, $\xi = C - \tilde{C}$, $\zeta = \tilde{C} - c$, $\alpha = \boldsymbol{G} - \tilde{\boldsymbol{G}}$, $\beta = \tilde{\boldsymbol{G}} - \boldsymbol{g}$. 设问题 (8.3.8)~(8.3.13) 满足正定性条件 (C), 其精确解满足正则性条件 (R). 由 Weiser, Wheeler 理论 [54] 得知格式 (8.3.15), (8.3.16) 确定的辅助函数 $\{\tilde{\boldsymbol{U}}, \tilde{P}, \tilde{\boldsymbol{G}}, \tilde{C}\}$ 存在唯一, 并有下述误差估计.

引理 8.3.5　若问题 (8.3.8)~(8.3.13) 的系数和精确解满足条件 (C) 和 (R), 则存在不依赖于剖分参数 $h, \Delta t$ 的常数 $\bar{C}_1, \bar{C}_2 > 0$, 使得下述估计式成立:

$$||\eta||_m + ||\zeta||_m + |||\rho||| + |||\beta||| + \left\|\frac{\partial\eta}{\partial t}\right\|_m + \left\|\frac{\partial\zeta}{\partial t}\right\|_m \leqslant \bar{C}_1\{h_p^2 + h_c^2\}, \tag{8.3.37a}$$

$$|||\tilde{\boldsymbol{U}}|||_\infty + |||\tilde{\boldsymbol{G}}|||_\infty \leqslant \bar{C}_2. \tag{8.3.37b}$$

8.3.4　收敛性分析

首先讨论流动方程, 为此估计 π 和 σ. 将式 (8.3.23a), (8.3.23b) 分别减式 (8.3.23b)$(t = t^{n+1})$ 和式 (8.3.35b)$(t = t^{n+1})$ 可得下述关系式

$$\left(D_x\sigma^{x,n+1} + D_y\sigma^{y,n+1} + D_z\sigma^{z,n+1}, v\right)_m = 0, \quad \forall v \in S_h, \tag{8.3.38a}$$

$$\begin{aligned}
&\left(a^{-1}(\bar{C}^{x,n})\sigma^{x,n+1}, w^x\right)_x + \left(a^{-1}(\bar{C}^{y,n})\sigma^{y,n+1}, w^y\right)_y + \left(a^{-1}(\bar{C}^{z,n})\sigma^{z,n+1}, w^z\right)_z \\
&\quad - \left(\pi^{n+1}, D_xw^x + D_yw^y + D_zw^z\right)_m \\
&= -\{((a^{-1}(\bar{C}^{x,n}) - a^{-1}(c^{n+1}))\tilde{U}^{x,n+1}, w^x)_x \\
&\quad + ((a^{-1}(\bar{C}^{y,n}) - a^{-1}(c^{n+1}))\tilde{U}^{y,n+1}, w^y)_y + ((a^{-1}(\bar{C}^{z,n}) \\
&\quad - a^{-1}(c^{n+1}))\tilde{U}^{z,n+1}, w^z)_z\}, \quad \forall w \in V_h. \tag{8.3.38b}
\end{aligned}$$

在式 (8.3.38a) 中取 $v = \pi^{n+1}$, 在式 (8.3.38b) 中取 $w = \sigma^{n+1}$, 组合上述二式可得

$$\begin{aligned}
&\left(a^{-1}(\bar{C}^{x,n})\sigma^{x,n+1}, \sigma^{x,n+1}\right)_x + \left(a^{-1}(\bar{C}^{y,n})\sigma^{y,n+1}, \sigma^{y,n+1}\right)_y \\
&+ \left(a^{-1}(\bar{C}^{z,n})\sigma^{z,n+1}, \sigma^{z,n+1}\right)_z - \sum_{s=x,y,z} ((a^{-1}(\bar{C}^{s,n}) - a^{-1}(c^{n+1}))\tilde{U}^{s,n+1}, \sigma^{s,n+1})_s.
\end{aligned} \tag{8.3.39}$$

对于估计式 (8.3.39) 应用引理 8.3.1~ 引理 8.3.5, Taylor 公式和正定性条件 (C) 可得

$$|||\sigma^{n+1}|||^2 \leqslant K \sum_{s=x,y,z} ||\bar{C}^{s,n} - c^{n+1}||_m^2 \leqslant K\left\{\sum_{s=x,y,z} ||\bar{c}^{s,n} - c^n||_m^2 + ||\xi^n||_m^2\right.$$

$$+ \left\|\zeta^n\right\|_m^2 + (\Delta t)^2\right\} \leqslant K \left\{\left\|\xi^n\right\|^2 + h_c^4 + (\Delta t)^2\right\}. \tag{8.3.40}$$

对 $\pi^{n+1} \in S_h$, 利用对偶方法进行估计 [65,79], 为此考虑下述椭圆问题:

$$\nabla \cdot \omega = \pi^{n+1}, \quad X = (x, y, z)^{\mathrm{T}} \in \Omega, \tag{8.3.41a}$$

$$\omega = \nabla p, \quad X \in \Omega, \tag{8.3.41b}$$

$$\omega \cdot \gamma = 0, \quad X \in \partial\Omega. \tag{8.3.41c}$$

由问题 (8.3.41) 的正则性, 有

$$\sum_{s=x,y,z} \left\|\frac{\partial \omega^s}{\partial s}\right\|_m^2 \leqslant K \left\|\pi^{n+1}\right\|_m^2. \tag{8.3.42}$$

设 $\tilde{\omega} \in V_h$ 满足

$$\left(\frac{\partial \tilde{\omega}^s}{\partial s}, v\right)_m = \left(\frac{\partial \omega^s}{\partial s}, v\right)_m, \quad \forall v \in S_h, \quad s = x, y, z. \tag{8.3.43a}$$

这样定义的 $\tilde{\omega}$ 是存在的, 且有

$$\sum_{s=x,y,z} \left\|\frac{\partial \tilde{\omega}^s}{\partial s}\right\|_m^2 \leqslant \sum_{s=x,y,z} \left\|\frac{\partial \omega^s}{\partial s}\right\|_m^2. \tag{8.3.43b}$$

应用引理 8.3.4, 式 (8.3.41), (8.3.42) 和 (8.3.40) 可得

$$\left\|\pi^{n+1}\right\|_m^2 = (\pi^{n+1}, \nabla \cdot \omega) = (\pi^{n+1}, D_x \tilde{\omega}^x + D_y \tilde{\omega}^y + D_z \tilde{\omega}^z)$$
$$= \sum_{s=x,y,z} \left(a^{-1}(\bar{C}^{s,n})\sigma^{s,n+1}, \tilde{\omega}^s\right)_s + \sum_{s=x,y,z} \left(\left(a^{-1}(\bar{C}^{s,n}) - a^{-1}(c^{n+1})\right)\tilde{U}^{s,n+1}, \tilde{\omega}^s\right)_s$$
$$\leqslant K|||\tilde{\omega}|||\left\{|||\sigma^{n+1}|||^2 + \left\|\xi^n\right\|_m^2 + h_c^4 + (\Delta t)^2\right\}^{1/2}. \tag{8.3.44}$$

由引理 8.3.4, (8.3.42), (8.3.43) 可得

$$|||\tilde{\omega}|||^2 \leqslant \sum_{s=x,y,z} \left\|D_s \tilde{\omega}^s\right\|_m^2 = \sum_{s=x,y,z} \left\|\frac{\partial \tilde{\omega}^s}{\partial s}\right\|_m^2 \leqslant \sum_{s=x,y,z} \left\|\frac{\partial \omega^s}{\partial s}\right\|_m^2 \leqslant K \left\|\pi^{n+1}\right\|_m^2. \tag{8.3.45}$$

将式 (8.3.45) 代入式 (8.3.44) 可得

$$\left\|\pi^{n+1}\right\|_m^2 \leqslant K \left\{|||\sigma^{n+1}|||^2 + \left\|\xi^n\right\|_m^2 + h_c^4 + (\Delta t)^2\right\} \leqslant K \left\{\left\|\xi^n\right\|_m^2 + h_c^4 + (\Delta t)^2\right\}. \tag{8.3.46}$$

下面讨论饱和度方程 (8.3.9) 的误差估计. 为此将式 (8.3.24a) 和式 (8.3.24b) 分别减去 $t = t^{n+1}$ 时刻的式 (8.3.36a) 和式 (8.3.36b), 分别取 $v = \xi^{n+1}$, $w = \alpha^{n+1}$, 可得

$$\left(\varphi\frac{C^{n+1} - \hat{C}^n}{\Delta t}, \xi^{n+1}\right)_m + \left(D_x\alpha^{x,n+1} + D_y\alpha^{y,n+1} + D_z\alpha^{z,n+1}, \xi^{n+1}\right)_m$$

$$=(f(\hat{C}^n) - f(c^{n+1}) + \psi^{n+1}\frac{\partial c^{n+1}}{\partial \tau}, \xi^{n+1})_m, \tag{8.3.47a}$$

$$\left(D^{-1}(\bar{C}^{x,n})\alpha^{x,n+1}, \alpha^{x,n+1}\right)_x + \left(D^{-1}(\bar{C}^{y,n})\alpha^{y,n+1}, \alpha^{y,n+1}\right)_y$$
$$+ \left(D^{-1}(\bar{C}^{z,n})\alpha^{z,n+1}), \alpha^{z,n+1}\right)_z - \left(\xi^{n+1}, D_x\alpha^{x,n+1} + D_y\alpha^{y,n+1} + D_z\alpha^{z,n+1}\right)_m$$
$$= -\{((D^{-1}(\bar{C}^{x,n}) - D^{-1}(c^{n+1}))\tilde{G}^{x,n+1}, \alpha^{x,n+1})_x + ((D^{-1}(\bar{C}^{y,n})$$
$$- D^{-1}(c^{n+1}))\tilde{G}^{y,n+1}, \alpha^{y,n+1})_y + ((D^{-1}(\bar{C}^{z,n}) - D^{-1}(c^{n+1}))\tilde{G}^{z,n+1}, \alpha^{z,n+1})_z\}. \tag{8.3.47b}$$

将式 (8.3.47a) 和式 (8.3.47b) 相加可得

$$\left(\varphi\frac{C^{n+1} - \hat{C}^n}{\Delta t}, \xi^{n+1}\right)_m + \sum_{s=x,y,z}\left(D^{-1}(\bar{C}^{s,n})\alpha^{s,n+1}, \alpha^{s,n+1}\right)_s$$
$$=\left(f(\hat{C}^n) - f(c^{n+1}) + \psi^{n+1}\frac{\partial c^{n+1}}{\partial \tau}, \xi^{n+1}\right)_m$$
$$- \{((D^{-1}(\bar{C}^{x,n}) - D^{-1}(c^{n+1}))\tilde{G}^{x,n+1}, \alpha^{x,n+1})_x$$
$$+ ((D^{-1}(\bar{C}^{y,n}) - D^{-1}(c^{n+1}))\tilde{G}^{y,n+1}, \alpha^{y,n+1})_y$$
$$+ ((D^{-1}(\bar{C}^{z,n}) - D^{-1}(c^{n+1}))\tilde{G}^{z,n+1}, \alpha^{z,n+1})_z\}. \tag{8.3.48}$$

应用方程 (8.3.9)$t = t^{n+1}$, 将上式改写为

$$\left(\varphi\frac{\xi^{n+1} - \xi^n}{\Delta t}, \xi^{n+1}\right)_m + \sum_{s=x,y,z}\left(D^{-1}(\bar{C}^{s,n})\alpha^{s,n+1}, \alpha^{s,n+1}\right)_s$$
$$= -\sum_{s=x,y,z}((D^{-1}(\bar{C}^{s,n}) - D^{-1}(c^{n+1}))\tilde{G}^{s,n+1}, \alpha^{s,n+1})_s + \left(\left[\varphi\frac{\partial c^{n+1}}{\partial t}\right.\right.$$
$$\left.\left. + b(c^{n+1})\boldsymbol{u}^{n+1} \cdot \nabla c^{n+1}\right] - \varphi\frac{c^{n+1} - \check{c}^n}{\Delta t}, \xi^{n+1}\right)_m + \left(\varphi\frac{\zeta^{n+1} - \zeta^n}{\Delta t}, \xi^{n+1}\right)_m$$
$$+ \left(f(\hat{C}^n) - f(c^{n+1}), \xi^{n+1}\right) + \left(\varphi\frac{\hat{c}^n - \check{c}^n}{\Delta t}, \xi^{n+1}\right)_m$$
$$- \left(\varphi\frac{\hat{\zeta}^n - \zeta^n}{\Delta t}, \xi^{n+1}\right)_m + \left(\varphi\frac{\hat{\xi}^n - \xi^n}{\Delta t}, \xi^{n+1}\right)_m$$

$$- \left(\varphi \frac{\zeta^n - \zeta^n}{\Delta t}, \xi^{n+1} \right)_m + \left(\varphi \frac{\xi^n - \xi^n}{\Delta t}, \xi^{n+1} \right)_m. \tag{8.3.49}$$

此处 $\check{c}^n = c^n(X - \varphi^{-1} b(c^{n+1}) \boldsymbol{u}^{n+1} \Delta t),\ \hat{c}^n = c^n(X - \varphi^{-1} b(C^n) \boldsymbol{U}^{n+1} \Delta t), \cdots$.

对式 (8.3.49) 的左端应用不等式 $a(a - b) \geqslant \frac{1}{2}(a^2 - b^2)$, 其右端分别用 $T_0, T_1,$ $T_2, \cdots, T_8$ 表示, 可得

$$\frac{1}{2\Delta t} \left\{ (\varphi \xi^{n+1}, \xi^{n+1})_m - (\varphi \xi^n, \xi^n)_m \right\} + \sum_{s=x,y,z} \left(D^{-1}(\bar{C}^{s,n}) \alpha^{s,n+1}, \alpha^{s,n+1} \right)_s \leqslant \sum_{i=0}^{8} T_i. \tag{8.3.50}$$

首先估计 T_0, 应用引理 8.3.5 可得

$$|T_0| \leqslant \varepsilon |||\alpha^{n+1}|||^2 + K \{ ||\xi^n||_m^2 + h_c^4 + (\Delta t)^2 \}. \tag{8.3.51}$$

为了估计 T_1, 注意到 $\varphi \dfrac{\partial c^{n+1}}{\partial t} + b(c^{n+1}) \boldsymbol{u}^{n+1} \cdot \nabla c^{n+1} = \psi^{n+1} \dfrac{\partial c^{n+1}}{\partial \tau}$, 于是可得

$$\frac{\partial c^{n+1}}{\partial \tau} - \frac{\varphi}{\psi^{n+1}} \frac{c^{n+1} - \check{c}^n}{\Delta t} = \frac{\varphi}{\psi^{n+1} \Delta t} \int_{(\check{X}, t^n)}^{(X, t^{n+1})} \left[|X - \check{X}|^2 + (t - t^n)^2 \right]^{1/2} \frac{\partial^2 c}{\partial \tau^2} \mathrm{d}\tau. \tag{8.3.52}$$

对上式 (8.3.52) 乘以 ψ^{n+1} 并作 m 模估计, 可得

$$\left\| \psi^{n+1} \frac{\partial c^{n+1}}{\partial \tau} - \varphi \frac{c^{n+1} - \check{c}^n}{\Delta t} \right\|_m^2 \leqslant \int_\Omega \left[\frac{\varphi}{\Delta t} \right]^2 \left[\frac{\psi^{n+1} \Delta t}{\varphi} \right]^2 \left| \int_{(\check{X}, t^n)}^{(X, t^{n+1})} \frac{\partial^2 c}{\partial \tau^2} \mathrm{d}\tau \right|^2 \mathrm{d}X$$

$$\leqslant \Delta t \left\| \frac{(\psi^{n+1})^3}{\varphi} \right\|_\infty \int_\Omega \int_{(\check{X}, t^n)}^{(X, t^{n+1})} \left| \frac{\partial^2 c}{\partial \tau^2} \right|^2 \mathrm{d}\tau \mathrm{d}X$$

$$\leqslant \Delta t \left\| \frac{(\psi^{n+1})^4}{(\varphi)^2} \right\|_\infty \int_\Omega \int_{t^n}^{t^{n+1}} \int_0^1 \left| \frac{\partial^2 c}{\partial \tau^2} (\bar{\tau} \check{X} + (1 - \bar{\tau}) X, t) \right|^2 \mathrm{d}\bar{\tau} \mathrm{d}X \mathrm{d}t. \tag{8.3.53}$$

因此有

$$|T_1| \leqslant K \left\| \frac{\partial^2 c}{\partial \tau^2} \right\|_{L^2(t^n, t^{n+1}; m)}^2 \Delta t + K ||\xi^{n+1}||_m^2. \tag{8.3.54a}$$

对于 T_2, T_3 的估计, 应用引理 8.3.5 可得

$$|T_2| \leqslant K \left\{ (\Delta t)^{-1} \left\| \frac{\partial \zeta}{\partial t} \right\|_{L^2(t^n, t^{n+1}; m)}^2 + ||\xi^{n+1}||_m^2 \right\}, \tag{8.3.54b}$$

$$|T_3| \leqslant K \left\{ ||\xi^{n+1}||_m^2 + ||\xi^n||_m^2 + (\Delta t)^2 + h_c^4 \right\}. \tag{8.3.54c}$$

估计 T_4, T_5 和 T_6 导致下述一般的关系式. 若 f 定义在 Ω 上, f 对应的是 c, ζ 和 ξ, Z 表示方向 $U^{n+1} - u^{n+1}$ 的单位矢量. 则

$$\int_\Omega \varphi \frac{\hat{f}^n - \check{f}^n}{\Delta t} \xi^{n+1} \mathrm{d}X = (\Delta t)^{-1} \int_\Omega \varphi \rho_0 \left[\int_{\check{X}}^{\hat{X}} \frac{\partial f^n}{\partial Z} \mathrm{d}Z\right] \xi^{n+1} \mathrm{d}X$$

$$= (\Delta t)^{-1} \int_\Omega \varphi \left[\int_0^1 \frac{\partial f^n}{\partial Z}((1 - \bar{Z})\check{X} + \bar{Z}\hat{X})\mathrm{d}\bar{Z}\right] \left|\hat{X} - \check{X}\right| \xi^{n+1} \mathrm{d}X$$

$$= \int_\Omega \left[\int_0^1 \frac{\partial f^n}{\partial Z}((1 - \bar{Z})\check{X} + \bar{Z}\hat{X})\mathrm{d}\bar{Z}\right] \left|u^{n+1} - U^{n+1}\right| \xi^{n+1} \mathrm{d}X, \qquad (8.3.55)$$

此处 $\bar{Z} \in [0, 1]$, 为参数. 应用关系式

$$\hat{X} - \check{X} = \Delta t[u^{n+1}(X) - U^{n+1}(X)]/(\varphi(X)\rho_0).$$

设

$$g_f = \int_0^1 \frac{\partial f^n}{\partial Z}((1 - \bar{Z})\check{X} + \bar{Z}\hat{X})\mathrm{d}\bar{Z}.$$

则可写出关于式 (8.3.55) 三个特殊情况:

$$|T_4| \leqslant ||g_c||_\infty ||(\boldsymbol{u} - \boldsymbol{U})^{n+1}||_m ||\xi^{n+1}||_m, \qquad (8.3.56a)$$

$$|T_5| \leqslant ||g_\zeta||_m ||(\boldsymbol{u} - \boldsymbol{U})^{n+1}||_m ||\xi^{n+1}||_\infty, \qquad (8.3.56b)$$

$$|T_6| \leqslant ||g_\xi||_m ||(\boldsymbol{u} - \boldsymbol{U})^{n+1}||_m ||\xi^{n+1}||_\infty. \qquad (8.3.56c)$$

由引理 8.3.1~ 引理 8.3.5 和估计式 (8.3.40) 可得

$$||(\boldsymbol{u} - \boldsymbol{U})^{n+1}||_m^2 \leqslant K \left\{h_p^4 + h_c^4 + (\Delta t)^2\right\}. \qquad (8.3.57)$$

因为 $g_c(X)$ 是 c^n 的一阶偏导数的平均值, 它能用 $||c^n||_{W_\infty^1}$ 来估计. 由式 (4.19a) 可得

$$|T_4| \leqslant K \left\{||\xi^{n+1}||_m^2 + h_p^4 + h_c^4 + (\Delta t)^2\right\}. \qquad (8.3.58)$$

为了估计 $||g_\zeta||_m$ 和 $||g_\xi||_m$, 需要引入归纳法假定

$$\sup_{0 \leqslant n \leqslant L} |||\sigma^n|||_\infty \to 0, \quad \sup_{0 \leqslant n \leqslant L} ||\xi^n||_m \to 0, \quad (h_p, h_c, \Delta t) \to 0 \qquad (8.3.59)$$

和作下述剖分参数限制性条件:

$$\Delta t = O(h_c^2), \quad h_c^2 = o(h_p^{3/2}). \qquad (8.3.60)$$

现在考虑

$$||g_f||^2 \leqslant \int_0^1 \int_\Omega \left[\frac{\partial f^n}{\partial Z}((1 - \bar{Z})\check{X} + \bar{Z}\hat{X})\right]^2 \mathrm{d}X \mathrm{d}\bar{Z}. \qquad (8.3.61)$$

定义变换

$$G_{\bar{Z}}(X) = (1-\bar{Z})\check{X} + \bar{Z}\hat{X} = X - \varphi^{-1}(X)\rho_0^{-1}[\boldsymbol{u}^{n+1}(X) + \bar{Z}(\boldsymbol{U}-\boldsymbol{u})^{n+1}(X)]\Delta t. \quad (8.3.62)$$

设 $J_p = \Omega_{ijk} = [x_{i-1/2}, x_{i+1/2}] \times [y_{j-1/2}, y_{j+1/2}] \times [z_{k-1/2}, z_{k+1/2}]$ 是流动方程的网格单元, 则式 (8.3.61) 可写为

$$\|g_f\|^2 \leqslant \int_0^1 \sum_{J_p} \left| \frac{\partial f^n}{\partial Z}(G_{\bar{Z}}(X)) \right|^2 \mathrm{d}X \mathrm{d}\bar{Z}. \quad (8.3.63)$$

由归纳法假定 (8.3.59) 和剖分参数限制性条件 (8.3.59) 有

$$\det DG_{\bar{Z}} = 1 + o(1),$$

则式 (8.3.63) 进行变量替换后可得

$$\|g_f\|^2 \leqslant K\|\nabla f^n\|^2. \quad (8.3.64)$$

对 T_5 应用式 (8.3.64), 引理 8.3.5 和 Sobolev 嵌入定理 [80] 可得下述估计:

$$\begin{aligned}|T_5| &\leqslant K\|\nabla \zeta^n\| \cdot \|(\boldsymbol{u}-\boldsymbol{U})^{n+1}\| \cdot h^{-(\varepsilon+1/2)}\|\nabla \xi^{n+1}\| \\ &\leqslant K\left\{ h_c^{2-(\varepsilon+1/2)}\|(\boldsymbol{u}-\boldsymbol{U})^{n+1}\|\|\nabla \xi^{n+1}\| \right\} \\ &\leqslant K\left\{ \|\xi^{n+1}\|_m^2 + \|\xi^n\|_m^2 + h_p^4 + h_c^4 + (\Delta t)^2 \right\} + \varepsilon\||\alpha^{n+1}\||^2. \end{aligned} \quad (8.3.65a)$$

从式 (8.3.57) 清楚地看到 $\|(\boldsymbol{u}-\boldsymbol{U})^{n+1}\|_m = o(h_c^{\varepsilon+1/2})$, 因此定理要证明 $\|\xi^n\|_m = O(h_p^2 + h_c^2 + \Delta t)$. 类似于文献 [31] 中的分析, 我们有

$$\begin{aligned}|T_6| &\leqslant K\|\nabla \xi^n\| \cdot \|(\boldsymbol{u}-\boldsymbol{U})^{n+1}\| \cdot h^{-(\varepsilon+1/2)}\|\nabla \xi^{n+1}\| \\ &\leqslant \varepsilon\left\{ \||\alpha^{n+1}\||^2 + \||\alpha^n\||^2 \right\}. \end{aligned} \quad (8.3.65b)$$

对 T_7, T_8 应用负模估计可得

$$|T_7| \leqslant Kh_c^4 + \varepsilon\||\alpha^{n+1}\||^2, \quad (8.3.66a)$$

$$|T_8| \leqslant K\|\xi^n\|_m^2 + \varepsilon\||\alpha^{n+1}\||^2. \quad (8.3.66b)$$

对误差估计式 (8.3.49) 左右两端分别应用式 (8.3.50)、(8.3.51)、(8.3.54)、(8.3.58)、(8.3.65) 和 (8.3.66) 可得

$$\frac{1}{2\Delta t}\left\{ (\varphi\xi^{n+1}, \xi^{n+1})_m - (\varphi\xi^n, \xi^n)_m \right\} + \sum_{s=x,y,z} \left(D^{-1}(\bar{C}^{s,n})\alpha^{s,n+1}, \alpha^{s,n+1} \right)_s$$

$$\leqslant K \left\{ \left\| \frac{\partial^2 c}{\partial \tau^2} \right\|^2_{L^2(t^n,t^{n+1};m)} \Delta t + (\Delta t)^{-1} \left\| \frac{\partial \zeta}{\partial t} \right\|^2_{L^2(t^n,t^{n+1};m)} + ||\xi^{n+1}||^2_m + ||\xi^n||^2_m \right.$$
$$\left. + h_p^4 + h_c^4 + (\Delta t)^2 \right\} + \varepsilon \left\{ |||\alpha^{n+1}|||^2 + |||\alpha^n|||^2 \right\}. \tag{8.3.67}$$

对式 (8.3.67) 乘以 $2\Delta t$, 并对时间 t 求和 $(0 \leqslant n \leqslant L)$, 注意到 $\xi^0 = 0$, 可得

$$||\xi^{L+1}||^2_m + \sum_{n=0}^{L} |||\alpha^{n+1}|||^2 \Delta t \leqslant K \left\{ \sum_{n=0}^{L} ||\xi^n||^2_m + h_p^4 + h_c^4 + (\Delta t)^2 \right\}. \tag{8.3.68}$$

应用 Gronwall 引理可得

$$||\xi^{L+1}||^2_m + \sum_{n=0}^{L} |||\alpha^{n+1}|||^2 \Delta t \leqslant K \left\{ h_p^4 + h_c^4 + (\Delta t)^2 \right\}. \tag{8.3.69a}$$

对流动方程的误差估计式 (8.3.40) 和 (8.3.46), 应用估计式 (8.3.69) 可得

$$\sup_{0 \leqslant n \leqslant L} \left\{ ||\pi^{n+1}||^2_m + |||\sigma^{n+1}|||^2 \right\} \leqslant K \left\{ h_p^4 + h_c^4 + (\Delta t)^2 \right\}. \tag{8.3.69b}$$

最后需要检验归纳法假定 (8.3.59). 对于 $n = 0$ 时, 由于初始值的选取, $\xi^0 = 0$, 归纳法假定显然是正确的. 若对 $1 \leqslant n \leqslant L$ 归纳法假定 (8.3.59) 成立. 由估计式 (8.3.69) 和剖分限制性条件 (8.3.60) 有

$$|||\sigma^{L+1}|||_\infty \leqslant K h_p^{-3/2} \left\{ h_p^2 + h_c^2 + \Delta t \right\} \leqslant K h_p^{1/2} \to 0,$$
$$||\xi^{L+1}||_\infty \leqslant K h_c^{-3/2} \left\{ h_p^2 + h_c^2 + \Delta t \right\} \leqslant K h_c^{1/2} \to 0. \tag{8.3.70}$$

归纳法假定成立.

在上述工作的基础上, 讨论组分浓度方程组的特征分数步差分方法的误差估计. 记 $\xi^n_{\alpha,ijk} = s_\alpha(X_{ijk}, t^n) - S^n_{\alpha,ijk}$. 对于方程组 (8.3.10) 若假定饱和度函数 $c(X,t)$ 是已知的, 且是正则的. 下面研究组分浓度函数组方程 (8.3.44) 的误差估计. 为此从分数步差分格式 (8.3.44a)~(8.3.44c) 消去 $S^{n+1/3}_\alpha, S^{n+2/3}_\alpha$, 可得下述等价形式

$$\varphi_{ijk} C^{n+1}_{ijk} \frac{S^{n+1}_{\alpha,ijk} - \hat{S}^n_{\alpha,ijk}}{\Delta t} - \sum_{s=x,y,z} \delta_{\bar{s}}(\hat{D}(C^{n+1})\delta_s S^{n+1}_\alpha)_{ijk}$$
$$= Q_\alpha(C^{n+1}, S^n_\alpha)_{ijk} - S^n_{\alpha,ijk} \left(q^{n+1} + \varphi \frac{C^{n+1} - C^n}{\Delta t} \right)_{ijk}$$
$$- (\Delta t)^2 \{ \delta_{\bar{x}}(\hat{D}(C^{n+1})\delta_x((\varphi C^{n+1})^{-1} \delta_{\bar{y}}(\hat{D}(C^{n+1})\delta_y(\partial_t S^n_\alpha))))_{ijk} + \cdots$$
$$+ \delta_{\bar{y}}(\hat{D}(C^{n+1})\delta_y((\varphi C^{n+1})^{-1} \delta_{\bar{z}}(\hat{D}(C^{n+1})\delta_z(\partial_t S^n_\alpha))))_{ijk} \}$$
$$+ (\Delta t)^3 \delta_{\bar{x}}(\hat{D}(C^{n+1})\delta_x((\varphi C^{n+1})^{-1} \delta_{\bar{y}}(\hat{D}(C^{n+1})\delta_y((\varphi C^{n+1})^{-1}$$

$$\cdot \delta_{\bar{z}}(\hat{D}(C^{n+1})\delta_z(\partial_t S_\alpha^n))))))_{ijk}, \quad X_{ijk} \in \Omega_h, \quad \alpha = 1, 2, \cdots, n_c. \tag{8.3.71}$$

由组分浓度方程组 (8.3.32)$(t = t^{n+1})$ 和格式 (8.3.71)$(t = t^{n+1})$ 相减, 可得下述差分方程组:

$$\varphi_{ijk} C_{ijk}^{n+1} \frac{\xi_{\alpha,ijk}^{n+1} - (s_\alpha^n(\bar{X}_{ijk}^n) - \hat{S}_{\alpha,ijk}^n)}{\Delta t} - \sum_{s=x,y,z} \delta_{\bar{s}}(\hat{D}(C^{n+1})\delta_s \xi_\alpha^{n+1})_{ijk}$$

$$= Q_\alpha(c^{n+1}, s_\alpha^{n+1})_{ijk} - Q_\alpha(C^{n+1}, S_\alpha^n)_{ijk} - \left\{ s_{\alpha,ijk}^{n+1}\left(q^{n+1} + \varphi\frac{\partial c^{n+1}}{\partial t}\right)_{ijk} - S_{\alpha,ijk}^n\left(q^{n+1}\right.\right.$$

$$\left.\left. + \varphi\frac{C^{n+1} - C^n}{\Delta t}\right)_{ijk}\right\} - (\Delta t)^2 \{\delta_{\bar{x}}(\hat{D}(c^{n+1})\delta_x((\varphi c^{n+1})^{-1}\delta_{\bar{y}}(\hat{D}(c^{n+1})\delta_y(\partial_t \xi_\alpha^n))))_{ijk}$$

$$+ \cdots + \delta_{\bar{y}}(\hat{D}(C^{n+1})\delta_y((\varphi C^{n+1})^{-1}\delta_{\bar{z}}(\hat{D}(C^{n+1})\delta_z(\partial_t \xi_\alpha^n))))_{ijk}\}$$

$$+ (\Delta t)^3 \delta_{\bar{x}}(\hat{D}(c^{n+1})\delta_x((\varphi c^{n+1})^{-1}\delta_{\bar{y}}(\hat{D}(c^{n+1})\delta_y((\varphi c^{n+1})^{-1}\delta_{\bar{z}}(\hat{D}(C^{n+1})\delta_z(\partial_t \xi_\alpha^n))))))_{ijk}$$

$$+ \varepsilon_{\alpha,ijk}^{n+1}, \quad X_{ijk} \in \Omega_h, \quad \alpha = 1, 2, \cdots, n_c, \tag{8.3.72}$$

此处 $\bar{X}_{ijk}^{n+1} = X_{ijk} - (\varphi c^{n+1})_{ijk}^{-1} \boldsymbol{u}_{ijk}^{n+1}\Delta t$, $\left|\varepsilon_{\alpha,ijk}^{n+1}\right| \leqslant K\{h_s^2 + \Delta t\}$, $\alpha = 1, 2, \cdots, n_c$.

对误差方程组 (8.3.72), 基于误差估计式 (8.3.69) 和正定性条件 (8.3.43) 可得下述估计式

$$\varphi_{ijk} c_{ijk}^{n+1} \frac{\xi_{\alpha,ijk}^{n+1} - \hat{\xi}_{\alpha,ijk}^n}{\Delta t} - \sum_{s=x,y,z} \delta_{\bar{s}}(\hat{D}(c^{n+1})\delta_s \xi_\alpha^{n+1})_{ijk}$$

$$\leqslant K\{\left|\xi_{\alpha,ijk}^n\right| + \left|\boldsymbol{u}_{ijk}^{n+1} - \boldsymbol{U}_{ijk}^{n+1}\right| + h_p^2 + h_c^2 + h_s^2 + \Delta t\}$$

$$- (\Delta t)^2\{\delta_{\bar{x}}(\hat{D}(c^{n+1})\delta_x((\varphi c^{n+1})^{-1}\delta_{\bar{y}}(\hat{D}(c^{n+1})\delta_y(\partial_t \xi_\alpha^n))))_{ijk}$$

$$+ \cdots + \delta_{\bar{y}}(\hat{D}(C^{n+1})\delta_y((\varphi C^{n+1})^{-1}\delta_{\bar{z}}(\hat{D}(C^{n+1})\delta_z(\partial_t \xi_\alpha^n))))_{ijk}\}$$

$$+ (\Delta t)^3 \delta_{\bar{x}}(\hat{D}(c^{n+1})\delta_x((\varphi c^{n+1})^{-1}\delta_{\bar{y}}(\hat{D}(c^{n+1})\delta_y((\varphi c^{n+1})^{-1}\delta_{\bar{z}}(\hat{D}(c^{n+1})\delta_z$$

$$\cdot (\partial_t \xi_\alpha^n))))))_{ijk}, \quad X_{ijk} \in \Omega_h, \quad \alpha = 1, 2, \cdots, n_c. \tag{8.3.73}$$

对误差方程组 (8.3.73) 乘以 $\partial_t \xi_{\alpha,ijk}^n \Delta t = \xi_{\alpha,ijk}^{n+1} - \xi_\alpha^n$ 作内积并分部求和可得

$$\left\langle \varphi c^{n+1} \frac{\xi_\alpha^{n+1} - \hat{\xi}_\alpha^n}{\Delta t}, \partial_t \xi_\alpha^n \right\rangle + \frac{1}{2} \sum_{s=x,y,z} \{\langle \hat{D}(c^{n+1})\delta_s \xi_\alpha^{n+1}, \delta_s \xi_\alpha^{n+1}\rangle - \langle \hat{D}(c^{n+1})\delta_s \xi_\alpha^n, \delta_s \xi_\alpha^n\rangle\}$$

$$\leqslant \varepsilon |\partial_t \xi_\alpha^n|_0^2 \Delta t + K\{|\xi_\alpha^n|_0^2 + h_p^4 + h_c^4 + h_s^4 + (\Delta t)^2\}\Delta t$$

$$- (\Delta t)^3\{\langle \delta_{\bar{x}}(\hat{D}(c^{n+1})\delta_x((\varphi c^{n+1})^{-1}\delta_{\bar{y}}(\hat{D}(c^{n+1})\delta_y(\partial_t \xi_\alpha^n)))), \partial_t \xi_\alpha^n\rangle$$

$$+ \cdots + \langle \delta_{\bar{y}}(\hat{D}(C^{n+1})\delta_y((\varphi C^{n+1})^{-1}\delta_{\bar{z}}(\hat{D}(C^{n+1})\delta_z(\partial_t \xi_\alpha^n)))), \partial_t \xi_\alpha^n\rangle\}$$

$$+ (\Delta t)^4\langle \delta_{\bar{x}}(\hat{D}(c^{n+1})\delta_x((\varphi c^{n+1})^{-1}\delta_{\bar{y}}(\hat{D}(c^{n+1})\delta_y((\varphi c^{n+1})^{-1}\delta_{\bar{z}}(\hat{D}(c^{n+1})\delta_z(\partial_t \xi_\alpha^n)))))),$$

$$\cdot \partial_t \xi_\alpha^n\rangle, \quad \alpha = 1, 2, \cdots, n_c, \tag{8.3.74}$$

此处 $\langle \cdot, \cdot \rangle, |\cdot|_0$ 为对应于 l_2 离散内积和范数, 这里利用了 $L_2(\Omega)$ 连续模和 $l_2(\Omega)$ 离散模之间的关系. 将估计式 (8.3.74) 改写为下述形式

$$\left\langle \varphi c^{n+1} \frac{\xi_\alpha^{n+1} - \xi_\alpha^n}{\Delta t}, \partial_t \xi_\alpha^n \right\rangle + \frac{1}{2} \sum_{s=x,y,z} \{ \langle \hat{D}(c^{n+1}) \delta_s \xi_\alpha^{n+1}, \delta_s \xi_\alpha^{n+1} \rangle - \langle \hat{D}(c^n) \delta_s \xi_\alpha^n, \delta_s \xi_\alpha^n \rangle \}$$

$$\leqslant \left\langle \varphi c^{n+1} \frac{\hat{\xi}_\alpha^n - \xi_\alpha^n}{\Delta t}, \partial_t \xi_\alpha^n \right\rangle + \frac{1}{2} \sum_{s=x,y,z} \langle [\hat{D}(c^{n+1}) - \hat{D}(c^n)] \delta_s \xi_\alpha^n, \delta_s \xi_\alpha^n \rangle + \varepsilon |\partial_t \xi_\alpha^n|_0^2 \Delta t + K\{|\xi_\alpha^n|_0^2$$

$$+ h_p^4 + h_c^4 + h_s^4 + (\Delta t)^2 \} \Delta t - (\Delta t)^3 \{ \langle \delta_{\bar{x}} (\hat{D}(c^{n+1}) \delta_x ((\varphi c^{n+1})^{-1} \delta_{\bar{y}} (\hat{D}(c^{n+1}) \delta_y (\partial_t \xi_\alpha^n)))),$$

$$\partial_t \xi_\alpha^n \rangle + \cdots + \langle \delta_{\bar{y}} (\hat{D}(C^{n+1}) \delta_y ((\varphi C^{n+1})^{-1} \delta_{\bar{z}} (\hat{D}(C^{n+1}) \delta_z (\partial_t \xi_\alpha^n)))), \partial_t \xi_\alpha^n \rangle \}$$

$$+ (\Delta t)^4 \langle \delta_{\bar{x}} (\hat{D}(c^{n+1}) \delta_x ((\varphi c^{n+1})^{-1} \delta_{\bar{y}} (\hat{D}(c^{n+1}) \delta_y ((\varphi c^{n+1})^{-1} \delta_{\bar{z}} (\hat{D}(c^{n+1}) \delta_z (\partial_t \xi_\alpha^n)))))),$$

$$\partial_t \xi_\alpha^n \rangle, \alpha = 1, 2, \cdots, n_c. \tag{8.3.75}$$

首先估计式 (8.3.75) 右端第 1 项, 应用表达式

$$\hat{\xi}_{\alpha,ijk}^n - \xi_{\alpha,ijk}^n = \int_{X_{ijk}}^{\hat{X}_{ijk}^n} \nabla \xi_\alpha^n \cdot U_{ijk}^{n+1} / \left| U_{ijk}^{n+1} \right| \mathrm{d}s, \quad X_{ijk} \in \Omega_h. \tag{8.3.76a}$$

由剖分限制性条件 (8.3.60) 和已建立的估计式 (8.3.69), 可以推得

$$\left| \sum_{\Omega_h} \varphi_{ijk} c_{ijk}^{n+1} \frac{\hat{\xi}_{\alpha,ijk}^n - \xi_{\alpha,ijk}^n}{\Delta t} \partial_t \xi_{\alpha,ijk}^n h_i^x h_j^y h_k^z \right| \leqslant \varepsilon |\partial_t \xi_\alpha^n|_0^2 + K |\nabla_h \xi_\alpha^n|_0^2, \tag{8.3.76b}$$

此处 Ω_h 表示 Ω 的离散细网格, $|\nabla_h \xi_\alpha^n|_0^2 = \sum_{s=x,y,z} |\partial_s \xi_\alpha^n|_0^2.$

对于估计式 (8.3.75) 右端第 2 项, 有下述估计式

$$\left| \frac{1}{2} \sum_{s=x,y,z} \langle [\hat{D}(c^{n+1}) - \hat{D}(c^n)] \delta_s \xi_\alpha^n, \delta_s \xi_\alpha^n \rangle \right| \leqslant K |\nabla_h \xi_\alpha^n|_0^2. \tag{8.3.77a}$$

现估计式 (8.3.75) 右端第 5 项, 首先讨论其首项

$$- (\Delta t)^3 \{ \langle \delta_{\bar{x}} (\hat{D}(c^{n+1}) \delta_x ((\varphi c^{n+1})^{-1} \delta_{\bar{y}} (\hat{D}(c^{n+1}) \delta_y (\partial_t \xi_\alpha^n)))), \partial_t \xi_\alpha^n \rangle \}$$

$$= - (\Delta t)^3 \{ \langle \delta_x (\hat{D}(c^{n+1}) \delta_y (\partial_t \xi_\alpha^n)), \delta_y ((\varphi c^{n+1})^{-1} \hat{D}(c^{n+1}) \delta_x (\partial_t \xi_\alpha^n)) \rangle$$

$$+ \langle \hat{D}(c^{n+1}) \delta_y (\partial_t \xi_\alpha^n), \delta_y (\delta_x (\varphi c^{n+1})^{-1} \cdot \hat{D}(c^{n+1}) \delta_x (\partial_t \xi_\alpha^n)) \rangle \}$$

$$= - (\Delta t)^3 \sum_{\Omega_h} \{ \hat{D}_{i,j+1/2,k} \hat{D}_{i+1/2,jk} (\varphi c^{n+1})_{ijk}^{-1} [\delta_x \delta_y \partial_t \xi_\alpha^n]_{ijk}^2$$

$$+ [\hat{D}_{i,j+1/2,k} \delta_y (\hat{D}_{i+1/2,jk} (\varphi c^{n+1})_{ijk}^{-1}) \delta_x (\partial_t \xi_{\alpha,ijk}^n)$$

$$+ \hat{D}_{i+1/2,jk}(\varphi c^{n+1})_{ijk}^{-1}\delta_x\,\hat{D}_{i,j+1/2,k}\cdot\delta_y(\partial_t\xi_{\alpha,ijk}^n)$$

$$+ \hat{D}_{i,j+1/2,k}\,\hat{D}_{i+1/2,jk}\,\delta_y(\partial_t\xi_{\alpha,ijk}^n)]\cdot\delta_x\delta_y\partial_t\xi_{\alpha,ijk}^n$$

$$+ [\hat{D}_{i,j+1/2,k}\,\hat{D}_{i+1/2,jk}\,\delta_x\delta_y(\varphi c^{n+1})_{ijk}^{-1}$$

$$+ \hat{D}_{i,j+1/2,k}\,\delta_y\,\hat{D}_{i+1/2,jk}\,\delta_x(\varphi c^{n+1})_{ijk}^{-1}]\delta_x(\partial_t\xi_{\alpha,ijk}^n)\delta_y(\partial_t\xi_{\alpha,ijk}^n)\}h_i^x h_j^y h_k^z.$$

$$(8.3.77b)$$

由 $\hat{D}(c)$ 的正定性, 对表达式 (8.3.77b) 的前三项, 应用 Cauchy 不等式消去高阶差商项 $\delta_x\delta_y(\partial_t\xi_{\alpha,ijk}^n)$, 最后可得

$$-(\Delta t)^3\sum_{\Omega_h}\{\hat{D}_{i,j+1/2,k}\,\hat{D}_{i+1/2,jk}(\varphi c^{n+1})_{ijk}^{-1}(\delta_x\delta_y\partial_t\xi_\alpha^n)_{ijk}^2$$

$$+\cdots+[\hat{D}_{i,j+1/2,k}\,\hat{D}_{i+1/2,jk}\,\delta_y(\partial_t\xi_{\alpha,ijk}^n)]$$

$$\cdot\delta_x\delta_y(\partial_t\xi_{\alpha,ijk}^n)\}h_i^x h_j^y h_k^z$$

$$\leqslant K\{|\nabla_h\xi_\alpha^{n+1}|_0^2 + |\nabla_h\xi_\alpha^n|_0^2\}\Delta t. \qquad (8.3.77c)$$

对式 (8.3.77b) 的最后一项, 由 $\varphi c, \hat{C}(c)$ 的正则性, 有

$$-(\Delta t)^3\sum_{\Omega_h}\{[\hat{D}_{i,j+1/2,k}\,\hat{D}_{i+1/2,jk}\,\delta_x\delta_y(\varphi c^{n+1})_{ijk}^{-1}$$

$$+ \hat{D}_{i,j+1/2,k}\,\delta_y\,\hat{D}_{i+1/2,jk}\,\delta_x(\varphi c^{n+1})_{ijk}^{-1}]\delta_x(\partial_t\xi_{\alpha,ijk}^n)$$

$$\cdot\delta_y(\partial_t\xi_{\alpha,ijk}^n)\}h_i^x h_j^y h_k^z$$

$$\leqslant K\{|\nabla_h\xi_\alpha^{n+1}|_0^2 + |\nabla_h\xi_\alpha^n|_0^2\}\Delta t. \qquad (8.3.77d)$$

对式 (8.3.75) 右端第 6 项, 采用类似的方法, 应用 Cauchy 不等式消去高阶差商项 $\delta_x\delta_y\delta_z(\partial_t\xi_\alpha^n)$, 可得

$$(\Delta t)^4\langle\delta_{\bar{x}}(\hat{D}(c^{n+1})\delta_x((\varphi c^{n+1})^{-1}\delta_{\bar{y}}(\hat{D}(c^{n+1})\delta_y((\varphi c^{n+1})^{-1}$$

$$\cdot\delta_{\bar{z}}(\hat{D}(c^{n+1})\delta_z(\partial_t\xi_\alpha^n)))))), \partial_t\xi_\alpha^n\rangle$$

$$\leqslant K\{|\nabla_h\xi_\alpha^{n+1}|_0^2 + |\nabla_h\xi_\alpha^n|_0^2\}\Delta t. \qquad (8.3.78)$$

对式 (4.38) 应用式 (8.3.76)~(8.3.78), 经整理可得

$$|\partial_t\xi_\alpha^n|_0^2\Delta t + \frac{1}{2}\sum_{s=x,y,z}\{\langle\hat{D}(c^{n+1})\delta_s\xi_\alpha^{n+1}), \delta_s\xi_\alpha^{n+1}\rangle - \langle\hat{D}(c^{n+1})\delta_s\xi_\alpha^n), \delta_s\xi_\alpha^n\rangle\}$$

$$\leqslant K\{|\xi_\alpha^n|_0^2 + |\nabla_h\xi_\alpha^{n+1}|_0^2 + |\nabla_h\xi_\alpha^n|_0^2 + h_p^4 + h_s^4 + h_c^4 + (\Delta t)^2\}\Delta t$$

$$+ \varepsilon|\partial_t\xi_\alpha^n|_0^2\Delta t, \quad \alpha = 1, 2, \cdots, n_c. \qquad (8.3.79)$$

对组分浓度误差方程组 (8.3.79), 先对 α 求和 $1 \leqslant \alpha \leqslant n_c$, 再对 t 求和 $0 \leqslant n \leqslant L$, 注意到 $\xi_\alpha^0 = 0, \alpha = 1, 2, \cdots, n_c$, 可得

$$\sum_{n=0}^{L} \sum_{\alpha=1}^{n_c} |\partial_t \xi_\alpha^n|_0^2 \Delta t + \frac{1}{2} \sum_{\alpha=1}^{n_c} \sum_{s=x,y,z} \langle \hat{D}(c^{n+1}) \delta_s \xi_\alpha^{L+1}, \delta_s \xi_\alpha^{L+1} \rangle$$

$$\leqslant K \left\{ \sum_{n=0}^{L} \sum_{\alpha=1}^{n_c} [|\xi_\alpha^n|_0^2 + |\nabla_h \xi_\alpha^{n+1}|_0^2] + h_p^4 + h_s^4 + h_c^4 + (\Delta t)^2 \right\} \Delta t. \qquad (8.3.80)$$

这里注意到 $\xi_\alpha^0 = 0$ 和关系式 $|\xi_\alpha^{L+1}|_0^2 \leqslant \varepsilon \sum_{n=0}^{L} |\partial_t \xi_\alpha^n|_0^2 \Delta t + K \sum_{n=0}^{L} |\xi_\alpha^n|$. 并考虑 $l^2(\Omega)$ 连续模和 l^2 离散模之间的关系 [22,66], 并应用 Gronwall 引理可得

$$\sum_{n=0}^{L} \sum_{\alpha=1}^{n_c} |\partial_t \xi_\alpha^n|_0^2 \Delta t + \sum_{\alpha=1}^{n_c} \left[|\xi_\alpha^n|_0^2 + |\nabla_h \xi_\alpha^{n+1}|_0^2 \right] \leqslant K \{ h_p^4 + h_s^4 + h_c^4 + (\Delta t)^2 \}. \qquad (8.3.81)$$

由估计式 (8.3.69), (8.3.81) 和引理 8.3.5, 可以建立下述定理.

定理 8.3.3　对问题 (8.3.8)~(8.3.13) 假定其精确解满足正则性条件 (R), 且其系数满足正定性条件 (C). 采用混合体积元–特征混合体积元方法 (8.3.23), (8.3.24) 逐层求解.　在此基础上, 对问题 (8.3.10) 采用特征分数步差分格式 (8.3.27a)~(8.3.27c) 求解. 若剖分参数满足限制性条件 (8.3.60), 则下述误差估计式成立:

$$\|p - P\|_{\bar{L}^\infty(J;m)} + \|\boldsymbol{u} - \boldsymbol{U}\|_{\bar{L}^\infty(J;V)} + \|c - C\|_{\bar{L}^\infty(J;m)} + \|\boldsymbol{g} - \boldsymbol{G}\|_{\bar{L}^2(J;V)}$$

$$+ \sum_{\alpha=1}^{n_c} \left\{ \|s_\alpha - S_\alpha\|_{\bar{L}^\infty(J;h^1)} + \|\partial_t(s_\alpha - S_\alpha)\|_{\bar{L}^2(J;l^2)} \right\}$$

$$\leqslant M^* \{ h_p^2 + h_s^2 + h_c^2 + \Delta t \}, \qquad (8.3.82)$$

此处 $\|g\|_{\bar{L}^\infty(J;X)} = \sup_{n\Delta t \leqslant T} \|g^n\|_X, \|g\|_{\bar{L}^2(J;X)} = \sup_{L\Delta t \leqslant T} \left\{ \sum_{n=0}^{L} \|g^n\|_X^2 \Delta t \right\}^{1/2}$, 常数 M^* 依赖于函数 $p, c, s_\alpha (\alpha = 1, 2, \cdots, n_c)$ 及其导函数.

8.3.5　修正混合体积元–特征体积元方法和分析

在 8.3.3 小节和 8.3.4 小节, 我们研究了混合体积元–特征体积元方法, 但在很多实际问题中, Darcy 速度关于时间的变化比饱和度的变化慢得多. 因此, 我们对流动方程 (8.3.8) 采用大步长计算, 对饱和度方程 (8.3.9) 采用小步长计算, 这样大大减少实际计算量. 为此对时间区间 J 进行剖分: $0 = t_0 < t_1 < \cdots < t_L = T$, 记 $\Delta t_p^m = t_m - t_{m-1}$, 除 Δt_p^1 外, 我们假定其余的步长为均匀的, 即 $\Delta t_p^m = \Delta t_p, m \geqslant 2$. 设 $\Delta t_c = t^n - t^{n-1}$, 为对应于饱和度方程的均匀小步长. 设对每一个正常数 m, 都存在一个正整数 n 使得 $t_m = t^n$, 即每一个压力时间节点也是一个饱和度时间节点,

并记 $j = \Delta t_p/\Delta t_c, j_1 = \Delta t_p^1/\Delta t_c$. 对函数 $\psi_m(X) = \psi(X, t_m)$, 对饱和度时间步 t^{n+1}, 若 $t_{m-1} < t^{n+1} \leqslant t_m$, 则在 (8.3.24) 中, 用 Darcy 速度 $\boldsymbol{u}^{n+1}$ 的下述逼近形式, 如果 $m \geqslant 2$, 定义 $\boldsymbol{U}_{m-1}$ 和 $\boldsymbol{U}_{m-2}$ 的线性外推

$$EU^{n+1} = \left(1 + \frac{t^{n+1} - t_{m-1}}{t_{m-1} - t_{m-2}}\right)\boldsymbol{U}_{m-1} - \frac{t^{n+1} - t_{m-1}}{t_{m-1} - t_{m-2}}\boldsymbol{U}_{m-2}, \tag{8.3.83}$$

如果 $m = 1$, 令 $EU^{n+1} = \boldsymbol{U}_0$.

问题 (8.3.8)~(8.3.13) 的修正混合体积元–特征混合体积元格式: 求 $(\boldsymbol{U}_m, P_m)$: $(t_0, t_1, \cdots, t_L) \to S_h \times V_h$, $(C^n, \boldsymbol{G}^n) : (t^0, t^1, \cdots, t^R) \to S_h \times V_h$, 满足

$$(D_x U_m^x + D_y U_m^y + D_z U_m^z, v)_{\hat{m}} = (q_m, v)_{\hat{m}}, \quad \forall v \in S_h, \tag{8.3.84a}$$

$$\left(a^{-1}(\bar{C}_m^x)U_m^x, w^x\right)_x + \left(a^{-1}(\bar{C}_m^y)U_m^y, w^y\right)_y + \left(a^{-1}(\bar{C}_m^z)U_m^z, w^z\right)_z$$
$$- (P_m, D_x w^x + D_y w^y + D_z w^z)_{\hat{m}} = 0, \quad \forall w \in V_h, \tag{8.3.84b}$$

此处为了避免符号相重, 这里 $\hat{m}$ 即为 8.3.2 小节中的 m.

$$\left(\phi\frac{C^{n+1} - \hat{c}^n}{\Delta t}, v\right)_{\hat{m}} + (D_x G^{x,n+1} + D_y G^{y,n+1} + D_z G^{z,n+1}, v)_{\hat{m}} = (f(\hat{c}^n), v)_{\hat{m}},$$
$$\forall v \in S_h, \tag{8.3.85a}$$

$$\left(D^{-1}(\bar{C}^{x,n})G^{x,n+1}, w^x\right)_x + \left(D^{-1}(\bar{C}^{y,n})G^{y,n+1}, w^y\right)_y + \left(D^{-1}(\bar{C}^{z,n})G^{z,n+1}, w^z\right)_z$$
$$- (C^{n+1}, D_x w^x + D_y w^y + D_z w^z)_{\hat{m}} = 0, \quad \forall w \in V_h. \tag{8.3.85b}$$

$$C^0 = \tilde{C}^0, \quad G^0 = \tilde{G}^0, \quad X \in \Omega, \tag{8.3.86}$$

此处 $\hat{C}^n = C^n(X - \phi^{-1}b(C^n)EU^{n+1}\Delta t)$.

在此基础上, 组分浓度方程组 (8.3.10) 的特征分数步差分格式求 $\{S_\alpha^{n+1}, \alpha = 1, 2, \cdots, n_c\}$:

$$\phi_{ijk}C_{ijk}^{n+1}\frac{S_{\alpha,ijk}^{n+1/3} - \hat{S}_{\alpha,ijk}^n}{\Delta t} = \delta_{\bar{x}}(\hat{D}(C^{n+1})\delta_x S_\alpha^{n+1/3})_{ijk}$$
$$+ \delta_{\bar{y}}(\hat{D}(C^{n+1})\delta_y S_\alpha^n)_{ijk} + \delta_{\bar{z}}(\hat{D}(C^{n+1})\delta_z S_\alpha^n)_{ijk}$$
$$+ Q_\alpha(C^{n+1}, S_\alpha)_{ijk} - S_{\alpha,ijk}^n\left(q^{n+1} + \varphi\frac{C^{n+1} - C^n}{\Delta t}\right)_{ijk},$$
$$1 \leqslant i \leqslant M_1, \quad \alpha = 1, 2, \cdots, n_c, \tag{8.3.87a}$$

$$\phi_{ijk}C_{ijk}^{n+1}\frac{S_{\alpha,ijk}^{n+2/3} - S_{\alpha,ijk}^{n+1/3}}{\Delta t} = \delta_{\bar{y}}(\hat{D}(C^{n+1})\delta_y(S_\alpha^{n+2/3} - S_\alpha^n))_{ijk},$$

$$1 \leqslant j \leqslant M_2, \quad \alpha = 1, 2, \cdots, n_c, \tag{8.3.87b}$$

$$\phi_{ijk} C_{ijk}^{n+1} \frac{S_{\alpha,ijk}^{n+1} - S_{\alpha,ijk}^{n+2/3}}{\Delta t} = \delta_{\bar{z}}(\hat{D}(C^{n+1})\delta_z(S_\alpha^{n+1} - S_\alpha^n))_{ijk},$$
$$1 \leqslant j \leqslant M_3, \quad \alpha = 1, 2, \cdots, n_c, \tag{8.3.87c}$$

此处 $\hat{S}_{\alpha,ijk}^n = S_\alpha^n(\hat{X}_{ijk}^n)$, $\hat{X}_{ijk}^n = X_{ijk} - \phi_{ijk}^{-1} C_{ijk}^{n+1,-1} EU_{ijk}^{n+1}\Delta t$, $C_{ijk}^{n+1,-1} = (C_{ijk}^{n+1})^{-1}$.

格式 (8.3.84)~(8.3.86) 的计算程序是

(1) 首先由 (8.3.36) 求出 $\{\tilde{C}^0, \tilde{G}^0\}$ 作为初始逼近 $\{C^0, G^0\}$. 并由 (8.3.84) 求出 $\{U_0, P_0\}$.

(2) 由 (8.3.85) 依次计算出 $\{C^1, G^1\}$, $\{C^2, G^2\}$, $\cdots$, $\{C^{j_1}, G^{j_1}\}$.

(3) 由于 $\{C^{j_1}, G^{j_1}\} = \{C_1, G_1\}$, 然后可由 (8.3.84) 求出 $\{U_1, P_1\}$.

(4) 在此基础上由 (8.3.87) 计算出 $\{S_\alpha^1, S_\alpha^2, \cdots, S_\alpha^{j_1}; \alpha = 1, 2, \cdots, n_c\}$.

(5) 类似地, 计算出 $\{C^{j_1+1}, G^{j_1+1}\}, \cdots, \{C^{j_1+j}, G^{j_1+j}\}, \{U_2, P_2\}, \{S_\alpha^{j_1+1}, S_\alpha^{j_1+2}, \cdots, S_\alpha^{j_1+j}; \alpha = 1, 2, \cdots, n_c\}$.

(6) 由此类推, 可求得全部数值解.

经和定理 8.3.3 类似的分析及繁杂的估算, 可以建立下述定理.

定理 8.3.4　对问题 (8.3.8)~(8.3.13) 假定其精确解满足正则性条件 (R), 且其系数满足正定性条件 (C), 采用修正混合体积元–特征混合元方法 (8.3.84), (8.3.85) 逐层计算求解. 在此基础上, 对问题 (8.3.10) 采用修正特征分数步差分格式 (8.3.87a) ~ (8.3.87c) 求解. 若剖分参数满足限制性条件 (8.3.60), 则下述误差估计式成立:

$$\|p - P\|_{\bar{L}^\infty(J;m)} + \|\boldsymbol{u} - \boldsymbol{U}\|_{\bar{L}^\infty(J;V)} + \|c - C\|_{\bar{L}^\infty(J;m)} + \|\boldsymbol{g} - \boldsymbol{G}\|_{\bar{L}^2(J;V)}$$
$$+ \sum_{\alpha=1}^{n_c} \left\{ \|s_\alpha - S_\alpha\|_{\bar{L}^\infty(J;h^1)} + \|\partial_t(s_\alpha - S_\alpha)\|_{\bar{L}^2(J;l^2)} \right\}$$
$$\leqslant M^{**} \left\{ h_p^2 + h_c^2 + \Delta t_c + (\Delta t_p)^2 + (\Delta t_p^1)^{3/2} \right\}, \tag{8.3.88}$$

此处常数 M^{**} 依赖于函数 $p, c, s_\alpha (\alpha = 1, 2, \cdots, n_c)$ 及其导函数.

定理 8.3.1~ 定理 8.3.4 指明, 本节成果突破了 Arbogast 和 Wheeler 对同类问题仅有 3/2 阶的重要结果 [44].

8.3.6　数值算例

现在, 应用本节提出的混合体积元–特征混合体积元方法解一个椭圆–对流扩散

方程组:

$$
\begin{cases}
-\Delta p = \nabla \cdot \boldsymbol{u} = c + F, & X \in \partial\Omega, 0 \leqslant t \leqslant T, \\[2mm]
\dfrac{\partial c}{\partial t} + \boldsymbol{u} \cdot \nabla c - \varepsilon \Delta c = f, & X \in \Omega, 0 < t \leqslant T, \\[2mm]
c(X,0) = c_0, & X \in \Omega, \\[2mm]
\dfrac{\partial c}{\partial \nu} = 0, & X \in \partial\Omega, 0 < t \leqslant T, \\[2mm]
-\dfrac{\partial p}{\partial \nu} = \boldsymbol{u} \cdot \nu = 0, & X \in \partial\Omega, 0 < t \leqslant T,
\end{cases}
\tag{8.3.89}
$$

此处 p 是流体压力, $\boldsymbol{u}$ 是 Darcy 速度, c 是饱和度函数. $\Omega = (0,1) \times (0,1) \times (0,1)$ 和 ν 是边界面 $\partial\Omega$ 的单位外法向矢量. 选定 F, f 和 c_0 对应的精确解为

$$
\begin{aligned}
p =& \mathrm{e}^{12t} \bigg(x_1^4 (1-x_1)^4 x_2^4 (1-x_2)^4 x_3^4 (1-x_3)^4 \\
& - x_1^2 (1-x_1)^2 x_2^2 (1-x_2)^2 x_3^2 (1-x_3)^2 / 21^3 \bigg), \\
c =& - \mathrm{e}^{12t} \sum_{i=1}^{3} \bigg(12 x_i^2 (1-x_i)^4 - 32 x_i^3 (1-x_i)^3 \\
& + 12 x_i^4 (1-x_i)^2 \bigg) x_{i+1}^4 (1-x_{i+1})^4 x_{i+2}^4 (1-x_{i+2})^4.
\end{aligned}
$$

对 $\varepsilon = 10^{-3}$, 这数值解误差结果在表 8.3.1 指明. 当 h 很小时, 从图 8.3.1 和图 8.3.4 可知, 逼近解 $\{U, P\}$ 对精确解 $\{u, p\}$ 定性的图像有相当好的近似. 从图 8.3.5 和图 8.3.6 可知, 逼近解 $\{G, C\}$ 对精确解 $\{g, c\}$ 定性的图像亦有很好的近似. 当步长 h 较小时, 对 $\{p, u\}$ 的逼近解接近 2 阶精确度.

从表 8.3.1、图 8.3.1～图 8.3.8 以及前面证明的守恒律定理 8.3.1、定理 8.3.2 和收敛性定理 8.3.3、定理 8.3.4, 我们指明此数值方法在处理三维油水二相渗流驱动问题 (8.3.8)~(8.3.13) 将是十分有效的, 高精度的.

表 8.3.1 数值结果

	$h = 1/4$	$h = 1/8$	$h = 1/16$
$\|p - P\|_m$	1.82852e − 4	1.7235e − 4	3.30572e − 5
		0.64	1.85
$\|\|\boldsymbol{u} - \boldsymbol{U}\|\|$	6.95898e − 3	1.86974e − 3	4.74863e − 4
		1.90	1.98
$\|c - C\|_m$	1.3941e − 1	8.76624e − 2	4.46468e − 2
		0.67	0.97
$\|\|\boldsymbol{g} - \boldsymbol{G}\|\|$	1.78590e − 3	8.88468e − 4	4.85070e − 4
		1.01	0.87

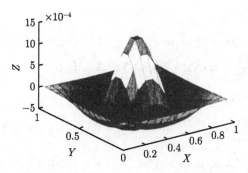

图 8.3.1　p 在 $t = 1, h = 1/16$ 的剖面图

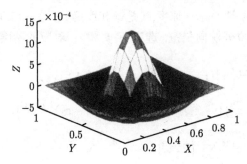

图 8.3.2　P 在 $t = 1, h = 1/16$ 的剖面图

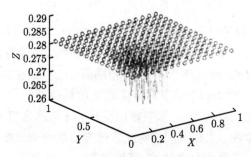

图 8.3.3　u 在 $t = 1, h = 1/16$ 的箭状图

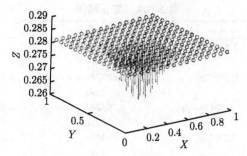

图 8.3.4　U 在 $t = 1, h = 1/16$ 的箭状图

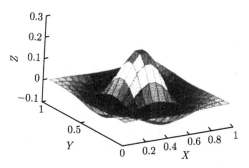

图 8.3.5 c 在 $t=1, h=1/16$ 的剖面图

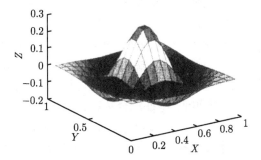

图 8.3.6 C 在 $t=1, h=1/16$ 的剖面图

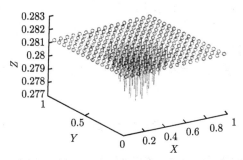

图 8.3.7 $\boldsymbol{g}$ 在 $t=1, h=1/16$ 的箭状图

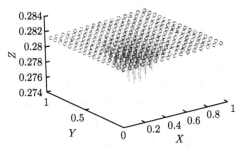

图 8.3.8 $\boldsymbol{G}$ 在 $t=1, h=1/16$ 的箭状图

8.3.7　总结和讨论

本节研究三维多孔介质中考虑毛细管力化学采油耦合问题, 提出一类混合体积元–特征混合体积元方法及其收敛性分析. 8.3.1 小节引言部分, 叙述和分析问题的数学模型, 物理背景以及国内外研究概况. 8.3.2 小节给出网格的剖分记号和引理, 以及三种 (粗、中、细) 网格剖分. 8.3.3 小节提出混合体积元–特征混合体积元程序, 对流动方程采用具有守恒性质的混合体积元离散, 对 Darcy 速度提高了一阶精确度. 对饱和度方程同样采用具有守恒性质的特征混合体积元求解, 对流部分采用特征线法, 扩散部分采用混合体积元离散, 大大提高了数值计算的稳定性和精确度, 且保持单元质量守恒, 这在油藏数值模拟计算中是十分重要的. 对计算工作量最大的组分浓度方程组采用特征分数步差分方法, 将整体三维问题分解成连续计算三个一维问题, 且可用追赶法求解, 大大减少了实际计算工作量. 8.3.4 小节收敛性分析, 应用微分方程先验估计理论和特殊技巧, 得到了二阶 l^2 模误差估计结果. 这点特别重要, 它突破了 Arbogast 和 Wheeler 对同类问题仅能得到 3/2 阶的著名成果. 8.3.5 小节讨论了修正混合体积元–特征混合体积元方法, 指明对很多实际问题, 对流动方程可采用大步长计算, 能进一步缩小计算规模和时间. 8.3.6 小节数值算例, 支撑了理论分析, 并指明本文所提出的方法在实际问题是切实可行和高效的. 本节有如下特征: ①本格式具有物理守恒律特性, 这点在油藏数值模拟是极端重要的, 特别是强化采油数值模拟计算; ②由于组合的应用混合体积元和特征线法, 以及特征分数步差分方法, 它具有高精度和高稳定性的特征, 特别适用于三维复杂区域大型数值模拟的工程实际计算; ③它突破了 Arbogast 和 Wheeler 对同类问题仅能得到 3/2 阶收敛性结果, 推进并解决了这一重要问题 [7,9,18,44]. 详细的讨论和分析可参阅文献 [81].

参 考 文 献

[1] 邓英尔, 刘慈群, 黄润秋, 等. 高等渗流理论与方法. 北京: 科学出版社, 2004.
Deng Y E, Liu C Q, Fei R Q, et al. Theory and Method of Higher Seepage. Beijing: Science Press, 2004.

[2] Douglas Jr J, Gunn J E. Two high-order correct difference analogues for the equation of multidimensional heat flow. Math. Comp., 1963, 17(81): 71-80.

[3] Douglas Jr J. Finite difference methods for two-phase incompressible flow in porous media. SIAM. J. Numer. Anal., 1983, 20(4): 681-696.

[4] Ewing R E. The Mathematics of Reservoir Simulation. Philadelphia: SIAM, 1983.

[5] Marchuk G I. Splitting and alternating direction methods//Ciarlet P G, Lions J L, ed. Handbook of Numerical Analysis. Amsterdam: Narth-Holland., 1990: 197-462.

[6] Peaceman D W. Fundamental of Numerical Reservoir Simulation. Amsterdam: Elsevier,

1980.

[7] 沈平平, 刘明新, 汤磊. 石油勘探开发中的数学问题. 北京: 科学出版社, 2002.

[8] Yanenko N N. The Method of Fractional Steps. Berlin: Springer-Verlag, 1967.

[9] Ewing R E, Yuan Y R, Li G. Finite element for chemical-flooding simulation. Proceeding of the 7th International conference finite element method in flow problems. The University of Alabama in Huntsville, Huntsville, Alabama: uahdress, 1989: 1264-1271.

[10] 山东大学数学研究所. 大庆石油管理局勘探开发研究院. 聚合物驱应用软件研究及应用 ("八五" 国家重点科技攻关项目专题技术总结报告: (85-203-01-08), 1995.

[11] 中国石油天然气总公司科技局. "八五" 国家重点科技项目 (攻关) 计划项目执行情况驱收评价报告 (85-203-01-08), 1995.

[12] 山东大学数学研究所. 大庆油田有限责任公司勘探开发研究院. 聚合物驱数学模型解法改进及油藏描述功能完善 (DQYT-1201002-2006-JS-9565), 2008.

[13] 山东大学数学研究所, 大庆油田有限责任公司勘探开发研究院. 化学驱模拟器碱驱机理模型和水平井模型研制及求解方法研究 (DQYT-1201002-2009-JS-1077), 2011.

[14] 山东大学数学研究所. 中国石化公司胜利油田分公司. 高温高盐化学驱油藏模拟关键技术研究. 第 4 章数值解法 (2008ZX05011-004), 2011: 83-106.

[15] 袁益让. 强化采油驱动问题的特征混合元及最佳阶 L^2 误差估计. 科学通报, 1993, 38(12): 1066-1070.
Yuan Y R. The characteristic-mixed finite element method for enhanced oil recovery simulation and optimal order L^2 error estimate. Chinese Science Bulletin, 1993, 38(21): 1761-1766.

[16] 袁益让. 强化采油数值模拟的特征差分方法和 L^2 估计. 中国科学 (A 辑), 1993, 23(8): 801-810.
Yuan Y R. The characteristic finite difference method for enhanced oil recovery simulation and L^2 estimates. Science in China (Series A), 1993, 23(11): 1296-1307.

[17] 袁益让. 注化学溶液油藏模拟的特征混合元方法和分析. 应用数学学报, 1994, 17(1): 118-131.

[18] 袁益让, 羊丹平, 戚连庆, 等. 聚合物驱应用软件算法研究//冈秦麟. 化学驱油论文集. 北京: 石油工业出版社, 1998: 246-253.

[19] Yuan Y R. The characteristic finite difference fractional steps methods for compressible two-phase displacement problem. Science in China (Ser. A), 1999, 42(1): 48-57.

[20] Yuan Y R. Finite element method and analysis for chemical-flow simulation. Systems Science and Mathematical Sciences, 2000, 13(3): 302-308.

[21] 袁益让. 能源数值模拟的理论和应用, 第 3 章化学驱油 (三次采油) 的数值模拟基础. 北京: 科学出版社, 2013: 257–304.

[22] 袁益让. 能源数值模拟方法的理论和应用. 北京: 科学出版社, 2013.

[23] Yuan Y R, Cheng A J, Yang D P, et al. Theory and application of second order numerical simulation method of enhanced oil production. 山东大学数学研究所科研报告, 2013.

[24] 袁益让, 程爱杰, 羊丹平, 等. 三维强化采油渗流耦合系统隐式迎风分数步差分方法的收敛性分析. 中国科学 (数学), 2014, 44(10): 1035-1058.

[25] Yuan Y R, Cheng A J, Yang D P, et al. Theory and application of numerical simulation method of capillary force enhanced oil production. Applied Mathematics and Mechanics. English Edition, 2014, 35(10): 1311-1330.

[26] Yuan Y R, Cheng A J, Yang D P, et al. Theory and application of numerical simulation method of capillary force enhanced oil production. Applied Mathematics and Mechanics-English Edition, 2015, 36(3): 379-406.

[27] Yuan Y R, Cheng A J, Yang D P, et al. Applications, theoretical analysis, numerical method and mechanical model of the polymer flooding in porous media. Special Topics & Reviews in Porous Media: An International Journal, 2015, 6(4): 383-401.

[28] 袁益让, 程爱杰, 羊丹平, 等. 三相 (油、气、水) 化学采油数位模拟方法、理论和应用. 山东大学数学研究所科研报告, 2016.
    Yuan Y R, Cheng A J, Yang D P, et al. Nurnericul Simulidion method,theory and application of three-phase (oil,gas,water)Chemical-agent oil rewrery in porous media. Special Topics & Reviews in Porous Media-An internation Journal, 2016, 7(3): 245-272.

[29] Bird R B, Lightfoot W E, Stewart E N. Transport Phenomenon. New York: John Wiley and Sons, 1960.

[30] Russell T F. Time stepping along characteristics with incomplete interaction for a Galerkin approximation of miscible displacement in porous media. SLAM. J. Numer. Anal., 1985, 22(5): 970-1013.

[31] Ewing R E, Russell T F, Wheeler M F. Convergence analysis of an approximation of miscible displacement in porous media by mixed finite elements and a modified method of characteristics. Comput. Methods Appl. Mech. Engrg., 1984, 47(1-2): 73-92.

[32] Douglas Jr J, Yuan Y R. Numerical simulation of immiscible flow in porous media based on combining the method of characteristics with mixed finite element procedure. Numerical Simulation in Oil Rewvery. New York: Springer-Berlag, 1988, 119-132.

[33] Yuan Y R. Characteristic finite difference methods for positive semidefinite problem of two phase miscible flow in porous media. Journal Systems Sci. Math. Sci., 1999, 12(4): 299-306.

[34] 袁益让. 三维油水驱动半定问题特征有限元格式及分析. 科学通报, 1996, 41(22): 2027-2032.

[35] Todd M R, O'Dell P M, Hirasaki G J. Methods for increased accuracy in numerical reservoir simulators. Soc. Petrol. Engry. J., 1972, 12(6): 521-530.

[36] Bell J B, Dawson C N, Shubin G R. An unsplit higher order Godunov method for scalar conservation laws in multiple dimensions. J. Comput. Phys., 1988, 74(1): 1-24.

[37] Johnson C. Streamline diffusion methods for problems in fluid mechanics, Finite Element in Fluids VI. New York: Wiley, 1986.

[38] Yang D P. Analysis of least-squares mixed finite element methods for nonlinear nonstationary convection-diffusion problems. Math. Comp., 1999, 69(231): 929-963.

[39] Dawson C N, Russell T F, Wheeler M F. Some improved error estimates for the modified method of characteristics. SIAM. J. Numer. Anal., 1989, 26(6): 1487-1512.

[40] Celia M A, Russell T F, Herrera I, et al. An Eulerian-Lagrangian localized adjoint method for the advection-diffusion equation. Adv. Water Resour., 1990, 13(4): 187-206.

[41] Raviart P A, Thomas J M. A mixed finite element method for second order elliptic problems//Mathematical Aspects of the Finite Element Method. Lecture Notes in Mathematics, 606, Berlin: Springer-Verlag, 1977.

[42] Douglas Jr J, Ewing R E, Wheeler M F, Approximation of the pressure by a mixed method in the simulation of miscible displacement. RAIRO Anal. Numer., 1983, 17(1): 17-33.

[43] Douglas Jr J, Ewing R E, Wheeler M F. A time-discretization procedure for a mixed finite element approximation of miscible displacement in porous media. RAIRO Anal. Numer., 1983, 17(3): 249-265.

[44] Arbogast T, Wheeler M F. A characteristics-mixed finite element method for advection-dominated transport problems. SIAM. J. Numer. Anal., 1995, 32(2): 404-424.

[45] Douglas Jr J, Roberts J E. Numerical methods for a model for compressible miscible displacement in porous media. Math. Comp., 1983, 41(164): 441-459.

[46] Yuan Y R. The characteristic finite element alternating direction method with moving meshes for nonlinear convection-dominated diffusion problems. Numer. Methods of Partial Differential Eq., 2006, 22(3): 661-679.

[47] Yuan Y R. The modified method of characteristics with finite element operator-splitting procedures for compressible multicomponent displacement problem. J. Systerms Science and Complexity, 2003, 16(1): 30-45.

[48] Yuan Y R. The upwind finite difference fractional steps methods for two-phase compressible flow in porous media. Numer Methods Partial Differential Eq., 2003, 19(1): 67-88.

[49] Sun T J, Yuan Y R. An approximation of incompressible miscible displacement in porous media by mixed finite element method and characteristics-mixed finite element method. J. Comput. Appl. Math., 2009, 228(1): 391-411.

[50] Sun T J, Yuan Y R. Mixed finite element method and characteristics-mixed finite element method for a slightly compressible miscible displacement problem in porous media. Mathematics and Computers in Simulation, 2015, 107: 24-45.

[51] Cai, Z. On the finite volume element method. Numer. Math., 1990, 58(1): 713-735.

[52] 李荣华, 陈仲英. 微分方程广义差分方法. 长春: 吉林大学出版社, 1994.

[53]　Russell T F. Rigorous block-centered discritization on inregular grids: Improved simulation of complex reservoir systems. Project Report, Research Comporation, Tulsa, 1995.

[54]　Weiser A, Wheeler M F. On convergence of block-centered finite differences for elliptic problems. SIAM. J. Numer. Anal., 1988, 25(2): 351-375.

[55]　Jones J E. A mixed volume method for accurate computation of fluid velocities in porous media. Ph. D. Thesis. University of Clorado, Denver, Co., 1995.

[56]　Cai Z, Jones J E, Mccormilk S F, et al. Control-volume mixed finite element methods. Comput. Geosci., 1997, 1(3-4): 289-315.

[57]　Chou S H, Kawk D Y. Mixed covolume methods on rectangular grids for elliptic problems. SIAM. J. Numer. Anal., 2000, 37(3): 758-771.

[58]　Chou S H, Kawk D Y, Vassileviki P. Mixed covolume methods for elliptic problems on trianglar grids. SIAM. J. Numer. Anal., 1998, 35(5): 1850-1861.

[59]　Chou S H, Vassileviki P. A general mixed covolume framework for constructing conservative schemes for elliptic problems. Math. Comp., 1999, 68(227): 991-1011.

[60]　Rui H X, Pan H. A block-centered finite difference method for the Darcy-Forchheimer Model. SIAM. J. Numer. Anal., 2012, 50(5): 2612-2631.

[61]　Pan H, Rui H X. Mixed element method for two-dimensional Darcy-Forchheimer model. J. of Scientific Computing, 2012, 52(3): 563-587.

[62]　Yuan Y R, Cheng A J, Yang D P, et al. Theory and application of fractional step characteristic finite difference method in numerical simulation of second order enhanced oil production. Acta Mathematica Scientia, 2015, 35(6): 1547-1565.

[63]　袁益让. 高维数学物理问题的分数步方法. 北京: 科学出版社, 2015.

[64]　Ewing R E, Wheeler M F. Galerkin methods for miscible displacement problems with point sources and sinks-unit mobility ratio case. Proc. Special Year in Numerical Anal., Lecture Notes #20, Univ. Maryland, College Park, 1981: 151-174.

[65]　Nitsche J. Linear spline-funktionen and die methoden von Ritz for elliptische Randwertprobleme. Arch. for Rational Mech. and Anal., 1970, 36: 348-355.

[66]　Douglas Jr J. Simulation of miscible displacement in porous media by a modified method of characteristic procedure. In Numerical Analysis, Dundee, 1981. Lecture Notes in Mathematics, 912, Berlin: Springer-Verlag, 1982.

[67]　袁益让, 程爱杰, 羊丹平, 等. 三维化学采油渗耦合系统的混合体积元–特征混合体积元方法的收敛性分析. 山东大学数学研究所科研报告, 2016.
　　　 Yuan Y R, Cheng A J, Yang D P, et al. Convergence analysis of mixed volume element-characteristic mixed volume element for three-dimensional Chemical oil-recovery seepage coupled problems. Acta Mathematica Scientia, 2018 13(2): 519-545.

[68]　Douglas Jr J , Russell T F. Namerical metlcod for convection-diminated diffusion problems based on combining the method of characteristics with finite element or finite

difference procedures. SIAM. J.Namer.Anal., 1982, 19(5): 871-885.

[69] 袁益让. 多孔介质中可压缩可混溶驱动问题的特征–有限元方法. 计算数学, 1992, 14(4): 385-400.

[70] 袁益让. 在多孔介质中完全可压缩、可混溶驱动问题的特征差分方法. 计算数学, 1993, 15(1): 16-28.

[71] 袁益让. 油藏数值模拟中动边值问题的特征差分方法. 中国科学 (A 辑), 1994, 24(10): 1029-1036.

[72] 袁益让. 三维动边值问题的特征混合元方法和分析. 中国科学 (A 辑), 1996, 26(1): 11-22.

[73] 袁益让. 三维热传导型半导体问题的差分方法和分析. 中国科学 (A 辑), 1996, 26(11): 973-983.

[74] Axelsson O, Gustafasson I. A modified upwind scheme for convective transport equations and the use of a conjugate gradient method for the solution of non-symmetric systems of equations. J.Inst. Maths. Applics., 1977, 23(3): 321-337.

[75] Ewing R E, Lazarov R D, Vassilev L A T. Finite difference scheme for parabolic problems on composite grids with refinement in time and space. SIAM. J.Numer. Anal., 1994, 31(6): 1605-1622.

[76] Lazarov R D, Mishev I D, Vassilevski P S. Finite volume method for convection-diffusion problems. SIAM. J. Numer. Anal., 1996, 33(1): 31-55.

[77] Douglas Jr J, Gunn J E. Two high-order correct difference analogues for the equation of multidimensional heat flow. Math. Comp., 1963, 17(81): 71-80.

[78] Douglas Jr J, Gunn J E. A general formulation of alternating direction methods, part 1. parabolic and hyperbolic problems, Numer. Math., 1964, 6(1): 428-453.

[79] 姜礼尚, 庞之垣. 有限元方法及其理论基础. 北京: 人民教育出版社, 1979.

[80] Adams R A. Sobolev Spaces. New York: Academic Press, 1975.

[81] 袁益让, 程爱杰, 羊丹平, 等. 考虑毛细管力加强化采油渗流耦合问题的混合体积元–特征混合元方法. 山东大学数学研究所科研报告, 2016.
Yuan Y R, Cheng A J, Yang D P, et al. Mixed volame element-characteristic mixed finite element method of chemical oil recovery seepage displacement with capiliary force. 山东大学数学研究所科研报告, 2016.

第9章 冻土问题数值模拟的理论、方法和应用

冻土覆盖了全球陆地面积的 35%. 在我国特别是西部和东北部地区, 表层土壤每年都要历经冻结融化这一转换过程. 土壤冻结和融化深度受气候条件的影响. 全球气候变暖将引起冻土面积和土壤冻结/融化深度锋面的变化. 此外土壤冻结/融化深度的改变对陆地与大气之间能量交换、地表径流、作物生长和碳循环等过程均有重要的影响. 冻土问题数值模拟计算和分析, 对我国开展的与冻土有关的各类大型工程建设、农业生产、气候变化等领域, 均有重要的理论和实用价值.

本章共两节. 9.1 节介绍冻土问题数值模拟的理论和应用. 9.2 节介绍土壤冻结/融化的陆面模式在中国区域的模拟.

9.1 冻土问题数值模拟的理论和应用

土壤的冻结和融化过程是冻土内部的重要物理过程, 其冻结和融化深度的长期变化可以作为气候变化的重要指示器. 本节将土壤冻结和融化问题归结为考虑水热耦合的双运动边界问题, 给出了考虑土壤冻结和融化深度变化对水热过程影响的冻土水热耦合模型的数值模拟. 利用 "全球能水平衡实验–青藏高原亚洲季风实验" (GAME-Tibet) 在 D66 站点的观测资料进行了单点数值模拟. 通过对实测值与模拟结果的对比分析, 发现该模型能较好地模拟该地区的土壤温度和含水量以及土壤的冻结/融化深度. 本节最后对模型问题利用坐标变换方法分析了模型算法的收敛性, 得到算法关于 L^∞ 模的最优误差估计, 使得数值模拟系统建立在严谨的数学和力学基础之上, 成功地解决了环境科学这一重要且困难的问题.

9.1.1 物理背景

冻土是指具有负温或 0℃ 温度并含有冰的土壤和岩石, 通常按处于冻结状态的持续时间划分为短期冻土、季节冻土和多年冻土 [1]. 我国冻土的分布十分广泛, 多年冻土几乎占国土面积的五分之一, 约有 54% 的面积位于季节性冻土分布区 [2]. 冻土常存在于地下一定深度, 其上部接近地表处, 往往受季节温度的影响, 冬冻夏融, 这部分称为季节冻融层 (活动层). 在土体冻结融化的过程中, 包含水分的迁移及水的相变 (冰晶的形成), 热量的传输. 这二者的变化并不是独立的, 而是相互制约相互影响的, 是耦合变化的过程 [3]. 在冻融过程中, 土壤的水、热状况发生了剧烈变化, 伴随着土壤中冻结和融化深度的变化, 引起土壤与大气之间的水、热交换.

冻结 (融化) 深度是综合反映季节性冻融期土壤水热状况的一个物理指标, 对非饱和冻融土壤的特性有很大影响.

对于冻结过程中的温度场和水分场耦合分析问题, 早在 20 世纪 70 年代 Harlan 就提出水热耦合的概念并给出了耦合数学计算模型 [4], 其研究成果至今仍被大量学者引用, 并加以更近一步的研究 [5-13]. 土壤的冻结/融化深度按照 Muller(1947 年) 的定义一般是指 0°C 等温线的位置. 冻结/融化深度的估计有多种方法, 总体来说可以分为直接法、Stefan 近似解和模型模拟三类方法 [14]. Li 和 Koike [15] 在 SiB2 模式之中利用近地表土壤温度和 Stefan 公式 [16,17] 计算冻结/融化深度, 而 Woo 等 [18] 发展了一个利用近地表和深层土壤温度作为强迫的两向 Stefan 算法. 这种方法没有考虑土层本身的热容量以及来自下伏面土层的地中热流, 得出的结果一般比实测值偏大. 同时由于没有考虑到它对气候系统的反馈, 所以模式模拟的冻融过程提前或延迟.

本节将土壤冻结和融化问题归结为考虑水热耦合的双运动边界问题, 通过数值模拟计算冻结区与未冻结区之间的运动界面来显式追踪活动层的动态变化, 从而可以同时求解土壤温度、湿度和冻结/融化深度. 考虑均质各向同性的垂直土柱的一维冻融问题. 令 $(0, L)$ 表示一个一维垂直土柱, 其中 $z = 0$ 为地表, $z = L$ 为土柱的底部. 土壤冻融过程中相变界面将土柱分成冻结和未冻结区域, 并且在建立模型时假设相变只发生在相变界面上. 从而, 整个数值模拟计算中土柱可以分为三部分: ①从地面到第一个相变界面 (融化深度) 的融化层; ②从融化深度到第二个相变界面 (冻结深度) 之间的冻结层; ③从冻结深度到土柱计算深度的底部的未冻结层 (示意图见图 9.1.1).

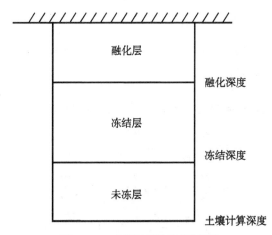

图 9.1.1　土壤冻融剖面示意图

基于质量和能量守恒方程以及相变界面上的温度连续性, 土壤冻融过程中水热

耦合可以由以下方程描述:

$$\frac{\partial(c_u T)}{\partial t} = \frac{\partial}{\partial z}\left(\lambda_u \frac{\partial T}{\partial z}\right), \quad 0 < z < \xi, \quad \varsigma < z < L, \tag{9.1.1}$$

$$\frac{\partial(c_f T)}{\partial t} = \frac{\partial}{\partial z}\left(\lambda_f \frac{\partial T}{\partial z}\right), \quad \xi < z < \varsigma, \tag{9.1.2}$$

$$\frac{\partial \theta}{\partial t} = \frac{\partial}{\partial t}\left(D\frac{\partial \theta}{\partial z}\right) - \frac{\partial K}{\partial z} + \frac{\partial q_v}{\partial z} + S, \quad 0 < z < \xi, \quad \varsigma < z < L, \tag{9.1.3}$$

式中, T 为土壤温度 (℃); t, z 分别为时间 (s), 空间 (m) 坐标 (向下为正); ξ, ς 分别为融化深度和冻结深度; c_f, c_u 分别为冻结和未冻结的土壤热容 (kJ·m^{-3}·C^{-1}), $c_f = (1-\theta_s)c_s + \theta_i c_i$, $c_u = (1-\theta_s)c_s + \theta c_l$, 其中 c_s, c_i 和 c_l 分别是干土、冰和液态水的热容, θ_s 是饱和含水率; λ_f, λ_u 分别为冻结和未冻结的土壤热传导率 (W·m^{-1}·C^{-1}), $\lambda_f = \lambda_s^{(1-\theta_s)}\lambda_i^{\theta_i}$, $\lambda_u = \lambda_s^{(1-\theta_s)}\lambda_l^{\theta_i}$, 其中 λ_s, λ_i 和 λ_l 分别是干土、冰和液态水的热传导率; θ 为体积含水率; $D = -\frac{bK_s\Psi_s}{\theta_s}\left(\frac{\theta}{\theta_s}\right)^{b+2}$ 为非饱和土壤水力扩散率 (m^2·s^{-1}), 其中 b 指数, K_s 为饱和土壤水力传导率 (m·s^{-1}), Ψ_s 为饱和水势; $K = K_s\left(\frac{\theta}{\theta_s}\right)^{2b+3}$ 为非饱和土壤水力传导率 (m·s^{-1}); q_v 为土壤水气通量 (kg·m^{-2}·s^{-1} 或 mm·s^{-1}); S 为由根系吸收引起的源汇项 [3].

土壤含水量及温度的初边值条件

$$T(0,t) = f_1(t), \quad \left.\frac{\partial T}{\partial z}\right|_{z=L} = G_g, \quad t > 0, \tag{9.1.4}$$

$$\theta(0,t) = f_2(t), \quad \theta(L,t) = \theta_r, \quad t > 0, \tag{9.1.5}$$

$$T(z,0) = g_1(z), \quad \theta(z,0) = g_2(z), \quad 0 < z < L, \tag{9.1.6}$$

方程 (9.1.1)~(9.1.3) 的联系方程为

$$T|_{z=\xi^+} = T|_{z=\xi^-} = T_f, \quad T|_{z=\varsigma^+} = T|_{z=\varsigma^-} = T_f, \tag{9.1.7}$$

$$\lambda_f \left.\frac{\partial T}{\partial z}\right|_{z=\xi} - \lambda_u \left.\frac{\partial T}{\partial z}\right|_{z=\xi} = Q\frac{d\xi}{dt}, \tag{9.1.8}$$

$$\lambda_f \left.\frac{\partial T}{\partial z}\right|_{z=\varsigma} - \lambda_u \left.\frac{\partial T}{\partial z}\right|_{z=\varsigma} = Q\frac{d\varsigma}{dt}, \tag{9.1.9}$$

$$q_l(\xi,t) = \frac{d\xi}{dt}, \quad q_l(\varsigma,t) = \frac{d\varsigma}{dt}. \tag{9.1.10}$$

方程 (9.1.7) 描述了土壤温度的连续性, 式中 T_f 是冻结温度 (℃); 方程 (9.1.8) 和 (9.1.9) 分别描述了在两个相变界面上的能量平衡, 式中 $Q = L_f \gamma_d(W - W_u)$ 是

相变热 (kJ·m^{-3}), 其中 L_f 是水的结晶或融化潜热 (334.5kJ·kg^{-1}), γ_d 是土的干容重 (kg·m^{-3}), W 是土的总含水量 (%), W_u 是冻土中未冻水含量 (%); 方程 (9.1.10) 分别描述了在两个相变界面上的质量平衡.

对运动边界问题 (又称 Stefan 问题) 的理论研究可以参看 Clapp 等[19] 的文章. Crank[20] 把解运动边界问题的数值方法分为三类: 边界跟踪法、边界固定法和区域固定法. 近年来, 针对 Stefan 问题的数值模拟技术得到较快的发展, 出现了包括各种坐标变换后的有限差分法、有限元法、有限容积法、积分方程法及边界元双倒易解法[21-28]. 一些有限元法[29,30] 经过不断的改进已经可以解决多种初始和边界条件[31-33] 的 Stefan 问题. Segal 等[34] 提出了一种随时间变换的自适应网格方法, 吴兆春[35,36] 针对半无限空间给出了界面追踪求解方法. Tarzia[37] 对 Stefan 问题的大量文献进行了整理总结. 但大多数的数值方法和理论分析多集中于半无限空间的单相或双相 Stefan 问题, 而对于固定区域内多相问题的关注较少.

本节采用这种差分算法, 利用 "全球能水平衡实验-青藏高原亚洲季风实验" (GAME-Tibet) 在 D66 站点的观测数据, 对建立的模型进行了单点数值模拟. 通过对实测值与模拟结果的对比分析, 发现该模型能较成功地模拟了该地区的土壤温度和含水量以及土壤的冻结/融化深度. 文章最后对模型问题利用坐标变换方法分析了模型问题的收敛性, 得到算法的 L^∞ 模误差估计, 使得数值模拟系统建立在严谨的数学和力学基础上, 成功地解决了环境科学中这一重要且困难的问题.

9.1.2 数值方法

由于土壤冻融过程中水热耦合方程组的高度非线性和冻融运动边界的存在, 采用解析解或者半解析解求解非常困难. 本节采用有限差分法和空间局部变网格法对问题 (9.1.1)~(9.1.10) 进行数值求解. 在计算过程中采用变化的空间步长, 将土壤冻融深度两个界面作为网格节点参与计算, 并在每个时间步长上进行更新. 具体求解过程中, 首先解土壤温度方程 (9.1.1)、(9.1.2)、(9.1.4) 和 (9.1.6), 得到土壤温度分布. 然后通过 (9.1.8)、(9.1.9) 更新土壤冻结和融化深度. 再利用 (9.1.3)、(9.1.5)~(9.1.10) 得到土壤含水量. 最后利用得到的土壤冻融深度更新空间网格节点, 从而下一时刻在新的空间网格节点上进行计算. 详细的数值计算方案将在下面给出.

将 $[0,T]$ 做 N 等分, 记 $\tau = \dfrac{T}{N}$ 为时间步长, $t^n = n\tau, n = 0, 1, \cdots, N, \Omega_\tau = \{t^n | 0 \leqslant n \leqslant N\}$. 将 $[0,L]$ 做不等距剖分: $0 = z_0^n < z_1^n < \cdots < z_{J_n}^n = L, \Omega_h^n = \{z_j^n | 0 \leqslant j \leqslant J_n, 0 \leqslant N\}$, 并且使得 $z = \xi$ 和 $z = \varsigma$ 恰好落在某个网格节点 $j = s$ 和 $j = r$ 上. 需要注意的是, 在每一个时间步长上始终要求 $z = \xi$ 和 $z = \varsigma$ 都位于网格节点集合 Ω_h^n 中, 由于计算得到的冻结和融化深度位置存在与上一时刻 Ω_h^n 中某个网格节点重合的可能性, 因此 J_n 是一个随时间变化的正整数. 以下为书写方便省

略空间网格节点的上标 n. 记 $h_j = z_j - z_{j-1}, j = 1, 2, \cdots, J, h = \max\limits_{1 \leqslant j \leqslant J} h_j$. 图 9.1.2 给出了上述网格示意图.

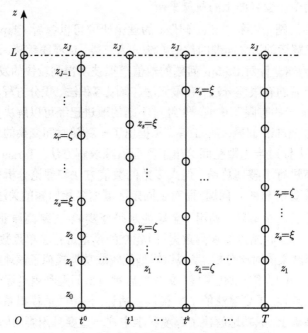

图 9.1.2 空间网格节点随时间变化的示意图

设 $\{y_j^n = y(z_j, t^n) | 0 \leqslant j \leqslant J, 0 \leqslant n \leqslant N\}$ 为 $\Omega_h \times \Omega_\tau$ 上的网格函数, 引进记号:

$$y_{\bar{z},j}^n = \frac{1}{h_j}(y_j^n - y_{j-1}^n), \quad y_{z,j}^n = \frac{1}{h_{j+1}}(y_{j+1}^n - y_j^n),$$

$$y_{\hat{z},j}^n = \frac{1}{h_j + h_{j+1}}(y_{j+1}^n - y_{j-1}^n), \quad y_{t,j}^n = \frac{1}{\tau}(y_j^{n+1} - y_j^n).$$

定义函数及其差商的离散 L_2 模和极大模为

$$\|y\| = \left\{ \sum_{j=1}^J y_j^2 h_j \right\}^{\frac{1}{2}}, \quad \|y_{\bar{x}}\| = \left\{ \sum_{j=1}^J y_{\bar{x},j}^2 h_j \right\}^{\frac{1}{2}},$$

$$\|y\|_c = \max_{(z,t) \in \Omega_h \times \Omega_\tau} |y(z,t)|.$$

对于问题 (9.1.1)~(9.1.10) 建立差分格式:

$$\vartheta_{\bar{t},j}^{n+1} = (D\vartheta_{\bar{z}})_{z,j}^{n+1} + q v_{\hat{z},j}^{n+1} - K_{\hat{z},j}^{n+1} + S_j^{n+1}, \quad j = 1, 2, \cdots, s-1, r+1, \cdots, J-1,$$

$$(9.1.11)$$

$$(c_u \overline{T})_{\bar{t},j}^{n+1} - (\lambda_u \overline{T}_{\bar{z}})_{z,j}^{n+1} = 0, \quad j = 1, 2, \cdots, s-1, r+1, \cdots, J-1 \tag{9.1.12}$$

$$(c_f \overline{T})_{\bar{t},j}^{n+1} - (\lambda_f \overline{T}_{\bar{z}})_{z,j}^{n+1} = 0, \quad j = s+1, \cdots, r-1, \tag{9.1.13}$$

$$Q \xi_{\bar{t}}^{n+1} = (\lambda_f \overline{T})_{z,s}^{n+1} - (\lambda_u \overline{T})_{\bar{z},s}^{n+1}, \tag{9.1.14}$$

$$Q \varsigma_{\bar{t}}^{n+1} = (\lambda_f \overline{T})_{\bar{z},r}^{n+1} - (\lambda_u \overline{T})_{z,r}^{n+1}, \tag{9.1.15}$$

其中 $\vartheta, \overline{T}$ 是 θ, T 的近似函数.

对应的初边值条件离散为

$$\begin{cases} \overline{T}_0^n = f_1^n, & \overline{T}_{\bar{z},J}^n = G_g, & n = 0,1,\cdots,N, \\ \vartheta_0^n = f_2^n, & \vartheta_J^n = \theta_r, & n = 0,1,\cdots,N, \\ \overline{T}_j^0 = g_{1j}, & \vartheta_j^0 = g_{2j}, & j = 1,\cdots,J-1. \end{cases} \tag{9.1.16}$$

由上述差分格式得到可解的三对角线性代数方程组

$$\begin{pmatrix} b_1 & c_1 & & & \\ a_2 & b_2 & c_2 & & \\ \ddots & \ddots & \ddots & & \\ & & a_{m-1} & b_{m-1} & c_{m-1} \\ & & & a_m & b_m \end{pmatrix} \begin{pmatrix} x_1^{n+1} \\ x_2^{n+1} \\ \vdots \\ \vdots \\ x_m^{n+1} \end{pmatrix} = \begin{pmatrix} f_1^n \\ f_2^n \\ \vdots \\ \vdots \\ f_m^n \end{pmatrix}, \tag{9.1.17}$$

其中 $x_i^{n+1}, i = 1,2,\cdots,m$ 为网格节点上的土壤含水量 θ_i 或者土壤温度 T_i 在 t^{n+1} 时刻的计算值 ϑ^{n+1} 或者 $\overline{T}^{n+1}$, $f_i^n = f_i(\vartheta^n, \overline{T}^n, z_i), i = 1,2,\cdots,m$. 必须注意的是, 由于冻融深度 $z = \xi, z = \varsigma$ 始终要求落在网格节点上面, 所以它将是一组随时间变维数的三对角线性代数方程组.

为了实现上述有限差分方法的计算, 我们提出以下算法 (算法流程图见图 9.1.3).

Step1. 输入初始数据: 给定初始时刻的土壤温度和含水量以及初边值条件 $g_1(z), g_2(z), f_1(t), f_2(t)$ 的数值. 令土壤初始冻融深度 $\xi^0 = 0, \varsigma^0 = 0$, 则初始时刻 $s = r = 0$, 设 $n = 0$.

Step2. 计算土壤温度: 对格式 (9.1.2)~(9.1.3) 按 (9.1.7) 计算 $n+1$ 时刻的土壤温度 $\overline{T}_j^{n+1}$.

Step3. 计算冻融深度: 利用 (9.1.4)~(9.1.5) 更新冻结融化深度 $\xi^{n+1}, \varsigma^{n+1}$.

Step4. 计算土壤含水量: 对格式 (9.1.1) 按 (9.1.7) 计算土壤含水量 ϑ_j^{n+1}.

Step5. 更新空间网格节点: 根据计算得到的 $\xi^{n+1}, \varsigma^{n+1}$ 更新空间节点 $\Omega_h = \{z_j | j = 0,1,\cdots,J\}$. 首先将 n 时刻的 ξ^n, ς^n 从 Ω_h 中去掉, 然后把 Step3 中计算得到的 $\xi^{n+1}, \varsigma^{n+1}$ 加入 Ω_h 中, 得到 $n+1$ 时刻的空间网格节点.

Step6. 令 $n = n+1$, 回到 Step2 继续计算直至 $n = N$.

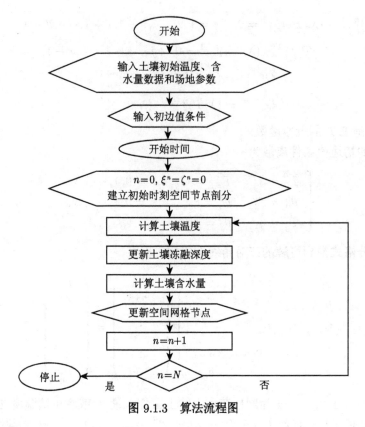

图 9.1.3　算法流程图

9.1.3　数值模拟

9.1.3.1　理想实验

　　理想实验中, 土壤厚度 L 取为 2.5m, 初始均分成 20 层. 假设模拟过程中土壤湿度保持 $0.06(\text{g/cm}^3)$ 不变. 能量方程上边界采用冻土工程热学计算中常用的正弦周期边界温度条件, 即

$$f_1(t) = T_0 + G_t t + A_0 \sin(\omega t),$$

式中, $T_0 = 0℃$ 是年均地表温度 (GST); $G_t = 0.02℃ \cdot a^{-1}$ 是年均地表温度的增长率; $A_0 = 13℃$ 是 GST 的幅度; $\omega = \dfrac{2\pi}{8760}$ 是周期边界温度变化的圆频率; 下边界采用零热通量. 初始土壤温度取为 $g_1(z) = 1 - \dfrac{z}{L}$. 冻结和融化状态下土壤的热传导率分别取为 $1.57\text{W} \cdot (\text{mK})^{-1}$ 和 $1.28\text{W} \cdot (\text{mK})^{-1}$, 热容分别为 $1872\text{J} \cdot (\text{m}^3\text{K})^{-1}$ 和 $2475\text{J} \cdot (\text{m}^3\text{K})^{-1}$ [38], 饱和含水率 $K_s = 1.2 \times 10^{-4}\text{m} \cdot \text{s}^{-1}$, $b = 4.2$[39], $S = 0$. 模拟结果列于图 9.1.4 中.

图 9.1.4 表示土壤地表温度和模拟的冻结和融化深度随时间的变化过程. 从图 9.1.4 可以看出, 就一年时间尺度而言, 随着地表温度的正弦变化, 土壤内部的冻结深度和融化深度也存在着明显的正/余弦变化; 同时就年际尺度而言, 随着地表温度的年周期变化, 冻融深度也存在着明显的年际变化. 地表温度与冻结深度和融化深度的相位差分别 8 天、4 天, 而且随着地表温度逐年升高, 最小冻结深度和最大融化深度也随之加深. 这些说明冻结和融化深度的长期变化是受地表温度年际变化的影响. 由此表明本节建立的模型是可靠的.

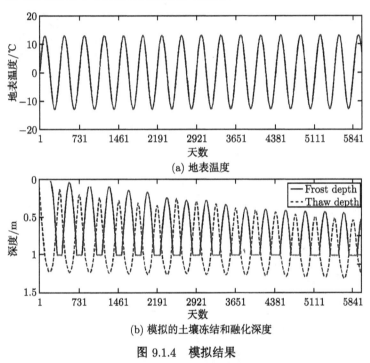

(a) 地表温度

(b) 模拟的土壤冻结和融化深度

图 9.1.4　模拟结果

9.1.3.2　结合观测站点资料的数值试验

本节采用来自中日国际合作项目 "全球能水平衡实验–青藏高原亚洲季风实验" (GAME-Tibet) 在 D66 站点所取得的一个年周期数据. 站点 D66 位于青藏公路沿线, 海拔 4600m, 地表植被以草为主. 模拟过程中采用观测的地表土壤温度和湿度作为上边界条件, 零热通量和残余含水量为下边界条件. 同时将模拟起始时间的观测作为初始值, 模拟时间为 1997 年 8 月 19 日至 1998 年 8 月 31 日. 模拟循环 5 次, 取最后一次的结果进行分析. 试验中所用的参数取如下数值[12]: $L = 2.5$m, $\theta_s = 0.6$, $\psi_s = -200$mm, $K_s = 8.9$, $b = 5.5$.

图 9.1.5 为表示 D66 站点在 1997 年 8 月到 1998 年 8 月期间模拟的土壤内部

冻结深度与融化深度. 模拟差异主要集中在冬季的冻结期. 可以看出, 就地表而言, D66 站点在 10 月份开始冻结, 4 月份开始消融, 地表土壤冻结的持续时间可达 6 个月左右, 并且在 6 月中旬完成一个年周期的冻融过程. 从模拟的冻结深度可以看出, 冻结过程大约需要两个月, 即在 11 月末冻结深度就可达到 200cm 左右, 但在这以后, 冻结速度明显放慢, 冻结深度增长速度不超过 50cm. 经过 4 个月的冻结, 到 2

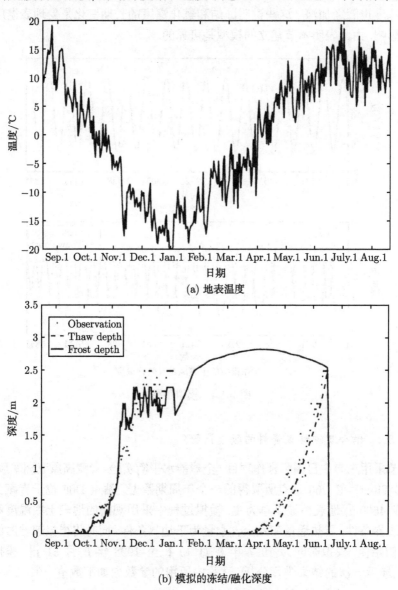

(a) 地表温度

(b) 模拟的冻结/融化深度

图 9.1.5　1997 年 8 月到 1998 年 8 月土壤内部冻结深度与融化深度

月初土壤冻结深度可达到 250cm 左右. 4 月份尽管深层土壤仍在继续冻结, 但浅层土壤已经开始消融并不断向下传递. 模式模拟的结果可以较好地反映了这一过程.

图 9.1.6 为 D66 站点 1997 年 8 月到 1998 年 8 月份别在 4cm, 20cm, 100cm 处模拟与观测的土壤温度随时间的变化. 从图 9.1.6 可以看出, 在一个年周期内, 土壤温度完成了一个周期的循环. 在 1998 年 1 月, 模拟的各层土壤温度已基本降到最低点 (252.3K, 254.55K, 263.28K), 然后开始回暖. 在 2 月份开始, 浅层土壤温度均已开始升高, 到 6 月末土壤温度即已达到一年中的最高值 (290K、288K、281K), 从 7 月份开始土壤温度已开始有降低的趋势. 模拟的 4cm 和 20cm 处土壤温度在

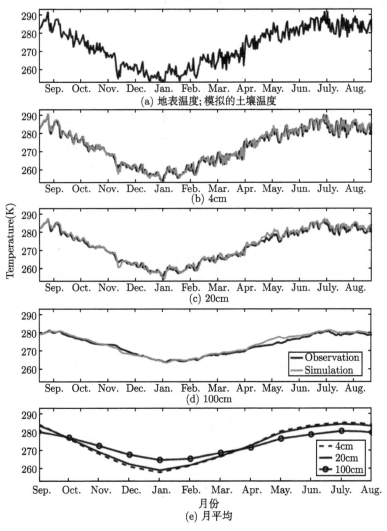

图 9.1.6　1997 年 8 月到 1998 年 8 月土壤的温度随时间的变化

8 月到 12 月的降温过程中, 各月的降温幅度都比较大, 月均降温幅度超过 6K. 从 2 月到 6 月土壤大幅度升温, 平均月升温幅度在 5K 左右. 6 月到 8 月各月土壤温度的月际变化又变得较小. 上述的模拟结果与观测相吻合. 同时从 (e) 图模拟的不同深度月均土壤温度可以看出上层土壤温度存在明显的正弦变化, 与太阳辐射的年际变化一致, 说明上层土壤温度的长期变化主要受太阳辐射年际变化的影响.

图 9.1.7 反映了在站点 D66 处模拟与观测的土壤温度的差异, 可以看出模拟的结果与观测还是比较接近的. 在浅层土壤 (4cm) 中, 除了少数的模拟结果, 大多数时间上两者之差不超过 3℃, 而在 20cm 和 100cm 处模拟与观测的土壤温度之差基本在 ±2℃ 之间. 各层模拟结果的平均误差分别为 $-0.0015, 1.2186\mathrm{e}-004, -0.0015$.

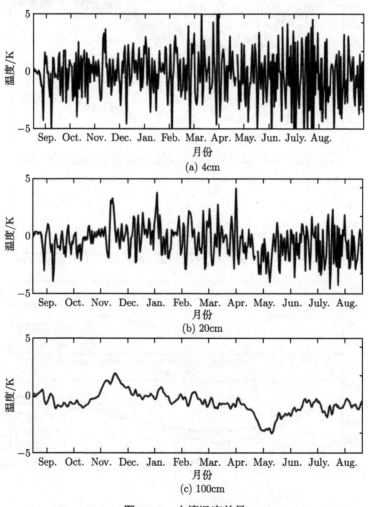

(a) 4cm

(b) 20cm

(c) 100cm

图 9.1.7　土壤温度差异

图 9.1.8 为 D66 站点在 1998 年 5 月到 8 月在 4cm, 20cm 和 100cm 处模拟的土壤含水量. 由于 1998 年 5 月份地表 4cm 处已经开始解冻, 含水量开始增加. 从图 9.1.8 可以看出土壤含水量模拟误差大多在 6~7 月, 且在 4cm 深处土壤含水量变化最为剧烈. 模拟与观测的土壤湿度在 4cm, 20cm, 100cm 处的平均误差分别为 0.0538, 0.0131, 0.0027. 同时从图 (d) 可以看出 4cm 处的土壤温度和含水量在时间变化上存在一定的负相关关系.

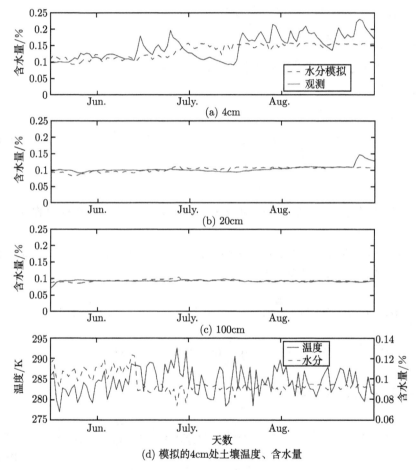

(a) 4cm

(b) 20cm

(c) 100cm

天数

(d) 模拟的4cm处土壤温度、含水量

图 9.1.8 模拟的土壤含水量

9.1.4 模型问题的数值分析

由于实际问题的复杂性, 本节仅对问题 (9.1.1)~(9.1.10) 考虑其模型问题的数值分析. 此时模型问题为 (9.1.1)~(9.1.7), 相应的差分格式为 (9.1.1)~(9.1.3), (9.1.6). 我们假设:

(I) $\xi(t), \zeta(t)$ 为依赖于时间 t 的已知函数, $\xi(t), \zeta(t) \in W^{1,\infty}([0,T])$, 从而 $|\xi'(t)| \leqslant L^*, |\zeta'(t)| \leqslant L^*$. 并假设 $\xi(t) \geqslant \xi_* > 0$, $L - \varsigma(t) \geqslant \varsigma_* > 0$, $\varsigma(t) - \xi(t) \geqslant \xi_{**} > 0$, 此处 $L^*, \xi_*, \xi_{**}, \zeta_*$ 均为正常数;

(II) 假设系数 $\lambda_u, \lambda_f, c_u, c_f, D, K$ 与未知函数 θ, T, 时间 t 无关, 仅依赖于 z;

(III) 系数 λ_u, λ_f 有正的上下界 λ^* 和 λ_*, 即 $0 < \lambda_* \leqslant \lambda_u, \lambda_f \leqslant \lambda^*$;

(IV) 系数 c_u, c_f 有正的上下界 c^* 和 c_*, 即 $0 < c_* \leqslant c_u, c_f \leqslant c^*$;

(V) 系数 D 有正的下界 d_*, 即 $D \geqslant d_* > 0$.

9.1.4.1　坐标变换

为了分析上述差分算法的收敛性, 作如下变换

$$x = \begin{cases} \xi^{-1}(t)z, & 0 < z < \xi(t), \\ \dfrac{z - \xi(t)}{\varsigma(t) - \xi(t)} + 1, & \xi(t) < z < \varsigma(t), \\ \dfrac{z - \varsigma(t)}{L - \varsigma(t)} + 2, & \varsigma(t) < z < L, \end{cases} \tag{9.1.18}$$

从而 $z \in [0, L]$ 转换为区间 $x \in [0, 3]$, $z = \xi$ 和 $z = \varsigma$ 变换为固定的位置 $x = 1$ 和 $x = 2$.

令 $U(x,t) = T(z,t)$, $\overline{\theta}(x,t) = \theta(z,t)$, $\overline{K}(x,t) = K(z,t)$, $\overline{q_v}(x,t) = q_v(z,t)$, 则 $(9.1.1)\sim(9.1.3)$ 可以改写为如下形式:

$$\begin{cases} \xi^2(t)\dfrac{\partial}{\partial t}(c_u U) - \xi'(t)\xi(t)x \cdot \dfrac{\partial}{\partial x}(c_u U) = \dfrac{\partial}{\partial x}\left(\lambda_u \dfrac{\partial U}{\partial x}\right), & 0 < x < 1, \\[3mm] [\varsigma(t) - \xi(t)]^2 \dfrac{\partial}{\partial t}(c_f U) + (\varsigma(t) - \xi(t))\dfrac{\partial}{\partial x}(c_f U)[\varsigma'(t) - x(\varsigma'(t) - \xi'(t))] \\[3mm] = \dfrac{\partial}{\partial x}\left(\lambda_f \dfrac{\partial U}{\partial x}\right), \quad 1 < x < 2, \\[3mm] (L - \varsigma(t))^2 \dfrac{\partial}{\partial t}(c_u U) + (x - 3)(L - \varsigma(t))\varsigma'(t)\dfrac{\partial}{\partial x}(c_u U) = \dfrac{\partial}{\partial x}\left(\lambda_u \dfrac{\partial U}{\partial x}\right), \quad 2 < x < 3, \end{cases} \tag{9.1.19}$$

$$\begin{cases} \xi^2(t)\dfrac{\partial \overline{\theta}}{\partial t} - x\xi'(t)\xi(t) \cdot \dfrac{\partial \overline{\theta}}{\partial x} = \dfrac{\partial}{\partial x}\left(D\dfrac{\partial \overline{\theta}}{\partial x}\right) - \dfrac{\partial \overline{K}}{\partial x}\xi(t) + \dfrac{\partial \overline{q_v}}{\partial x}\xi(t) + S\xi^2(t), & 0 < x < 1 \\[3mm] [L - \varsigma(t)]^2 \dfrac{\partial \overline{\theta}}{\partial t} + (x - 3)(L - \varsigma(t))\varsigma'(t)\dfrac{\partial \overline{\theta}}{\partial x} \\[3mm] = \dfrac{\partial}{\partial x}\left(D\dfrac{\partial \overline{\theta}}{\partial x}\right) + [L - \varsigma(t)]\left(\dfrac{\partial \overline{q_v}}{\partial x} - \dfrac{\partial \overline{K}}{\partial x}\right) + S[L - \varsigma(t)]^2, & 2 < x < 3. \end{cases} \tag{9.1.20}$$

相应地, 问题 (9.1.19)~(9.1.20) 的初边值条件

$$\begin{cases} U(0,t)=f_1(t), & \dfrac{\partial U}{\partial x}\Big|_{x=3}=G_g, & t>0, \\ \bar\theta(0,t)=f_2(t), & \bar\theta(3,t)=\theta_r, & t>0, \\ U(x,0)=g_1(x), & \bar\theta(x,0)=g_2(x), & 0<x<3, \\ U(1,t)=U(2,t)=T_f, & & t>0, \\ q_l(1,t)=q_l(2,t)=0, & & t>0. \end{cases} \tag{9.1.21}$$

取 $\tau=T/N$ 为时间步长, $t^n=n\tau$, 空间节点 $\{x_i,\ i=0,1,2,\cdots,J\}$. $x=1$ 和 $x=2$ 恰好落在节点 x_s 和 x_r 上, 空间步长 $h_i=x_i-x_{i-1}$. 令 $u_j^n=u(x_j,t^n)$ 和 $\phi_j^n=\phi(x_j,t^n)$ 分别近似 $U_j^n=U(x_i,t^n)$ 和 $\bar\theta_j^n=\bar\theta(x_j,t^n)$, $\varsigma^n=\varsigma(t^n)$, $\xi^n=\xi(t^n)$. 则 (9.1.19)~(9.1.21) 离散为 (9.1.22)~(9.1.24):

$$\begin{cases} (\xi^{n+1})^2(c_u u)_{\bar t,j}^{n+1}=x_j^{n+1}\xi^{n+1}\xi_t^{n+1}(c_u u)_{\hat x,j}^{n+1}+(\lambda_u u_{\bar x})_{x,j}^{n+1}, & j=1,2,\cdots,s-1, \\ (\varsigma^{n+1}-\xi^{n+1})^2(c_f u)_{\bar t,j}^{n+1}=(\xi^{n+1}-\varsigma^{n+1})(c_f u)_{\hat x,j}^{n+1}[\varsigma_t^{n+1}-x_j^{n+1}(\varsigma-\xi)_t^{n+1}] \\ \qquad\qquad +(\lambda_f u_{\bar x})_{x,j}^{n+1}, \quad j=s+1,\cdots,r-1, \\ (L-\varsigma^{n+1})^2(c_u u)_{\bar t,j}^{n+1}=(L-\varsigma^{n+1})(3-x_j^{n+1})\varsigma_t^{n+1}(c_u u)_{\hat x,j}^{n+1}+(\lambda_u u_{\bar x})_{x,j}^{n+1}, \\ \qquad\qquad j=r+1,\cdots,J-1, \end{cases} \tag{9.1.22}$$

$$\begin{cases} (\xi^{n+1})^2\phi_{\bar t,j}^{n+1}=x_j^{n+1}\xi^{n+1}\xi_t^{n+1}\phi_{\hat x,j}^{n+1}+(D\phi_{\bar x})_{x,j}^{n+1}+\xi^{n+1}(\overline{q_v}_{\hat x,j}^{n+1}-\overline{K}_{\hat x,j}^{n+1}) \\ \qquad\qquad +S_j^{n+1}(\xi^{n+1})^2, \quad j=1,2,\cdots,s-1, \\ (L-\varsigma^{n+1})^2\phi_{\bar t,j}^{n+1}=(L-\varsigma^{n+1})(3-x_j^{n+1})\varsigma_t^{n+1}\phi_{\hat x,j}^{n+1}+(D\phi_{\bar x})_{x,j}^{n+1} \\ \qquad\qquad +(L-\varsigma^{n+1})(\overline{q_v}_{\hat x,j}^{n+1}-\overline{K}_{\hat x,j}^{n+1})+S_j^{n+1}(L-\varsigma^{n+1})^2, \\ \qquad\qquad j=r+1,\cdots,J-1, \end{cases} \tag{9.1.23}$$

$$\begin{cases} u_0^n=f_1^n, & u_{J,\bar x}^n=G_g, & n=0,1,\cdots,N, \\ \phi_0^n=f_2^n, & \phi_J^n=\theta_r, & n=0,1,\cdots,N, \\ u_j^0=g_{1j}, & \phi_j^0=g_{2j}, & j=1,2,\cdots,J-1, \\ u_s^n=u_r^n=T_f, & & n=0,1,\cdots,N, \\ q_{ls}^n=q_{lr}^n=0, & & n=0,1,\cdots,N. \end{cases} \tag{9.1.24}$$

9.1.4.2 收敛性分析

令 $e=u-U$, 则由 (9.1.22)~(9.1.24) 得如下的误差方程

$$(\xi^{n+1})^2(c_u e)_{\bar t,j}^{n+1}=(\lambda_u e_{\bar x})_{x,j}^{n+1}+x_j^{n+1}(c_u e)_{\hat x,j}^{n+1}\xi^{n+1}\xi_t^{n+1}+\Psi_j^{n+1}, \quad j=1,2,\cdots,s-1, \tag{9.1.25a}$$

$$(\varsigma^{n+1} - \xi^{n+1})^2 (c_f e)^{n+1}_{\bar{t},j} = (\lambda_f e_{\bar{x}})^{n+1}_{x,j} - (\varsigma^{n+1} - \xi^{n+1})(c_f e)^{n+1}_{\hat{x},j}[(1 - x_j^{n+1})\varsigma_t^{n+1}$$
$$+ x_j^{n+1}\xi_t^{n+1}] + \Psi_j^{n+1}, \quad j = s+1, \cdots, r-1,$$

$$(9.1.25b)$$

$$(L - \varsigma^{n+1})^2 (c_u e)^{n+1}_{\bar{t},j} = (\lambda_u e_{\bar{x}})^{n+1}_{x,j} + (3 - x_j^{n+1})(L - \varsigma^{n+1})\varsigma_t^{n+1}(c_u e)^{n+1}_{\hat{x},j} + \Psi_j^{n+1},$$
$$j = r+1, \cdots, J-1,$$

$$(9.1.25c)$$

其中 Ψ_j^n 为截断误差.

由 Taylor 展式, 当 $j = 1, 2, \cdots, s-1, s+1, \cdots, r-1, r+1, \cdots, J-1$ 时有

$$\lambda(x_{j-\frac{1}{2}}) \frac{U(x_j, t^{n+1}) - U(x_{j-1}, t^{n+1})}{h_j} = \left(\lambda \frac{\partial U}{\partial x}\right)^{n+1}_{j-\frac{1}{2}} + \frac{h_j^2}{24} \left(\lambda \frac{\partial^3 U}{\partial x^3}\right)^{n+1}_{j-\frac{1}{2}} + O(h^3)$$
$$= \left(\lambda \frac{\partial U}{\partial x}\right)^{n+1}_{j-\frac{1}{2}} + \frac{h_j^2}{24} \left(\lambda \frac{\partial^3 U}{\partial x^3}\right)^{n+1}_{j} + O(h^3),$$

$$\lambda(x_{j+\frac{1}{2}}) \frac{U(x_{j+1}, t^{n+1}) - U(x_j, t^{n+1})}{h_{j+1}} = \left(\lambda \frac{\partial U}{\partial x}\right)^{n+1}_{j+\frac{1}{2}} + \frac{h_{j+1}^2}{24} \left(\lambda \frac{\partial^3 U}{\partial x^3}\right)^{n+1}_{j+\frac{1}{2}} + O(h^3)$$
$$= \left(\lambda \frac{\partial U}{\partial x}\right)^{n+1}_{j+\frac{1}{2}} + \frac{h_{j+1}^2}{24} \left(\lambda \frac{\partial^3 U}{\partial x^3}\right)^{n+1}_{j} + O(h^3),$$

上述两式相减并除以 $\dfrac{h_j + h_{j+1}}{2}$, 得

$$\frac{2}{h_j + h_{j+1}} \left[\lambda(x_{j+\frac{1}{2}}) \frac{U(x_{j+1}, t^{n+1}) - U(x_j, t^{n+1})}{h_{j+1}} \right.$$
$$\left. - \lambda(x_{j-\frac{1}{2}}) \frac{U(x_j, t^{n+1}) - U(x_{j-1}, t^{n+1})}{h_j} \right]$$
$$= \frac{2}{h_j + h_{j+1}} \left[\left(\lambda \frac{\partial U}{\partial x}\right)^{n+1}_{j+\frac{1}{2}} - \left(\lambda \frac{\partial U}{\partial x}\right)^{n+1}_{j-\frac{1}{2}} \right] + \frac{h_{j+1} - h_j}{12} \left(\lambda \frac{\partial^3 U}{\partial x^3}\right)^{n+1}_{j} + O(h^2)$$
$$= \frac{\partial}{\partial x}\left(\lambda \frac{\partial U}{\partial x}\right)^{n+1}_{j} + \frac{h_{j+1} - h_j}{4} \frac{\partial^2}{\partial x^2}\left(\lambda \frac{\partial U}{\partial x}\right)^{n+1}_{j}$$
$$+ \frac{h_{j+1} - h_j}{12} \left(\lambda \frac{\partial^3 U}{\partial x^3}\right)^{n+1}_{j} + O(h^2),$$

$$\frac{U(x_j, t^{n+1}) - U(x_j, t^n)}{\tau}$$
$$= \frac{U_j^{n+1} - \left[U_j^{n+1} - \left(\dfrac{\partial U}{\partial t}\right)^{n+1}_{j} \tau + \dfrac{1}{2}\left(\dfrac{\partial^2 U}{\partial t^2}\right)^{n+1}_{j} \tau^2 + O(\tau^3)\right]}{\tau}$$

$$= \left(\frac{\partial U}{\partial t}\right)_j^{n+1} - \frac{1}{2}\left(\frac{\partial^2 U}{\partial t^2}\right)_j^{n+1}\tau + O(\tau^2),$$

从而截断误差 $\Psi_j^{n+1} = O(\tau + h), j = 1, 2, \cdots, s-1, s+1, \cdots, r-1, r+1, \cdots, J-1.$ 当空间网格均匀, 即 $h_i = h(i = 1, 2, \cdots, J)$ 时, 截断误差对空间是二阶的.

相应的初边值条件为

$$\begin{cases} e_0^n = 0, \quad e_{J,\overline{x}}^n = 0, \quad e_s^n = e_r^n = 0, \quad n = 0, 1, \cdots, N, \\ e_j^0 = 0, \qquad\qquad\qquad\qquad\quad j = 0, 1, 2, \cdots, J. \end{cases} \tag{9.1.26}$$

(9.1.25a)~(9.1.25c) 两边分别乘以 $e_{\overline{t},j}^{n+1} h_j$, 再对 j 分别从 1 至 $s-1$, $s+1$ 至 $r-1$, $r+1$ 至 $J-1$ 求和, 并将得到的三个和式相加得

$$\sum_{j=1}^{s-1}(\xi^{n+1})^2(c_u e)_{\overline{t},j}^{n+1}e_{\overline{t},j}^{n+1}h_j + \sum_{j=s+1}^{r-1}(\varsigma^{n+1}-\xi^{n+1})^2(c_f e)_{\overline{t},j}^{n+1}e_{\overline{t},j}^{n+1}h_j$$

$$+ \sum_{j=r+1}^{J-1}(L-\varsigma^{n+1})^2(c_u e)_{\overline{t},j}^{n+1}e_{\overline{t},j}^{n+1}h_j$$

$$= \sum_{j=1}^{s-1}(\lambda_u e_{\overline{x}})_{x,j}^{n+1}e_{\overline{t},j}^{n+1}h_j + \sum_{j=s+1}^{r-1}(\lambda_f e_{\overline{x}})_{x,j}^{n+1}e_{\overline{t},j}^{n+1}h_j + \sum_{j=r+1}^{J-1}(\lambda_u e_{\overline{x}})_{x,j}^{n+1}e_{\overline{t},j}^{n+1}h_j$$

$$+ \sum_{j=1}^{s-1}\Psi_j^{n+1}e_{\overline{t},j}^{n+1}h_j + \sum_{j=s+1}^{r-1}\Psi_j^{n+1}e_{\overline{t},j}^{n+1}h_j + \sum_{j=r+1}^{J-1}\Psi_j^{n+1}e_{\overline{t},j}^{n+1}h_j$$

$$+ \sum_{j=1}^{s-1}x_j^{n+1}(c_u e)_{\widehat{x},j}^{n+1}\xi^{n+1}\xi_t^{n+1}e_{\overline{t},j}^{n+1}h_j$$

$$+ \sum_{j=r+1}^{J-1}(3-x_j^{n+1})(L-\varsigma^{n+1})\varsigma_t^{n+1}(c_u e)_{\widehat{x},j}^{n+1}e_{\overline{t},j}^{n+1}h_j$$

$$+ \sum_{j=s+1}^{r-1}(\xi^{n+1}-\varsigma^{n+1})(c_f e)_{\widehat{x},j}^{n+1}[(1-x_j^{n+1})\varsigma_t^{n+1}+x_j^{n+1}\xi_t^{n+1}]e_{\overline{t},j}^{n+1}h_j. \tag{9.1.27}$$

在 (9.1.27) 式右端项中

$$\sum_{j=1}^{s-1}(\lambda_u e_{\overline{x}})_{x,j}^{n+1}e_{\overline{t},j}^{n+1}h_j = -\sum_{j=2}^{s}(\lambda_u e_{\overline{x}})_j^{n+1}e_{\overline{t}\overline{x},j}^{n+1}h_j - e_{\overline{t},1}^{n+1}(\lambda_u e_{\overline{x}})_1^{n+1} + e_{\overline{t},s}^{n+1}(\lambda_u e_{\overline{x}})_s^{n+1}$$

$$= -\sum_{j=1}^{s}(\lambda_u e_{\overline{x}})_j^{n+1}e_{\overline{t}\overline{x},j}^{n+1}h_j + (\lambda_u e_{\overline{x}})_1^{n+1}e_{\overline{t}\overline{x},1}^{n+1}h_1 - e_{\overline{t},1}^{n+1}(\lambda_u e_{\overline{x}})_1^{n+1} + e_{\overline{t},s}^{n+1}(\lambda_u e_{\overline{x}})_s^{n+1}$$

$$
= -\sum_{j=1}^{s} (\lambda_u e_{\overline{x}})_j^{n+1} e_{\overline{t}\overline{x},j}^{n+1} h_j + (\lambda_u e_{\overline{x}})_1^{n+1} \frac{e_{\overline{t},1}^{n+1} - e_{\overline{t},0}^{n+1}}{h_1} h_1
$$

$$
- e_{\overline{t},1}^{n+1} (\lambda_u e_{\overline{x}})_1^{n+1} + \frac{e_s^{n+1} - e_s^{n}}{\tau} (\lambda_u e_{\overline{x}})_s^{n+1}
$$

$$
= -\sum_{j=1}^{s} (\lambda_u e_{\overline{x}})_j^{n+1} e_{\overline{t}\overline{x},j}^{n+1} h_j - (\lambda_u e_{\overline{x}})_1^{n+1} \frac{e_0^{n+1} - e_0^{n}}{\tau} = -\sum_{j=1}^{s} (\lambda_u e_{\overline{x}})_j^{n+1} e_{\overline{t}\overline{x},j}^{n+1} h_j
$$

$$
= \frac{1}{\tau} \sum_{j=1}^{s} \lambda_{u,j} e_{\overline{x},j}^{n+1} (e_{\overline{x},j}^{n} - e_{\overline{x},j}^{n+1}) h_j = -\frac{1}{\tau} \sum_{j=1}^{s} \lambda_{u,j} (e_{\overline{x},j}^{n+1})^2 h_j + \frac{1}{\tau} \sum_{j=1}^{s} \lambda_{u,j} e_{\overline{x},j}^{n+1} e_{\overline{x},j}^{n} h_j
$$

$$
= -\frac{1}{2\tau} \sum_{j=1}^{s} \lambda_{u,j} (e_{\overline{x},j}^{n+1})^2 h_j + \frac{1}{2\tau} \sum_{j=1}^{s} \lambda_{u,j} (e_{\overline{x},j}^{n})^2 h_j - \frac{1}{2\tau} \sum_{j=1}^{s} \lambda_{u,j} (e_{\overline{x},j}^{n+1})^2 h_j
$$

$$
+ \frac{1}{2\tau} \sum_{j=1}^{s} \lambda_{u,j} [2 e_{\overline{x},j}^{n} e_{\overline{x},j}^{n+1} - (e_{\overline{x},j}^{n})^2] h_j
$$

$$
= -\frac{1}{2\tau} \sum_{j=1}^{s} \lambda_{u,j} (e_{\overline{x},j}^{n+1})^2 h_j + \frac{1}{2\tau} \sum_{j=1}^{s} \lambda_{u,j} (e_{\overline{x},j}^{n})^2 h_j - \frac{1}{2\tau} \sum_{j=1}^{s} \lambda_{u,j} (e_{\overline{x},j}^{n+1} - e_{\overline{x},j}^{n})^2 h_j
$$

$$
= -\frac{1}{2\tau} \sum_{j=1}^{s} \lambda_{u,j} (e_{\overline{x},j}^{n+1})^2 h_j + \frac{1}{2\tau} \sum_{j=1}^{s} \lambda_{u,j} (e_{\overline{x},j}^{n})^2 h_j - \frac{\tau}{2} \sum_{j=1}^{s} \lambda_{u,j} (e_{\overline{x}\overline{t},j}^{n+1})^2 h_j, \tag{9.1.28}
$$

$$
\sum_{j=s+1}^{r-1} (\lambda_f e_{\overline{x}})_{x,j}^{n+1} e_{\overline{t},j}^{n+1} h_j
$$

$$
= -\sum_{j=s+2}^{r} (\lambda_f e_{\overline{x}})_j^{n+1} e_{\overline{t}\overline{x},j}^{n+1} h_j - e_{\overline{t},s+1}^{n+1} (\lambda_f e_{\overline{x}})_{s+1}^{n+1} + e_{\overline{t},r}^{n+1} (\lambda_f e_{\overline{x}})_r^{n+1}
$$

$$
= -\sum_{j=s+1}^{r} (\lambda_f e_{\overline{x}})_j^{n+1} e_{\overline{t}\overline{x},j}^{n+1} h_j + (\lambda_f e_{\overline{x}})_{s+1}^{n+1} e_{\overline{t}\overline{x},s+1}^{n+1} h_{s+1}
$$

$$
- e_{\overline{t},s+1}^{n+1} (\lambda_f e_{\overline{x}})_{s+1}^{n+1} + e_{\overline{t},r}^{n+1} (\lambda_f e_{\overline{x}})_r^{n+1}
$$

$$
= -\sum_{j=s+1}^{r} (\lambda_f e_{\overline{x}})_j^{n+1} e_{\overline{t}\overline{x},j}^{n+1} h_j + (\lambda_f e_{\overline{x}})_{s+1}^{n+1} \frac{e_{\overline{t},s+1}^{n+1} - e_{\overline{t},s}^{n+1}}{h_{s+1}} h_{s+1}
$$

$$
- e_{\overline{t},s+1}^{n+1} (\lambda_f e_{\overline{x}})_{s+1}^{n+1} + \frac{e_r^{n+1} - e_r^{n}}{\tau} (\lambda_f e_{\overline{x}})_r^{n+1}
$$

$$
= -\sum_{j=s+1}^{r} (\lambda_f e_{\overline{x}})_j^{n+1} e_{\overline{t}\overline{x},j}^{n+1} h_j - (\lambda_f e_{\overline{x}})_{s+1}^{n+1} \frac{e_s^{n+1} - e_s^{n}}{\tau}
$$

$$
= -\sum_{j=s+1}^{r} (\lambda_f e_{\overline{x}})_j^{n+1} e_{\overline{t}\overline{x},j}^{n+1} h_j
$$

$$= \frac{1}{\tau} \sum_{j=s+1}^{r} \lambda_{f,j} e_{\overline{x},j}^{n+1} (e_{\overline{x},j}^{n} - e_{\overline{x},j}^{n+1}) h_j$$

$$= -\frac{1}{\tau} \sum_{j=s+1}^{r} \lambda_{f,j} (e_{\overline{x},j}^{n+1})^2 h_j + \frac{1}{\tau} \sum_{j=s+1}^{r} \lambda_{f,j} e_{\overline{x},j}^{n+1} e_{\overline{x},j}^{n} h_j$$

$$= -\frac{1}{2\tau} \sum_{j=s+1}^{r} \lambda_{f,j} (e_{\overline{x},j}^{n+1})^2 h_j + \frac{1}{2\tau} \sum_{j=s+1}^{r} \lambda_{f,j} (e_{\overline{x},j}^{n})^2 h_j - \frac{1}{2\tau} \sum_{j=s+1}^{r} \lambda_{f,j} (e_{\overline{x},j}^{n+1})^2 h_j$$

$$+ \frac{1}{2\tau} \sum_{j=s+1}^{r} \lambda_{f,j} [2 e_{\overline{x},j}^{n} e_{\overline{x},j}^{n+1} - (e_{\overline{x},j}^{n})^2] h_j$$

$$= -\frac{1}{2\tau} \sum_{j=s+1}^{r} \lambda_{f,j} (e_{\overline{x},j}^{n+1})^2 h_j + \frac{1}{2\tau} \sum_{j=s+1}^{r} \lambda_{f,j} (e_{\overline{x},j}^{n})^2 h_j - \frac{1}{2\tau} \sum_{j=s+1}^{r} \lambda_{f,j} (e_{\overline{x},j}^{n+1} - e_{\overline{x},j}^{n})^2 h_j$$

$$= -\frac{1}{2\tau} \sum_{j=s+1}^{r} \lambda_{f,j} (e_{\overline{x},j}^{n+1})^2 h_j + \frac{1}{2\tau} \sum_{j=s+1}^{r} \lambda_{f,j} (e_{\overline{x},j}^{n})^2 h_j - \frac{\tau}{2} \sum_{j=s+1}^{sr} \lambda_{f,j}^{n+1} (e_{\overline{x}\overline{t},j}^{n+1})^2 h_j,$$

$$(9.1.29)$$

$$\sum_{j=r+1}^{J-1} (\lambda_u e_{\overline{x}})_{x,j}^{n+1} e_{\overline{t},j}^{n+1} h_j$$

$$= - \sum_{j=r+2}^{J} (\lambda_u e_{\overline{x}})_{j}^{n+1} e_{\overline{t}\overline{x},j}^{n+1} h_j - e_{\overline{t},r+1}^{n+1} (\lambda_u e_{\overline{x}})_{r+1}^{n+1} + e_{\overline{t},J}^{n+1} (\lambda_u e_{\overline{x}})_{J}^{n+1}$$

$$= - \sum_{j=r+1}^{J} (\lambda_u e_{\overline{x}})_{j}^{n+1} e_{\overline{t}\overline{x},j}^{n+1} h_j + (\lambda_u e_{\overline{x}})_{r+1}^{n+1} e_{\overline{t}\overline{x},r+1}^{n+1} h_{r+1}$$

$$- e_{\overline{t},r+1}^{n+1} (\lambda_u e_{\overline{x}})_{r+1}^{n+1} + e_{\overline{t},J}^{n+1} (\lambda_u e_{\overline{x}})_{J}^{n+1}$$

$$= - \sum_{j=r+1}^{J} (\lambda_u e_{\overline{x}})_{j}^{n+1} e_{\overline{t}\overline{x},j}^{n+1} h_j + (\lambda_u e_{\overline{x}})_{r+1}^{n+1} \frac{e_{\overline{t},r+1}^{n+1} - e_{\overline{t},r}^{n+1}}{h_{r+1}} h_{r+1}$$

$$- e_{\overline{t},r+1}^{n+1} (\lambda_u e_{\overline{x}})_{r+1}^{n+1} + e_{\overline{t},J}^{n+1} (\lambda_u e_{\overline{x}})_{J}^{n+1}$$

$$= - \sum_{j=r+1}^{J} (\lambda_u e_{\overline{x}})_{j}^{n+1} e_{\overline{t}\overline{x},j}^{n+1} h_j - (\lambda_u e_{\overline{x}})_{r+1}^{n+1} \frac{e_{r}^{n+1} - e_{r}^{n}}{\tau}$$

$$= - \sum_{j=r+1}^{J} (\lambda_u e_{\overline{x}})_{j}^{n+1} e_{\overline{t}\overline{x},j}^{n+1} h_j$$

$$= \frac{1}{\tau} \sum_{j=r+1}^{J} \lambda_{u,j} e_{\overline{x},j}^{n+1} (e_{\overline{x},j}^{n} - e_{\overline{x},j}^{n+1}) h_j$$

$$= -\frac{1}{\tau}\sum_{j=r+1}^{J}\lambda_{u,j}(e_{\overline{x},j}^{n+1})^2 h_j + \frac{1}{\tau}\sum_{j=r+1}^{J}\lambda_{u,j}e_{\overline{x},j}^{n+1}e_{\overline{x},j}^{n}h_j$$

$$= -\frac{1}{2\tau}\sum_{j=r+1}^{J}\lambda_{u,j}(e_{\overline{x},j}^{n+1})^2 h_j + \frac{1}{2\tau}\sum_{j=r+1}^{J}\lambda_{u,j}(e_{\overline{x},j}^{n})^2 h_j - \frac{1}{2\tau}\sum_{j=r+1}^{J}\lambda_{u,j}(e_{\overline{x},j}^{n+1})^2 h_j$$

$$+\frac{1}{2\tau}\sum_{j=r+1}^{J}\lambda_{u,j}[2e_{\overline{x},j}^{n}e_{\overline{x},j}^{n+1} - (e_{\overline{x},j}^{n})^2]h_j$$

$$= -\frac{1}{2\tau}\sum_{j=r+1}^{J}\lambda_{u,j}(e_{\overline{x},j}^{n+1})^2 h_j + \frac{1}{2\tau}\sum_{j=r+1}^{J}\lambda_{u,j}(e_{\overline{x},j}^{n})^2 h_j - \frac{1}{2\tau}\sum_{j=r+1}^{J}\lambda_{u,j}(e_{\overline{x},j}^{n+1} - e_{\overline{x},j}^{n})^2 h_j$$

$$= -\frac{1}{2\tau}\sum_{j=r+1}^{J}\lambda_{u,j}(e_{\overline{x},j}^{n+1})^2 h_j + \frac{1}{2\tau}\sum_{j=r+1}^{J}\lambda_{u,j}(e_{\overline{x},j}^{n})^2 h_j - \frac{\tau}{2}\sum_{j=r+1}^{J}\lambda_{u,j}(e_{\overline{x}\overline{t},j}^{n+1})^2 h_j,$$

$$(9.1.30)$$

合并 (9.1.28)~(9.1.30) 得

$$\sum_{j=1}^{s-1}(\lambda_u e_{\overline{x}})_{x,j}^{n+1}e_{\overline{t},j}^{n+1}h_j + \sum_{j=s+1}^{r-1}(\lambda_f e_{\overline{x}})_{x,j}^{n+1}e_{\overline{t},j}^{n+1}h_j + \sum_{j=r+1}^{J-1}(\lambda_u e_{\overline{x}})_{x,j}^{n+1}e_{\overline{t},j}^{n+1}h_j$$

$$= -\frac{1}{2\tau}\sum_{j=1}^{s}\lambda_{u,j}(e_{\overline{x},j}^{n+1})^2 h_j + \frac{1}{2\tau}\sum_{j=1}^{s}\lambda_{u,j}(e_{\overline{x},j}^{n})^2 h_j - \frac{\tau}{2}\sum_{j=1}^{s}\lambda_{u,j}(e_{\overline{x}\overline{t},j}^{n+1})^2 h_j$$

$$-\frac{1}{2\tau}\sum_{j=s+1}^{r}\lambda_{f,j}(e_{\overline{x},j}^{n+1})^2 h_j + \frac{1}{2\tau}\sum_{j=s+1}^{r}\lambda_{f,j}(e_{\overline{x},j}^{n})^2 h_j - \frac{\tau}{2}\sum_{j=s+1}^{r}\lambda_{f,j}(e_{\overline{x}\overline{t},j}^{n+1})^2 h_j$$

$$-\frac{1}{2\tau}\sum_{j=r+1}^{J}\lambda_{u,j}(e_{\overline{x},j}^{n+1})^2 h_j + \frac{1}{2\tau}\sum_{j=r+1}^{J}\lambda_{u,j}(e_{\overline{x},j}^{n})^2 h_j - \frac{\tau}{2}\sum_{j=r+1}^{J}\lambda_{u,j}(e_{\overline{x}\overline{t},j}^{n+1})^2 h_j.$$

$$(9.1.31)$$

记 $E^n = \sum_{j=1}^{s}\lambda_{u,j}(e_{\overline{x},j}^{n})^2 h_j + \sum_{j=s+1}^{r}\lambda_{f,j}(e_{\overline{x},j}^{n})^2 h_j + \sum_{j=r+1}^{J}\lambda_{u,j}(e_{\overline{x},j}^{n})^2 h_j$, 则

$$\| e_{\overline{x}}^{n}\|^2 \leqslant \frac{1}{\lambda_*}E^n, \quad \| e^n \|_c^2 \leqslant \frac{1}{\lambda_*}E^n,$$

从而

$$\sum_{j=1}^{s-1}(\lambda_u e_{\overline{x}})_{x,j}^{n+1}e_{\overline{t},j}^{n+1}h_j + \sum_{j=s+1}^{r-1}(\lambda_f e_{\overline{x}})_{x,j}^{n+1}e_{\overline{t},j}^{n+1}h_j + \sum_{j=r+1}^{J-1}(\lambda_u e_{\overline{x}})_{x,j}^{n+1}e_{\overline{t},j}^{n+1}h_j$$

$$= -\frac{1}{2\tau}(E^{n+1} - E^n)$$

$$- \frac{\tau}{2} \left[\sum_{j=1}^{s} \lambda_{u,j} (e^{n+1}_{\overline{x}\overline{t},j})^2 h_j + \sum_{j=s+1}^{r} \lambda_{f,j} (e^{n+1}_{\overline{x}\overline{t},j})^2 h_j + \sum_{j=r+1}^{J} \lambda_{u,j} (e^{n+1}_{\overline{x}\overline{t},j})^2 h_j \right]. \tag{9.1.32}$$

$$\sum_{j=1}^{s-1} x_j^{n+1} (c_u e)^{n+1}_{\widehat{x},j} \xi^{n+1} \xi_t^{n+1} e^{n+1}_{\overline{t},j} h_j + \sum_{j=r+1}^{J-1} (3 - x_j^{n+1})(L - \varsigma^{n+1}) \varsigma_t^{n+1} (c_u e)^{n+1}_{\widehat{x},j} e^{n+1}_{\overline{t},j} h_j$$

$$+ \sum_{j=s+1}^{r-1} (\xi^{n+1} - \varsigma^{n+1})(c_f e)^{n+1}_{\widehat{x},j} [(1 - x_j^{n+1})\varsigma^{n+1} + x_j^{n+1} \xi^{n+1}] e^{n+1}_{\overline{t},j} h_j$$

$$\leqslant \varepsilon \left[\sum_{j=1}^{s-1} (\xi^{n+1} e^{n+1}_{\overline{t},j})^2 h_j + \sum_{j=s+1}^{r-1} (\xi^{n+1} - \varsigma^{n+1})^2 (e^{n+1}_{\overline{t},j})^2 h_j + \sum_{j=r+1}^{J-1} (L - \varsigma^{n+1})^2 (e^{n+1}_{\overline{t},j})^2 h_j \right]$$

$$+ \frac{1}{\varepsilon} \sum_{j=1}^{s-1} [\xi_t^{n+1} x_j^{n+1} (c_u e)^{n+1}_{\widehat{x},j}]^2 h_j + \frac{1}{\varepsilon} \sum_{j=s+1}^{r-1} [(1 - x_j^{n+1})\varsigma^{n+1} + x_j^{n+1} \xi_t^{n+1}]^2 ((c_f e)^{n+1}_{\widehat{x},j})^2 h_j$$

$$+ \frac{1}{\varepsilon} \sum_{j=r+1}^{J-1} [\varsigma_t^{n+1} (3 - x_j^{n+1})(c_u e)^{n+1}_{\widehat{x},j}]^2 h_j$$

$$\leqslant \varepsilon \left[\sum_{j=1}^{s-1} (\xi^{n+1} e^{n+1}_{\overline{t},j})^2 h_j + \sum_{j=s+1}^{r-1} (\xi^{n+1} - \varsigma^{n+1})^2 (e^{n+1}_{\overline{t},j})^2 h_j + \sum_{j=r+1}^{J-1} (L - \varsigma^{n+1})^2 (e^{n+1}_{\overline{t},j})^2 h_j \right]$$

$$+ \frac{L^{*2}}{\varepsilon} \left[\sum_{j=1}^{s-1} [(c_u e)^{n+1}_{\widehat{x},j}]^2 h_j + \sum_{j=s+1}^{r-1} [(c_f e)^{n+1}_{\widehat{x},j}]^2 h_j + \sum_{j=r+1}^{J-1} [(c_u e)^{n+1}_{\widehat{x},j}]^2 h_j \right]$$

$$\leqslant \varepsilon \left[\sum_{j=1}^{s-1} (\xi^{n+1} e^{n+1}_{\overline{t},j})^2 h_j + \sum_{j=s+1}^{r-1} (\xi^{n+1} - \varsigma^{n+1})^2 (e^{n+1}_{\overline{t},j})^2 h_j + \sum_{j=r+1}^{J-1} (L - \varsigma^{n+1})^2 (e^{n+1}_{\overline{t},j})^2 h_j \right]$$

$$+ \frac{3L^{*2}}{2\varepsilon} \left[\sum_{j=1}^{s-1} [(c_u e)^{n+1}_{\overline{x},j}]^2 h_j + \sum_{j=1}^{s-1} [(c_u e)^{n+1}_{\overline{x},j+1}]^2 h_j + \sum_{j=s+1}^{r-1} [(c_f e)^{n+1}_{\overline{x},j}]^2 h_j \right.$$

$$\left. + \sum_{j=s+1}^{r-1} [(c_f e)^{n+1}_{\overline{x},j+1}]^2 h_j + \sum_{j=r+1}^{J-1} [(c_u e)^{n+1}_{\widehat{x},j}]^2 h_j + \sum_{j=r+1}^{J-1} [(c_u e)^{n+1}_{\widehat{x},j+1}]^2 h_j \right]$$

$$\leqslant \varepsilon \left[\sum_{j=1}^{s-1} (\xi^{n+1} e^{n+1}_{\overline{t},j})^2 h_j + \sum_{j=s+1}^{r-1} (\xi^{n+1} - \varsigma^{n+1})^2 (e^{n+1}_{\overline{t},j})^2 h_j + \sum_{j=r+1}^{J-1} (L - \varsigma^{n+1})^2 (e^{n+1}_{\overline{t},j})^2 h_j \right]$$

$$+ \frac{3L^{*2}}{\varepsilon} \left[\sum_{j=1}^{s-1} [(c_u e)^{n+1}_{\overline{x},j}]^2 h_j + \sum_{j=s+1}^{r-1} [(c_f e)^{n+1}_{\overline{x},j}]^2 h_j + \sum_{j=r+1}^{J-1} [(c_u e)^{n+1}_{\widehat{x},j}]^2 h_j \right]$$

$$\leqslant \varepsilon \left[\sum_{j=1}^{s-1} (\xi^{n+1} e^{n+1}_{\overline{t},j})^2 h_j + \sum_{j=s+1}^{r-1} [(\xi^{n+1} - \varsigma^{n+1}) e^{n+1}_{\overline{t},j}]^2 h_j + \sum_{j=r+1}^{J-1} [(L - \varsigma^{n+1}) e^{n+1}_{\overline{t},j}]^2 h_j \right]$$

$$+ \frac{3L^{*2}c^{*2}}{\lambda^*\varepsilon} E^{n+1}, \tag{9.1.33}$$

$$\sum_{j=1}^{s-1} \Psi_j^{n+1} e_{\bar{t},j}^{n+1} h_j + \sum_{j=s+1}^{r-1} \Psi_j^{n+1} e_{\bar{t},j}^{n+1} h_j + \sum_{j=r+1}^{J-1} \Psi_j^{n+1} e_{\bar{t},j}^{n+1} h_j$$

$$\leqslant \frac{1}{\varepsilon} \sum_{j=1}^{J} (\Psi_j^{n+1})^2 h_j + \varepsilon \left[\sum_{j=1}^{s-1} (e_{\bar{t},j}^{n+1})^2 h_j + \sum_{j=s+1}^{r-1} (e_{\bar{t},j}^{n+1})^2 h_j + \sum_{j=r+1}^{J-1} (e_{\bar{t},j}^{n+1})^2 h_j \right], \tag{9.1.34}$$

从而式 (9.1.27) 右端项不超过

$$-\frac{1}{2\tau}(E^{n+1} - E^n) - \frac{\tau}{2}\left[\sum_{j=1}^{s} \lambda_{u,j}(e_{\overline{x}\bar{t},j}^{n+1})^2 h_j + \sum_{j=s+1}^{r} \lambda_{f,j}(e_{\overline{x}\bar{t},j}^{n+1})^2 h_j + \sum_{j=r+1}^{J} \lambda_{u,j}(e_{\overline{x}\bar{t},j}^{n+1})^2 h_j \right]$$

$$+\varepsilon\left[\sum_{j=1}^{s-1} (\xi^{n+1}e_{\bar{t},j}^{n+1})^2 h_j + \sum_{j=s+1}^{r-1} [(\xi^{n+1} - \varsigma^{n+1})e_{\bar{t},j}^{n+1}]^2 h_j \right.$$

$$\left. + \sum_{j=r+1}^{J-1} [(L - \varsigma^{n+1})e_{\bar{t},j}^{n+1}]^2 h_j \right] + \frac{3L^{*2}c^{*2}}{\lambda^*\varepsilon} E^{n+1}$$

$$+\frac{1}{\varepsilon}\sum_{j=1}^{J} (\Psi_j^{n+1})^2 h_j + \varepsilon\left[\sum_{j=1}^{s-1} (e_{\bar{t},j}^{n+1})^2 h_j + \sum_{j=s+1}^{r-1} (e_{\bar{t},j}^{n+1})^2 h_j + \sum_{j=r+1}^{J-1} (e_{\bar{t},j}^{n+1})^2 h_j \right]$$

$$\leqslant -\frac{1}{2\tau}(E^{n+1} - E^n) - \frac{\tau}{2}\left[\sum_{j=1}^{s} \lambda_{u,j}(e_{\overline{x}\bar{t},j}^{n+1})^2 h_j + \sum_{j=s+1}^{r} \lambda_{f,j}(e_{\overline{x}\bar{t},j}^{n+1})^2 h_j \right.$$

$$\left. + \sum_{j=r+1}^{J} \lambda_{u,j}(e_{\overline{x}\bar{t},j}^{n+1})^2 h_j \right] + K(E^n + E^{n+1})$$

$$+\varepsilon\left[\sum_{j=1}^{s-1} (\xi^{n+1}e_{\bar{t},j}^{n+1})^2 h_j + \sum_{j=s+1}^{r-1} [(\xi^{n+1} - \varsigma^{n+1})e_{\bar{t},j}^{n+1}]^2 h_j + \sum_{j=r+1}^{J-1} [(L - \varsigma^{n+1})e_{\bar{t},j}^{n+1}]^2 h_j \right]$$

$$+\frac{1}{\varepsilon}\sum_{j=1}^{J} (\Psi_j^{n+1})^2 h_j + \varepsilon\left[\sum_{j=1}^{s-1} (e_{\bar{t},j}^{n+1})^2 h_j + \sum_{j=s+1}^{r-1} (e_{\bar{t},j}^{n+1})^2 h_j + \sum_{j=r+1}^{J-1} (e_{\bar{t},j}^{n+1})^2 h_j \right]. \tag{9.1.35}$$

这里 $K = \dfrac{3L^{*2}c^{*2}}{\lambda_*\varepsilon}$.

式 (9.1.27) 左端

$$\sum_{j=1}^{s-1} (\xi^{n+1})^2 (c_u e)_{\bar{t},j}^{n+1} e_{\bar{t},j}^{n+1} h_j + \sum_{j=s+1}^{r-1} (\varsigma^{n+1} - \xi^{n+1})^2 (c_f e)_{\bar{t},j}^{n+1} e_{\bar{t},j}^{n+1} h_j$$

$$+ \sum_{j=r+1}^{J-1} (L - \varsigma^{n+1})^2 (c_u e)_{\bar{t},j}^{n+1} e_{\bar{t},j}^{n+1} h_j$$

$$\geqslant c_* \left[\sum_{j=1}^{s-1} (\xi^{n+1} e_{\bar{t},j}^{n+1})^2 h_j + \sum_{j=s+1}^{r-1} (\varsigma^{n+1} - \xi^{n+1})^2 (e_{\bar{t},j}^{n+1})^2 h_j \right.$$

$$\left. + \sum_{j=r+1}^{J-1} (L - \varsigma^{n+1})^2 (e_{\bar{t},j}^{n+1})^2 h_j \right], \tag{9.1.36}$$

从而

$$c_* \left[\sum_{j=1}^{s-1} (\xi^{n+1} e_{\bar{t},j}^{n+1})^2 h_j + \sum_{j=s+1}^{r-1} (\varsigma^{n+1} - \xi^{n+1})^2 (e_{\bar{t},j}^{n+1})^2 h_j + \sum_{j=r+1}^{J-1} (L - \varsigma^{n+1})^2 (e_{\bar{t},j}^{n+1})^2 h_j \right]$$

$$\leqslant -\frac{1}{2\tau}(E^{n+1} - E^n) - \frac{\tau}{2} \left[\sum_{j=1}^{s} \lambda_{u,j} (e_{\bar{x}\bar{t},j}^{n+1})^2 h_j + \sum_{j=s+1}^{r} \lambda_{f,j} (e_{\bar{x}\bar{t},j}^{n+1})^2 h_j + \sum_{j=r+1}^{J} \lambda_{u,j} (e_{\bar{x}\bar{t},j}^{n+1})^2 h_j \right]$$

$$+ K(E^n + E^{n+1}) + \varepsilon \left[\sum_{j=1}^{s-1} (\xi^{n+1} e_{\bar{t},j}^{n+1})^2 h_j + \sum_{j=s+1}^{r-1} [(\xi^{n+1} - \varsigma^{n+1}) e_{\bar{t},j}^{n+1}]^2 h_j \right.$$

$$\left. + \sum_{j=r+1}^{J-1} [(L - \varsigma^{n+1}) e_{\bar{t},j}^{n+1}]^2 h_j \right] + \frac{1}{\varepsilon} \sum_{j=1}^{J} (\Psi_j^{n+1})^2 h_j$$

$$+ \varepsilon \left[\sum_{j=1}^{s-1} (e_{\bar{t},j}^{n+1})^2 h_j + \sum_{j=s+1}^{r-1} (e_{\bar{t},j}^{n+1})^2 h_j + \sum_{j=r+1}^{J-1} (e_{\bar{t},j}^{n+1})^2 h_j \right]. \tag{9.1.37}$$

由假设条件 (I),

$$\min \left\{ \frac{c_*(\xi^{n+1})^2}{(\xi^{n+1})^2 + 1}, \frac{c_*(\varsigma^{n+1} - \xi^{n+1})^2}{(\varsigma^{n+1} - \xi^{n+1})^2 + 1}, \frac{c_*(L - \varsigma^{n+1})^2}{(L - \varsigma^{n+1})^2 + 1} \right\} \geqslant \frac{c_* \min(\xi_*^2, \varsigma_*^2, \xi_{**}^2)}{1 + L^2},$$

因此取 $M_0 = \dfrac{c_* \min(\xi_*^2, \varsigma_*^2, \xi_{**}^2)}{1 + L^2} > 0$, 则只要 $0 < \varepsilon < M_0$, 则成立

$$\frac{1}{2\tau}(E^{n+1} - E^n) \leqslant K(E^n + E^{n+1}) + M(\|U^n\|_{2,\infty})(\tau^2 + h^2),$$

即

$$E_{\bar{t}}^{n+1} \leqslant K(E^{n+1} + E^n) + M(\|U^n\|_{2,\infty})(\tau^2 + h^2), \tag{9.1.38}$$

取 τ 充分小, 使得 $2K\tau \leqslant 1$, 根据 Gronwall 不等式, $E^{n+1} \leqslant M(\|U^n\|_{2,\infty})(\tau^2 + h^2)$, 即 $\|e_{\bar{x}}^n\| \leqslant M(\|U^n\|_{2,\infty})(\tau + h)$. 由于 $e_0^n = 0$, 所以

$$\| e^n \|_c \leqslant M(\|U^n\|_{2,\infty})(\tau + h). \tag{9.1.39}$$

令 $\pi = \phi - \overline{\theta}$, 则由 (9.1.22)~(9.1.24) 得误差方程为

$$(\xi^{n+1})^2 \pi_{\overline{t},j}^{n+1} = \xi^{n+1} x_j^{n+1} \xi_t^{n+1} \pi_{\widehat{x},j}^{n+1} + (D\pi_{\overline{x}})_{x,j}^{n+1} + \Phi_j^{n+1}, \quad j = 1, 2, \cdots, s-1,$$

$$(9.1.40\text{a})$$

$$(L - \varsigma^{n+1})^2 \pi_{\overline{t},j}^{n+1} = (3 - x_j^{n+1})(L - \varsigma^{n+1})\varsigma_t^{n+1} \pi_{\widehat{x},j}^{n+1} + (D\pi_{\overline{x}})_{x,j}^{n+1} + \Phi_j^{n+1},$$

$$j = r+1, \cdots, J-1,$$

$$(9.1.40\text{b})$$

$$\pi_0^n = \pi_J^n = 0, \quad n = 0, 1, \cdots, N, \qquad (9.1.40\text{c})$$

$$\pi_j^0 = 0, \quad j = 1, 2, \cdots, J-1, \qquad (9.1.40\text{d})$$

$$q_{ls}^n = -(D\pi_{\overline{x}})_s^n + \Phi_s^n = 0, \quad q_{lr}^n = (D\pi_{\overline{x}})_r^n + \Phi_r^n = 0, \quad n = 0, 1, \cdots, N, \quad (9.1.40\text{e})$$

其中 Φ_j^n 为截断误差.

由 Taylor 展式, 当 $j = 1, 2, \cdots, s-1, r+1, \cdots, J-1$ 时有

$$D(x_{j-\frac{1}{2}}) \frac{\overline{\theta}(x_j, t^{n+1}) - \overline{\theta}(x_{j-1}, t^{n+1})}{h_j} = \left(D\frac{\partial\overline{\theta}}{\partial x}\right)_{j-\frac{1}{2}}^{n+1} + \frac{h_j^2}{24}\left(D\frac{\partial^3\overline{\theta}}{\partial x^3}\right)_{j-\frac{1}{2}}^{n+1} + O(h^3)$$

$$= \left(D\frac{\partial\overline{\theta}}{\partial x}\right)_{j-\frac{1}{2}}^{n+1} + \frac{h_j^2}{24}\left(D\frac{\partial^3\overline{\theta}}{\partial x^3}\right)_{j}^{n+1} + O(h^3),$$

$$D(x_{j+\frac{1}{2}}) \frac{\overline{\theta}(x_{j+1}, t^{n+1}) - \overline{\theta}(x_j, t^{n+1})}{h_{j+1}} = \left(D\frac{\partial\overline{\theta}}{\partial x}\right)_{j+\frac{1}{2}}^{n+1} + \frac{h_{j+1}^2}{24}\left(D\frac{\partial^3\overline{\theta}}{\partial x^3}\right)_{j+\frac{1}{2}}^{n+1} + O(h^3)$$

$$= \left(D\frac{\partial\overline{\theta}}{\partial x}\right)_{j+\frac{1}{2}}^{n+1} + \frac{h_{j+1}^2}{24}\left(D\frac{\partial^3\overline{\theta}}{\partial x^3}\right)_{j}^{n+1} + O(h^3).$$

上述两式相减并除以 $\dfrac{h_j + h_{j+1}}{2}$, 得

$$\frac{2}{h_j + h_{j+1}}\left[D(x_{j+\frac{1}{2}}) \frac{\overline{\theta}(x_{j+1}, t^{n+1}) - \overline{\theta}(x_j, t^{n+1})}{h_{j+1}}\right.$$

$$\left. -D(x_{j-\frac{1}{2}}) \frac{\overline{\theta}(x_j, t^{n+1}) - \overline{\theta}(x_{j-1}, t^{n+1})}{h_j}\right]$$

$$= \frac{2}{h_j + h_{j+1}}\left[\left(D\frac{\partial\overline{\theta}}{\partial x}\right)_{j+\frac{1}{2}}^{n+1} - \left(D\frac{\partial\overline{\theta}}{\partial x}\right)_{j-\frac{1}{2}}^{n+1}\right] + \frac{h_{j+1} - h_j}{12}\left(D\frac{\partial^3\overline{\theta}}{\partial x^3}\right)_{j}^{n+1} + O(h^2)$$

$$= \frac{\partial}{\partial x}\left(D\frac{\partial\overline{\theta}}{\partial x}\right)_{j}^{n+1} + \frac{h_{j+1} - h_j}{4}\frac{\partial^2}{\partial x^2}\left(D\frac{\partial\overline{\theta}}{\partial x}\right)_{j}^{n+1} + \frac{h_{j+1} - h_j}{12}\left(D\frac{\partial^3\overline{\theta}}{\partial x^3}\right)_{j}^{n+1} + O(h^2),$$

$$\frac{\overline{q_{vj+1}}^{n+1} - \overline{q_{vj-1}}^{n+1}}{h_j + h_{j+1}}$$

$$
= \frac{\left[\overline{q_v}_j^{n+1} + \left(\frac{\partial \overline{q_v}}{\partial x}\right)_j^{n+1} h_{j+1} + \frac{1}{2}\left(\frac{\partial^2 \overline{q_v}}{\partial x^2}\right)_j^{n+1} h_{j+1}^2 + O(h_{j+1}^3)\right]}{h_j + h_{j+1}}
$$

$$
- \frac{\left[\overline{q_v}_j^{n+1} - \left(\frac{\partial \overline{q_v}}{\partial x}\right)_j^{n+1} h_j + \frac{1}{2}\left(\frac{\partial^2 \overline{q_v}}{\partial x^2}\right)_j^{n+1} h_j^2 + O(h_j^3)\right]}{h_j + h_{j+1}}
$$

$$
= \left(\frac{\partial \overline{q_v}}{\partial x}\right)_j^{n+1} + \frac{h_{j+1} - h_j}{2}\left(\frac{\partial^2 \overline{q_v}}{\partial x^2}\right)_j^{n+1} + O(h^2),
$$

$$
\frac{\overline{K}_{j+1}^{n+1} - \overline{K}_{j-1}^{n+1}}{h_j + h_{j+1}} = \frac{\left[\overline{K}_j^{n+1} + \left(\frac{\partial \overline{K}}{\partial x}\right)_j^{n+1} h_{j+1} + \frac{1}{2}\left(\frac{\partial^2 \overline{K}}{\partial x^2}\right)_j^{n+1} h_{j+1}^2 + O(h_{j+1}^3)\right]}{h_j + h_{j+1}}
$$

$$
- \frac{\left[\overline{K}_j^{n+1} - \left(\frac{\partial \overline{K}}{\partial x}\right)_j^{n+1} h_j + \frac{1}{2}\left(\frac{\partial^2 \overline{K}}{\partial x^2}\right)_j^{n+1} h_j^2 + O(h_j^3)\right]}{h_j + h_{j+1}}
$$

$$
= \left(\frac{\partial \overline{K}}{\partial x}\right)_j^{n+1} + \frac{h_{j+1} - h_j}{2}\left(\frac{\partial^2 \overline{K}}{\partial x^2}\right)_j^{n+1} + O(h^2),
$$

$$
\frac{\overline{\theta}(x_j, t^{n+1}) - \overline{\theta}(x_j, t^n)}{\tau} = \frac{\overline{\theta}_j^{n+1} - \left[\overline{\theta}_j^{n+1} - \left(\frac{\partial \overline{\theta}}{\partial t}\right)_j^{n+1} \tau + \frac{1}{2}\left(\frac{\partial^2 \overline{\theta}}{\partial t^2}\right)_j^{n+1} \tau^2 + O(\tau^3)\right]}{\tau}
$$

$$
= \left(\frac{\partial U}{\partial t}\right)_j^{n+1} - \frac{1}{2}\left(\frac{\partial^2 U}{\partial t^2}\right)_j^{n+1} \tau + O(\tau^2),
$$

当 $j = s, r$ 时有

$$
D(x_s)\frac{\overline{\theta}(x_s, t^{n+1}) - \overline{\theta}(x_{s-1}, t^{n+1})}{h_s}
$$

$$
= D_s \frac{\overline{\theta}_s^{n+1} - \left[\overline{\theta}_s^{n+1} - \left(\frac{\partial \overline{\theta}}{\partial x}\right)_s^{n+1} h_s + \frac{1}{2}\left(\frac{\partial^2 \overline{\theta}}{\partial x^2}\right)_s^{n+1} h_s^2 + O(h_s^3)\right]}{h_s}
$$

$$
= D_s\left[\left(\frac{\partial \overline{\theta}}{\partial x}\right)_s^{n+1} - \frac{1}{2}\left(\frac{\partial^2 \overline{\theta}}{\partial x^2}\right)_s^{n+1} h_s + O(h_s^2)\right],
$$

$$
D(x_{r+1})\frac{\overline{\theta}(x_{r+1}, t^{n+1}) - \overline{\theta}(x_r, t^{n+1})}{h_{r+1}}
$$

$$= D_{r+1} \frac{\left[\overline{\theta}_r^{n+1} + \left(\frac{\partial \overline{\theta}}{\partial x}\right)_r^{n+1} h_{r+1} + \frac{1}{2}\left(\frac{\partial^2 \overline{\theta}}{\partial x^2}\right)_r^{n+1} h_{r+1}^2 + O(h_{r+1}^3)\right] - \overline{\theta}_r^{n+1}}{h_{r+1}}$$

$$= D_{r+1}\left[\left(\frac{\partial \overline{\theta}}{\partial x}\right)_r^{n+1} + \frac{1}{2}\left(\frac{\partial^2 \overline{\theta}}{\partial x^2}\right)_r^{n+1} h_{r+1} + O(h_{r+1}^2)\right],$$

从而截断误差

$$\Phi_j^n = \begin{cases} O(\tau + h), & j = 1, 2, \cdots, s-1, r+1, \cdots, J-1, \\ O(h), & j = s, r. \end{cases} \tag{9.1.41}$$

当空间网格均匀, 即 $h_i = h(i = 1, 2, \cdots, J)$ 时, 截断误差对空间是二阶的.

(9.1.40a), (9.1.40b) 两边分别乘以 $\pi_{\bar{t},j}^{n+1} h_j$, 再对 j 分别从 1 至 $s-1$ 和 $r+1$ 至 $J-1$ 求和, 并将得到的两个和式相加得

$$\sum_{j=1}^{s-1} (\xi^{n+1})^2 (\pi_{\bar{t},j}^{n+1})^2 h_j + \sum_{j=r+1}^{J-1} (L - \varsigma^{n+1})^2 (\pi_{\bar{t},j}^{n+1})^2 h_j$$

$$= \sum_{j=1}^{s-1} (D\pi_{\overline{x}})_{x,j}^{n+1} \pi_{\bar{t},j}^{n+1} h_j + \sum_{j=r+1}^{J-1} (D\pi_{\overline{x}})_{x,j}^{n+1} \pi_{\bar{t},j}^{n+1} h_j$$

$$+ \sum_{j=1}^{s-1} \xi^{n+1} x_j^{n+1} \xi_t^{n+1} \pi_{\widehat{x},j}^{n+1} \pi_{\bar{t},j}^{n+1} h_j + \sum_{j=r+1}^{J-1} (3 - x_j^{n+1})(L - \varsigma^{n+1}) \varsigma_t^{n+1} \pi_{\widehat{x},j}^{n+1} \pi_{\bar{t},j}^{n+1} h_j$$

$$+ \sum_{j=1}^{s-1} \Phi_j^{n+1} \pi_{\bar{t},j}^{n+1} h_j + \sum_{j=r+1}^{J-1} \Phi_j^{n+1} \pi_{\bar{t},j}^{n+1} h_j, \tag{9.1.42}$$

在 (9.1.41) 式右端中

$$\sum_{j=1}^{s-1} (D\pi_{\overline{x}})_{x,j}^{n+1} \pi_{\bar{t},j}^{n+1} h_j = -\sum_{j=2}^{s} (D\pi_{\overline{x}})_j^{n+1} \pi_{\bar{t}\overline{x},j}^{n+1} h_j - (D\pi_{\overline{x}})_1^{n+1} \pi_{\bar{t},1}^{n+1} + (D\pi_{\overline{x}})_s^{n+1} \pi_{\bar{t},s}^{n+1}$$

$$= -\sum_{j=1}^{s} (D\pi_{\overline{x}})_j^{n+1} \pi_{\bar{t}\overline{x},j}^{n+1} h_j + (D\pi_{\overline{x}})_1^{n+1} \pi_{\bar{t}\overline{x},1}^{n+1} h_1 - (D\pi_{\overline{x}})_1^{n+1} \pi_{\bar{t},1}^{n+1} + (D\pi_{\overline{x}})_s^{n+1} \pi_{\bar{t},s}^{n+1}$$

$$= -\sum_{j=1}^{s} (D\pi_{\overline{x}})_j^{n+1} \pi_{\bar{t}\overline{x},j}^{n+1} h_j + (D\pi_{\overline{x}})_1^{n+1} \frac{\pi_{\bar{t},1}^{n+1} - \pi_{\bar{t},0}^{n+1}}{h_1} h_1 - (D\pi_{\overline{x}})_1^{n+1} \pi_{\bar{t},1}^{n+1}$$

$$\quad + (D\pi_{\overline{x}})_s^{n+1} \pi_{\bar{t},s}^{n+1}$$

$$= -\sum_{j=1}^{s} (D\pi_{\overline{x}})_j^{n+1} \pi_{\bar{t}\overline{x},j}^{n+1} h_j - \frac{\pi_0^{n+1} - \pi_0^n}{\tau} (D\pi_{\overline{x}})_1^{n+1} + (D\pi_{\overline{x}})_s^{n+1} \pi_{\bar{t},s}^{n+1}$$

$$= -\sum_{j=1}^{s}(D\pi_{\overline{x}})_j^{n+1}\pi_{\overline{t}\overline{x},j}^{n+1}h_j + (D\pi_{\overline{x}})_s^{n+1}\pi_{\overline{t},s}^{n+1}$$

$$= \frac{1}{\tau}\sum_{j=1}^{s}(D\pi_{\overline{x}})_j^{n+1}(\pi_{\overline{x},j}^n - \pi_{\overline{x},j}^{n+1})h_j + (D\pi_{\overline{x}})_s^{n+1}\pi_{\overline{t},s}^{n+1}$$

$$= -\frac{1}{\tau}\sum_{j=1}^{s}D_j(\pi_{\overline{x},j}^{n+1})^2 h_j + \frac{1}{\tau}\sum_{j=1}^{s}D_j\pi_{\overline{x},j}^{n+1}\pi_{\overline{x},j}^n h_j + (D\pi_{\overline{x}})_s^{n+1}\pi_{\overline{t},s}^{n+1}$$

$$= -\frac{1}{2\tau}\sum_{j=1}^{s}D_j(\pi_{\overline{x},j}^{n+1})^2 h_j + \frac{1}{2\tau}\sum_{j=1}^{s}D_j(\pi_{\overline{x},j}^n)^2 h_j - \frac{1}{2\tau}\sum_{j=1}^{s}D_j(\pi_{\overline{x},j}^{n+1})^2 h_j$$

$$\quad -\frac{1}{2\tau}\sum_{j=1}^{s}D_j(\pi_{\overline{x},j}^n)^2 h_j + \frac{1}{2\tau}\sum_{j=1}^{s}2D_j\pi_{\overline{x},j}^n\pi_{\overline{x},j}^{n+1}h_j + (D\pi_{\overline{x}})_s^{n+1}\pi_{\overline{t},s}^{n+1}$$

$$= -\frac{1}{2\tau}\left[\sum_{j=1}^{s}D_j(\pi_{\overline{x},j}^{n+1})^2 h_j - \sum_{j=1}^{s}D_j(\pi_{\overline{x},j}^n)^2 h_j\right] - \frac{\tau}{2}\sum_{j=1}^{s}D_j(\pi_{\overline{x}\overline{t},j}^{n+1})^2 h_j + (D\pi_{\overline{x}})_s^{n+1}\pi_{\overline{t},s}^{n+1}.$$

$$(9.1.43)$$

$$\sum_{j=r+1}^{J-1}(D\pi_{\overline{x}})_{x,j}^{n+1}\pi_{\overline{t},j}^{n+1}h_j$$

$$= -\sum_{j=r+2}^{J}(D\pi_{\overline{x}})_j^{n+1}\pi_{\overline{t}\overline{x},j}^{n+1}h_j - (D\pi_{\overline{x}})_{r+1}^{n+1}\pi_{\overline{t},r+1}^{n+1} + (D\pi_{\overline{x}})_J^{n+1}\pi_{\overline{t},J}^{n+1}$$

$$= -\sum_{j=r+1}^{J}(D\pi_{\overline{x}})_j^{n+1}\pi_{\overline{t}\overline{x},j}^{n+1}h_j + (D\pi_{\overline{x}})_{r+1}^{n+1}\pi_{\overline{t}\overline{x},r+1}^{n+1}h_{r+1}$$

$$\quad - (D\pi_{\overline{x}})_{r+1}^{n+1}\pi_{\overline{t},r+1}^{n+1} + (D\pi_{\overline{x}})_J^{n+1}\pi_{\overline{t},J}^{n+1}$$

$$= -\sum_{j=r+1}^{J}(D\pi_{\overline{x}})_j^{n+1}\pi_{\overline{t}\overline{x},j}^{n+1}h_j + (D\pi_{\overline{x}})_{r+1}^{n+1}\frac{\pi_{\overline{t},r+1}^{n+1} - \pi_{\overline{t},r}^{n+1}}{h_{r+1}}h_{r+1}$$

$$\quad - (D\pi_{\overline{x}})_{r+1}^{n+1}\pi_{\overline{t},r+1}^{n+1} + (D\pi_{\overline{x}})_J^{n+1}\pi_{\overline{t},J}^{n+1}$$

$$= -\sum_{j=r+1}^{J}(D\pi_{\overline{x}})_j^{n+1}\pi_{\overline{t}\overline{x},j}^{n+1}h_j + \frac{\pi_J^{n+1} - \pi_J^n}{\tau}(D\pi_{\overline{x}})_J^{n+1} - (D\pi_{\overline{x}})_{r+1}^{n+1}\pi_{\overline{t},r}^{n+1}$$

$$= -\sum_{j=r+1}^{J}(D\pi_{\overline{x}})_j^{n+1}\pi_{\overline{t}\overline{x},j}^{n+1}h_j - (D\pi_{\overline{x}})_{r+1}^{n+1}\pi_{\overline{t},r}^{n+1}$$

$$= \frac{1}{\tau}\sum_{j=r+1}^{J}(D\pi_{\overline{x}})_j^{n+1}(\pi_{\overline{x},j}^n - \pi_{\overline{x},j}^{n+1})h_j - (D\pi_{\overline{x}})_{r+1}^{n+1}\pi_{\overline{t},r}^{n+1}$$

$$= -\frac{1}{\tau} \sum_{j=r+1}^{J} D_j (\pi_{\bar{x},j}^{n+1})^2 h_j + \frac{1}{\tau} \sum_{j=r+1}^{J} D_j \pi_{\bar{x},j}^{n+1} \pi_{\bar{x},j}^{n} h_j - (D\pi_{\bar{x}})_{r+1}^{n+1} \pi_{\bar{t},r}^{n+1}$$

$$= \frac{1}{2\tau} \sum_{j=r+1}^{J} D_j (\pi_{\bar{x},j}^{n})^2 h_j - \frac{1}{2\tau} \sum_{j=r+1}^{J} D_j (\pi_{\bar{x},j}^{n+1})^2 h_j - \frac{1}{2\tau} \sum_{j=r+1}^{J} D_j (\pi_{\bar{x},j}^{n+1})^2 h_j$$

$$- \frac{1}{2\tau} \sum_{j=r+1}^{J} D_j (\pi_{\bar{x},j}^{n})^2 h_j + \frac{1}{2\tau} \sum_{j=r+1}^{J} 2 D_j \pi_{\bar{x},j}^{n} \pi_{\bar{x},j}^{n+1} h_j - (D\pi_{\bar{x}})_{r+1}^{n+1} \pi_{\bar{t},r}^{n+1}$$

$$= -\frac{1}{2\tau} \left[\sum_{j=r+1}^{J} D_j (\pi_{\bar{x},j}^{n+1})^2 h_j - \sum_{j=r+1}^{J} D_j (\pi_{\bar{x},j}^{n})^2 h_j \right]$$

$$- \frac{\tau}{2} \sum_{j=r+1}^{J} D_j (\pi_{\bar{x}\bar{t},j}^{n+1})^2 h_j - (D\pi_{\bar{x}})_{r+1}^{n+1} \pi_{\bar{t},r}^{n+1}. \tag{9.1.44}$$

记 $F^n = \sum_{j=1}^{s} D_j^n (\pi_{\bar{x},j}^n)^2 h_j + \sum_{j=r+1}^{J} D_j^n (\pi_{\hat{x},j}^n)^2 h_j$, 则

$$\| \pi_{\bar{x}}^n \|^2 \leqslant \frac{1}{d_*} F^n, \quad \| \pi^n \|_c^2 \leqslant \frac{1}{d_*} F^n,$$

$$\sum_{j=1}^{s-1} (D\pi_{\bar{x}})_{x,j}^{n+1} \pi_{\bar{t},j}^{n+1} h_j + \sum_{j=r+1}^{J-1} (D\pi_{\bar{x}})_{x,j}^{n+1} \pi_{\bar{t},j}^{n+1} h_j$$

$$= -\frac{1}{2\tau} (F^{n+1} - F^n) - \frac{\tau}{2} \left[\sum_{j=1}^{s} D_j (\pi_{\bar{x}\bar{t},j}^{n+1})^2 h_j + \sum_{j=r+1}^{J} D_j (\pi_{\hat{x}\bar{t},j}^{n+1})^2 h_j \right]$$

$$+ \Phi_s^{n+1} \pi_{\bar{t},s}^{n+1} + \Phi_{r+1}^{n+1} \pi_{\bar{t},r}^{n+1}, \tag{9.1.45}$$

$$\sum_{j=1}^{s-1} \Phi_j^{n+1} \pi_{\bar{t},j}^{n+1} h_j + \sum_{j=r+1}^{J-1} \Phi_j^{n+1} \pi_{\bar{t},j}^{n+1} h_j$$

$$\leqslant \frac{1}{\varepsilon} \left[\sum_{j=1}^{s} (\Phi_j^{n+1})^2 h_j + \sum_{j=r+1}^{J} (\Phi_j^{n+1})^2 h_j \right] + \varepsilon \left[\sum_{j=1}^{s-1} (\pi_{\bar{t},j}^{n+1})^2 h_j + \sum_{j=r+1}^{J-1} (\pi_{\bar{t},j}^{n+1})^2 h_j \right], \tag{9.1.46}$$

$$\sum_{j=1}^{s-1} \xi^{n+1} x_j^{n+1} \xi_t^{n+1} \pi_{\hat{x},j}^{n+1} \pi_{\bar{t},j}^{n+1} h_j + \sum_{j=r+1}^{J-1} (3 - x_j^{n+1})(L - \varsigma^{n+1}) \varsigma_t^{n+1} \pi_{\hat{x},j}^{n+1} \pi_{\bar{t},j}^{n+1} h_j$$

$$\leqslant \varepsilon \left[\sum_{j=1}^{s-1} (\xi^{n+1} \pi_{\bar{t},j}^{n+1})^2 h_j + \sum_{j=r+1}^{J-1} (L - \varsigma^{n+1})^2 (\pi_{\bar{t},j}^{n+1})^2 h_j \right]$$

$$+ \frac{1}{\varepsilon} \left[\sum_{j=1}^{s-1} (x_j^{n+1} \xi_t^{n+1} \pi_{\hat{x},j}^{n+1})^2 h_j + \sum_{j=r+1}^{J-1} (3 - x_j^{n+1})^2 (\varsigma_t^{n+1} \pi_{\hat{x},j}^{n+1})^2 h_j \right]$$

$$\leqslant \varepsilon \left[\sum_{j=1}^{s-1} (\xi^{n+1} \pi_{\bar{t},j}^{n+1})^2 h_j + \sum_{j=r+1}^{J-1} (L - \varsigma^{n+1})^2 (\pi_{\bar{t},j}^{n+1})^2 h_j \right]$$

$$+ \frac{2L^{*2}}{\varepsilon} \left[\sum_{j=1}^{s-1} (\pi_{\bar{x},j}^{n+1})^2 h_j + \sum_{j=1}^{s-1} (\pi_{\bar{x},j+1}^{n+1})^2 h_j + \sum_{j=r+1}^{J-1} (\pi_{\bar{x},j}^{n+1})^2 h_j + \sum_{j=r+1}^{J-1} (\pi_{\bar{x},j+1}^{n+1})^2 h_j \right]$$

$$\leqslant \varepsilon \left[\sum_{j=1}^{s-1} (\xi^{n+1} \pi_{\bar{t},j}^{n+1})^2 h_j + \sum_{j=r+1}^{J-1} (L - \varsigma^{n+1})^2 (\pi_{\bar{t},j}^{n+1})^2 h_j \right] + \frac{4L^{*2}}{d_* \varepsilon} F^{n+1}, \qquad (9.1.47)$$

从而

$$\sum_{j=1}^{s-1} (\xi^{n+1})^2 (\pi_{\bar{t},j}^{n+1})^2 h_j + \sum_{j=r+1}^{J-1} (L - \varsigma^{n+1})^2 (\pi_{\bar{t},j}^{n+1})^2 h_j$$

$$\leqslant -\frac{1}{2\tau} (F^{n+1} - F^n) - \frac{\tau}{2} \left[\sum_{j=1}^{s} D_j (\pi_{\bar{x}\bar{t},j}^{n+1})^2 h_j + \sum_{j=r+1}^{J} D_j (\pi_{\bar{x}\bar{t},j}^{n+1})^2 h_j \right]$$

$$+ \Phi_s^{n+1} \pi_{\bar{t},s}^{n+1} + \Phi_{r+1}^{n+1} \pi_{\bar{t},r}^{n+1}$$

$$+ \frac{1}{\varepsilon} \left[\sum_{j=1}^{s} (\Phi_j^{n+1})^2 h_j + \sum_{j=r+1}^{J} (\Phi_j^{n+1})^2 h_j \right] + \varepsilon \left[\sum_{j=1}^{s-1} (\pi_{\bar{t},j}^{n+1})^2 h_j + \sum_{j=r+1}^{J-1} (\pi_{\bar{t},j}^{n+1})^2 h_j \right]$$

$$+ \varepsilon \left[\sum_{j=1}^{s-1} (\xi^{n+1} \pi_{\bar{t},j}^{n+1})^2 h_j + \sum_{j=r+1}^{J-1} (L - \varsigma^{n+1})^2 (\pi_{\bar{t},j}^{n+1})^2 h_j \right] + \frac{4L^{*2}}{d_* \varepsilon} F^{n+1}$$

$$\leqslant -\frac{1}{2\tau} (F^{n+1} - F^n) - \frac{\tau}{2} \left[\sum_{j=1}^{s} D_j (\pi_{\bar{x}\bar{t},j}^{n+1})^2 h_j + \sum_{j=r+1}^{J} D_j (\pi_{\bar{x}\bar{t},j}^{n+1})^2 h_j \right]$$

$$+ \frac{1}{\varepsilon} \left[\sum_{j=1}^{s} (\Phi_j^{n+1})^2 h_j + \sum_{j=r+1}^{J} (\Phi_j^{n+1})^2 h_j \right] + 3\varepsilon \left[\sum_{j=1}^{s-1} (\pi_{\bar{t},j}^{n+1})^2 h_j + \sum_{j=r+1}^{J-1} (\pi_{\bar{t},j}^{n+1})^2 h_j \right]$$

$$+ \varepsilon \left[\sum_{j=1}^{s-1} (\xi^{n+1} \pi_{\bar{t},j}^{n+1})^2 h_j + \sum_{j=r+1}^{J-1} (L - \varsigma^{n+1})^2 (\pi_{\bar{t},j}^{n+1})^2 h_j \right]$$

$$+ K_2 (F^n + F^{n+1}) + \frac{1}{\varepsilon} \left[\frac{(\Phi_s^{n+1})^2}{h_s} + \frac{(\Phi_r^{n+1})^2}{h_r} \right]. \qquad (9.1.48)$$

由假设条件 (I), $\min \left\{ \dfrac{1}{(\xi^{n+1})^2 + 3}, \dfrac{1}{(L - \varsigma^{n+1})^2 + 3} \right\} \geqslant \dfrac{1}{L^2 + 3}$, 因此取 $M_1 = \dfrac{1}{L^2 + 3} > 0$, 则只要 $0 < \varepsilon < M_1$, 则成立

$$\frac{1}{2\tau} (F^{n+1} - F^n) \leqslant K_2 (F^n + F^{n+1}) + M(\| \overline{\theta}^n \|_{2,\infty}) (\tau^2 + h^2),$$

即
$$F_{\bar{t}}^{n+1} \leqslant K_2(F^n + F^{n+1}) + M(\|\overline{\theta}^n\|_{2,\infty})(\tau^2 + h^2),\qquad (9.1.49)$$

τ 充分小, 使得 $2K_2\tau \leqslant 1$, 根据 Gronwall 不等式,
$$F^{n+1} \leqslant e^{3K_2 T} F^0 + M(\|\overline{\theta}^n\|_{2,\infty})(\tau^2 + h^2).$$

即
$$\|\pi_{\bar{x}}^n\| \leqslant M(\|\overline{\theta}^n\|_{2,\infty})(\tau + h), \quad n = 0,1,\cdots,N. \qquad (9.1.50)$$

由于 $\pi_0^n = 0$, 所以
$$\|\pi^n\|_c \leqslant M(\|\overline{\theta}^n\|_{2,\infty})(\tau + h), \quad n = 0,1,\cdots,N. \qquad (9.1.51)$$

定理 9.1.1　在假定条件 (I)~(V) 成立的条件下, 假设问题 (9.1.1)~(9.1.3) 和定解条件 (9.1.4)~(9.1.10) 对应的模型问题精确解 U 和 $\overline{\theta}$ 具有一定的光滑性, 即 $U, \overline{\theta} \in W^{2,\infty}(L^\infty) \cap L^\infty(H^2)$. u 和 ϕ 是相应差分格式 (9.1.22)~(9.1.24) 的解. 则当 τ 和 h 同时趋于零时, 成立下面的误差估计:
$$\|u - U\|_c + \|\phi - \overline{\theta}\|_c \leqslant M^*(\tau + h). \qquad (9.1.52)$$

此处常数 M^* 是与剖分 h,τ 无关的常数, 仅依赖于函数 $U, \overline{\theta}$ 及其导数.

若我们采用均匀网格剖分, 经细致的分析和估计, 可得下述高精度的二阶 L^2 模估计:

定理 9.1.2　在定理 9.1.1 同样的条件下, 若采用 L^2 模, 可得下述误差估计:
$$\|u - U\|_{h^1} + \|\phi - \overline{\theta}\|_{h^1} \leqslant M^{**}(\tau + h^2). \qquad (9.1.53)$$

此处 $\|u - U\|_{h^1}^2 = \sum_{j=1}^J (u-U)^2_{\bar{x},j} h_j$, $\|\phi - \overline{\theta}\|_{h^1}$ 是同样的, M^{**} 是与剖分 h,τ 无关的常数, 仅依赖于函数 $U, \overline{\theta}$ 及其导数.

9.1.5　总结和讨论

本节将冻土水热耦合过程归结为含有双运动边界条件的 Stefan 问题, 提出了定时间步长、变坐标步长的差分求解方法. 通过数值模拟结果与实测数据的对比, 发现该模型是有效的, 计算过程简便、物理意义清晰. 通过坐标变换的方法对该算法进行了理论上的误差分析, 得到了最优的 L^∞ 模和 h^1 模的误差估计. 成功解决了在环境科学领域这一重要和困难问题, 具有十分重要的理论和实用价值. 详细的讨论和分析可参阅文献 [40, 41].

9.2 土壤冻结/融化的陆面模式在中国区域的模拟

土壤的冻结和融化过程是土壤内部的重要物理过程, 其冻结和融化深度的长期变化可以作为气候变化的重要指示器. 本节将 CLM3.0 模型中的土壤冻融过程归结为一个多运动边界问题, 提出了一个在土壤水热过程中引入土壤冻结/融化深度作为直接预报变量的多界面耦合模型. 利用局部自适应变网格方法把随时间变化的土壤冻结和融化深度作为空间网格节点用以计算土壤温度, 并通过改进土壤的相变热进一步调整土壤中液态水含量和冰含量的比例. 从而在获得土壤温度和湿度的同时直接预报出土壤的冻结和融化深度. 基于本节提出的多运动界面模型, 利用 1960~2004 年中国区域气象数据, 分析了在全球变暖的趋势下中国区域冻土分布的时空分布变化规律. 数值试验结果表明, 本节所提出的模型够缩小 CLM3.0 模式模拟土壤湿度过小的偏差和在模拟近地表气温中存在的冬季冷偏差和夏季热偏差. 数值模拟结果与实测数据吻合较好, 说明本节所采用的局部自适应变网格方法稳定可行, 计算效率高. 同时本节所提出的模型可以连续追踪多冻融界面, 避免了利用等温线不能同时模拟同一土壤层中存在多冻融界面的缺陷. 对模型问题利用坐标变换方法分析了模型算法的收敛性, 得到算法关于 L^∞ 模的最优误差估计, 使得数值模拟系统建立在严谨的数学和力学基础之上, 为冻土技术问题的深入解决提供科学依据. 通过对冻土水、热耦合机理这一固体力学学科领域难点问题的研究, 为今后我国开展与冻土有关的各类工程建设、农业生产活动、气候变化研究等提供有利参考, 同时为进一步完善和分析我国冻土的时空变化和后期的预报预测提供了理论基础.

9.2.1 引言

季节性冻土和多年冻土活动层的时空变化估算是一个困难的问题. 长期以来, 冻土面积的估算主要是以野外实测为基础的经验估算, 具有较大的不确定性, 也不适宜于数值计算和数值模式的耦合效应. 因此, 如何相对客观地估算冻土在时空上的变化是一个基础性的理论问题.

按照定义, 冻土是一种温度低于 0°C 且含有冰的土岩. 根据已有的研究 [42], 我国多年冻土的分布面积约为 $2.07 \times 10^6 \mathrm{km}^2$, 约占全国国土面积的 21.5%, 主要分布在中、低纬度的青藏高原, 东北北部和西部一些高山地区. [43-48] 也指出, 土壤质地 (类型)、土壤含水量、土壤中水的相变引起的潜热变化、积雪 (雪盖)、植被等是影响冻结深度变化的主要因子. 海拔则通过影响地表温度的估算, 进而影响冻土深度和分布的估算.

目前世界上发展最为完善而且也是最具发展潜力的陆面过程模式之一的

CLM3.0 (Community Land Model 3.0)[49] 是 NCAR/CCSM 或 NCAR/CAM 中的陆面分量模式, 综合了 BATS, IAP94, LSM 等陆面模式的优点, 改进了一些物理过程的参数化, 加入了水文过程、生物地球化学过程和动态植被等过程. CLM3.0 采用经验化方法对水热传导系数进行参数化, 冻土参数化方案使用土壤基质势定义土壤冻结后的最大液态水 (未冻水) 含量, 而没有直接准确地预测冻结/融化深度, 从而得到冻土的时空分布.

　　鉴于此, 本节试图对 CLM3.0 的冻融过程参数化进行改进并利用实测资料进行理论和模拟分析, 为进一步完善和分析中国地区冻土的时空变化提供理论基础.

9.2.2　模式介绍

9.2.2.1　模式简介

　　本节所使用的陆面过程模式 CLM3.0 是目前世界上发展最为完善并被广泛应用的陆面过程模式之一. 由 NCAR (National Center for Atmospheric Research) 发布于 2004 年, 其原型是在 BATS、IPA94、LSM 等陆面过程模式的基础上发展而来. 选取 CLM 模式的主要原因是该模式能与通用大气模式 (Community Atmosphere Model, CAM3.0) 和通用气候系统模式 (Community Climate System Model, CCSM3.0) 进行耦合, 有利于我们后续开展的区域气候模拟. 该模型将地表划分为不同的网格, 每个网格下划分为不同的地表单元 (包括冰川、湿地、植被、湖泊、城市), 而每个地表单元又由不同的柱单元组成 (每个柱单元从上向下由 35 层积雪和 10 层土壤组成), 每个柱单元按地表状态可由 415 种可能的植被功能类型组成.

　　每一层的土壤热通量表述为

$$F_i = \lambda[Z_{h,i}] \left\{ \frac{T_i - T_{i+1}}{Z_{i+1} - Z_i} \right\}, \tag{9.2.1}$$

$$\lambda[Z_{h,i}] = \begin{cases} \dfrac{\lambda_i \lambda_{i+1}(Z_{i+1} - Z_i)}{\lambda_i(Z_{i+1} - Z_{h,i}) + \lambda_{i+1}(Z_{h,i} - Z_i)}, \\ 0, \end{cases} \tag{9.2.2}$$

式中, F_i 为第 i 层的土壤热通量 (W·m^{-2}); $\lambda[Z_{h,i}]$ 为相邻两层土壤之间的热导率 (W·m^{-1}·K^{-1}); $Z_{h,i}$ 为土壤深度 (m); T_i, T_{i+1} 分别为节点 i, $i+1$ 处的土壤温度 (K); Z_i, Z_{i+1} 分别为节点 i, $i+1$ 处的深度 (m); λ_i, λ_{i+1} 分别为节点 i, $i+1$ 处的土壤热导率 (W·m^{-1}·K^{-1}).

　　模式对土壤水通量的描述采用达西定律和一维水传导模型, 每一层土壤的水通量为

$$q_i = K[Z_{h,i}] \left[\frac{(\phi_{i+1} - \phi_i) + (Z_{i+1} - Z_i)}{Z_{i+1} - Z_i} \right], \tag{9.2.3}$$

式中, q_i 为第 i 层的土壤热通量 (kg·m^{-2}·s^{-1}) 或 (mm·s^{-1}); $K[Z_{h,i}]$ 为相邻两层土壤之间的水导率 (mm); ϕ_i, ϕ_{i+1} 分别为节点 i, $i+1$ 处的土壤水势 (mm); Z_i, Z_{i+1} 表示节点 i, $i+1$ 处的深度 (mm).

9.2.2.2 模式改进

土壤的冻结和融化过程、多年冻土的形成演化规律和季节冻结与融化深度变化和与相变有关的热传导问题密切相关. 对于 CLM3.0, 采用固定的十层土壤分层求解, 土壤分层公式为

$$z_j = 0.025 \times \exp[0.5(j - 0.5)] - 1, \quad j = 1, 2, \cdots, 10, \tag{9.2.4}$$

其中 z_j 为第 j 层土壤深度.

设 $\xi(t)$, $\varsigma(t)$ 是 t 时刻土壤的冻结和融化深度. 本节的工作是要实现在 CLM 中将冻结和融化深度作为预报变量引入, 因此需要引入自适应网格方法以重新构建基于冻结和融化深度位置的土壤分层结构. 新的土壤层数依赖于冻结和融化深度界面的数目, 例如, 若第二层存在一个冻结深度界面, 则第二层土壤被该界面分成两层; 若第二层存在一个冻结深度界面和一个融化深度界面, 则第二层土壤被这两个界面分成三层. 在每个时间步上土壤层的总数目是原土壤分层数目 (10 层) 与该时刻土壤中存在的冻结和融化界面的数目之和, 但至多不会超过 12 层 (图 9.2.1). 在下一时刻计算土壤温度之前, 重新计算冻结和融化深度的位置, 以确定新的土壤分层位置.

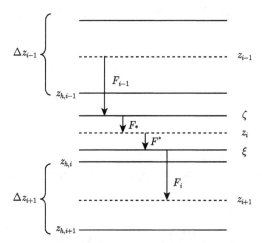

图 9.2.1 包含冻结和融化深度的土壤分层示意图. F^* 和 F_* 为新增入的冻结和融化深度后产生的热通量

在冻结和融化界面处的连续方程为

$$T|_{z=\xi+} = T|_{z=\xi-} = T_f, \quad T|_{z=\varsigma+} = T|_{z=\varsigma-} = T_f, \tag{9.2.5}$$

其运动边界条件为

$$\lambda_f \frac{\partial T}{\partial z}\bigg|_{z=\xi} - \lambda_u \frac{\partial T}{\partial z}\bigg|_{z=\xi} = Q\frac{\mathrm{d}\xi}{\mathrm{d}t}, \tag{9.2.6}$$

$$\lambda_f \frac{\partial T}{\partial z}\bigg|_{z=\varsigma} - \lambda_u \frac{\partial T}{\partial z}\bigg|_{z=\varsigma} = Q\frac{\mathrm{d}\varsigma}{\mathrm{d}t}, \tag{9.2.7}$$

其中 λ 是土壤热传导率, Q 为潜热.

按照图 9.2.1 中所示的剖分节点对方程 (9.2.1) 忽略右端相变项, 进行数值离散, 当 $i = snl + 1$ 时,

$$\frac{c_i \Delta x_i}{\Delta t}(\widetilde{T}_i^{n+1} - \widetilde{T}_i^n) = \widetilde{h}^{n+1} + \alpha \widetilde{F}_i^n + (1-\alpha)\widetilde{F}_i^{n+1}, \tag{9.2.8}$$

当 $snl + 1 < i < m$ 时,

$$\frac{c_i \Delta x_i}{\Delta t}(\widetilde{T}_i^{n+1} - \widetilde{T}_i^n) = \alpha(\widetilde{F}_i^n - \widetilde{F}_{i-1}^n) + (1-\alpha)(\widetilde{F}_i^{n+1} - \widetilde{F}_{i-1}^{n+1}), \tag{9.2.9}$$

当 $i = m$ 时,

$$\frac{c_i \Delta x_i}{\Delta t}(\widetilde{T}_i^{n+1} - \widetilde{T}_i^n) = -\alpha \widetilde{F}_{i-1}^n - (1-\alpha)\widetilde{F}_{i-1}^{n+1}, \tag{9.2.10}$$

其中 $\{x_j, j = snl + 1, \cdots, m\} = \{z_j, j = snl + 1, \cdots, n\} \cup \{\xi, \varsigma\}$ 为新的网格剖分节点, $\{\widetilde{T}_j, j = snl + 1, \cdots, m\}$ 是在节点 $\{x_j, j = snl + 1, \cdots, m\}$ 上的雪层或者土壤层的温度, $\{\widetilde{F}_j, j = snl + 1, \cdots, m\} = \{F_j, j = snl + 1, \cdots, n\} \cup \{F^*, F_*\}$, $\widetilde{h} = \overrightarrow{S_g} - \overrightarrow{L_g} - H_g - \lambda E_g$ 是雪/地表层进入大气的热通量. 将 $\{\widetilde{F}_j\}$ 的表达式代入上述的离散形式, 可得如下的三对角方程组:

$$a_i \widetilde{T}_{i-1}^{n+1} + b_i \widetilde{T}_i^{n+1} + c_i \widetilde{T}_{i+1}^{n+1} = r_i, \quad i = snl + 1, \cdots, m \tag{9.2.11}$$

写成向量形式为

$$A\widetilde{T}^{n+1} = R, \tag{9.2.12}$$

其中 A 是变维数的三对角矩阵.

然后方程 (9.2.6), (9.2.7) 按照如下格式离散就可以更新得到下一时刻的冻结与融化深度:

$$Q^n \frac{\xi^{n+1} - \xi^n}{\Delta t} = \left[\left(\lambda\frac{\partial T}{\partial z}\right)\bigg|_{z=(\xi^n)^+} - \left(\lambda\frac{\partial T}{\partial z}\right)\bigg|_{z=(\xi^n)^-}\right], \tag{9.2.13}$$

$$Q^n \frac{\varsigma^{n+1} - \varsigma^n}{\Delta t} = \left[\left(\lambda\frac{\partial T}{\partial z}\right)\bigg|_{z=(\varsigma^n)^+} - \left(\lambda\frac{\partial T}{\partial z}\right)\bigg|_{z=(\varsigma^n)^-}\right]. \tag{9.2.14}$$

同时将 $\{\widetilde{T}_j, j = snl + 1, \cdots, m\}$ 通过插值的形式获得 CLM 在原来的土壤分层 $\{z_j, j = snl + 1, \cdots, n\}$ 上的土壤温度 $\{T_j, j = snl + 1, \cdots, n\}$.

在 CLM 模式中利用 (9.2.2), (9.2.9)~(9.2.11) 所描述的运动边界问题求解土壤温度后, 通过计算相变热量变率来修正土壤中每层液态水和冰的含量. 由于本节引入了冻结和融化深度作为计算节点计算土壤温度, 在计算相变的时候是在原土壤分层节点上进行的, 因此在每一个时间步上需要进一步地修正土壤每层的液态水和冰的含量. 具体的做法就是在每个时间步计算出新的冻结和融化深度后, 在每个土壤层判断是否存在冻结或融化界面. 若存在冻结深度界面, 则该层土壤中冰的含量增加, 其增加量为

$$\Delta w_{ice,i} = ((z_{i+1} - \xi)/(z_{i+1} - z_i))w_{liq,i}, \qquad (9.2.15)$$

若存在融化深度界面, 则该层土壤中冰的含量减少, 其变化量为

$$\Delta w_{ice,i} = ((\varsigma - z_i)/(z_{i+1} - z_i))w_{liq,i}. \qquad (9.2.16)$$

综上所述, 对于任意时间步上的求解过程可以按下面的算法进行:

(1) 选取冻结和融化深度的初始值为 0m;

(2) 在时间步 t^{n+1} 上, 当模型求解土壤温度的时候, 按照 (9.2.11) 求解, 然后返回到 CLM 原始的 t 层节点处的值;

(3) 按照 (9.2.15) 和 (9.2.16) 调整土壤每层的液态水和冰的含量;

(4) 按照 (9.2.11) 计算土壤在原始十层土壤上的含水量;

(5) 重复步骤 (2), (3) 直至计算截至时间.

图 9.2.2 给出了上面所描述的耦合过程的计算流程示意图.

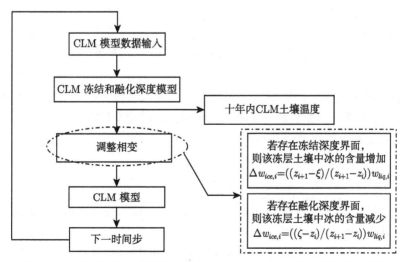

图 9.2.2 考虑冻结和融化深度动态变化的 CLM 模型计算流程示意图

9.2.3 资料来源

研究中采用的驱动 CLM 模式的大气强迫数据的时间分辨率为 3 小时 (00, 03, 06UTC, etc), 空间分辨率为 T62(1.8750°), 包括降水、近地表气温、相对湿度、风速、近地表气压和向下的太阳辐射. 采用每天至少两次的探空和卫星观测资料对再分析的近地表的风速和气压资料进行校正, 而降水和近地表太阳辐射由应用于再分析系统中的大气模式计算得到. 模式运行的时间跨度为 1960~2004 年. 研究中取 1960~1979 年作为运行过程 (spin-up) 阶段, 分析后 20 年 (1980~2000 年) 的试验结果. 试验中统一地采用 0m 作为冻结和融化深度的初始值. 模式的空间分辨率为 80×130, 时间分辨率为 3 小时.

9.2.4 总结和讨论

本节主要利用包含冻结/融化深度动态表示的 CLM 模式模拟了中国区域 1960~2000 年的陆面水文过程, 特别是土壤冻融尝试的变化. 利用 NCEP 再分析资料驱动所发展的考虑土壤冻结和融化深度变化的陆面过程模型进行数值模拟, 其 spin-up 时间为 1960~1979 年. 分析了在全球变暖的情况下中国区域冻土尝试的变化情况, 探讨了陆表状态变量对冻结/融化深度的响应, 可以得到以下的结论:

(1) 我国东部 30°N 以南, 没有冻土的出现. 冻土深度较大的地区有黑龙江、内蒙古、新疆及青藏高原, 东部 30°N 到 40°N 之间是冻土深度变化较大的地区.

(2) 冻结深度变化分析表明, 自 20 世纪 80 年代以来绝大多数地区冻土开始减小, 但是各个地方减小的速度不同.

(3) 冻结深度减小的原因是复杂的, 但是冻结深度减小的事实至少反映了冻土对气候变化具有敏感性.

(4) 新的模式能够在程度上减弱旧的模式模拟土壤湿度过小的偏差, 从而使得潜热变小, 能够减少旧的模式在模拟近地表气温上的冬季的冷偏差和夏季的热偏差.

本节的研究为冻土工程的设计、施工和维护提供有效的科学依据、分析模型及必要的参考, 为进一步完美和分析中国地区冻土的时空变化提供理论基础. 有关问题详细的讨论和分析可参阅文献 [50, 51].

参 考 文 献

[1] Qiu G Q, Liu J R, Liu H X, et al. Geocryology Dictionary. Lanzhou: Gansu Science and Technology Press, 1994: 83-84.

[2] Xu X Z, Deng Y S. Experimental Study on Water Migration in Freezing and Frozen Soils. Beijing: Science Press, 1991: 83-86.

[3] Lei Z D, Yang S X, Xie S C, et al. Soil Hydrodynamic. Beijing: Tsinghua University Press, 1988: 196-400.

[4] Harlan R L. Analysis of coupled heat-fluid transport in partially frozen soil. Water Resources Research, 1973, 9(5): 1314-1323.

[5] Taylor G S, Luthin J N. A model for coupled heat and moisture transfer during soil freezing. Canadian Geotechnical Journal, 1978, 15(4): 548-555.

[6] Jame Y W, Norum D I. Heat and mass transfer in freezing unsaturated porous medium. Water Resources Research, 1980, 16(4): 811-819.

[7] Kung S K J, Steenhuis T S. Heat and moisture transfer in a partly frozen nonheaving soil[1]. Soil Science Society of America Journal, 1986, 50(5): 1114-1122.

[8] Shang S H, Lei Z D, Yang S X. Numerical simulation improvement of coupled moisture and heat transfer during soil freezing. Journal of Tsinghua University (Sci & Tech), 1997, 37(8): 62-64.

[9] Lei Z D, Shang S H, Yang S X, et al. Numerical simulation on simultaneous soil moisture and heat transfer under shallow ground water table in winter. Journal of Glaciology and Geocryology, 1998, 20(1): 51-54.

[10] Zheng X Q, Fan G S. Numerical emulation on simultaneous soil moisture and heat transfer under freezing and thawing conditions. Journal of System Simulation, 2001, 13(3): 308-311.

[11] Li R P, Shi H B, Takeo A, et al. BP network model research on water and salt transfer forecast in seasonal freezing and thawing soils. Transactions of the CSAE, 2007, 23(11): 125-128.

[12] Wang Z L, Fu Q, Jiang Q X, et al. Numerical simulation of water-heat coupled movements in seasonal frozen soil. Mathematical and Computer Modelling, 2011, 54(3/4): 970-975.

[13] Bronfenbrener L, Bronfenbrener R. A temperature behavior of frozen soils: Field experiments and numerical solution. Cold Regions Science and Technology, 2012, 79, 80, 84-91.

[14] Brown J, Hinkel K M, Nelson F E. The circumpolar active layer monitoring (calm) program: Research designs and initial results[1]. Polar Geogr, 2000, 24(3): 166-258.

[15] Li X, Koike T. Frozen soil parameterization in SiB2 and its validation with GAME -Tibet observations. Cold Regions Science and Technology, 2003, 36(1-3): 165-182.

[16] Fox J D. Incorporating freeze-thaw calculations into a water balance model. Water Resources Research, 1992, 28(9): 2229-2244.

[17] Pang Q Q, Li S X, Wu T H, et al. Simulated distribution of active layer depths in the frozen ground regions of Tibetan Plateau. Journal of Glaciology and Geocryology, 2006, 28(3): 390-395.

[18] Woo M K, Arain M A, Mollinga M, et al. A two-directional freeze and thaw algorithm for hydrologic and land surface modelling. Geophys. Res. Lett., 2004, 31(12): L12501. doi: 10.1029/2004GL019475.

[19] Clapp R B, Hornberger G M. Empirical equations for some soil hydraulic properties. Water Resources Res, 1978, 14(4): 601-604.

[20] Cryer C C, Crank J. Free and moving boundary problems. Mathematics of Computation, 1986, 46(74): 429-500.

[21] Furzeland R M. A comparative study of numerical methods for moving boundary problems. IMA Journal of Applied Mathematics, 1980, 26(4): 411-429.

[22] Gupta R S, Kumar D. A modified variable time step method for the one-dimensional Stefan problem. Comput. Meth. Appl. Mech. Eng., 1980, 23(1): 101-109.

[23] Agarwal R P, O'Regan D. The One-Dimensional Heat Equation. Addison-Wesley: Menlo Park, 1984: 234-240.

[24] Alexiades V V, Solomon A D. Mathematical Modelling of Melting and Freezing Processes. Washington: Hemisphere, 1993.

[25] Vermolen F, Vuik K. A numerical method to compute dissolution of second phases in ternary alloys. J. Comput. Appl. Math., 1998, 93(2): 123-143.

[26] Caldwell J, Savovic S. Numerical solution of Stefan problem by variable space grid method and boundary immobilisation method. J. Math. Sci, 2002, 13(1): 67-79.

[27] Gupta S C. The Classical Stefan Problem. Amsterdam: Elsevier, 2003.

[28] Yuan Y R. The upwind finite difference method for moving boundary value problem of coupled system. Acta Mathematica Scientia, 2011, 31(3): 857-881.

[29] Lunardini V J. Heat Transfer with Freezing and Thawing. Burlington: Elsevier Science, 1991.

[30] Finn L, Varo E. Finite element solution of the Stefan problem// MAFELAP 1978. New York: Academic Press, 1979: 201-208.

[31] Asaithambi N S. A variable time step Galerkin method for a one-dimensional Stefan problem. Appl. Math. Comput., 1997, 81(2/3): 189-200.

[32] Asaithambi N S. A Galerkin method for Stefan problems. Appl. Math. Comput., 1992, 52(2/3): 239-250.

[33] Černý R., Přikryl P. Numerical solution of a Stefan-like problem in laser processing of semiconducting alloys. Math. Comput. Simulat., 1999, 50(1-4): 165-173.

[34] Segal G, Vuik C, Vermolen F. A conserving discretization for the free boundary in a two-dimensional Stefan problem. J. Computa. Phys., 1998, 141(1): 1-21.

[35] Wu Z C. An approach to semi-space two-phase Stefan problems by using interface-tracking and analysis method. Journal of Harbin University of Commerce, 2004(2): 59-62.

[36] Wu Z C. Finite difference approach to single-phase Stefan problems by using fixed-time step and variable space interval method. Chinese Journal of Computational Physics, 2003, 20(6): 521-524.

[37] Tarzia D A. A bibliography on moving-free boundary problems for the heat-diffusion equation. The Stefan and related problems, MAT Ser A 2(2000) 1-297(with 5869 titles on the subject). http://web.austral.edu.ar/descargas/facultad-cienciasempresariales/mat/Tarzia-MAT-SerieA-2(2000).pdf.

[38] Nan Z T, Li S X, Cheng G D. Prediction of permafrost distribution on the Qinghai-Tibet Plateau in the next 50 and 100 years. Science in China Ser. D. Earth Sciences, 2005, 48(6): 797-804.

[39] Zheng X Q, Fan G S. Influence of moisture content on infiltration characteristics in seasonal frozen and thawed soils. Transactions of the CSAE, 2000, 16(6): 52-55.

[40] 宋丽叶, 袁益让. 冻土问题数值模拟的理论和应用. 山东大学数学研究所科研报告, 2015.
Song L Y, Yuan Y R. Theory and application of the numerical simulation in the frozen soil problems. 山东大学数学研究所科研报告, 2015.

[41] 宋丽叶, 袁益让. 一类非经性自由值问题差分方法理论及冻土问题的应用. 山东大学数学研究所科研报告, 2016.
Song L Y, Yuan Y R. Finite difference method for a kind of nonlinear free boundary problem in forzen soil. 山东大学数学研究所科研报告, 2016.

[42] Xu X Z, Wang J C, Zhang L X. Geocryology and Physics. Beijing: Science Press, 2010.

[43] Kudryavtsev V A. Fundam en tals of Frozen Soil Forecasting in Geological Engineering Investigations// Guo D X, Ma S M, Ding D W, et al. translate. Lanzhou: Lanzhou University Press, 1992.

[44] Li X, Cheng G D. Review on the interaction models between climatic system and frozen soil. Journal of Glaciology and Geocryology, 2002, 24(3): 315-321.

[45] Li X, Cheng G D. A GIS-aided response model of high altitude permafrost to global change. Science in China(Series D), 1999, 42(1): 72-79.

[46] Dai J B, Li A Y. Influence of snow cover to the ground temperature in the permafrost region in the northern part of the great Xinan mountain. Journal of Glaciology and Geocryology, 1981, 3(1): 10-18.

[47] Dai J B. Characteristics of ground temperature in permafrost areas in the northern part of great Xinan mountain. Journal of Glaciology and Geocryology, 1982, 4(3): 53-63.

[48] Wang S L, Zhao X M. Analysis of the ground temperatures monitored in perm afrost regions on the Tibetan plateau. Journal of Glaciology and Geocryology, 1999, 21(2): 159-163.

[49] Dickinson R E, Oleson K W, Bonan G, et al. The community land model and its

climatestatistics as a component of the community climate system model. J. Climate, 2006, 19: 2302-2324.

[50]　宋丽叶, 袁益让. 土壤冻结/融化的陆面模式在中国区域的模拟和分析. 山东大学数学研究所科研报告, 2016.

　　　Song L Y, Yuan Y R. Numerical sirualation and analysis on land surfrace process cver China using community land medel eombined impucts of Trast/Thaw depth. 山东大学数学研究所科研报告, 2016.

[51]　宋丽叶, 袁益让. 土壤冻结/融化的陆面水热耦合模式的数值模拟和分析. 山东大学数学研究所科研报告, 2016.

　　　Song L Y, Yuan Y R. Numerical analysis on water-heat transfer in soil freezing-thawing using community land medel. 山东大学数学研究所科研报告, 2016.

第10章 地下水污染的某些问题数值方法研究

地下水污染问题是一个重要的环境科学问题. 其数学模型是一类非线性偏微分方程组的初边值问题. 关于压力的流动方程是椭圆型的和关于污染物浓度方程是对流–扩散型的, 以及关于介质表面吸附浓度的一阶常微分方程. 流体的压力通过 Darcy 速度在浓度方程中出现, 并控制着浓度方程的全过程. 我们对流动方程采用具有守恒律性质的混合体积元离散求解, 对 Darcy 速度的计算提高了一阶精确度, 对浓度方程采用特征混合体积元求解, 即对方程的扩散部分采用混合体积元离散, 对流部分采用特征线法, 特征线法可以保证格式在流体锋线前沿逼近的高稳定性, 消除数值弥散和非物理性振荡, 并可以得到较小的截断误差, 增大时间步长, 提高计算精确度, 扩散项采用混合体积元离散, 可以同时逼近饱和度及其伴随向量函数, 保持单元质量守恒. 应用微分方程先验估计的理论和技巧, 得到最佳二阶 L^2 横误差估计结果, 数值算例指明了方法的有效性和实用性.

本章共两节, 10.1 节为污染运移问题的混合体积元–特征混合体积元方法, 10.2 节为双重介质中地下水污染问题的混合体积元–特征混合体积元方法.

在本章中 k 表示一般的正常数, ε 表示一般小的正数, 在不同处具有不同含义.

10.1 污染运移问题的混合体积元–特征混合体积元方法

污染运移问题的数值模拟研究是环境保护科学十分重要的课题, 其数学模型是一类非线性对流占优的对流扩散方程组. 关于压力的流动方程是椭圆型的, 关于污染物浓度方程是对流–扩散型的, 以及关于介质表面吸附浓度是一阶常微分方程. 我们对流动方程采用具有守恒律性质的混合体积元离散求解, 对浓度方程采用特征混合体积元求解, 可以同时逼近浓度函数及其伴随向量函数, 保持单元的质量守恒. 应用微分方程先验估计的理论和特殊技巧, 得到最佳二阶 L^2 模误差估计结果. 数值算例, 指明该方法的有效性和实用性.

10.1.1 引言

污染运移问题的数值模拟研究是环境保护科学十分重要的课题, 其数学模型是一类非线性对流占优的对流扩散方程组. 关于压力的流动方程是椭圆型的, 关于污染物浓度方程是对流–扩散型的, 以及关于介质表面吸附的一阶常微分方程. 流体的压力通过 Darcy 速度在浓度方程中出现, 并控制着浓度方程的全过程. 污染运移方程的物理背景可简化为: 当化学物质溶解在地下水中时, 要在多孔介质的表面经历吸收和化学反应变化过程, 地下水流动时, 化学反应过程对于溶质的运移产生重要的影响, 关于影响的研究可以帮助我们理解污染物如何通过土壤在时间和空间上进行传播. 描述吸收的化学反应速度不一, 反应迅速的是平衡吸收, 反应缓慢的是非平衡吸收, 本节研究最常见的非平衡吸收情况. 问题的数学模型是下述非线性偏微分方程组的耦合问题 [1-6]:

$$\nabla \cdot \boldsymbol{u} = -\nabla \cdot (\kappa(c)\nabla p) = q(X,t), \quad X = (x,y,z)^{\mathrm{T}} \in \Omega, \quad t \in J = (0,T], \quad (10.1.1a)$$

$$\boldsymbol{u} = -\kappa(c)\nabla p, \quad X \in \Omega, \quad t \in J, \quad (10.1.1b)$$

$$\theta(X)\frac{\partial c}{\partial t} + \rho(X)\frac{\partial s}{\partial t} + \nabla \cdot (\boldsymbol{u}c) - \nabla \cdot (\theta D \nabla c) = 0, \quad X \in \Omega, \quad t \in J, \quad (10.1.2)$$

$$\frac{\partial s}{\partial t} = \hat{\alpha}(\varphi(c) - s), \quad X \in \Omega, \quad t \in J, \quad (10.1.3)$$

此处 Ω 是三维空间 R^3 中的有界区域, $p(X,t)$ 为流体的压力函数, $\boldsymbol{u} = (u_x, u_y, u_z)^T$ 是 Darcy 速度, $c(X,t)$, $s(X,t)$ 分别是污染物浓度和非平衡吸收时的吸附浓度函数. $\kappa(c)$ 是地层渗透率函数, $\theta(X)$, $\rho(X)$ 分别是流动水的储水率和多孔介质的密度, 均为确定的正函数. D 是分子扩散和化学弥散的总矩阵, 其具体形式为

$$\theta D(X, \boldsymbol{u}) = \theta D_{\mathrm{mol}}(X)\boldsymbol{I} + \alpha_l |\boldsymbol{u}|^\beta \begin{pmatrix} \hat{u}_x^2 & \hat{u}_x \hat{u}_y & \hat{u}_x \hat{u}_z \\ \hat{u}_y \hat{u}_x & \hat{u}_y^2 & \hat{u}_y \hat{u}_z \\ \hat{u}_z \hat{u}_x & \hat{u}_z \hat{u}_y & \hat{u}_z^2 \end{pmatrix}$$
$$+ \alpha_t |\boldsymbol{u}|^\beta \begin{pmatrix} \hat{u}_y^2 + \hat{u}_z^2 & -\hat{u}_x \hat{u}_y & -\hat{u}_x \hat{u}_z \\ -\hat{u}_x \hat{u}_y & \hat{u}_x^2 + \hat{u}_z^2 & -\hat{u}_y \hat{u}_z \\ -\hat{u}_x \hat{u}_z & -\hat{u}_z \hat{u}_y & \hat{u}_x^2 + \hat{u}_y^2 \end{pmatrix}, \quad (10.1.4)$$

此处 $D_{\mathrm{mol}}(X)$ 是分子扩散系数, $\boldsymbol{I}$ 是 3×3 单位矩阵, α_l, α_t 分别为纵向和横向扩散系数, $\hat{u}_x$, $\hat{u}_y$, $\hat{u}_z$ 为 Darcy 速度 $\boldsymbol{u}$ 在坐标轴的方向余弦. 通常 $\beta \geqslant 2$, 为一常数. 通常假定扩散-弥散总矩阵是正定的, 且在实际数值模拟计算时, 为了计算简便, 通常仅考虑分子扩散系数项, 且假定 $D_* \leqslant D_{\mathrm{mol}}(X) \leqslant D^*$, 此处 D_*, D^* 均为正常数 [1-6]. $\hat{\alpha}$ 为交换系数, 通常为正常数. $\varphi(c)$ 被称为等温吸收, 通常有两种形式:

(I) 朗缪尔吸附等温线 (Langmuirisotherm), $\varphi(c) = \dfrac{k_1 c}{1 + k_2 c}$, $k_1, k_2 > 0$;

(II) 弗罗因德利希吸附等温线 (Freundlinchisotherm), $\varphi(c) = k_3 c^p$, $k_3 > 0$, 通常选择 $p \in [0, 1]$.

第二种情况, 对于 $p < 1$ 是退化的抛物方程, $\varphi \in C^0 \cap C^1(-\infty, 0) \cup (0, \infty)$ 满足 $\varphi(0) = 0$ 单调增加, 而 $p \in (0, 1)$ 仅是局部 Hölder 连续, 导致 c 的正则性降低. $q(X,t)$ 为源汇项. 压力函数 $p(X,t)$ 和浓度函数 $c(X,t)$, $s(X,t)$ 是待求的基本函数.

不渗透边界条件:

$$\boldsymbol{u} \cdot \nu = 0, X \in \partial\Omega, (\theta D\nabla c - c\boldsymbol{u}) \cdot \nu = 0, \quad X \in \partial\Omega, \quad t \in J, \tag{10.1.5}$$

此处 ν 是区域 Ω 的边界曲面 $\partial\Omega$ 的单位法线方向向量.

初始条件:

$$c(X,0) = c_0(X), \quad s(X,0) = s_0(X), \quad X \in \Omega. \tag{10.1.6}$$

为保证解的存在唯一性, 还需要下述相容性和唯一性条件:

$$\int_\Omega q(X,t)\mathrm{d}X = 0, \quad \int_\Omega p(X,t)\mathrm{d}X = 0, \quad t \in J. \tag{10.1.7}$$

分析其物理模型可知该问题具有非 Lipschitz 连续的性质, 这种非线性的出现降低了解的正则性, 对它的分析具有实质性的困难, 尤其是全离散格式. Dawson 在文献 [1, 2] 中, 率先对于非平衡吸收的情况研究分析了特征-Galerkin 方法, 但此方法极易产生数值振荡, 无法保证原问题的局部质量守恒. 随后作者又对一维平衡吸收的污染运移问题提出一类迎风混合元方法, 得到了收敛性结果, 但仅局限在低阶问题半离散的理论分析上. 对这类对流–扩散问题, 数值试验和理论分析指明, 经典的有限元方法在处理时, 会出现强烈的数值振荡现象. 为了克服上述缺陷, 许多学者提出了系列新的数值方法. 如特征差分方法 [7]、特征有限元法 [8]、迎风加权差分格式 [9]、高阶 Godunov 格式 [10]、流线扩散法 [11]、最小二乘混合有限元法 [12]、修正特征有限元方法 [13] 以及 Eulerian-Lagrangian 局部对偶方法 [14]. 上述方法是对传统有限元方法和差分方法有所改进, 但它们各自也有许多无法克服的缺陷. 迎风加权差分格式在锋线前沿产生数值弥散现象, 高阶 Godunov 格式关于时间步长要求一个 CTL 限制, 流线扩散法与最小二乘混合有限元方法减少了数值弥散, 却人为地强加了流线的方向. Eulerian-Lagrangian 局部对偶方法 (ELLAM) 可以保持局部质量守恒律, 但增加了积分的估算, 计算量很大. 为了得到对流–扩散问题的高精度数值计算格式, Arbogast 与 Wheeler 在 [15] 中对对流占优的输运方程讨论了一种特征混合元方法, 此格式在单元上是守恒的, 通过后处理得到 3/2 阶的高精度误差估计, 但此格式要计算大量的检验函数的映像积分, 使得实际计算十分复杂和困难. 我们实质性拓广和改进了 Arbogast 与 Wheeler 的工作 [15], 提出了一类混合元–特征混合元方法, 大大减少了计算工作量, 并进行了实际问题的数值算例, 指明此方法在实际计算时是可行的和有效的 [16]. 但在那里我们仅能到一阶精确度误差估计, 且不能拓广到三维问题. 我们注意到有限体积元法 [17,18] 兼具有差分方法的简单性和有限元方法的高精度性, 并且保持局部质量守恒, 是求解偏微分方程的一种十分有效的数值方法. 混合元方法 [19-21] 可以同时求解压力函数及其 Darcy 流速, 从而提高其一阶精确度. 文献 [1, 22, 23] 将有限体积元和混合元结合, 提出了混合有限体积元的思想, 文献 [24, 25] 通过数值算例验证这种方法的有效性. 文献 [26-28] 主要对椭圆问题给出混合有限体积元的收敛性估计等理论结果, 形成了混合有限体积元方法的一般框架. 芮洪兴等用此方法研究了低渗油气渗流问题的数值模拟计算 [29,30]. 在上述工作的基础上, 我们对三维地下污染运移问题提出一类混合体积元–特征混合体积元方法. 用混合体积元同时逼近压力函数和 Darcy 速度, 并对 Darcy 速度提高了一阶计算精度. 对饱和度方程用特征混合有限体积元方法, 即对对流项沿特征线方向离散, 方程的扩散项采用混合体积元离散. 特征线方法可以保证格式在流体锋线前沿逼近的高度稳定性, 消除数值弥散现象, 并可以得到较小的截断时间误差. 在实际计算中可以采用较大的时间步长, 提高计算效率而不降低精确度. 扩散项采用混合有限体积元离散, 可以同时逼近未知的饱和度函数及其伴随向量函数, 并且由于分片常数在检验函数空间中, 因此格式保持单元上质量守恒. 这一特性对渗流力学数值模拟计算是特别重要的. 应用微分方程先验估计理论和特殊技巧, 得到了最优二阶 L^2 模误差估计, 在不需要做后处理的情况下, 得到高于 Arbogast, Wheeler 3/2 阶估计的著名成果 [15]. 本章对一般三维椭圆–对流扩散方程组做了数值试验, 进一步指明本节的方法是一类切实可行的高效计算方法, 支撑了理论分析结果, 成功解决了这一国际重要问题 [5,6,15,31].

我们使用通常的 Sobolev 空间及其范数记号. 假定问题 (10.1.1)~(10.1.7) 的精确解满足下述正则性条件:

$$(\text{R}) \quad \begin{cases} p \in L^\infty(H^1), \\ \boldsymbol{u} \in L^\infty(H^1(\text{div})) \cap L^\infty(W^1_\infty) \cap W^1_\infty(L^\infty) \cap H^2(L^2), \\ c \in L^\infty(H^2) \cap H^1(H^1) \cap L^\infty(W^1_\infty) \cap H^2(L^2), \\ s \in L^\infty(H^2) \cap H^2(L^2). \end{cases}$$

同时假定问题 (10.1.1)~(10.1.7) 的系数满足正定性条件:

$$(\text{C}) \quad 0 < k_* \leqslant \kappa(c) \leqslant k^*, 0 < \theta_* \leqslant \theta(X) \leqslant \theta^*,$$
$$0 < \rho_* \leqslant \rho(X) \leqslant \rho^*, 0 < D_* \leqslant D(X) \leqslant D^*,$$

此处 $k_*, k^*, \theta_*, \theta^*, \rho_*, \rho^*, D_*$ 和 D^* 均为确定的正常数.

在本节中, 为了分析方便, 我们假定问题 (10.1.1)~(10.1.7) 是 Ω 周期的 [1-5], 也就是在本章中全部函数假定是 Ω 周期的. 这在物理上是合理的, 因为无流动边界条件 (10.1.5) 一般能作镜面反射处理, 而且在通常环境科学的数值模拟中, 边界条件对内部流动影响较小 [5-7]. 因此边界条件是省略的.

10.1.2　记号和引理

为了应用混合体积元–特征混合体积元方法, 我们需要构造两套网格系统. 粗网格是针对流场压力和 Darcy 流速的非均匀粗网格, 细网格是针对浓度方程的非均匀细网格. 首先讨论粗网格系统.

研究三维问题, 为简单起见, 设区域 $\Omega = \{[0,1]\}^3$, 用 $\partial\Omega$ 表示其边界. 定义剖分

$$\delta_x : 0 < x_{1/2} < x_{3/2} < \cdots < x_{N_x-1/2} < x_{N_x+1/2} = 1,$$
$$\delta_y : 0 < y_{1/2} < y_{3/2} < \cdots < y_{N_y-1/2} < y_{N_y+1/2} = 1,$$
$$\delta_z : 0 < z_{1/2} < z_{3/2} < \cdots < z_{N_z-1/2} < z_{N_z+1/2} = 1.$$

对 Ω 作剖分 $\delta_x \times \delta_y \times \delta_z$, 对于 $i = 1, 2, \cdots, N_x; j = 1, 2, \cdots, N_y; k = 1, 2, \cdots, N_z$. 记 $\Omega_{ijk} = \{(x,y,z) : x_{i-1/2} < x < x_{i+1/2}, y_{j-1/2} < y < y_{j+1/2}, z_{k-1/2} < z < z_{k+1/2}\}$, $x_i = (x_{i-1/2} + x_{i+1/2})/2, y_j = (y_{j-1/2} + y_{j+1/2})/2, z_k = (z_{k-1/2} + z_{k+1/2})/2.$ $h_{x_i} = x_{i+1/2} - x_{i-1/2}, h_{y_j} = y_{j+1/2} - y_{j-1/2}, h_{z_k} = z_{k+1/2} - z_{k-1/2}.$ $h_{x,i+1/2} = x_{i+1} - x_i,$ $h_{y,j+1/2} = y_{j+1} - y_j, h_{z,k+1/2} = z_{k+1} - z_k.$ $h_x = \max\limits_{1\leqslant i\leqslant N_x}\{h_{x_i}\}, h_y = \max\limits_{1\leqslant j\leqslant N_y}\{h_{y_j}\},$ $h_z = \max\limits_{1\leqslant k\leqslant N_z}\{h_{z_k}\}, h_p = (h_x^2 + h_y^2 + h_z^2)^{1/2}.$ 称剖分是正则的, 是指存在常数 $\alpha_1, \alpha_2 > 0$, 使得

$$\min_{1\leqslant i\leqslant N_x}\{h_{x_i}\} \geqslant \alpha_1 h_x, \quad \min_{1\leqslant j\leqslant N_y}\{h_{y_j}\} \geqslant \alpha_1 h_y, \quad \min_{1\leqslant k\leqslant N_z}\{h_{z_k}\} \geqslant \alpha_1 h_z,$$
$$\min\{h_x, h_y, h_z\} \geqslant \alpha_2 \max\{h_x, h_y, h_z\}.$$

特别指出的是, 此处 $\alpha_i (i = 1, 2)$ 是两个确定的正常数, 它与 Ω 的剖分 $\delta_x \times \delta_y \times \delta_z$ 有关.

图 10.1.1 表示对应于 $N_x = 4, N_y = 3, N_z = 3$ 情况简单网格的示意图. 定义 $M_l^d(\delta_x) = \{f \in C^l[0,1] : f|_{\Omega_i} \in p_d(\Omega_i), i = 1, 2, \cdots, N_x\}$, 其中 $\Omega_i = [x_{i-1/2}, x_{i+1/2}]$, $p_d(\Omega_i)$ 是 Ω_i 上次数不超过 d 的多项式空间, 当 $l = -1$ 时, 表示函数 f 在 $[0,1]$ 上可以不连续. 对 $M_l^d(\delta_y), M_l^d(\delta_z)$ 的定义是类似的. 记

$$S_h = M_{-1}^0(\delta_x) \otimes M_{-1}^0(\delta_y) \otimes M_{-1}^0(\delta_z),$$

$$V_h = \{\boldsymbol{w} | \boldsymbol{w} = (w^x, w^y, w^z), w^x \in M_0^1(\delta_x) \otimes M_{-1}^0(\delta_y) \otimes M_{-1}^0(\delta_z),$$
$$w^y \in M_{-1}^0(\delta_x) \otimes M_0^1(\delta_y) \otimes M_{-1}^0(\delta_z),$$
$$w^z \in M_{-1}^0(\delta_x) \otimes M_{-1}^0(\delta_y) \otimes M_0^1(\delta_z), \boldsymbol{w} \cdot \gamma|_{\partial\Omega} = 0\}.$$

对函数 $v(x,y,z)$, 以 v_{ijk}, $v_{i+1/2,jk}$, $v_{i,j+1/2,k}$ 和 $v_{ij,k+1/2}$ 分别表示 $v(x_i, y_j, z_k)$, $v(x_{i+1/2}, y_j, z_k)$, $v(x_i, y_{j+1/2}, z_k)$ 和 $v(x_i, y_j, z_{k+1/2})$.

定义下列内积及范数:

$$(v, w)_{\bar{m}} = \sum_{i=1}^{N_x}\sum_{j=1}^{N_y}\sum_{k=1}^{N_z} h_{x_i} h_{y_j} h_{z_k} v_{ijk} w_{ijk},$$

$$(v, w)_x = \sum_{i=1}^{N_x} \sum_{j=1}^{N_y} \sum_{k=1}^{N_z} h_{x_{i-1/2}} h_{y_j} h_{z_k} v_{i-1/2,jk} w_{i-1/2,jk},$$

$$(v, w)_y = \sum_{i=1}^{N_x} \sum_{j=1}^{N_y} \sum_{k=1}^{N_z} h_{x_i} h_{y_{j-1/2}} h_{z_k} v_{i,j-1/2,k} w_{i,j-1/2,k},$$

$$(v, w)_z = \sum_{i=1}^{N_x} \sum_{j=1}^{N_y} \sum_{k=1}^{N_z} h_{x_i} h_{y_j} h_{z_{k-1/2}} v_{ij,k-1/2} w_{ij,k-1/2},$$

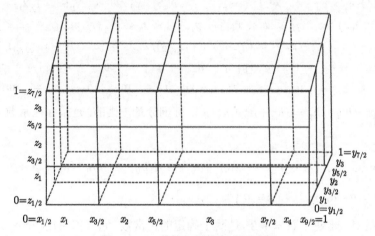

图 10.1.1　非均匀网格剖分示意图

$$\|v\|_s^2 = (v, v)_s, \quad s = m, x, y, z, \quad \|v\|_\infty = \max_{1 \leqslant i \leqslant N_x, 1 \leqslant j \leqslant N_y, 1 \leqslant k \leqslant N_z} |v_{ijk}|,$$

$$\|v\|_{\infty(x)} = \max_{1 \leqslant i \leqslant N_x, 1 \leqslant j \leqslant N_y, 1 \leqslant k \leqslant N_z} |v_{i-1/2,jk}|,$$

$$\|v\|_{\infty(y)} = \max_{1 \leqslant i \leqslant N_x, 1 \leqslant j \leqslant N_y, 1 \leqslant k \leqslant N_z} |v_{i,j-1/2,k}|,$$

$$\|v\|_{\infty(z)} = \max_{1 \leqslant i \leqslant N_x, 1 \leqslant j \leqslant N_y, 1 \leqslant k \leqslant N_z} |v_{ij,k-1/2}|.$$

当 $\boldsymbol{w} = (w^x, w^y, w^z)^{\mathrm{T}}$ 时, 记

$$|||\boldsymbol{w}||| = \left(\|w^x\|_x^2 + \|w^y\|_y^2 + \|w^z\|_z^2 \right)^{1/2}, \quad |||\boldsymbol{w}|||_\infty = \|w^x\|_{\infty(x)} + \|w^y\|_{\infty(y)} + \|w^z\|_{\infty(z)},$$

$$\|\boldsymbol{w}\|_{\bar{m}} = \left(\|w^x\|_{\bar{m}}^2 + \|w^y\|_{\bar{m}}^2 + \|w^z\|_{\bar{m}}^2 \right)^{1/2}, \quad \|\boldsymbol{w}\|_\infty = \|w^x\|_\infty + \|w^y\|_\infty + \|w^z\|_\infty.$$

设

$$W_p^m(\Omega) = \left\{ v \in L^p(\Omega) \left| \frac{\partial^n v}{\partial x^{n-l-r} \partial y^l \partial z^r} \in L^p(\Omega), \quad n - l - r \geqslant 0, \right. \right.$$

$$l = 0, 1, \cdots, n; r = 0, 1, \cdots, n, n = 0, 1, \cdots, m; 0 < p < \infty \Big\}.$$

$H^m(\Omega) = W_2^m(\Omega)$, $L^2(\Omega)$ 的内积与范数分别为 $(\cdot, \cdot)$, $\|\cdot\|$, 对于 $v \in S_h$, 显然有

$$\|v\|_{\bar{m}} = \|v\|. \tag{10.1.8}$$

定义下列记号:

$$[d_x v]_{i+1/2,jk} = \frac{v_{i+1,jk} - v_{ijk}}{h_{x,i+1/2}}, \quad [d_y v]_{i,j+1/2,k} = \frac{v_{i,j+1,k} - v_{ijk}}{h_{y,j+1/2}},$$

$$[d_z v]_{ij,k+1/2} = \frac{v_{ij,k+1} - v_{ijk}}{h_{z,k+1/2}};$$

$$[D_x w]_{ijk} = \frac{w_{i+1/2,jk} - w_{i-1/2,jk}}{h_{x_i}}, \quad [D_y w]_{ijk} = \frac{w_{i,j+1/2,k} - w_{i,j-1/2,k}}{h_{y_j}},$$

$$[D_z w]_{ijk} = \frac{w_{ij,k+1/2} - w_{ij,k-1/2}}{h_{z_k}};$$

$$\hat{w}_{ijk}^x = \frac{w_{i+1/2,jk}^x + w_{i-1/2,jk}^x}{2}, \quad \hat{w}_{ijk}^y = \frac{w_{i,j+1/2,k}^y + w_{i,j-1/2,k}^y}{2},$$

$$\hat{w}_{ijk}^z = \frac{w_{ij,k+1/2}^z + w_{ij,k-1/2}^z}{2},$$

$$\bar{w}_{ijk}^x = \frac{h_{x,i+1}}{2h_{x,i+1/2}} w_{ijk} + \frac{h_{x,i}}{2h_{x,i+1/2}} w_{i+1,jk}, \quad \bar{w}_{ijk}^y = \frac{h_{y,j+1}}{2h_{y,j+1/2}} w_{ijk} + \frac{h_{y,j}}{2h_{y,j+1/2}} w_{i,j+1,k},$$

$$\bar{w}_{ijk}^z = \frac{h_{z,k+1}}{2h_{z,k+1/2}} w_{ijk} + \frac{h_{z,k}}{2h_{z,k+1/2}} w_{ij,k+1},$$

以及 $\hat{\boldsymbol{w}}_{ijk} = (\hat{w}_{ijk}^x, \hat{w}_{ijk}^y, \hat{w}_{ijk}^z)^{\mathrm{T}}$, $\bar{\boldsymbol{w}}_{ijk} = (\bar{w}_{ijk}^x, \bar{w}_{ijk}^y, \bar{w}_{ijk}^z)^{\mathrm{T}}$. 此处 $d_s(s = x, y, z)$, $D_s(s = x, y, z)$ 是差商算子, 它与方程 (10.1.2) 中的系数 D 无关. 记 L 是一个正整数, $\Delta t = T/L$, $t^n = n\Delta t$, v^n 表示函数在 t^n 时刻的值, $d_t v^n = (v^n - v^{n-1})/\Delta t$.

对于上面定义的内积和范数, 下述四个引理成立.

引理 10.1.1 对于 $v \in S_h$, $\boldsymbol{w} \in V_h$, 显然有

$$(v, D_x w^x)_{\bar{m}} = -(d_x v, w^x)_x, \quad (v, D_y w^y)_{\bar{m}} = -(d_y v, w^y)_y,$$

$$(v, D_z w^z)_{\bar{m}} = -(d_z v, w^z)_z. \tag{10.1.9}$$

引理 10.1.2 对于 $\boldsymbol{w} \in V_h$, 则有

$$\|\hat{\boldsymbol{w}}\|_m \leqslant \||\boldsymbol{w}\||. \tag{10.1.10}$$

证明　事实上, 只要证明 $\|\hat{w}^x\|_m \leqslant \|w^x\|_x$, $\|\hat{w}^y\|_m \leqslant \|w^y\|_y$, $\|\hat{w}^z\|_m \leqslant \|w^z\|_z$ 即可. 注意到

$$\sum_{i=1}^{N_x}\sum_{j=1}^{N_y}\sum_{k=1}^{N_z} h_{x_i} h_{y_j} h_{z_k} (\hat{w}^x_{ijk})^2$$

$$\leqslant \sum_{j=1}^{N_y}\sum_{k=1}^{N_z} h_{y_j} h_{z_k} \sum_{i=1}^{N_x} \frac{(w^x_{i+1/2,jk})^2 + (w^x_{i-1/2,jk})^2}{2} h_{x_i}$$

$$= \sum_{j=1}^{N_y}\sum_{k=1}^{N_z} h_{y_j} h_{z_k} \left(\sum_{i=2}^{N_x} \frac{h_{x,i-1/2}}{2}(w^x_{i-1/2,jk})^2 + \sum_{i=1}^{N_x} \frac{h_{x_i}}{2}(w^x_{i-1/2,jk})^2 \right)$$

$$= \sum_{j=1}^{N_y}\sum_{k=1}^{N_z} h_{y_j} h_{z_k} \sum_{i=2}^{N_x} \frac{h_{x,i-1/2} + h_{x_i}}{2}(w^x_{i-1/2,jk})^2$$

$$= \sum_{i=1}^{N_x}\sum_{j=1}^{N_y}\sum_{k=1}^{N_z} h_{x,i-1/2} h_{y_j} h_{z_k} (w^x_{i-1/2,jk})^2.$$

从而有 $\|\hat{w}^x\|_m \leqslant \|w^x\|_x$, 对其余二项估计是类似的.

引理 10.1.3　对于 $q \in S_h$, 则有

$$\|\bar{q}^x\|_x \leqslant M\|q\|_m, \quad \|\bar{q}^y\|_y \leqslant M\|q\|_m, \quad \|\bar{q}^z\|_z \leqslant M\|q\|_m, \tag{10.1.11}$$

此处 M 是与 q, h 无关的常数.

引理 10.1.4　对于 $w \in V_h$, 则有

$$\|w^x\|_x \leqslant \|D_x w^x\|_m, \quad \|w^y\|_y \leqslant \|D_y w^y\|_m, \quad \|w^z\|_z \leqslant \|D_z w^z\|_m. \tag{10.1.12}$$

证明　只要证明 $\|w^x\|_x \leqslant \|D_x w^x\|_m$, 其余是类似的. 注意到

$$w^x_{l+1/2,jk} = \sum_{i=1}^{l} \left(w^x_{i+1/2,jk} - w^x_{i-1/2,jk} \right) = \sum_{i=1}^{l} \frac{w^x_{i+1/2,jk} - w^x_{i-1/2,jk}}{h_{x_i}} h_{x_i}^{1/2} h_{x_i}^{1/2}.$$

由 Cauchy 不等式, 可得

$$\left(w^x_{l+1/2,jk} \right)^2 \leqslant x_l \sum_{i=1}^{N_x} h_{x_i} \left([D_x w^x]_{ijk} \right)^2.$$

对上式左、右两边同乘以 $h_{x,i+1/2} h_{y_j} h_{z_k}$, 并求和可得

$$\sum_{i=1}^{N_x}\sum_{j=1}^{N_y}\sum_{k=1}^{N_z} (w^x_{i-1/2,jk})^2 h_{x,i-1/2} h_{y_j} h_{z_k} \leqslant \sum_{i=1}^{N_x}\sum_{j=1}^{N_y}\sum_{k=1}^{N_z} \left([D_x w^x]_{ijk} \right)^2 h_{x_i} h_{y_j} h_{z_k}.$$

引理 10.1.4 得证.

对于细网格系统, 对于区域 $\Omega = \{[0, 1]\}^3$, 通常基于上述粗网格的基础上再进行均匀细分, 一般取原网格步长的 $1/l$, 通常 l 取 2 或 4, 其余全部记号不变, 此时 $h_c = h_p/l$.

对于吸附浓度方程 (1.2), 由于其变化较为平稳缓慢, 和流动方程一样, 采用粗网格. 在这里对六面体 $\Omega_{ijk} = [x_{i-1/2}, x_{i+1/2}] \times [y_{j-1/2}, y_{j+1/2}] \times [z_{k-1/2}, z_{k+1/2}]$ 应用一阶有限元空间 M_h 逼近 [32,33].

10.1.3 混合体积元–修正特征混合体积元程序

10.1.3.1 格式的提出

为了引入混合有限体积元方法的处理思想, 我们将流动方程 (10.1.1) 写为下述标准形式:

$$\nabla \cdot \boldsymbol{u} = q, \tag{10.1.13a}$$

$$\boldsymbol{u} = -k(c)\nabla p. \tag{10.1.13b}$$

对浓度方程 (10.1.2), 注意到这流动实际上沿着迁移的特征方向, 采用特征线法处理一阶双曲部分, 它具有很高的精确度和强稳定性. 对时间 t 可采用大步长计算. 记 $\psi(X, \boldsymbol{u}) = [\theta^2(X) + |\boldsymbol{u}|^2]^{1/2}$, $\dfrac{\partial}{\partial \tau} = \psi^{-1}\left\{\theta\dfrac{\partial}{\partial t} + \boldsymbol{u} \cdot \nabla\right\}$. 为了应用混合体积元离散扩散部分, 我们将方程 (10.2) 写为下述标准形式

$$\psi\frac{\partial c}{\partial \tau} + \rho\frac{\partial s}{\partial t} + \nabla \cdot \boldsymbol{g} = f(X, c), \tag{10.1.14a}$$

$$\boldsymbol{g} = -\theta D\nabla c, \tag{10.1.14b}$$

此处 $f(X, c) = -qc$.

设 $P, \boldsymbol{U}, C, \boldsymbol{G}, S$ 分别为 $p, \boldsymbol{u}, c, \boldsymbol{g}$ 和 s 的混合体积元–特征混合体积元的近似解. 应用 10.1.2 小节的记号和引理 10.1.1~引理 10.1.4 的结果我们提出流体压力和 Darcy 速度的混合体积元格式为

$$\left(D_x U^{x,n+1} + D_y U^{y,n+1} + D_z U^{z,n+1}, v\right)_m = (q^{n+1}, v)_m, \quad \forall v \in S_h, \tag{10.1.15a}$$

$$\left(k^{-1}(\bar{C}^{x,n})U^{x,n+1}, w^x\right)_x + \left(k^{-1}(\bar{C}^{y,n})U^{y,n+1}, w^y\right)_y + \left(k^{-1}(\bar{C}^{z,n})U^{z,n+1}, w^z\right)_z$$
$$- \left(P^{n+1}, D_x w^x + D_x w^y + D_x w^z\right)_m = 0, \quad \forall w \in V_h. \tag{10.1.15b}$$

对方程 (10.1.14a) 利用向后差商逼近特征方向导数

$$\frac{\partial c^{n+1}}{\partial \tau} \approx \frac{c^{n+1} - c^n(X - \theta^{-1}\boldsymbol{u}^{n+1}(X)\Delta t)}{\Delta t(1 + \theta^{-2}|\boldsymbol{u}^{n+1}|^2)^{1/2}}.$$

则浓度方程 (10.1.14) 的特征混合体积元格式为

$$\left(\theta\frac{C^{n+1}-\hat{C}^n}{\Delta t},v\right)_m + \left(\rho\frac{S^{n+1}-S^n}{\Delta t},v\right)_m$$

$$+ \left(D_x G^{x,n+1}+D_y G^{y,n+1}+D_z G^{z,n+1},v\right)_m = \left(f(\hat{C}^n),v\right)_m, \quad \forall v\in S_h, \quad (10.1.16\mathrm{a})$$

$$\left(D^{-1}G^{x,n+1},w^x\right)_x + \left(D^{-1}G^{y,n+1},w^y\right)_y + \left(D^{-1}G^{z,n+1},w^z\right)_z$$

$$- \left(C^{n+1},D_x w^x+D_y w^y+D_z w^z\right)_m = 0, \quad \forall w\in V_h, \quad (10.1.16\mathrm{b})$$

此处 $\hat{C}^n = C^n(\hat{X}^n)$, $\hat{X}^n = X - \theta^{-1}U^{n+1}\Delta t$.

对于表面吸附浓度函数 (10.1.3), 由于其对时间 t 变化平稳缓慢, 我们采用下述显格式求解:

$$\left(\frac{S^{n+1}-S^n}{\Delta t},\phi\right) = \hat{\alpha}\left(\varphi(C^n)-S^n,\phi\right), \quad \phi\in M_h. \quad (10.1.17)$$

初始逼近:

$$C^0 = \tilde{C}^0, \quad \boldsymbol{G}^0 = \tilde{\boldsymbol{G}}^0, \quad S^0 = \tilde{S}^0, \quad X\in\Omega. \quad (10.1.18)$$

此处 $(\tilde{C}^0,\tilde{\boldsymbol{G}}^0)$ 为 $(c_0,\boldsymbol{g}_0)$ 的椭圆投影, $\tilde{S}^0$ 为 s_0 的 L^2 投影 (这些将在下节定义).

混合有限体积元–特征混合有限体积元格式的计算程序: 首先由初始条件 c_0, $g_0 = -\theta D\nabla c_0$, 应用混合体积元的椭圆投影确定 $\{\tilde{C}^0,\tilde{\boldsymbol{G}}^0\}$, 取 $C^0=\tilde{C}^0, \boldsymbol{G}^0=\tilde{\boldsymbol{G}}^0$. 同时由初始条件 s_0 应用 L^2 投影确定 S^0, 取 $S^0=\tilde{S}^0$. 由格式 (10.1.17) 求出 S^1. 再由混合体积元格式 (10.1.16) 应用共轭梯度法求得 $\{\boldsymbol{U}^1,P^1\}$. 然后, 再由特征混合体积元格式 (10.1.16) 应用共轭梯度法求得 $\{C^1,\boldsymbol{G}^1\}$. 如此, 再由 (10.1.17) 求得 S^2, 由 (10.1.15) 求得 $\{\boldsymbol{U}^2,P^2\}$, 由 (10.1.16) 可得 $\{C^2,\boldsymbol{G}^2\}$. 这样依次进行, 可求得全部数值逼近解, 由正定性条件 (C), 解存在且唯一.

10.1.3.2   局部质量守恒律

如果问题 (10.1.1)~(10.1.7) 没有源汇项, 也就是 $q\equiv 0$, 和边界条件是不渗透的, 且不考虑表面介质吸附的影响, 则在每个单元 $J_c\subset\Omega$ 上, 此处为简单起见, 设 $l=1$, 即粗细网格重合, $J_c = \Omega_{ijk} = [x_{i-1/2},x_{i+1/2}]\times[y_{j-1/2},y_{j+1/2}]\times[z_{k-1/2},z_{k+1/2}]$, 浓度方程 (10.1.2) 的局部质量守恒律表现为

$$\int_{J_c}\psi\frac{\partial c}{\partial\tau}\mathrm{d}X - \int_{\partial J_c}\boldsymbol{g}\cdot\gamma_{J_c}\mathrm{d}S = 0, \quad (10.1.19)$$

此处 J_c 为区域 Ω 关于浓度的细网格剖分单元, ∂J_c 为单元 J_c 的边界面, γ_{J_c} 为单元边界面的外法线方向向量. 下面证明 (10.1.16a) 满足下面的离散意义下的局部质量守恒律.

定理 10.1.1 如果 $q \equiv 0$, 且不考虑介质表面吸附的影响, 则在任意单元 $J_c \subset \Omega$ 上, 格式 (10.1.16a) 满足离散的局部质量守恒律

$$\int_{J_c} \theta \frac{C^{n+1} - \hat{C}^n}{\Delta t} \mathrm{d}X - \int_{\partial J_c} \boldsymbol{G}^{n+1} \cdot \gamma_{J_c} \mathrm{d}S = 0. \tag{10.1.20}$$

证明 对格式 (10.1.16a), 因为 $v \in S_h$, 对给定的单元 $J_c \in \Omega$ 上, 取 $v \equiv 1$, 在其他单元上为零, 则此时 (10.1.16a) 为

$$\left(\theta \frac{C^{n+1} - \hat{C}^n}{\Delta t}, 1 \right)_{\Omega_{ijk}} + \left(D_x G^{x,n+1} + D_y G^{y,n+1} + D_z G^{z,n+1}, 1 \right)_{\Omega_{ijk}} = 0. \tag{10.1.21}$$

按 10.1.2 小节中的记号可得

$$\left(\theta \frac{C^{n+1} - \hat{C}^n}{\Delta t}, 1 \right)_{\Omega_{ijk}} = \theta_{ijk} \left(\frac{C_{ijk}^{n+1} - \hat{C}_{ijk}^n}{\Delta t} \right) h_{x_i} h_{y_j} h_{z_k} = \int_{\Omega_{ijk}} \theta \frac{C^{n+1} - \hat{C}^n}{\Delta t} \mathrm{d}X,$$

$$\tag{10.1.22a}$$

$$\begin{aligned}
&\left(D_x G^{x,n+1} + D_y G^{y,n+1} + D_z G^{z,n+1}, 1 \right)_{\Omega_{ijk}} \\
&= \left(G_{i+1/2,jk}^{x,n+1} - G_{i-1/2,jk}^{x,n+1} \right) h_{y_j} h_{z_k} + \left(G_{i,j+1/2,k}^{y,n+1} - G_{i,j-1/2,k}^{y,n+1} \right) h_{x_i} h_{z_k} \\
&\quad + \left(G_{ij,k+1/2}^{z,n+1} - G_{ij,k-1/2}^{z,n+1} \right) h_{x_i} h_{y_j} \\
&= -\int_{\partial \Omega_{ijk}} \boldsymbol{G}^{n+1} \cdot \gamma_{J_c} \mathrm{d}S.
\end{aligned} \tag{10.1.22b}$$

将式 (10.2.22) 代入式 (10.2.21), 定理 10.1.1 得证.

由局部质量守恒律定理 10.1.1, 即可推出整体质量守恒律.

定理 10.1.2 如果 $q \equiv 0$, 边界条件是不渗透的, 且不考虑介质表面吸附的影响, 则格式 (10.1.16a) 满足**整体离散质量守恒律**

$$\int_{\Omega} \theta \frac{C^{n+1} - \hat{C}^n}{\Delta t} \mathrm{d}X = 0, \quad n \geqslant 0. \tag{10.1.23}$$

证明 由局部质量守恒律 (10.1.20), 对全部的网格剖分单元求和, 则有

$$\sum_{i,j,k} \int_{\Omega_{ijk}} \theta \frac{C^{n+1} - \hat{C}^n}{\Delta t} \mathrm{d}X - \sum_{i,j,k} \int_{\partial \Omega_{ijk}} \boldsymbol{G}^{n+1} \cdot \gamma_{J_c} \mathrm{d}S = 0. \tag{10.1.24}$$

注意到 $-\sum_{i,j,k} \int_{\partial \Omega_{ijk}} \boldsymbol{G}^{n+1} \cdot \gamma_{J_c} \mathrm{d}S = -\int_{\partial \Omega} \boldsymbol{G}^{n+1} \cdot \gamma \mathrm{d}S = 0$, 定理得证.

10.1.4　收敛性分析

为了进行收敛性分析, 首先, 引入下述辅助性椭圆投影. 定义 $\tilde{U} \in V_h, \tilde{P} \in S_h$, 满足

$$\left(D_x \tilde{U}^x + D_y \tilde{U}^y + D_z \tilde{U}^z, v \right)_m = (q, v)_m, \quad \forall v \in S_h, \tag{10.1.25a}$$

$$\left(k^{-1}(c)\, \tilde{U}^x, w^x \right)_x + \left(k^{-1}(c)\, \tilde{U}^y, w^y \right)_y + \left(k^{-1}(c)\, \tilde{U}^z, w^z \right)_z$$
$$- \left(\tilde{P}, D_x w^x + D_y w^y + D_z w^z \right)_m = 0, \quad \forall w \in V_h, \tag{10.1.25b}$$

其中 c 是问题 (10.1.1)~(10.1.7) 的精确解.

记 $F = f - \psi \dfrac{\partial c}{\partial \tau} - \rho \dfrac{\partial s}{\partial t}$. 定义 $\tilde{G} \in V_h, \tilde{C} \in S_h$, 满足

$$\left(D_x \tilde{G}^x + D_y \tilde{G}^y + D_z \tilde{G}^z, v \right)_m = (F, v)_m, \quad \forall v \in S_h, \tag{10.1.26a}$$

$$\left(D^{-1} \tilde{G}^x, w^x \right)_x + \left(D^{-1} \tilde{G}^y, w^y \right)_y + \left(D^{-1} \tilde{G}^z, w^z \right)_z$$
$$- \left(\tilde{C}, D_x w^x + D_y w^y + D_z w^z \right)_m = 0, \quad \forall w \in V_h. \tag{10.1.26b}$$

其次, 引入下述 L^2 有限元投影, 定义 $\tilde{S} \in M_h$, 满足

$$(S, z) = (s, z), \quad \forall z \in M_h. \tag{10.1.27}$$

记 $\pi = P - \tilde{P}, \eta = \tilde{P} - p, \sigma = U - \tilde{U}, \rho = \tilde{U} - u, \xi = C - \tilde{C}, \zeta = \tilde{C} - c, \alpha = G - \tilde{G}, \beta = \tilde{G} - g, \mu = S - \tilde{S}, \lambda = \tilde{S} - s$. 设问题 (10.1.25)~(10.1.26) 满足正定性条件 (C), 其精确解满足正则性条件 (R). 由 Weiser, Wheeler 理论 [23] 得知格式 (10.1.25), (10.1.26) 确定的辅助函数 $\{\tilde{U}, \tilde{P}, \tilde{G}, \tilde{C}\}$ 存在唯一, 并有下述误差估计.

引理 10.1.5　若问题 (10.1.1)~(10.1.7) 的系数和精确解满足条件 (C) 和 (R), 则存在不依赖于剖分参数 h 的常数 $\bar{C}_1, \bar{C}_2 > 0$, 使得下述估计式成立:

$$\|\eta\|_m + \|\zeta\|_m + \|\|\rho\|\| + \|\|\beta\|\| + \left\| \frac{\partial \eta}{\partial t} \right\|_m + \left\| \frac{\partial \zeta}{\partial t} \right\|_m \leqslant \bar{C}_1 \{ h_p^2 + h_c^2 \}, \tag{10.1.28a}$$

$$\|\|\tilde{U}\|\|_\infty + \|\|\tilde{G}\|\|_\infty \leqslant \bar{C}_2. \tag{10.1.28b}$$

在同样条件下, 由有限元方法 L^2 投影算子的性质 [32,33], 亦有下述估计.

引理 10.1.6　若介质表面吸附浓度函数满足正则性条件 (R), 则存在不依赖于剖分参数 h 的常数 $\bar{C}_3 > 0$, 使得下述估计式成立:

$$\|\lambda\|_{L^2} + \left\| \frac{\partial \lambda}{\partial t} \right\|_{L^2} \leqslant \bar{C}_3\, h_c^2. \tag{10.1.29}$$

下面首先估计 π 和 σ. 将式 (10.1.15a)、(10.1.15b) 分别减式 (10.1.25a) $(t = t^{n+1})$ 和式 (10.1.25a)$(t = t^{n+1})$ 可得下述关系式

$$\left(D_x\sigma^{x,n+1} + D_y\sigma^{y,n+1} + D_z\sigma^{z,n+1}, v\right)_m = 0, \quad \forall v \in S_h, \tag{10.1.30a}$$

$$\begin{aligned}
&\left(k^{-1}(\bar{C}^{x,n})\sigma^{x,n+1}, w^x\right)_x + \left(k^{-1}(\bar{C}^{y,n})\sigma^{y,n+1}, w^y\right)_y + \left(k^{-1}(\bar{C}^{z,n})\sigma^{z,n+1}, w^z\right)_z \\
&\quad - \left(\pi^{n+1}, D_xw^x + D_yw^y + D_zw^z\right)_m \\
&= -\Big\{ \left(\left(k^{-1}(\bar{C}^{x,n}) - k^{-1}(c^{n+1})\right)\tilde{U}^{x,n+1}, w^x\right)_x \\
&\quad + \left(\left(k^{-1}(\bar{C}^{y,n}) - k^{-1}(c^{n+1})\right)\tilde{U}^{y,n+1}, w^y\right)_y \\
&\quad + \left(\left(k^{-1}(\bar{C}^{z,n}) - k^{-1}(c^{n+1})\right)\tilde{U}^{z,n+1}, w^z\right)_z \Big\}, \quad \forall w \in V_h. \tag{10.1.30b}
\end{aligned}$$

在式 (10.1.30a) 中取 $v = \pi^{n+1}$, 在式 (10.1.30b) 中取 $w = \sigma^{n+1}$, 组合上述二式可得

$$\begin{aligned}
&\left(k^{-1}(\bar{C}^{x,n})\sigma^{x,n+1}, \sigma^{x,n+1}\right)_x + \left(k^{-1}(\bar{C}^{y,n})\sigma^{y,n+1}, \sigma^{y,n+1}\right)_y \\
&\quad + \left(k^{-1}(\bar{C}^{z,n})\sigma^{z,n+1}, \sigma^{z,n+1}\right)_z \\
&= -\sum_{s=x,y,z} \left(\left(k^{-1}(\bar{C}^{s,n}) - k^{-1}(c^{n+1})\right)\tilde{U}^{s,n+1}, \sigma^{s,n+1}\right)_s. \tag{10.1.31}
\end{aligned}$$

对于估计式 (10.1.31) 应用引理 10.1.1~引理 10.1.5, Taylor 公式和正定性条件 (C) 可得

$$\begin{aligned}
\left|\left|\left|\sigma^{n+1}\right|\right|\right|^2 &\leqslant K \sum_{s=x,y,z} \left|\left|\bar{C}^{s,n} - c^{n+1}\right|\right|_s^2 \\
&\leqslant K\left\{\sum_{s=x,y,z} \left|\left|\tilde{C}^{s,n} - c^n\right|\right|_s^2 + \|\xi^n\|_m^2 + \|\zeta^n\|_m^2 + (\Delta t)^2\right\} \\
&\leqslant K\left\{\|\xi^n\|^2 + h_c^4 + (\Delta t)^2\right\}. \tag{10.1.32}
\end{aligned}$$

对 $\pi^{n+1} \in S_h$, 利用对偶方法进行估计[32,34], 为此考虑下述椭圆问题:

$$\nabla \cdot \omega = \pi^{n+1}, \quad X = (x,y,z)^T \in \Omega, \tag{10.1.33a}$$

$$\omega = \nabla p, \quad X \in \Omega, \tag{10.1.33b}$$

$$\omega \cdot \gamma = 0, \quad X \in \partial\Omega. \tag{10.1.33c}$$

由问题 (10.1.33) 的正则性, 有

$$\sum_{s=x,y,z} \left|\left|\frac{\partial\omega^s}{\partial s}\right|\right|_m^2 \leqslant K\left|\left|\pi^{n+1}\right|\right|_m^2. \tag{10.1.34}$$

设 $\tilde{\omega} \in V_h$ 满足

$$\left(\frac{\partial \tilde{\omega}^s}{\partial s}, v\right)_m = \left(\frac{\partial \omega^s}{\partial s}, v\right)_m, \quad \forall v \in S_h, \quad s = x, y, z. \tag{10.1.35a}$$

这样定义的 $\tilde{\omega}$ 是存在的, 且有

$$\sum_{s=x,y,z} \left\|\frac{\partial \tilde{\omega}^s}{\partial s}\right\|_m^2 \leqslant \sum_{s=x,y,z} \left\|\frac{\partial \omega^s}{\partial s}\right\|_m^2. \tag{10.1.35b}$$

应用引理 10.1.4, 式 (10.1.33)~(10.1.35) 和 (10.1.30) 可得

$$\|\pi^{n+1}\|_m^2 = (\pi^{n+1}, \nabla \cdot \omega) = (\pi^{n+1}, D_x\tilde{\omega}^x + D_y\tilde{\omega}^y + D_z\tilde{\omega}^z)$$

$$= \sum_{s=x,y,z} (k^{-1}(\bar{C}^{s,n})\sigma^{s,n+1}, \tilde{\omega}^s)_s + \sum_{s=x,y,z} \left((k^{-1}(\bar{C}^{s,n}) - k^{-1}(c^{n+1}))\tilde{U}^{s,n+1}, \tilde{\omega}^s\right)_s$$

$$\leqslant K\|\|\tilde{\omega}\|\|\left\{\|\|\sigma^{n+1}\|\|^2 + \|\xi^n\|_m^2 + h_c^4 + (\Delta t)^2\right\}^{1/2}. \tag{10.1.36}$$

由引理 10.1.4、(10.1.34)、(10.1.38) 可得

$$\|\|\tilde{\omega}\|\|^2 \leqslant \sum_{s=x,y,z} \|D_s\tilde{\omega}^s\|_m^2 = \sum_{s=x,y,z} \left\|\frac{\partial \tilde{\omega}^s}{\partial s}\right\|_m^2 \leqslant \sum_{s=x,y,z} \left\|\frac{\partial \omega^s}{\partial s}\right\|_m^2 \leqslant K\|\pi^{n+1}\|_m^2. \tag{10.1.37}$$

将式 (10.1.37) 代入式 (10.1.36) 可得

$$\|\pi^{n+1}\|_m^2 \leqslant K\left\{\|\|\sigma^{n+1}\|\|^2 + \|\xi^n\|_m^2 + h_c^4 + (\Delta t)^2\right\} \leqslant K\left\{\|\xi^n\|_m^2 + h_c^4 + (\Delta t)^2\right\}. \tag{10.1.38}$$

现估计表面吸附浓度误差 μ. 由方程 (10.1.3) $(t = t^{n+1})$, 式 (10.1.17) 和式 (10.1.27) 可得下述误差估计式

$$\left(\frac{\mu^{n+1} - \mu^n}{\Delta t}, \phi\right) = \hat{\alpha}\left(\varphi(C^n) - \varphi(\tilde{C}^n) + \varphi(\tilde{C}^n) - \varphi(C^{n+1}), \phi\right) - \hat{\alpha}(\theta^n, \phi)$$

$$- \hat{\alpha}\left(S^{n+1} - S^n, \phi\right) - \left(\frac{\partial \tilde{s}^{n+1}}{\partial t} - \frac{s^{n+1} - s^n}{\Delta t}, \phi\right), \quad \forall \phi \in M_h. \tag{10.1.39}$$

对于 Langmuir 吸附等温线情况, $\varphi(c) = \dfrac{k_1 c}{1 + k_2 c}$, 有 $\varphi'(c) = \dfrac{k_1}{(1 + k_2 c)^2}$, $\varphi'(c) \leqslant k_1$.

对于 Freundlinch 吸附等温线情况, $\varphi(c) = k_3 c^p$, $\varphi'(c) = k_3 p c^{p-1}$, 当 $p = 1$ 时, 显然有 $f'(c) \leqslant k_3$. 对于上述两种情况, 应用拉格朗日中值公式. 对式 (10.1.39) 取

$\phi = \partial_t \mu^n = \dfrac{\mu^{n+1} - \mu^n}{\Delta t}$, 并应用引理 10.1.5、引理 10.1.6 和正则性条件 (R) 可得

$$||\partial_t \mu^n||_{L^2}^2 \leqslant K \left\{ ||\xi^n||_{L^2}^2 + ||\mu^n||_{L^2}^2 + h_c^4 + h_p^4 + (\Delta t)^2 \right\}. \tag{10.1.40a}$$

对式 (10.1.39) 取 $\phi = \mu^{n+1}$, 类似地可得

$$\frac{1}{2\Delta t} \left\{ ||\mu^{n+1}||_{L^2}^2 - ||\mu^n||_{L^2}^2 \right\} \leqslant K \left\{ ||\mu^{n+1}||_{L^2}^2 + ||\mu^n||_{L^2}^2 + ||\xi^n||_{L^2}^2 + h_c^4 + h_p^4 + (\Delta t)^2 \right\}. \tag{10.1.40b}$$

下面讨论饱和度方程 (10.1.2) 的误差估计. 为此将式 (10.1.16a) 和式 (10.1.16b) 分别减去 $t = t^{n+1}$ 时刻的式 (10.1.26a) 和式 (10.1.26b), 分别取 $v = \xi^{n+1}$, $w = \alpha^{n+1}$, 可得

$$\left(\theta \frac{C^{n+1} - \hat{C}^n}{\Delta t}, \xi^{n+1} \right)_m + \left(\rho \frac{C'^{n+1} - C'^n}{\Delta t}, \xi^{n+1} \right)_m$$
$$+ \left(D_x \alpha^{x,n+1} + D_y \alpha^{y,n+1} + D_z \alpha^{z,n+1}, \xi^{n+1} \right)_m$$
$$= \left(f(\hat{C}^n) - f(c^{n+1}) + \psi^{n+1} \frac{\partial c^{n+1}}{\partial \tau} + \rho \frac{\partial c'^{n+1}}{\partial t}, \xi^{n+1} \right)_m, \tag{10.1.41a}$$

$$\left(D^{-1} \alpha^{x,n+1}, \alpha^{x,n+1} \right)_x + \left(D^{-1} \alpha^{y,n+1}, \alpha^{y,n+1} \right)_y + \left(D^{-1} \alpha^{z,n+1}), \alpha^{z,n+1} \right)_z$$
$$- \left(\xi^{n+1}, D_x \alpha^{x,n+1} + D_y \alpha^{y,n+1} + D_z \alpha^{z,n+1} \right)_m = 0. \tag{10.1.41b}$$

将式 (10.1.41a) 和式 (10.1.41b) 相加可得

$$\left(\theta \frac{C^{n+1} - \hat{C}^n}{\Delta t}, \xi^{n+1} \right)_m + \left(\rho \frac{C'^{n+1} - C'^n}{\Delta t}, \xi^{n+1} \right)_m + \left(D^{-1} \alpha^{x,n+1}, \alpha^{x,n+1} \right)_x$$
$$+ \left(D^{-1} \alpha^{y,n+1}, \alpha^{y,n+1} \right)_y + \left(D^{-1} \alpha^{z,n+1}, \alpha^{z,n+1} \right)_z$$
$$= \left(f(\hat{C}^n) - f(c^{n+1}) + \psi^{n+1} \frac{\partial c^{n+1}}{\partial \tau} + \rho \frac{\partial c'^{n+1}}{\partial t}, \xi^{n+1} \right)_m. \tag{10.1.42}$$

应用方程 (10.1.2) $(t = t^{n+1})$, 和式 (10.1.42) 相减, 可得下述误差方程

$$\left(\theta \frac{\xi^{n+1} - \xi^n}{\Delta t}, \xi^{n+1} \right)_m + \sum_{s=x,y,z} \left(D^{-1} \alpha^{s,n+1}, \alpha^{s,n+1} \right)_s$$
$$= - \left(\rho \frac{\mu^{n+1} - \mu^n}{\Delta t}, \xi^{n+1} \right)_m + \left(\rho \left(\frac{\partial s^{n+1}}{\partial t} - \frac{s^{n+1} - s^n}{\Delta t} \right), \xi^{n+1} \right)_m - \left(\rho \partial_t \lambda^n, \xi^n \right)$$
$$+ \left(\left[\theta \frac{\partial c^{n+1}}{\partial t} + \boldsymbol{u}^{n+1} \cdot \nabla c^{n+1} \right] - \theta \frac{c^{n+1} - \check{c}^n}{\Delta t}, \xi^{n+1} \right)_m + \left(\theta \frac{\zeta^{n+1} - \zeta^n}{\Delta t}, \xi^{n+1} \right)_m$$
$$+ \left(f(\hat{C}^n) - f(c^{n+1}), \xi^{n+1} \right) + \left(\theta \frac{\hat{c}^n - \check{c}^n}{\Delta t}, \xi^{n+1} \right)_m - \left(\theta \frac{\hat{\zeta}^n - \check{\zeta}^n}{\Delta t}, \xi^{n+1} \right)_m$$

$$+ \left(\theta \frac{\hat{\xi}^n - \check{\xi}^n}{\Delta t}, \xi^{n+1} \right)_m - \left(\theta \frac{\check{\zeta}^n - \zeta^n}{\Delta t}, \xi^{n+1} \right)_m + \left(\theta \frac{\check{\xi}^n - \xi^n}{\Delta t}, \xi^{n+1} \right)_m, \quad (10.1.43)$$

此处 $\check{c}^n = c^n(X - \theta^{-1} \boldsymbol{u}^{n+1} \Delta t)$, $\hat{c}^n = c^n(X - \theta^{-1} \boldsymbol{U}^{n+1} \Delta t)$, $\cdots$.

对式 (10.1.43) 的左端应用不等式 $a(a-b) \geqslant \frac{1}{2}(a^2 - b^2)$, 其右端分别用 $T_1, T_2, \cdots,$ T_{11} 表示, 可得

$$\frac{1}{2\Delta t} \left\{ (\theta \xi^{n+1}, \xi^{n+1})_m - (\theta \xi^n, \xi^n)_m \right\} + \sum_{s=x,y,z} \left(D^{-1} \alpha^{s,n+1}, \alpha^{s,n+1} \right)_s \leqslant \sum_{i=1}^{11} T_i, \quad (10.1.44)$$

对估计式 (10.1.44) 右端的前三项, 应用估计式 (10.1.40), 并注意到 $L^2(\Omega)$ 连续模和 m 离散模的关系 [19,35], 可得

$$|T_1 + T_2 + T_3| \leqslant K \left\| \partial_t \mu^n \right\|_m^2 + K \left\{ \left\| \xi^{n+1} \right\|_m^2 + h_c^4 + (\Delta t)^2 \right\}$$
$$\leqslant K \left\{ \left\| \xi^{n+1} \right\|_m^2 + \left\| \xi^n \right\|_m^2 + \left\| \mu^n \right\|_m^2 + h_c^4 + h_p^4 + (\Delta t)^2 \right\}. \quad (10.1.45)$$

为了估计 T_4, 注意到 $\theta \dfrac{\partial c^{n+1}}{\partial t} + \boldsymbol{u}^{n+1} \cdot \nabla c^{n+1} = \psi^{n+1} \dfrac{\partial c^{n+1}}{\partial \tau}$, 于是可得

$$\frac{\partial c^{n+1}}{\partial \tau} - \frac{\theta}{\psi^{n+1}} \frac{c^{n+1} - \check{c}^n}{\Delta t} = \frac{\theta}{\psi^{n+1} \Delta t} \int_{(\check{X}, t^n)}^{(X, t^{n+1})} \left[\left| X - \check{X} \right|^2 + (t - \check{t}^n)^2 \right]^{1/2} \frac{\partial^2 c}{\partial \tau^2} \mathrm{d}\tau. \quad (10.1.46)$$

对上式乘以 ψ^{n+1} 并作 m 模估计, 可得

$$\left\| \psi^{n+1} \frac{\partial c^{n+1}}{\partial \tau} - \theta \frac{c^{n+1} - \check{c}^n}{\Delta t} \right\|_m^2$$
$$\leqslant \int_\Omega \left[\frac{\psi^{n+1}}{\Delta t} \right]^2 \left| \int_{(\check{X}, t^n)}^{(X, t^{n+1})} \frac{\partial^2 c}{\partial \tau^2} \mathrm{d}\tau \right|^2 \mathrm{d}X$$
$$\leqslant \Delta t \left\| \frac{(\psi^{n+1})^3}{\theta} \right\|_\infty \int_\Omega \int_{(\check{X}, t^n)}^{(X, t^{n+1})} \left| \frac{\partial^2 c}{\partial \tau^2} \right|^2 \mathrm{d}\tau \mathrm{d}X$$
$$\leqslant \Delta t \left\| \frac{(\psi^{n+1})^4}{\theta^2} \right\|_\infty \int_\Omega \int_{t^n}^{t^{n+1}} \int_0^1 \left| \frac{\partial^2 c}{\partial \tau^2} (\bar{\tau} \check{X} + (1 - \bar{\tau}) X, t) \right|^2 \mathrm{d}\bar{\tau} \mathrm{d}X \mathrm{d}t. \quad (10.1.47)$$

因此有

$$|T_4| \leqslant K \left\| \frac{\partial^2 c}{\partial \tau^2} \right\|_{L^2(t^n, t^{n+1}; m)}^2 \Delta t + K \left\| \xi^{n+1} \right\|_m^2. \quad (10.1.48a)$$

对于 T_5, T_6 的估计, 应用引理 10.1.5 可得

$$|T_5| \leqslant K \left\{ (\Delta t)^{-1} \left\| \frac{\partial \zeta}{\partial t} \right\|_{L^2(t^n, t^{n+1}; m)}^2 + \left\| \xi^{n+1} \right\|_m^2 \right\}, \quad (10.1.48b)$$

$$|T_6| \leqslant K \left\{ ||\xi^{n+1}||_m^2 + ||\xi^n||_m^2 + (\Delta t)^2 + h^4 \right\}. \qquad (10.1.48c)$$

估计 T_7, T_8 和 T_9 导致下述一般的关系式. 若 f 定义在 Ω 上, f 对应的是 c, ζ 和 ξ, Z 表示方向 $\boldsymbol{U}^{n+1} - \boldsymbol{u}^{n+1}$ 的单位向量. 则

$$\int_\Omega \theta \frac{\hat{f}^n - \check{f}^n}{\Delta t} \xi^{n+1} \mathrm{d}X = (\Delta t)^{-1} \int_\Omega \theta \left[\int_{\check{X}}^{\hat{X}} \frac{\partial f^n}{\partial Z} \mathrm{d}Z \right] \xi^{n+1} \mathrm{d}X$$

$$= (\Delta t)^{-1} \int_\Omega \theta \left[\int_0^1 \frac{\partial f^n}{\partial Z}((1 - \bar{Z})\check{X} + \bar{Z}\hat{X})\mathrm{d}\bar{Z} \right] \left| \hat{X} - \check{X} \right| \xi^{n+1} \mathrm{d}X$$

$$= \int_\Omega \left[\int_0^1 \frac{\partial f^n}{\partial Z}((1 - \bar{Z})\check{X} + \bar{Z}\hat{X})\mathrm{d}\bar{Z} \right] |\boldsymbol{u} - \boldsymbol{U}| \xi^{n+1} \mathrm{d}X, \qquad (10.1.49)$$

此处 $\bar{Z}$ 为 $[0,1]$ 内的参数, 应用关系式 $\hat{X} - \check{X} = \Delta t[\boldsymbol{u}^{n+1}(X) - \boldsymbol{U}^{n+1}(X)]/\theta(X)$. 设

$$g_f = \int_0^1 \frac{\partial f^n}{\partial Z}((1 - \bar{Z})\check{X} + \bar{Z}\hat{X})\mathrm{d}\bar{Z}.$$

则可写出关于式 (10.1.49) 的三个特殊情况:

$$|T_7| \leqslant ||g_c||_\infty \, ||(\boldsymbol{u} - \boldsymbol{U})^{n+1}||_m \, ||\xi^{n+1}||_m, \qquad (10.1.50a)$$

$$|T_8| \leqslant ||g_\zeta||_m \, ||(\boldsymbol{u} - \boldsymbol{U})^{n+1}||_m \, ||\xi^{n+1}||_\infty, \qquad (10.1.50b)$$

$$|T_9| \leqslant ||g_\xi||_m \, ||(\boldsymbol{u} - \boldsymbol{U})^{n+1}||_m \, ||\xi^{n+1}||_\infty. \qquad (10.1.50c)$$

由引理 10.1.1~引理 10.1.5 和估计式 (10.1.32) 可得

$$||(\boldsymbol{u} - \boldsymbol{U})^{n+1}||_m^2 \leqslant K \left\{ ||\xi^n||_m^2 + h_p^4 + h_c^4 + (\Delta t)^2 \right\}. \qquad (10.1.51)$$

因为 $g_c(\boldsymbol{X})$ 是 c^n 的一阶偏导数的平均值, 它能用 $||c^n||_{W_\infty^1}$ 来估计. 由式 (10.1.50a) 可得

$$|T_7| \leqslant K \left\{ ||\xi^{n+1}||_m^2 + ||\xi^n||_m^2 + h_p^4 + h_c^4 + (\Delta t)^2 \right\}. \qquad (10.1.52)$$

为了估计 $||g_\zeta||_m$ 和 $||g_\xi||_m$, 需要引入归纳法假定

$$\sup_{0 \leqslant n \leqslant L} |||\sigma^n|||_\infty \to 0, \quad \sup_{0 \leqslant n \leqslant L} ||\xi^n||_m \to 0, \quad (h_c, h_p, \Delta t) \to 0. \qquad (10.1.53)$$

同时作下述剖分参数限制性条件:

$$\Delta t = O(h^2), \quad h^2 = o(h_p^{3/2}). \qquad (10.1.54)$$

为了估计 T_8, T_9, 现在考虑

$$||g_f||^2 \leqslant \int_0^1 \int_\Omega \left[\frac{\partial f^n}{\partial Z}((1 - \bar{Z})\check{X} + \bar{Z}\hat{X}) \right]^2 \mathrm{d}X \mathrm{d}\bar{Z}. \qquad (10.1.55)$$

定义变换

$$G_{\bar{Z}}(X) = (1-\bar{Z})\check{X} + \bar{Z}\hat{X} = X - [\theta^{-1}(X)u^{n+1}(X) + \bar{Z}\theta^{-1}(X)(U-u)^{n+1}(X)]\Delta t.$$
$$(10.1.56)$$

设 $J_p = \Omega_{ijk} = [x_{i-1/2}, x_{i+1/2}] \times [y_{j-1/2}, y_{j+1/2}] \times [z_{k-1/2}, z_{k+1/2}]$ 是流动方程的网格单元, 则式 (10.1.55) 可写为

$$\|g_f\|^2 \leqslant \int_0^1 \sum_{J_p} \left| \frac{\partial f^n}{\partial Z}(G_{\bar{Z}}(X)) \right|^2 \mathrm{d}X \mathrm{d}\bar{Z}. \qquad (10.1.57)$$

由归纳法假定 (10.1.53) 和剖分参数限制性条件 (10.1.54) 有

$$\det DG_{\bar{Z}} = 1 + o(1).$$

则式 (10.1.57) 进行变量替换后可得

$$\|g_f\|^2 \leqslant K \|\nabla f^n\|^2. \qquad (10.1.58)$$

对 T_8 应用式 (10.1.58), 引理 10.1.5 和 Sobolev 嵌入定理 [36] 可得下述估计:

$$\begin{aligned}|T_8| &\leqslant K \|\nabla \zeta^n\| \cdot \|(u-U)^{n+1}\| \cdot h^{-(\varepsilon+1/2)} \|\nabla \xi^{n+1}\| \\ &\leqslant K \left\{ h_c^{2-(\varepsilon+1/2)} \|(u-U)^{n+1}\| \|\nabla \xi^{n+1}\| \right\} \\ &\leqslant K \left\{ \|\xi^{n+1}\|_m^2 + \|\xi^n\|_m^2 + h_p^4 + h_c^4 + (\Delta t)^2 \right\} + \varepsilon \||\alpha^{n+1}\||^2. \quad (10.1.59a)\end{aligned}$$

从式 (10.1.51) 我们清楚地看到 $\|(u-U)^{n+1}\|_m = o(h_c^{\varepsilon+1/2})$, 因此我们的定理证明 $\|\xi^n\|_m = O(h_p^2 + h_c^2 + \Delta t)$. 类似于在文献 [6] 中的分析, 有

$$\begin{aligned}|T_9| &\leqslant K \|\nabla \xi^n\| \cdot \|(u-U)^{n+1}\| \cdot h^{-(\varepsilon+1/2)} \|\nabla \xi^{n+1}\| \\ &\leqslant \varepsilon \left\{ \||\alpha^{n+1}\||^2 + \||\alpha^n\||^2 \right\}. \qquad (10.1.59b)\end{aligned}$$

对 T_{10}, T_{11} 应用负模估计可得

$$|T_{10}| \leqslant K h_c^4 + \varepsilon \||\alpha^{n+1}\||^2, \qquad (10.1.60a)$$

$$|T_{11}| \leqslant K \|\xi^n\|_m^2 + \varepsilon \||\alpha^{n+1}\||^2. \qquad (10.1.60b)$$

对误差估计式 (10.1.43) 左右两端分别应用式 (10.1.44)、(10.1.45)、(10.1.48)、(10.1.52)、(10.1.59) 和 (10.1.60) 可得

$$\frac{1}{2\Delta t} \left\{ (\theta \xi^{n+1}, \xi^{n+1})_m - (\theta \xi^n, \xi^n)_m \right\} + \sum_{s=x,y,z} (D^{-1}\alpha^{s,n+1}, \alpha^{s,n+1})_s$$

$$\leqslant K \left\{ \left\| \frac{\partial^2 c}{\partial \tau^2} \right\|_{L^2(t^n, t^{n+1}; m)}^2 \Delta t + (\Delta t)^{-1} \left\| \frac{\partial \zeta}{\partial t} \right\|_{L^2(t^n, t^{n+1}; m)}^2 + ||\xi^{n+1}||_m^2 + ||\xi^n||_m^2 \right.$$

$$\left. + ||\mu^n||_m^2 + h_p^4 + h_c^4 + (\Delta t)^2 \right\} + \varepsilon \left\{ |||\alpha^{n+1}|||^2 + |||\alpha^n|||^2 \right\}. \tag{10.1.61}$$

对式 (10.1.61) 乘以 $2\Delta t$, 并对时间 t 求和 $(0 \leqslant n \leqslant L)$, 注意到 $\xi^0 = 0$, 可得

$$||\xi^{L+1}||_m^2 + \sum_{n=0}^{L} |||\alpha^{n+1}|||^2 \Delta t$$

$$\leqslant K \left\{ \sum_{n=0}^{L} \left[||\xi^{n+1}||_m^2 + ||\mu^n||_m^2 \right] \Delta t + h_p^4 + h_c^4 + (\Delta t)^2 \right\}. \tag{10.1.62}$$

对式 (10.1.40b) 乘以 $2\Delta t$, 并对时间 t 求和 $(0 \leqslant n \leqslant L)$, 注意到 $\mu^0 = 0$, 可得

$$||\mu^{L+1}||_{L^2}^2 \leqslant K \left\{ \sum_{n=1}^{L} \left[||\mu^n||_{L^2}^2 + ||\xi^n||_{L^2}^2 \right] \Delta t + h_c^4 + h_p^4 + (\Delta t)^2 \right\}. \tag{10.1.63}$$

组合式 (10.1.62) 和式 (10.1.63), 并注意到 $L^2(\Omega)$ 连续模和 m 离散模的关系 [19,35], 可得

$$||\xi^{L+1}||_m^2 + ||\mu^{L+1}||_{L^2}^2 + \sum_{n=0}^{L} |||\alpha^{n+1}|||^2 \Delta t$$

$$\leqslant K \left\{ \sum_{n=0}^{L} \left[||\xi^{n+1}||_m^2 + ||\mu^n||_{L^2}^2 \right] \Delta t + h_p^4 + h_c^4 + (\Delta t)^2 \right\}. \tag{10.1.64}$$

应用 Gronwall 引理可得

$$||\xi^{L+1}||_m^2 + ||\mu^{L+1}||_{L^2}^2 + \sum_{n=0}^{L} |||\alpha^{n+1}|||^2 \Delta t \leqslant K \left\{ h_p^4 + h_c^4 + (\Delta t)^2 \right\}. \tag{10.1.65a}$$

对流动方程的误差估计式 (10.1.32) 和 (10.1.38), 应用估计式 (10.1.65a) 可得

$$\sup_{0 \leqslant n \leqslant L} \left\{ ||\pi^{n+1}||_m^2 + |||\alpha^{n+1}|||^2 \right\} \leqslant K \left\{ h_p^4 + h_c^4 + (\Delta t)^2 \right\}. \tag{10.1.65b}$$

下面需要检验归纳法假定 (10.1.53). 对于 $n = 0$ 时, 由于初始值的选取, $\xi^0 = 0$, 由归纳法假定显然是正确的. 若对 $1 \leqslant n \leqslant L$ 归纳法假定 (10.1.53) 成立. 由估计式 (10.1.65) 和限制性条件 (10.1.54) 有

$$|||\sigma^{L+1}|||_\infty \leqslant K h_p^{-3/2} \left\{ h_p^2 + h_c^2 + \Delta t \right\} \leqslant K h_p^{1/2} \to 0, \tag{10.1.66a}$$

$$||\xi^{L+1}||_\infty \leqslant K h_c^{-3/2} \left\{ h_p^2 + h_c^2 + \Delta t \right\} \leqslant K h_c^{1/2} \to 0. \tag{10.1.66b}$$

归纳法假定成立.

由估计式 (10.1.65) 和引理 10.1.5、引理 10.1.6, 可以建立下述定理.

定理 10.1.3　对问题 (10.1.1)~(10.1.7) 假定其精确解满足正则性条件 (R), 且其系数满足正定性条件 (C), 采用混合体积元–修正特征混合体积元方法 (10.1.27)~(10.1.29) 逐层求解. 若剖分参数满足限制性条件 (10.1.54), 则下述误差估计式成立:

$$
\begin{aligned}
&\|p - P\|_{\bar{L}^\infty(J;m)} + \|\boldsymbol{u} - \boldsymbol{U}\|_{\bar{L}^\infty(J;V)} + \|c - C\|_{\bar{L}^\infty(J;m)} \\
&+ \|\boldsymbol{g} - \boldsymbol{G}\|_{\bar{L}^2(J;V)} + \|s - S\|_{\bar{L}^\infty(J;L^2)} \\
&\leqslant M^* \left\{ h_p^2 + h_c^2 + \Delta t \right\},
\end{aligned} \tag{10.1.67}
$$

此处 $\|g\|_{\bar{L}^\infty(J;X)} = \sup\limits_{n\Delta t \leqslant T} \|g^n\|_X$, $\|g\|_{\bar{L}^2(J;X)} = \sup\limits_{L\Delta t \leqslant T} \left\{ \sum\limits_{n=0}^{L} \|g^n\|_X^2 \Delta t \right\}^{1/2}$, 常数 M^* 依赖于函数 p, c, s 及其导函数.

10.1.5　修正混合体积元–特征体积元方法和分析

在 10.1.3 小节和 10.1.4 小节, 我们研究了混合体积元–特征体积元方法, 但在很多实际问题中, Darcy 速度关于时间的变化比浓度的变化慢得多. 因此, 我们对流动方 (10.1.1) 采用大步长计算, 对时间区间 J 进行剖分: $0 = t_0 < t_1 < \cdots < t_L = T$, 记 $\Delta t_p^m = t_m - t_{m-1}$, 除 Δt_p^1 外, 假定其余的步长为均匀的, 即 $\Delta t_p^m = \Delta t_p, m \geqslant 2$. 设 $\Delta t_c = t^n - t^{n-1}$, 为对应于浓度方程的均匀小步长. 设对每一个正常数 m, 都存在一个正整数 n 使得 $t_m = t^n$, 即每一个压力时间节点也是一个浓度时间节点, 并记 $j = \Delta t_p / \Delta t_c$, $j_1 = \Delta t_p^1 / \Delta t_c$. 对函数 $\psi_m(X) = \psi(X, t_m)$, 对浓度时间步 t^{n+1}, 若 $t_{m-1} < t^{n+1} \leqslant t_m$, 则在 (10.1.28) 中, 用 Darcy 速度 $\boldsymbol{u}^{n+1}$ 的下述逼近形式, 如果 $m \geqslant 2$, 定义 $\boldsymbol{U}_{m-1}$ 和 $\boldsymbol{U}_{m-2}$ 的线性外推

$$
EU^{n+1} = \left(1 + \frac{t^{n+1} - t_{m-1}}{t_{m-1} - t_{m-2}} \right) \boldsymbol{U}_{m-1} - \frac{t^{n+1} - t_{m-1}}{t_{m-1} - t_{m-2}} \boldsymbol{U}_{m-2}, \tag{10.1.68}
$$

如果 $m = 1$, 令 $EU^{n+1} = \boldsymbol{U}_0$.

问题 (10.1.1)~(10.1.2) 的修正混合体积元–特征混合体积元格式: 求 $(\boldsymbol{U}_m, P_m)$: $(t_0, t_1, \cdots, t_L) \to S_h \times V_h$, $(C^n, \boldsymbol{G}^n, C'^n)$: $(t^0, t^1, \cdots, t^R) \to S_h \times V_h \times M_h$, 满足

$$
(D_x U_m^x + D_y U_m^y + D_z U_m^z, v)_{\hat{m}} = (q_m, v)_{\hat{m}}, \quad \forall v \in S_h, \tag{10.1.69a}
$$

$$
\begin{aligned}
&\left(k^{-1}(\bar{C}_m^x) U_m^x, w^x \right)_x + \left(k^{-1}(\bar{C}_m^y) U_m^y, w^y \right)_y + \left(k^{-1}(\bar{C}_m^z) U_m^z, w^z \right)_z \\
&- (P_m, D_x w^x + D_y w^y + D_z w^z)_{\hat{m}} = 0, \quad \forall w \in V_h,
\end{aligned} \tag{10.1.69b}
$$

此处为了避免符号相重, 这里 $\hat{m}$ 即为 10.1.2 小节中的 m.

$$\left(\theta\frac{C^{n+1} - \hat{C}^n}{\Delta t}, v\right)_{\hat{m}} + \left(\rho\frac{C'^{n+1} - C'^n}{\Delta t}, v\right)_{\hat{m}}$$

$$+ \left(D_x G^{x,n+1} + D_y G^{y,n+1} + D_z G^{z,n+1}, v\right)_{\hat{m}}$$

$$= \left(f(\hat{C}^n), v\right)_{\hat{m}}, \quad \forall v \in S_h, \tag{10.1.70a}$$

$$\left(D^{-1} G^{x,n+1}, w^x\right)_x + \left(D^{-1} G^{y,n+1}, w^y\right)_y + \left(D^{-1} G^{z,n+1}, w^z\right)_z$$

$$- \left(C^{n+1}, D_x w^x + D_y w^y + D_z w^z\right)_{\hat{m}} = 0,$$

$$\forall w \in V_h. \tag{10.1.70b}$$

$$\left(\frac{S^{n+1} - S^n}{\Delta t}, \phi\right)_{L^2} = \hat{\alpha}\left(\varphi(C^n) - S^n, \phi\right)_{L^2}, \quad \forall \phi \in M_h, \tag{10.1.71}$$

此处 $\hat{C}^n = C^n(X - \theta^{-1} E \boldsymbol{U}^{n+1} \Delta t)$.

$$C^0 = \tilde{C}^0, \quad G^0 = \tilde{G}^0, \quad S^0 = \tilde{S}^0, \quad X \in \Omega. \tag{10.1.72}$$

格式 (10.1.69)~(10.1.72) 的计算程序和 10.1.3 小节的格式 (10.1.27)~(10.1.30) 是类似的. 所需注意的是, 对流动方程 (10.1.1) 对时间 t 采用大步长计算, 对浓度方程 (10.1.2) 采用小步长计算. 在保持同样精确度的情况下, 大大减少实际计算时的工作量.

经和定理 10.1.3 类似的分析及繁杂的估算, 可以建立下述定理.

定理 10.1.4 对问题 (10.1.1)~(10.1.7) 假定其精确解满足正则性条件 (R), 且其系数满足正定性条件 (C), 采用修正混合体积元–特征混合元方法 (10.1.69)~(10.1.72) 逐层计算求解. 若剖分参数满足限制性条件 (10.1.54), 则下述误差估计式成立:

$$\|p - P\|_{\bar{L}^\infty(J;m)} + \|\boldsymbol{u} - \boldsymbol{U}\|_{\bar{L}^\infty(J;V)} + \|c - C\|_{\bar{L}^\infty(J;m)}$$

$$+ \|\boldsymbol{g} - \boldsymbol{G}\|_{\bar{L}^2(J;V)} + \|s - S\|_{\bar{L}^\infty(J;L^2)}$$

$$\leqslant M^{**}\left\{h_p^2 + h_c^2 + \Delta t_c + (\Delta t_p)^2 + (\Delta t_p^1)^{3/2}\right\}, \tag{10.1.73}$$

此处常数 M^{**} 依赖于函数 p, c, s 及其导函数.

10.1.6 数值算例

考虑一维情形, $\Omega = [0, 1]$,

$$\frac{\partial c}{\partial t} + (\varphi(c))_t + \boldsymbol{u} \cdot \nabla c - D\Delta c = 0. \tag{10.1.74}$$

应用混合体积元–特征混合体积元方法, 并对问题 (10.1.74) 作几点假定:

(1) $u = 1, D = 0.01$;

(2) $\varphi(c) = \mathrm{e}^p$;

(3) 初始值为 0;

(4) 边界条件: 左端点为 1, 右端点为 0.

图 10.1.2 和图 10.1.3 给出了 p 取不同值, $t = 0.5$ 时的数值解.

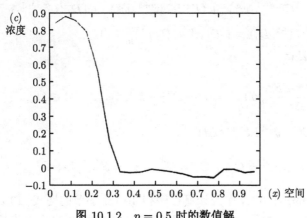

图 10.1.2　$p = 0.5$ 时的数值解

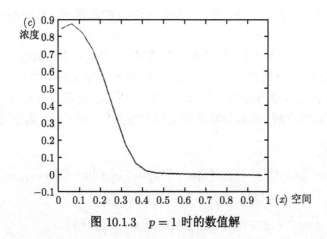

图 10.1.3　$p = 1$ 时的数值解

图 10.1.2 表明 $p = 0.5$ 时解 c 的情况, 近似曲线可以显示 c 的变化; 而图 10.1.3 是 $p = 1$ 时解 c 的情况, 比图 10.1.2 光滑. 两图比较可以看出指数 p 的作用.

10.1.7　总结和讨论

本节研究三维污染运移的数值模拟问题, 提出一类混合体积元–特征混合体积元方法及其收敛性分析. 10.1.1 小节是引言部分, 叙述和分析问题的数学模型, 物理背景以及国内外研究概况. 10.1.2 小节给出网格记号和相关引理, 以及两种 (粗, 细)

网格剖分. 10.1.3 小节提出混合体积元–特征混合体积元程序, 对流动方程采用具有守恒性质的混合体积元离散, 对 Darcy 速度提高了一阶精确度. 对浓度方程采用特征混合体积元求解, 对流部分采用特征线法, 扩散部分采用混合体积元离散, 大大提高了数值计算的稳定性和精确度, 且保持单元质量守恒, 这在地下渗流环境科学数值模拟计算中是十分重要的. 对吸附浓度方程采用低阶有限元逼近. 10.1.4 小节是收敛性分析, 应用微分方程先验估计理论和特殊技巧, 得到了二阶 l^2 模误差估计结果. 这点特别重要, 它突破了 Arbogast 和 Wheeler 对同类问题仅能得到 3/2 阶的著名成果. 10.1.5 小节讨论了修正混合体积元–特征混合体积元方法, 指明对很多实际问题, 对流动方程可采用大步长计算, 能进一步缩小计算规模和时间. 10.1.6 小节是数值算例, 支撑了理论分析, 并指明本节所提出的方法在实际问题是切实可行和高效的. 本节有如下特征: ① 本格式具有物理守恒律特性, 这点在地下渗流环境科学数值模拟计算中是极端重要的; ② 由于组合地应用混合体积元和特征线法, 它具有高精度和高稳定性的特征, 特别适用于三维复杂区域大型数值模拟的工程实际计算; ③ 它突破了 Arbogast 和 Wheeler 对同类问题仅能得到 3/2 阶收敛性结果, 推进并解决了这一重要问题 [15,31]. 详细的讨论和分析可参阅文献 [37].

10.2 双重介质中地下水污染问题的混合体积元–特征混合体积元方法

地下水污染问题是一类重要的环境科学问题. 由于地质结构往往是裂缝–孔隙双重介质的, 问题的数学模型是一类非线性偏微分方程组得初边值问题. 关于压力的流动方程是椭圆型的和关于污染物浓度方程是对流–扩散型的, 以及关于介质表面吸附浓度的一阶常微分方程. 流体的压力通过 Darcy 速度在浓度方程中出现, 并控制着浓度方程的全过程. 我们对流动方程采用具有守恒律性质的混合体积元离散求解, 它对 Darcy 速度的计算提高了一阶精确度. 对浓度方程采用特征混合体积元求解, 即对方程的扩散部分采用混合体积元离散, 对流部分采用特征线法, 特征线法可以保证格式在流体锋线前沿逼近的高稳定性, 消除数值弥散和非物理性振荡, 并可以得到较小的时间截断误差, 增大时间步长, 提高计算精确度. 扩散项采用混合体积元离散, 可以同时逼近饱和度及其伴随向量函数, 保持单元质量守恒. 应用微分方程先验估计的理论和特殊技巧, 得到最佳二阶 L^2 模误差估计结果. 数值算例指明该方法的有效性和实用性.

10.2.1 引言

本节研究三维双重介质中地下污染问题的数值模拟, 它是一类重要的环境科学问题. 由于地质结构往往是裂缝–孔隙双重介质的, 其数学模型关于压力的流动方程是椭圆型的, 关于污染物浓度方程是对流-扩散型的, 以及关于表面吸附浓度的一阶常微分方程. 流体的压力通过 Darcy 流速在浓度方程中出现, 并控制着浓度方程的全过程. 问题的数学模型是下述非线性偏微分方程组耦合问题 [3-6,38,39]:

$$\nabla \cdot \boldsymbol{u} = -\nabla \cdot (k(c)\nabla p) = q(X,t), \quad X = (x,y,z)^{\mathrm{T}} \in \Omega, \quad t \in J = (0,T], \quad (10.2.1a)$$

$$\boldsymbol{u} = -k(c)\nabla p, \quad X \in \Omega, \quad t \in J, \quad (10.2.1b)$$

$$s_1 \frac{\partial c}{\partial t} + s_2 \frac{\partial c'}{\partial t} + \boldsymbol{u} \cdot \nabla c - \nabla \cdot (D\nabla c) = q(c^* - c), \quad X \in \Omega, \quad t \in J, \quad (10.2.2)$$

$$\frac{\partial c'}{\partial t} = \hat{\alpha}(c - c'), \quad X \in \Omega, \quad t \in J, \quad (10.2.3)$$

此处 Ω 是三维空间 R^3 中的有界区域, $p(X,t)$ 为流体的压力函数, $\boldsymbol{u} = (u_x, u_y, u_z)^{\mathrm{T}}$ 为 **Darcy 速度**, 函数 $c(X,t), c'(X,t)$ 分别为污染物浓度和介质表面的吸附浓度函数, $k(c)$ 是地层渗透率函数, $s_1(X), s_2(X)$ 分别为流动水和非流动水中相对储水率, 均为确定的正函数. D 为扩散矩阵, 其一般形式为 [4-6]

$$D(X, \boldsymbol{u}) = D_m(X)I + \alpha_l |\boldsymbol{u}|^\beta \begin{pmatrix} \hat{u}_x^2 & \hat{u}_x \hat{u}_y & \hat{u}_x \hat{u}_z \\ \hat{u}_x \hat{u}_y & \hat{u}_y^2 & \hat{u}_y \hat{u}_z \\ \hat{u}_z \hat{u}_x & \hat{u}_z \hat{u}_y & \hat{u}_z^2 \end{pmatrix}$$

$$+ \alpha_t |\boldsymbol{u}|^\beta \begin{pmatrix} \hat{u}_y^2 + \hat{u}_z^2 & -\hat{u}_x \hat{u}_y & -\hat{u}_x \hat{u}_z \\ -\hat{u}_x \hat{u}_y & \hat{u}_x^2 + \hat{u}_z^2 & -\hat{u}_y \hat{u}_z \\ -\hat{u}_z \hat{u}_x & -\hat{u}_z \hat{u}_y & \hat{u}_x^2 + \hat{u}_y^2 \end{pmatrix}, \quad (10.2.4)$$

此处 $D_m(X)$ 是分子扩散系数, I 是 3×3 单位矩阵, α_l, α_t 分别为纵向和横向扩散系数, $\hat{u}_x, \hat{u}_y, \hat{u}_z$ 为 Darcy 速度 $\boldsymbol{u}$ 在坐标轴的方向余弦. 通常 β 为 $\geqslant 2$ 的正常数. 通常假定扩散矩阵是正定的, 且在实际数值模拟计算时, 为了计算简便, 通常仅考虑分子扩散系数项, 且假定 $D_* \leqslant D_m(X) \leqslant D^*$, 此处 D_*, D^* 均为正常数 [5,6,39]. $\hat{\alpha}$ 为交换系数, 通常为正常数. $q(X,t)$ 是源汇项, c^* 为源汇项处的浓度值, 在 $(q < 0)$ 处 $c^* = c$, 在 $(q > 0)$ 处 c^* 为源汇项处污染物的已知浓度. 压力函数 $p(X,t)$ 和浓度函数 $c(X,t), c'(X,t)$ 是待求的基本函数.

不渗透边界条件:

$$\boldsymbol{u} \cdot \gamma = 0, \quad X \in \partial\Omega, \quad (D\nabla c - c\boldsymbol{u}) \cdot \gamma = 0, \quad X \in \partial\Omega, \quad t \in J, \quad (10.2.5)$$

此处 γ 是区域 Ω 的边界曲面 $\partial\Omega$ 的单位外法线方向向量.

初始条件:

$$c(X,0) = c_0(X), \quad c'(X,0) = c_0'(X), \quad X \in \Omega. \quad (10.2.6)$$

为了保证解的存在唯一性, 还需要下述相容性和唯一性条件:

$$\int_\Omega q(X,t)\mathrm{d}X = 0, \quad \int_\Omega p(X,t)\mathrm{d}X = 0. \tag{10.2.7}$$

数值实验和理论分析指明, 经典的有限元方法在处理对流–扩散问题时, 会出现强烈的数值振荡现象. 为了克服上述缺陷, 许多学者提出系列新的数值方法, 如特征差分方法 [7]、特征有限元法 [8]、迎风加权差分格式 [9]、高阶 Godunov 格式 [10]、流线扩散法 [11]、最小二乘混合有限元方法 [12]、修正特征有限元方法 [13], 以及 Eulerian-Lagrangian 局部对偶方法 [14]. 上述方法对传统的有限元方法和差分方法有所改进, 但它们各自也有许多无法克服的缺陷. 迎风加权差分格式在锋线前沿产生数值弥散现象, 高阶 Godunov 格式要求一个 CFL 限制, 流线扩散法与最小二乘混合元方法减少了数值弥散, 却人为地强加了流线的方向. Eulerian-Lagrangian 局部对偶方法可以保持局部的质量守恒, 但增加了积分的计算, 计算量很大. 为了得到对流–扩散问题的高效计算格式, Arbogast 与 Wheeler 在 [15] 中对对流占优的输运方程讨论了一种特征混合元格式, 此格式在单元上是守恒的, 并得到 3/2 阶高精度误差估计. 但此格式要计算大量的检验函数的映像积分, 使得实际计算十分复杂和困难. 我们实质性拓广和改进了 Arbogast 与 Wheeler 的工作 [15,16], 提出了一类混合元–特征混合元方法, 大大减少了计算工作量, 并进行了实际问题的数值模拟, 指明此方法在实际计算时是可行的和有效的 [16]. 但在那里我们仅能到一阶精确度误差估计, 且不能拓广到三维问题. 我们注意到有限体积元法 [17,18] 兼具有差分方法的简单性和有限元方法的高精度性, 并且保持局部质量守恒, 是求解偏微分方程的一种十分有效的数值方法. 混合元方法 [19-21] 可以同时求解压力函数及其 Darcy 流速, 从而提高其一阶精度. 文献 [5,22,23] 将有限体积元和混合元相结合, 提出了混合有限体积元的思想, 文献 [24,25] 通过数值算例验证这种方法的有效性. 文献 [26-28] 主要对椭圆问题给出混合有限体积元的收敛性估计等理论结果, 形成了混合有限体积元方法的一般框架. 芮洪兴等用此方法研究了低渗油气渗流驱动问题的数值模拟计算 [29,30]. 在上述工作的基础上, 我们对三维双重介质中地下水污染问题提出一类混合体积元–特征混合体积元方法. 用混合体积元同时逼近压力函数和 Darcy 速度, 并对 Darcy 速度提高了一阶计算精确度. 对浓度方程用特征混合体积元方法, 即对对流项沿特征线方向离散, 方程的扩散项采用混合体积元离散. 特征线方法可以保证格式在流体锋线前沿逼近的高度稳定性, 消除数值弥散现象, 并可以得到较小的截断时间误差. 在实际计算中可以采用较大的时间步长, 提高计算效率而不降低精确度. 扩散项采用混合有限体积元离散, 可以同时逼近未知浓度函数及其伴随向量函数. 并且由于分片常数在检验函数空间中, 因此格式保持单元上质量守恒. 对吸附浓度方程采用低阶有限元方法逼近. 应用微分方程先验估计理论和特殊技巧, 得到了最优二阶 L^2 模误差估计, 高于 Arbogast, Wheeler 3/2 阶估

计的著名成果 [15]. 本节还做了数值试验, 支撑了理论分析结果, 成功解决了这一重要问题 [5,6,15,31].

我们使用通常的 Sobolev 空间及其范数记号. 假定问题 (10.2.1)~(10.2.7) 的精确解满足下述正则性条件:

$$
(R) \quad
\begin{cases}
p \in L^\infty(H^1), \\
\boldsymbol{u} \in L^\infty(H^1(\mathrm{div})) \cap L^\infty(W_\infty^1) \cap W_\infty^1(L^\infty) \cap H^2(L^2), \\
c \in L^\infty(H^2) \cap H^1(H^1) \cap L^\infty(W_\infty^1) \cap H^2(L^2), \\
c' \in L^\infty(H^2) \cap H^2(L^2).
\end{cases}
$$

同时假定问题 (10.2.1)~(10.2.7) 的系数满足正定性条件:

$$
(C) \quad 0 < k_* \leqslant k(c) \leqslant k^*, 0 < s_{1,*} \leqslant s_1(X) \leqslant s_1^*, 0 < s_{2,*} \leqslant s_2(X) \leqslant s_2^*,
$$
$$
0 < D_* \leqslant D(X) \leqslant D^*,
$$

此处 $k_*, k^*, s_{1,*}, s_1^*, s_{2,*}, s_2^*, D_*$ 和 D^* 均为确定的正常数.

在本节中, 为了理论分析方便, 我们假定问题 (10.2.1)~(10.2.7) 是 Ω 周期的 [4-7], 也就是在这里全部函数假定是 Ω 周期的. 这在物理上是合理的, 因为无流动边界条件 (10.2.5) 一般能作镜面反射处理, 而且在通常环境科学的数值模拟中, 边界条件对内部流动的影响较小 [5,6,39]. 因此边界条件是省略的.

10.2.2 记号和引理

为了应用混合体积元–特征混合体积元方法, 需要构造二套网格系统. 粗网格是针对流场压力和 Darcy 流速的非均匀粗网格, 细网格是针对浓度方程的非均匀细网格. 首先讨论粗网格系统.

研究三维问题, 为简单起见, 设区域 $\Omega = \{[0,1]\}^3$, 用 $\partial\Omega$ 表示其边界. 定义剖分

$$
\delta_x : 0 < x_{1/2} < x_{3/2} < \cdots < x_{N_x-1/2} < x_{N_x+1/2} = 1,
$$
$$
\delta_y : 0 < y_{1/2} < y_{3/2} < \cdots < y_{N_y-1/2} < y_{N_y+1/2} = 1,
$$
$$
\delta_z : 0 < z_{1/2} < z_{3/2} < \cdots < z_{N_z-1/2} < z_{N_z+1/2} = 1.
$$

对 Ω 作剖分 $\delta_x \times \delta_y \times \delta_z$, 对于 $i = 1, 2, \cdots, N_x; j = 1, 2, \cdots, N_y; k = 1, 2, \cdots, N_z$. 记 $\Omega_{ijk} = \{(x, y, z) | x_{i-1/2} < x < x_{i+1/2}, y_{j-1/2} < y < y_{j+1/2}, z_{k-1/2} < z < z_{k+1/2}\}$, $x_i = (x_{i-1/2} + x_{i+1/2})/2, y_j = (y_{j-1/2} + y_{j+1/2})/2, z_k = (z_{k-1/2} + z_{k+1/2})/2. h_{x_i} = x_{i+1/2} - x_{i-1/2}, h_{y_j} = y_{j+1/2} - y_{j-1/2}, h_{z_k} = z_{k+1/2} - z_{k-1/2}. h_{x,i+1/2} = x_{i+1} - x_i, h_{y,j+1/2} = y_{j+1} - y_j, h_{z,k+1/2} = z_{k+1} - z_k. h_x = \max\limits_{1 \leqslant i \leqslant N_x}\{h_{x_i}\}, h_y = \max\limits_{1 \leqslant j \leqslant N_y}\{h_{y_j}\}, h_z = \max\limits_{1 \leqslant k \leqslant N_z}\{h_{z_k}\}, h_p = (h_x^2 + h_y^2 + h_z^2)^{1/2}$. 称剖分是正则的, 是指存在常数 $\alpha_1, \alpha_2 >$

0, 使得

$$\min_{1 \leqslant i \leqslant N_x} \{h_{x_i}\} \geqslant \alpha_1 h_x, \quad \min_{1 \leqslant j \leqslant N_y} \{h_{y_j}\} \geqslant \alpha_1 h_y, \quad \min_{1 \leqslant k \leqslant N_z} \{h_{z_k}\} \geqslant \alpha_1 h_z,$$

$$\min\{h_x, h_y, h_z\} \geqslant \alpha_2 \max\{h_x, h_y, h_z\}.$$

图 10.1.1 表示对应于 $N_x = 4, N_y = 3, N_z = 3$ 情况简单网格的示意图. 定义 $M_l^d(\delta_x) = \{f \in C^l[0,1] : f|_{\Omega_i} \in p_d(\Omega_i), i = 1, 2, \cdots, N_x\}$, 其中 $\Omega_i = [x_{i-1/2}, x_{i+1/2}]$, $p_d(\Omega_i)$ 是 Ω_i 上次数不超过 d 的多项式空间, 当 $l = -1$ 时, 表示函数 f 在 $[0,1]$ 上可以不连续. 对 $M_l^d(\delta_y), M_l^d(\delta_z)$ 的定义是类似的. 记 $S_h = M_{-1}^0(\delta_x) \otimes M_{-1}^0(\delta_y) \otimes M_{-1}^0(\delta_z)$,

$$V_h = \{\boldsymbol{w} | \boldsymbol{w} = (w^x, w^y, w^z), w^x \in M_0^1(\delta_x) \otimes M_{-1}^0(\delta_y) \otimes M_{-1}^0(\delta_z),$$

$$w^y \in M_{-1}^0(\delta_x) \otimes M_0^1(\delta_y) \otimes M_{-1}^0(\delta_z),$$

$w^z \in M_{-1}^0(\delta_x) \otimes M_{-1}^0(\delta_y) \otimes M_0^1(\delta_z), \boldsymbol{w} \cdot \gamma|_{\partial\Omega} = 0\}$. 对函数 $v(x, y, z)$, 以 $v_{ijk}, v_{i+1/2,jk}$, $v_{i,j+1/2,k}$ 和 $v_{ij,k+1/2}$ 分别表示 $v(x_i, y_j, z_k), v(x_{i+1/2}, y_j, z_k), v(x_i, y_{j+1/2}, z_k)$ 和 $v(x_i, y_j, z_{k+1/2})$.

定义下列内积及范数:

$$(v, w)_{\bar{m}} = \sum_{i=1}^{N_x} \sum_{j=1}^{N_y} \sum_{k=1}^{N_z} h_{x_i} h_{y_j} h_{z_k} v_{ijk} w_{ijk},$$

$$(v, w)_x = \sum_{i=1}^{N_x} \sum_{j=1}^{N_y} \sum_{k=1}^{N_z} h_{x_{i-1/2}} h_{y_j} h_{z_k} v_{i-1/2,jk} w_{i-1/2,jk},$$

$$(v, w)_y = \sum_{i=1}^{N_x} \sum_{j=1}^{N_y} \sum_{k=1}^{N_z} h_{x_i} h_{y_{j-1/2}} h_{z_k} v_{i,j-1/2,k} w_{i,j-1/2,k},$$

$$(v, w)_z = \sum_{i=1}^{N_x} \sum_{j=1}^{N_y} \sum_{k=1}^{N_z} h_{x_i} h_{y_j} h_{z_{k-1/2}} v_{ij,k-1/2} w_{ij,k-1/2},$$

$$\|v\|_s^2 = (v, v)_s, \ s = m, x, y, z, \quad \|v\|_\infty = \max_{1 \leqslant i \leqslant N_x, 1 \leqslant j \leqslant N_y, 1 \leqslant k \leqslant N_z} |v_{ijk}|,$$

$$\|v\|_{\infty(x)} = \max_{1 \leqslant i \leqslant N_x, 1 \leqslant j \leqslant N_y, 1 \leqslant k \leqslant N_z} |v_{i-1/2,jk}|,$$

$$\|v\|_{\infty(y)} = \max_{1 \leqslant i \leqslant N_x, 1 \leqslant j \leqslant N_y, 1 \leqslant k \leqslant N_z} |v_{i,j-1/2,k}|,$$

$$\|v\|_{\infty(z)} = \max_{1 \leqslant i \leqslant N_x, 1 \leqslant j \leqslant N_y, 1 \leqslant k \leqslant N_z} |v_{ij,k-1/2}|.$$

当 $\boldsymbol{w} = (w^x, w^y, w^z)^{\mathrm{T}}$ 时, 记

$$|||\boldsymbol{w}||| = \left(\|w^x\|_x^2 + \|w^y\|_y^2 + \|w^z\|_z^2\right)^{1/2}, \quad |||\boldsymbol{w}|||_\infty = \|w^x\|_{\infty(x)} + \|w^y\|_{\infty(y)} + \|w^z\|_{\infty(z)},$$

$$\|\boldsymbol{w}\|_m = \left(\|w^x\|_m^2 + \|w^y\|_m^2 + \|w^z\|_m^2\right)^{1/2}, \quad \|\boldsymbol{w}\|_\infty = \|w^x\|_\infty + \|w^y\|_\infty + \|w^z\|_\infty.$$

设

$$W_p^m(\Omega) = \left\{ v \in L^p(\Omega) \middle| \frac{\partial^n v}{\partial x^{n-l-r} \partial y^l \partial z^r} \in L^p(\Omega), n-l-r \geqslant 0, \right.$$

$$\left. l = 0, 1, \cdots, n; r = 0, 1, \cdots, n, \ n = 0, 1, \cdots, m; 0 < p < \infty \right\}.$$

$H^m(\Omega) = W_2^m(\Omega), L^2(\Omega)$ 的内积与范数分别为 $(\cdot, \cdot), \|\cdot\|$, 对于 $v \in S_h$, 显然有

$$\|v\|_m = \|v\|. \tag{10.2.8}$$

定义下列记号:

$$[d_x v]_{i+1/2,jk} = \frac{v_{i+1,jk} - v_{ijk}}{h_{x,i+1/2}}, \quad [d_y v]_{i,j+1/2,k} = \frac{v_{i,j+1,k} - v_{ijk}}{h_{y,j+1/2}},$$

$$[d_z v]_{ij,k+1/2} = \frac{v_{ij,k+1} - v_{ijk}}{h_{z,k+1/2}};$$

$$[D_x w]_{ijk} = \frac{w_{i+1/2,jk} - w_{i-1/2,jk}}{h_{x_i}}, \quad [D_y w]_{ijk} = \frac{w_{i,j+1/2,k} - w_{i,j-1/2,k}}{h_{y_j}},$$

$$[D_z w]_{ijk} = \frac{w_{ij,k+1/2} - w_{ij,k-1/2}}{h_{z_k}};$$

$$\hat{w}_{ijk}^x = \frac{w_{i+1/2,jk}^x + w_{i-1/2,jk}^x}{2}, \quad \hat{w}_{ijk}^y = \frac{w_{i,j+1/2,k}^y + w_{i,j-1/2,k}^y}{2},$$

$$\hat{w}_{ijk}^z = \frac{w_{ij,k+1/2}^z + w_{ij,k-1/2}^z}{2},$$

$$\bar{w}_{ijk}^x = \frac{h_{x,i+1}}{2h_{x,i+1/2}} w_{ijk} + \frac{h_{x,i}}{2h_{x,i+1/2}} w_{i+1,jk}, \quad \bar{w}_{ijk}^y = \frac{h_{y,j+1}}{2h_{y,j+1/2}} w_{ijk} + \frac{h_{y,j}}{2h_{y,j+1/2}} w_{i,j+1,k},$$

$$\bar{w}_{ijk}^z = \frac{h_{z,k+1}}{2h_{z,k+1/2}} w_{ijk} + \frac{h_{z,k}}{2h_{z,k+1/2}} w_{ij,k+1},$$

以及 $\hat{\boldsymbol{w}}_{ijk} = (\hat{w}_{ijk}^x, \hat{w}_{ijk}^y, \hat{w}_{ijk}^z)^{\mathrm{T}}, \ \bar{\boldsymbol{w}}_{ijk} = (\bar{w}_{ijk}^x, \bar{w}_{ijk}^y, \bar{w}_{ijk}^z)^{\mathrm{T}}.$ 记 L 是一个正整数, $\Delta t = T/L, t^n = n\Delta t, v^n$ 表示函数在 t^n 时刻的值, $d_t v^n = (v^n - v^{n-1})/\Delta t.$

对于上面定义的内积和范数, 下述四个引理成立.

引理 10.2.1　对于 $v \in S_h, \boldsymbol{w} \in V_h$, 显然有

$$(v, D_x w^x)_m = -(d_x v, w^x)_x, \quad (v, D_y w^y)_m = -(d_y v, w^y)_y,$$

$$(v, D_z w^z)_m = -(d_z v, w^z)_z. \tag{10.2.9}$$

引理 10.2.2　对于 $w \in V_h$, 则有

$$\|\hat{w}\|_m \leqslant \|\|w\|\|. \tag{10.2.10}$$

引理 10.2.3　对于 $q \in S_h$, 则有

$$\|\bar{q}^x\|_x \leqslant M \|q\|_m, \quad \|\bar{q}^y\|_y \leqslant M \|q\|_m, \quad \|\bar{q}^z\|_z \leqslant M \|q\|_m, \tag{10.2.11}$$

此处 M 是与 q, h 无关的常数.

引理 10.2.4　对于 $w \in V_h$, 则有

$$\|w^x\|_x \leqslant \|D_x w^x\|_m, \quad \|w^y\|_y \leqslant \|D_y w^y\|_m, \quad \|w^z\|_z \leqslant \|D_z w^z\|_m. \tag{10.2.12}$$

对于细网格系统, 对于区域 $\Omega = \{[0,1]\}^3$, 通常基于上述粗网格再进行均匀细分, 一般取原网格步长的 $1/l$, 通常 l 取 2 或 4, 其余记号全部不变, 此时 $h_c = h_p/l$.

对于吸附浓度方程 (10.2.2), 由于其变化较为平稳缓慢, 和流动方程一样, 采用粗网格. 在这里对六面体 $\Omega_{ijk} = [x_{i-1/2}, x_{i+1/2}] \times [y_{j-1/2}, y_{j+1/2}] \times [z_{k-1/2}, z_{k+1/2}]$ 应用一阶有限元空间 M_h 逼近[32,33].

10.2.3　混合体积元–特征混合体积元程序

10.2.3.1　格式的提出

为了引入混合有限体积元方法的处理思想, 将流动方程 (10.2.2) 写为下述标准形式:

$$\nabla \cdot \boldsymbol{u} = q, \tag{10.2.13a}$$

$$\boldsymbol{u} = -k(c)\nabla p. \tag{10.2.13b}$$

对浓度方程 (10.2.2), 注意到这流动实际上沿着迁移的特征方向, 采用特征线法处理一阶双曲部分, 它具有很高的精确度和强稳定性. 对时间 t 可采用大步长计算. 记 $\psi(X, \boldsymbol{u}) = [s_1^2(X) + |\boldsymbol{u}|^2]^{1/2}$, $\dfrac{\partial}{\partial \tau} = \psi^{-1} \left\{ s_1 \dfrac{\partial}{\partial t} + \boldsymbol{u} \cdot \nabla \right\}$. 为了应用混合体积元离散扩散部分, 将方程 (10.2.2) 写为下述标准形式

$$\psi \frac{\partial c}{\partial \tau} + s_2 \frac{\partial c'}{\partial t} + \nabla \cdot \boldsymbol{g} = f(X, c), \tag{10.2.14a}$$

$$\boldsymbol{g} = -D\nabla c, \tag{10.2.14b}$$

此处 $f(X, c) = q(c^* - c)$.

设 P, U, C, G, C' 分别为 $p, \boldsymbol{u}, c, \boldsymbol{g}$ 和 c' 的混合体积元–特征混合体积元的近似解. 由 10.2.2 小节的记号和引理 10.2.1~引理 10.2.4 的结果得知流体压力和 Darcy 速度的混合体积元格式为

$$\left(D_x U^{x,n+1} + D_y U^{y,n+1} + D_z U^{z,n+1}, v\right)_m = (q^{n+1}, v)_m, \quad \forall v \in S_h, \qquad (10.2.15a)$$

$$\left(k^{-1}(\bar{C}^{x,n})U^{x,n+1}, w^x\right)_x + \left(k^{-1}(\bar{C}^{y,n})U^{y,n+1}, w^y\right)_y + \left(k^{-1}(\bar{C}^{z,n})U^{z,n+1}, w^z\right)_z$$
$$- \left(P^{n+1}, D_x w^x + D_x w^y + D_x w^z\right)_m = 0, \quad \forall w \in V_h. \qquad (10.2.15b)$$

对方程 (10.2.14a) 利用向后差商逼近特征方向导数

$$\frac{\partial c^{n+1}}{\partial \tau} \approx \frac{c^{n+1} - c^n(X - s_1^{-1}\boldsymbol{u}^{n+1}(X)\Delta t)}{\Delta t(1 + s_1^{-2}|\boldsymbol{u}^{n+1}|^2)^{1/2}}.$$

则浓度方程 (10.2.14b) 的特征混合体积元格式为

$$\left(s_1 \frac{C^{n+1} - \hat{C}^n}{\Delta t}, v\right)_m + \left(s_2 \frac{C'^{n+1} - C'^n}{\Delta t}, v\right)_m$$
$$+ \left(D_x G^{x,n+1} + D_y G^{y,n+1} + D_z G^{z,n+1}, v\right)_m$$
$$= \left(f(\hat{C}^n), v\right)_m, \quad \forall v \in S_h, \qquad (10.2.16a)$$

$$\left(D^{-1}G^{x,n+1}, w^x\right)_x + \left(D^{-1}G^{y,n+1}, w^y\right)_y + \left(D^{-1}G^{z,n+1}), w^z\right)_z$$
$$- \left(C^{n+1}, D_x w^x + D_y w^y + D_z w^z\right)_m = 0, \quad \forall w \in V_h, \qquad (10.2.16b)$$

此处 $\hat{C}^n = C^n(\hat{X}^n)$, $\hat{X}^n = X - s_1^{-1}U^{n+1}\Delta t$.

对于表面吸附浓度函数 (10.2.15), 由于其对时间 t 变化平稳缓慢, 我们采用下述显格式求解:

$$\left(\frac{C'^{n+1} - C'^n}{\Delta t}, \phi\right) = \hat{\alpha}\left(C^n - C'^n, \phi\right), \quad \phi \in M_h. \qquad (10.2.17)$$

初始逼近:

$$C^0 = \tilde{C}^0, \quad \boldsymbol{G}^0 = \tilde{\boldsymbol{G}}^0, \quad C'^0 = \tilde{C}'^0, \quad X \in \Omega, \qquad (10.2.18)$$

此处 $(\tilde{C}^0, \tilde{\boldsymbol{G}}^0)$ 为 $(c_0, \boldsymbol{g}_0)$ 的椭圆投影, $\tilde{C}'^0$ 为 c_0' 的 L^2 投影 (这些将在下节定义).

混合有限体积元–特征混合有限体积元格式的计算程序: 首先由初始条件 c_0, $\boldsymbol{g}_0 = -D\nabla c_0$, 应用混合体积元的椭圆投影确定 $\{\tilde{C}^0, \tilde{\boldsymbol{G}}^0\}$, 取 $C^0 = \tilde{C}^0$, $\boldsymbol{G}^0 = \tilde{\boldsymbol{G}}^0$. 同时由初始条件 c_0' 应用 L^2 投影确定 C'^0, 取 $C'^0 = \tilde{C}'^0$. 由格式 (10.2.17) 求出 C'^1. 再由混合体积元格式 (10.2.15) 应用共轭梯度法求得 $\{U^1, P^1\}$. 然后, 再由特征混合体积元格式 (10.2.16) 应用共轭梯度法求得 $\{C^1, \boldsymbol{G}^1\}$. 如此, 再由 (10.2.15) 求得 C'^2, 由 (10.2.15) 求得 $\{U^2, P^2\}$, 由 (10.2.16) 可得 $\{C^2, \boldsymbol{G}^2\}$. 这样依次进行, 可求得全部数值逼近解, 由正定性条件 (C), 解存在且唯一.

10.2.3.2 局部质量守恒律

如果问题 (10.2.1)~(10.2.7) 没有源汇项, 也就是 $q \equiv 0$, 和边界条件是不渗透的, 且不考虑介质表面吸附的影响, 则在每个单元 $J_c \subset \Omega$ 上, 此处为简单起见, 设 $l = 1$, 即粗细网格重合, $J_c = \Omega_{ijk} = [x_{i-1/2}, x_{i+1/2}] \times [y_{j-1/2}, y_{j+1/2}] \times [z_{k-1/2}, z_{k+1/2}]$, 浓度方程 (10.2.2) 的局部质量守恒律表现为

$$\int_{J_c} \psi \frac{\partial c}{\partial \tau} \mathrm{d}X - \int_{\partial J_c} \boldsymbol{g} \cdot \gamma_{J_c} \mathrm{d}S = 0, \tag{10.2.19}$$

此处 J_c 为区域 Ω 关于浓度的细网格剖分单元, ∂J_c 为单元 J_c 的边界面, γ_{J_c} 为单元边界面的外法线方向向量. 下面我们证明 (10.2.16a) 满足下面的离散意义下的局部质量守恒律.

定理 10.2.1 如果 $q \equiv 0$, $s_2 \equiv 0$, 则在任意单元 $J_c \subset \Omega$ 上, 格式 (10.2.16a) 满足离散的局部质量守恒律

$$\int_{J_c} s_1 \frac{C^{n+1} - \hat{C}^n}{\Delta t} \mathrm{d}X - \int_{\partial J_c} \boldsymbol{G}^{n+1} \cdot \gamma_{J_c} \mathrm{d}S = 0. \tag{10.2.20}$$

证明 对格式 (10.2.16a), 因为 $v \in S_h$, 对给定的单元 $J_c \in \Omega$ 上, 取 $v \equiv 1$, 在其他单元上为零, 则此时 (10.2.16a) 为

$$\left(s_1 \frac{C^{n+1} - \hat{C}^n}{\Delta t}, 1 \right)_{\Omega_{ijk}} + \left(D_x G^{x,n+1} + D_y G^{y,n+1} + D_z G^{z,n+1}, 1 \right)_{\Omega_{ijk}} = 0. \tag{10.2.21}$$

按 10.2.2 小节中的记号可得

$$\left(s_1 \frac{C^{n+1} - \hat{C}^n}{\Delta t}, 1 \right)_{\Omega_{ijk}} = s_{1,ijk} \left(\frac{C_{ijk}^{n+1} - \hat{C}_{ijk}^n}{\Delta t} \right) h_{x_i} h_{y_j} h_{z_k} = \int_{\Omega_{ijk}} s_1 \frac{C^{n+1} - \hat{C}^n}{\Delta t} \mathrm{d}X, \tag{10.2.22a}$$

$$\left(D_x G^{x,n+1} + D_y G^{y,n+1} + D_z G^{z,n+1}, 1 \right)_{\Omega_{ijk}} = \left(G_{i+1/2,jk}^{x,n+1} - G_{i-1/2,jk}^{x,n+1} \right) h_{y_j} h_{z_k}$$
$$+ \left(G_{i,j+1/2,k}^{y,n+1} - G_{i,j-1/2,k}^{y,n+1} \right) h_{x_i} h_{z_k} + \left(G_{ij,k+1/2}^{z,n+1} - G_{ij,k-1/2}^{z,n+1} \right) h_{x_i} h_{y_j}$$
$$= -\int_{\partial \Omega_{ijk}} \boldsymbol{G}^{n+1} \cdot \gamma_{J_c} \mathrm{d}S. \tag{10.2.22b}$$

将式 (10.2.22) 代入式 (10.2.21), 定理 10.2.1 得证.

由局部质量守恒律定理 10.2.1, 即可推出整体质量守恒律.

定理 10.2.2 如果 $q \equiv 0$, $s_2 \equiv 0$, 边界条件是不渗透的, 则格式 (10.2.16a) 满足整体离散质量守恒律

$$\int_{\Omega} s_1 \frac{C^{n+1} - \hat{C}^n}{\Delta t} \mathrm{d}X = 0, \quad n \geqslant 0. \tag{10.2.23}$$

证明　由局部质量守恒律 (10.2.20), 对全部的网格剖分单元求和, 则有

$$\sum_{i,j,k} \int_{\Omega_{ijk}} s_1 \frac{C^{n+1} - \hat{C}^n}{\Delta t} dX - \sum_{i,j,k} \int_{\partial\Omega_{ijk}} \boldsymbol{G}^{n+1} \cdot \gamma_{J_c} dS = 0. \tag{10.2.24}$$

注意到 $-\sum_{i,j,k} \int_{\partial\Omega_{ijk}} \boldsymbol{G}^{n+1} \cdot \gamma_{J_c} dS = -\int_{\partial\Omega} \boldsymbol{G}^{n+1} \cdot \gamma dS = 0$, 定理得证.

10.2.4　收敛性分析

为了进行收敛性分析, 首先, 引入下述辅助性椭圆投影. 定义 $\tilde{U} \in V_h, \tilde{P} \in S_h$, 满足

$$\left(D_x \tilde{U}^x + D_y \tilde{U}^y + D_z \tilde{U}^z, v \right)_m = (q, v)_m, \quad \forall v \in S_h, \tag{10.2.25a}$$

$$\left(k^{-1}(c) \tilde{U}^x, w^x \right)_x + \left(k^{-1}(c) \tilde{U}^y, w^y \right)_y + \left(k^{-1}(c) \tilde{U}^z, w^z \right)_z$$
$$- \left(\tilde{P}, D_x w^x + D_y w^y + D_z w^z \right)_m = 0, \quad \forall w \in V_h, \tag{10.2.25b}$$

其中 c 是问题 (10.2.1)~(10.2.7) 的精确解.

记 $F = f - \psi \dfrac{\partial c}{\partial \tau} - s_2 \dfrac{\partial c'}{\partial t}$. 定义 $\tilde{G} \in V_h, \tilde{C} \in S_h$, 满足

$$\left(D_x \tilde{G}^x + D_y \tilde{G}^y + D_z \tilde{G}^z, v \right)_m = (F, v)_m, \quad \forall v \in S_h, \tag{10.2.26a}$$

$$\left(D^{-1} \tilde{G}^x, w^x \right)_x + \left(D^{-1} \tilde{G}^y, w^y \right)_y + \left(D^{-1} \tilde{G}^z, w^z \right)_z$$
$$- \left(\tilde{C}, D_x w^x + D_y w^y + D_z w^z \right)_m = 0, \quad \forall w \in V_h, \tag{10.2.26b}$$

其次, 引入下述 L^2 有限元投影, 定义 $\tilde{C}' \in M_h$, 满足

$$(C', z) = (c', z), \quad \forall z \in M_h. \tag{10.2.27}$$

记 $\pi = P - \tilde{P}, \eta = \tilde{P} - p, \sigma = \boldsymbol{U} - \tilde{U}, \rho = \tilde{U} - \boldsymbol{u}, \xi = C - \tilde{C}, \zeta = \tilde{C} - c,$ $\alpha = \boldsymbol{G} - \tilde{G}, \beta = \tilde{G} - \boldsymbol{g}, \theta = C' - \tilde{C}', \lambda = \tilde{C}' - c'.$ 设问题 (10.2.1)~(10.2.7) 满足正定性条件 (C), 其精确解满足正则性条件 (R). 由 Weiser 和 Wheeler 的结果 [23] 得知格式 (10.2.1)~(10.2.2) 确定的辅助函数 $\{\tilde{U}, \tilde{P}, \tilde{G}, \tilde{C}\}$ 存在唯一, 并有下述误差估计.

引理 10.2.5　若问题 (10.2.1)~(10.2.7) 的系数和精确解满足条件 (C) 和 (R), 则存在不依赖于剖分参数 h 的常数 $\bar{C}_1, \bar{C}_2 > 0$, 使得下述估计式成立:

$$\|\eta\|_m + \|\zeta\|_m + \|\|\rho\|\| + \|\|\beta\|\| + \left\|\frac{\partial\eta}{\partial t}\right\|_m + \left\|\frac{\partial\zeta}{\partial t}\right\|_m \leqslant \bar{C}_1\{h_p^2 + h_c^2\}, \tag{10.2.28a}$$

$$\left|\left|\left|\tilde{U}\right|\right|\right|_{\infty} + \left|\left|\left|\tilde{G}\right|\right|\right|_{\infty} \leqslant \bar{C}_2. \tag{10.2.28b}$$

在同样条件下, 由有限元方法 L^2 投影算子的性质 [32,33], 亦有下述估计.

引理 10.2.6 若介质表面吸附浓度函数满足正则性条件 (R), 则存在不依赖于剖分参数 h 的常数 $\bar{C}_3 > 0$, 使得下述估计式成立:

$$||\lambda||_{L^2} + \left|\left|\frac{\partial\lambda}{\partial t}\right|\right|_{L^2} \leqslant \bar{C}_3\, h_c^2. \tag{10.2.29}$$

下面首先估计 π 和 σ. 将式 (10.2.15a)、(10.2.15b) 分别减式 (10.2.25a)$(t = t^{n+1})$ 和式 (10.2.25b)$(t = t^{n+1})$ 可得下述关系式

$$\left(D_x\sigma^{x,n+1} + D_y\sigma^{y,n+1} + D_z\sigma^{z,n+1}, v\right)_m = 0, \quad \forall v \in S_h, \tag{10.2.30a}$$

$$\begin{aligned}
&\left(k^{-1}(\bar{C}^{x,n})\sigma^{x,n+1}, w^x\right)_x + \left(k^{-1}(\bar{C}^{y,n})\sigma^{y,n+1}, w^y\right)_y + \left(k^{-1}(\bar{C}^{z,n})\sigma^{z,n+1}, w^z\right)_z \\
&- \left(\pi^{n+1}, D_x w^x + D_y w^y + D_z w^z\right)_m = -\Big\{ \left(\left(k^{-1}(\bar{C}^{x,n}) - k^{-1}(c^{n+1})\right)\tilde{U}^{x,n+1}, w^x\right)_x \\
&+ \left(\left(k^{-1}(\bar{C}^{y,n}) - k^{-1}(c^{n+1})\right)\tilde{U}^{y,n+1}, w^y\right)_y \\
&+ \left(\left(k^{-1}(\bar{C}^{z,n}) - k^{-1}(c^{n+1})\right)\tilde{U}^{z,n+1}, w^z\right)_z \Big\}, \quad \forall w \in V_h. \tag{10.2.30b}
\end{aligned}$$

在式 (10.2.30a) 中取 $v = \pi^{n+1}$, 在式 (10.2.30b) 中取 $w = \sigma^{n+1}$, 组合上述二式可得

$$\begin{aligned}
&\left(k^{-1}(\bar{C}^{x,n})\sigma^{x,n+1}, \sigma^{x,n+1}\right)_x + \left(k^{-1}(\bar{C}^{y,n})\sigma^{y,n+1}, \sigma^{y,n+1}\right)_y \\
&\quad + \left(k^{-1}(\bar{C}^{z,n})\sigma^{z,n+1}, \sigma^{z,n+1}\right)_z \\
&= -\sum_{s=x,y,z} \left(\left(k^{-1}(\bar{C}^{s,n}) - k^{-1}(c^{n+1})\right)\tilde{U}^{s,n+1}, \sigma^{s,n+1}\right)_s. \tag{10.2.31}
\end{aligned}$$

对于估计式 (10.2.31) 应用引理 10.2.1~引理 10.2.5, Taylor 公式和正定性条件 (C) 可得

$$\begin{aligned}
&\left|\left|\left|\sigma^{n+1}\right|\right|\right|^2 \\
&\leqslant K \sum_{s=x,y,z} \left|\left|\bar{C}^{s,n} - c^{n+1}\right|\right|_m^2 \leqslant K\left\{ \sum_{s=x,y,z} \left|\left|\bar{C}^{s,n} - c^n\right|\right|_m^2 + ||\xi^n||_m^2 + ||\zeta^n||_m^2 + (\Delta t)^2 \right\} \\
&\leqslant K\left\{ ||\xi^n||^2 + h_c^4 + (\Delta t)^2 \right\}. \tag{10.2.32}
\end{aligned}$$

对 $\pi^{n+1} \in S_h$, 利用对偶方法进行估计 [32,34], 为此考虑下述椭圆问题:

$$\nabla \cdot \omega = \pi^{n+1}, \quad X = (x, y, z)^{\mathrm{T}} \in \Omega, \tag{10.2.33a}$$

$$\omega = \nabla p, \quad X \in \Omega, \tag{10.2.33b}$$

$$\omega \cdot \gamma = 0, \quad X \in \partial\Omega. \tag{10.2.33c}$$

由问题 (10.2.33) 的正则性, 有

$$\sum_{s=x,y,z} \left\| \frac{\partial \omega^s}{\partial s} \right\|_m^2 \leqslant K \left\| \pi^{n+1} \right\|_m^2. \tag{10.2.34}$$

设 $\tilde{\omega} \in V_h$ 满足

$$\left(\frac{\partial \tilde{\omega}^s}{\partial s}, v \right)_m = \left(\frac{\partial \omega^s}{\partial s}, v \right)_m, \quad \forall v \in S_h, \quad s = x, y, z. \tag{10.2.35a}$$

这样定义的 $\tilde{\omega}$ 是存在的, 且有

$$\sum_{s=x,y,z} \left\| \frac{\partial \tilde{\omega}^s}{\partial s} \right\|_m^2 \leqslant \sum_{s=x,y,z} \left\| \frac{\partial \omega^s}{\partial s} \right\|_m^2. \tag{10.2.35b}$$

应用引理 10.2.4、式 (10.2.33)、(10.2.34) 和 (10.2.30) 可得

$$\left\| \pi^{n+1} \right\|_m^2$$
$$= (\pi^{n+1}, \nabla \cdot \omega) = (\pi^{n+1}, D_x \tilde{\omega}^x + D_y \tilde{\omega}^y + D_z \tilde{\omega}^z)$$
$$= \sum_{s=x,y,z} \left(k^{-1}(\bar{C}^{s,n}) \sigma^{s,n+1}, \tilde{\omega}^s \right)_s + \sum_{s=x,y,z} \left(\left(k^{-1}(\bar{C}^{s,n}) - k^{-1}(c^{n+1}) \right) \tilde{U}^{s,n+1}, \tilde{\omega}^s \right)_s$$
$$\leqslant K \|\|\tilde{\omega}\|\| \left\{ \|\|\sigma^{n+1}\|\|^2 + \|\xi^n\|_m^2 + h_c^4 + (\Delta t)^2 \right\}^{1/2}. \tag{10.2.36}$$

由引理 10.2.4、(10.2.34)、(10.2.30) 可得

$$\|\|\tilde{\omega}\|\|^2 \leqslant \sum_{s=x,y,z} \|D_s \tilde{\omega}^s\|_m^2 = \sum_{s=x,y,z} \left\| \frac{\partial \tilde{\omega}^s}{\partial s} \right\|_m^2 \leqslant \sum_{s=x,y,z} \left\| \frac{\partial \omega^s}{\partial s} \right\|_m^2 \leqslant K \left\| \pi^{n+1} \right\|_m^2. \tag{10.2.37}$$

将式 (10.2.37) 代入式 (10.2.36) 可得

$$\left\| \pi^{n+1} \right\|_m^2 \leqslant K \left\{ \|\|\sigma^{n+1}\|\|^2 + \|\xi^n\|_m^2 + h_c^4 + (\Delta t)^2 \right\} \leqslant K \left\{ \|\xi^n\|_m^2 + h_c^4 + (\Delta t)^2 \right\}. \tag{10.2.38}$$

现估计表面吸附浓度误差 θ. 由方程 (10.2.3) ($t = t^{n+1}$)、式 (10.2.17) 和式 (10.2.27) 可得下述误差估计式

$$\left(\frac{\theta^{n+1} - \theta^n}{\Delta t}, \phi \right) = \hat{\alpha} (\xi^n + \zeta^n, \phi) - \hat{\alpha} (\theta^n + \lambda^n, \phi) + (c^n - c^{n+1} - (c'^n - c'^{n+1}), \phi)$$

$$- \left(\frac{\partial \tilde{c}'^{n+1}}{\partial t} - \partial_t \tilde{C}'^n, \phi \right) - \left(\frac{\partial \lambda^{n+1}}{\partial t}, \phi \right), \quad \forall \phi \in M_h, \tag{10.2.39}$$

此处 $\partial_t \tilde{C}'^n = \dfrac{\tilde{C}'^{n+1} - \tilde{C}'^n}{\Delta t}$. 对式 (10.2.39) 取 $\phi = \partial_t \theta^n$, 并应用引理 10.2.5、引理 10.2.6 和正则性条件 (R) 可得

$$||\partial_t \theta^n||_{L^2}^2 \leqslant K \left\{ ||\xi^n||_{L^2}^2 + ||\theta^n||_{L^2}^2 + h_c^4 + h_p^4 + (\Delta t)^2 \right\}. \tag{10.2.40a}$$

对式 (4.15) 取 $\phi = \theta^{n+1}$, 类似地可得

$$\frac{1}{2\Delta t} \left\{ ||\theta^{n+1}||_{L^2}^2 - ||\theta^n||_{L^2}^2 \right\} \leqslant K \left\{ ||\theta^{n+1}||_{L^2}^2 + ||\theta^n||_{L^2}^2 + ||\xi^n||_{L^2}^2 + h_c^4 + h_p^4 + (\Delta t)^2 \right\}. \tag{10.2.40b}$$

下面讨论饱和度方程 (10.2.2) 的误差估计. 为此将式 (10.2.16a) 和式 (10.2.16b) 分别减去 $t = t^{n+1}$ 时刻的式 (10.2.26a) 和式 (10.2.26b), 分别取 $v = \xi^{n+1}$, $w = \alpha^{n+1}$, 可得

$$\left(s_1 \frac{C^{n+1} - \hat{C}^n}{\Delta t}, \xi^{n+1} \right)_m + \left(s_2 \frac{C'^{n+1} - C'^n}{\Delta t}, \xi^{n+1} \right)_m$$
$$+ \left(D_x \alpha^{x,n+1} + D_y \alpha^{y,n+1} + D_z \alpha^{z,n+1}, \xi^{n+1} \right)_m$$
$$= \left(f(\hat{C}^n) - f(c^{n+1}) + \psi^{n+1} \frac{\partial c^{n+1}}{\partial \tau} + s_2 \frac{\partial c'^{n+1}}{\partial t}, \xi^{n+1} \right)_m, \tag{10.2.41a}$$

$$\left(D_x^{-1} \alpha^{x,n+1}, \alpha^{x,n+1} \right)_x + \left(D_y^{-1} \alpha^{y,n+1}, \alpha^{y,n+1} \right)_y + \left(D_z^{-1} \alpha^{z,n+1}), \alpha^{z,n+1} \right)_z$$
$$- \left(\xi^{n+1}, D_x \alpha^{x,n+1} + D_y \alpha^{y,n+1} + D_z \alpha^{z,n+1} \right)_m = 0. \tag{10.2.41b}$$

将式 (10.2.41a) 和式 (10.2.41b) 相加可得

$$\left(s_1 \frac{C^{n+1} - \hat{C}^n}{\Delta t}, \xi^{n+1} \right)_m + \left(s_2 \frac{C'^{n+1} - C'^n}{\Delta t}, \xi^{n+1} \right)_m$$
$$+ \left(D_x^{-1} \alpha^{x,n+1}, \alpha^{x,n+1} \right)_x + \left(D_y^{-1} \alpha^{y,n+1}, \alpha^{y,n+1} \right)_y + \left(D_z^{-1} \alpha^{z,n+1}, \alpha^{z,n+1} \right)_z$$
$$= \left(f(\hat{C}^n) - f(c^{n+1}) + \psi^{n+1} \frac{\partial c^{n+1}}{\partial \tau} + s_2 \frac{\partial c'^{n+1}}{\partial t}, \xi^{n+1} \right)_m. \tag{10.2.42}$$

应用方程 (10.2.2) $t = t^{n+1}$, 和式 (10.2.42) 相减, 可得下述误差方程

$$\left(s_1 \frac{\xi^{n+1} - \xi^n}{\Delta t}, \xi^{n+1} \right)_m + \sum_{s=x,y,z} \left(D_s^{-1} \alpha^{s,n+1}, \alpha^{s,n+1} \right)_s$$
$$= - \left(s_2 \frac{\theta^{n+1} - \theta^n}{\Delta t}, \xi^{n+1} \right)_m + \left(s_2 \left(\frac{\partial c'^{n+1}}{\partial t} - \frac{c'^{n+1} - c'^n}{\Delta t} \right), \xi^{n+1} \right)_m - \left(s_2 \partial_t \lambda^n, \xi^n \right)$$
$$+ \left(\left[s_1 \frac{\partial c^{n+1}}{\partial t} + \boldsymbol{u}^{n+1} \cdot \nabla c^{n+1} \right] - s_1 \frac{c^{n+1} - \breve{c}^n}{\Delta t}, \xi^{n+1} \right)_m + \left(s_1 \frac{\zeta^{n+1} - \zeta^n}{\Delta t}, \xi^{n+1} \right)_m$$

$$+ \left(f(\hat{C}^n) - f(c^{n+1}), \xi^{n+1} \right) + \left(s_1 \frac{\hat{c}^n - \check{c}^n}{\Delta t}, \xi^{n+1} \right)_m - \left(s_1 \frac{\check{\zeta}^n - \check{\zeta}^n}{\Delta t}, \xi^{n+1} \right)_m$$

$$+ \left(s_1 \frac{\hat{\xi}^n - \check{\xi}^n}{\Delta t}, \xi^{n+1} \right)_m - \left(s_1 \frac{\check{\zeta}^n - \zeta^n}{\Delta t}, \xi^{n+1} \right)_m + \left(s_1 \frac{\check{\xi}^n - \xi^n}{\Delta t}, \xi^{n+1} \right)_m. \quad (10.2.43)$$

此处 $\check{c}^n = c^n(X - s_1^{-1}\boldsymbol{u}^{n+1}\Delta t)$, $\hat{c}^n = c^n(X - s_1^{-1}\boldsymbol{U}^{n+1}\Delta t)$, $\cdots$.

对式 (10.2.43) 的左端应用不等式 $a(a-b) \geqslant \frac{1}{2}(a^2 - b^2)$, 其右端分别用 $T_1, T_2, \cdots,$ T_{11} 表示, 可得

$$\frac{1}{2\Delta t}\left\{ (s_1\xi^{n+1}, \xi^{n+1})_m - (s_1\xi^n, \xi^n)_m \right\} + \sum_{s=x,y,z} (D_s \alpha^{s,n+1}, \alpha^{s,n+1})_s \leqslant \sum_{i=1}^{11} T_i. \quad (10.2.44)$$

对估计式 (10.2.44) 右端的前三项, 应用估计式 (10.2.40), 并注意到 $L^2(\Omega)$ 连续模和 m 离散模的关系 [19,35], 可得

$$|T_1 + T_2 + T_3| \leqslant K \|\partial_t \theta^n\|_m^2 + K \left\{ \|\xi^{n+1}\|_m^2 + h_c^4 + (\Delta t)^2 \right\}$$
$$\leqslant K \left\{ \|\xi^{n+1}\|_m^2 + \|\xi^n\|_m^2 + \|\theta^n\|_m^2 + h_c^4 + h_p^4 + (\Delta t)^2 \right\}. \quad (10.2.45)$$

为了估计 T_4, 注意到 $s_1 \frac{\partial c^{n+1}}{\partial t} + \boldsymbol{u}^{n+1} \cdot \nabla c^{n+1} = \psi^{n+1} \frac{\partial c^{n+1}}{\partial \tau}$, 于是可得

$$\frac{\partial c^{n+1}}{\partial \tau} - \frac{s_1}{\psi^{n+1}} \frac{c^{n+1} - \check{c}^n}{\Delta t} = \frac{s_1}{\psi^{n+1}\Delta t} \int_{(\check{X},t^n)}^{(X,t^{n+1})} \left[|X - \check{X}|^2 + (t - t^n)^2 \right]^{1/2} \frac{\partial^2 c}{\partial \tau^2} d\tau. \quad (10.2.46)$$

对上式乘以 ψ^{n+1} 并作 m 模估计, 可得

$$\left\| \psi^{n+1}\frac{\partial c^{n+1}}{\partial \tau} - s_1 \frac{c^{n+1} - \check{c}^n}{\Delta t} \right\|_m^2 \leqslant \int_\Omega \left[\frac{\psi^{n+1}}{\Delta t} \right]^2 \left| \int_{(\check{X},t^n)}^{(X,t^{n+1})} \frac{\partial^2 c}{\partial \tau^2} d\tau \right|^2 dX$$

$$\leqslant \Delta t \left\| \frac{(\psi^{n+1})^3}{s_1} \right\|_\infty \int_\Omega \int_{(\check{X},t^n)}^{(X,t^{n+1})} \left| \frac{\partial^2 c}{\partial \tau^2} \right|^2 d\tau dX$$

$$\leqslant \Delta t \left\| \frac{(\psi^{n+1})^4}{s_1^2} \right\|_\infty \int_\Omega \int_{t^n}^{t^{n+1}} \int_0^1 \left| \frac{\partial^2 c}{\partial \tau^2}(\bar{\tau}\check{X} + (1-\bar{\tau})X, t) \right|^2 d\bar{\tau} dX dt. \quad (10.2.47)$$

因此有

$$|T_4| \leqslant K \left\| \frac{\partial^2 c}{\partial \tau^2} \right\|_{L^2(t^n,t^{n+1};m)}^2 \Delta t + K \|\xi^{n+1}\|_m^2. \quad (10.2.48a)$$

对于 T_5, T_6 的估计, 应用引理 10.2.5 可得

$$|T_5| \leqslant K \left\{ (\Delta t)^{-1} \left\| \frac{\partial \zeta}{\partial t} \right\|_{L^2(t^n, t^{n+1}; m)}^2 + \left\| \xi^{n+1} \right\|_m^2 \right\}, \tag{10.2.48b}$$

$$|T_6| \leqslant K \left\{ \left\| \xi^{n+1} \right\|_m^2 + \| \xi^n \|_m^2 + (\Delta t)^2 + h^4 \right\}. \tag{10.2.48c}$$

估计 T_7, T_8 和 T_9 导致下述一般的关系式. 若 f 定义在 Ω 上, f 对应的是 c, ζ 和 ξ, Z 表示方向 $\boldsymbol{U}^{n+1} - \boldsymbol{u}^{n+1}$ 的单位向量. 则

$$\int_\Omega s_1 \frac{\hat{f}^n - \check{f}^n}{\Delta t} \xi^{n+1} \mathrm{d}X = (\Delta t)^{-1} \int_\Omega s_1 \left[\int_{\check{X}}^{\hat{X}} \frac{\partial f^n}{\partial Z} dZ \right] \xi^{n+1} \mathrm{d}X$$

$$= (\Delta t)^{-1} \int_\Omega s_1 \left[\int_0^1 \frac{\partial f^n}{\partial Z} ((1 - \bar{Z})\check{X} + \bar{Z}\hat{X}) \mathrm{d}\bar{Z} \right] \left| \hat{X} - \check{X} \right| \xi^{n+1} \mathrm{d}X$$

$$= \int_\Omega \left[\int_0^1 \frac{\partial f^n}{\partial Z} ((1 - \bar{Z})\check{X} + \bar{Z}\hat{X}) \mathrm{d}\bar{Z} \right] |\boldsymbol{u} - \boldsymbol{U}| \xi^{n+1} \mathrm{d}X, \tag{10.2.49}$$

此处 $\bar{Z}$ 为 $[0,1]$ 内的参数, 应用关系式 $\hat{X} - \check{X} = \Delta t[\boldsymbol{u}^{n+1}(X) - \boldsymbol{U}^{n+1}(X)]/s_1(X)$. 设

$$g_f = \int_0^1 \frac{\partial f^n}{\partial Z} ((1 - \bar{Z})\check{X} + \bar{Z}\hat{X}) \mathrm{d}\bar{Z}.$$

则可写出关于式 (10.2.49) 三个特殊情况:

$$|T_7| \leqslant \| g_c \|_\infty \left\| (\boldsymbol{u} - \boldsymbol{U})^{n+1} \right\|_m \left\| \xi^{n+1} \right\|_m, \tag{10.2.50a}$$

$$|T_8| \leqslant \| g_\zeta \|_m \left\| (\boldsymbol{u} - \boldsymbol{U})^{n+1} \right\|_m \left\| \xi^{n+1} \right\|_\infty, \tag{10.2.50b}$$

$$|T_9| \leqslant \| g_\xi \|_m \left\| (\boldsymbol{u} - \boldsymbol{U})^{n+1} \right\|_m \left\| \xi^{n+1} \right\|_\infty. \tag{10.2.50c}$$

由引理 10.2.1~引理 10.2.5 和 (10.2.32) 可得

$$\left\| (\boldsymbol{u} - \boldsymbol{U})^{n+1} \right\|_m^2 \leqslant K \left\{ \| \xi^n \|_m^2 + h_p^4 + h_c^4 + (\Delta t)^2 \right\}. \tag{10.2.51}$$

因为 $g_c(X)$ 是 c^n 的一阶偏导数的平均值, 它能用 $\| c^n \|_{W_\infty^1}$ 来估计. 由式 (10.2.50a) 可得

$$|T_7| \leqslant K \left\{ \left\| \xi^{n+1} \right\|_m^2 + \| \xi^n \|_m^2 + h_p^4 + h_c^4 + (\Delta t)^2 \right\}. \tag{10.2.52}$$

为了估计 $\| g_\zeta \|_m$ 和 $\| g_\xi \|_m$, 需要作归纳法假定:

$$\sup_{0 \leqslant n \leqslant L} \| | \sigma^n | \|_\infty \to 0, \quad \sup_{0 \leqslant n \leqslant L} \| \xi^n \|_m \to 0, \quad (h_c, h_p, \Delta t) \to 0. \tag{10.2.53}$$

同时作下述剖分参数限制性条件:

$$\Delta t = O(h^2), \quad h^2 = o(h_p^{3/2}). \tag{10.2.54}$$

为了估计 T_8, T_9, 现在考虑

$$\|g_f\|^2 \leqslant \int_0^1 \int_\Omega \left[\frac{\partial f^n}{\partial Z}((1-\bar{Z})\check{X} + \bar{Z}\hat{X}) \right]^2 \mathrm{d}X \mathrm{d}\bar{Z}. \tag{10.2.55}$$

定义变换

$$G_{\bar{Z}}(X) = (1-\bar{Z})\check{X} + \bar{Z}\hat{X} = X - [s_1^{-1}(X)\boldsymbol{u}^{n+1}(X) + \bar{Z}s_1^{-1}(X)(\boldsymbol{U}-\boldsymbol{u})^{n+1}(X)]\Delta t. \tag{10.2.56}$$

设 $J_p = \Omega_{ijk} = [x_{i-1/2}, x_{i+1/2}] \times [y_{j-1/2}, y_{j+1/2}] \times [z_{k-1/2}, z_{k+1/2}]$ 是流动方程的网格单元, 则式 (10.2.55) 可写为

$$\|g_f\|^2 \leqslant \int_0^1 \sum_{J_p} \left| \frac{\partial f^n}{\partial Z}(G_{\bar{Z}}(X)) \right|^2 \mathrm{d}X \mathrm{d}\bar{Z}. \tag{10.2.57}$$

由归纳法假定 (4.29) 和剖分参数限制性条件 (10.2.54) 有

$$\det DG_{\bar{Z}} = 1 + o(1).$$

则式 (10.2.57) 进行变量替换后可得

$$\|g_f\|^2 \leqslant K \|\nabla f^n\|^2. \tag{10.2.58}$$

对 T_8 应用式 (10.2.58), 引理 10.2.5 和 Sobolev 嵌入定理 [36] 可得下述估计:

$$\begin{aligned}
|T_8| &\leqslant K \|\nabla \zeta^n\| \cdot \|(\boldsymbol{u}-\boldsymbol{U})^{n+1}\| \cdot h^{-(\varepsilon+1/2)} \|\nabla \xi^{n+1}\| \\
&\leqslant K \left\{ h_c^{2-(\varepsilon+1/2)} \|(\boldsymbol{u}-\boldsymbol{U})^{n+1}\| \|\nabla \xi^{n+1}\| \right\} \\
&\leqslant K \left\{ \|\xi^{n+1}\|_m^2 + \|\xi^n\|_m^2 + h_p^4 + h_c^4 + (\Delta t)^2 \right\} + \varepsilon \|\|\alpha^{n+1}\|\|^2. \tag{10.2.59a}
\end{aligned}$$

从式 (10.2.51) 我们清楚地看到 $\|(\boldsymbol{u}-\boldsymbol{U})^{n+1}\|_m = o(h_c^{\varepsilon+1/2})$, 因此我们的定理证明 $\|\xi^n\|_m = O(h_p^2 + h_c^2 + \Delta t)$. 类似于在文献 [39] 中的分析, 有

$$\begin{aligned}
|T_9| &\leqslant K \|\nabla \xi^n\| \cdot \|(\boldsymbol{u}-\boldsymbol{U})^{n+1}\| \cdot h^{-(\varepsilon+1/2)} \|\nabla \xi^{n+1}\| \\
&\leqslant \varepsilon \left\{ \|\|\alpha^{n+1}\|\|^2 + \|\|\alpha^n\|\|^2 \right\}. \tag{10.2.59b}
\end{aligned}$$

对 T_{10}, T_{11} 应用负模估计可得

$$|T_{10}| \leqslant K h_c^4 + \varepsilon \|\|\alpha^{n+1}\|\|^2, \tag{10.2.60a}$$

$$|T_{11}| \leqslant K\,||\xi^n||_m^2 + \varepsilon\,|||\alpha^{n+1}|||^2. \tag{10.2.60b}$$

对误差估计式 (10.2.43) 左右两端分别应用式 (10.2.44)、(10.2.45)、(10.2.48)、(10.2.52)、(10.2.59) 和 (10.2.60) 可得

$$\frac{1}{2\Delta t}\left\{\left(s_1\xi^{n+1},\xi^{n+1}\right)_m - \left(s_1\xi^n,\xi^n\right)_m\right\} + \sum_{s=x,y,z}\left(D_s\alpha^{s,n+1},\alpha^{s,n+1}\right)_s$$

$$\leqslant K\left\{\left\|\frac{\partial^2 c}{\partial \tau^2}\right\|_{L^2(t^n,t^{n+1};m)}^2 \Delta t + (\Delta t)^{-1}\left\|\frac{\partial \zeta}{\partial t}\right\|_{L^2(t^n,t^{n+1};m)}^2 + |\xi^{n+1}|_m^2 + ||\xi^n||_m^2$$

$$+ ||\theta^n||_m^2 + h_p^4 + h_c^4 + (\Delta t)^2\right\} + \varepsilon\left\{|||\alpha^{n+1}|||^2 + |||\alpha^n|||^2\right\}. \tag{10.2.61}$$

对式 (10.2.61) 乘以 $2\Delta t$, 并对时间 t 求和 $(0 \leqslant n \leqslant L)$, 注意到 $\xi^0 = 0$, 可得

$$\left\|\xi^{L+1}\right\|_m^2 + \sum_{n=0}^{L}|||\alpha^{n+1}|||^2\Delta t$$

$$\leqslant K\left\{\sum_{n=0}^{L}\left[||\xi^{n+1}||_m^2 + ||\theta^n||_m^2\right]\Delta t + h_p^4 + h_c^4 + (\Delta t)^2\right\}. \tag{10.2.62}$$

对式 (10.2.30b) 乘以 $2\Delta t$, 并对时间 t 求和 $(0 \leqslant n \leqslant L)$, 注意到 $\theta^0 = 0$, 可得

$$\left\|\theta^{L+1}\right\|_{L^2}^2 \leqslant K\left\{\sum_{n=1}^{L}\left[||\theta^n||_{L^2}^2 + ||\xi^n||_{L^2}^2\right]\Delta t + h_c^4 + h_p^4 + (\Delta t)^2\right\}. \tag{10.2.63}$$

组合式 (10.2.62) 和式 (10.2.63), 并注意到 $L^2(\Omega)$ 连续模和 m 离散模的关系 [19,35], 可得

$$\left\|\xi^{L+1}\right\|_m^2 + \left\|\theta^{L+1}\right\|_{L^2}^2 + \sum_{n=0}^{L}|||\alpha^{n+1}|||^2\Delta t$$

$$\leqslant K\left\{\sum_{n=0}^{L}\left[||\xi^{n+1}||_m^2 + ||\theta^n||_{L^2}^2\right]\Delta t + h_p^4 + h_c^4 + (\Delta t)^2\right\}. \tag{10.2.64}$$

应用 Gronwall 引理可得

$$\left\|\xi^{L+1}\right\|_m^2 + \left\|\theta^{L+1}\right\|_{L^2}^2 + \sum_{n=0}^{L}|||\alpha^{n+1}|||^2\Delta t \leqslant K\left\{h_p^4 + h_c^4 + (\Delta t)^2\right\}. \tag{10.2.65a}$$

对流动方程的误差估计式 (10.2.32) 和 (10.2.38), 应用估计式 (10.2.65a) 可得

$$\sup_{0\leqslant n\leqslant L}\left\{||\pi^{n+1}||_m^2 + |||\alpha^{n+1}|||^2\right\} \leqslant K\left\{h_p^4 + h_c^4 + (\Delta t)^2\right\}. \tag{10.2.65b}$$

下面需要检验归纳法假定 (10.2.53). 对于 $n = 0$ 时, 由于初始值的选取, $\xi^0 = 0$, 由归纳法假定显然是正确的. 若对 $1 \leqslant n \leqslant L$ 归纳法假定 (10.2.53) 成立. 由估计式 (10.2.65) 和限制性条件 (10.2.64) 有

$$\left\|\sigma^{L+1}\right\|_\infty \leqslant Kh_p^{-3/2}\left\{h_p^2 + h_c^2 + \Delta t\right\} \leqslant Kh_p^{1/2} \to 0, \tag{10.2.66a}$$

$$\left\|\xi^{L+1}\right\|_\infty \leqslant Kh_c^{-3/2}\left\{h_p^2 + h_c^2 + \Delta t\right\} \leqslant Kh_c^{1/2} \to 0. \tag{10.2.66b}$$

归纳法假定成立.

由估计式 (10.2.65) 和引理 10.2.5, 引理 10.2.6, 可以建立下述定理.

定理 10.2.3　对问题 (10.2.1)~(10.2.7) 假定其精确解满足正则性条件 (R), 且其系数满足正定性条件 (C), 采用混合体积元–修正特征混合体积元方法 (10.2.15)~ (10.2.17) 逐层求解. 若剖分参数满足限制性条件 (10.2.54), 则下述误差估计式成立:

$$\begin{aligned}
&\|p - P\|_{\bar{L}^\infty(J;m)} + \|\boldsymbol{u} - \boldsymbol{U}\|_{\bar{L}^\infty(J;V)} + \|c - C\|_{\bar{L}^\infty(J;m)} \\
&+ \|\boldsymbol{g} - \boldsymbol{G}\|_{\bar{L}^2(J;V)} + \|c' - C'\|_{\bar{L}^\infty(J;L^2)} \\
&\leqslant M^*\left\{h_p^2 + h_c^2 + \Delta t\right\},
\end{aligned} \tag{10.2.67}$$

此处 $\|g\|_{\bar{L}^\infty(J;X)} = \sup\limits_{n\Delta t \leqslant T}\|g^n\|_X$, $\|g\|_{\bar{L}^2(J;X)} = \sup\limits_{L\Delta t \leqslant T}\left\{\sum\limits_{n=0}^{L}\|g^n\|_X^2 \Delta t\right\}^{1/2}$, 常数 M^* 依赖于函数 p, c, c' 及其导函数.

10.2.5　修正混合体积元–特征体积元方法和分析

在 10.2.3 小节和 10.2.4 小节我们研究了混合体积元–特征体积元方法, 但在很多实际问题中, Darcy 速度关于时间的变化比浓度的变化慢得多. 因此, 我们对流动方程 (10.2.1) 采用大步长计算, 对时间区间 J 进行剖分: $0 = t_0 < t_1 < \cdots < t_L = T$, 记 $\Delta t_p^m = t_m - t_{m-1}$, 除 Δt_p^1 外, 我们假定其余的步长为均匀的, 即 $\Delta t_p^m = \Delta t_p, m \geqslant 2$. 设 $\Delta t_c = t^n - t^{n-1}$, 为对应于浓度方程的均匀小步长. 设对每一个正常数 m, 都存在一个正整数 n 使得 $t_m = t^n$, 即每一个压力时间节点也是一个浓度时间节点, 并记 $j = \Delta t_p/\Delta t_c$, $j_1 = \Delta t_p^1/\Delta t_c$. 对函数 $\psi_m(X) = \psi(X, t_m)$, 对浓度时间步 t^{n+1}, 若 $t_{m-1} < t^{n+1} \leqslant t_m$, 则在 (10.2.16) 中, 我们用 Darcy 速度 $\boldsymbol{u}^{n+1}$ 的下述逼近形式, 如果 $m \geqslant 2$, 定义 $\boldsymbol{U}_{m-1}$ 和 $\boldsymbol{U}_{m-2}$ 的线性外推

$$E\boldsymbol{U}^{n+1} = \left(1 + \frac{t^{n+1} - t_{m-1}}{t_{m-1} - t_{m-2}}\right)\boldsymbol{U}_{m-1} - \frac{t^{n+1} - t_{m-1}}{t_{m-1} - t_{m-2}}\boldsymbol{U}_{m-2}, \tag{10.2.68}$$

如果 $m = 1$, 令 $E\boldsymbol{U}^{n+1} = \boldsymbol{U}_0$.

问题 (10.2.1) 和 (10.2.2) 的修正混合体积元–特征混合体积元格式: 求 $(\boldsymbol{U}_m, P_m)$: $(t_0, t_1, \cdots, t_L) \to S_h \times V_h$, $(C^n, \boldsymbol{G}^n, C'^n) : (t^0, t^1, \cdots, t^R) \to S_h \times V_h \times M_h$, 满足

$$(D_x U_m^x + D_y U_m^y + D_z U_m^z, v)_{\hat{m}} = (q_m, v)_{\hat{m}}, \quad \forall v \in S_h, \tag{10.2.69a}$$

$$\left(k^{-1}(\bar{C}_m^x)U_m^x, w^x\right)_x + \left(k^{-1}(\bar{C}_m^y)U_m^y, w^y\right)_y + \left(k^{-1}(\bar{C}_m^z)U_m^z, w^z\right)_z$$
$$- (P_m, D_x w^x + D_y w^y + D_z w^z)_{\hat{m}} = 0, \quad \forall w \in V_h, \tag{10.2.69b}$$

为了避免符号相重, 这里 $\hat{m}$ 即为 10.2.2 小节中的 m.

$$\left(s_1 \frac{C^{n+1} - \hat{C}^n}{\Delta t}, v\right)_{\hat{m}} + \left(s_2 \frac{C'^{n+1} - C'^n}{\Delta t}, v\right)_{\hat{m}}$$
$$+ \left(D_x G^{x,n+1} + D_y G^{y,n+1} + D_z G^{z,n+1}, v\right)_{\hat{m}} = \left(f(\hat{C}^n), v\right)_{\hat{m}}, \quad \forall v \in S_h. \tag{10.2.70a}$$

$$\left(D^{-1} G^{x,n+1}, w^x\right)_x + \left(D^{-1} G^{y,n+1}, w^y\right)_y + \left(D^{-1} G^{z,n+1}, w^z\right)_z$$
$$- \left(C^{n+1}, D_x w^x + D_y w^y + D_z w^z\right)_{\hat{m}} = 0, \forall w \in V_h. \tag{10.2.70b}$$

$$\left(\frac{C'^{n+1} - C'^n}{\Delta t}, \phi\right)_{L^2} = \hat{\alpha}\left(C^n - C'^n, \phi\right)_{L^2}, \quad \forall \phi \in M_h. \tag{10.2.71}$$

此处 $\hat{C}^n = C^n(X - S_1^{-1} E \boldsymbol{U}^{n+1} \Delta t)$.

$$C^0 = \tilde{C}^0, \quad G^0 = \tilde{G}^0, \quad C'^0 = \tilde{C}'^0, \quad X \in \Omega. \tag{10.2.72}$$

格式 (10.2.69)~(10.2.72) 的计算程序和 10.2.3 小节的格式 (10.2.15)~(10.2.18) 是类似的. 所需注意的是, 对流动方程 (10.2.1) 对时间 t 采用大步长计算, 对浓度方程 (10.2.2) 采用小步长计算. 在保持同样精确度的情况下, 大大减少实际计算时的工作量.

经和定理 10.2.3 类似的分析及繁杂的估算, 可以建立下述定理.

定理 10.2.4 对问题 (10.2.1)~(10.2.7), 假定其精确解满足正则性条件 (R), 且其系数满足正定性条件 (C), 采用修正混合体积元–特征混合元方法 (10.2.69)~(10.2.72) 逐层计算求解. 若剖分参数满足限制性条件 (10.2.54), 则下述误差估计式成立:

$$\|p - P\|_{\bar{L}^\infty(J;m)} + \|\boldsymbol{u} - \boldsymbol{U}\|_{\bar{L}^\infty(J;V)} + \|c - C\|_{\bar{L}^\infty(J;m)}$$
$$+ \|\boldsymbol{g} - \boldsymbol{G}\|_{\bar{L}^2(J;V)} + \|c' - C'\|_{\bar{L}^\infty(J;L^2)}$$
$$\leqslant M^{**} \left\{ h_p^2 + h_c^2 + \Delta t_c + (\Delta t_p)^2 + (\Delta t_p^1)^{3/2} \right\}, \tag{10.2.73}$$

此处常数 M^{**} 依赖于函数 p, c, c' 及其导函数.

10.2.6 数值算例

考虑一维情形, $\Omega = [0, 1]$,

$$s_1 \frac{\partial c}{\partial t} + s_2 \frac{\partial c'}{\partial t} + \boldsymbol{u} \cdot \nabla c - D\Delta c = 0, \tag{10.2.74}$$

$$\frac{\partial c'}{\partial t} = \hat{\alpha}(c - c'), \tag{10.2.75}$$

边界条件为

$$-D\frac{\partial c}{\partial t} + \boldsymbol{u}c = f(t), \quad x = 0, \tag{10.2.76a}$$

$$c = 0, \quad x = 1, \tag{10.2.76b}$$

初始条件为

$$c(x, 0) = 0, \quad c'(x, 0) = 0. \tag{10.2.77}$$

$f(t)$ 为时间 t 的函数, 表示在端点 $x = 0$ 处注入污染物的速度,

$$f(t) = \begin{cases} 1, & t < 2, \\ 0, & t > 2. \end{cases}$$

已知渗流速度 $\boldsymbol{u}$, 观察流出物浓度 c 随时间 t 的变化情况, 参数选取如下:

(1) $s_1 = 0.4$, $s_2 = 0.2$, $D = 0.1$, $\boldsymbol{u} = 0.5$, $\alpha = 13.15$,

(2) $s_1 = 0.4$, $s_2 = 0.2$, $D = 0.1$, $D = 0.2$, $\boldsymbol{u} = 0.5$, $\alpha = 0$.

数值计算结果如图 10.2.1 和图 10.2.2 所示.

图 10.2.1 表示端点 $x = 0$ 处流出物浓度 c 随时间 t 变化的数值近似曲线, 图 10.2.2 表示在内部点 $x = x^*$ 处流出物浓度 c 随时间 t 变化的数值近似曲线.

这里 $\hat{\alpha}$ 为流动水体和非流动水体之间的质量交换系数. $t < 2$ 时, 在端点 $x = 0$ 处有污染物注入, 流出物浓度曲线呈上升趋势, 表明流出物浓度随时间 t 增大而增加且达到较高浓度值; $t > 2$ 时, 端点 $x = 0$ 处不再注入污染物, 流出物浓度曲线呈下降趋势, 表明 $t > 2$ 时流出物浓度随时间 t 的增大而减小. $\hat{\alpha} = 0$ 表明流动水体和非流动水体之间无质量交换, 因此流出物浓度 c 增大快, 减小慢; 当 $\hat{\alpha}$ 增大时, 流动水体和非流动水体之间存在质量交换时, 流动水体中流出物浓度增加趋势慢, 减小趋势慢. 图 10.2.1 和图 10.2.2 都表明了这种增减趋势. 还可以看出内部点流出物浓度所能达到的最大值小于在端点 $x = 0$ 处达到的最大值.

结果表明当质量交换性增强时, 流出物浓度曲线向右偏斜, 形成拖长的尾线. 对地下水污染问题来说, 由于非流动水体的存在, 一旦地下水遭到污染, 再将其清除则比较困难.

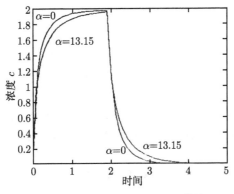

图 10.2.1 c 在 $x = 0$ 的变化趋势

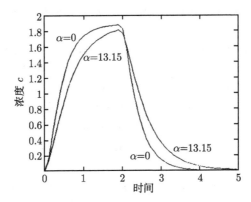

图 10.2.2 c 在 $x = x^*$ 的变化趋势

10.2.7 总结和讨论

本节研究三维双重介质地下水污染问题, 提出一类混合体积元–特征混合体积元方法及其收敛性分析. 10.2.1 小节是引言部分, 叙述和分析问题的数学模型, 物理背景以及国内外研究概况. 10.2.2 小节给出网格记号和相关引理, 以及两种 (粗、细) 网格剖分. 10.2.3 小节提出混合体积元–特征混合体积元程序, 对流动方程采用具有守恒性质的混合体积元离散, 对 Darcy 速度提高了一阶精确度. 对浓度方程采用特征混合体积元求解, 对流部分采用特征线法, 扩散部分采用混合体积元离散, 大大提高了数值计算的稳定性和精确度, 且保持单元质量守恒, 这在地下渗流环境科学数值模拟计算中是十分重要的. 对吸附浓度方程采用低阶有限元逼近. 10.2.4 小节是收敛性分析, 应用微分方程先验估计理论和特殊技巧, 得到了二阶 l^2 模误差估计结果. 这点特别重要, 它突破了 Arbogast 和 Wheeler 对同类问题仅能得到 3/2 阶的著名成果. 10.2.5 小节讨论了修正混合体积元–特征混合体积元方法, 指明对很多实际问题, 对流动方程可采用大步长计算, 能进一步缩小计算规模和时间. 10.2.6 小节是数值算例, 支撑了理论分析, 并指明本节所提出的方法在实际问题中是切实可行和高效的. 本节有如下特征: ① 本格式具有物理守恒律特性, 这点在地下渗流环境科学数值模拟计算中是极端重要的. ② 由于组合的应用混合体积元和特征线法, 它具有高精度和高稳定性的特征, 特别适用于三维复杂区域大型数值模拟的工程实际计算. ③ 它突破了 Arbogast 和 Wheeler 对同类问题仅能得到 3/2 阶收敛性的结果, 推进并解决了这一重要问题 [4,5,15,31]. 详细的讨论和分析可参阅文献 [40].

参 考 文 献

[1] Dawson C N, Van Duiji C J, Wheeler M F. Characteristic-Galerkin methods for contaminant transport with nonequilibrium adsorption kinetics. SIAM. J. Numer. Anal., 1994, 31(4): 982-999.

[2] Dawson C. Analysis of an upwind-mixed finite element method for nonlinear contaminant transport equations. SIAM. J. Numer. Anal., 1998, 35(5): 1709-1724.

[3] Hornung U. Miscible displacement in porous media influenced by mobile and immobile water. Nonlinear Partial Differential Equation, New York: Springer, 1988.

[4] Vogt C H. A Homogenization Theorem Leading to a Volterra Integro-Differential Equation for Permeation Chromotography. SFB 123, Preprint 155, Heidelberg: SFB-Preprints, 1982.

[5] Ewing R E. The Mathematics of Reservoir Simulation. Philadelphia: SIAM, 1983.

[6] 袁益让. 能源数值模拟方法的理论和应用. 北京: 科学出版社, 2013.

[7] Yuan Y R. Characteristic finite difference methods for positive semidefinite problem of two phase miscible flow in porous media. J. Systems Sci. Math. Sci., 1999, 12(4): 299-306.

[8] 袁益让. 三维油水驱动半正定问题特征有限元格式及分析. 科学通报, 1996, 41(22): 2027-2032.

[9] Todd M R, O'Dell P M, Hirasaki G J. Methods for increased accuracy in numerical reservoir simulators. Soc. Petrol. Engin. J., 1972, 12(6): 515-530.

[10] Bell J B, Dawson C N, Shubin G R. An unsplit highorder godunov method for scalar conservation laws in two dimensions. J. Comput. Phys., 1988, 74(1): 1-24.

[11] Johnson C. Streamline Diffusion Methods for Problems in Fluid Mechanics, in Finite Element in Fluids VI. New York: Wiley, 1986.

[12] Yang D P. Analysis of least-square mixed finite element methods for nonlinear nonstationary convection-diffusion problems. Math. Comp., 2000, 69(231): 929-963.

[13] Dawson C N, Russell T F, Wheeler M F. Some improved error estimates for the modified method of characteristics. SIAM. J. Numer. Anal., 1989, 26(6): 1487-1512.

[14] Cella M A, Russell T F, Herrera I, et al. An Eulerian-Lagrangian localized adjoint method for the advection–diffusion equation. Adv. Water Resour., 1990, 13(4): 187-206.

[15] Arbogast T, Wheeler M F. A characteristics-mixed finite element method for advection-dominated transport problems. SIAM. J. Numer. Anal., 1995, 32(2): 404-424.

[16] Sun T J, Yuan Y R. An approximation of incompressible miscible displacement in porous media by mixed finite element method and characteristics-mixed finite element method. J. Comput. Appl. Math., 2009, 228(1): 391-411.

[17] Cai Z Q. On the finite volume element method. Numer. Math., 1990, 58(1): 713-735.

[18] 李荣华, 陈仲英. 微分方程广义差分方法. 长春: 吉林大学出版社, 1994.

[19] Raviart P A, Thomas J M. A mixed finite element method for second order elliptic problems//Mathematical Aspects of Finite Element Methods. Lecture Notes in Mathematics, 606, Berlin: Springer-Verlag, 1977.

[20] Douglas J Jr, Ewing R E, Wheeler M F. The approximation of the pressure by a mixed method in the simulation of miscible displacement. RAIRO Anal. Numer., 1983, 17(1): 17-33.

[21] Douglas J Jr, Ewing R E, Wheeler M F. A time-discretization procedure for a mixed finite element approximation of miscible displacement in porous media. RAIRO Anal. Numer., 1983, 17(3): 249-265.

[22] Russell T F. Rigorous block-centered discretization on irregular grids: Improved simulation of complex reservoir systems. Tulsa: Project Report, Research Corporation, 1995.

[23] Weiser A, Wheeler M F. On convergence of block-centered finite difference for elliptic problems. SIAM. J. Numer. Anal., 1988, 25(2): 351-375.

[24] Jones J E. A mixed volume method for accurate computation of fluid velocities in porous media. Ph. D. Thesis. University of Clorado, Denver, Co., 1995.

[25] Cai Z Q, Jones J E, Mccormick S F, et al. Control-volume mixed finite element methods. Comput. Geosci., 1997, 1(3/4): 289-315.

[26] Chou S H, Kawk D Y, Vassileviki P. Mixed covolume methods on rectangular grids for elliptic problems. SIAM. J. Numer. Anal., 2000, 37(3): 758-771.

[27] Chou S H, Kawk D Y, Vassileviki P. Mixed covolume methods for elliptic problems on triangular grids. SIAM. J. Numer. Anal., 1998, 35(5): 1850-1861.

[28] Chou S H, Vassilevski P. A general mixed covolume framework for constructing conservative schemes for elliptic problems. Math. Comp., 1999, 68(227): 991-1011.

[29] Rui H X, Pan H. A block-centered finite difference method for the Darcy-Forchheimer Model. SIAM. J. Numer. Anal., 2012, 50(5): 2612-2631.

[30] Pan H, Rui H X. Mixed element method for two-dimensional Darcy-Forchheimer model. Journal of Scientific Computing, 2012, 52(3): 563-587.

[31] 沈平平, 刘明新, 汤磊. 石油勘探开发中的数学问题. 北京: 科学出版社, 2002.

[32] 姜礼尚, 庞之垣. 有限元方法及其理论基础. 北京: 人民教育出版社, 1979.

[33] Ciarlet P G. The Finite Element Method for Elliptic Problems. Amsterdam: North Holland Publishing Company, 1978.

[34] Nitsche J. Linear splint-funktionen and die methoden von Ritz for elliptishce randwert problem. Arch. for Rational Mech. and Anal., 1968, 36(5): 348-355.

[35] Douglas J Jr. Simulation of miscible displacement in porous media by a modified method of characteristic procedure//Numerical Analysis, Dundee, 1981. Lecture Notes in Mathematics, 912, Berlin: Springer-Verlag, 1982.

[36] Adams R A. Sobolev Spaces. New York: Academic Press, 1975.

[37] 袁益让, 李长峰, 宋怀玲, 等. 污染问题的混合体积元 —— 特征混合体积元方法及其数值分析. 山东大学数学研究所科研报告, 2015.
Yuan Y R, Li C F, Song H L, et al. Mixed volume element-characteristic mixed volume element and analysis for contamination transport problem. 山东大学数学研究所科研报告, 2015.

[38] Genuchten M T V, Wierenga P J. Mass transfer sdudies in sorbing porous media I. Analytical solutions. Soil. Soc. Amer. J., 1976, 40(4): 473-480.

[39] Ewing R E, Russell T F, Wheeler M F. Convergence analysis of an approximation of miscible displacement in porous media by mixed finite elements and a modified method of characteristics. Comput. Methods Appl. Mech. Engrg., 1984, 47(1/2): 73-92.

[40] 袁益让, 崔明, 李长峰, 等. 双重介质中地下水污染问题的混合体积元 —— 特征混合体积元方法和分析. 山东大学数学研究所科研报告, 2015.
Yuan Y R, Cui M, Li C F, et al. The method of mixed volume element-characteristics mixed volume element and its numerical andgsis for ground water pollution in binary medium. Applied Mathematics and Computation, 2019, 362(1): 124-136.

索　引